도면의 기초와 실무 적용을 위한
도면의 기초부터 활용까지, 도면을 꿰뚫는

알기 쉬운 도면연습

Exercise & Training of Drawing

이국환 · 김영상 공저

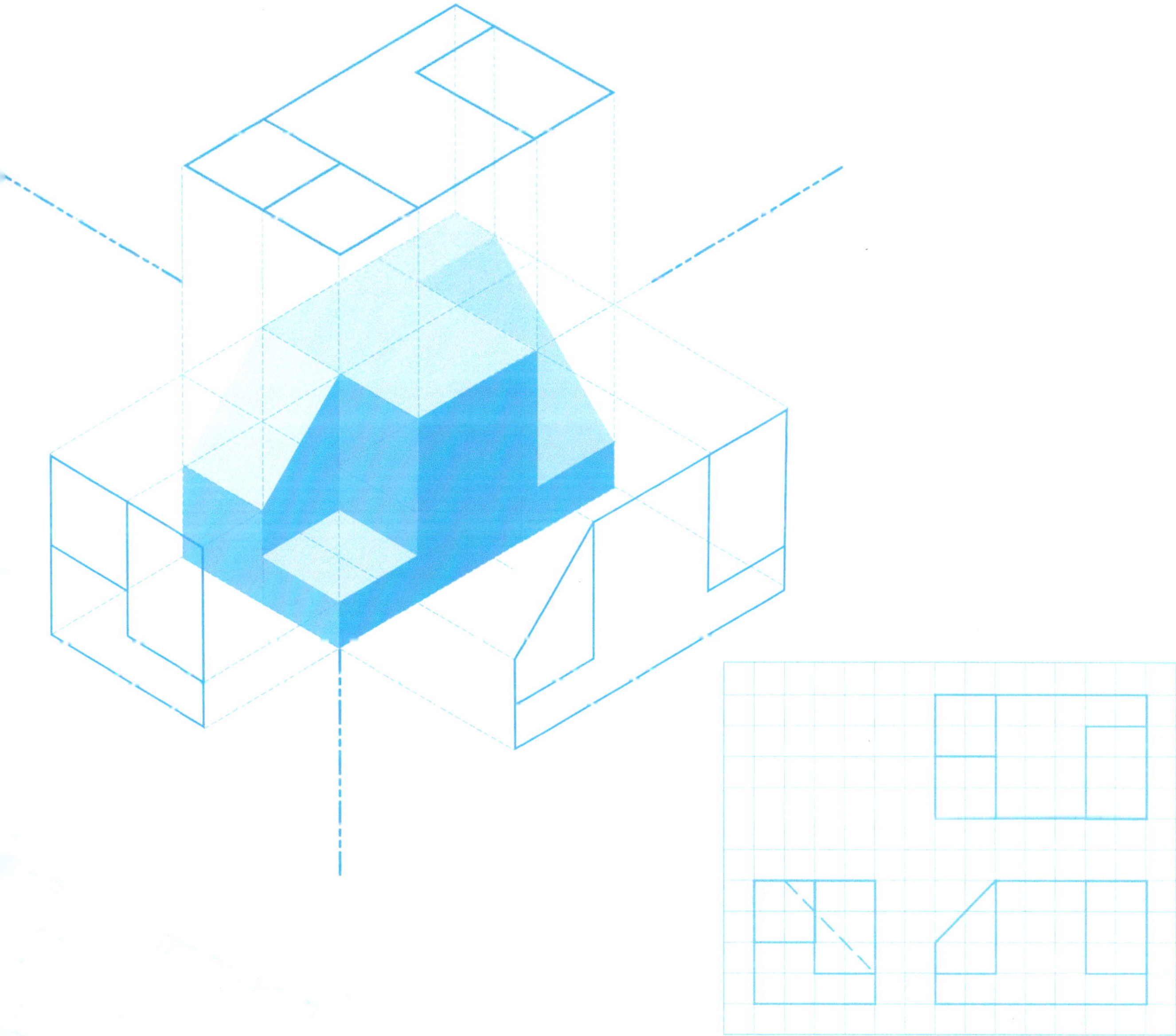

JINSAEM 진샘미디어

PREFACE

도면(Drawing)이란 기계와 제품, 시스템과 부품, 구조물의 모양, 크기, 위치, 정밀도, 가공 방법, 재질 등을 미리 약속된 규정에 따라 투상, 선, 문자, 기호 등을 사용해서 용지에 그려진 것을 말한다.

도면의 작성과 제도(도면의 제작, 작도)는 알기 쉽고, 정확하며, 빠르게 전달되도록 제도되어 있어야 한다.

왜냐하면 설계에서 부터 생산, 가공·제작, 설치, 사용에 이르기까지 필요한 기술적인 내용이 모두 포함된 정보가 도면이기에 나라마다 산업 분야에 있어 개발자, 설계자를 비롯한 현장 실무자들에게는 유일한 의사소통 수단이기 때문이다.

4차 산업혁명 시대에 있어 과학기술의 발달로 첨단기술이 적용된 기계, 제품이나 시스템을 개발하는 데 있어 기본이자 필수적인 분야가 바로 기계기술 분야이다. 또한 기계기술 분야의 설계에 있어 가장 기본이 되는 것은 설계 도면(Drawing)이다. 이러한 도면은 기계, 제품이나 시스템을 만들기 위해 기본적이며 필수적으로 사용되는 도식적 언어이다. 그러므로 기계부품이나 제품을 설계하고 제작하려면 가장 먼저 도면을 이해하고 해석해야만 한다.

도면을 이해하고 해석한다는 것은 설계자가 완성한 설계도면을 통하여 의도하고자 하는 형상, 구조, 상세부와 전체적인 조립상태(조립도) 등을 비롯한 동작 메커니즘을 정확히 이해하고 파악해야만, 가공하고 제작하고자 하는 부품과 제품에 잘 반영할 수가 있다.

이러한 훈련은 도면을 그리기 전에 도면이 그려지는 규칙을 잘 파악한 후 설계를 하고 또 설계 후 가공·제작되어져 나온 실제 제품과의 비교를 통한 도면의 수정 및 보완 등 반복적인 실무적 경험 습득으로부터 나오는 것이다.

산업 현상에서 전문적이고 능력있는 기술자가 되기 위해서는 도면을 올바르게 읽을 수 있는 능력을 갖춘다는 것은 매우 중요하다. 도면을 올바르게 읽을 수 있는 능력이 없거나 잘못 읽는다면 결과적으로 나오는 제품은 당연히 불량품에 지나지 않는다.

따라서 경영, 개발과 설계, 제품 기획, 제품 디자인, 생산 설비의 설계, 가공 공정과 제작, 생산 및 품질 관리, 제품 구매 및 판매 영업 등의 업무에 이르기 까지 관련된 실무자들은 하나의 도면에 대하여 똑같은 내용으로 정확하게 이해하는 능력을 갖추어야만 좋은 품질의 제품으로 고객들에게 감동을 줄 수가 있다.

빠르고 정확하게 도면을 읽고 해석하는 비결은 투상법에 의한 기계나 구조물의 모양, 크기, 자세, 위치, 면의 표면, 재료, 가공 방법 등의 파악은 물론 관련된 도면 정보를 이해하는 종합적인 능력을 기르는 것이다. 이러한 능력을 기르기 위해서는 제도규격을 익히고 스스로 도면을 설계하고, 제도하며, 더 나아가 응용 설계를 할 수 있는 능력을 향상시키는 것이 가장 좋은 방법이겠지만 한정된 교육환경의 현실로는 참 어려운 일이다. 그래서 효율적인 학습과 더불어 꾸준하고 반복적인 연습과 훈련이 필요한 것이다.

우선, 도면해석이란 다음과 같이 요약할 수 있다.

1. 도면을 읽고, 그 의미를 이해해야 한다.
2. 머릿속에 물체의 모양과 자세를 입체적으로 떠올리는 공간지각 능력의 학습과 배양이다.
3. 도면을 읽어내는 능력을 향상하는 방법은 입체적 도형(등각도)으로 그리는 연습이 반드시 필요하며, 이를 제3각법에 의한 투상으로 3면도와 6면도를 자유자재로 표현해야 하며, 이는 꾸준한 연습과 적용으로 응용력을 키우는 것이다.
4. 훌륭한 도면의 해석은 도면을 통하여 설계자가 의도하는 내용과 목적을 충분히 이해하고, 그것이 가공 또는 제작되는 물품, 제품, 설비 등에 정확하고 충실히 반영되어져야만 한다.

둘째, 본 저서인 **'알기 쉬운 도면연습(Exercise & Training of Drawing)'**의 **특징**은 다음과 같다.

1. 정 투상도와 등각 투상도에 의해 정 투상 기본 3면도와 6면도를 제3각 투상 방법(제3각법)으로 그릴 수 있도록 연습한다.
2. 주어진 등각 투상도에 의해 정 투상 기본 3면도와 6면도를 제1각 투상 방법(제1각법)으로 그릴 수 있도록 연습한다.
3. 주어진 정 투상 3면도로 등각 축을 설정하여 등각 투상도를 그릴 수 있도록 연습한다.
4. 국가 기술자격 검정의 기능사, 산업기사, 기사 종목의 필기시험에 출제되는 제도과목 투상도 부분의 출제 문제에 답할 수 있다.
5. 도면의 이해와 도면 그리기에 어느 정도 자신감과 실력을 갖추고 도면 그리기(제도, 작도)를 할 수 있다.
6. 저자들이 직접 그린 다양하고, 차별성 있는 사례와 연습 문제를 단계별로 학습하고, 종합적으로 평가하도록 내용을 구성하였다.

셋째, 아주 폭넓은 산업 분야에 있어 도면은 기본이며 필수적인 사항이다. 도면을 읽고, 이해하고 도면 그리기에 실력을 갖추어야만 경쟁력이 있다. 이를 위해 기계도면을 중심으로 하여, **금형, 디자인, 건축, 전기 · 전자, 반도체, 토목, 설비 · 시공 · 건설 분야 등 도면이 필요한 모든 산업 분야에서 도면을 연습하고 이해하기 쉽게 풀이하였다.**

본 '**알기 쉬운** 도면연습'에 있어, 마무리 단계로 종합적 학습과 연습 그리고 응용과 활용에 능숙해지도록 연습 문제를 풀고 해결함으로써 도면연습에 있어 완성을 하려고 한다.

이제는 도면을 이해하고 또한 정 투상도에 의한 3면도, 6면도와 등각 투상도로 입체 도형을 그리는 충분한 실력을 갖추었기에 편하고 재미있게 연습 문제를 풀 것이라고 생각한다.

저자들이 직접 설계하여 도시한 도형과 연습 도면(Drawing)들을 사례로 제시하여 아주 중요한 도면의 정 투상도와 등각 투상도의 원리를 이해하고, 도면을 그리도록 다양하게 응용하도록 전개하였고, 내용을 알기 쉽도록 다음과 같이 요약 · 정리하여 학습 목표를 설정하였다.

여기서 다뤄진 이론 내용이나 응용 문제, 연습 문제, 평가 문제들은 이 학습서의 목표인 도면 해석 · 해독은 물론 **정 투상도와 등각 투상도를 그리는 능력 향상**을 목표로 한 것으로써, 학습 효과를 높이기 위한 사고와 확실한 학습 성과를 거둘 수 있도록 개발된 것이다.

도면을 읽고, 이해하고, 활용해서 정확하고 능숙하게 그리는 능력이 갖추어 졌을 때, 진정하게 도면을 읽고 실제로 실무에 적용하는 실력이 생겼다고 말할 수 있을 것이다.

아무쪼록 이 '**알기 쉬운** 도면연습'에 의한 꾸준한 학습과 훈련으로 진정한 도면 해석능력과 도면 그리기를 확실히 몸에 익혀서 국가 기술자격검정의 응시는 물론 직장에서 직무 수행능력 향상과 자기 성장에 많은 부분에서 도움이 될 수 있기를 진심으로 기원한다.

저자들의 오랫동안의 실무 및 대학에서의 교육 경험을 기반으로 저술한 본 지시가 기계기술 분야 뿐만 아니라 관련 분야에서 산업발전에 기여하는 모든 분들에게 많은 도움을 주었으면 하는 바람을 가진다. 또한 실무에 적용하고 응용하여 새로운 가치를 창출하는데 좋은 지침서가 되어지길 바라는 바이다.

실무 · 현업 수행능력 향상은 물론 자기성장의 많은 부분에 도움이 될 수 있기를 진심으로 기원하며, 끝으로 이 책을 출간하는 데 수고를 해 주신 진샘미디어의 사장님, 이사님을 비롯한 편집부 관계자들에게 진심으로 감사를 드린다.

2023년 2월

저자 일동

CONTENTS

PART 1
제도(Drafting)와 도면(Drawing)의 역사

PART 2
도면 해석

CONTENTS

PART 5
투상 방법의 종류와 투상 원리

PART 6
제1각 투상 방법(제1각법)과 제3각 투상 방법(제3각법)의 원리

PART 7
등각 투상 방법의 원리

PART 8
정 투상도와 등각 투상도의 응용 해석

CONTENTS

PART 9
입체적인 둥글기 그리기와 원통 해석

PART 10
정면도의 선택

PART

1

제도(Drafting)와 도면(Drawing)의 역사

1장에서 다루고자 하는 주요 내용을 학습 목표로 하여, 이해하기 쉽도록 다음과 같이 요약하여 정리하였다.

학습 목표

1. 제도의 역사를 알아본다.
2. 제도 이론의 창안과 정립 과정을 이해한다.
3. 그림(회화)이 도면 작성에 사용되지 않는 이유를 이해할 수 있다.
4. 제품 생산에 전 투상 방법으로 모양과 규칙을 나타낸 도면이 필요한 이유를 설명한다.
5. 새로운 제도 이론의 창안 과정을 설명한다.
6. 제도 이론이 우리나라에 도입된 과정을 설명한다.
7. 산업화 초기의 도면 제도에 대해 설명한다.
8. 근 · 현대의 산업 시대에서 도면의 제도 방식을 설명한다.
9. 올바른 도면 해석(Analysis)과 해독(Reading)의 중요성을 설명한다.
10. 기계설계제도에 있어 올바른 그리고 정확한 3각법에 기초한 투상법을 설명 · 이해하고 학습하도록 한다.

PART 1 제도(Drafting)와 도면(Drawing)의 역사

1.1 제도의 역사

보충설명

제도의 흔적을 살펴보면, 그 역사는 인류 문명의 발전과 동반되어 왔음을 알 수 있다. 고대인들은 그림 1.1과 같이 천연 물감으로 그리거나 뾰족한 돌 등의 도구를 사용해서 나무나 암벽 등에 사물의 모양이나 생활 모습을 긁어서 기록으로 남기기 시작한 이래 우리들이 현재 사용하고 있는 제도 방법으로 발전되기까지는 오랜 시간에 걸쳐서 많은 체계적인 방법들과 연구들이 이뤄져 왔다. 그림 1.1은 고대 이집트인들이 물체의 모양(형상)을 본떠서 만든 상형 문자이다.

[그림 1.1] 돌에 조각된 이집트 상형 문자

동양의 목재 건축물이나 서양의 석재 건축물들이 세워지기 시작한 기원전 시대부터 그들만이 사용하는 어떤 형식의 그림이나 도면으로 그들만의 의사전달 수단이 존재하였으리라 추측할 수 있다.

도면 작성자 즉, 설계자 자신은 그 화려하고 웅장하며 섬세한 건축물을 생각하고, 기획하고, 구상했지만 혼자서는 건축할 수 없었기 때문에 많은 기술 인력이 투입되어 설계자가 의도하고 구상한 대로 같은 모양과 크기로 다듬어졌고 수없이 많은 종류의 재료들로 구성되어 건축되었다는 것이 사실인데 그것을 입증할 수 있는 자료는 별로 없다.

예를 들어 「**솔로몬 건축물**」과 「**그리스 신전**」을 자세히 살펴보면 이것들을 건축할 때에도 어떤 형식으로든 도면이 사용되었을 것이라고 추측된다. 그림 1.2는 현재 남아 있는 고대 그리스 석조 건축물의 화려하고 웅장한 특히 섬세한 모습이다.

- 동양에서는 대표적으로 중국의 한자가, 뜻(의미) 문자로서 의사 전달 수단이었는데 인류 역사의 초기에는 이러한 문자가 도면의 시초라고도 한다.
- 우리나라의 경우, 옛 궁중 행사와 관련한 회화적으로 표현한 그림들과 조선시대 무기 제작을 위해 스케치된 그림들이 도면으로서 역할을 하는 사례들을 발굴해 설명해 보는 것도 재미있을 것이다.

[그림 1.2] 고대 그리스 석조 건축물

15세기경에 이르러서는 로마와 같은 거대하고 계획화된 도시 건설에 참여한 「**레오나르도 다빈치(Leonardo da Vinci, 1452~1519)**」와 같은 건축가들에 의해 물체의 모양을 누구나 똑같이 이해할 수 있도록 그리는 투상 방법의 기초 원리가 구상되었다.

15세기말 이후부터 이론적 정리로 설계도에 평면도로 표시하는 방법이 기초되었다는 것이 제도 역사의 정설이나, 동서양을 막론하고 현대의 도면과 같은 것은 발견하지는 못했다.

1.2 제도 이론의 창안과 정립 과정

고대의 도시 건설과 신전 등을 건축할 때 도면이 사용되었으리라 추측이 되어지며, 특히 도시나 나라를 지키기 위한 성이나 요새의 건설에도 중요한 역할을 했으며 이의 예시는 그림 1.3에서 보여주고 있다.

물체의 모양을 표현하는 방법으로 투상 방법을 이론적으로 정립한 것은 기하학의 아버지로 불리는 프랑스의 「**가스파르 몽주(Gaspard Monge, 1746~1818)**」이다.

가스파르 몽쥬는 폴리테크닉(Polytechnic) 대학교에 재직할 때 「**도형 기하학(圖形 幾何學, descriptive geometry)**」의 이론을 창안하고 발전시켰다. 그림 1.4는 가스파르 몽쥬의 조상화이다.

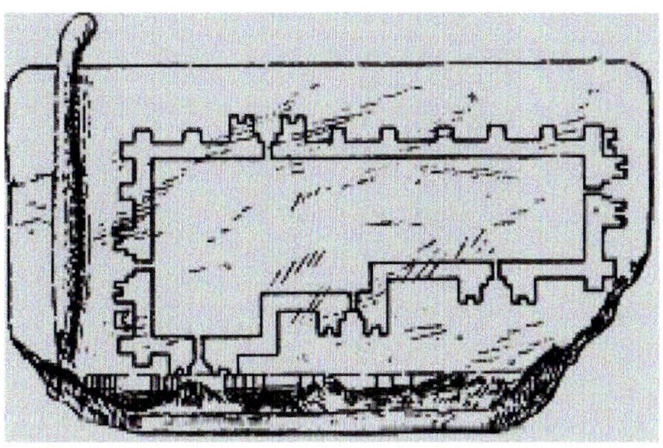

[그림 1.3] 돌에 평면도로 그린 요새의 성곽도

보충설명

▶ 성곽도는 기원전 4세기경의 그림으로 추정되며 프랑스 루브르 박물관에 소장되어 있다.

[그림 1.4] 가스파르 몽쥬의 초상화

▶ 우리나라의 고궁 건축물이나 구조물 등과 관련한 자료들을 검색해 보도록 하자.

도형 기하학 이론은 군대가 주둔할 수 있는 요새를 건설하기 위하여 공간적인 배치 문제를 해결한 것이 시초이며 군사기밀로 분류되어서 이론서 발간과 배포를 국가에서 금지하였다.

이후 근대부터 현대에 이르기까지 유럽의 많은 나라에서 「**정 투상 방법**」의 「**제1각 투상 방법(제1각 방법)**」을 주로 많이 사용하고 있는 이유이기도 하다.

1.3 그림과 도면

1) 그림(회화)이 제도에 사용되지 않는 이유는?

① 일반적인 그림(회화)은 색채의 조합이나 명암을 사용하여 어떠한 형식에 구애받지 않고 그리는 사람의 감정이나 느낌을 자유스럽게 원근법으로 표현하는 방법으로 그린 것이어서 보는 사람마다 모양이나 크기 등이 다르게 해석된다.

② 또 그림은 그리는 사람마다 실제의 모양으로부터 변형되거나 왜곡 또는 자세히 표현하지 못하고 크기가 분명하지 못한 것이 특징이어서 제작에 필요한 도면으로 사용되지 못하는 이유가 된다. 도면은 크기가 정확하고 실체적이어야 하는데 반해 그림은 주관적이며 추상적인 요소가 더해져서 도면 작성용 그림으로는 적합하지 못하다.

2) 사례 및 예시

그림 1.5는 시중에서 판매되는 손잡이가 달려 있는 원통형 컵, 머그컵(mug cup) 실물 사진이다. 컵에 새겨진 그림은 도안으로 모양(형상)과 크기가 일정하지 못해 단지 그림일 뿐이지 제도 기법으로 규격화된 도면은 아니다.

[그림 1.5] 머그컵 실물 사진(시중 제품)

그림 1.6은 머그컵에 그려진 정물화로 그리는 사람의 주관에 따른 창작성의 표현이므로 서로 다르게 표현되어 나타난다.

보충설명

▶ 회화적 그림은 도면을 그리는 사람이나 보는 사람이 서로 다르게 해석하기 때문이다.

▶ 제도는 모양과 크기 등을 오직 한 가지로만 해석이 되어야 하고, 각 산업분야 종사자들이 도면을 그리는 사람(설계자 · 제도자)과 같은 내용으로 해석되어야 하기 때문이다.

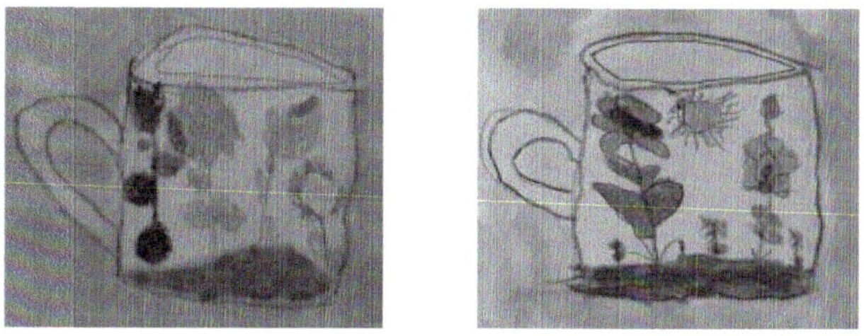

(a) (b)

[그림 1.6] 머그컵 정물화

1.4 제품 생산과 도면

제품 생산에는 반드시 정 투상 방법에 의해 모양을 나타내는 도면이 필요하다.

① 회화적 방법으로 그린 그림은 앞에서 설명한 바와 같이 모양과 크기 등을 나타낼 때 위의 그림 1.6의 「**머그컵(mug cup) 정물화**」와 같이 사람마다 다르게 주관적으로 표현할 수밖에 없고 자신이 관찰한 모양과 크기가 각각 다르기 때문이다.

② 그림(회화)은 그리는 사람마다 실물의 모양과 크기 등을 자신의 생각대로 표현하고 그 뜻을 전달하려 하기 때문에 실제의 모양과 크기가 왜곡되는 것은 당연하다.

③ 아래의 그림 1.7과 같은 머그컵 제품 생산에는 설계자의 생각이 어떤 사람에게라도 똑같은 모양, 크기와 관련 규격으로 정해져 있는 일정 규칙 등으로 이해되도록 전달하는 수단으로써 정 투상 방법으로 제도(그려진 그림)된 도면이 필요한 것이다.

④ 따라서 제작되거나, 생산되는 제품이나 예술 조각 작품까지도 반드시 제작 도면이 필요하게 된다.

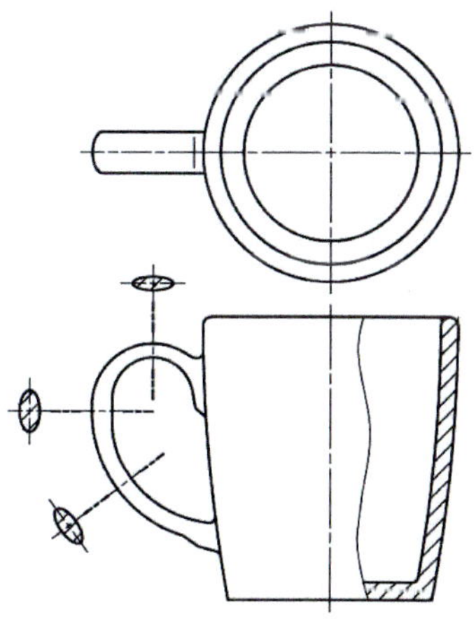

[그림 1.7] 정 투상 방법으로 그려진 머그컵 제품도(3각법)

보충설명

▶ 머그컵 제품도는 모양만을 나타내고 크기, 재질, 무늬 등 제작에 필요한 상세내용은 생략한 것이다.
이에 대한 구체적이고 상세한 내용은 제작 도면(제품도)에 상세 치수를 기입하여 크기를 나타내고 재질, 무늬, 제작에 있어 주의가 필요한 사항들은 표제란과 주서란(또는 주기란) 등에 별도로 기입한다.

▶ 물론 머그컵의 외면(표면)에 별도의 회화적인 그림이나 사진 등으로 치장을 하는 것은 컵을 미려하게 하는 후공정으로, 사용하는 사람 입장에서 좋을 것이므로 사용자(소비자)의 입장을 고려한 생산자의 판단에 따라야 하겠지요?

1.5 정 투상 방법으로 그린 도면의 역할

정 투상 방법으로 그린 도면은 무슨 역할을 할까?

① 도면은 그리는 사람과 보는 사람이 미리 약속한 정해진 규정에 의해서 정 투상 방법으로 그린 그림으로서 제도자와 설계자가 직접 설명하지 않아도 사물(물체)의 겉과 안쪽을 자세히 알아볼 수 있고, 크기도 정확하게 읽을 수 있어서 산업사회의 언어로서 의사소통 역할을 하는 것이다.

② 또 도면은 산업계에 종사하는 어느 나라의 사람과도 의사소통이 가능해서 만국공통 언어라고도 하는데, 「**한국산업규격(KS)**」에서 정한 제도 방법을 알면 「**국제표준규격(ISO)**」의 제도 규격도 이해할 수 있다는 뜻이다.

1.6 제도 이론의 발전과 전파 경로

제도 이론의 발전과 전파 경로는 어떠한가?

① 앞의 1.2절에서 설명한 바와 같이, 가스파르 몽쥬는 물론 프랑스 육군 사관학교 출신 장교들이 복무를 마치게 되어 폴리테크닉 대학교 교수나 공과대학 교수가 되기도 했다.

또 1800년대 초부터는 폴리테크닉 대학교 출신 교수들이 미국 육군 사관학교의 교관으로 부임하게 되면서부터 도형 기하학이 기밀로 분류되었던 것이 해제된 동기가 되기도 했다.

② 미국의 육군 사관학교에서는 군사학으로서 도형 기하학이 군사교육에 중요한 과목이 되었고 교관들이 퇴직 후 유명한 공과대학에서 강의하기에 이르렀다.

이를 바탕으로 제도 방법의 이론과 규정 등이 만들어지게 되었는데 학생과 제도사를 위한 「Engineering Drawing」이라는 이론서를 1911년 6월에 초판을 발행한 것이 그 사례이다.

③ 별도로, 일본은 일찍이 문호를 개방하고 서양 문물을 받아들여 급속한 산업 발전을 이루게 되었는데 주로 독일의 기술을 전수받아 제2차 세계대전까지 일으키게 되었고 1945년 미국에 의해 패망하고, 산업 기반이 무너져 미국으로부터 생산 설비와 기술을 원조 받아 전후 복구를 했다.

보충설명

▶ 한국산업규격(KS)의 분류

분야	기호	분야	기호
기본	KS A	요업	KS L
기계	KS B	화학	KS M
전기전자	KS C	의료	KS P
금속	KS D	품질경영	KS Q
광산	KS E	수송기계	KS R
건설토목	KS F	서비스	KS S
일용품	KS G	물류	KS T
식료품	KS H	조선	KS V
환경	KS I	항공우주	KS W
생물	KS J	정보	KS X
섬유	KS K	–	–

이때까지 일본은 독일의 제1각 방법의 도면을 제도했으나, 미국에서 대체 이론으로 창안된 제3각 방법의 제도 방법이 일본에 전해지는 계기가 되었다.

④ 현재 주요 산업국가의 투상법 사용을 살펴 보면 한국, 미국, 캐나다 등은 제3각법(제3각 방법), 독일은 제1각법(제1각 방법)을 사용하며 일본, 영국 및 국제표준규격(ISO)은 제1각법과 제3각법을 혼용하고 있다.

1.7 제도 이론이 우리나라에 전파된 경로

1945년 우리나라는 일본으로부터 독립되었으나 미약한 산업 기반마저 1950년 6월 한국 전쟁으로 폐허가 되었는데, 일본은 이 때 미국의 산업 시설의 복구 지원 중에 한국 전쟁 물자의 생산 기지 역할을 하게 되면서 산업 부흥의 길로 들어서게 되었다.

미국이 일본과 우리나라 전후 복구를 위해 제공한 시설, 장비, 기술 등으로 미국으로 부터 많은 영향력을 받았으며 제도 이론도 같은 영향을 받았다고 이해하면 된다.

이와 같이 우리나라도 미국으로부터 받은 산업 시설의 운영과 기술의 영향력으로 제도 이론의 전파 경로도 일본과 비슷하여 미국에서 채택하게 된 제3각 투상 방법(제3각법)으로 제도하는 규정을 채택하는 계기가 되었다.

우리나라는 비로소 미국의 이론서를 「**공업 제도학(工業 製圖學)**」이라는 제목으로 번역하여 1956년 7월 10일에 대한교과서(주)에서 초판을 발행했다.

[그림 1.8] 우리나라 최초의 제도 교과서

보충설명

▶ 우리나라 최초의 제도 이론서는 「공업 제도학」이며, 김봉허(金鳳栩)교수는 우리나라 육군 사관학교 교수를 거쳐 서울대학교 공과대학 교수로 재직하면서 미국 교재(Engineering Drawing)를 번역하여 대한교과서 주식회사에서 출판했다.

▶ 이 「공업 제도학」의 이론은 현재까지 중학교의 기술, 실업계 고등학교 기초 제도, 기계제도 교과서는 물론 전문대학, 대학교, 교육 훈련기관의 제도 학습서 이론에 영향력을 미치고 있다.

▶ 프랑스, 미국 등 제도학 이론가들 모두는 사관학교 생도를 거치거나 교관, 교수를 거쳐 공과대학 교수로 재직했다는 것을 알 수 있고 군사훈련에 도형기하학이 필수적 학문이며, 이를 기초한 공학, 특히 제도 이론과 밀접한 관계가 있다.

물론, 미국에서는 이전부터 여러 대학의 집필자들에 의해 서로 다른 제목의 이론서가 발행되었을 수도 있으나, 우리나라에서 제도 이론의 학습서로는 최초로 발간되어져 제도 교육에 큰 영향력을 끼친 「**공업 제도학(工業 製圖學)**」의 표지를 그림 1.8에서 소개한다.

이로써 우리나라는 근대화 초기인 1950년대 중반에 이르러서야 실업계 학교와 대학교의 정식 교과서로 채택되었고, 현재까지도 그 이론서를 바탕으로 많은 학습서와 교재들이 출간되고 있다.

1.8 초기 산업 시대의 제도 방식

초기 산업 시대에는 어떤 방식으로 제도했을까?

현재까지 발견된 기술적인 도면은 종이의 발명이 있기 수세기 전에 그려진 성곽 요새도인데 현대의 건축가들이 그린 평면도와 매우 흡사함을 알 수 있다.(그림 1.3 참조)

아이디어를 도면화하기 위해 평면에 표시하는 방법을 「**투상(投象, projection)**」이라고 하는데 이탈리아 「**레오나르도 다빈치(Leonardo da Vinci, 1452~1519)**」의 스케치도는 진보된 화법으로 그린 대표적인 예라고 할 수 있다.

그림 1.9와 그림 1.10에서 나타낸 레오나르도 다빈치가 그린 아이디어 「**스케치도**」는 오늘날에도 그리는 방식(기본 개념)이 많이 활용되고 있음을 알 수 있다.

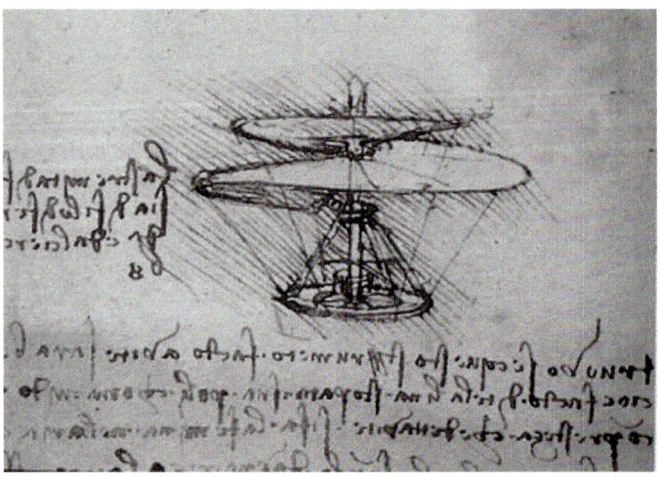

[그림 1.9] 나선식 날개의 비행 물체(헬리콥터) 스케치도

보충설명

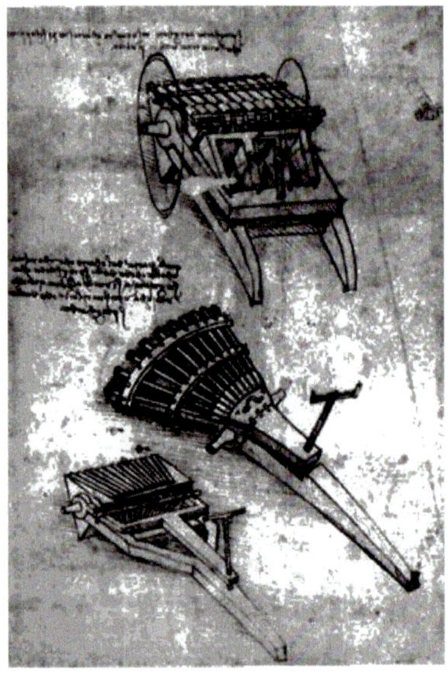

[그림 1.10] 다 연장 방사포 발사대

1.9 근·현대 산업 시대의 제도방식

근·현대 산업 시대에는 어떤 방식으로 제도했을까?

초기에는 펜으로 「**프리핸드 스케치**」에 의해 개량된 화법으로 모양, 구조를 평면의 목재, 동판 등에 「**원도(原圖)**」를 음각해 종이에 찍어 내어 「**부 도면(副 圖面)**」으로 사용했다.

1700년 후기대에 와서는 「**컴퍼스, 디바이더, 제도용 펜(오구, 烏口)**」 등의 그리기 용구 발명과 1800년대의 진보된 도형 기하학의 창안에 의한 투상 방법이 오늘날의 제도 방법으로 발전했다.

그림 1.11의 **(a)**는 현재 일반화된 CAD(Computer Aided Design, 컴퓨터 지원설계) 이전의 제도판(drafter)을 사용하던 설계실의 모습이고, **(b)**는 현대화된 CAD 장비를 사용하는 설계실의 모습이다.

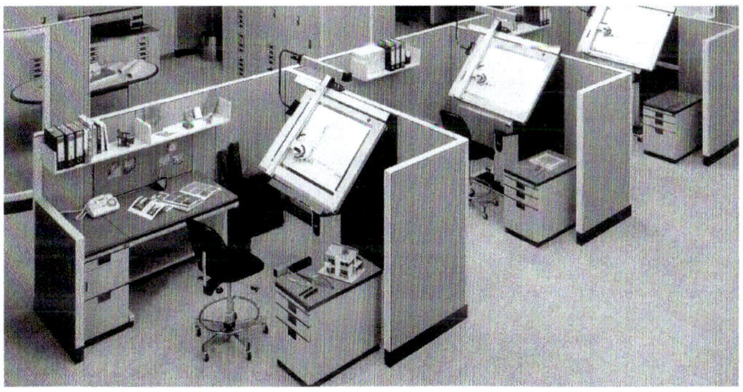

(a) 1990년대 중반까지의 설계실

(b) 현재의 CAD 설계실

[그림 1.11] 예전 제도판과 현재 CAD를 사용하는 설계실의 비교 모습

기존의 프린팅 기법의 부 도면 만들기는 1876년 미국 필라델피아 박람회에서 반투명 「**트레이싱지(tracing paper)**」에 그려진 원도를 「**백사진(白寫眞, positive print)**」의 「**양화(陽畵)**」로 부 도면을 만드는 방법이 처음 소개된 것이 현대 산업용 도면의 시작이다. 그림 1.12는 부 도면을 만드는 백 사진기의 실제 모습이다.

보충설명

[그림 1.12] 부 도면을 만드는 백 사진기

그림 1.13은 백 사진 도면의 한 예시이고, 그림 1.14는 백 사진 도면을 원도(원본)으로 하여 청 사진기로 부 도면을 만든 블루 프린트(blue print)한 청사진 도면의 예시이다.

보충설명

▶ 현재는 플로터(plotter)라 하는 출력 장치를 사용해 도면을 출력하고 있으며, 청사진 도면은 거의 사용하지 않는다.

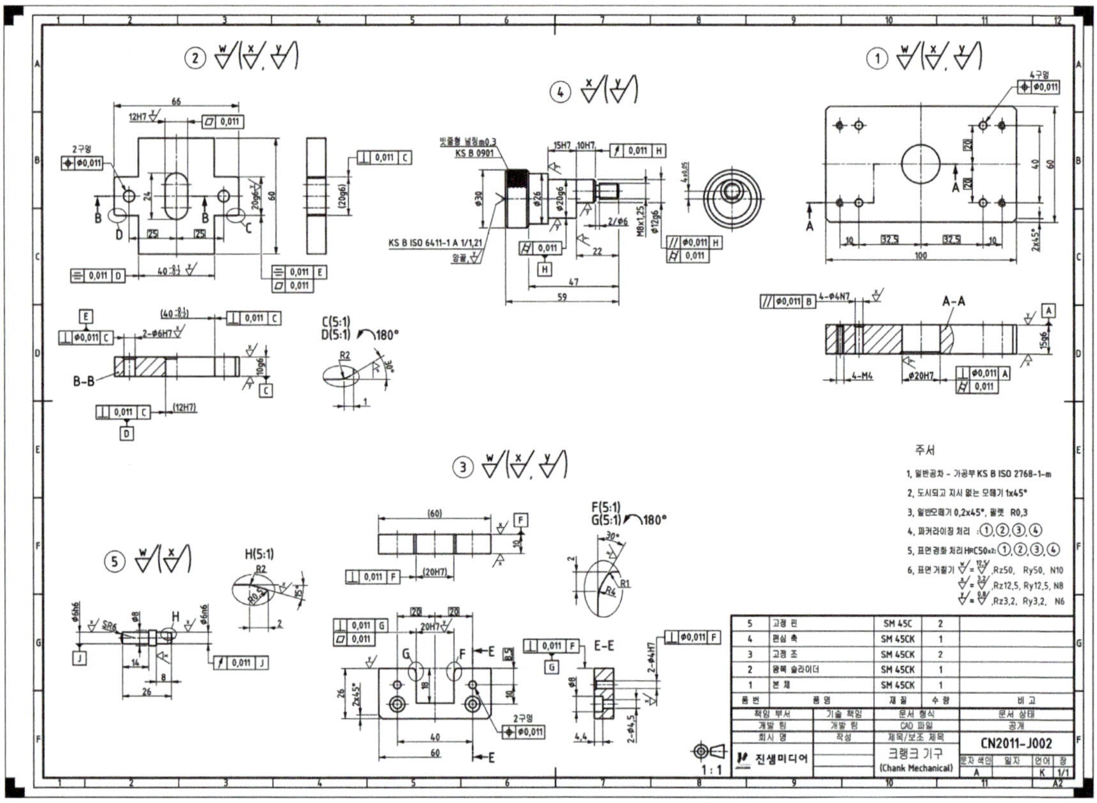

[그림 1.13] 백사진 도면(白寫眞 圖面, Positive print drawing)

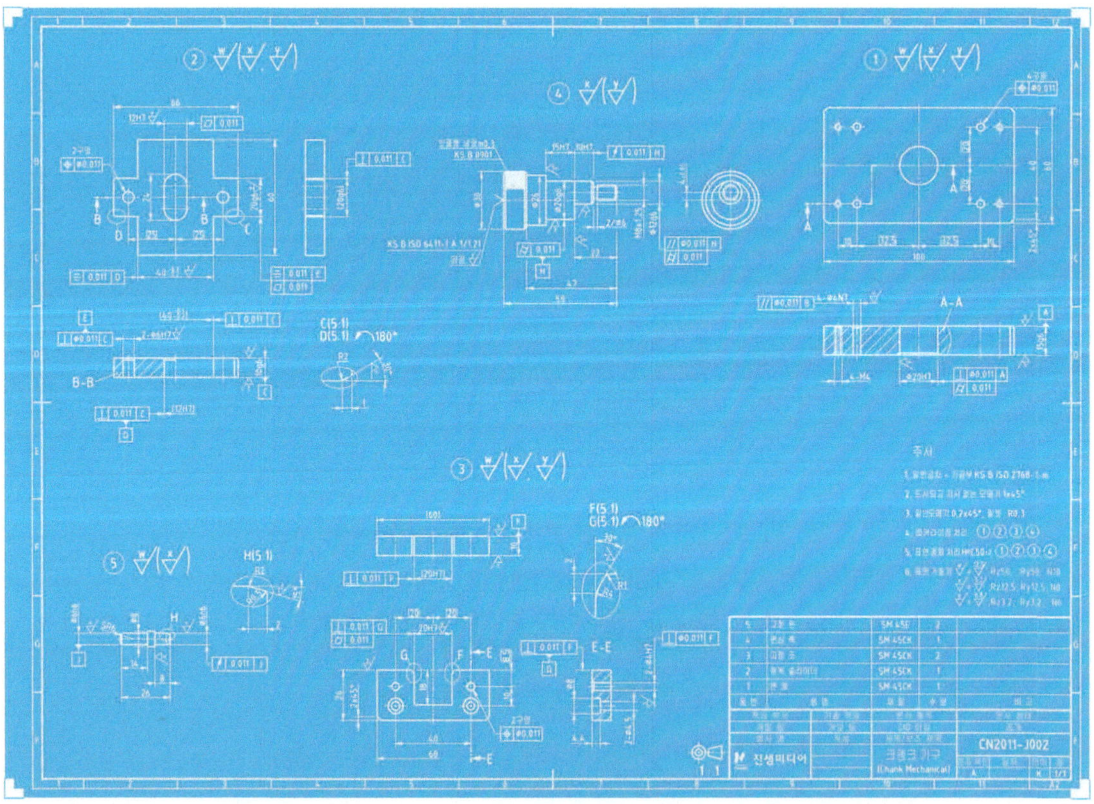

[그림 1.14] 청사진 도면(靑寫眞 圖面, Blue print drawing)

1.10 올바른 도면 해석의 중요성

① 설계(design)란 스케치나 도면으로 아이디어와 구상한 구체적인 내용을 그리거나, 해석을 하고, 개선하여 제품을 제작하여 생산하는 기술적인 행위를 말한다.

② 세계가 하나의 시장으로 형성된 오늘날에는 제품을 만들고 생산하는 회사들이 더욱 효율적이고 적극적으로 경쟁력을 확보하기 위해서는 보다 빠르고 정확한 정보, 자료를 교환할 수 있는 수단이 필요하다.

③ 「**기업 경영, 디자인, 상품 기획, 개발, 설계와 제도, 생산 기술, 공정 관리, 가공 및 조립, 검사, 품질 관리, 판매 및 구매, 설치, 사후 관리**」 등에 종사하는 모든 사람들이 설계의 내용을 한 치의 오해가 없이 보다 빠르고 정확하게 이해하도록 서로의 의사 교환이 이루어져야 한다는 것이다.

④ 설계 내용이 구체화되어 제작도로 사용되기까지는 여러 단계를 거치게 되는데, 설계팀의 구성원들이 설계 의도와 자기 역할을 충분하게 수행할 수 있는 의사전달 수단에 대한 설계 능력과 제도 규격, 가공, 조립, 검사, 설치, 보수 등에 대한 관계 지식과 이를 수행할 수 있는 기본 능력을 갖추어야 한다. 이는 현장에서의 문제점을 해결하고 또는 불량을 사전에 예측하고 제거하는 데 있어, 현장 경험이 반영된 설계(design)가 진정으로 훌륭한 설계(good design)인 것이다.

⑤ 또 공정, 생산 기술, 생산 관리, 가공, 검사, 조립, 설치, 보수팀이 구성원들은 원활하고 효율적인 작업과 생산시설의 배치 능으로 각 부분품(부품)들의 세부적인 설계 내용과 조립품의 설계 목적을 성공적으로 달성할 수 있도록 설계 내용을 정확하게 이해하고 판단할 수 있는 관계 지식과 도면 해석과 해독 능력을 갖추어야 한다. 그리고 더 좋은 가공 및 제작 품질을 위해서는 반드시 설계자와 서로 피드백(feedback)이 이루어져야만 하고, 설계에 개선 내용이 반영되어야 한다.

보충설명

▶ 지금까지 제도와 도면의 역사 및 우리나라에 제도 이론이 보급된 과정을 살펴보고 산업 초기부터 근대, 현대에 이르기까지 도면을 어떻게 제도 했는지를 살펴보았다.

▶ 이 단원에서는 다른 학습서나 교재들이 설명하지 못하거나 하지 않는 내용을 설명했는데, 제도 이론에 대한 역사를 알고 관련 분야에서 제도를 통한 도면을 읽어 해석 및 해독하고, 실제로 설계 도면을 작성 한다는 것은 우리말을 배우면서 한글 창제 과정을 아는 것과 마찬가지로 중요한 의미를 갖는다.

PART

2

도면 해석

도면 해석이란?
도면을 분석하여 이해하고, 숙지함으로써 여러 분야에 적용하고 활용하는 것이다.
이번 2장에서 다루고자 하는 주요 내용인 「도면 해석」에 대한 학습 목표를 알기 쉽도록 다음과 같이 요약하여 정리하였다.

학습 목표

1. 도면을 읽는다는 의미를 이해하고 설명할 수 있다.
2. 물체 모양의 이해를 위해 무엇부터 배워야 하는지를 알 수 있다.
3. 머릿속에 물체의 모양과 자세를 입체적으로 떠올리는 능력이 중요함을 알 수 있다.
4. 도면을 읽어내는 능력을 향상하는 방법은 입체적 도형(등각도)으로 그리는 연습이 필요함을 알 수 있다.
5. 3차원 입체적 도형을 연습하여 공간 지각력을 키운다.
6. 2차원 도면(평면도)과 3차원 도면(입체도)과의 연결성을 파악한다.
7. 도면을 활용하고 응용할 수 있는 능력을 키우고 배양한다.

PART

2 도면 해석

2.1 정 투상도와 등각 투상도

보충설명

다음 아래 도면을 볼까요?

그림 2.1과 그림 2.2에서 도시한 두 개의 도면들은 「**국가 기술자격 검정**」의 「**전산응용 밀링가공 기능사**」 수준의 실기 과제로 출제되는 두 개의 부품도이다.

이 책으로 학습하는 독자 여러분은 도면들을 접했으면서도 무심코 지나쳐 버렸기 때문에 본 적이 없다고 말하는 것일 뿐, 이제부터 도면을 자주 접하게 되므로 관심을 갖게 될 것이다.

만약 부품도 두 개를 「**밀링 머신**」으로 가공해야 하는 자격검정에 응시할 학습자라면 과제 해결에 주어지는 제한 시간 안에 두 개의 부품을 가공한 결과물을 제출해야 한다.

즉, 도면에서 요구하는 모양을 머릿속에 떠 올리고 가공 속도와 순서 등을 결정해 가공한 결과물을 제출해야 한다.

▶ 국가기술 자격검정은 법에 의해 일정한 자격에 해당하는 자격 수준을 갖추면 누구나 응시할 수 있으며, 자격 분야에 해당하는 종목의 직무를 수행할 수 있는 기본능력(기능수준과 숙련도)을 측정하여 일정 수준에 이르렀을 때 자격증을 주기 위해 국가기관에서 시행하는 시험을 말한다.

▶ 기계 분야를 비롯한 제도, 설계, 도면 등과 연관이 되어 있는, 원하는 종목의 자격증을 취득하기 위해서는 학습자 스스로 도면 해석의 기초부터 시작하여 단계별로 심화 학습과 응용을 지속적으로 연습하고 훈련하면 된다.

2.2 정 투상도와 등각 투상도의 비교(1)

자! 아래 도면을 볼까요?

그림 2.1에 도시한 도면을 보고 7~10초 안에 부품의 모양이 머릿속에 떠오른다면 또는 스케치 등으로 시행착오를 거쳐 형상의 윤곽을 정확하거나 비슷하게 구체화(정립) 시킨다면, 이 학습을 하지 않아도 될 정도의 대단한 **도면 독해(해석)** 즉, 도면을 보고 이해하는 능력을 가진 것이다. 그러나 이와 같은 경우는 거의 드물다. 따라서 이러한 **도면 독해 능력**을 키우려면 이 단계의 **도면 해석**부터 차근차근히 학습하길 바란다.

▶ 도면을 보고 부품 모양이 떠오른다면 이 학습서를 접어도 되지만, 모양을 떠올릴 수 있다면 그것은 평면으로 도시한 도면을 3차원 입체 도형으로 나타내는 공간 지각력이 우수하다고 말할 수 있다.
이 학습서를 만나 보다 정확하고 확실하게 도면의 해석을 숙지하여, 정해진 제도 규격으로 물체를 평면과 입체적으로 나타내는 즉 도면을 설계하는 능력을 키워보도록 하자!

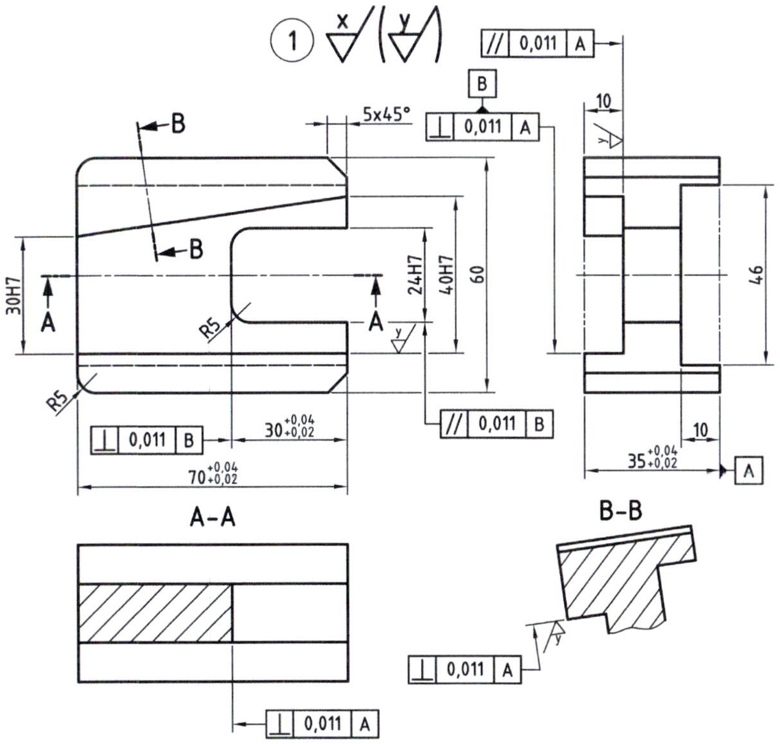

[그림 2.1] 정 투상 부품도(제3각 방법)

그리니 이 학습시를 모두 학습한 뒤 처음 이 단계로 돌아와 **그림 2.1**과 **그림 2.2**에 도시한 도면들을 틀림없이 쉽게 읽어낼 수 있게 될 것이다. 그 만큼 도면을 보고 이해하며 설계를 할 수 있는 능력을 키운 것이다.

그림 2.1과 **그림 2.2**는 같은 부품으로, 차이점은 **그림 2.1**은 2차원 도면으로 동일 평면(x–y 방향)에 도면을 그린 것이고, **그림 2.2**는 2차원 부품 도면의 모양(형상)과 치수를 참고로 하여 3차원 CAD에 의한 입체(x–y–z 방향)로 그린 3차원 도형이다. 또한 부품의 전체 모양(형상, 윤곽)을 누구나 알기 쉽게 이해하도록 명확히 보여주는 솔리드 모델링(solid modeling, 살이 모두 채워져 있는 모델링)이며, 경사를 주어 원근감을 갖도록 했으므로 이를 '등각 투상도'라고 한다. 등각 투상도로 도시한 3차원 입체 도형이다.

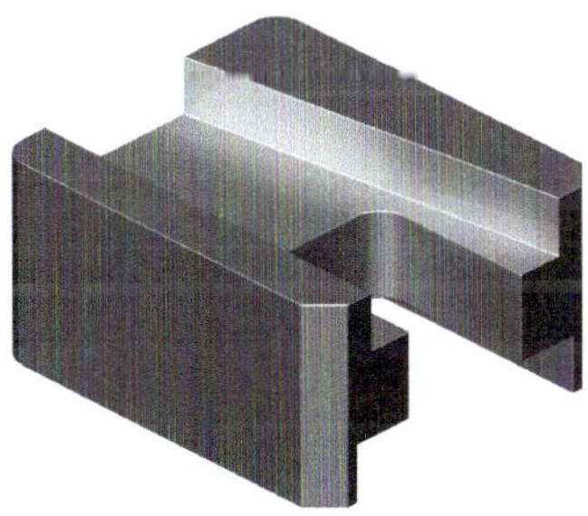

[그림 2.2] 등각 투상도(솔리드 모델링에 의한 렌더링 등각도)

보충설명

▶ 학습자가 산업 분야에서 맡을 직무(실무) 능력을 엄밀하게 훌륭히 발휘하기 위해서는 올바른, 정확한 도면의 해석 능력이 필수적으로 중요하다.

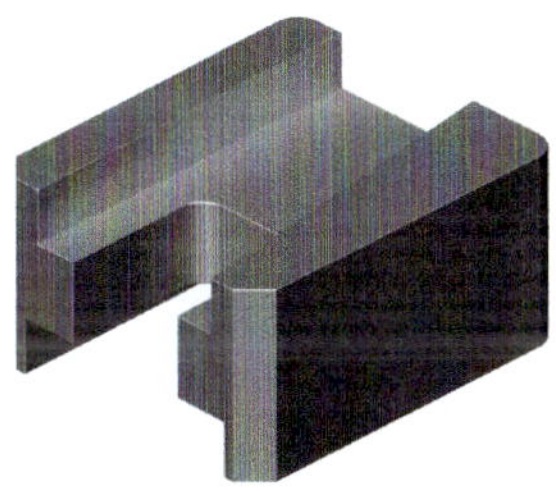

(a) 윗 방향 정면에서 본 등각 투상도

(b) 아랫 방향 저면에서 본 등각 투상도

[그림 2.3] 렌더링(rendering) 등각도

2.3 정 투상도와 등각 투상도의 비교(2)

다시, 아래 도면을 보면?

조립품을 만들기 위해서는 조립품을 구성하고 있는 각각의 부품이 서로 조립되어야 한다. 따라서 가장 기본이 되는 것은 각 부품에 대한 설계도(이를 '부품도', '부품도면'이라고 한다)에 있어, 부품도 전체는 물론 어느 특정한 부분에서도 도면을 정확하고 상세히 읽어낼 수 있어야 한다. 그림 2.4에서 도시한 예시 도면(부품도)을 보니, 위의 그림 2.1과 도면 배열이 뭔가 비슷하다. 이는 우리나라 제도규격 표준인 정 투상(제3각 방법, 제3각법)으로 부품도를 설계하고 그렸기 때문이다. 또한 중요한 사실은 각 도면의 기입치수와 모양을 서로 비교하면서 자세히 살펴 보면 서로 조립되는 부품들이다.

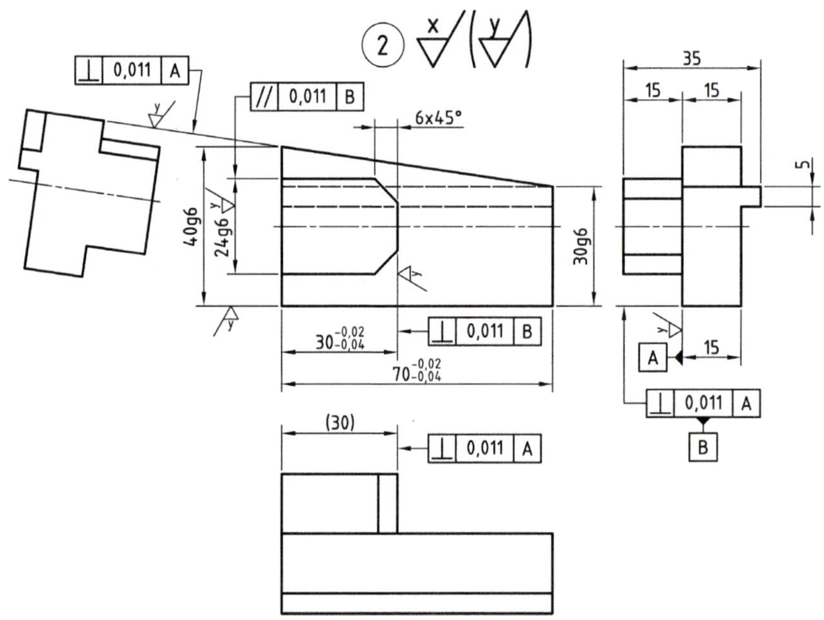

[그림 2.4] 정 투상 부품도(제3각 방법)

그림 2.5는 2차원 부품 도면(그림 2.4)의 모양(형상)과 치수를 참고로 하여 3차원 CAD에 의한 입체로 그린 3차원 도형이다.

[그림 2.5] 등각 투상도(솔리드 모델링에 의한 렌더링 등각도)

보충설명

▶ 사실은 그림 2.2와 그림 2.5에서 도시한 이 두 개의 부품은 서로 끼워 맞춰 조립되는 부품들이다.

(a) 윗 방향 정면에서 본 등각 투상도

(b) 뒤집어 배면에서 본 등각 투상도

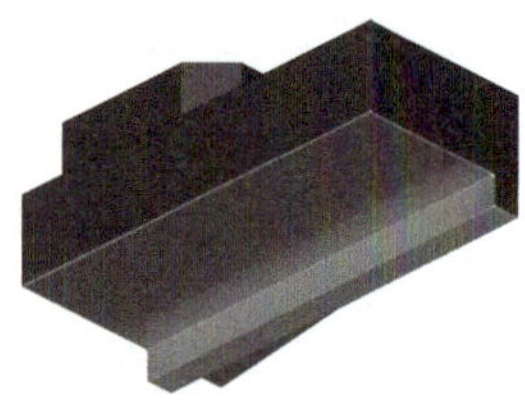

(c) 아랫 방향 저면에서 본 등각 투상도

[그림 2.6] 렌더링 등각 투상도(등각도)

2.4 렌더링 등각도로 그려진 부품들의 조립된 상태와 분해된 상태

그림 2.7에서 도시한 도면은 렌더링 등각도로 그려진 부품들의 조립 상태(조립도)와 분해된 상태(분해도)를 보여준다.

아래의 그림 2.7의 **(a)**와 **(b)**는 어느 한 방향 「**(등각 축)**」에서 바라본 모양들을 조립 상태와 분해된 상태로 도시하여 설명해주는 등각 투상도이다.

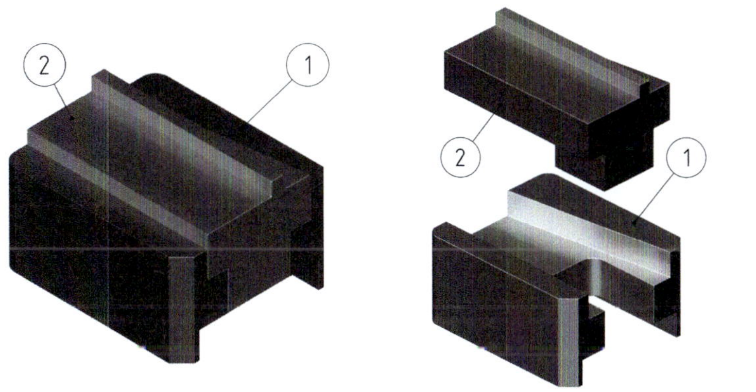

(a) 조립 상태의 설명 (b) 부품의 분해와 조립 순서 설명

[그림 2.7] 등각 투상도(솔리드 모델링에 의한 렌더링)

2.5 입체 도형(등각 투상도, 등각도)

다시, 다음 그림 2.8의 입체 도형(등각도)을 보도록 하자!

그림 2.8은 앞의 2.2절과 2.3절에서 설명한 정 투상 도면을 3차원 CAD로 「**솔리드 모델링(Solid Modeling)**」을 하여 「**렌더링(Rendering)**」으로 처리해 가공된 실제의 모습을 「**등각도(Isometric Drawing)**」로 여러 방향에서 본 모양을 보여주고 있다.

각각의 도면에서 부품의 모양을 머릿속에 잘 떠올리지 못한 학습자는 3차원 입체 렌더링 등각도를 보면 잘 이해할 것이다.

또한 실제로 손쉽게 시제품을 제작하는 3D(차원) 프린터 혹은 기계 가공된 실물을 가지고 있다면, 그림 2.8에서 보여주듯이 두 개의 부품을 각각 어느 방향에서 본 모양인지를 확인할 수 있을 것이다.

보충설명

▶ 기계도면에 관련된 전문 용어의 뜻을 정확히 이해하기 위해서는 인터넷 검색을 활용하거나 「기계용어 사전」을 직접 찾아서 이해하고 중요내용을 노트나 교재 등에 정리하는 것은 좋은 학습방법이다.

지금까지 여러분은 실물을 보고서야 물건이 이렇게 생긴 것이라고 생각했을 뿐이다.

그러나 차근차근 기본부터 배워 가면 어느덧 자신도 모르게 도면을 읽는 수준, 도면을 보고 이해하는 수준이 크게 향상되어 있을 것이다.

(a) ①번 부품

(b) ②번 부품

[그림 2.8] 각 방향에 본 모양(솔리드 모델링에 의한 렌더링)

2.6 실물을 보고 프리핸드로 스케치(Free hand sketch)한 등각 투상도

다음 그림 2.9는 실제의 부품을 보고 프리핸드로 스케치한 등각 투상도이다. 앞의 2.2절과 2.3절에서 보여준 모양과 같은 부품이라고 생각할 수 있을 것이다.

본 도면 해독의 기초 학습 과정에서는 주로 정 투상 방법에 의해 그려진 투상도를 읽고 실물 모양을 머릿속에 상상해내는 능력을 키우도록 한다.

여러분은 다음의 2.8절에서와 같이 자, 2D/3D CAD 등을 사용해서 실물 모양과 같이 그려낼 수 있는 능력까지 배우게 된다.

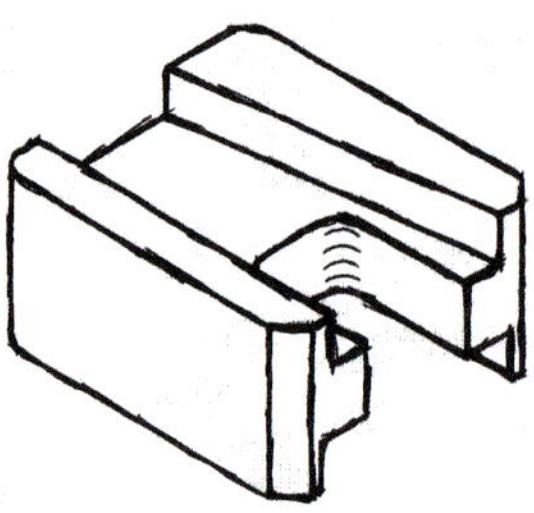

(a) ①번 부품

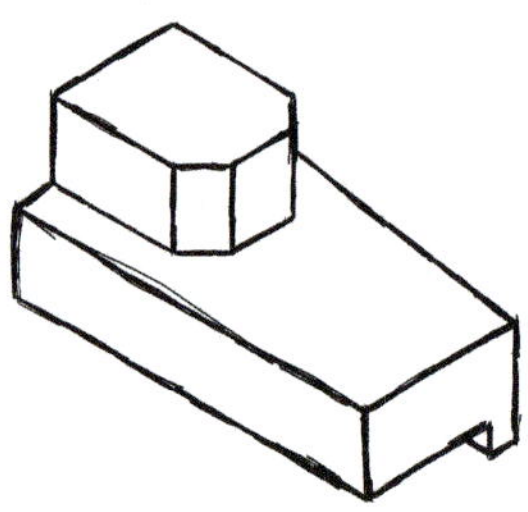

(b) ②번 부품

[그림 2.9] 프리핸드 스케치 방법으로 그린 입체적 도형

보충설명

▶ 요즘 컴퓨터(CAD)로 편하고 간단히 그리면 될 것을 하필 손으로 그려야 하느냐고 불평을 하실지 모르겠으나, 손으로 또는 삼각자 등으로 그릴 수 있는 원리를 터득하지 못하면 컴퓨터로 그린다 해도 어느 부분에서 막히게 된다.

이는 그림 2.9와 같이 손으로 그리면서 2차원 평면 도면의 숙지와 이를 기본으로 한 단계 높은 3차원 입체 도형을 그리려면 많은 도면 연습이 필요하기 때문이다.

지금 학습 단계에서 컴퓨터로 그리지 않는다고 불평하지 마세요!

2.7 꼭 도면에 의해서만 제품을 만들어야 할까?

① 일상생활에서는 자신의 생각을 정리하거나 그것을 다른 사람 또는 다른 나라에 전달하고자 할 때 문서나 말로 전달하게 되는 것은 당연하다.

그러나 산업 사회에서 생산되는 모든 제품은 그 모양, 구조, 크기, 자세, 위치, 정밀도, 표면의 거칠기, 가공 방법, 검사, 조립 및 설치방법 등을 만드는 사람들에게 설계 내용을 글이나 말로 충분하게 전달할 수 없다.

② 각 설계자와 제작에 참여한 사람들 사이에 의사소통을 할 수 있는 수단이 필요하게 되었는데, 설계자의 의도를 정확하고 빠르고 쉽게 전달할 수 있는 제도 규격이 필요하게 되었다.

이와 같이 제도 규격에 의해 설계자 의도를 빠짐없이 정확히 전달될 수 있도록 선, 문자, 기호로 종이에 그리는 것을 제도라 한다.

③ 이렇게 제도된 도면은 기계, 전기, 전자, 건축, 토목, 환경, 우주, 항공, 철도, 조선, 생활용품, 문화, 방송 등의 모든 분야에서 공통으로 폭넓게 사용된다.

④ 또 세계 어느 나라에서도 읽고 해석이 될 수 있어서 만국 공통언어라고 하며, 국제표준규격(ISO)을 기초로 각 나라별로 규격을 정했는데 우리나라는 KS규격으로 정해져 있다.

보충설명

▶ 복잡한 기계나 구조물, 설비의 제작과 완성은 한 회사나 한 나라에서 가공하지 않고 분야별로 전문화된 회사와 분업 생산 방식으로 제작 및 생산하게 된다.

▶ 분업 생산(또는 협업 생산)을 하게 되면 품질, 가격, 납기 등에서 유리하므로 도면은 각 산업분야나 각 나라에서도 통용되어야 도면으로서의 자격과 효용성을 갖게 되므로 만국 공통언어라고 하는 것이다.

▶ 어느 회사, 어느 나라, 어느 누가 만들어도 도면의 내용대로 똑같이 만들어야만 하니까, 따라서 도면의 표준화가 필수적이다.

2.8 프리핸드 스케치 도(圖)와 회화(繪畵)의 유사성

프리핸드 스케치(Free hand sketch) 도를 그리는 방법은 회화(繪畵)에서 그리는 방법과 유사하다.

산업용으로 쓰이는 프리핸드 스케치 도면은 정면을 선택하는 것, 쓰이는 곳에 따라 「**등각 투상 방법**」, 「**사 투상 방법**」, 「**투시 투상 방법**」 등이 나타내고자 하는 방법에 따라 일정한 규칙을 따르는 제도 방식이어야 한다. 그림 2.10은 등각 투상 방법으로 그린 입체 도형이다.

위 세 가지 방법을 포함해서 다른 방법까지도 실물과 같은 모양(형체) 또는 입체적인 그림의 결과물을 통틀어 「**입체도**」라고 불러왔다.

이제, 본격적으로 여러 가지 투상 방법을 제6장에서부터 학습하고 연습하게 되므로 여러분은 얼마 지나지 않아서 어떤 투상 방법으로 그렸는지를 구분할 수 있다.

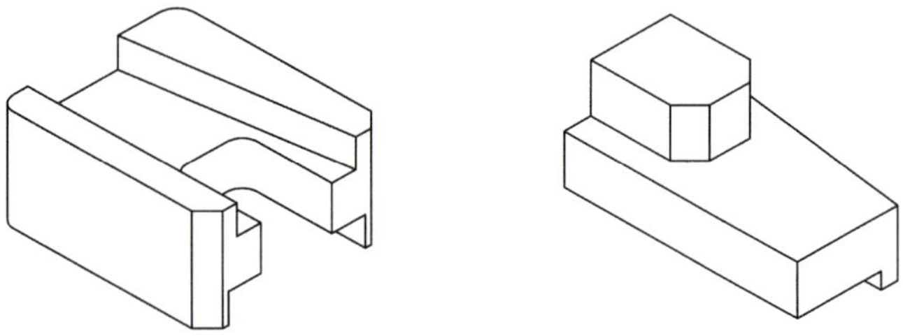

(a) (b)

[그림 2.10] 등각 투상 방법으로 그린 입체적 도형

2.9 과연, 아무나 도면을 읽을 수 있을까?

만약 아래 그림 2.11에 도시된 정 투상도의 도면을 보고 그 부품의 모양(형체)을 머릿속에 떠 올릴 수 있는 능력은, 곧 '도면을 읽는' 기본적인 능력이 있다는 의미이다.

일반적으로 정 투상도를 보고 입체 모양으로 형체와 구조를 떠 올릴 수 있는 수준의 단계를 소위 「**독도(讀圖)**」를 할 수 있다고 하는데, 그러면 독도(讀圖)의 의미는 무엇일까?

바로 아래 그림 2.11과 같은 부품도면(부품도, part drawing)을 보고 부품의 모양, 크기, 자세, 위치, 정밀도, 표면의 거칠기, 가공 방법 등을 해석하는 수준까지의 능력을 '도면을 읽을 수 있다.' 또는 '독도(讀圖)할 줄 안다.'라고 말할 수 있다.

산업 사회에서는 아래와 같이 만들어진 도면으로만 의사소통을 하게 되는데, 제품 설계가 끝나고 제도되면 생산되어 출고되기까지의 모든 과정에서는 반드시 규격화된 표준 도면이 필요하다는 뜻이다.

제도되기까지의 순서는 이미 앞에서 설명했으므로 도면이 필요한 각 부서를 나열해 보면

「**검도(檢圖, 설계 경력자 또는 책임자)**」 승인 → 「**출도(出圖)**」 승인 → 관련 회사, 구매 및 가공 부서, 생산 기술, 공정 관리, 품질 관리, 측정 및 검사 부서 등에 출도 → 도면의 영구 보관 → 활용

보충설명

▶ 미술 시간에 배웠던 스케치 화법과 달리 산업용 스케치 도(圖)는 일정한 규칙이 있다.

물론 정 투상 방법도 마찬가지로 일정한 규칙이 있는데 이것을 제도 규격이라고 한다.

▶ 독자 여러분에게 도면을 읽는 것이 얼마나 중요한지를 계속 설명해도 결코 심한 것은 아니라고 본다.

▶ 「어휴! 도면을 읽는다는 것이 너무 어려울 것 같은데요.」라고 생각할지 모르나 사실 그렇지 않다.

▶ 도면 읽기(reading), 해석(analysis) 그리고 제도(draft), 응용 설계(design)는 암기라기 보다는 꾸준한 학습, 연습, 훈련의 결과물인 것이다!

▶ 지금은 완전 초보이지만 얼마 지나지 않아 「어!!! 내가 이 정도까지???」라고 할 때가 바로 코앞이므로, 자신감을 갖고 따라 오길 당부드린다.

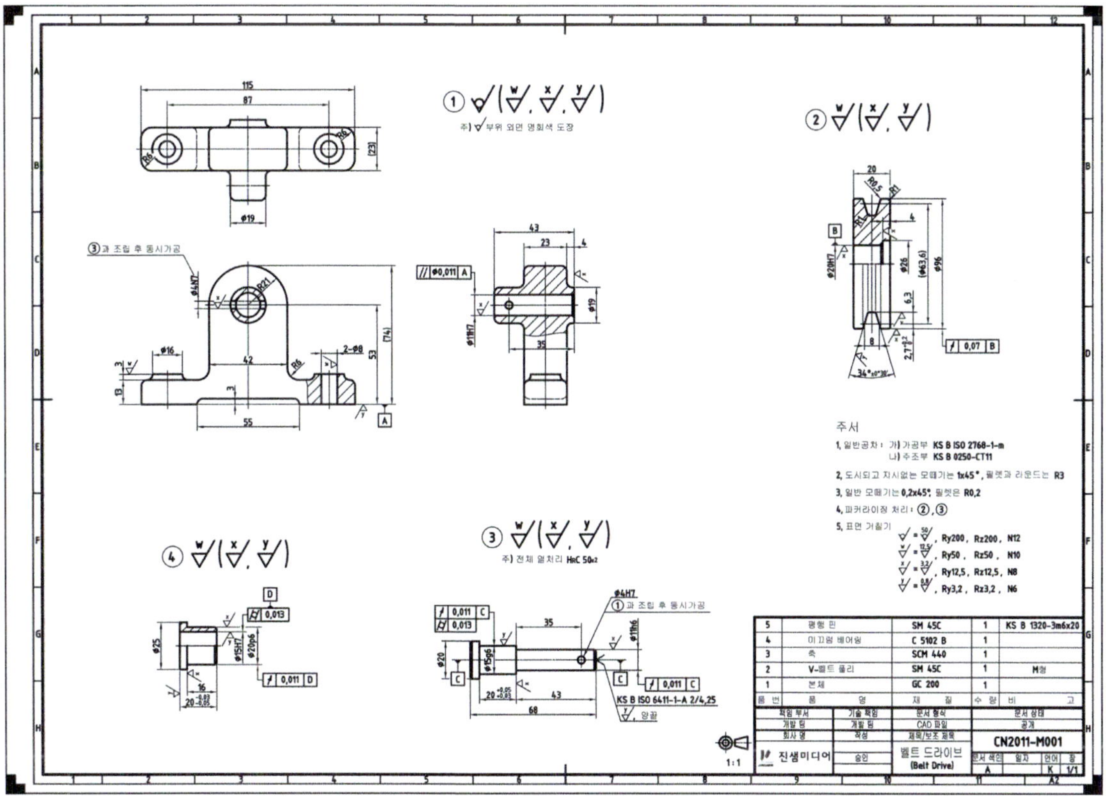

[그림 2.11] 정 투상 방법의 제3각 방법(제3각법)으로 그린 부품 제작도

PART

3

설계와 제도 그리고 도면이란?

앞에서 학습한 「도면 해석」을 기초로 하여 3장에서 다루고자 하는 주요 내용은 설계(Design)와 제도(Draft)란 무엇인가?
그 의미를 사례와 같이 자세히 알기쉽게 설명하고, 설계와 제도를 통해 도시된 도면(Drawing)을 구성하는 기본 사항과 제품의 생산 과정에 있어 도면의 필요에 대한 학습 목표를 설정하였다.
그리고 내용을 알기 쉽도록 다음과 같이 요약하여 정리하였다.

학습 목표

1 설계가 무엇인지 설명한다.
2 제도기 무엇인지 설명한다.
3 도면이 갖추어야 할 요건을 설명한다.
4 주위의 제품을 예로 들어 생산 과정에 있어 도면이 필요함을 설명한다.

PART

3 설계와 제도 그리고 도면이란?

3.1 설계(Design)

보충설명

설계란 무엇인지 설명해 볼까요?

생활용품(제품 또는 상품), 기계, 구조물, 설비 등을 생산하기 위해서는 어떻게 사용하고, 어디에 설치하며, 어떤 모양으로 만들어서, 얼마의 가격으로 판매할 수 있는지를 면밀하게 검토해 생산 여부를 결정하는 것을 기획(企劃)이라고 한다. 정확히는 제품 기획 또는 상품 기획이다.

기획된 내용을 검토해 의사결정이 되면 구체적으로 개발계획을 세우게 되는데, 이러한 내용을 종합해 정리하고 기록하는 기술을 설계(design)라고 한다.

제품이 설계대로 만들어지도록 하기 위해서는 설계자가 구상하고 계획한 상세하고 세부적인 내용들을 빠짐없이 구체화된 도면으로 만들어서 각 협력업체나 생산 부서 및 작업자에게 배포하게 된다.

- ▶ 기획 단계에서는 시장조사를 하여 수요자(회사 또는 소비자 등)에 대한 수요 예측으로 품목, 개발비, 납기, 판매가 등 개발 전략과 계획, 더불어 경영진 판단을 위한 내용을 정리한다.
- ▶ 설계 단계에서는 경영진이 결정한 내용에 따라 구상하고 기획한 목표에 필요한 세부 내용을 관계부서와 논의를 거쳐 큰 줄거리로 정리하고 경영진 또는 위임받은 관리자에게 보고하게 된다.
- ▶ 경영진 또는 관리자는 기획내용이 적합한지(적합성 · 타당성)를 판단하여 수정 및 보완한 후, 최종적으로 결정하여 개발을 시작하게 되는 구체적인 작업이 바로 설계이다.

3.2 제도(Drafting)란?

다시, 제도에 대해 알아볼까요?

설계에서 요구하는 제품의 모양 및 구조 등을 선으로 표시하고 문자 및 기호로 크기, 자세, 다듬질 정도, 정밀도, 거칠기, 가공 방법 등을 표시하여 빈틈없이 전달하는 단계가 필요하게 된다.

설계자 의도를 포함해 만들어질 제품의 모든 내용(제품 정보)을 세밀하게 표현하는 작업을 제도(drafting)라고 한다.

제도는 그리는 사람과 보는 사람이 똑같이 이해할 수 있도록 미리 약속으로 정해진 제도규격에 의해서 이루어져야 한다.

- ▶ 손으로 직접 그리는 프리핸드 작업과 자 등의 제도용구를 사용해 작업하는 방법 및 CAD 컴퓨터를 이용하는 것을 통틀어 「제도를 한다」라고 한다.
- ▶ 제도하는 사람과 보는 사람 모두에게 서로 약속한 내용으로 설계내용을 빈틈없이, 정확히 전달하기 위해서 필요한 규칙을 제도규격 또는 규정이라 한다.

제도는 기계 시설의 준비, 재료 준비, 공구 준비, 공정 관리, 가공, 측정 및 검사, 조립, 포장 등의 생산 활동에 필요한 모든 내용이 담겨지도록 해야 한다.

광고, 운반, 설치 등의 판매 활동 및 사용 설명, 고장 수리를 위한 조립·분해 방법의 설명 등에 이르기까지 널리 공통으로 사용되도록 제도해야 한다.

보충설명

▶ 본 학습 과정에서는 제도하는 방법을 배우는 것이 아니라, 제도된 내용 중에서 모양(형상·형체)을 이해하는 과정이니 크게 걱정할 필요가 없다.

3.3 도면이 갖추어야 할 요건

그럼, 도면은 무엇을 갖추고 있어야 할까요?

- 모양, 크기, 자세, 위치, 거칠기, 재질, 가공 방법, 정밀도 등이 포함되어 있어야 한다(정보의 종합성).
- 이해하기 쉽도록 알기 쉬운 방법으로 간단하게 제도되어 있어야 한다(정보의 간략성).
- 애매하지 않도록 명확하게 제도되어 있어야 한다(정보의 명확성).
- 모든 산업 분야와 기술 교류가 되는 규격으로 제도되어 있어야 한다(정보의 보편성).
- 국제적 통용이 가능한 도면으로 제도되어 있어야 한다(정보의 국제성).
- 복사, 마이크로필름(micro film)촬영, 보존, 검색 등이 쉽고 확실하도록 충분한 내용과 양식을 갖추고 있어야 한다(정보의 보편성과 편리성).
- 또한 도면이 활용 되도록 서로 호환 가능한 양식으로, 표준이 되어 있어야 한다(정보의 호환성과 표준화).

▶ 정보의 종합성

▶ 정보의 간략성

▶ 정보의 명확성

▶ 정보의 보편성

▶ 정보의 국제성

▶ 정보의 보관성과 편리성

▶ 정보의 호환성과 표준화

3.4 실제로 상품화 된 제품의 사례

아래에 도시된 그림 3.1을 참고하여, 실제로 상품화 된 제품을 예로 들어, 앞에서 설명한 내용을 정리해 보자.

① **개발 동기(Motive)** : 1996년 봄에 저자들은 기초 도형 그리기 용구로 조잡하고 그리기 힘든 컴퍼스(compass)가 시중에 판매되고 있다는 것을 알고, 전문가 수준의 정밀한 제품이 필요하다고 생각한 것이 개발 동기였다.

② **기획(Plan)** : 수요에 대한 시장조사를 하고 생산방식과 디자인을 개선해 제품을 개발하면 제도와 기계도면의 학습에 도움이 되겠다는 생각에서 개발비, 생산 및 판매방법, 가격 등을 기획했다.

③ **아이디어 스케치(Idea sketch), 형상화 스케치** : 상세 설계(detail design)에 들어가기 전에 제품 형상화를 위해 그림 3.1과 같이 아이디어를 구상하고 형상화 스케치를 했다.

④ **설계(Design)** : 사용성, 가격(가성비, 가격 대비 성능), 생산성 등을 검토하고 핵심 구조, 모양, 색상을 고려한 디자인 등의 중요 내용을 설계하였다. 그리고 그림 3.2에 도시한 것처럼 바로 시제품 제작과 양산 제작을 위한 상세 설계(detail design)를 진행하였다.

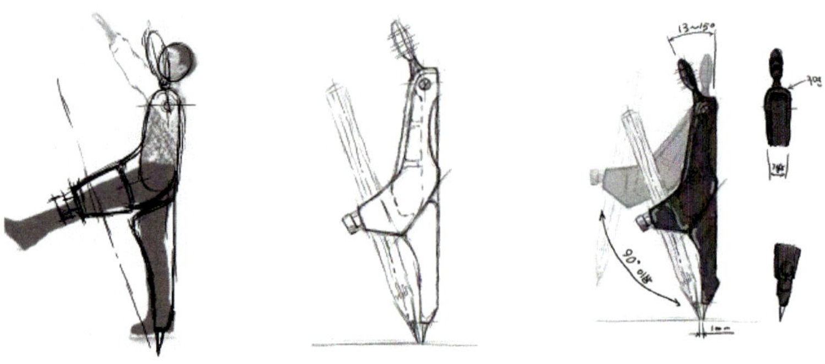

(a) 아이디어 획득　　(b) 형상화 스케치　　(c) 설계(design)

[그림 3.1] 아이디어 구체화 단계

보충설명

▶ 그림 3.1은 피겨 스케이팅의 회전 동작에서 한 쪽 다리를 중심(회전 중심축)으로 팔 동작에 의해 안전하게 회전하는 모습에서 아이디어를 얻었다.

한 쪽 다리는 회전 중심축이 되고, 펼친 팔 동작은 회전을 원활하게 해주는 '회전 모멘트'에 의한 공학적 원리가 담겨 있다.

▶ 파라메트릭 솔리드 모델링 과정은 기하학적인 치수와 형상을 자유롭게 변수를 주어서 제어함으로써 마치 실제 모양의 모델(model)을 만들어낼 수 있는 컴퓨터 소프트웨어에 의한 모델링(modeling) 설계 기법이다.

이 과정에서는 또한 각 부분의 구조, 응력 등의 요소해석을 하여 간섭 체크 및 조립 조건, 가해지는 힘에 따른 응력, 변형, 공차 적용 등의 사전 검증을 손쉽게 할 수 있다.

▶ 파라메트릭 솔리드 모델링 과정에서는 결과가 만족스럽지 않을 경우 파라메트릭 솔리드 모델링 결과를 용이하게 변경할 수 있다.

파라메트릭 솔리드 모델링과 연동하여 설계 최적화(최적설계)를 하기 위해서 시뮬레이션 소프트웨어(CAE, Computer Aided Engineering, 컴퓨터 응용해석)와 연결해 검토하게 되면 기능, 간섭 등의 검증과 함께 외력에 따른 응력, 응력분포와 변형률 해석 등으로 설계 최적화를 할 수 있게 된다. 이를 '구조해석'이라 한다. 3차원 CAD로 하는 설계에서는 설계의 최적화를 위해 일반적으로 널리 사용되고 있다.

⑤ **파라메트릭 솔리드 모델링(Parametric solid modeling) :** 설계안이 제시되면 제작용 부품 도면을 제도하게 되는데 전문 3차원 소프트웨어가 탑재된 3D CAD(Computer Aided Design, 컴퓨터 지원설계)로 구조, 모양, 부품 간의 간섭을 피하면서 어셈블리 모델링(assembly modeling)을 하여 제대로 기능, 즉 동작과 필요 성능이 잘 발휘 되는지를 검토하는 과정을 거친다.

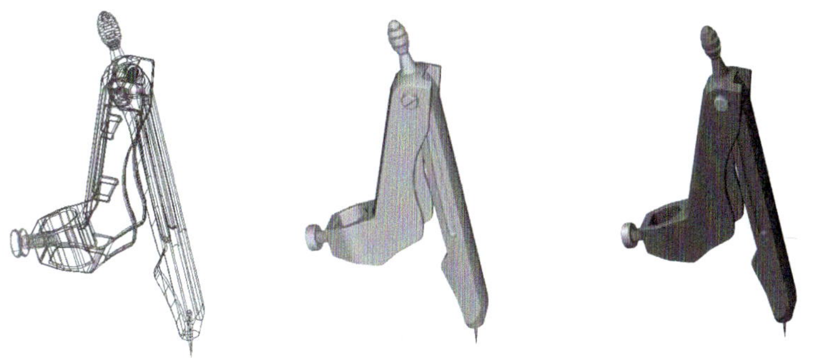

(a) 솔리드 모델링　　(b) 렌더링 그래픽　　(c) 래피드 프로토타이핑

[그림 3.2] 설계의 최적화(최적설계)

⑥ **그래픽(Graphic)화, 래피드 프로토타이핑(Rapid prototyping) :** 설계안이 최적화에 이르면 렌더링 그래픽(rendering graphic)으로 가상의 실물을 재현하고 설계안을 보다 구체화시킴으로써 그림 3.3과 같이 제품을 미리 가상으로 볼 수 있게 된다.

⑦ **제도(Drawing or Drafting) :** 설계안이 최종 확정되면 제도 작업을 한 후 설계 내용 즉 상세 설계(detail design)에 대해 검도 과정을 거쳐 책임자의 승인을 받고 관련 회사 또는 부서로 제공되어 제작 및 생산에 들어가게 된다.

보충설명

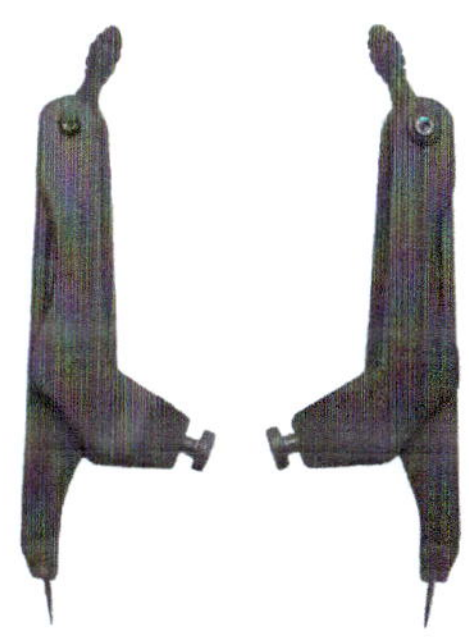

[그림 3.3] 생산된 실제 제품

▶ 실제 모양과 색상으로 래피드 프로토타이핑(쾌속 시제품 가공 및 제작) 과성이 완성되면 생산 과정에 사용되도록 부품의 분해, 조립을 설명하는 작업 지시서, 소비자의 사용 설명서(매뉴얼), 광고 등에 사용된다.

그림 3.4는 앞에서 설명한 3차원 CAD에 의한 최종 모델링 제품을 2차원 CAD로 변환한 후 제3각법에 의한 제도 규칙에 따라 도면화와 실제 제품 크기로 상세 치수를 기입하여 설계한 설계도면(설계도)이다. 평면으로 된 제도 용지에 이와 같은 상세 설계 내용을 그린 것을 도면(drawing)이라 하며, 도면으로 나타내는(도시하는) 즉 도면화 하는 작업을 제도(drafting)라고 한다.

보충설명

▶ 2차원 CAD로는 일반적으로 AutoCAD가 널리 사용된다.

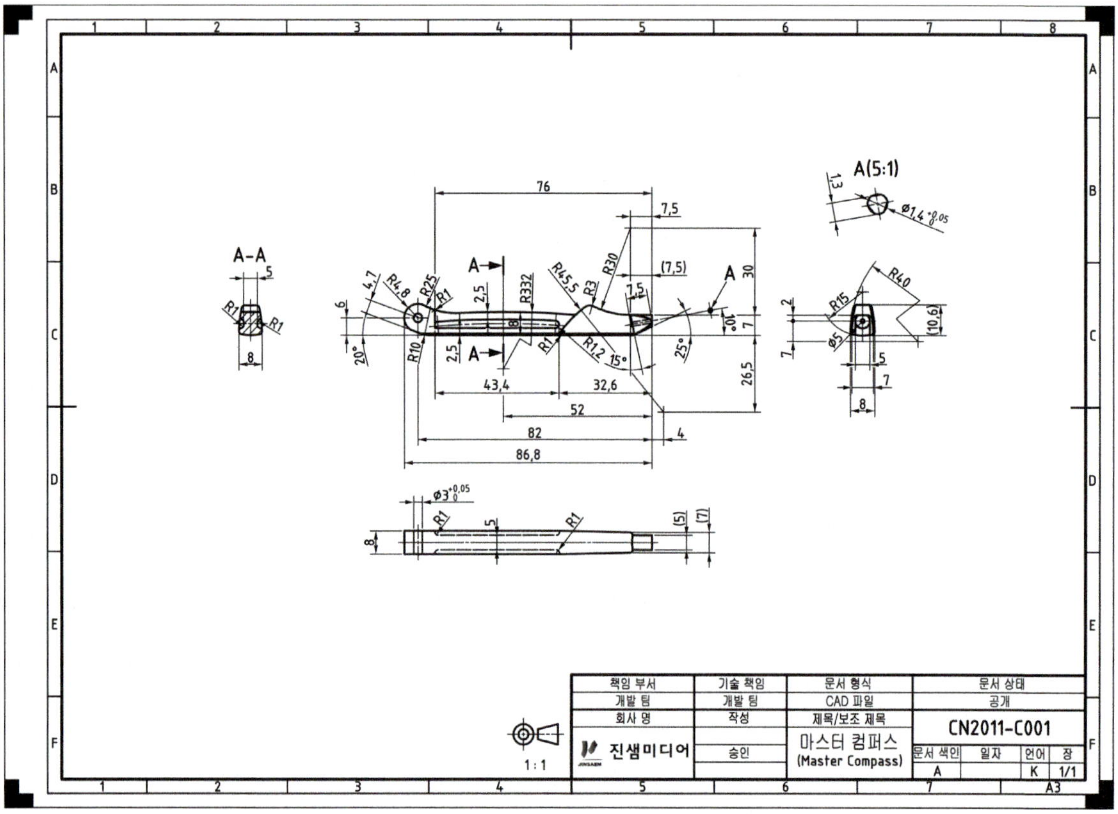

[그림 3.4] 제작용 도면(부품명: 마스터 컴퍼스)

⑧ **변형(응용) 설계** : 하나의 설계 안이 결정되고 생산이 되면, 품질 향상, 원가 절감, 또는 사용자의 요구 등에 의해 구조 변경, 모양 변경, 크기 변경(변형 또는 응용 설계), 기능(성능) 개선과 향상 등을 자유자재로 할 수 있어서 제품 다양화로 소비자의 욕구를 충족 시켜주는 것은 물론 동시에 기능 향상, 생산성 향상, 원가 절감을 할 수 있다. 이러한 개선을 위한 설계를 '변형 설계, 응용 설계, 개선(개량) 설계'라고 한다.

▶ 변형(응용) 설계의 목적은 제품의 기능(성능) 향상, 품질 향상, 원가 절감, 공정 개선 등으로 생산성 향상을 이루는 데 있다.

즉 설계와 제도 및 생산 과정에서 컴퓨터를 거치게 되면 생성된 파일(file)을 이용해서 다양한 제품을 생산할 수 있으므로 처음 생성한 설계 파일 등의 활용 범위는 다양하다.

따라서 제품의 다양화(이를 제품의 '포트폴리오'라 한다)를 위해 핵심 기능을 유지한채 약간 또는 대폭의 디자인 변경도 가능하며 이에 따른 구조 변경, 모양 변경, 크기 변경 등을 기본 파일을 이용하여 쉽게 변경, 변형, 자유자재로 수정할 수 있어 제도와 설계의 효율을 높힐 수 있다. 그림 3.5는 앞에서 설명한 바와 같이 변형(응용) 설계를 반영하여 최초에 만들어진 제품을 개선(개량)하여 제작해 생산된 '마스터 컴퍼스(Master Compass)'라는 명칭의 제품이다. 그림 3.6은 변형 설계에 의해 생산된 실제 제품이다.

[그림 3.5] 제품의 변형 설계로 생산된 최초 제품

보충설명

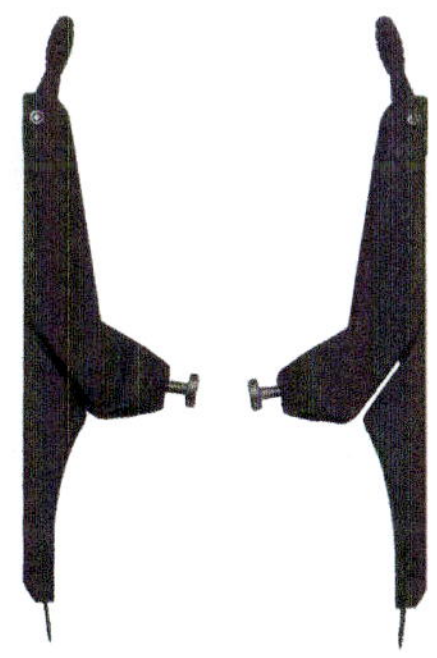

[그림 3.6] 변형 설계에 의해 생산된 실제 제품

- 처음 개발한 제품은 생산성 향상을 위해 플라스틱 금형(몰드 금형)에 의한 제작방식으로, 전체 재질은 엔지니어링 플라스틱을 사용했으나, 재료원가가 높아 이를 개선하기 위해 구조를 좀 더 견고하게 하고 외형을 부드러운 디자인으로 응용 설계를 한 제품이다.

PART

4

투상선 이해하기

4장에서는 도면을 제도(작도)하기 위해 투상선을 이해하도록 한다. 선들이 만나 면을 이루고, 면들이 모여 입체 도형을 만든다.

제3각법을 알기 위해 기본 학습인 '투상선 이해'에 대한 자세한 설명과 연습문제를 실습하며, 올바른 해답을 얻는 학습과 훈련을 병행할 것이다.

이는 도시된 도형과 도면(Drawing)을 이해하기 위한 기본이며 필수적인 학습 내용이다.

내용을 알기 쉽도록 다음과 같이 요약하고 정리하여 학습 목표를 설정하였다.

학습 목표

1. 긋는 방법(선의 모양)에 따른 명칭과 종류를 설명한다.
2. 선의 굵기에 따른 명칭과 종류를 설명한다.
3. 선의 모양과 형태를 구분하여 명칭, 종류, 용도를 설명한다.
4. 물체의 보이는 윤곽을 나타내는 외형선에 대해 설명한다.
5. 물체의 보이지 않은 윤곽을 나타내는 숨은선에 대해 설명한다.
6. 도형의 중심을 나타내는 중심선에 대해 설명한다.
7. 투상선(외형선, 숨은선, 중심선)으로 나타내는 물체를 분석하고 구분할 수 있도록 한다.
8. 2차원 도형을 보고 선의 명칭을 설명할 수 있도록 한다.
9. 선의 사용과 목적을 명확히 이해하도록 한다.

PART 4

투상선 이해하기

4.1 모양과 긋는 방법에 따른 선의 명칭과 종류

선의 모양과 긋는 방법에 따른 명칭과 종류를 알아볼까요?

선은 끝까지 바로 긋거나, 짧게 긋고 띄어 긋는 것을 반복하거나, 길게 긋고 띄어 짧게 긋는 것을 반복하여 그어진 모양에 따라 아래 그림 4.1과 같이 4종류로 나눈다.

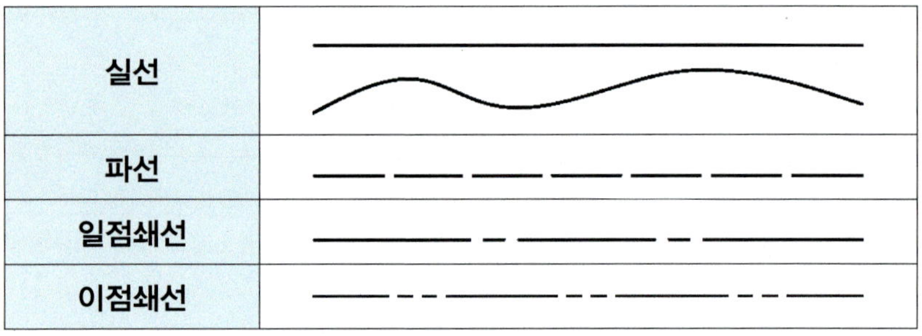

[그림 4.1] 선의 모양에 따른 종류

4.2 굵기에 따른 선의 명칭과 종류

그럼, 굵기에 따른 선의 명칭과 종류를 알아볼까요?

앞에서 설명한 선의 4종류는 굵기와 상관없으나 사용하는 곳(용도)에 따라 굵은 선이냐? 또는 가는 선이냐? 로 구분한다.

따라서, 그림 4.2와 같이 굵은 실선과 가는 실선, 굵은 파선과 가는 파선, 굵은 일점쇄선과 가는 일점쇄선, 굵은 이점쇄선과 가는 이점쇄선으로 구분한다.

보충설명

- 선을 긋는 방법에 따른 구분은 도면을 제도함에 있어서 오로지 4종류밖에 없으며 국가 기술자격 검정 이론시험에 자주 출제된다.
- 4종류의 선을 이용해서 직선, 원, 원호 등을 컴퍼스나 자로 바르게 긋는데, 이 중에서 실선 긋기에는 자유롭게 긋는 자유 실선도 있으며 컴퓨터를 사용해 제도할 때도 마찬가지이다.
- 다만 쓰이는 곳(용도)에 따라 가늘게 또는 굵게 긋느냐, 직선 또는 곡선이냐, 또는 자유직선이냐 곡선이냐 등이 있다.

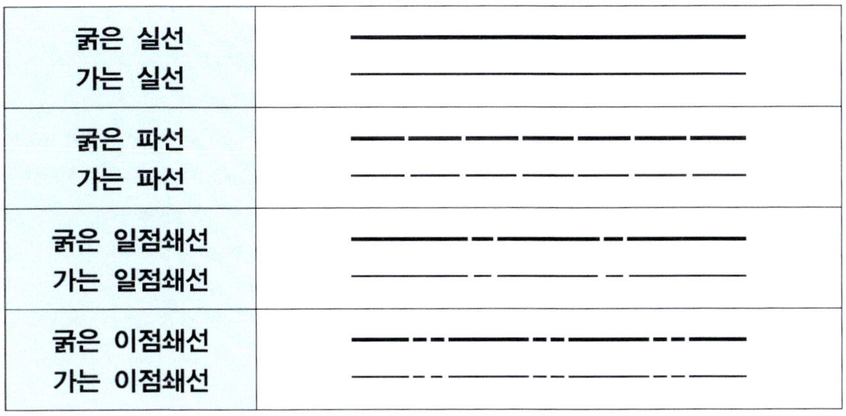

[그림 4.2] 선의 굵기 별 종류

보충설명

▶ 이 4가지 선을 각각 굵은 선, 가는 선으로 다시 나누면 모두 8가지의 선 종류가 된다.

다만, 굵은 이점쇄선만이 제도에 사용하지 않는다는 것을 명심하길 바란다.

4.3 실제 제도에 사용되는 선들의 명칭과 종류

그러면, 실제 제도에 세부적으로 사용되는 선들의 명칭과 종류를 알아볼까요?

앞에서 설명한 선 모양을 굵기로 구분해 도면에 사용되는 선들의 명칭과 용도를 표 4.1에서 자세히 설명한다.

[표 4.1] 선의 명칭과 용도

용도별 명칭	굵은 선과 가는 선 구분		선의 용도
	명칭	선 모양	
외형선	굵은 실선	────	대상물의 보이는 부분 모양(외형)을 표시하는데 사용
치수선	가는 실선	────	치수를 기입하는데 사용
치수 보조선			치수를 기입하기 위하여 도형으로부터 끌어내는데 사용
지시선			기술·기호 등의 표시를 위해 끌어내는데 사용
회전 단면선			도형 내에 그 부분의 끊은(절단한) 곳을 90° 회전시켜 표시하는 데 사용
중심선			도형의 중심을 간략하게 표시하는데 사용
수준면선			수면, 유면 등의 위치를 표시하는데 사용
숨은선	가는 파선 또는 굵은 파선	– – – –	대상물의 보이지 않는 부분의 모양을 표시하는데 사용
중심선	가는 일점쇄선	── - ──	(1) 도형의 중심을 표시하는데 사용 (2) 중심이 이동한 중심궤적을 표시하는데 사용
기준선			특히, 위치 결정의 근거가 된다는 것을 명시할 때 사용
피치선			되풀이하는 도형의 피치를 취하는 기준을 표시하는데 사용

특수 지정선	굵은 일점쇄선		특수한 가공을 하는 부분 등 특별히 요구 사항을 적용할 수 있는 범위를 표시하는데 사용
가상선	가는 이점쇄선		(1) 인접 부분을 참고로 표시하는 데 사용 (2) 공구, 지그 등의 위치를 참고로 나타내는데 사용 (3) 가동 부분을 이동 중의 특정한 위치 또는 이동 한계의 위치로 표시하는 데 사용 (4) 가공 전, 가공 후의 모양을 표시하는데 사용 (5) 되풀이 하는 것을 나타내는데 사용 (6) 도시된 단면의 앞쪽에 있는 부분을 표시하는데 사용
무게 중심선			무게 중심을 연결한 선을 표시하는데 사용
파단선	불규칙한 파형의 가는 실선 또는 지그재그 선		대상물의 일부를 파단한 경계 또는 일부를 떼어낸 경계를 표시 하는데 사용
절단선	가는 일점쇄선으로 끝 부분 및 방향이 변하는 부분을 굵게 한 것		단면도를 그리는 경우, 절단 위치를 대응하는 그림에 표시하는데 사용(절단면 표시)
해칭선	가는 실선으로 규칙적으로 줄을 늘어 놓은 것		도형의 한정된 특정 부분을 다른 부분과 구별하는데 사용 보기를 들면, 단면도의 절단된 부분을 나타내는데 사용하며, 절단된 단면을 해칭(hatching)으로 나타낸다.
특수 용도의 선	가는 실선		(1) 외형선 및 숨은선의 연장을 표시하는데 사용 (2) 평면이란 것을 나타내는데 사용 (3) 위치를 명시하는데 사용
	아주 굵은 실선		얇은 부분의 단면 도시를 명시하는데 사용

(1) 수준면선은 ISO 128(Technical drawing-General principles of presentation)에는 규정되어 있지 않다.
(2) 가상선은 투상으로 도면에는 나타내지 않으나, 편의상 필요한 모양을 나타내는 데 사용한다. 또 기능상, 제작상의 이해를 돕기 위하여 도형을 보조적으로 나타내기 위하여도 사용된다.
(3) 절단선은 다른 용도와 혼용할 염려가 없을 때에는 끝 부 및 방향이 변하는 부분을 굵게 할 필요는 없다.
(4) 가는 선, 굵은 선, 아주 굵은 선의 굵기 비율은 1 : 2 : 4로 구분한다.

4.4 선의 중요성

지금부터는 선의 중요성을 설명한다.

앞에서 학습한 내용으로 알 수 있듯이 규칙적으로 또는 프리핸드로 그린 것이거나, 굵거나 가는 선으로 모양을 나타내는 그림은 입체도이며 선을 사용하지 않고는 그릴 수가 없다.

또 도면을 제도할 때도 선의 굵기와 선의 모양으로 물체(사물)의 의미를 부여하여 그리게 되는데 앞의 표 4.1에서와 같은 내용의 일정한 규정을 갖고 있기에, 제도(작도)를 하는 사람이나 도면을 읽는 사람 모두가 정확히 이해하는 것이 필요하기 때문에 아주 중요하다.

도면을 바르게 읽고 알기 쉽게 이해하기 위해서 투상도를 구성하는 외형선, 숨은선, 중심선의 중요성에 대해 우선 학습한다. 또한 투상도의 학습에 앞서 이해하기 쉬운 입체도(등각 투상도)를 예로 들어 설명하고자 한다.

보충설명

- 선은 도면을 제도할 때 기본으로 사용되므로 그리는 사람이 물체의 모양을 나타낼 때도, 읽는 사람이 물체의 모양을 이해할 때도 아주 중요하다.
- 물체의 모양을 나타낼 때 필요한 선들은 외형선, 숨은선, 중심선으로만 나타내기 때문이다.
- 입체도라고 함은 등각 투상도, 사 투상도, 투시 투상도를 통틀어 말하는 것으로서 회화적인 그림으로도 의미가 있기 때문에 정확히 구분할 필요가 있다.

4.5 외형선(外形線, Outside line)

앞에서 도시하고 설명한 그림들에서 사진을 제외하고 대부분이 「**실선(實線, Continuous line)**」의 모양으로 그어진 것이다. 실선은 「**물체의 보이는 윤곽을 그리는데 사용하는 선**」이라 하여 외형선이라고 한다.

실선의 모양을 우리는 점이 연속으로 이어진 선이라고 정의하며 정 투상도 제도에서 보통 가장 가늘게 사용하는 외형선(A4용지에 그려진 도면 기준) 굵기는 0.35mm이다.

이례의 입체적 그림 4.3에서와 같이 평면과 평면이 만나는 윤곽을 나타낼 때는 굵은 실선의 외형선으로 긋는다(왼쪽 입체적 그림에서의 화살표는 보는 방향임).

- 입체적 도형이나 정 투상도로 물체의 윤곽 모양을 나타낼 때 우선 무조건 사용되는 선이 외형선이다.

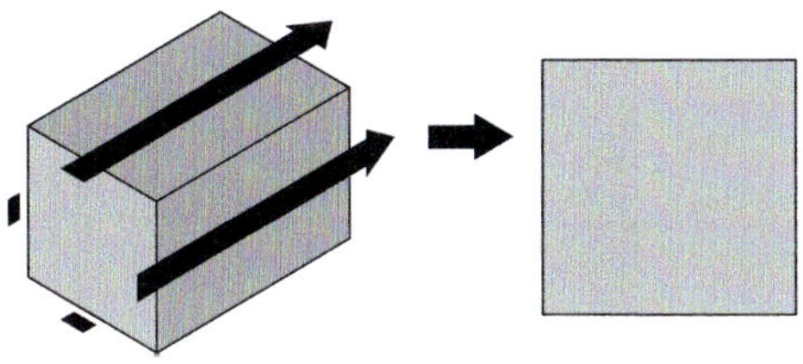

[그림 4.3] 직사각형의 윤곽

아래의 입체적 **그림 4.4**에서와 같이 평면과 평면, 평면과 경사면, 경사면과 경사면이 만나는 윤곽을 나타낼 때는 굵은 실선의 외형선으로 긋는다.

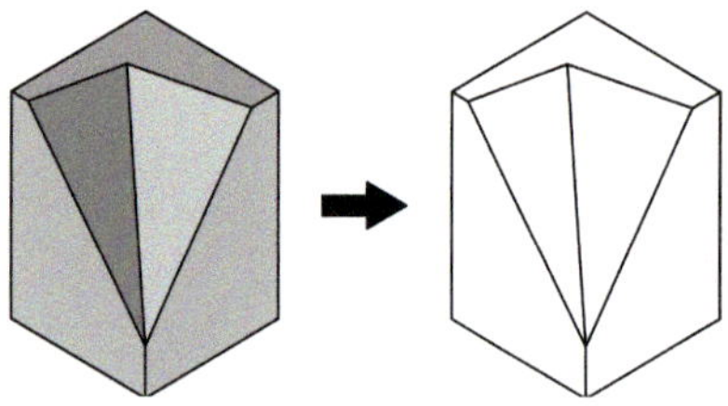

[그림 4.4] 평면과 평면(또는 경사면)이 만나는 윤곽

그림 4.5에서와 같이 원통면과 평면이 만나는 윤곽을 나타낼 때는 굵은 실선의 외형선으로 긋는다.

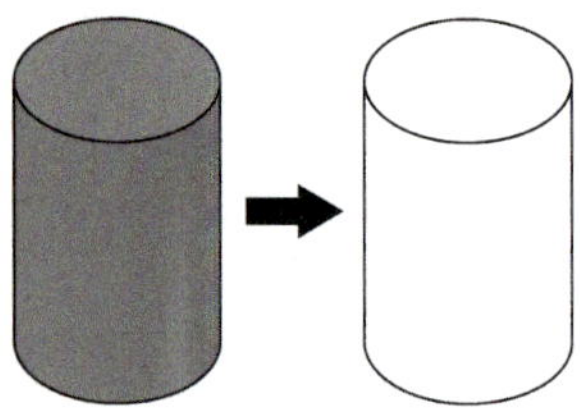

[그림 4.5] 원통면과 평면의 만남 및 원통의 윤곽

또 **그림 4.6**에서 안지름의 경계는 물체의 윤곽과 공간의 경계(능선, 稜線)를 나타내므로 굵은 실선의 외형선으로 긋는다.

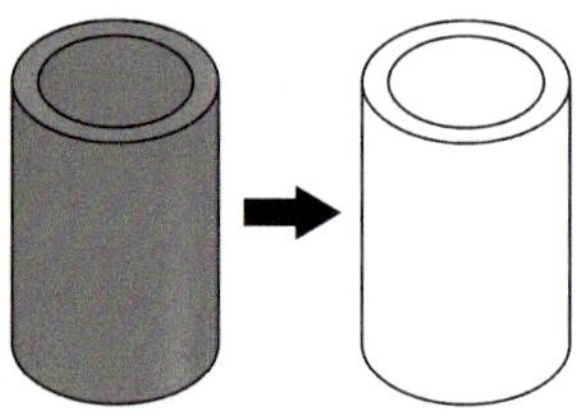

[그림 4.6] 원통의 윤곽과 공간의 경계

아래 **그림 4.7**에서 굵은 실선으로 그려진 **(a)**와 같은 평면과 평면이 만나는 윤곽, **(b)**와 같은 평면과 곡면이 만나 연장된 윤곽을 나타낼 때도 외형선으로 긋는다. **(a)**에서 표시된 화살표는 보는 방향을 표시한다.

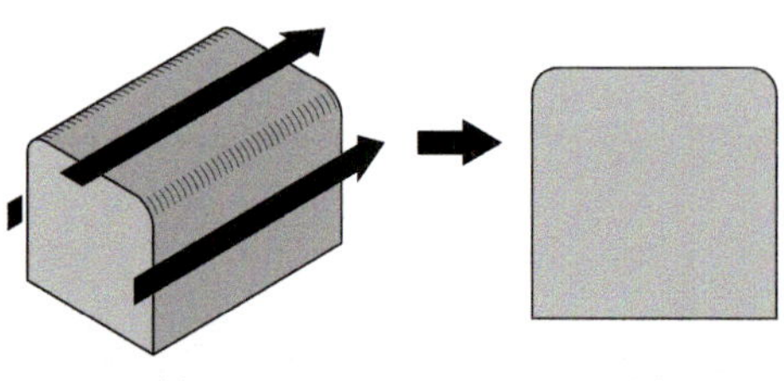

(a) (b)

[그림 4.7] 평면과 곡면의 만남과 윤곽

보충설명

▶ 보이지 않는 부분의 면이 만나는 선을 어떻게 표시해야 할까?

바로 다음 학습 내용에서 설명하려고 한다.

▶ 한 가지 명심해야 할 부분은 물체의 윤곽은 실물을 봤을 때도 마찬가지이지만 입체도로 나타낼 때도 평면과 평면, 평면과 경사면, 경사면과 경사면, 평면과 곡면, 곡면의 한계 등을 나타낼 때 사용하는 선이다.

따라서 외형선과 외형선 이음의 끝은 항상 「**맞닿아 있어야 한다**」는 것이다.

정리해보면,
외형선은 물체의 보이는 윤곽(능선)을 나타내는 선이라고 기억해 두면 된다.

즉 **그림 4.8**의 **(a)**와 **(b)**에서 보여주는 바와 같이 입체 도형은 능선 윤곽이 뚜렷하도록 음영(陰影)효과를 주기 위해 굵은 실선과 가는 실선을 같이 사용하는 방법도 있다.

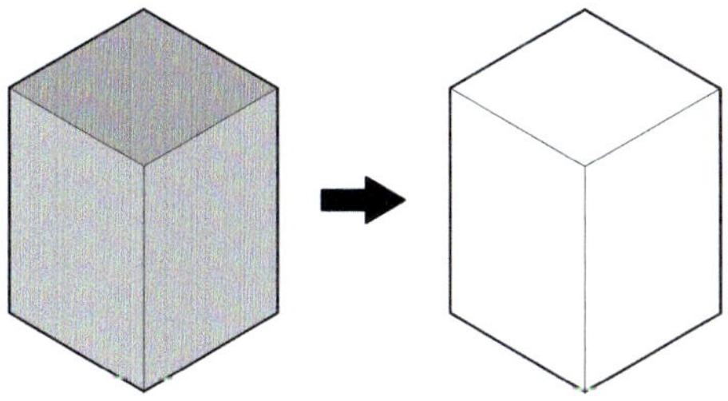

(a) 직육면체의 입체감 효과 처리(굵은 실선과 가는 실선의 혼용)

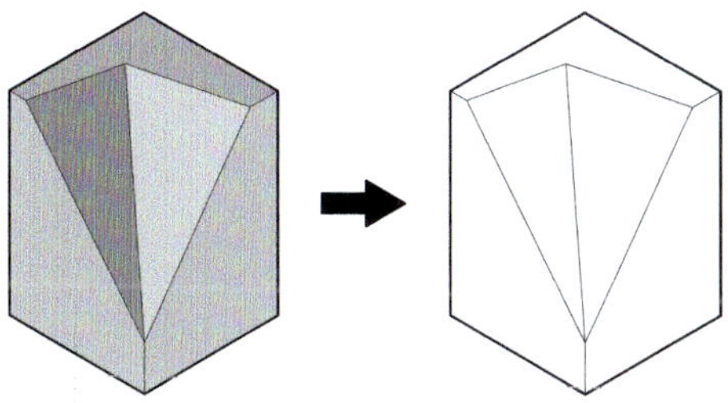

(b) 평면과 경사면이 있는 직육면체의 입체감 효과 처리

[그림 4.8] 직육면체의 입체감 효과 처리

이외에도 도형을 그리는데 사용되는 외형선(굵은 실선 또는 가는 실선)의 사용 예를 좀 더 설명하고자 한다.

그림 4.9와 **그림 4.10**에서 보여주는 입체적 그림들은 물체의 입체감을 주기 위해 굵은 실선과 가는 실선을 사용하여 외형선으로 긋는 예를 설명하고 있다.

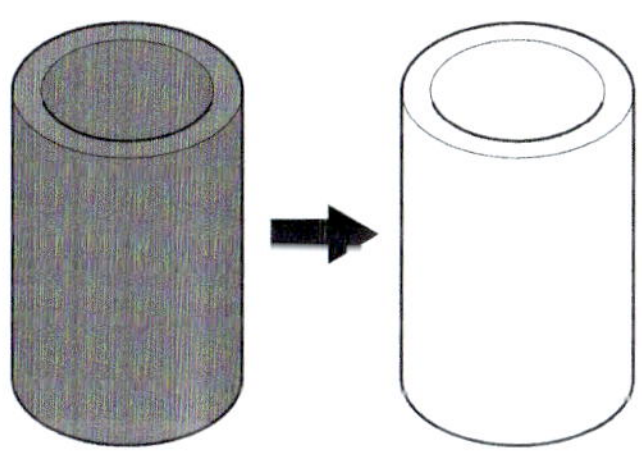

[그림 4.9] 입체적 도형에 렌더링 처리와 렌더링이 없는 음영 처리

(a)

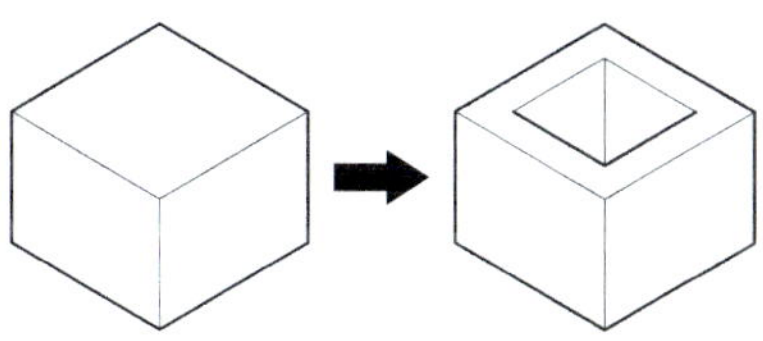

(b)

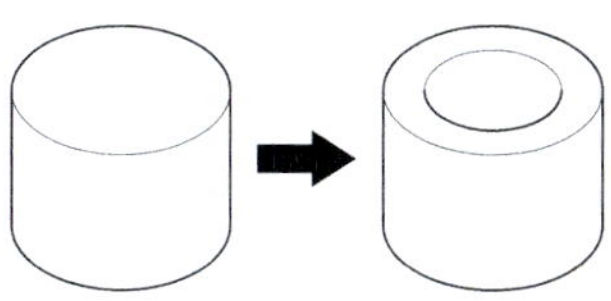

[그림 4.10] 입체적 도형에 랜더링 처리가 없는 음영 처리

보충설명

▶ 평면과 경사면의 윤곽 등을 가는 실선과 굵은 실선으로 음영 처리하여 입체감 효과를 주는 보기이다.

▶ 손작업에 의해서나 컴퓨터로 솔리드 모델링을 생성하여 입체적 도형(등각 투상도)을 그릴 때 시선을 기준으로 하여 물체의 윤곽인 능선(稜線)을 굵은 실선으로 그려 음영 처리를 하기도 한다.

▶ 또한 렌더링(rendering)은 입체 도형에 색상을 입혀 여러 가지 시각적 효과를 통해 물체(사물)이 실체감을 강조하고, 제품에 있어서는 제품이 완성되기 전에 팸플릿, 카탈로그에 사용하거나 일러스트레이션 등에 이용되기도 한다.

4.6 숨은선(은선, 隱線, Hidden line)

앞의 4.5절에서 설명한 그림들에서 사각기둥, 원기둥의 보이지 않은 부분에 대한 설명을 하고자 한다.

즉, 그림 4.11에서 보여주는 바와 같이 긋는 선으로서 「**물체의 보이지 않는 윤곽을 나타낼 때 사용하는 선**」을 숨은선이라고 한다.

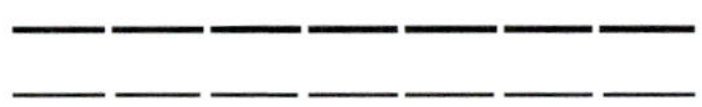

[그림 4.11] 굵은 숨은선과 가는 숨은선

숨은선은 위 그림 4.11과 같이 짧게 긋고, 띄어 반복해 긋는 방법의 선을 파선(破線, dashed line)이라 하며, 선 모양으로 붙여진 명칭으로서 도면을 읽을 때는 「숨은선」이라고 해야 한다.

그림 4.12 **(a)**의 입체적 그림은 보이지 않은 윤곽을 숨은선으로 나타냈으나 입체적 모양의 설명에 부족함이 없으면 **(b)**와 같이 입체적 도형과 같이 숨은선 긋는 것을 생략한다.

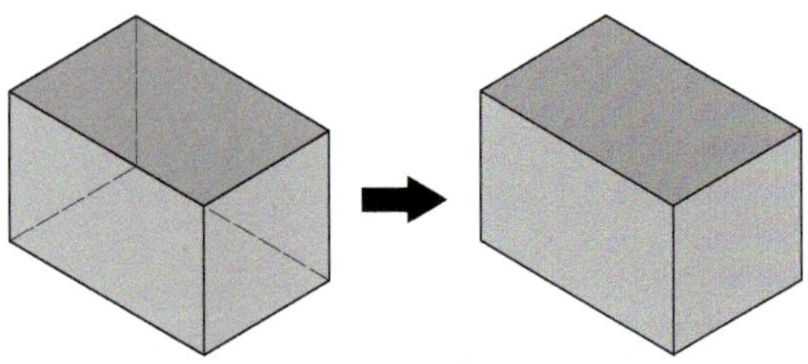

(a) 숨은 윤곽과 숨은선　　　　(b) 숨은 윤곽의 선긋기 생략

[그림 4.12] 입체적 도형의 숨은선과 숨은선 긋기 생략

다음 그림 4.13과 그림 4.14에서 보여주는 입체적 도형은 원기둥과 원통의 보이지 않은 윤곽을 숨은선으로 그어진 것이 물체의 모양을 이해하는데 지장을 주지 않으므로 숨은선 긋기를 생략한 것을 설명하고 있다.

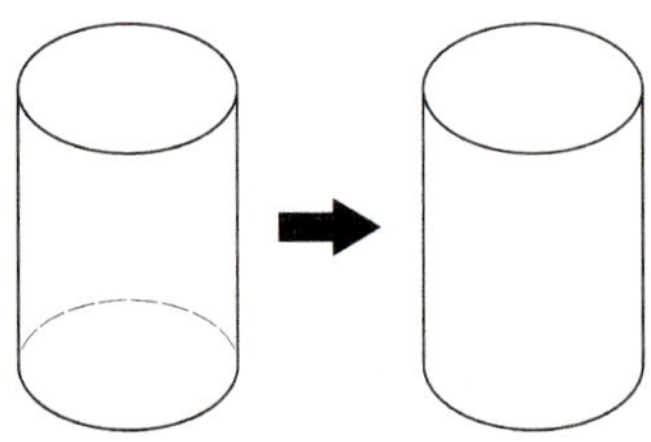

[그림 4.13] 원기둥의 숨은선 긋기와 생략

보충설명

▶ 물체를 입체도로 그릴 때는 보이지 않는 윤곽을 나타내지 않는 것이 보통인데, 이는 숨은선까지 모두 나타내면 오히려 물체의 모양을 이해하는데 지장을 주기 때문이다.

〈그럼, 숨은선 읽을 때 조심해야겠네요?

예, 그렇습니다.〉

▶ 제도할 때 가급적 숨은선으로 그리는 것을 자제해야 하며, 읽는 사람은 물체의 모양이 머릿속에 그려질 때까지 확실하게 이해를 해야 한다.

숨은선 읽기가 그만큼 어렵고 중요하다는 뜻이다.

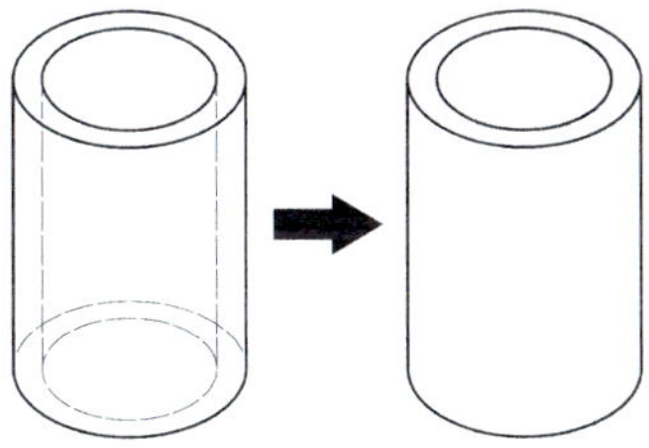

[그림 4.14] 원통의 숨은선 긋기와 생략

아래 그림 4.15에서 도시한 입체적 도형은 파진 부분을 명확하게 나타내고, 이해하기 쉽도록 불가피하게 숨은선을 그어 특징적인 모양을 나타내는 것을 설명하고 있다.

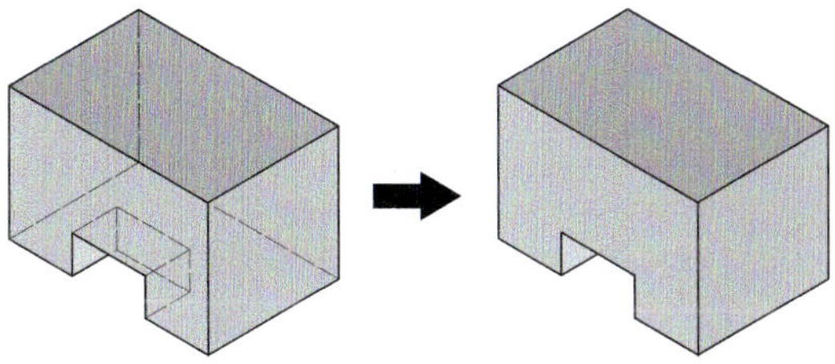

(a) (b)

[그림 4.15] 숨은선 긋기를 억제한 입체적 도형

다음 그림 4.16에서 도시한 입체적 도형은 부품들(필름 통과 뚜껑)이 조립된 상태의 숨은선 긋기를 설명하고 있다.

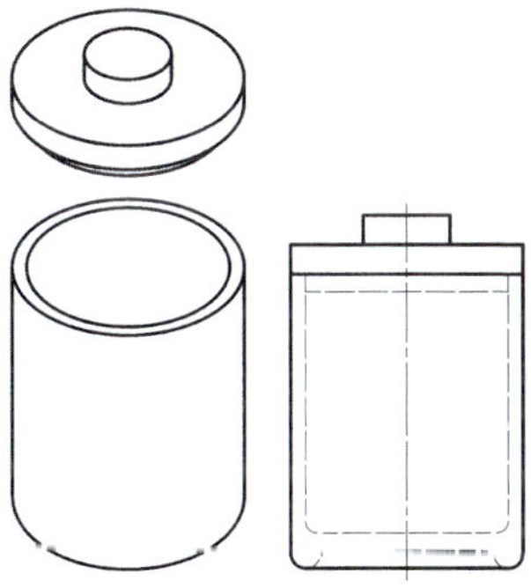

[그림 4.16] 숨은선 긋기로 나타낸 조립상태

그림 4.17에서는 숨은선 긋기를 생략하는 방법으로 중심선을 사용해 한쪽을 잘라내고 그린 것이다.

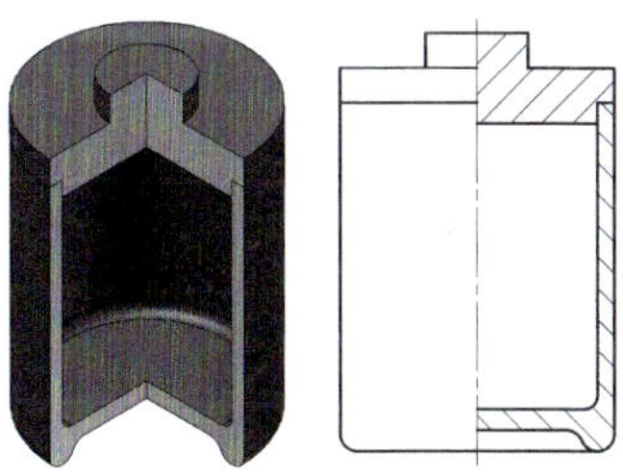

[그림 4.17] 숨은선 긋기를 생략한 방법

보충설명

▶ 입체적 도형 즉, 등각 투상도에는 특별히 필요하지 않는 이상 중심선을 긋지 않는다.

▶ 그림 4.15에서 도시한 바와 같이 입체적 도형에서는 가급적 특징적인 부분을 명확히 나타낼 때는 (a)와 같이 숨은선 긋기를 한다. 만약 밑의 중앙에 파진 사각형 부분(홈)을 숨은선 긋기로 나타내지 않는다면 도중에 막혀 있는 것인지, 아니면 완전히 뚫려 있는 것인지(이를 '관통'이라 한다)를 전혀 알 수가 없다.
(b)는 숨은선 긋기를 억제하는 방법으로 외형선 긋기만을 한 입체 도형이다.

▶ 숨은선은 그리기도 어렵지만 읽는데도 어려우므로 그리는 사람은 가급적 숨은선을 긋지 않고 제도하는 것이 중요하다.

▶ 그림 4.17에서 도시한 방법은 제도법의 하나로 중심선을 사용해 한쪽은 겉모양(외형), 한 쪽은 안 모양(단면)을 나타내면 그리기도 좋고 읽기도 쉽다.

4.7 중심선(中心線, Center line)

앞의 내용에서 주로 사례로 설명한 도형은 사각기둥, 원기둥이었는데, 외형선과 숨은선을 설명하기 위해 중심선 긋기를 생략했다.

위의 표 4.1에서와 같이 가는 일점쇄선은 「**도형의 중심을 나타낼 때 사용하는 선**」이다. 그림 4.18은 일점쇄선의 굵기 종류를 나타낸다.

[그림 4.18] 일점쇄선의 굵기 종류

그림 4.19에서부터 그림 4.24까지 중심선이 사용된 여러 사례를 보여주고 있다.

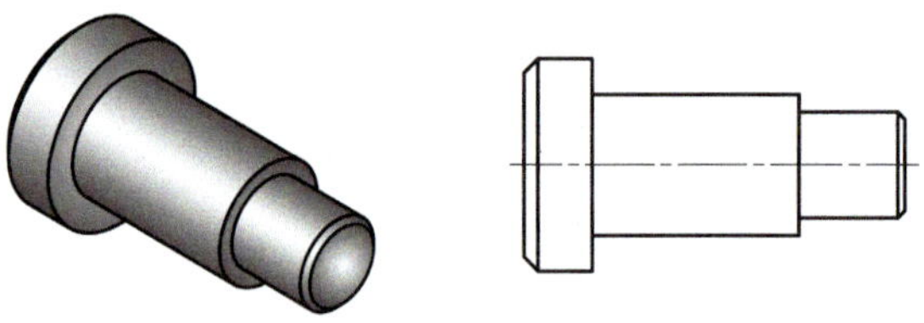

[그림 4.19] 원기둥의 대칭 중심선

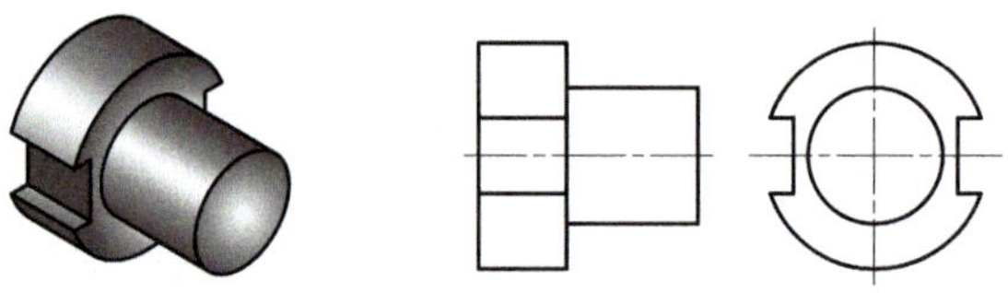

[그림 4.20] 두 개의 원기둥과 홈의 대칭 중심선

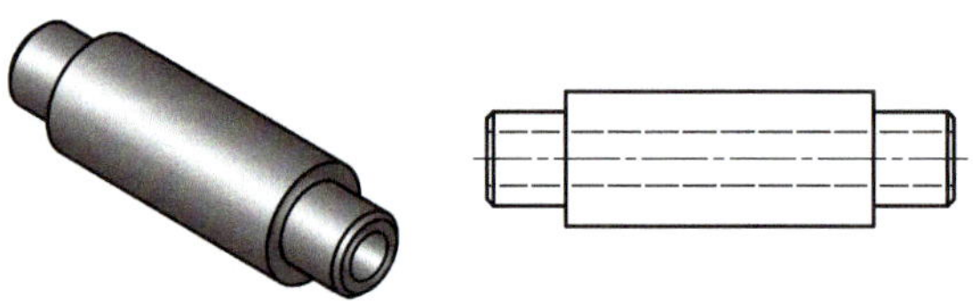

[그림 4.21] 원기둥과 원통 구멍의 대칭 중심선

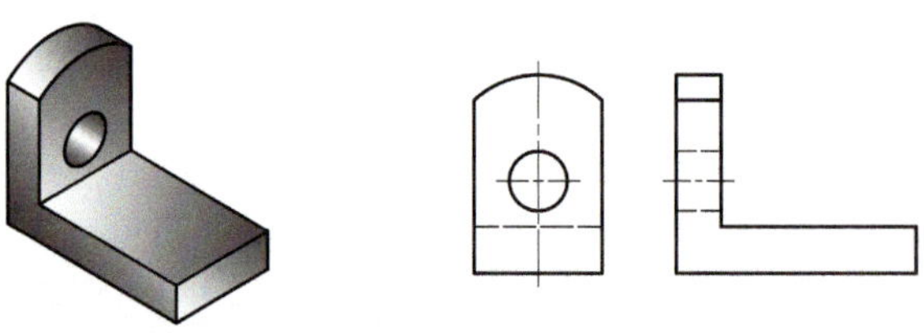

[그림 4.22] 원통 구멍과 도형의 대칭 중심선

보충설명

▶ 굵은 일점쇄선으로 긋는 특수 지정선은 아래 그림 4.30과 그림 4.31에서 설명하는 바와 같이, 특수한 가공을 해야 하는 부분 등의 특별한 요구 사항을 적용할 때 그 범위를 나타내는 선으로서 도형을 읽어 모양을 이해하는데 사용하는 선이 아니다.

▶ 중심선은 선들 중에서 가장 많이 사용되므로 해석 또한 중요하다.

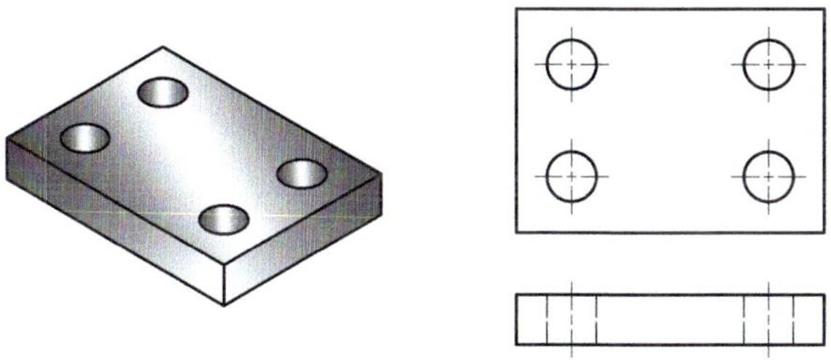

[그림 4.23] 각각의 원통 구멍의 중심을 표시하는 중심선

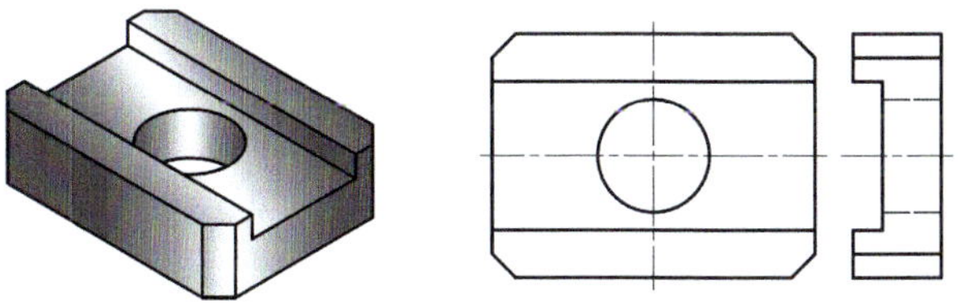

[그림 4.24] 원통 구멍과 홈의 대칭 중심선

중심이 이동하는 궤적(軌跡)을 나타낼 때 아래 그림 4.25와 같이 가는 일점쇄선으로 긋는데 이를 중심선이라고 한다.

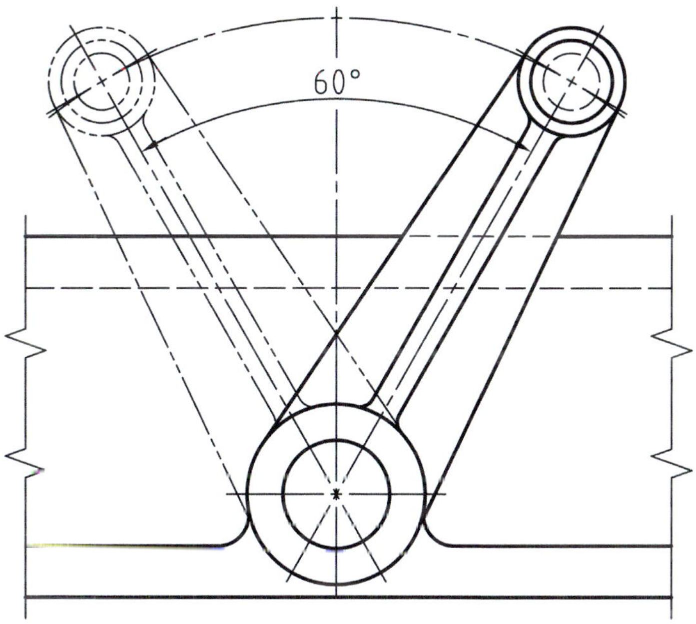

[그림 4.25] 중심이 이동하는 궤적을 나타내는 중심선

보충설명

▶ 가는 일점쇄선은 도형의 중심을 표시하는 데 사용하며, 또한 중심이 이동한 중심궤적을 표시하는 중심선으로 사용한다.

아래 **그림 4.26**에서 도시한 도형에서 홈의 위치 결정의 근거가 되는 것을 나타낼 때 가는 일점쇄선으로 긋는데 이를 기준선이라 한다.

(a)

(b)

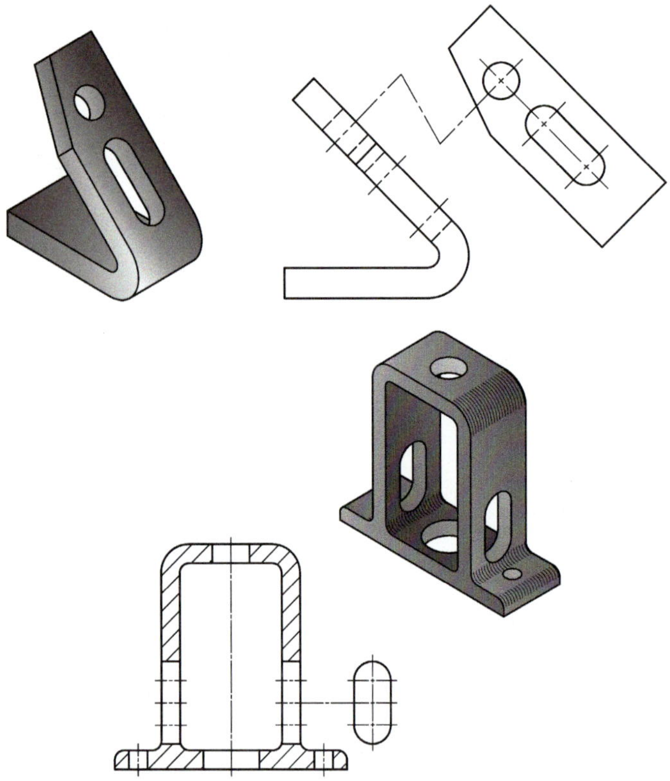

[그림 4.26] 위치 결정의 근거를 나타내는 중심선

그림 4.27에서 보여주는 바와 같이 일정 간격으로 되풀이해 나타내야 하는 도형들의 피치(pitch)를 나타낼 때 가는 일점쇄선으로 긋는데, 이를 피치선이라 한다.

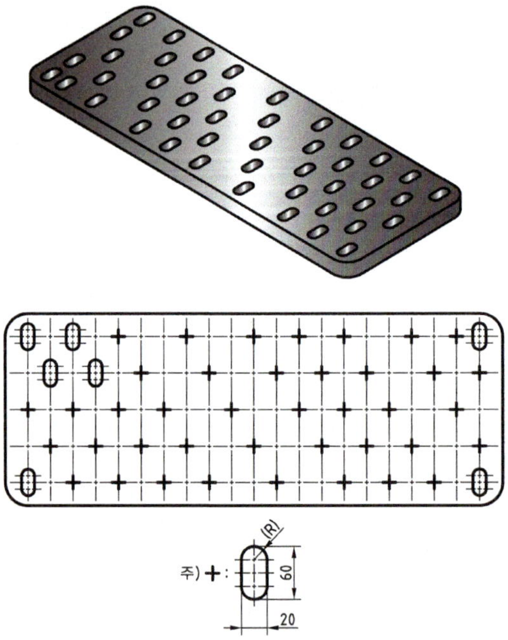

[그림 4.27] 도형이 반복될 때 생략 도시 방법에 쓰이는 피치선

보충설명

▶ 그림 4.27에서 보여주는 바와 같이 굵은 실선으로 그은 많은 십자 선은 치수를 기입하기 위해 표시한 기호이다.

또 다음 그림 4.28의 기어(gear)의 경우에 있어, 기능을 발휘하는 특정 부분(기어의 이)이 되풀이 될 때 반복적으로 나타낼 모양(피치, pitch)을 생략하는 방법으로 가는 일점쇄선의 피치선('피치원'을 의미한다)이 사용된다. 다만, 이끝 원은 굵은 실선의 외형선으로 긋는다.

[그림 4.28] 스퍼 기어의 실물 사진

그림 4.29는 그림 4.28에서 사진으로 보여준 스퍼 기어(spur gear)를 설계한 도면의 예이다. 위에서 설명한 피치원이 가는 일점쇄선으로 그어져 있다.

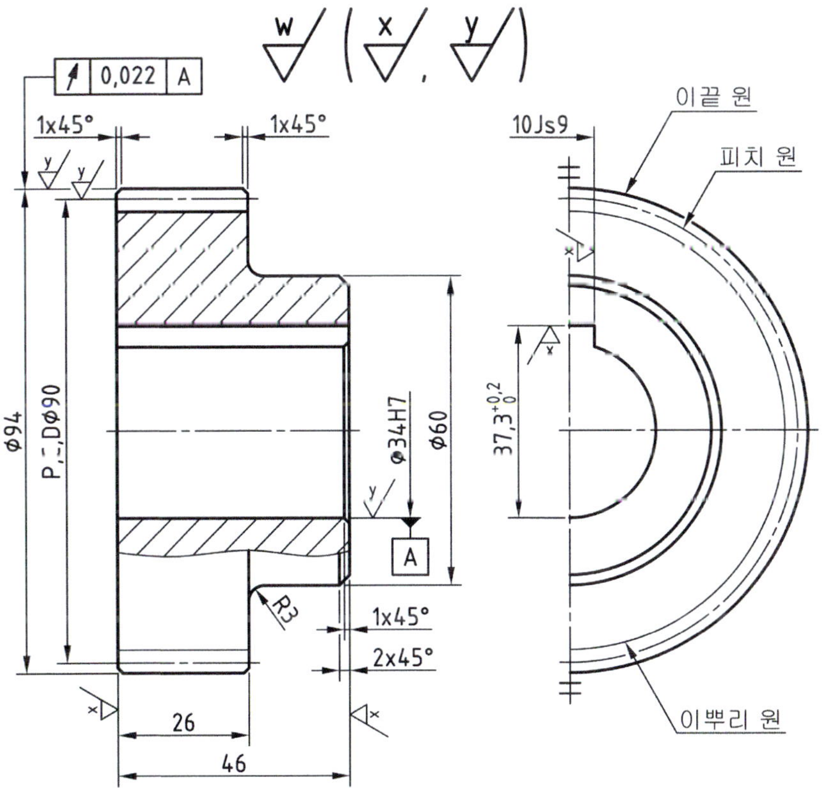

[그림 4.29] 기어의 이 모양이 반복될 때의 피치선

보충설명

▶ 그림 4.29에서 도시한 스퍼 기어(spur gear)의 간략 도면(간략도)에서 이끝 원은 굵은 실선의 외형선으로 긋고, 피치 원은 가는 일점쇄선, 이뿌리 원은 가는 실선으로 그어 표시한다.

그림 4.30에 도시한 입체적 도형(기어 축)에서 축의 길이 방향으로 어떤 위치에서부터 어느 길이까지 특정한 처리 등을 필요로 할 때 굵은 일점쇄선으로 긋고 기술적인 내용을 지시하는데 사용하는 선을 특수 지정선이라고 한다.

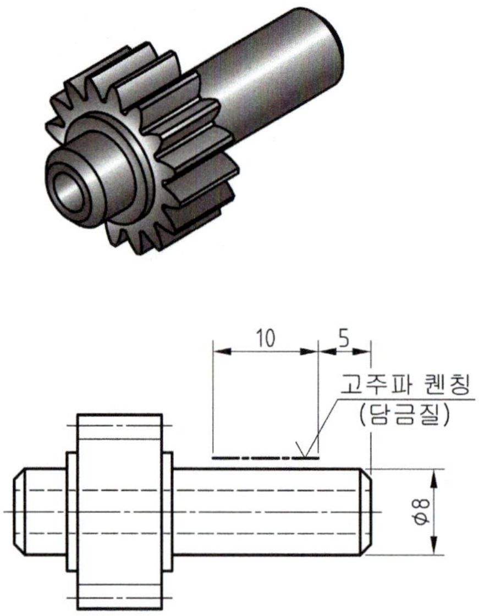

[그림 4.30] 굵은 일점쇄선으로 그어진 특수 지정선

4.8 투상선(외형선, 숨은선, 중심선)과 물체의 분석

여기서는 그림 4.32를 참고로, 일일이 확인하면서 투상선(외형선, 숨은선, 중심선)으로 나타내는 물체를 분석해 보자.

① 물체의 면과 면이 교차되는 가장자리(edge)로써 물체의 모양인 윤곽으로 분석되고 선은 외형선, 숨은선, 중심선으로 표시되는 것을 투상선이라고 한다.

② 외형선은 물체의 보이는 가장자리인 윤곽(능선)으로써 아래 그림 4.32에서 도시한 윤곽 모두와 같다.

③ 평면이 서로 만나는 끝을 나타내는 윤곽은 아래 그림 4.32에서 도시한 윤곽 모두와 같이 외형선으로 긋는다.

④ 보이는 두 평면이 서로 직각으로, 특정한 각을 갖고 만나는 한계는 **(a)**, **(b)**와 같이 외형선으로 긋는다.

⑤ 원통(곡면)의 한계가 능선으로 보이는 윤곽은 **(c)**와 같이 외형선으로 나타내고, 보이지 않은 윤곽은 숨은선으로 긋는다.

보충설명

▶ 특수 지정선은 그림 4.31의 도형에서와 같이 특정한 부분을 굵은 일점쇄선으로 둘러싸서 기술적인 내용을 지시한다. (a)는 표시된 특정 부분을 표면 열처리를 하라는 작업 지시이고, (b)는 이면(배면, 뒷면)에 지시된 범위만 절연 도장을 하라는 작업 지시이다. 또한 정확한 작업(공정)을 위해 특수 지시한 부분에는 치수가 표기된다.

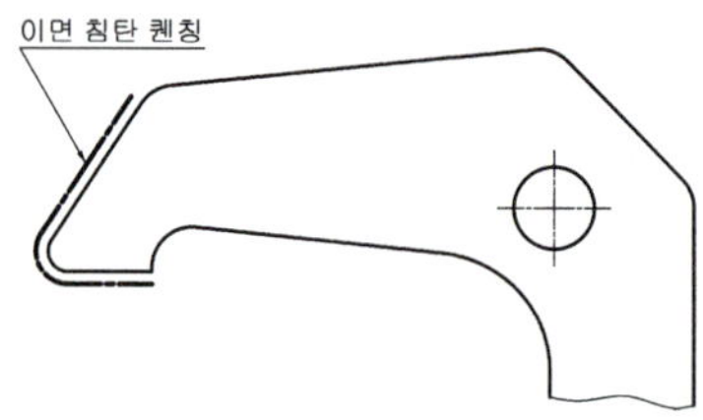

(a) 모서리를 둘러싸는 경우

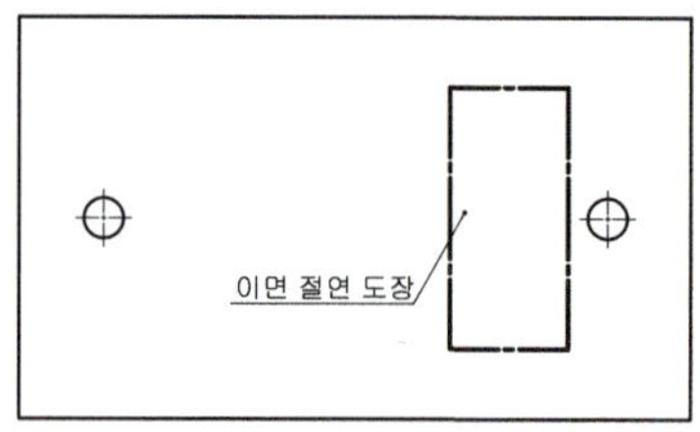

(b) 면에 범위를 둘러싸는 경우

[그림 4.31] 특수 지정선

⑥ 원통(곡면)의 중심은 **(c)**와 같이 중심선으로 긋는다.

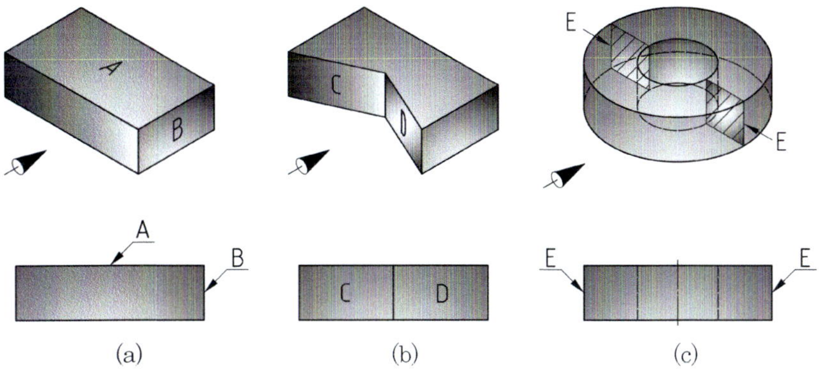

[그림 4.32] 투상선과 물체의 분석

위에서 설명한 내용을 다음 그림 4.33에서 다시 종합적으로 설명한다.

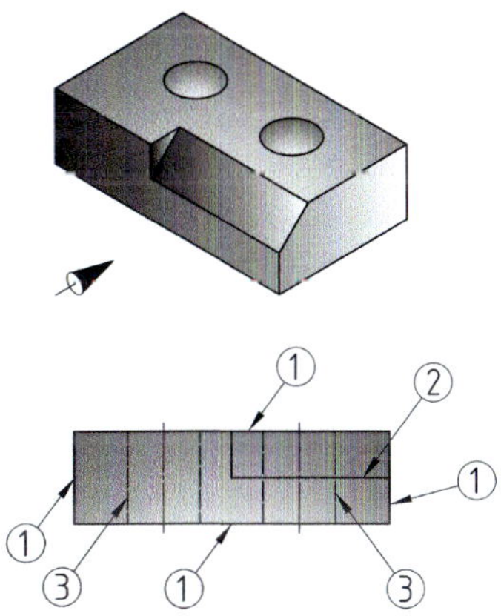

① → 평면의 끝 면
② → 두 평면이 만나는 면
③ → 곡면의 한계를 나타내는 보이지 않는 원통(구멍이라 한다)의 능선

[그림 4.33] 면의 분석과 선의 사용

그림 4.34와 같이 평면이 다양한 각도로 만나는 한계는 외형선으로 긋는다.

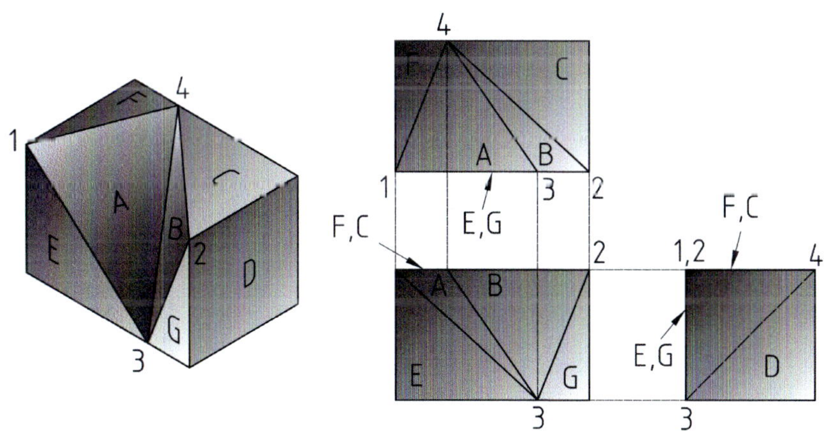

[그림 4.34] 평면과 평면의 분석과 외형선

보충설명

▶ 평면의 끝 면, 두 평면이 만나는 면, 평면이 다양한 각도로 만나는 한계, 곡면의 한계는 굵은 실선의 외형선으로 그어 표시한다.

4.9 올바른 숨은선 긋기

숨은선 긋기에 대해서 알아보도록 한다.

숨은선은 보이지 않는 물체의 윤곽을 나타내는 선으로서, 모양을 잘못 읽을 우려가 있어서 그림 4.35와 같은 여러 예를 학습함으로써 올바른 숨은선 긋기를 이해해야 한다.

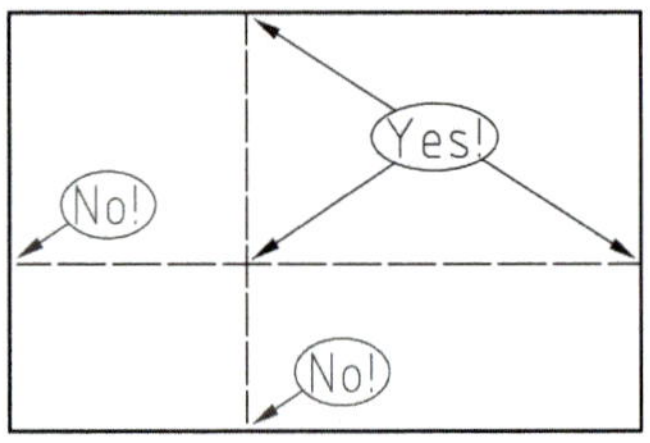

(a)

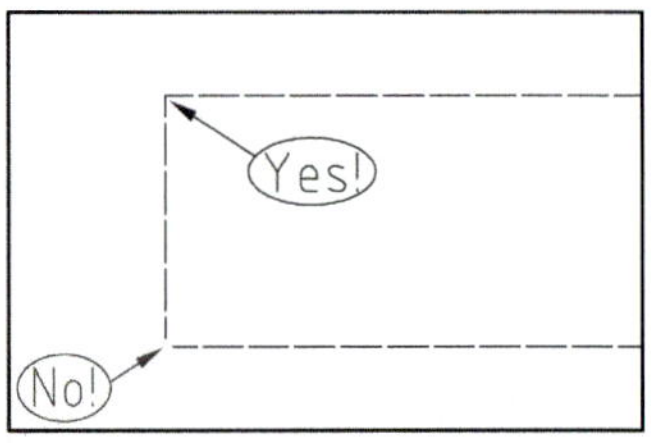

(b)

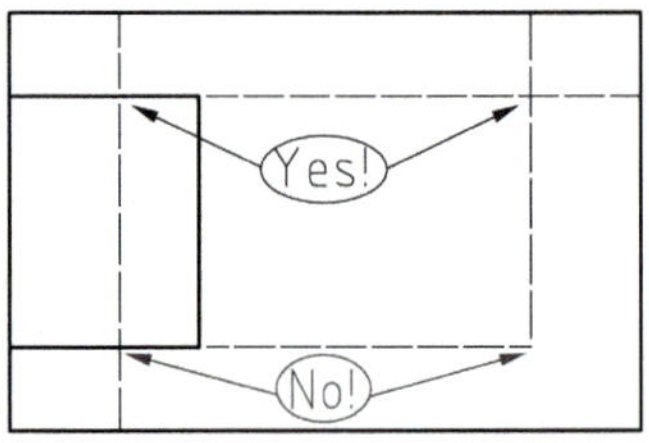

(c)

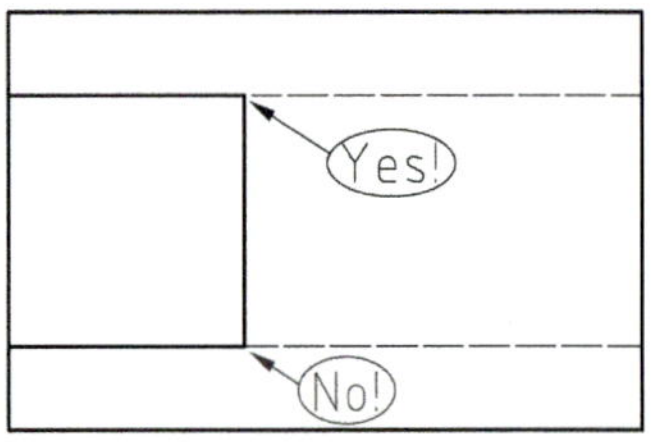

(d)

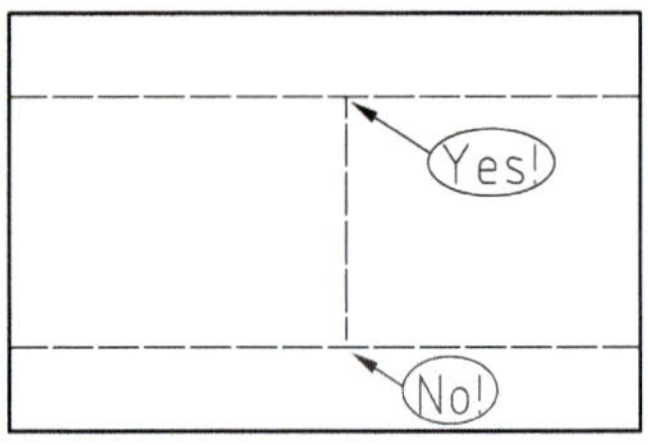

(e)

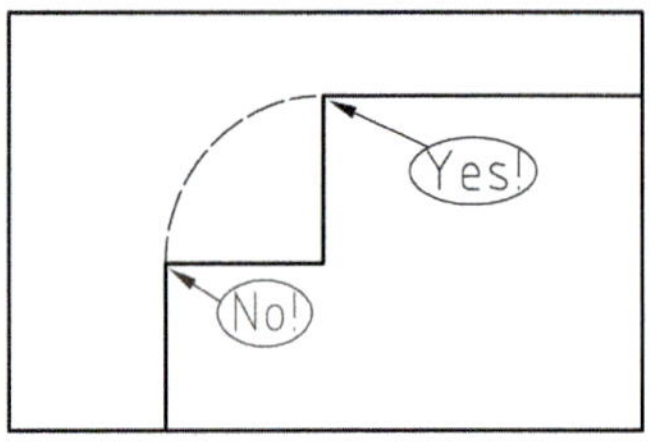

(f)

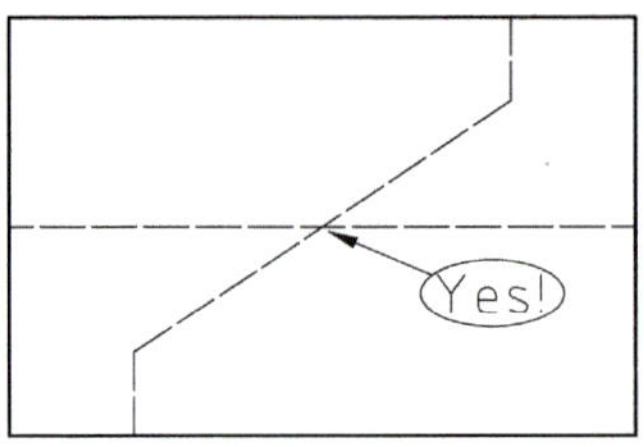

(g)

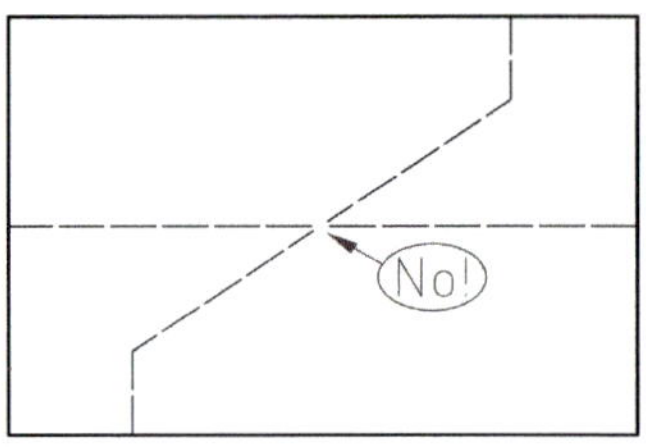

(h)

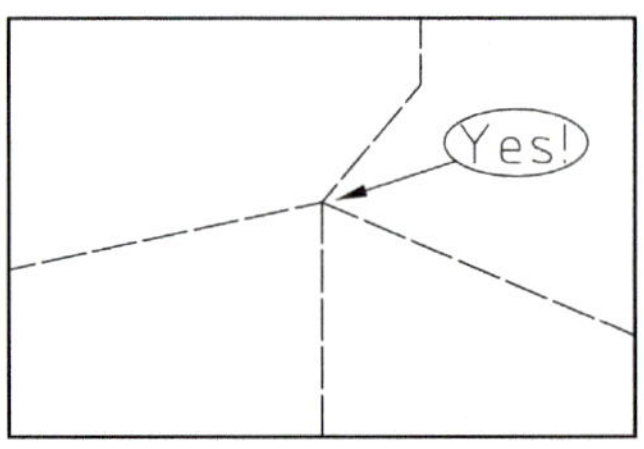

(i)

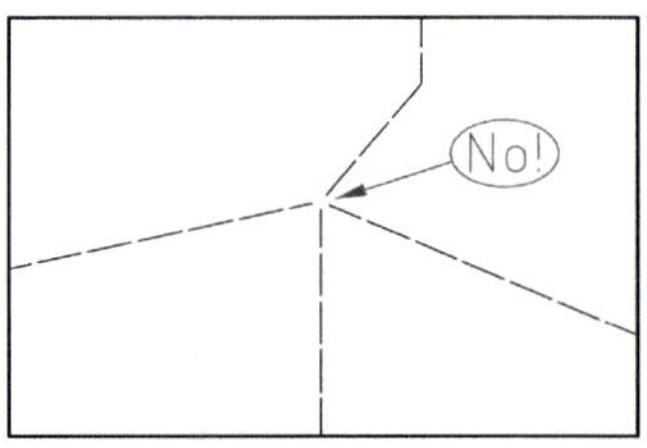

(j)

보충설명

- ▶ 외형선에서 시작하거나 끝나도록 그을 때는 (a)와 같이 이어서 긋는다.
- ▶ 숨은선이 서로 교차할 때는 (a), (c), (g)와 같이 서로 가로질러 긋는다.
- ▶ 외형선 끝에 이어 긋거나, 이어 끝나도록 그을 때는 (d)와 같이 띄어서 긋는다.
- ▶ 숨은선끼리 서로 만나서 끝나거나 시작해서 그을 때는 (e)와 같이 이어서 긋는다.
- ▶ 외형선에서 시작하거나 끝나는 원호는 (f)와 같이 띄어서 긋는다.
- ▶ 숨은선끼리 모여서 끝날 때는 (h)와 같이 꼭지점이 만나도록 하며, (j)와 같이 띄어서 긋지 말아야 한다.

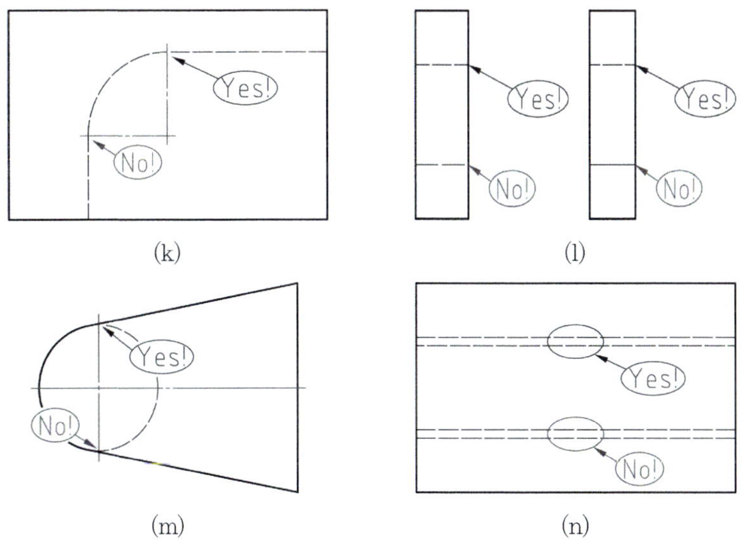

[그림 4.35] 올바른 숨은선 긋기

이와 같이 숨은선은 긋기도 어렵고 해석하는데 애매할 경우가 많아 숨은선 도시를 가능한 억제하고 그린 도면은 읽기 쉬워서 제작할 때 불량 감소, 품질 향상, 원가 절감 등에 기여한다.

보충설명

- 직선의 숨은선 끝과 원호로 이어질 때는 (k)와 같이 원호가 끝나는 지점까지 긋고 직선 부분에서 띄어 긋는다.
- 외형선이 좁은 간격일 때는 (l)과 같이 길이를 짧게 해서라도 시작과 끝은 이어서 긋는다.
- 외형선의 원호와 이어질 때는 (m)과 같이 띄어서 긋는다.
- 좁은 간격으로 나란히 그을 때는 (n)과 같이 서로 엇갈리게 긋는다.

4.10 우연의 일치로 선들이 겹칠 경우의 해석

도면을 제도하거나 해석하는데 있어서 우연의 일치로 선이 겹칠 경우가 많은데, 이와 같은 경우에는 제도하거나 읽는 사람은 위에서 도시한 그림 4.35의 예와 같이 그리고, 우선적으로 해석해야 한다.

정 투상도에서 선들이 그림 4.36과 같이 우연의 일치로 겹칠 경우, 우선적으로 해석하는 선을 차례로 나열하면

① 외형선 ② 숨은선 ③ 절단선 ④ 가는 일점쇄선(중심선과 대칭선) ⑤ 가는 이점쇄선(가상선) ⑥ 가는 실선(치수선, 치수 보조선, 상관선, 인출선, 지시선(기입선), 해칭, 회전 단면의 윤곽선, 짧은 중심선) 등의 순서로 해석해야 한다.

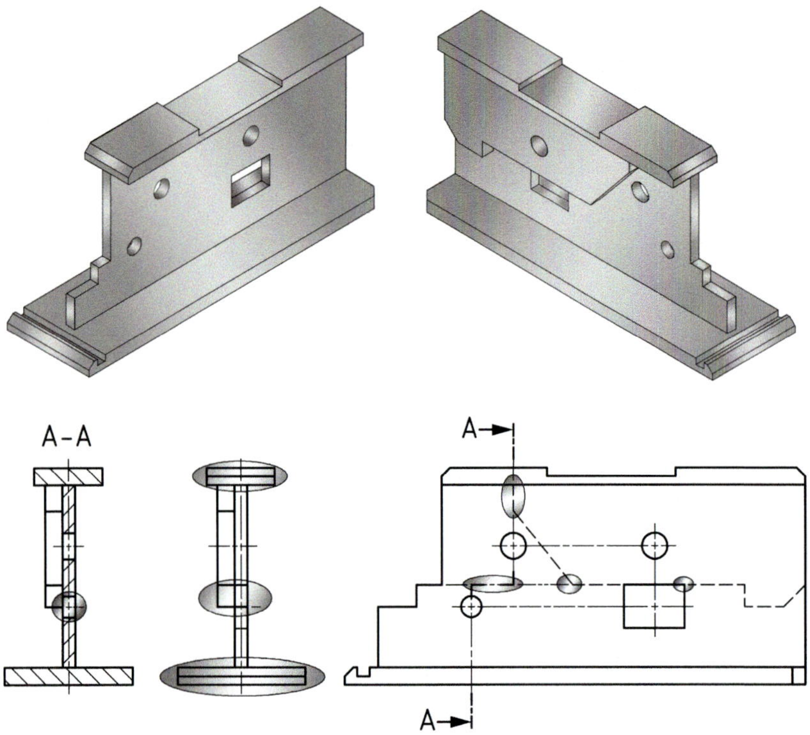

[그림 4.36] 정 투상도에서 선이 겹치는 경우

보충설명

그림 4.37과 같이 완성된 도면(제작에 필요한 모든 사항이 포함)에서 우선적으로 해석하는 선을 차례로 나열하면

① 문자, 숫자, 기호 ② 외형선 ③ 숨은선 ④ 절단선 ⑤ 가는 일점쇄선(중심선과 대칭선) ⑥ 가는 이점쇄선(가상선) ⑦ 가는 실선(치수선, 치수 보조선, 상관선, 인출선, 지시선(기입선), 해칭, 회전 단면의 윤곽선, 짧은 중심선) 등의 순서로 해석해야 한다.

▶ 제작 도면에서 선이 겹치는 경우에 있어 문자, 숫자, 기호와 대상물의 보이는 부분의 모양(외형)과 특징을 표시하는 데 사용하는 외형선을 가장 우선으로 표시하고 해석한다.

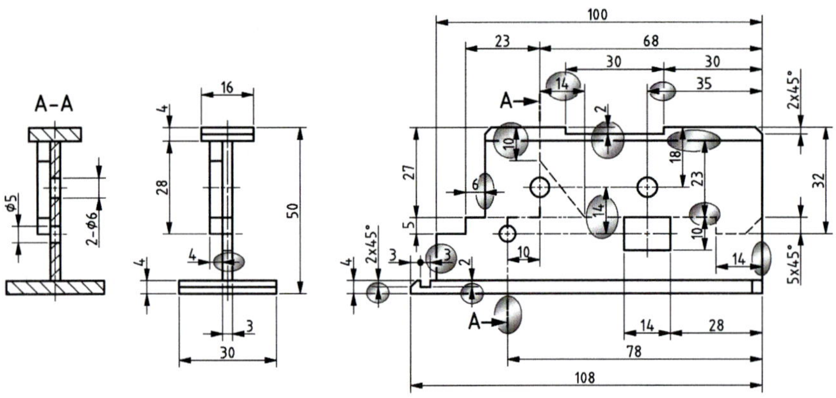

[그림 4.37] 제작 도면에서 선이 겹치는 경우

연습문제 4-1

문제 ①부터 ⑪까지의 정 투상도에 화살표로 지시된 선의 명칭과 용도를 쓰시오. 표 4.1의 선의 명칭과 용도를 기초로 하고, 앞에서 설명한 학습 내용을 활용해 연습해 보면 선에 대하여 숙지할 것이다.

①

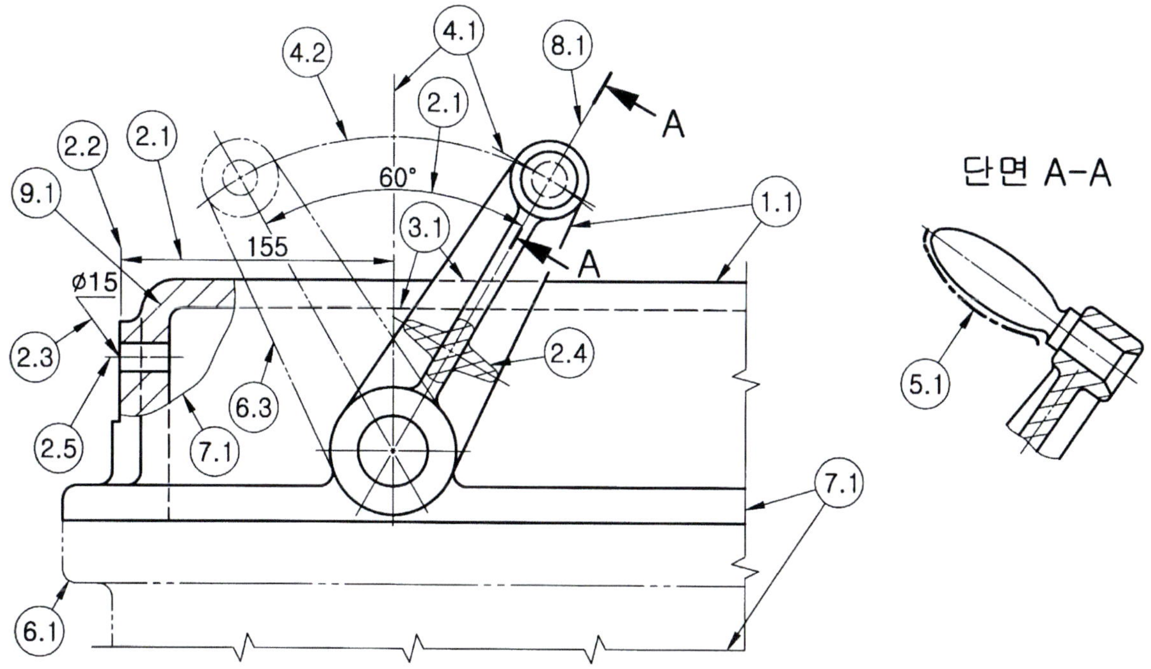

②

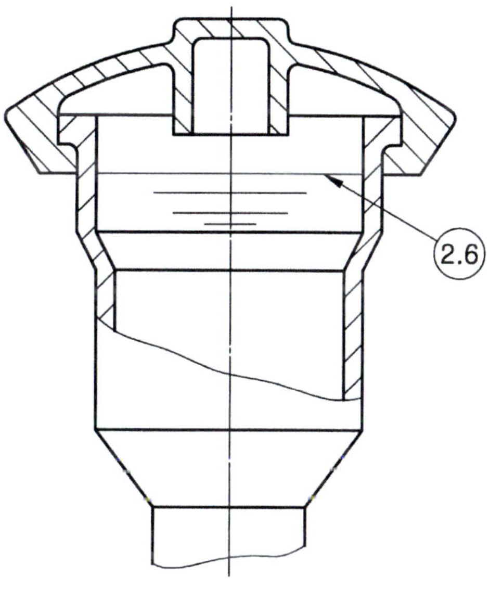

③

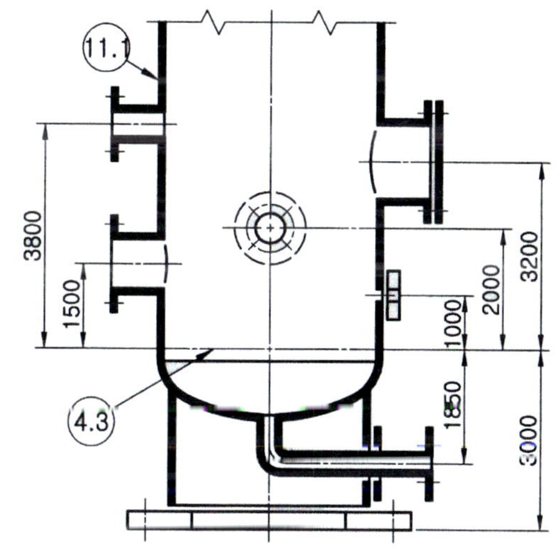

④

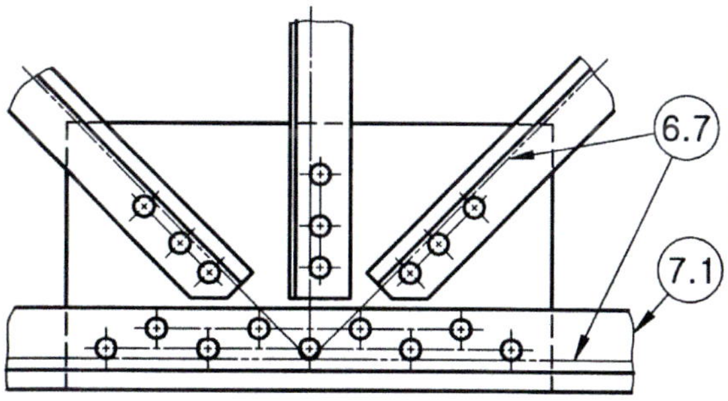

⑤

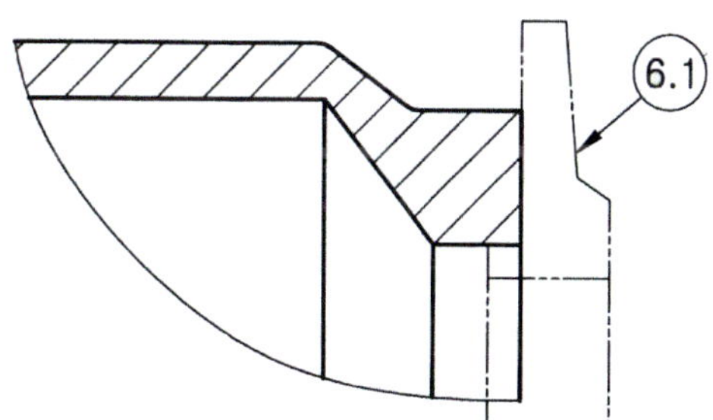

6

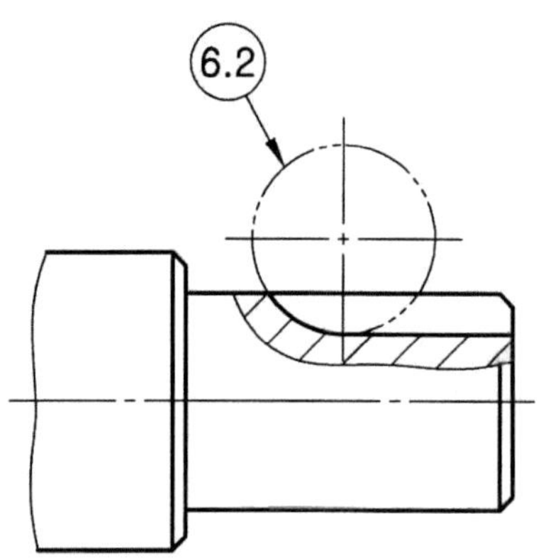

7

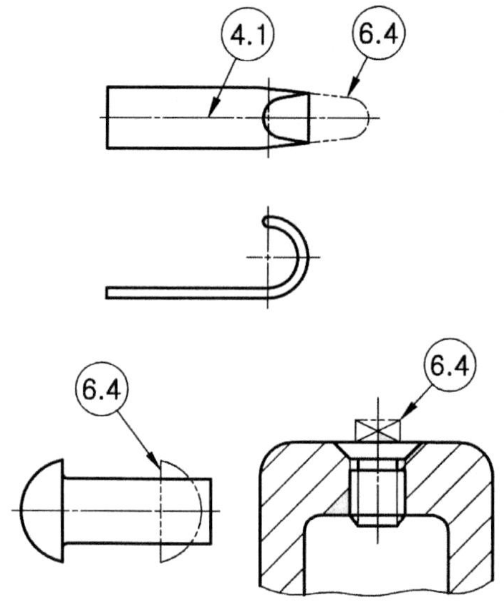

8

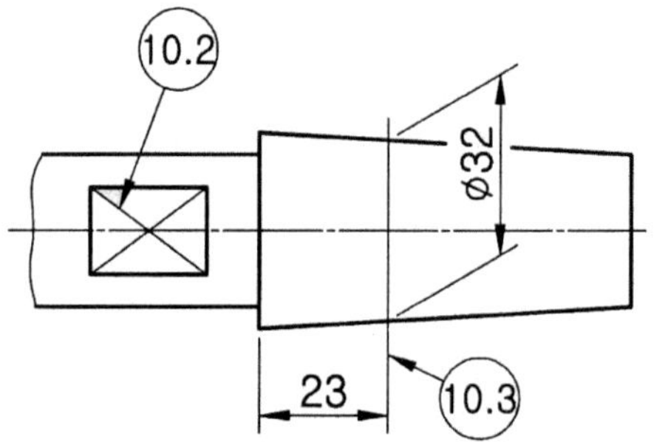

9

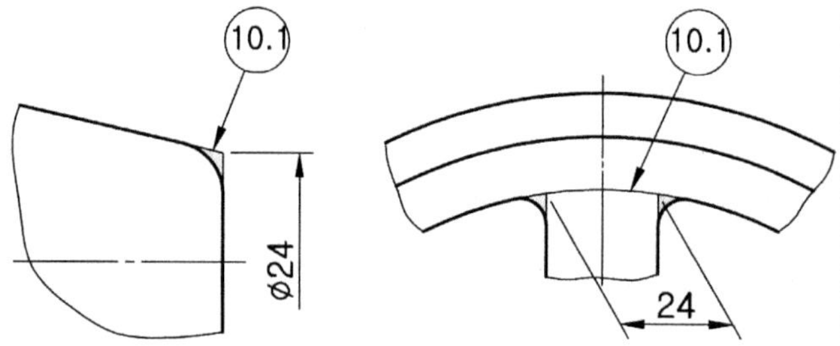

10

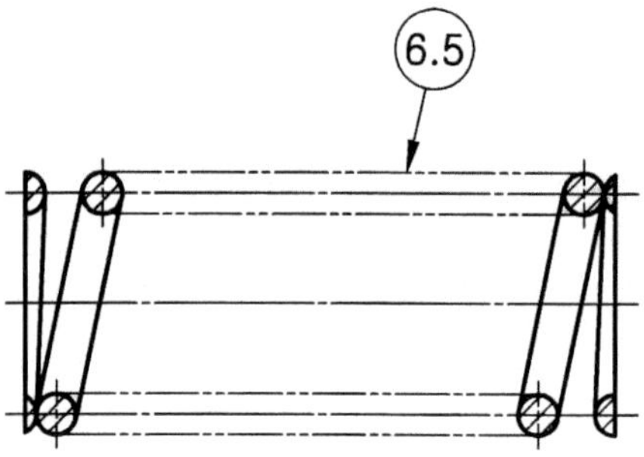

11

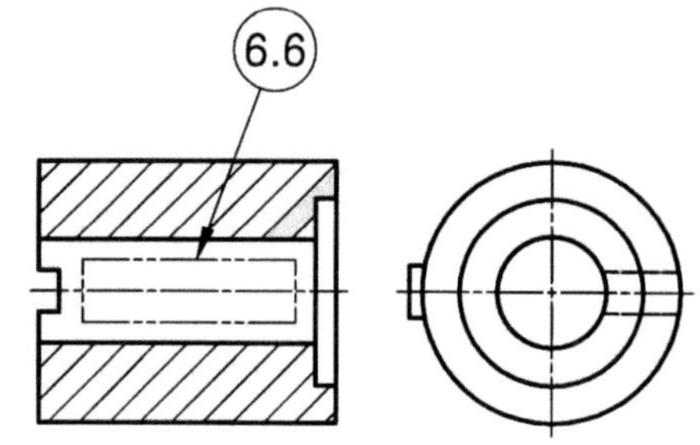

연습문제 4-1 모범답안	각 번호를 원으로 둘러싸지 않았다. 예를 들면, ⑪을 1.1로 표기한 후, 답안을 제시하였다.

① 1.1 → 외형선, 2.1 → 치수선, 2.2 → 치수 보조선, 2.3 → 지시선, 2.4 → 회전 단면선, 2.5 → 중심선, 3.1 → 숨은선, 4.1 → 중심선, 4.2 → 중심선, 5.1 → 특수 지정선, 6.1 → 가상선, 6.3 → 가상선, 7.1 → 파단선, 8.1 → 절단선, 9.1 → 해칭

② 2.6 → 수준면 선

③ 4.3 → 기준선, 11.1 → 특수용도의 선

④ 6.7 → 무게 중심선, 7.1 → 파단선

⑤ 6.1 → 가상선

⑥ 6.2 → 가상선

⑦ 4.1 → 중심선, 6.4 → 가상선

⑧ 10.2 → 특수용도의 선(특정 부분만 평면임을 나타내는 선), 10.3 → 특수용도의 선(치수 보조선으로 오해하기 쉬우나, 도형 안에서 양쪽 기울기의 측정 지점을 나타내는 선은 특수용도의 선이다)

⑨ 10.1 → 특수용도의 선(외형선의 연장을 가는 실선으로 표시한 것으로 특수용도의 선이다)

⑩ 6.5 → 가상선(스프링이 되풀이 된다는 것, 즉 계속 반복되어져 감겨있음을 나타내는 가상선이다)

⑪ 6.6 → 가상선(단면을 한 앞부분의 모양과 크기를 나타내기 위함으로, 간단한 모양을 도시하기 위해 별도 투상도를 추가할 필요가 없다고 판단되는 부분을 나타내는데 사용한다)

연습문제 4-2	아래 왼쪽 칸의 문제 ①부터 ⑪까지의 입체 도형을 보고 오른쪽 칸에 입체도의 윤곽을 모두 그리되, 외형선은 0.7mm, 숨은선은 0.5mm의 샤프펜슬이나 연필로 외형선의 농도에 맞게 3~4mm를 긋고 0.5mm를 띄어서 그리시오.

AutoCAD로 도면작성(작도)을 할 때는 아래 〈참고〉의 내용으로 하시오.

참고

1. 손으로 제도할 때
   연습문제에 표시된 한 눈금의 간격을 연습문제 오른쪽에 있는 여백 또는 별도의 방안지, 모눈종이의 한 눈금과 같게 하여 외형선 0.7mm, 숨은선 0.5mm, 중심선 0.3mm의 선 굵기인 샤프펜슬이나 나무연필을 사용하시오.
   • 준비물 : 0.3mm, 0.5mm와 0.7mm인 샤프펜슬이나 나무연필, 삼각자 셋 180mm, 지우개, 지우개판 등
2. 컴퓨터 CAD로 도면작성을 할 때
   2D CAD인 AutoCAD로 도면을 작성하고, 프린터로 도면을 출력할 때는 외형선의 굵기는 0.2~0.25mm, 숨은선의 굵기는 0.15mm, 가는 실선의 굵기는 0.1mm로 셋팅(setting, 설정)하여 프린트하는 것이 형상의 윤곽, 선의 구분과 더불어 보기에도 깔끔하다.

힌트

앞의 내용 4.9절 올바른 숨은선 긋기에서 설명한 숨은선 긋기와 해석을 다시 한번 읽어보고 확인해 가면서 답안을 그려보세요!

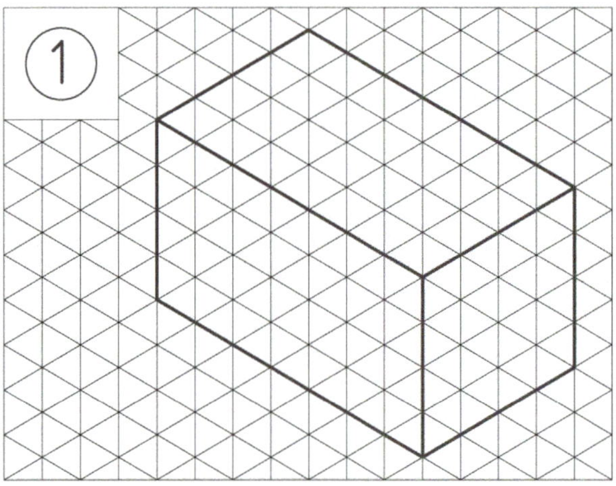

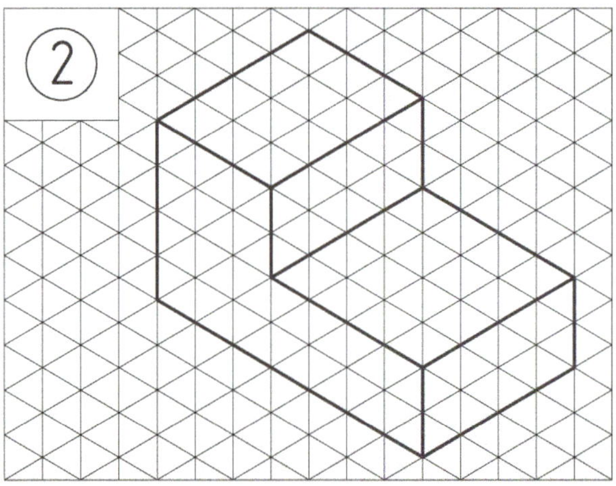

③

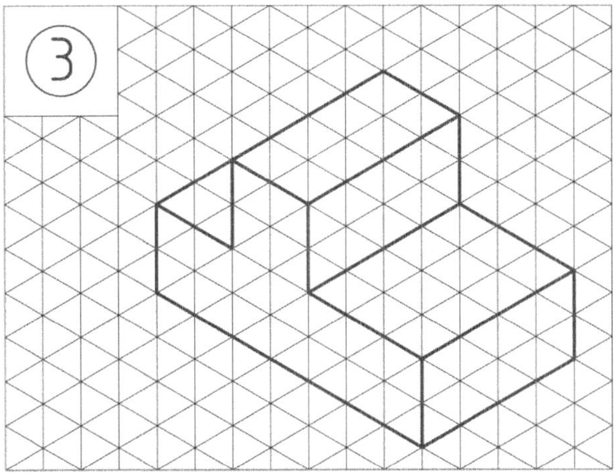

④

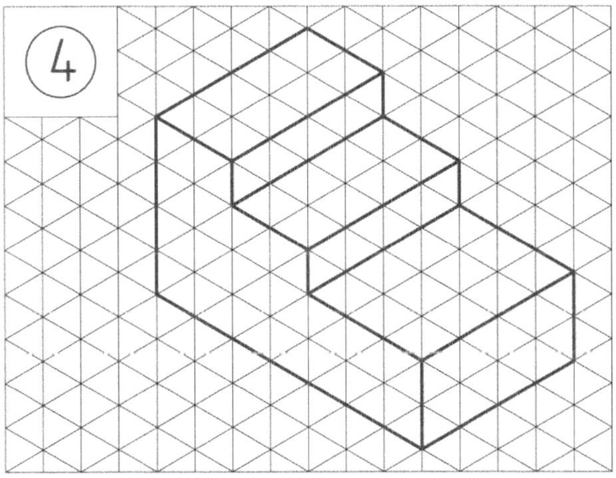

⑤

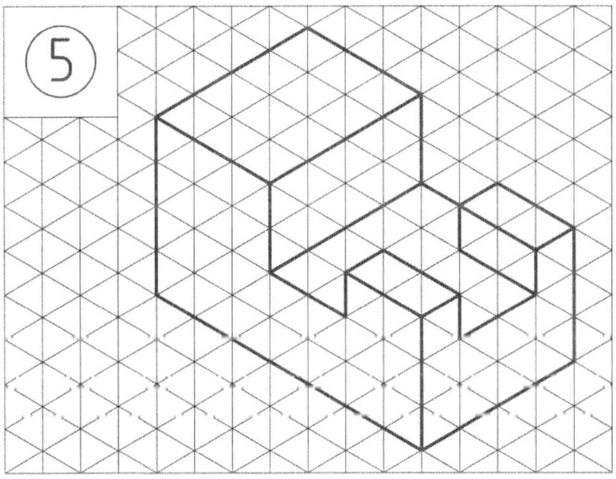

⑥

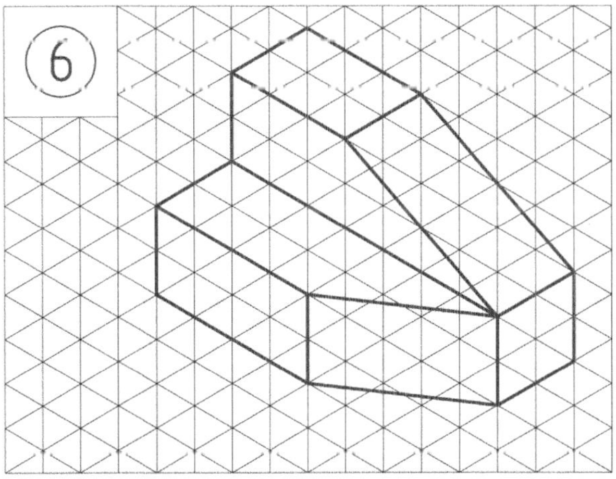

⑦

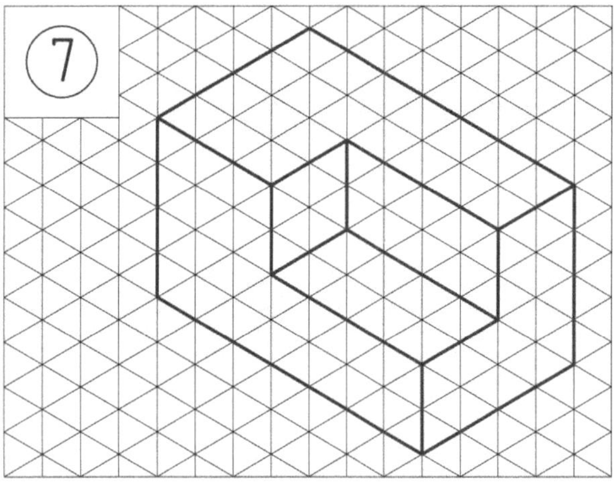

⑧

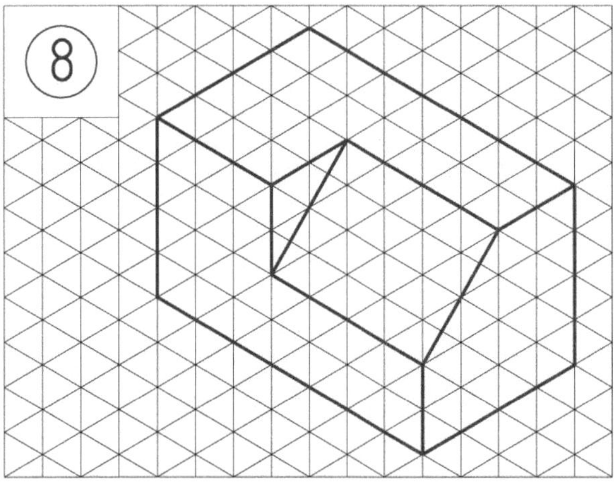

⑨

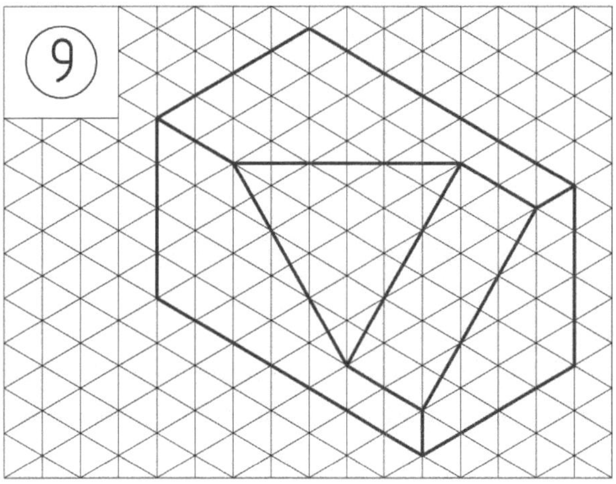

⑩

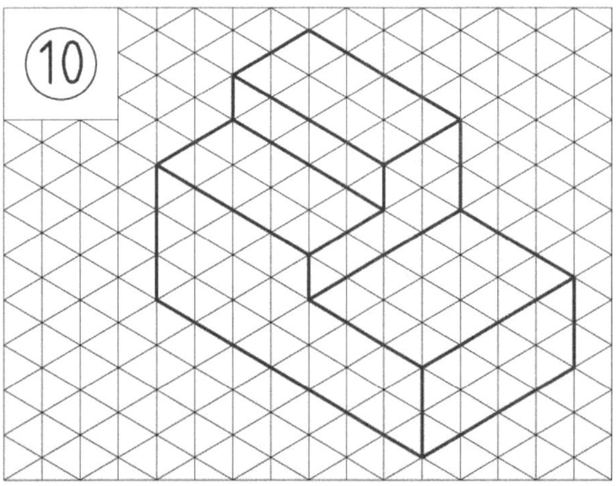

⑪

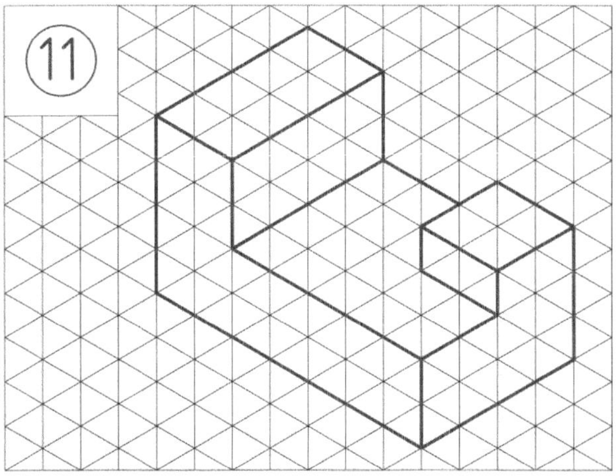

연습문제 4-2 모범답안

학습할 때 모범답안(정답)은 수시로 보면서 하는 것이 아니라, 힌트를 얻고자 할 때나 학습 결과와 모범답안을 비교할 때만 봐주기 바랍니다. 그래야만 도면 실력이 향상됩니다.

①

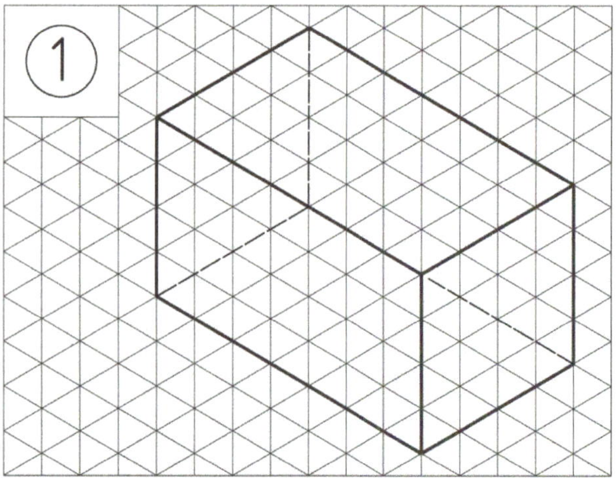

②

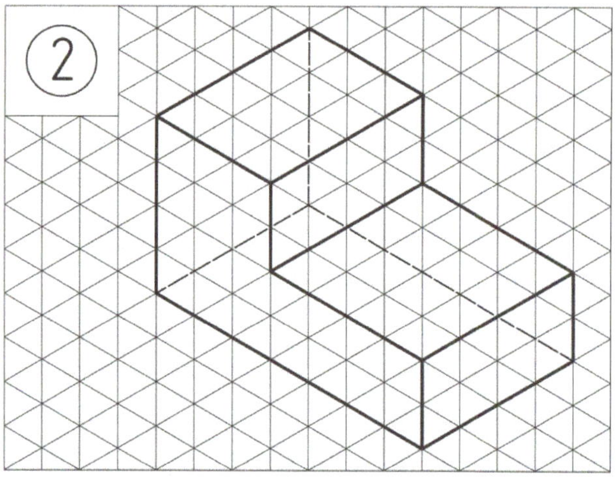

③

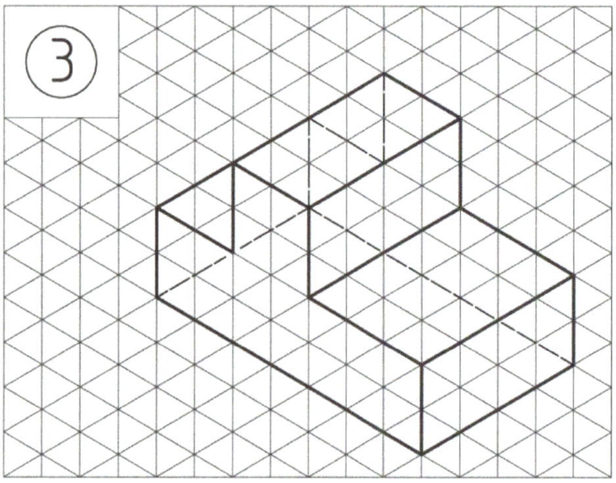

④

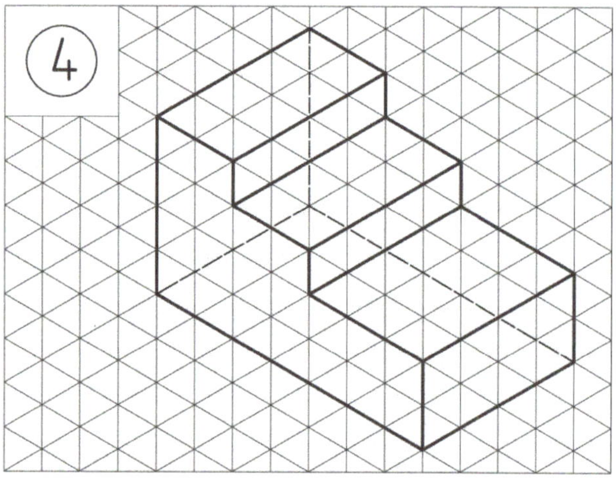

⑤

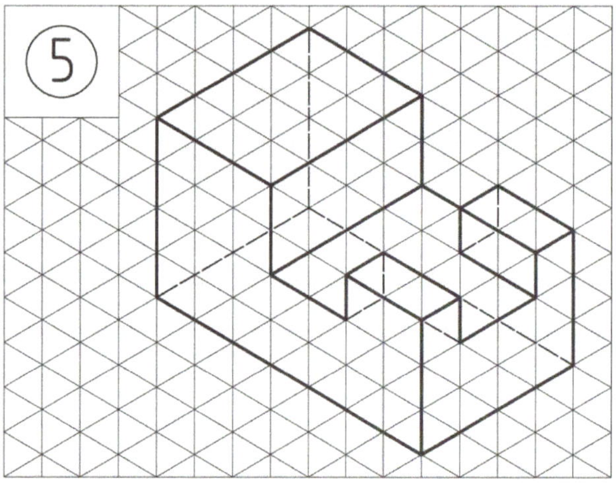

⑥

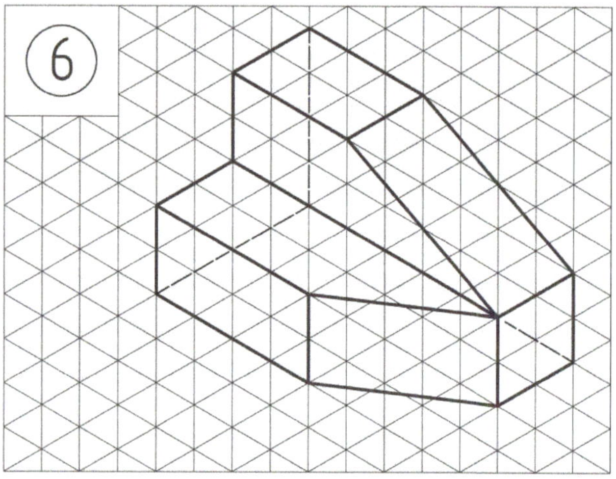

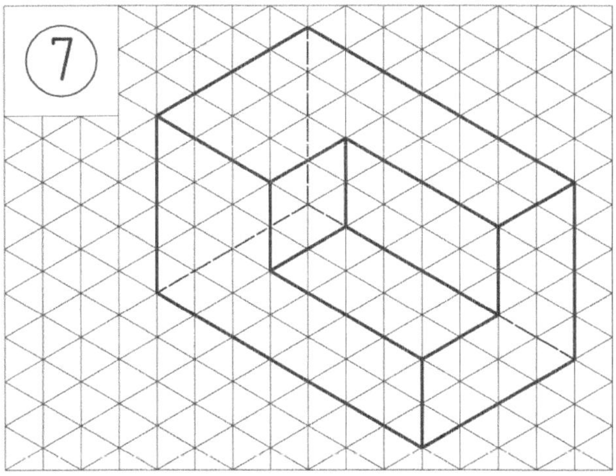
⑦

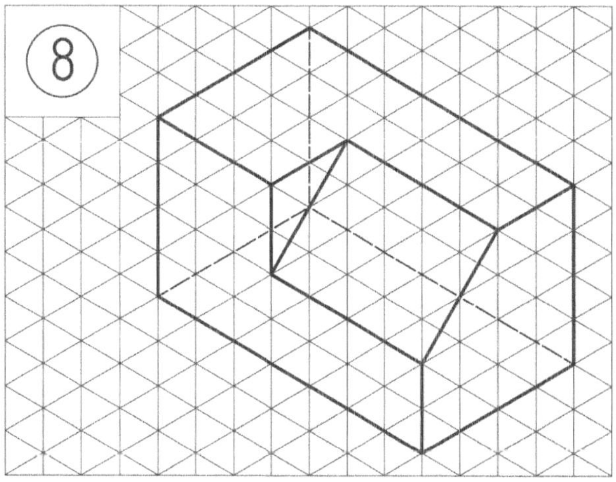
⑧

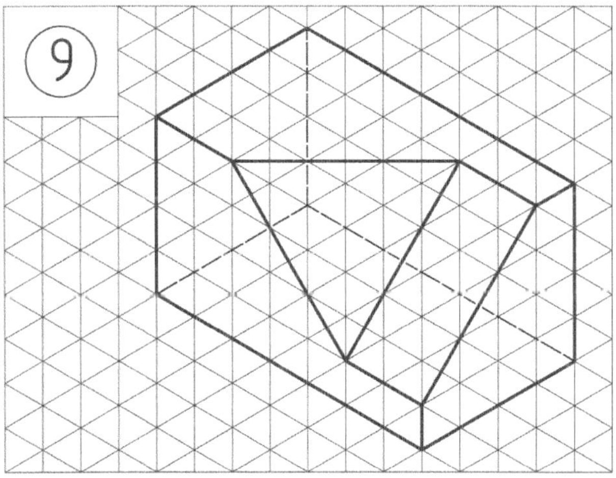
⑨

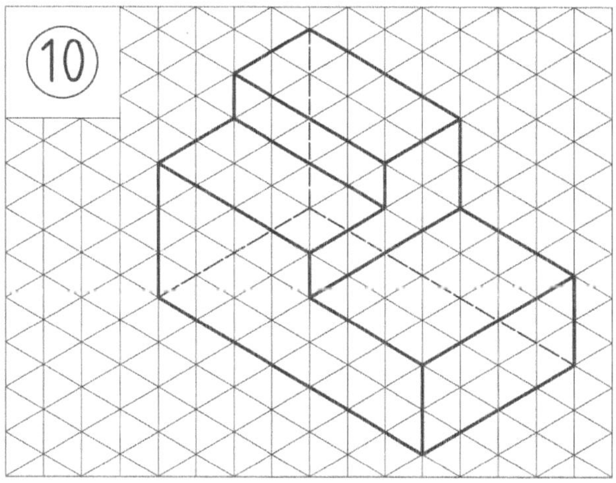
⑩

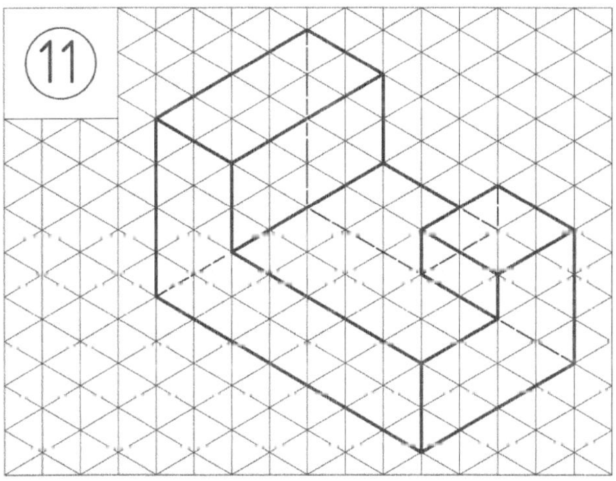
⑪

연습문제 4-3	**다음 ①부터 ⑩까지의 정 투상도에 중심선을 그리되, 중심선은 0.3mm의 샤프펜슬이나 연필로 외형선의 농도에 맞게 8~12mm를 긋고 0.5mm를 띄어 다시 짧은 대시 기호(dash, -)를 1mm 긋고 다시 0.5mm를 띄어 반복적으로 그리시오. AutoCAD로 도면작성(작도)을 할 때는 아래 〈참고〉의 내용으로 하시오.**

참고

1. 손으로 제도할 때
   연습문제에 표시된 한 눈금의 간격을 연습문제 또는 별도의 방안지, 모눈종이의 한 눈금과 같게 하여 외형선 0.7mm, 숨은선 0.5mm, 중심선 0.3mm의 선 굵기인 샤프펜슬이나 나무연필을 사용하시오.
   • 준비물 : 0.3mm, 0.5mm와 0.7mm인 샤프펜슬이나 나무연필, 삼각자 셋 180mm, 지우개, 지우개판 등
2. 컴퓨터 CAD로 도면작성을 할 때
   2D CAD인 AutoCAD로 도면을 작성하고, 프린터로 도면을 출력할 때는 외형선의 굵기는 0.2~0.25mm, 숨은선의 굵기는 0.15mm, 가는실선의 굵기는 0.1mm로 셋팅(setting, 설정)하여 프린트하는 것이 형상의 구분과 보기에 깔끔하다.

힌트

중심선은 시작과 끝은 외형선 밖으로 약 2~3mm까지만 긋고, 모양의 이해는 다음 입체도형을 보고 참고하세요.

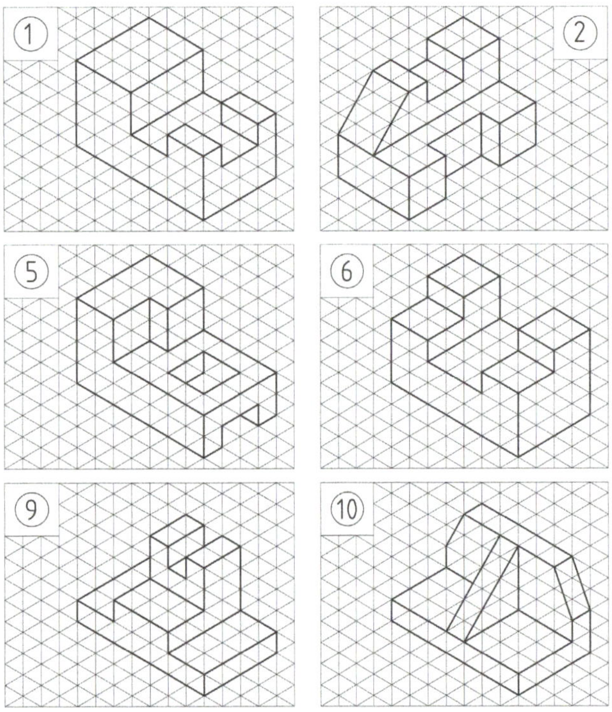

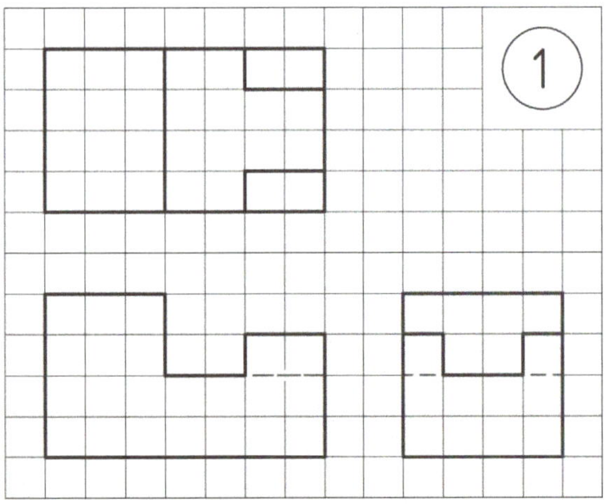

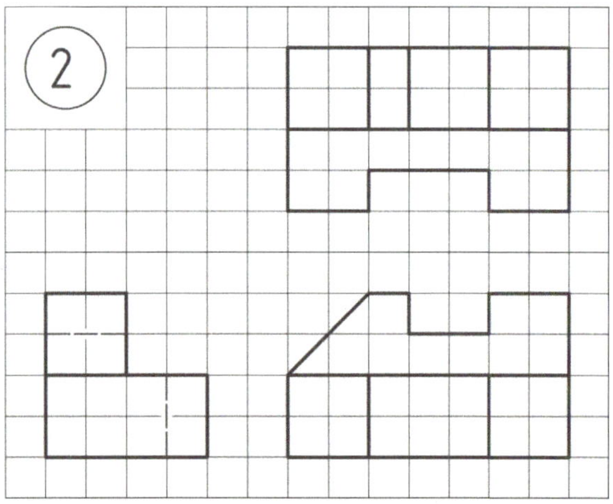

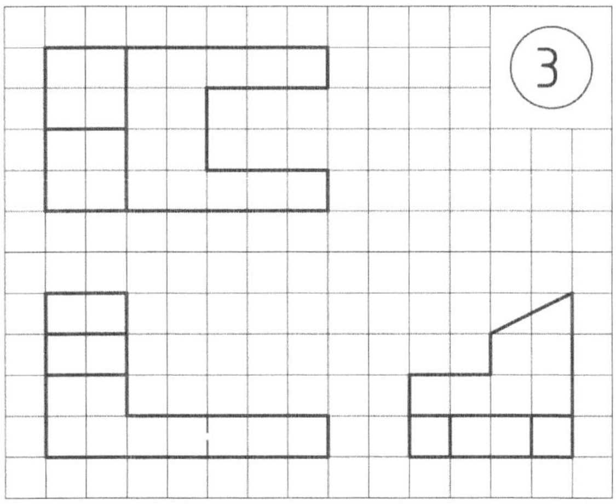
3

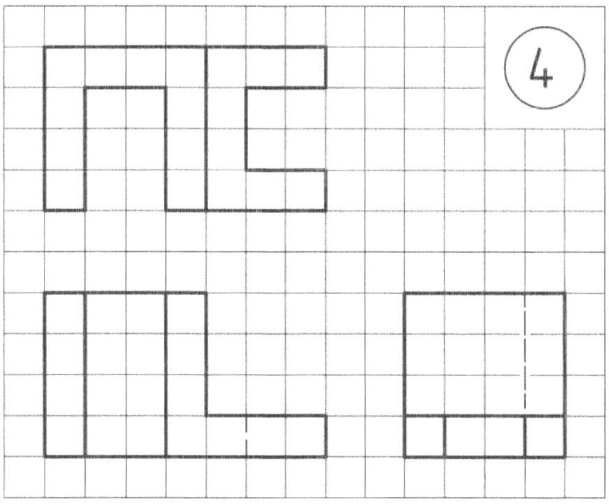
4

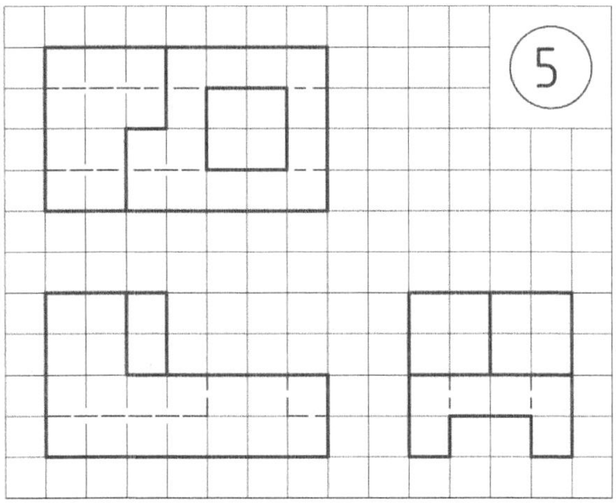
5

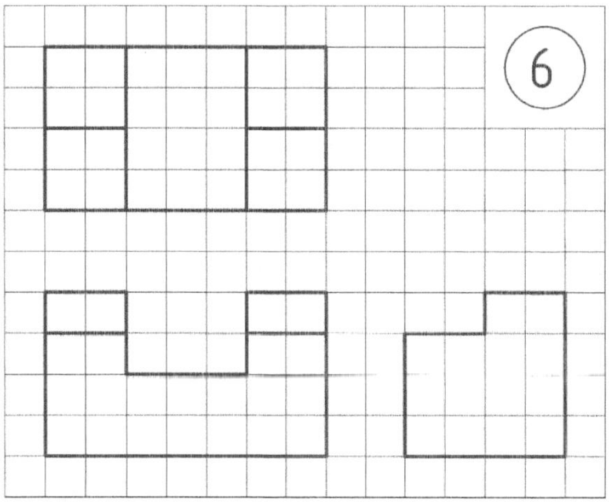
6

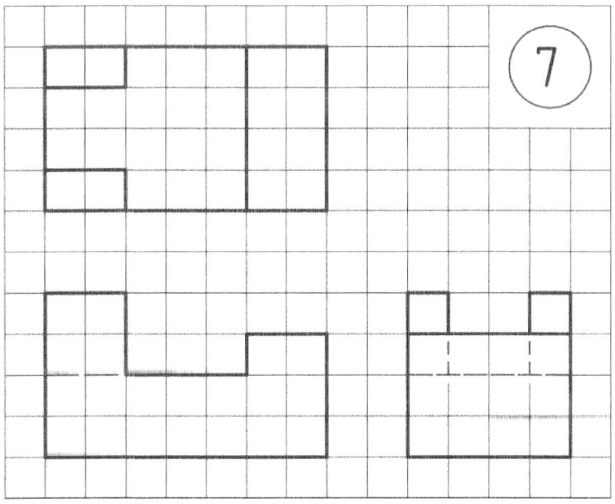
7

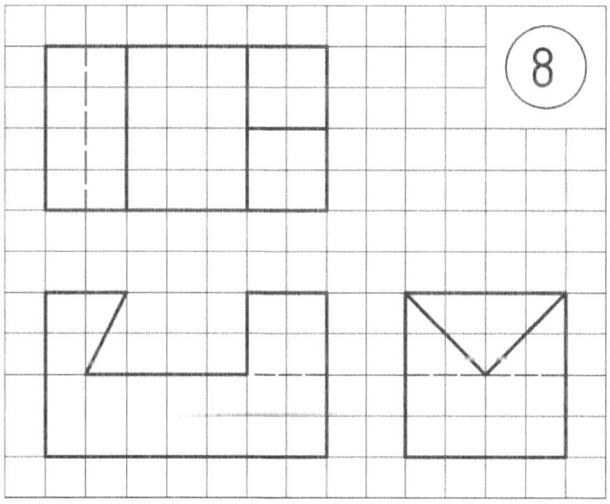
8

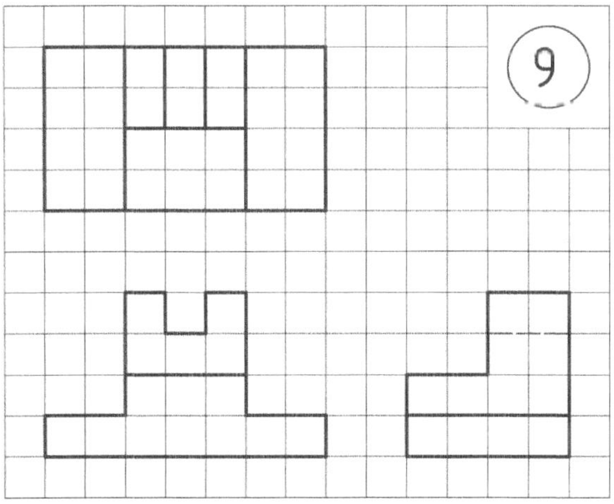
9

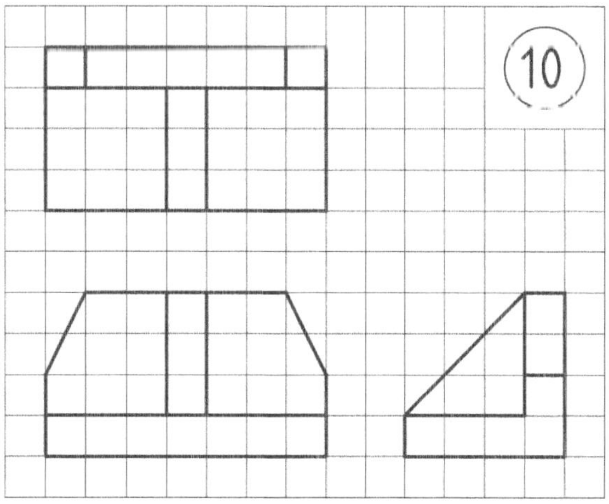
10

연습문제 4-3 모범답안

학습할 때 정답(모범답안)은 수시로 보면서 하는 것이 아니라, 힌트를 얻고자 할 때나 학습 결과와 정답을 비교할 때만 봐주기 바랍니다. 그래야만 도면 실력이 향상됩니다.

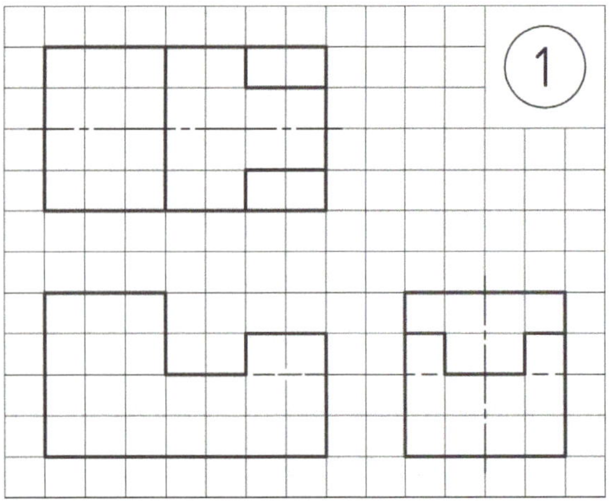

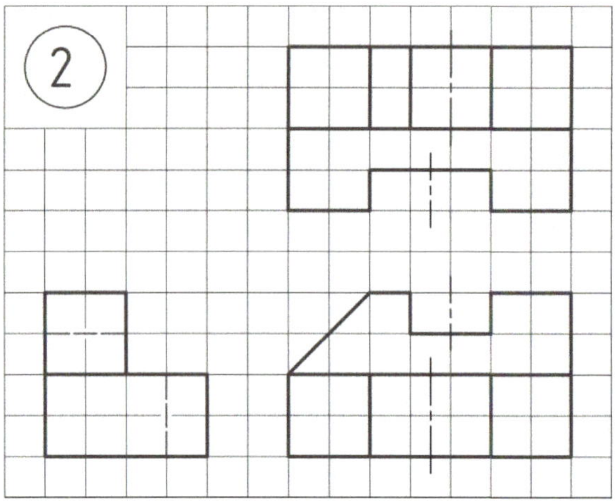

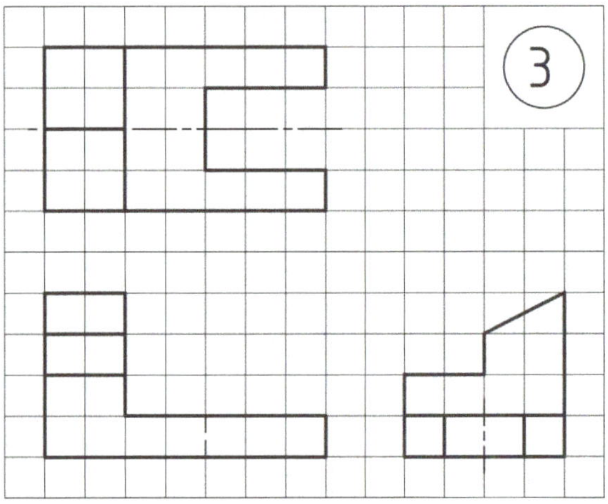

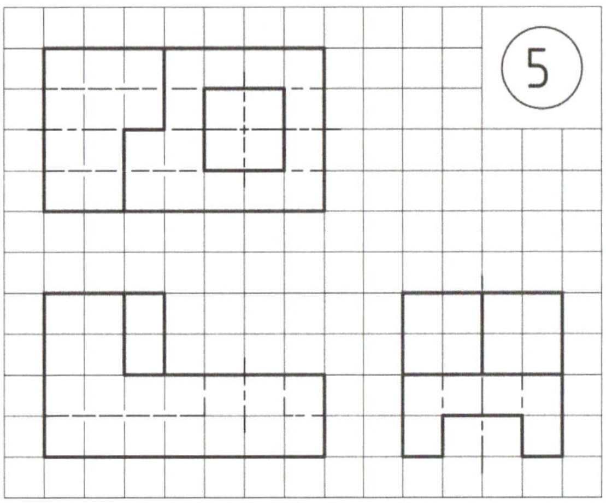

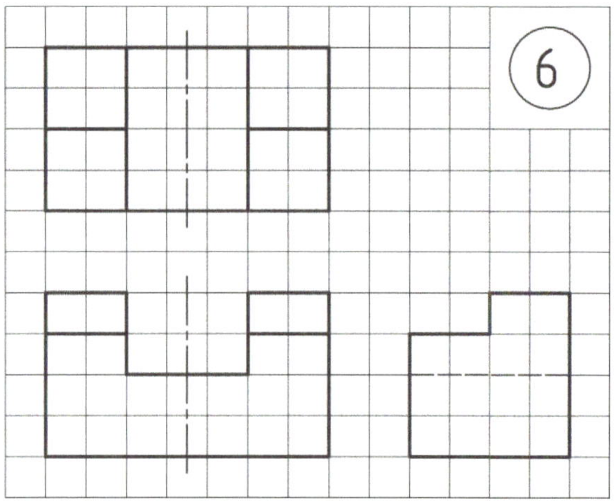

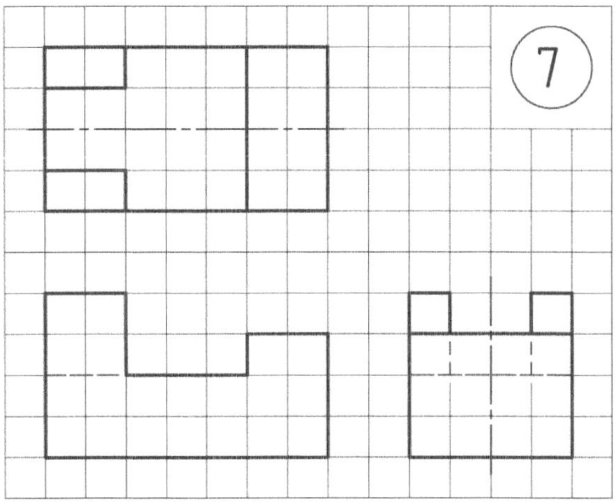
7

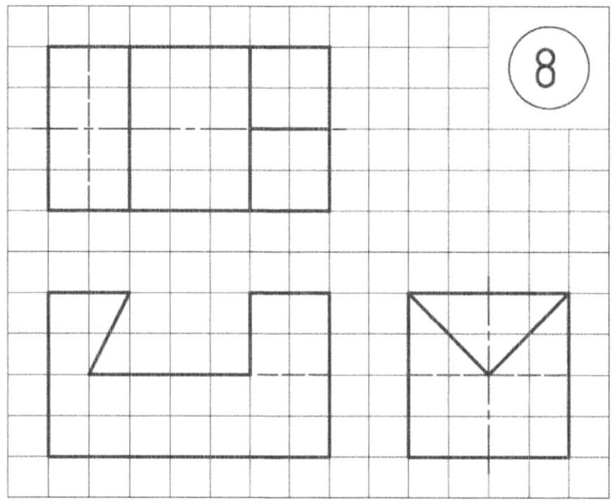
8

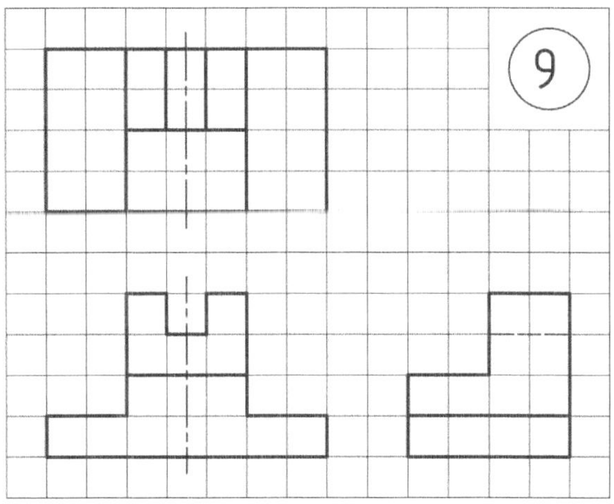
9

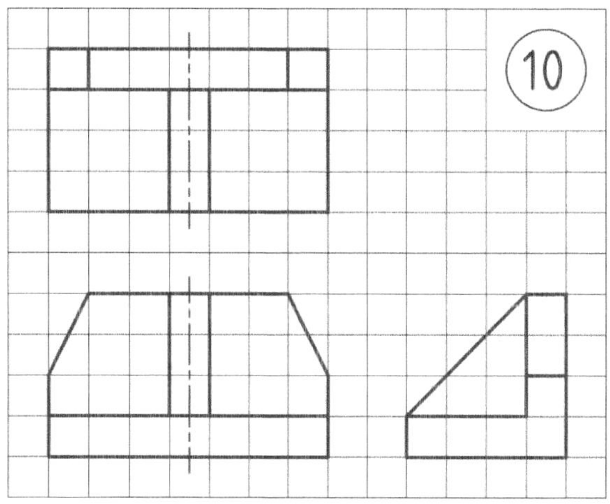
10

PART

5

투상 방법의 종류와 투상 원리

앞 4장에서는 도면을 이해하기 위해 도형의 투상선을 학습하고 연습하였다.
여기 5장에서는 본격적으로 도면 제도(작도)를 위한 첫 번째 단계(첫 걸음)으로 **투상 방법의 종류와 원리를 이해하기**를 학습하도록 한다.
저자들이 직접 설계하여 도시한 도형과 도면(Drawing)들을 사례로 제시하여 투상 방법의 종류와 투상 원리를 이해하도록 하였고, 전개하는 내용을 알기 쉽도록 다음과 같이 요약하고 정리하여 학습 목표를 설정하였다.

학습 목표

1. 투상 방법을 이해하고 설명한다.
2. 투상 방법의 종류를 알고 절차(계통)를 설명한다.
3. 평행 투상 방법의 원리를 알고 설명한다.
4. 투시 투상 방법의 원리를 알고 설명한다.
5. 직각 투상 방법과 사 투상 방법의 원리를 알고 설명한다.
6. 정 투상 방법의 원리를 알고 설명한다.
7. 축측 투상 방법의 원리를 알고 설명한다.

PART

5 투상 방법의 종류와 투상 원리

5.1 투상 방법이란?

보충설명

투상 방법이란 무엇일까?

어떤 물체의 모양(형상)을 다른 사람에게 설명할 수 있는 보통 방법에는 말, 글, 그림, 기호, 몸짓 등이 있다.

투상 방법은 3차원의 입체적인 물체(사물)의 모양을 다른 사람에게 전달 · 설명하기 위한 수단으로 2차원의 평면인 도면 용지에 표현하는 제도 방법을 말한다.

다시 설명하면, 물체의 모양을 2차원의 도면에 나타내기 위해서는 그 물체의 모양을 쉽게 이해하고 그려야 한다. 따라서 물체의 모양과 윤곽, 홈, 구멍 등의 위치 및 기울기 등을 비롯한 모든 형체를 정해진 방법으로 그리는 방법을 투상 방법이라 한다.

▶ 3차원의 입체적 물체(사물)의 모양을 2차원의 평면으로 표현하여 나타내는 제도 방법을 투상 방법이라 한다.

▶ 투상 방법으로 대표적인 방법은 제1각 투상 방법과 제3각 투상 방법이 있다.

5.2 투상 방법의 종류

투상 방법의 종류를 알아보자.

투상 방법은 제도 규격에 따라 다음 그림 5.1과 같이 분류한다.

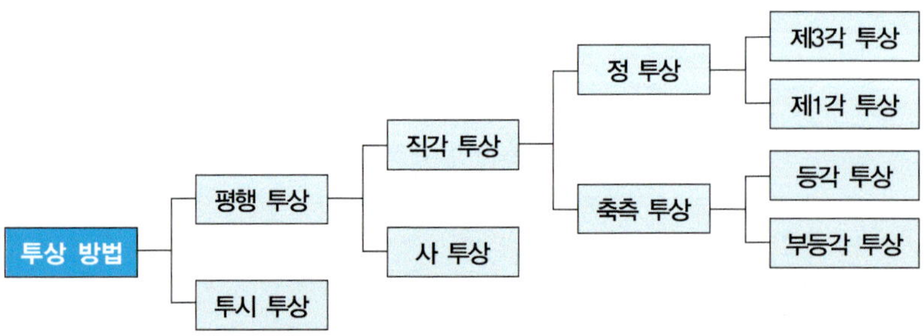

[그림 5.1] 투상도의 종류와 구분

제도 규격에서 정한 투상 방법은 정 투상 방법, 등각 투상 방법, 사 투상 방법, 투시 투상 방법의 4종류가 있다.

5.3 평행 투상 방법의 원리

평행 투상 방법의 원리를 알아보자.

평행 투상 방법의 원리는 아래 그림 5.2와 같이 빛(시선)을 무한대로 평행하게 비추어 화면(畵面, 투명 유리 막)에 나타나는 물체의 윤곽(稜線)을 그리는 원리를 말한다. 정 투상 방법의 기본 원리가 되며, 직각 투상 방법과 사 투상 방법으로 구분한다.

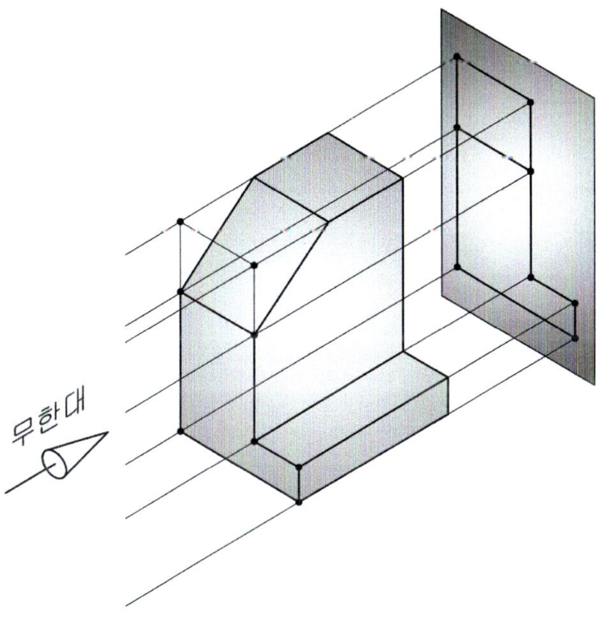

[그림 5.2] 평행 투상 방법(제1각 방법, 제1각법)의 원리

보충설명

▶ 왼쪽 그림 5.2는 정 투상 방법의 제1각 투상 방법(제1각법)으로서 그림자로 비추어진 물체의 윤곽을 그리는 원리이며, 아래 그림 5.3은 정 투상 방법의 제3각 투상 방법(제3각법)으로서 투명 유리막을 통해 본 물체의 윤곽을 그리는 원리이다.

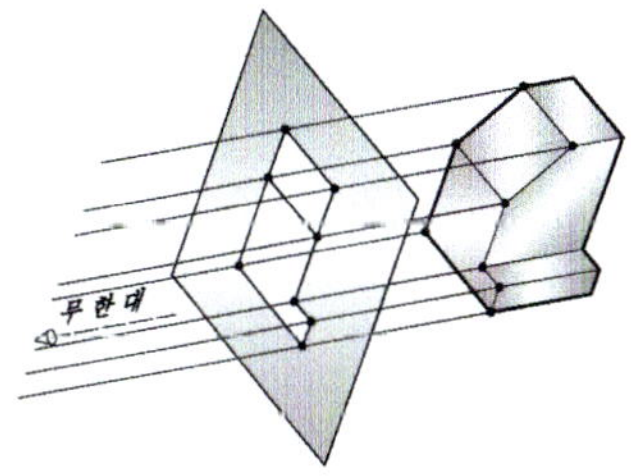

[그림 5.3] 평행 투상 방법(제3각 방법)의 원리

▶ 즉, 평행 투상 방법은 시점(視點)이 무한대이기 때문에 화면과 물체의 간격과는 무관하게 같은 크기의 윤곽을 나타낼 수 있다.

5.4 투시 투상 방법의 원리

투시 투상 방법의 원리를 알아보도록 하자.

투시(透視) 투상 방법은 아래 그림 5.4와 같이 한 꼭지점(시점 또는 소점)에서 빛(시선, 視線)을 방사(放射)로 비추어 화면에 나타나는 물체의 윤곽(輪郭)을 그리는 원리이다.

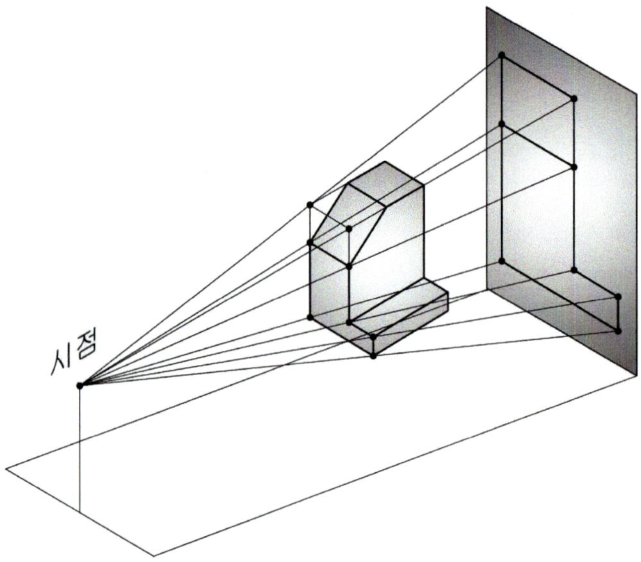

[그림 5.4] 투시(1시점) 투상 방법의 원리

투시 투상 방법에는 1시점, 2시점, 3시점 투상 방법이 있으며, 그림 5.5는 2시점 투시 투상 방법의 원리를 보여준다.

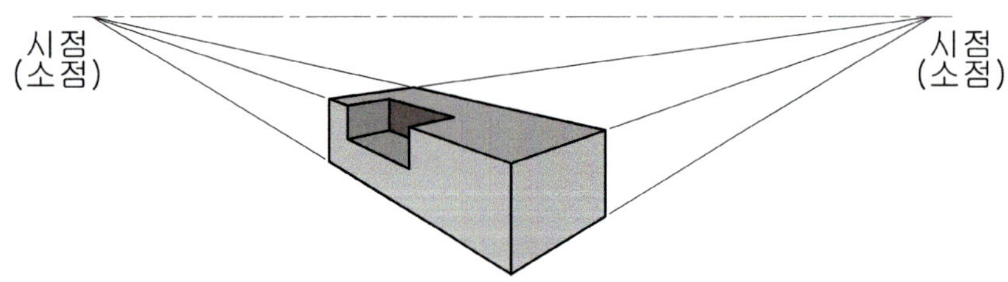

[그림 5.5] 2시점 투시 투상도

보충설명

▶ 투시 투상 방법은 [시점(視點), 소점・소실점(消點・消失點, vanishing point)], 물체, 화면 간의 간격에 따라 윤곽 크기가 달라진다. 그림 5.6도 또 다른 2시점 투시 투상도의 예시이다.

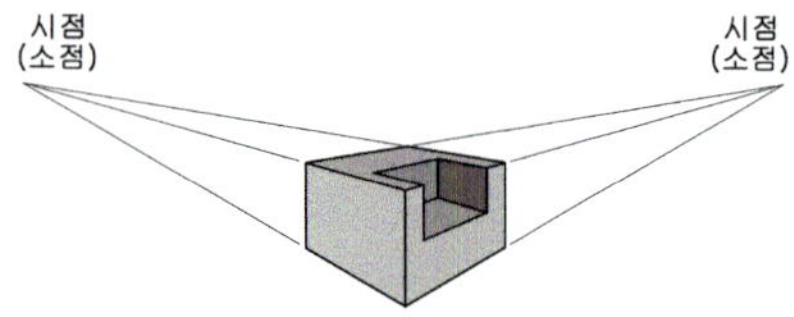

[그림 5.6] 2시점 투시 투상도

▶ 투시 투상 방법은 그리는 사람에 따라 즉, 시점(소점)의 수 결정에 따라 1시점(소점) 투시(One point perspective projection), 2시점 투시, 3시점 투시 방법 등이 있다. 그림 5.7은 3시점 투시 투상도의 원리이다.

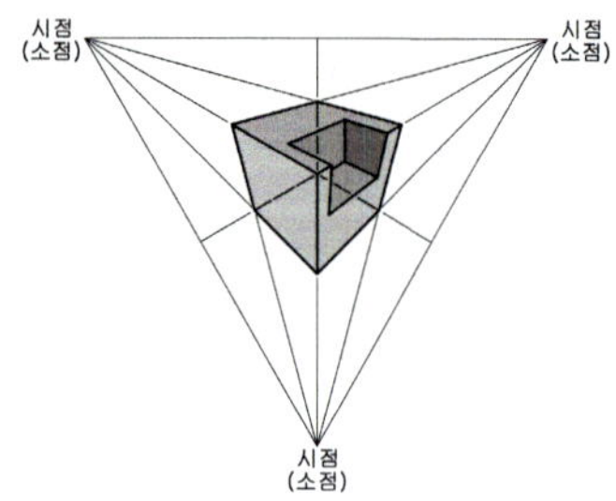

[그림 5.7] 3시점 투시 투상도

5.5 직각 투상 방법과 사 투상 방법의 원리

직각 투상 방법과 사 투상 방법의 원리를 알아보자.

직각 투상 방법은 화면과 물체가 서로 직각(수직)으로 투상이 나타나는 방법으로 정 투상, 축측 투상 방법으로 구분한다.

일반적인 사 투상 방법은 아래 그림 5.8과 같이 물체를 들어 올려서 왼쪽 또는 오른쪽으로 0°~ 90°사이로 돌려 앞면 모서리를 평행하도록 하고 무한대의 수평 시선으로 얻은 물체 윤곽을 나타내는 원리이다.

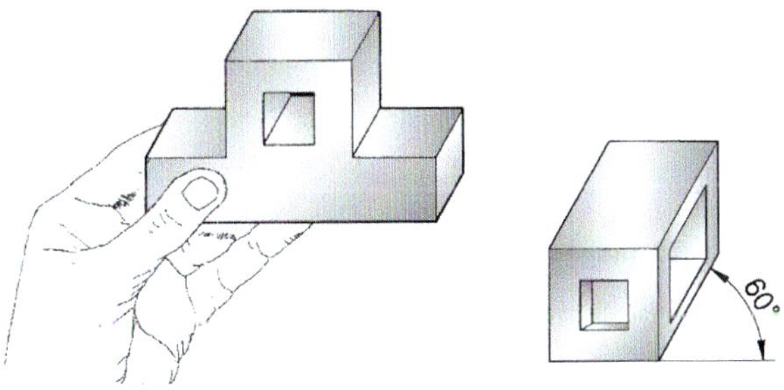

[그림 5.8] 사 투상 방법의 원리

다시 설명하면, 육면체 세 모서리 경사 축이 30°, 45°, 60°의 각을 이루는 입체적 그림(입체도)들을 통틀어서 사 투상도(斜 投象圖, Oblique projection drawing)라고 한다.

주로 45°의 경사로 두께를 그린 입체적 그림을 카발리에도(정방 투상, 正方 投象, Cavalier projection drawing)라 하고, 60°의 경사로 그린 입체적 그림을 캐비닛도(Cabinet projection drawing)라고 한다.

보충설명

- 아래 그림 5.9와 같이 정면의 길이, 높이를 수평 상태로 그리고 두께를 실제 크기와 같게 45°의 축으로 그리는 것을 카발리에(정방향 투상)도라 하는데 15°, 30°, 60°, 75°를 두께로 그리기도 한다.

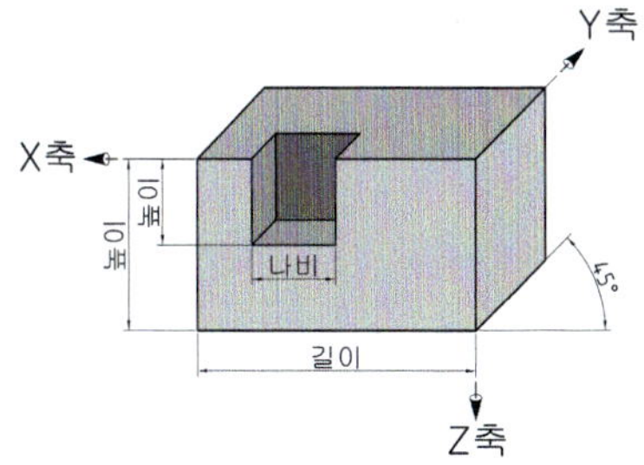

[그림 5.9] 카발리에도(정방 투상, 正方 投象)

- 사 투상 방법으로 그린 입체적 그림(사 투상도)은 주로 물체의 정면 윤곽만을 나타내고 측면이나 평면의 모양은 입체적인 모습으로만 그리기 때문에 주로 생활용품, 가전 제품, 가구 제품 등의 설명서용 그림으로 사용한다.
- 사 투상도는 길이와 높이 치수를 기입할 수 있으며, 두께 치수는 1:1로 기입할 수 없다고 하여 「2.5D(차원)」라고 하는데 이는 잘못 사용되는 용어이다.

5.6 정 투상 방법의 원리

그럼, 정 투상 방법의 원리를 알아보도록 하자.

정 투상 방법은 앞의 5.3절에서 설명한 바와 같이 물체(사물)를 향해 무한대의 평행한 시선(빛)을 보내면(평행 투상 방법), 물체의 윤곽이 화면에 직각(수직)으로 나타나는 것을(직각 투상 방법) 그리는 원리를 정 투상 방법이라고 한다.

다시 설명하면, 평행 또는 직각 투상 방법의 원리인 정 투상방법으로 투상을 하기 위해서는 아래 그림 5.10과 같이 물체의 앞 또는 뒤에 가상(假想)의 화면을 설치하고 얻어진 물체의 윤곽을 그리는 원리가 정 투상 방법이고, 이렇게 얻어져 그린 그림을 정 투상도(正 投象圖)라 한다.

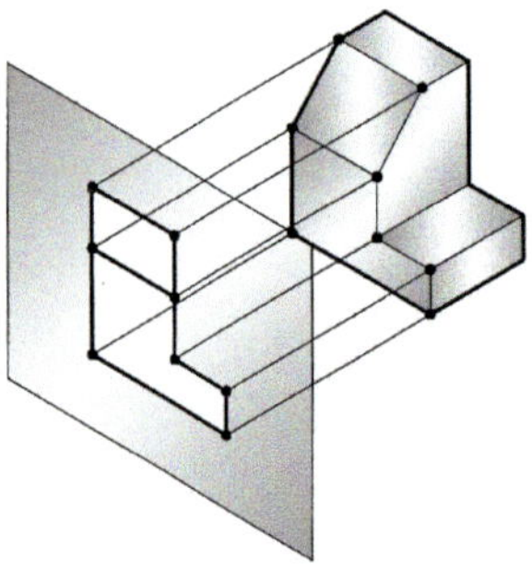

[그림 5.10] 정 투상도를 얻기 위한 화면 설치

다음 그림 5.11은 화면을 2개 설치하여 위에서 본 물체의 윤곽을 나타내기 위해 화면을 위로 펼치는 원리를 설명한 것이다.

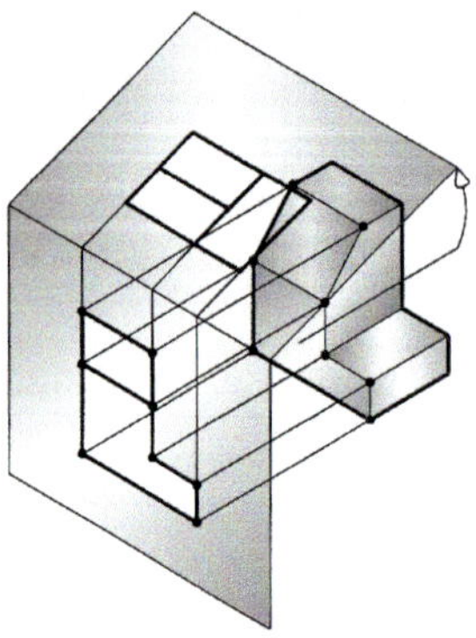

[그림 5.11] 2개 화면의 펼치기 원리

다음 그림 5.12는 정 투상도면을 얻기 위해 6면체의 투상상자로 둘러 싸서 6개의 화면을 설치(물체는 기본적으로 6면체이므로)하여 물체의 각 면(모두 6면) 방향에서 바라보는 모습을 설명한다.

보충설명

- 왼쪽에서 설명한 그림 5.10은 빛 즉 시선의 위치를 정하지 않고 앞에서 볼 땐 화면이 물체와 중간에 놓였다고 생각을 하면 제6장에서 설명하는 제3각 투상 방법(제3각법)이다.
- 또 그림 5.10에서 물체(도형)가 고정된 상태에서 물체의 뒤 쪽으로 돌아가서 보는 위치를 바꾸어 물체의 뒤 쪽에 화면이 놓였다고 생각을 하면 다음 6장에서 설명하는 제1각 투상 방법(제1각법)이다.

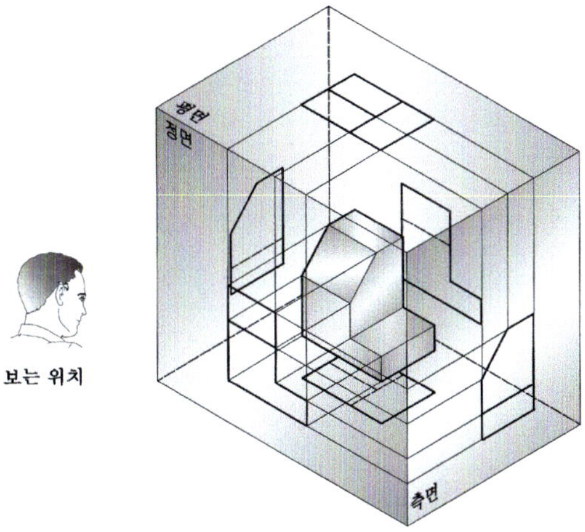

[그림 5.12] 6개의 화면 설치로 얻은 물체의 윤곽

앞에서 설명한 정 투상 방법의 원리를 보충 설명한다면, 「보는 위치」는 물체의 특징이 가장 잘 나타나는 쪽이 최초 투상도(정면도)임을 보여주며 나머지 5개의 면들을 돌아가며 각각 보는 위치가 된다.

그림 5.14는 6면으로 된 투명 상자를 펼치는 방법으로, 제3각 투상 방법(제3각법)으로 정 투상도면을 나타내는 원리를 설명하고 있다.

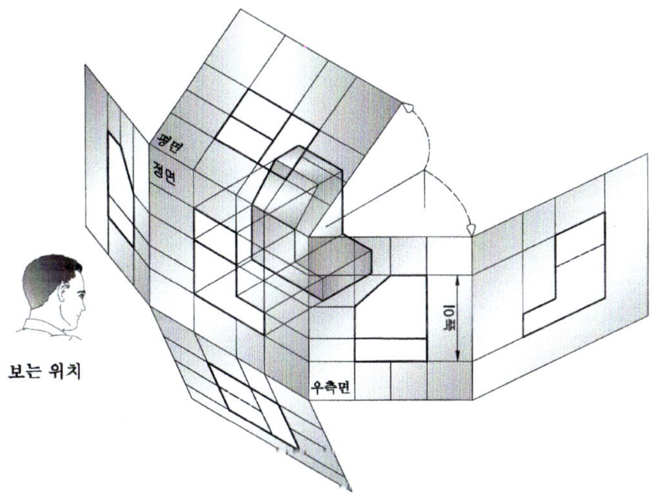

[그림 5.14] 투명 상자의 펼치는 원리(제3각 투상 방법, 제3가법)

다음 그림 5.15는 6개의 화면을 펼처시(즉, 동일 평면으로 하여서) 물체의 특징을 가장 잘 나타나는 도형(정면도)을 기준으로 제도 규칙에서 정한대로 제3각 투상 방법(제3각법)으로 6면도를 배열한 원리를 설명한다. 이는 **물체(도형)를 6개의 방향에서 바라 본 윤곽의 그림을 제도 규정(제3각 투상 방법)에 의해 배열한 것이다.**

보충설명

▶ 다음 그림 5.13은 3개의 화면을 설치하여 얻은 투상 면을 펼치는 원리이다.

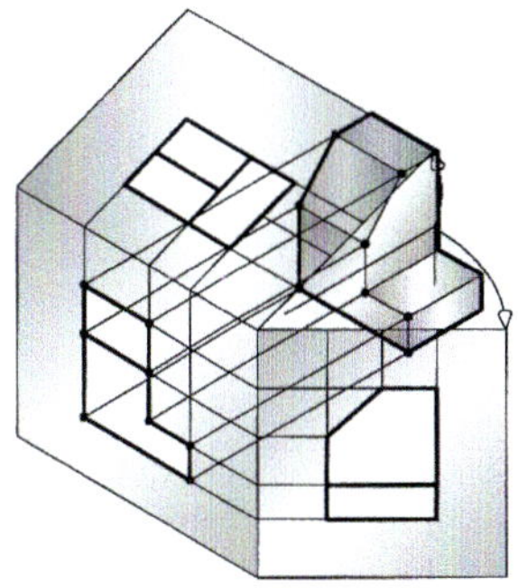

[그림 5.13] 세 개 화면 펼치기

▶ 즉, 정 투상 방법의 원리는 6면체의 투상 상자 안 공간에 물체(도형)를 고정시키고 상자의 각 면을 돌아가면서 본 물체의 윤곽을 나타내고 그 상자를 펼쳐서 그 물체의 특징이 가장 잘 나타나는 방향에서 본 최초의 투상도형을 정면도로 설정하고, 이 정면도를 기준으로 배열하는 원리이다.

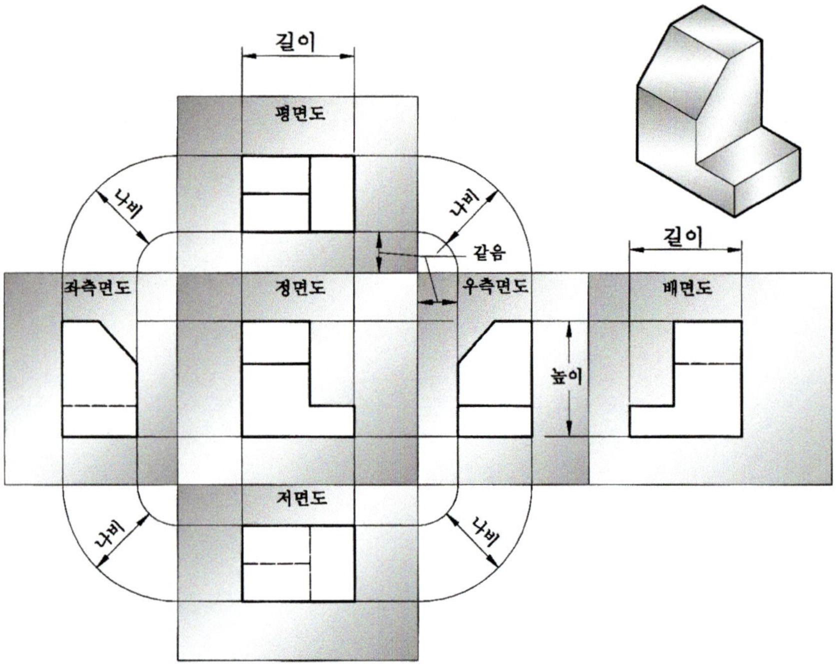

[그림 5.15] 제3각 투상 방법(제3각법)에 의한 6면도의 배열

5.7 축측 투상 방법의 원리

축측 투상 방법의 원리를 알아보도록 하자.

축측 투상(Axonometric projection) 방법의 「**축측**」이란, 「**축을 따라 측정한다.**」라는 것을 줄여 쓴 용어이며, 물체의 윤곽을 서로 직각으로 만나는 길이, 높이, 나비(두께, 폭)의 세 모서리 축의 크기 비율을 서로 같게 하여 입체적으로 그리는 원리로 그림 5.16에서와 같이 2가지 경우로 해석하여 투상을 한다.

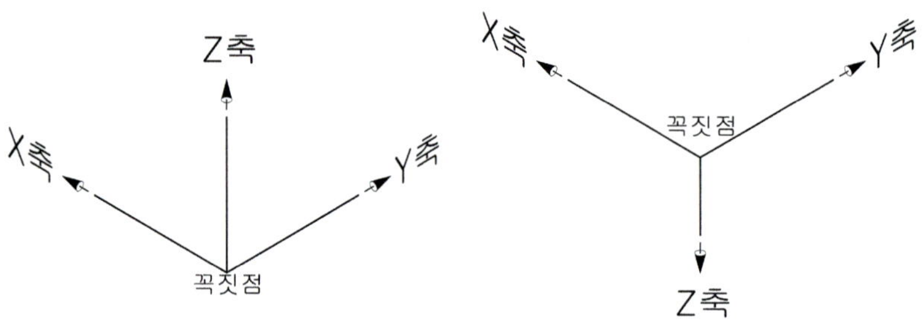

(a) 아래를 꼭짓점으로 한 경우 (b) 위를 꼭짓점으로 한 경우

[그림 5.16] 축측 투상 방법에 있어 축측 축의 해석

보충설명

설명 순서로 보면 다음에 제1각 투상방법(제1각법)과 제3각 투상 방법(제3각법)을 설명해야 하는 것 아닌가요?

예, 맞습니다.

- 먼저 등각 투상 방법, 2등각 투상 방법, 부등각 투상 방법을 다음에서 설명하고, 정 투상 방법에서 구분되는 제1각 투상 방법과 제3각 투상 방법은 다음 6장에서 설명하기로 한다.

축측 투상 방법(軸測 投像 方法)의 축측 축에 의해 구성된 3개의 면을 다음 그림 5.17과 같이 축측 면(軸測 面, Axonometric plane)이라 한다.

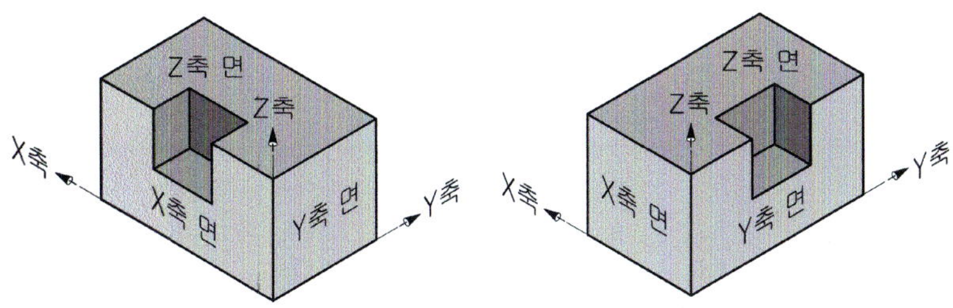

(a) 아래를 꼭짓점으로 한 경우

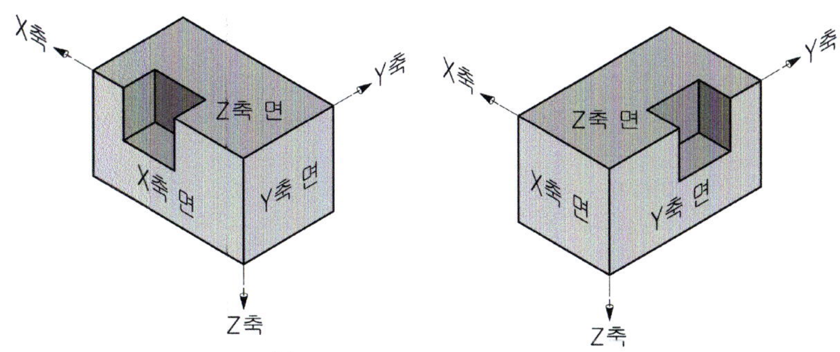

(b) 위를 꼭짓점으로 한 경우

[그림 5.17] 3개의 축측 면의 해석

축측 투상 방법에는 등각 투상(Isometric projection) 방법, 2등각 투상(Dimetric projection) 방법, 부등각 투상(Anisometric projection) 방법의 3종류가 있다.

아래 그림 5.18과 같이 길이, 높이, 나비(두께, 폭)의 세 모서리 축각을 120°로 해서 각각 실제 크기(1:1)와 같게 입체적으로 그리는 것을 등각 투상(Isometric projection drawing) 방법이라 한다.

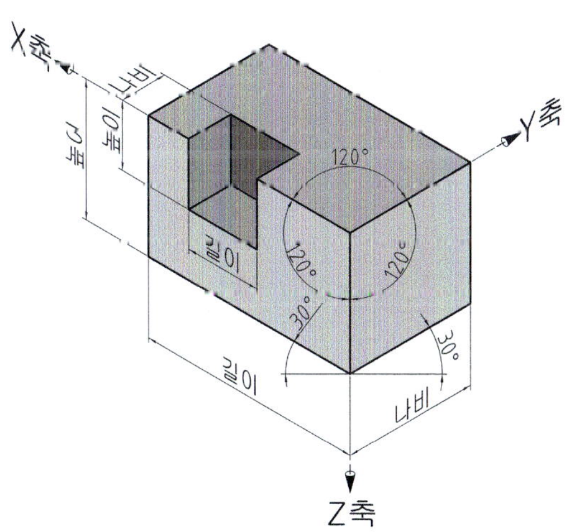

[그림 5.18] 등각 투상도

보충설명

- 등각이라 함은 왼쪽 그림 5.17에서 길이(X축), 높이(Z축), 나비(Y축)가 이루는 각이 같은 각(120°)을 갖게 그린다고 해서 등각(等角) 투상도라고 한다.
- 「여러 가지 등각 축 선정」 그림은 중점적으로 보여주고자 하는 쪽의 면(정면)을 기준으로 등각 축이 놓이는 방향을 자유롭게 할 수 있음을 설명하고 있다.
- 3D(3차원) CAD를 이용한 솔리드 모델링(Solid Modeling) 으로 도면 작업을 하는 것을 「3D」라고 하거나, 생성된 파일을 이용해 렌더링(rendering)해서 얻은 랜더링 등각도를 「3D도」라고 하는 것은 틀린 용어의 사용이다.

  즉, 「3D 모델링 한다」 「솔리드 모델링 한다」와 「렌더링 등각도」라고 해야 한다. 이것이 정확한 용어의 표현이다.

등각 투상도는 길이, 높이, 나비(두께, 폭)를 각각 1:1로 표시할 수 있어서 「3D(Dimensions)도」라고도 하며, 입체적 도형을 그리는 방법 중 가장 손쉬운 방법이다. 그림 5.19는 등각 투상도로 그린 부품의 분해 순서를 설명하는 분해도(disassembly drawing)이다.

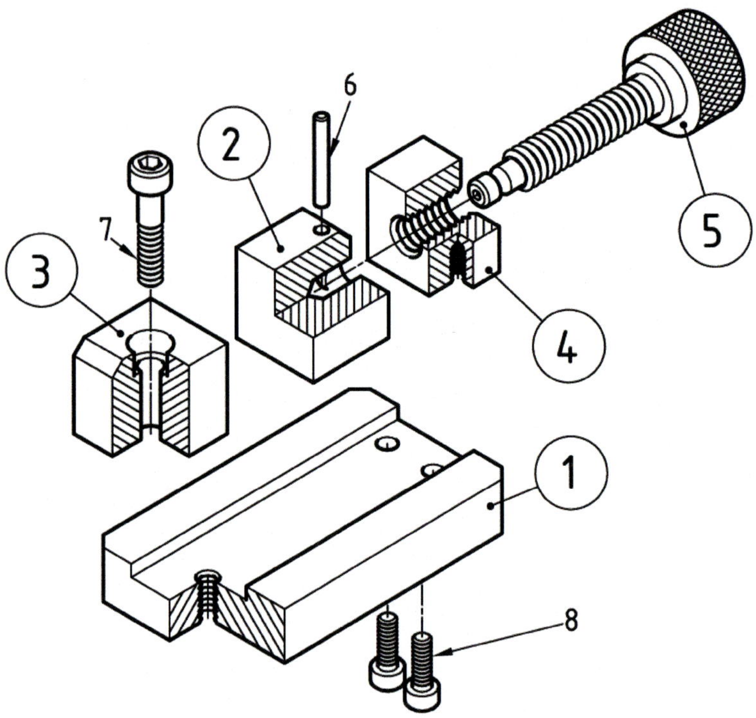

[그림 5.19] 부품들의 분해 순서를 설명하는 등각 투상도

다음은 3D(3차원) CAD를 이용해 솔리드 모델링(Solid Modeling)으로 3차원 입체 도형 작업을 한 후 파일(file)을 생성하여 렌더링 처리를 한 렌더링 등각도의 활용 보기를 설명하고자 한다.

그림 5.21은 렌더링 등각도의 활용 보기(예)를 나타내는 3차원 입체 도형으로 **(a)**는 치수가 표시된 랜더링 등각도이며, **(b)**는 기계 장치의 부품들을 분해했을 때 각 부품의 위치 순서를 설명하는 보기이다. 이는 분해도(disassembly drawing)로써 분해 순서를 나타낸다. 조립은 반대로 분해 순서의 역순으로 한다.

보충설명

▶ 아래 그림 5.20은 등각 투상 방법에 의해 각 부품의 구성(부품 목록)과 조립 위치를 설명하고 있다. 등각 투상도로 그린 조립도(assembly drawing)이다.

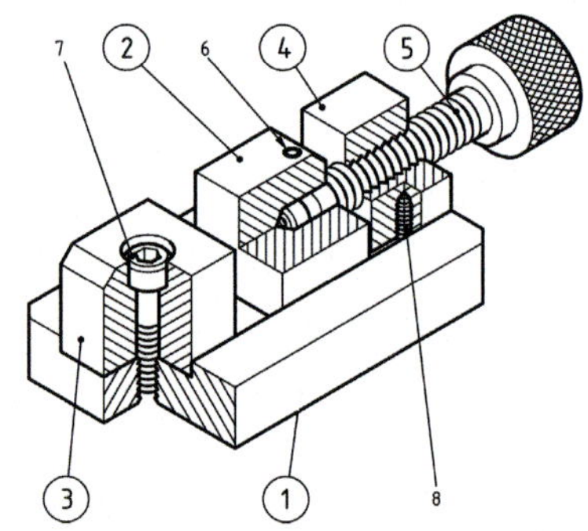

[그림 5.20] 조립 상태를 설명하는 등각 투상도

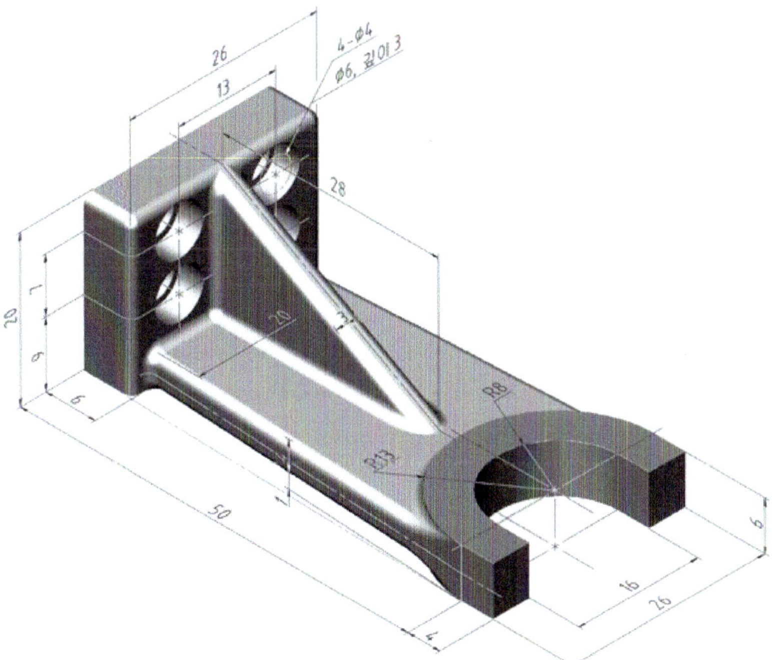

(a) 렌더링 제작용 등각도

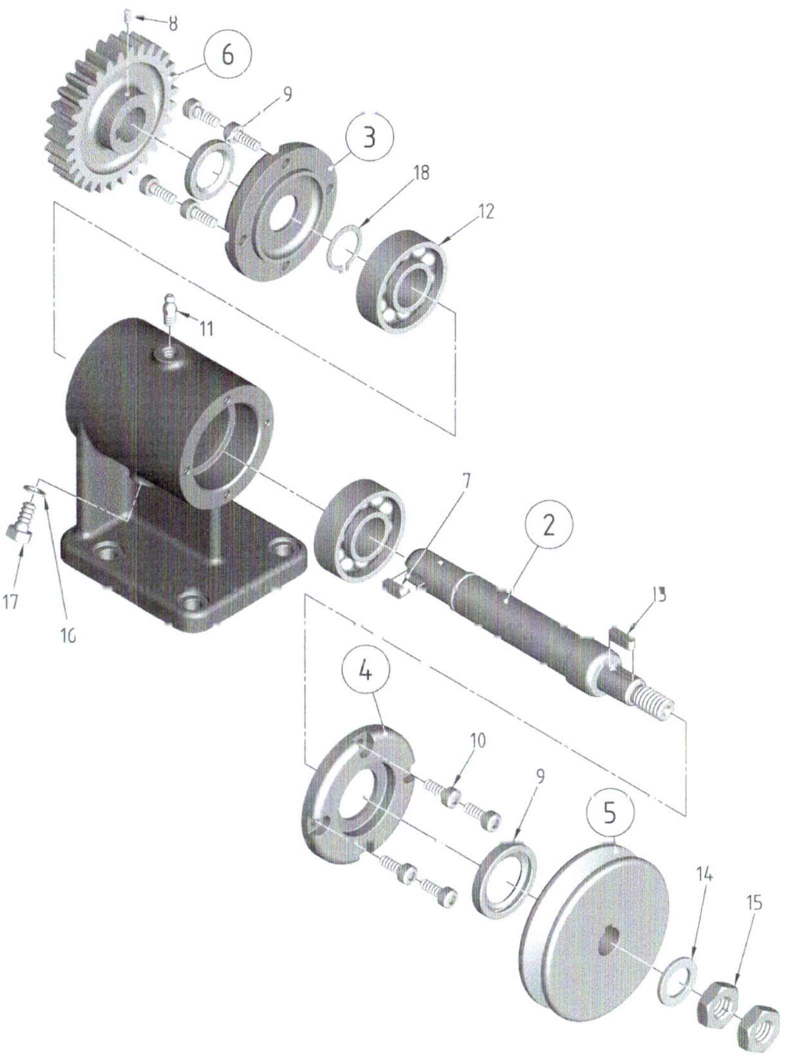

(b) 렌더링 부품 분해 설명 등각도(분해도)

[그림 5.21] 렌더링 등각도의 활용 보기

보충설명

▶ 아래 그림 5.22는 등각 투상 방법에 의해 3D(3차원) 솔리드 모델링을 한 조립 도형을 렌더링으로 변환시켜 처리한 렌더링 조립 등각도이다. 각 부품의 구성(부품 목록)과 조립 위치를 설명하고 있다. 등각 투상도로 그린 렌더링 조립도(assembly drawing)이다.

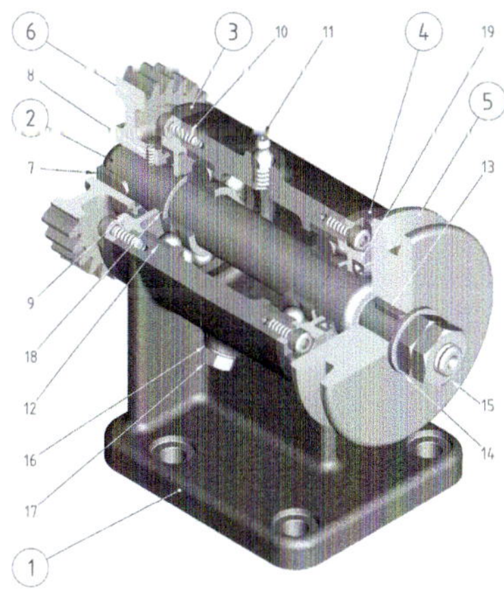

[그림 5.22] 렌더링 조립 등각도

그림 5.23과 같이 세 모서리의 축 중에서 다른 한 모서리 축각(Z축 면의 각)을 다르게 그리는 방법을 2등각 투상(Dimetric projection) 방법이라고 하고, 이렇게 그려진 입체 도형을 2등각 투상도라고 한다.

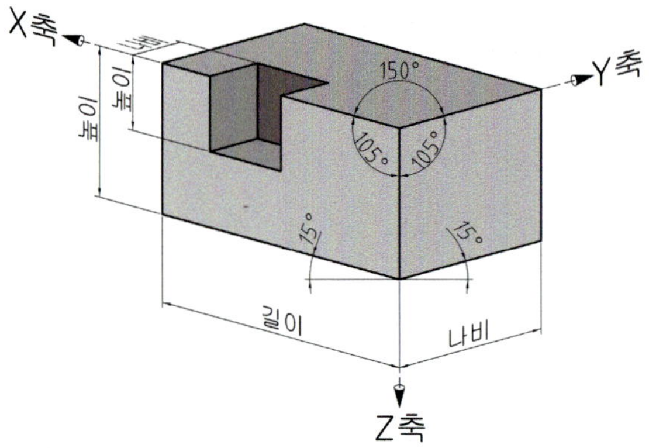

[그림 5.23] 2등각 투상도

아래 그림 5.24와 같이 길이, 높이, 나비(두께, 폭)의 세 모서리 축각을 각각 다르게 그리는 방법을 부등각 투상(Anisometric projection) 방법이라 하고, 이렇게 그려진 입체 도형을 부등각 투상도라고 한다.

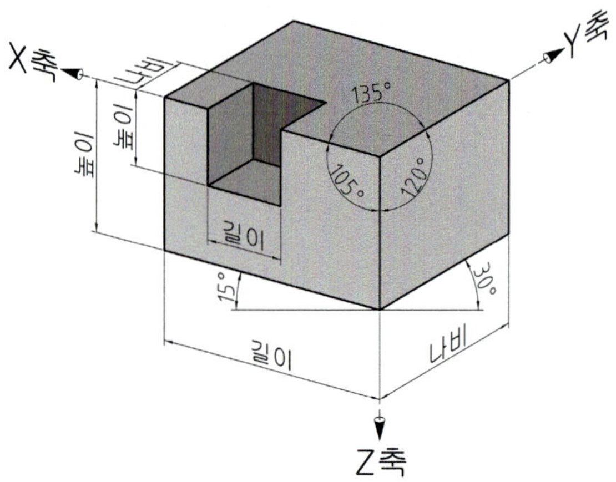

[그림 5.24] 부등각 투상도

즉, 부등각 투상도는 3개의 축(X, Y, Z)의 각을 모두 각각 다르게 그리는 방법이다.

보충설명

▶ 여기서는 등각 투상도에 의해 정 투상도 연습을 학습하고, 정 투상도에 의해 등각 투상도 그리기 연습을 중점적으로 학습하게 되므로 앞으로 도면의 이해와 투상도 그리는 방법이 더욱 익숙해질 것이다.

PART

6

제1각 투상 방법(제1각법)과 제3각 투상 방법(제3각법)의 원리

앞 5장에서는 도면을 이해하고 투상도를 그리기 위한 투상 방법의 종류와 투상 원리를 학습하였다. 여기 6장에서는 본격적으로 도면 제도(작도)를 위한 두 번째 단계로 **제1각 투상 방법(제1각법)과 제3각 투상 방법(제3각법)의 원리 이해하기**를 학습하고 연습하도록 한다.
저자들이 직접 설계하여 도시한 도형과 연습 도면(Drawing)들을 사례로 제시하여 아주 중요한 도면의 투상 원리(제1각법과 제3각법)를 이해하도록 하였고, 전개하는 내용을 알기 쉽도록 다음과 같이 요약하고 정리하여 학습 목표를 설정하였다.

학습 목표

1. 제1각 투상 방법(제1각법)과 제3각 투상 방법(제3각법)의 원리를 알고 설명한다.
2. 제1각법과 제3각법의 6개 투상도의 배치 위치를 알고 설명한다.
3. 제1각법과 제3각법의 그림 기호를 알고 그린다.
4. 입체 도형(등각도)을 보고 제3각법과 제1각법에 의해 정 투상 6면도를 그린다.
5. 특히, 제3각법에 의해 정 투상 6면도를 이해하고 도면을 그리는 연습과 훈련을 한다. 왜냐하면 KS 규격은 제3각법에 의한 제도가 원칙이다.

PART 6 제1각 투상 방법(제1각법)과 제3각 투상 방법(제3각법)의 원리

6.1 제1각 투상 방법(제1각법)의 원리

제1각 투상 방법(제1각법)의 원리를 알아보도록 하자.

앞의 5장에서 설명한 정 투상 방법의 원리를 보충 설명하자면, 프랑스 수학자 「**가스파르 몽쥬(Gaspard Monge)**」가 창안한 「도형기하학」에 뿌리를 두고 있다.

즉, 아래의 그림 6.1과 같이 공간을 평면(H면, Ground)과 수직면(V면, Backdrop)으로 나누어 구성된 3차원 좌표계를 정의하고, 분할된 4개의 공간(4 Quadrants)을 정리하면 다음과 같다.

- 1상한(1사분면)의 평면과 수직면의 공간을 제1면각(제1각)
- 2상한(2사분면)의 평면과 수직면의 공간을 제2면각(제2각)
- 3상한(3사분면)의 평면과 수직면의 공간을 제3면각(제3각)
- 4상한(4사분면)의 평면과 수직면의 공간을 제4면각(제4각)

이라고 정의했다.

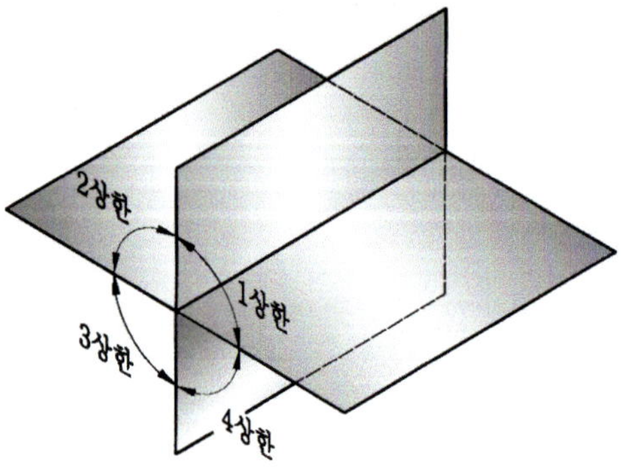

[그림 6.1] 분할된 4개의 공간

위와 같이 분할된 각 면각 중에서 아래 그림 6.2와 같이 제1상한(1사분면) 공간에 물체를 놓고 투상을 하여 물체의 윤곽을 그리는 원리가 정 투상 방법의 제1각 투상 방법(제1각법)이다.

보충설명

▶ 독일은 제1각 투상 방법(제1각법)을 사용하며 일본, 영국 및 국제표준규격(ISO)은 제1각법과 제3각법을 같이 사용하고 있다.

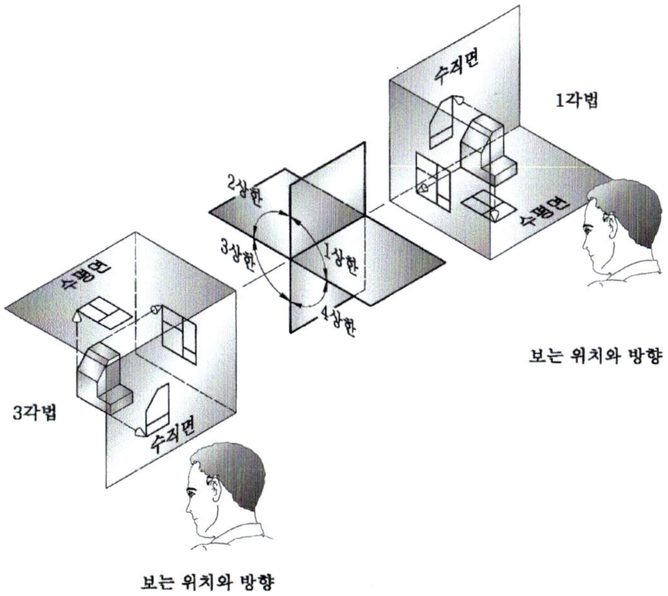

[그림 6.2] 제1상한, 3상한 공간의 물체 투상과 보는 방향과 위치

다음 **그림 6.4**는 4개로 분할된 각 상한에 분리하여 별도로 투상 상자를 설치한 모습을 가상으로 설명하고 있다.

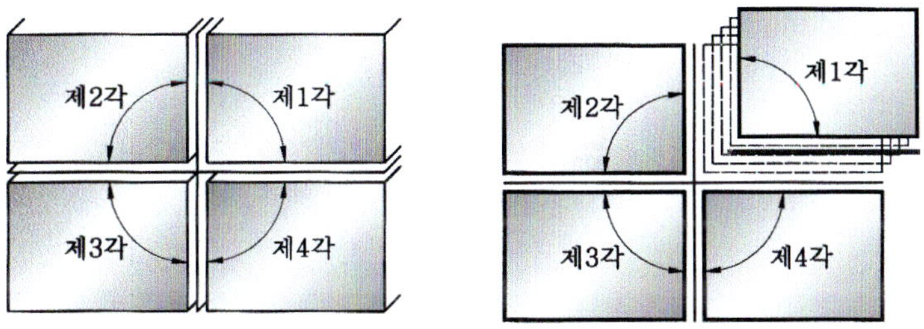

(a) 투상 상자 설치 (b) 투상 상자의 분리

[그림 6.4] 공간의 상한 분할과 투상 상자의 분리

또, **그림 6.5**는 앞의 **그림 6.4**에서 설명한 각 상한에 설치한 가상의 투상 상자 중에서 제1상한에 설치된 투상 상자를 떼어내는 것을 입체적으로 설명하고 있다.

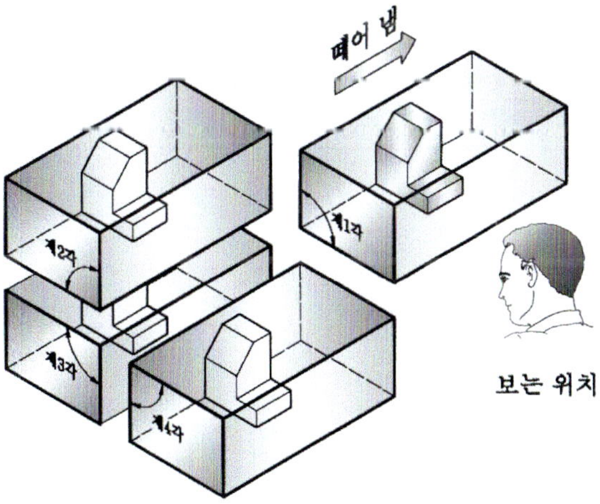

[그림 6.5] 제1상한에 설치된 투상 상자의 분리와 투상 원리

보충설명

▶ 그림 6.2를 조금 더 구체적으로 설명하면 그림 6.3과 같이 도면 설계자, 제도자(작도자)가 보는 방향(시선)과 보는 위치를 나타낸다.

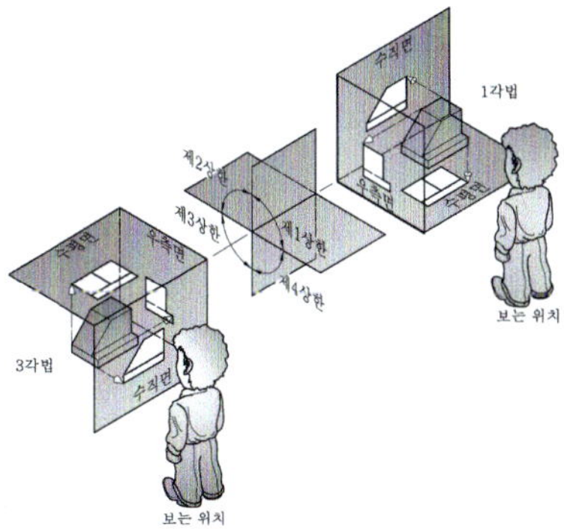

[그림 6.3] 제1상한, 3상한 공간의 물체 투상과 보는 방향과 위치

▶ 떼어낸 제1상한 공간에 물체를 놓고 투상을 하는 방법을 제1각 투상 방법(제1각법)이라고 하고, 떼어낸 제3상한 공간에 물체를 놓고 투상을 하는 방법을 제3각 투상 방법(제3각법)이라고 한다.

아래 **그림 6.6**은 떼어낸 투상 상자의 중앙 공간에 물체를 놓고 바라보는 위치와 투상이 되는 면(화면)을 설명하고 있는데, 물체의 뒤쪽 면에 물체의 앞쪽 면의 모양이 투상이 되어 있음을 알 수 있다.

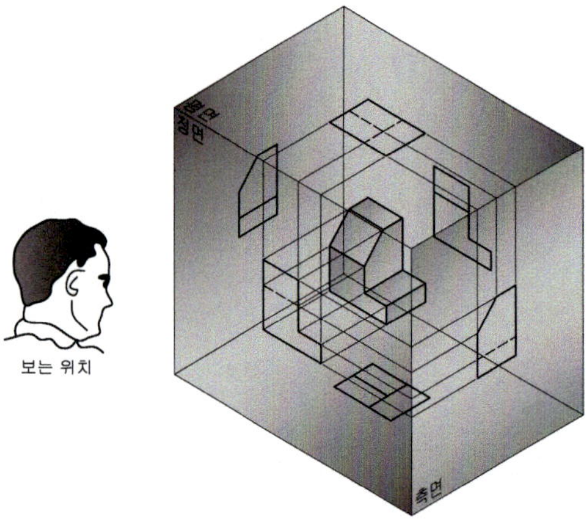

[그림 6.6] 제1상한의 투상 상자와 물체

다음의 **그림 6.8**은 보는 위치에서 투상 상자의 앞쪽, 오른쪽, 위쪽의 투상 화면을 제거하고 물체의 뒤쪽, 아래쪽, 왼쪽의 화면에 나타난 물체의 투상 윤곽이 보이도록 화면을 펼치는 모습**(a)**과 얻어진 투상도 배열 상태**(b)**를 보여준다.

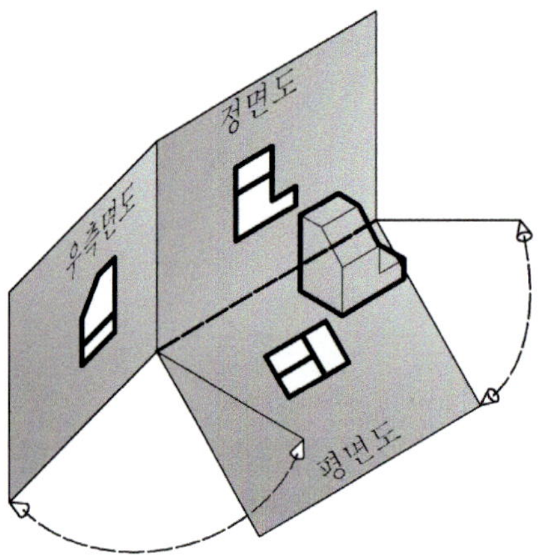

(a) 3개 투상면의 펼치기

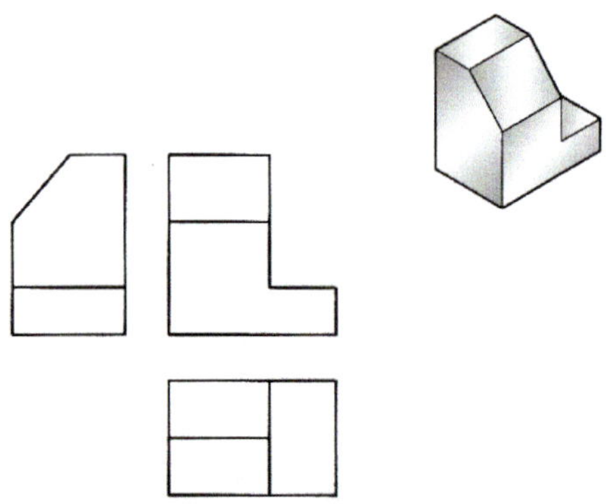

(b) 3개 투상도의 배열

[그림 6.8] 3개 투상면의 펼치기와 투상도 배열

보충설명

▶ 그림 6.6을 좀 더 구체적으로 설명하면 그림 6.7과 같이 설계자, 제도자(작도자)가 도형(물체)을 보는 방향(시선)과 보는 위치를 나타낸다.

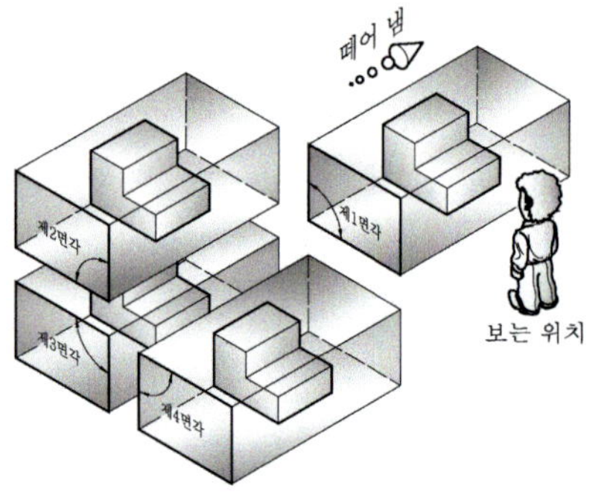

[그림 6.7] 제1상한에 설치된 투상 상자의 분리

▶ 그림 6.8에서 (a)와 같이 3개의 투상면을 펼치는 것은 3개의 투상도(투상도면)를 2차원 동일 평면(X-Y축)에 투상하기 위함이다. 이는 그리고자 하는 제도 용지(제도지) 면이 2차원 평면이기 때문이다.

다음의 그림 6.9는 앞의 그림 6.6의 투상 상자 각각의 화면 6개를 펼치는 것을 설명한다.

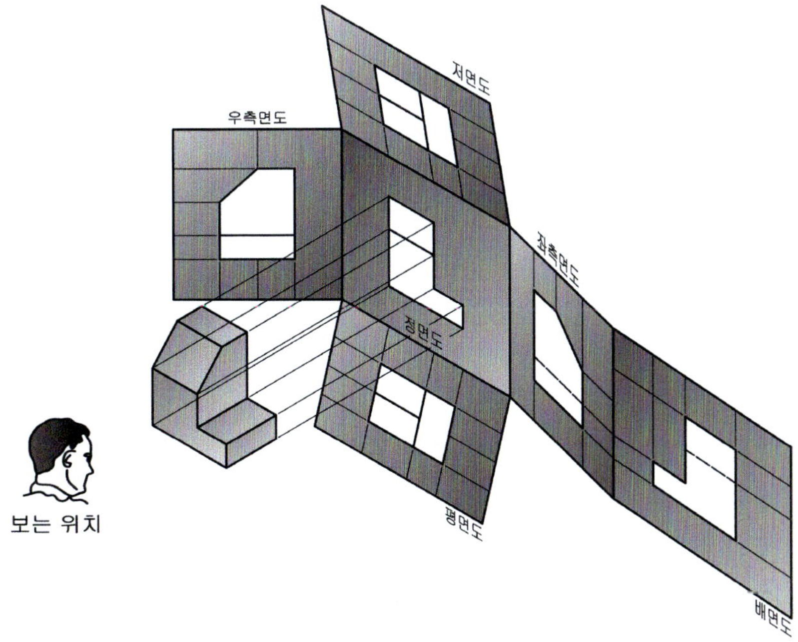

[그림 6.9] 투상 상자의 6개 투상면 펼치기

다음 그림 6.10은 6개의 투상면을 펼쳐서 얻은 투상도의 배열 위치를 설명하고 있다.

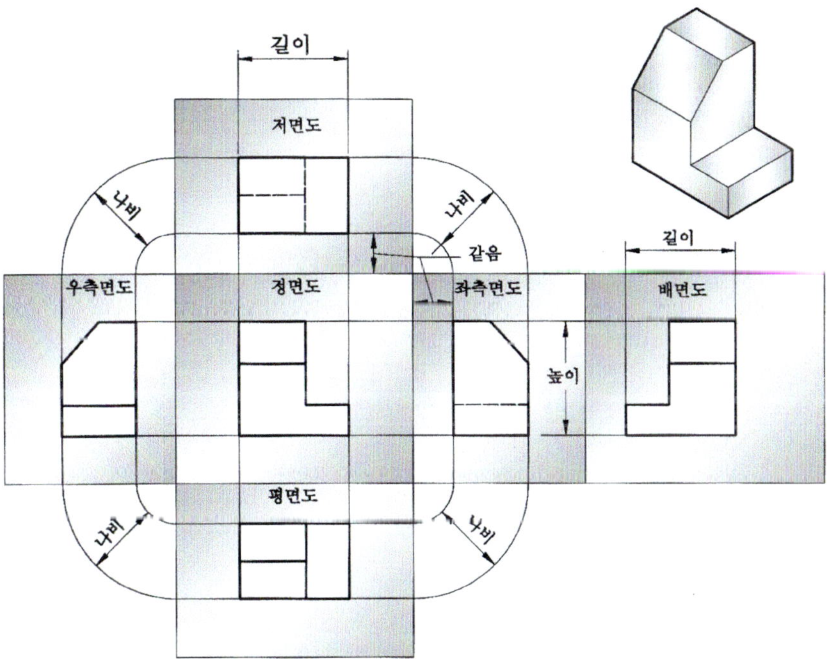

[그림 6.10] 6개의 투상도 배열 위치

보충설명

▶ 그림 6.10에서 보여주는 6개의 투상면은 3차원으로 구성된 물체(사물)의 면(plane)을 X-Y축으로 된 2차원 동일 평면으로 투상한 것이다.

다음 그림 6.11은 제1각 투상 방법(제1각법)에 대한 이해를 돕기 위해 또 다른 방법으로써 물체를 손으로 들고 투상 원리를 시뮬레이션 기법으로 돌려가며 얻은 투상도를 설명하고 있다.

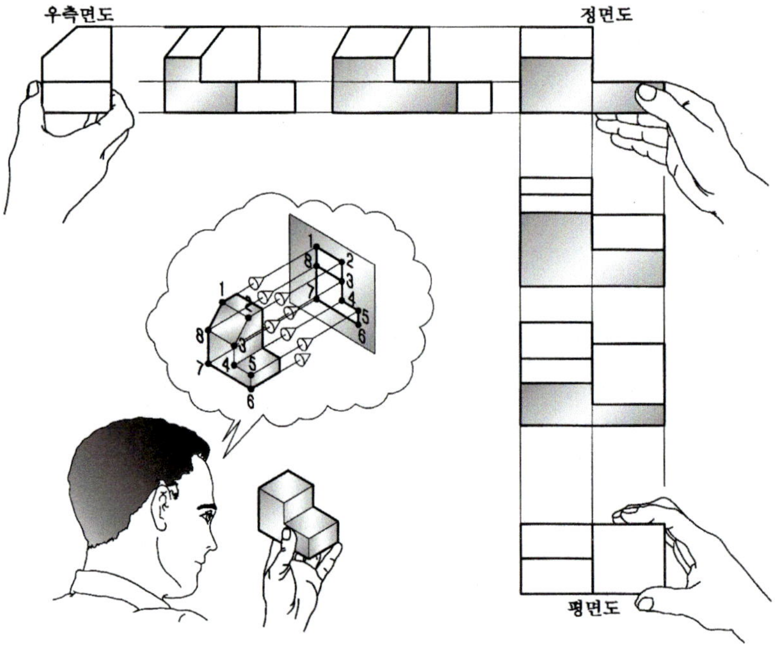

[그림 6.11] 제1각 투상 방법(제1각법)을 이해하기 위한 시뮬레이션

보충설명

▶ 설명한 그림 6.11에 있어, 투상 원리를 좀 더 구체적으로 표현한 그림 6.12를 보면 아래와 같다.

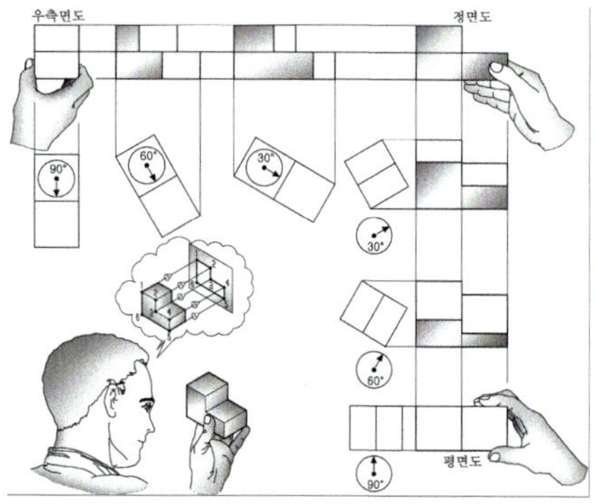

[그림 6.12] 제1각 투상 방법(제1각법)의 투상 원리를 이해하기 위한 시뮬레이션(simulation)

▶ 제1각 투상 방법(제1각법)으로 얻은 투상 공식은, 눈(광선, 시점, 시선) → 물체 → 투상면(화면)으로써 스탬프나 도장을 찍는(투상하는) 원리이다.

▶ 반드시 설계자, 제도자(작도자)의 눈(시선)은 정면도를 그리는 정면에 고정되어 있어야 하며, 단지 물체를 정면 방향으로 90°씩 돌려서(회전시켜) 도형을 도면에 투상한다.

여러분은 위에서 보충 설명한 내용과 같은 원리가 적용되는 사례들을 더 찾아보길 바란다.

6.2 제3각 투상 방법(제3각법)의 원리

제3각 투상 방법(제3각법)의 원리를 알아보도록 하자.

다음 그림 6.13은 4개로 분할된 각 상한에 분리하여 별도로 투상 상자를 설치한 모습을 가상으로 설명하고 있다.

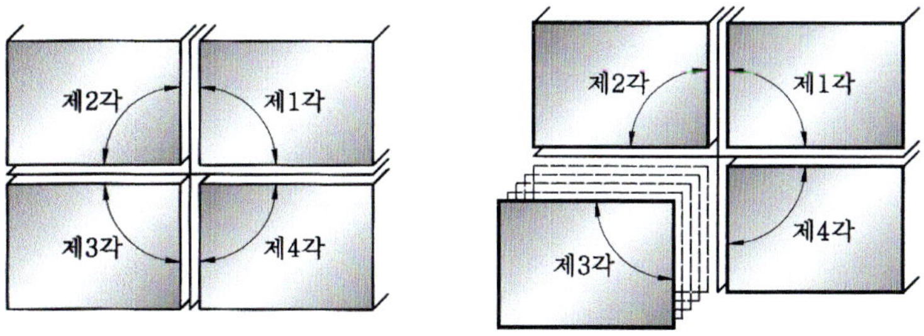

(a) 투상 상자의 설치 (b) 투상 상자의 분리

[그림 6.13] 공간의 상한 분할과 투상 상자의 분리

또, 그림 6.14는 앞의 그림 6.13에서 설명한 각 상한에 설치한 가상의 투상 상자 중에서 제3상한에 설치된 투상 상자를 분리하고 떼어내어 투상을 하는 원리를 입체적으로 보여주며 설명하고 있다.

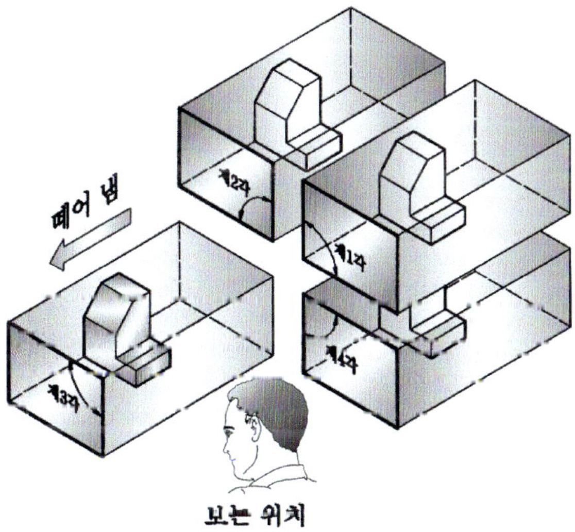

[그림 6.14] 제3상한에 설치된 투상 상자의 분리와 투상 원리

보충설명

▶ 제3각 투상 방법(제3각법)은 한국, 미국, 캐나다 등에서 사용하며 일본, 영국 및 국제표준규격(ISO)은 제1각법과 제3각법을 혼용하고 있다.

▶ 제3각 투상 방법(제3각법)은 앞에서 설명한 제1각 투상방법(제1각법)과 비교해, 큰 차이점(다른 점)은 정면도를 기준으로 우측면도와 좌측면도가, 또한 평면도와 저면도가 서로 반대 방향으로 배치된다는 것이다.

▶ 그림 6.14를 좀 더 구체적으로 설명하면 그림 6.15와 같이 설계자, 제도자(작도자)가 도형(물체)을 보는 방향(시선)과 보는 위치를 나타낸다.

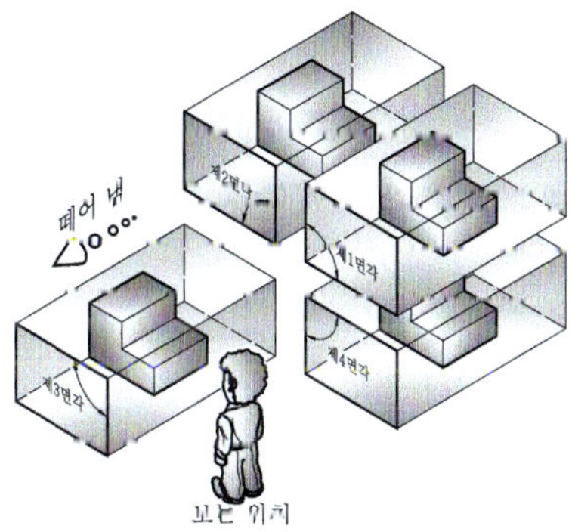

[그림 6.15] 제3상한에 설치된 투상 상자의 분리와 보는 위치

아래 **그림 6.16**은 떼어낸 투상 상자의 중앙 공간에 물체를 놓고 바라보는 위치와 투상이 되는 면(화면)을 설명한다. 바라 보는 위치(시점, 시선)에서 투상한 투상도를 **정면도**라 정의한다.

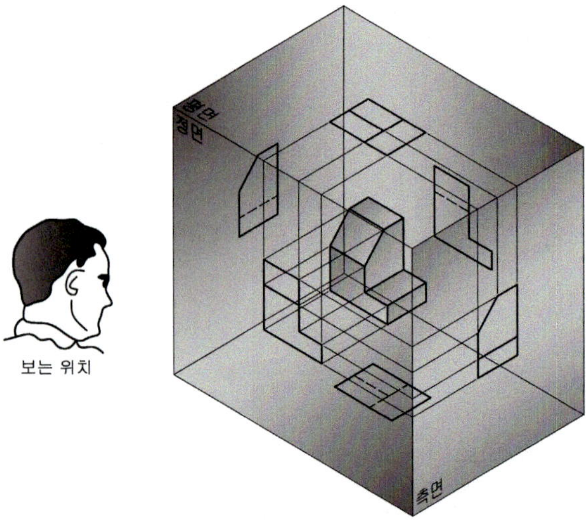

[그림 6.16] 제3상한의 투상 상자와 물체(도형)

다음의 **그림 6.17**은 보는 위치에서 투상 상자의 앞쪽, 오른쪽, 위쪽의 투상 화면을 제거하고 물체의 뒤쪽, 아래쪽, 왼쪽의 화면에 나타난 물체의 투상 윤곽이 보이도록 화면을 펼치는 모습**(a)**과 이때 얻어진 투상도 배열 상태**(b)**를 보여준다.

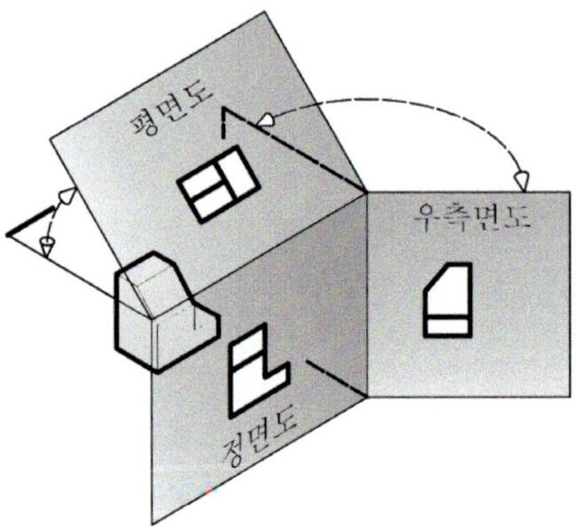

(a) 3개 투상면의 펼치기

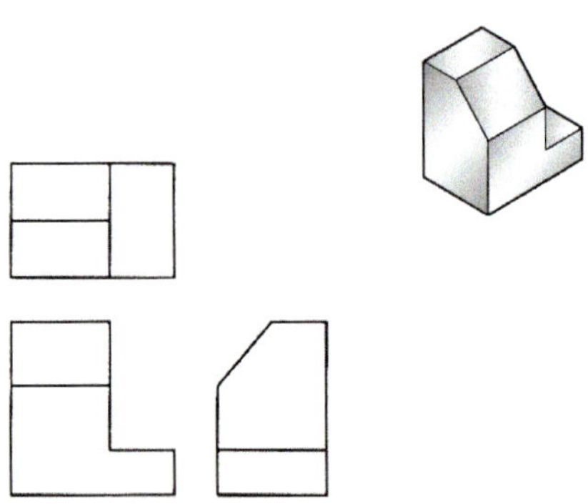

(b) 3개 투상도의 배열

[그림 6.17] 3개 투상면의 펼치기와 투상도 배열

보충설명

▶ 투상도의 배열에 있어 가장 중요한 것은 물체(사물)의 모양과 특징을 가장 잘 나타내는 방향을 '정면'으로 정의한다. 이에 따라 '정면'을 설계자 및 제도자의 보는 위치(시선)로 잡고 투상해 정면도를 중심으로 6개의 투상도로 나타내는 것이다.

다음의 그림 6.18은 앞의 그림 6.16의 투상 상자 각각의 화면 6개를 펼치는 것을 설명한다. 이는 3차원 입체적으로 된 투상 상자를 펼쳐 6개의 화면을 동일 평면인 2차원(X–Y 평면)으로 만들기 위함이다.

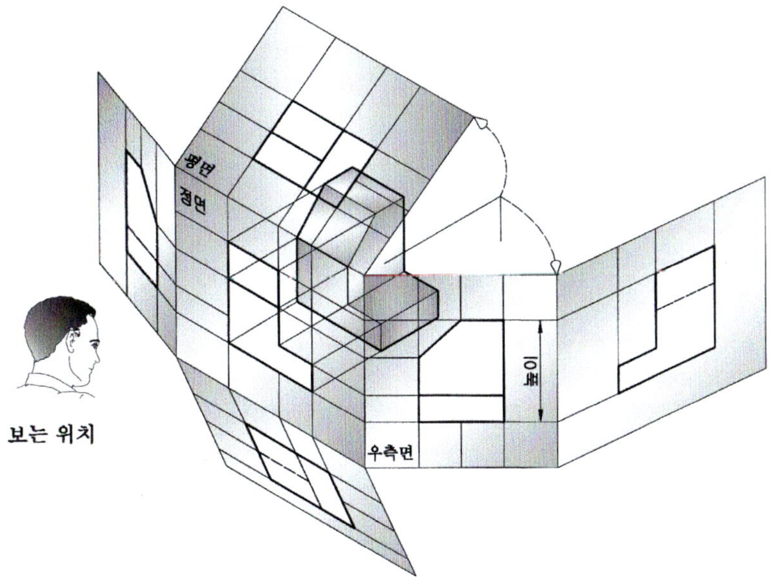

[그림 6.18] 투상 상자의 6개 투상면 펼치기

다음 그림 6.19는 동일 평면(X–Y 평면)으로 6개의 투상면을 펼쳐서 얻은 투상도의 배열 위치를 설명하고 있다.

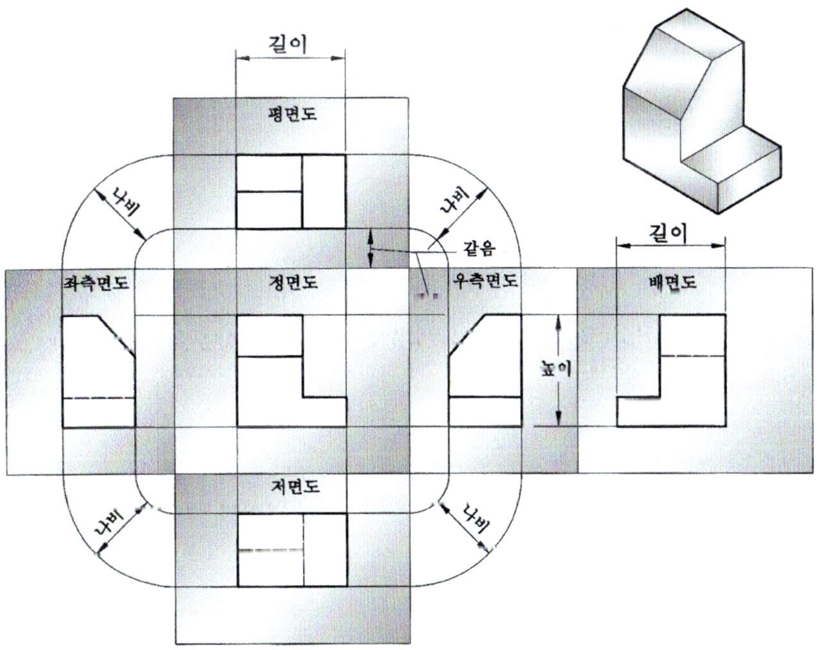

[그림 6.19] 동일 평면(X–Y 평면)에서의 6개 투상도 배열 위치

보충설명

▶ 그림 6.19에서 보여주는 6개의 투상면은 3차원으로 구성된 물체(사물)의 면(plane)을 X–Y축으로 된 2차원 평면(즉 동일 평면)으로 투상한 것이다.

다음 **그림 6.20**은 제3각 투상 방법(제3각법)에 대한 이해를 돕기 위해 또 다른 방법으로써 물체를 손으로 들고 시뮬레이션 기법으로 돌려가며 얻은 투상도를 설명하고 있다.

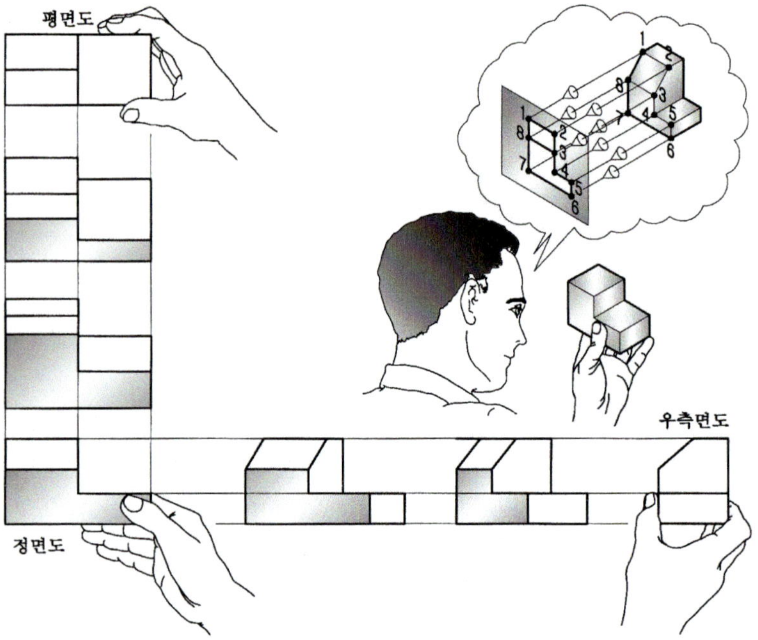

[그림 6.20] 제3각 투상 방법(제3각법)을 이해하기 위한 시뮬레이션(simulation)

보충설명

▶ 설명한 그림 6.20에 있어, 투상 원리를 좀 더 구체적으로 표현한 그림 6.21을 보면 아래와 같다.

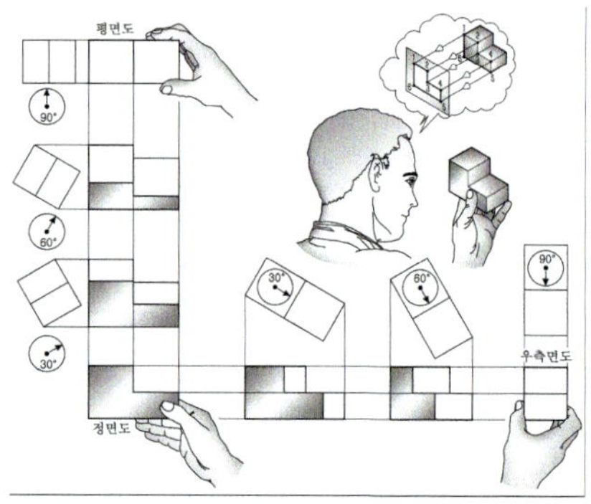

[그림 6.21] 제3각 투상 방법(제3각법)의 투상 원리를 이해하기 위한 시뮬레이션(simulation)

▶ 제3각 투상 방법(제3각법)으로 얻은 투상 공식은, 눈(광선, 시점, 시선) → 투상면(화면) → 물체로써 종이 아래에 동전을 놓고 연필로 문질러서 본뜨기 하는 원리가 바로 물체(도형)을 투상하는 원리이다.

▶ 반드시 설계자, 제도자(작도자)의 눈(시선)은 정면도를 그리는 정면에 고정되어 있어야 하며, 단지 물체를 정면 방향으로 90°씩 돌려서(회전시켜) 도형을 도면에 투상한다.

여러분은 위에서 보충 설명한 내용과 같은 원리가 적용되는 사례들을 더 찾아 보길 바란다.

6.3 제1각 투상 방법(제1각법)과 제3각 투상 방법(제3각법)에서 얻은 투상도의 배열 기준

여기서는 제1각 투상 방법(제1각법)과 제3각 투상 방법(제3각법)에서 얻은 투상도의 배열 기준을 알아보도록 하자.

다음 그림 6.22에서는 국제표준규격(ISO)과 한국산업규격(KS)에서 정한 규정(규칙)에 따른 제3각 투상 방법(제3각법)과 제1각 투상 방법(제1각법)으로 정 투상 6면도의 배열 위치를 설명하고 있다.

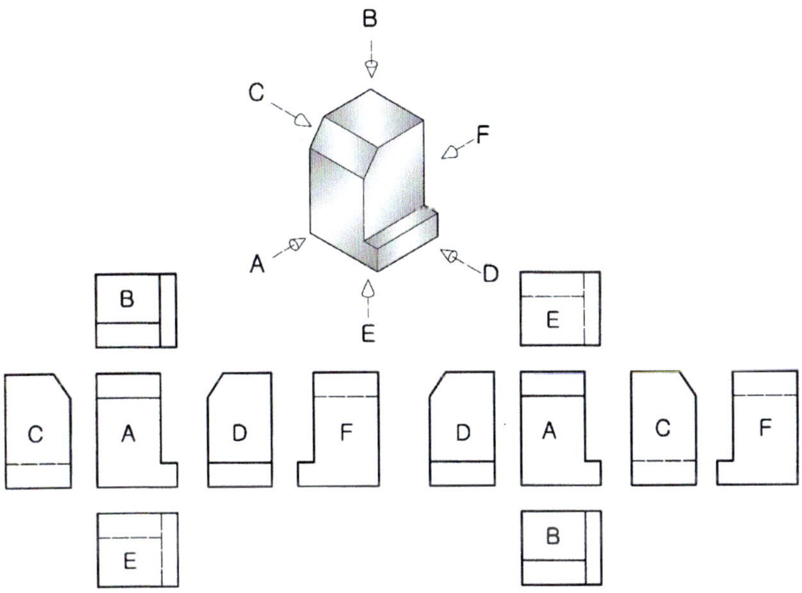

A : 정면도, B : 평면도, C : 좌측면도, D : 우측면도, E : 저면도, F : 배면도

(a) 제3각 투상 방법의 배열(제3각법) (b) 제1각 투상 방법의 배열(제1각법)

[그림 6.22] 제3각, 제1각 투상 방법의 투상도 배열 위치의 비교

보충설명

▶ 제1각 투상 방법(제1각법)과 제3각 투상 방법(제3각법)은 정면도를 기준으로 우측면도와 좌측면도, 평면도와 저면도의 위치가 각각 다름을 알 수 있다. 다시 말하자면, 서로 반대 방향으로 배열되어져 위치하고 있다.

다만, 배면도의 배열 위치는 변하지 않는다.

6.4 제1각과 제3각 투상 방법의 구분 기호

다음 그림 6.23에서 표시(도시)하는 그림 기호는 국제표준규격(ISO)과 한국산업규격(KS)에서 정한 정 투상도의 제1각 투상 방법과 제3각 투상 방법의 기호이다.

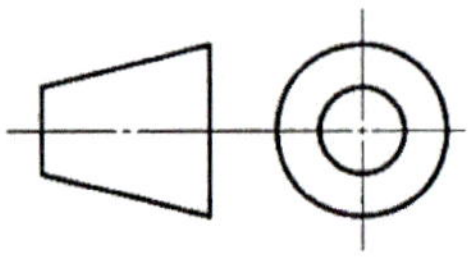

(a) 제1각 투상 방법(제1각법)의 기호

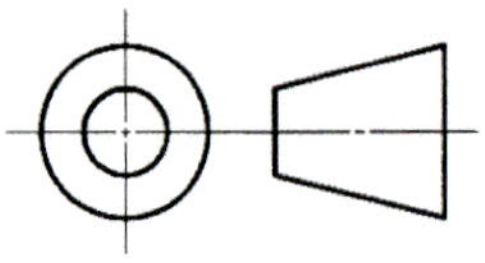

(b) 제3각 투상 방법(제3각법)의 기호

[그림 6.23] 정 투상 방법의 제1각 및 제3각 투상 방법의 기호

보충설명

▶ 그림 6.23에서 설명한 각법에 대한 구분 기호는 아래의 그림 6.24에서 보여주는 표제란 안의 각법 란에 기호로 표시되어 있거나 표제란 밖의 가까운 곳에 표시한다.

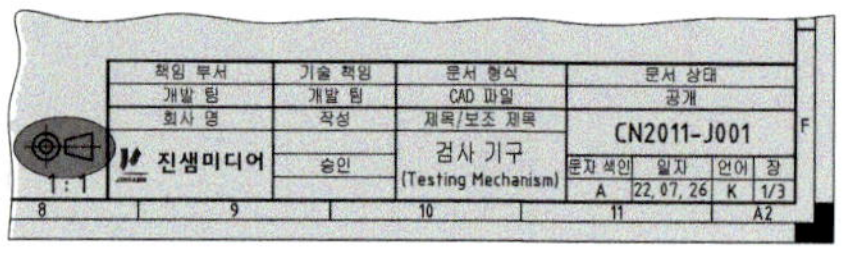

[그림 6.24] 표제란 안의 각법 기호

연습문제 6-1

아래 왼쪽 칸의 문제 ①부터 ⑫까지의 입체 도형의 각 면에 표시된 기호(영문자)를 오른쪽 칸에 그려진 정 투상도(3면도)의 해당하는 면에 기호를 표시하시오.

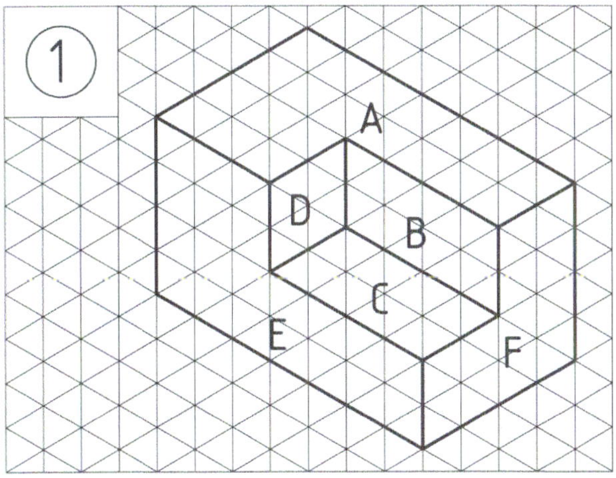

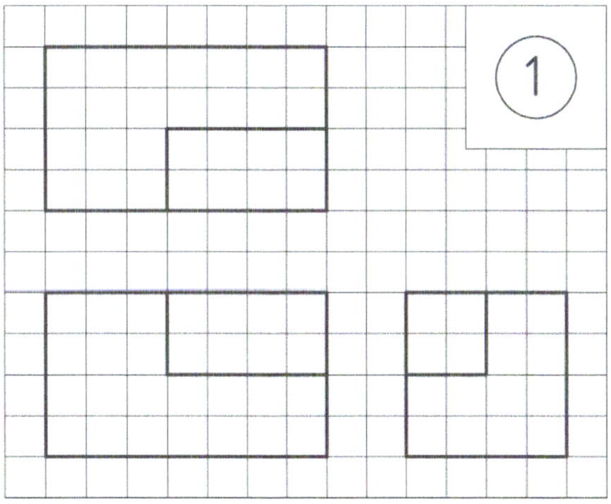

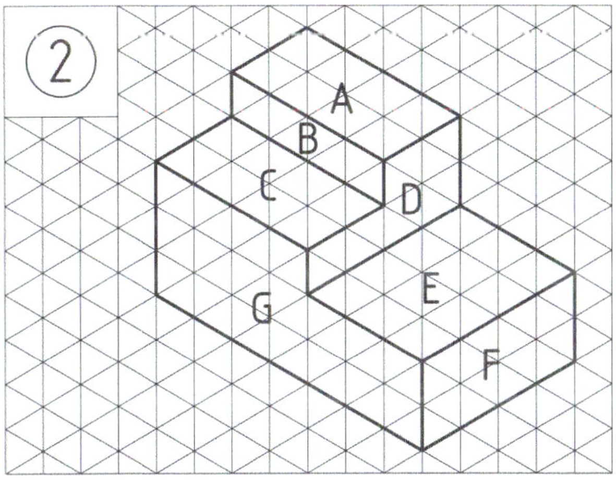

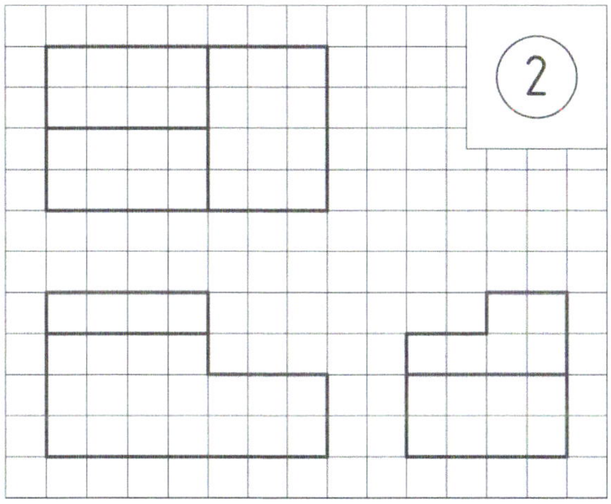

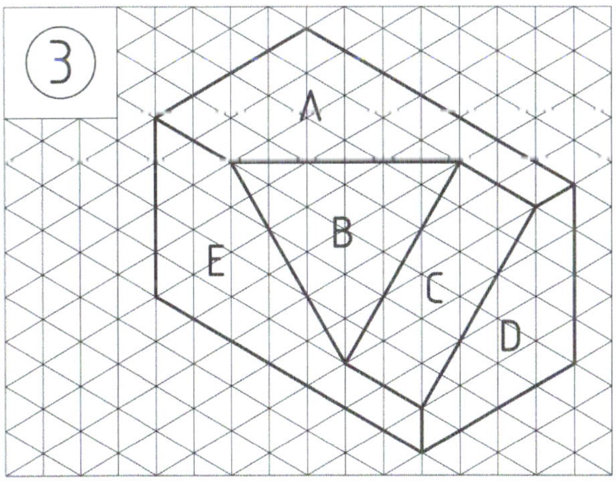

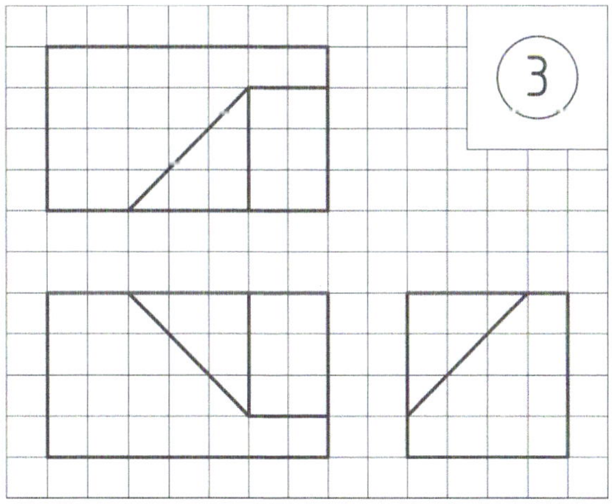

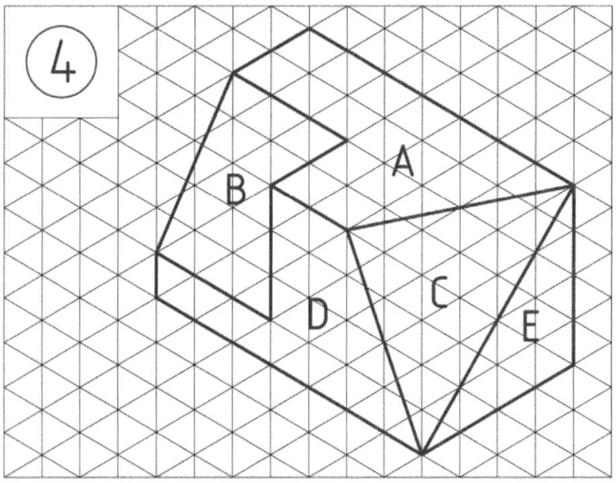
4
A
B
C
D
E

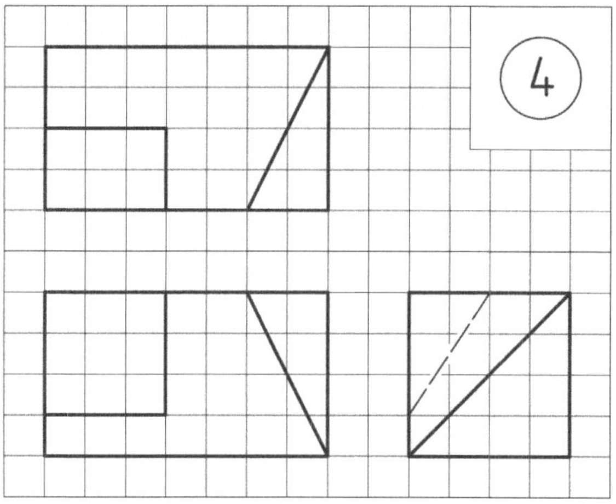
4

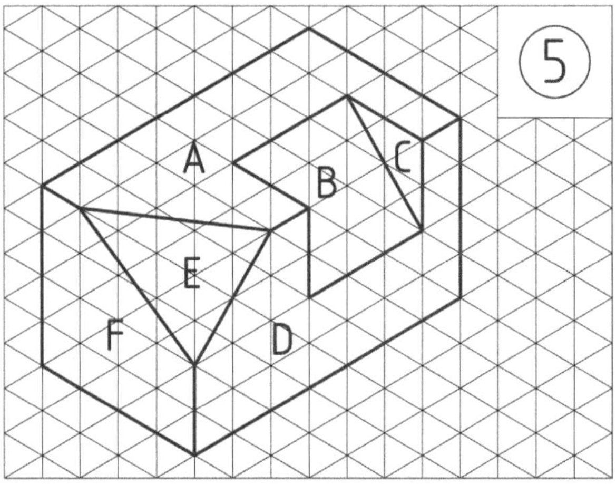
5
A
B
C
E
F
D

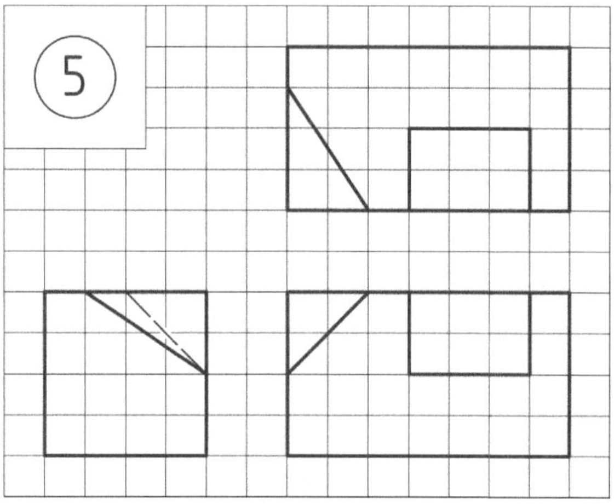
5

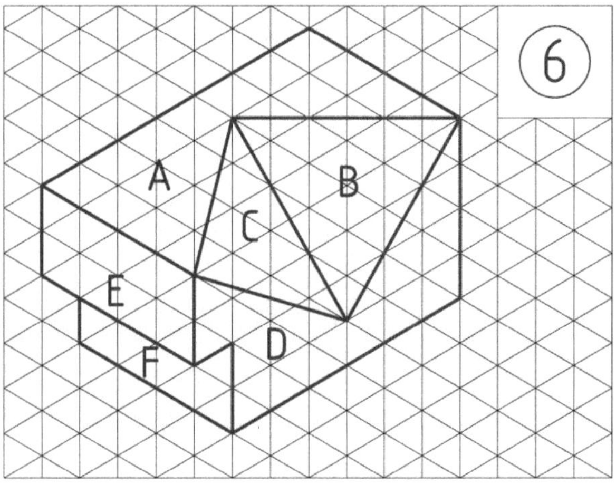
6
A
B
C
E
D
F

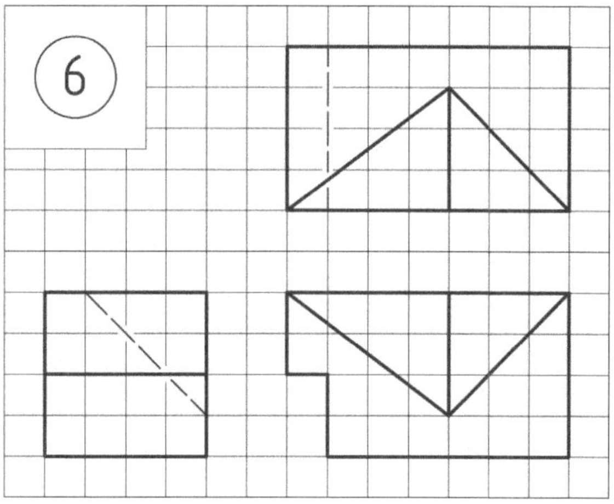
6

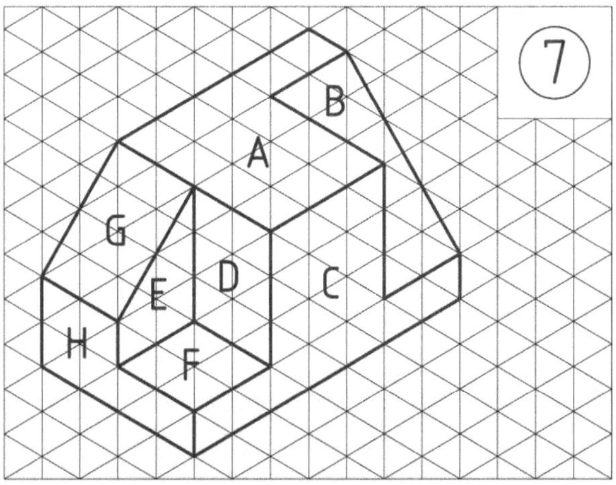
7
B
A
G
D
C
E
H
F

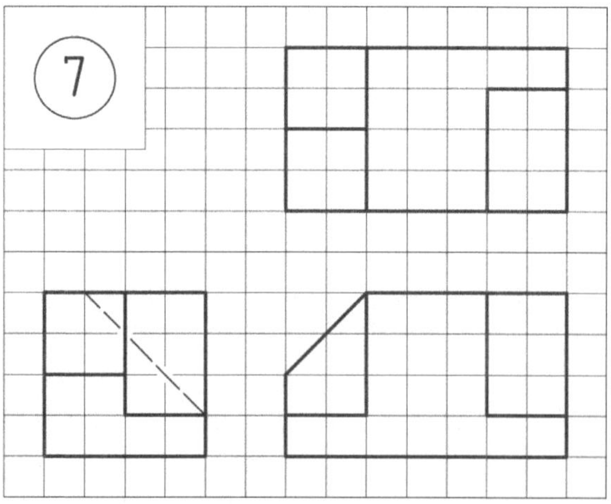
7

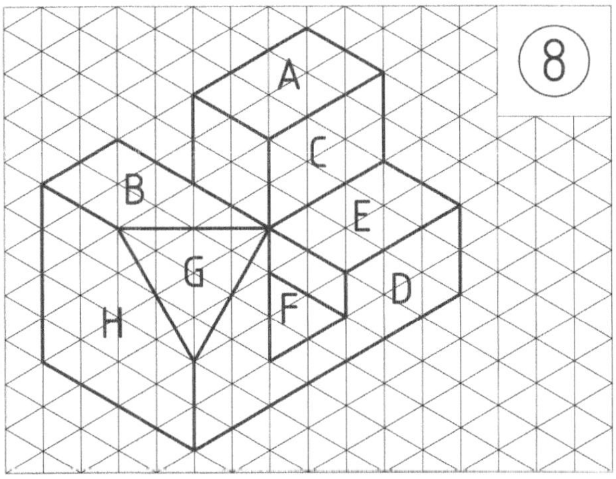
⑧
A
C
B
E
G
D
H
F

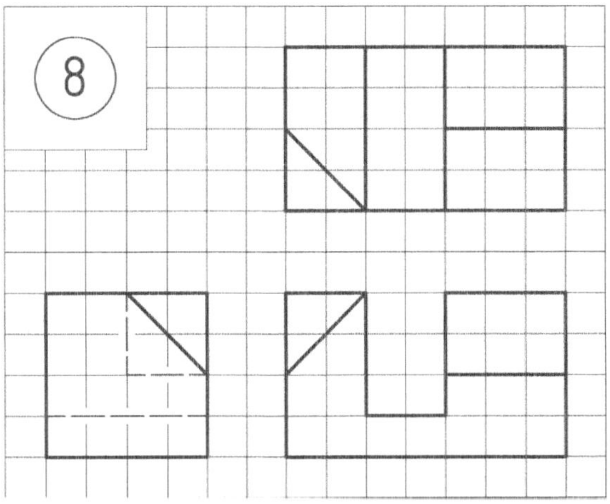
⑧

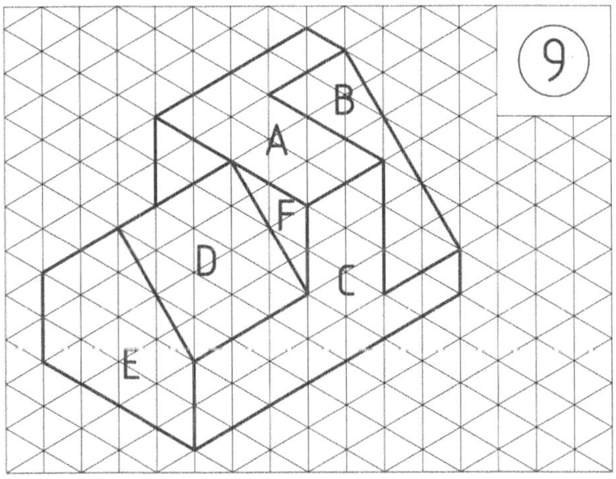
⑨
B
A
F
D
C
E

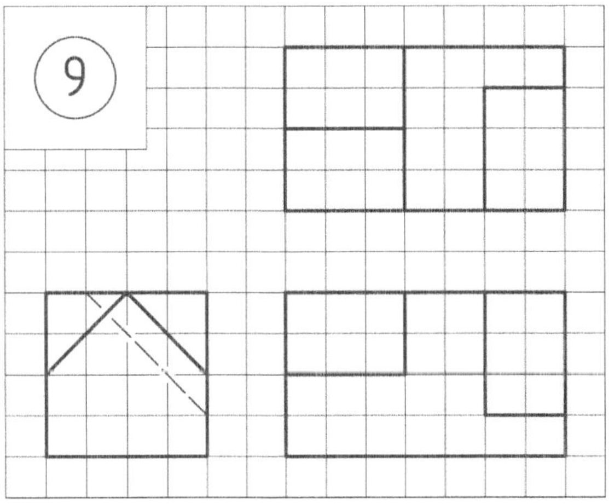
⑨

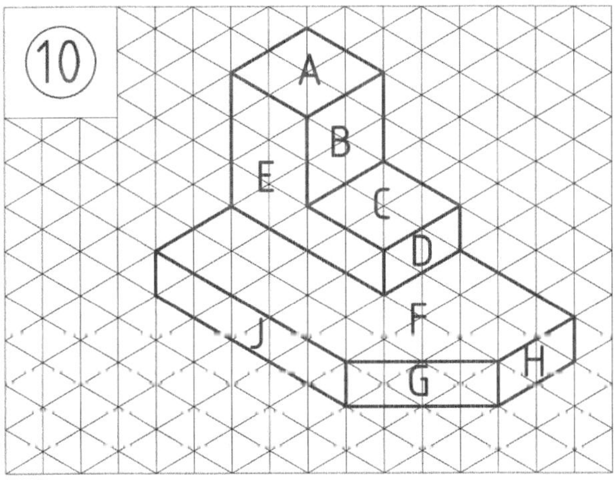
⑩
A
B
E
C
D
F
J
G
H

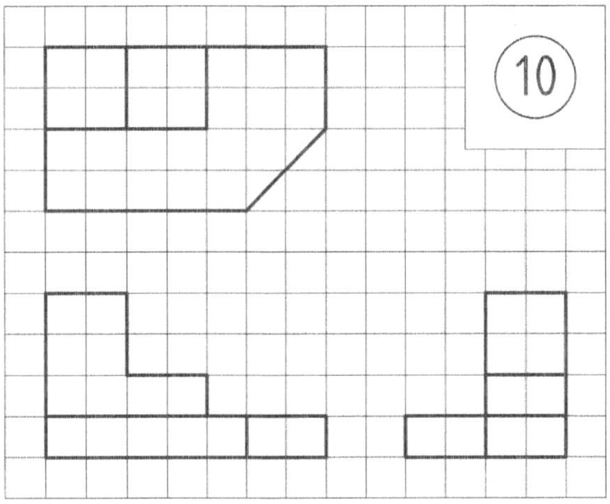
⑩

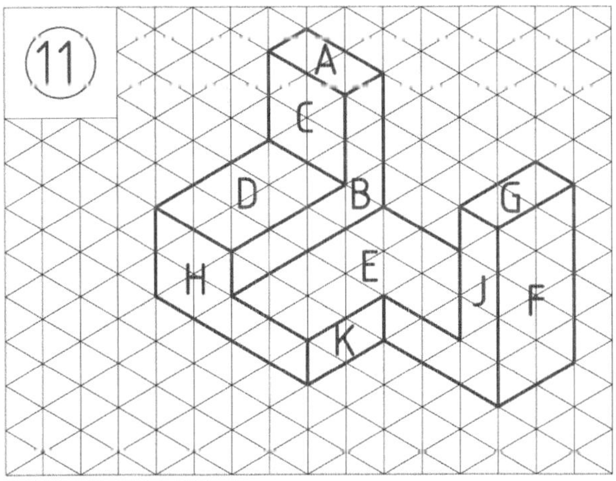
⑪
A
C
D
B
G
E
H
J
F
K

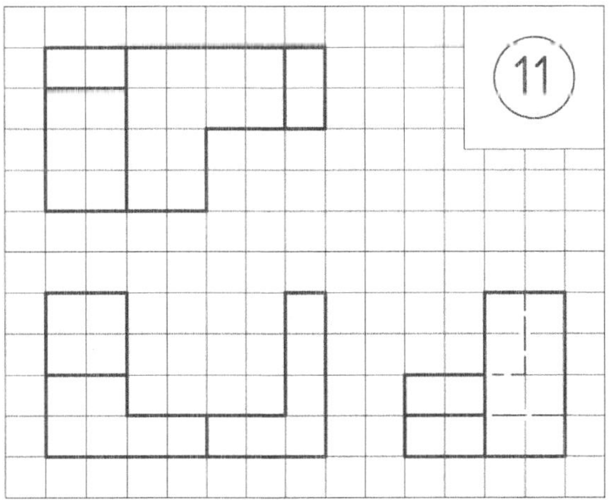
⑪

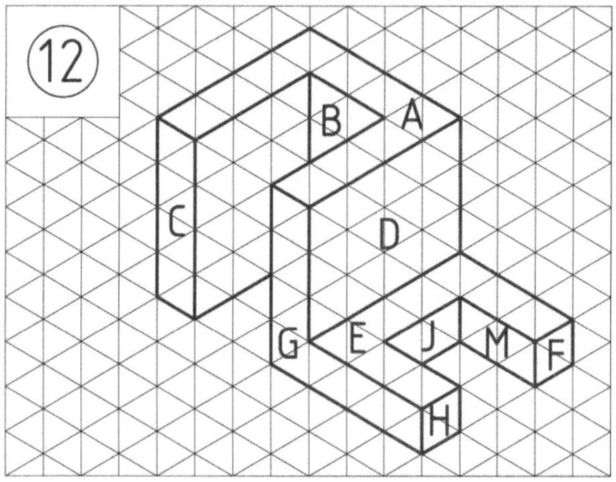
⑫
B
A
C
D
G
E
J
M
F
H

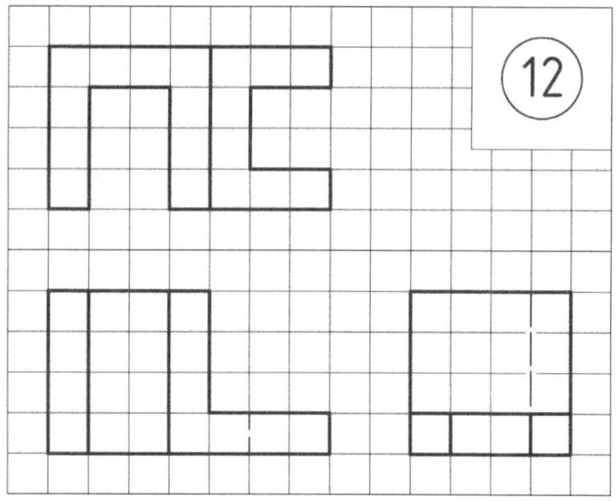
⑫

연습문제 6-1 모범답안

학습할 때 모범답안(정답)은 수시로 보면서 하는 것이 아니라, 힌트를 얻고자 할 때나 학습 결과와 모범답안을 비교할 때만 봐주기 바랍니다. 그래야만 도면 실력이 향상됩니다.

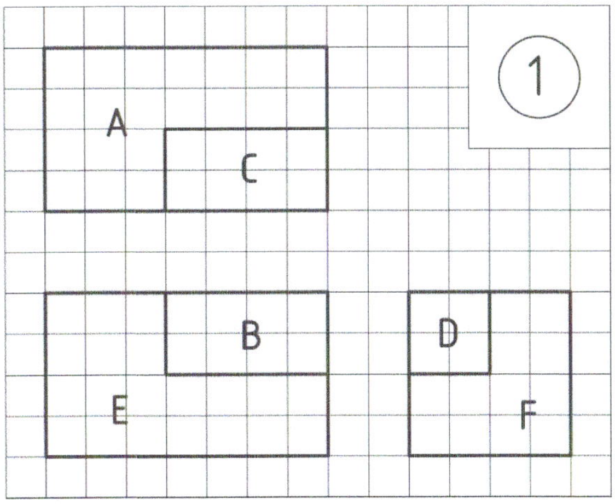

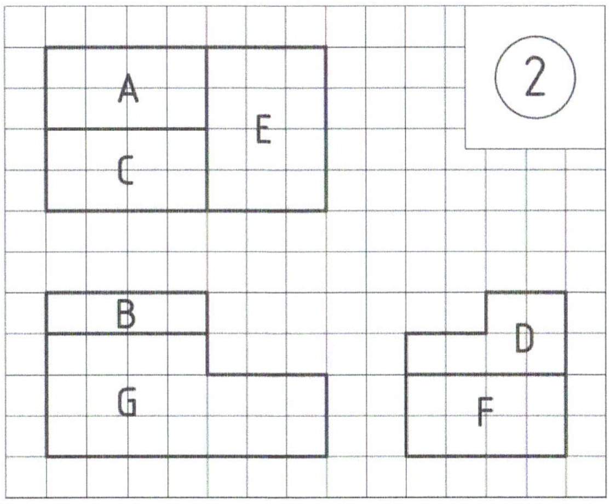

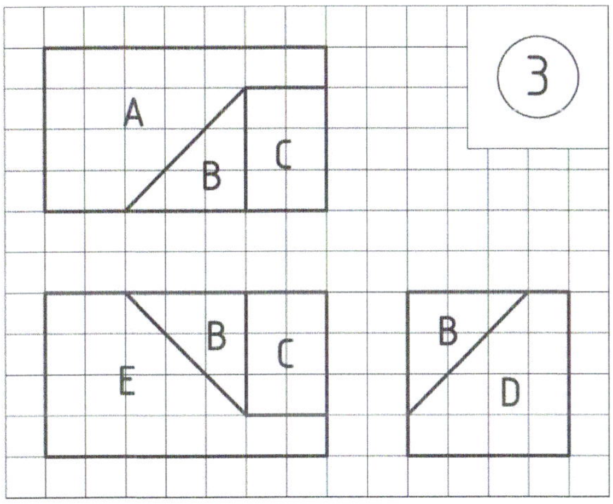

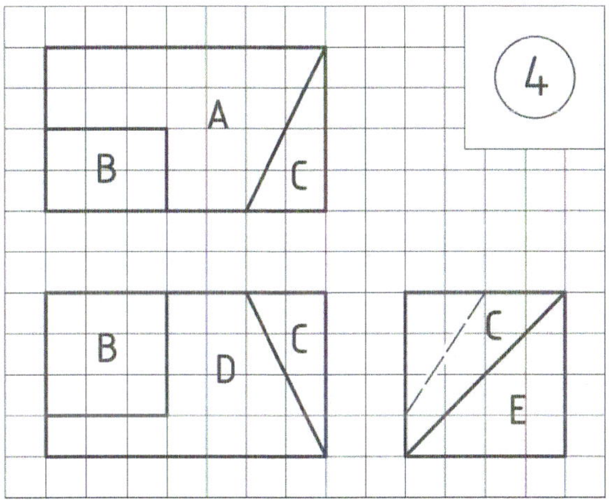

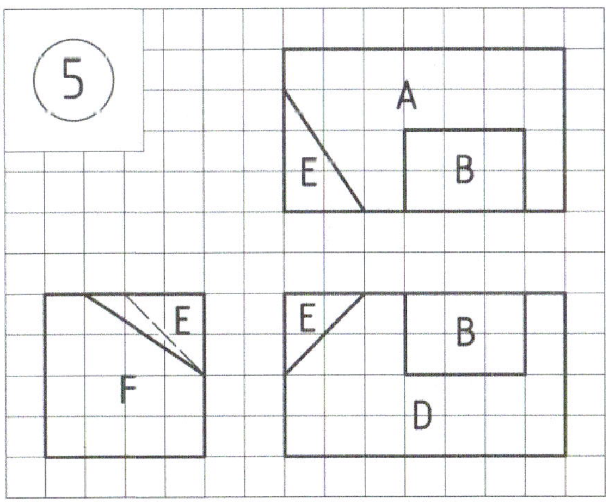

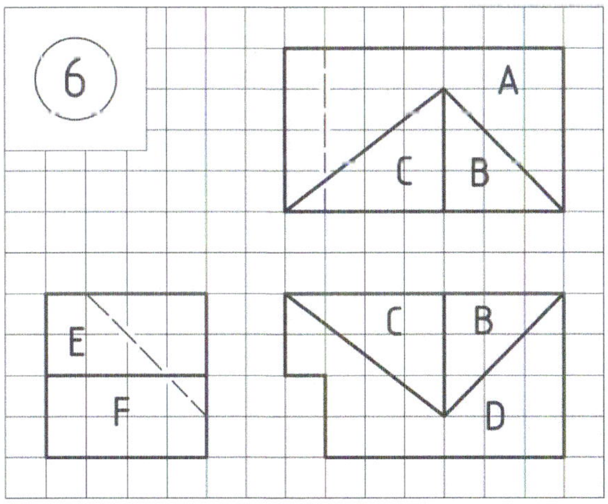

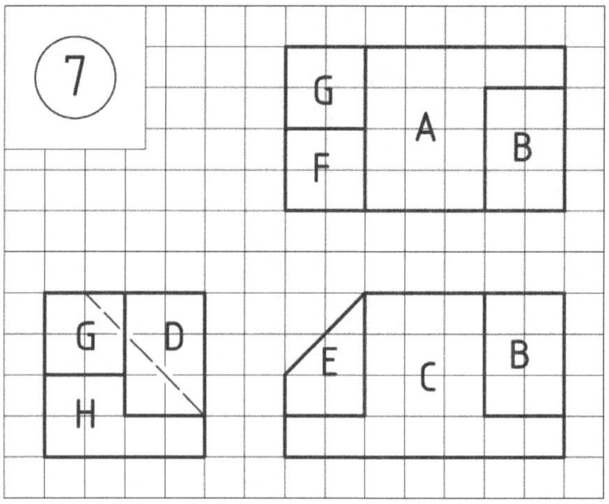
7
G
A
F
B
G
D
H
E
C
B

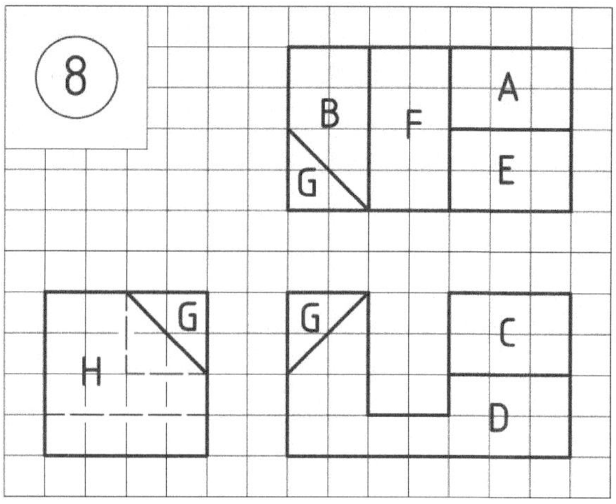
8
B
F
A
G
E
G
H
G
C
D

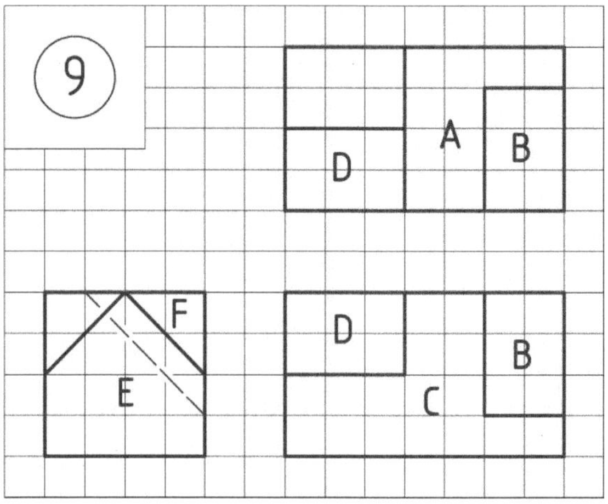
9
A
D
B
F
E
D
B
C

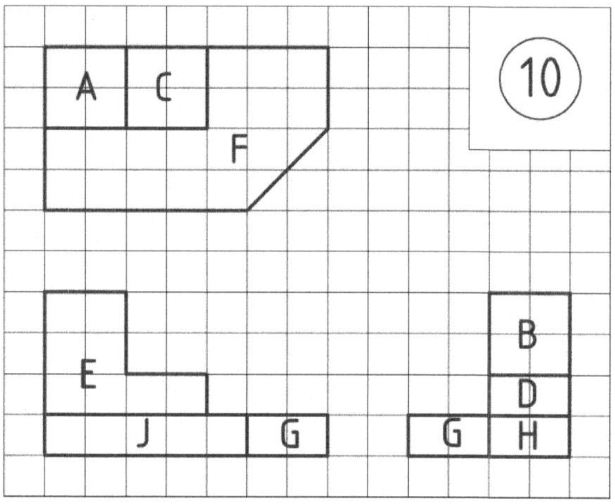
A
C
10
F
E
J
G
B
D
G
H

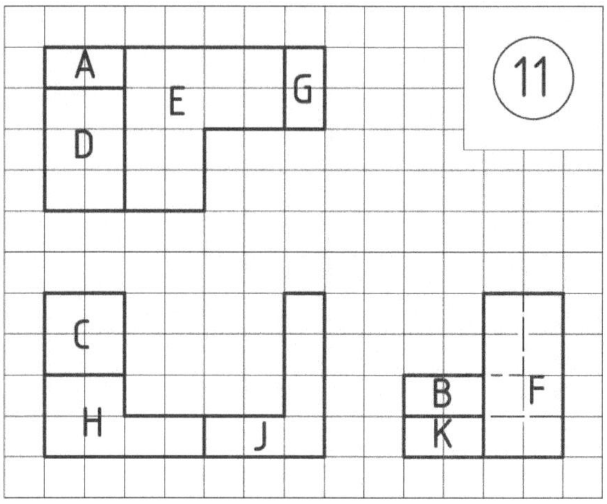
A
E
G
11
D
C
H
J
B
F
K

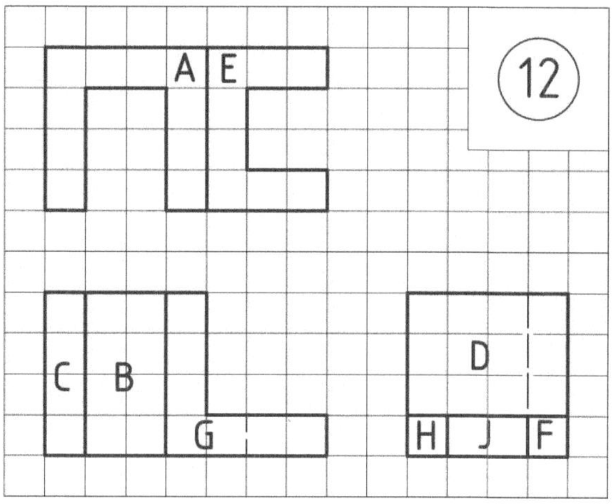
A
E
12
C
B
G
D
H
J
F

연습문제 6-2

아래에 ①부터 ⑥⓪까지의 연습문제로 제시된 등각도의 화살표 방향을 정면도(「 」기준)로 하여 뒤에 별도로 주어진 방안지에 정 투상도 6면도를 제3각 투상 방법(제3각법)으로 그리시오. 단, 등각도와 정 투상도의 눈금 크기는 같으며, 투상도 간격은 한 눈금으로 하고 가능한 외형선은 0.7mm, 숨은선은 0.5mm 굵기로 긋는다.

AutoCAD로 도면작성(작도)을 하여 프린트(인쇄) 할 때는 외형선의 굵기는 0.2~0.25mm, 숨은선의 굵기는 0.15mm, 가는 실선의 굵기는 0.1mm로 셋팅(setting, 설정)하여 프린트하면 형상의 윤곽, 선의 구분과 보기에도 깔끔하다.

1

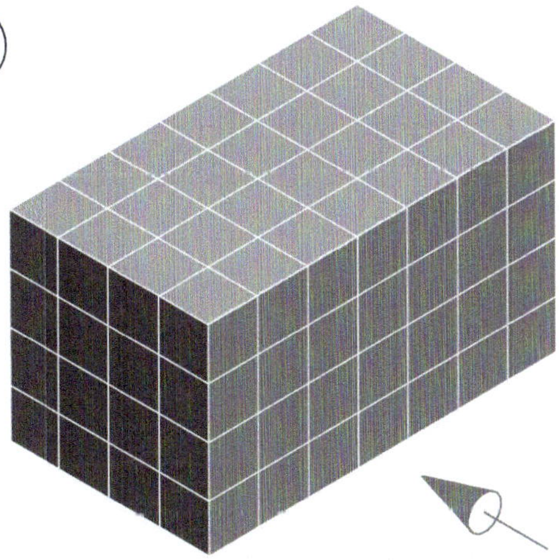

2

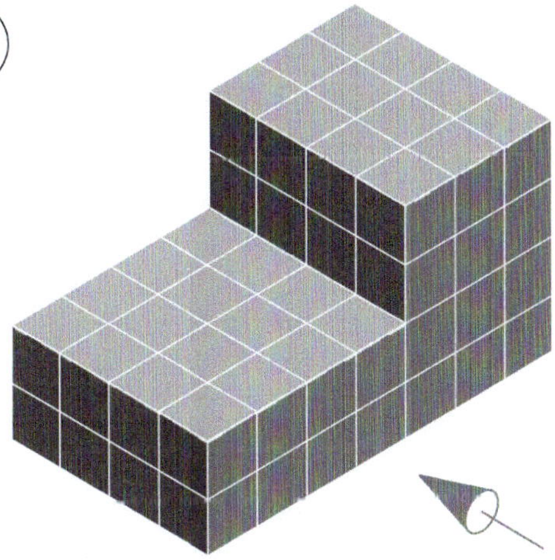

3

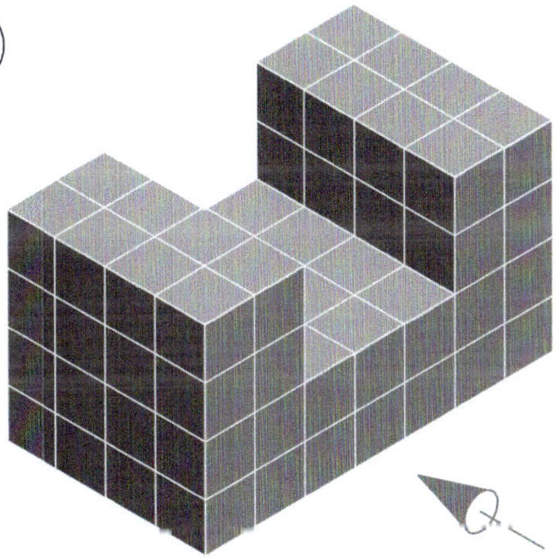

4

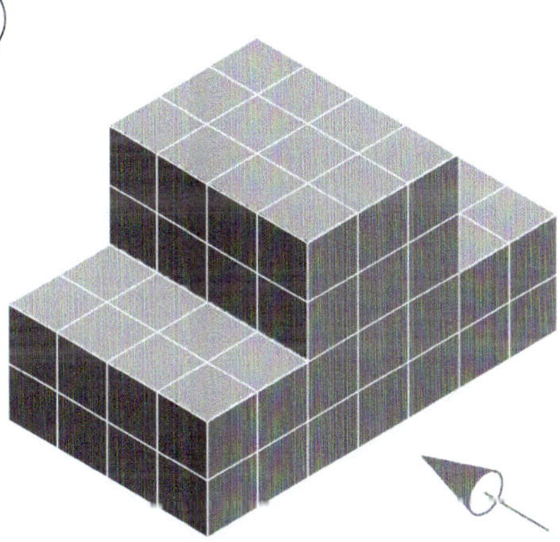

5

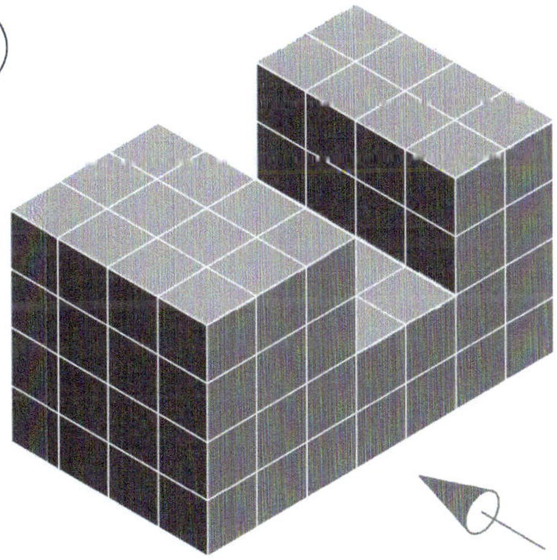

6

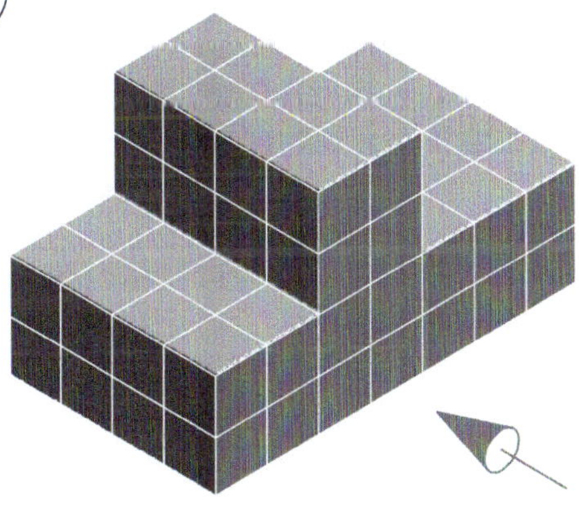

7

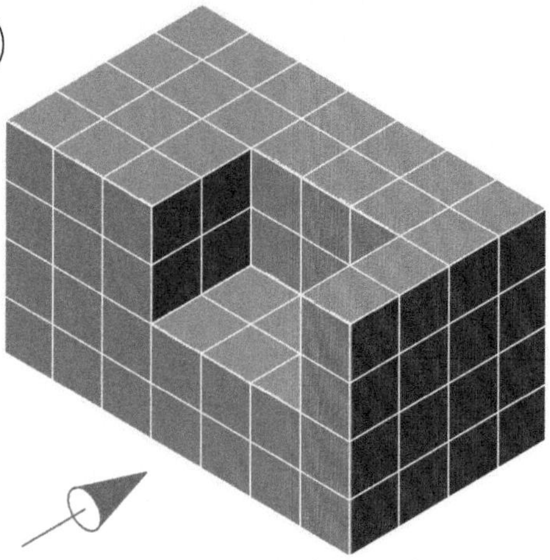

8

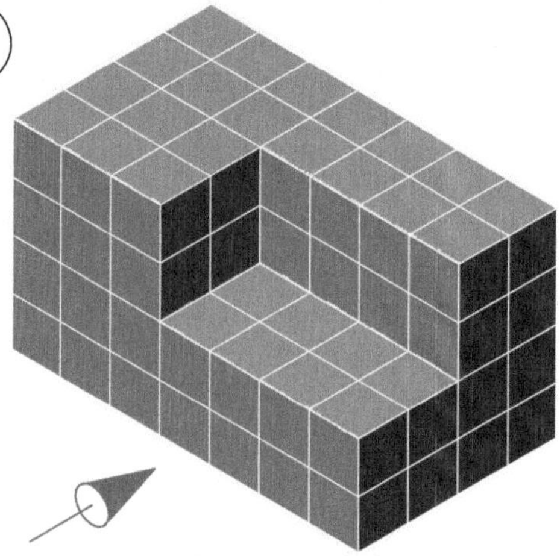

9

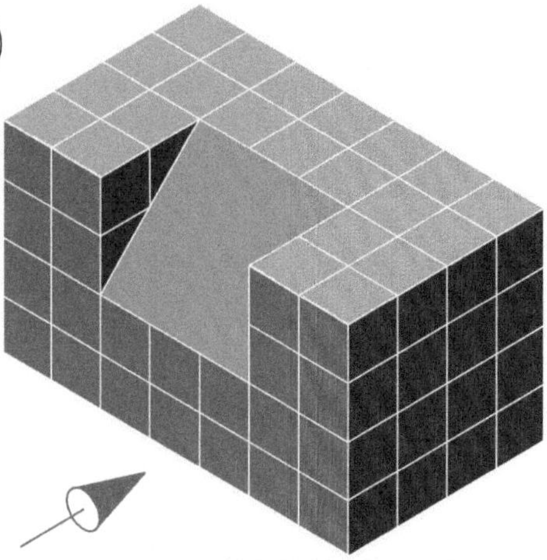

10

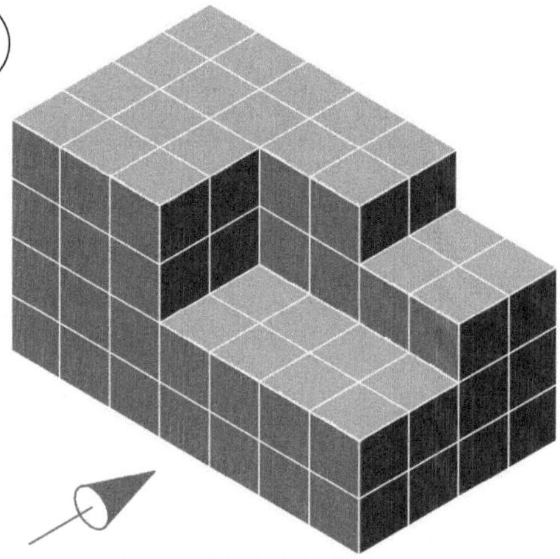

11

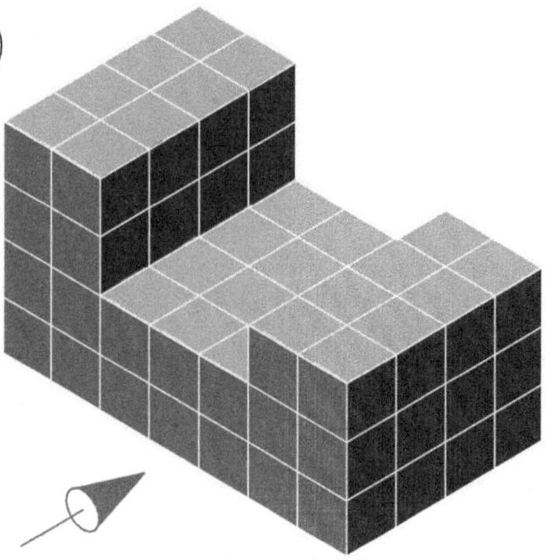

12

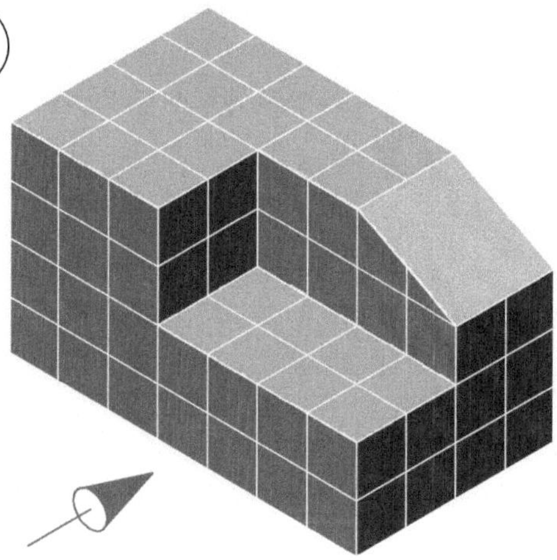

13

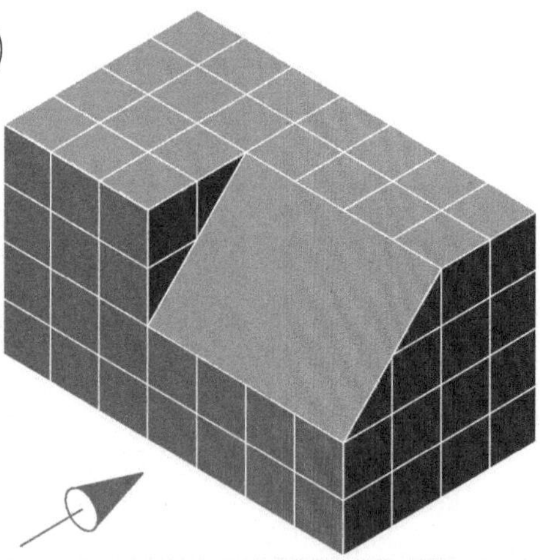

14

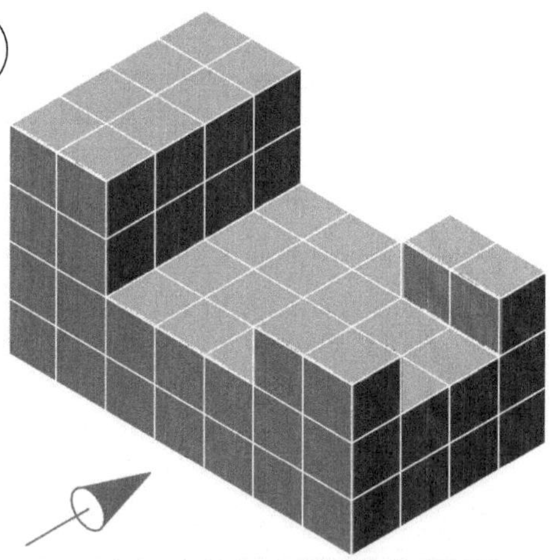

15

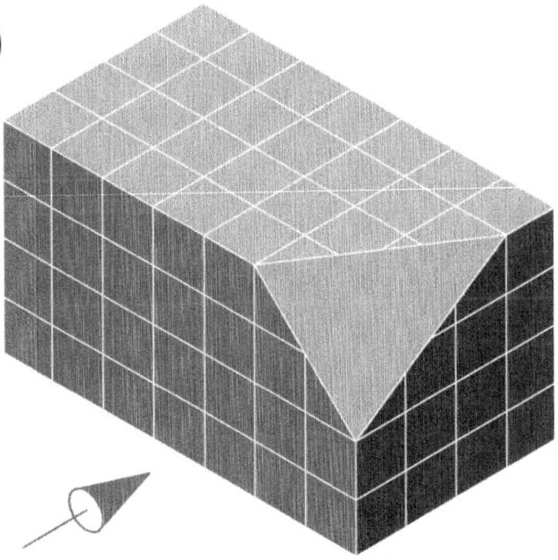

16

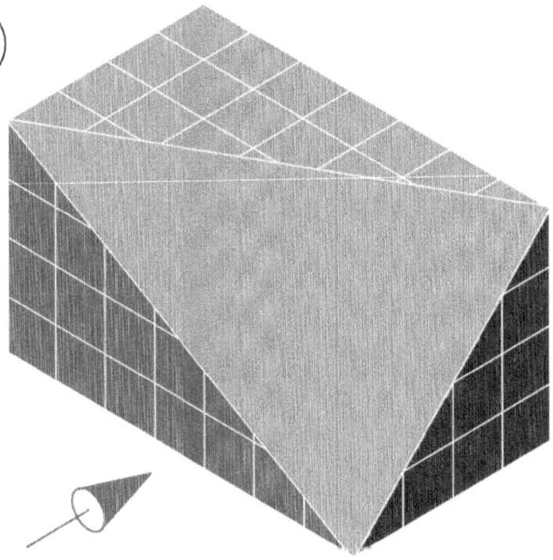

17

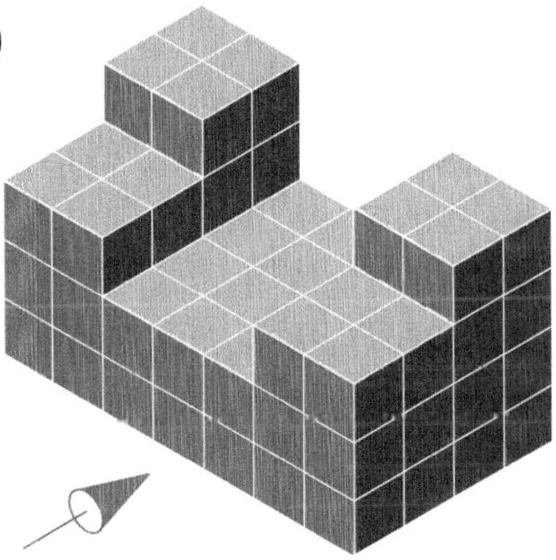

18

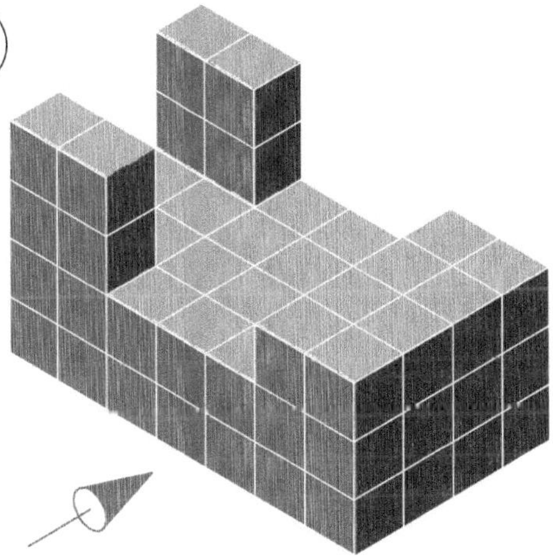

19

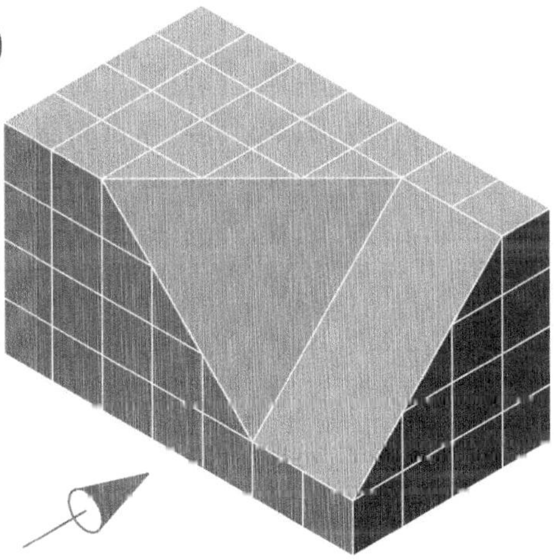

20

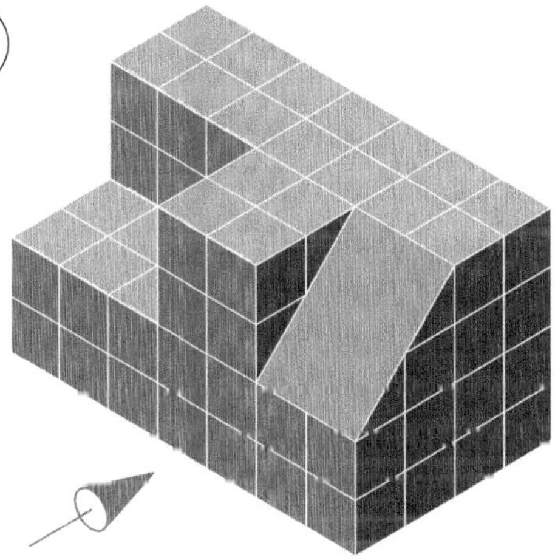

21

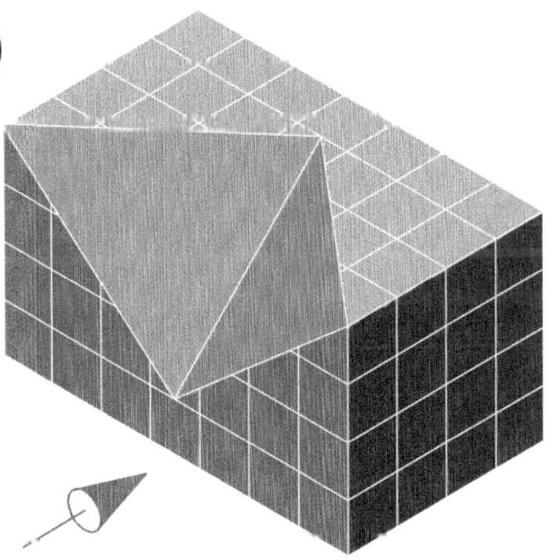

22

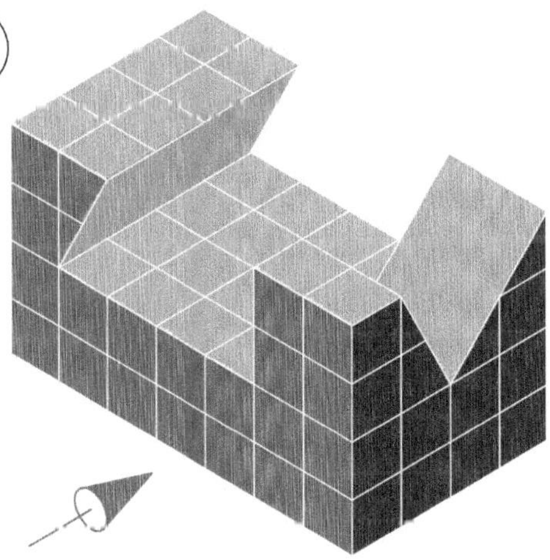

23

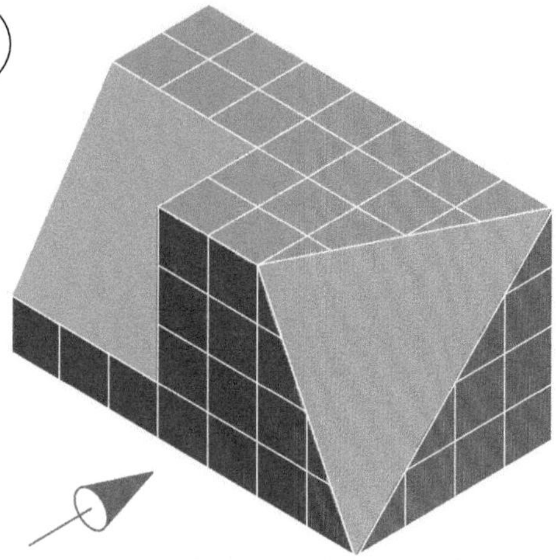

24

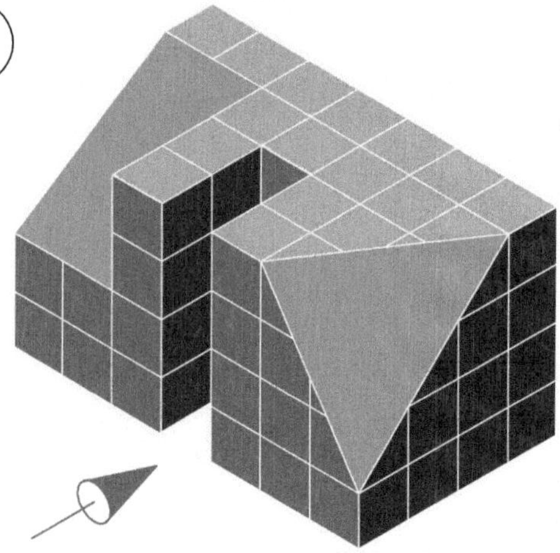

25

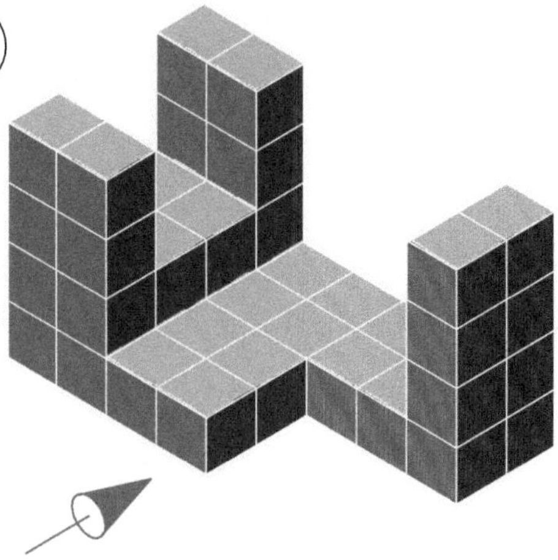

26

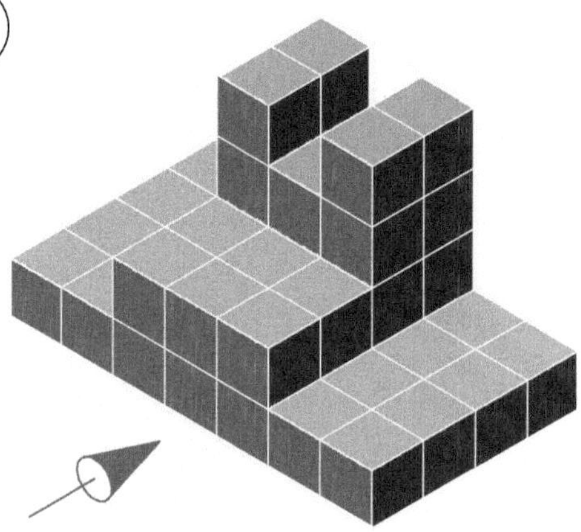

27

28

29

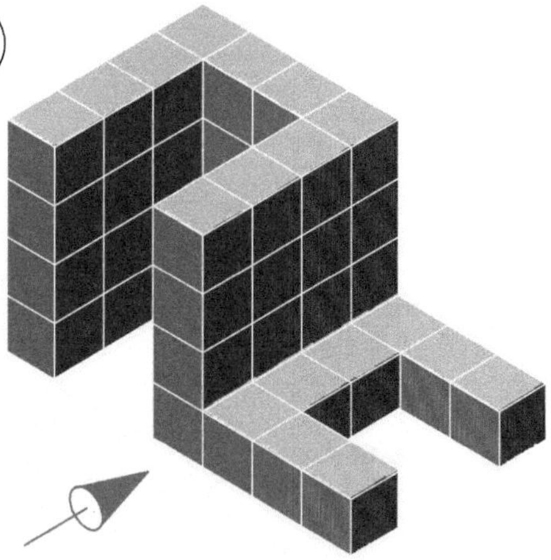

30

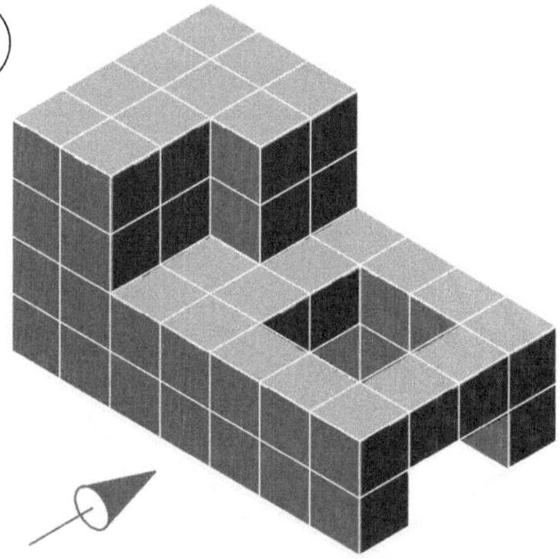

31

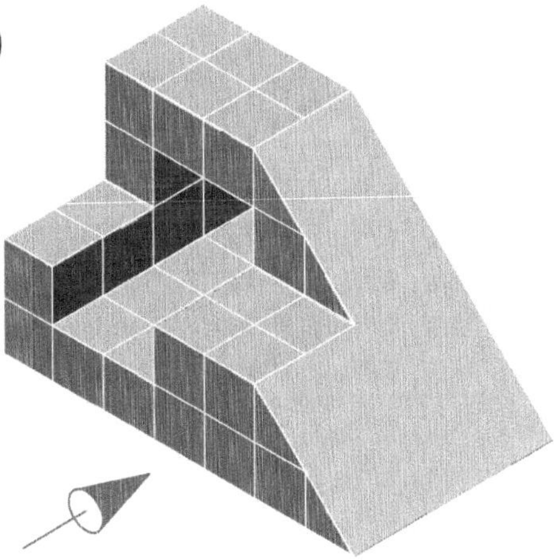

32

33

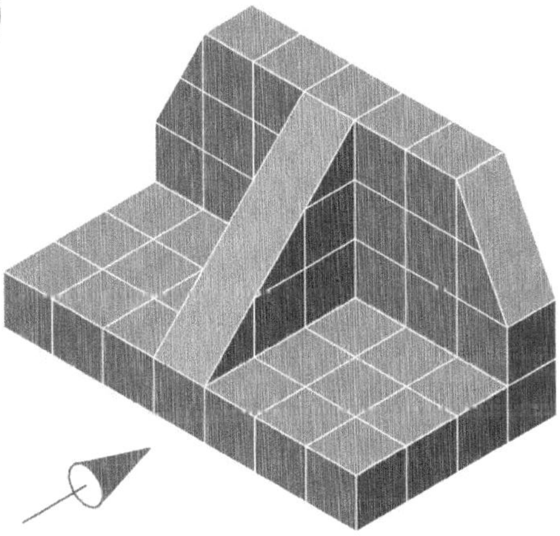

34

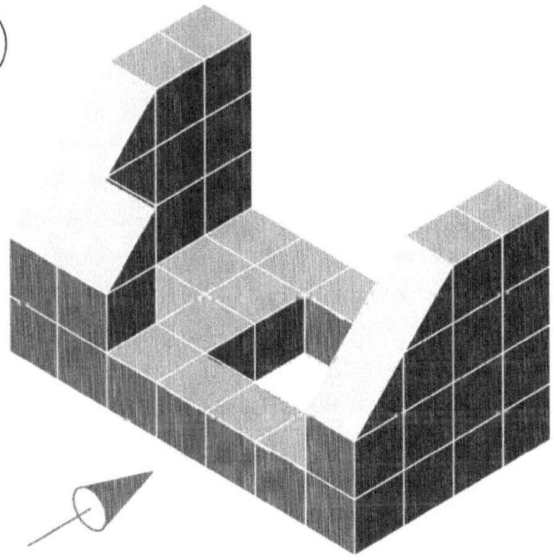

35

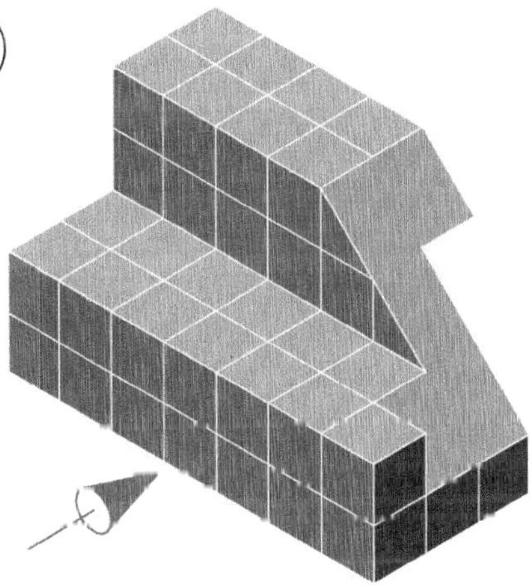

36

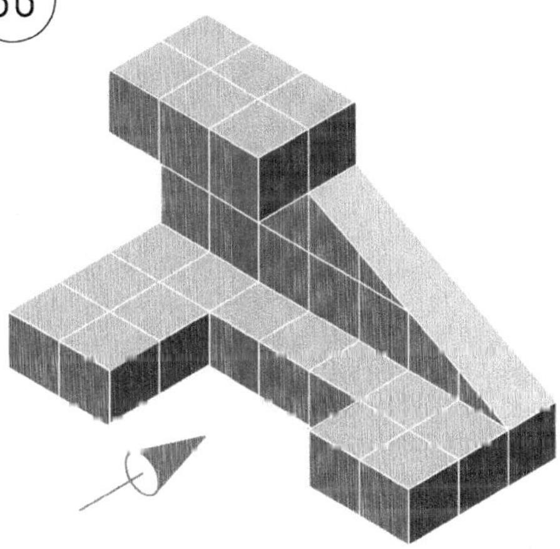

37

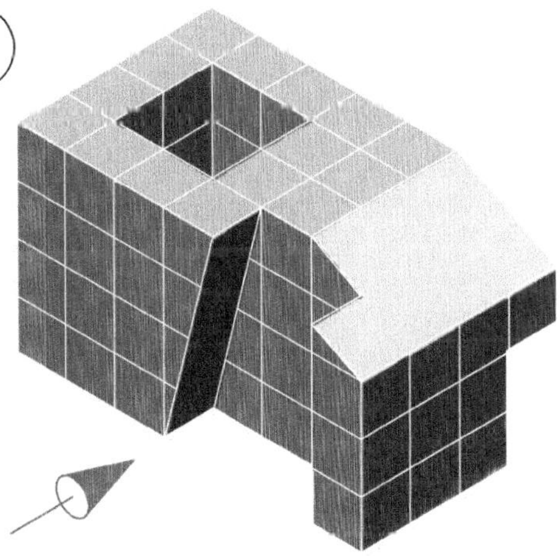

38

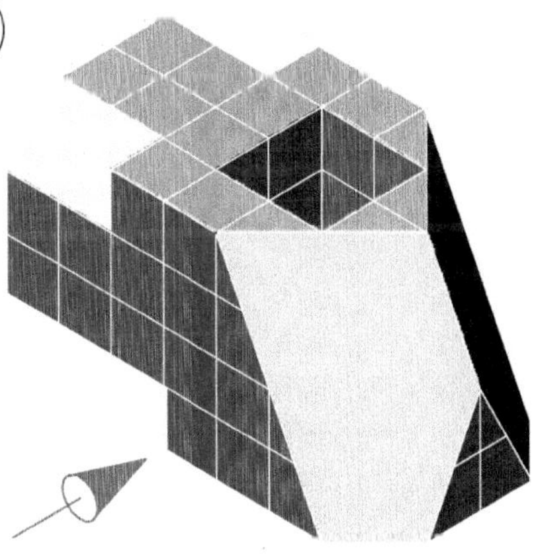

39

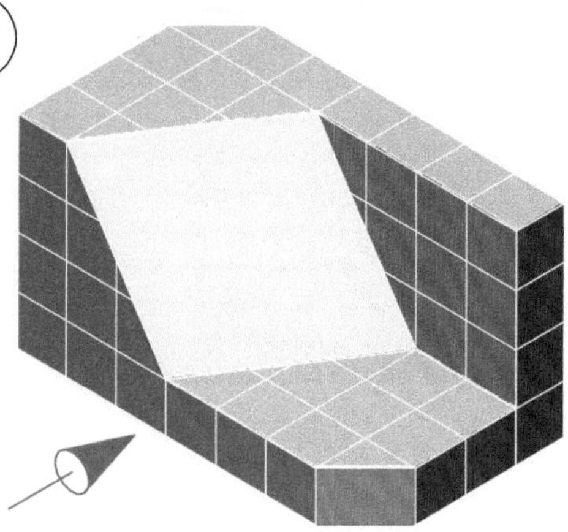

40

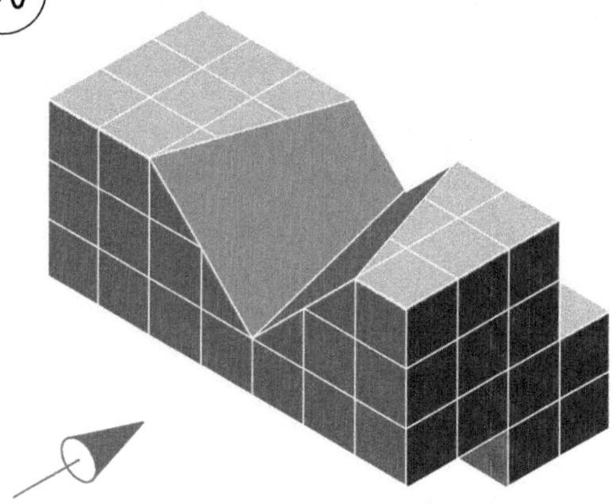

41

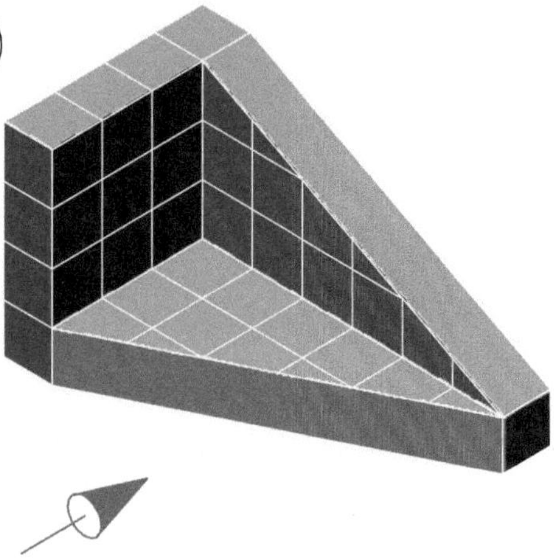

42

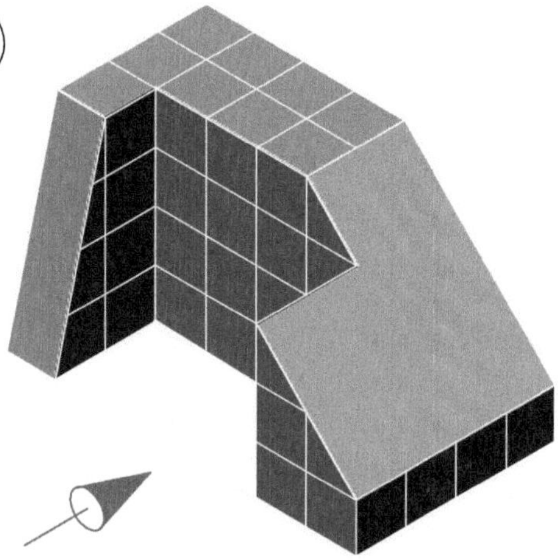

43

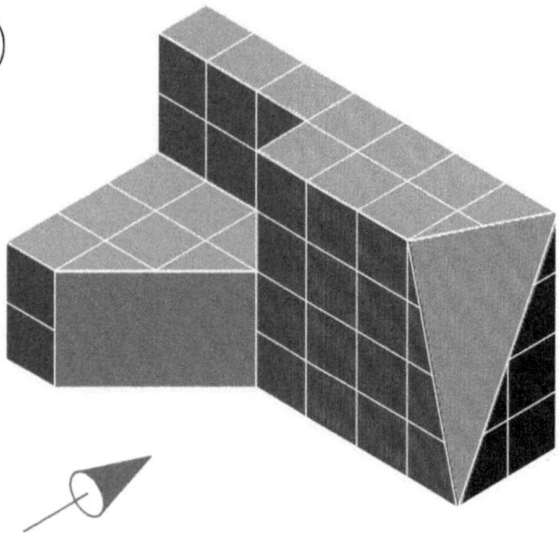

44

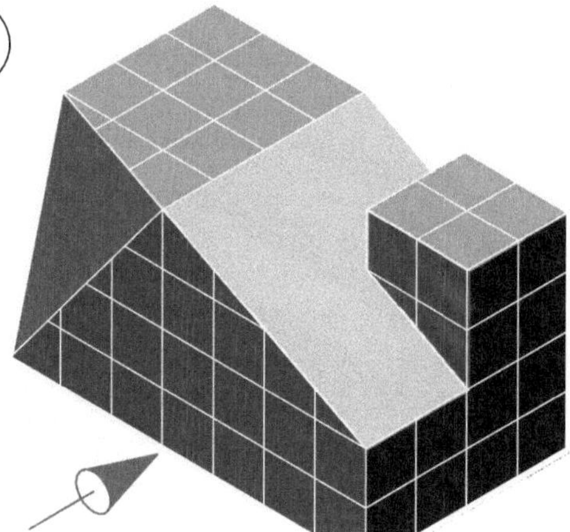

45

46

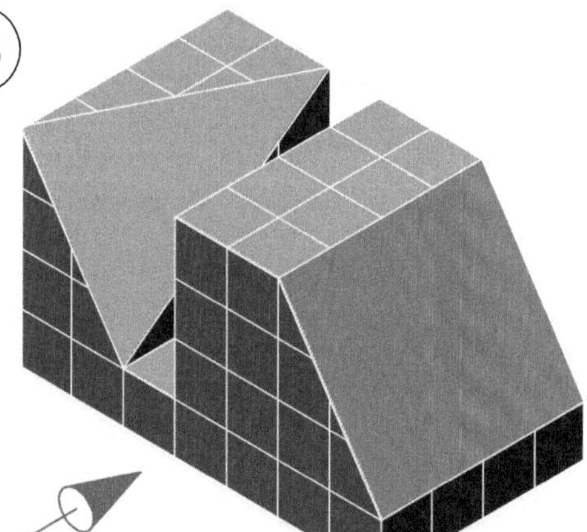

47

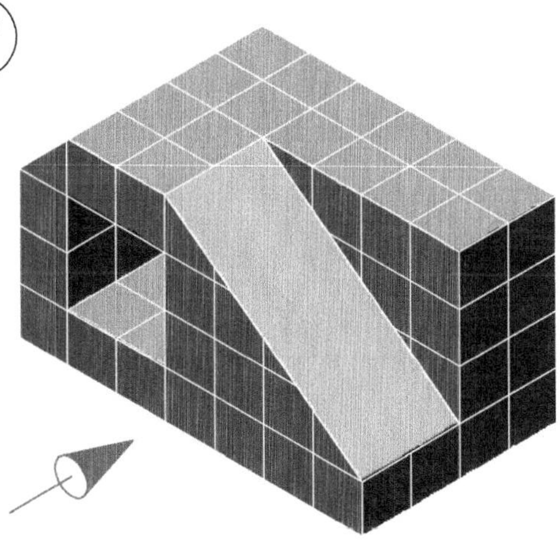

48

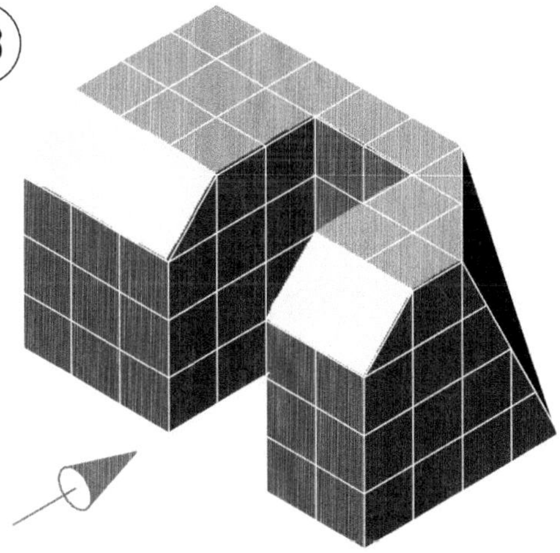

49

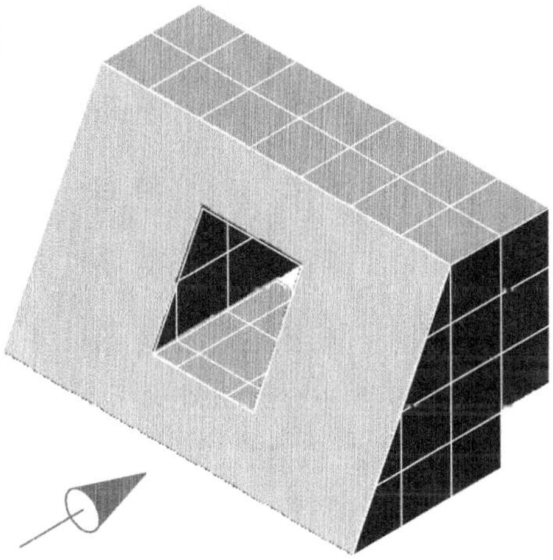

50

51

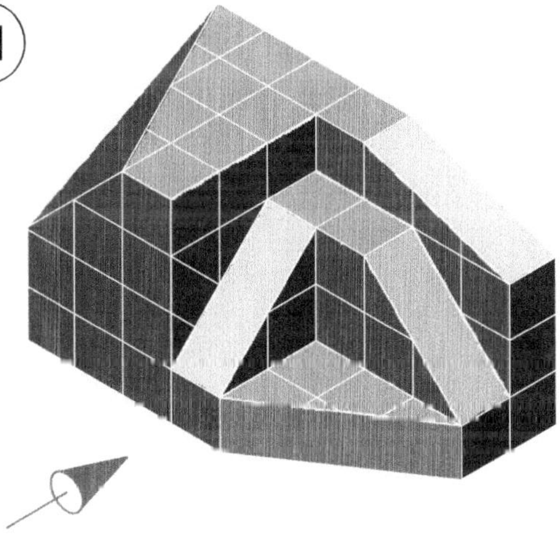

52

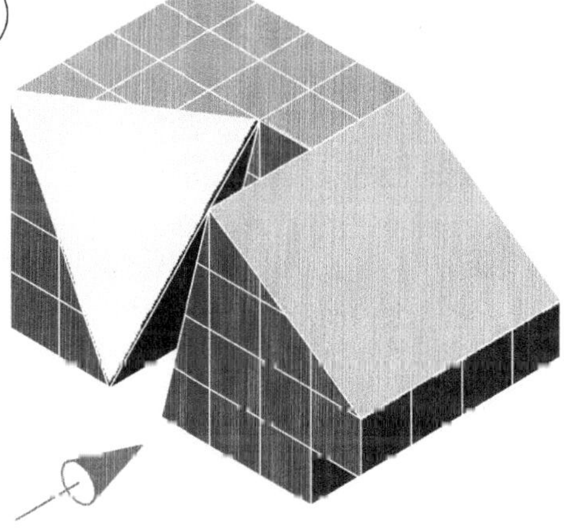

53

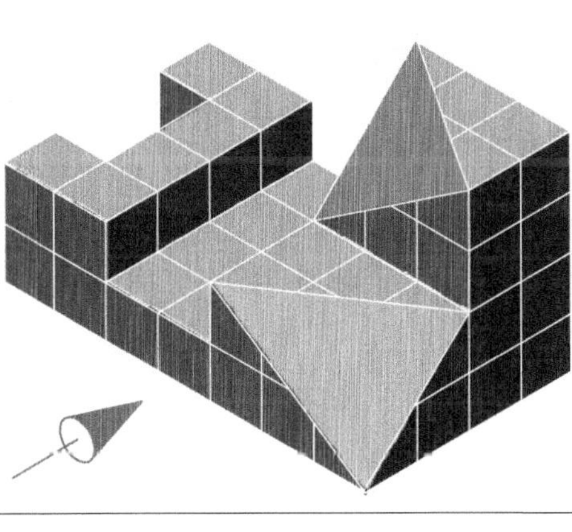

54

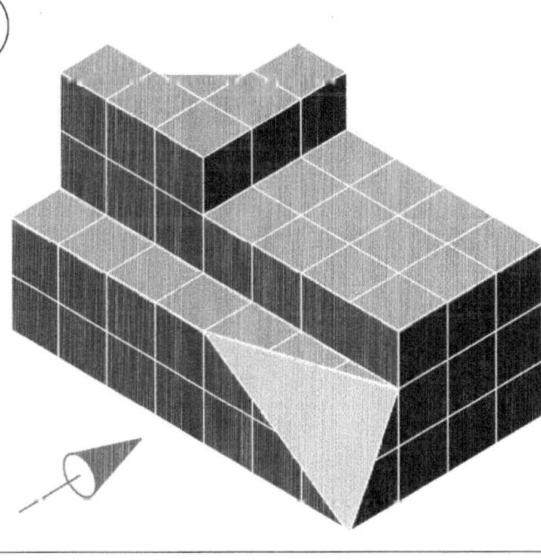

55

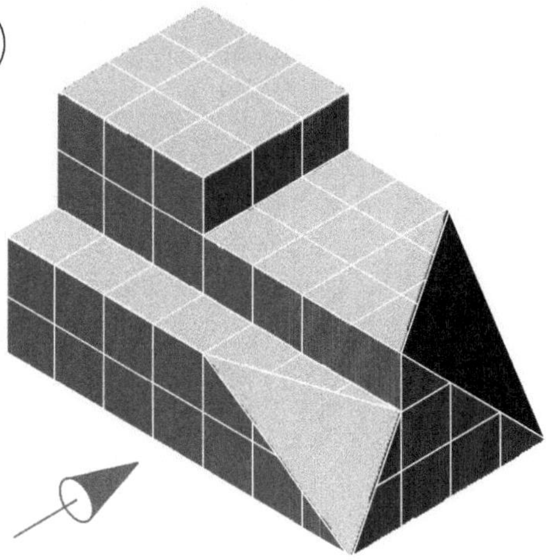

56

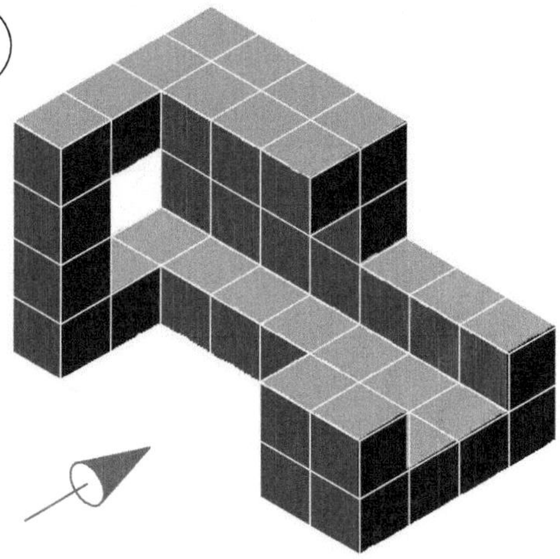

57

58

59

60

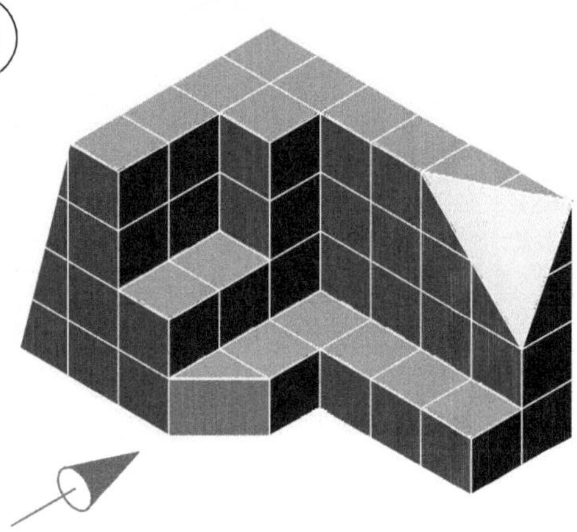

①

②

③

④

⑤

⑥

⑦

⑧

⑨

⑩

⑪

⑫

⑬

⑭

⑮

⑯

17

18

19

20

21

22

23

24

(25)

(26)

(27)

(28)

(29)

(30)

(31)

(32)

33

34

35

36

37

38

39

40

41

42

43

44

45

46

47

48

(49)

(50)

(51)

(52)

(53)

(54)

(55)

(56)

57

58

59

60

연습문제 6-2 **모범답안**	**학습할 때 모범답안(정답)은 수시로 보면서 하는 것이 아니라, 힌트를 얻고자 할 때나 학습 결과와 모범답안을 비교할 때만 봐주기 바랍니다. 그래야만 도면 실력이 향상됩니다.**

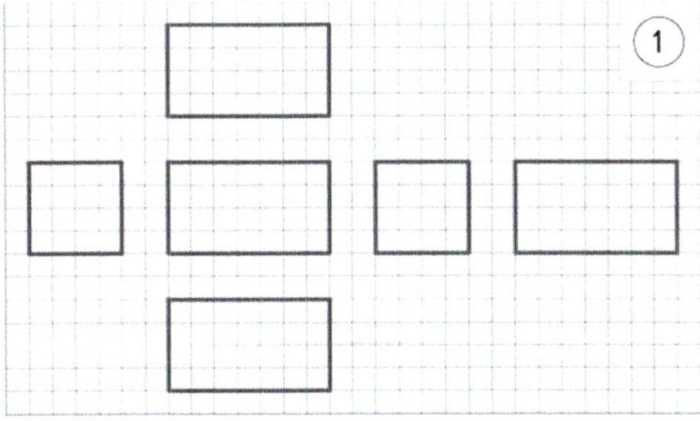

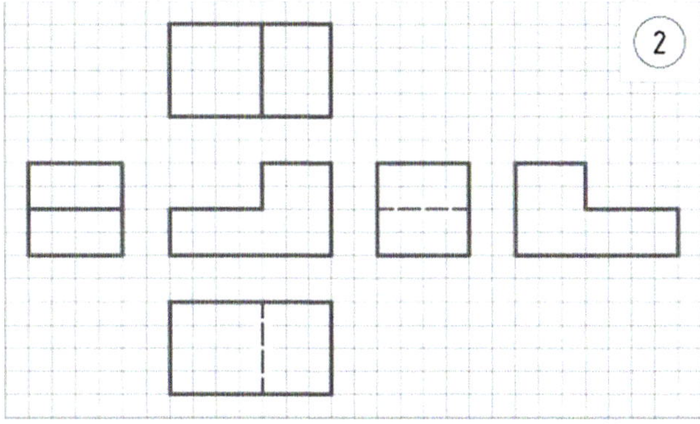

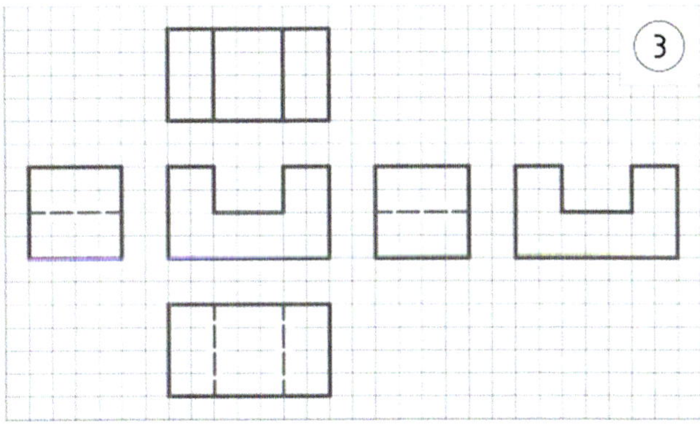

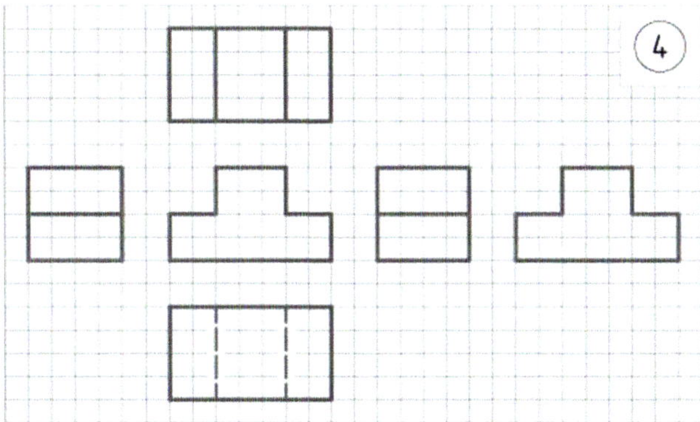

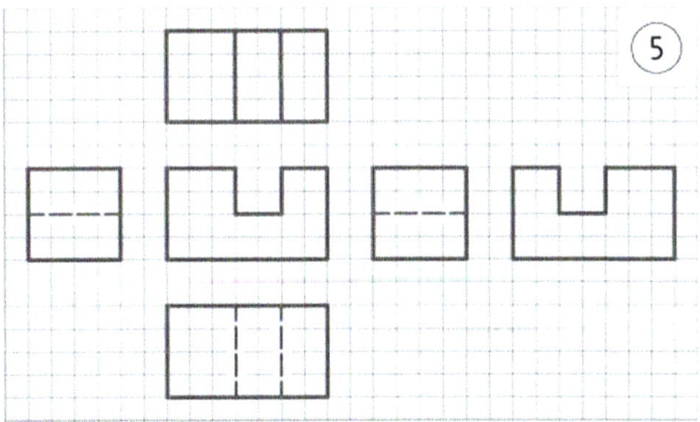

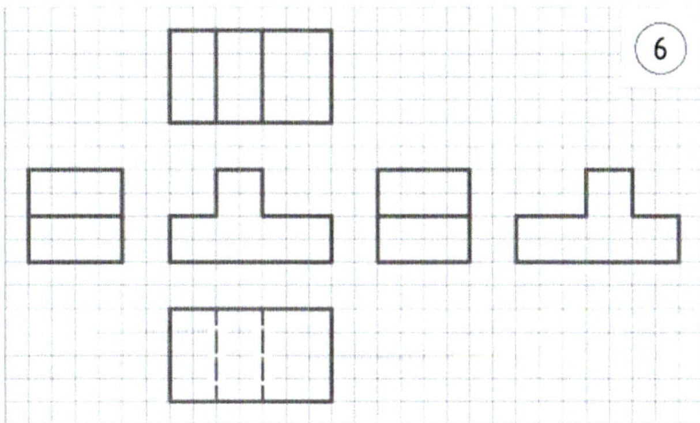

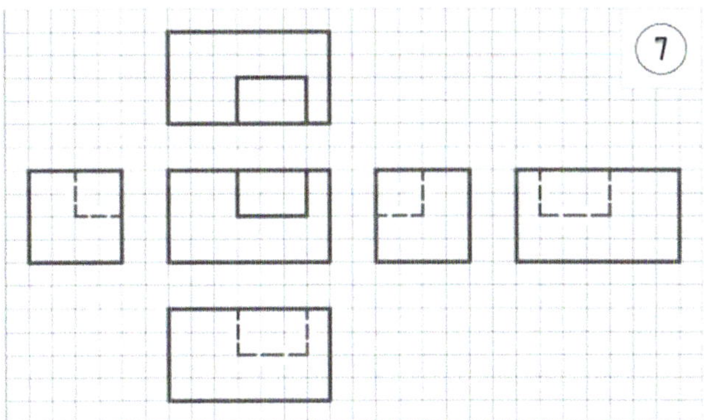

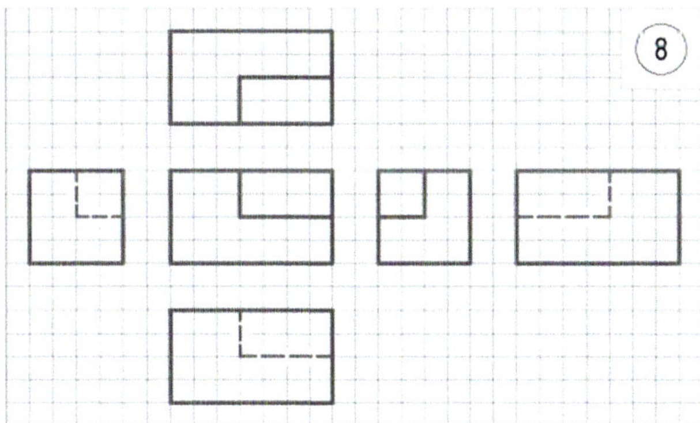

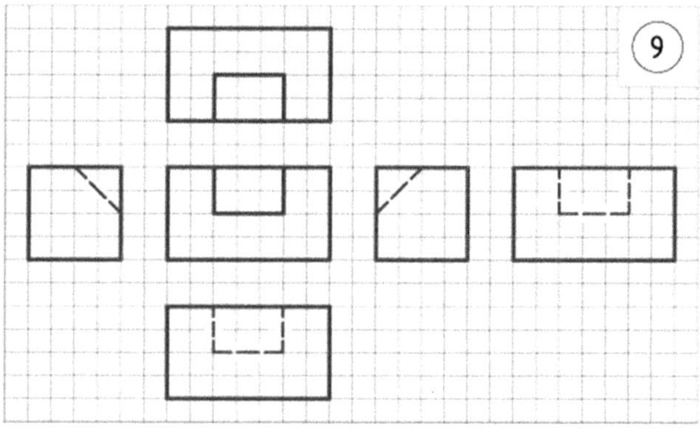
9

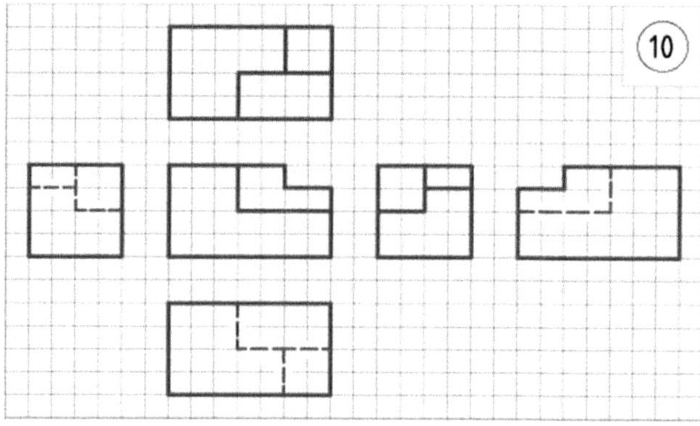
10

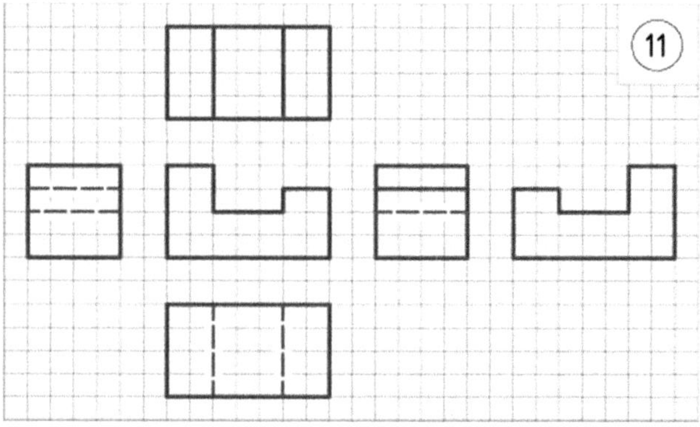
11

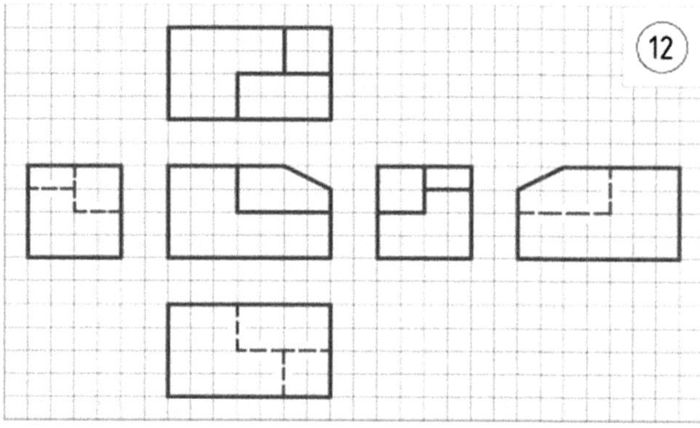
12

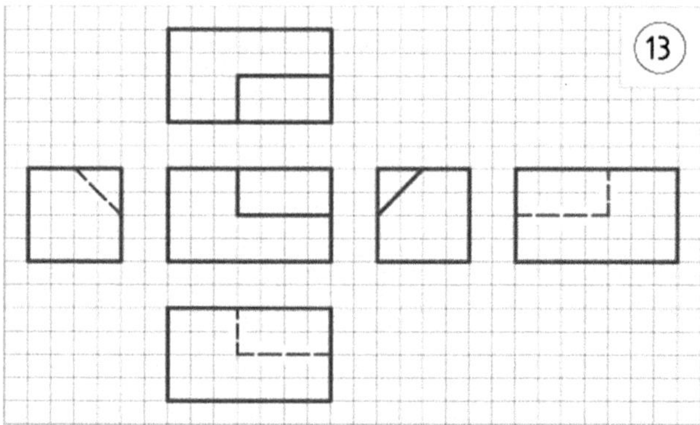
13

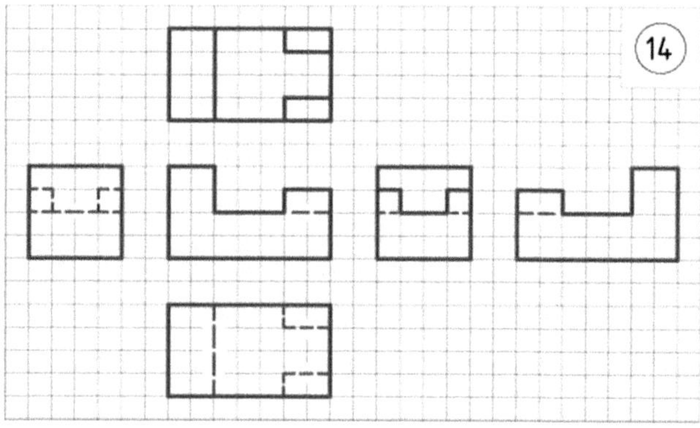
14

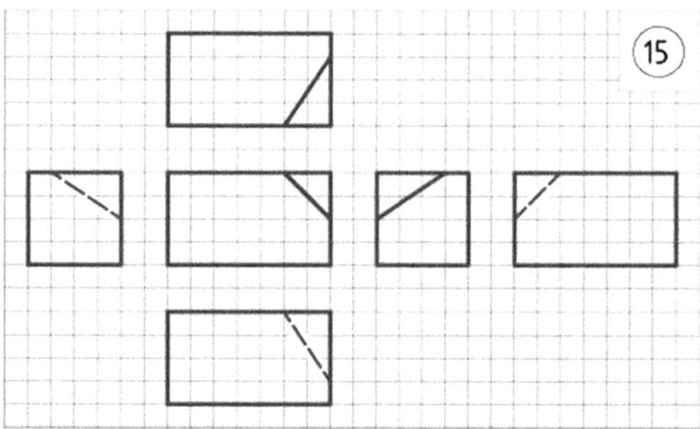
15

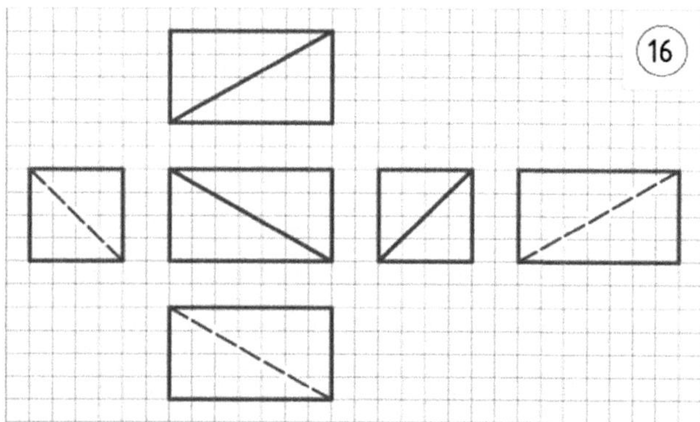
16

17

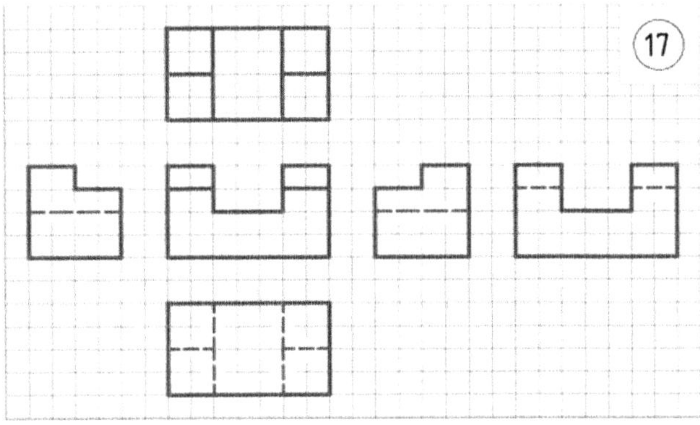

18

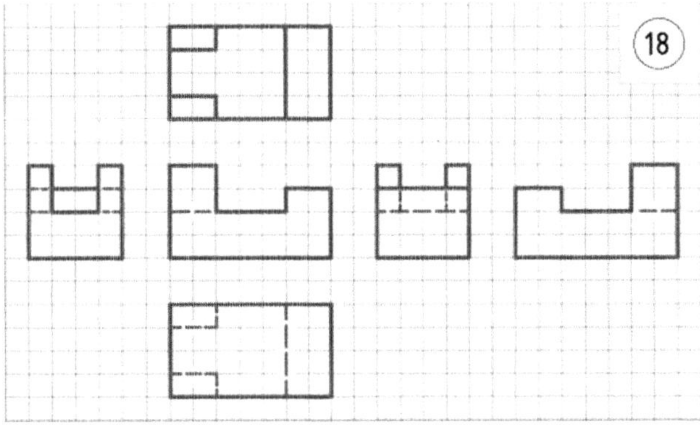

19

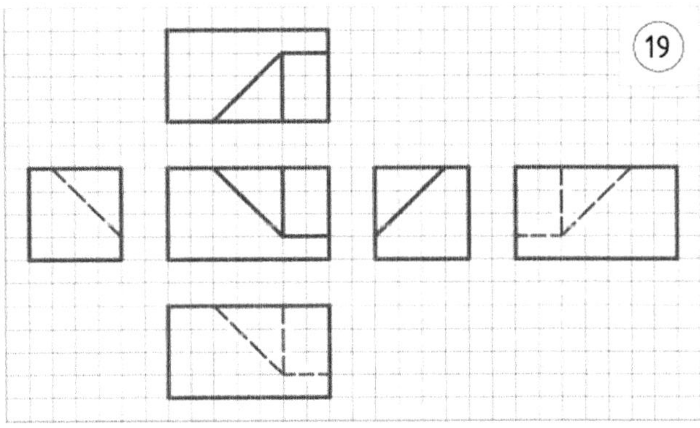

20

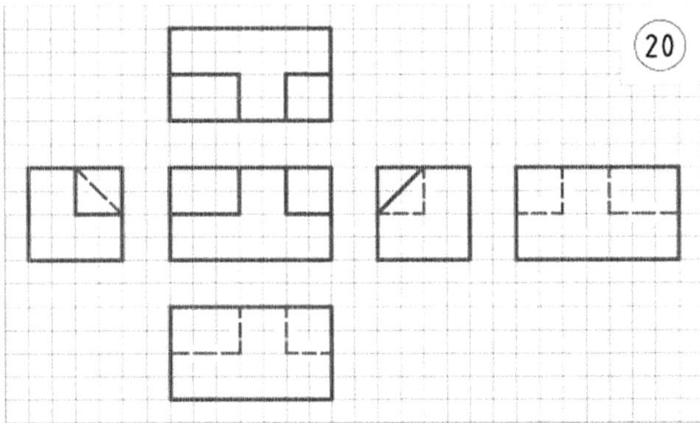

21

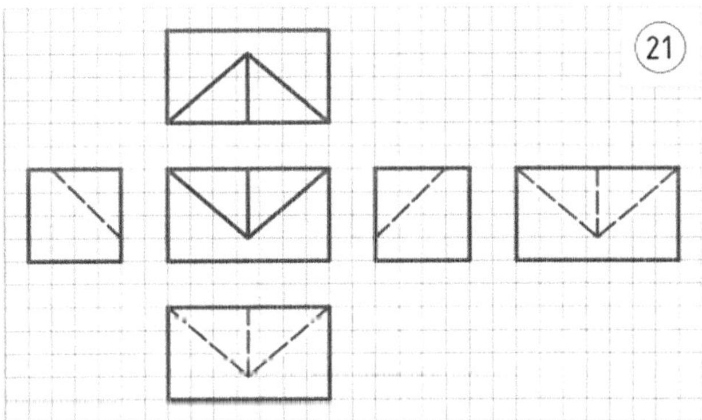

22

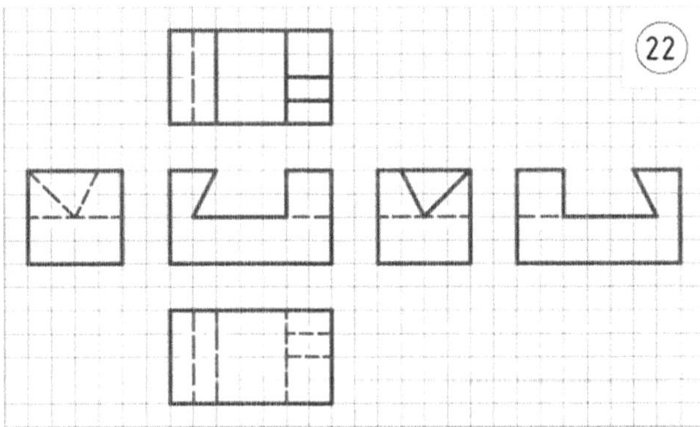

23

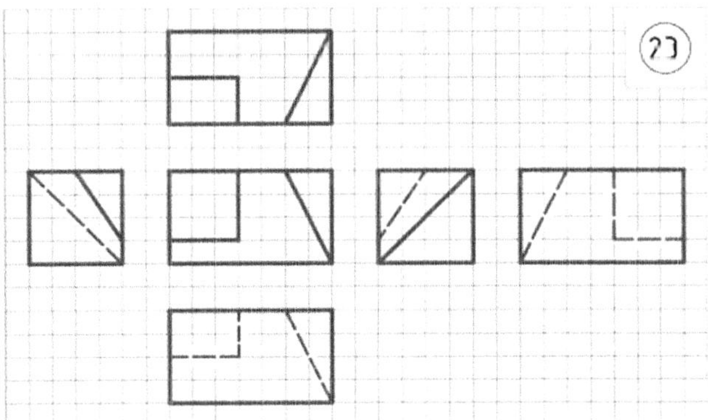

24

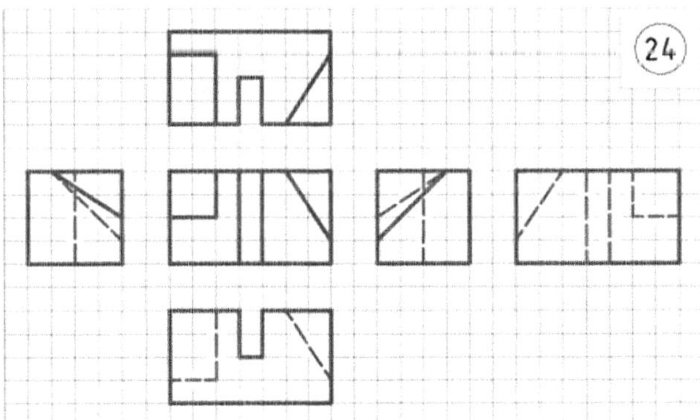

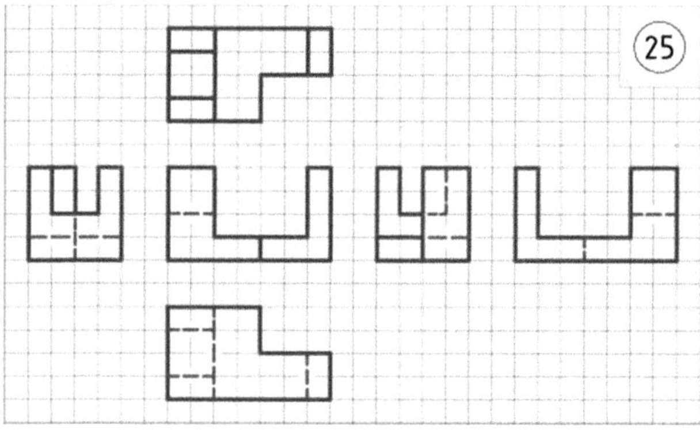
25

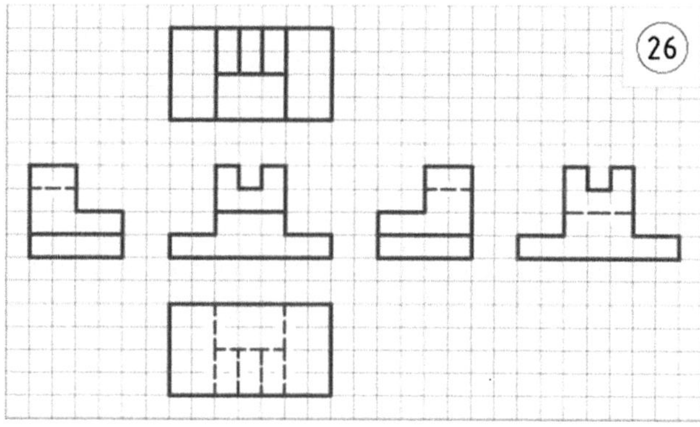
26

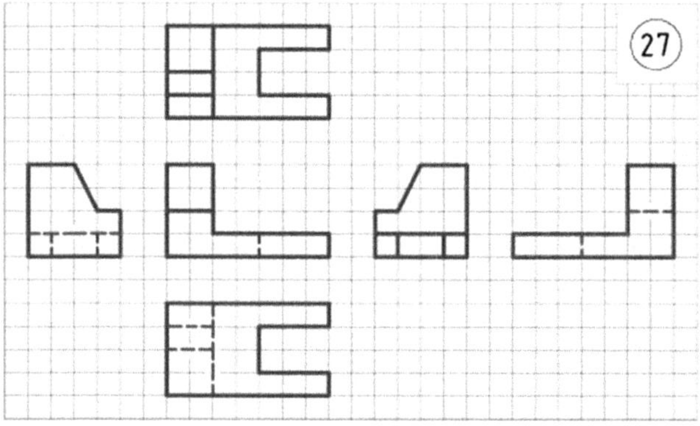
27

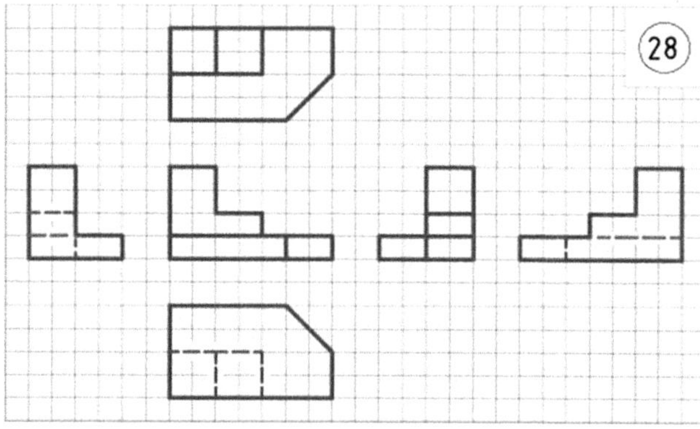
28

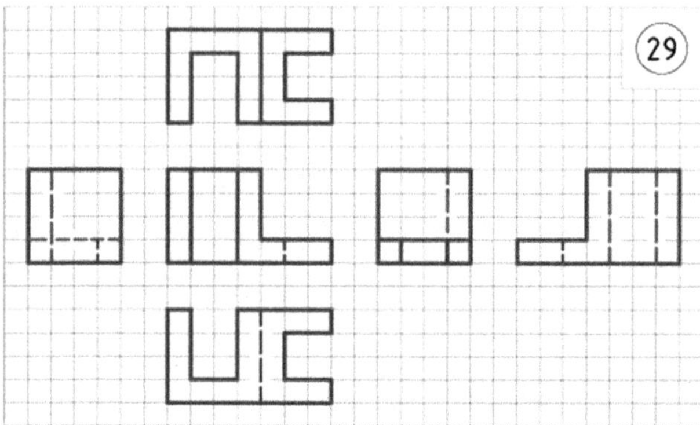
29

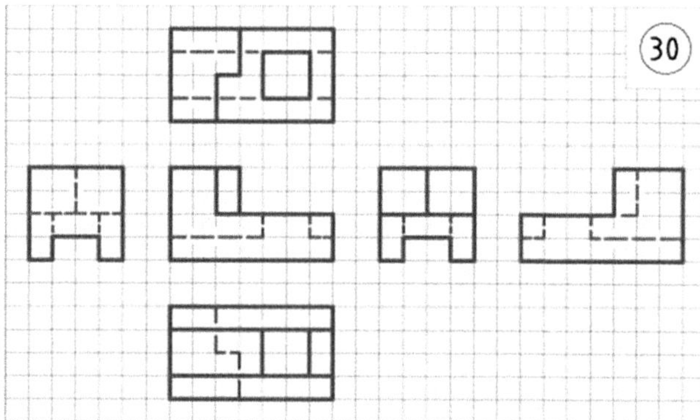
30

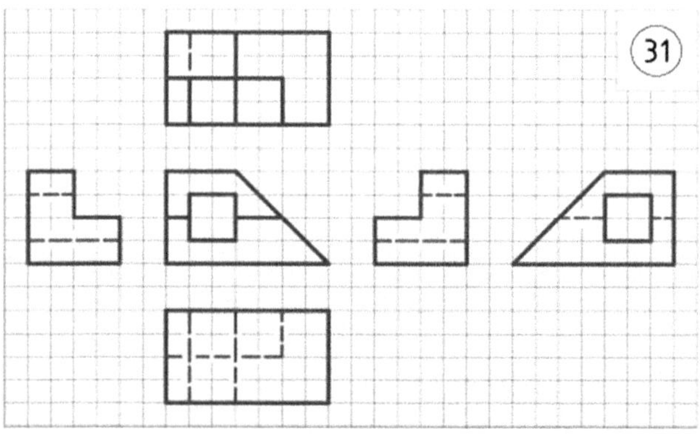
31

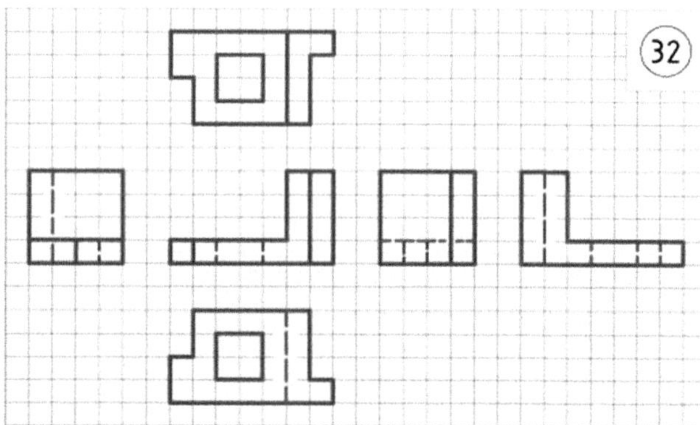
32

33

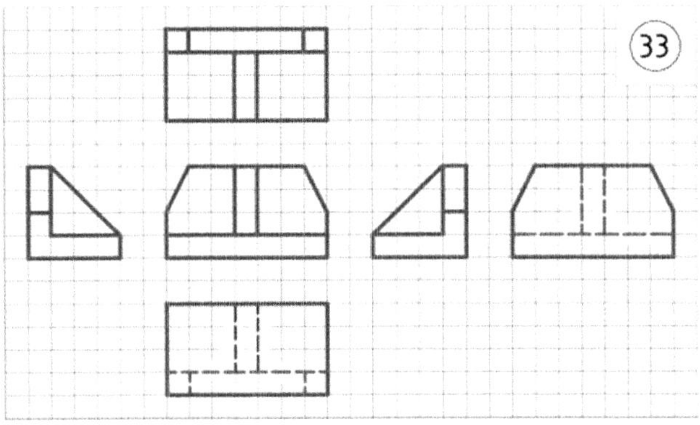

34

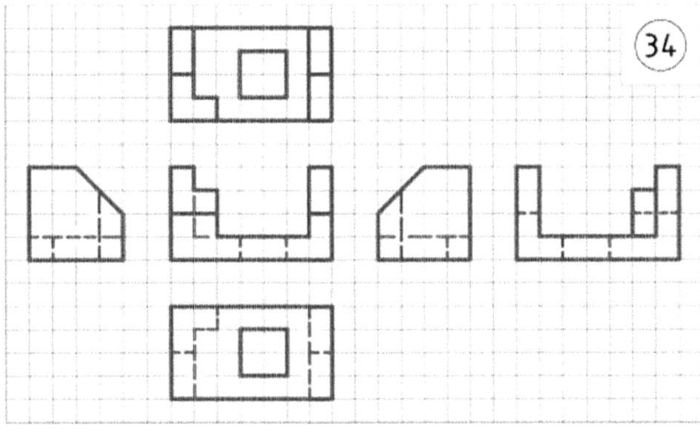

35

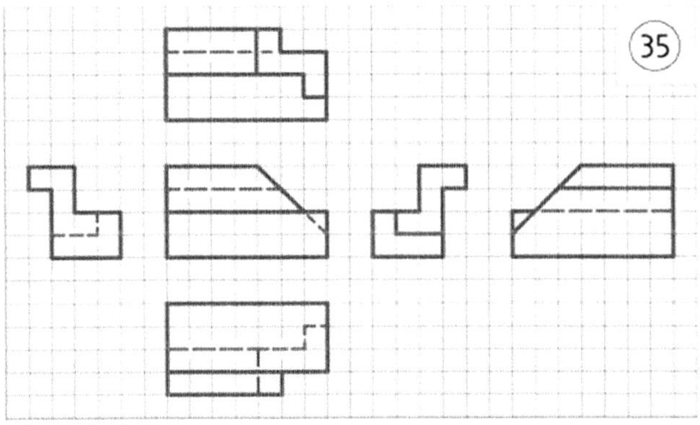

36

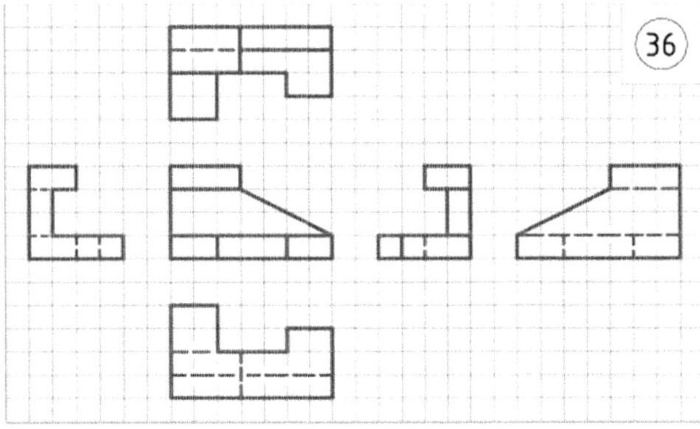

37

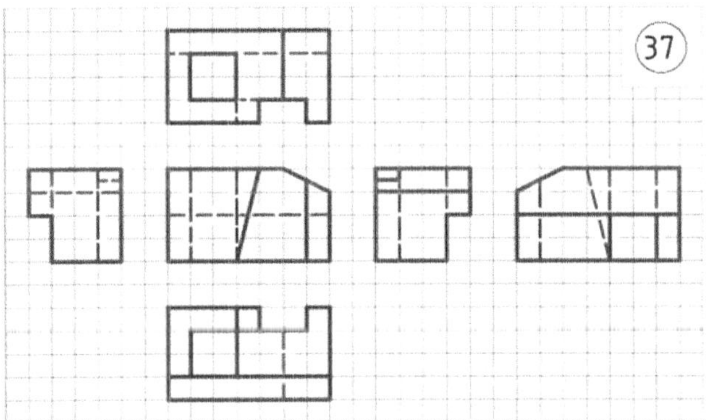

38

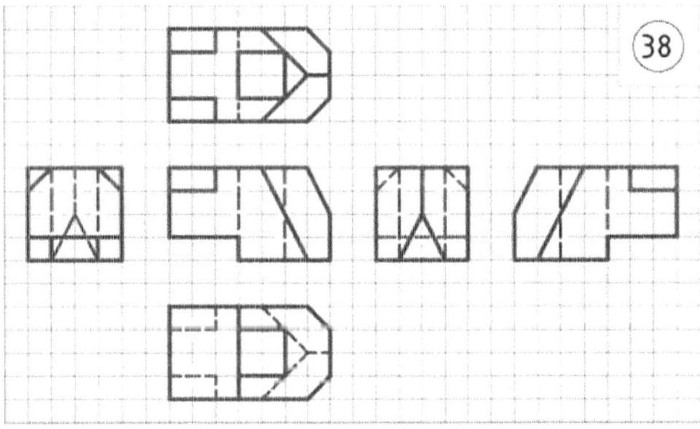

39

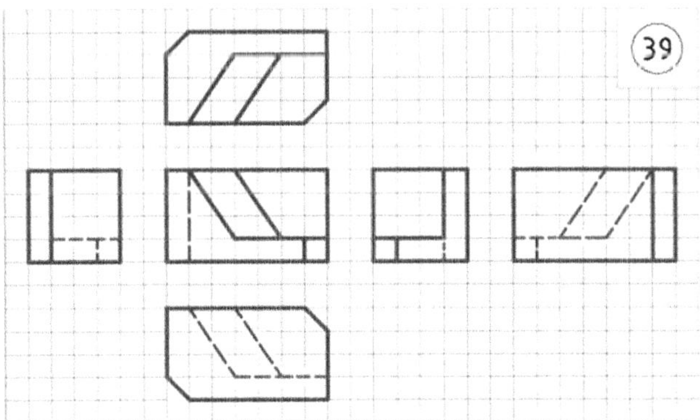

40

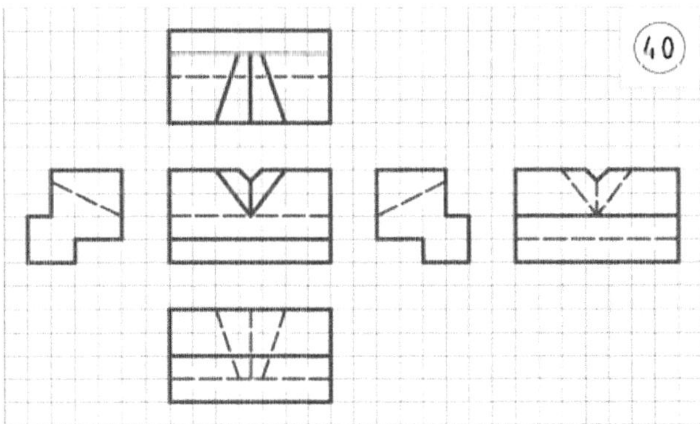

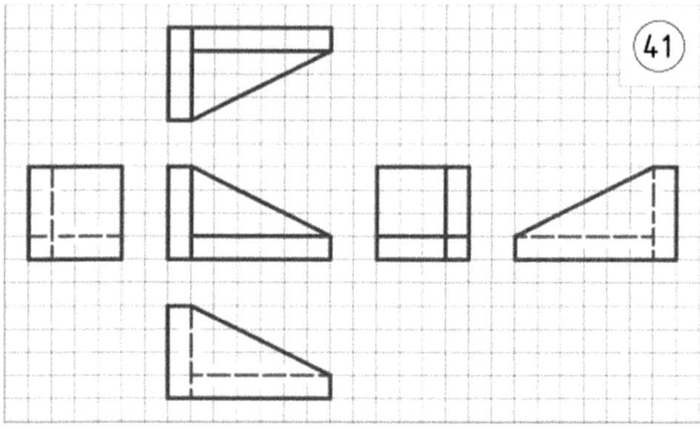
41

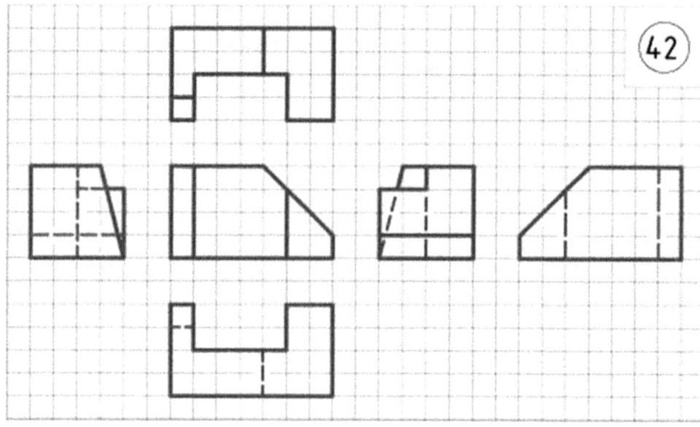
42

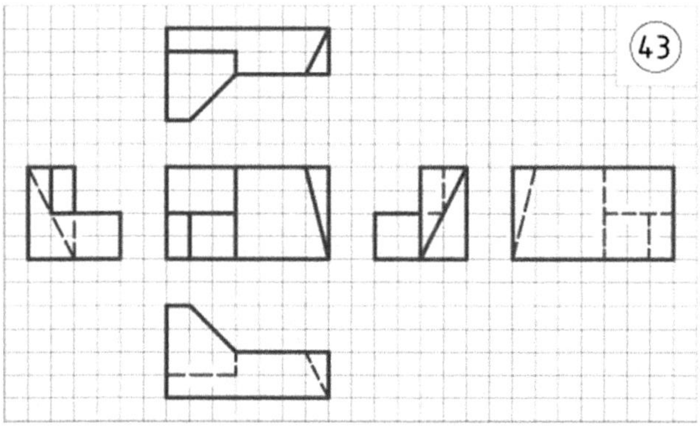
43

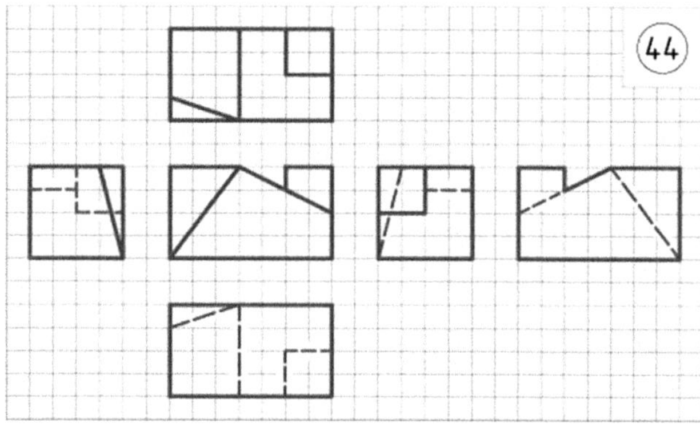
44

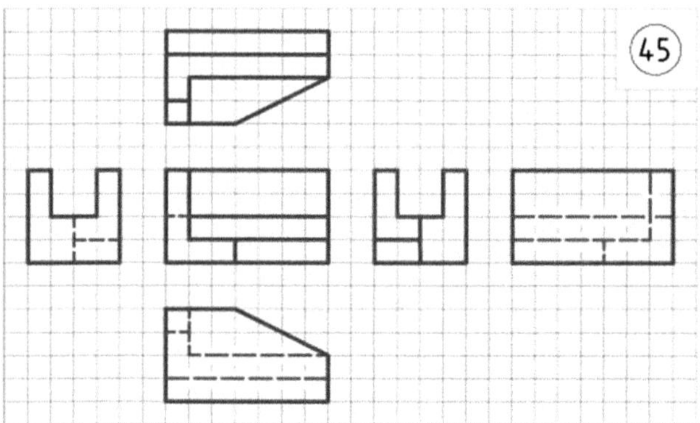
45

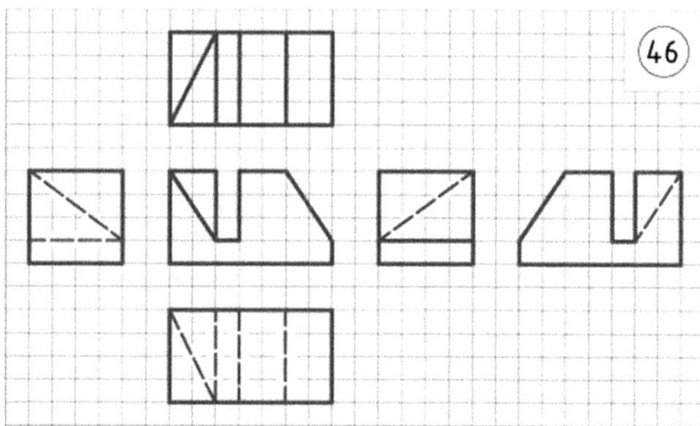
46

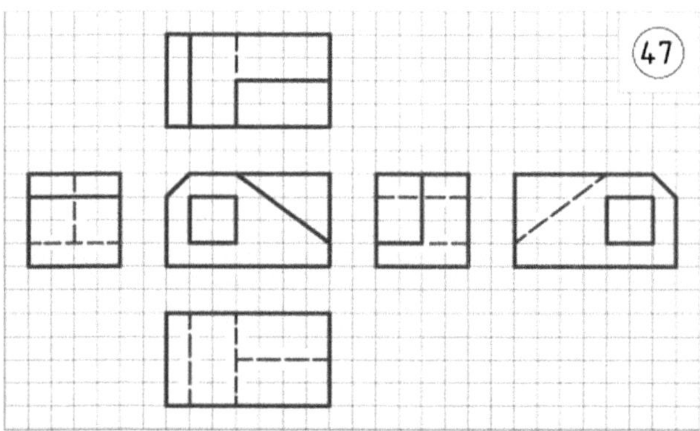
47

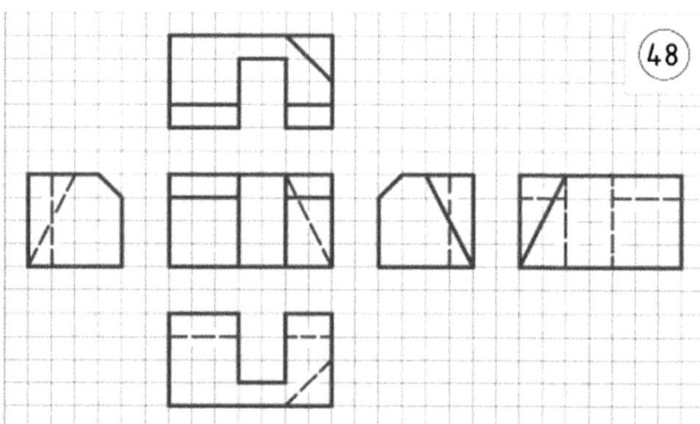
48

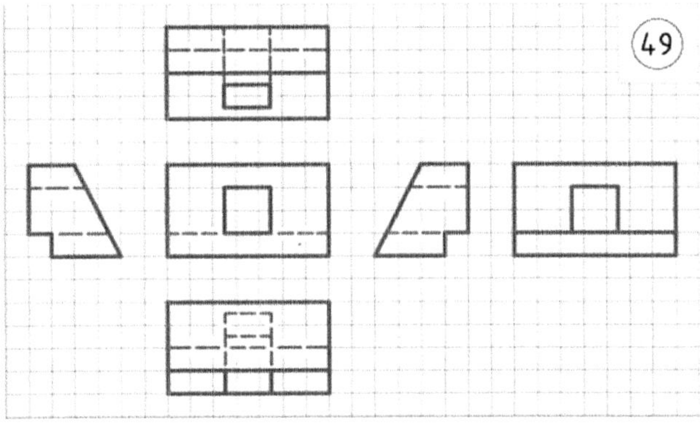
49

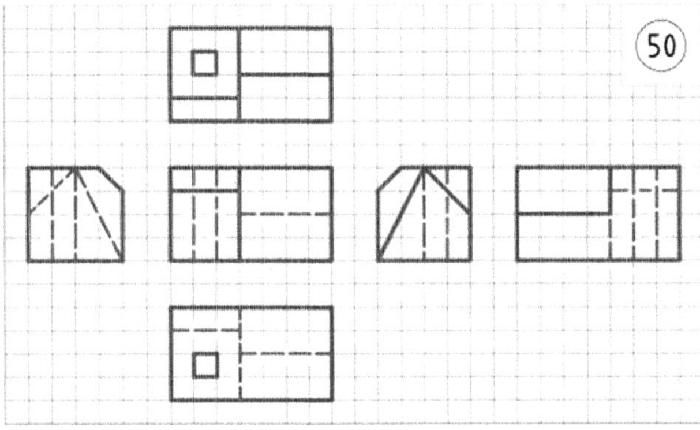
50

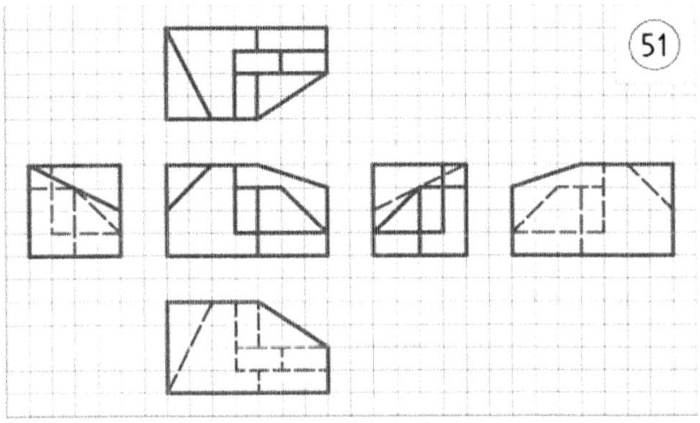
51

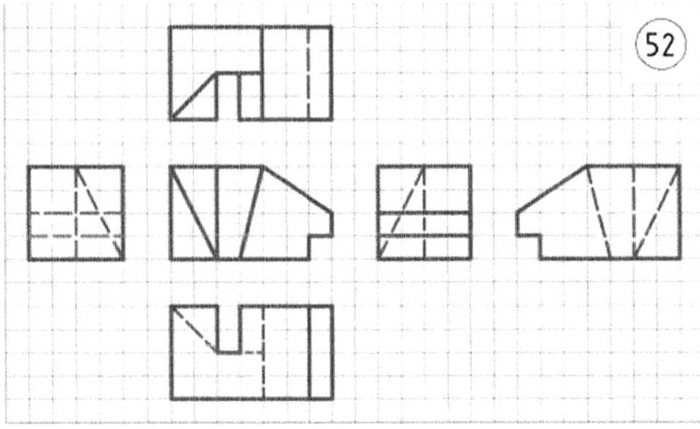
52

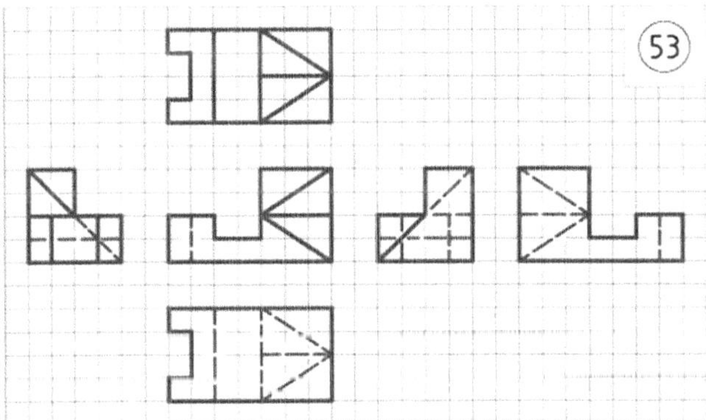
53

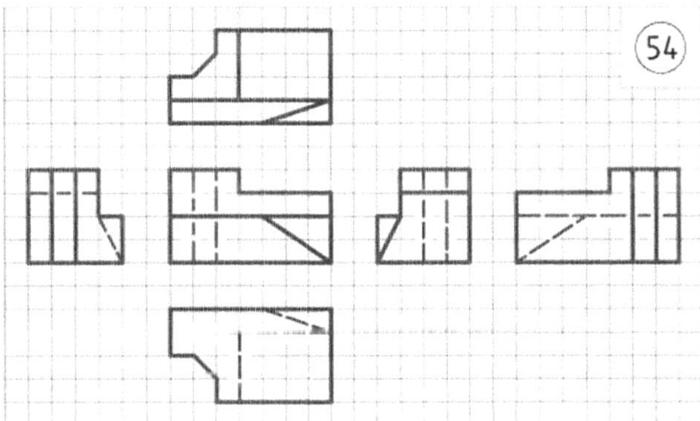
54

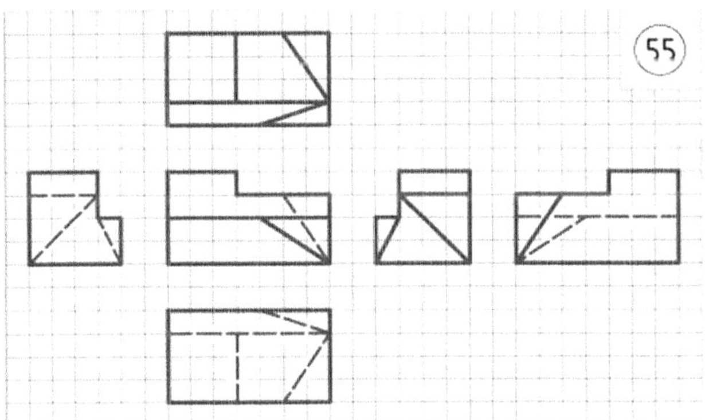
55

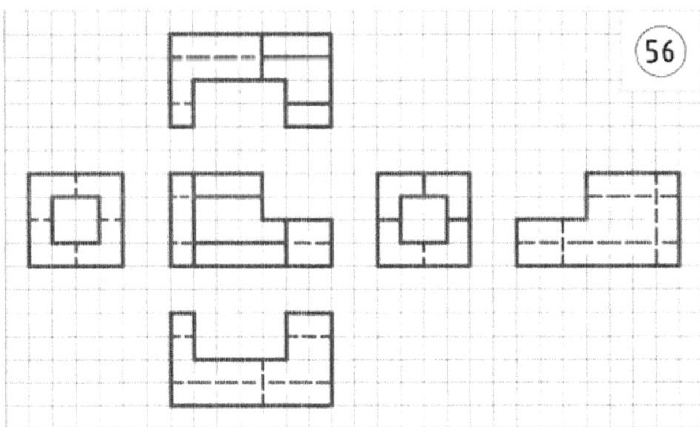
56

57

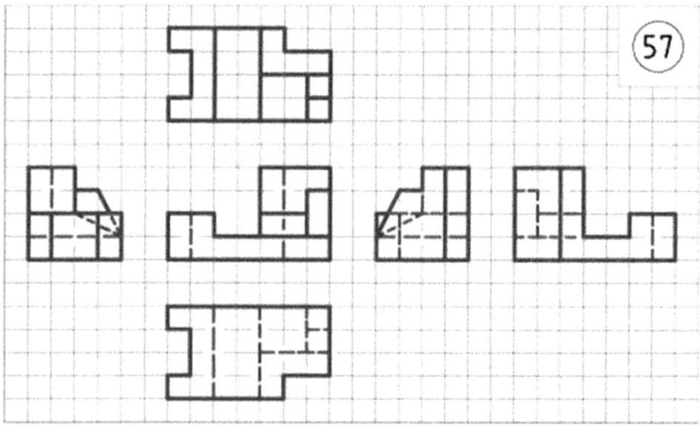

58

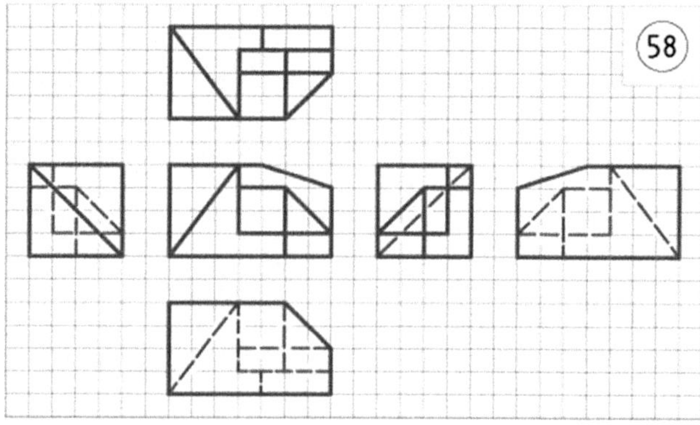

59

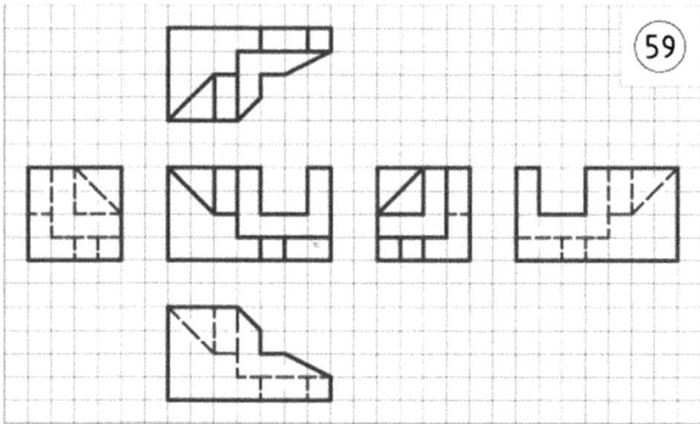

60

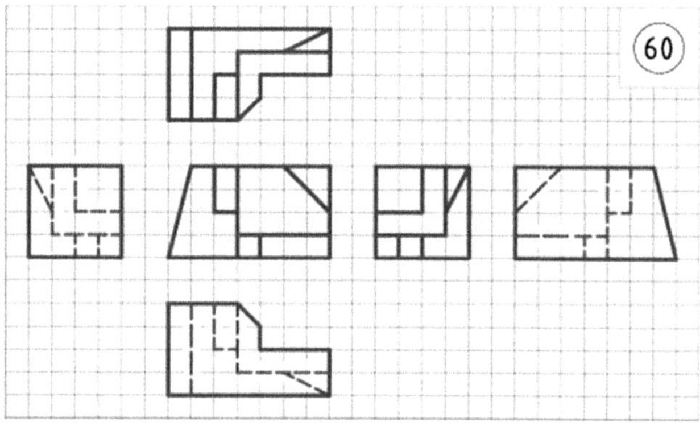

연습문제 6-3

아래에 ①부터 ⑩까지의 연습문제로 제시된 등각도의 화살표 방향을 정면도(「 」기준)로 하여 뒤에 별도로 주어진 방안지에 정 투상도 6면도를 제1각 투상 방법(제1각법)으로 그리시오. 단, 등각도와 정 투상도의 눈금 크기는 같으며, 투상도 간격은 한 눈금으로 하고 가능한 외형선은 0.7mm, 숨은선은 0.5mm 굵기로 긋는다.

AutoCAD로 도면작성(작도)을 하여 프린트(인쇄) 할 때는 외형선의 굵기는 0.2~0.25mm, 숨은선의 굵기는 0.15mm, 가는 실선의 굵기는 0.1mm로 셋팅(setting, 설정)하여 프린트하면 형상의 윤곽, 선의 구분과 보기에도 깔끔하다.

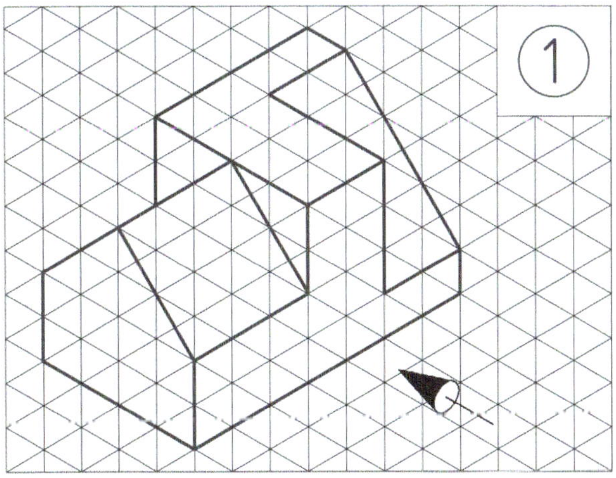

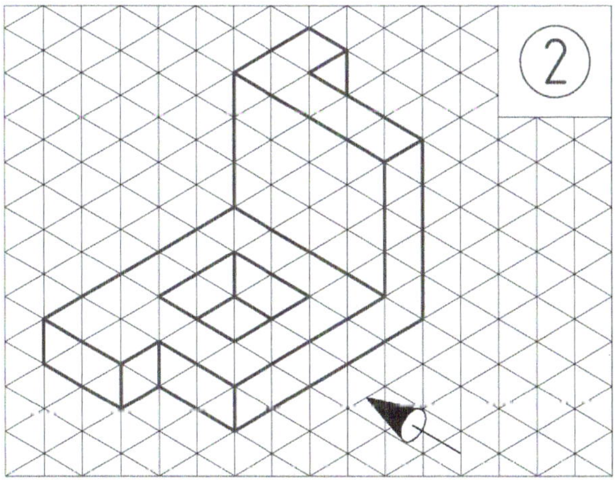

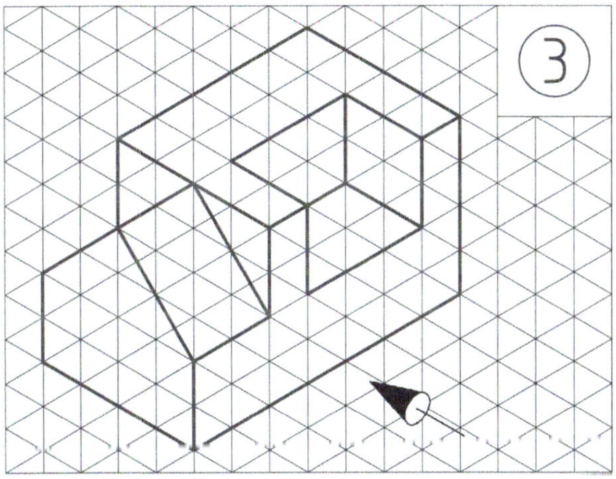

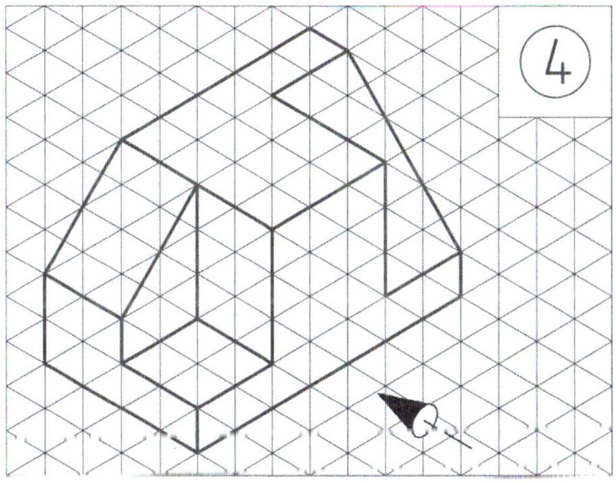

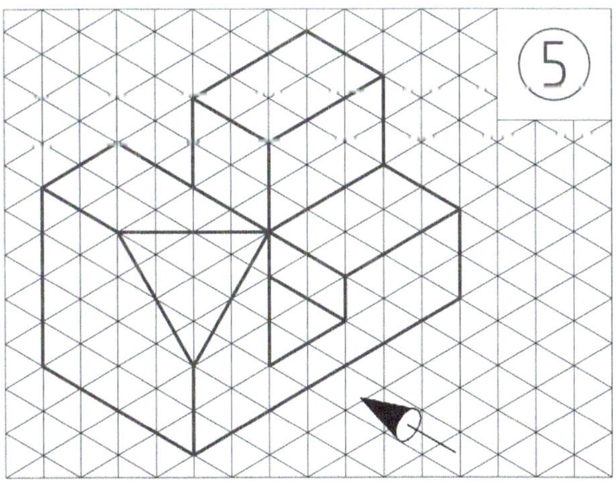

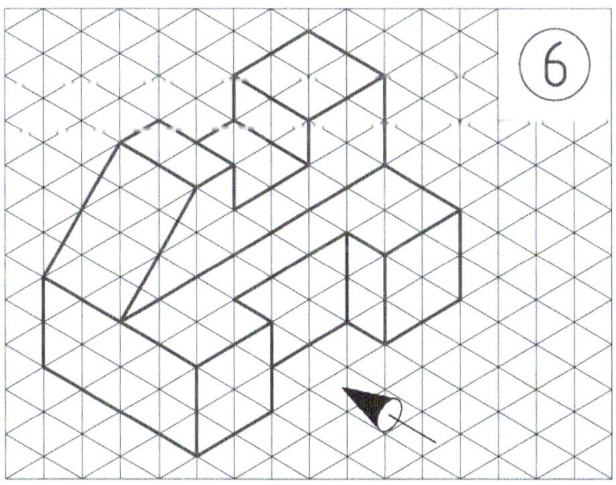

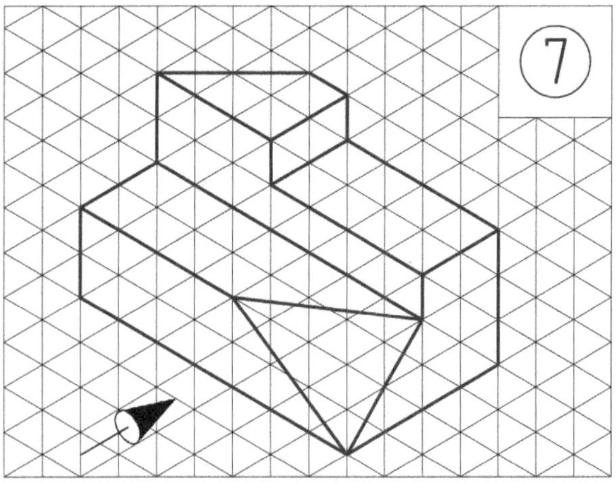
⑦

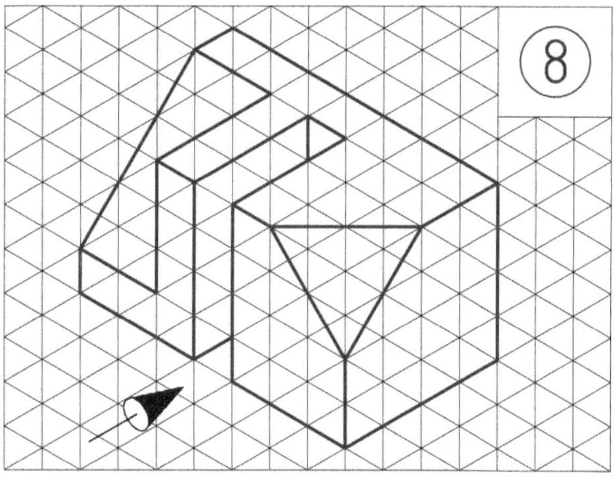
⑧

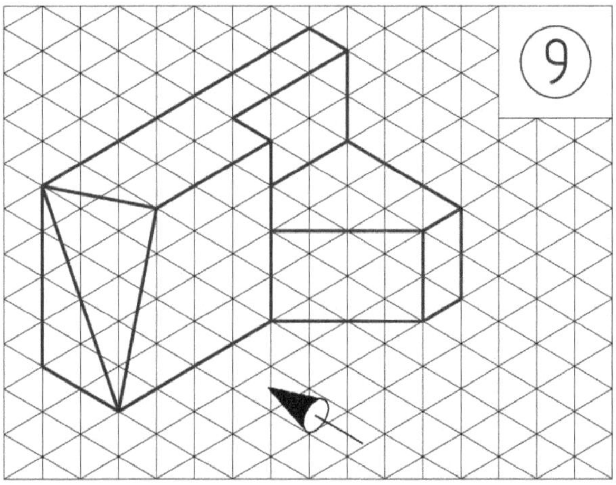
⑨

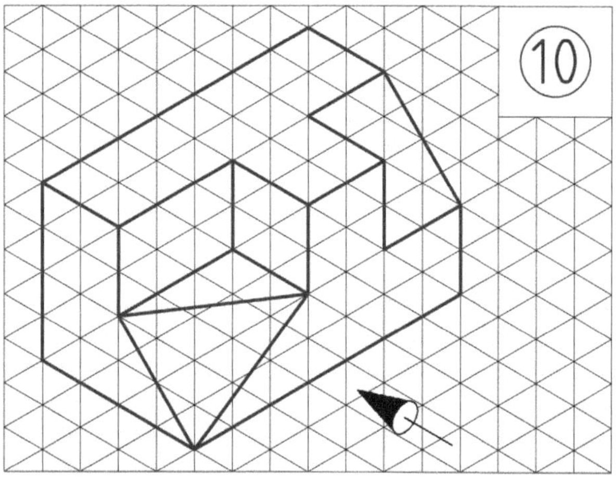
⑩

①

②

③

④

⑤

⑥

⑦

⑧

⑨

⑩

연습문제 6-3 모범답안

학습할 때 모범답안(정답)은 수시로 보면서 하는 것이 아니라, 힌트를 얻고자 할 때나 학습 결과와 모범답안을 비교할 때만 봐주기 바랍니다. 그래야만 도면 실력이 향상됩니다.

①

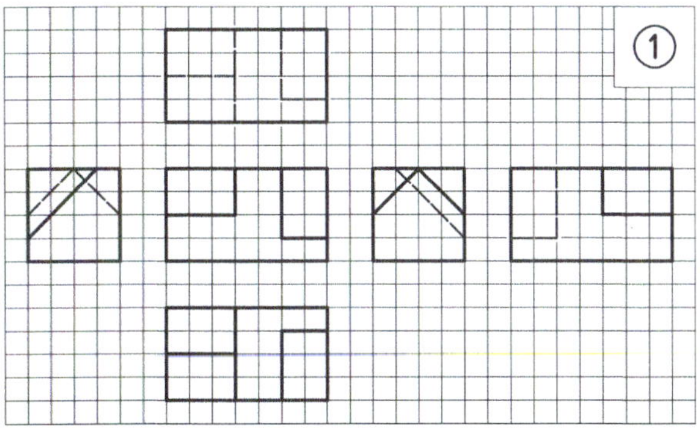

②

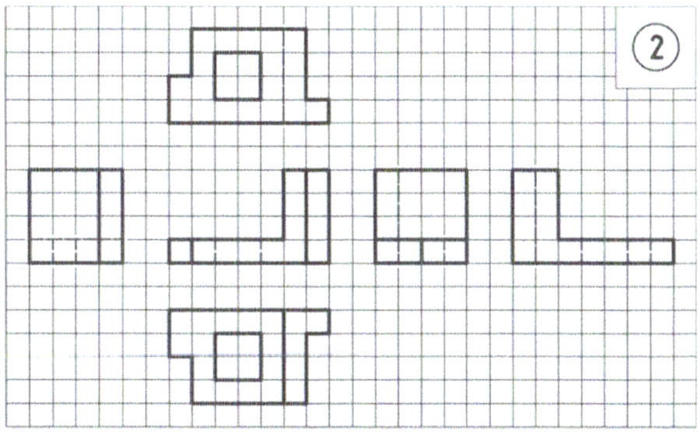

③

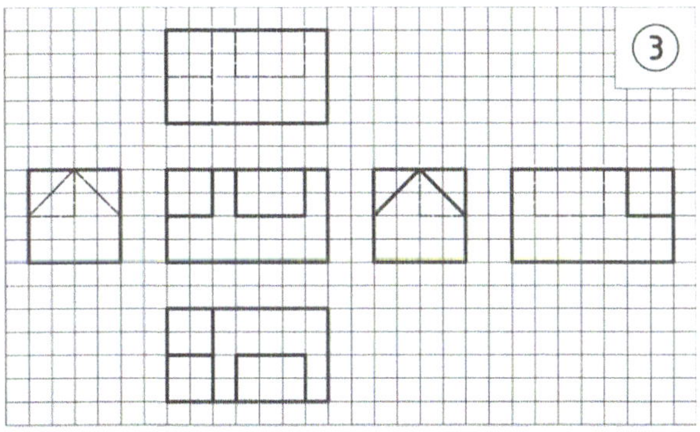

④

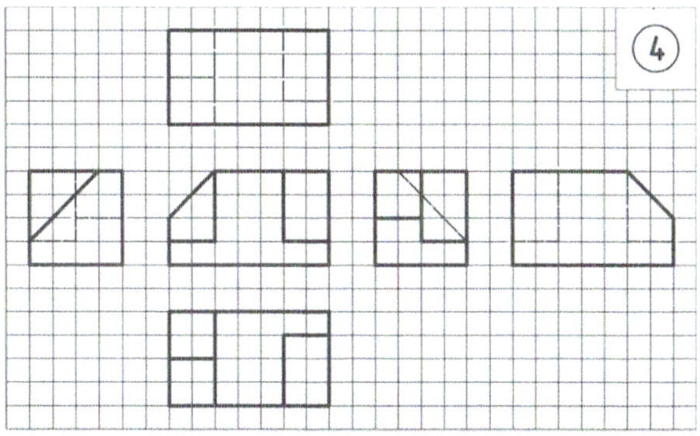

⑤

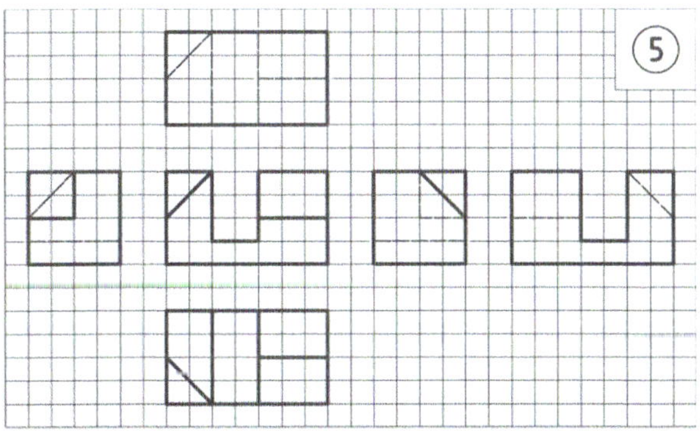

⑥

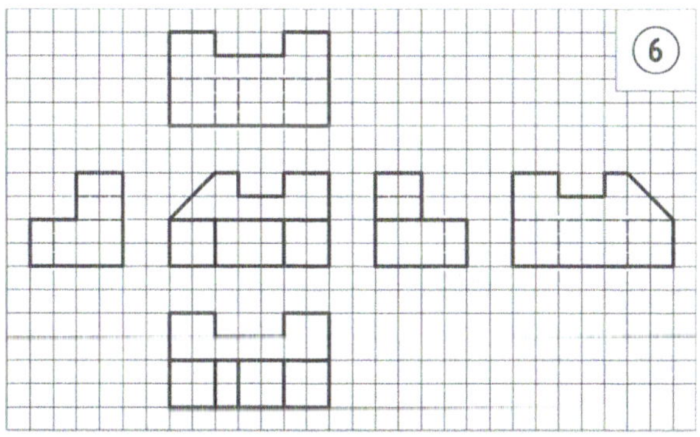

⑦

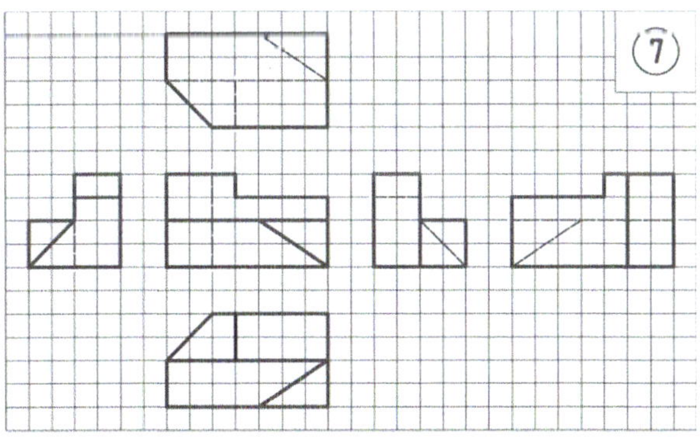

⑧

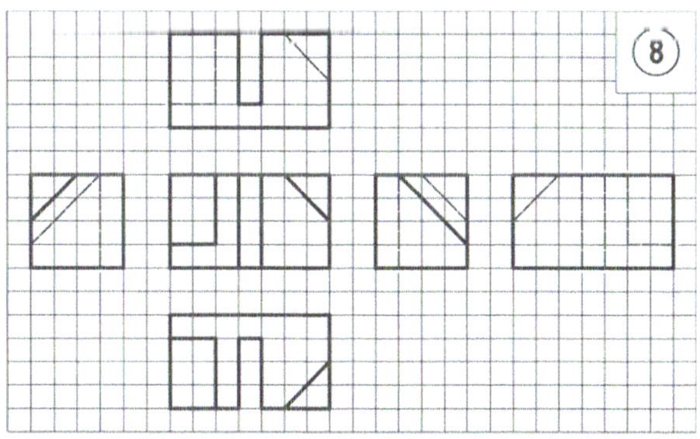

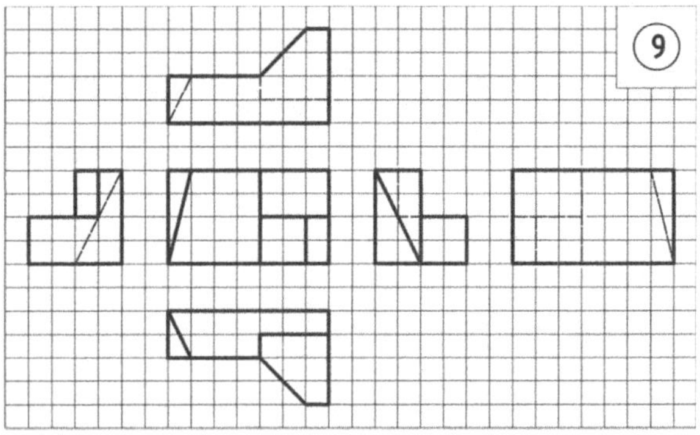
⑨

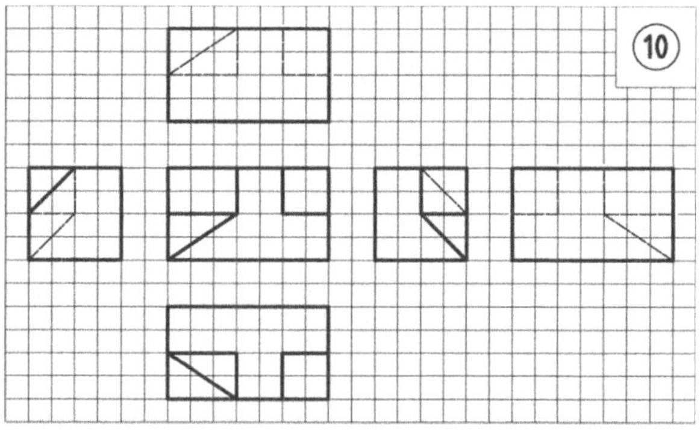
⑩

PART

7

등각 투상 방법의 원리

앞 6장에서는 '**제1각 투상 방법(제1각법)과 제3각 투상 방법(제3각법)의 원리 이해하기**'를 학습하고, 연습문제를 통하여 어느 정도 도면을 이해하고 또한 투상도를 그리기 위한 연습과 훈련을 하였다.

본 7장에서는 본격적으로 도면 제도(작도)를 위한 세 번째 단계로 **등각 투상 방법의 원리 이해하기**를 학습하고 연습하도록 한다.

저자들이 직접 설계하여 도시한 도형과 연습 도면(Drawing)들을 사례로 제시하여 아주 중요한 도면의 등각 투상 원리를 이해하도록 하였고, 전개하는 내용을 알기 쉽도록 다음과 같이 요약하고 정리하여 학습 목표를 설정하였다.

학습 목표

1. 등각 투상 방법의 원리를 알고 설명한다.
2. 2등각 및 부등각 투상 방법의 원리를 알고 설명한다.
3. 등각 투상도의 용도를 설명한다.
4. 정투상도의 선택에 따라 등각 축을 정할 수 있다.
5. 정투상도를 보고 등각 투상도를 그릴 수 있다.

PART

7 등각 투상 방법의 원리

7.1 등각 투상 방법의 원리

보충설명

등각 투상 방법의 원리를 더 자세히 알아보도록 하자.

① 기하학의 원리를 창안한 가스파르 몽쥬와 같은 시대인 1820년에 윌리엄 패리쉬(William Parrish)가 등각 축 투시도 중에서 오늘날의 '등각 축 투상 방법(Method of Isometric projection drawing)'을 발표한 후 더 발전된 이론이 유럽, 미국, 러시아 등에서 발표되었다.

② 최근에는 미국의 T.A 토마스(T.A Thomas)가 '테크니컬 일러스트레이션(TI, Technical Illustration)'을 출판하였고, 이에 앞서 1966년에 일본에서 'TI의 기초 화법'이라는 책을 출판하여 산업용 설명 그림에 응용하기 시작했다.

③ 우리나라는 일부 순수 미술을 전공한 학자들에 의해 위 두 이론서를 바탕으로 응용 미술에서 가르치기 시작해 1990년대에 이르러 산업 디자인학과에서 과목으로 채택되어 전파되기 시작했다.

④ 등각 투상 방법의 원리에 대해 앞의 제5장에서 간단하게 설명을 했지만 다시 설명하면, 아래 그림 7.1과 같이 물체의 모서리 한 축을 각각 30°로 비스듬히 놓고 그리는 원리를 이용해 입체적 도형을 그리는 방법이다.

▶ 물체의 윤곽을 입체적으로 그리기 위해 물체를 기울여 그리는 방법(원리)을 등각 투상 방법이라 한다.

▶ 그림 7.1은 물체의 기준선 각도(기울기)를 30°로 비스듬히 놓고 그린 등각 투상 방법이다.

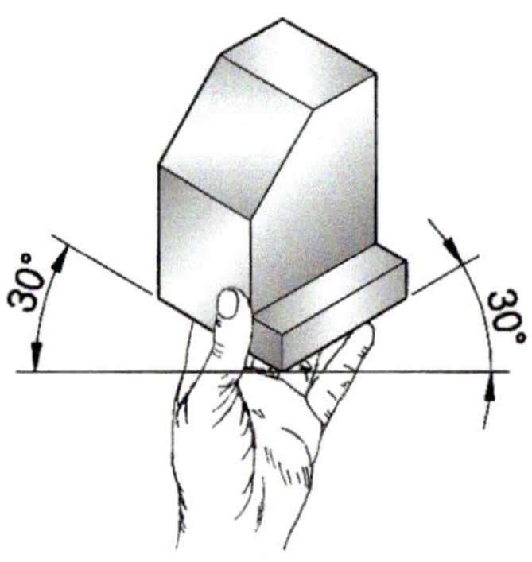

[그림 7.1] 물체를 기울여 입체적 모양으로 표현하기

아래 그림 7.2와 같이 나타내고자 하는 기준 꼭짓점을 정하고 X축은 길이, Y축은 나비(폭, 두께), Z축은 높이(깊이)로 하여 등각 선으로 물체의 윤곽을 그리는 원리가 등각 투상 방법이다.

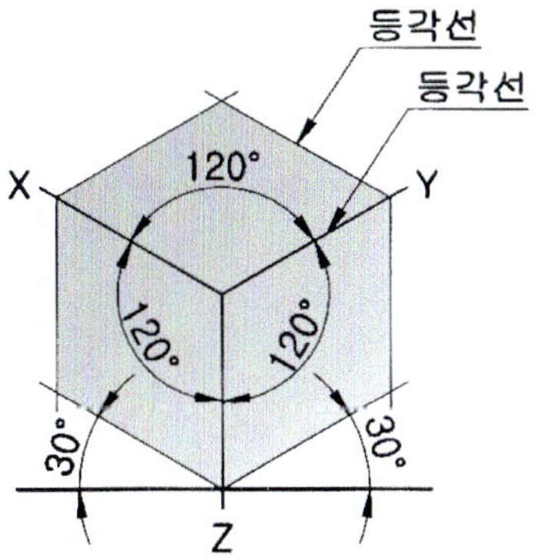

[그림 7.2] 등각 3축과 기준선 각도(기울기)

물체의 3축을 투상면에 대해 35°16′으로 기울인 축측 투상 방법의 원리를 이용해서 좌, 우 윤곽 기준선을 30°로 하고 3축측 각을 120°의 같은 축측 각으로 그리기 때문에 등각(等角)투상 방법이라고 한다.

아래 그림 7.3과 7.4와 같이 그리는 방법인 TI(Technical Illustration)의 기초 화법에 대한 이론서를 일본에서는 1966년 도미타 모토타다(富田素忠)가 출판했다.

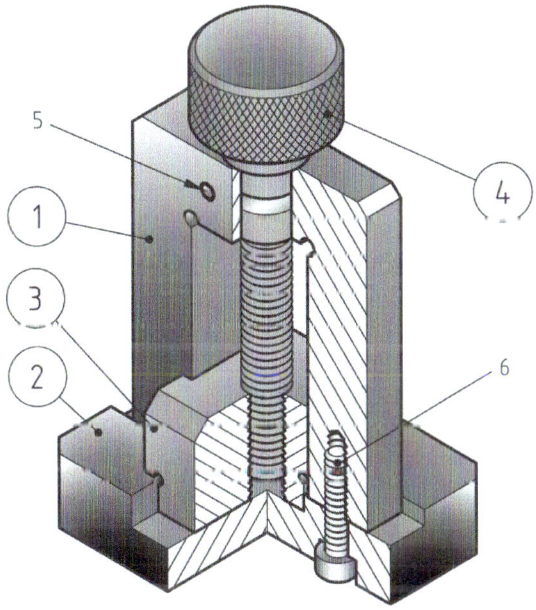

[그림 7.3] 부품의 조립 위치 설명(조립도) 등각도

보충설명

▶ 그림 7.2는 물체를 입체적으로 그리기 위해 3개의 축이 이루는 각이 120°로 서로 같도록 그린 등각 투상 방법이다.

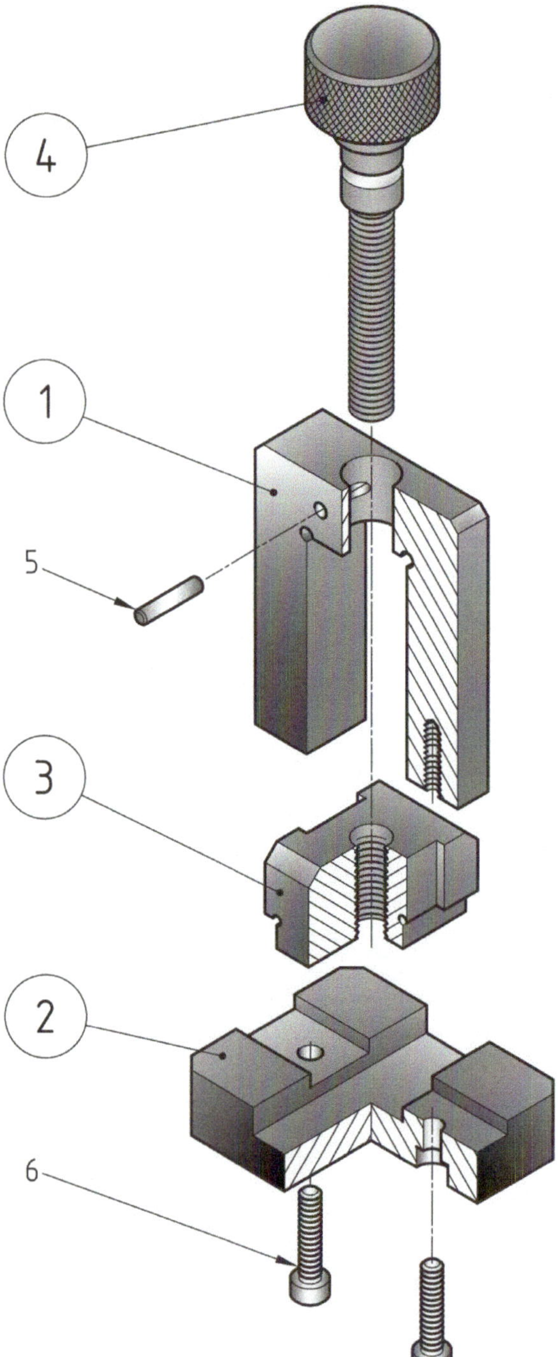

[그림 7.4] 부품의 분해 설명(분해도) 등각도

보충설명

▶ 그림 7.4와 같이 부품의 분해를 등각투상 방법에 의해 입체적으로 나타내면 부품의 조립 구성을 알기도 쉽고, 이해하기도 용이하다.

7.2 2등각, 부등각 투상 방법의 원리

그러면 2등각, 부등각 투상 방법의 원리도 알아보기로 한다.

아래 그림 7.5와 같이 기준선 각도를 임의로 같게 하고 3축측(X, Y, Z축) 중에서 한 축측(Z축)의 각도만 다르게 그리는 것을 2등각 투상 방법이라고 한다.

즉, 물체의 3축측 중에서 높이 축측(Z축)을 투상면의 앞쪽으로 하여 같은 각도로 기울이면 X축측 면과 Y축측 면의 기울임(기울기) 각도를 동일하게 그리는 원리가 2등각 투상 방법의 원리이다.

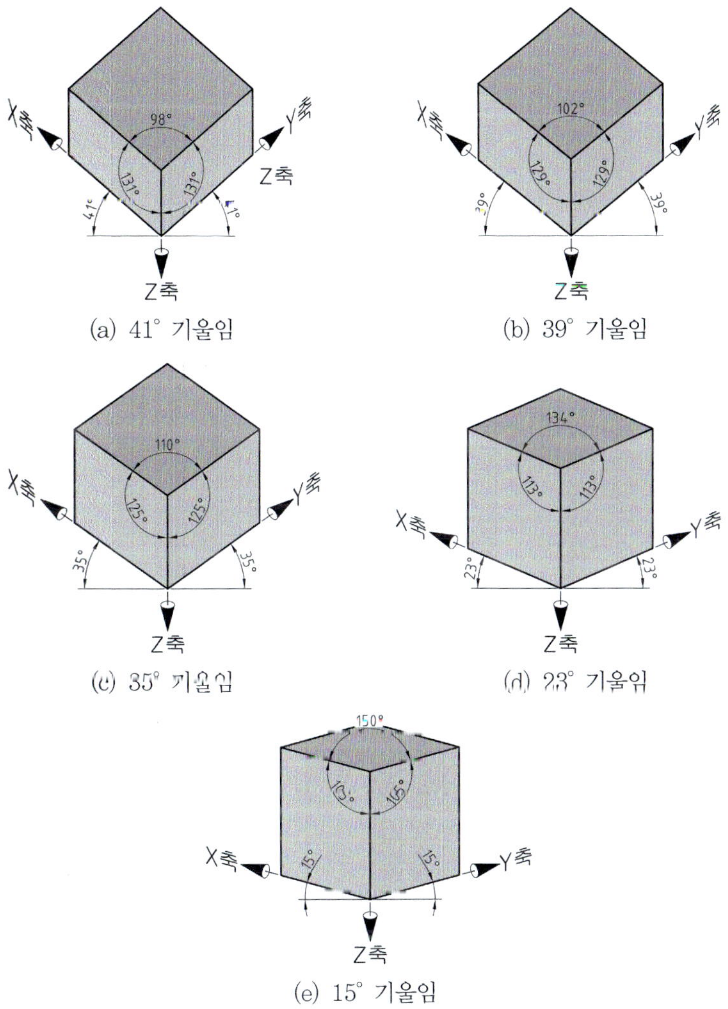

[그림 7.5] 기준 축측(Z축) 기울기에 따른 2등각 투상도

아래 그림 7.6에서 보여주는 바와 같이, 부등각 투상 방법은 물체의 3축을 투상면의 앞쪽으로 기준 축측에 각각 다른 각도로 기울여 3축측 각을 서로 다르게 그린다.

보충설명

▶ 2등각 투상 방법은 물체를 입체적으로 그리기 위해 3개의 축 중에서 1개의 축각을 다르게 하여 그리는 투상 방법(원리)이다.

▶ 앞의 제5장에서 간단히 설명했지만, 이 장에서는 2등각 투상 방법과 부등각 투상 방법에 대해 좀 더 상세히 알아보도록 한다.

즉, 부등각 투상 방법은 3축의 각도가 각각 다르기 때문에 투상면과의 기울기인 기준 축측 각과의 각도가 다를 수밖에 없어서 모두 각이 다르기 때문에 부등각 투상 방법이라고 한다.

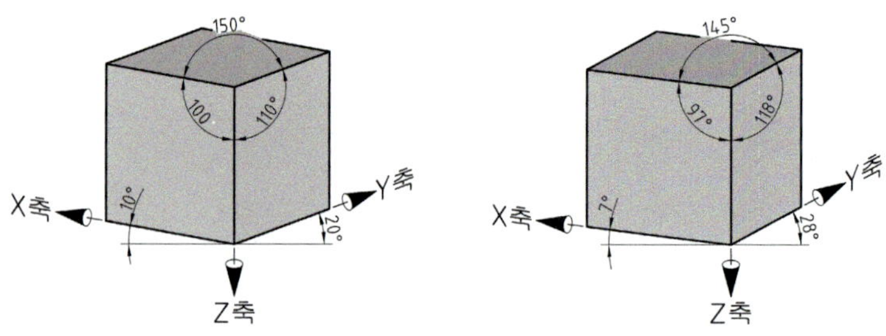

(a) (b)

[그림 7.6] 기준 축측 기울기와 부등각 투상도

여기서는 2등각 투상 방법과 부등각 투상 방법에 대해 좀 더 상세히 알아보도록 하자.

다음 그림 7.7은 부등각 투상 방법의 나머지 축측 각에 대한 보기(예)이다.

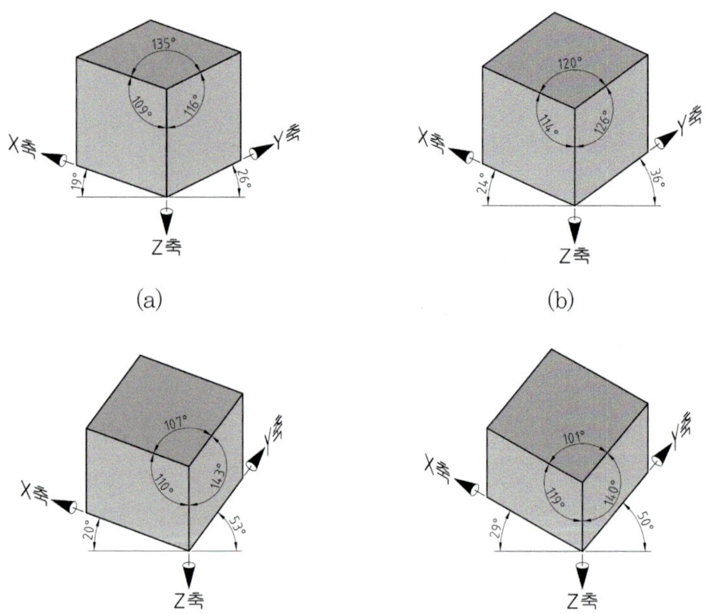

(a) (b) (c) (d)

[그림 7.7] 부등각 투상 방법의 축측 각

보충설명

▶ 부등각 투상 방법은 물체를 입체적으로 그리기 위해 3개의 축각을 다르게 하여 그리는 투상 방법(원리)이다.

7.3 사례 연습(1) 조립품의 기능과 작동 및 조립 순서

다음 그림 7.8에 도시된 도면을 보고 조립품(품명 : 검사기구)의 기능과 작동 및 조립 순서를 알 수 있을까?

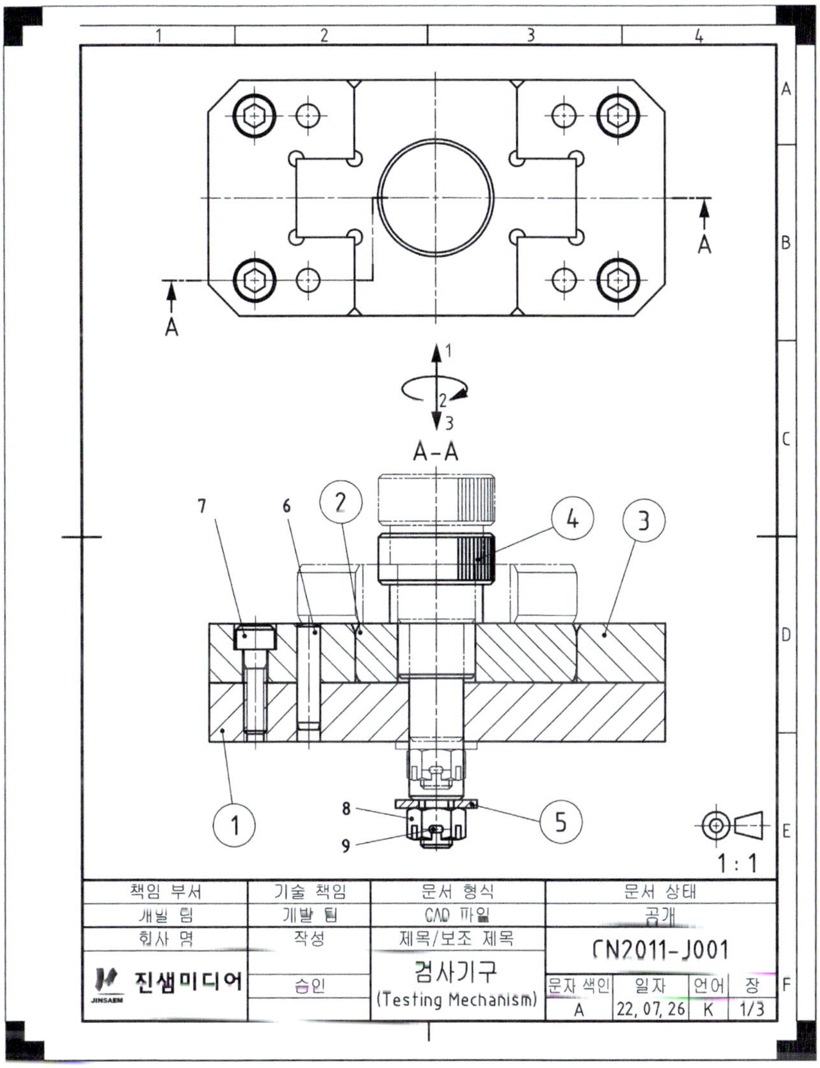

[그림 7.8] 정 투상 방법으로 그린 검사기구의 조립도면

보충설명

▶ 갑자기 그림 7.8에 도시된 「왼쪽 도면을 보고 어떤 제품인지 설명할 수 있다면 왜 이 단원을 학습하고 있겠어요?」 라고 반문하겠죠?

정 투상도로 그려져 있는 각 부품들의 조립된 위치 및 상태 등을 어렴풋이 알 수는 있을 겁니다.

여러분은 이제 조금만 더 학습하면 도면을 읽어낼 수 있다는 것에 재미를 느낄 수 있습니다.

7.4 사례 연습(2) 부품 도면의 이해

다음 그림 7.9에서 도시하는 부품 도면(부품도)을 이해할 수 있을까?

보충설명

▶ 그림 7.9에서 도시하는 부품 도면은 제3각 투상 방법(제3각법)으로 설계되었고, 제작에 관련된 모든 내용이 기입되어져 있다.

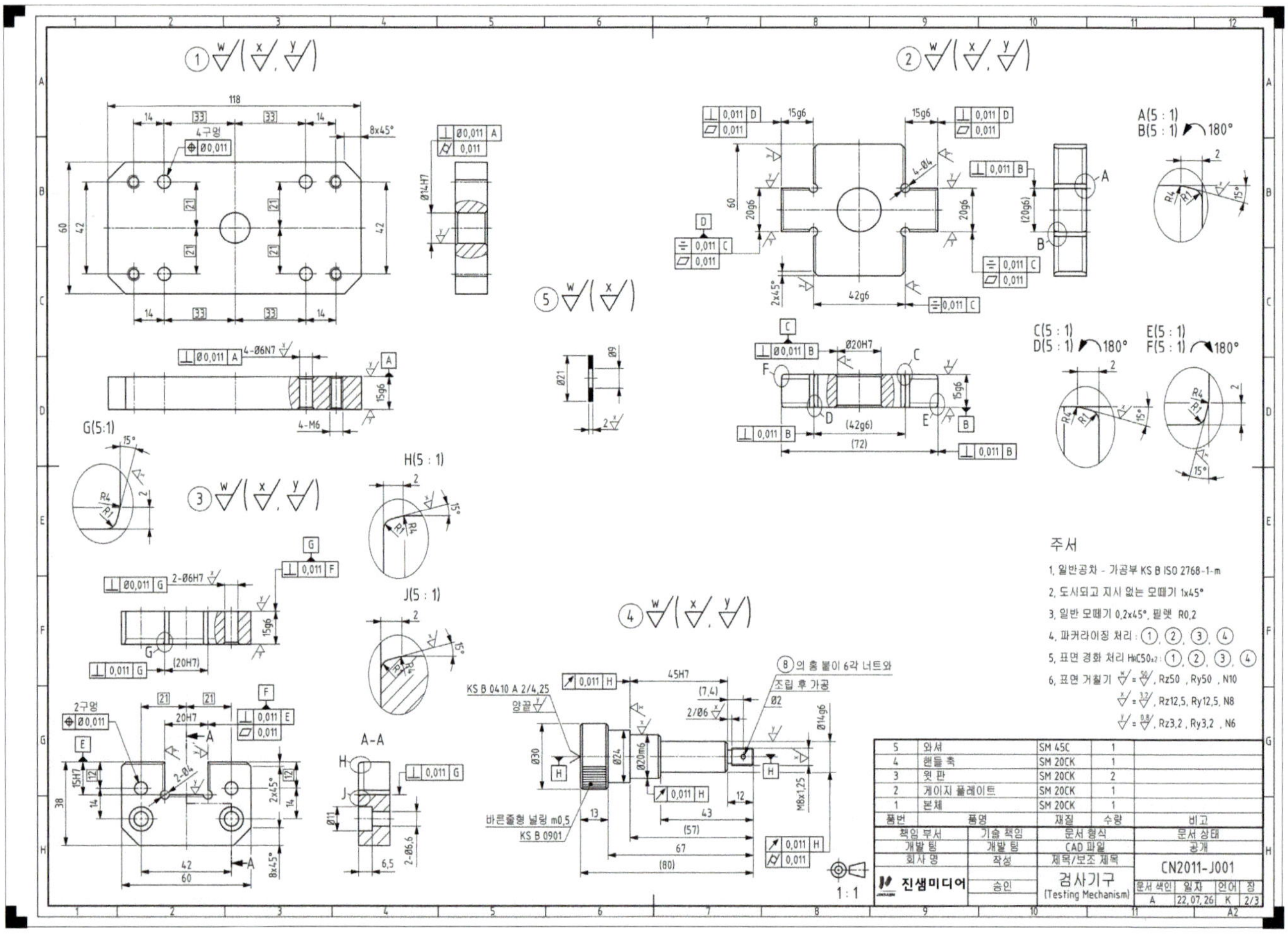

[그림 7.9] 정 투상 방법의 제3각 투상 방법(제3각법)으로 그린 부품 제작도

7.5 사례 연습(3) 부품들의 조립 위치와 분해 순서 이해

도면에서 부품들의 조립 위치와 분해 순서를 이해할 수 있을까?

다음 그림 7.10에서 도시하는 도면은 앞의 그림 7.8과 그림 7.9에서 도시한 각 부품들의 모양, 조립 순서, 분해 순서 등을 쉽게 이해하고 읽어낼 수 있도록 3차원 CAD를 활용한 솔리드 모델링(solid modeling)에 의한 조립과 분해도이다.

보충설명

- 그림 7.10은 지금까지 학습한 등각 투상 방법으로 그린 검사기구(Testing Mechanism)의 조립도 및 분해도이다. 구성요소인 부품목록(partlist, 부품표)도 자세히 기재되어 있다.
- 부품들의 분해와 조립순서를 설명하기 위해 등각 투상 방법이 사용된다.

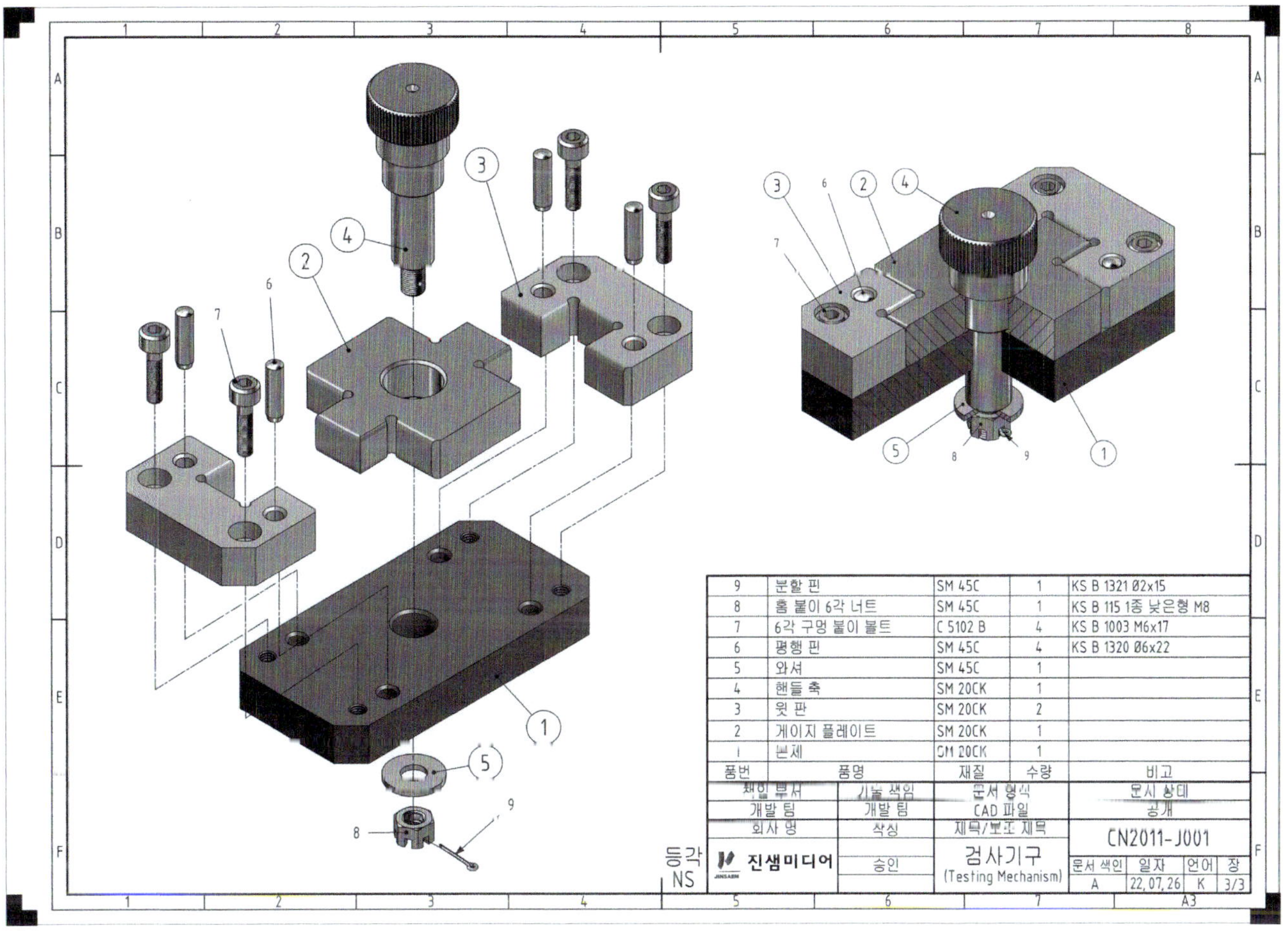

[그림 7.10] 솔리드 모델링(solid modeling)에 의한 조립과 분해 순서를 설명하는 렌더링 등각도

7.6 정 투상도로 등각 투상도 그리기

그러면 정 투상도로 입체적인 도형인 등각 투상도를 손쉽게 그리는 방법이 있을까?

① 백지에 프리핸드 스케치(free hand sketch, 자나 컴퍼스를 쓰지 않고 구도나 형태를 자유롭게 대략적으로 간단하게 그린 그림) 방법으로 그릴 수도 있지만, 여기서는 정해진 방법에 따라 그릴 수 있도록 등각 방안지를 활용해서 손쉽게 연습할 수 있다.

② '도면을 읽는다'는 것은 정 투상 방법으로 그려진 도면을 읽고 해석하여 실물 모양을 머릿속에 떠 올리는 능숙한 상태가 된다는 것으로, 도면에 의한 도형의 실물의 윤곽(실체)을 파악하며 그리는 능력을 갖게 된다는 사실이다. 도면의 이해가 가능해지는 것이다.

③ 정 투상도를 등각 투상도로 그리기 위해서 선과 선, 선과 물체 크기의 관계를 정확하게 이해하고 어떤 순서로 그리는 것이 효율적인지 생각해 보기 위해 다음 그림 7.11을 보면, 정 투상도 A, B, C의 면과 x, y, z의 크기와 등각 투상도 A', B', C'의 면과 x', y', z'의 크기가 같음을 알 수 있다.

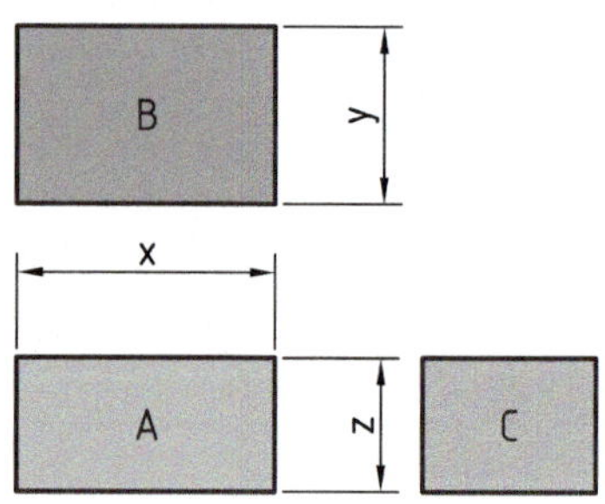

(a) 정 투상도

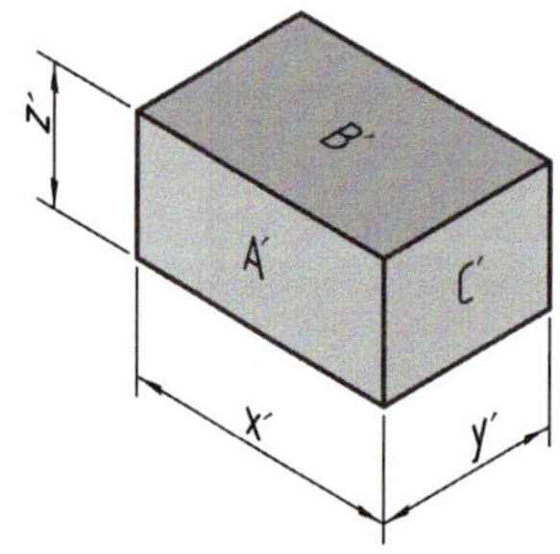

(b) 등각 투상도

[그림 7.11] 정 투상도와 등각 투상도 비교(입체도)

보충설명

어느 정도 정 투상 방법에 의한 투상도와 등각 투상 방법에 의한 입체적 도형에 대해 학습하고 자신감을 얻었나요?

- 입체적 도형을 보고 정 투상도를 그릴 수 있다는 것은 입체적인 모양을 머릿속에 떠 올릴 수 있다는 것을 의미한다.
- 그러나 정확하고, 어느 정도 완전한 도면해독을 위해서는 정 투상도를 보는 순간 곧바로 3차원 입체적 모양을 떠올릴 수 있는 능력을 익혀야만 한다.
- 등각 방안지에 직육면체의 입체적 도형을 그리게 되면 아래 그림 7.12와 같은 등각 투상도가 된다.

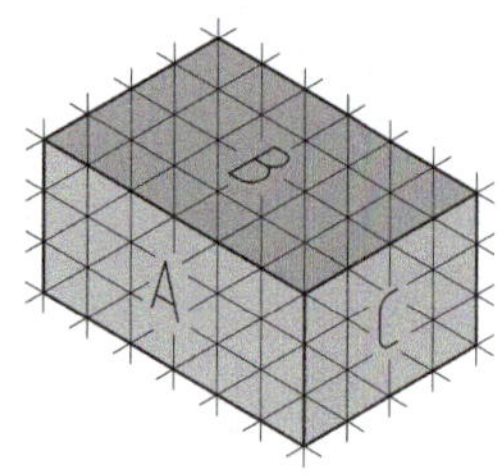

[그림 7.12] 등각 방안지에 그린 직육면체의 등각 투상도

7.7 등각 축 선정과 정면을 그리는 방법

등각 축 선정과 정면을 그리는 방법에 대해 알아보도록 하자.

앞의 7.1절에서 설명한 바와 같이 등각 축 선정은 자세히 보여주고자 하는 중점 부분에 따라 아래 그림 7.13과 같이 'X – Z' 또는 'Y – Z'으로 결정한다.

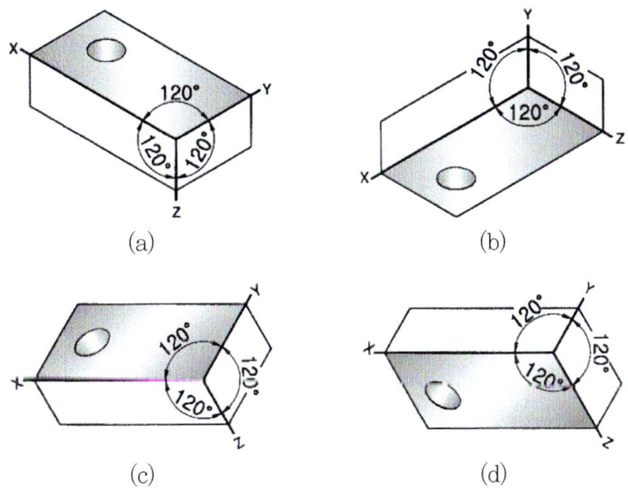

[그림 7.13] 여러 가지 등각 축 선정

위 그림 7.13과 같이, 3축의 기준 꼭짓점은 등각 투상도로 물체의 보여주고자 하는 부분의 특징에 따라 위치시켜 그릴 수 있으므로 다양한 자세로(위치에서) 등각 투상도를 그릴 수 있다.

보충설명

▶ 등각 축 선정은 물체의 보여주고자 하는 부분의 위치에 따라 다양하게 결정(선택)할 수 있다.

7.8 직육면체에서 변화가 생길 때의 그리기 순서

보충설명

직육면체에서 변화가 생길 때는 어떤 순서로 그리면 될까?

아래 그림 7.14의 정 투상도와 같이, 가공되어 제작된 최종 기계 부품(제작품, 완성품)들은 재료를 마련하여 가공하기 쉬운 순서로 다듬어가는 과정을 거치게 된다.

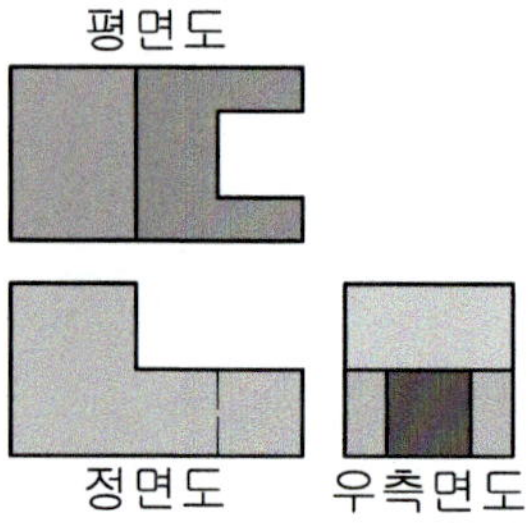

[그림 7.14] 정 투상도(기계 부품)

그림 7.15와 같은 직육면체의 재료를 입체적 도형인 등각 투상도로 마련하여 금 긋기(marking)를 하고 떼어내는 순서를 설명하고자 한다.

① 직육면체의 재료를 마련하고 정면도, 우측면도, 평면도의 순서로 금 긋기를 한다.

▶ 등각 투상도로 재료를 마련하고 등각 투상도의 정면, 우측면, 평면에 차례로 금 긋기를 한다.

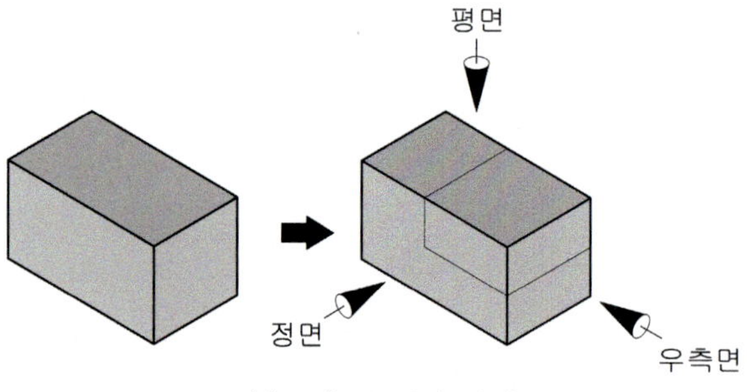

(a) 1차 금 긋기 작업

② 금 긋기 부위를 가공했다고 가정하고 필요없는 부위(부분)를 떼어낸다.

▶ 특징적인 부분을 먼저 떼어내는 것이 중요하다.

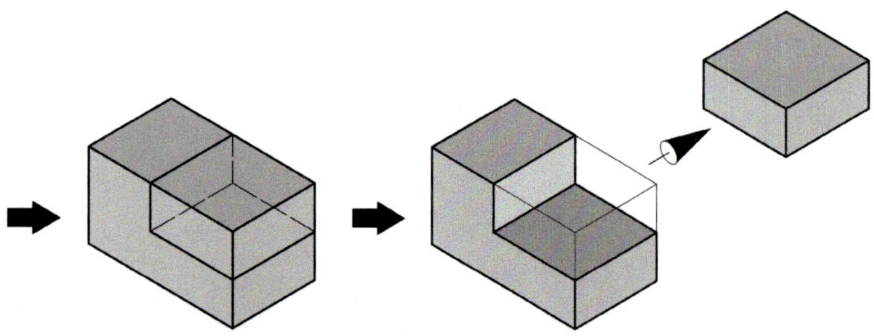

(b) 1차 가공후 필요없는 부위를 떼어내는 작업

③ 오른쪽 면에 평면도, 측면도(우측면도)에 의해 금 긋기를 하고 정면도의 숨은선은 보이지 않으므로 참고로 한다.

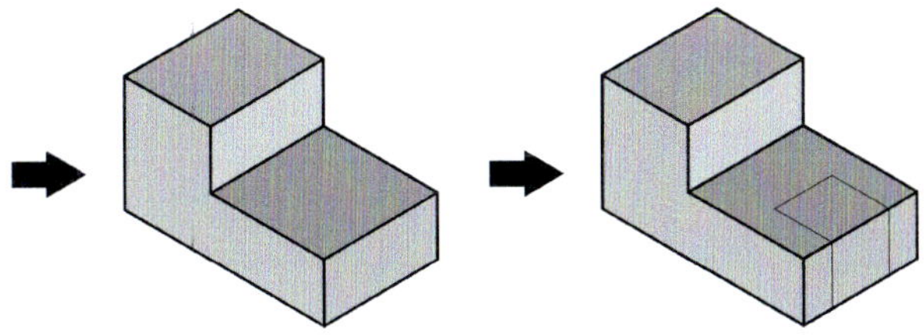

(c) 2차 금 긋기 작업

④ 홈의 금 긋기 부위를 가공했다고 가정하고 나머지 필요없는 부위를 떼어낸다. 그러면 원하는 기계 부품이 완성된다. 향후 용도에 따라 부품(제품)의 품질을 좋게하기 위해 표면처리(표면다듬질, 도금, 도장 등), 열처리 등으로 후가공(공정) 작업을 하면 된다.

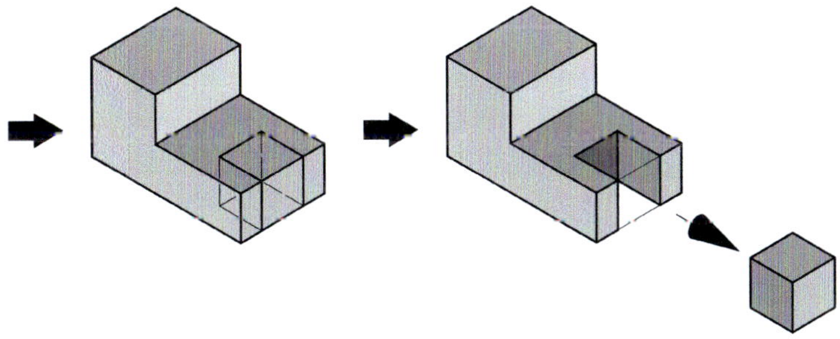

(d) 2차 가공후 필요없는 부위를 떼어내는 작업

[그림 7.15] 등각 투상도 그리는 순서

아래 그림 7.17의 정 투상도를 보고 그림 7.18에 주어진 등각 방안지를 활용해 등각 투상도를 그리시오. 단, 정 투상도와 등각 방안지의 한 눈금 크기는 같다.

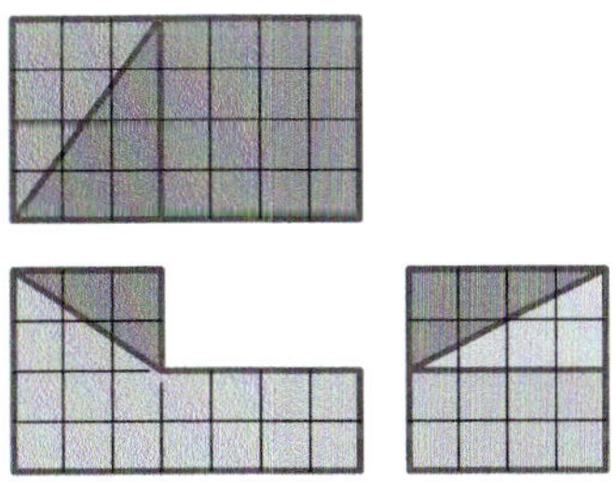

[그림 7.17] 정 투상도

[그림 7.18] 등각 투상도용 방안지

보충설명

▶ 앞에서와 같이 떼어내고 남은 부분을 평면, 측면(우측면), 보이지 않는 정면의 숨은선을 보고 선 긋기(또는 금 긋기라고도 함)를 하여 떼어낸다.

▶ 등각 방안지를 이용해 그리게 되면 아래 그림 7.16과 같이 등각 투상도가 완성된다.

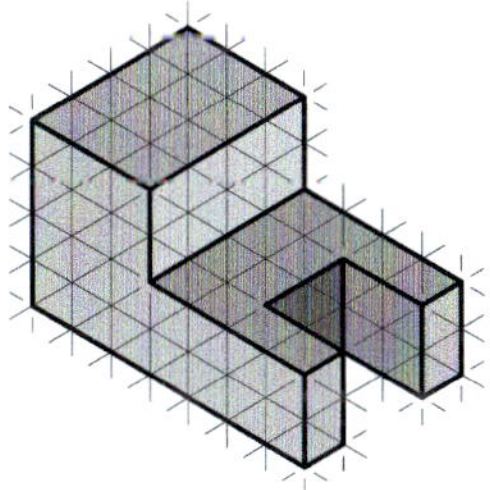

[그림 7.16] 완성된 등각 투상도

▶ 그림 7.17의 정면도에서 본 「ㄴ」자형을 만든 후 정면, 평면, 측면(우측면)의 순서로 금 긋기를 한 후 모서리를 제거하면 아래 그림 7.19와 같은 등각 투상도가 완성된다.

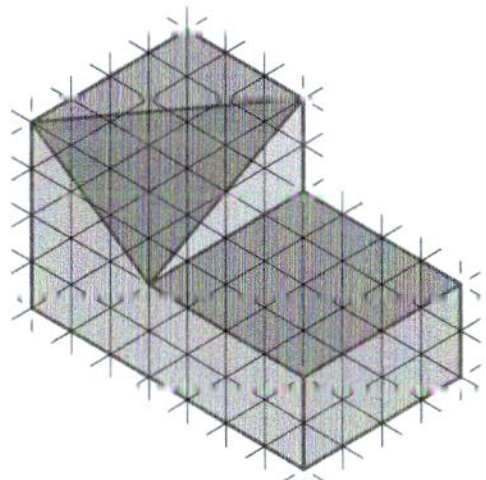

[그림 7.19] 완성된 등각 투상도

7.9 정 투상도에 의한 등각 투상도를 그리는 연습(1)

앞에서 설명하고 학습한 내용과 같은 방법으로 정 투상도에 의해 등각 투상도를 그리는 연습을 해보자.

그림 7.20에서와 같이 한 쪽 모서리 부분이 제거된 정 투상도에 의해 등각 투상도를 순서에 따라 그리는 연습을 해 보자.

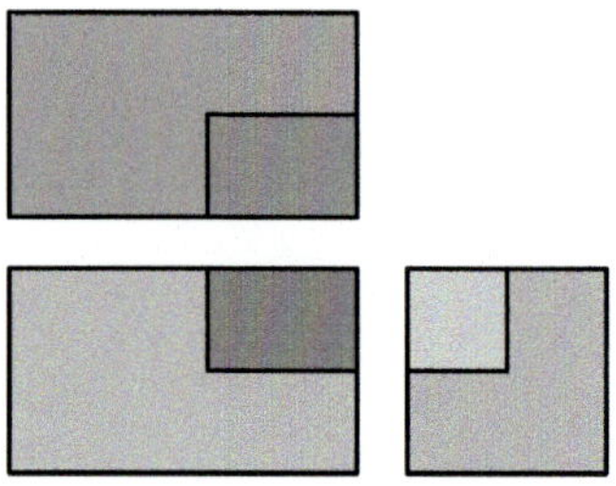

[그림 7.20] 정 투상도

그림 7.21은 앞의 그림 7.15에서 설명한 바와 같이 정면 위치를 설정한 후 직육면체 입체적 도형을 등각 투상도로 그린 후, 금 긋기(marking)를 하고 떼어내는 순서를 설명한다.

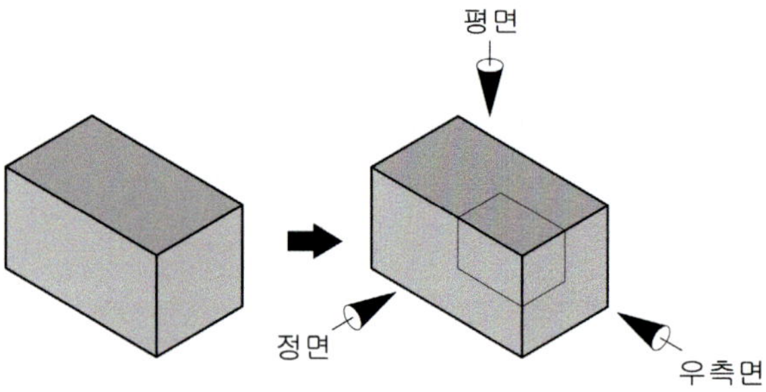

(a) 정면의 위치 설정과 금 긋기

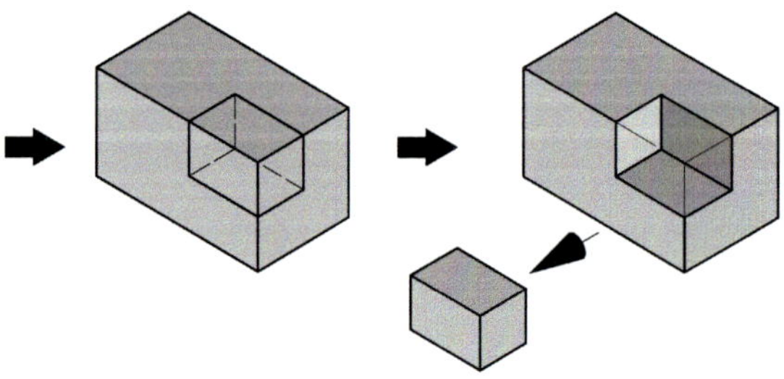

(b) 절단과 분리하기

[그림 7.21] 등각 투상도 그리는 순서

보충설명

▶ 그림 7.21의 완성된 입체 도형을 등각 방안지에 그리면 다음 그림 7.22와 같다.

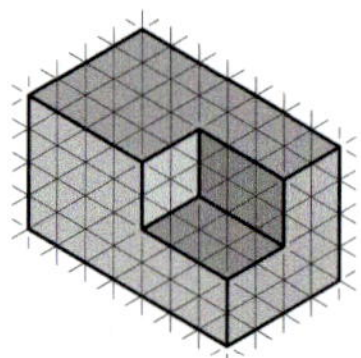

[그림 7.22] 완성된 등각 투상도

아래 그림 7.23의 정 투상도를 보고 그림 7.24에 주어진 등각 방안지를 활용해 등각 투상도를 그리시오. 단, 정 투상도와 등각 방안지의 한 눈금 크기는 같다.

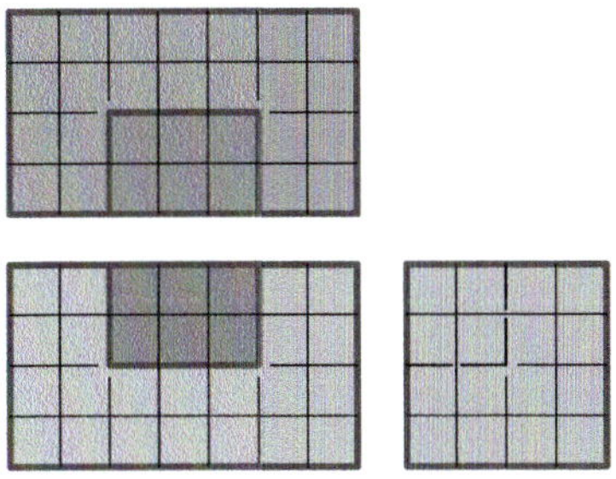

[그림 7.23] 정 투상도

[그림 7.24] 등각 투상도용 방안지

보충설명

▶ 왼쪽 그림 7.23을 정 투상도에 의해 그려진 등각 투상도는 아래 그림 7.25와 같다.

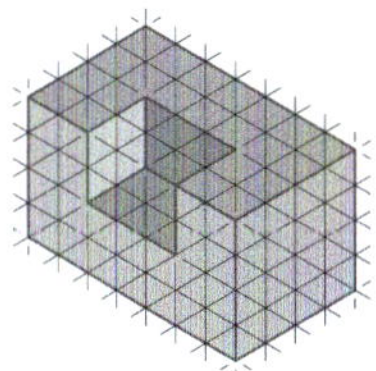

[그림 7.25] 완성된 등각 투상도

7.10 정 투상도에 의한 등각 투상도를 그리는 연습(2)

또, 앞의 7.9절에서 학습한 내용과 같은 방법으로 정 투상도에 의해 등각 투상도를 그리는 연습을 해볼까요?

그림 7.26에서와 같이 단(段)이 지면서 경사면이 있는 정 투상도에 의해 등각 투상도를 순서에 따라 그리는 복습과 연습을 해 보도록 하자.

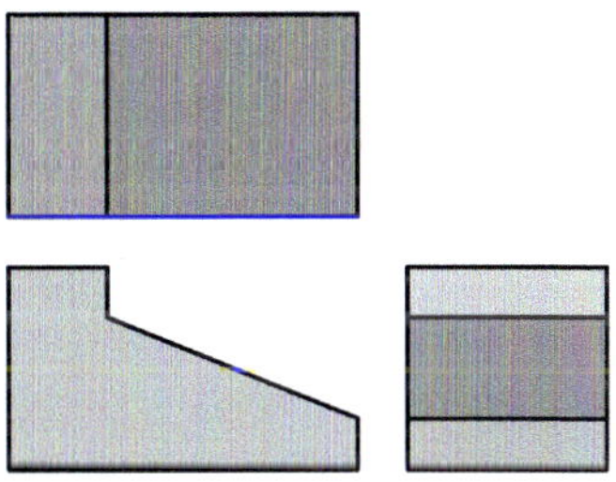

[그림 7.26] 정 투상도

그림 7.27은 앞의 그림 7.26에서 설명한 바와 같이 정면 위치를 설정한 후 직육면체 입체적 도형을 등각 투상도로 그린 후, 금 긋기(marking)를 하고 떼어내는 순서를 설명한다.

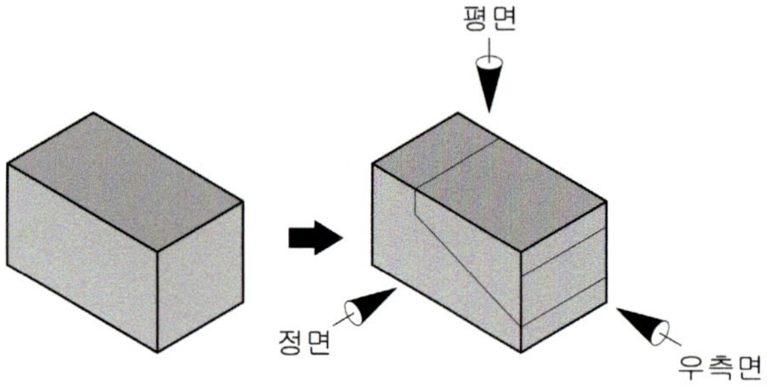

(a) 정면의 위치 설정과 금 긋기

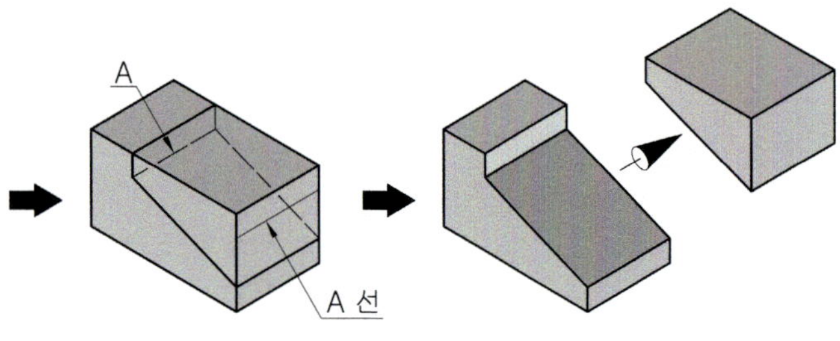

(b) 절단과 분리하기

[그림 7.27] 등각 투상도 그리는 순서

아래 그림 7.29의 정 투상도를 보고 그림 7.30에 주어진 등각 방안지를 활용해 등각 투상도를 그리시오. 단, 정 투상도와 등각 방안지의 한 눈금 크기는 같다.

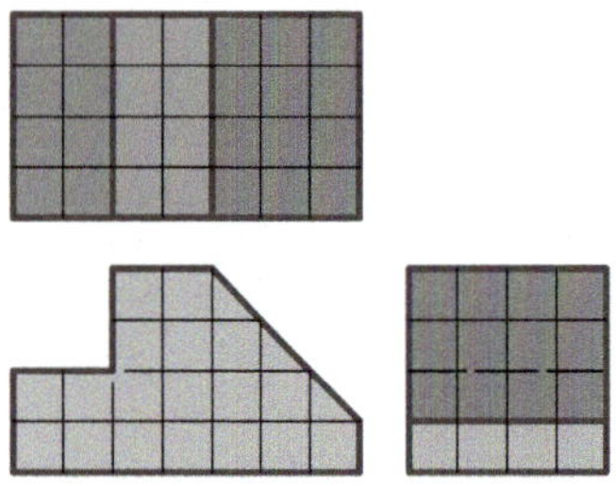

[그림 7.29] 정 투상도

[그림 7.30] 등각 투상도용 방안지

보충설명

▶ 왼쪽 그림 7.27의 완성품(제작품)을 등각 방안지에 그리면 다음 그림 7.28과 같다.

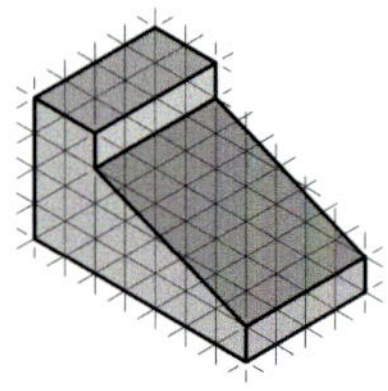

[그림 7.28] 완성된 등각 투상도

▶ 왼쪽 그림 7.29를 정 투상도에 의해 그려진 등각 투상도는 아래 그림 7.31과 같다.

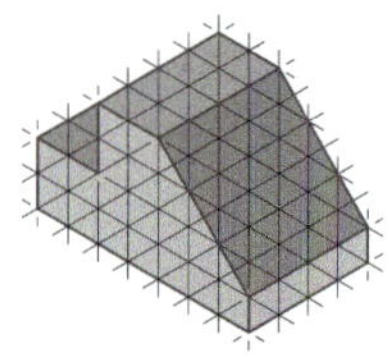

[그림 7.31] 완성된 등각 투상도

7.11 정 투상도에 의한 등각 투상도 그리는 연습(3)

보충설명

이번에는 직육면체 모서리의 삼각 추 모양을 제거한 정 투상도에 의해 등각 투상도를 그리는 연습을 해볼까요?

아래의 그림 7.32의 정 투상도와 같이 모서리 모양을 특이하게(3각형 모양으로) 제거한 정 투상도의 외형선과 같이 금 긋기를 하여 등각 투상도를 그려야 한다.

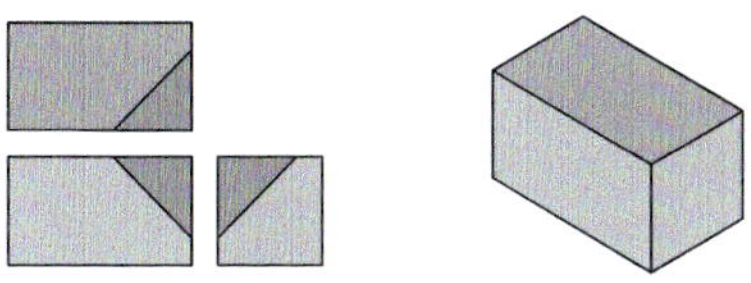

[그림 7.32] 정 투상도와 직육면체의 재료 마련

그림 7.33과 같이 직육면체의 해당하는 면인 정면, 평면, 측면(우측면)의 순서로 정 투상도의 외형선을 그대로 따라서 금 긋기를 하고, 잔 선을 제거하면 모서리 부분을 제거한 것으로서, 굵은 실선으로 그어 완성하면 모서리가 제거된 등각 투상도가 된다.

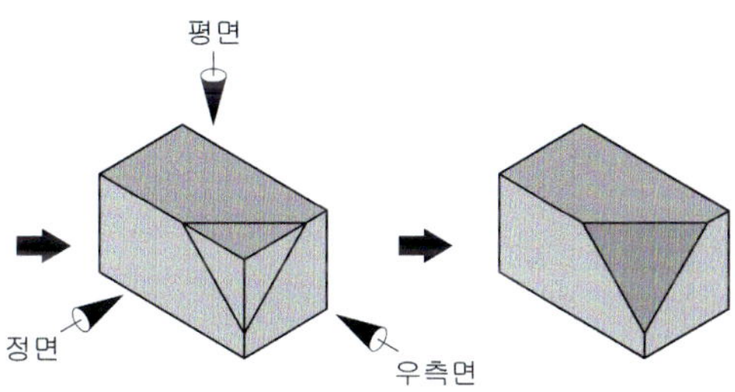

[그림 7.33] 등각 투상도 그리는 순서

▶ 왼쪽의 그림 7.33을 등각 방안지에 그리면 다음 그림 7.34와 같다.

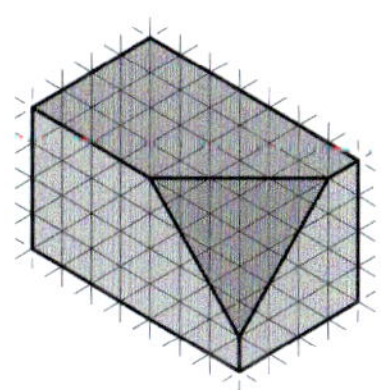

[그림 7.34] 완성된 등각 투상도

아래 그림 7.35의 정 투상도를 보고 그림 7.36에 주어진 등각 방안지를 활용해 등각 투상도를 그리되, 정 투상도와 등각 방안지의 한 눈금 크기는 같도록 한다.

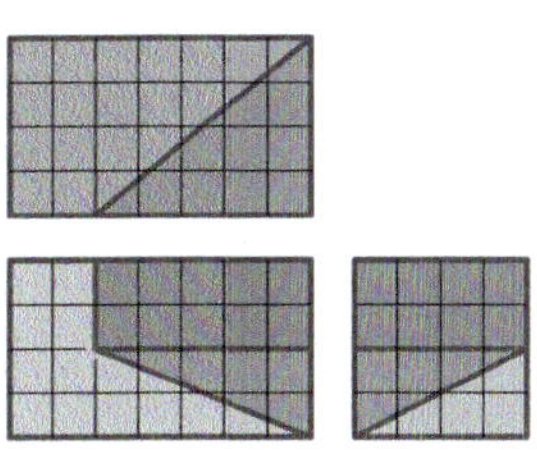

[그림 7.35] 정 투상도

[그림 7.36] 등각 투상도용 방안지

▶ 왼쪽 그림 7.35를 정 투상도에 의해 그려진 등각 투상도는 아래 그림 7.37이다.

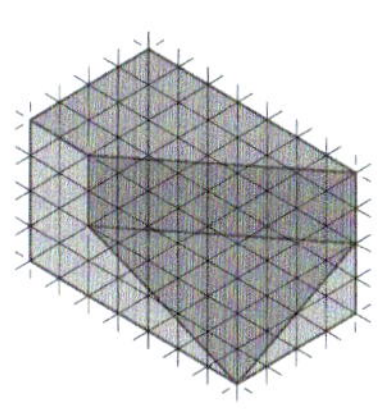

[그림 7.37] 완성된 등각 투상도

7.12 정 투상도에 의한 등각 투상도 그리는 연습(4)

이제는, 조금 더 복잡한 모양의 등각 투상도를 그려 볼까요?

다음 그림 7.38은 정 투상도에 의한 기본적 3면도의 배열이다.

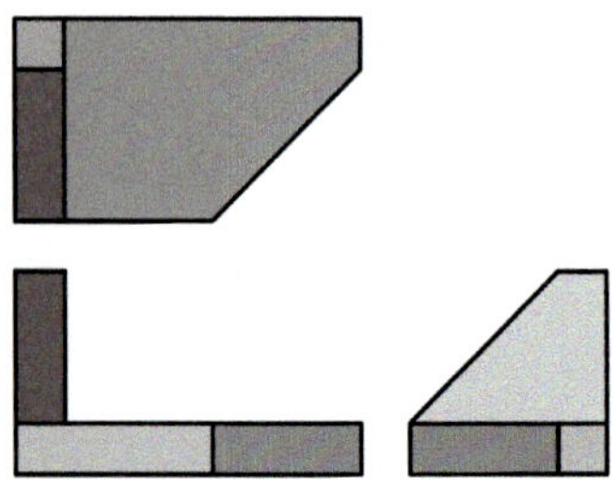

[그림 7.38] 정 투상도

앞에서 학습하고 훈련한 방법으로 조금 더 복잡한 모양의 등각 투상도를 연습해 보면, 다음 그림 7.39에 도시한 순서대로 하면 된다.

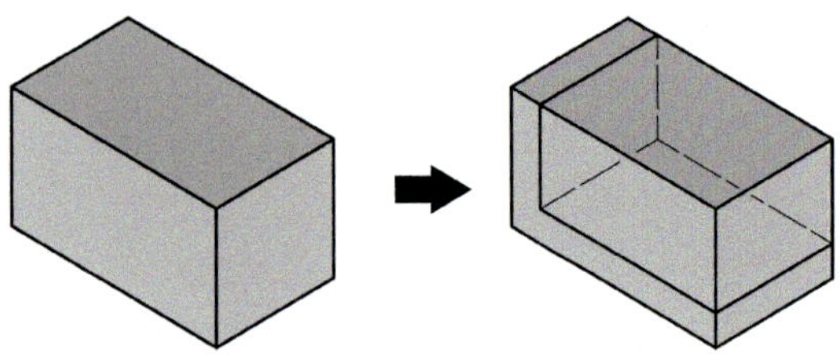

(a) 살을 깎아 벽을 만든다

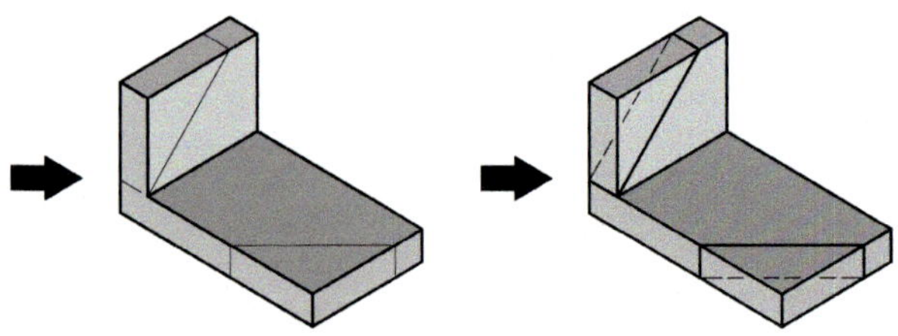

(b) 자를 부위에 금을 긋는다(금 긋기)

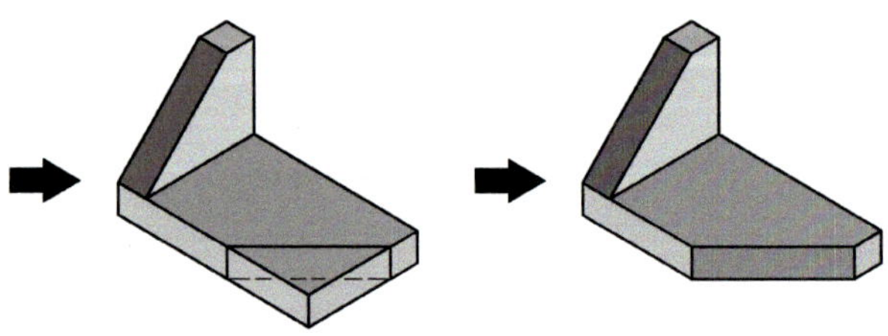

(c) 자르고(절단) 분리한다

[그림 7.39] 등각 투상도 그리는 순서

보충설명

▶ 왼쪽 그림 7.39를 등각 방안지에 그리면 다음 그림 7.40과 같다.

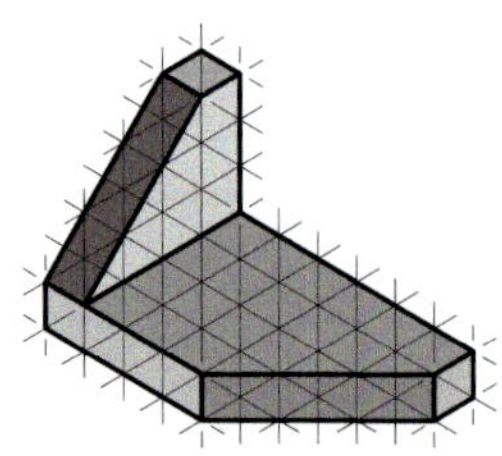

[그림 7.40] 완성된 등각 투상도

이제 그림 7.41의 정 투상도를 보고 그림 7.42에 주어진 등각 방안지를 활용해 등각 투상도를 그리되, 정 투상도와 등각 방안지의 한 눈금 크기는 서로 일치시키도록 한다.

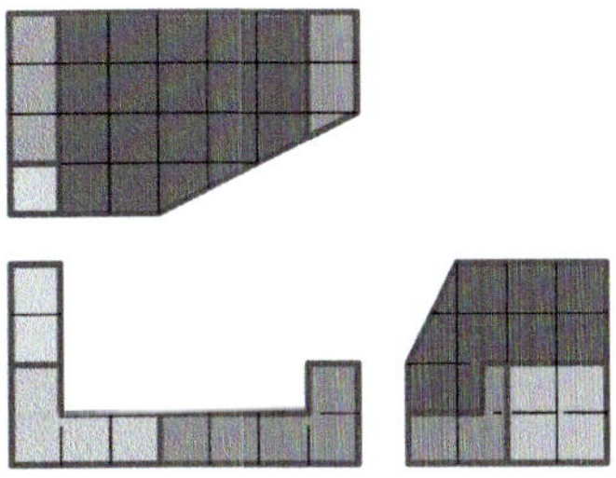

[그림 7.41] 정 투상도

[그림 7.42] 등각 투상도용 방안지

보충설명

▶ 왼쪽 그림 7.41을 정 투상도에 의해 그려진 등각 투상도는 아래 그림 7.43이다.

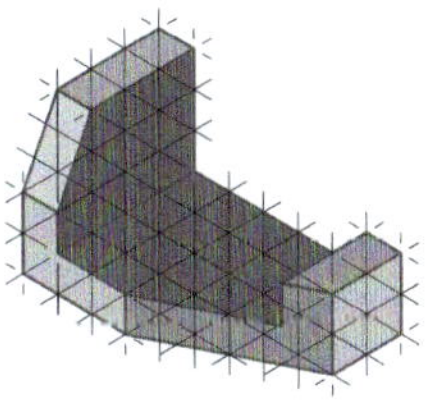

[그림 7.43] 완성된 등각 투상도

7.13 정 투상도에 의한 등각 투상도 그리는 연습(5)

이번에는 해독하기가 복잡한 등각 투상도 연습을 해보도록 하자.

다음 그림 7.44는 정 투상도에 의한 기본적 3면도의 배열이다.

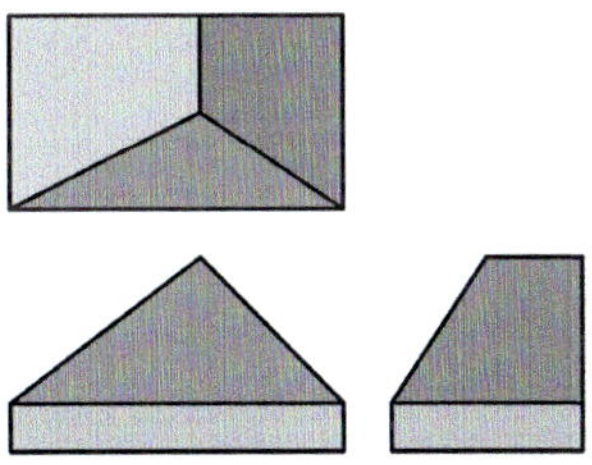

[그림 7.44] 정 투상도

앞에서 학습하고 훈련한 방법에 응용을 함으로써, 해독하기가 복잡한 모양의 등각 투상도를 연습해 본다. 이번에도 다음 그림 7.45에 도시한 순서대로 하면 정확한 등각 투상도를 그릴 수 있다.

① 정면도에서 오른쪽을 제거하기 위한 금 긋기를 한다.

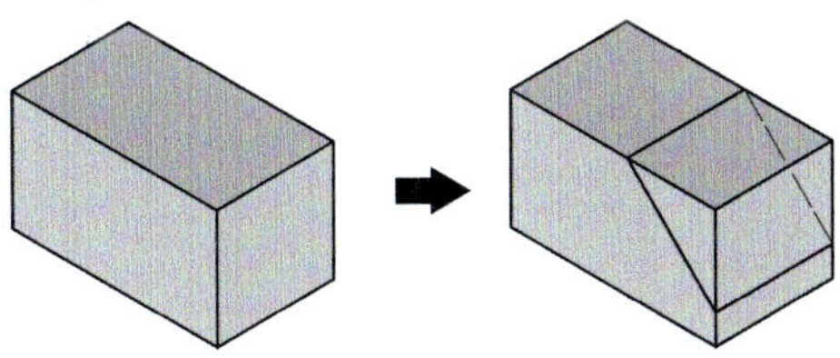

(a) 정면의 위치 설정과 금 긋기

② 정면도에서 왼쪽을 제거하기 위한 금 긋기를 한다.

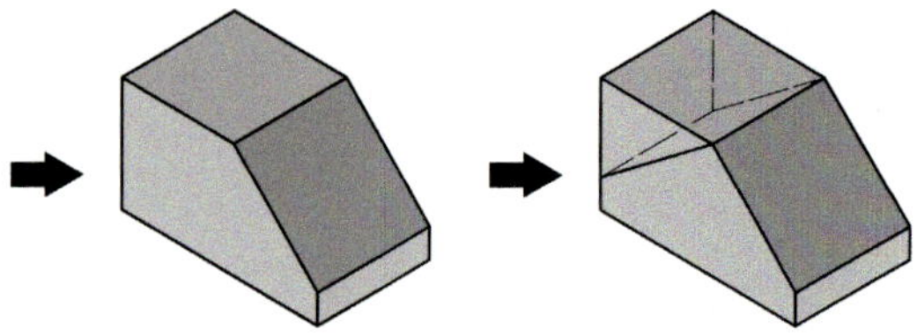

(b) 오른쪽 부위 절단과 왼쪽 부위 금 긋기

③ 측면도에서 정면도의 앞쪽 부분을 제거하기 위한 금 긋기를 한다.

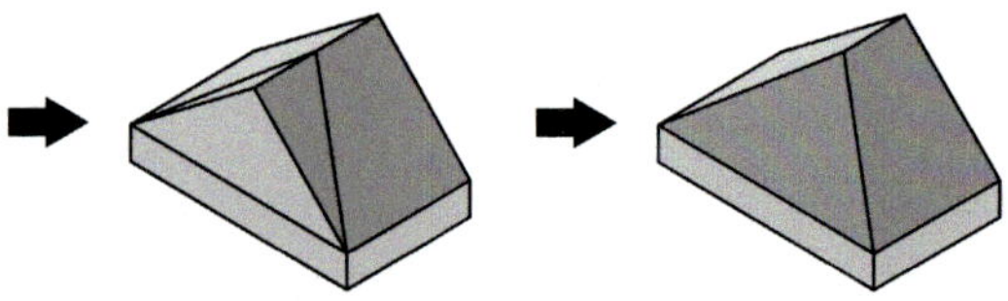

(c) 정면도 앞 부위 금 긋기와 절단

[그림 7.45] 등각 투상도 그리는 순서

아래 그림 7.47의 정 투상도를 보고 그림 7.48에 주어진 등각 방안지를 활용해 등각 투상도를 그리되, 정 투상도와 등각 방안지의 한 눈금 크기는 서로 일치시키도록 한다.

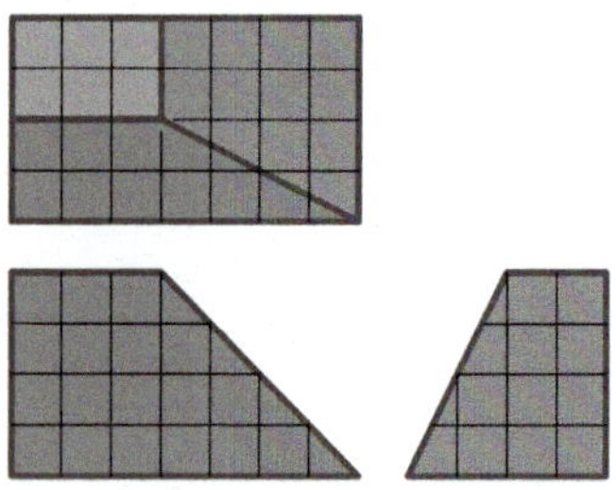

[그림 7.47] 정 투상도

[그림 7.48] 등각 투상도용 방안지

보충설명

▶ 왼쪽 그림 7.45를 등각 방안지에 그리면 다음 그림 7.46과 같다.

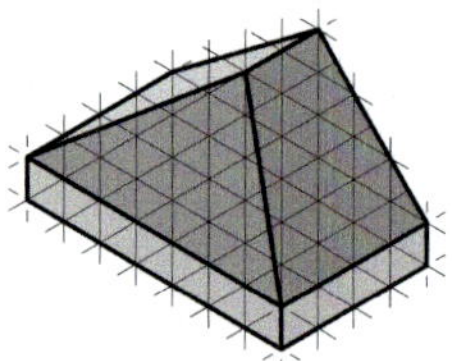

[그림 7.46] 완성된 등각 투상도

▶ 왼쪽 그림 7.47을 정 투상도에 의해 그려진 등각 투상도는 아래 그림 7.49이다. 뒷면의 모양이 기울어져 보이는 것은 착시 현상 때문이다.

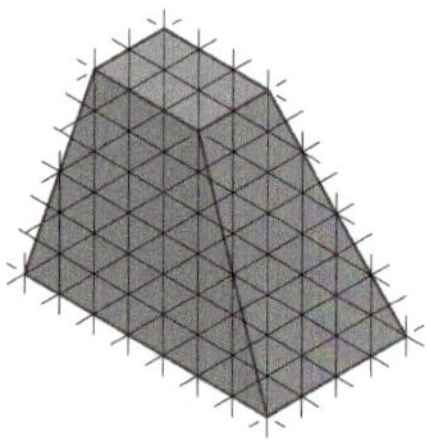

[그림 7.49] 완성된 등각 투상도

7.14 정 투상도에 의한 등각 투상도 그리는 연습(6)

이번에도 해독하기가 복잡한 등각 투상도 연습을 해보도록 하자.

다음 그림 7.50은 정 투상도에 의한 기본적 3면도의 배열이다.

도시된 정 투상도를 보고 그림 7.51에 주어진 등각 방안지를 활용해 등각 투상도를 그리되, 정 투상도와 등각 방안지의 한 눈금 크기는 서로 일치시키도록 한다.

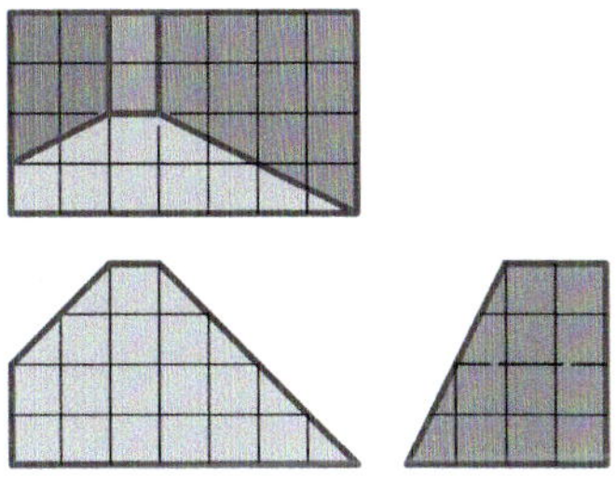

[그림 7.50] 정 투상도

[그림 7.51] 등각 투상도용 방안지

보충설명

▶ 왼쪽 그림 7.50을 정 투상도에 의해 그려진 등각 투상도는 아래 그림 7.52이다. 마찬가지로 뒷면의 모양이 기울어져 보이는 것은 착시 현상 때문이다.

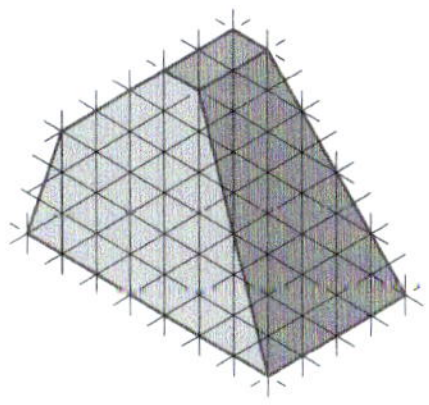

[그림 7.52] 완성된 등각 투상도

7.15 정 투상도에 의한 등각 투상도 그리는 연습(7)

마지막으로 이번에도 해독하기가 복잡한 등각 투상도 연습을 해 보도록 하자.

다음 그림 7.53은 정 투상도에 의한 기본적 3면도의 배열이다. 도시된 정 투상도를 보고 그림 7.54에 주어진 등각 방안지를 활용해 등각 투상도를 그리되, 정 투상도와 등각 방안지의 한 눈금 크기는 서로 일치시키도록 한다.

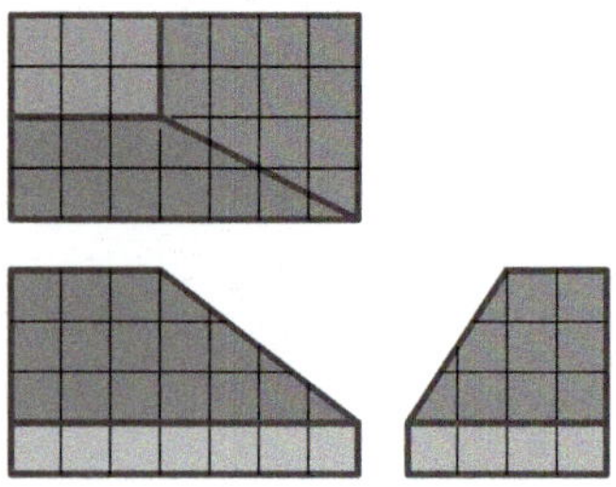

[그림 7.53] 정 투상도

[그림 7.54] 등각 투상도용 방안지

보충설명

▶ 왼쪽 그림 7.53을 정 투상도에 의해 그려진 등각 투상도는 아래 그림 7.55이다. 마찬가지로 뒷면의 모양이 기울어져 보이는 것은 착시 현상 때문이다.

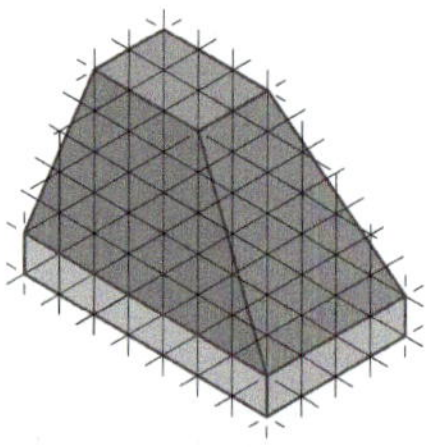

[그림 7.55] 완성된 등각 투상도

연습문제 7

아래 왼쪽 모눈종이 눈금 위에 제3각 투상 방법(제3각법)으로 제도된 정면도, 측면도(우측면도 또는 좌측면도), 평면도로 주어진 정 투상 3면도를 보고, 오른쪽 등각 투상도용 방안지에 등각 투상도를 그리시오. 단, 정 투상도 한 눈금은 등각 투상도 한 눈금 크기이며, 보이지 않는 윤곽은 그리지 않으며 가능한 외형선은 0.7mm, 숨은선은 0.5mm의 샤프펜슬 또는 나무연필로 그으시오.(문제 ①부터 ⑳까지)

AutoCAD로 도면작성(작도)을 하여 프린트(인쇄) 할 때는 외형선의 굵기는 0.2~0.25mm, 숨은선의 굵기는 0.15mm, 가는 실선의 굵기는 0.1mm로 셋팅(setting, 설정)하여 프린트하면 형상의 윤곽, 선의 구분과 보기에도 깔끔하다.

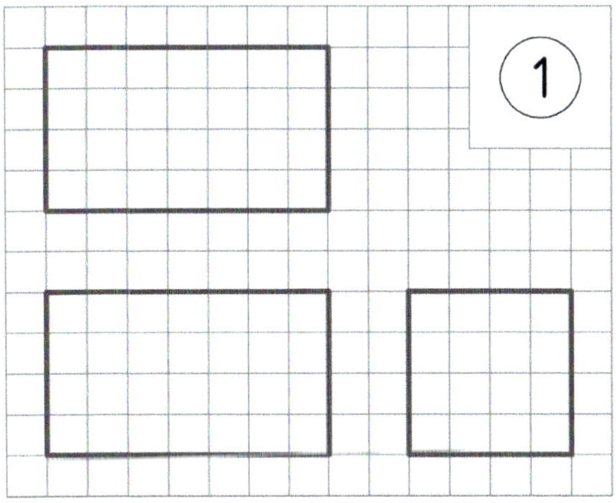

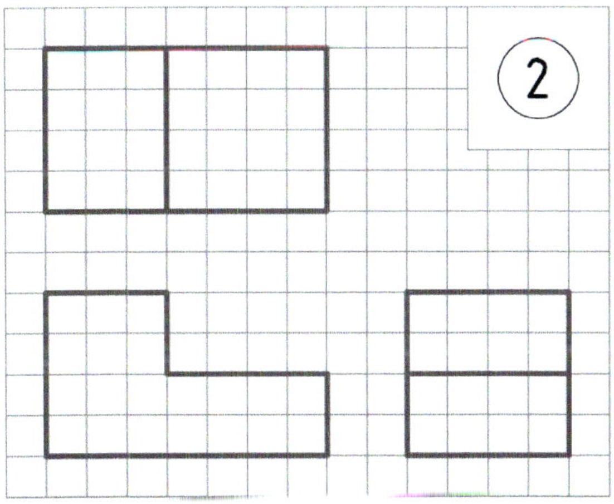

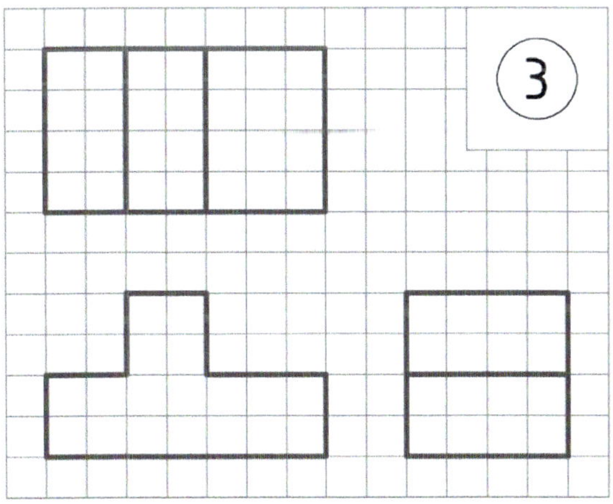

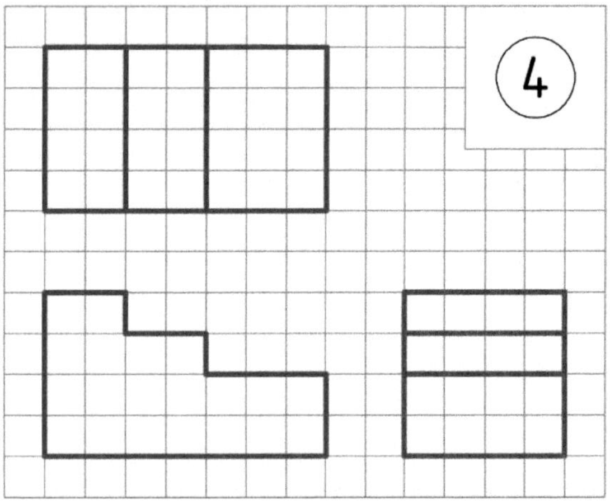
④

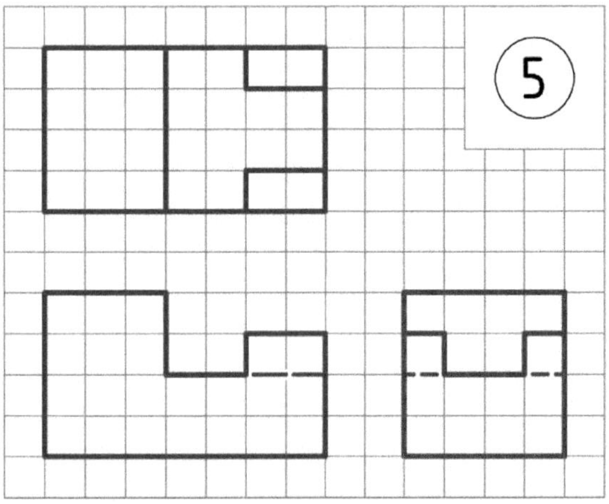
⑤

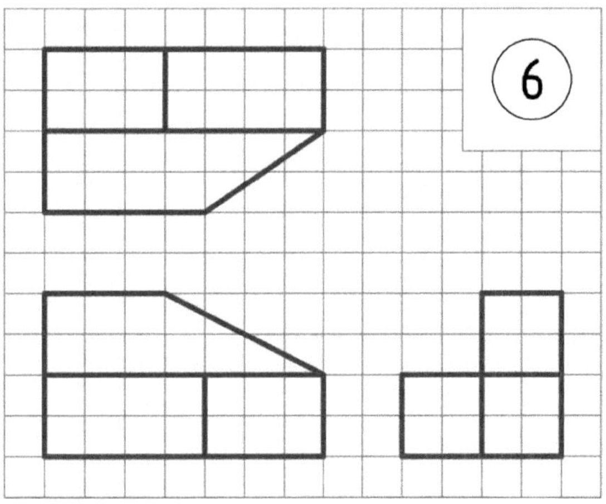
⑥

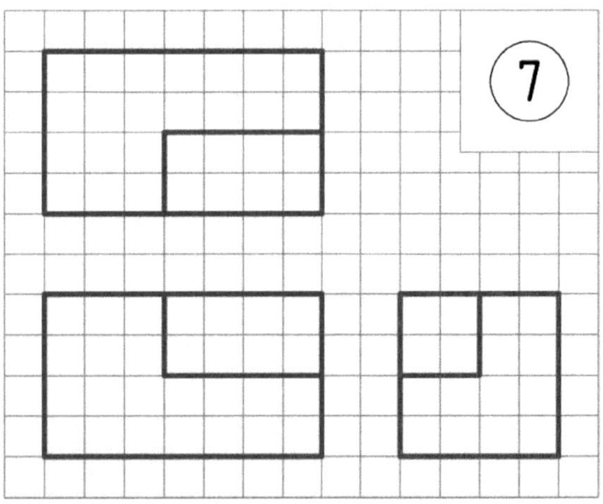
⑦

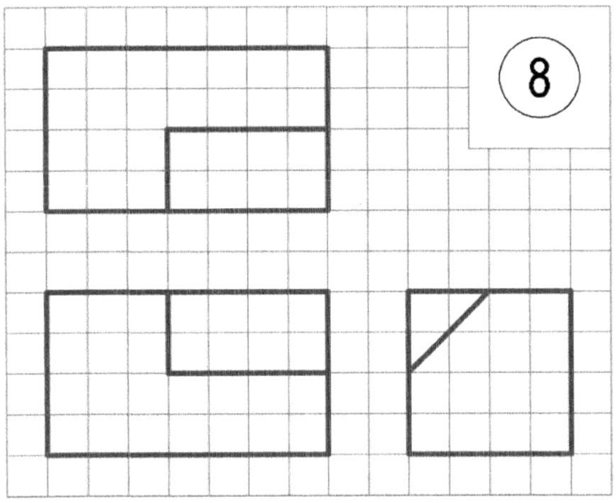
8

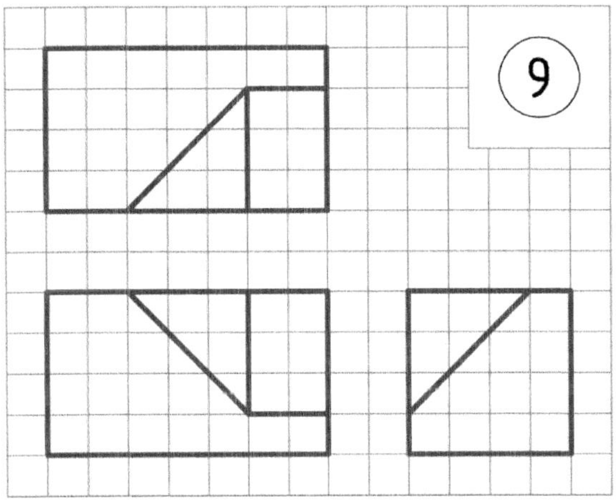
9

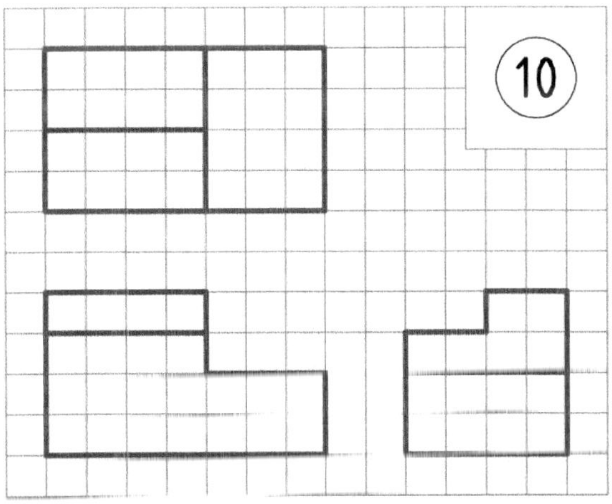
10

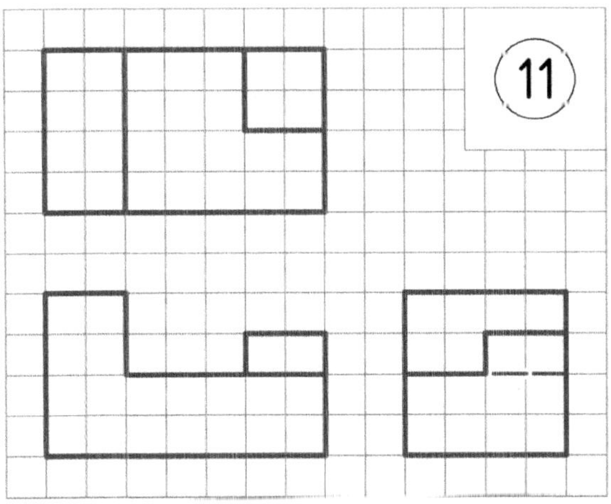
11

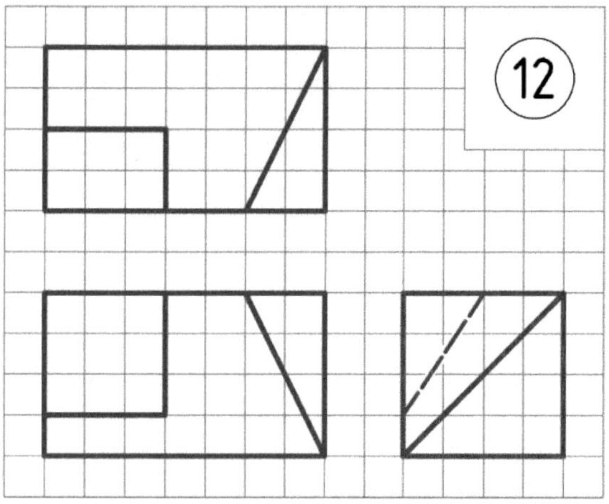
12

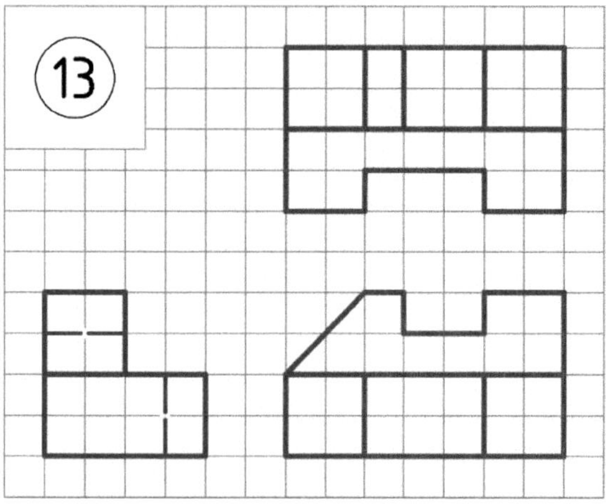
13

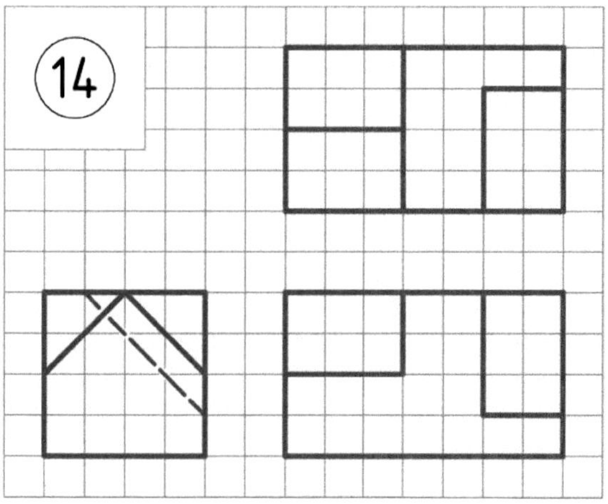
14

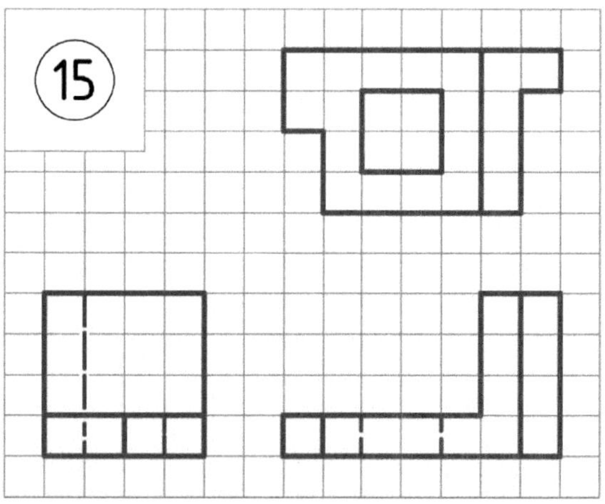
15

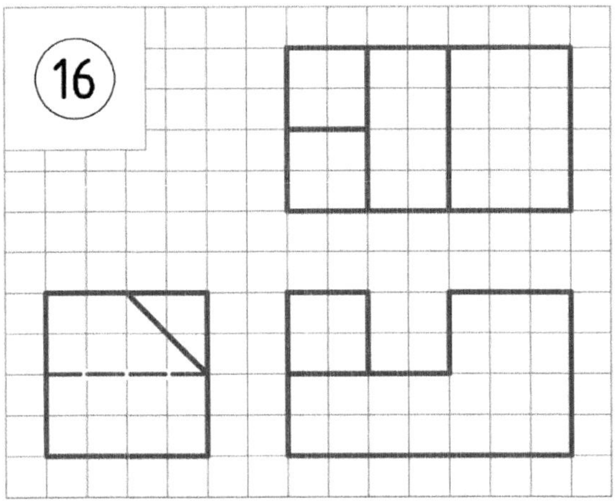
16

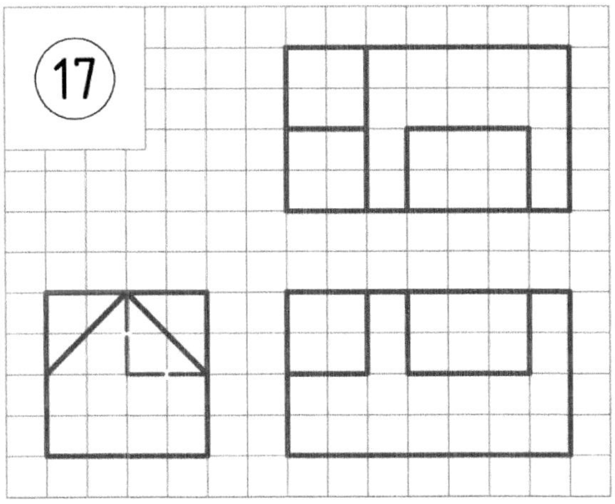
17

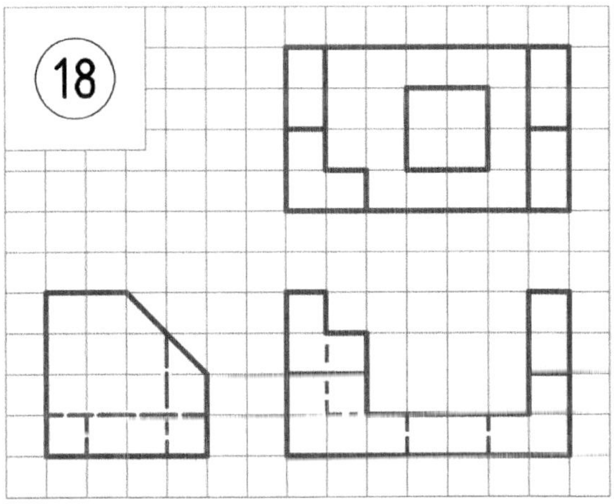
18

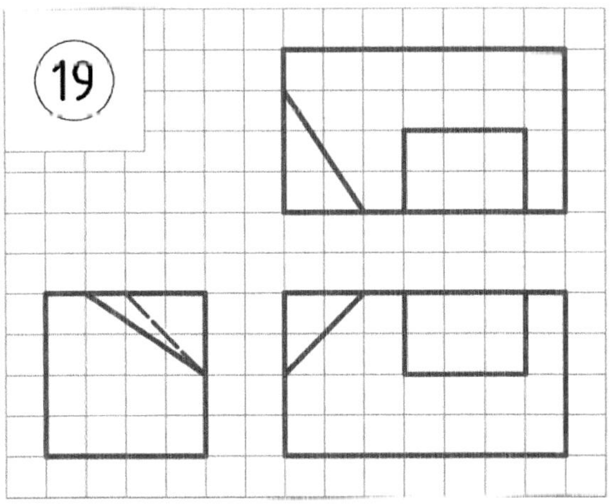
19

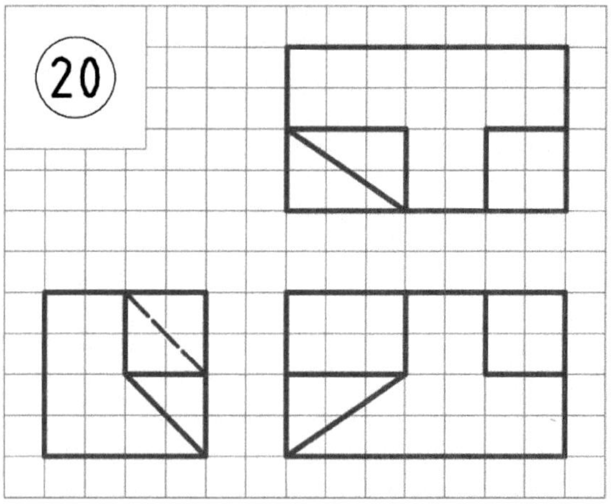
20

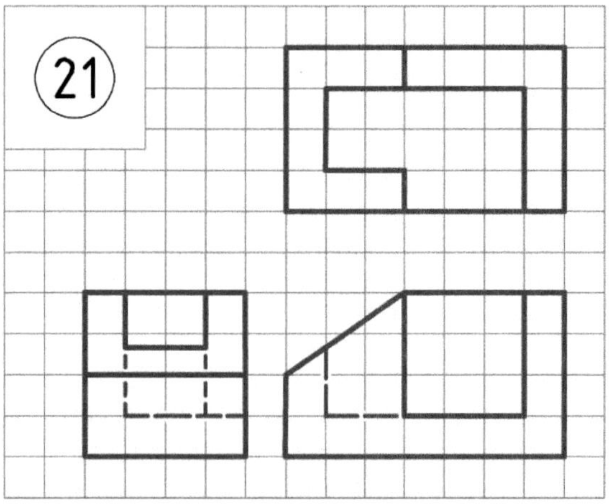
21

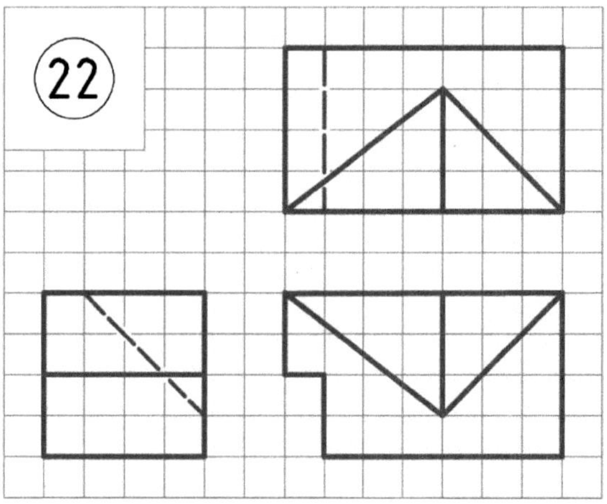
22

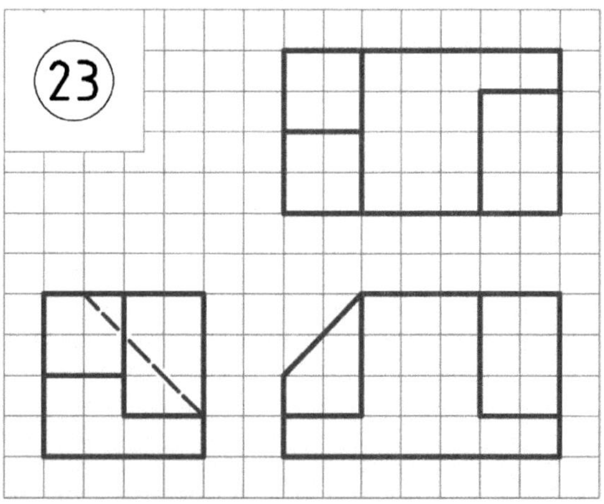
23

24

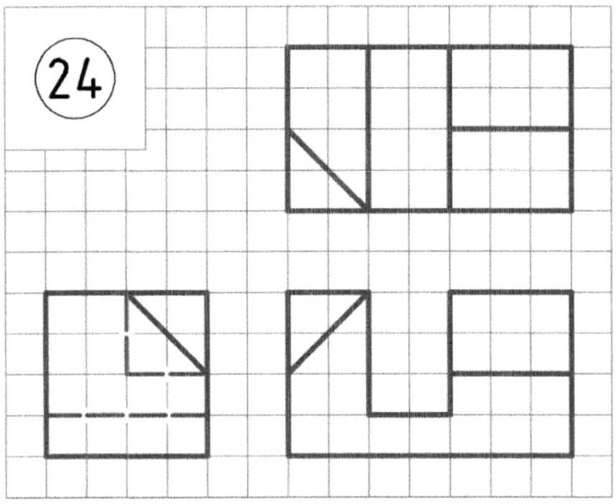

25

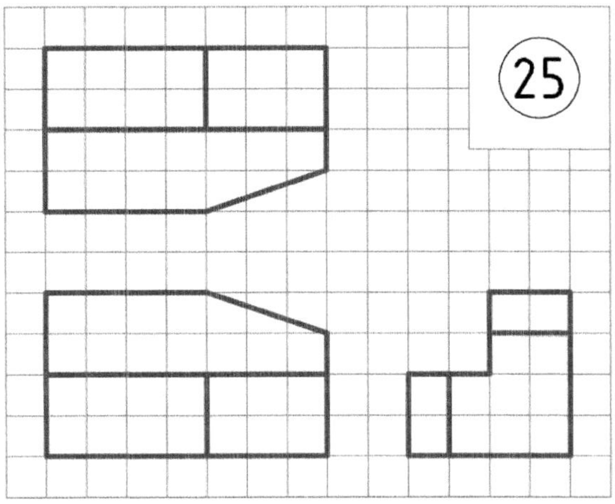

26

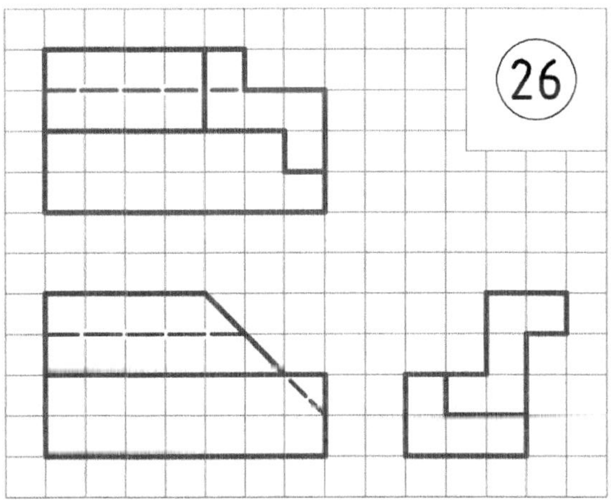

27

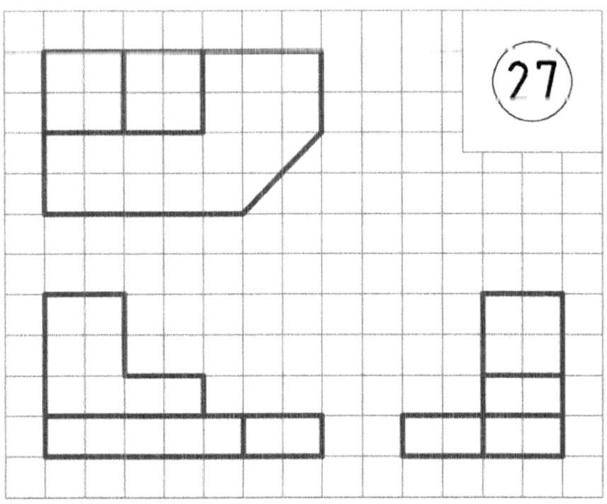

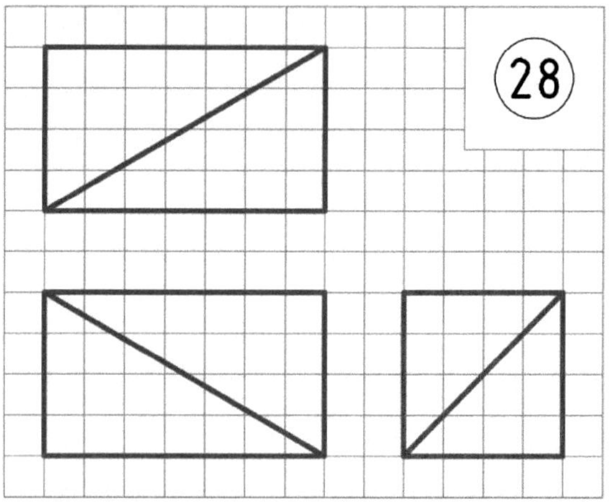
28

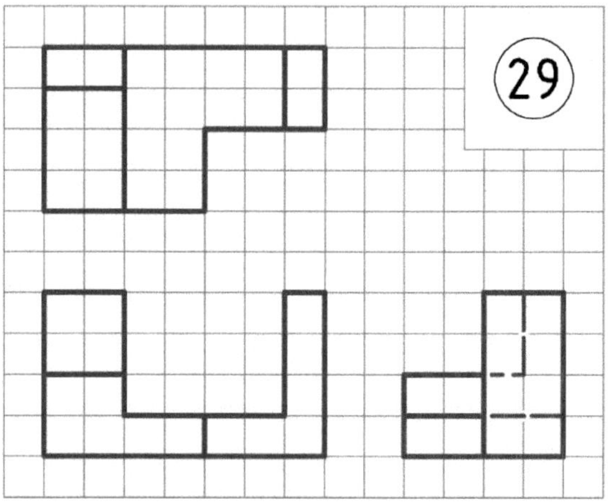
29

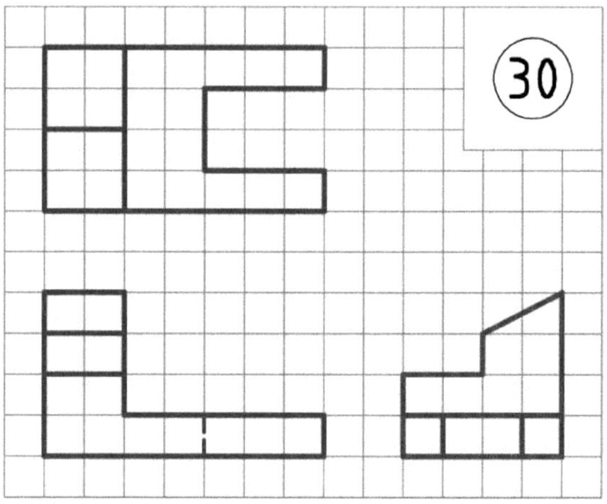
30

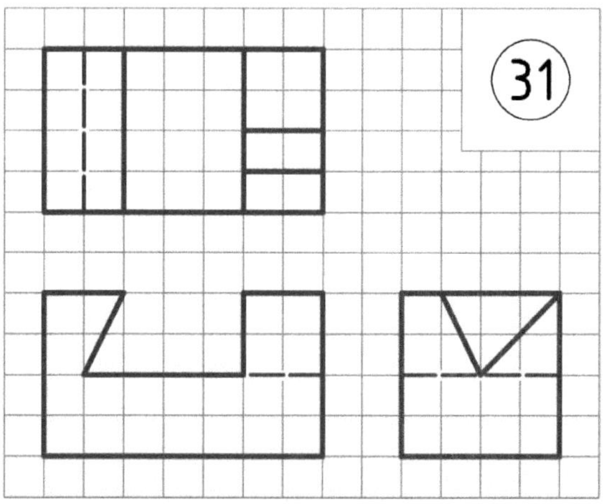
31

32

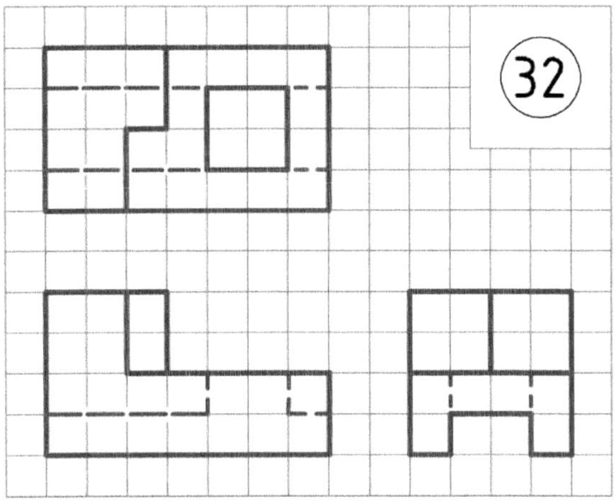

33

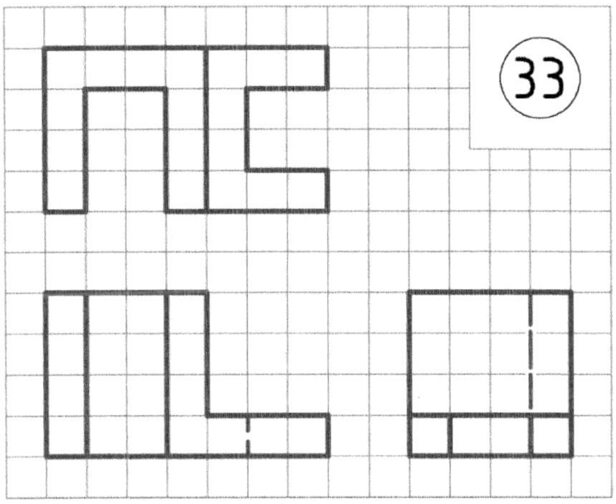

34

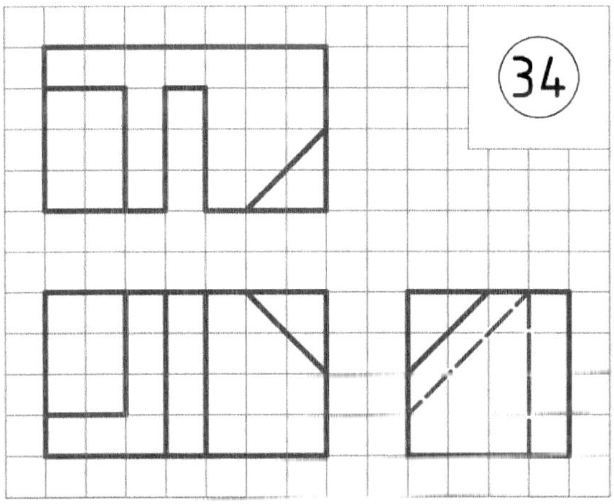

35

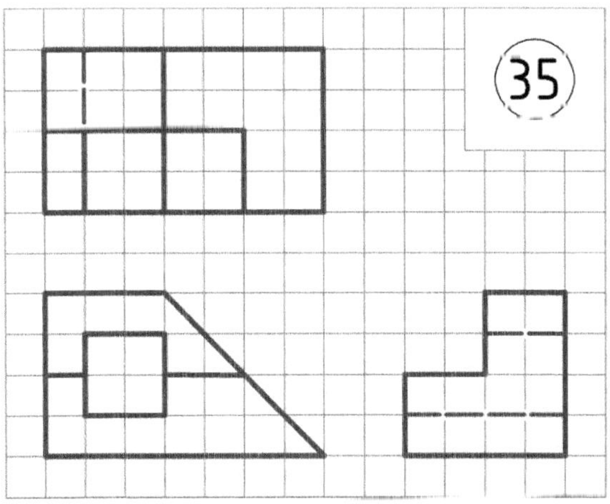

36

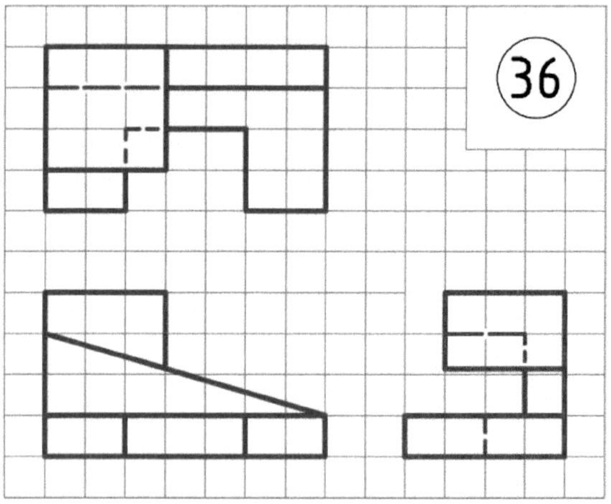

37

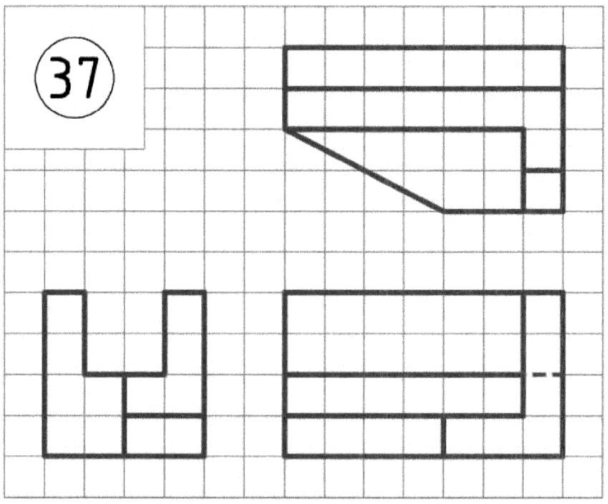

38

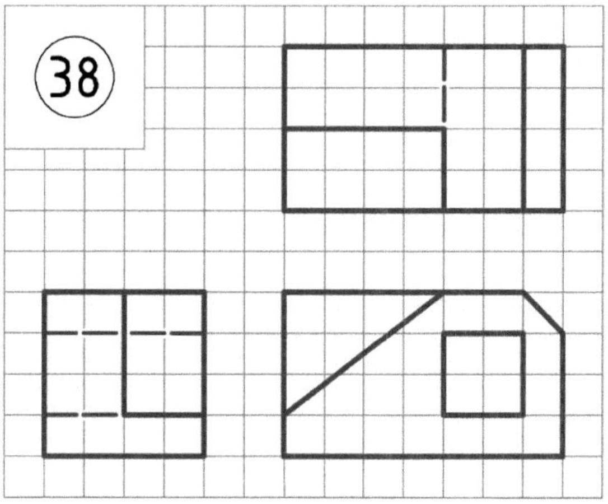

39

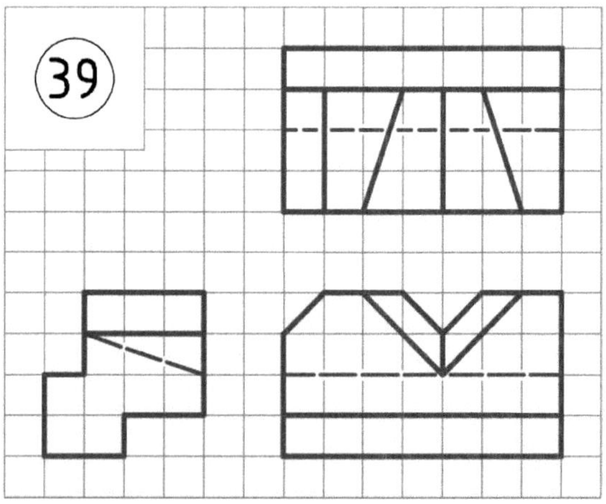

40

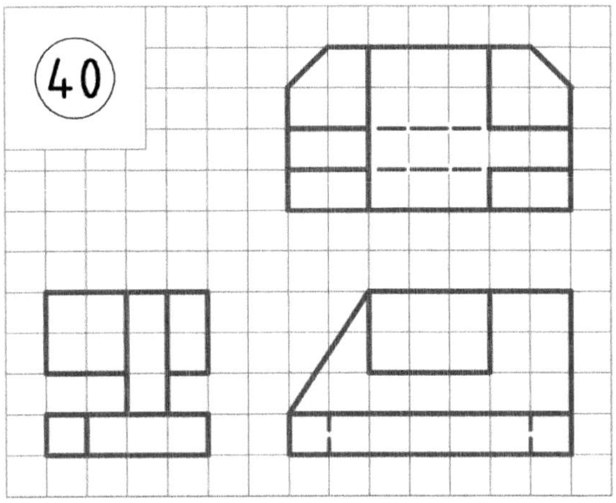

41

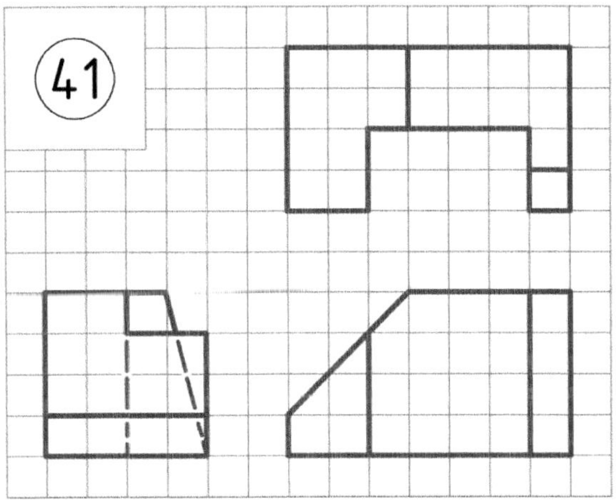

42

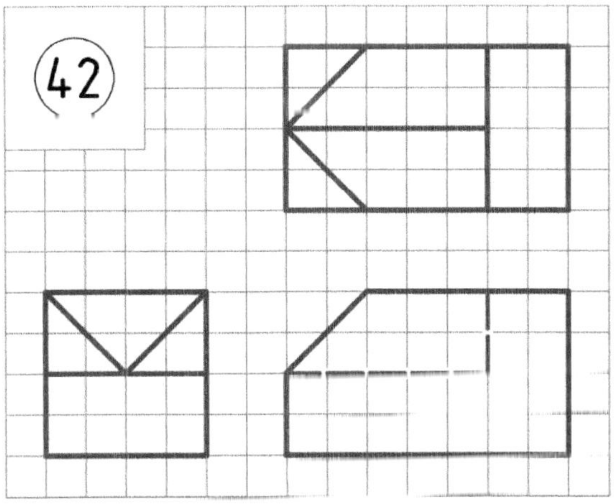

43

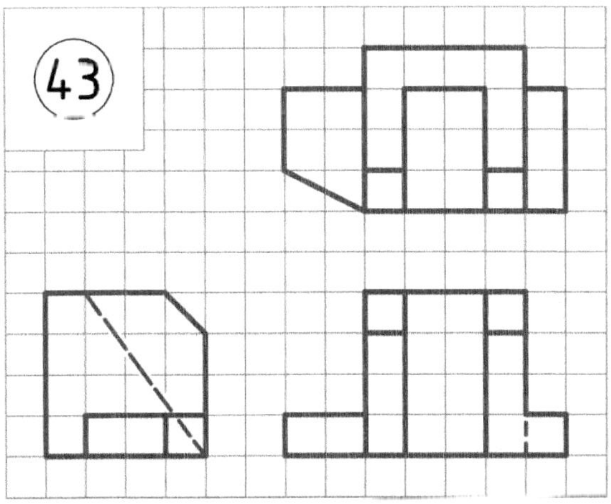

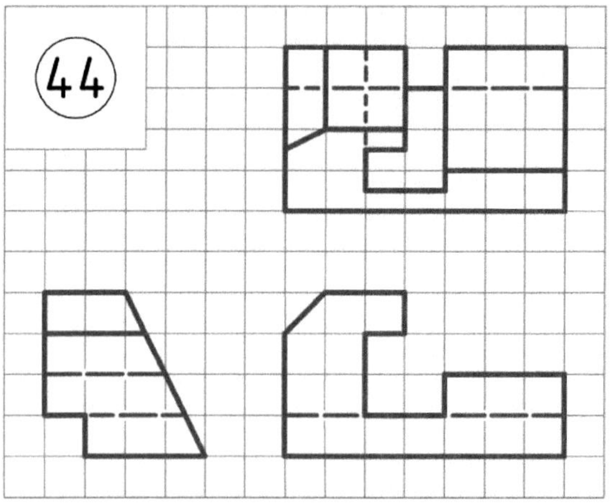
44

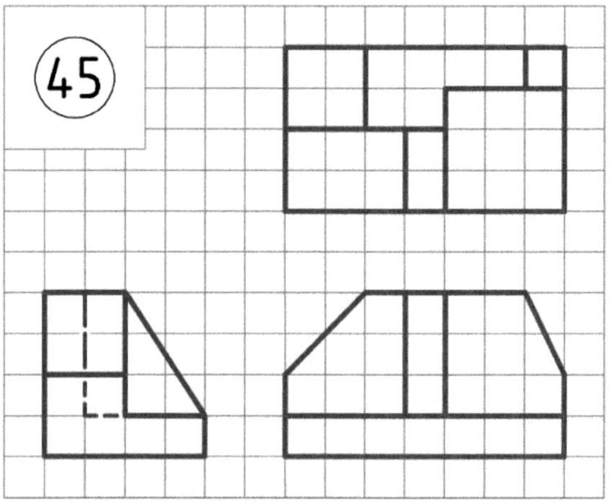
45

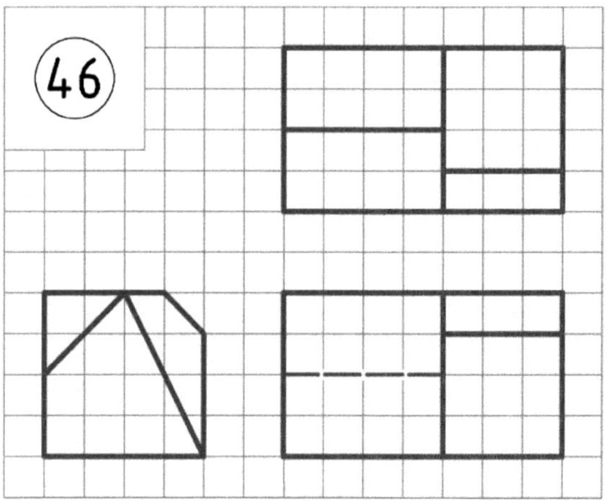
46

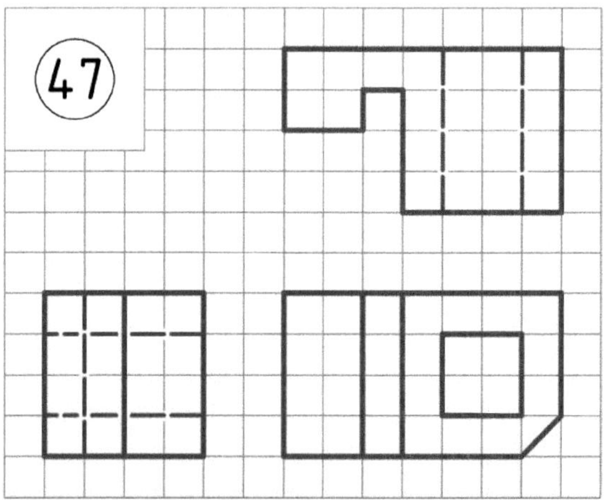
47

48

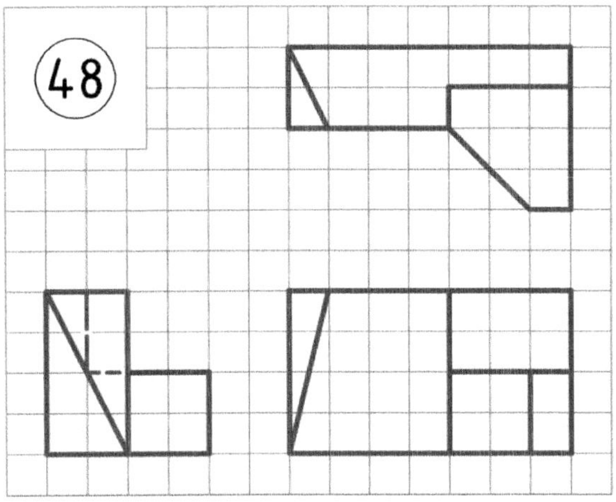

49

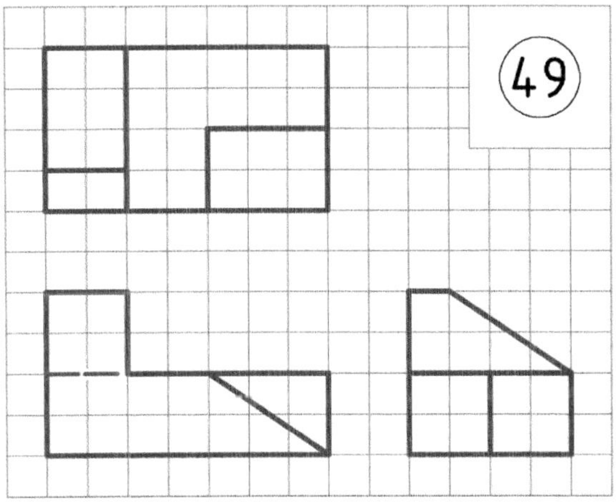

50

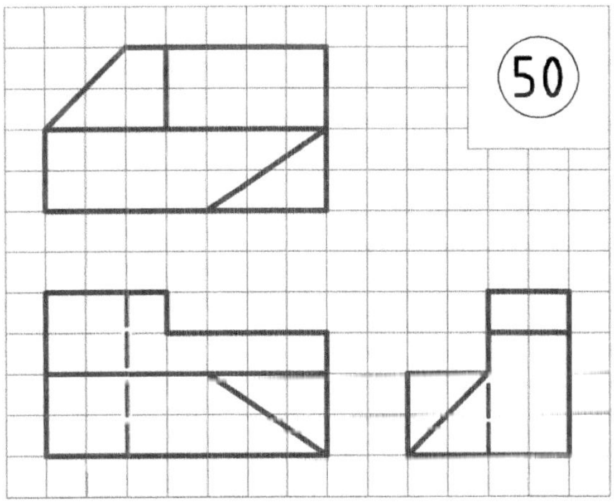

51

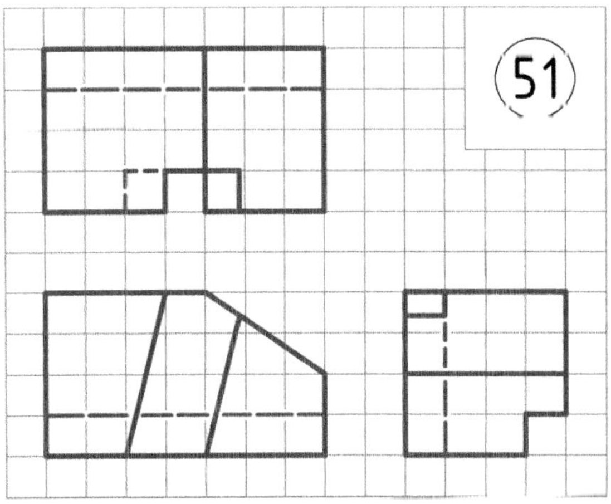

52

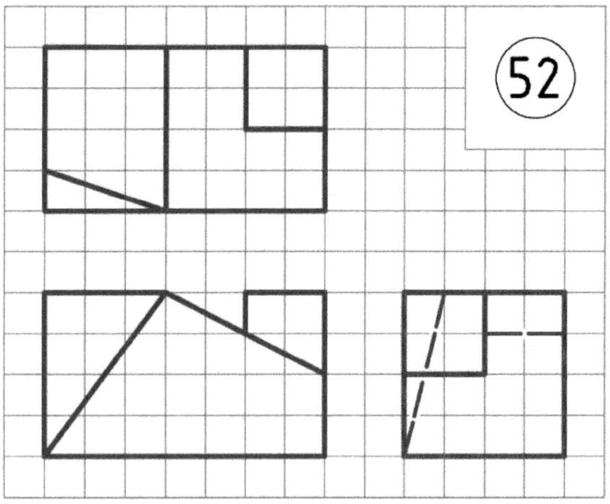

53

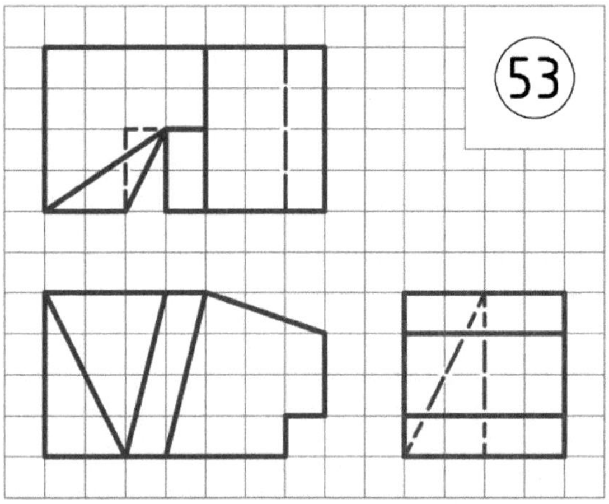

54

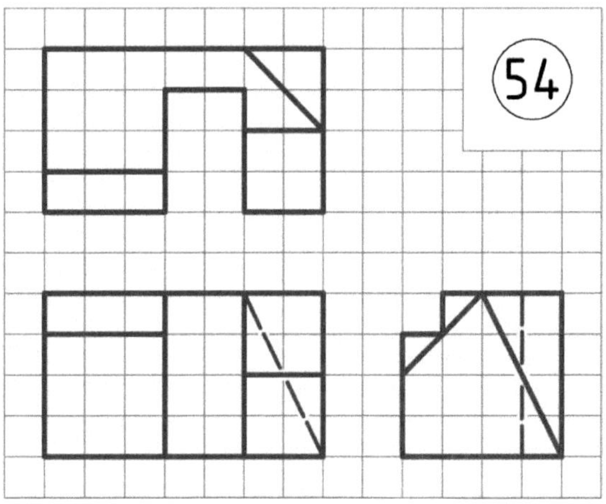

55

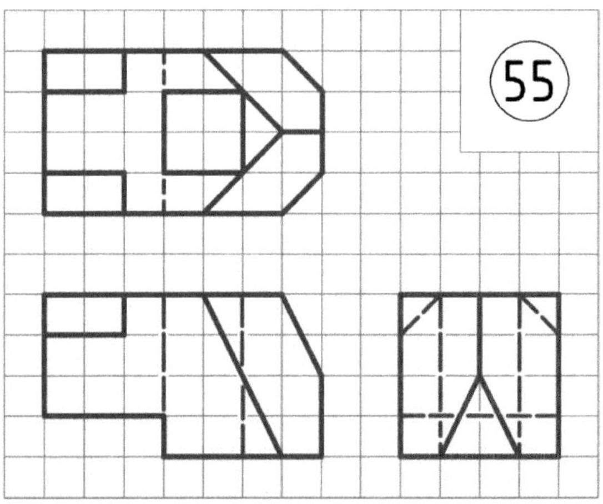

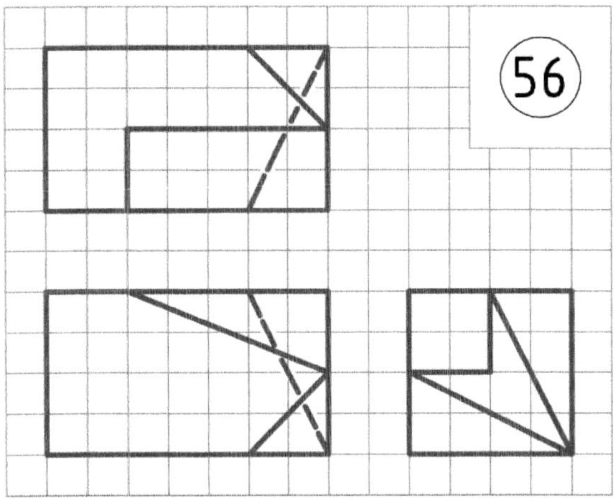
56

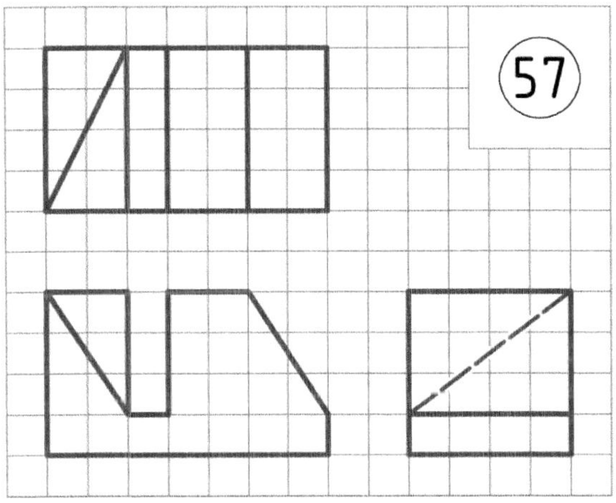
57

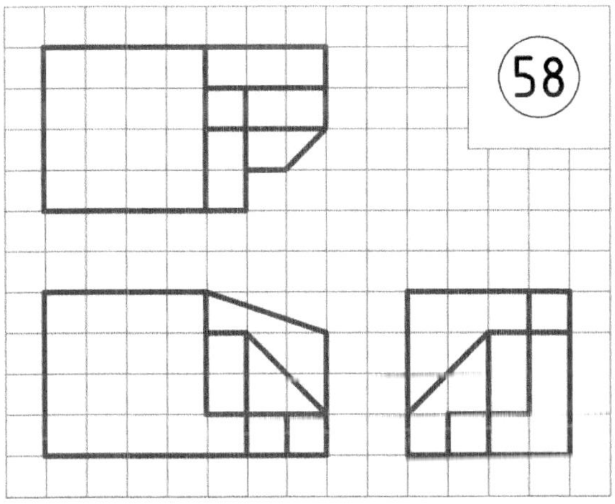
58

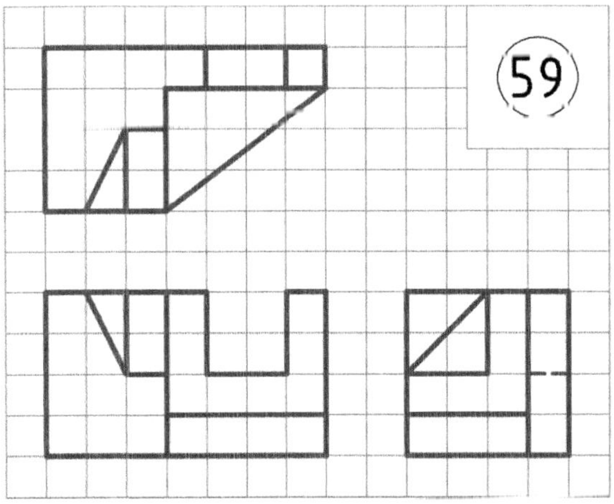
59

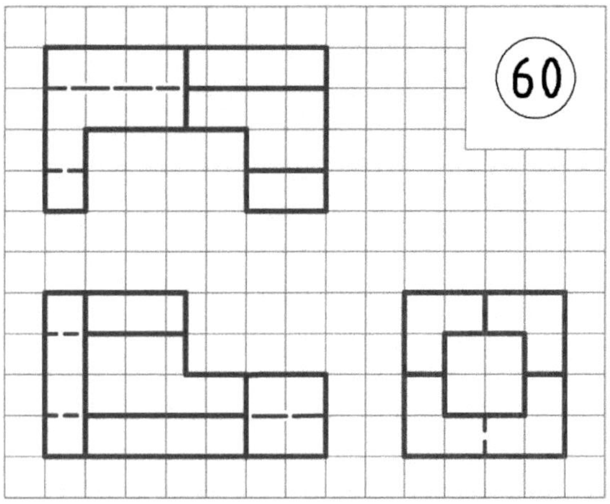
60

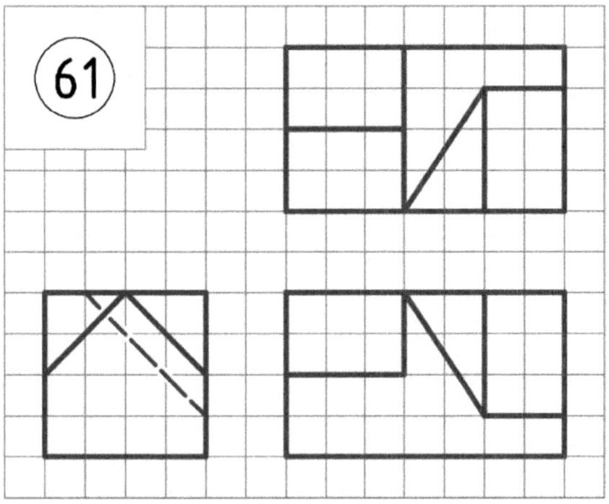
61

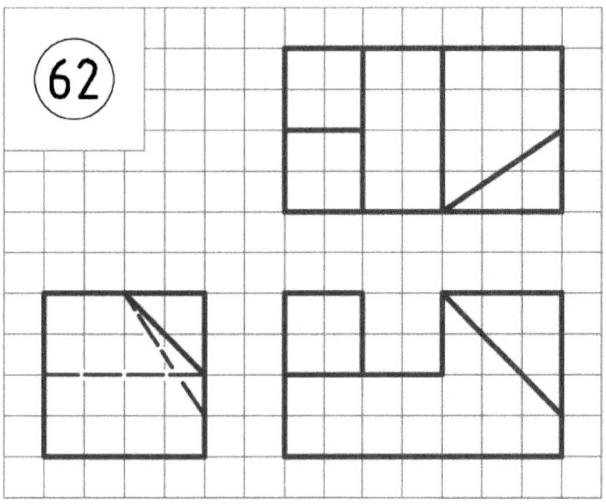
62

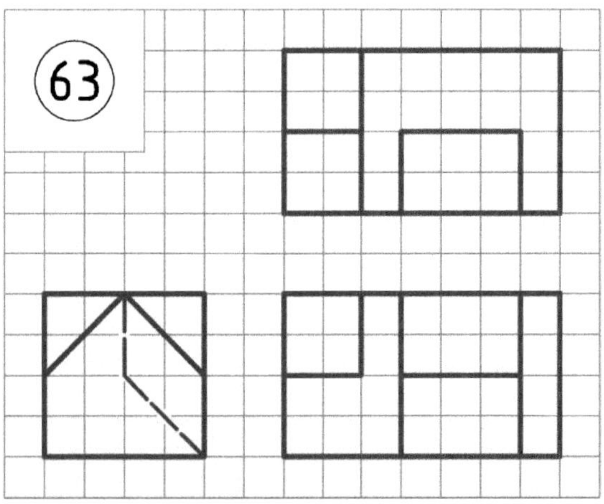
63

64

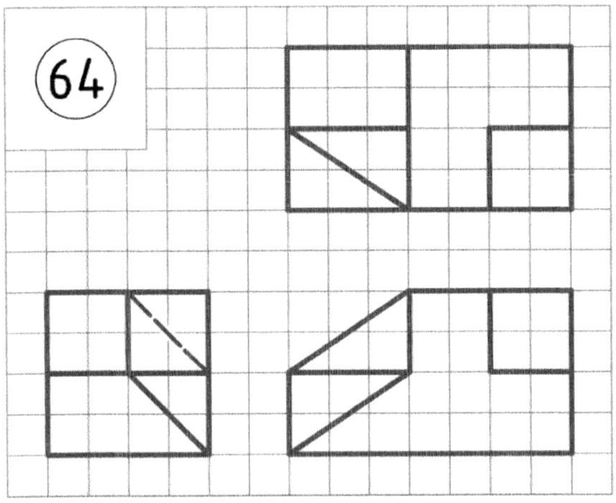

65

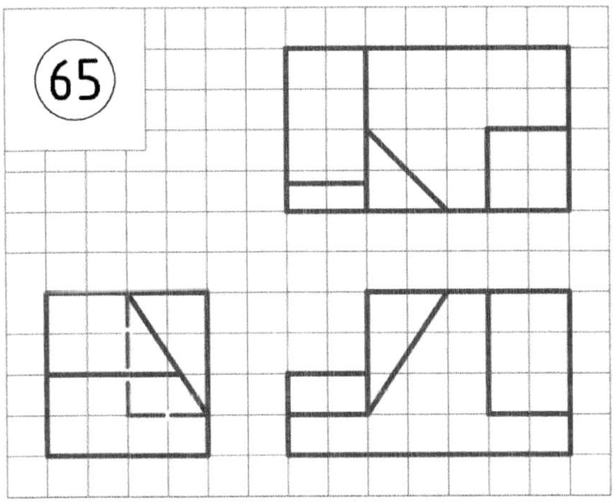

66

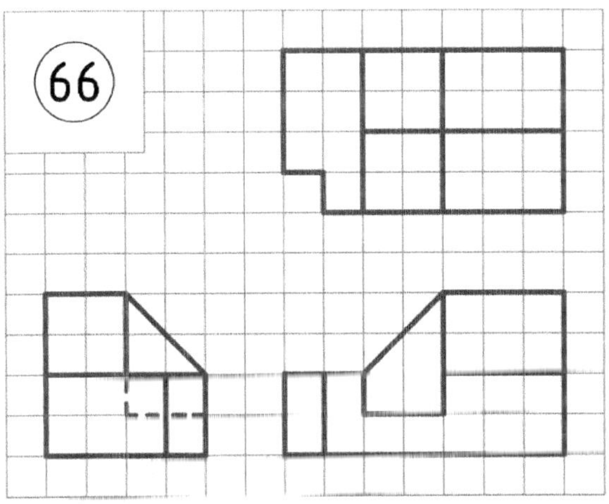

67

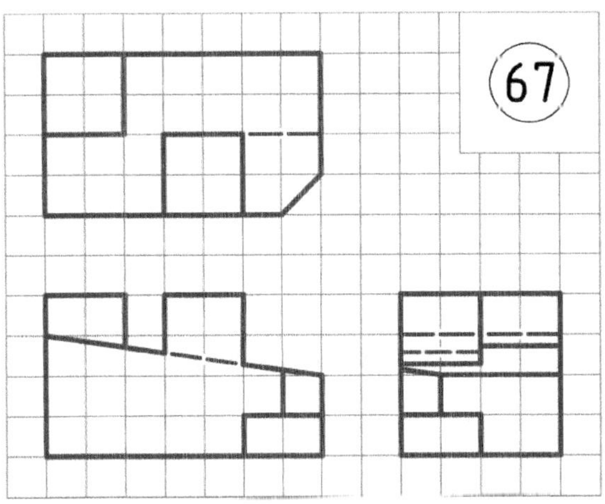

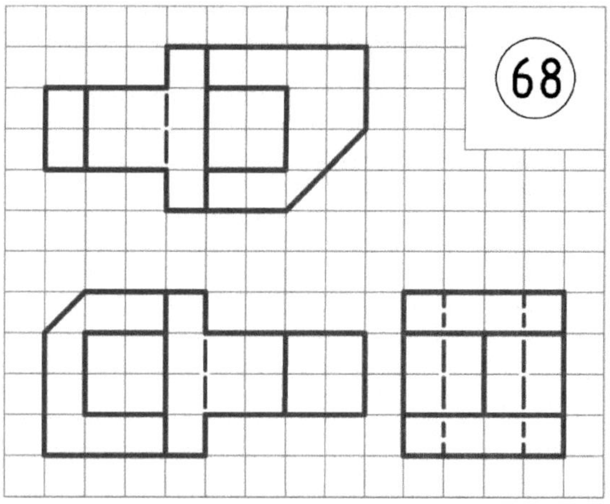
68

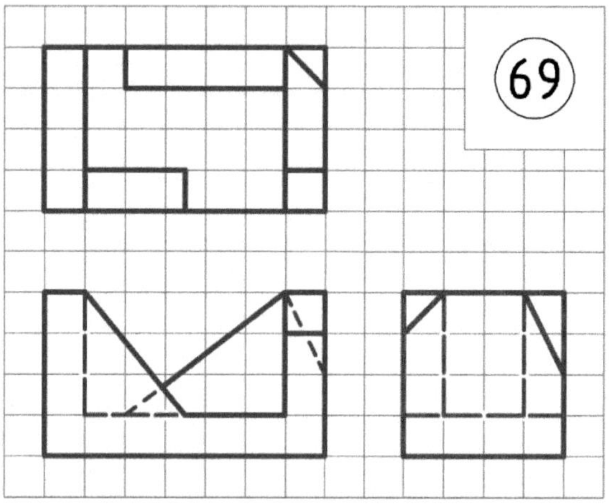
69

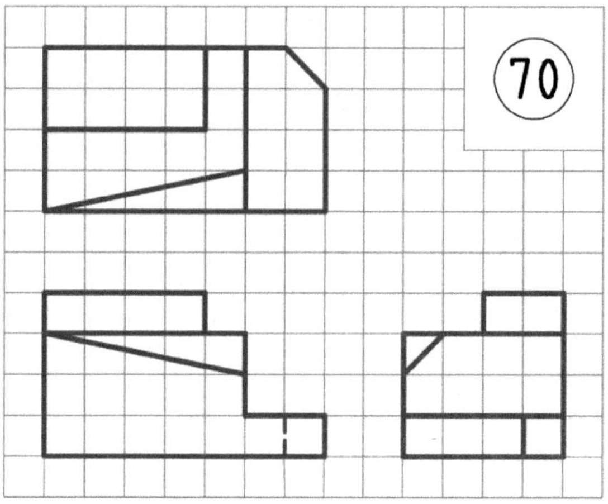
70

연습문제 7 모범답안

학습할 때 모범답안(정답)은 수시로 보면서 하는 것이 아니라, 힌트를 얻고자 할 때나 학습 결과와 모범답안을 비교할 때만 봐주기 바랍니다. 그래야만 도면 실력이 향상됩니다.

①

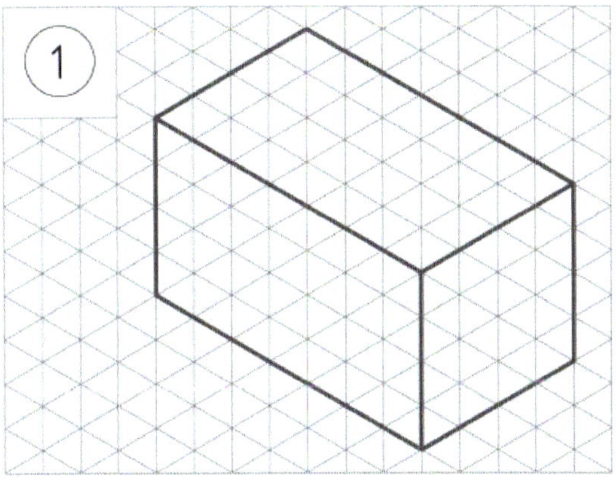

②

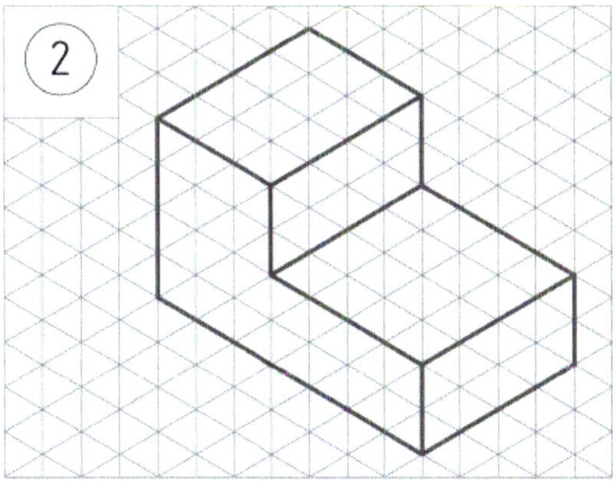

③

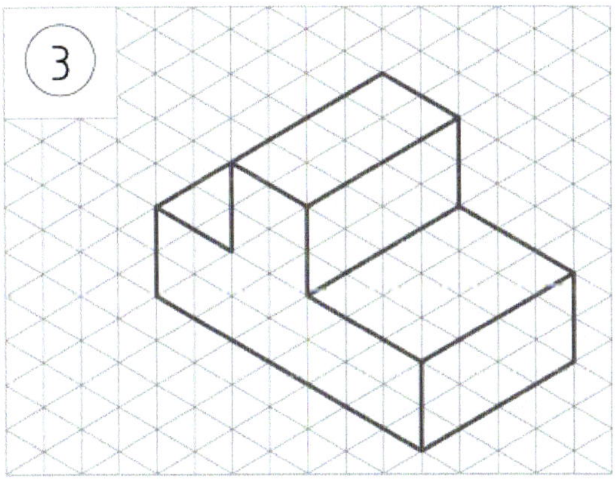

④

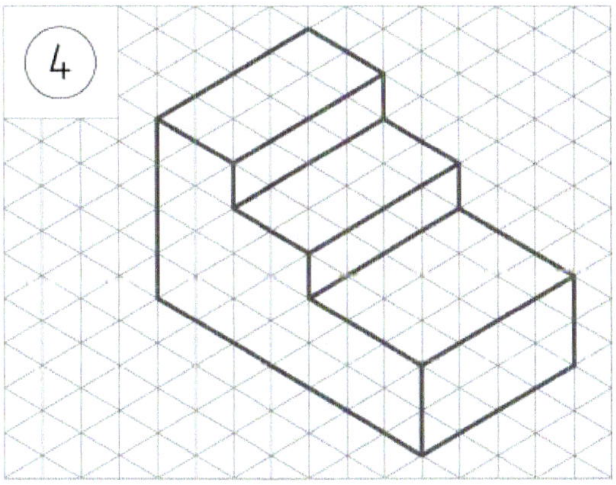

⑤

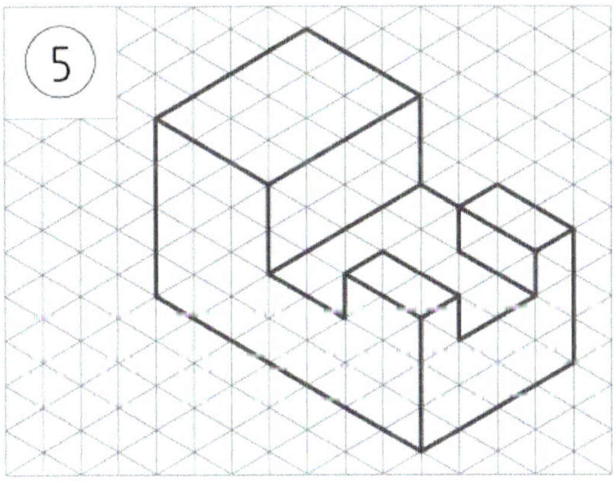

⑥

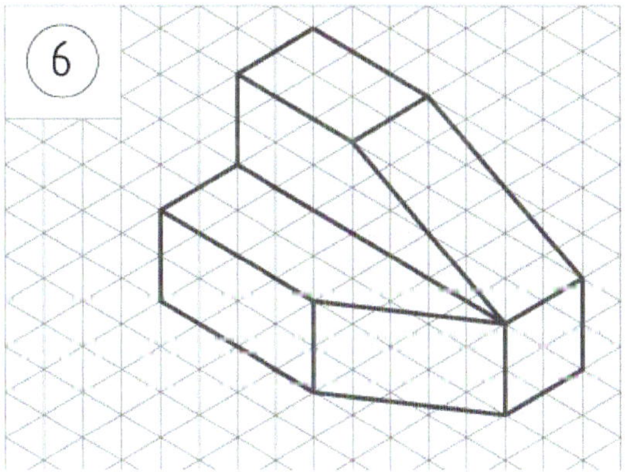

⑦

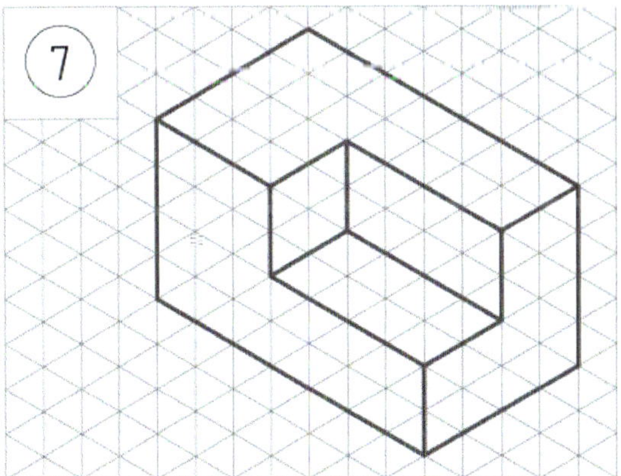

⑧

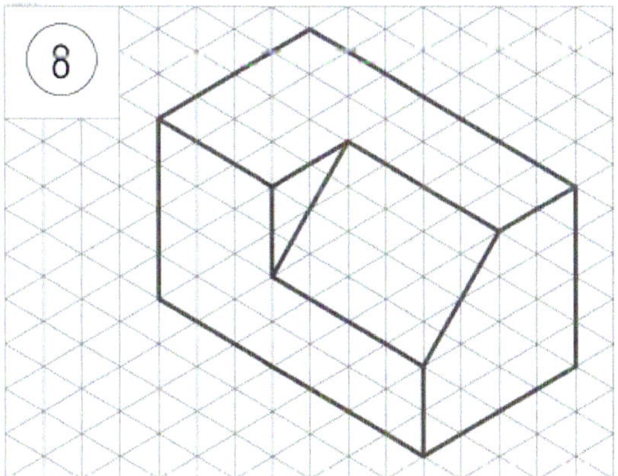

9

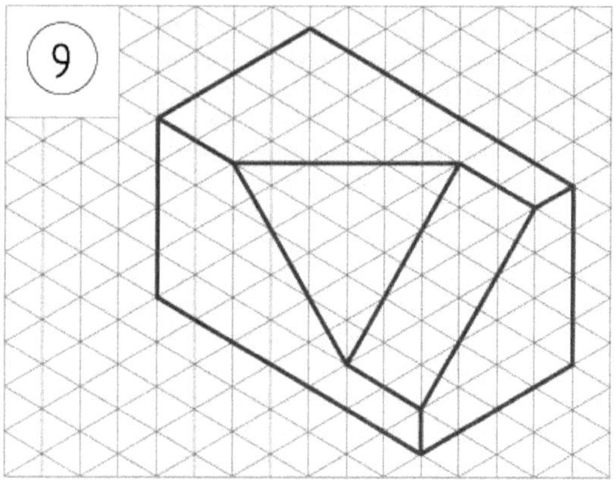

10

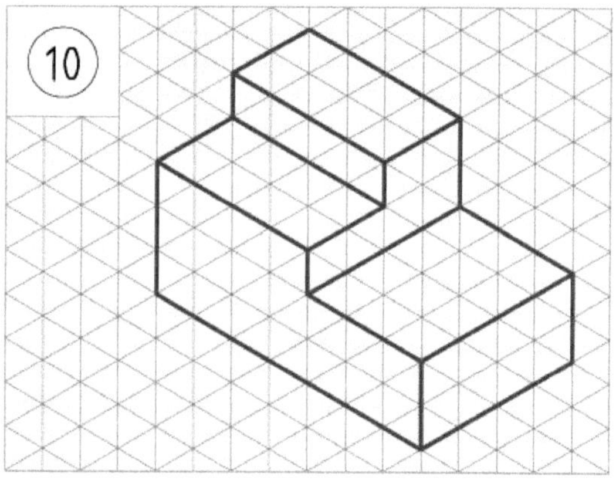

11

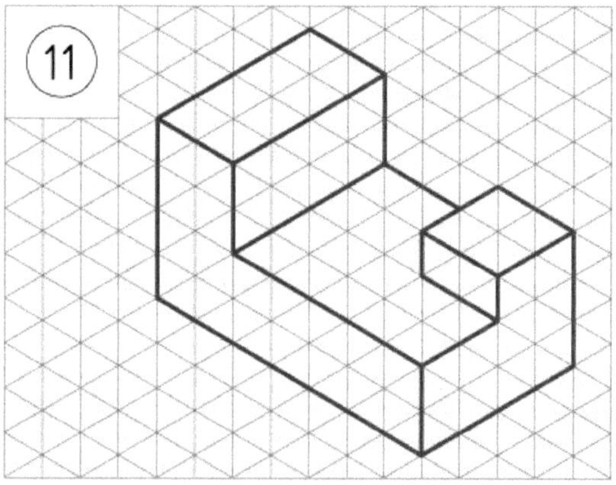

12

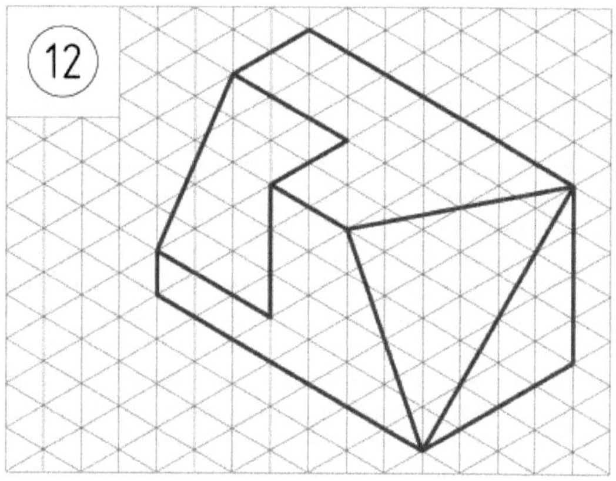

13

14

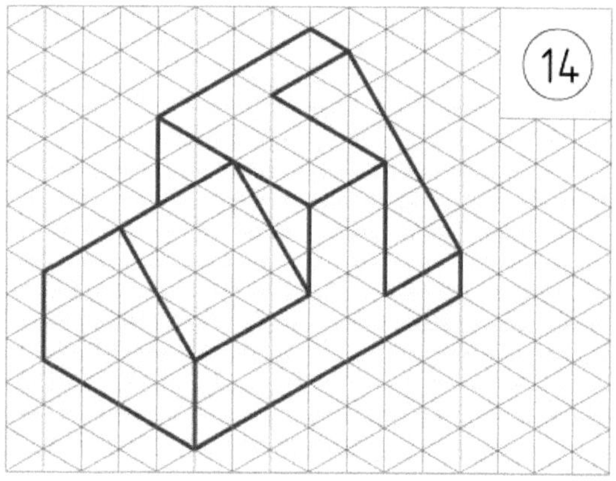

15

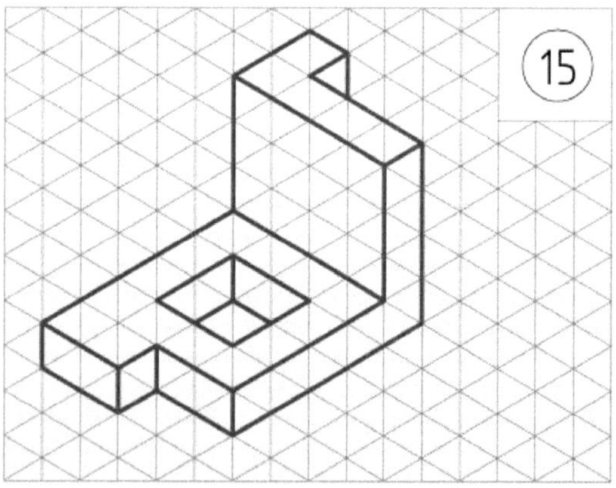

16

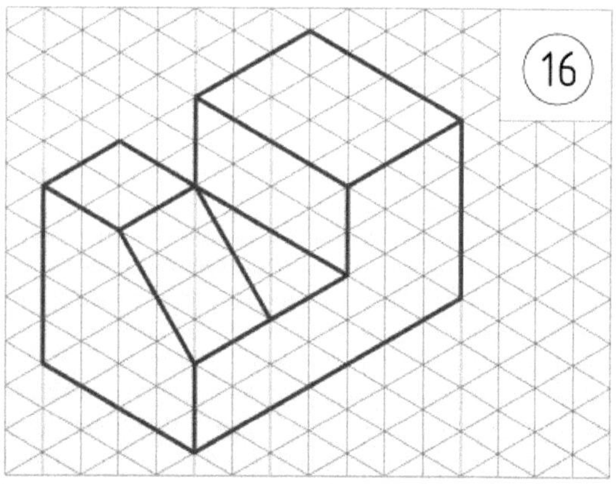

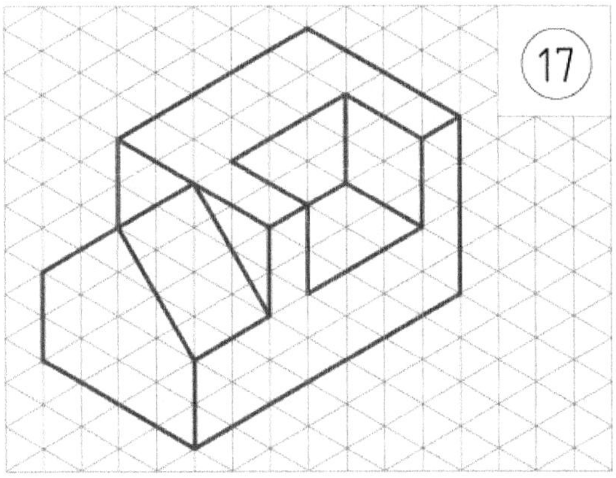
17

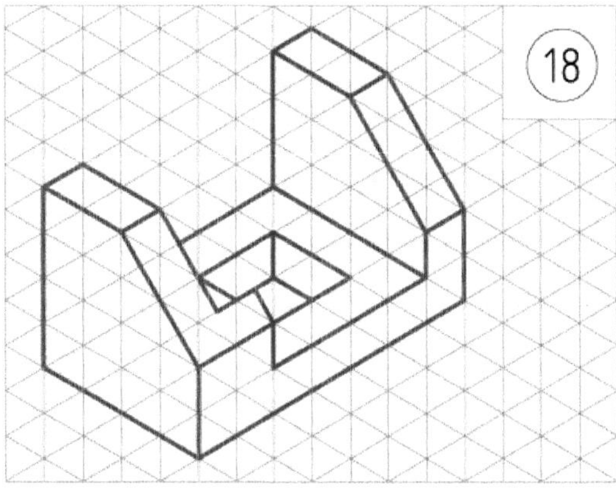
18

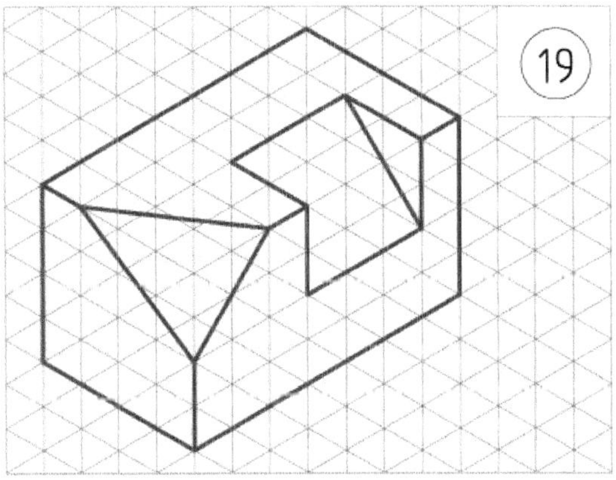
19

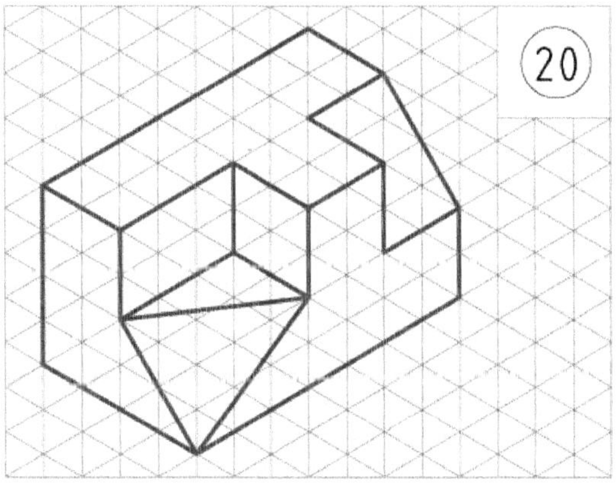
20

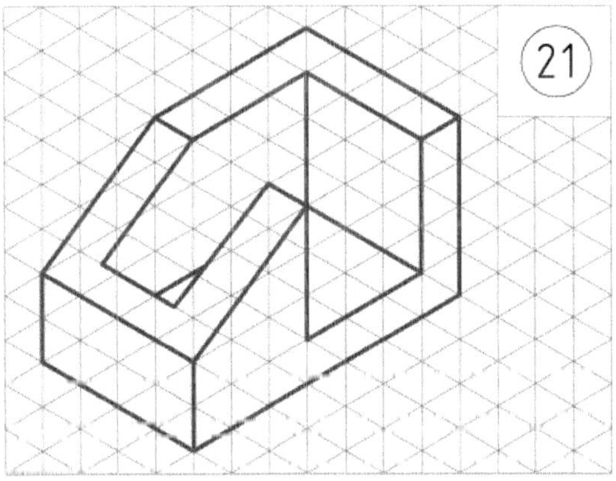
21

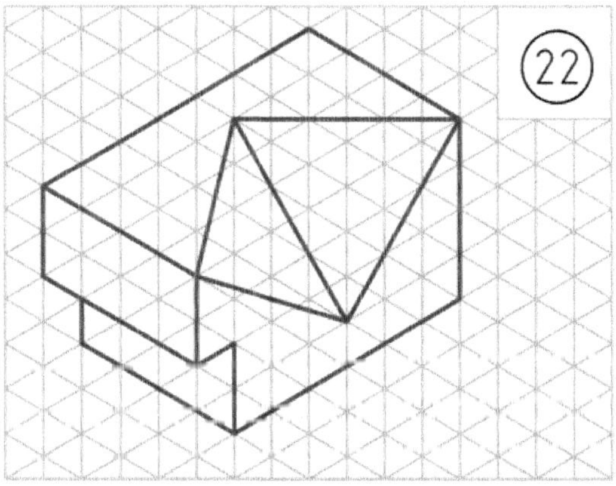
22

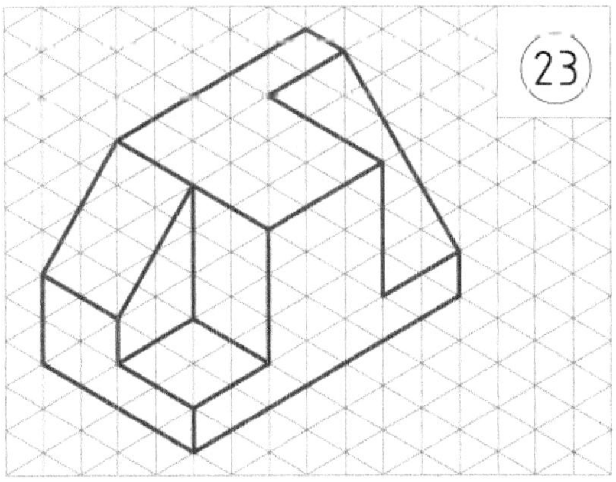
23

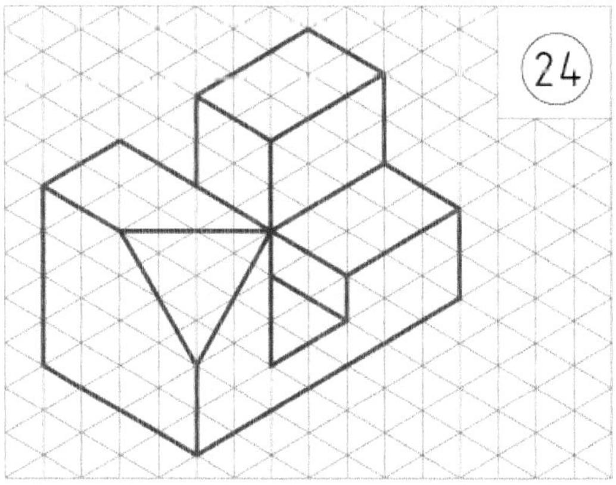
24

25

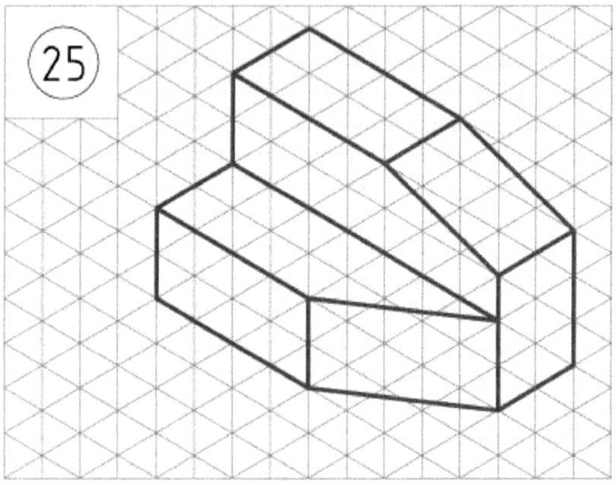

26

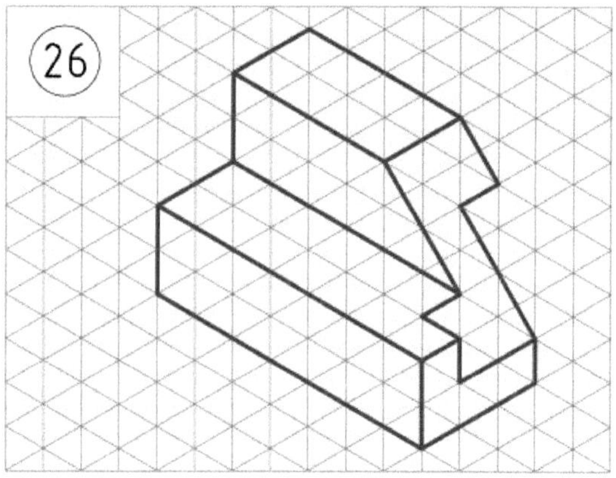

27

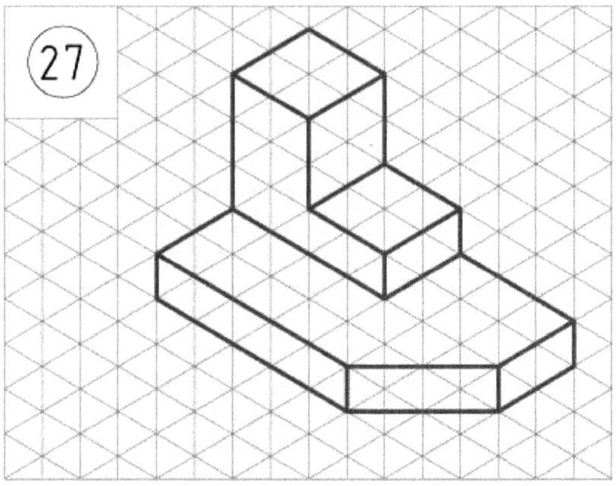

28

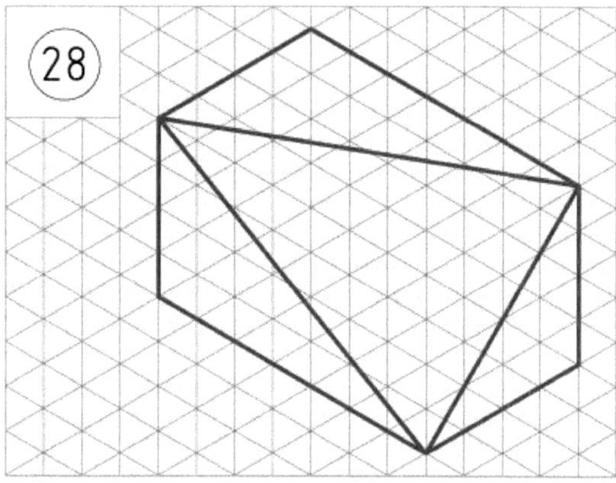

29

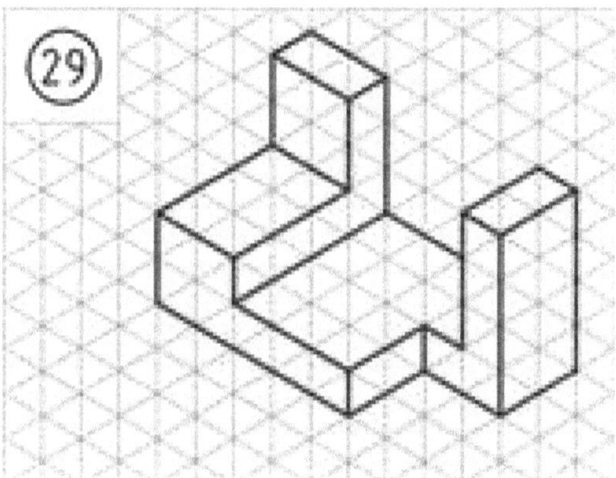

30

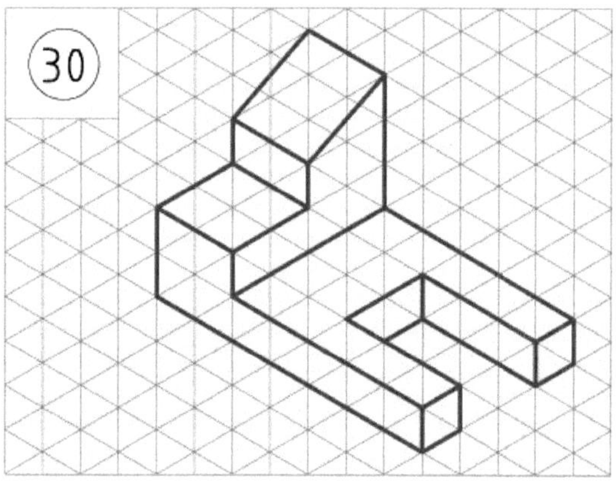

31

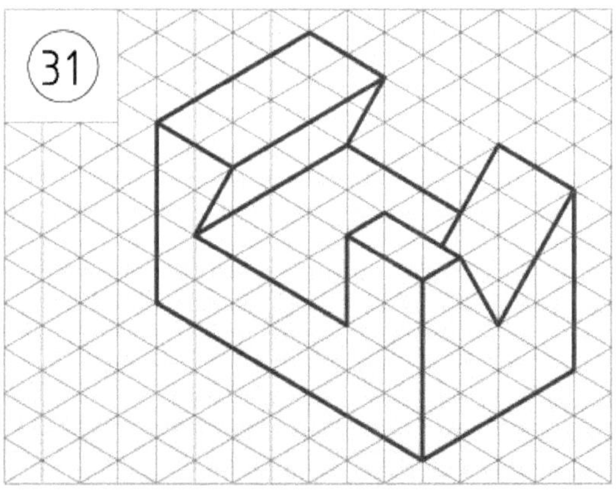

32

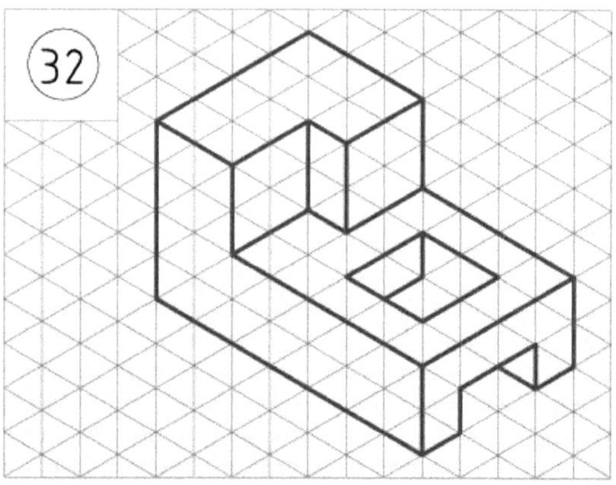

33

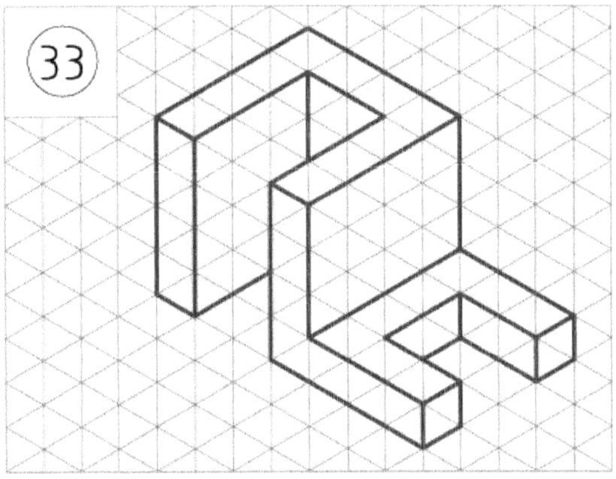

34

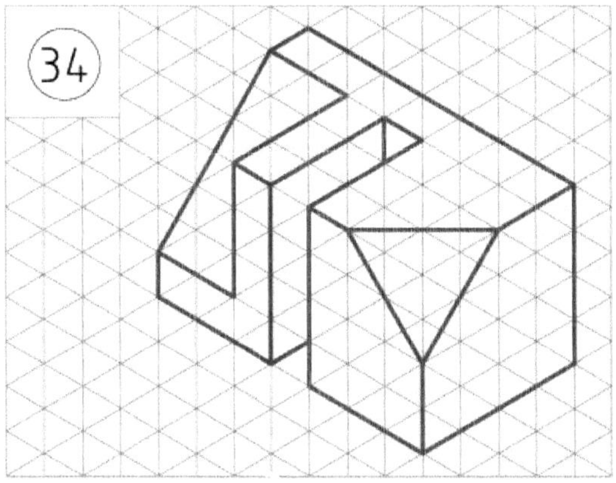

35

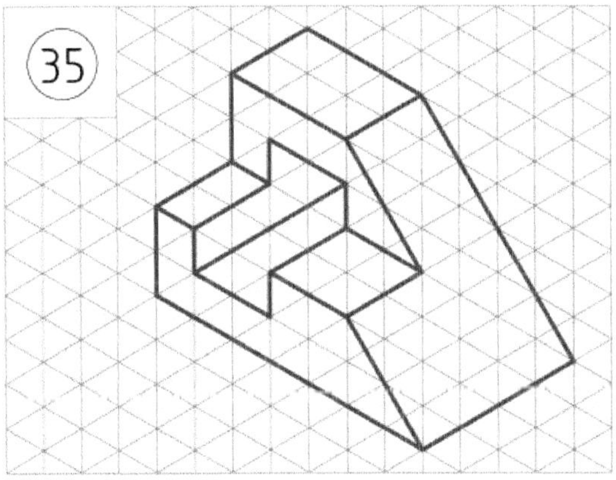

36

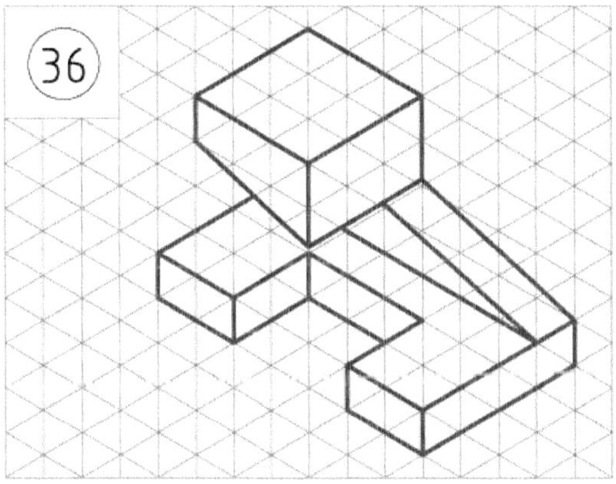

37

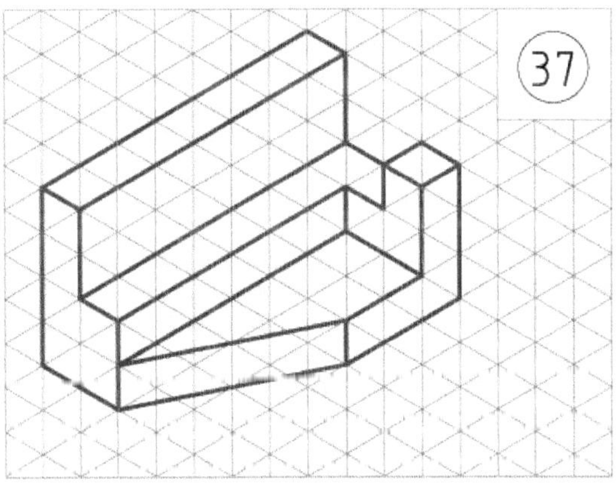

38

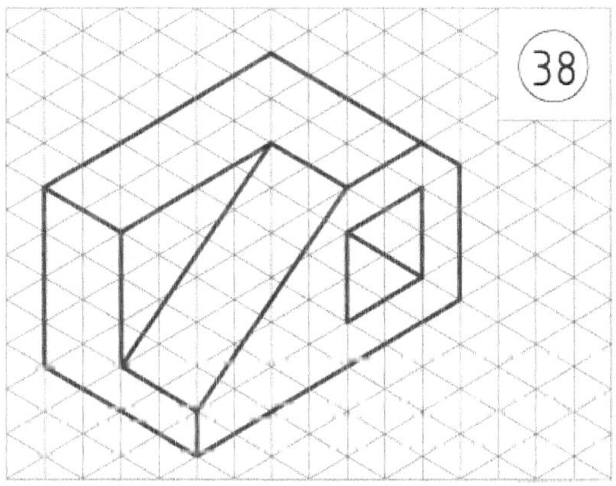

39

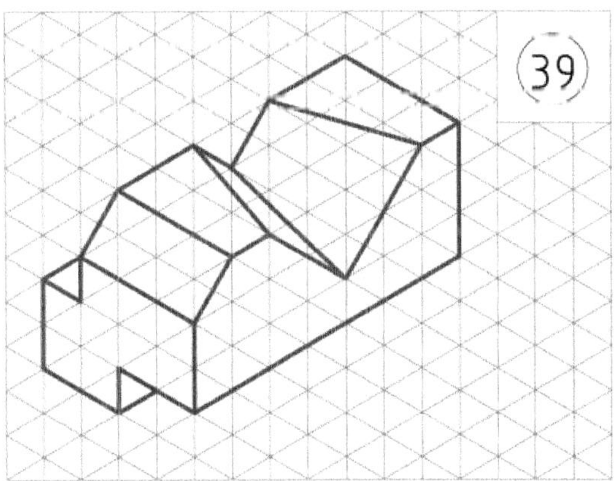

40

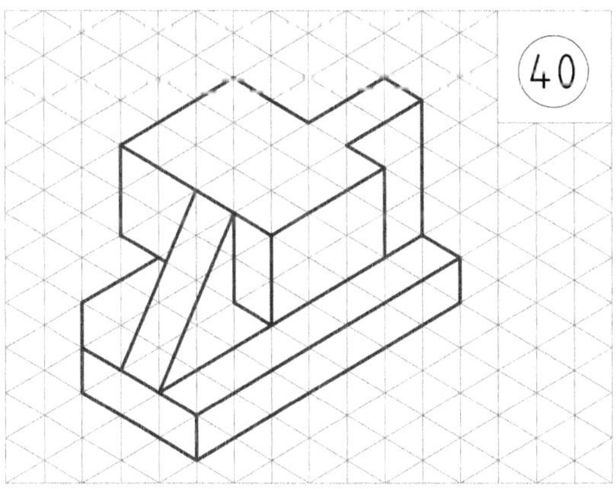

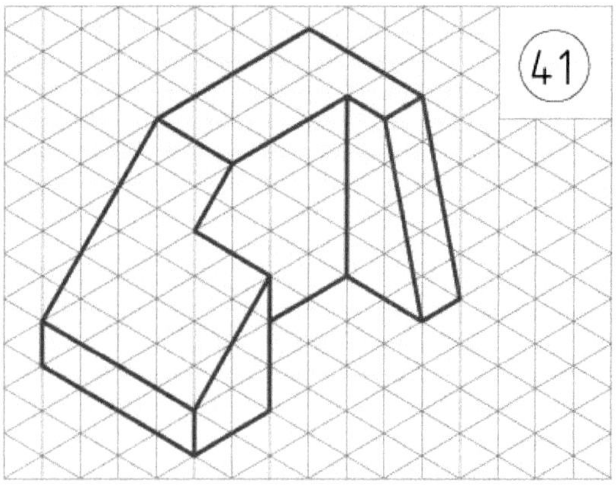

41

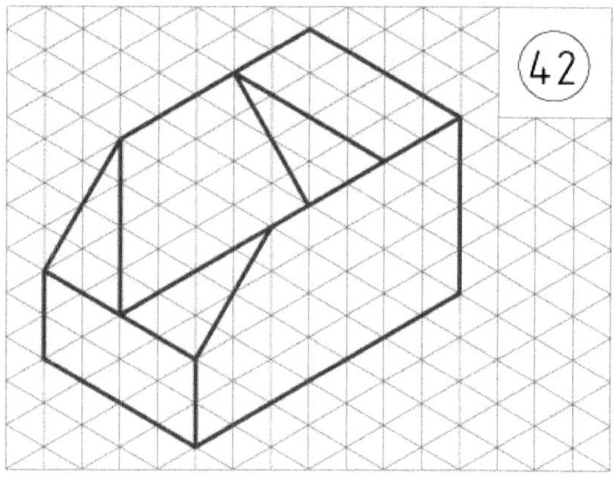

42

43

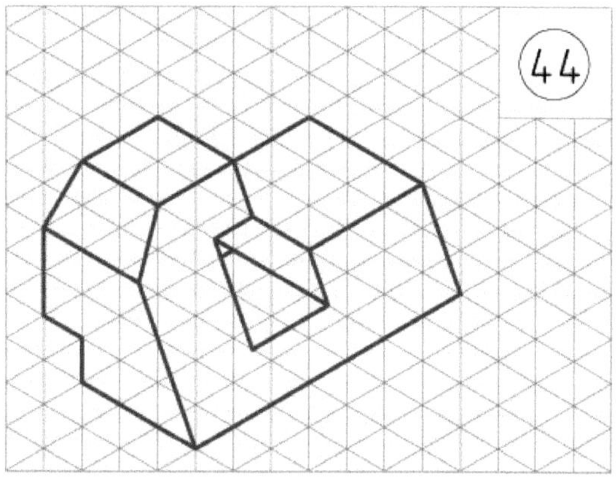

44

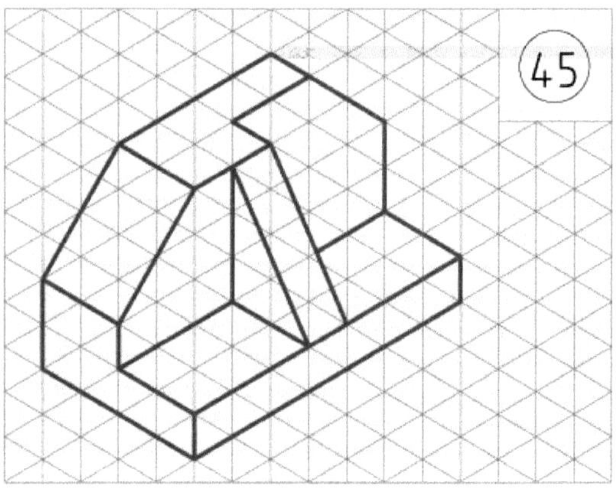

45

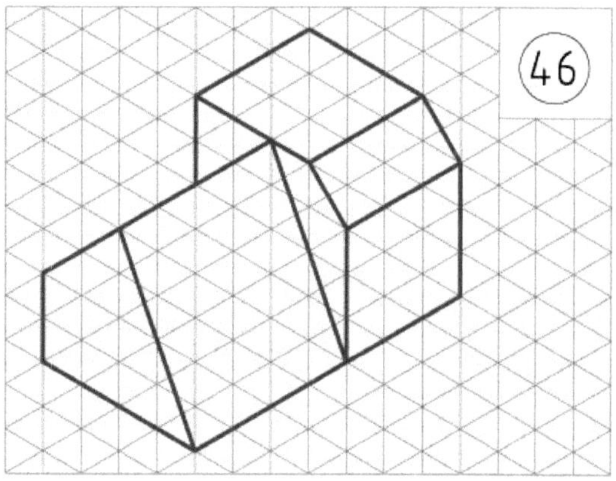

46

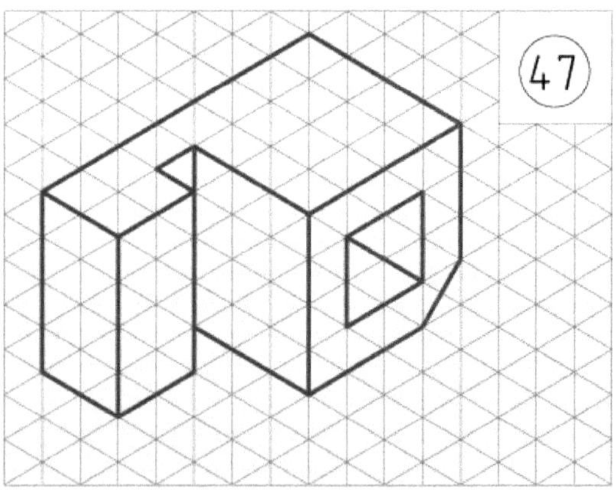

47

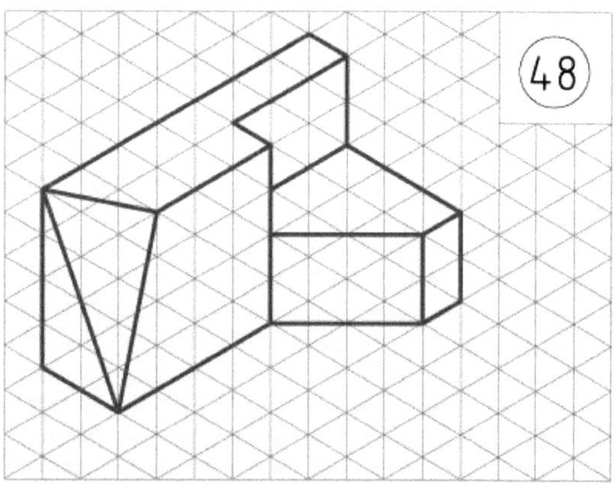

48

49

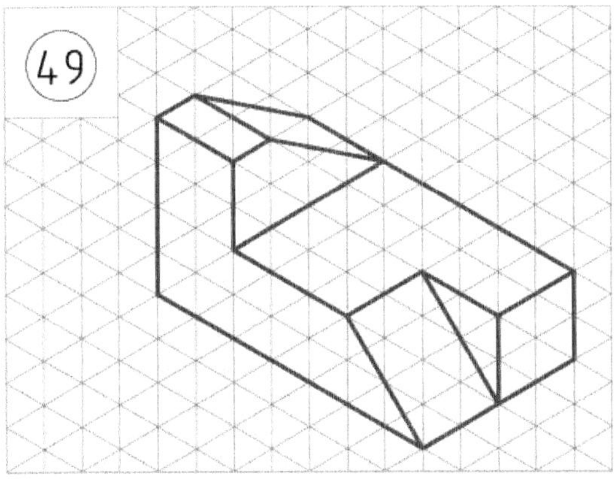

50

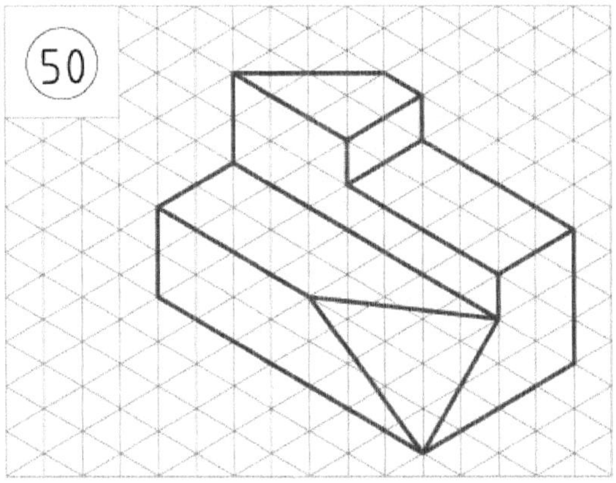

51

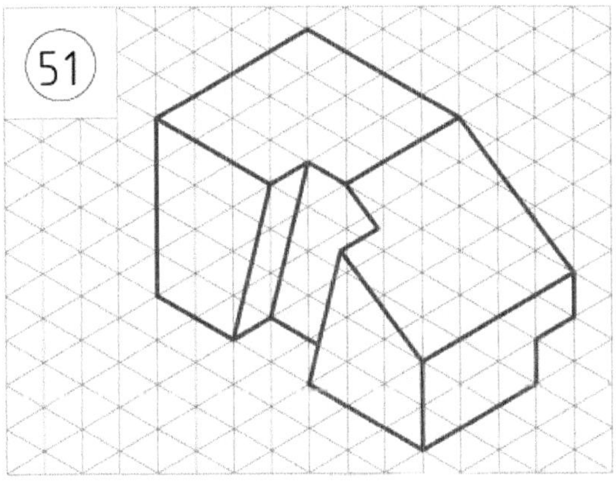

52

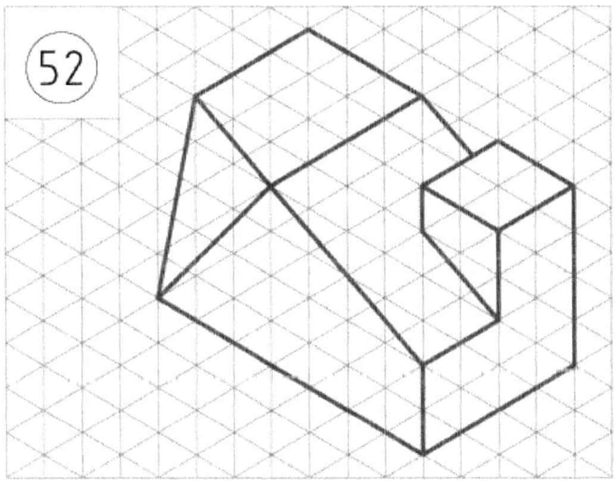

53

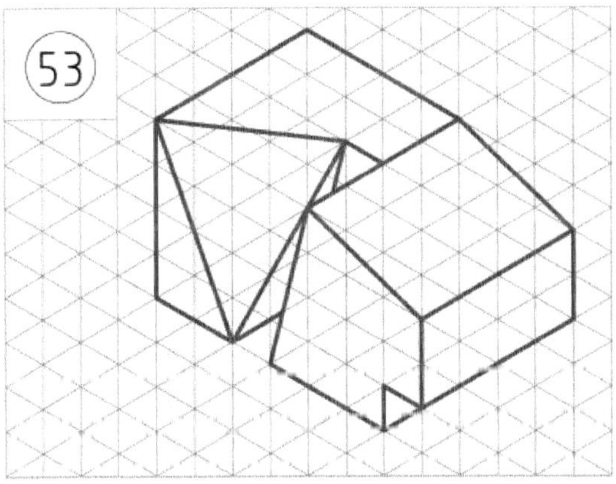

54

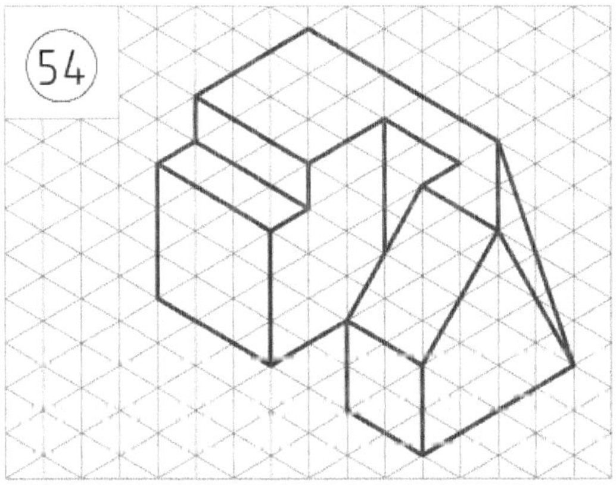

55

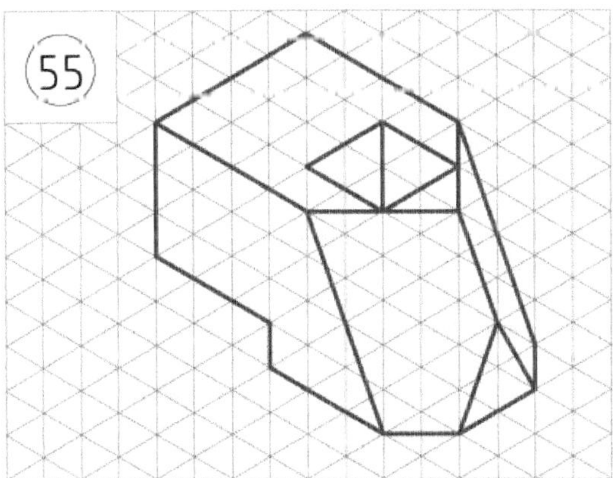

56

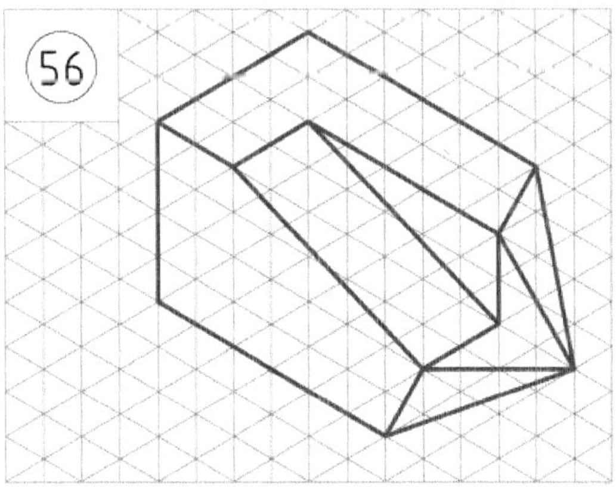

57

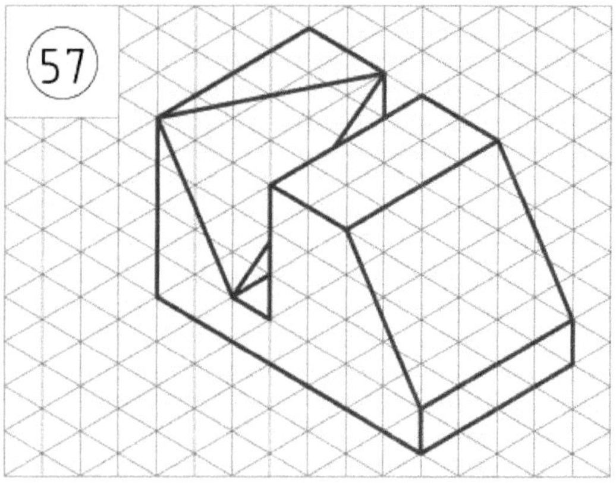

58

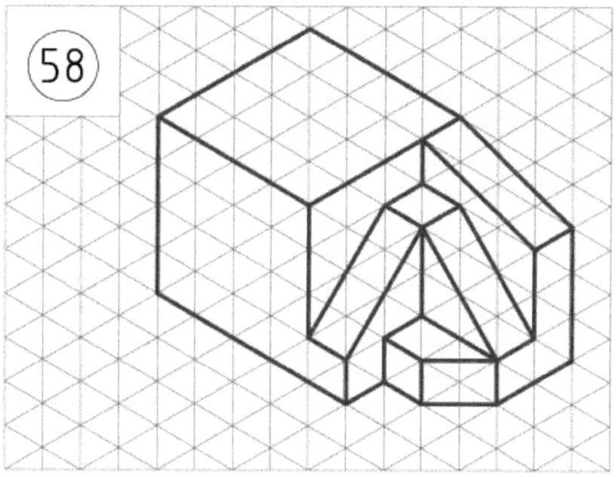

59

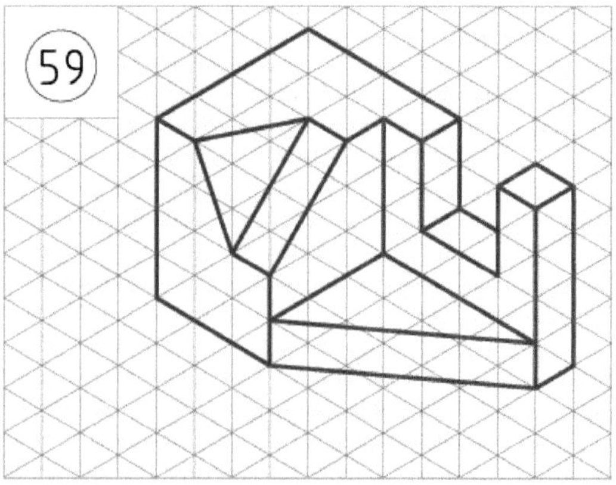

60

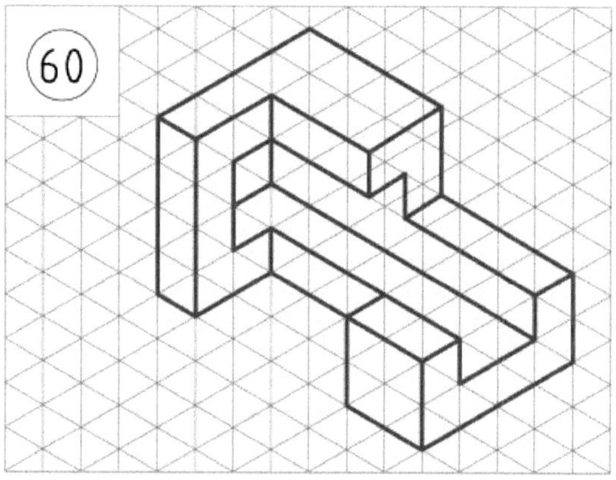

61

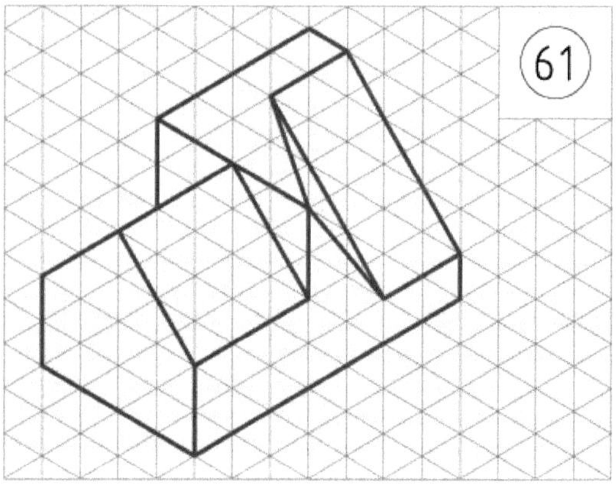

62

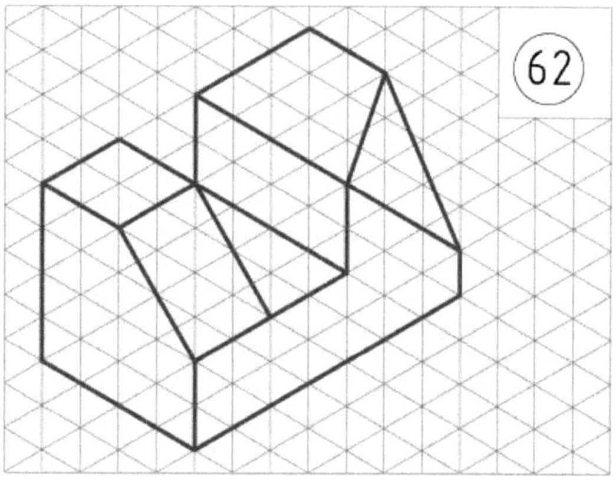

63

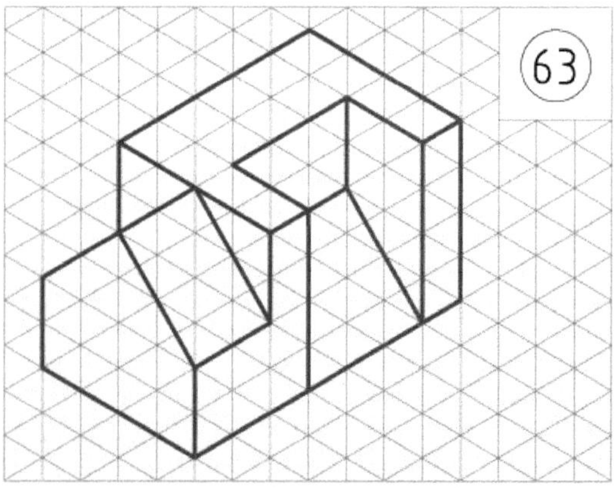

64

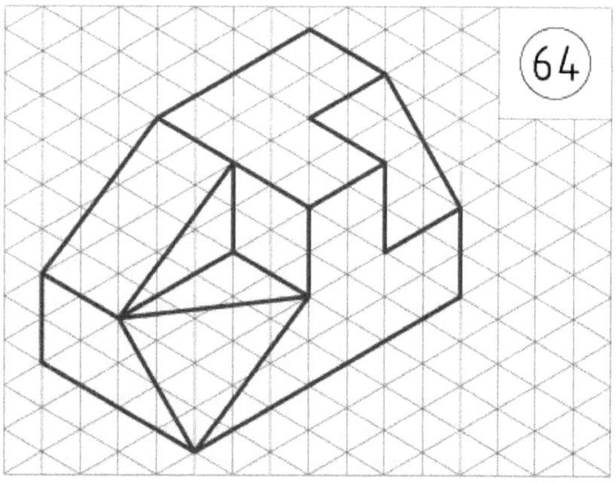

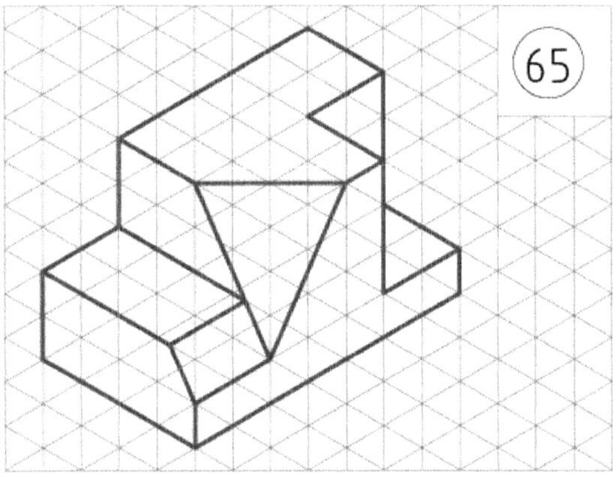
65

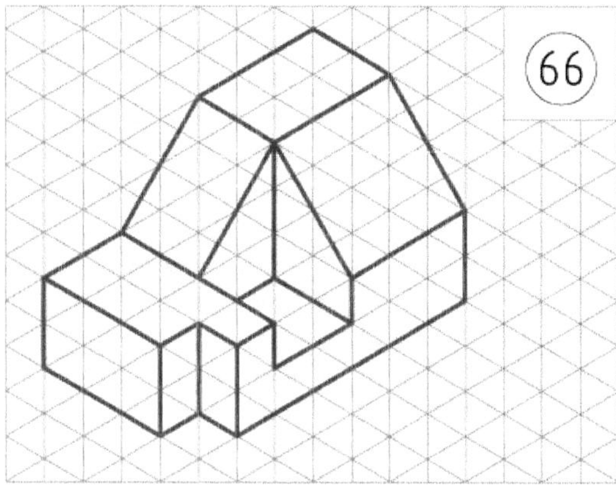
66

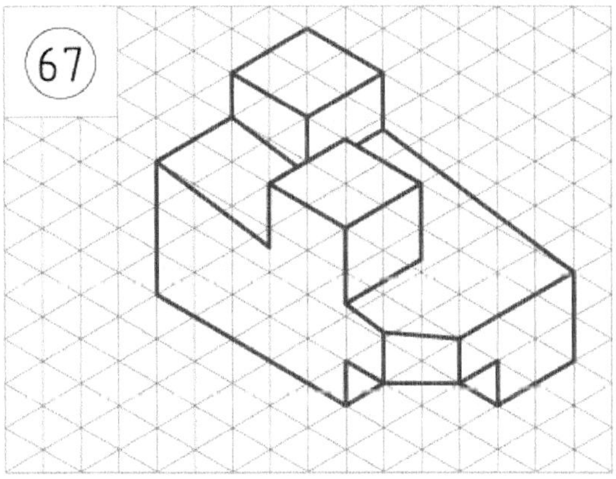
67

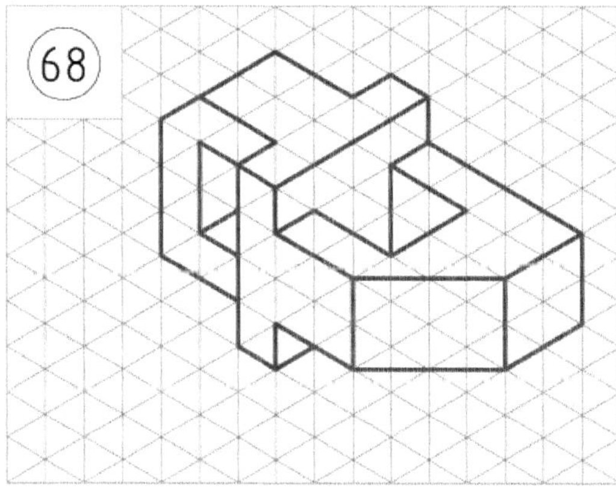
68

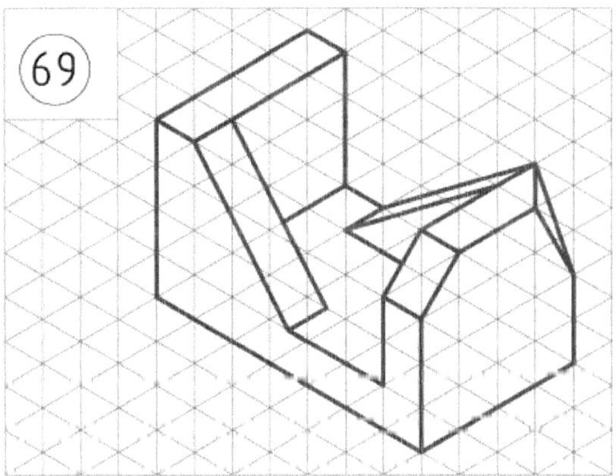
69

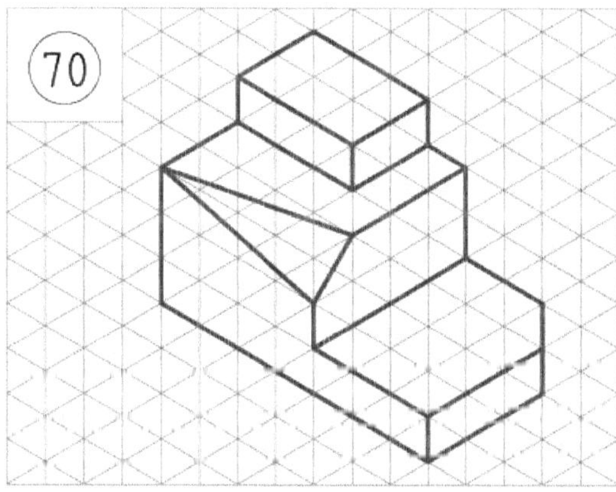
70

PART

8

정 투상도와 등각 투상도의 응용 해석

앞 7장에서는 '**등각 투상 방법의 원리 이해하기**'를 학습하고 많은 연습문제를 풀어 보았다. 정 투상도의 기본적 3면도와 입체적으로 보여주는 등각 투상도를 그리는 연습을 통해 도면을 이해하고 또한 투상도를 그리는 어느 정도의 실력을 갖추었다.

본 8장에서는 본격적으로 도면 제도(작도)를 위한 네 번째 단계로 '**정 투상도와 등각 투상도의 응용 해석하기**'를 학습하고, 응용하는 연습을 하도록 한다.

저자들이 직접 설계하여 도시한 도형과 연습 도면(Drawing)들을 사례로 제시하여 아주 중요한 도면의 정 투상도와 등각 투상도의 원리를 이해하고, 그리고 또한 다양하게 응용하도록 하였고, 전개하는 내용을 알기 쉽도록 다음과 같이 요약·정리하여 학습 목표를 설정하였다.

학습 목표

1. 정면도와 우측면도를 보고 좌측면도를 그릴 수 있다.
2. 정면도와 평면도를 보고 저면도를 그릴 수 있다.
3. 정면두와 우측면도 또는 좌측면도를 보고 배면도를 그릴 수 있다.
4. 정면도와 우측면도 또는 좌측면도를 보고 다른 투상도를 그릴 수 있다.
5. 정면도와 우측면도, 좌측면도 또는 평면도를 보고 등각 축을 정해 등각 투상도를 그릴 수 있다.
6. 최종으로는, 정 투상도에 의한 6면도의 완성을 학습 목표로 설정한다.

PART 8 정 투상도와 등각 투상도의 응용 해석

8.1 정면도와 측면도를 보고 평면도를, 정면도와 평면도를 보고 측면도를 그리는 방법

정 투상도의 정면도와 측면도를 보고 평면도를 그리고, 정면도와 평면도를 보고 측면도를 그리는 방법에 대해 알아보도록 하자.

앞 제5장의 정 투상도의 원리와 제6장의 제1각 투상 방법(제1각법)과 제3각 투상 방법(제3각법)에서 학습한 내용을 토대로 하여, 정면도는 아래 그림 8.1과 같이 길이와 높이의 모양을 나타내게 된다.

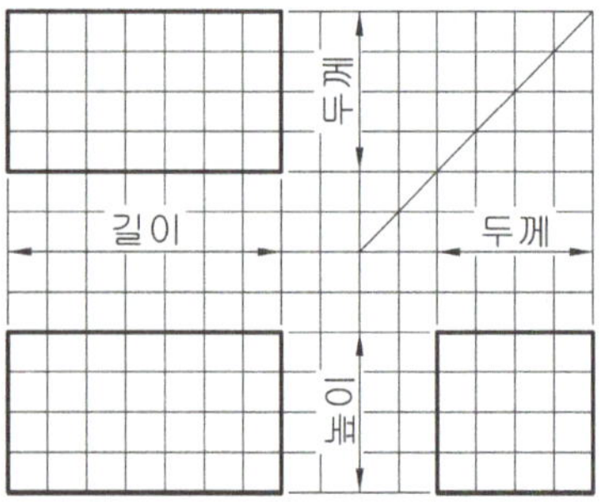

(a) 평면 표시

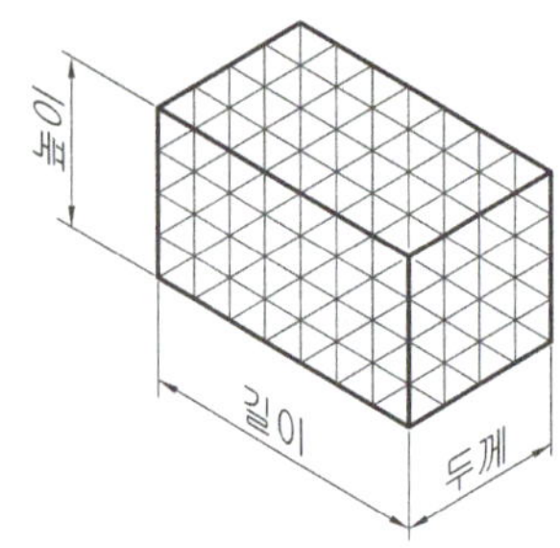

(b) 입체 표시

[그림 8.1] 정면도, 평면도, 측면도에서 표시하는 크기

그리고 평면도는 길이와 두께(나비, 폭)를 나타내고 측면도(여기서는 우측면도)는 높이와 두께(나비, 폭)를 나타내는 것을 알 수 있는데, 간단하거나 복잡한 물체의 투상에서 모두 같다.

보충설명

▶ 여기서는 정 투상도에 있어 가장 중요한 정면도, 평면도, 측면도(우측면도 또는 좌측면도)를 그리는 방법에 대해 학습하고자 한다.

8.2 정 투상도의 정면도가 투상이 되지 않을 경우 어떤 문제가 발생할까?

정 투상도의 정면도가 투상이 되지 않을 경우가 있다면 어떤 문제가 발생할까?

아래 그림 8.2에서는 측면도(우측면도)와 평면도만으로 모양을 이해하고자 할 때는 그린 사람과 도형을 읽는 사람이 아래 그림 8.3에서와 같이 4개의 모양으로 서로 다르게 이해된다는 것을 설명해 준다. 즉 여러 모양의 도형이 생길 수가 있음을 알 수 있다.

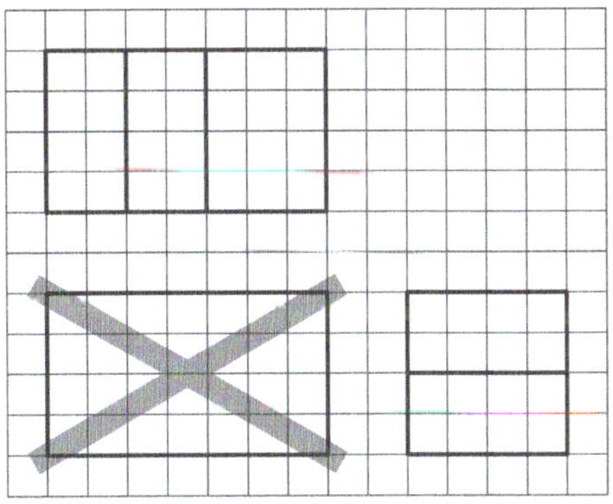

[그림 8.2] 정면도가 생략된 경우

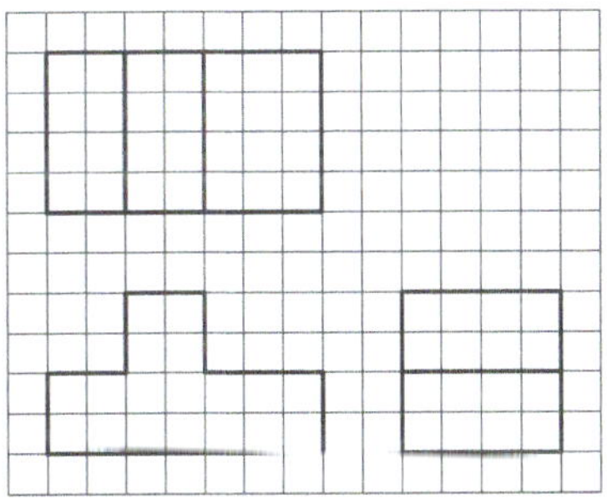

(a)

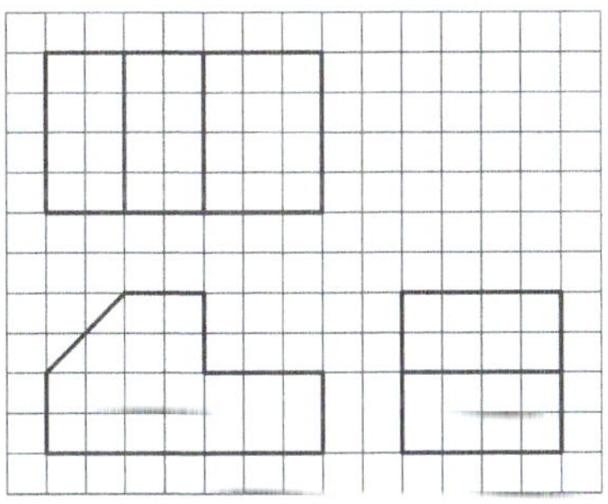

(b)

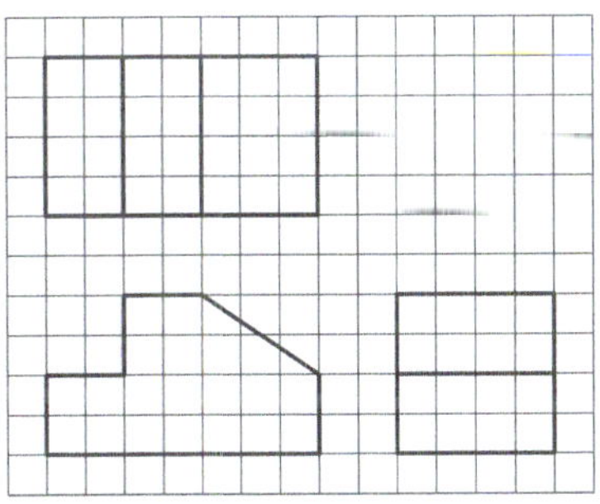

(c)

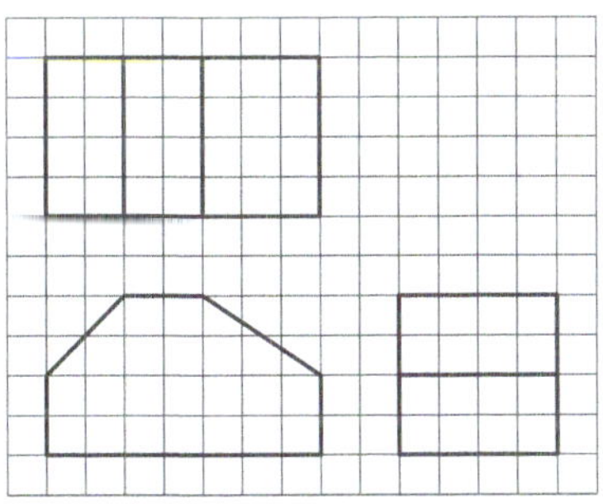

(d)

[그림 8.3] 정면도의 모양이 혼동되는 보기

보충설명

▶ 왼쪽 그림 8.3에서 도시한 평면 도면들을 아래 그림 8.4에서는 등각 입체 도형으로 보여준다. 입체 도형 그리기를 연습하면서 확인해 보길 바란다.

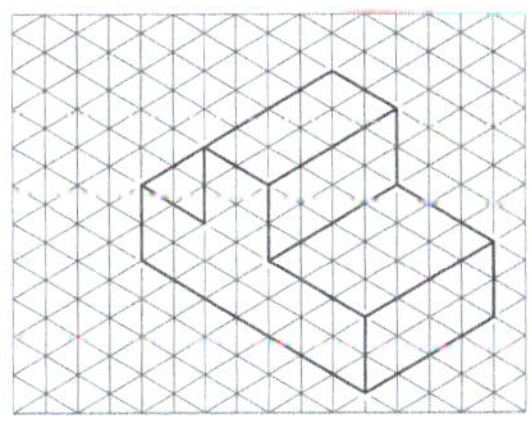

(a)

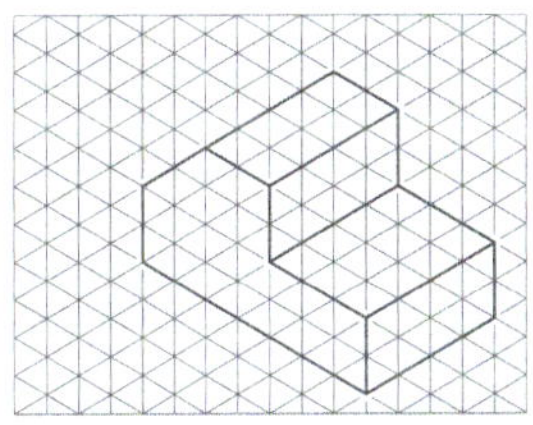

(b)

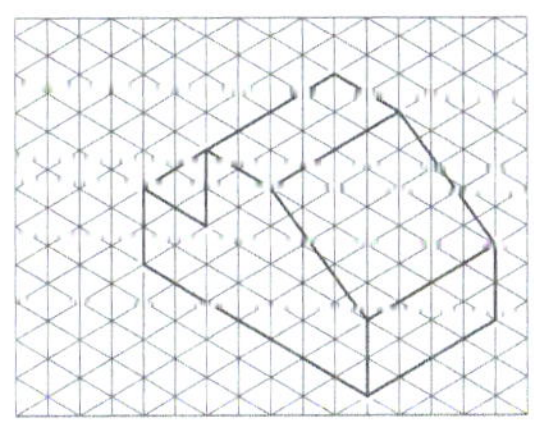

(c)

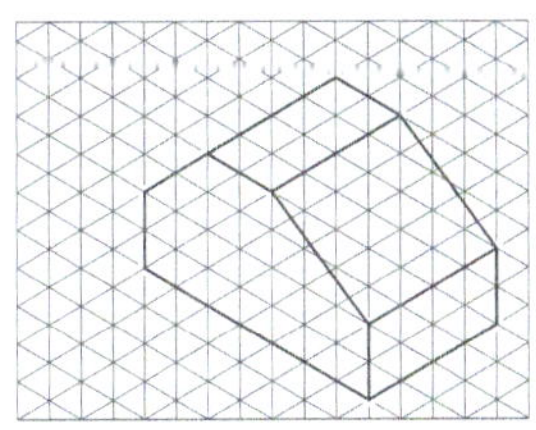

(d)

[그림 8.4] 혼동되는 모양(입체 도형)

8.3 정면도를 기준으로 측면도 또는 평면도 도시가 필요한 경우

그럼, 정면도를 기준으로 측면도 또는 평면도 도시가 필요한 경우를 알아보도록 하자.

아래 **그림 8.5**는 정면도를 기준으로 측면도(우측면도)가 도시되지 않을 경우로써, 이 경우에는 **그림 8.6**과 같이 **(a)**와 **(b)**의 2가지 모양으로 잘못 읽을 수 있으므로, 반드시 측면도가 필요함을 설명한다. 즉 여러 모양의 도형이 생길 수가 있음을 알 수 있다.

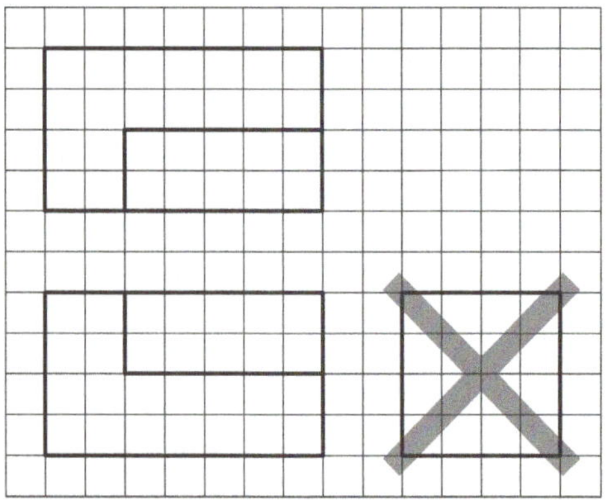

[그림 8.5] 반드시 우측면도가 필요한 물체

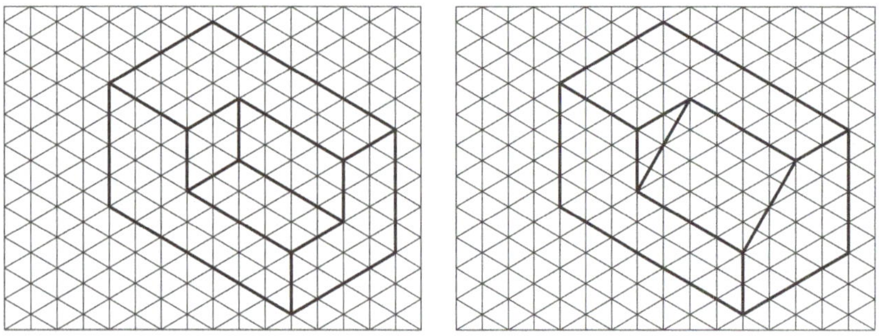

(a) 수직면 (b) 경사면

[그림 8.6] 정면도와 평면도만으로 해석한 물체 모양

보충설명

▶ 아래 그림 8.7과 그림 8.9에서와 같이 (우)측면도가 생략되면 어떤 모양으로 해석될 수 있을지 다시 한 번 생각해 볼까요?

연습하여 그린 후 그림 8.8과 그림 8.10에서 제시하는 (등각) 입체 도형과 비교해 보자.

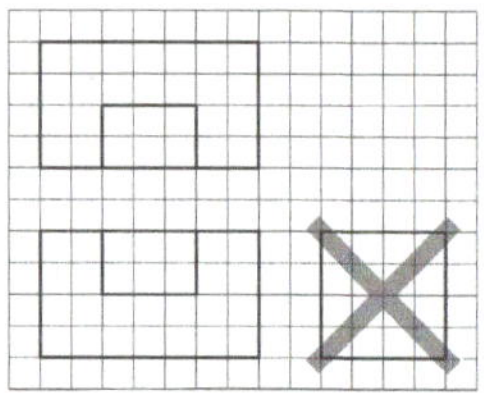

[그림 8.7] 우측면도의 생략

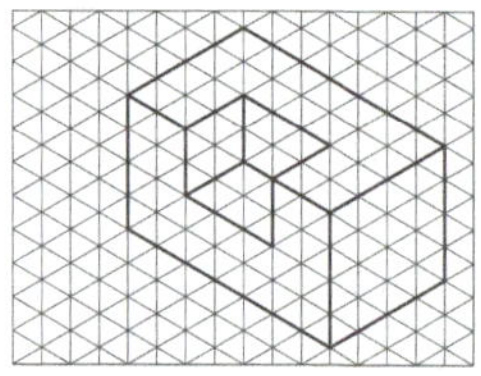

(a) 수직면

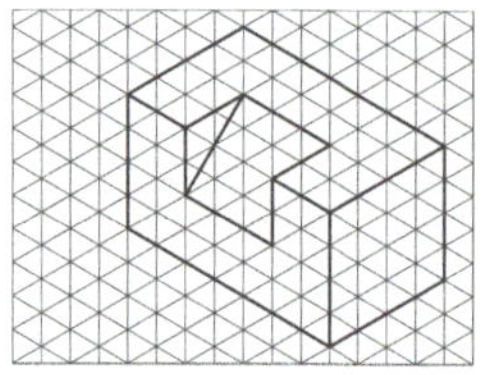

(b) 경사면

[그림 8.8] 입체 모양

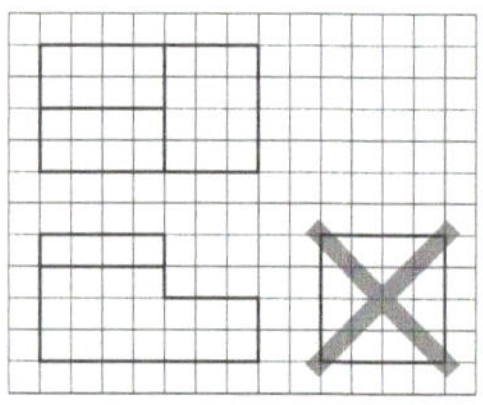

[그림 8.9] 우측면도의 생략

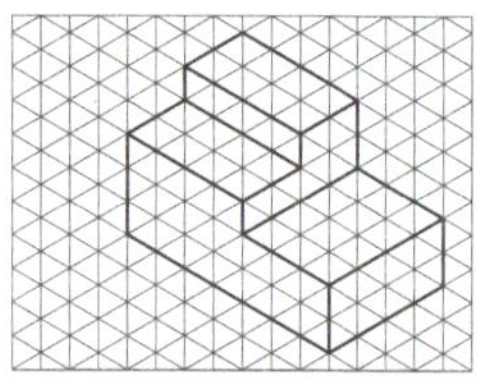

(a) 수직면

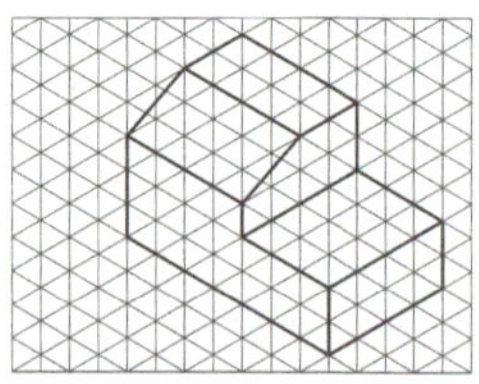

(b) 경사면

[그림 8.10] 입체 모양

아래 그림 8.11은 정면도를 기준으로 평면도의 투상도가 도시되지 않을 경우로써, 이와 같은 경우에는 그림 8.12와 같이 **(a)**와 **(b)**의 2가지 모양으로 잘못 읽을 수 있다는 것을 설명한다. 여러 모양의 도형이 생길 수가 있다는 것이다.

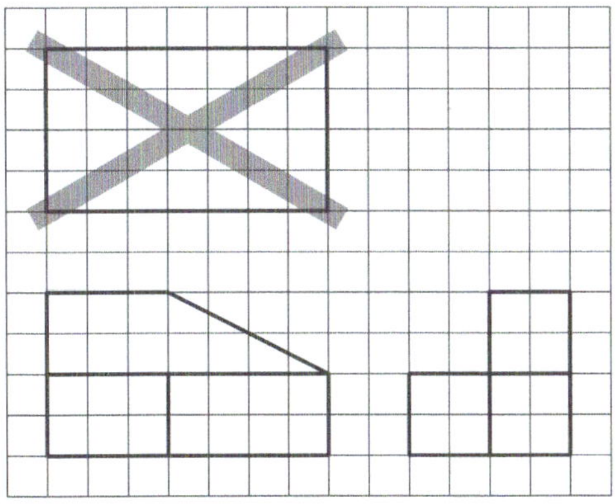

[그림 8.11] 평면도 도시가 생략된 경우

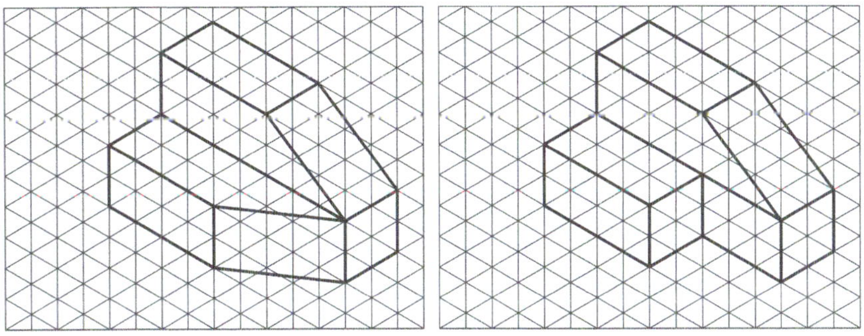

(a) 경사면　　　(b) 수직면

[그림 8.12] 2개의 입체적 도형으로 해석

보충설명

- 물체를 3차원 입체적으로 표현하는 데(나타내는 데) 있어, 정 투상도의 기본 3면도인 정면도, 평면도, 측면도(우측면도 또는 좌측면도) 중에서 어느 하나라도 도시되지 않을 경우에는 여러 모양의 도형이 생길 수가 있고 도면을 잘못 해석(해독)할 수가 있다.
- 단, 원 형상(모양)을 갖는 원기둥이나 파이프(pipe) 등의 물체는 2면도만으로도 형상(모양) 정의가 가능한 경우도 있다.

연습문제 8-1

다음에 주어진 정 투상도의 평면도 또는 측면도에 도시되지 않은 외형선과 숨은선을 도시하여 완성하고 별도로 주어진 등각 방안지에 등각 투상도를 그리되, 정 투상도의 한 눈금은 등각 투상도의 한 눈금과 같은 크기로 하며 등각 투상도를 그릴 때 보이지 않는 윤곽은 그리지 않으며 가능한 외형선은 0.7mm, 숨은선은 0.5mm의 샤프펜슬이나 연필을 사용하여 그리시오.

AutoCAD로 도면작성(작도)을 하여 프린트(인쇄) 할 때는 외형선의 굵기는 0.2~0.25mm, 숨은선의 굵기는 0.15mm, 가는 실선의 굵기는 0.1mm로 셋팅(setting, 설정)하여 프린트하면 형상의 윤곽, 선의 구분과 보기에도 깔끔하다.

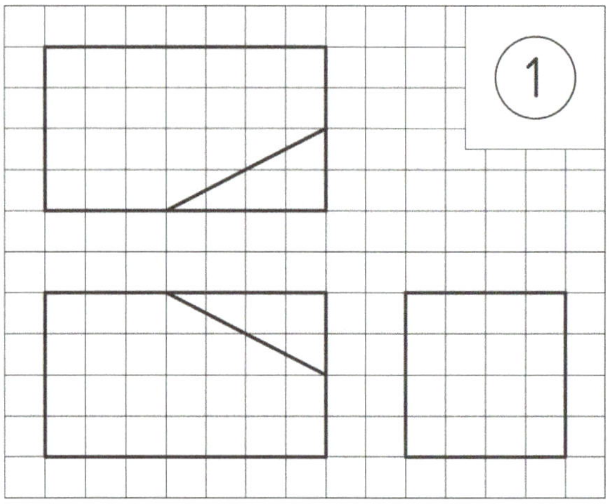

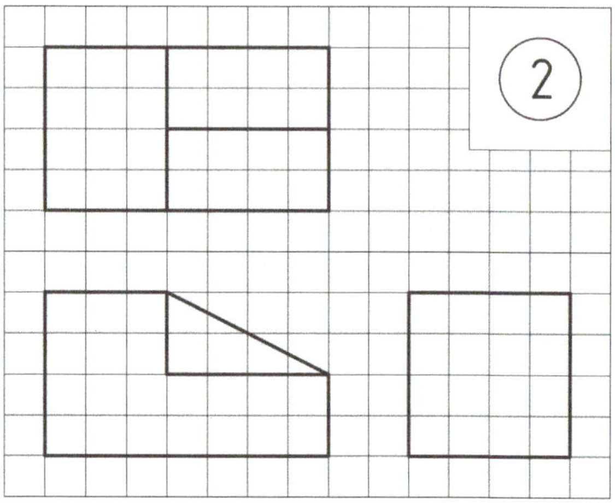

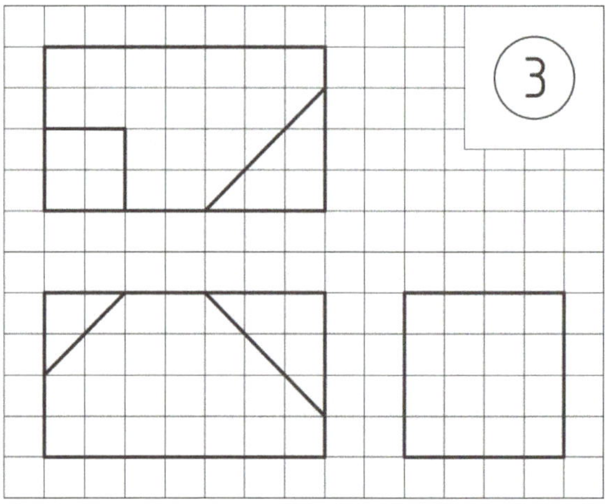

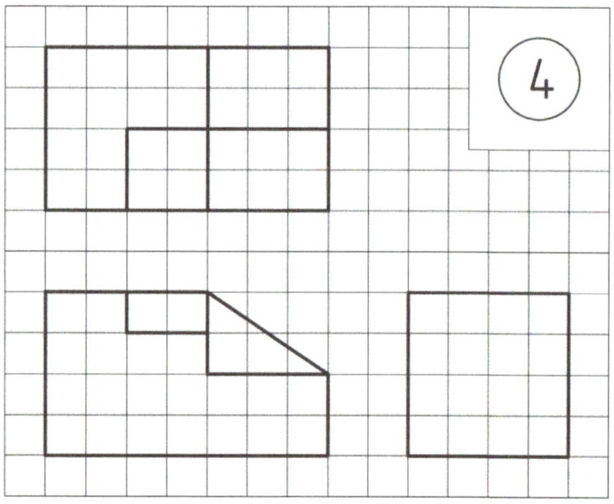

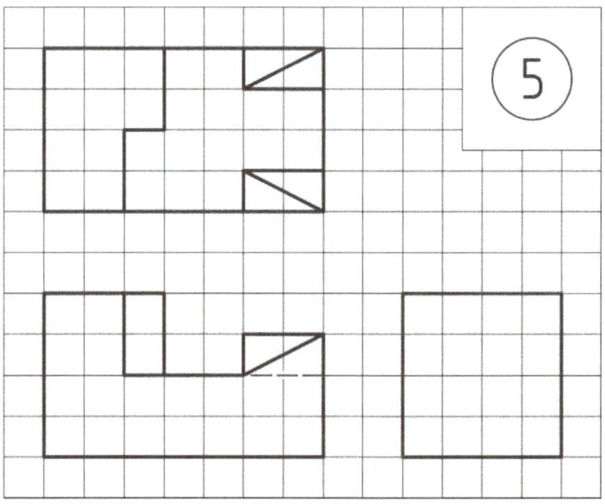

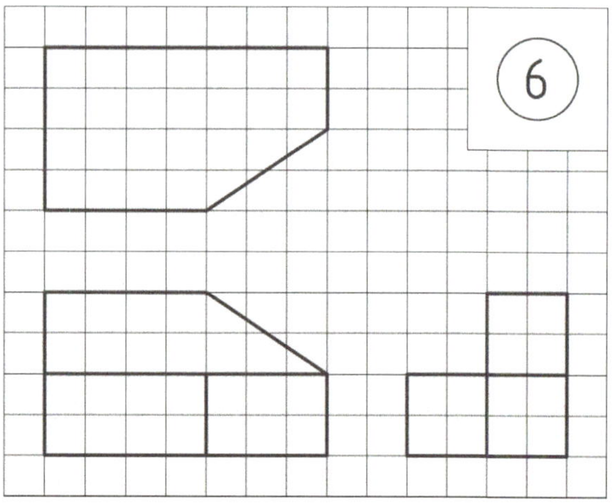

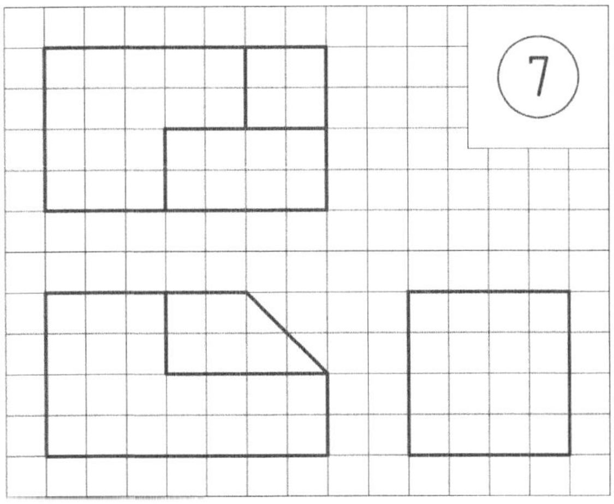
7

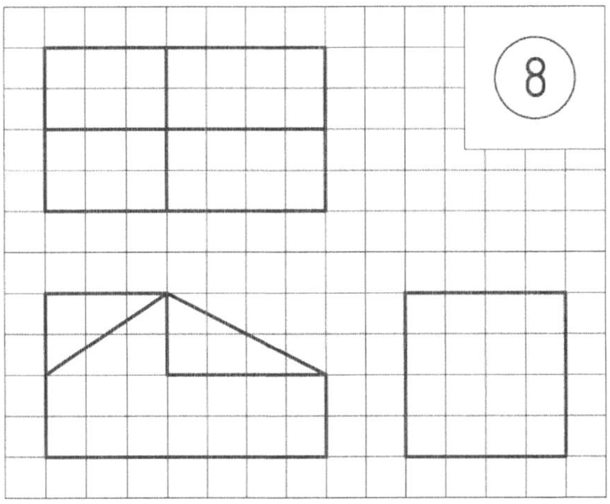
8

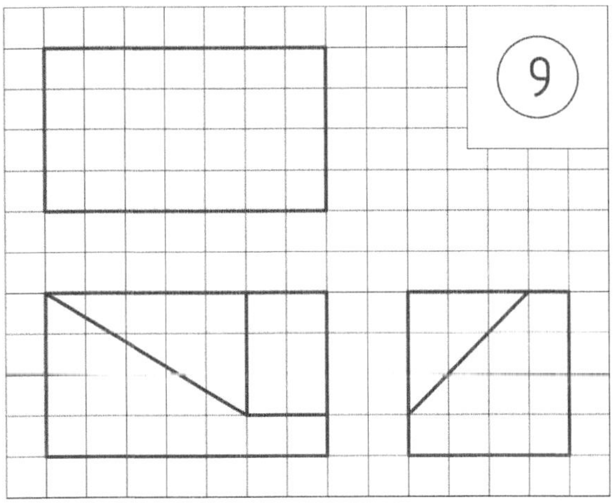
9

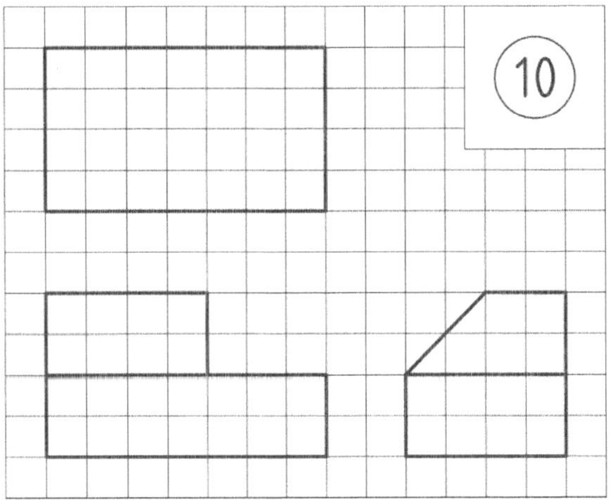
10

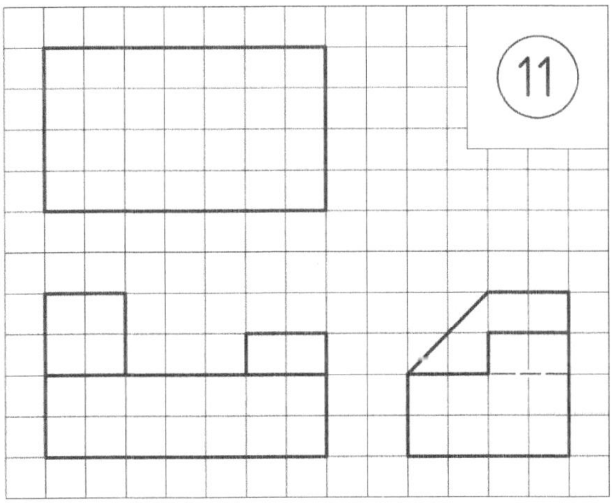
11

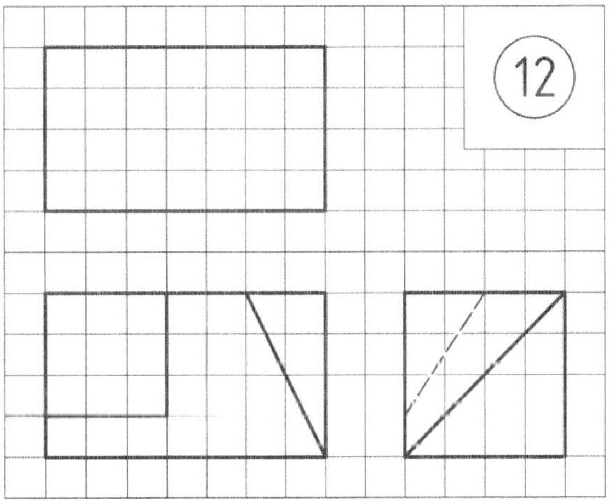
12

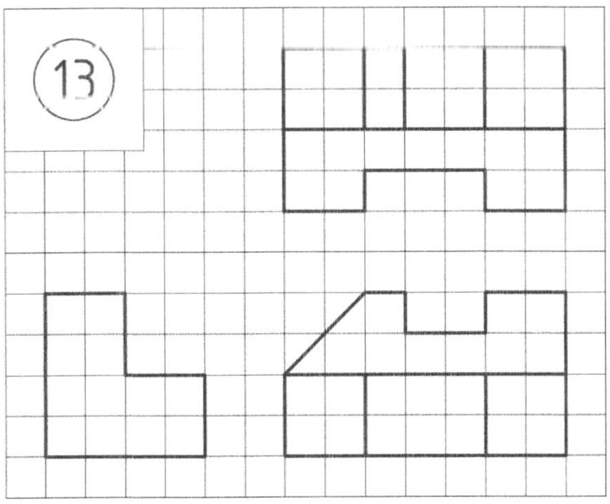
13

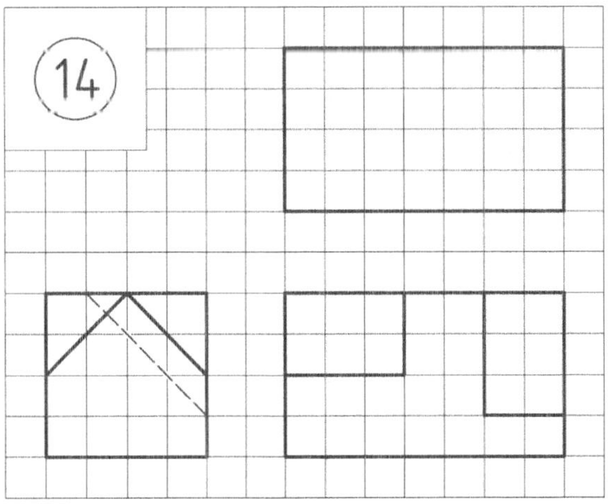
14

15
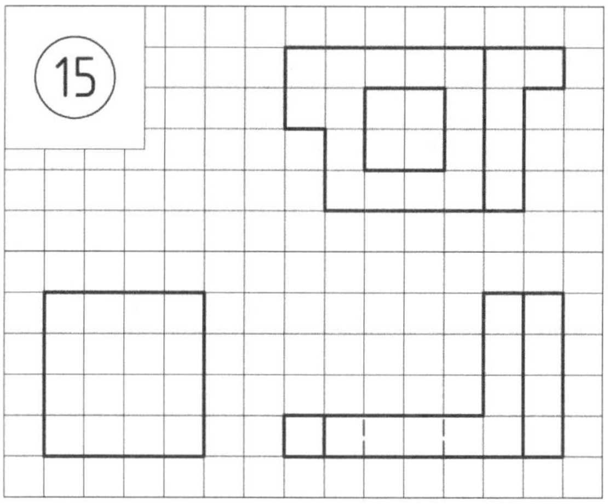

16
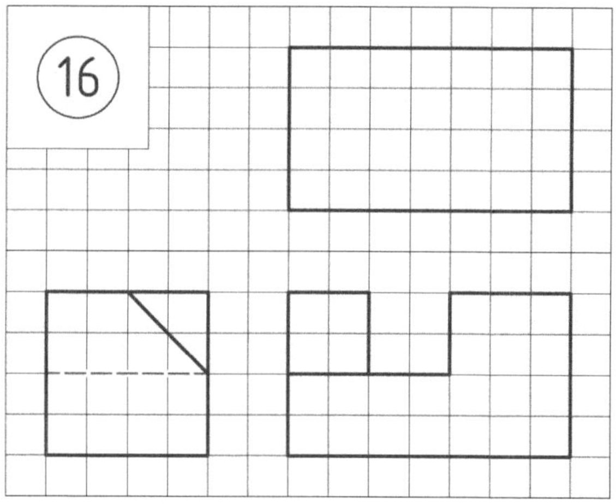

17
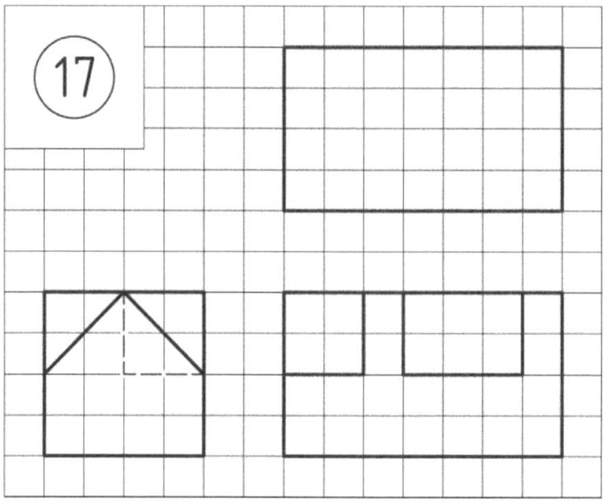

18
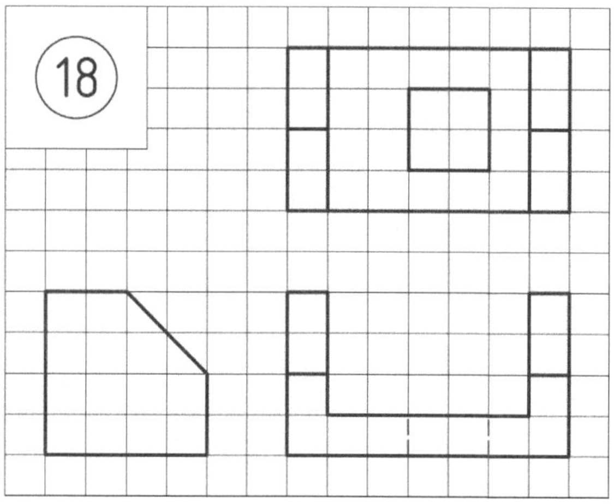

19
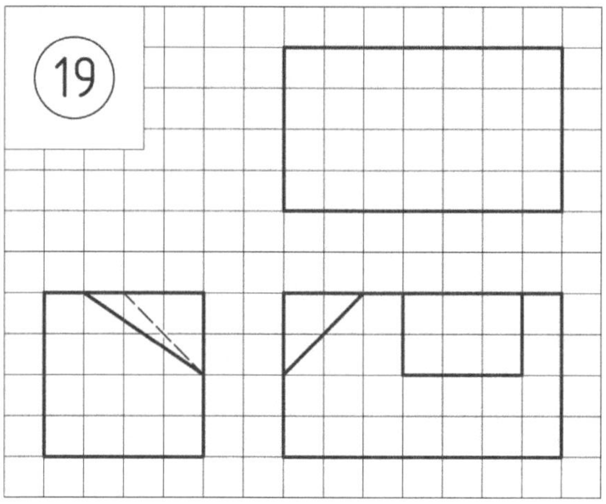

20
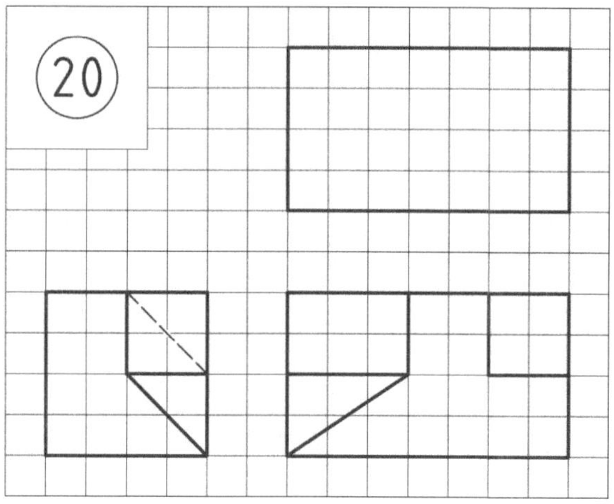

21
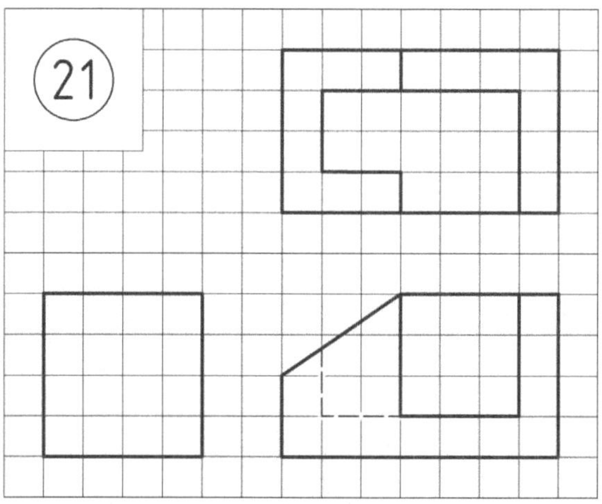

22
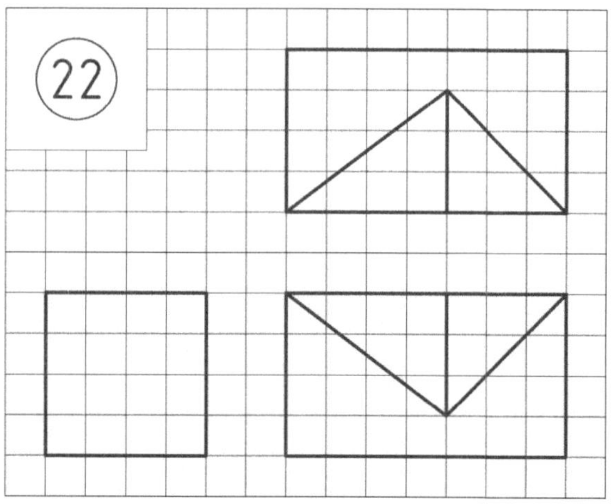

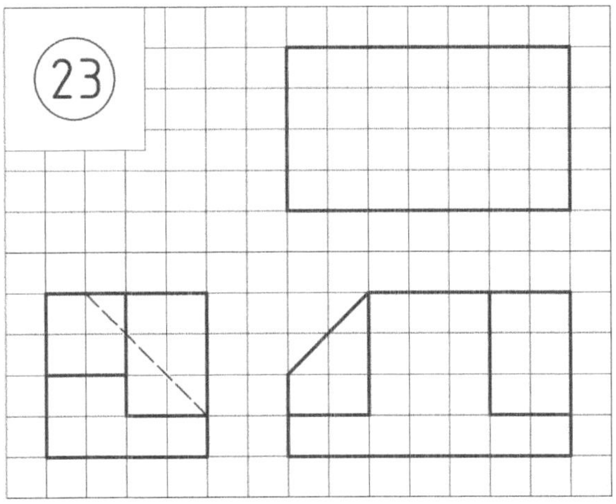
23

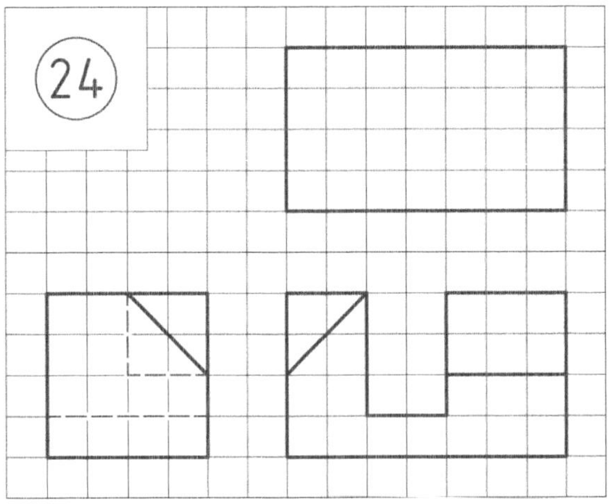
24

①

②

③

④

⑤

⑥

⑦

⑧

⑨

⑩

⑪

⑫

⑬

⑭

⑮

⑯

17	18
19	20
21	22
23	24

연습문제 8-1 모범답안	학습할 때 모범답안(정답)은 수시로 보면서 하는 것이 아니라, 힌트를 얻고자 할 때나 학습 결과와 모범답안을 비교할 때만 봐주기 바랍니다. 그래야만 도면 실력이 향상됩니다.

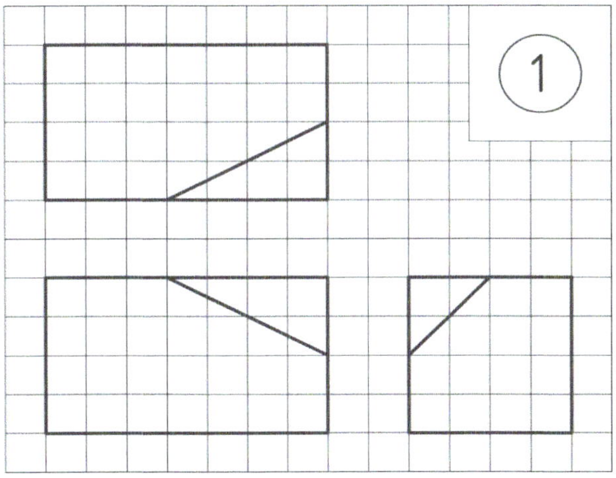

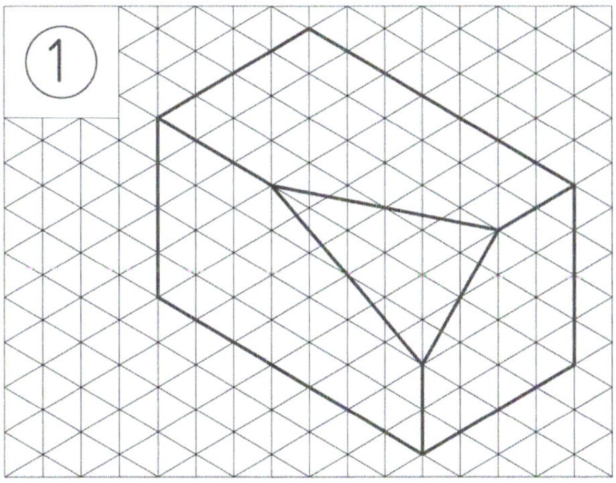

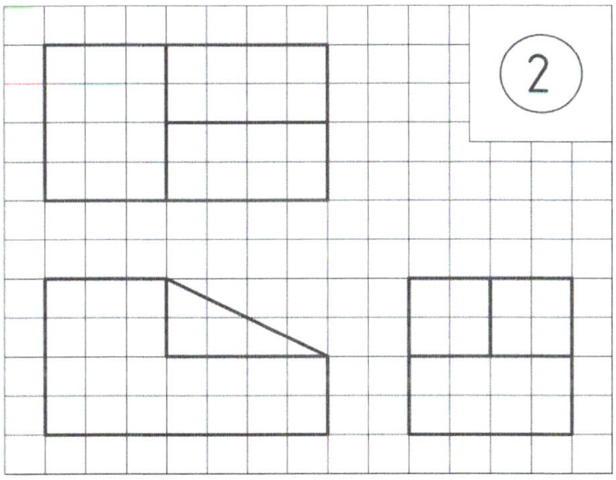

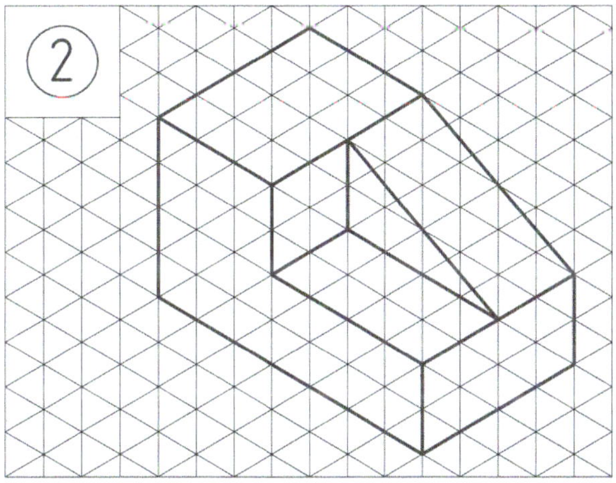

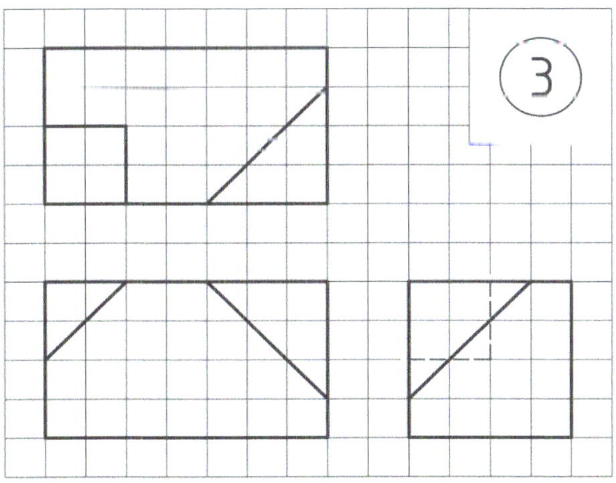

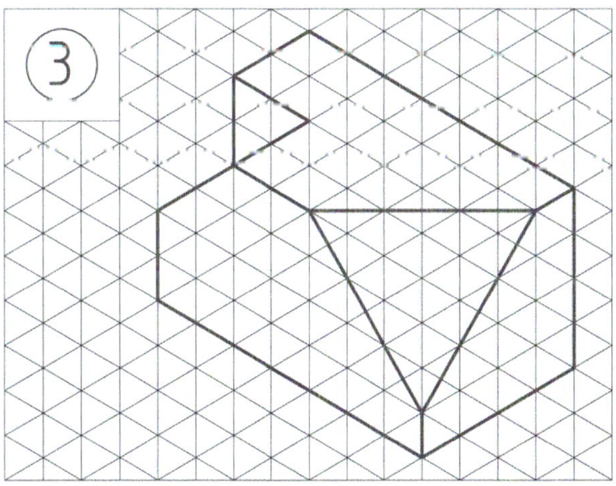

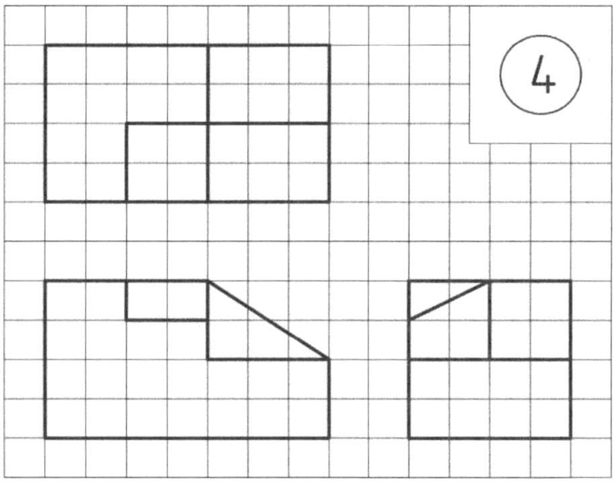
4

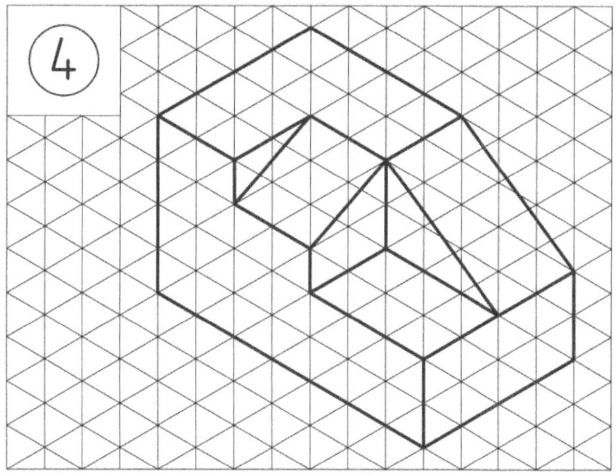
4

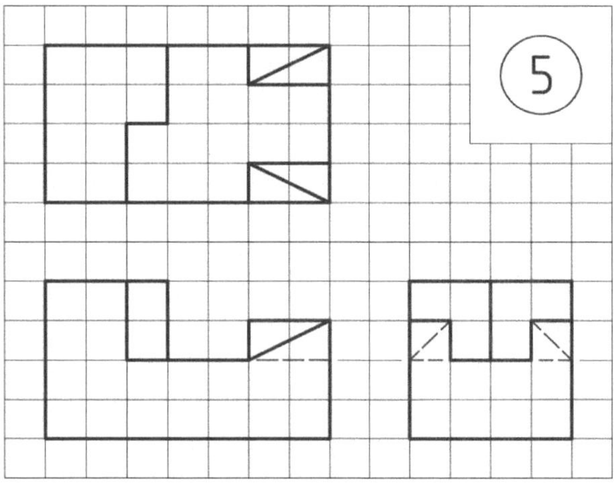
5

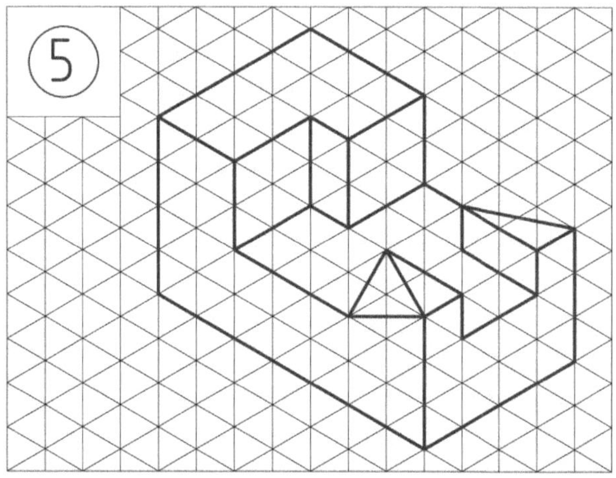
5

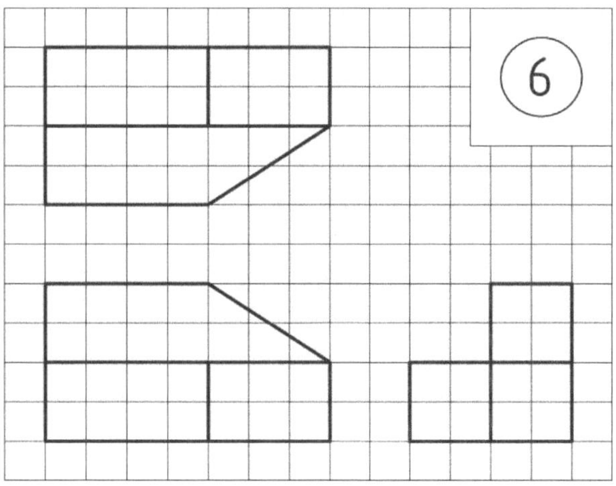
6

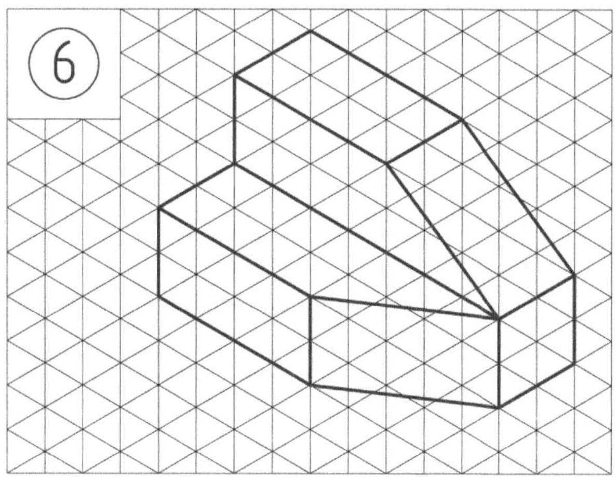
6

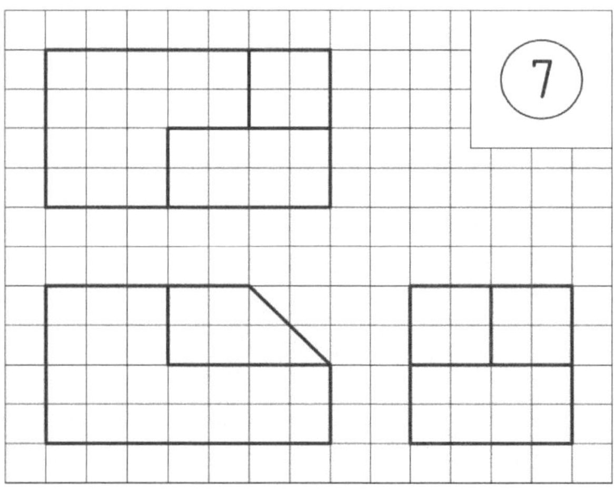
7

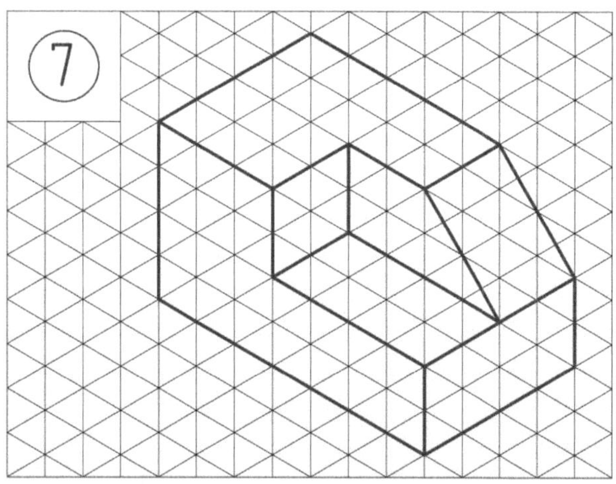
7

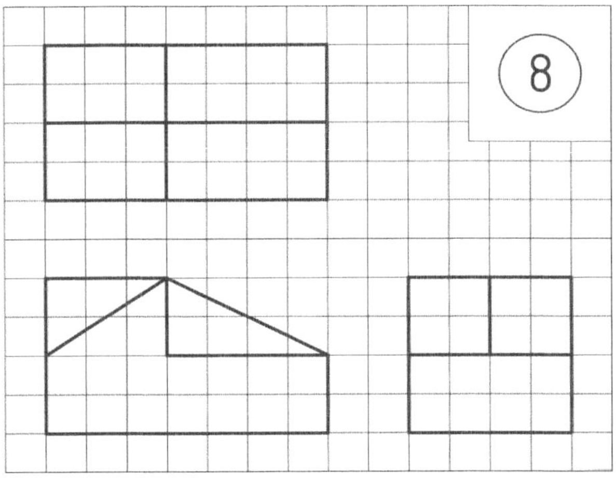
8

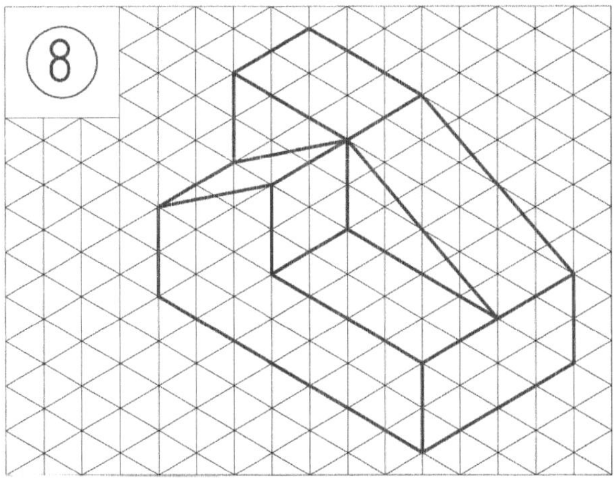
8

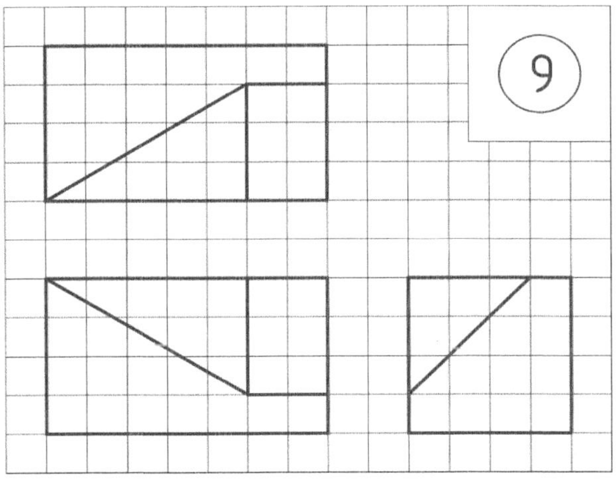
9

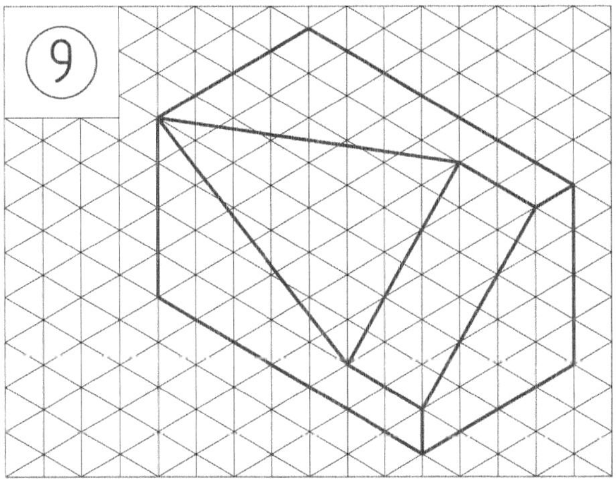
9

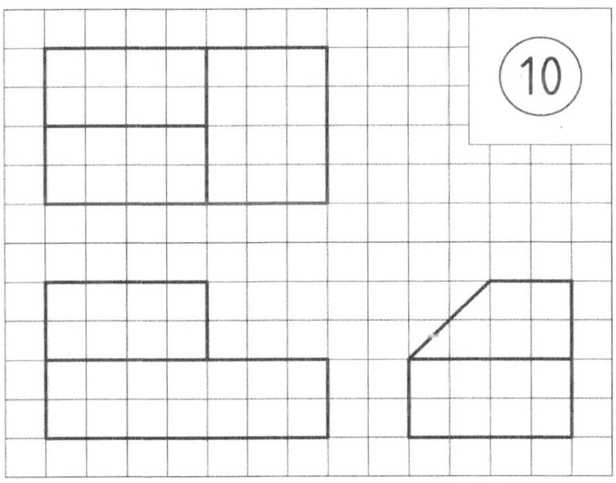
10

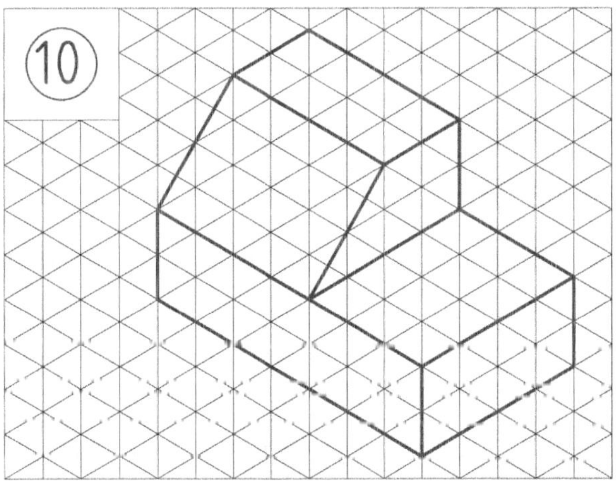
10

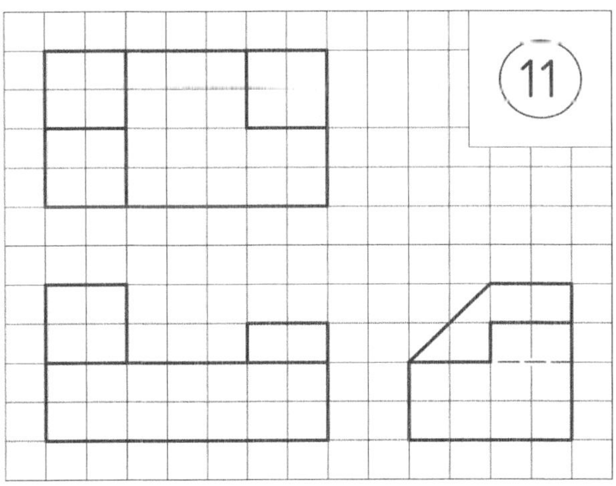
11

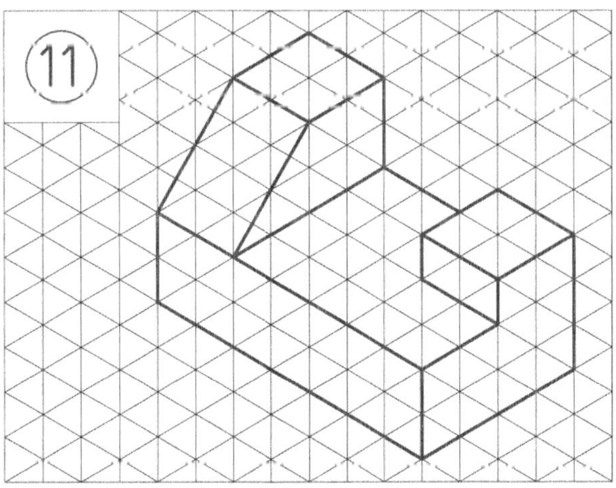
11

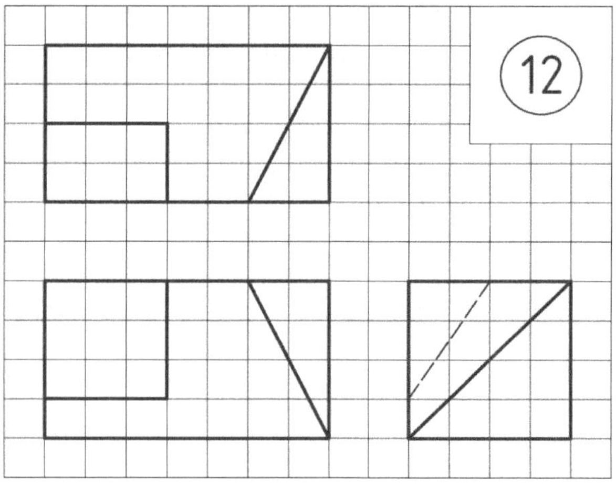
⑫

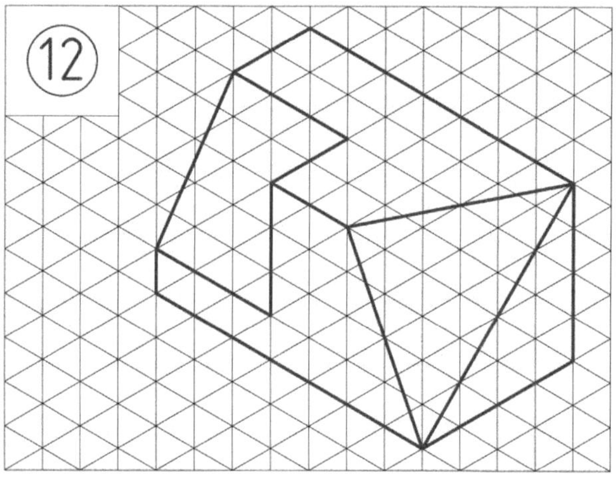
⑫

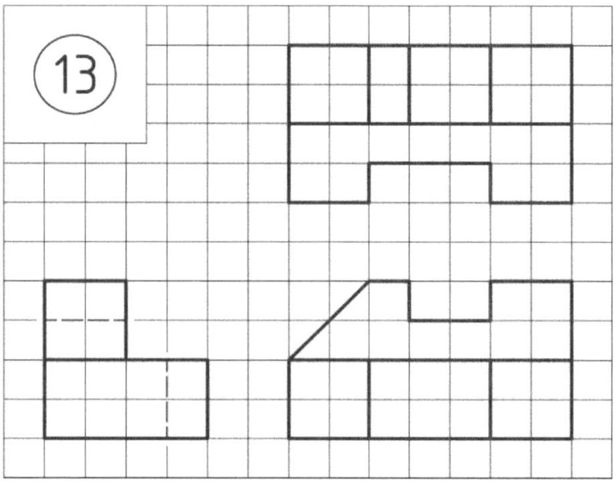
⑬

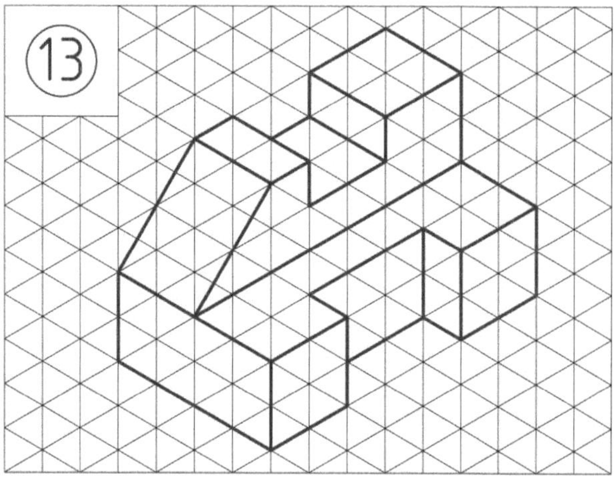
⑬

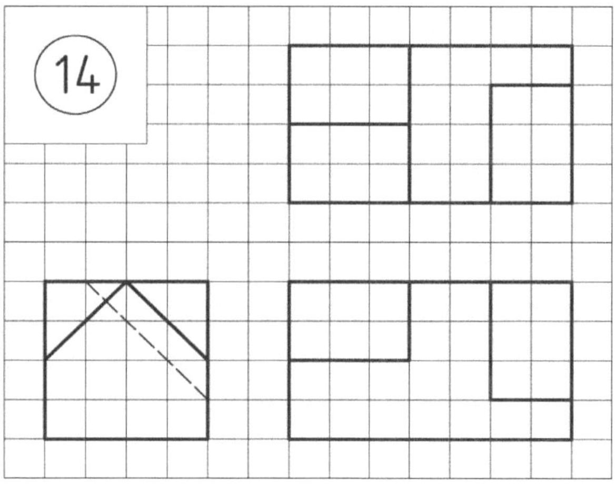
⑭

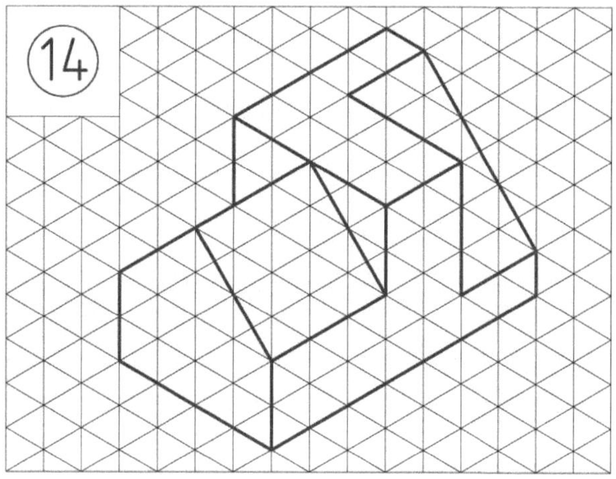
⑭

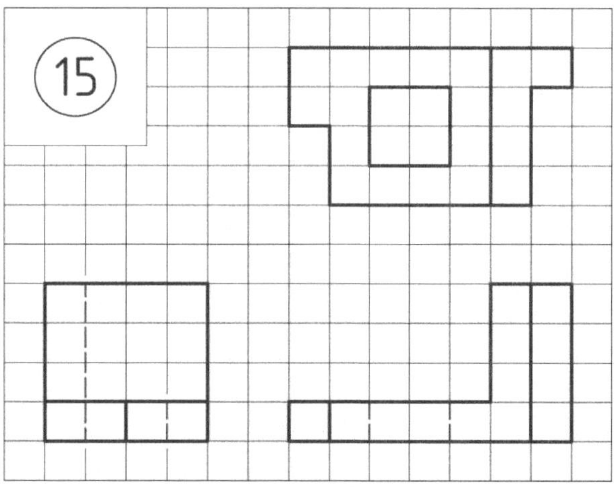
⑮

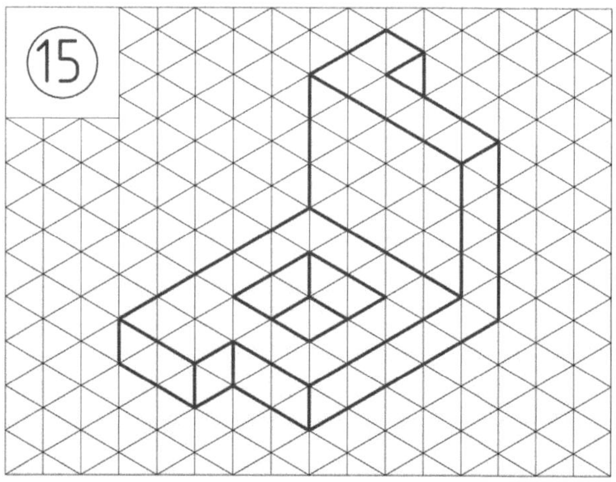
⑮

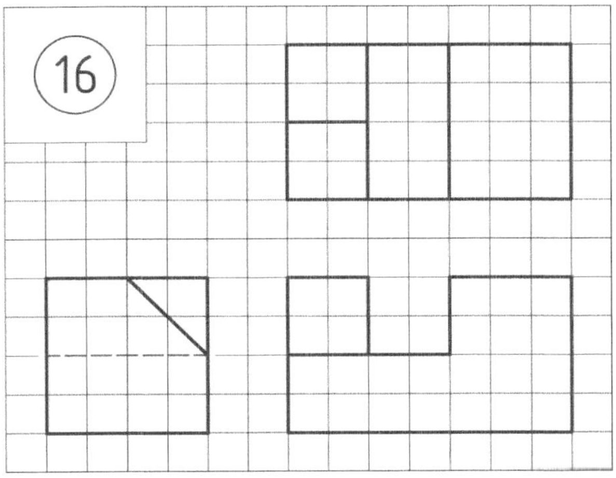
16

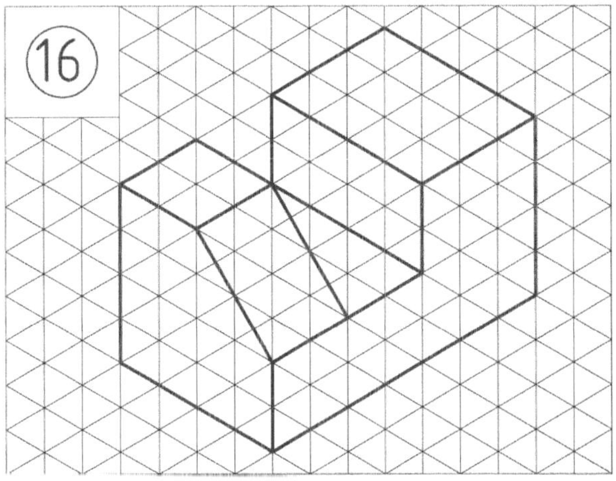
16

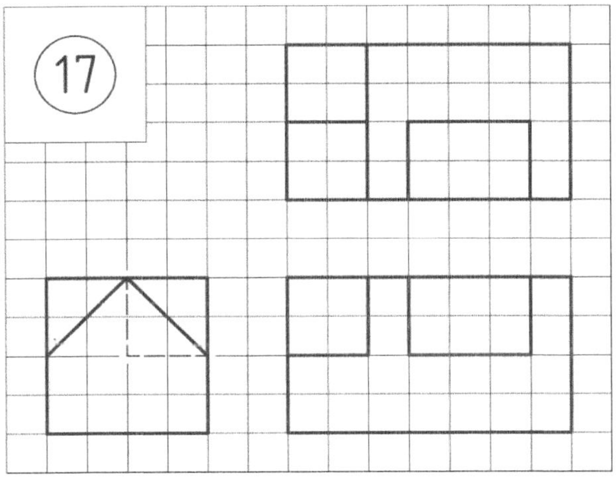
17

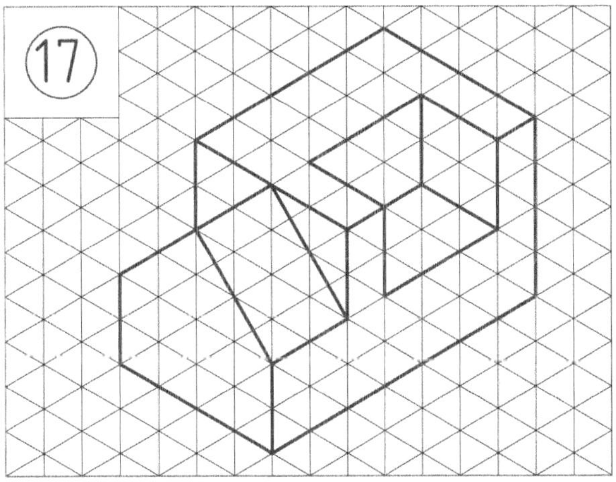
17

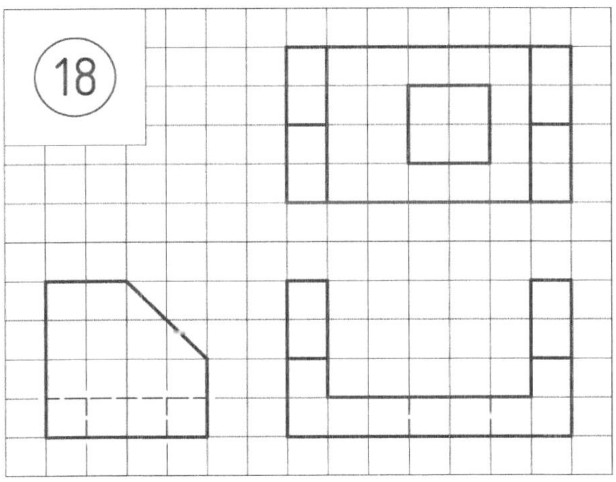
18

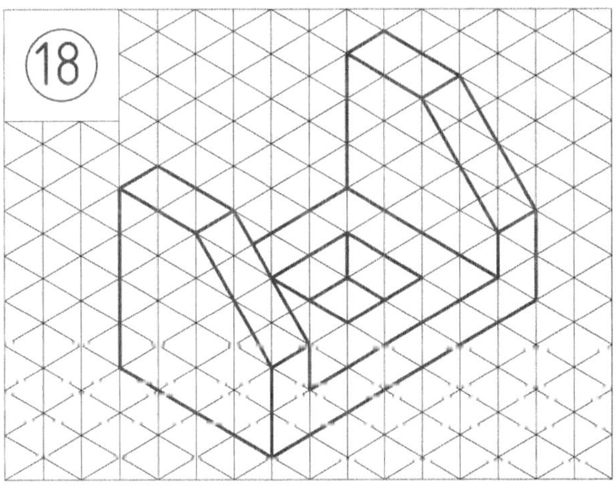
18

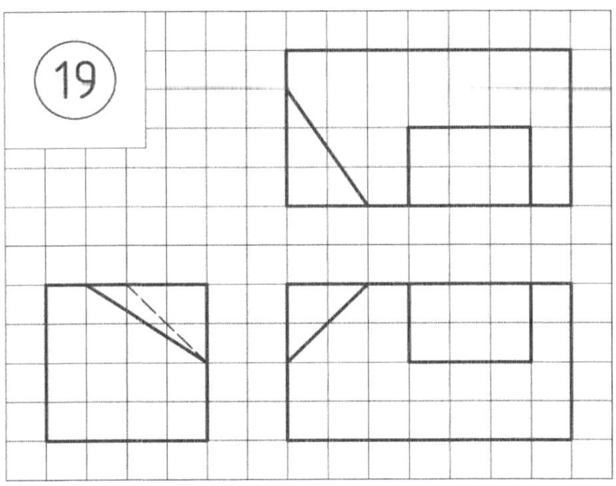
19

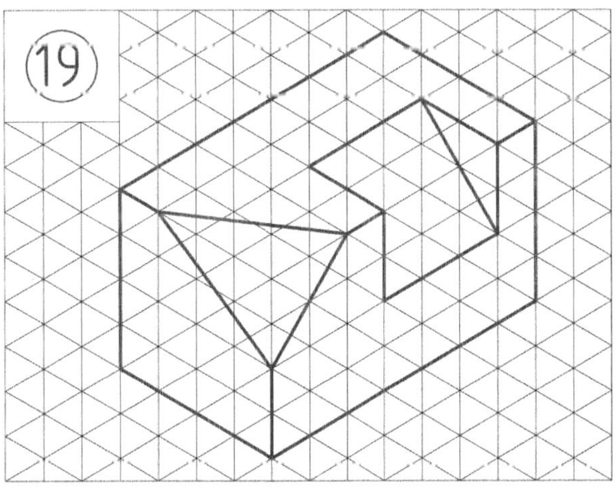
19

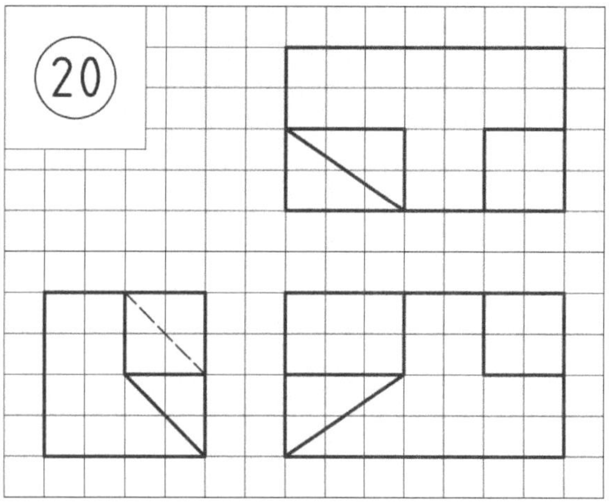
20

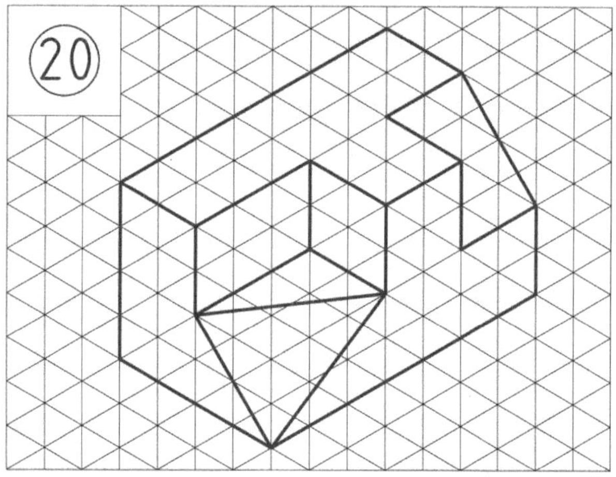
20

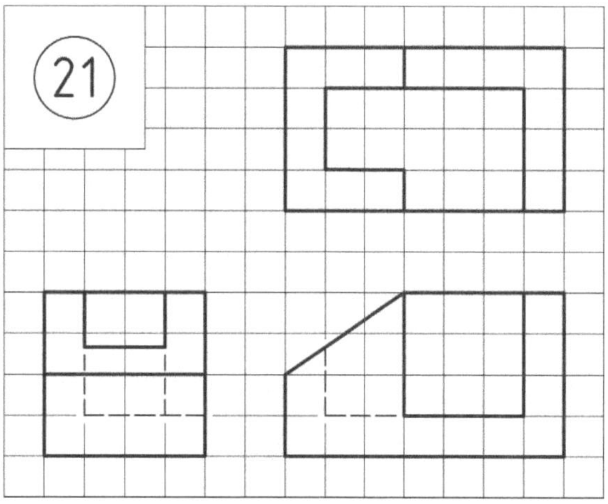
21

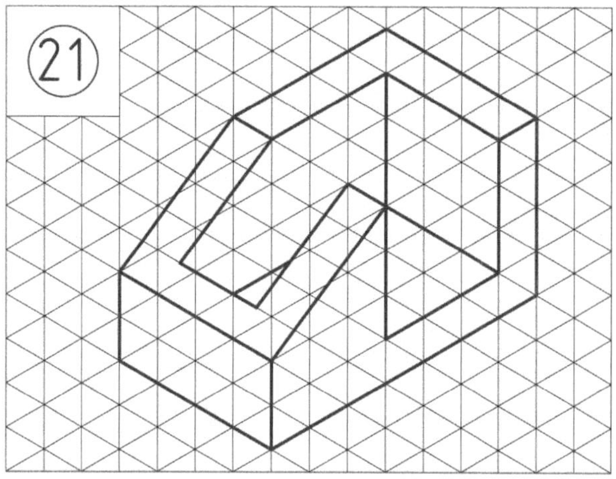
21

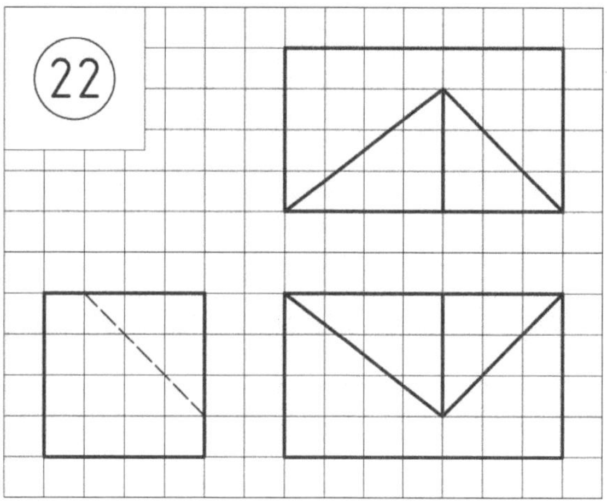
22

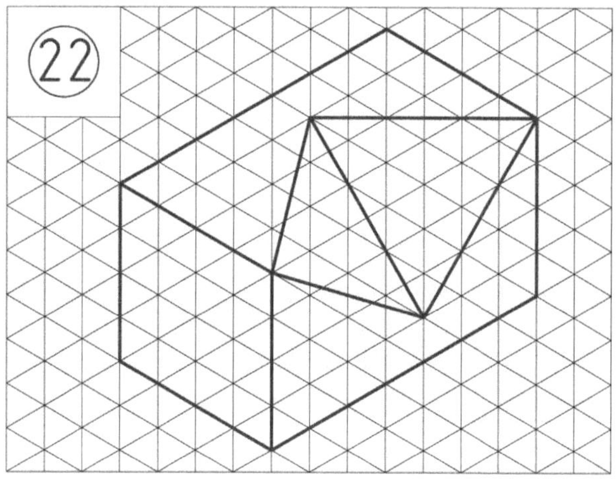
22

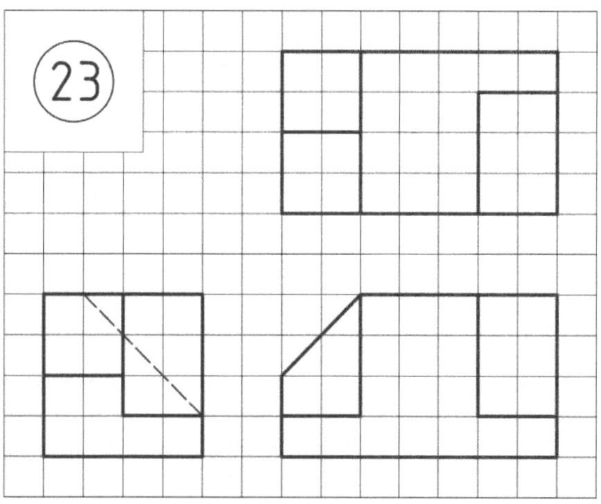
23

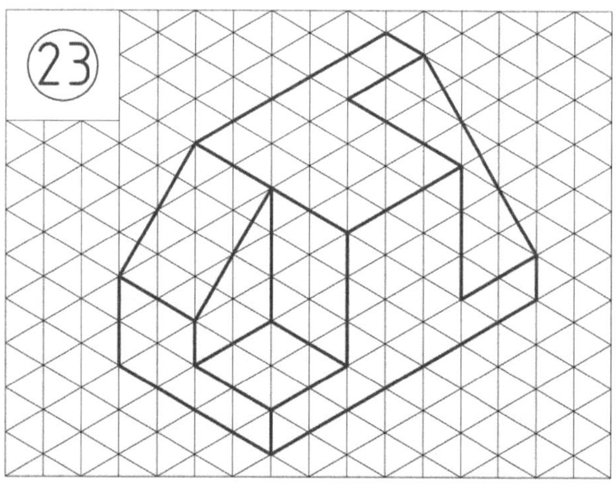
23

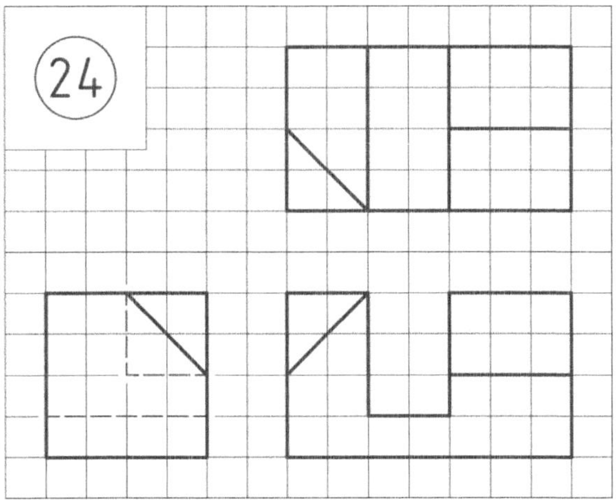
24

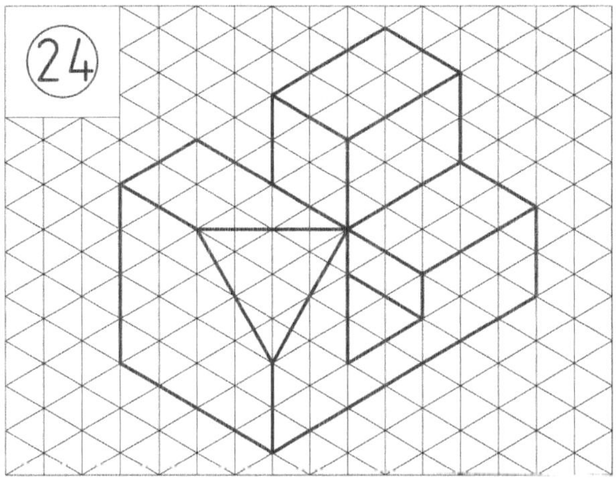
24

연습문제 8-2	**다음에 주어진 정 투상도의 평면도와 측면도에 의해 정면도에 도시되지 않은 외형선과 숨은선을 도시하여 완성하고 별도로 주어진 등각 방안지에 등각 투상도를 그리되, 정 투상도 한 눈금은 등각 투상도의 한 눈금과 같은 크기로 하며 등각 투상도를 그릴 때 보이지 않는 윤곽은 그리지 않으며 가능한 외형선은 0.7mm, 숨은선은 0.5mm의 샤프펜슬이나 연필을 사용하여 그리시오.**

AutoCAD로 도면작성(작도)을 하여 프린트(인쇄) 할 때는 외형선의 굵기는 0.2~0.25mm, 숨은선의 굵기는 0.15mm, 가는 실선의 굵기는 0.1mm로 셋팅(setting, 설정)하여 프린트하면 형상의 윤곽, 선의 구분과 보기에도 깔끔하다.

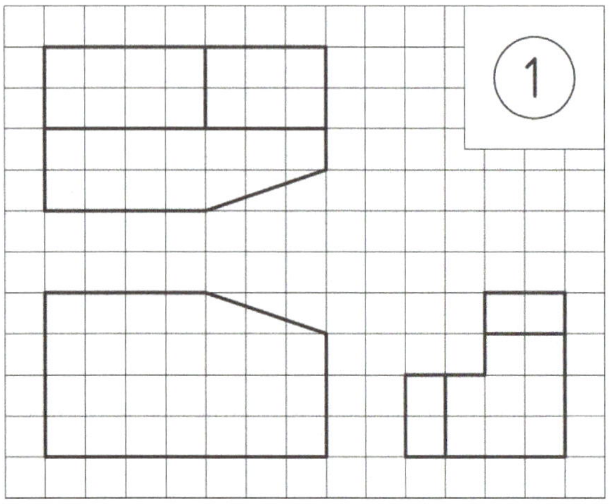

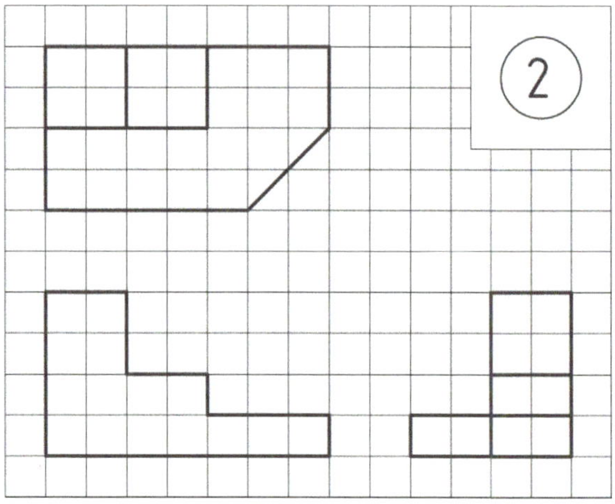

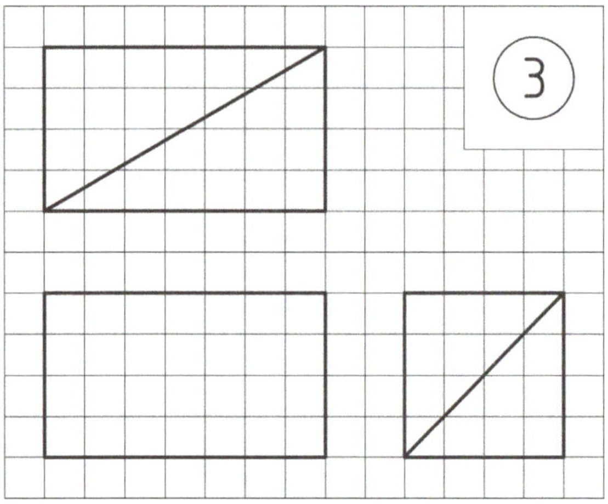

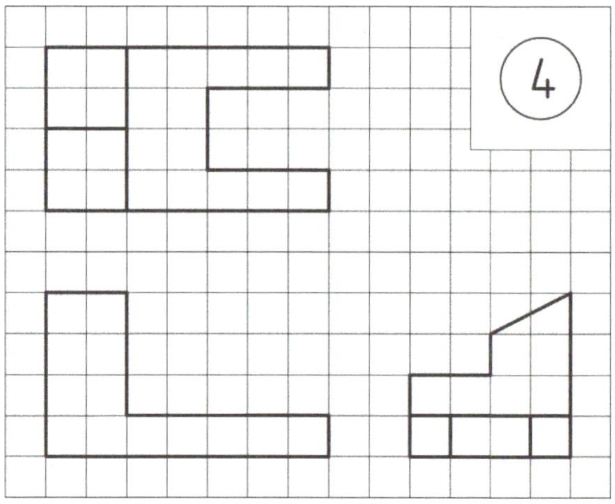

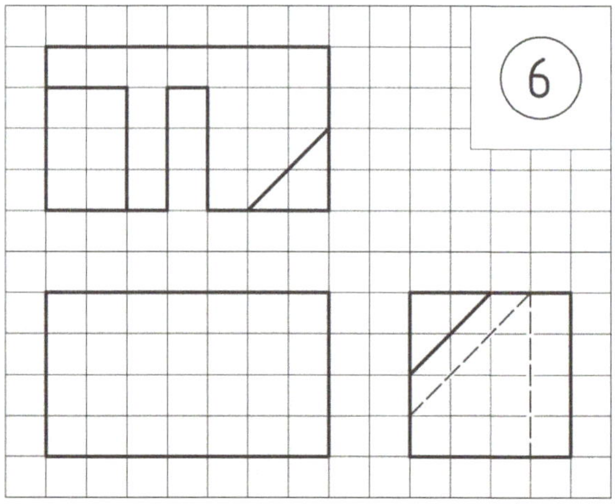

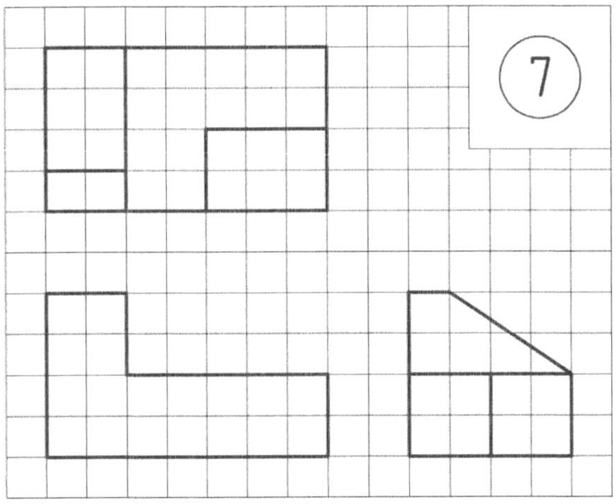
7

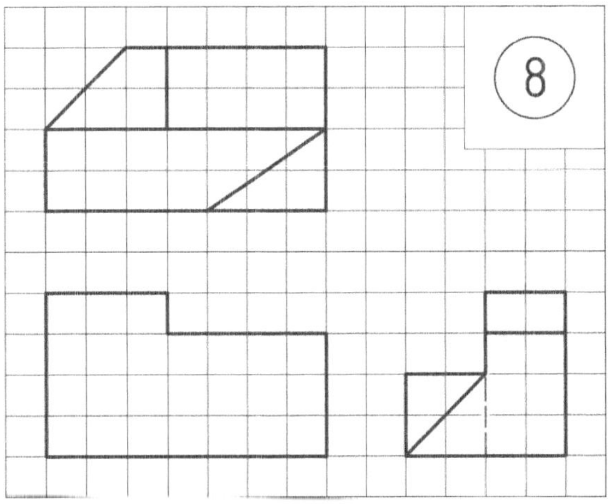
8

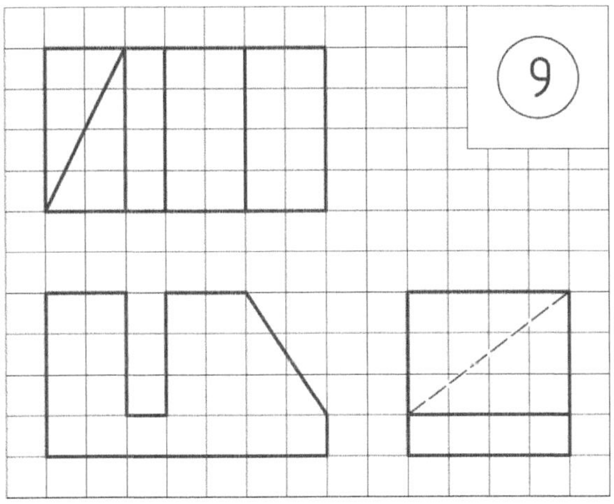
9

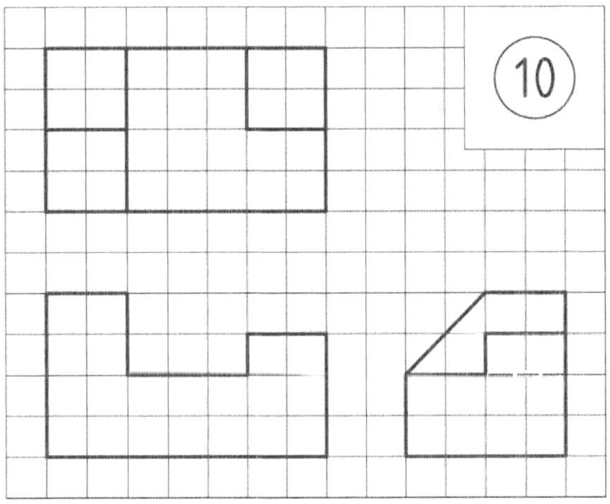
10

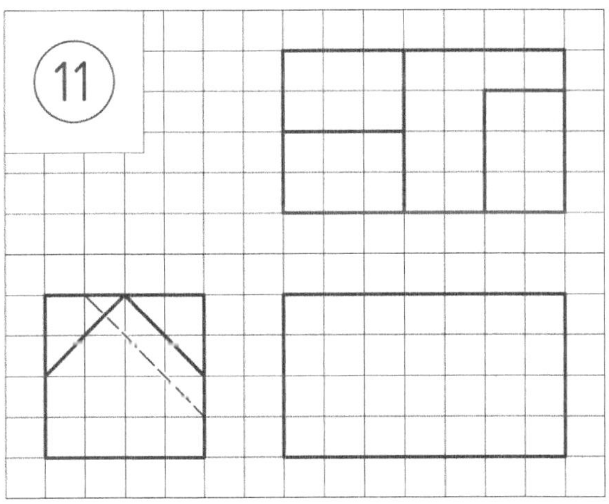
11

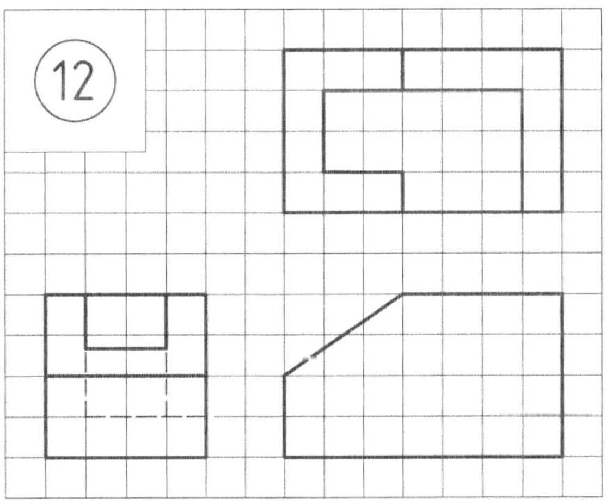
12

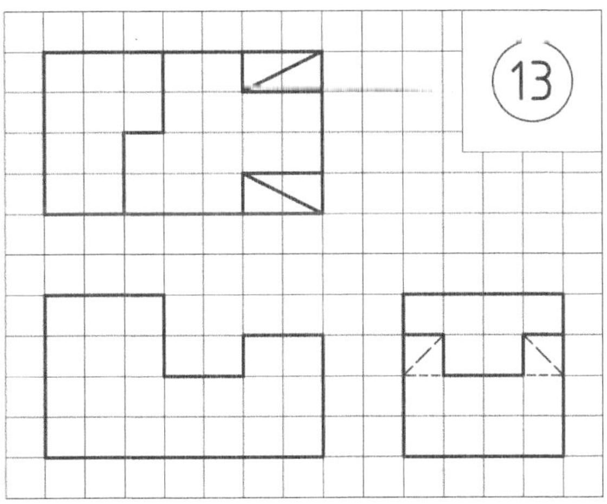
13

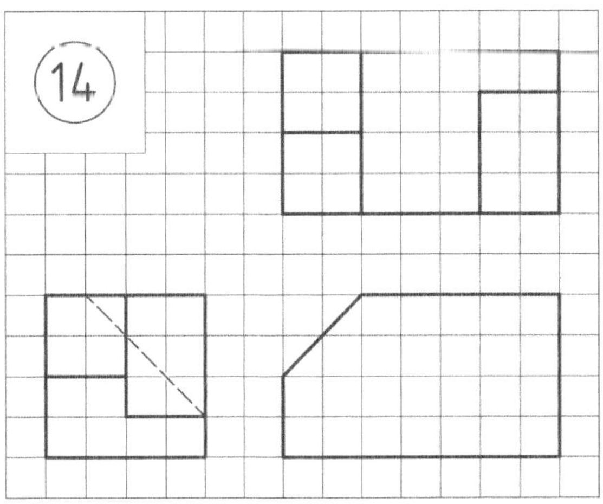
14

①

②

③

④

⑤

⑥

⑦

⑧

⑨

⑩

⑪

⑫

⑬

⑭

연습문제 8-2
모범답안

학습할 때 모범답안(정답)은 수시로 보면서 하는 것이 아니라, 힌트를 얻고자 할 때나 학습 결과와 모범답안을 비교할 때만 봐주기 바랍니다. 그래야만 도면 실력이 향상됩니다.

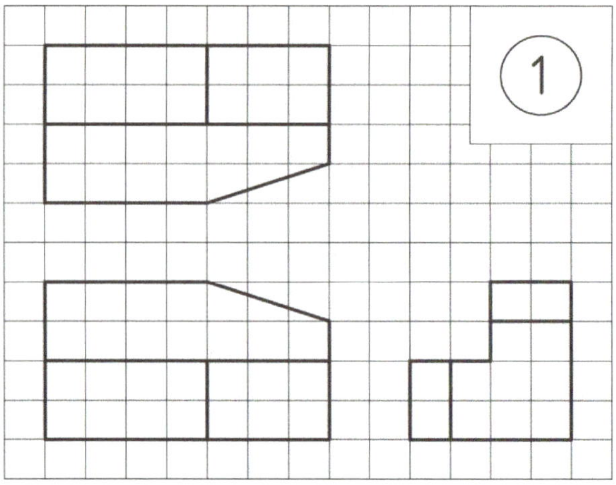

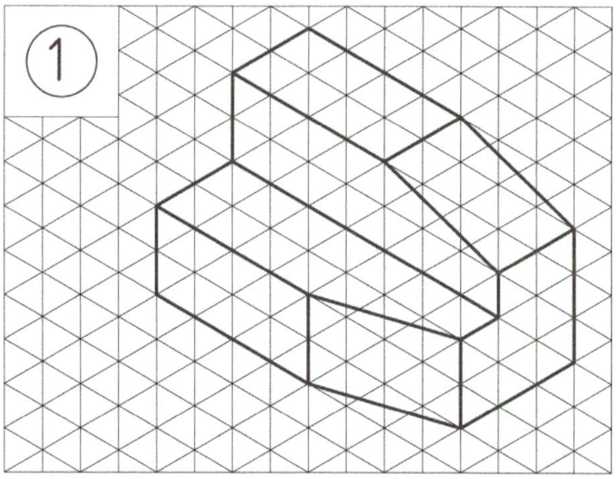

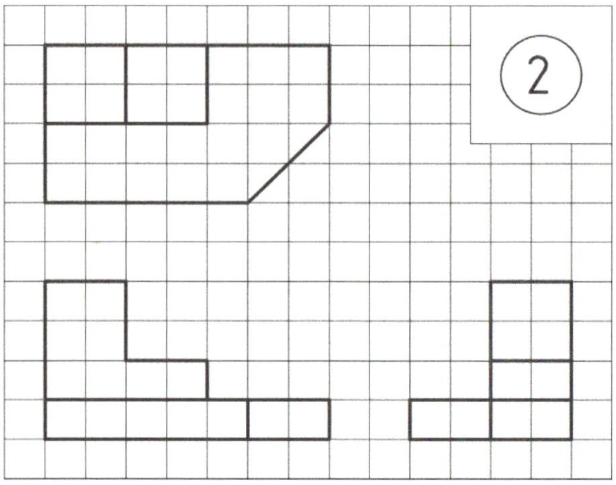

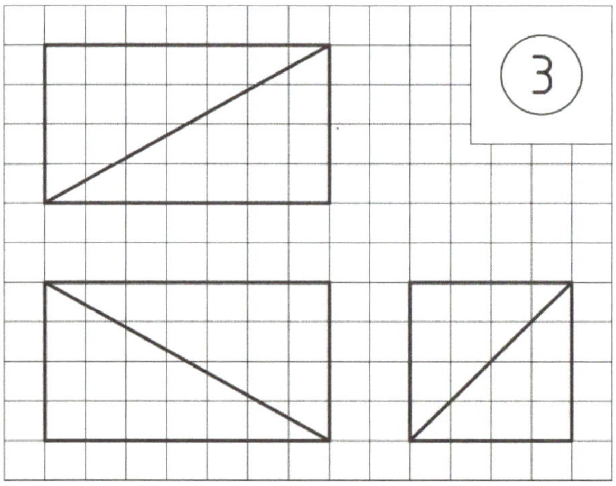

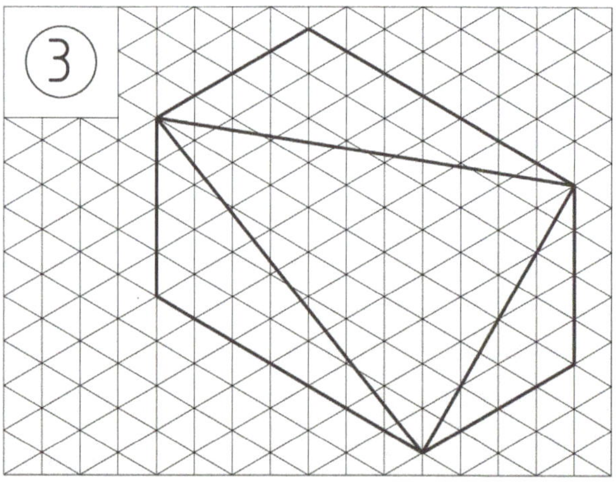

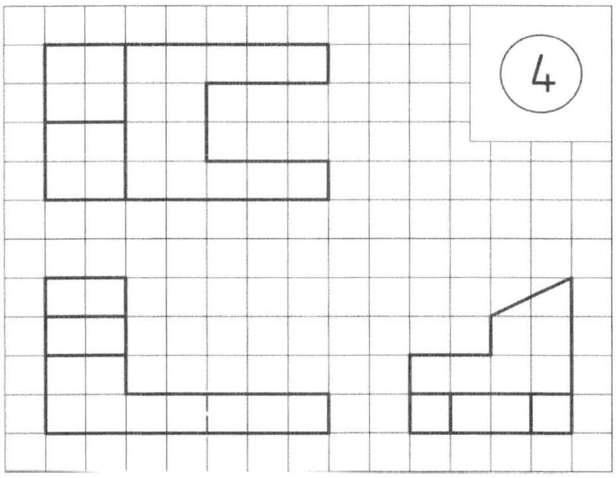
4

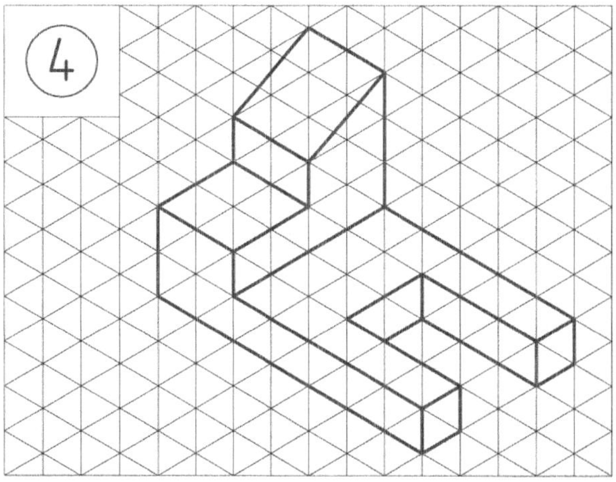
4

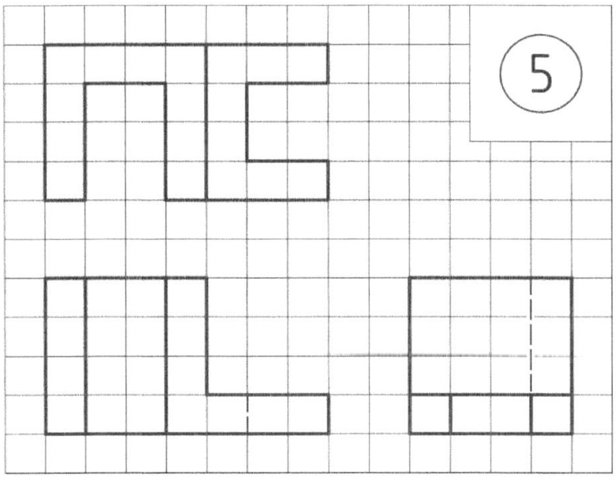
5

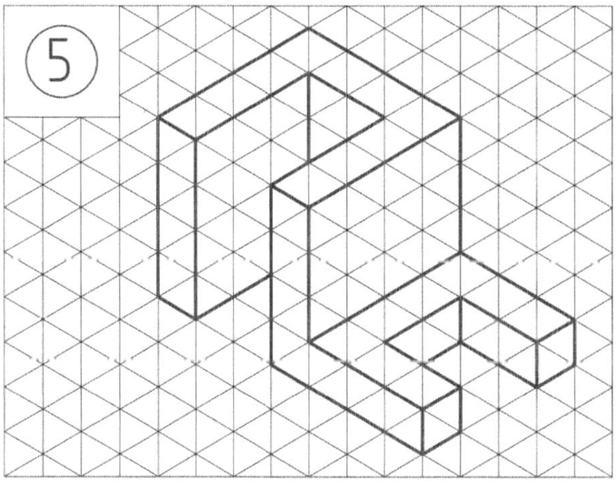
5

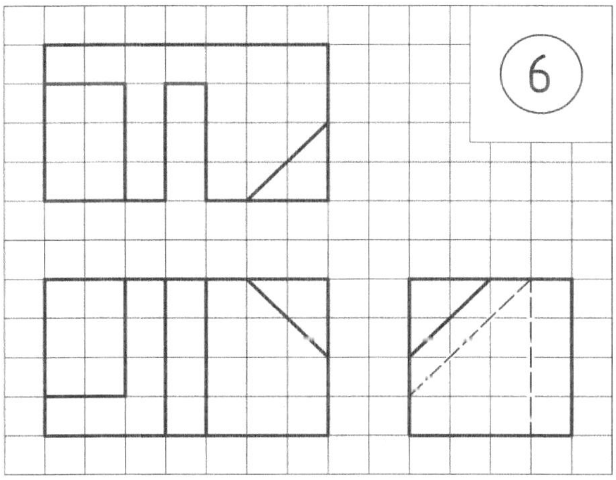
6

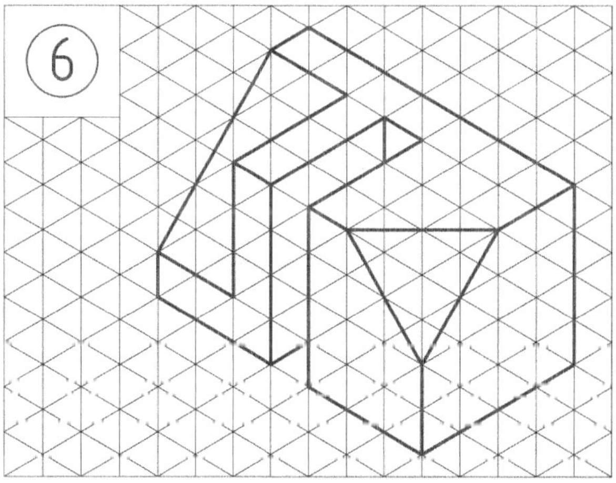
6

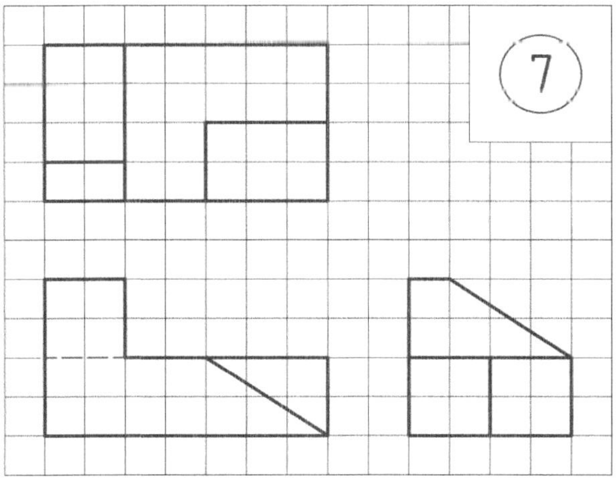
7

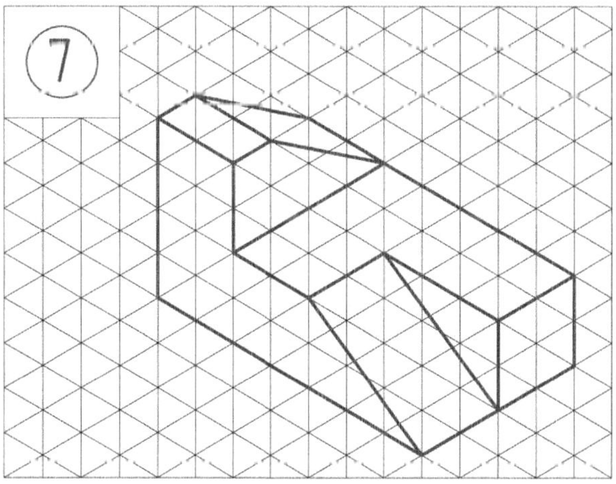
7

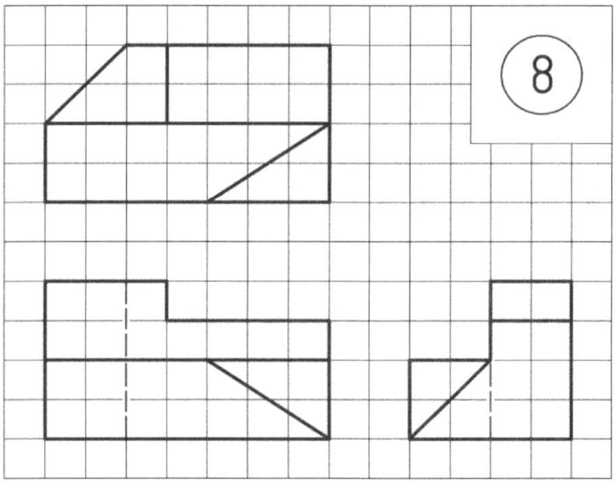
8

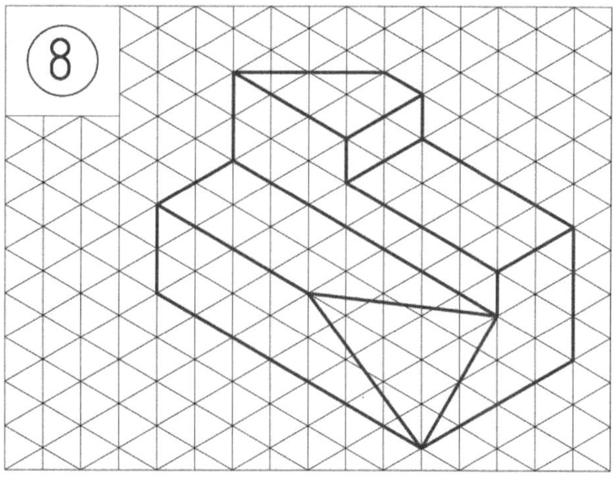
8

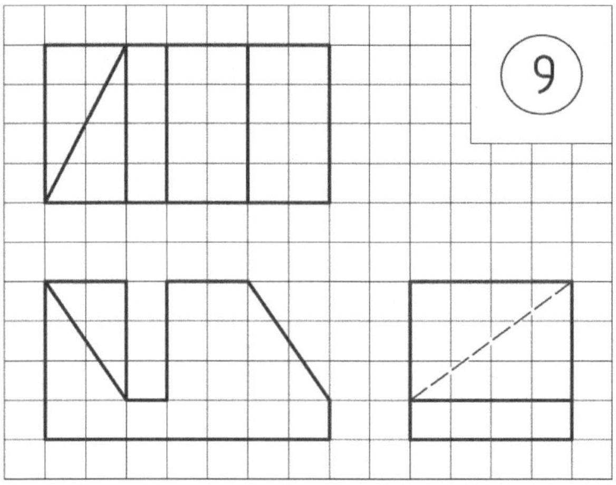
9

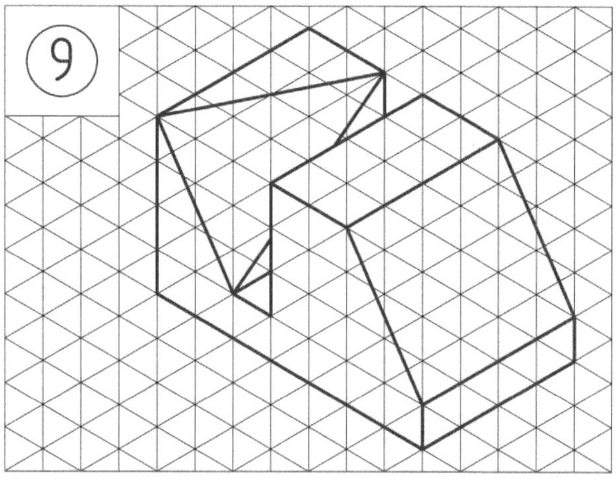
9

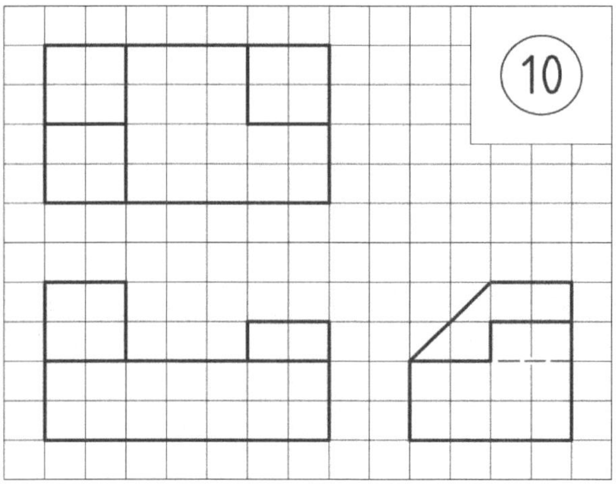
10

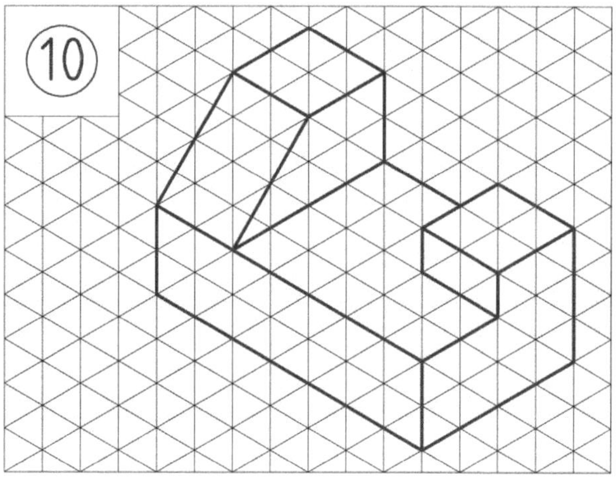
10

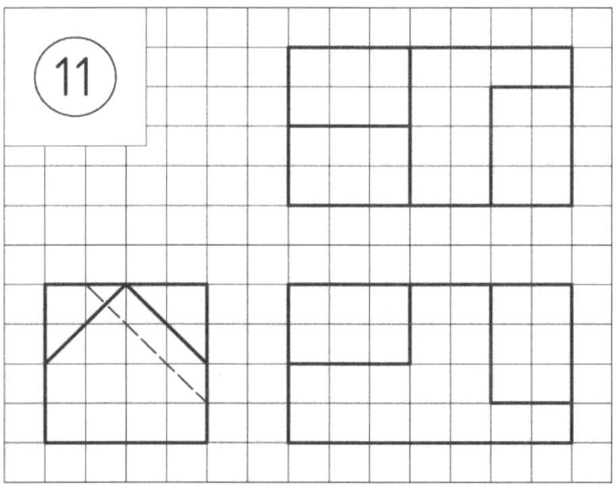
11

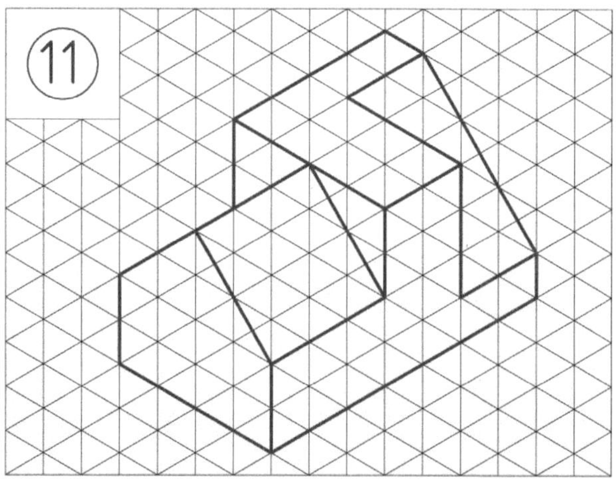
11

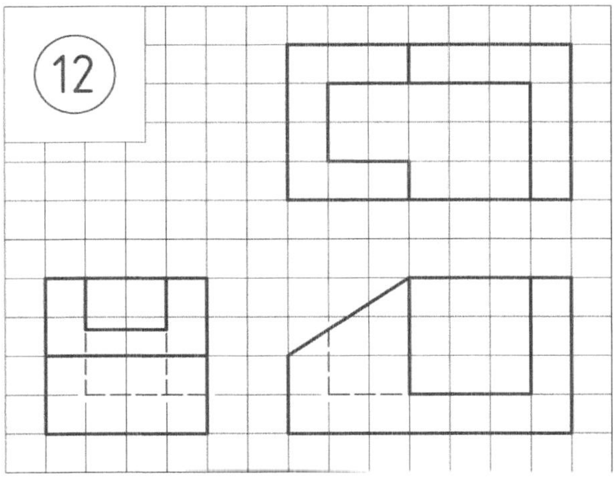
⑫

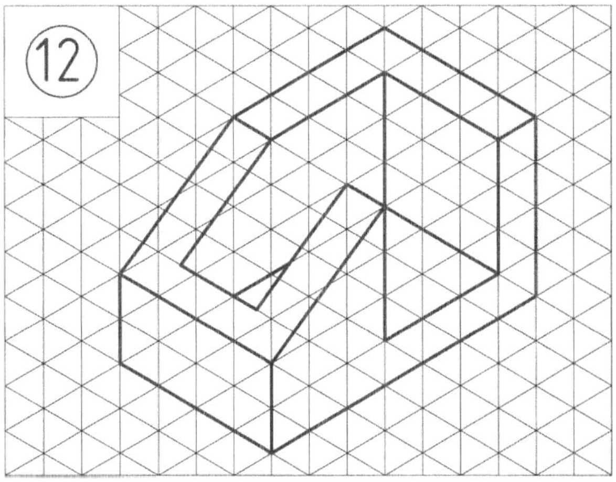
⑫

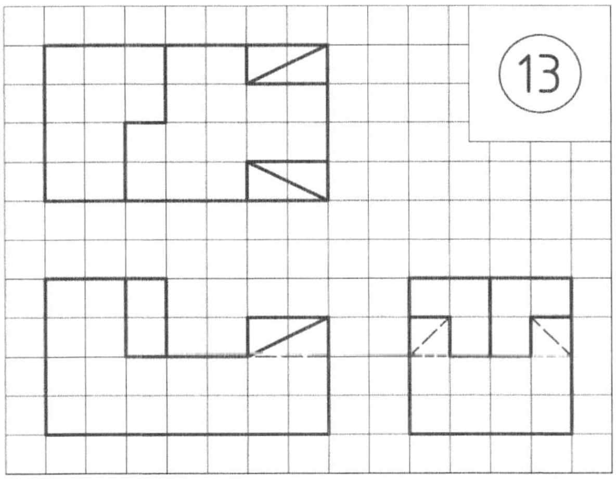
⑬

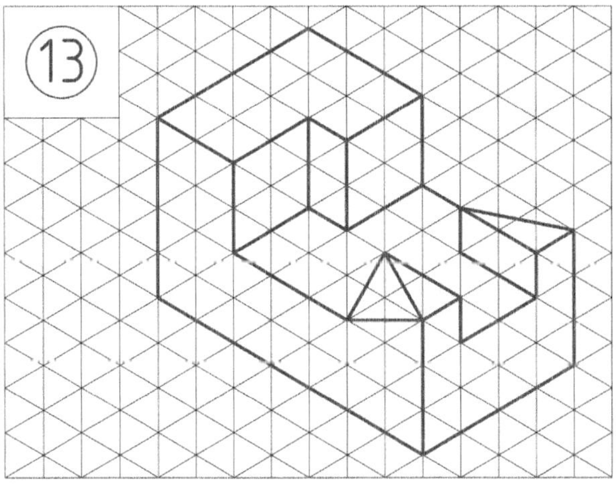
⑬

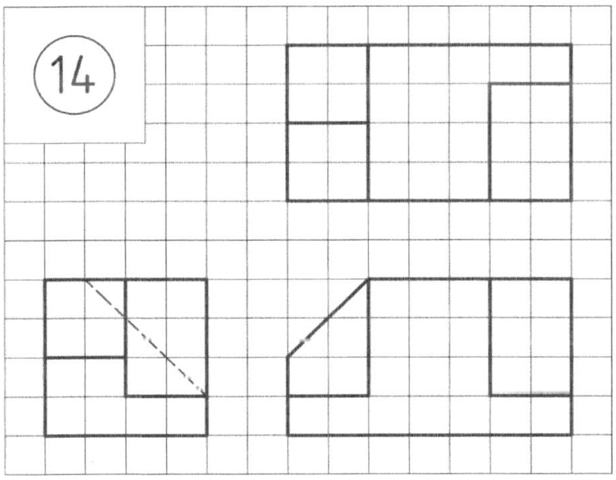
⑭

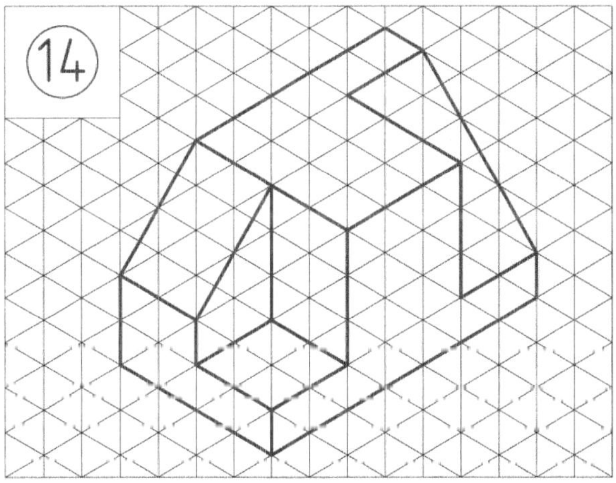
⑭

PART

9

입체적인 둥글기 그리기와 원통 해석

본 9장에서는 원 구멍, 원기둥, 원통 구멍 등을 비롯한 둥근 모양(형상)을 입체적인 등각 투상도로 그리는 원리를 학습하고 이해하여 '**입체적인 둥글기 그리기와 원통 해독하기**'를 응용하는 연습을 하도록 한다.

저자들이 직접 설계하여 도시한 도형과 연습 도면(Drawing)들을 사례로 제시하고 또한 다양하게 응용하도록 하였고, 전개하는 내용을 알기 쉽도록 다음과 같이 요약·정리하여 학습 목표를 설정하였다.

학습 목표

1. 둥글기를 입체적인 모양으로 나타내는 원리를 알고 설명한다.
2. 유면체에서 원통 구멍을 등각 투상도로 나타내는 원리를 알고 설명한다.
3. 원 구멍 및 원기둥을 등각 투상도로 나타내기 위한 타원의 간략 제도 방법을 이해한다.
4. 모서리 및 구석 둥글기, 원기둥, 원통 구멍 등을 등각 투상도로 나타내는 원리를 알고 그릴 수 있도록 한다.

PART

9 입체적인 둥글기 그리기와 원통 해석

9.1 지금까지 학습한 내용 정리

지금까지 학습해 온 내용을 한 번 정리해 보자.

① 도면의 역사 즉, 제도의 역사를 동양은 물론 서양 그리고 우리나라의 예를 들며 학습하고 고대에서부터 현대에 이르기까지 우리가 알 수 있는 내용들을 살펴봤다.

② 도면의 해석과 해독 능력은 각 산업 분야에 있어 국제적으로 통용되는 산업 언어로서 아주 중요하므로, 설계자와 제도자(작도자)의 의도를 정확하고 빠르게 읽어내는 능력이 필요하다.

또한 과거와 현재의 설계 제도 과정을 알아보았다.

③ 정 투상도를 그릴 때 사용하는 선들의 종류와 용도, 산업 분야에서 주로 사용하는 투상 방법의 종류는 물론 정 투상도의 제1각 투상 방법(제1각법), 제3각 투상 방법(제3각법)의 원리와 각 투상도의 배열 및 등각 투상도로 입체적 도형을 그리는 방법에 대해 학습했다.

④ 주로 육면체의 등각 투상도의 입체적 도형을 보고 정 투상도의 제3각 투상 방법(제3각법)에 의한 투상과 배열을, 정 투상도를 보고 등각 투상도로 입체적인 도형을 그리는 기초적인 학습까지 했다.

보충설명

▶ 지금까지 등각 투상도의 입체적 도형을 보고 정 투상 방법의 원리를 이용한 제3각법, 제1각법으로 6개의 투상도(6면도)를 배열하는 방법의 기초적인 학습을 했고,

정면도, 측면도, 평면도로 주어진 정 투상도를 보고 등각 투상 방법에 의한 입체적 도형을 그리는 방법의 기초적인 학습을 했는데 어떻습니까?

정 투상 방법에 의한 투상도와 등각 투상 방법에 의한 입체적 도형을 이해하고, 그리는 것에 대해 어느 정도 자신감을 얻었나요?

9.2 원판을 바라보는 시선 각의 변화에 따라 원이 변하는 원리

그러면 구석이나 모서리, 원통 구멍이나 원기둥의 등각 투상도를 그리는 원리를 설명하기에 앞서 원판을 바라보는 시선 각의 변화에 따라 원이 변하는 원리를 알아보도록 하자.

지금까지 여러분이 학습해 온 내용으로 보면, 평면도형에서 그려진 원은 어디까지나 원이다.

다시 말하면 동전과 같은 원판(圓板)은 내가 보는 시선(視線) 각이 수직일 경우에만 아래 그림 9.1처럼 완전한 원(이를 진원(眞圓)이라 한다)으로 보인다.

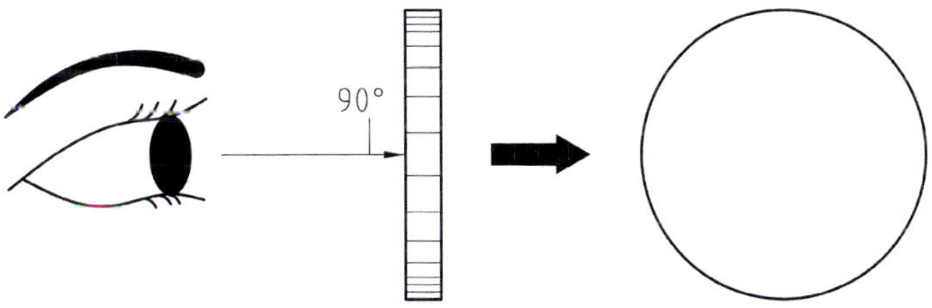

[그림 9.1] 원판과 시선 각

▶ 독자 여러분이 직접 동전을 이용해 실험해 보길 바란다.

그러나 원판을 수직 방향에서 조금씩 기울이면 시선과 원판의 각도가 작아지기 시작해서 아래 그림 9.2와 같이 원판이 완전한 둥근 원(정확하게 표현하면 진원이다)에서 타원으로 변화하기 시작해서 편평한 타원이 되다가 결국 직선으로 보이게 된다.

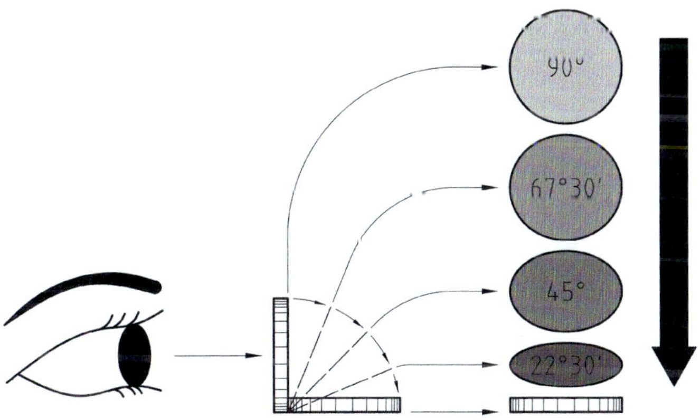

[그림 9.2] 시선 각과 원판의 변화

9.3 정육면체에서 각 면의 길이에 해당하는 지름의 원

정육면체에서 각 면의 길이에 해당하는 지름의 원이 어떻게 나타나는지 알아보도록 하자.

입체적 도형을 그리는 등각 투상도는 정육면체를 아래 그림 9.3과 같이 대각선 방향으로 그리는 것으로써 원은 당연히 화살표 방향의 양쪽으로 찌그러들게 되어 타원으로 보이게 된다.

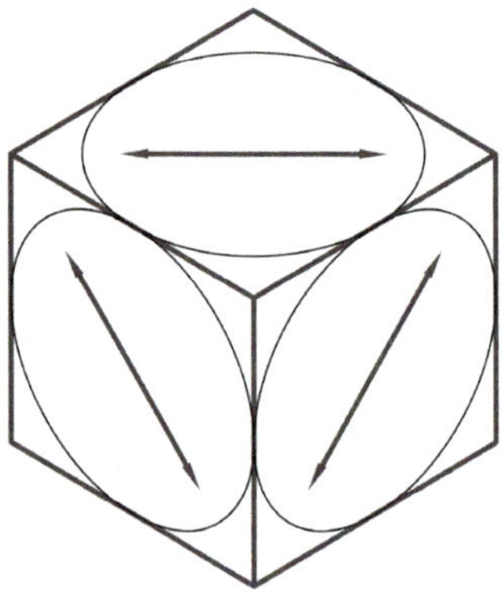

[그림 9.3] 각 면을 바라볼 때 원의 찌그러짐

위와 같은 원리에 따라 아래 그림 9.4와 같은 정 투상도의 각 면에 내접하는 원을 등각 투상도로 그리게 되면 타원으로 그려지게 된다.

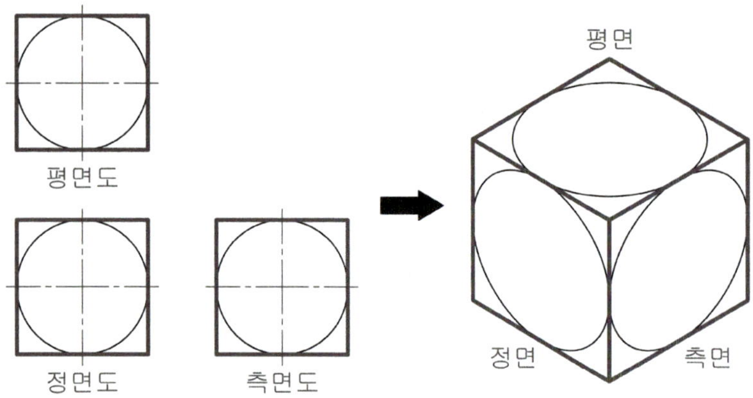

[그림 9.4] 정 투상 3면도와 등각 투상도

보충설명

▶ 앞 내용에서 설명한 시선 각의 변화를 곰곰이 생각해보자!

등각 투상도를 그릴 때 타원은 아래 그림 9.5와 같은 타원 형판(楕圓 型板)을 사용하여 그리는 것이 보통이나 편의상 그림 9.6과 같은 원형 판도 사용한다.

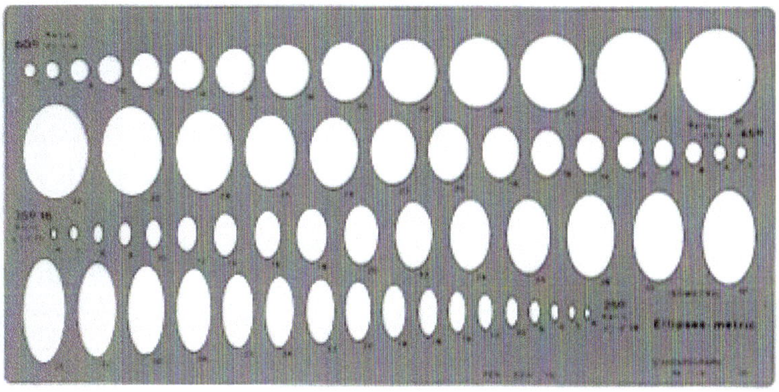

[그림 9.5] 타원 형판

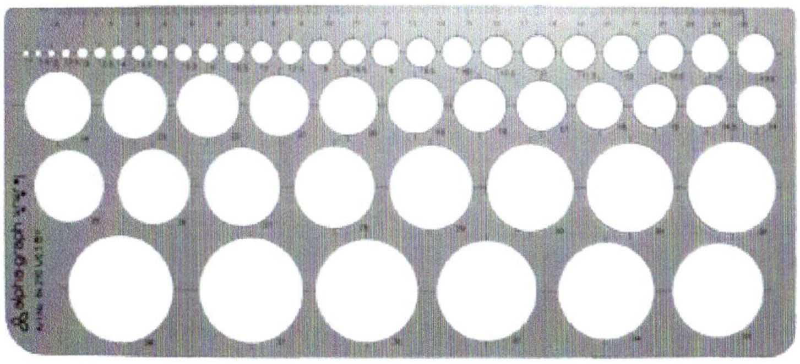

[그림 9.6] 원형 판

9.4 등각 투상도를 그리기 위한 타원을 그리는 방법

그러면 등각 투상도를 그리기 위한 타원을 그리는 방법을 순서대로 설명하고자 한다.

아래 그림 9.7의 **(a)**와 같은 정육면체의 한 면과 내접하는 원을 등각 투상도로 그리면 **(b)**와 같이 마름모에 내접하는 타원이 된다.

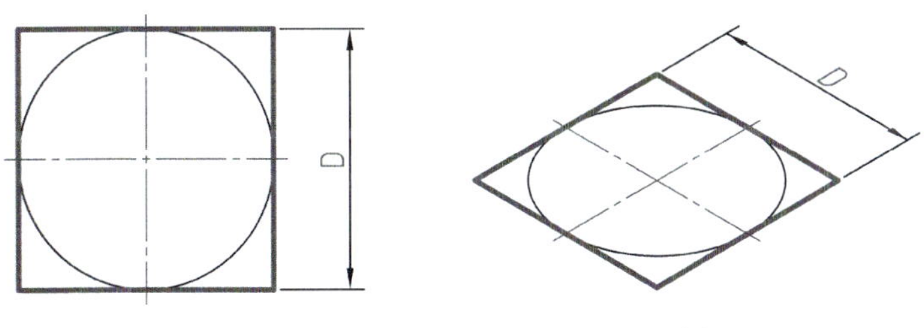

[그림 9.7] 정사각형에 내접하는 원과 마름모에 내접하는 타원

보충설명

▶ 타원형과 원형 판(형판)이란, 얇은 플라스틱에 타원을 시선 각과 지름의 크기별로 뚫어 그 홀을 따라 손으로 긋도록 만든 제도용구를 말한다.

또한 형판(型板)을 일반적으로 템플릿(template)이라고도 부른다.

▶ 등각 투상도의 장축 길이는 실 지름의 D×1.225(반올림하면 1.23), 단축 길이는 D×0.707(반올림하면 0.71)이다.

▶ 여기서는 컴퍼스나 원형 판을 이용해 간략 방법으로 타원을 그리는 방법을 소개하고 있지만, 각 지점을 통과하는 접선으로 부드럽게 이어가며 손으로 그려도 된다.

다음으로, 아래 **그림 9.8**의 **(a)**와 같이 마름모 도형에 중심선을 긋고, **(b)**와 같이 각각 각 변을 10등분 한다.

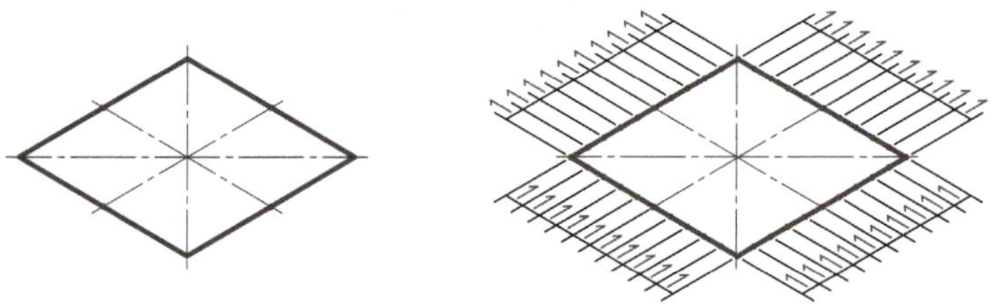

(a) (b)

[그림 9.8] 정사각형에 내접하는 타원 그리기(1)

그림 9.9의 **(a)**와 같이 등분한 선을 긋거나 각 변에 표시를 하고, **(b)**와 같이 각 변의 모서리로 부터 3개의 등분점을 잇는다.

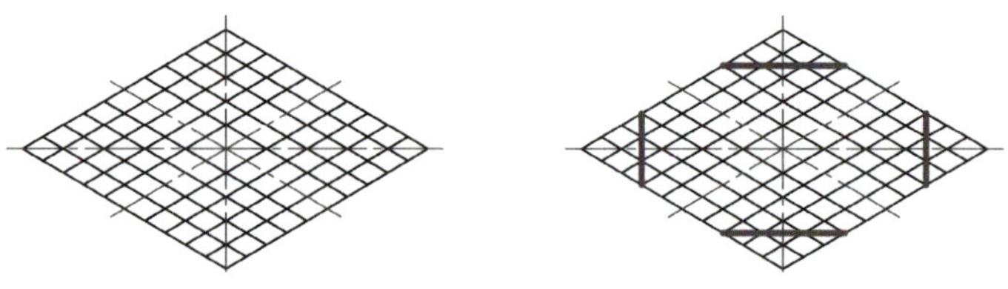

(a) (b)

[그림 9.9] 정사각형에 내접하는 타원 그리기(2)

그림 9.10과 같이 각 변의 모서리로부터 이어진 선과 각 변의 중심선 지점을 접하는 단축과 장축의 원호를 컴퍼스나 원형 판으로 접선이 되도록 원호를 긋는다.

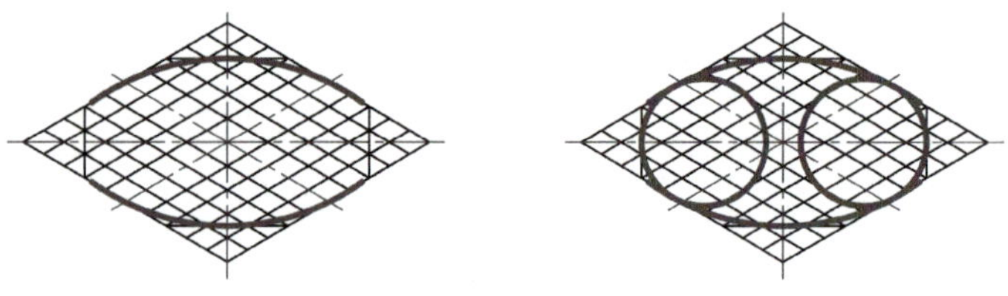

(a) (b)

[그림 9.10] 정사각형에 내접하는 타원 그리기(3)

위와 같은 방법의 순서대로 타원을 그린 후 불필요한 부분의 원호를 지우면 아래 **그림 9.11**과 같은 타원이 된다.

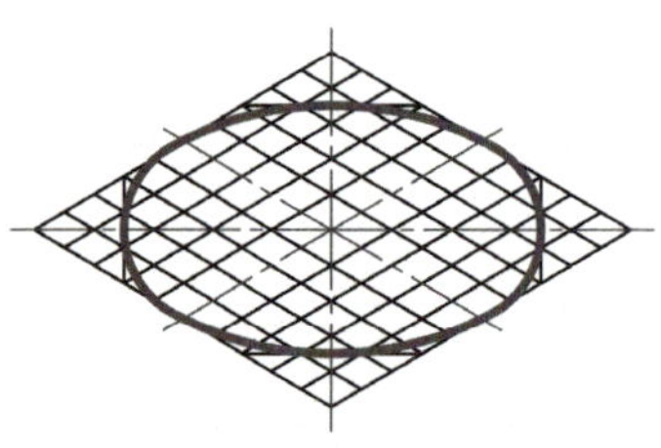

[그림 9.11] 정사각형에 내접하는 타원 그리기(4)

보충설명

▶ 옆에서 설명한 내용을 따라 원형 판으로 아래 그림 9.12에 타원을 그려보자.

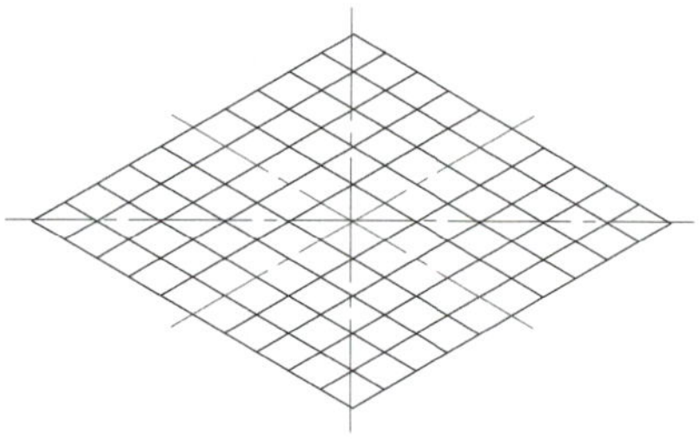

(a)

▶ 각 지점을 잇는 타원을 손으로 그려보도록 하자.

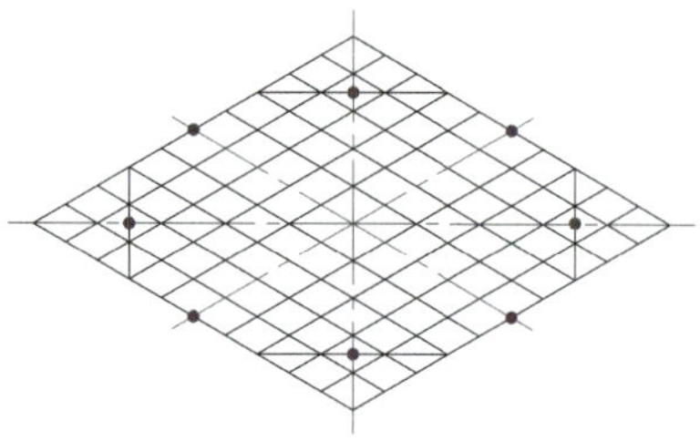

(b)

[그림 9.12] 타원 그리기(간략 방법)

장축과 단축의 원호는 각각 접선으로 긋는다는 것을 잊지 마십시오!

▶ 아래 그림 9.13의 마름모 도형에서 「D」는 완전한 원(진원, 眞圓)의 지름이다.

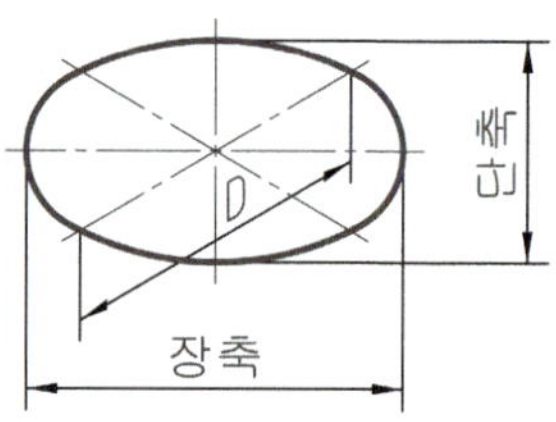

[그림 9.13] 타원의 진정한 지름(진원 지름)

9.5 앞에서 학습한 내용의 복습

앞에서 학습한 내용을 복습해 보도록 하자.

아래 그림 9.14에 도시된 등각 방안지에 타원을 그려보자.

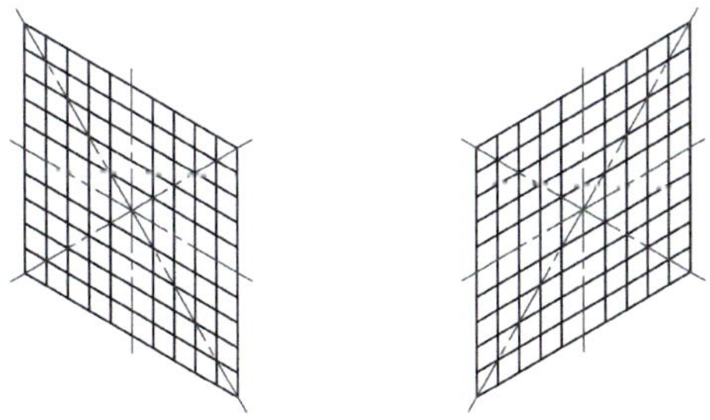

(a) (b)

[그림 9.14] 등각 축에 따른 타원 그리기

아래 그림 9.16의 **(a)**와 같이 원기둥이 서있는 모습대로 등각 방안지 **(b)**에 등각 투상도(등각도)를 그려보자.

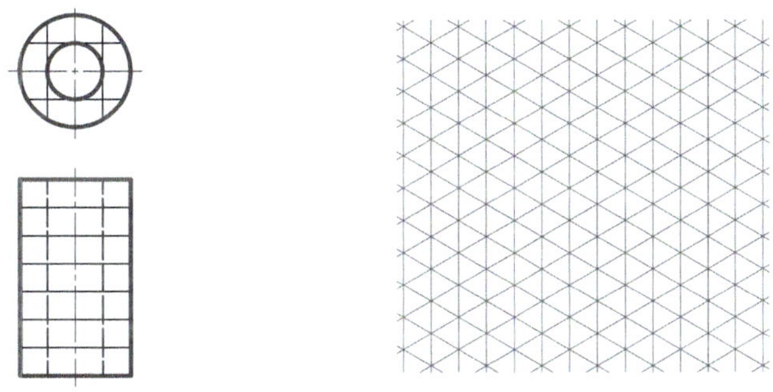

(a) (b)

[그림 9.16] 수직 원기둥의 등각도 그리기

아래 그림 9.17의 **(a)**와 같이 원기둥이 수평으로부터 30° 위로 기울어져 있는 모습대로 등각 방안지 **(b)**에 등각 투상도(등각도)를 그려보자.

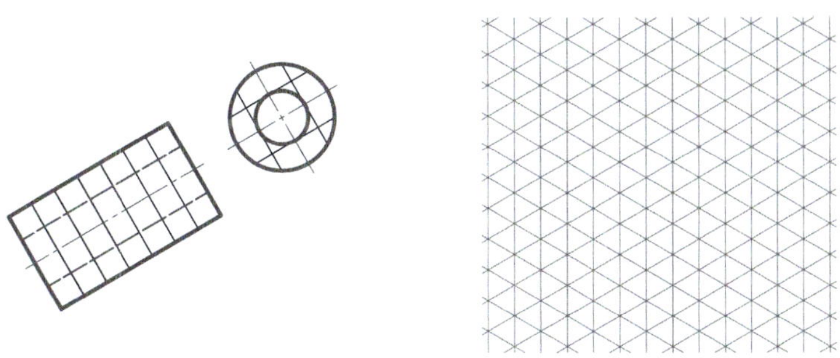

(a) (b)

[그림 9.17] 기울어진 원기둥 등각도 그리기(1)

보충설명

▶ 왼쪽 그림 9.14에 도시된 등각 방안지에 그려 완성된 타원은 그림 9.15와 같다.

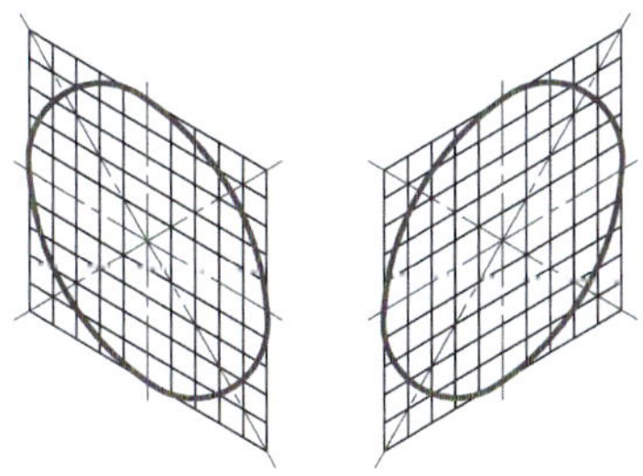

(a) (b)

[그림 9.15] 등각 축과 완성된 타원

아래 **그림 9.18**의 **(a)**와 같이 원기둥이 수평으로부터 30° 아래로 기울어져 있는 모습대로 등각 방안지 **(b)**에 등각 투상도(등각도)를 그려보도록 하자.

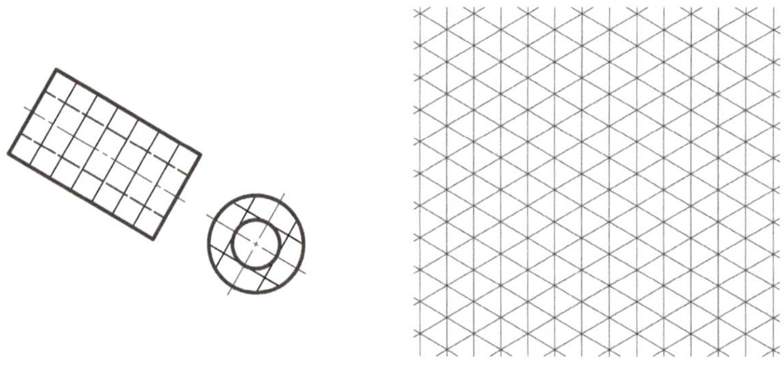

(a) (b)

[그림 9.18] 기울어진 원기둥 등각도 그리기(2)

지금까지 학습한 내용을 정리해 보도록 하자.

육면체의 모양을 등각 투상도(등각도)로 그리는 원리를 학습한 것을 토대로 정사각형에 내접하는 타원을 그리는 방법을 응용해 원기둥을 등각 투상도로 그리는 방법까지 학습했다.

육면체에 원기둥을 세우거나 원통 구멍이 뚫린 등각 투상도를 그리는 것을 학습했는데, 복잡한 모양의 정 투상도를 입체적으로 머릿속에 떠올리는 능력이 향상되었음을 의미한다.

보충설명

▶ 왼쪽 그림 9.16, 그림 9.17, 그림 9.18에 도시된 등각 방안지에 그려 완성된 타원은 그림 9.19와 같다.

아래와 같이 원통의 자세에 따라 타원을 그리는 원리를 잘 이해했는지요?

(a) 그림 9.16 (a)의 등각도

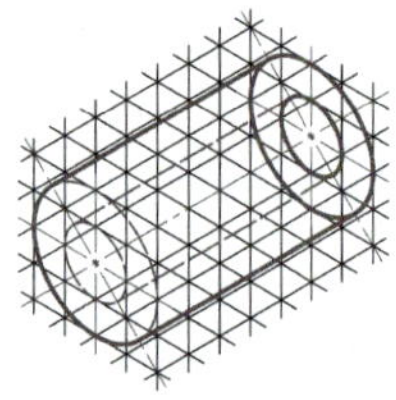

(b) 그림 9.17 (a)의 등각도

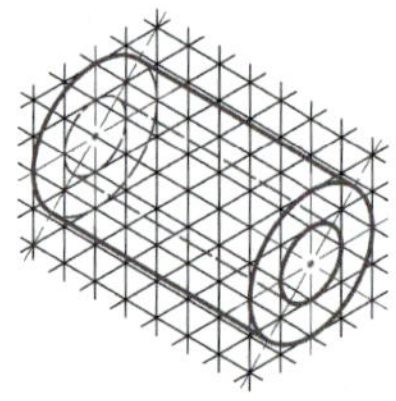

(c) 그림 9.18 (a)의 등각도

[그림 9.19] 완성된 원기둥 등각도

9.6 모서리, 구석 부분의 둥글기를 등각 투상도로 그리는 방법

여기서는 모서리, 구석 부분의 둥글기를 등각 투상도로 그리는 방법을 학습해 보도록 하자.

각 모서리에 둥글기(round)가 있는 아래 그림 9.20의 정 투상도에 의해 등각 투상도를 그리는 방법을 차례로 학습해 보도록 하자.

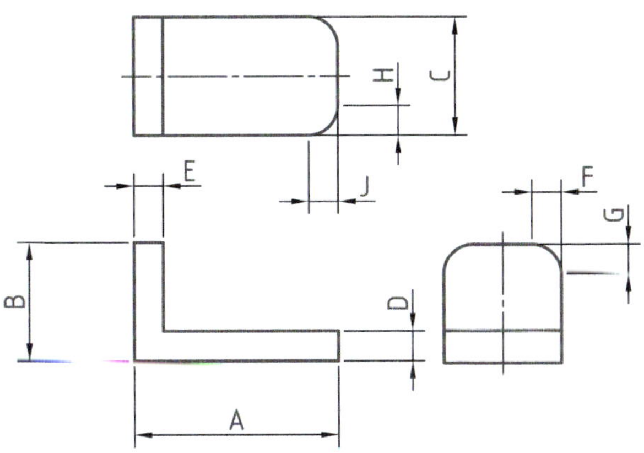

[그림 9.20] 각각의 모서리에 둥글기가 있는 물체의 정 투상도

위의 정 투상도로 등각 투상도를 그리기 위한 재료를 직육면체의 등각 투상도로 그리면 아래 그림 9.21과 같다.

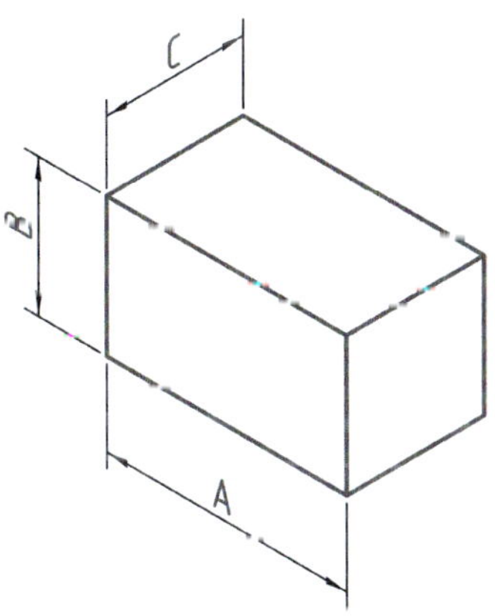

[그림 9.21] 재료로 그려진 직육면체의 등각 투상도

보충설명

▶ 그림 9.20에서 도시한 바와 같이 우측면도와 평면도의 양 끝단의 모서리(즉 corner, 가장자리)에 둥글기(round, 라운드)가 형성되어 있는 물체의 정 투상도를 등각 투상도(등각 투상 방법)로 그리는 방법에 대해 학습하고 연습해 본다.

아래 그림 9.22 (a)에 도시한 등각 투상의 입체도를 오른쪽 등각 방안지 (b)에 순서대로 그려보며 학습해 보자.

보충설명

▶ 왼쪽 그림 9.22는 등각 투상으로 그려진 정육면체 입체도를 일정한 두께로 깎아내기 위해 D와 E로 금 긋기기를 한 후 떼어내기(분리)를 위한 작업을 설명한다.

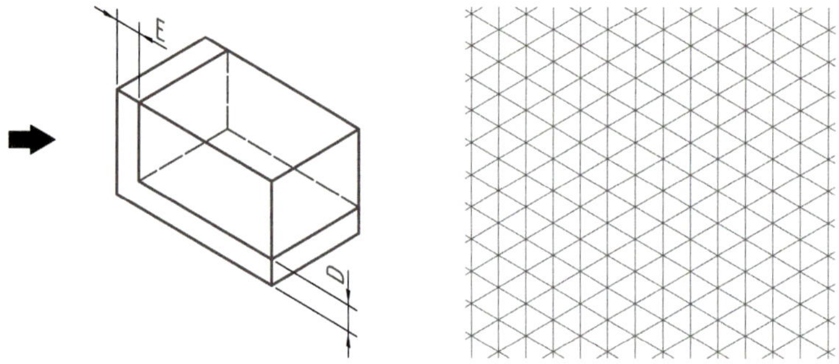

(a) 등각 투상도(입체도)　　(b) 등각 투상도용 방안지

[그림 9.22] 직육면체의 등각 투상도 그리기(금 긋기와 떼어내기)

그림 9.23은 위의 그림 9.22에서 설명한 직육면체에 금 긋기와 떼어내기(분리)로 일정 두께를 갖는 「L」자형으로 만든 후(제작한 후) 수직면 모서리에 F와 G 치수로 둥글기를 그린 모습이다.

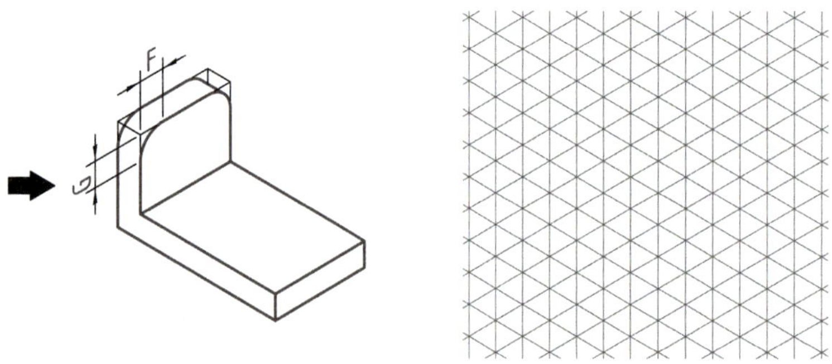

(a) 수직면 모서리에 둥글기를 준 등각 투상도　　(b) 등각 투상도용 방안지

[그림 9.23] 직육면체 등각 투상도의 모서리 둥글기 만들기(1)

그림 9.24는 일정 두께를 갖는 「L」자형 제품의 수평면 모서리에 H와 J 치수로 둥글기를 그린 모습이다. 위의 그림 9.20에서 도시한 정 투상도에 의한 도면과 똑같은 제품이 제작되는 것이다.

▶ 둥글기(round, 라운드) 부분을 입체적 효과를 주기 위해서는 아래 그림 9.25와 같이 가는 실선으로 그려주면 된다.

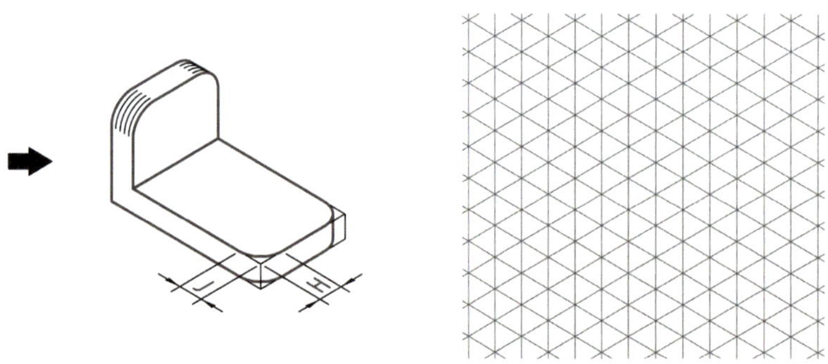

(a) 수평면 모서리에도 둥글기를 준 등각 투상도　　(b) 등각 투상도용 방안지

[그림 9.24] 직육면체 등각 투상도의 모서리 둥글기 만들기(2)

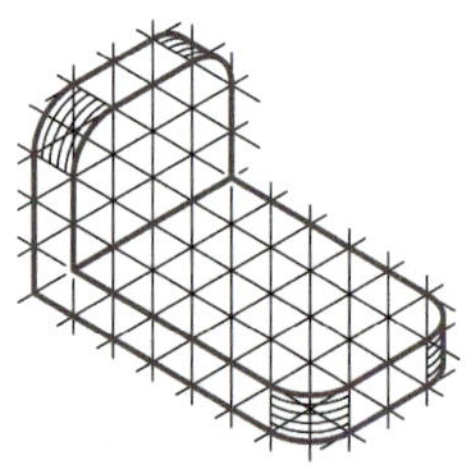

[그림 9.25] 완성된 등각 투상도

앞에서 학습한 내용을 토대로 아래 그림 9.26과 같이 치수 K를 기입한 구석 둥글기가 있는 정 투상도를 보고 등각 투상도를 추가로 그려보기로 하자.

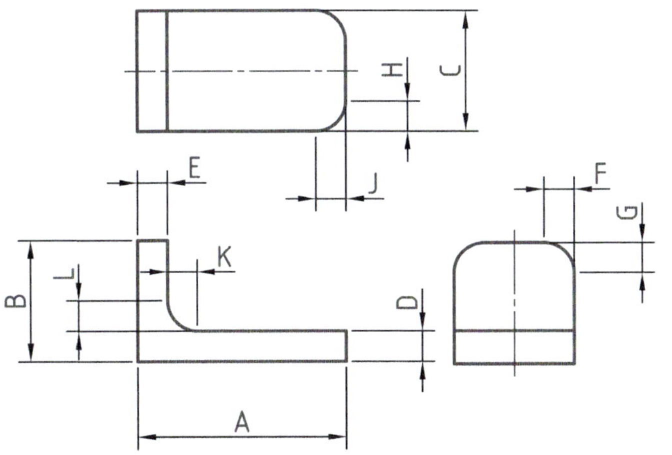

[그림 9.26] 각각의 모서리에 둥글기가 있는 물체의 정 투상도

여기서도 재료를 등각 투상도로 마련하여 그림 9.27 **(a)**에 도시한 등각 투상의 입체도를 오른쪽 등각 방안지 **(b)**에 순서대로 그리며 학습한다.

구석 둥글기는 모서리 둥글기를 그리는 것보다 먼저 또는 나중에 그리는 순서를 택해도 상관없다.

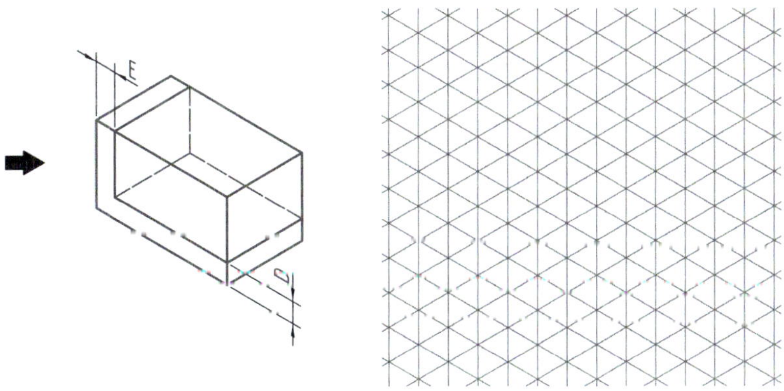

(a) 등각 투상도(입체도) (b) 등각 투상도용 방안지

[그림 9.27] 구석 둥글기의 등각 투상도 그리기

보충설명

▶ 왼쪽 그림 9.27은 등각 투상으로 그려진 정육면체 입체도를 일정한 두께로 깎아내기 위해 D와 E로 금 긋기기를 한 후 떼어내기(분리)를 위한 작업을 설명한다.

그림 9.28은 위의 그림 9.27에서 설명한 직육면체에 금 긋기와 떼어내기(분리)로 일정 두께를 갖는 「L」자형으로 만든 후(제작한 후) 수직면 모서리에 F와 G 치수로 둥글기를 그린 모습이다.

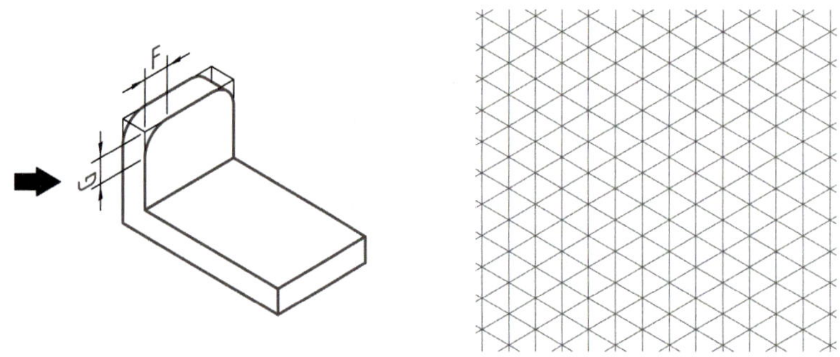

(a) 수직면 모서리에 둥글기를 준 등각 투상도 (b) 등각 투상도용 방안지

[그림 9.28] 직육면체 등각 투상도의 모서리 둥글기 만들기(1)

그림 9.29는 일정 두께를 갖는 「L」자형 제품의 수평면 모서리에 H와 J 치수로 둥글기를 그린 모습이다.

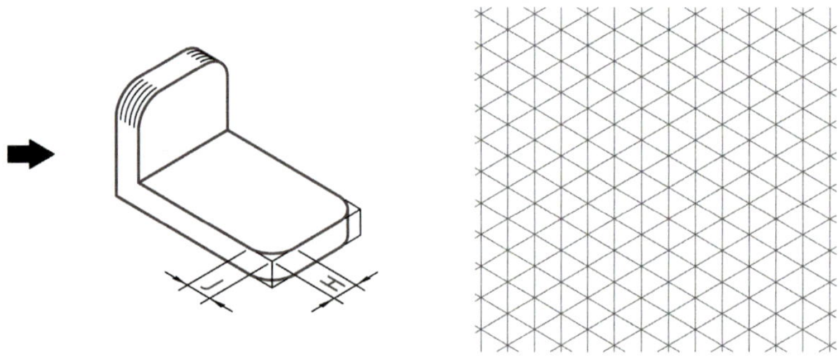

(a) 수평면 모서리에 둥글기를 준 등각 투상도 (b) 등각 투상도용 방안지

[그림 9.29] 직육면체 등각 투상도의 모서리 둥글기 만들기(2)

마지막으로 수직면과 수평면이 만나는 구석에 B와 K 치수로 둥글기를 그리면 그림 9.30과 같이 된다. 그러면 위의 그림 9.26에서 도시한 정 투상도에 의한 도면과 똑같은 제품이 제작되는 것이다.

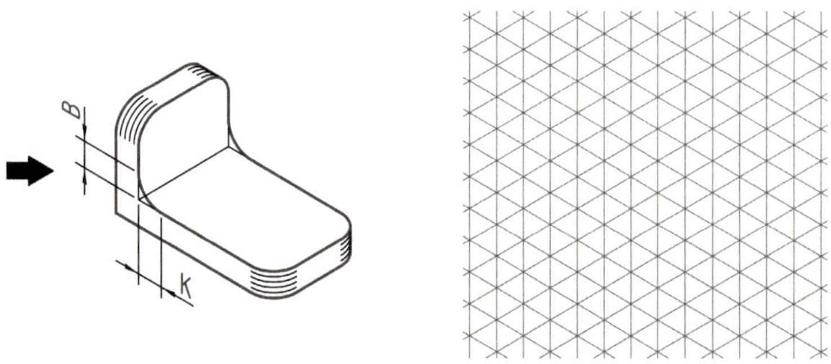

(a) 수직면과 수평면이 만나는 구석에 둥글기를 준 등각 투상도 (b) 등각 투상도용 방안지

[그림 9.30] 직육면체 등각 투상도의 구석 둥글기 만들기(3)

보충설명

▶ 두 면(수직면과 수평면)이 만나는 구석의 선을 지우고 구석 둥글기에 입체 효과를 주기 위한, 가는 둥글기 선을 추가로 그려주면 아래 그림 9.31과 같은 등각 투상도 그리기가 완성된다.

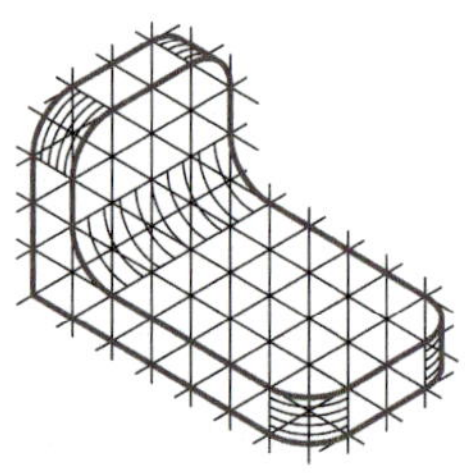

[그림 9.31] 완성된 구석 둥글기

9.7 원형 구멍 부위의 정 투상도를 등각 투상도로 그리는 연습(1)

앞의 제9.6절에서 학습한 내용을 토대로 하여 아래 그림 9.32에서 제시하는 정 투상도를 등각 투상도로 그려보자. **(a)**는 정 투상도로 그려진 원형 구멍이 2개 뚫려 있는(즉, 원통 구멍이 됨) 물체의 기본 3면도 배열이다.

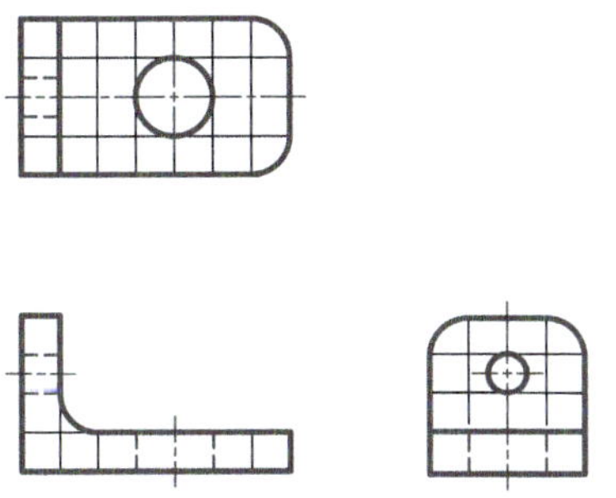

(a) 2개의 구멍(원통 구멍)이 뚫려 있는 물체의 정 투상도

(b) 등각 투상도용 방안지

[그림 9.32] 원통 구멍의 등각도 그리기

보충설명

▶ 둥글기(round, 라운드) 부분에 입체적 효과를 주기 위해서, 둥글기 부분을 가는 실선으로 그려주고 완성한 원통 구멍을 갖는 물체(도형)의 등각 투상도는 아래 그림 9.33과 같다.

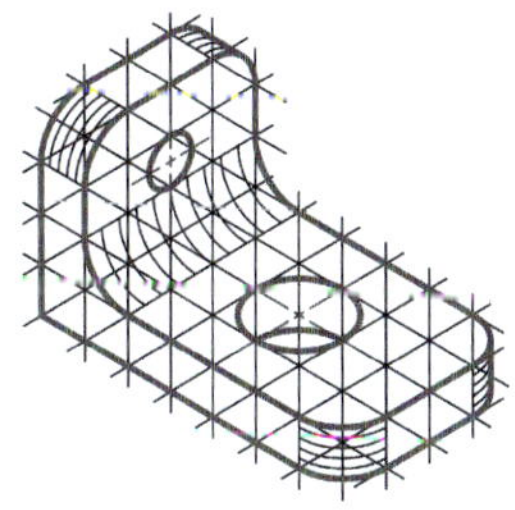

[그림 9.33] 완성된 원통 구멍의 등각 투상도

9.8 모서리 둥글기와 원통 구멍 및 원기둥으로 형성된 모양을 등각 투상도로 그리는 방법(2)

이번에는 모서리 둥글기와 원통 구멍 및 원기둥으로 형성된 모양을 등각 투상도로 그리는 방법에 대하여 학습해 보기로 한다.

아래 그림 9.34와 같이 각 모서리 4개 부위에 둥글기를 갖고 원기둥, 원통 구멍이 있는 정 투상도에 의해 입체적 등각 투상도를 그리는 방법을 차례로 학습하도록 하자.

보충설명

▶ 그림 9.34에서 도시한 바와 같이 정면도와 우측면도에서 보면 원기둥과 이 원기둥에 관통된 원통 구멍이 형성되고 또한 평면도에서 보면 모서리 4곳에 둥글기(round, 라운드) 모양을 갖는 물체의 정 투상도를 등각 투상도(등각 투상 방법)로 그리는 방법에 대해 학습하고 연습해 본다.

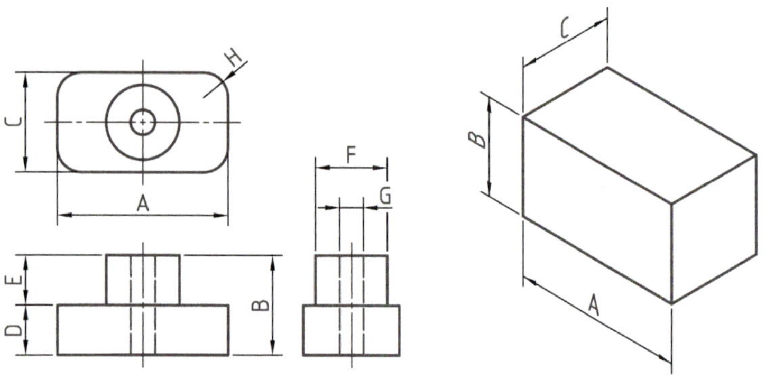

(a) 정 투상도에 의한 3면도 배열　　(b) 재료로 그려진 직육면체의 등각 투상도

[그림 9.34] 복합적 둥글기가 있는 물체의 정 투상도와 재료 마련

아래 그림 9.35의 **(a)**를 위에서 설명한 같은 순서에 따라서 등각 방안지 **(b)**에 순서대로 그려보도록 하자.

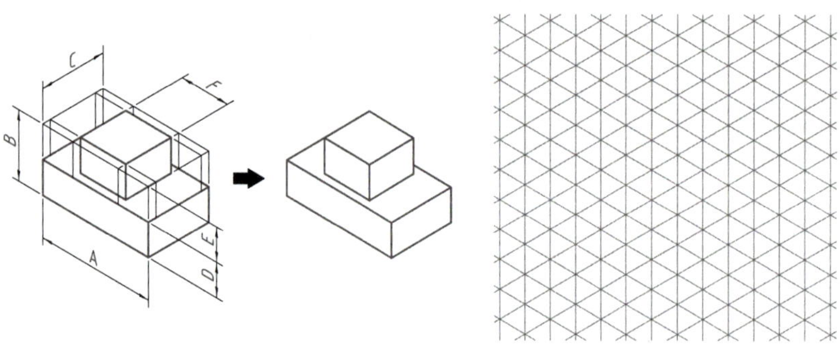

(a) 등각 투상도(입체도) 그리기　　(b) 등각 투상도용 방안지

[그림 9.35] 둥글기가 있는 등각 투상도 그리기(1)

그림 9.36은 위의 그림 9.35에서 그려진 윗 부분의 중심에 원통 구멍을 그리기 위해 지름 치수 G를 표시한 모습이다.

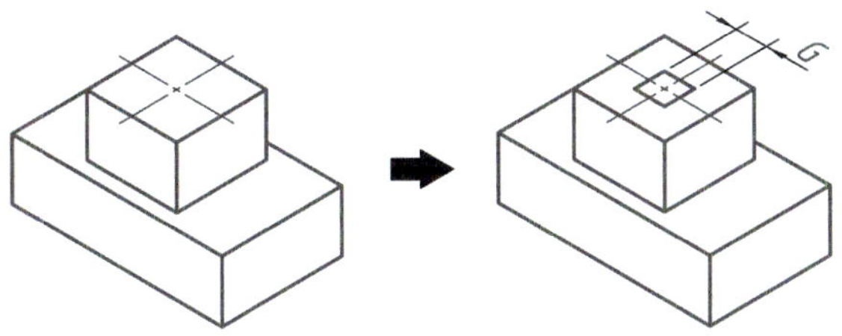

(a) 윗 부분 중심에 원통 구멍 그리기

(b) 등각 투상도용 방안지

[그림 9.36] 둥글기가 있는 등각 투상도 그리기(2)

윗 부분에 원통 구멍 및 원기둥을 그리고, 마지막으로 아랫 부분의 모서리 4곳에 둥글기를 그리면 그림 9.37과 같이 된다. 그러면 위의 그림 9.34 **(a)**에서 도시한 정 투상도에 의한 3면도 도면과 똑같은 제품이 완성되는 것이다.

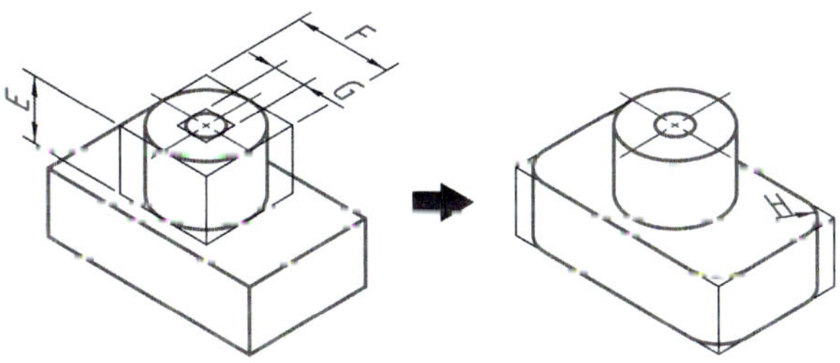

(a) 원통 구멍 및 원기둥 그리고 모서리에 둥글기 그리기

(b) 등각 투상도용 방안지

[그림 9.37] 둥글기가 있는 등각 투상도 그리기(3)

보충설명

▶ 둥글기(round, 라운드) 부분에 입체적 효과를 주기 위해서, 둥글기 부분을 가는 실선으로 그려주고 완성한 원통 구멍, 원기둥, 모서리에 둥글기가 있는 물체(도형)의 등각 투상도는 아래 그림 9.38과 같다.

단, 원통 구멍을 먼저 그리든지, 아니면 원기둥을 먼저 그리든지는 크게 문제는 없다. 그러나 큰 구조인 원기둥을 먼저 그리는 것이 일반적인 제도(작도) 규칙이다.

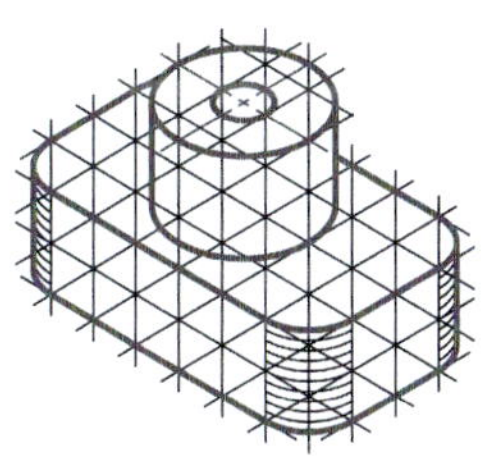

[그림 9.38] 완성된 등각 투상도

9.9 정 투상도를 등각 투상도로 그리는 연습(3)

보충설명

아래 그림 9.39의 (a)에서 도시한 정 투상도를 (b)에 주어진 등각 투상도용 방안지에 등각 투상도로 그려보도록 한다.

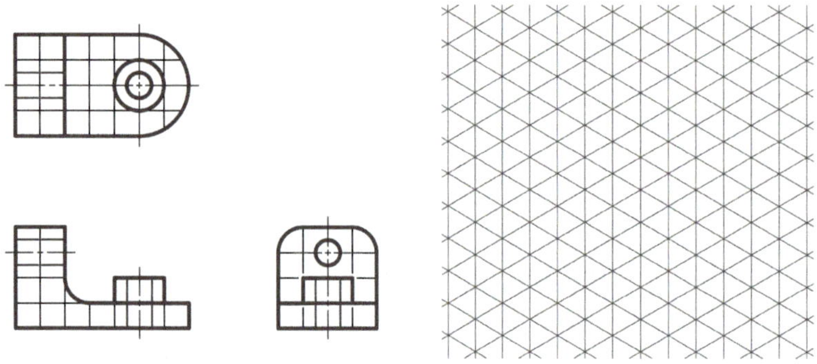

(a) 정 투상도에 의한 3면도 배열 (b) 등각 투상도용 방안지

[그림 9.39] 등각 투상도 그리기(1)

▶ 왼쪽 그림 9.39 (a)에서 도시한 정 투상도를 등각 투상도로 그려 완성한 입체도는 아래 그림 9.40과 같다. 둥글기(round, 라운드) 부분에 입체적 효과(입체감)를 주기 위해서, 둥글기 부분을 가는 실선으로 그려주었다.

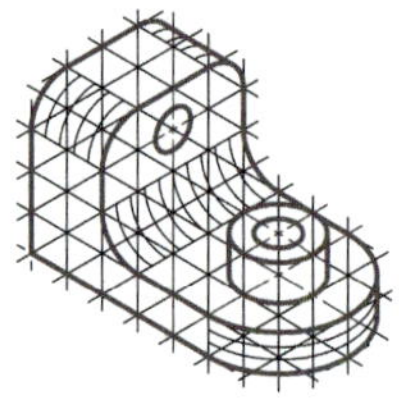

[그림 9.40] 완성된 등각 투상도

아래 그림 9.41의 (a)에서 도시한 정 투상도를 (b)에 주어진 등각 투상도용 방안지에 등각 투상도로 그려보도록 연습한다.

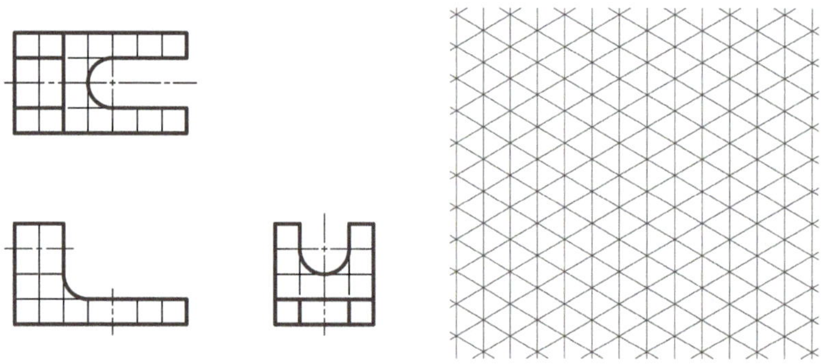

(a) 정 투상도에 의한 3면도 배열 (b) 등각 투상도용 방안지

[그림 9.41] 등각 투상도 그리기(2)

▶ 왼쪽 그림 9.41 (a)에서 도시한 정 투상도를 등각 투상도로 그려 완성한 입체도는 아래 그림 9.42와 같다.

둥글기 부분을 가는 실선으로 그려 입체적 효과(입체감)를 주었다.

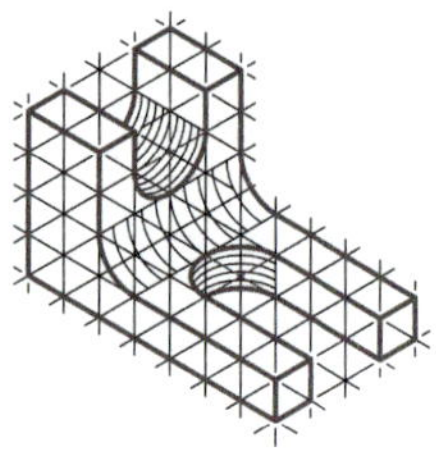

[그림 9.42] 완성된 등각 투상도

연습문제 9	아래 ①부터 ⑮까지의 정 투상도를 보고 별도에 주어진 등각 방안지에 등각 투상도를 그리시오. 단, 정 투상도에 표시된 한 눈금의 크기는 등각 방안지의 한 눈금 크기와 같도록 한다. 그리고 AutoCAD에 의한 CAD 작도시에는 앞 연습문제에서 언급한(설명한) 내용대로 도면을 그리고 프린트하시오.

①

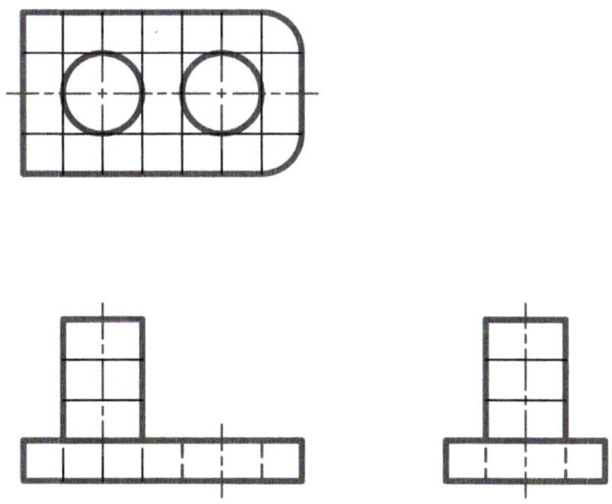

②

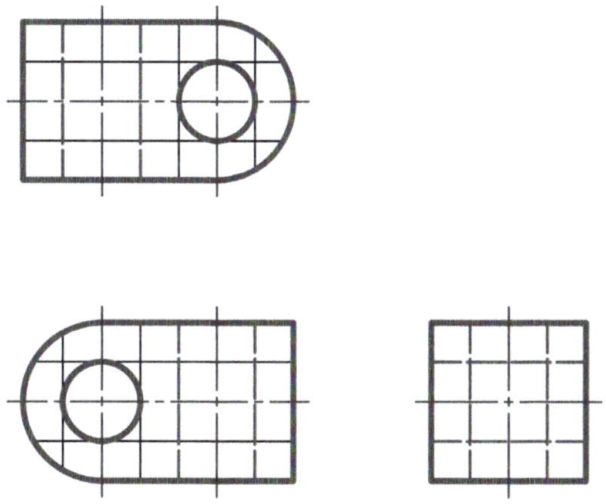

③

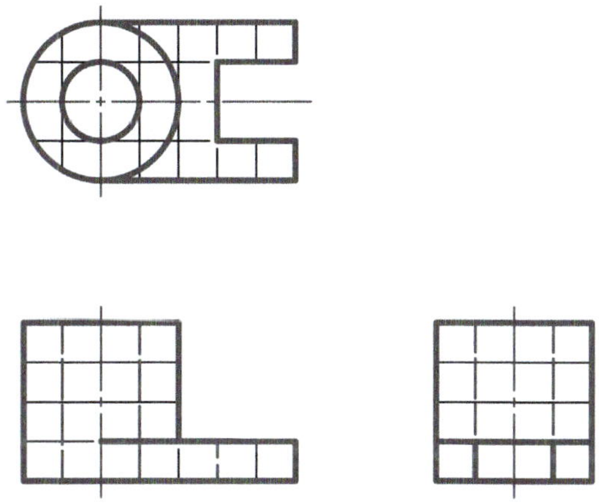

④

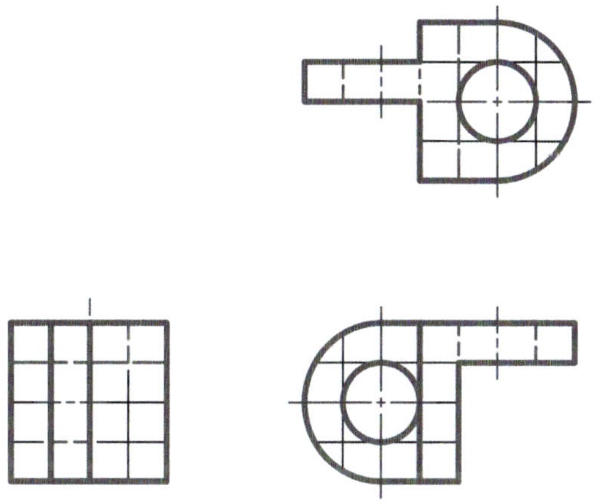

⑤

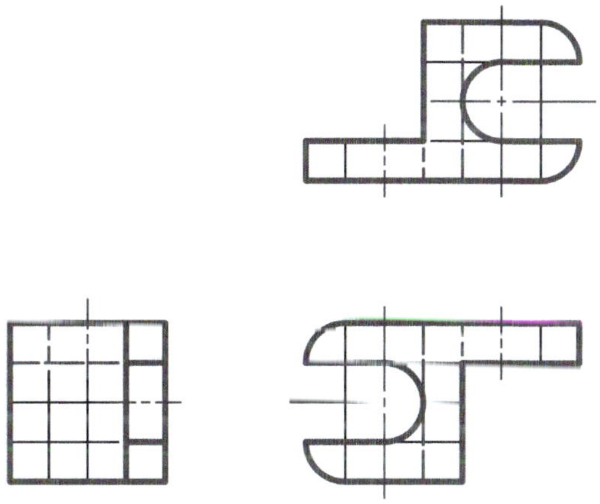

⑥

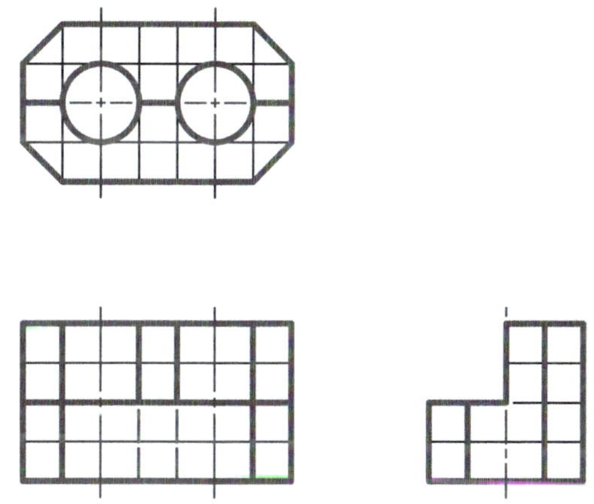

⑦

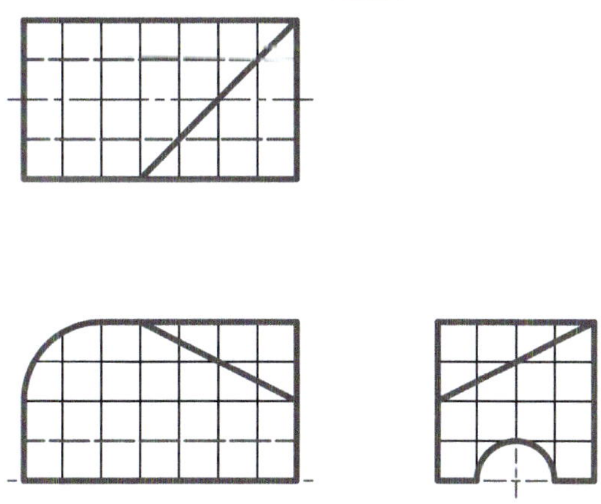

⑧

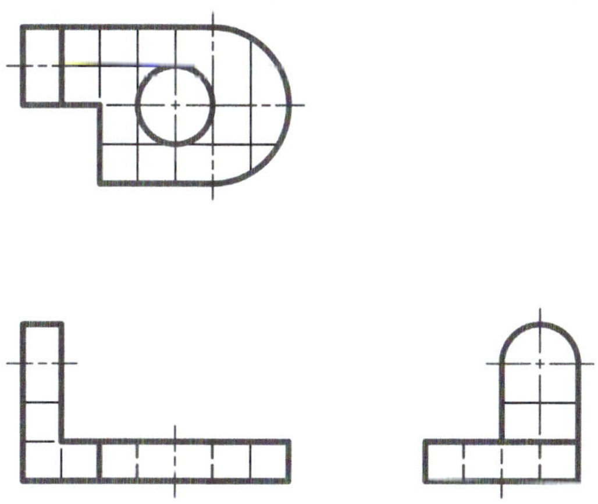

9

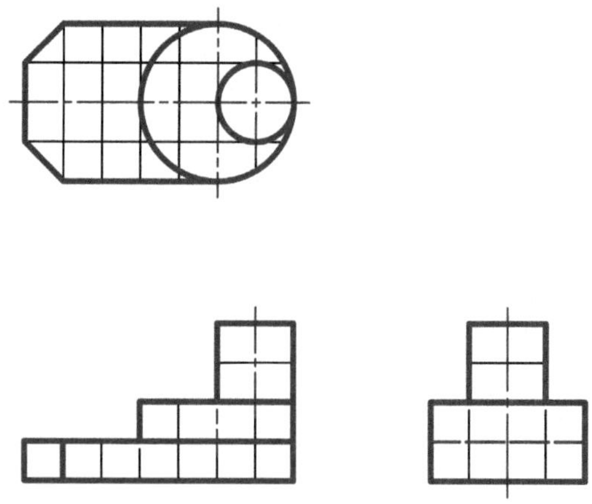

10

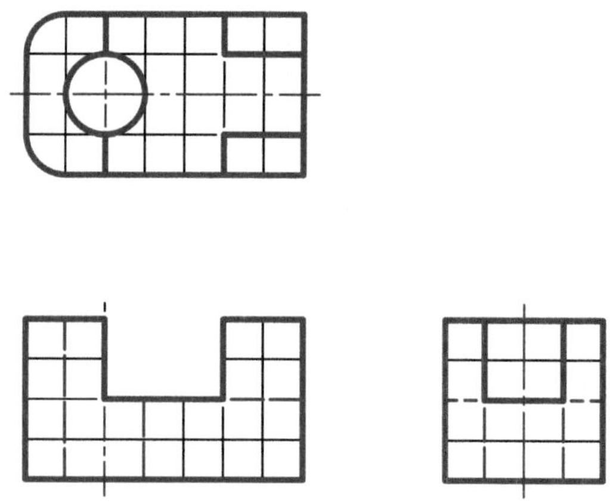

11

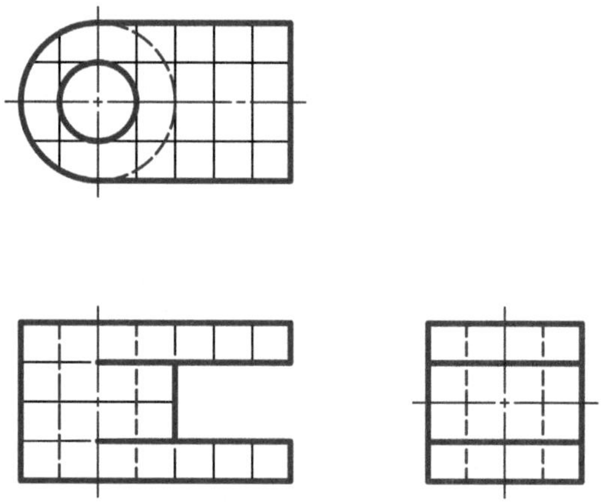

12

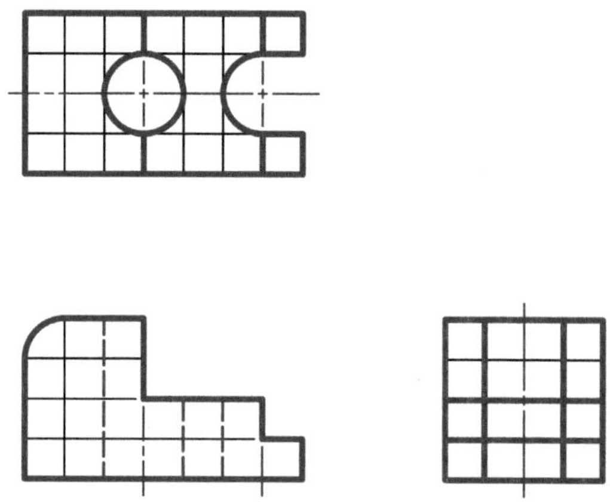

13

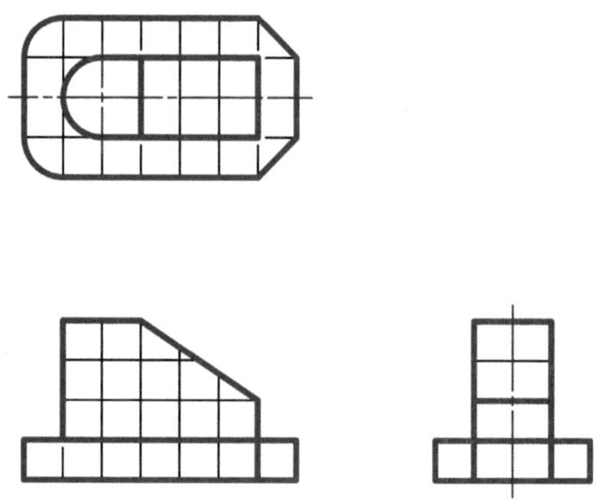

14

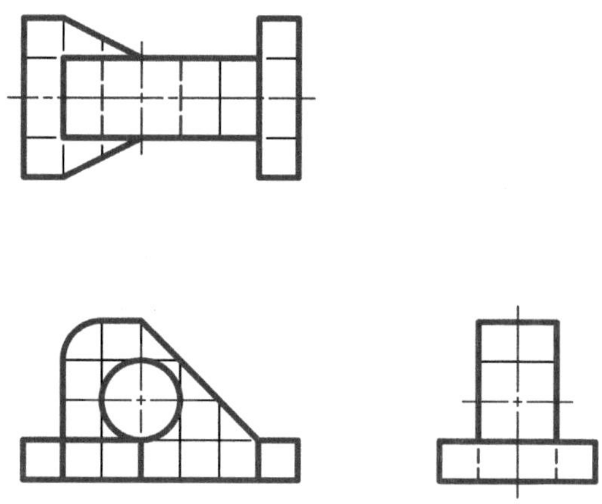

15

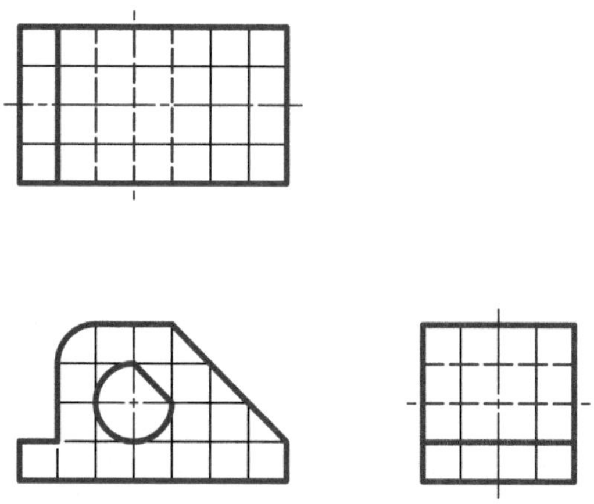

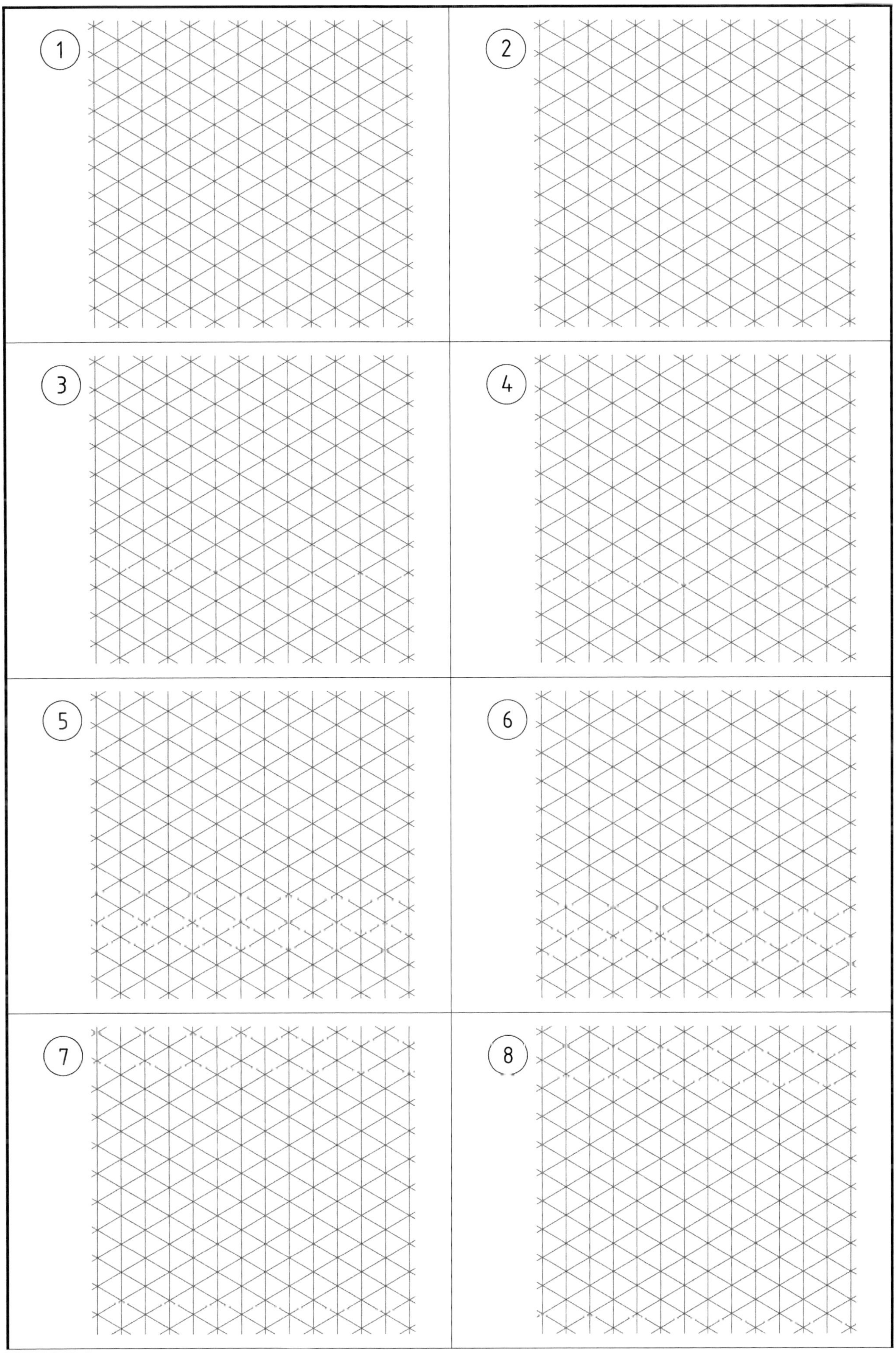
1
2
3
4
5
6
7
8

⑨

⑩

⑪

⑫

⑬

⑭

⑮

연습문제 9
모범답안

학습할 때 모범답안(정답)은 수시로 보면서 하는 것이 아니라, 힌트를 얻고자 할 때나 학습 결과와 모범답안을 비교할 때만 봐주기 바랍니다. 그래야만 도면 실력이 향상됩니다.

①

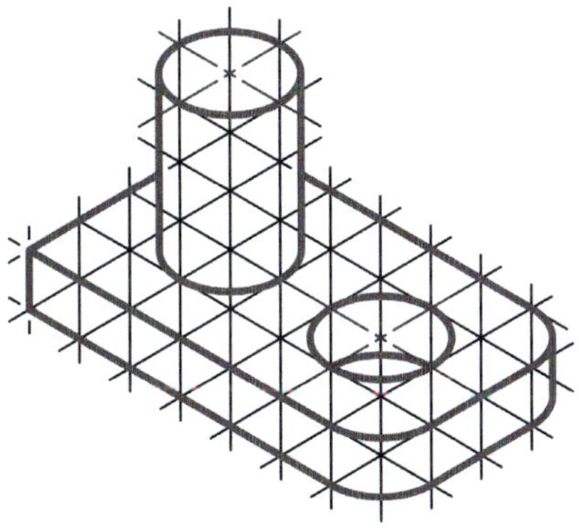

②

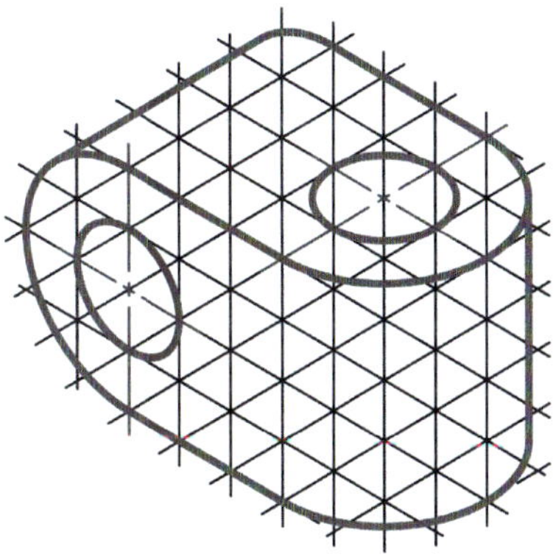

③

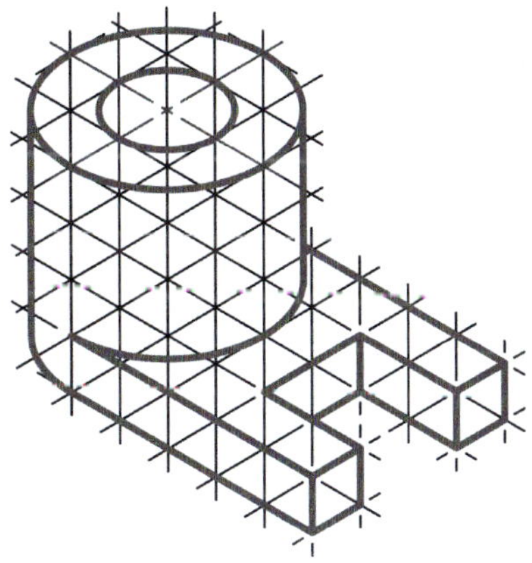

④

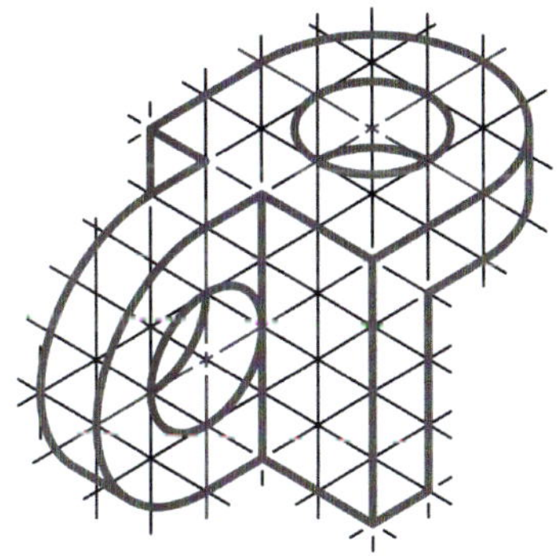

⑤

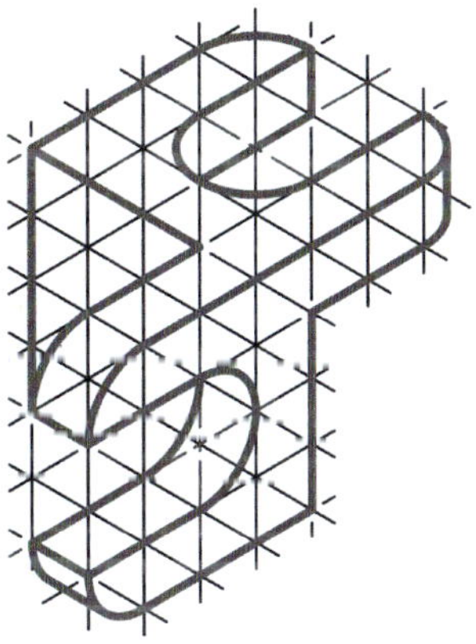

⑥

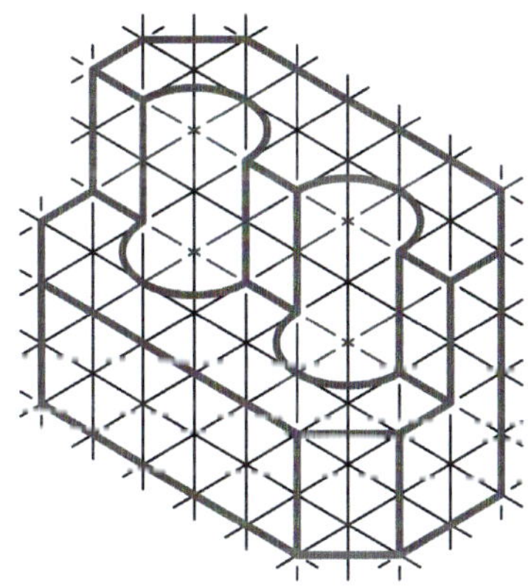

⑦

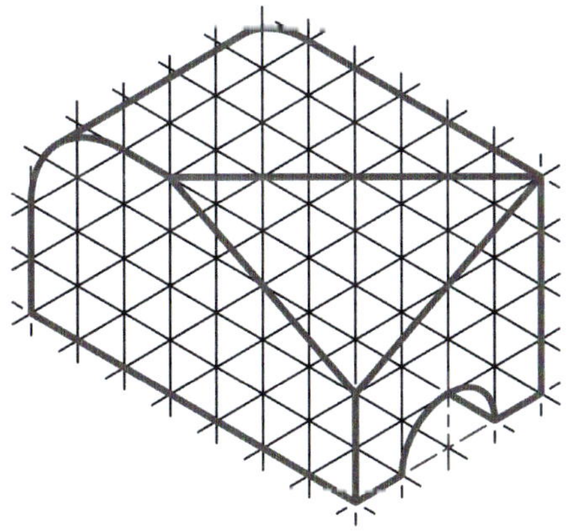

⑧

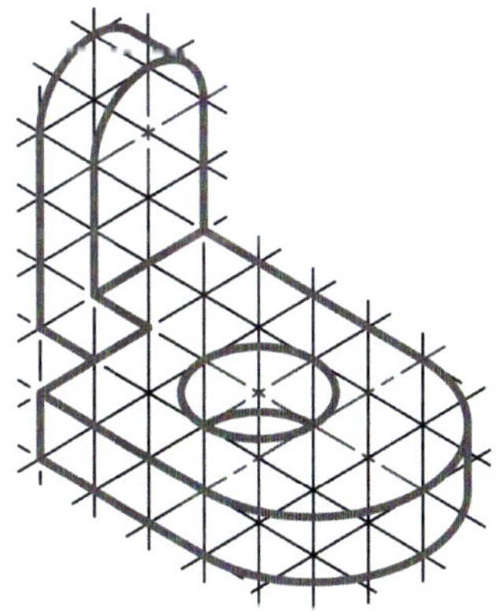

⑨

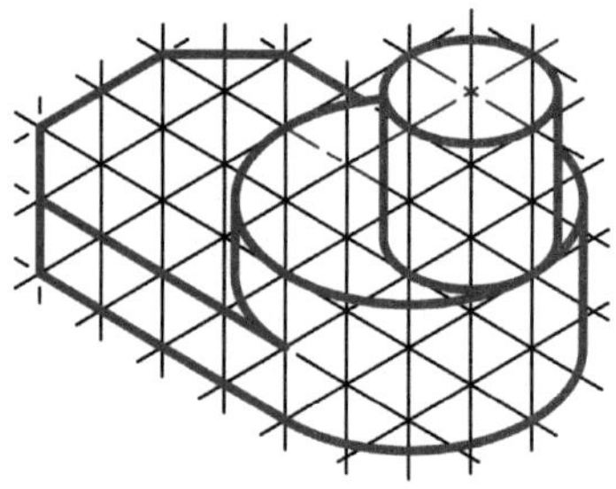

⑩

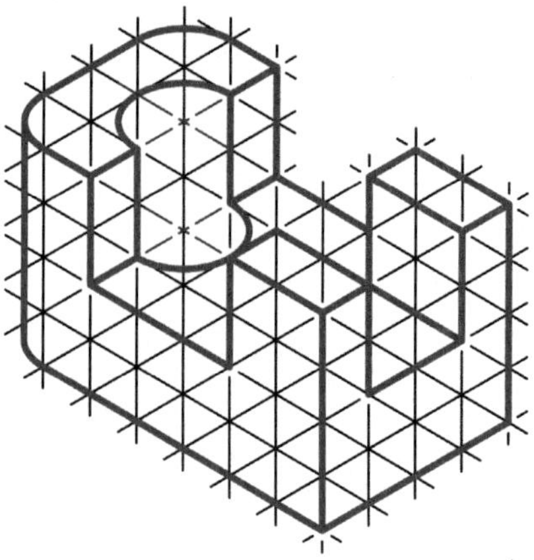

⑪

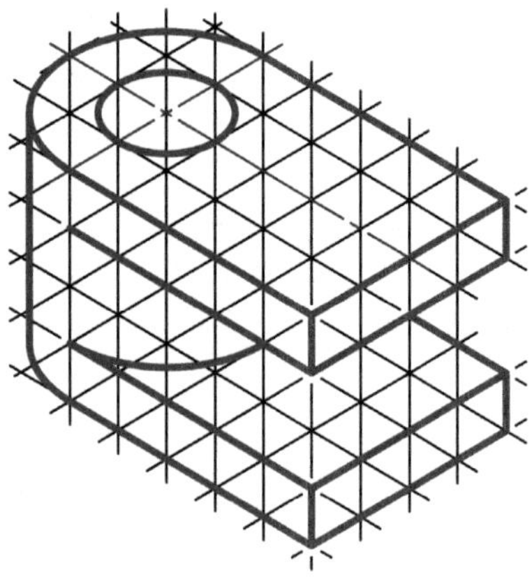

⑫

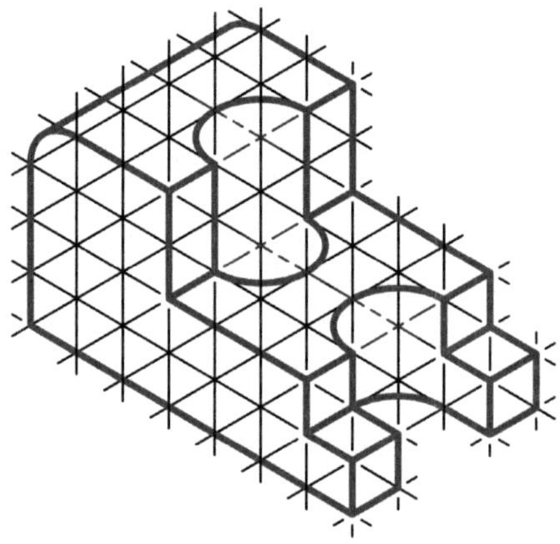

⑬

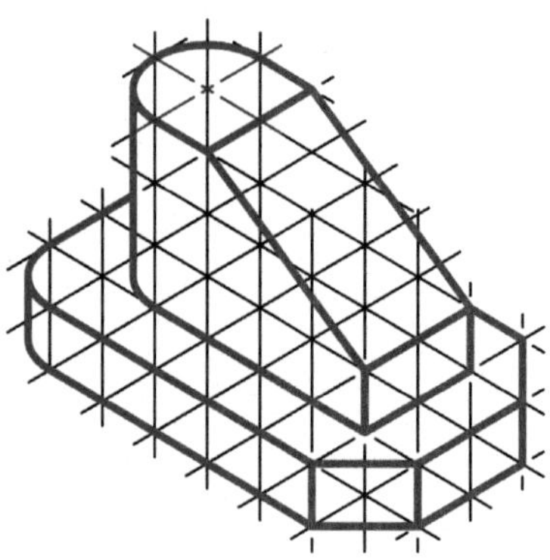

⑭

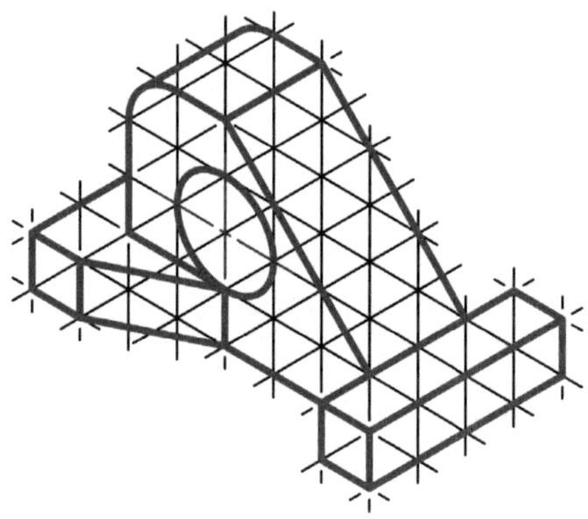

⑮

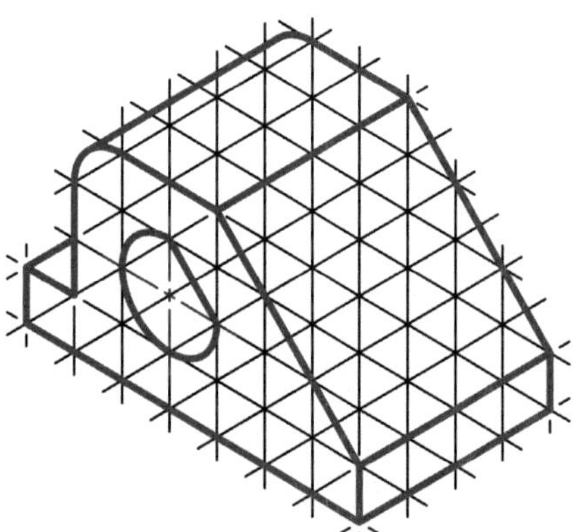

PART

10

정면도의 선택

본 10장에서는 정 투상에 의한 기본 3면도 및 6면도를 그릴 때 가장 기본이 되며 우선적으로 그리는 정면도의 선택에 대해 설명하려고 한다. 또한 정면도의 선택은 설계하고자 하는 물체나 사물에 있어 가장 특징을 잘 나타내는 물체의 면을 선택하고, 그 면을 바라 보는 설계자, 제도자(작도자)의 방향을 시선(시점)으로 정한 것이 바로 '**정면도**'라고 정의한다.
단, 정면도의 선택은 설계자, 제도자(작도자)의 시선(시점)에 따라 바뀔 수가 있다.
여기서는 '**정면도의 선택 이해하기**' 원리를 학습하고 이해하도록 한다.
저자들이 직접 설계하여 도시한 투상 도형과 사례를 제시하고 또한 다양하게 응용하도록 하였고, 전개하는 내용을 알기 쉽도록 다음과 같이 요약・정리하여 학습 목표를 설정하였다.

학습 목표

1. 정면도의 정의와 선택하는 기준을 알고 설명할 수 있다.
2. 움직이는 기계들의 정면도를 알고 설명할 수 있다.
3. 일상 생활용품들을 예로 들어 정면도로 선택하는 면을 설명할 수 있다.
4. 얇은 물체를 예로 들어 정면도로 선택하는 면을 설명할 수 있다.
5. 정 투상도의 정면도로 입체적 도형인 등각 투상도가 그려지는 이유를 설명하고 그릴 수 있다.

PART

10 정면도의 선택

10.1 정면도의 정의

보충설명

정면도의 정의를 알아보도록 한다.

① 제5장의 정 투상도의 원리, 제6장의 제1각 투상 방법(제1각법)과 제3각 투상 방법(제3각법), 제8장의 정 투상도와 등각 투상도의 응용에서 자주 활용하여 사용한 정면도에 대해 복습하면서 잠시 생각해 보자.

② 지금까지 학습해 온 것은 정 투상 방법에 의해 물체의 각 면에서 바라 본 모양의 투상도 중 중심에 배치할 정 투상도의 정면도로 선택할 면을 대부분 미리 지정해 주었다.

③ 즉, 각 물체에 있어 처음 보는 면을 화살표로 지정했는데, 그것은 거의 모두 그 물체의 특징이 잘 나타나는 쪽의 면이었음을 알았을 것이다.

④ 정면도란 「**물체의 특징이 가장 잘 나타내는 쪽(방향)을 바라보고 그 면의 윤곽을 그린 정 투상도**」라고 정의하며 예를 들면, 아래 그림 10.1의 **(a)**와 같이 앞에서 본 사람의 윤곽을 그린 투상도가 정면도로서 사람의 특징이 가장 잘 나타나는 방향의 면이기 때문이다.

▶ 정면도를 사람으로 비유해서 정의를 한다면, 얼굴이라고 정의할 수 있으며 얼굴을 봐야 누구인지를 정확히 읽을 수 있다는 것이다.

사람의 옆모습이나 뒷모습을 보고 누구인지를 알 수 있을까?

설마 사람의 옆모습이나 뒷모습을 그려놓고 어떤 사람이냐고 묻는다면 누구라고 말할 수 있을까?

▶ 왼쪽 그림 10.1은 사람의 정면도와 측면도를 설명한다. 그림 (a)가 그 사람의 정확한 특징, 즉 얼굴과 체형의 윤곽을 자세히 보여주므로 정면도로 선택을 했다.

(a) 정면도 (b) 측면도

[그림 10.1] 정면도의 선택(사람의 정면도와 측면도)

10.2 동물의 정면도 방향과 선택

그럼, 동물의 정면도는 어느 방향일까?

다음 그림 10.2에서 보여주는 개와 같이, 걷는 동물들이나 날아다니는 동물들은 대부분 진행방향의 옆에서 본 모양으로써 어떤 동물인지를 알 수 있다.

(a) 측면도 (b) 정면도

[그림 10.2] 정면도의 선택(동물의 정면도와 측면도)

여기에서 확인할 수 있는 것은 위의 예와 같이 사람과 동물을 비교했을 때 어떤 사람, 어떤 동물이라는 것을 한 쪽에서 바라 본 모습만으로 전체를 알 수 있다는 것과 정면이라고 말로 표현하는 것이 다르다는 것을 분명히 알 수 있다.

보충설명

▶ 여러분은 여기서 집에서 키우는 반려동물의 경우에는 사람과 같이 동물의 얼굴로 어떤 동물인지 알 수 있다고 생각할 것이나, 처음 보는 동물의 경우에는 전체적인 윤곽을 나타내는 옆모습으로 그 동물의 특징을 알 수 있을 것이다.

이제부터 가정에서, 회사에서, 길거리에서 제품들을 볼 때마다 제작도면을 제도하는 정 투상도의 정면도로 선택할 수 있는 면을 구분해 보길 바란다.

그 동안 학습했던 실력 발휘를 해보면 재미가 있고 도면해독 학습에 더욱 흥미를 더할 것이다.

10.3 움직이는 기계 장치들의 정면도

움직이는 기계 장치들의 정면도는 어느 방향에서 보고 그린 정 투상도일까?

움직이는 기계 장치들(예를 들면 자전거, 자동차, 기차, 비행기, 배 등)이 서로 상내방을 향해 진행하며 맞부딪치는 경우 우리는 정면충돌을 했다고 한다.

이는 진행 방향을 정면이라 표현하는 것이다. 물체의 특징을 알아볼 수 있는 것은 다음 그림 10.3과 같이 옆모습을 보고 그린 정 투상도가 정면도이기 때문이다.

그림 10.3은 승용차를 각 방향에서 본 모양을 보여주고 있는데, 어느 방향에서 본 모양이 정 투상도로 그릴 때 정면도로 선택된 모양일까?

▶ 진행 방향으로 구분한다면, 사람이나 동물, 움직이는 기계들도 마찬가지로써 정면이 구분됨을 알 수 있다.

그럼, 자동차가 마주보고 충돌한다면 제도(작도)하는 입장에서 볼 땐 측면충돌이라 말하겠지만, 말이나 글의 경우 진행 방향으로 설명한다는 것이다.

가장 특징을 잘 나타내어, 그 물체의 모양과 윤곽을 잘 이해·파악할 수 있는 방향에서 그린 투상을 정면도로 선택한다.

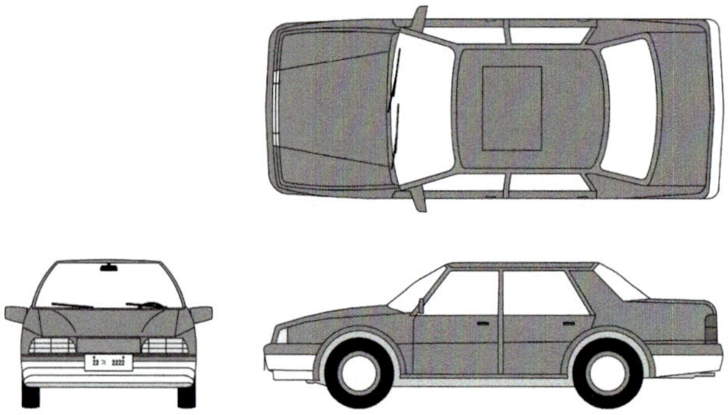

[그림 10.3] 승용차를 세 방향에서 본 모양

위의 3개 투상도를 비교해 보면, 자동차의 측면을 봐야 어떤 종류의 차인지를 알 수 있듯이 우리가 보통 말하는 정면과 정 투상도에서 말하는 정면의 그림(정면도)의 의미가 다르다는 것을 알 수 있으며, 정 투상도에서의 정면도는 아래 그림 10.4와 같이 제품 특징을 가장 잘 나타내는 쪽의 면임을 알 수 있다.

(a) 자동차

(b) 자전거

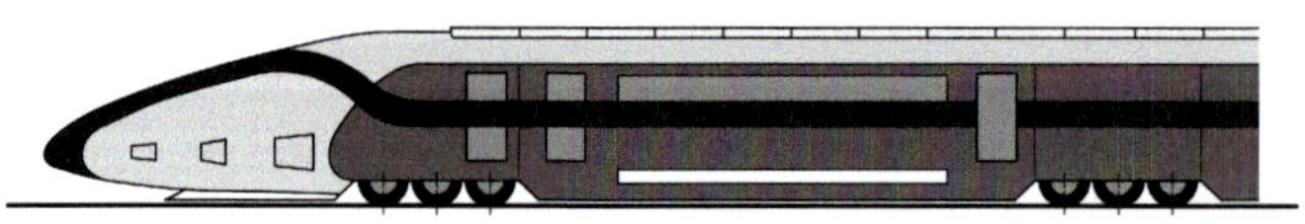

(c) 기차

[그림 10.4] 정 투상도에서 정면도로 선택되는 면

보충설명

정면도의 해석이 각각 다른 경우에 있어서의 해석은 어떻게 할까?
아래 그림 10.5에서는 자전거와 사람을 동시에 그려야 할 경우(자전거를 탄 사람)를 예를 들어서 설명하고 있다.

(a) (b)

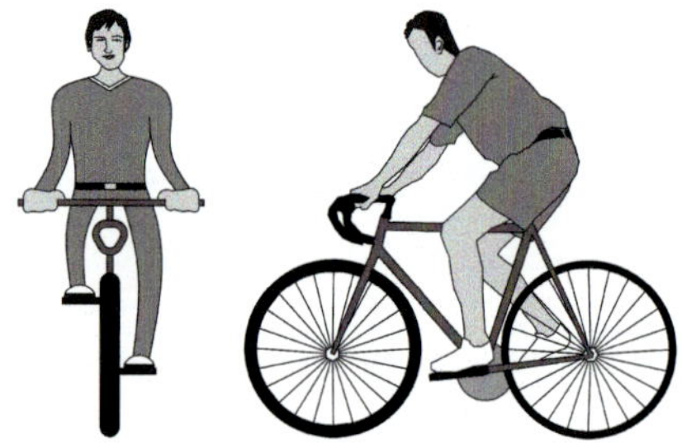

(a) (b)

[그림 10.5] 사람과 자전거에 있어 정면도의 선택

▶ 위의 그림 10.5에서 보여주는 바와 같은 두 경우에서 자전거를 탄 사람을 설명하는 투상도일 경우에는 왼쪽 그림 (a)가 정면도가 되며, 자전거 모양이나 타고 있는 모습을 설명하는 투상도일 경우에는 오른쪽 그림 (b)가 정면도가 되는 것이다.

10.4 우리 주변에서 찾을 수 있는 물체들의 예와 정면도 선택

그러면, 우리 주변에서 찾을 수 있는 물체들을 예로 들어 정면도로 나타낼 수 있는 부분을 알아보도록 하자.

가장 많이 사용하고 있는 컴퓨터 시스템을 예로 들면, 모니터는 마주보고 있는 사각 형태의 면, 키보드는 책상위에 놓여 자판이 보이는 면, 컴퓨터 본체는 온(on), 오프(off) 버튼 등이 있고 디스크를 넣고, 꺼낼 수 있도록 하는 쪽이면서 상표가 붙어있는 면이 일반적으로 정 투상도의 정면도로 나타내는 면이 된다.

다음 그림 10.6에서 보여주는 제품(물품)들은 우리 주변에서 흔히 볼 수 있는 일상 생활용품들을 예로 들어서 정면도로 나타내는 면(정면)을 보여준다.

모든 제품은 특별한 경우를 제외하고는 길이 방향으로 뉘어 놓은 상태로 정 투상도를 그려야 하는 원칙에 따라 다음 제품들도 그리는 상태로 뉘어 놓았다.

(a) 가위

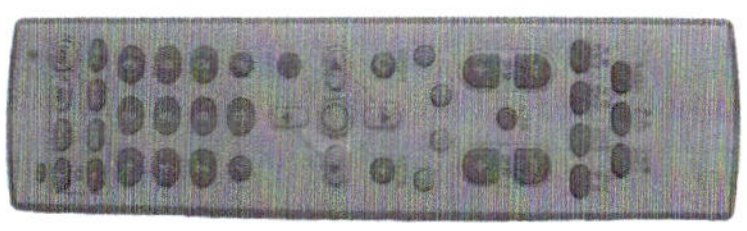
(b) 리모콘

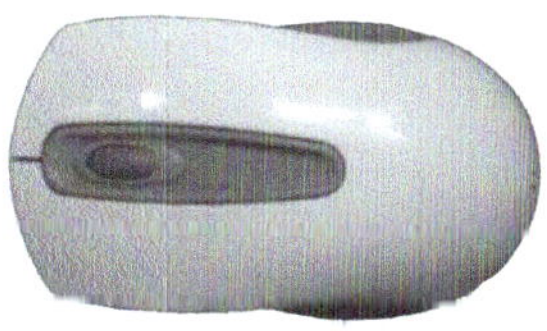
(c) 컴퓨터 마우스

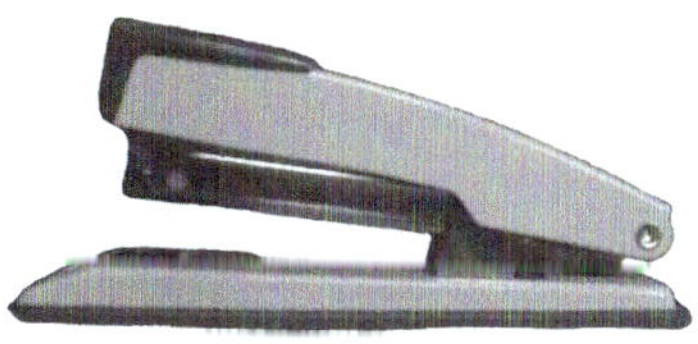
(d) 스테이플러

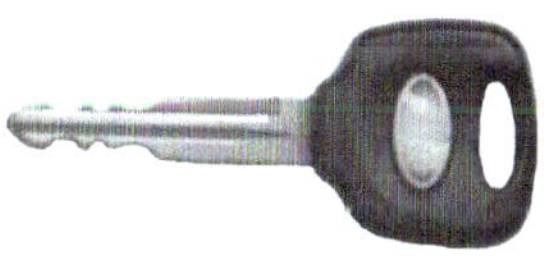
(e) 자동차 키

[그림 10.6] 일상 생활용품들의 정면

보충설명

▶ 우리생활 주변에서 찾을 수 있는 제품들을 찾아 학습한 내용을 근거로 정면도를 그리는 제품의 면을 지정하고 그 이유를 설명할 수 있어야 한다.

또한, 정 투상도를 그리기 위한 제품의 자세(방향)까지도 설명할 수 있어야 한다.

▶ 다음 그림 10.8과 같이 우리 주변에서 흔히 찾을 수 있는 모든 제품마다 정면도로 나타낼 수 있는 면이 각각 다름을 알 수 있다.

(a) 운동화

(b) 샤프 펜슬(연필)

[그림 10.8] 운동화와 샤프 펜슬

▶ 다음 그림 10.9와 같이 두께를 갖는 얇은 제품은 평면 상태로 내려다 본 면이 정 투상도에서 정면도 선택 면이다.

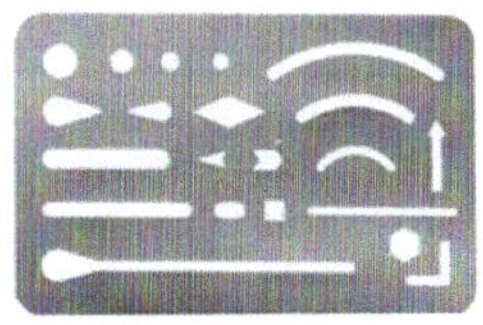
지우개 판

[그림 10.9] 얇은 두께의 지우개 판

▶ 다음 그림 10.10은 사용상태(버튼)의 면 (b)가 정 투상도의 정면도 선택 면이다.

(a)

(b) 리모콘의 정면

[그림 10.10] 리모콘

다음 그림 10.7에서는 실제 사용 상태에서 바라보는 면이 그 제품의 특성을 잘 나타내는 정면인지를 설명해준다.

손목시계의 경우에는 착용 상태가, 탁상시계는 놓이는 상태가 정 투상도의 자세(방향)이다.

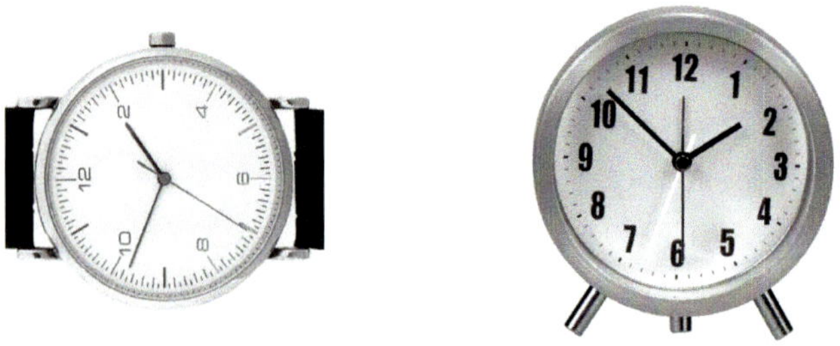

(a) 손목시계 (b) 탁상시계

[그림 10.7] 사용(놓인) 상태가 정면인 시계

보충설명

▶ 다음 그림 10.11의 플러그(plug)에서는 단자 2개가 보이는 면 (a)가 정 투상도의 정면도 선택 면이다.

(a) (b)

[그림 10.11] 플러그

10.5 지폐나 동전 등에 있어서 정면도 선택

지폐나 동전을 예로 들어 정면도로 선택할 수 있는 면이 어느 쪽인지 알아보도록 하자.

우리나라 만원짜리 지폐를 예로 들어 설명하면, 얇은 물체인 지폐는 평평한 상태로 펴서 본 직사각형의 모양이 정면도로 나타내는 쪽의 면이다.

그러나 지폐에는 앞과 뒤가 있으므로, 앞에서 설명한 내용으로 볼 때 두 개의 정면도가 있다고 판단할 수 있으나, 지폐는 우리나라 사람만 사용하는 것이 아니라 외국인도 사용하게 됨으로 아래 그림 10.12의 **(b)**와 같이 아라비아 숫자로 금액이 표시된 면이 정면도가 된다.

▶ 얇은 물체는 펴 놓고 내려다본 윤곽을 그렸다고 해서 이 정 투상도를 평면도라고 하는 것은 틀린 용어의 사용이다.

제3장의 3.3절에서 설명한 도면이 갖추어야 할 요건 중 「정보의 국제성」을 기억해 보길 바란다!

다만, 우리나라 사람만으로 한정했을 경우에는 옆 그림 10.12의 (a)와 그림 10.13의 (a)가 정면도라고 할 수는 있으나, 도면이란 세계 공통언어라고 학습한 사실을 기억해 낸다면 이해가 될 것이다.

외국인은 우리 언어 및 인물에 대해 알지 못하기 때문에 지폐를 만들 때 한 쪽면은 도형을 넣어 지폐의 금액을 아라비아 숫자로 표시가 된 면을 만들게 된다.

그러면, 지폐를 길이 방향으로 놓고 아라비아 숫자로 표시된 면이 정면도의 면이며, 지폐의 두께는 평면도 또는 저면도가 된다.
그러면, 한글과 인물이 인쇄된 면이 배면도가 되는 것이다.

(a)

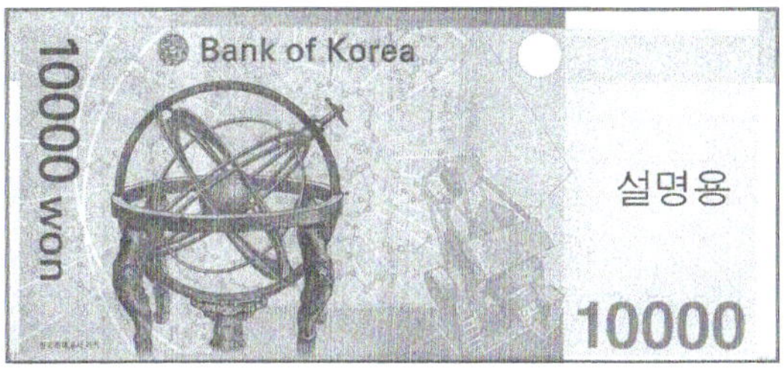

(b)

[그림 10.12] 만원짜리 지폐를 보기로 한 정면도 해석

다시, 오백원짜리 동전으로 예를 든다면, 아래 그림 10.13의 3개의 사진 중 어느 면이 정면도로 선택할 수 있는 면이 될까?

(a)

(b)

(c)

[그림 10.13] 오백원짜리 동전으로 본 정면도 해석

보충설명

▶ 동전도 면이 얇기 때문에 지폐와 같다.

여러분은 이제 이 교재(학습서)를 마스터하면 정면도의 개념과 해석에 대해 명확히 이해할 것이며, 누구에게도 이론적인 설명은 물론 여러 가지 예를 들어 자신 있게 설명할 수 있다.

10.6 문자, 숫자, 그림 기호 등에 있어서 정면도 선택

문자, 숫자, 그림 기호 등은 어느 방향으로 본 모양이 과연 정면도 일까?

우리들은 문자(각 나라별 언어)나 숫자, 문자 기호, 숫자 기호, 그림 기호 등을 정면으로 보고 있다는 사실을 까마득히 잊고 있었는데, 바로 우리가 보고 있는 방향으로 표시된 것 자체가 정면도이다.

ㄴ형, ㅁ형, T형, O형 등과 같이 '‥형(形)'이라고 하면 그것이 바로 정 투상도로 나타낼 때는 정면도가 된다.

보충설명

▶ 생활, 교통, 도로 등의 편의용 그림(그래픽) 기호 또한 보이는 그 자체가 정 투상도를 그릴 때 정면도로 나타내는 면이다.

10.7 최종 내용 정리와 학습

지금까지 학습한 내용을 정리해보면, 어떤 원칙이 있을 것 같다는 생각이 들 것이다.

① 즉, 사람과 마주보는 상태의 면, 움직이는 물체는 옆 면, 물체의 사용상태의 면, 놓여있어서 마주보는 상태의 면, 얇은 물체는 펴져있는 상태의 면, 화폐의 경우에는 세계 공통으로 읽을 수 있는 면 등이 정면도로 나타내는 면이라고 학습했다.

② 그러면, 마지막에서 학습한 '‥ 형(形), ‥ 모양(模樣)'이라고 하는 면의 그 자체가 정 투상도의 정면도로 나타내는 면이라고 한 내용을 아래 그림 10.14에서 다시 설명을 한다.

③ 여기에 덧붙여서 문자, 숫자, 그림 기호들과 (정, 직, 이등변)삼각형, (정, 직)사각형, 사다리형 등의 도형에 대해서는 그림 10.15와 같이 그 물체의 도형을 의미하거나 단면 모양을 의미한다.

▶ '‥형(形), ‥모양(模樣)'이라고 하는 것 자체가 정면도로 나타내는 면이라고 설명한 것은 단순히 생긴 모양 즉, 단면의 모양을 의미하며 아래 그림 10.15와 같이 두께만을 그려서 전체의 모양을 입체적으로 나타낼 수 있다는 것이다.

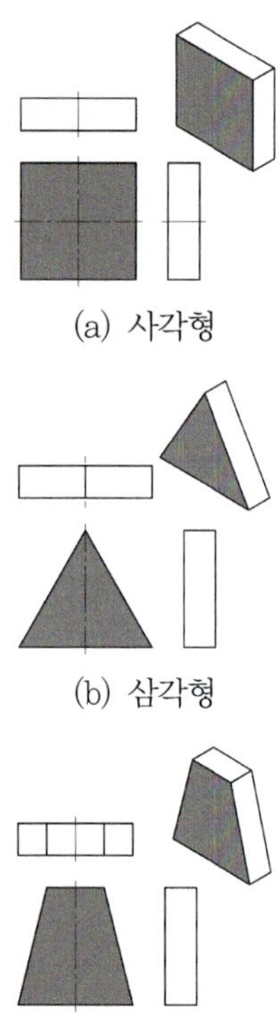

(a) 사각형

(b) 삼각형

(c) 사다리형

[그림 10.15] '‥형(形), ‥모양(模樣)'의 도형

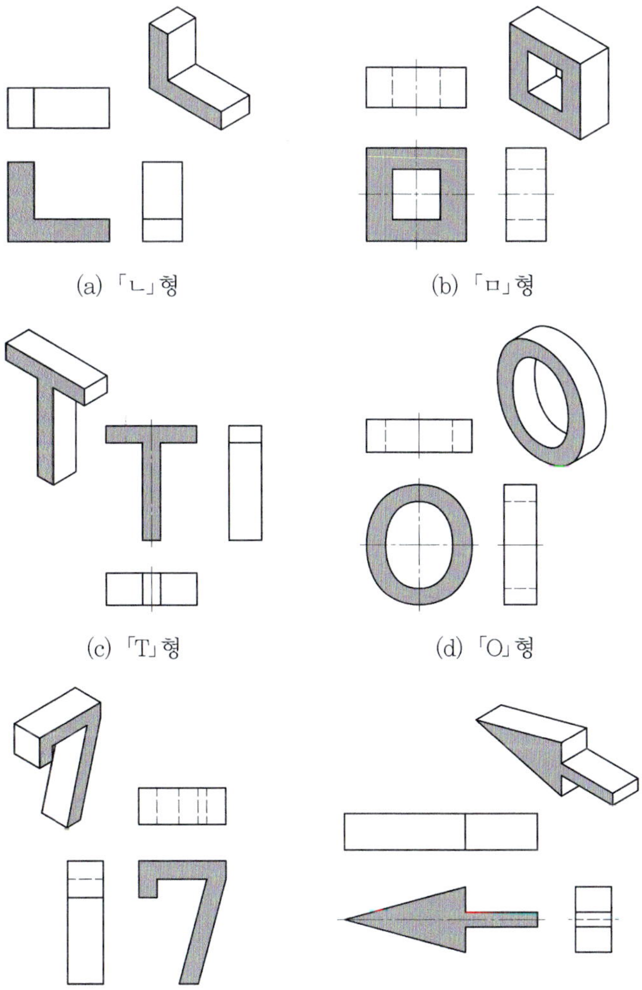

(a) 「ㄴ」형 (b) 「ㅁ」형

(c) 「T」형 (d) 「O」형

(e) 아라비아 숫자 (f) 방향표시 그림 기호

[그림 10.14] 문자, 숫자, 그림 기호와 정면도 해석

위 그림 10.14와 보충 설명의 그림 10.15에서와 같은 두 가지 사항을 여러 도형의 그림들로 설명을 한 내용을 종합해 보면, '축측 투상 방법에 의한 입체 도형(등각, 2등각, 부등각 투상도 등)으로 그려지는 물체의 면이 정 투상도로 그릴 때 정면도가 된다.'라는 원칙이 생긴다.

다시 정리를 해보면, '정면도'란 물체의 어느 한 방향으로만 봤을 때 그 물체의 특징을 가장 잘 나타낼 수 있는 쪽(방향)의 면을 정 투상도의 정면도가 된다고 설명했다.

그 이유를 다음 그림 10.17의 **(a)**와 **(b)**에서 왼쪽에 도시된 좌 측면도를 속이 빈 물체로 예를 들어서 설명해 보면, 오른 쪽 3개의 단면 투상도(단면도)들과 같이 여러 가지로 해석됨을 알 수 있다.

보충설명

▶ 아래 그림 10.16은 유리컵을 정 투상도로 그렸는데, 정면도를 지정하고 배열된 나머지 투상도의 명칭은?

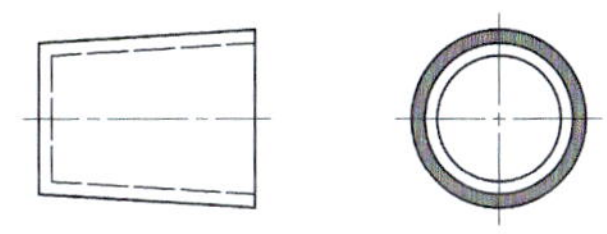

(a) (b)

[그림 10.16] 유리컵 투상도

(**정답** 오른 쪽 (b) 투상도가 정면도이며, 배열된 나머지 투상도 (a)의 명칭은 좌측면도이다.)

실제로 제작용 정 투상도로 그릴 때는 정면도를 생략하고 좌측면도만으로 제도하며, 이 때 좌측면도를 「주 투상도」라고 한다.

참고 컵과 같이 원통형의 부품은 사용상태가 아닌 가공 상태로 뉘어서 정 투상도를 그려야 한다.

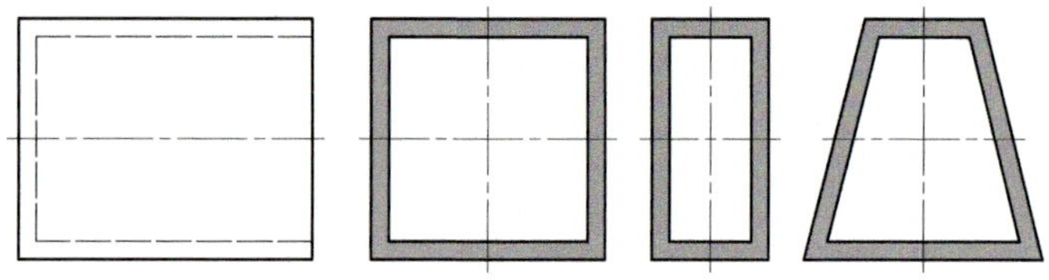

(a) 각이 진 통으로 해석

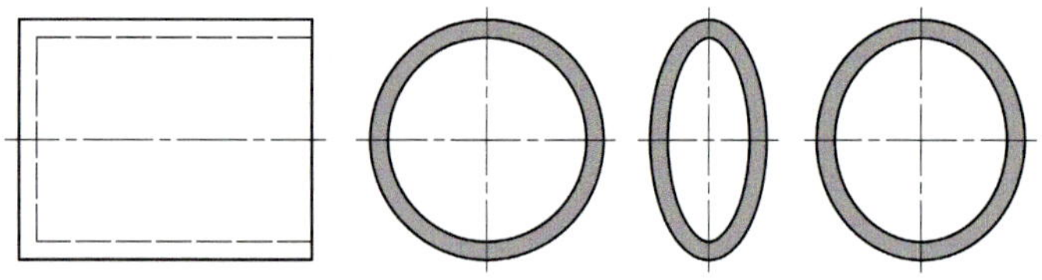

(b) 여러 원통으로 해석

[그림 10.17] 단면 모양이 정면도가 아니면 해석되는 여러 가지 예

혹시, 아래 그림 10.18의 투상도로 어떤 모양임을 입체적 도형(등각 투상도)로 그려낼 수 있을까?

그림 10.18의 정면도는 입체적 도형을 그릴 수 있으나, 다른 투상도로는 입체적 도형을 그릴 수가 없음을 알 수 있다.

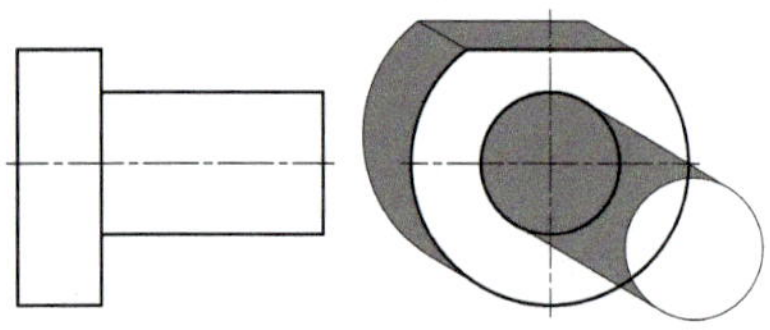

(a) 축(Shaft)

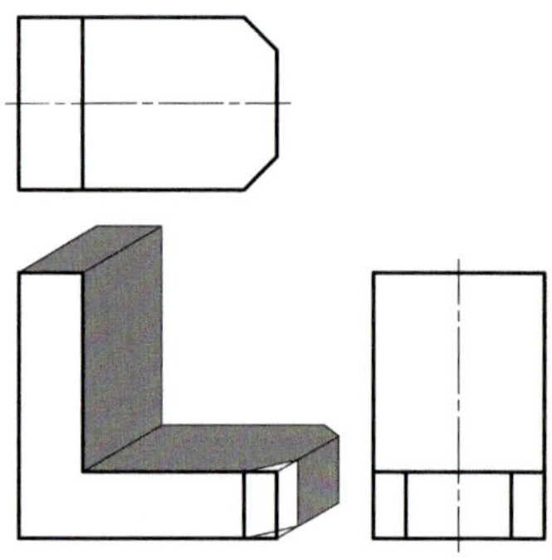

(b) 앵글(Angle)

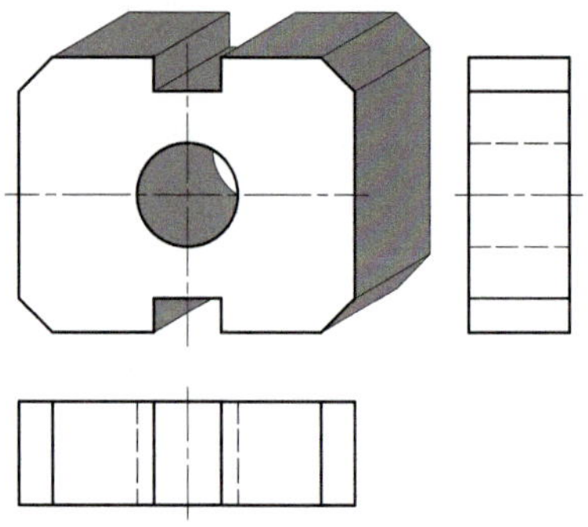

(C) 베이스 플레이트(Base plate)

[그림 10.18] 입체적 도형을 그릴 수 있는 투상도

보충설명

▶ 다음 그림 10.19는 판(plate)의 입체적 도형이 그려지는 정면도를 설명한다. 판이란 두께(t)를 갖는 형상을 일반적으로 일컫는다.

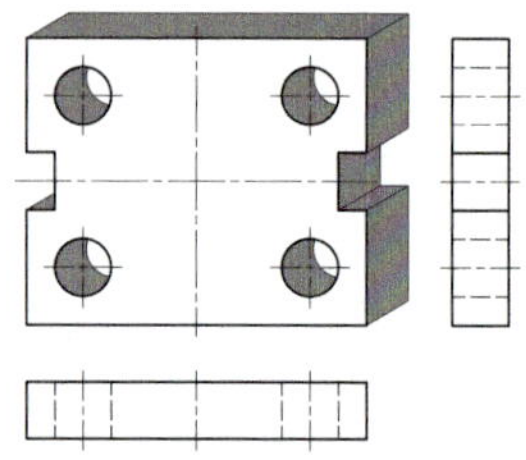

[그림 10.19] 입체적 도형을 그릴 수 있는 정면도

위 그림 10.19와 같이 입체적 도형을 그릴 수 있어서 「정면도」로 선택하는 것은 잘못된 것(내용)이라고 아래의 그림 10.20으로 설명한다.

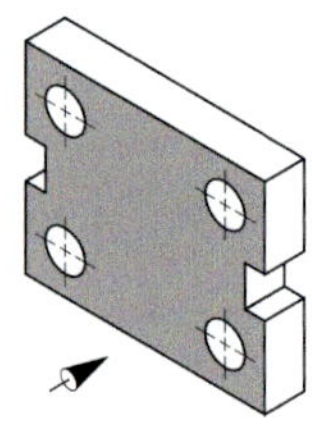

(a) 세워 놓은 자세

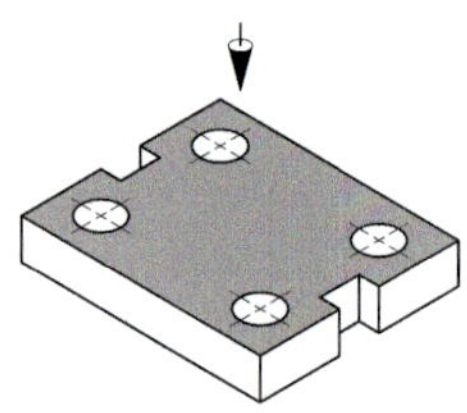

(b) 뉘어 놓은 자세

[그림 10.20] 판에 있어 잘못된 정면도 선택의 예

위 그림 10.20과 같이 「얇은 물체를 세워 놓은 상태(a) 또는 뉘어 놓은 상태(b)에 의해서 정면도의 해석을 하는 것이 아니라, 그 물체의 특징을 가장 잘 나타내는 면이 정면도」라는 사실을 기준으로 하고 있기에, 「정면도를 평면도라 하고, 측면도를 정면도라 하는 심각한 오류」를 범하지 말아야 한다.

▶ 따라서 정면도의 정의와 해석에 대해 확실히 학습하였다.

연습문제 10 하나의 제품을 두 방향에서 본 모양을 보고 정 투상도의 정면도로 선택되는 번호에 표시를 하고 오른쪽 칸에 그 이유를 쓰시오.

			답안
1	①	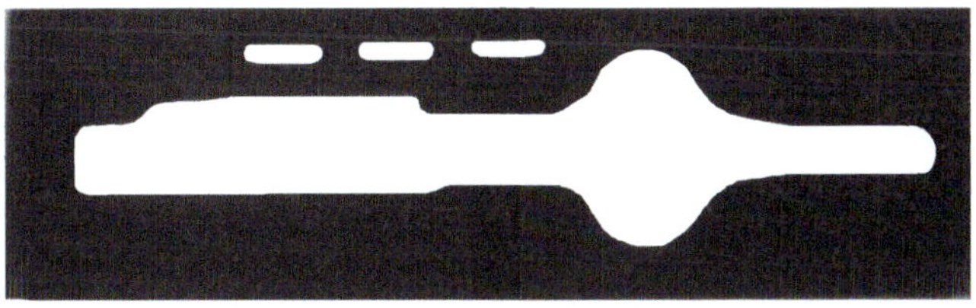	
	②		
2	①		
	②	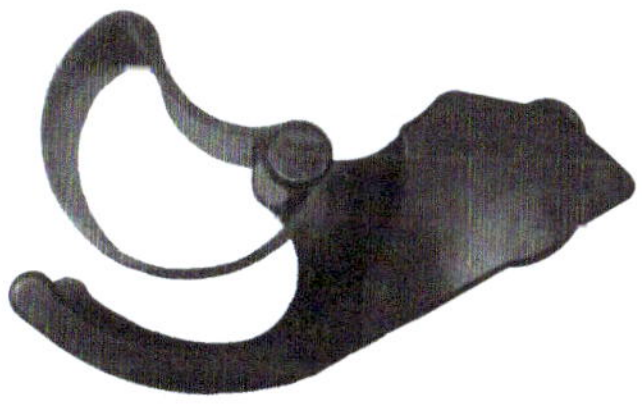	
3	①		
	②		
4	①		
	②	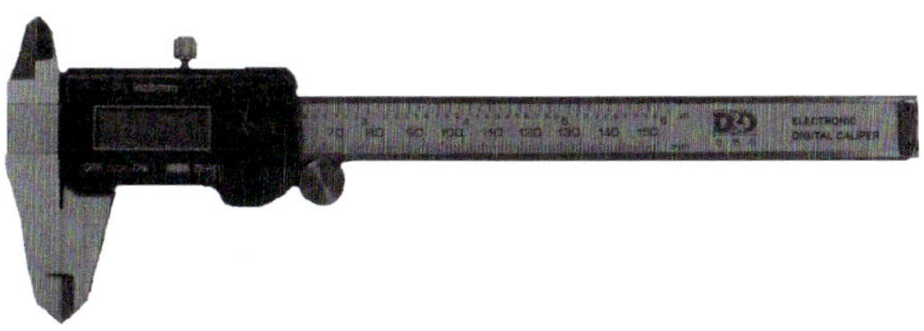	

		답안
⑤ ①		
②		
⑥ ①		
②		
⑦ ①	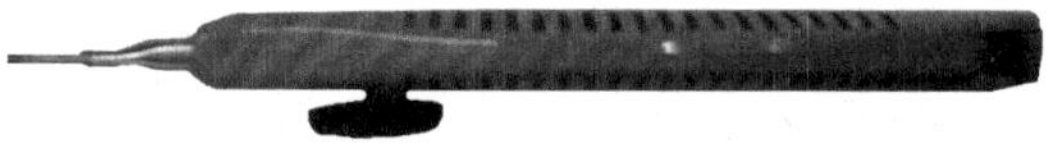	
②		

연습문제 10 모범답안

학습할 때 모범답안(정답)은 수시로 보면서 하는 것이 아니라, 힌트를 얻고자 할 때나 학습 결과와 모범답안을 비교할 때만 봐주기 바랍니다. 그래야만 도면 실력이 향상됩니다.

			답안
1	①	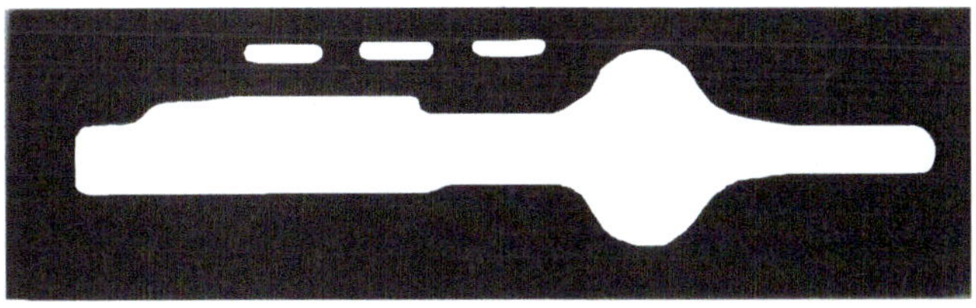	두께를 갖는 얇은 제품은 평면 상태로 내려다 본 면이 정 투상도에서 정면도 선택 면이 된다. ①
	②		
2	①		제품의 기능상의 특징을 잘 표현한 상태가 정 투상도의 정면도가 된다. ②
	②		
3	①		아래쪽 ②에 도시된 도면은 속이 빈 물체이다. 이를 정면도로 하면 위쪽 ①은 3개의 단면 투상도(단면도) 등, 여러 가지로 해석된다. 따라서 ①을 정면도로 선택해야 한다. ①
	②		
4	①		버니어 캘리퍼스(vernier calipers) 제품의 모양과 윤곽 그리고 주요 기능의 특징이 잘 표현되어 있으며 또한, 모든 제품은 특별한 경우를 제외하고는 길이 방향으로 뉘어 놓은 상태로 정 투상도의 정면도로 그려야 하는 것이 원칙이다. ②
	②	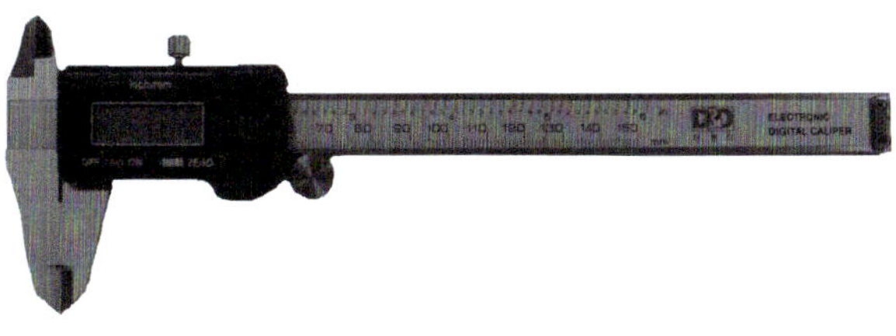	

		답안	
⑤ ① ②	 	제품의 구조에 대한 모양을 잘 표현하고, 사용상태와 기능상의 특징이 잘 나타나 있는 ①이 정 투상도의 정면도 선택 면이 된다.	①
⑥ ① ②	 	롱 로즈(long nose) 제품의 모양과 윤곽 그리고 주요 특징이 잘 표현되어 있고, 모든 제품은 특별한 경우를 제외하고는 길이 방향으로 뉘어 놓은 상태로 정 투상도의 정면도로 그려야 하는 것이 원칙이다. 다른 공구인 니퍼(nipper), 펜치(pincers) 등에서도 마찬가지이다.	①
⑦ ① ②	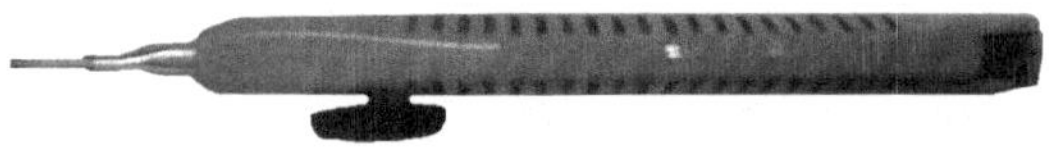 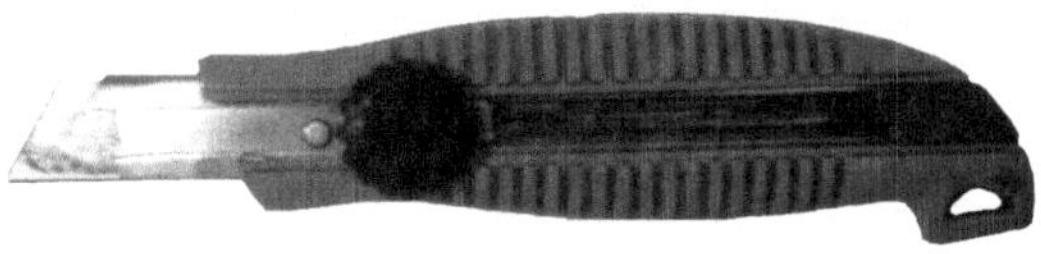	커터 칼 제품의 모양과 윤곽을 비롯하여 주요 기능의 특징이 잘 표현되어 있으며, 모든 제품은 특별한 경우를 제외하고는 길이 방향으로 뉘어 놓은 상태로 정면도를 그리는 것이 원칙이다.	②

PART

11

종합 연습문제 및 실기 평가

이제까지 학습하고 연습한 도면의 이해와 해석 · 해독을 비롯한 **정 투상도와 등각 투상도의 응용**으로 도면을 그리는 많은 연습문제를 풀어 보았다.
본 11장에서는 도면연습에 있어, 마무리 단계로 여러 가지 종합적 연습문제를 풀고 해결함으로써 도면연습에 있어 완성을 하려고 한다.
이제는 도면을 이해하고 또한 정 투상도에 의한 3면도, 6면도를 그리는 충분한 실력을 갖추었기에 편하고 재미있게 연습문제를 풀 것이라고 생각한다.
저자들이 직접 설계하여 도시한 도형과 연습 도면(Drawing)들을 사례로 제시하여 아주 중요한 도면의 정 투상도와 등각 투상도의 원리를 이해하고, 도면을 그리며 다양하게 응용하도록 전개하였고, 내용을 알기 쉽게 다음과 같이 요약 · 정리하여 학습 목표를 설정하였다.

학습 목표

1. 주어진 등각 투상도에 의해 정 투상 기본 3면도와 6면도를 제3각 투상 방법(제3각법)으로 그릴 수 있다.
2. 주어진 등각 투상도에 의해 정 투상 기본 3면도와 6면도를 제1각 투상 방법(제1각법)으로 그릴 수 있다.
3. 주어진 정 투상 3면도로 등각 축을 설정하여 등각 투상도를 그릴 수 있다.
4. 구석, 모서리 둥글기와 원통 기둥, 원통 구멍이 있는 등각 투상도를 보고 정 투상 3면도를 그릴 수 있다.
5. 국가 기술자격 검정의 기능사, 산업기사, 기사 종목의 필기시험에 출제되는 제도과목 투상도 부분의 출제 문제에 답할 수 있다.
6. 주어진 정 투상 정면도와 측면도에 의해 평면도를, 또는 정면도와 평면도에 의해 측면도를 그리고 등각 투상도도 그릴 수 있다.
7. 주어진 정 투상 평면도와 측면도에 의해 정면도와 등각 투상도를 그릴 수 있다.
8. 도면의 이해와 도면 그리기에 어느 정도 자신감과 실력을 갖추고 도면 그리기(제도, 작도)를 할 수 있다.

종합 연습문제 11-1

정 투상도 그리기(1)

아래 ①부터 ⑩까지의 연습문제로 제시된 등각 투상도를 보고 화살표 방향을 정면도(「 」 기준)로 하여 뒤에 별도로 주어진 방안지(모눈종이)에 정 투상도 6면도를 제3각 투상 방법(제3각법)으로 그리시오. 단, 등각 투상도(등각도)와 정 투상도의 한 눈금 크기는 같게 하며, 가능한 외형선은 0.7mm, 숨은선은 0.5mm 굵기의 샤프펜슬이나 연필을 사용하여 그리시오.

AutoCAD로 도면작성(작도)을 하여 프린트(인쇄) 할 때는 외형선의 굵기는 0.2~0.25mm, 숨은선의 굵기는 0.15mm, 가는 실선의 굵기는 0.1mm로 셋팅(setting, 설정)하여 프린트하면 형상의 윤곽, 선의 구분과 보기에도 깔끔하다.

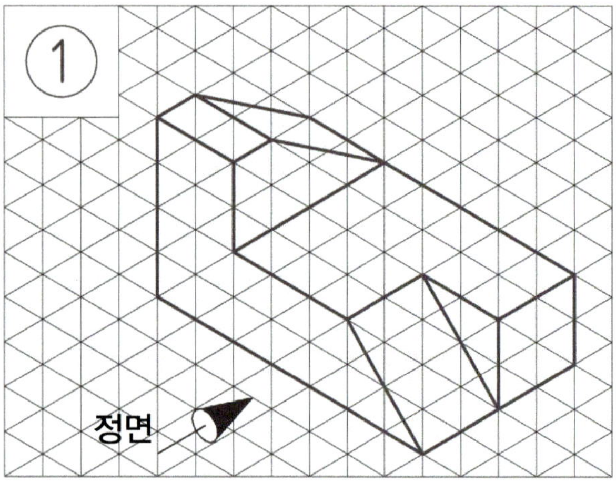

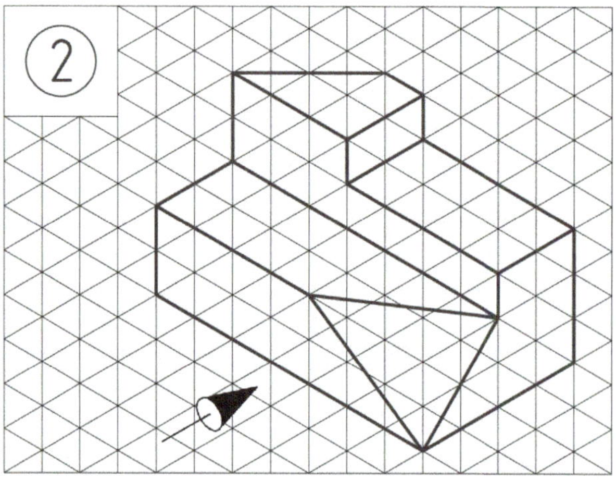

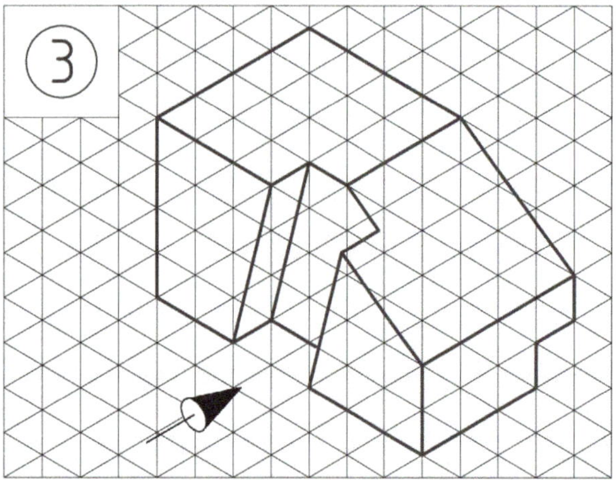

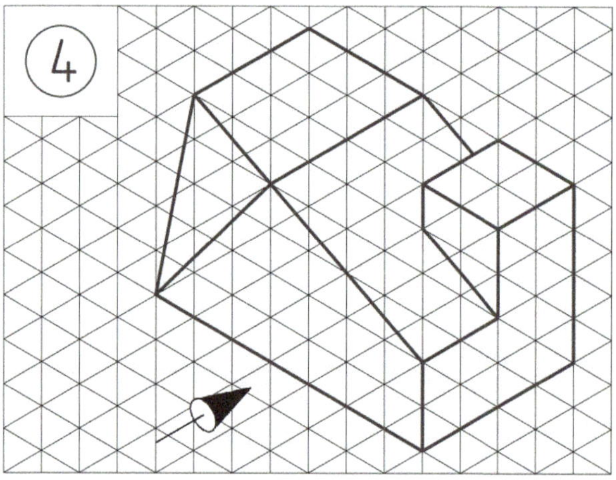

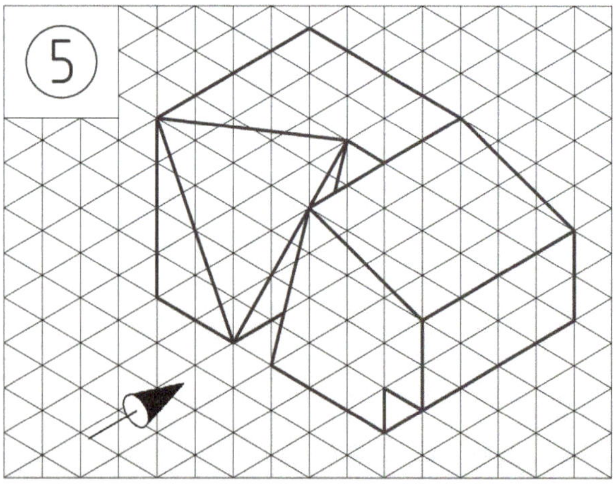

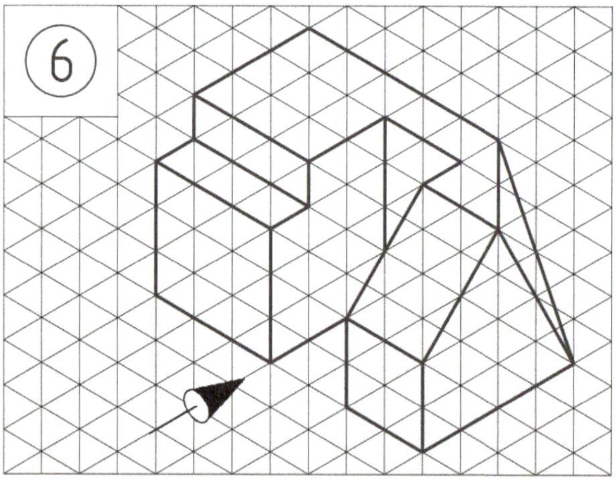

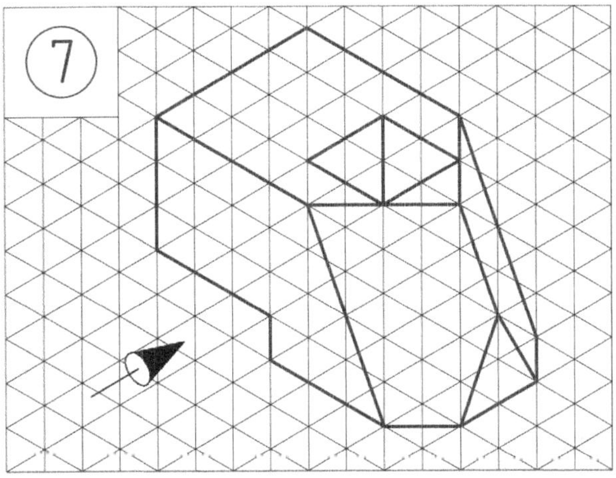
⑦

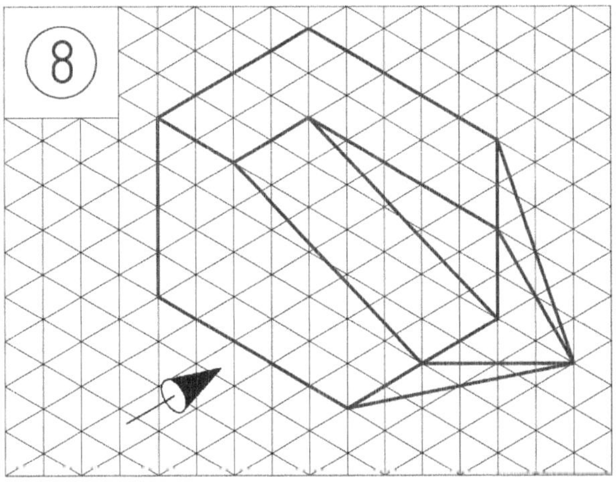
⑧

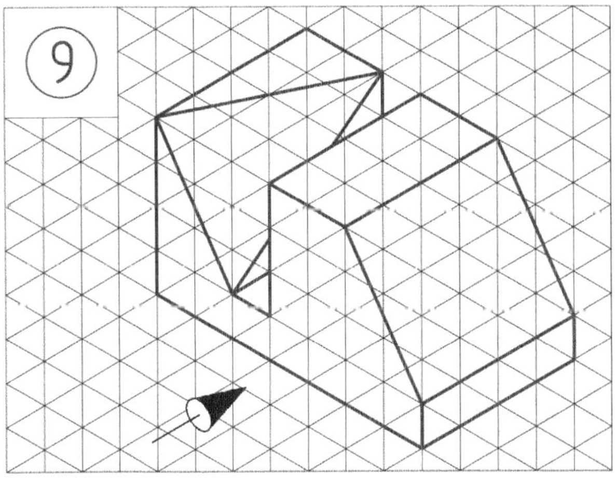
⑨

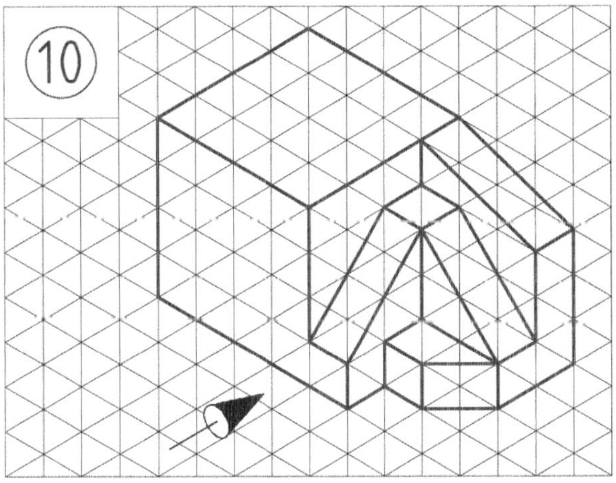
⑩

①

②

③

④

⑤

⑥

⑦

⑧

9

10

종합 연습문제 11-1 모범답안

학습할 때 모범답안(정답)은 수시로 보면서 하는 것이 아니라, 힌트를 얻고자 할 때나 학습 결과와 모범답안을 비교할 때만 봐주기 바랍니다. 그래야만 도면 실력이 향상됩니다.

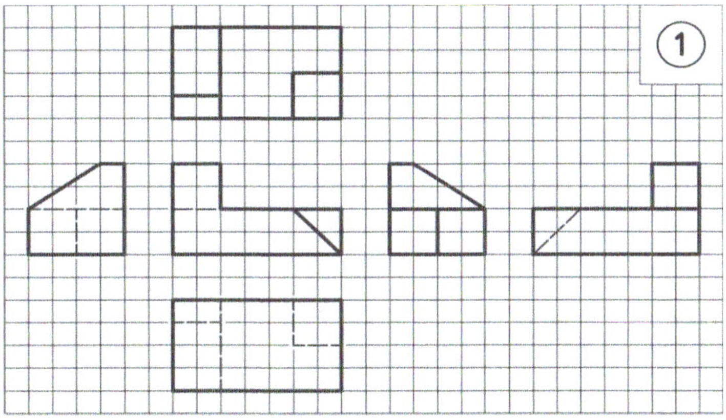

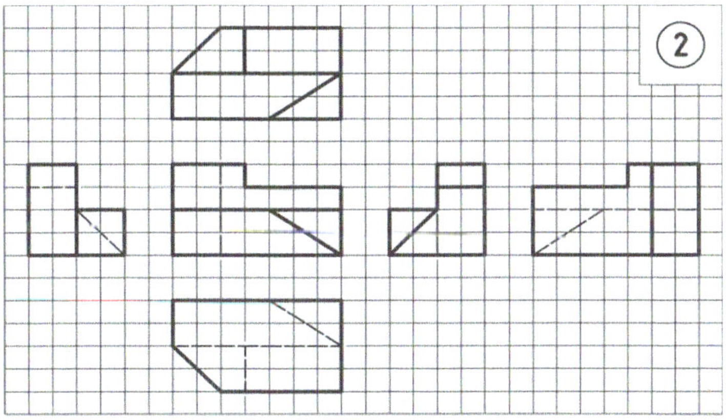

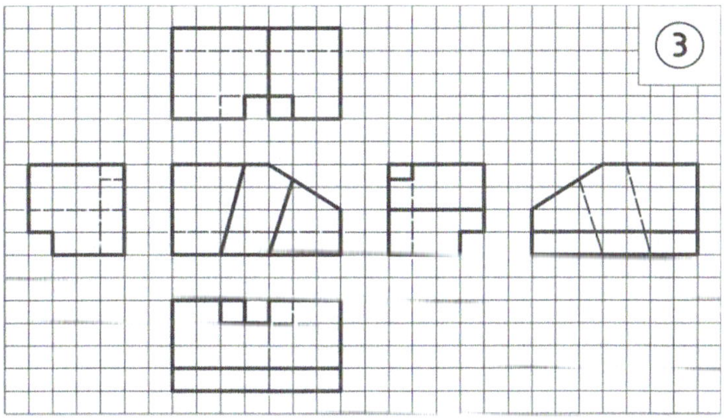

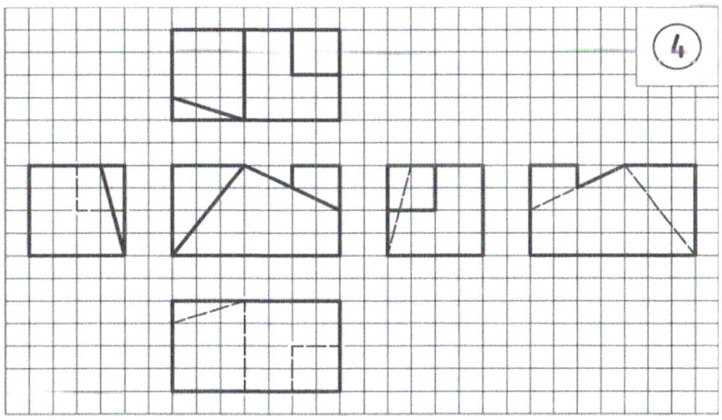

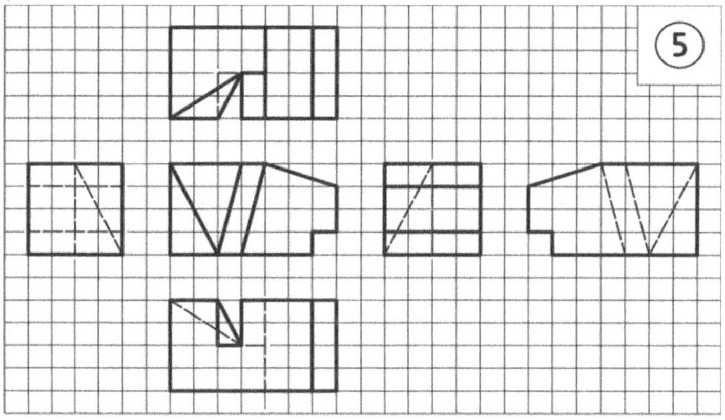
⑤

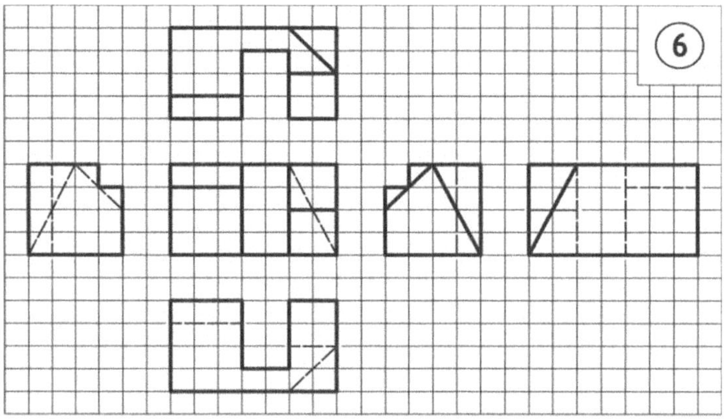
⑥

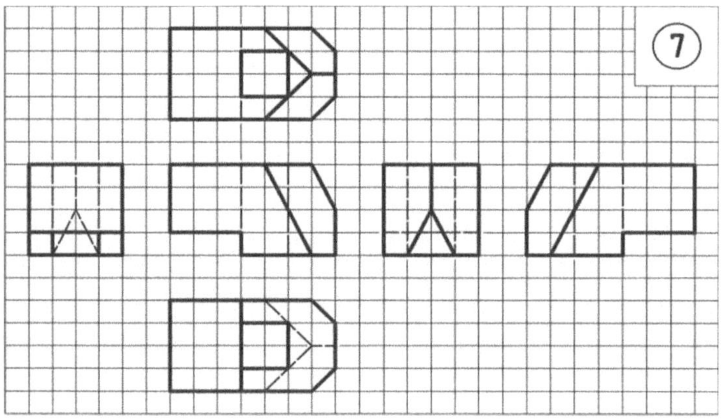
⑦

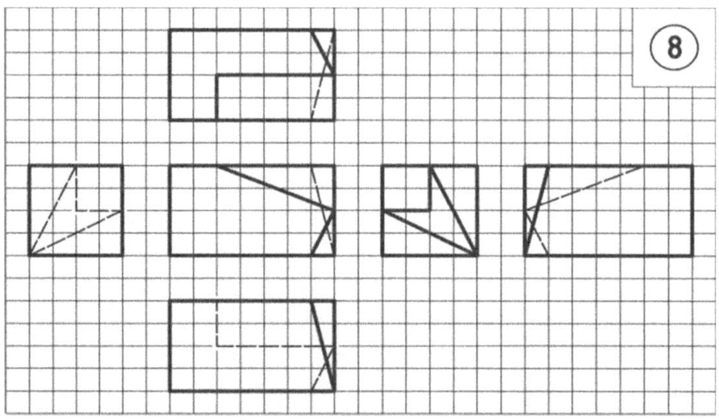
⑧

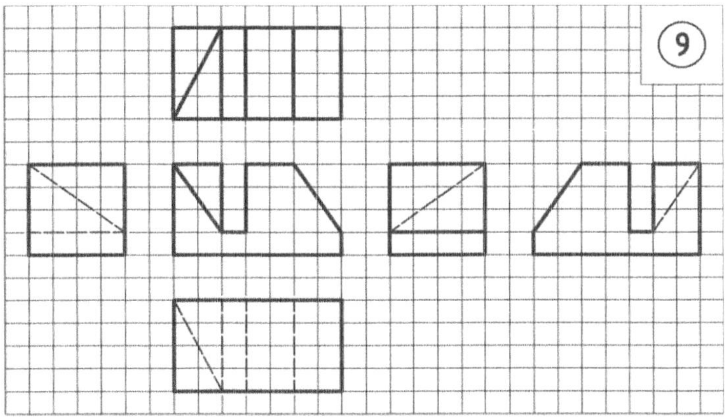
9

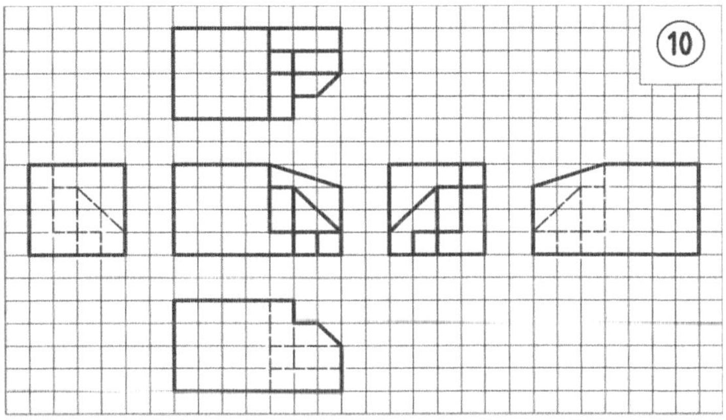
10

종합 연습문제 11-2

정 투상도 그리기(2)

아래 ①부터 ⑩까지의 연습문제로 제시된 등각 투상도를 보고 화살표 방향을 정면도(「 」기준)로 하여 뒤에 별도로 주어진 방안지(모눈종이)에 정 투상도 6면도를 제3각 투상 방법(제3각법)으로 그리시오. 단, 등각 투상도(등각도)와 정 투상도의 한 눈금 크기는 같게 하며, 가능한 외형선은 0.7mm, 숨은선은 0.5mm 굵기의 샤프펜슬이나 연필을 사용하여 그리시오.

AutoCAD로 도면작성(작도)을 하여 프린트(인쇄) 할 때는 외형선의 굵기는 0.2~0.25mm, 숨은선의 굵기는 0.15mm, 가는 실선의 굵기는 0.1mm로 셋팅(setting, 설정)하여 프린트하면 형상의 윤곽, 선의 구분과 보기에도 깔끔하다.

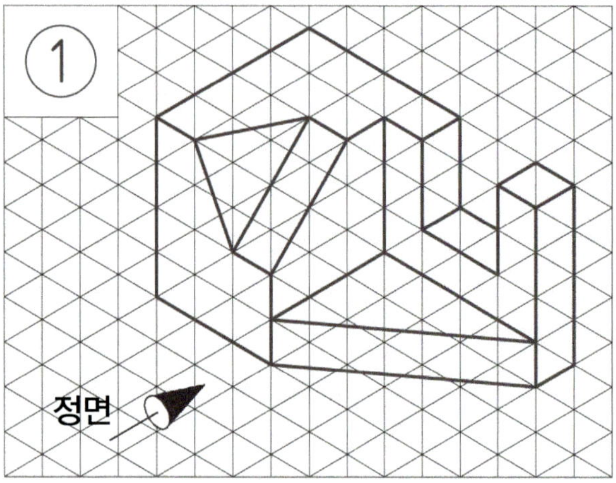

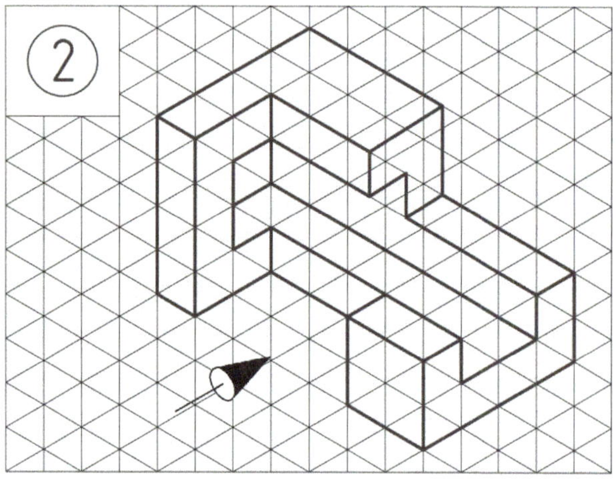

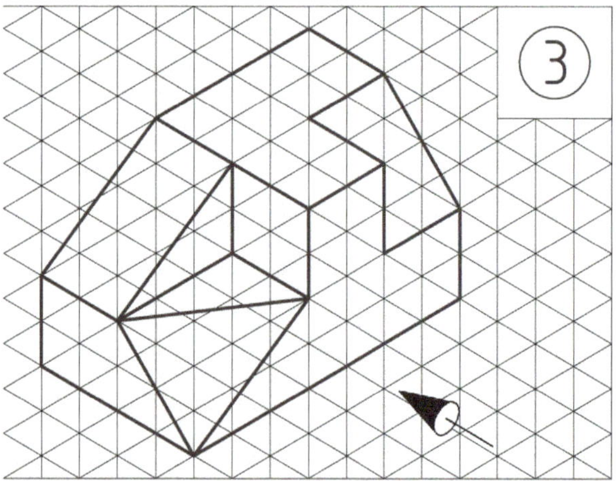

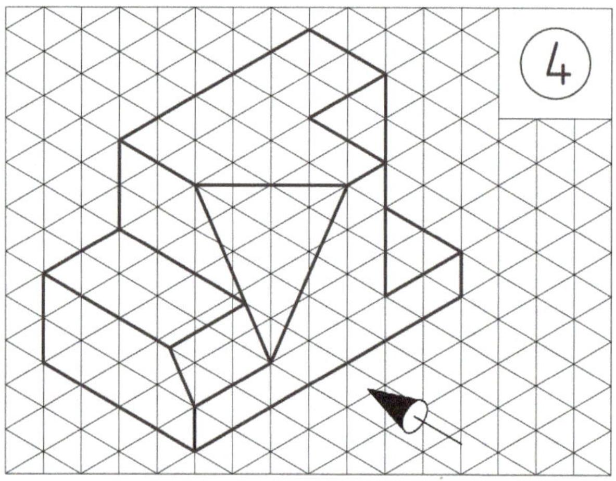

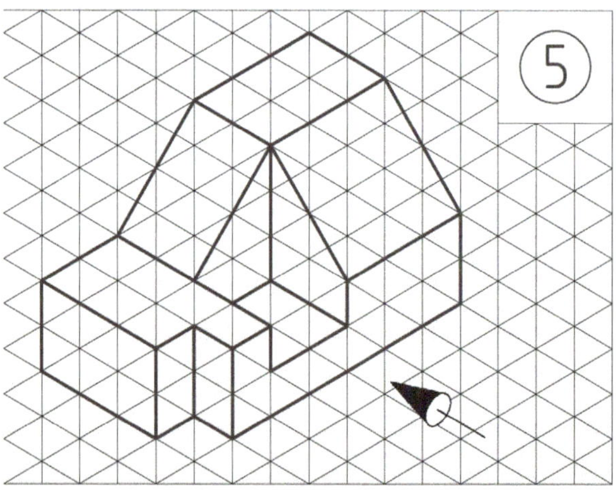

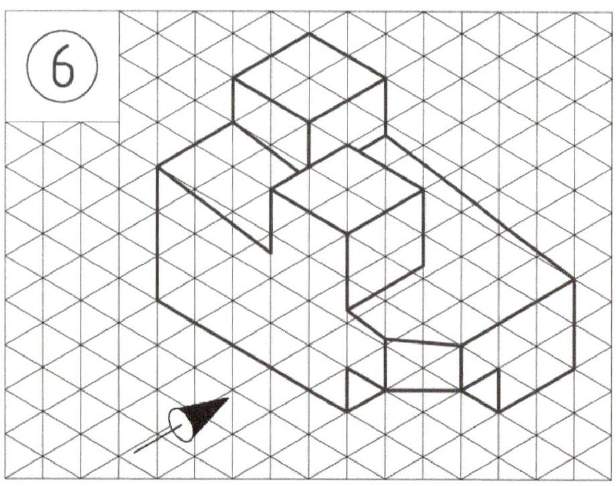

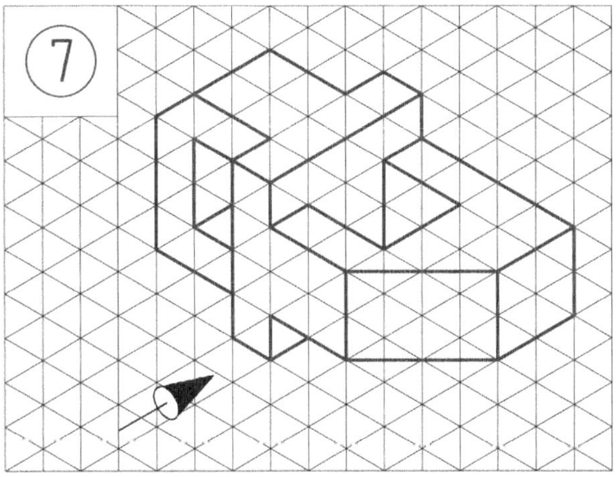
⑦

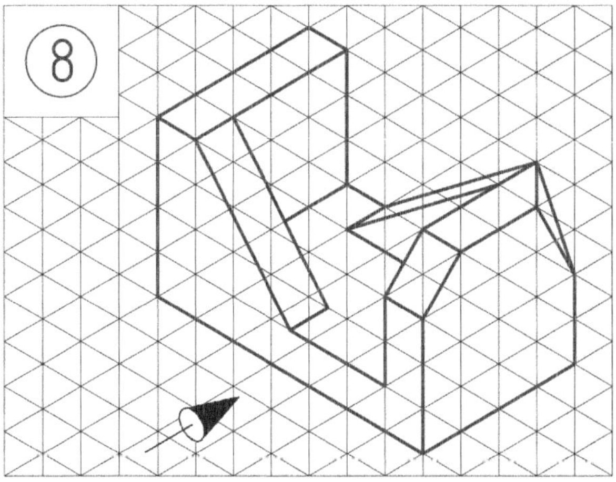
⑧

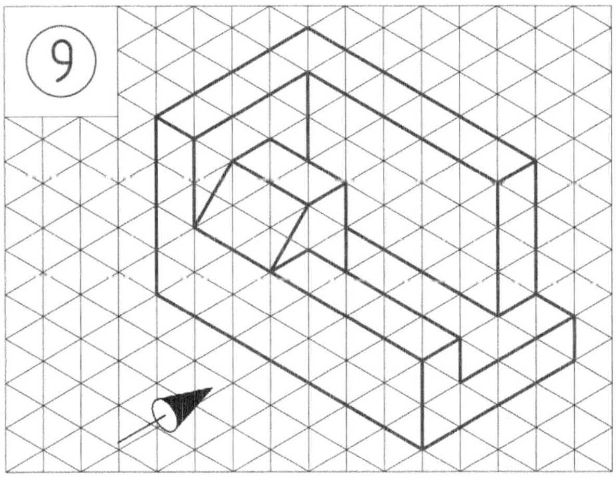
⑨

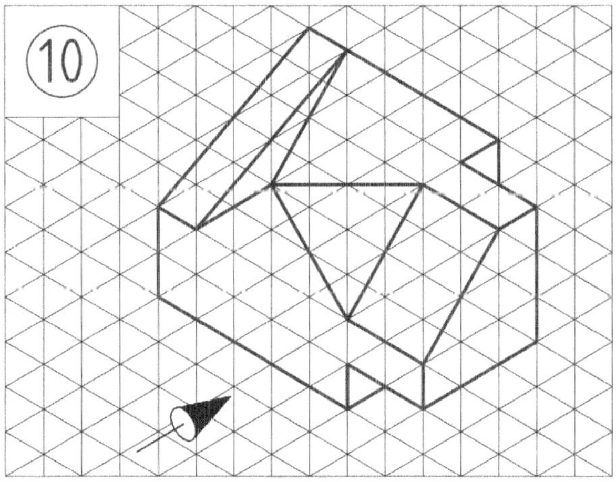
⑩

①

②

③

④

⑤

⑥

⑦

⑧

⑨

⑩

종합 연습문제 11-2 모범답안

학습할 때 모범답안(정답)은 수시로 보면서 하는 것이 아니라, 힌트를 얻고자 할 때나 학습 결과와 모범답안을 비교할 때만 봐주기 바랍니다. 그래야만 도면 실력이 향상됩니다.

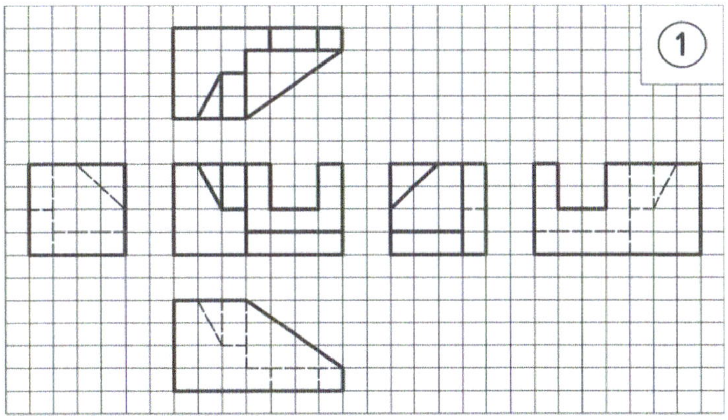

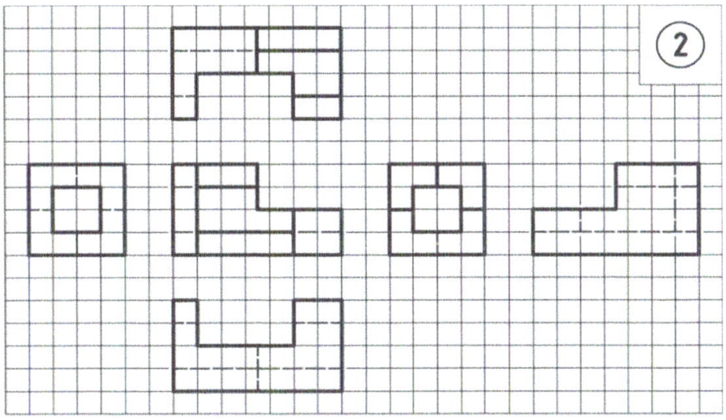

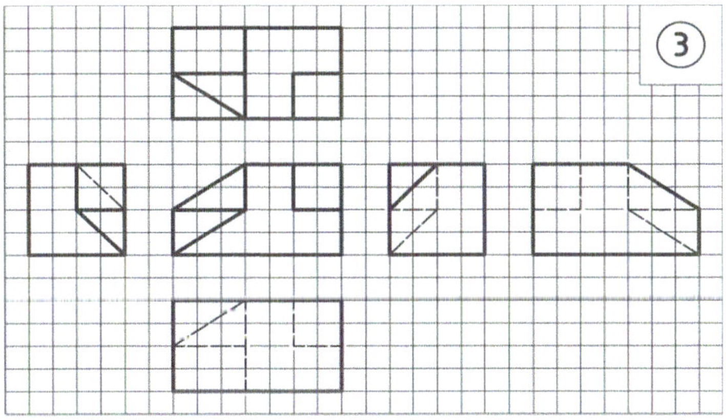

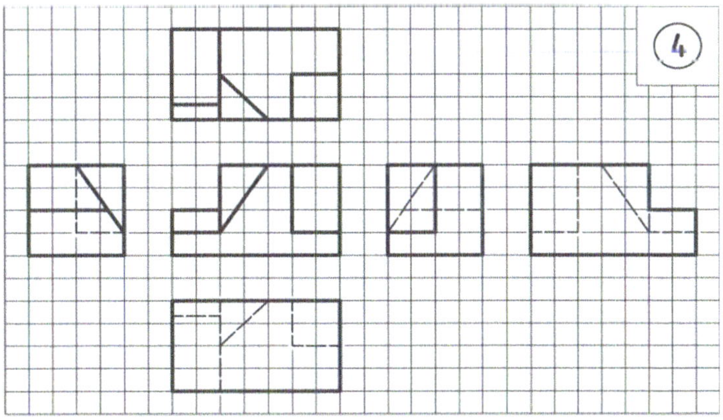

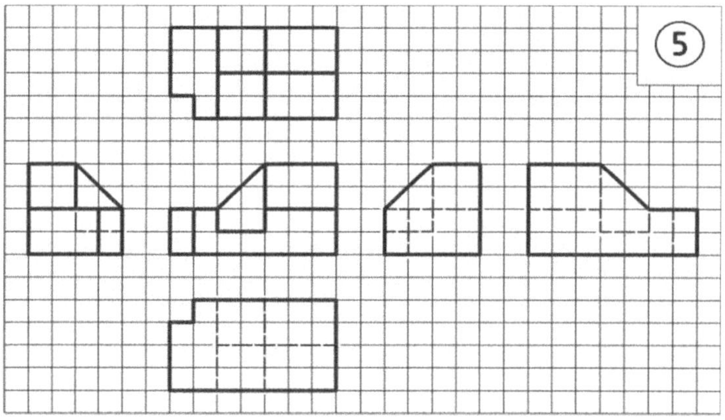
⑤

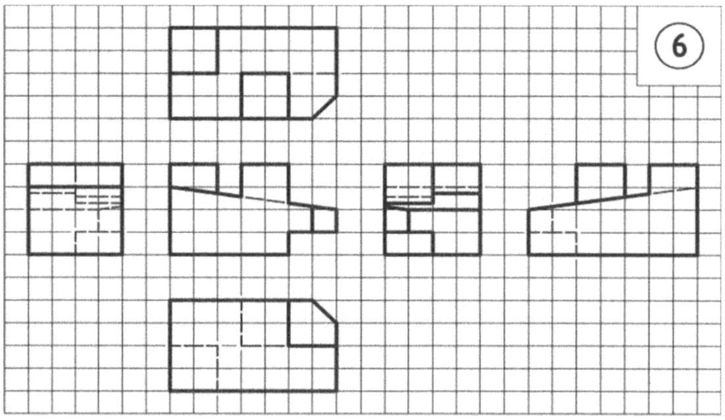
⑥

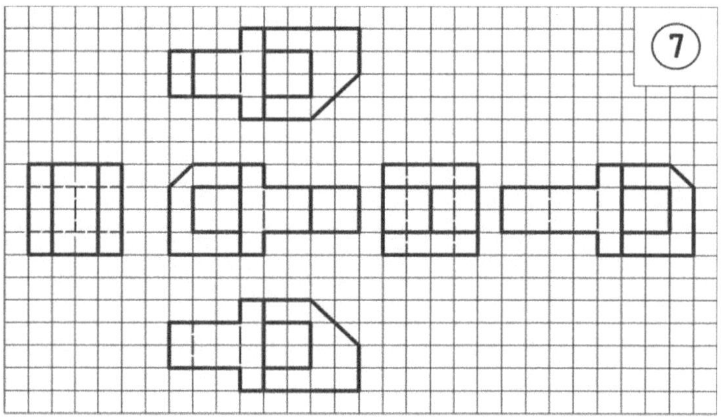
⑦

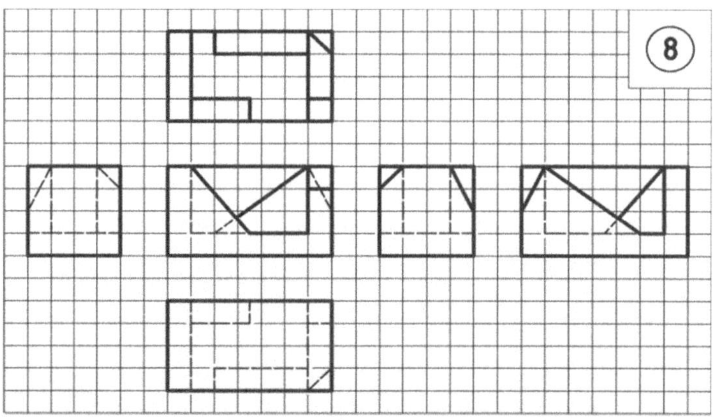
⑧

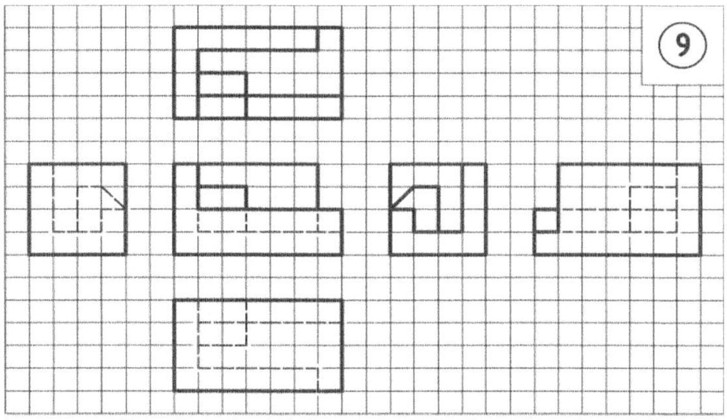
⑨

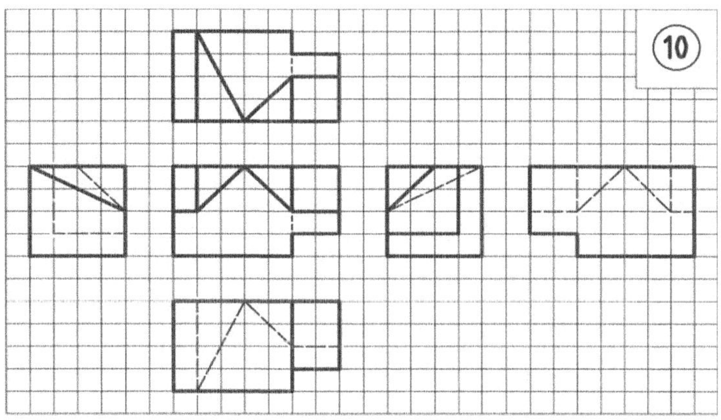
⑩

종합 연습문제 11-3

등각 투상도 그리기(1)

다음 ①부터 ⑩까지 제시된 정 투상 3면도를 보고 별도로 주어진 등각 투상용 방안지에 <u>등각 투상도를 그리시오</u>. 정 투상도 한 눈금은 등각 투상도 한 눈금과 같은 크기이며, 보이지 않는 윤곽은 그리지 않고 외형선은 0.7mm, 숨은선은 0.5mm의 샤프펜슬이나 연필로 그리시오.

AutoCAD로 도면작성(작도)을 하여 프린트(인쇄) 할 때는 외형선의 굵기는 0.2~0.25mm, 숨은선의 굵기는 0.15mm, 가는 실선의 굵기는 0.1mm로 셋팅(setting, 설정)하여 프린트하면 형상의 윤곽, 선의 구분과 보기에도 깔끔하다.

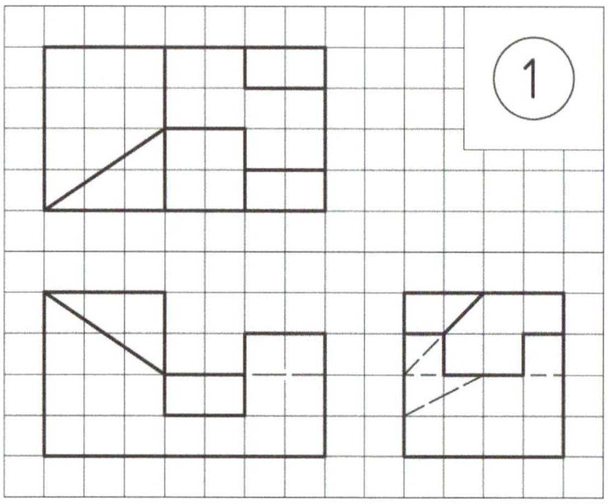

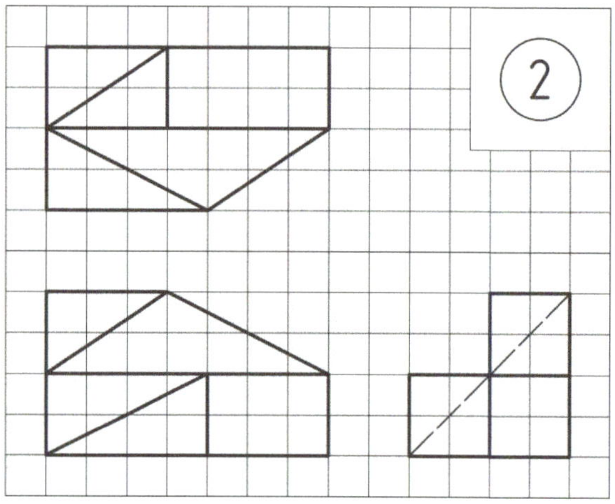

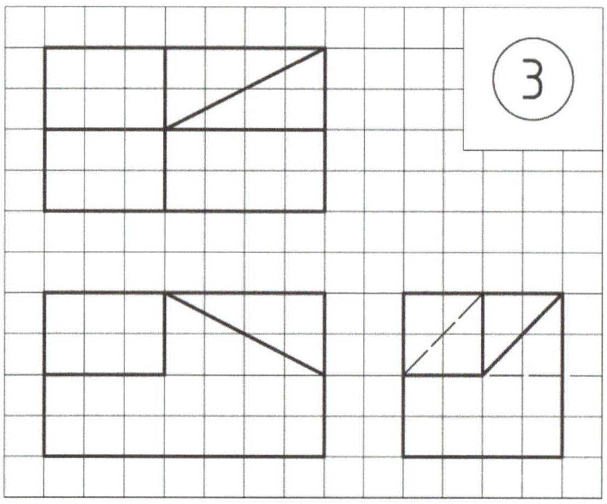

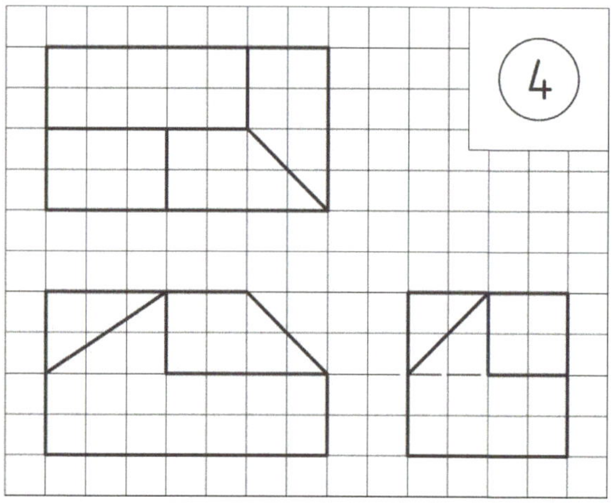

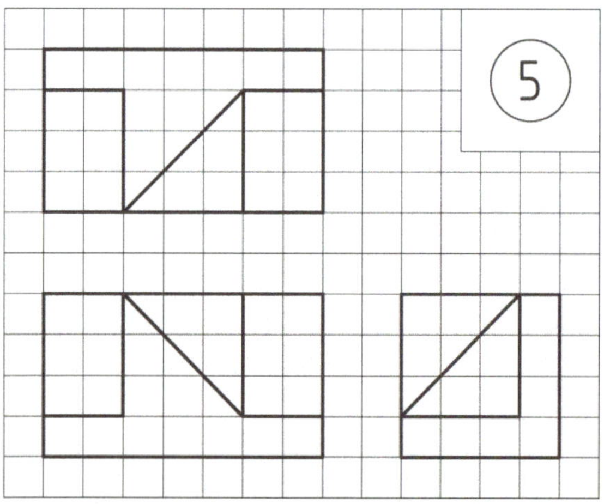

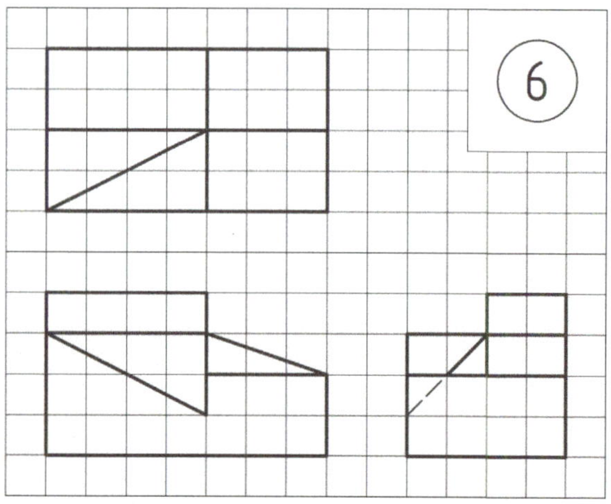

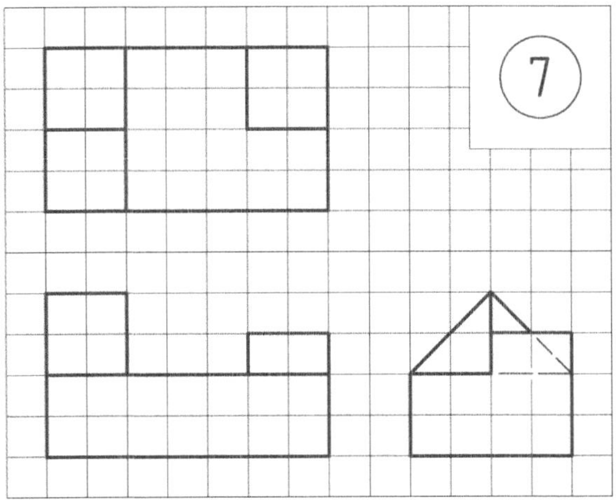
7

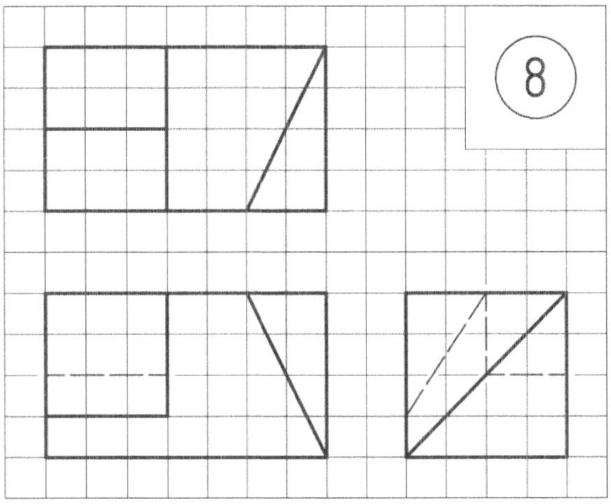
8

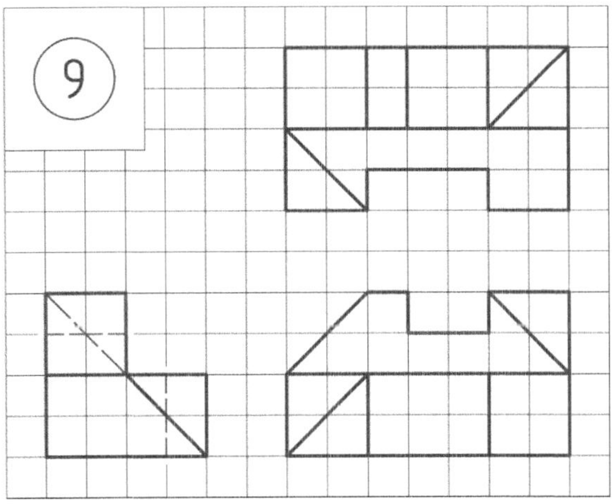
9

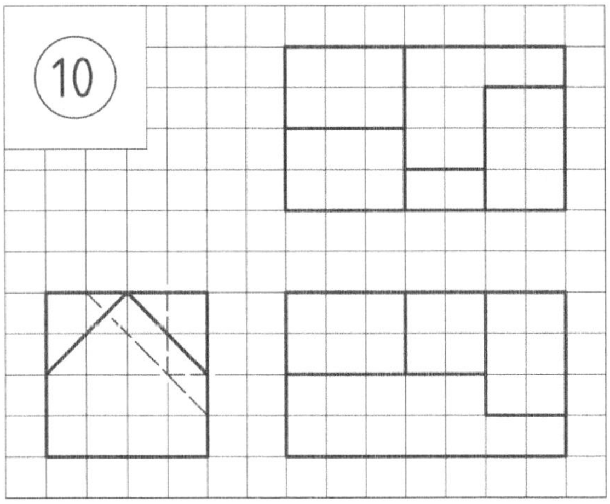
10

①

②

③

④

⑤

⑥

⑦

⑧

⑨

⑩

종합 연습문제 11-3 모범답안

학습할 때 모범답안(정답)은 수시로 보면서 하는 것이 아니라, 힌트를 얻고자 할 때나 학습 결과와 모범답안을 비교할 때만 봐주기 바랍니다. 그래야만 도면 실력이 향상됩니다.

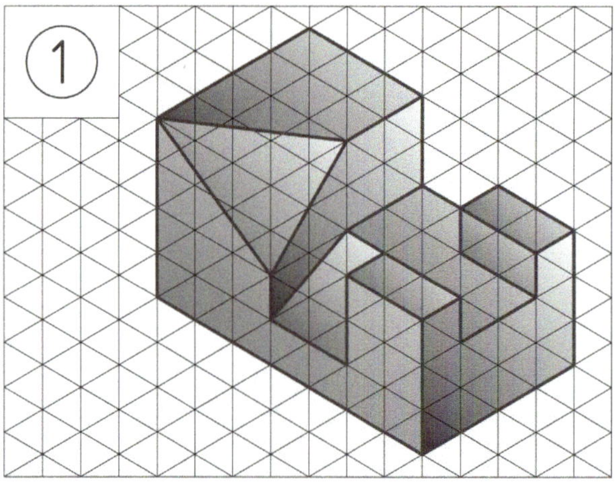

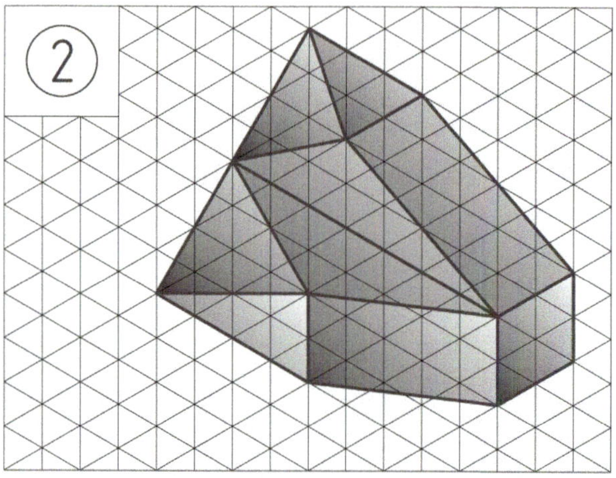

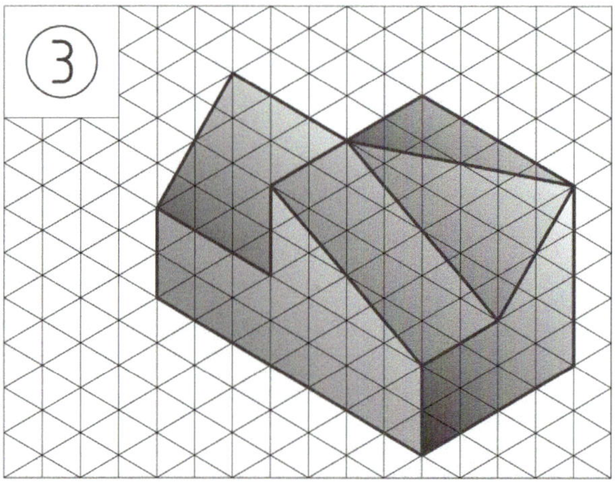

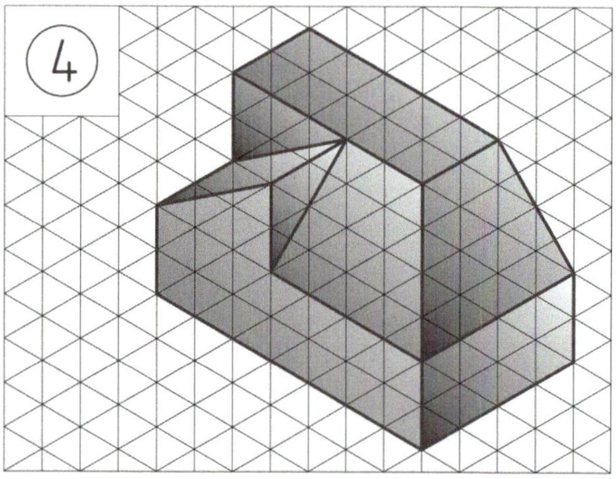

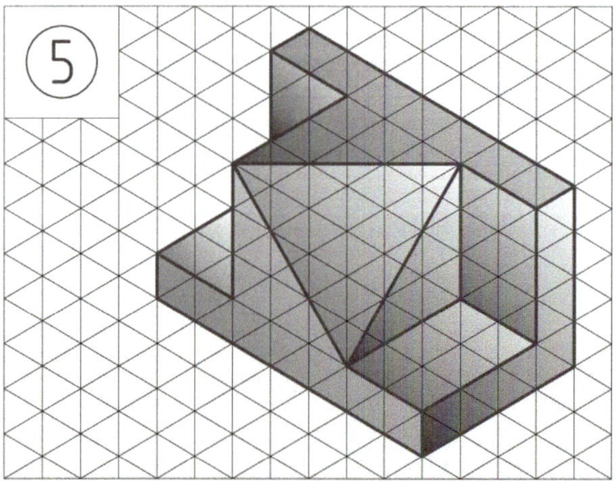

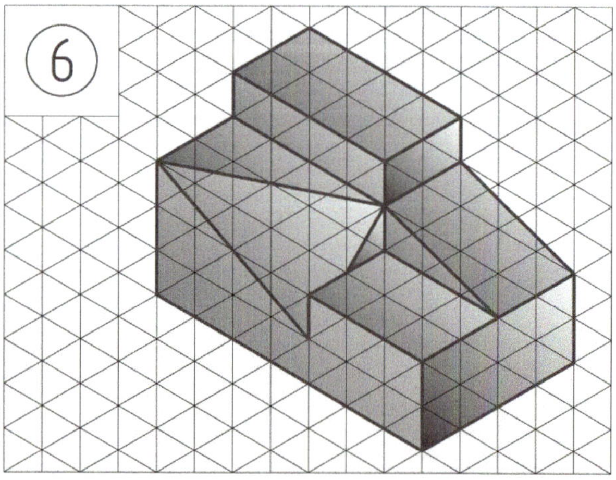

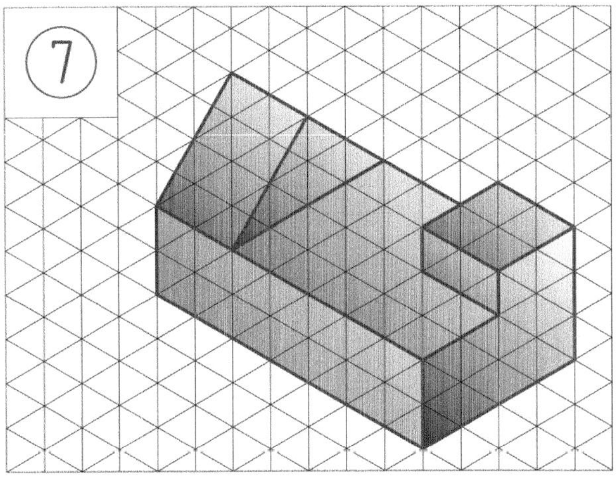
7

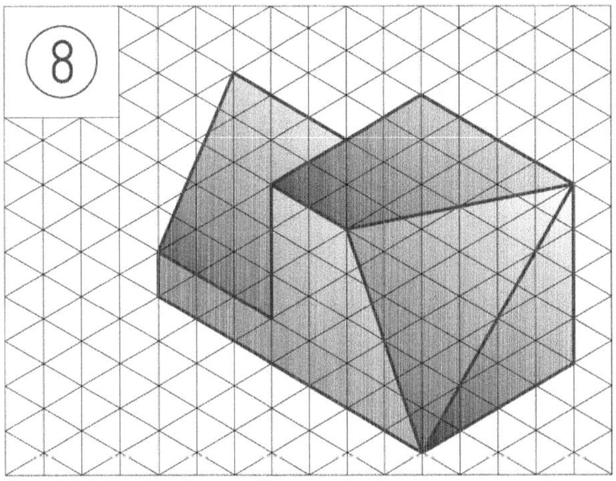
8

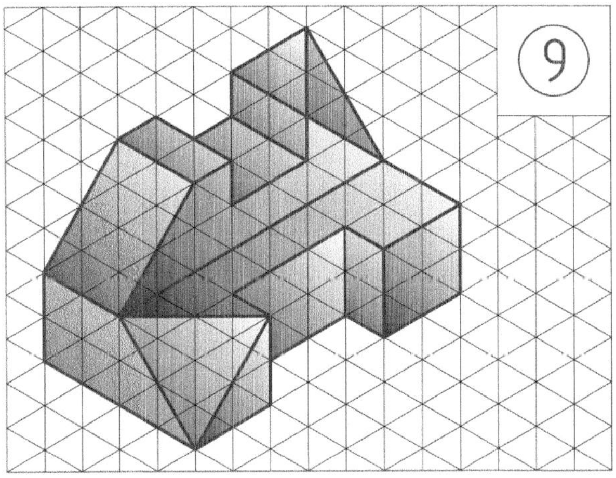
9

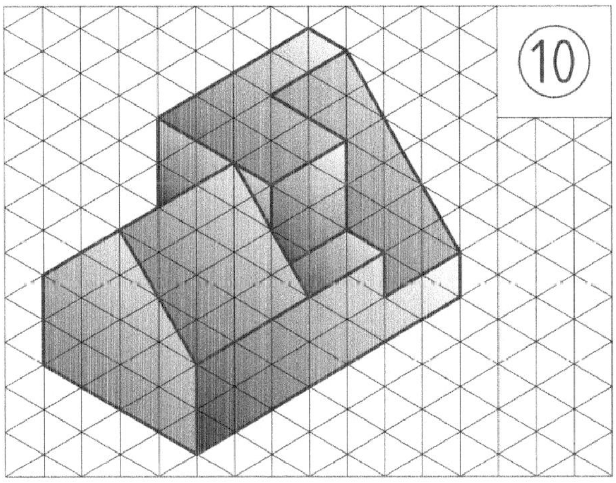
10

종합 연습문제 11-4	**등각 투상도 그리기(2)** **다음 ①부터 ⑮까지 제시된 정 투상 3면도를 보고 별도로 주어진 등각 투상용 방안지에 등각 투상도를 그리시오. 정 투상도 한 눈금은 등각 투상도 한 눈금과 같은 크기이며, 보이지 않는 윤곽은 그리지 않고 외형선은 0.7mm, 숨은선은 0.5mm의 샤프펜슬이나 연필로 그리시오.**

AutoCAD로 도면작성(작도)을 하여 프린트(인쇄) 할 때는 외형선의 굵기는 0.2~0.25mm, 숨은선의 굵기는 0.15mm, 가는 실선의 굵기는 0.1mm로 셋팅(setting, 설정)하여 프린트하면 형상의 윤곽, 선의 구분과 보기에도 깔끔하다.

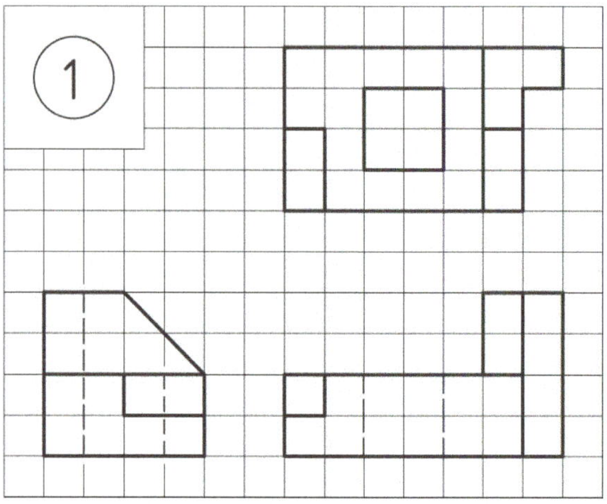

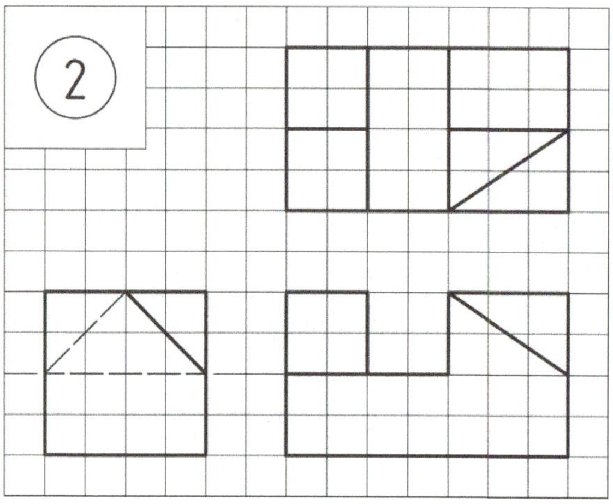

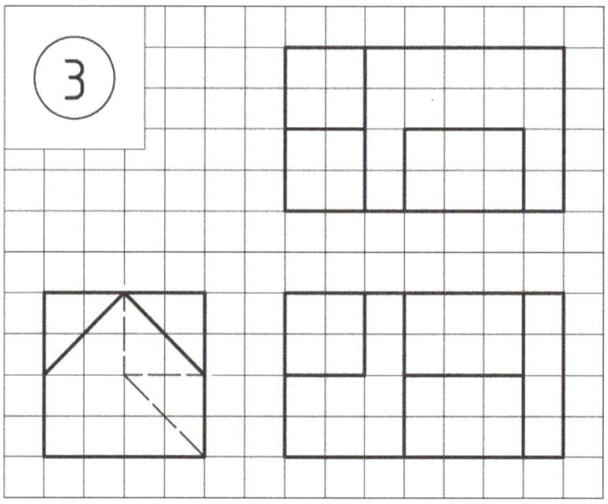

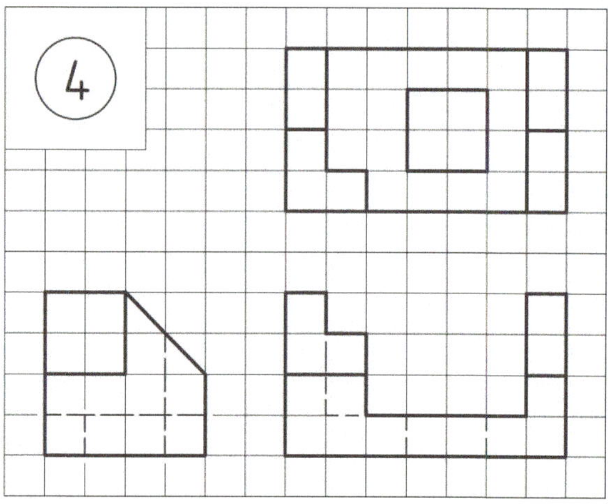

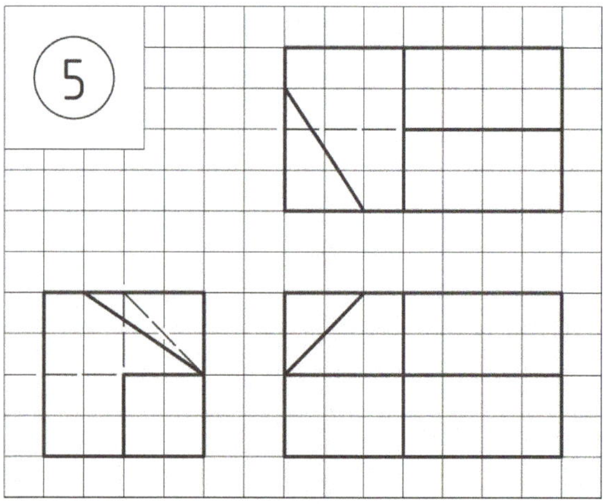

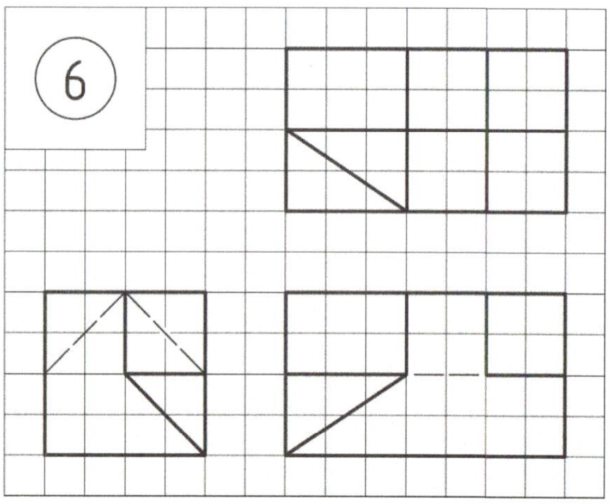

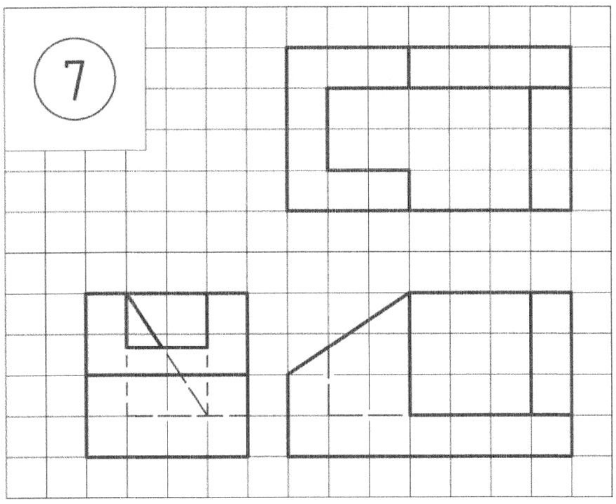
7

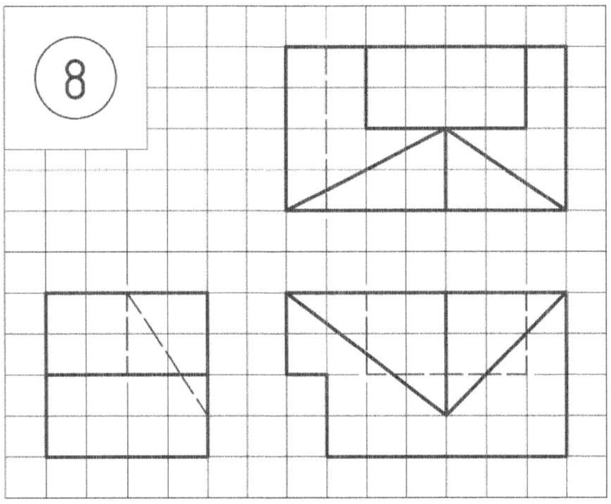
8

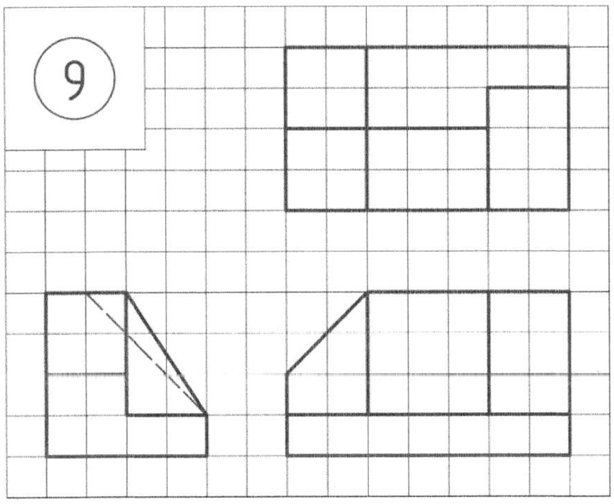
9

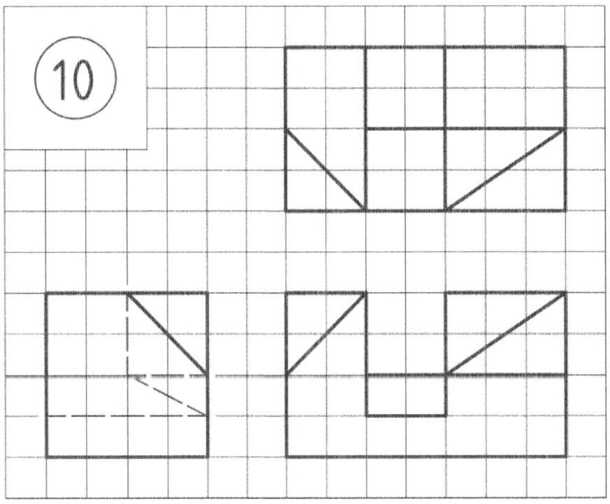
10

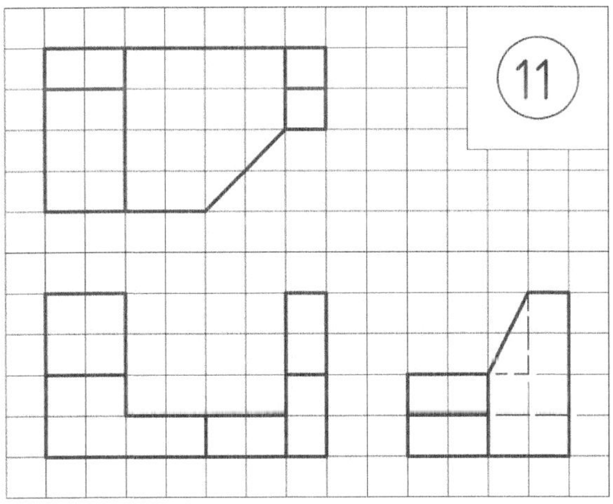
11

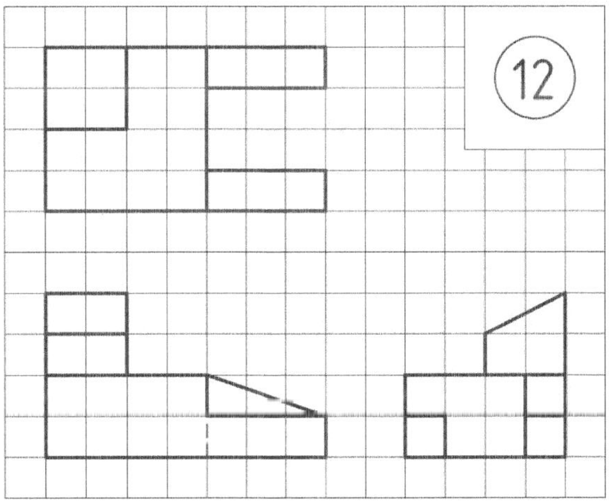
12

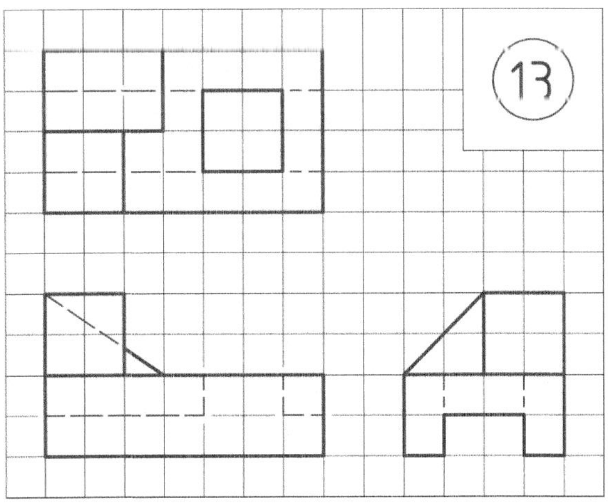
13

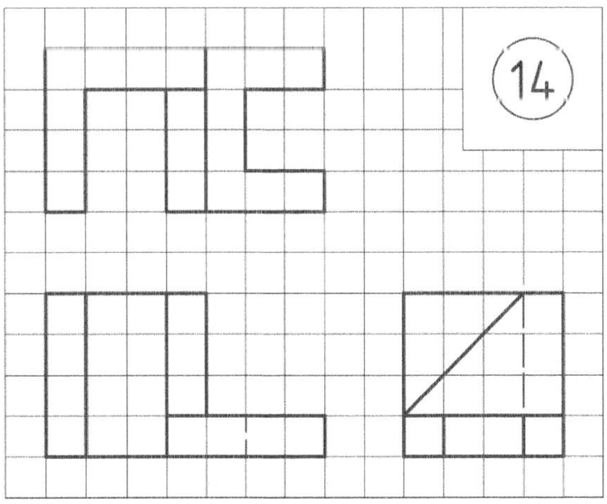
14

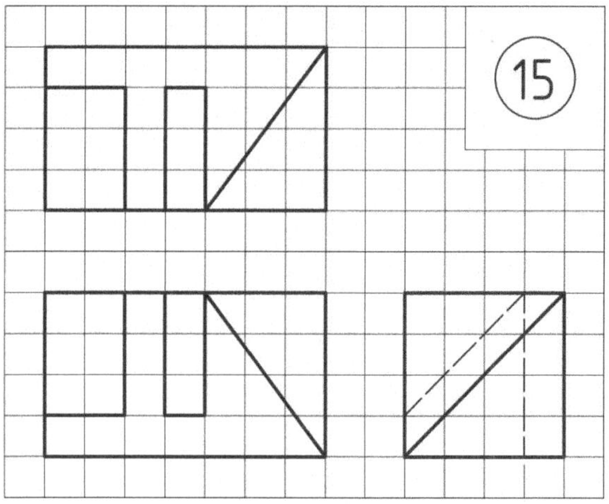
15

①

②

③

④

⑤

⑥

⑦

⑧

⑨

⑩

⑪

⑫

⑬

⑭

⑮

종합 연습문제 11-4 모범답안

학습할 때 모범답안(정답)은 수시로 보면서 하는 것이 아니라, 힌트를 얻고자 할 때나 학습 결과와 모범답안을 비교할 때만 봐주기 바랍니다. 그래야만 도면 실력이 향상됩니다.

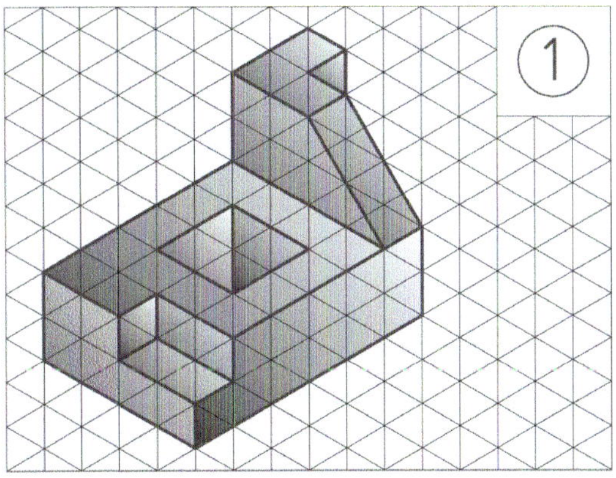

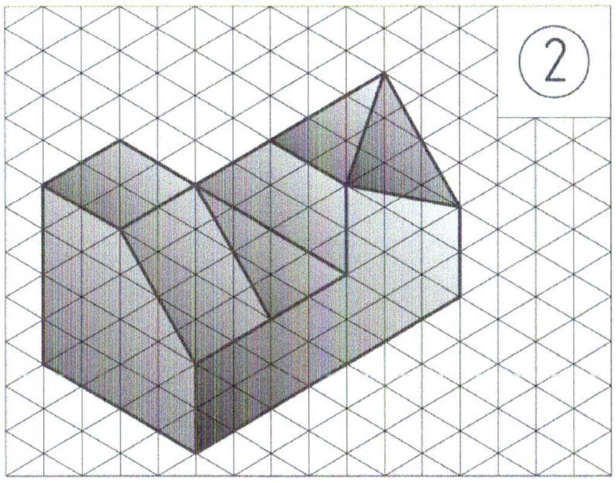

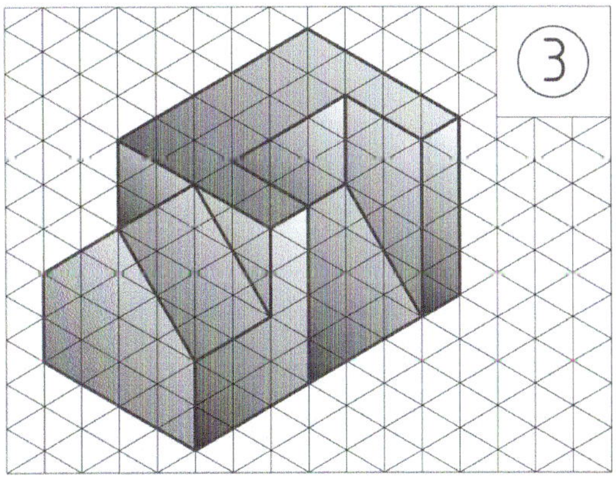

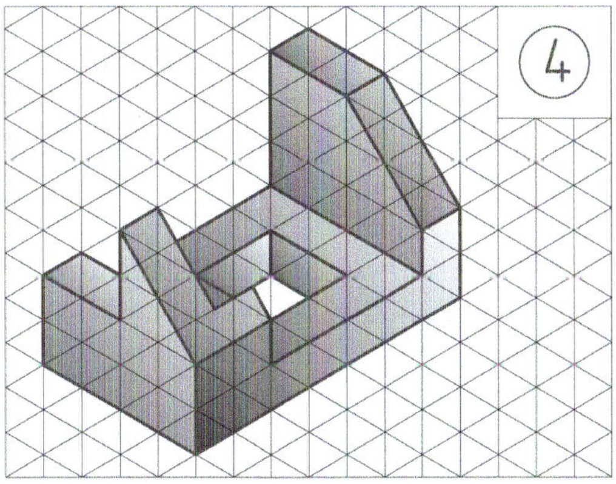

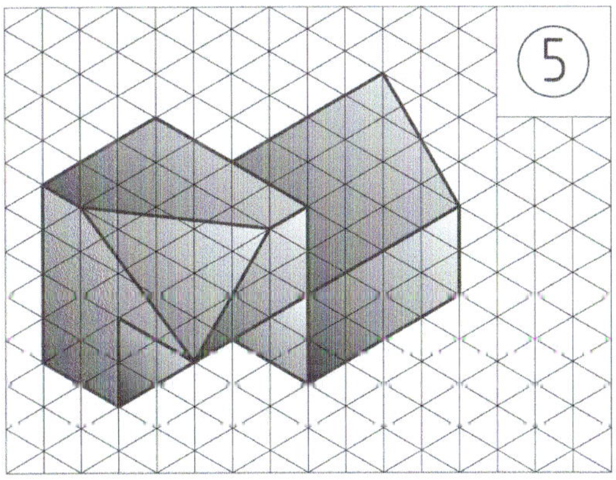

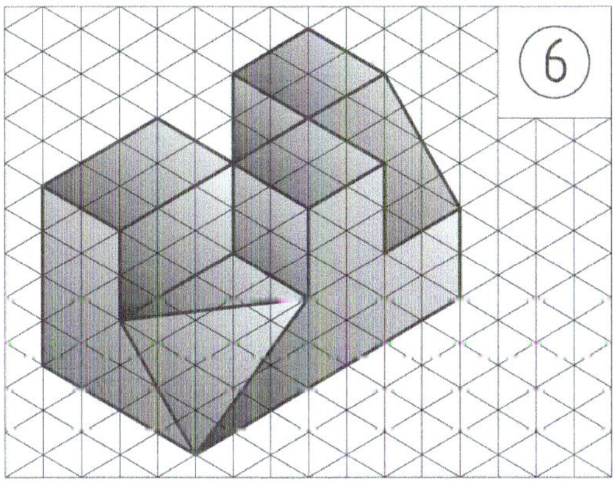

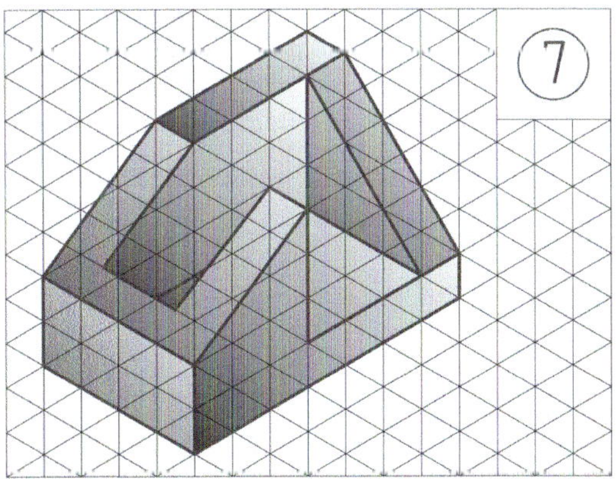

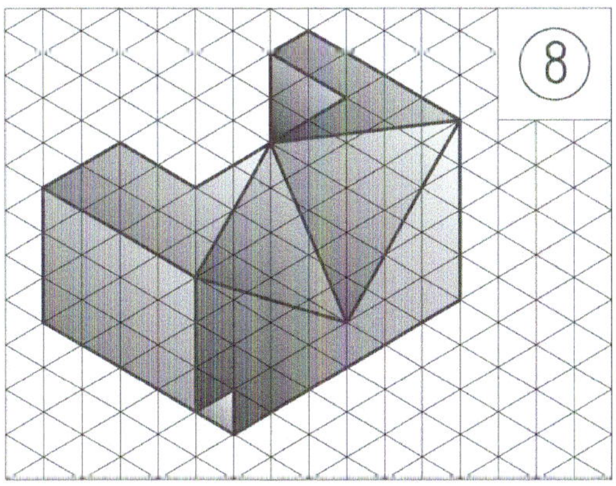

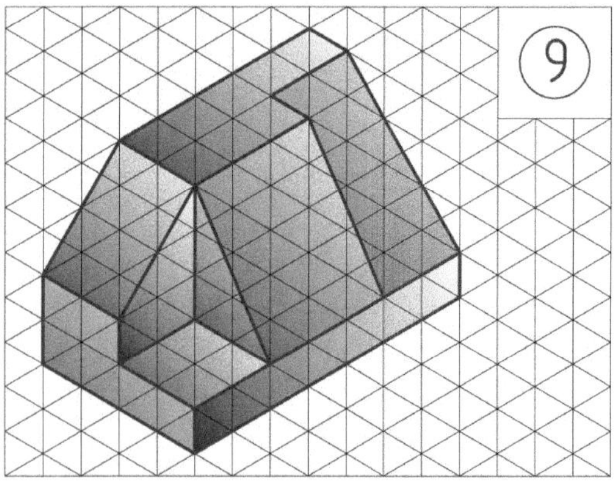
⑨

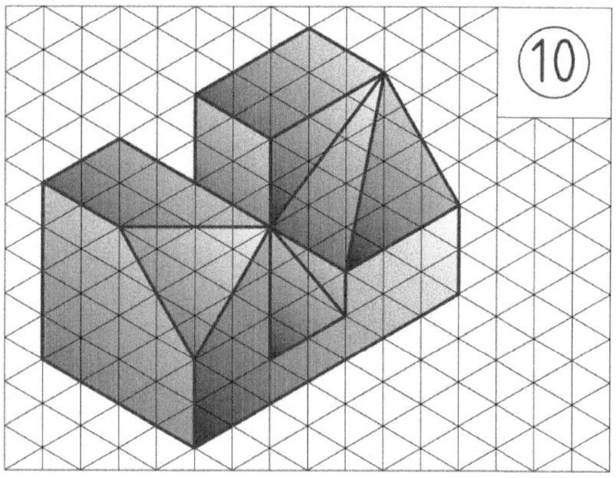
⑩

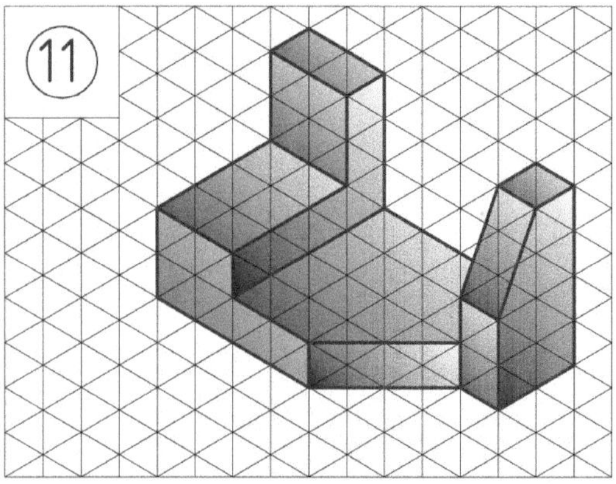
⑪

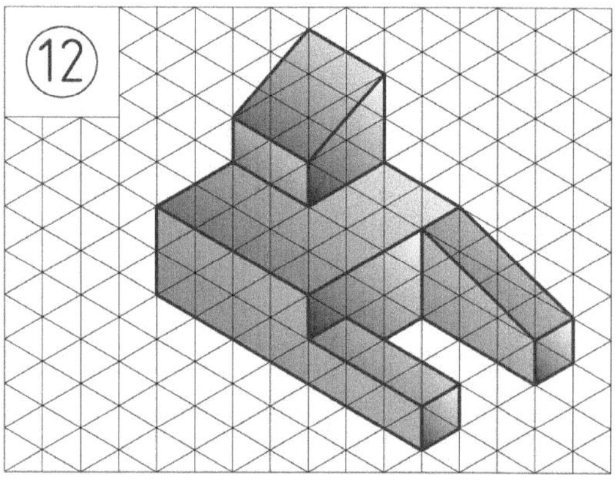
⑫

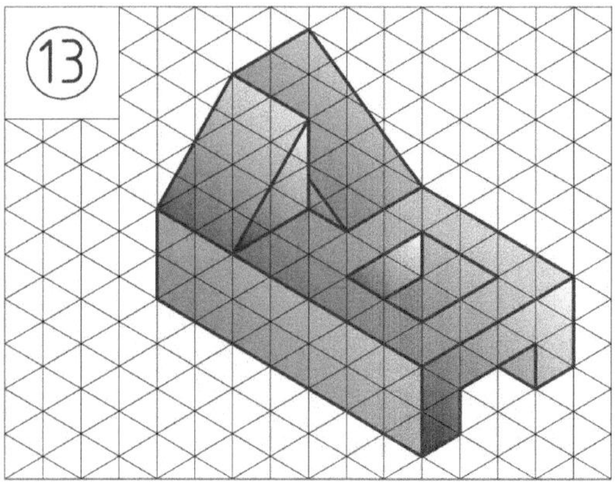
⑬

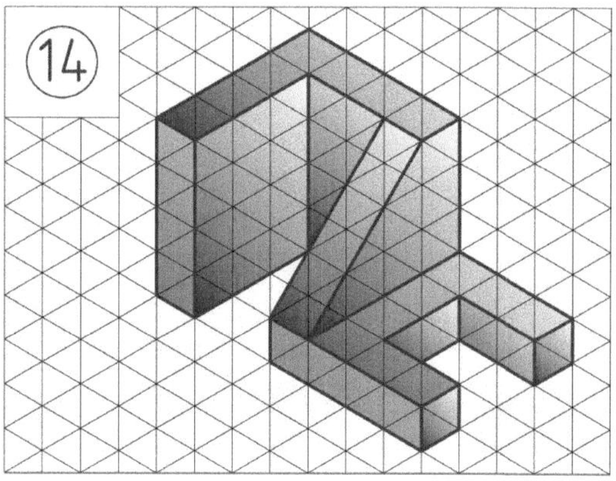
⑭

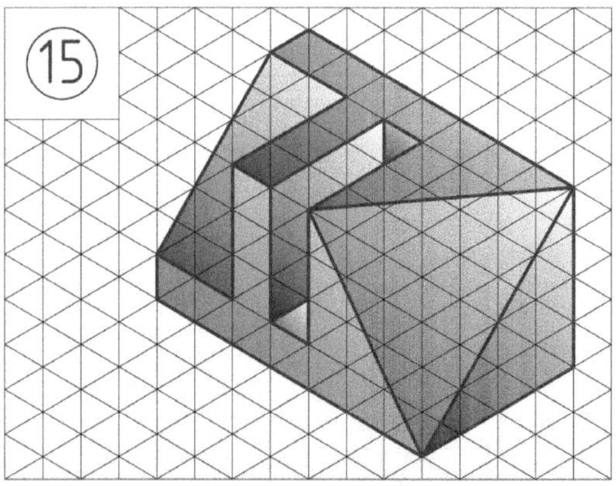
⑮

종합 연습문제 11-5

정 투상 3면도 그리기

아래 ①부터 ⑮까지 주어진 등각 투상도를 보고 화살표 방향을 정면도(「 」 기준)로 하여 뒤에 별도로 주어진 방안지(모눈종이)에 정 투상 3면도를 제3각 투상 방법(제3각법)으로 그리시오. 단, 등각 투상도(등각도)와 정 투상도의 한 눈금 크기는 같게 하며, 가능한 외형선은 0.7mm, 숨은선은 0.5mm, 중심선은 0.3mm 굵기의 샤프펜슬이나 연필을 사용하여 그리시오.

AutoCAD로 도면작성(작도)을 하여 프린트(인쇄) 할 때는 외형선의 굵기는 0.2~0.25mm, 숨은선의 굵기는 0.15mm, 가는 실선의 굵기는 0.1mm로 셋팅(setting, 설정)하여 프린트하면 형상의 윤곽, 선의 구분과 보기에도 깔끔하다.

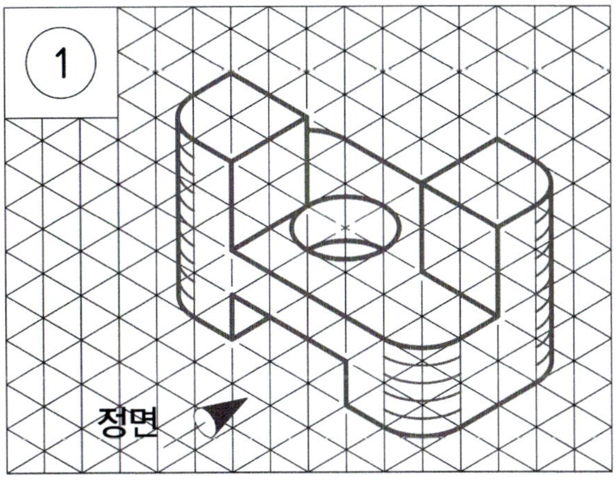

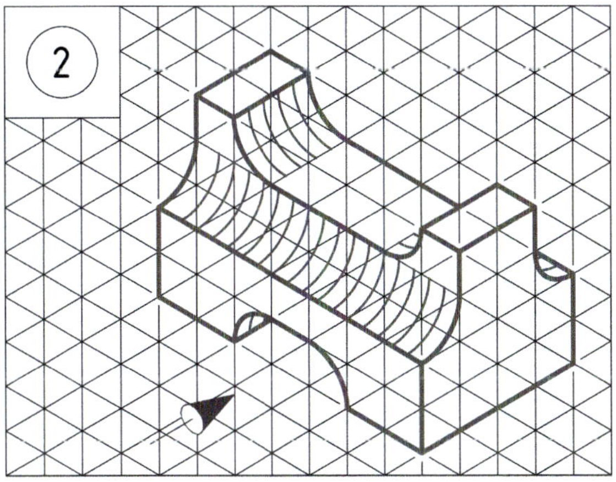

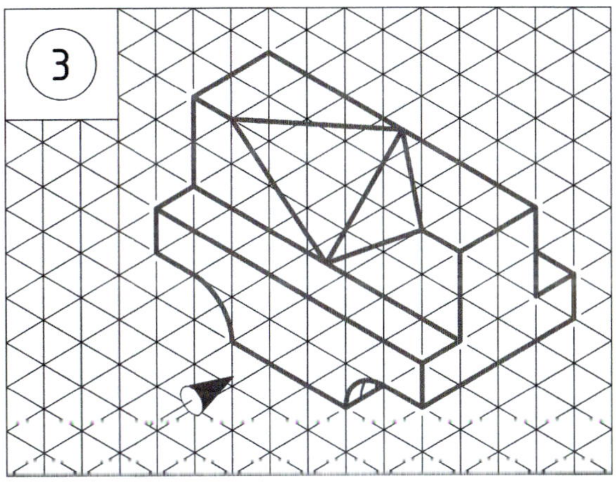

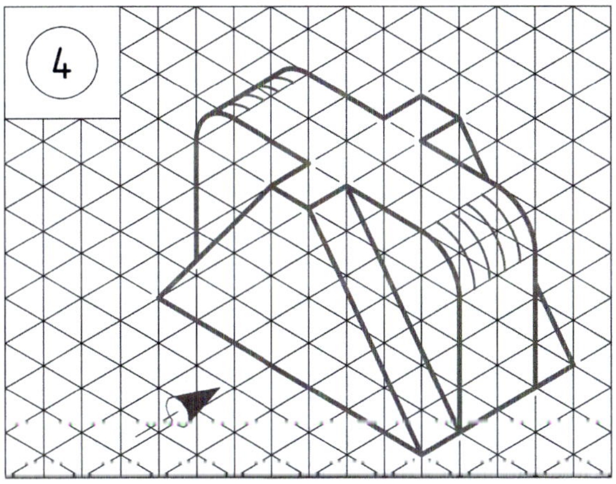

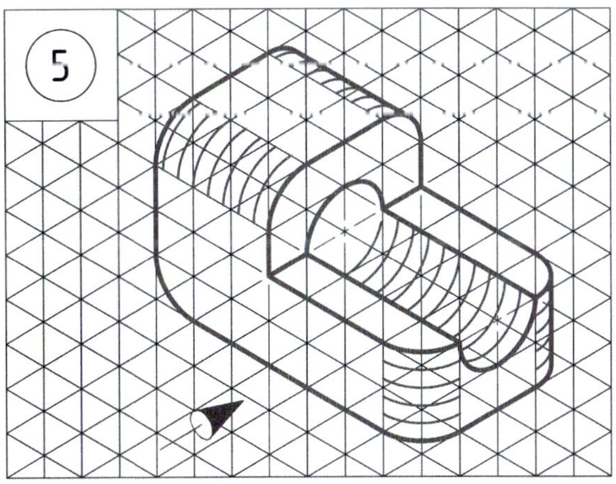

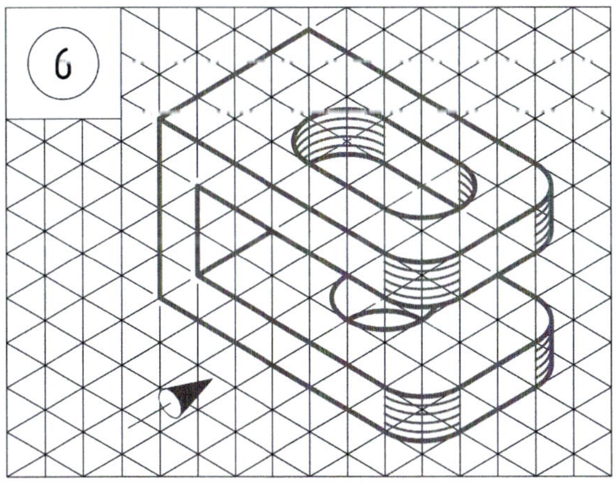

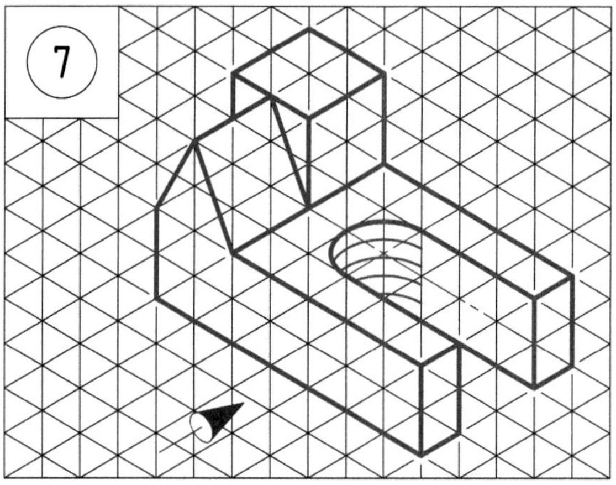
7

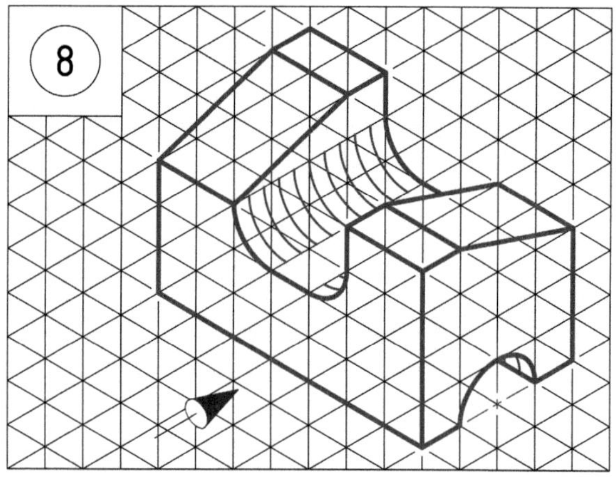
8

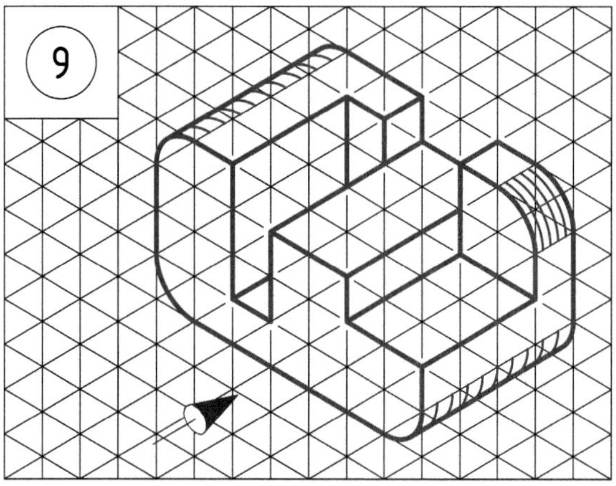
9

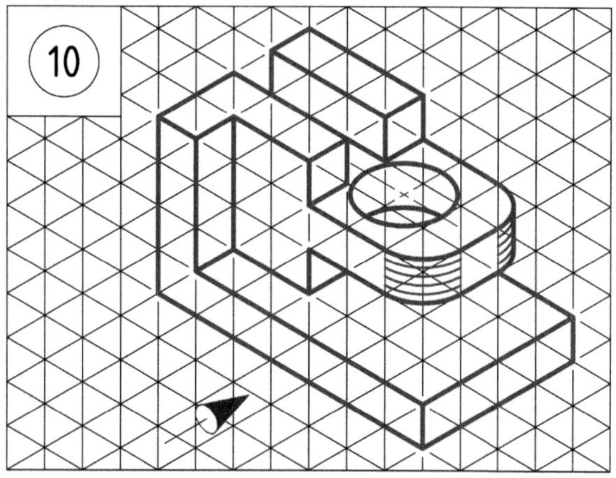
10

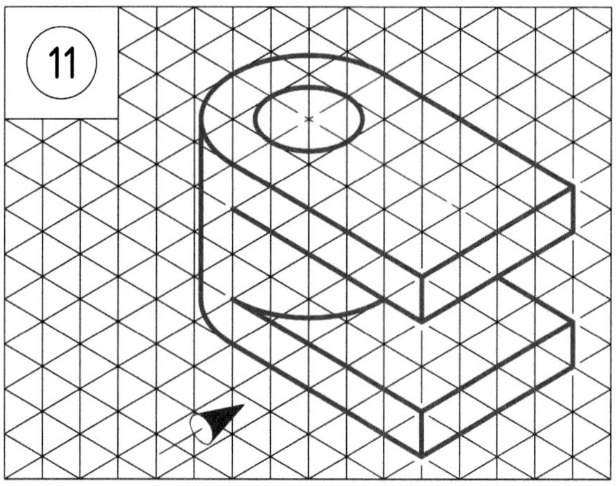
11

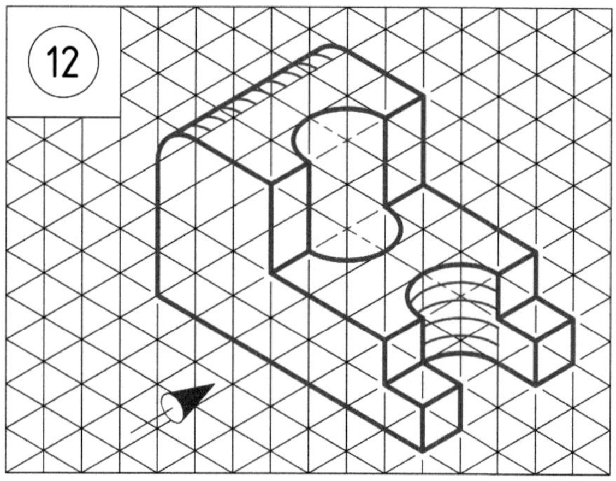
12

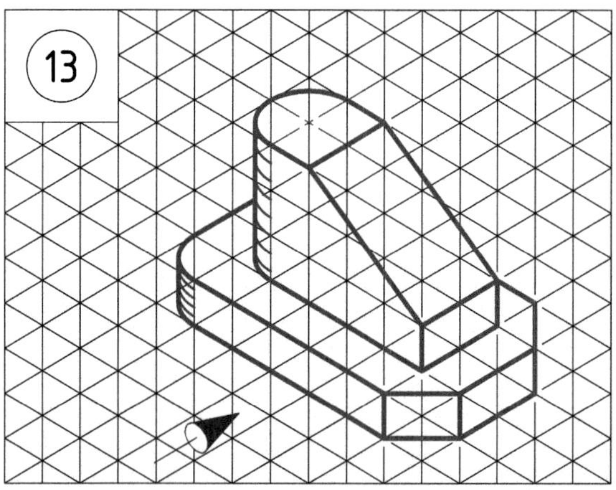
13

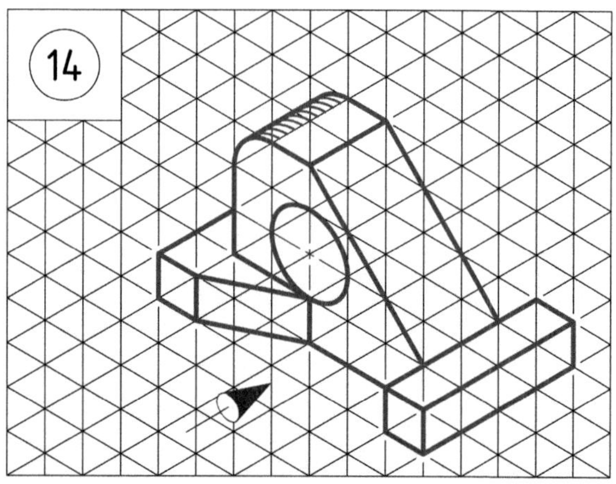
14

⑮

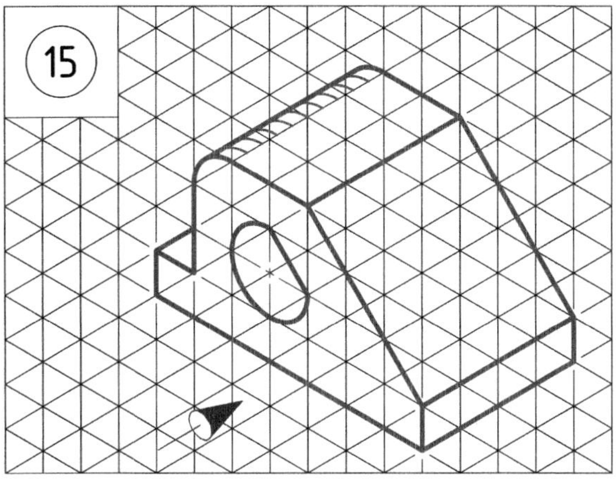

①

②

③

④

⑤

⑥

⑦

⑧

⑨

⑩

⑪

⑫

⑬

⑭

⑮

종합 연습문제 11-5 모범답안

학습할 때 모범답안(정답)은 수시로 보면서 하는 것이 아니라, 힌트를 얻고자 할 때나 학습 결과와 모범답안을 비교할 때만 봐주기 바랍니다. 그래야만 도면 실력이 향상됩니다.

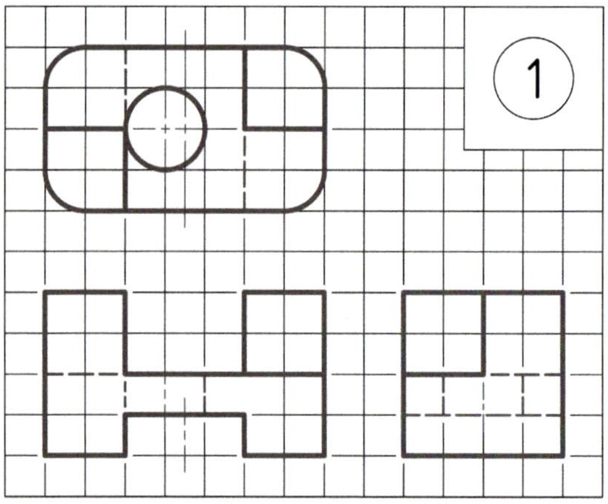

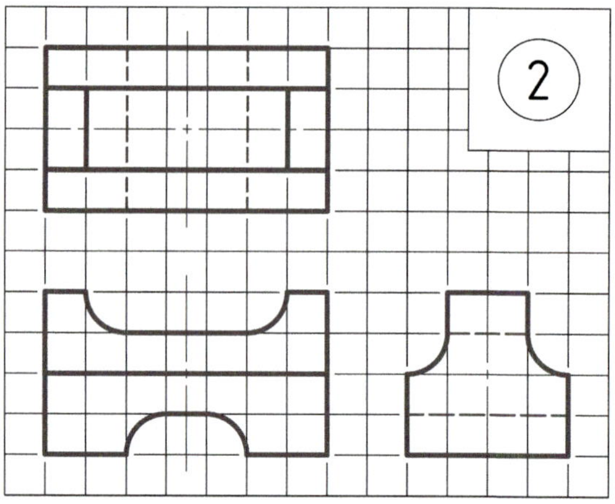

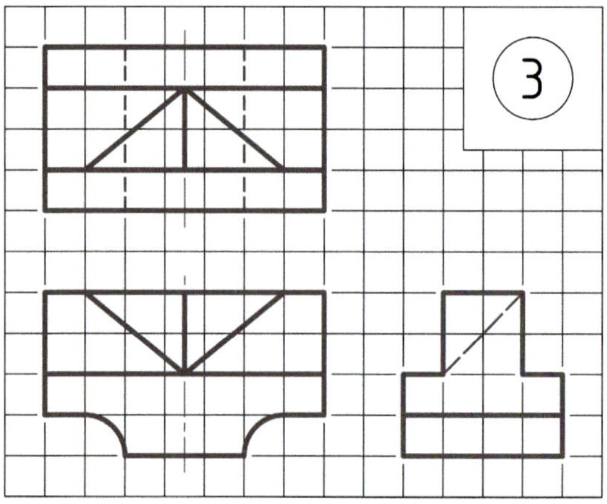

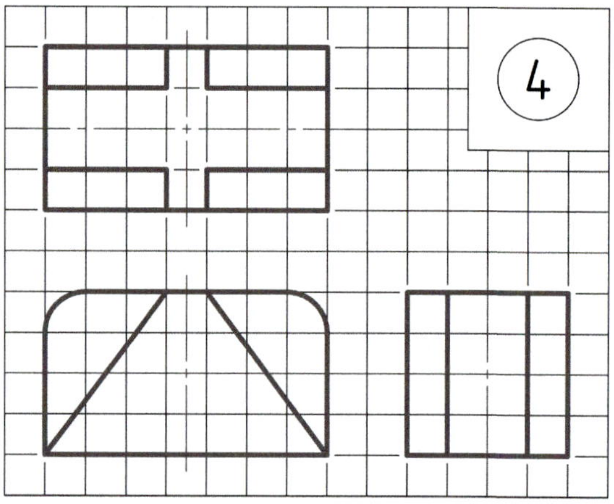

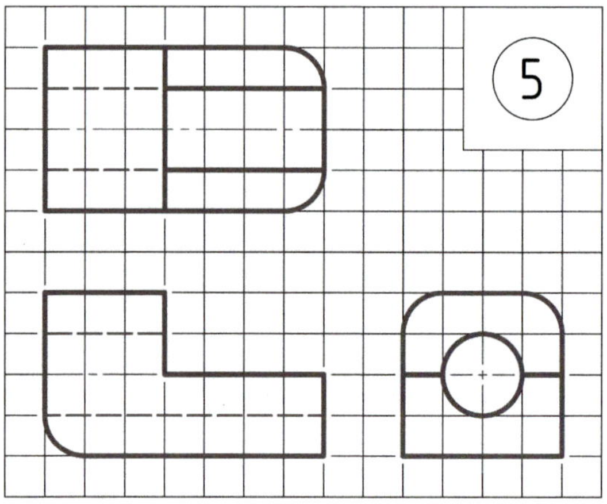

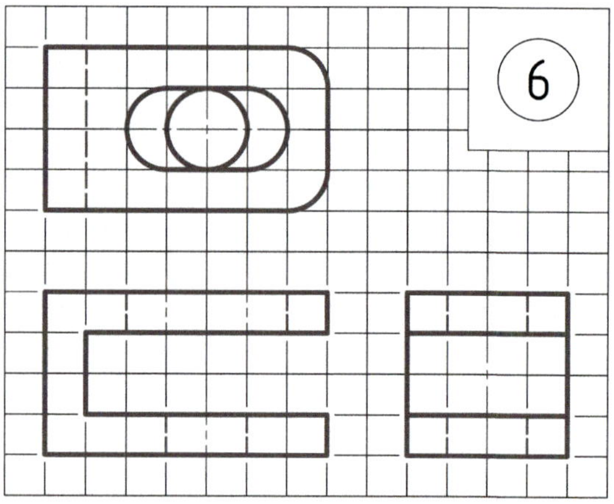

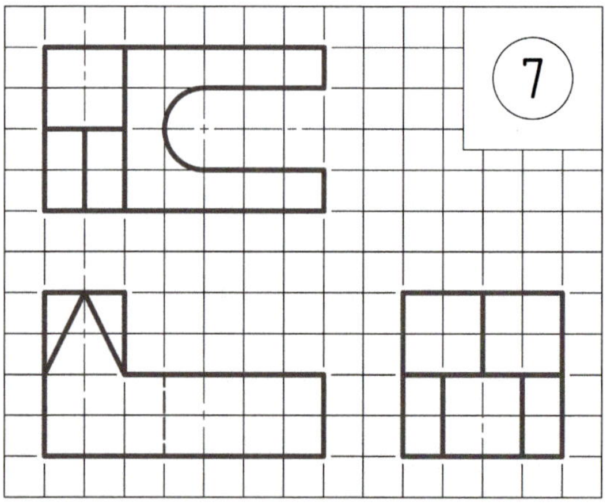

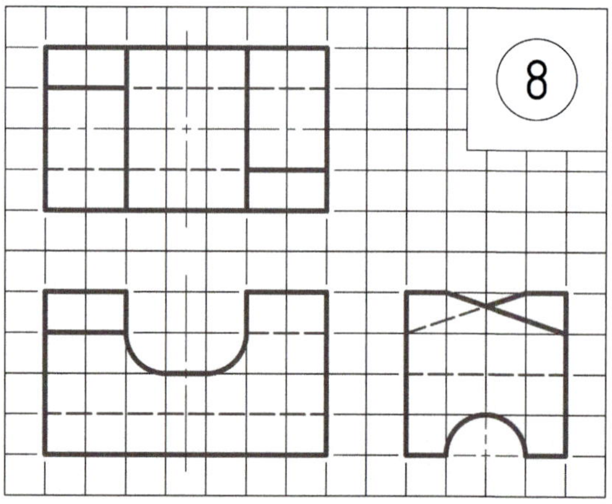

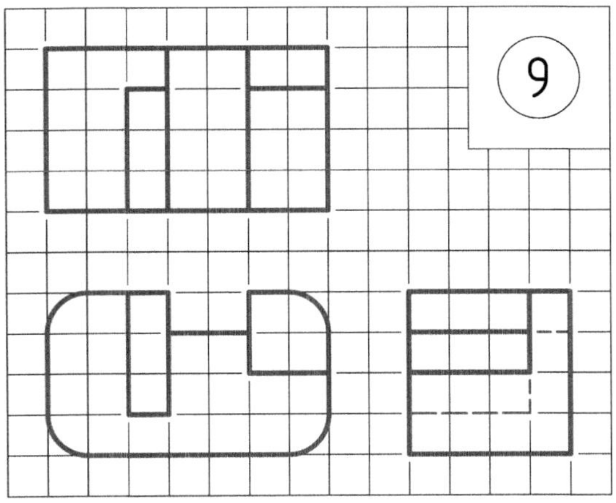
9

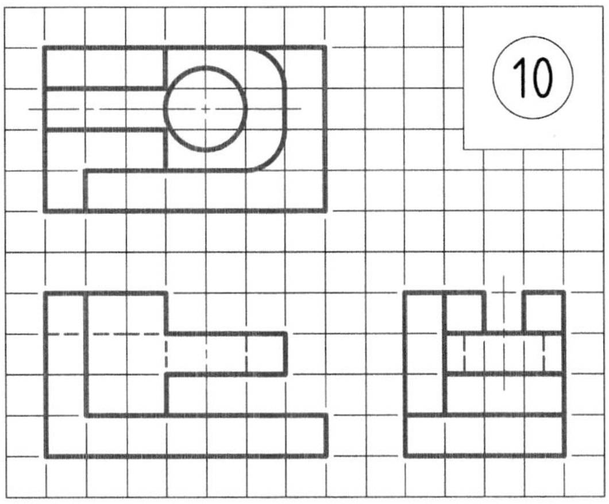
10

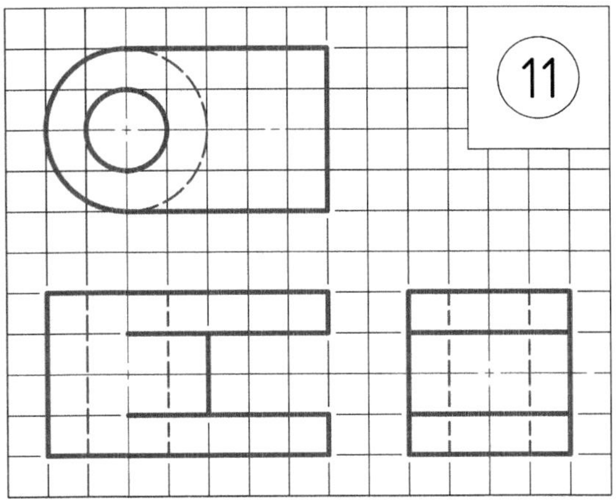
11

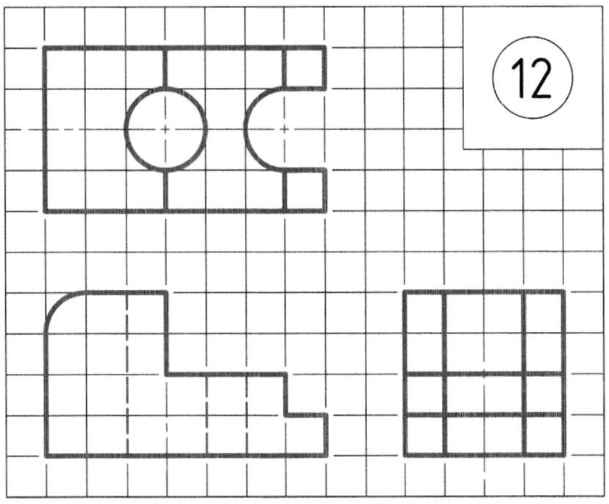
12

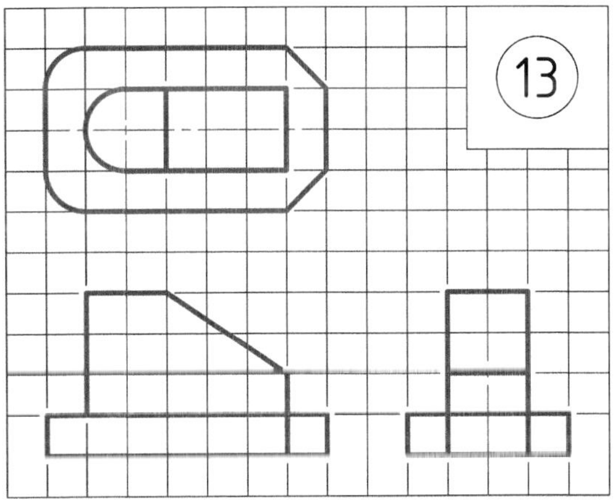
13

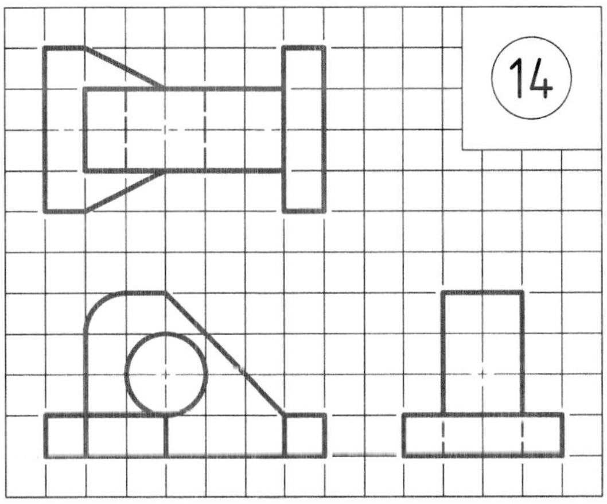
14

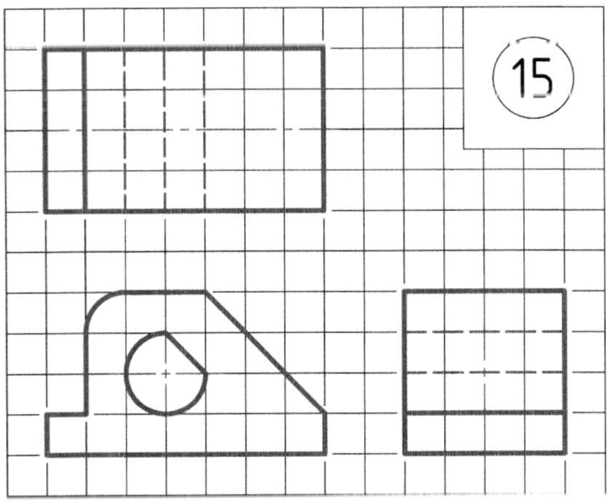
15

종합 연습문제 11-6

정 투상 측면도 완성과 등각 투상도 그리기(1)

아래 ①부터 ⑩까지 주어진 정 투상 3면도에서 측면도를 정확하고 완전하게 완성하고, 숨은선을 생략한 등각 투상도를 그리되, 가능한 외형선은 0.7mm, 숨은선은 0.5mm의 샤프펜슬이나 연필을 사용하여 그리시오.

AutoCAD로 도면작성(작도)을 하여 프린트(인쇄) 할 때는 외형선의 굵기는 0.2~0.25mm, 숨은선의 굵기는 0.15mm, 가는 실선의 굵기는 0.1mm로 셋팅(setting, 설정)하여 프린트하면 형상의 윤곽, 선의 구분과 보기에도 깔끔하다.

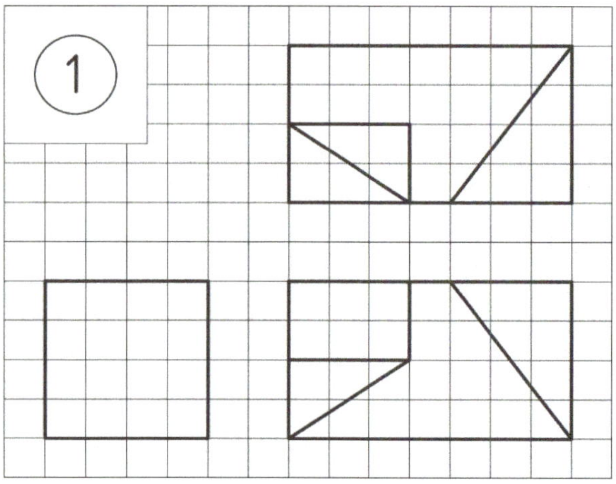

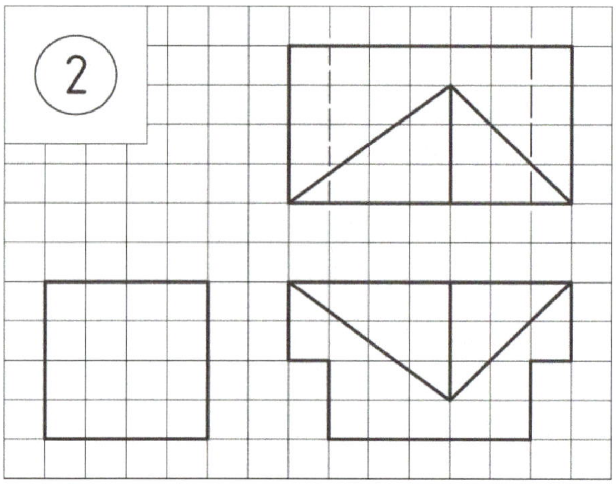

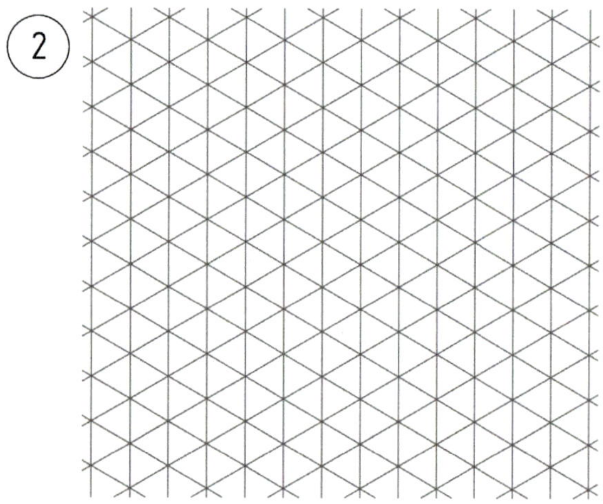

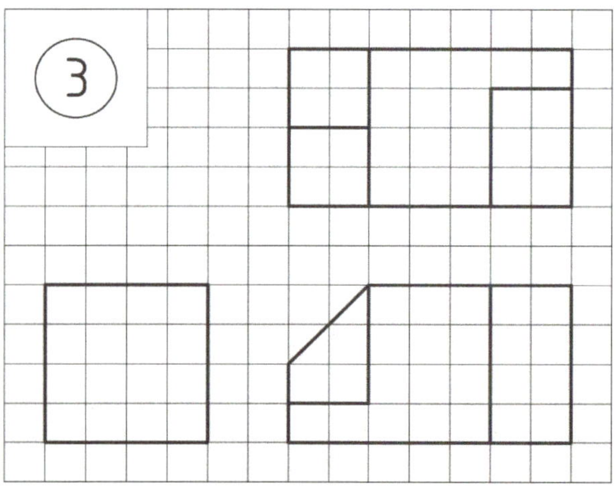

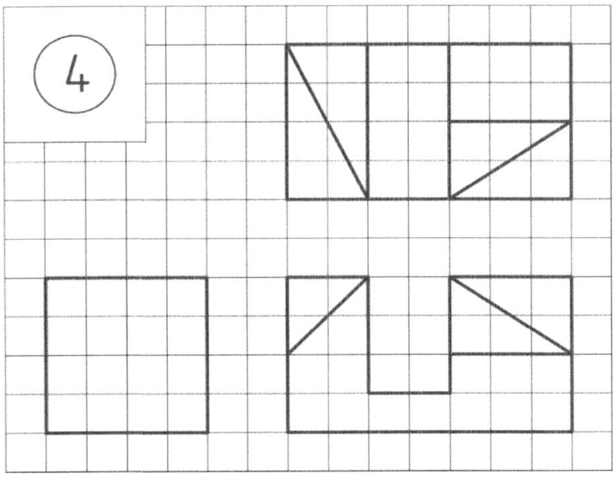
4

4

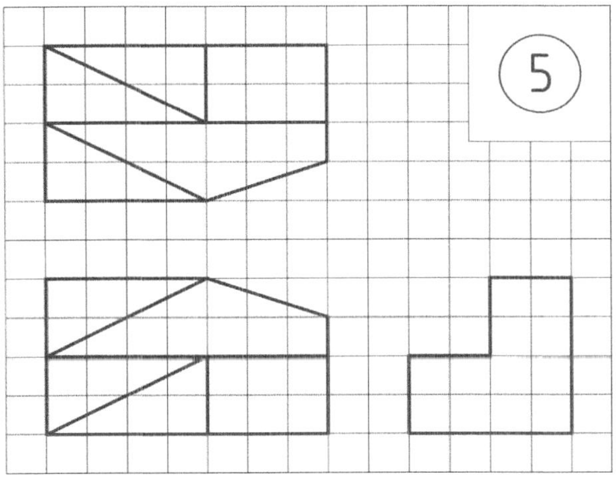
5

5

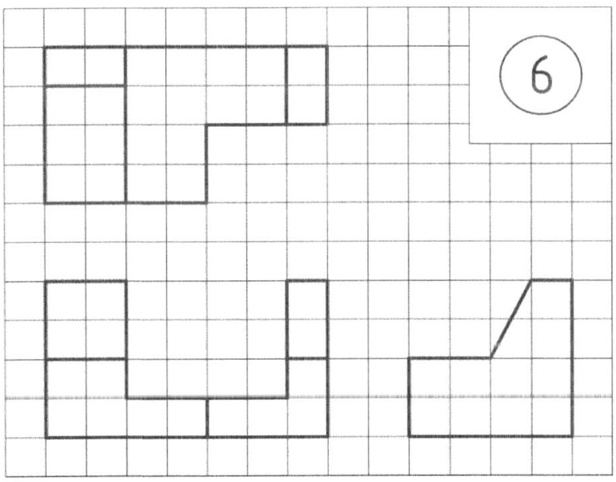
6

6

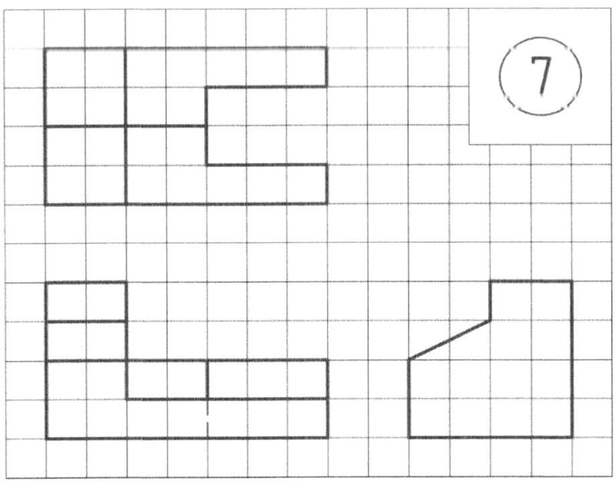
7

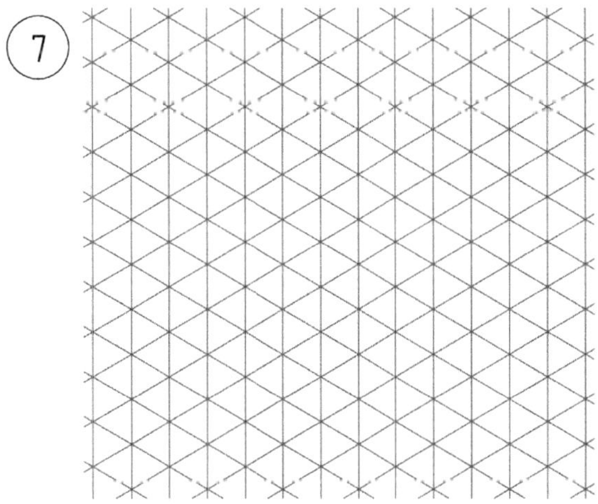
7

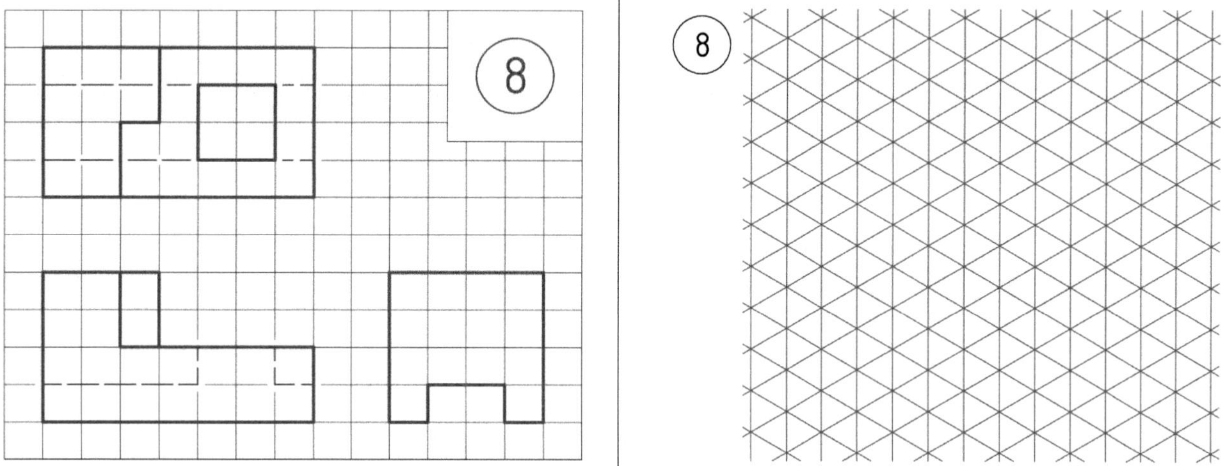
8
8

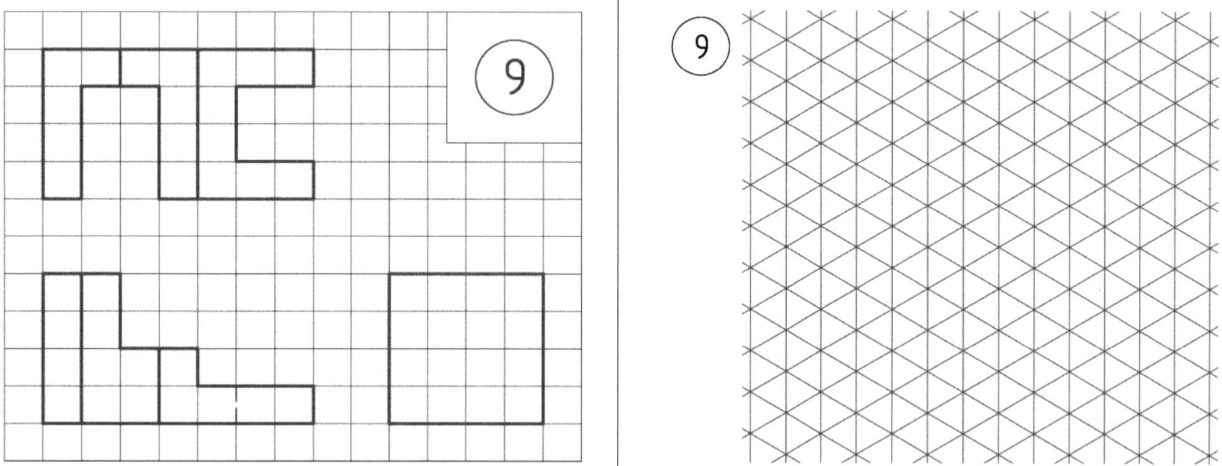
9
9

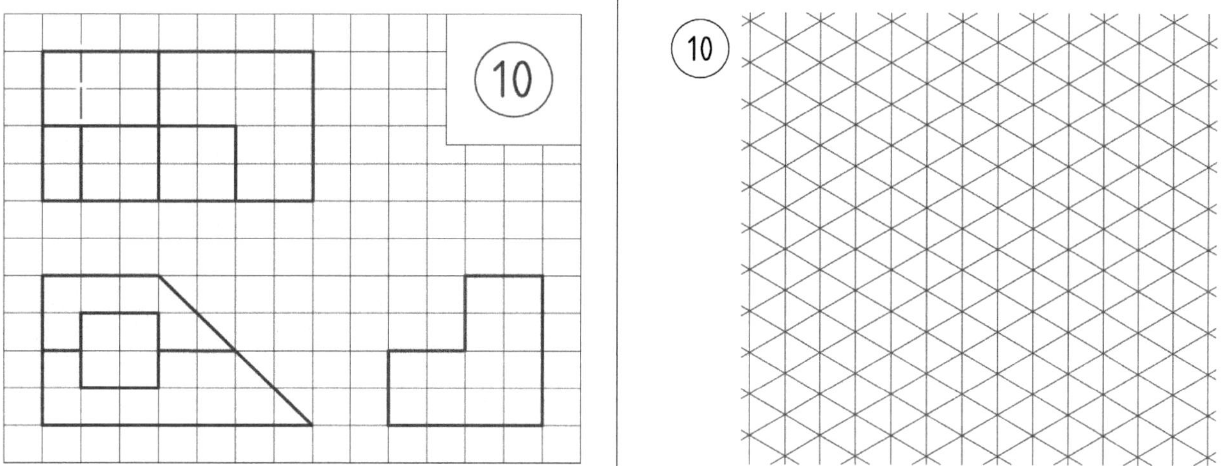
10
10

종합 연습문제 11-6 모범답안

학습할 때 모범답안(정답)은 수시로 보면서 하는 것이 아니라, 힌트를 얻고자 할 때나 학습 결과와 모범답안을 비교할 때만 봐주기 바랍니다. 그래야만 도면 실력이 향상됩니다.

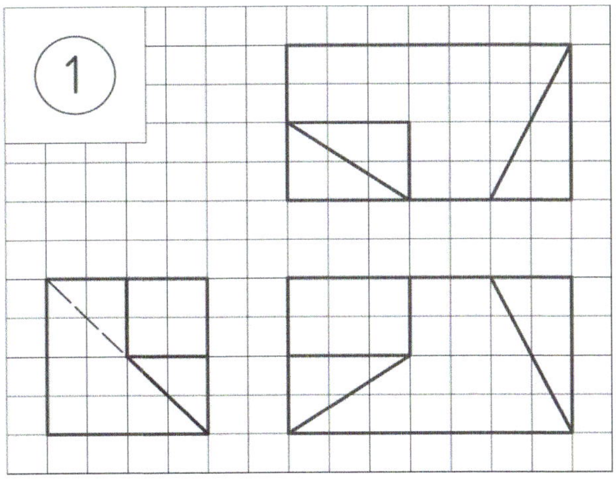

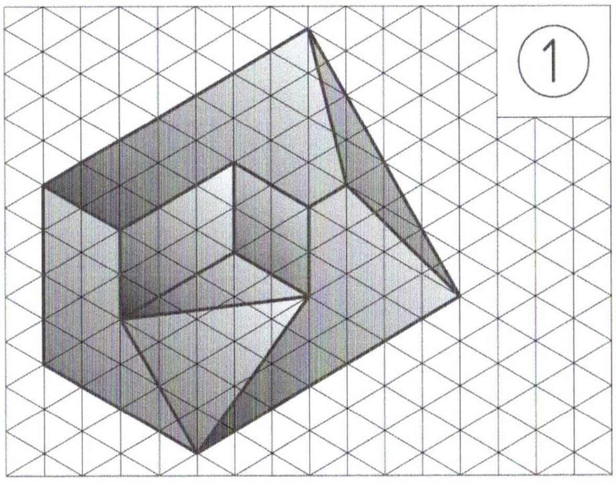

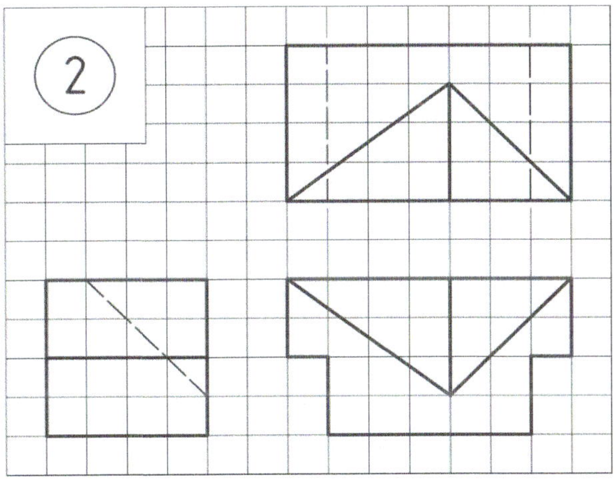

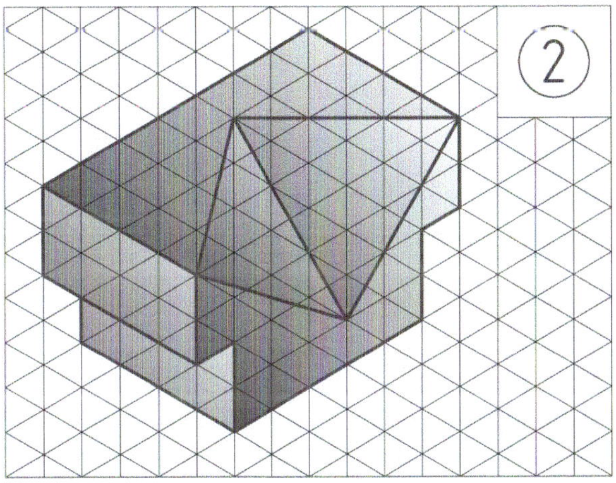

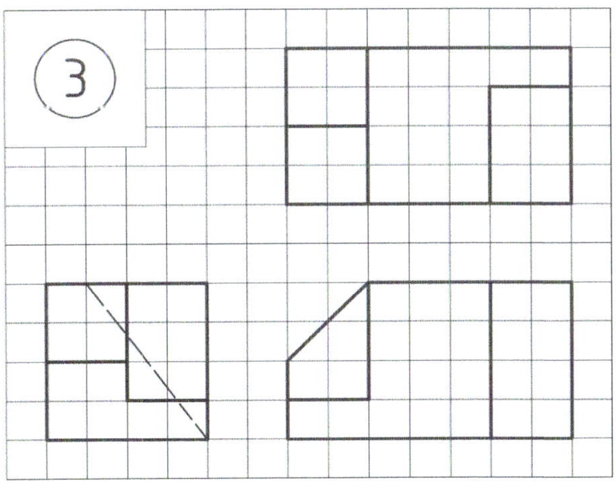

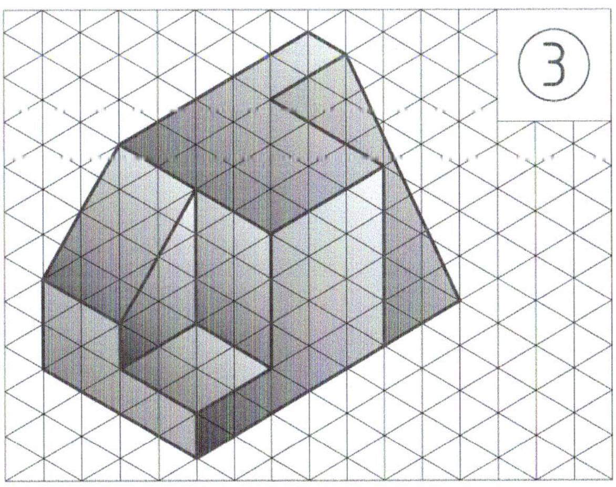

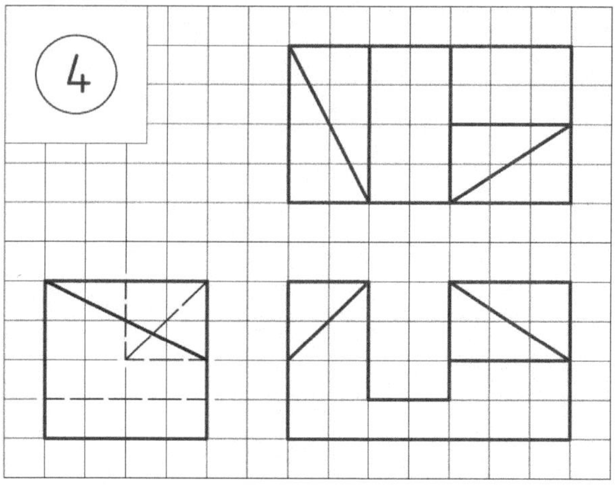
4

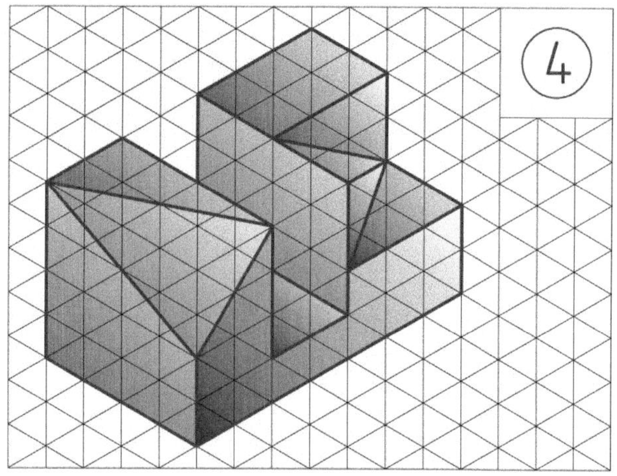
4

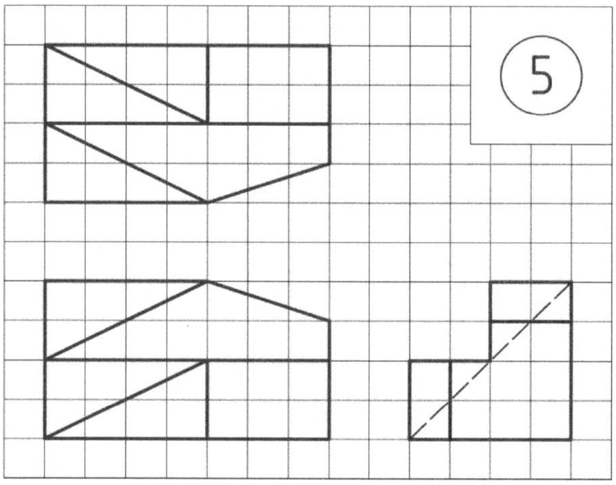
5

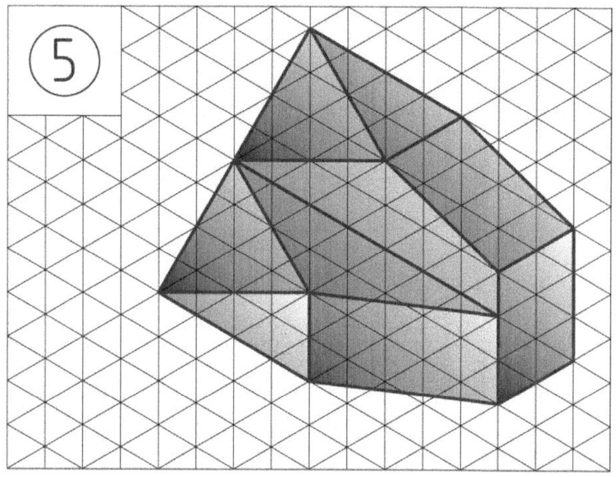
5

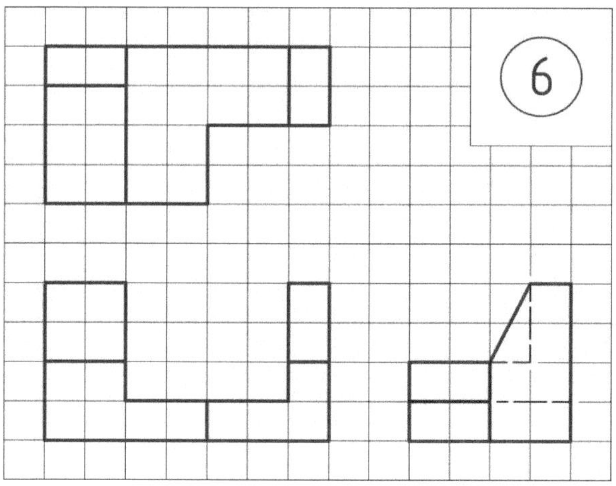
6

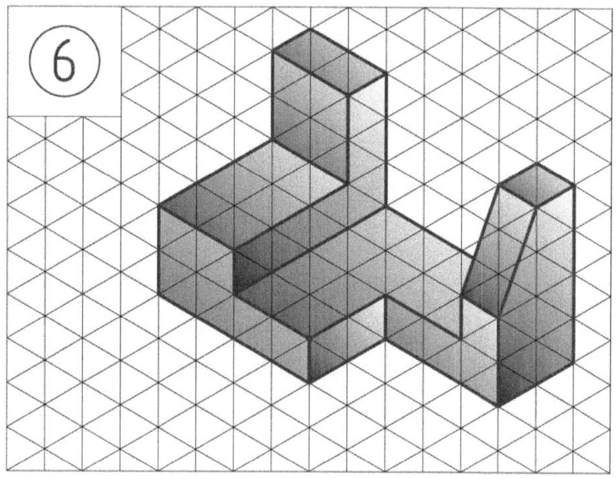
6

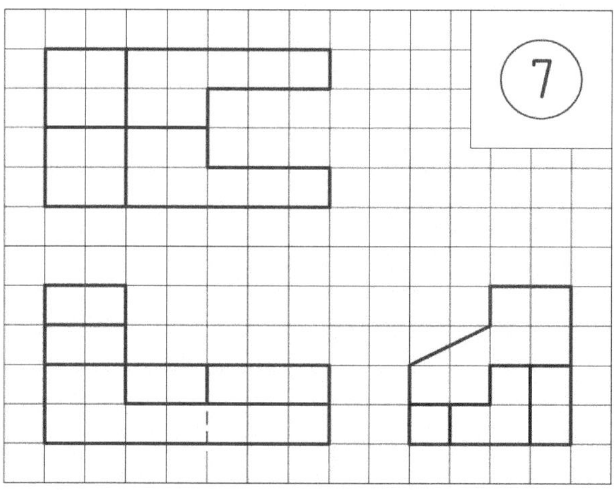
7

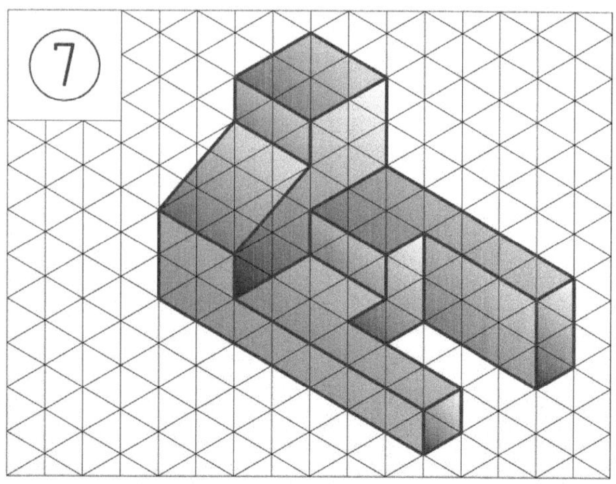
7

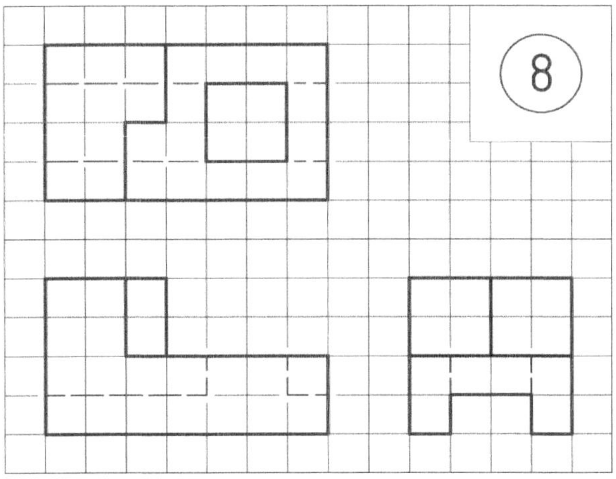
8

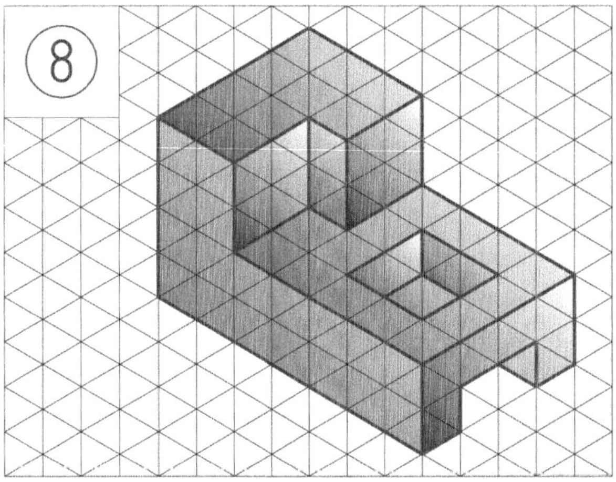
8

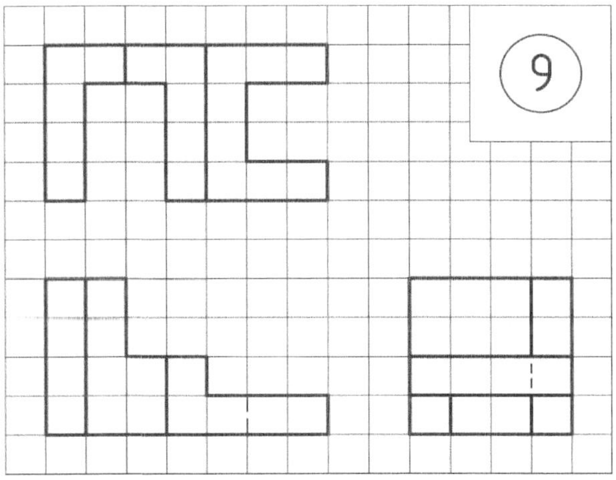
9

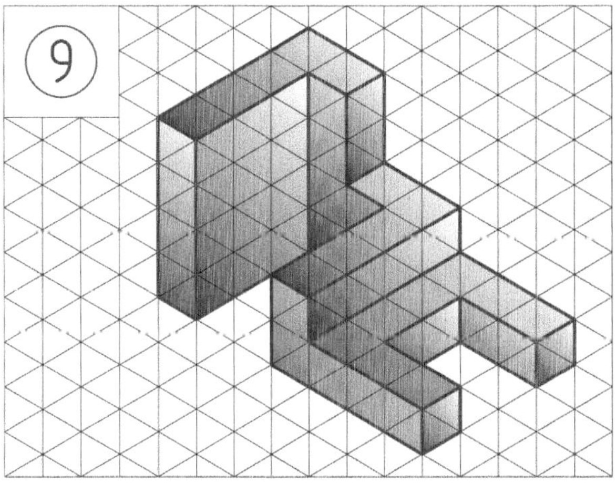
9

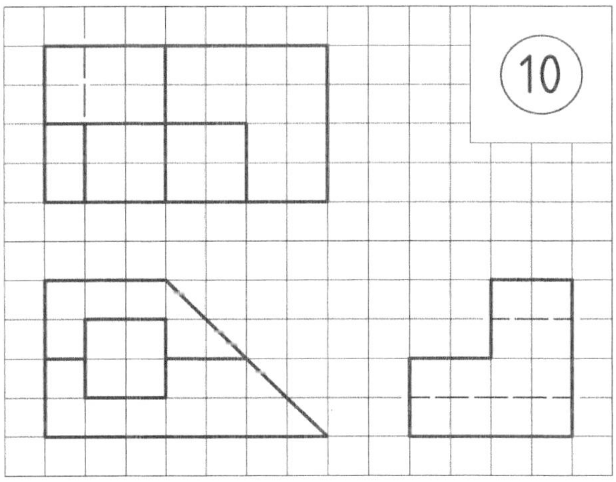
10

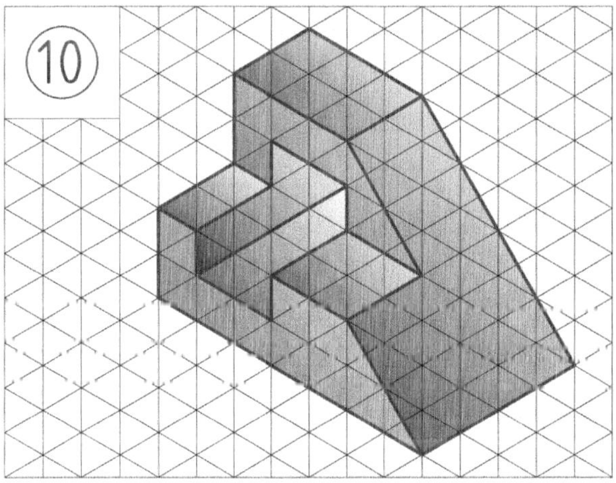
10

종합 연습문제 11-7

정 투상 평면도 완성과 등각 투상도 그리기(2)

아래 ①부터 ⑩까지 주어진 정 투상 3면도에서 평면도를 정확하고 완전하게 완성하고, 숨은선을 생략한 등각 투상도를 그리되, 가능한 외형선은 0.7mm, 숨은선은 0.5mm의 샤프펜슬이나 연필을 사용하여 그리시오.

AutoCAD로 도면작성(작도)을 하여 프린트(인쇄) 할 때는 외형선의 굵기는 0.2~0.25mm, 숨은선의 굵기는 0.15mm, 가는 실선의 굵기는 0.1mm로 셋팅(setting, 설정)하여 프린트하면 형상의 윤곽, 선의 구분과 보기에도 깔끔하다.

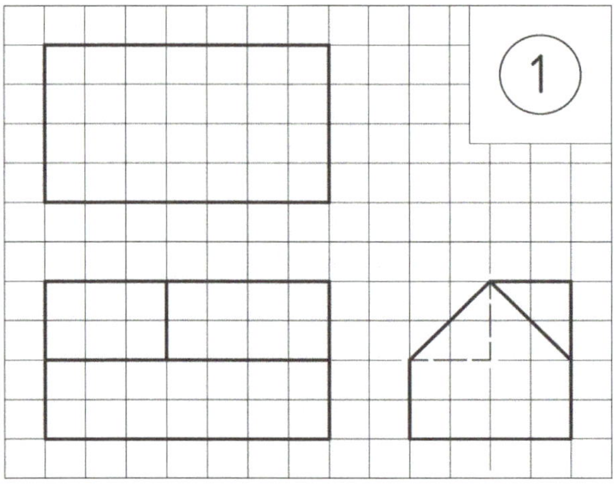

①

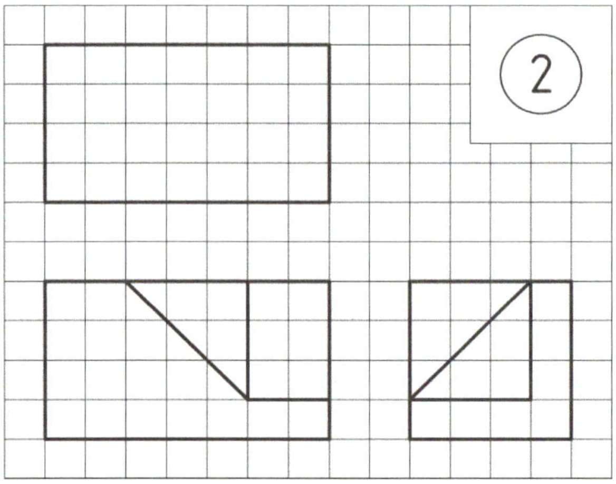

②

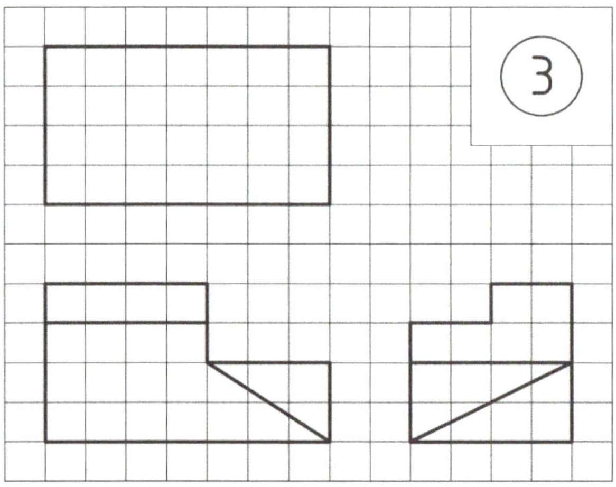

③

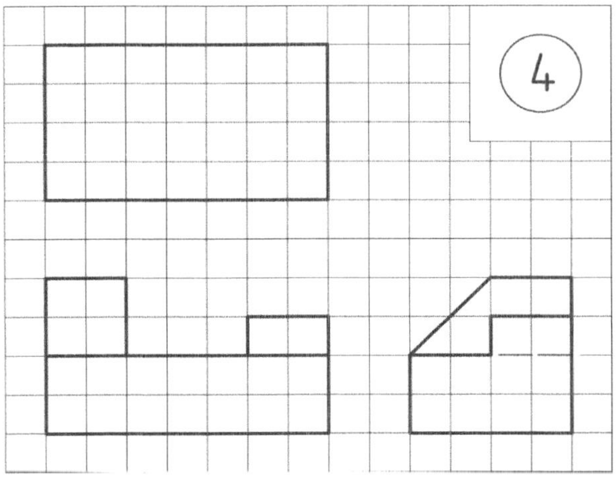

4

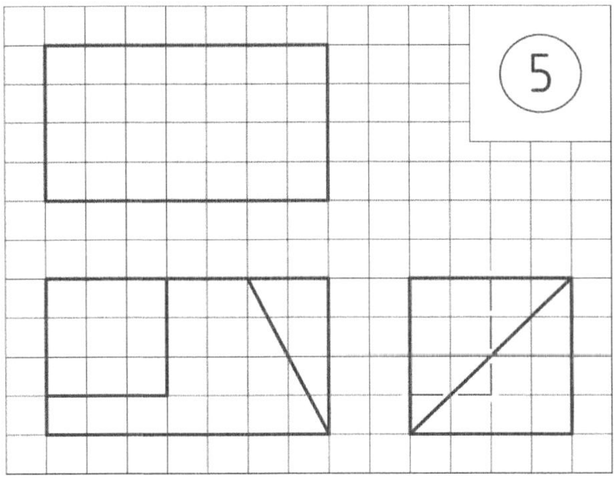

5

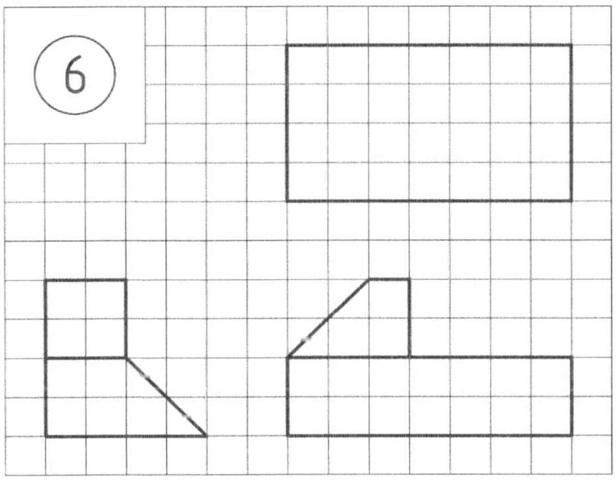

6

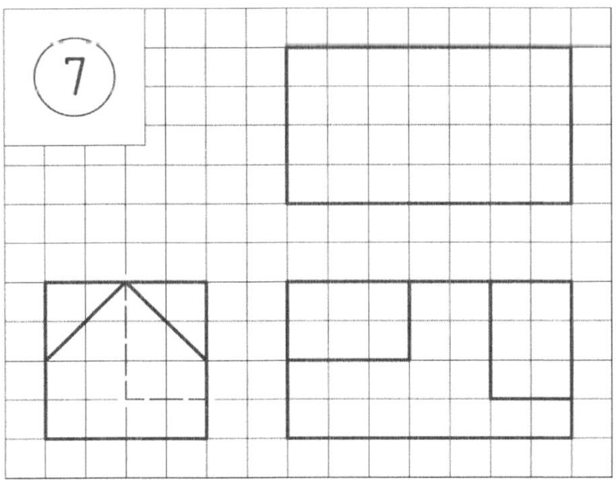

7

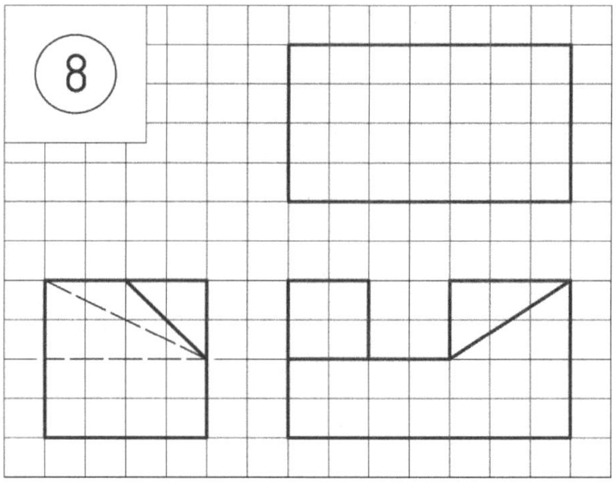
8

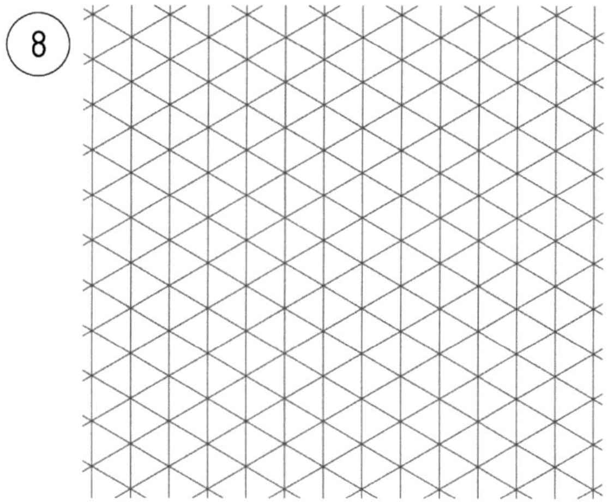
8

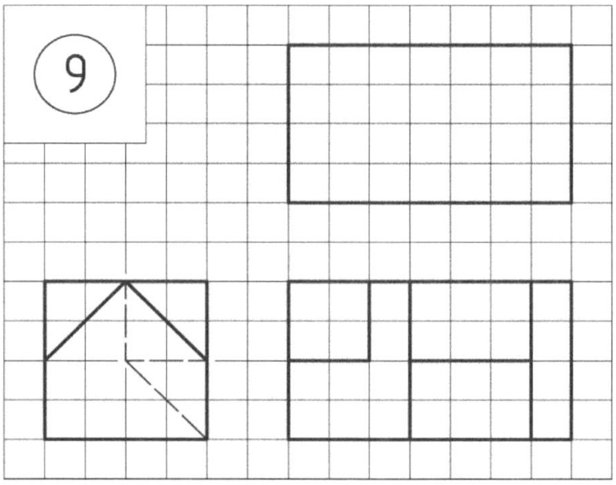
9

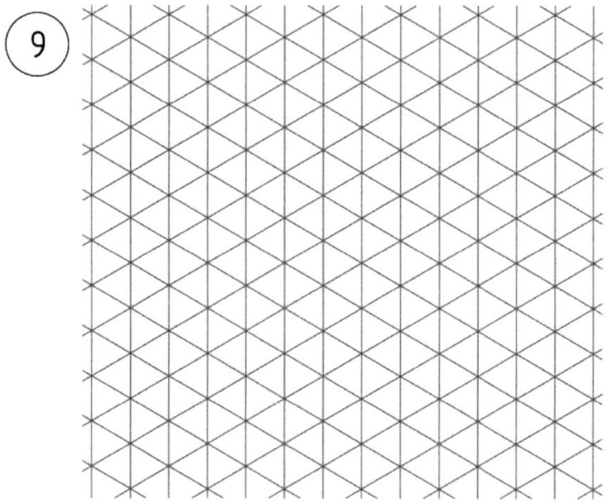
9

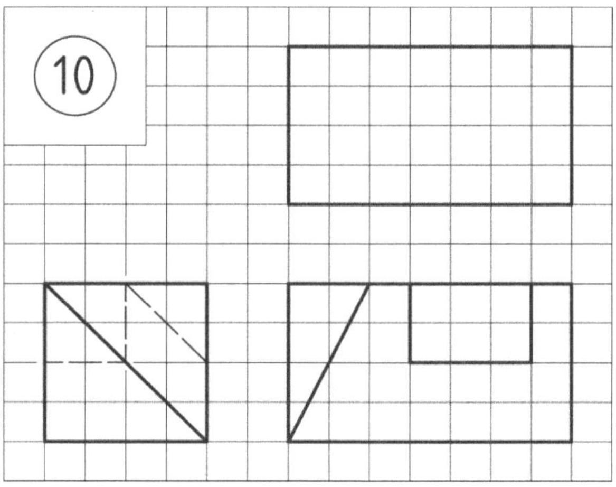
10

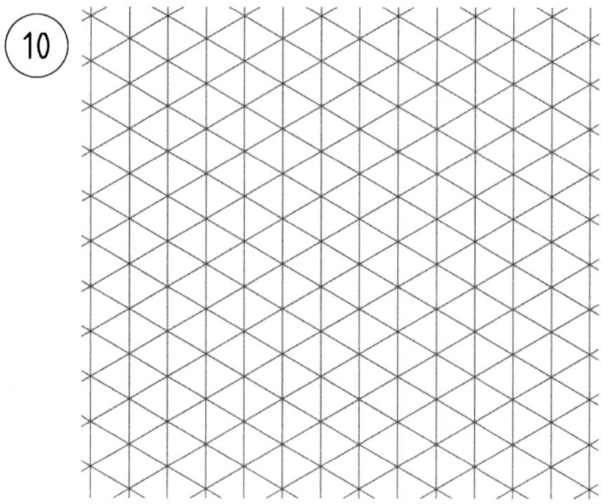
10

종합 연습문제 11-7 모범답안

학습할 때 모범답안(정답)은 수시로 보면서 하는 것이 아니라, 힌트를 얻고자 할 때나 학습 결과와 모범답안을 비교할 때만 봐주기 바랍니다. 그래야만 도면 실력이 향상됩니다.

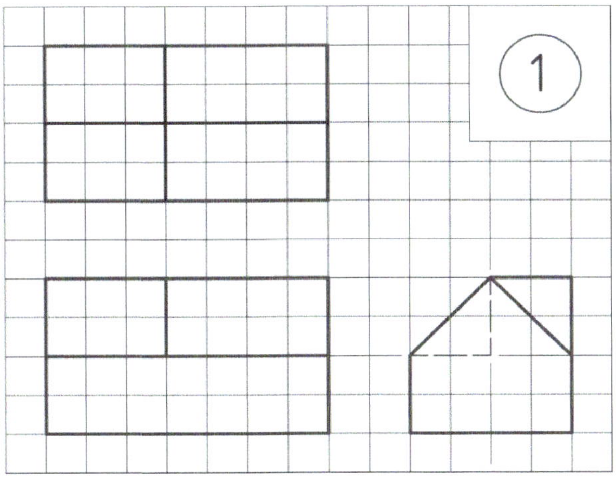

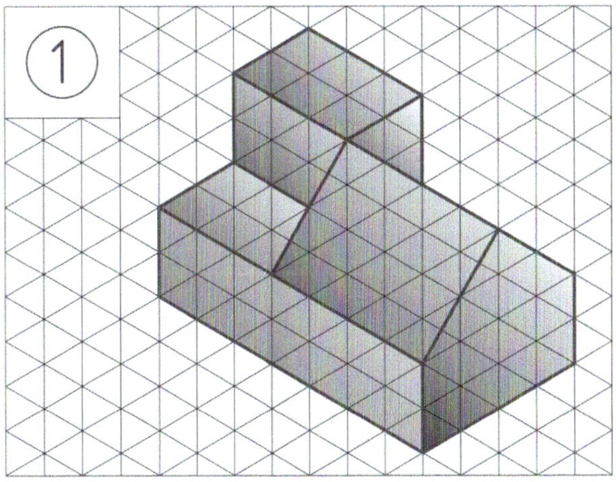

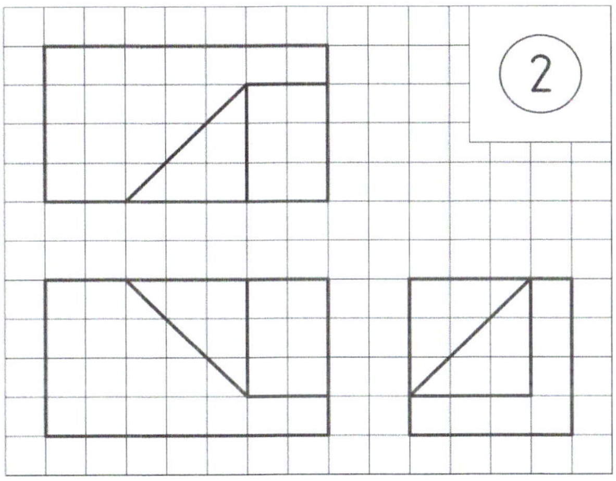

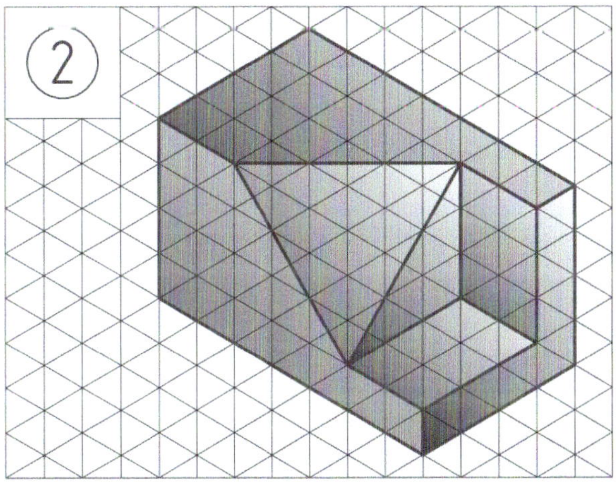

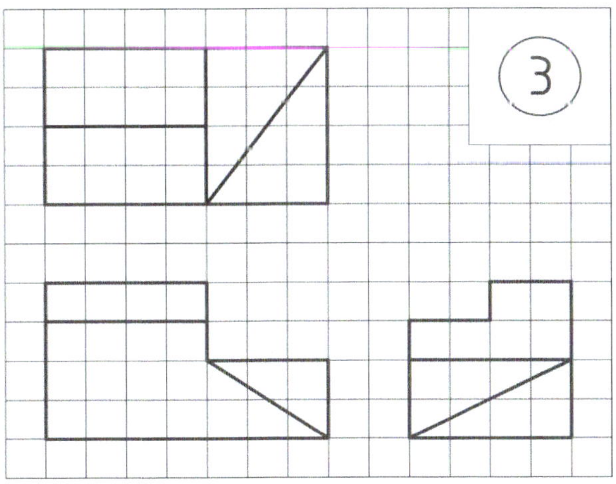

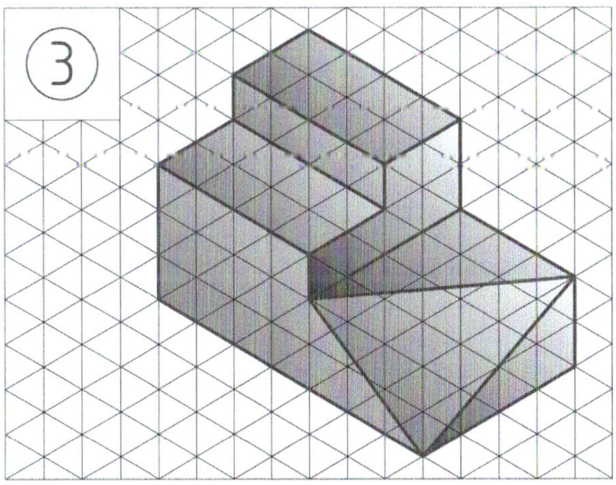

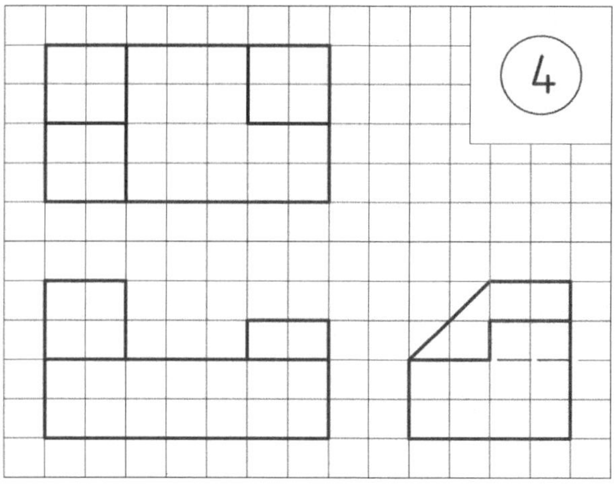
4

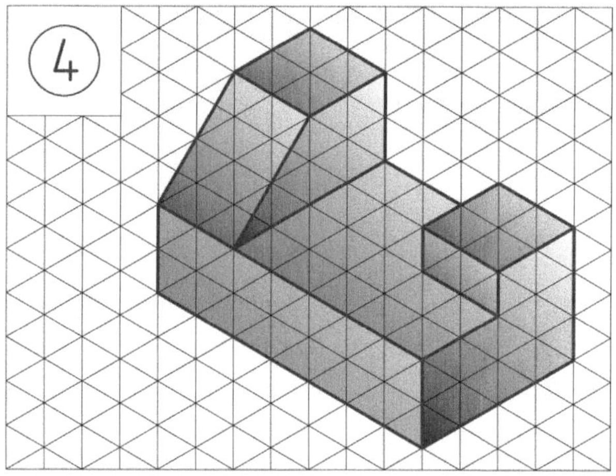
4

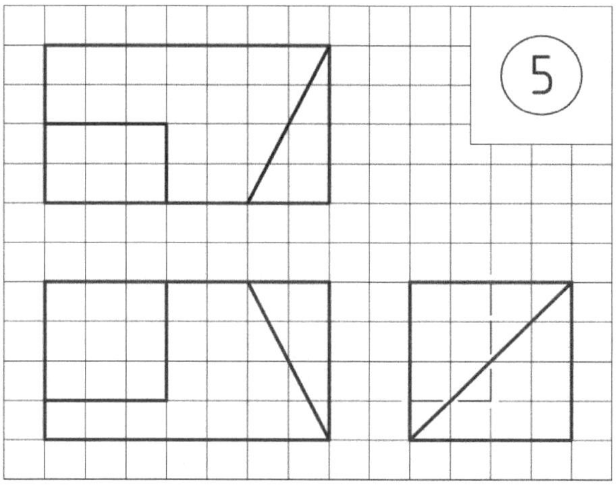
5

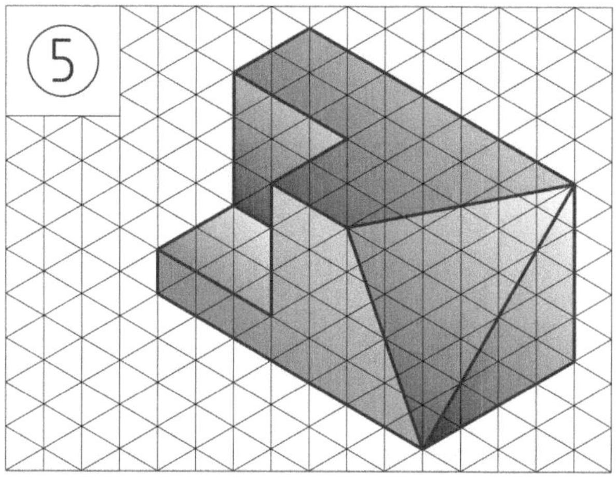
5

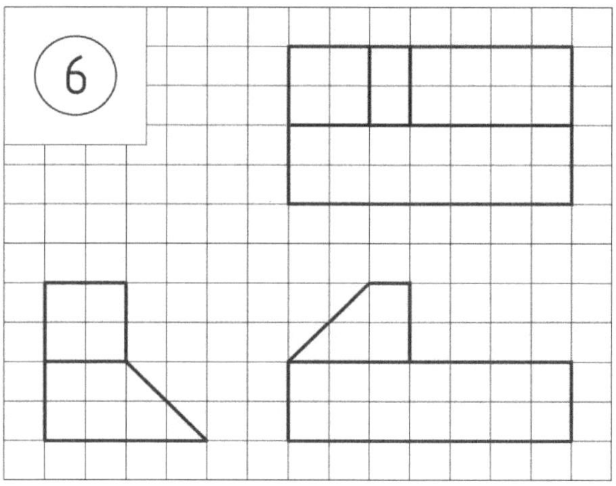
6

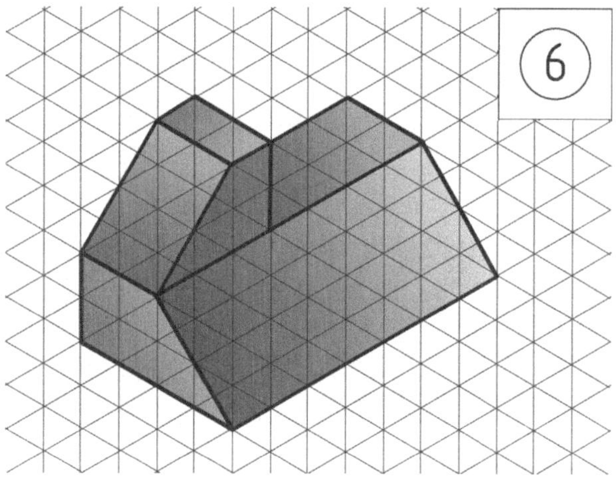
6

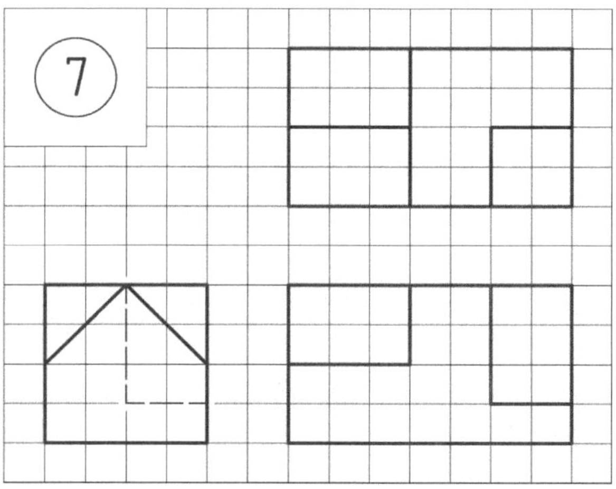
7

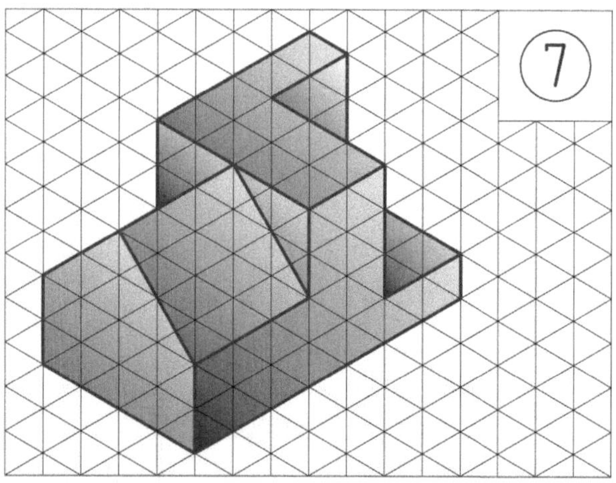
7

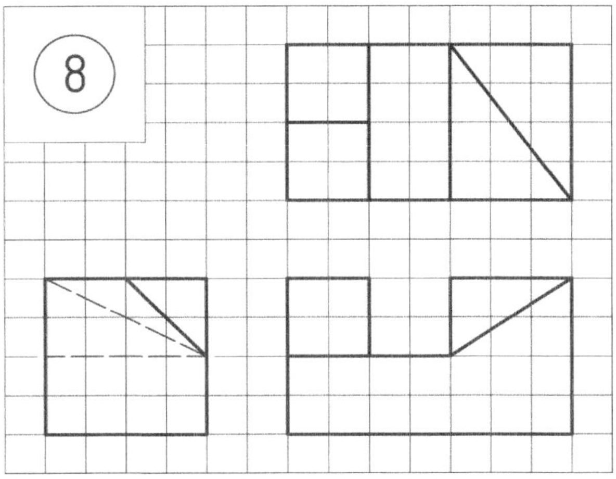
⑧

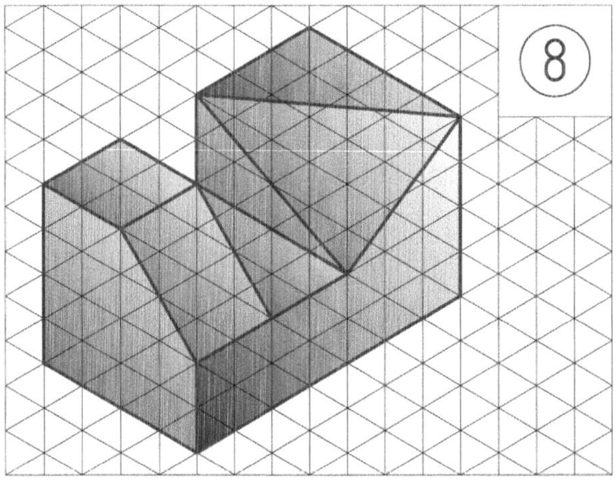
⑧

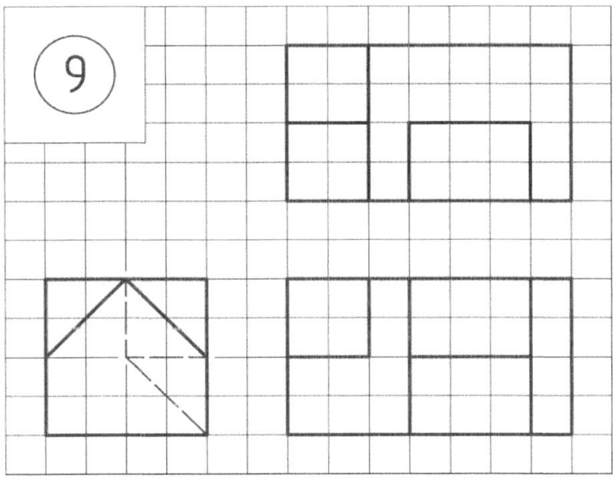
⑨

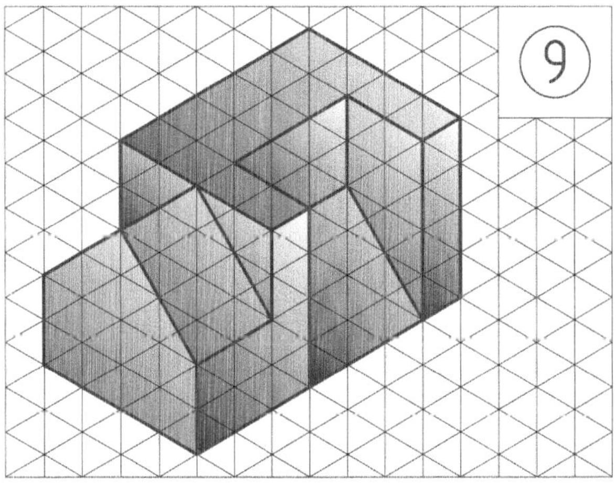
⑨

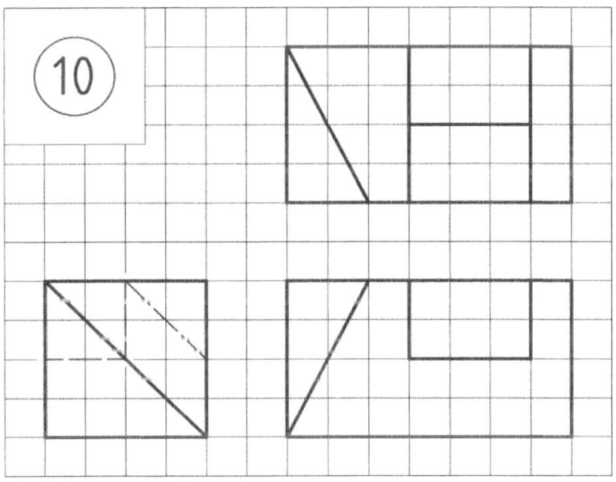
⑩

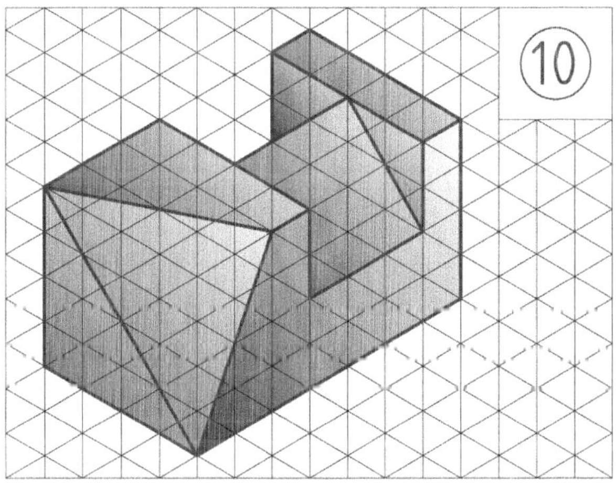
⑩

종합 연습문제 11-8

정 투상 정면도 완성과 등각 투상도 그리기(3)

아래 ①부터 ⑩까지 주어진 정 투상 3면도에서 정면도를 정확하고 완전하게 완성하고, 숨은선을 생략한 등각 투상도를 그리되, 가능한 외형선은 0.7mm, 숨은선은 0.5mm의 샤프펜슬이나 연필을 사용하여 그리시오.

AutoCAD로 도면작성(작도)을 하여 프린트(인쇄) 할 때는 외형선의 굵기는 0.2~0.25mm, 숨은선의 굵기는 0.15mm, 가는 실선의 굵기는 0.1mm로 셋팅(setting, 설정)하여 프린트하면 형상의 윤곽, 선의 구분과 보기에도 깔끔하다.

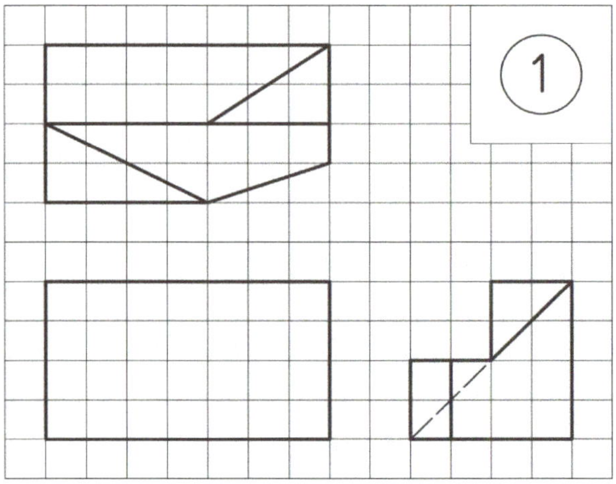

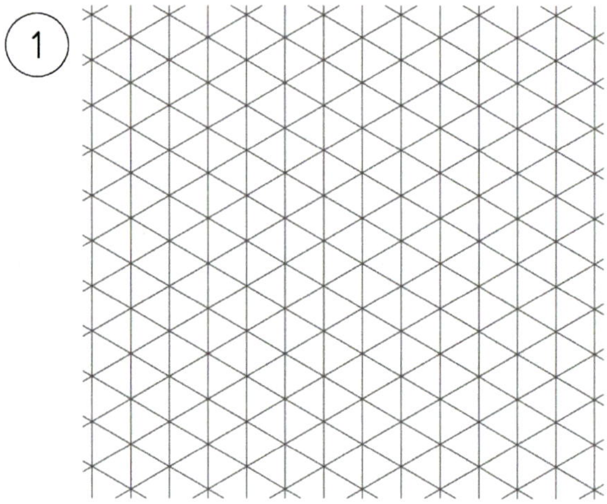

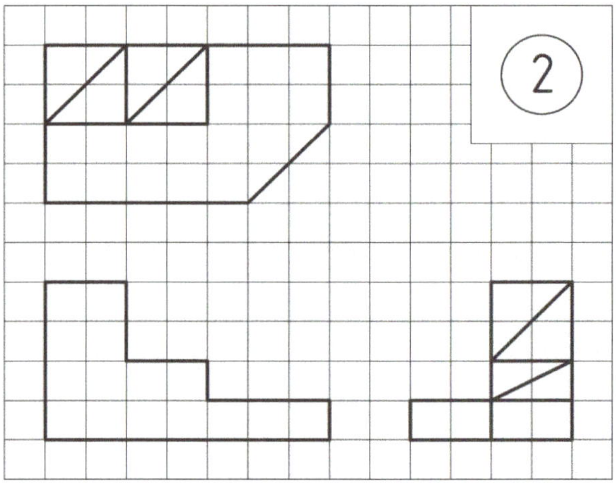

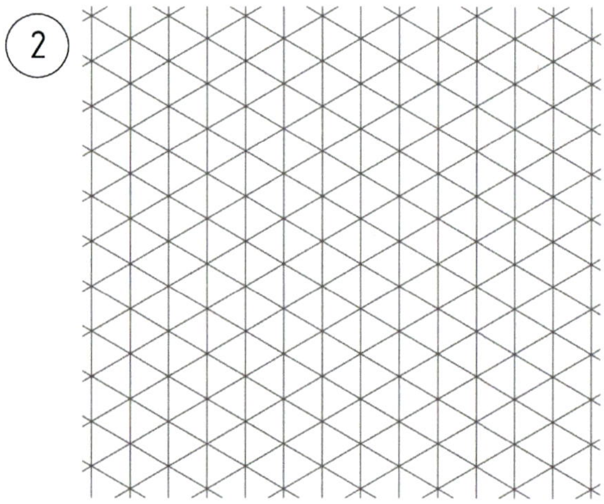

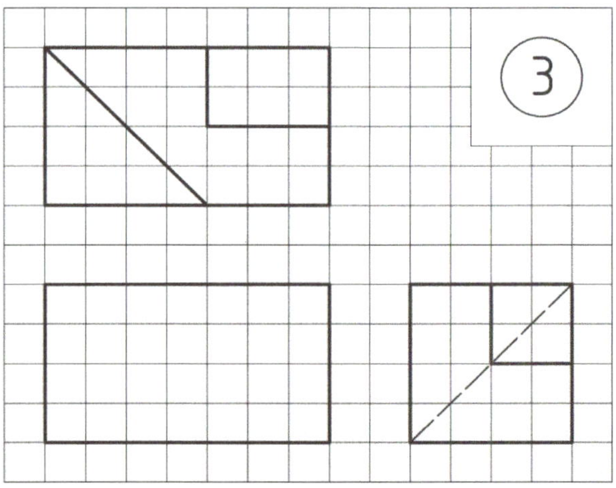

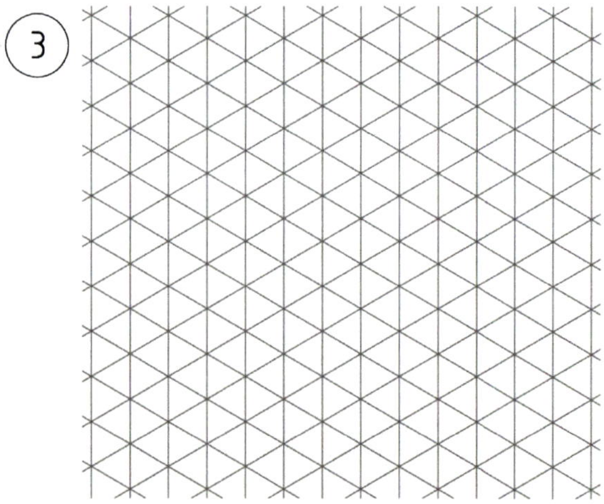

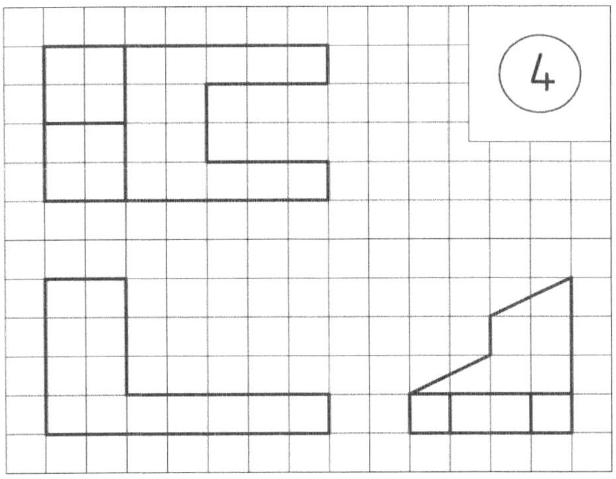
4

4

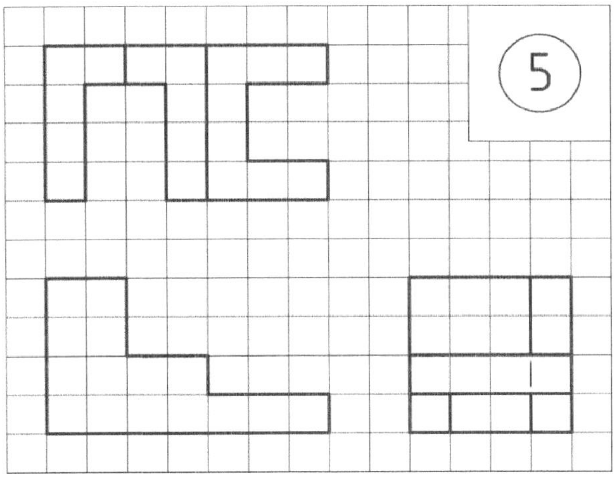
5

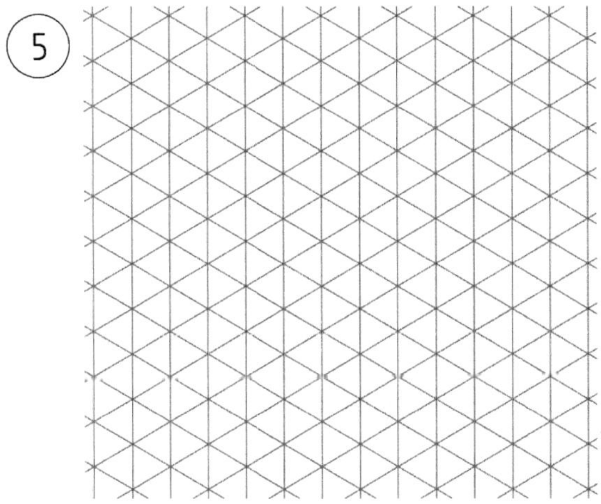
5

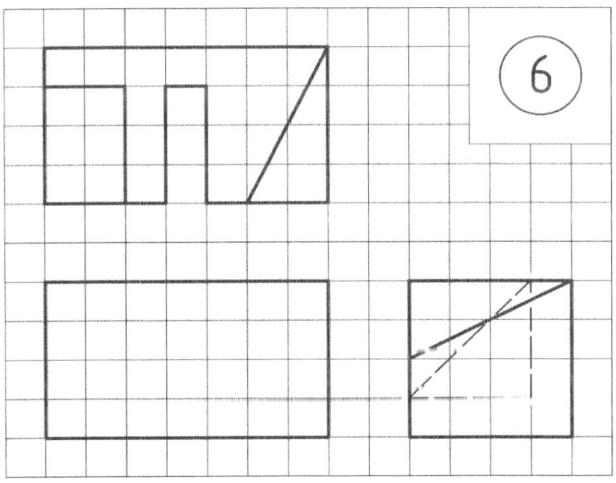
6

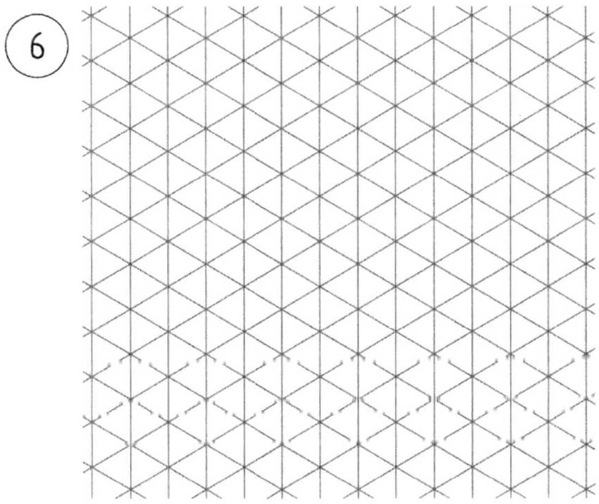
6

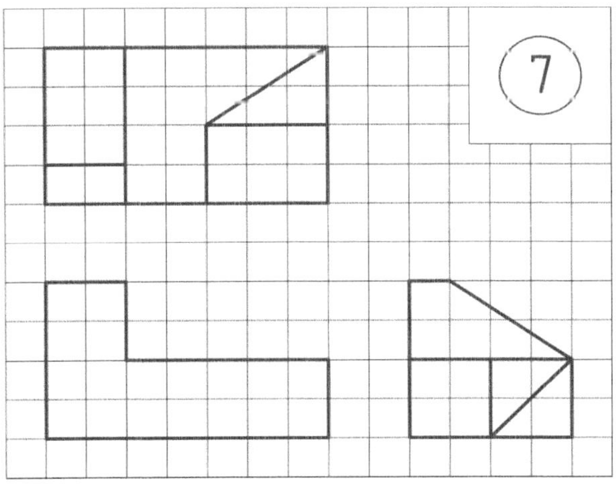
7

7

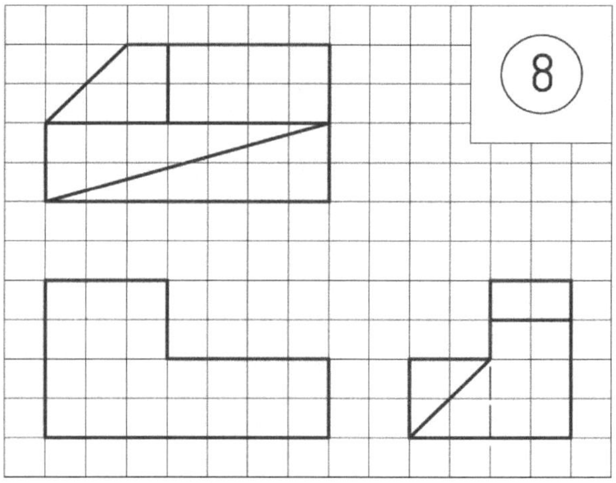

8

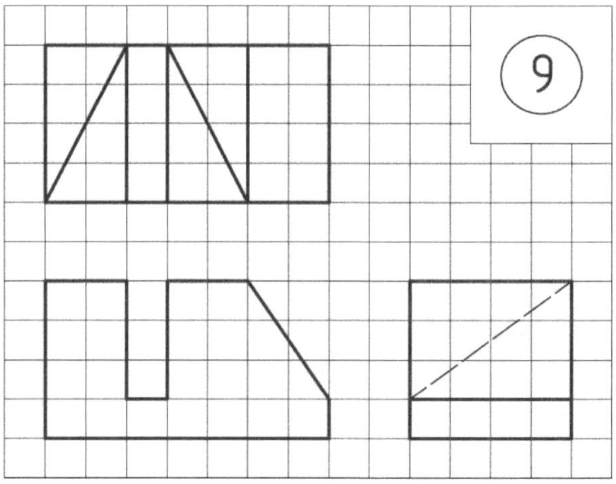

9

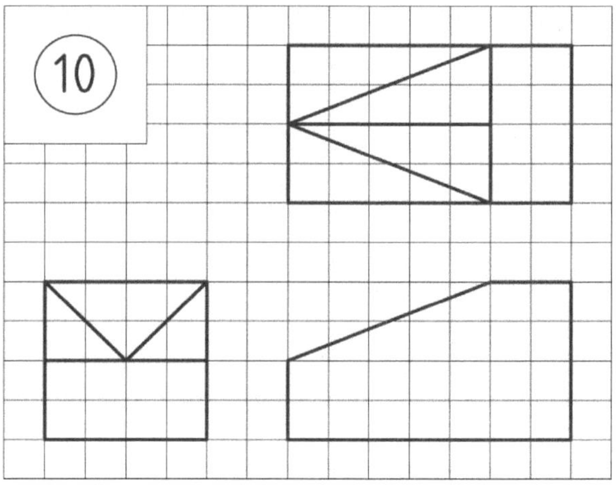

10

종합 연습문제 11-8 모범답안

학습할 때 모범답안(정답)은 수시로 보면서 하는 것이 아니라, 힌트를 얻고자 할 때나 학습 결과와 모범답안을 비교할 때만 봐주기 바랍니다. 그래야만 도면 실력이 향상됩니다.

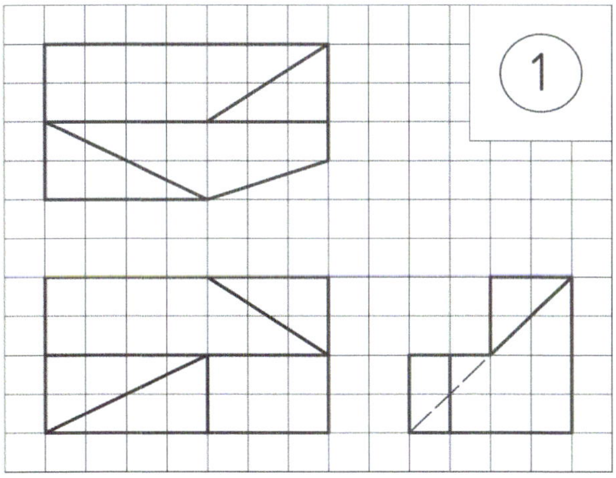

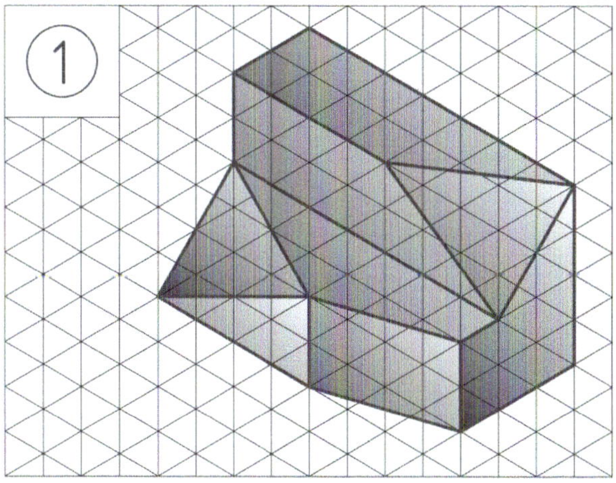

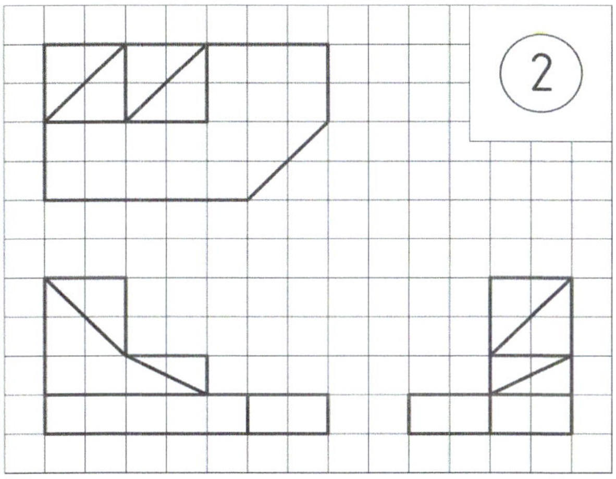

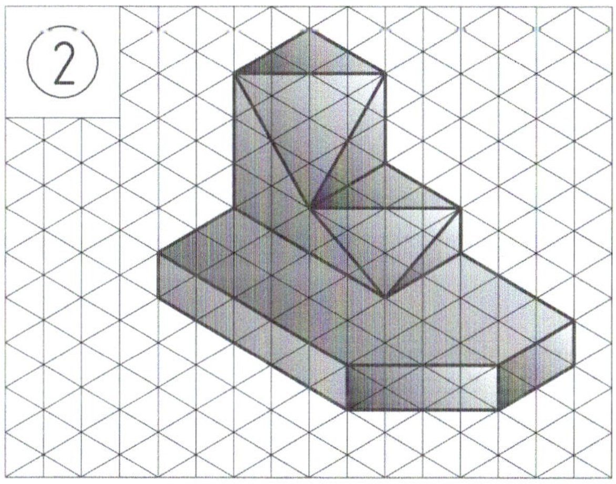

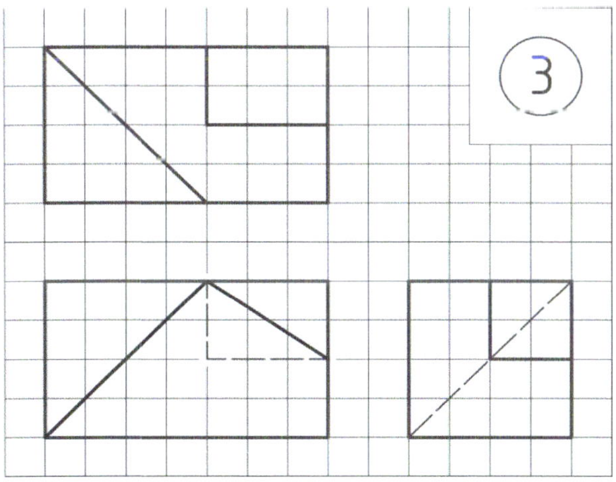

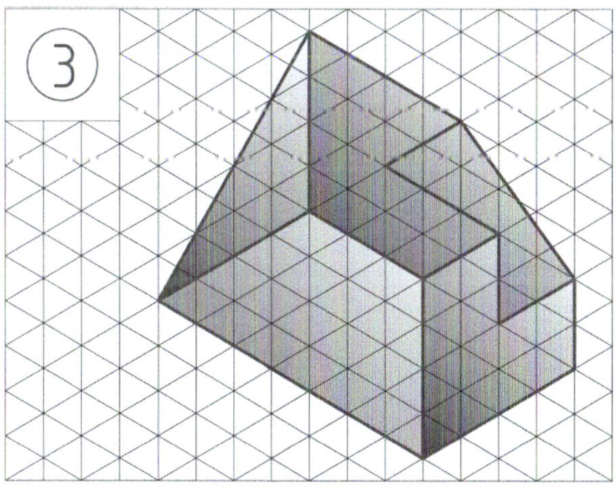

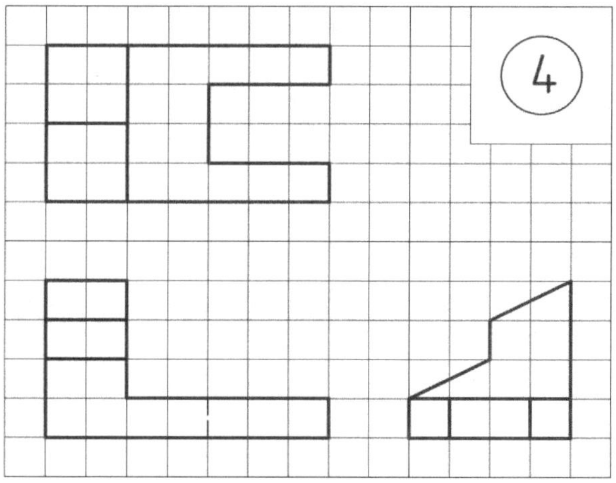
4

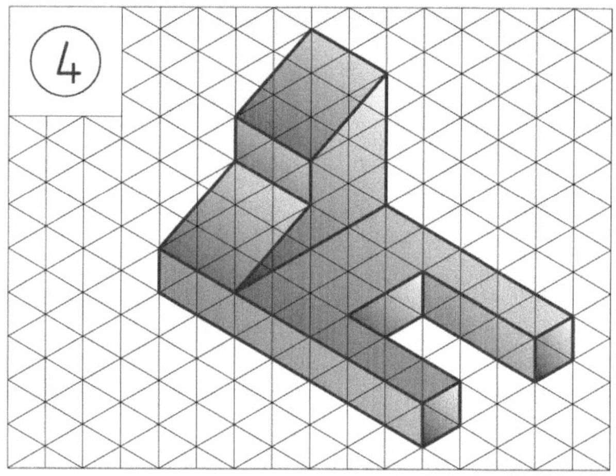
4

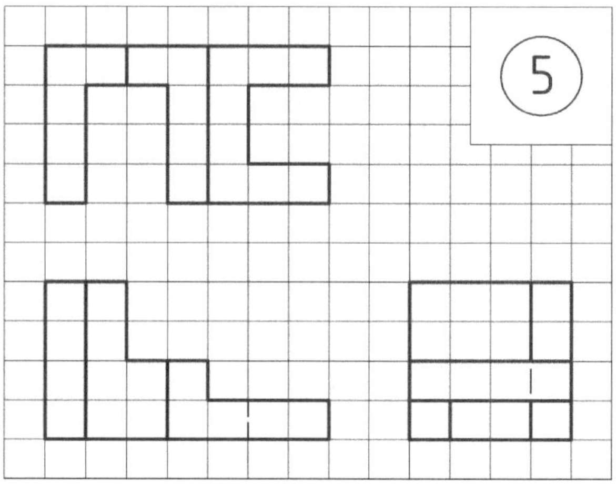
5

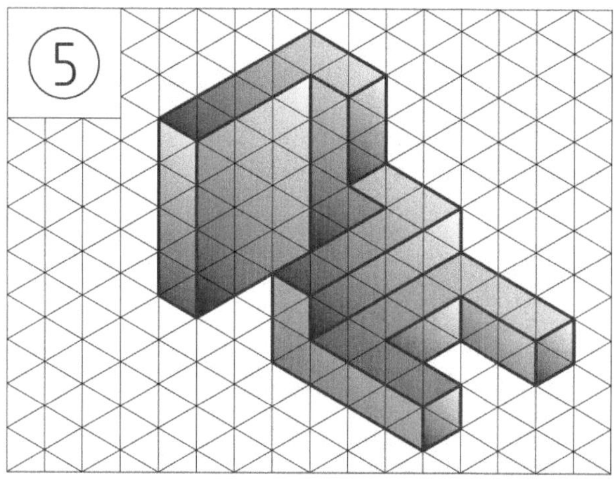
5

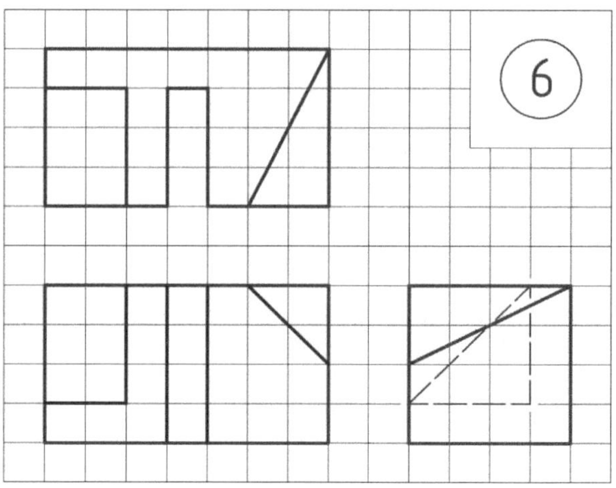
6

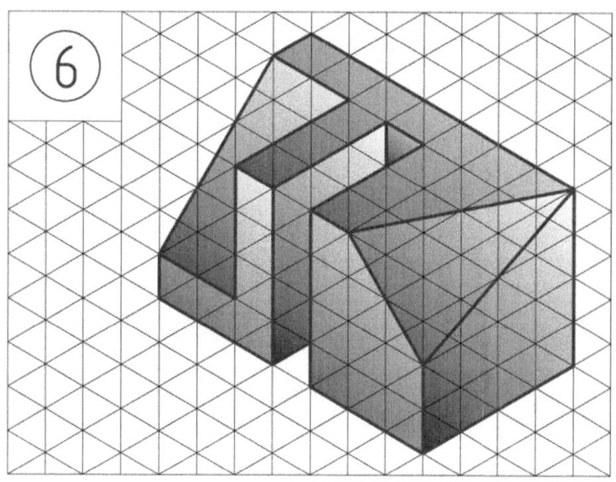
6

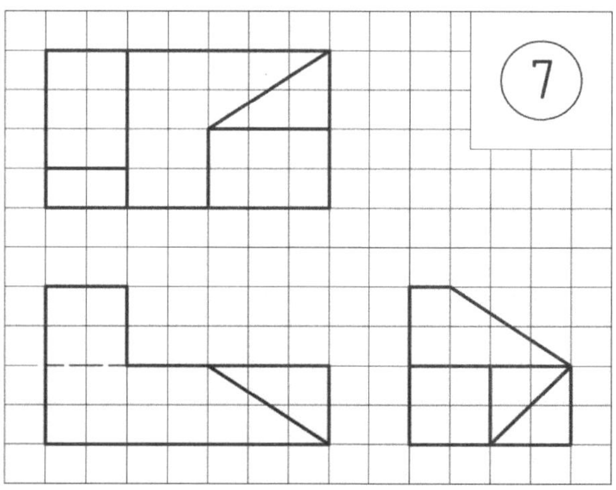
7

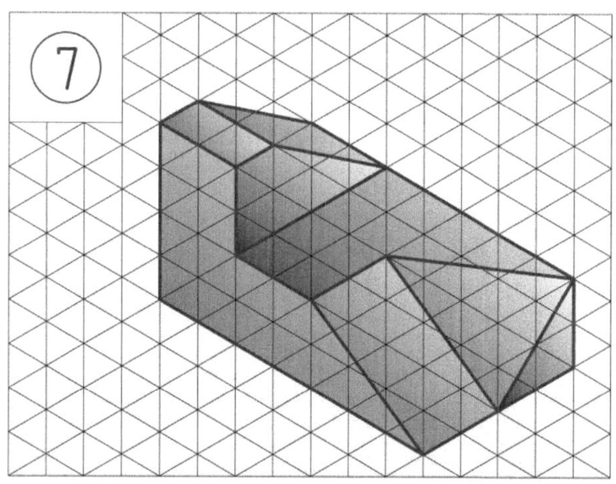
7

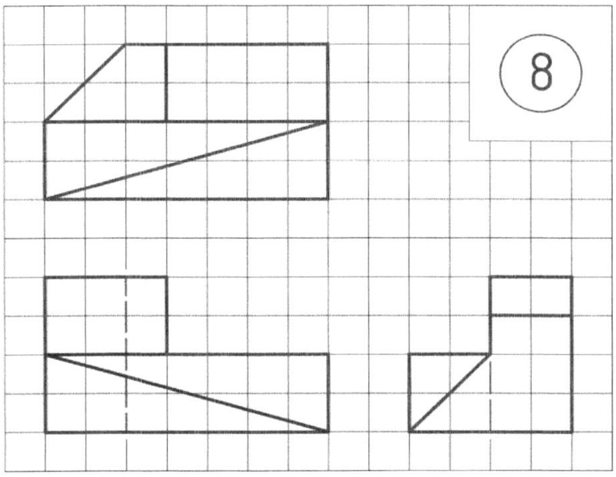
8

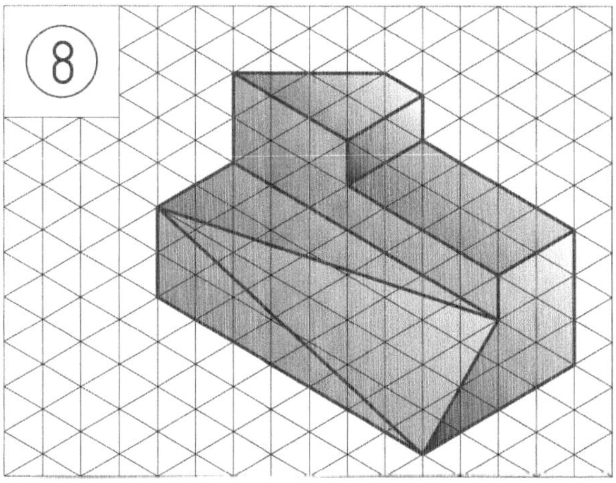
8

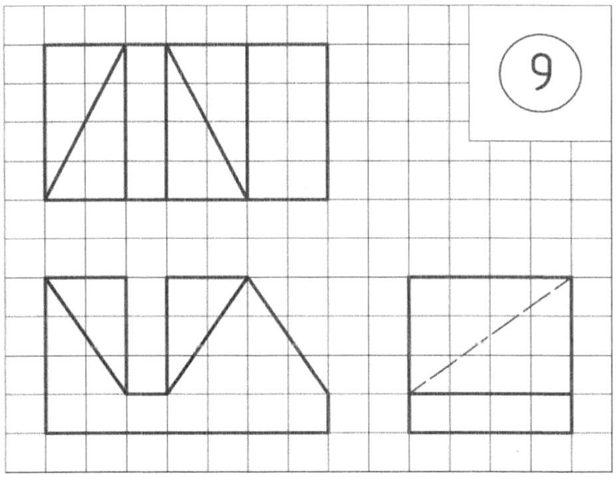
9

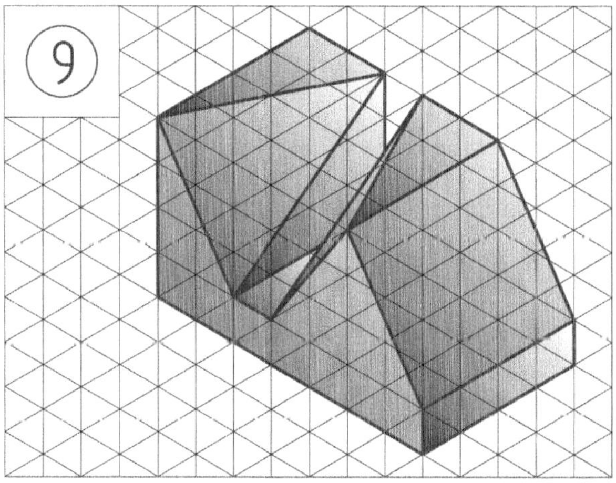
9

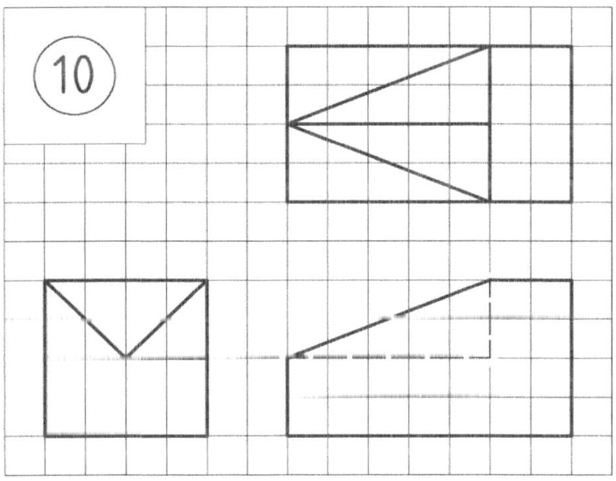
10

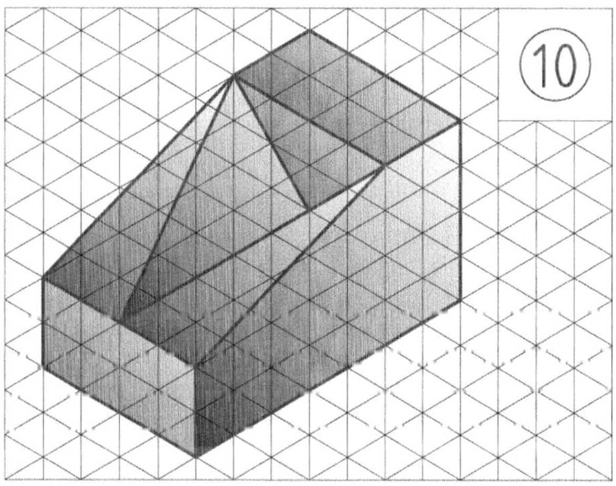
10

종합 연습문제 11-9

정 투상 3면도 완성과 등각 투상도 그리기(1)

아래 ①부터 ⑳까지 주어진 정 투상 3면도에서 누락된 선을 그어 3면도를 정확하고 완전하게 완성하고, 숨은선을 생략한 등각 투상도를 그리되, 가능한 외형선은 0.7mm, 숨은선은 0.5mm의 샤프펜슬이나 연필을 사용하여 그리시오.

AutoCAD로 도면작성(작도)을 하여 프린트(인쇄) 할 때는 외형선의 굵기는 0.2~0.25mm, 숨은선의 굵기는 0.15mm, 가는 실선의 굵기는 0.1mm로 셋팅(setting, 설정)하여 프린트하면 형상의 윤곽, 선의 구분과 보기에도 깔끔하다.

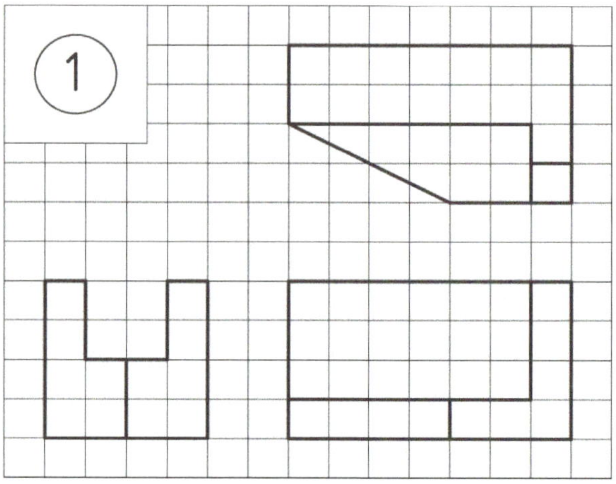

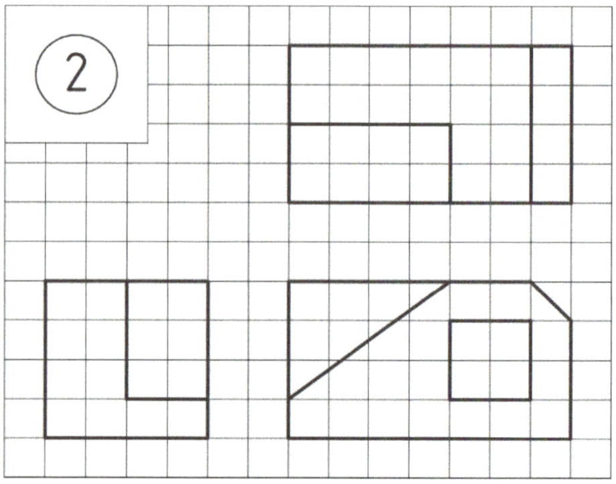

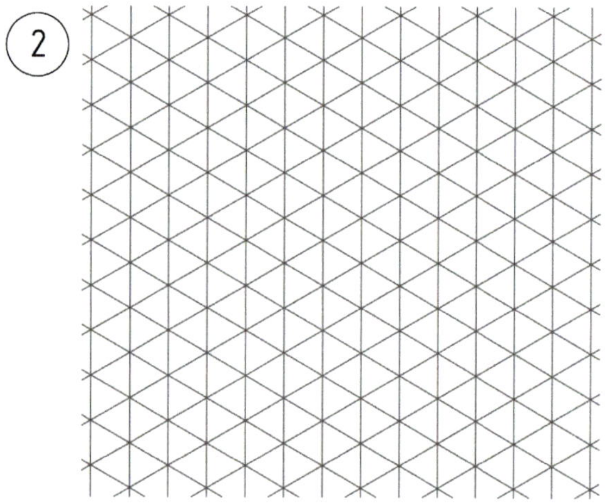

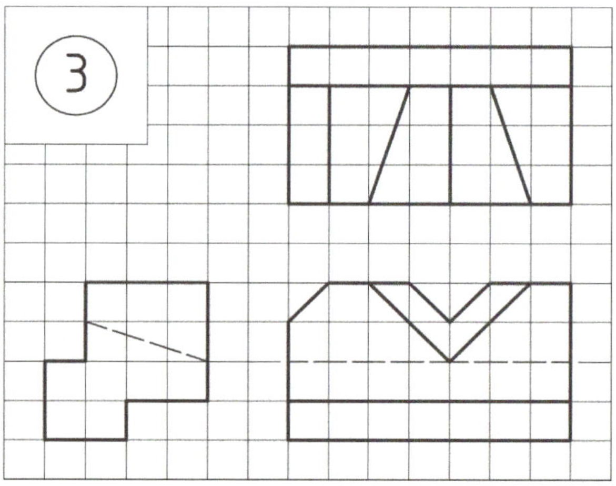

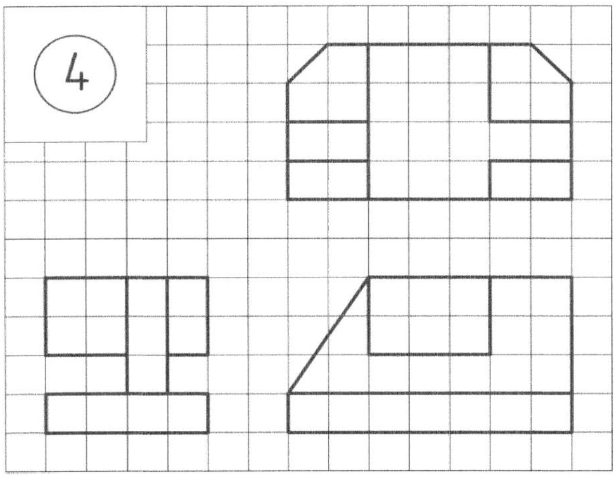
4

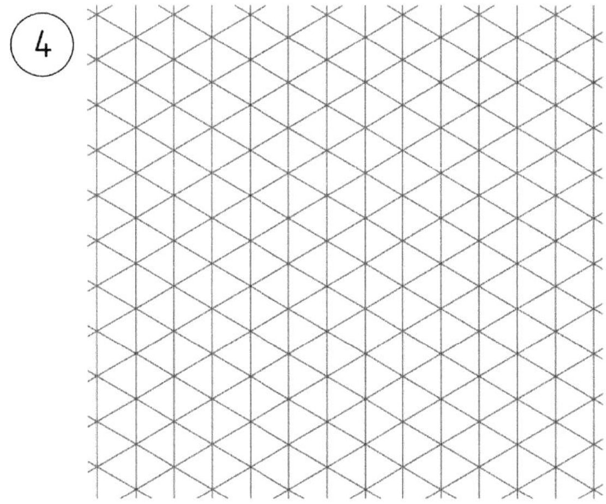
4

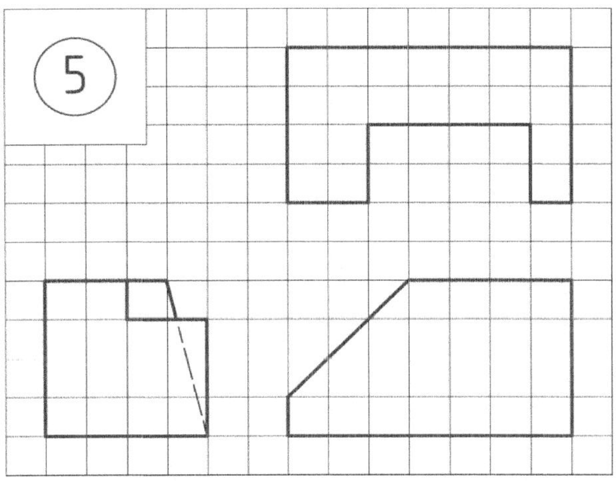
5

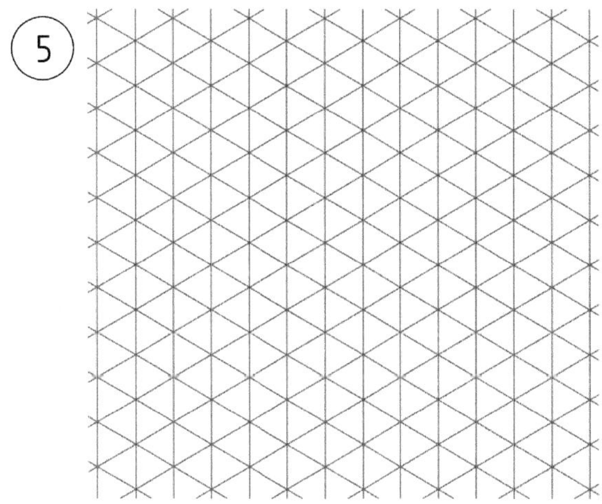
5

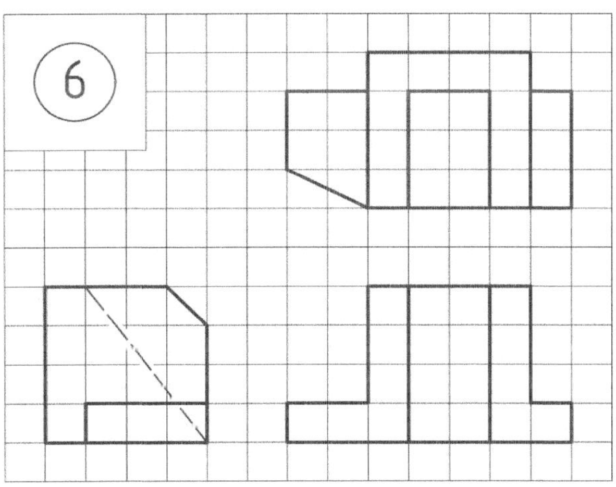
6

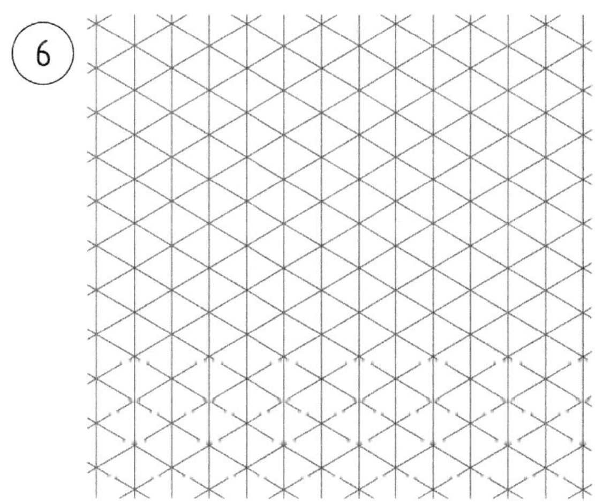
6

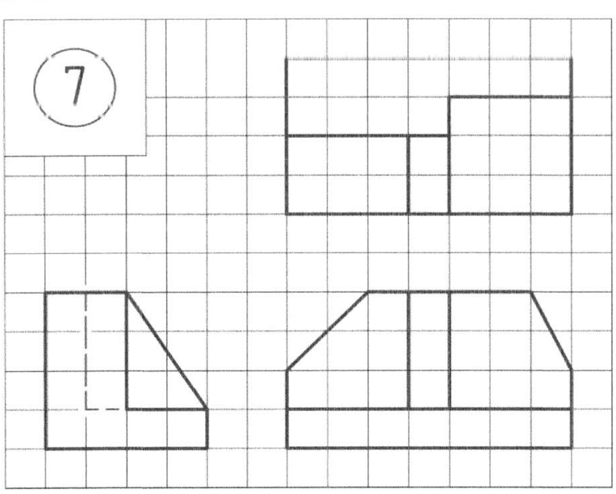
7

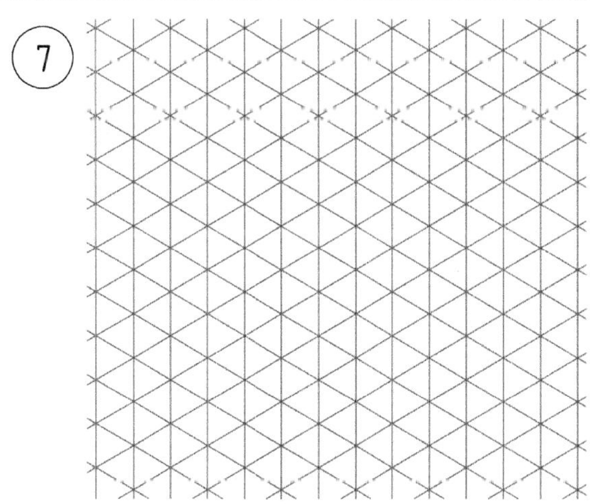
7

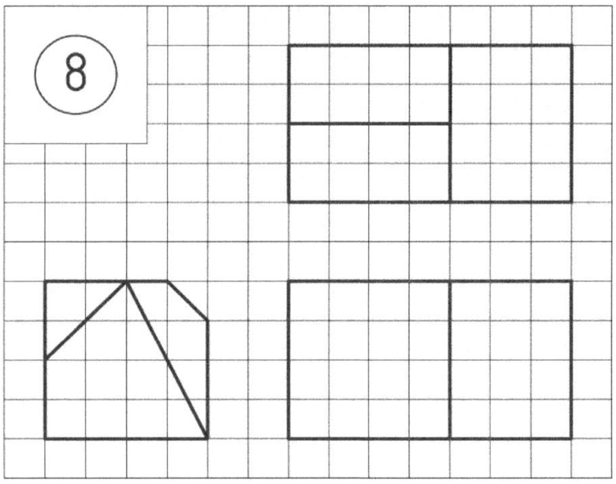

8

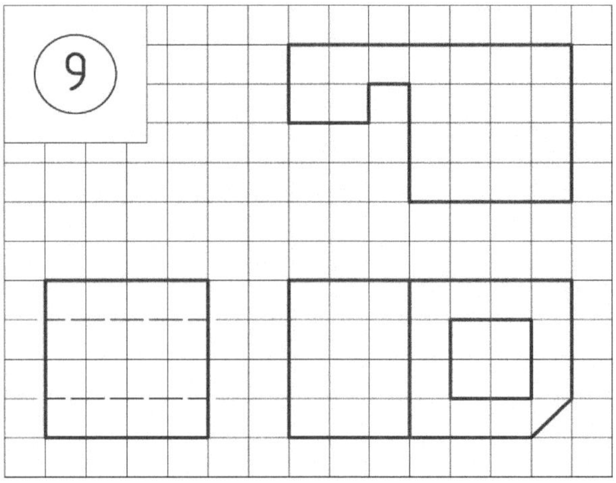

9

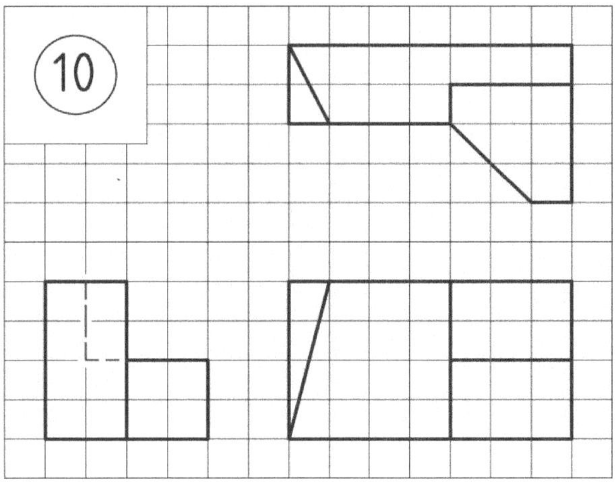

10

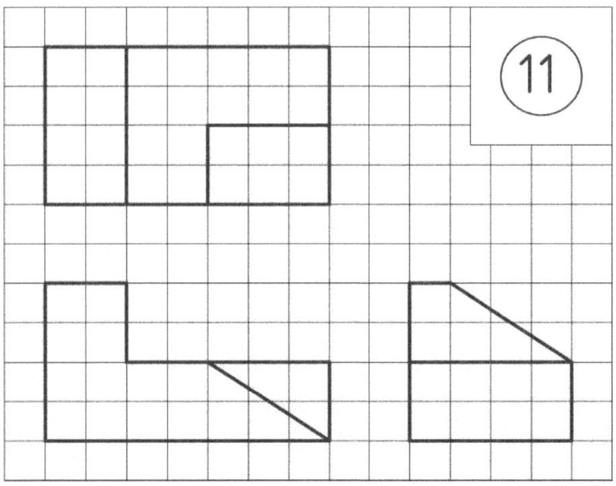

11

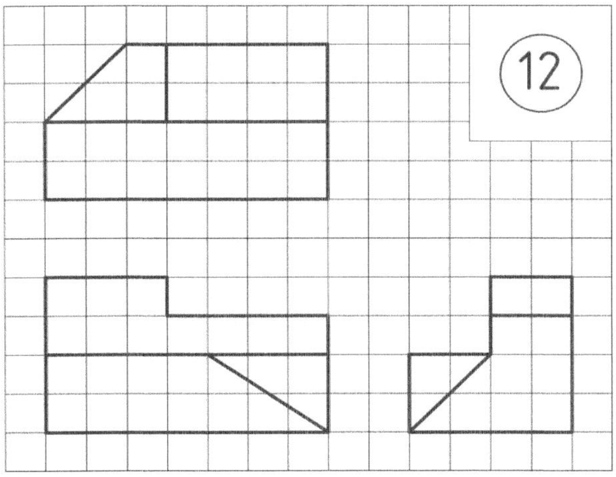

12

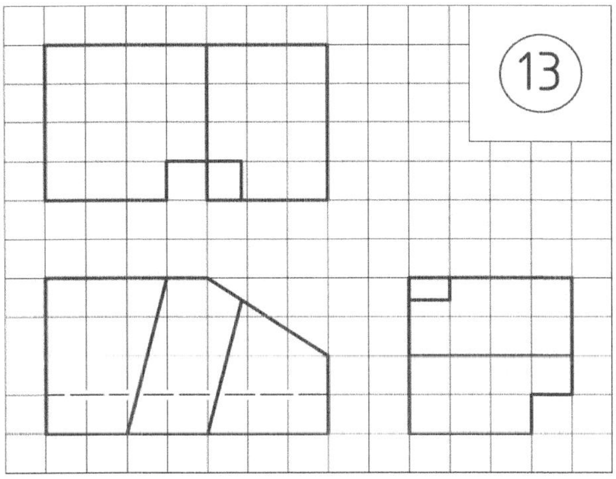

13

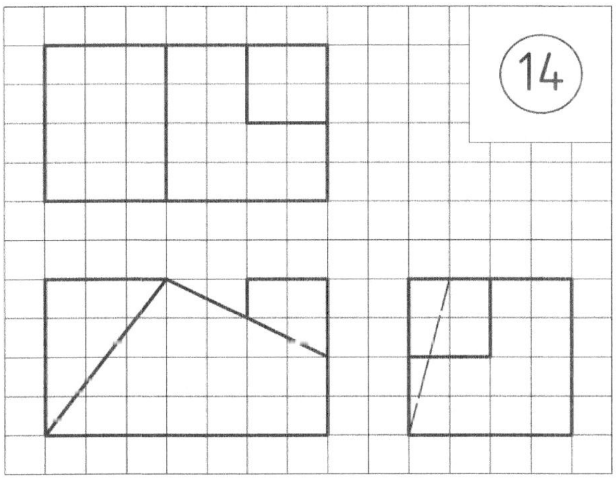

14

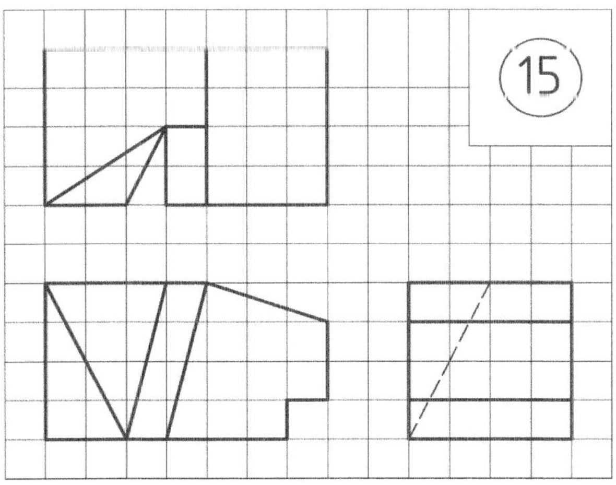

15

16

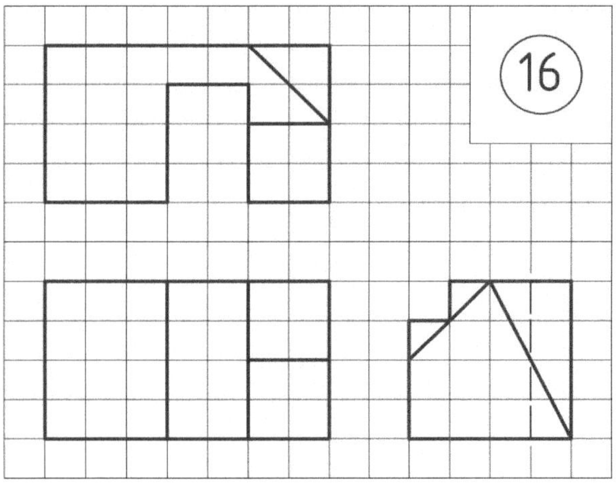

17

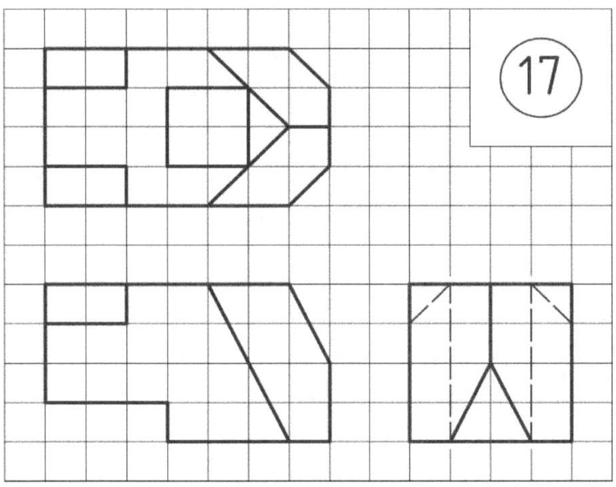

18

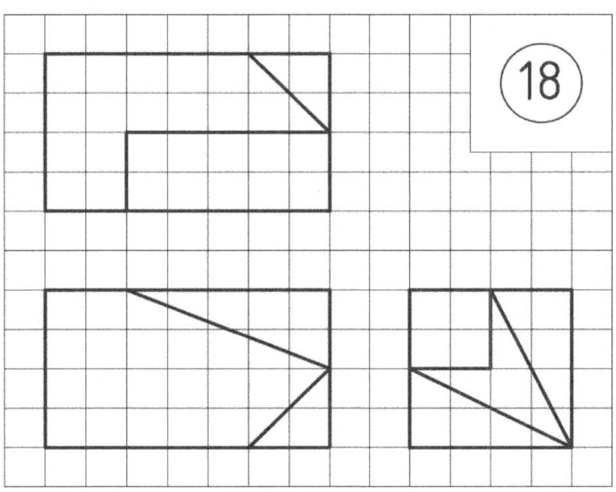

19

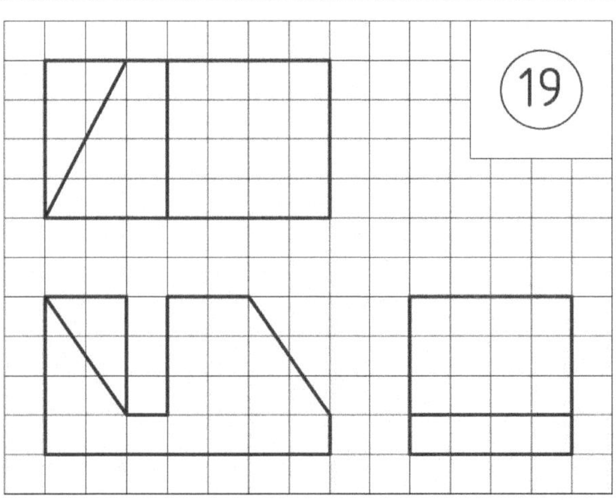

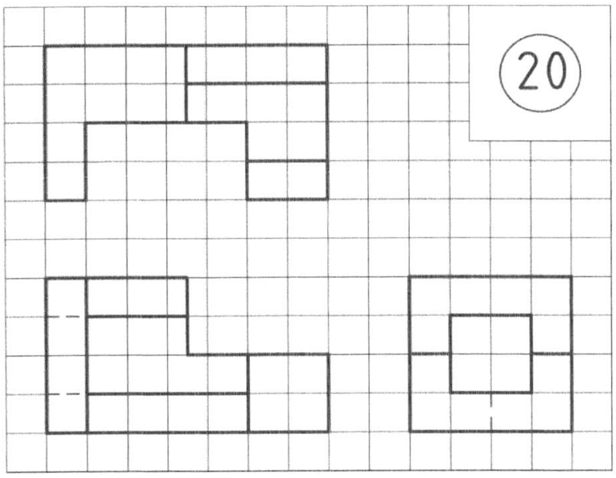
20

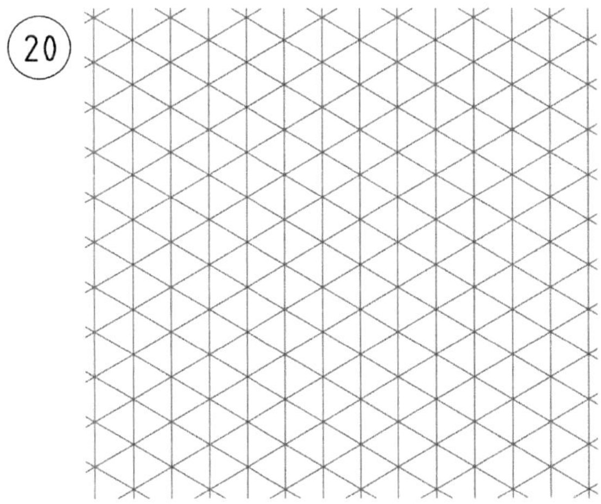
20

종합 연습문제 11-9 모범답안

학습할 때 모범답안(정답)은 수시로 보면서 하는 것이 아니라, 힌트를 얻고자 할 때나 학습 결과와 모범답안을 비교할 때만 봐주기 바랍니다. 그래야만 도면 실력이 향상됩니다.

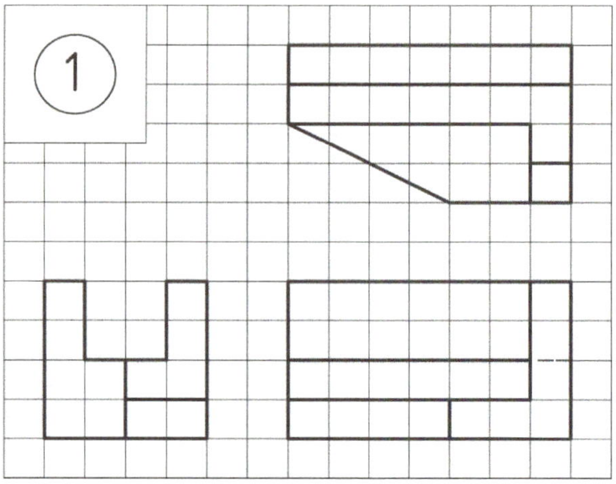

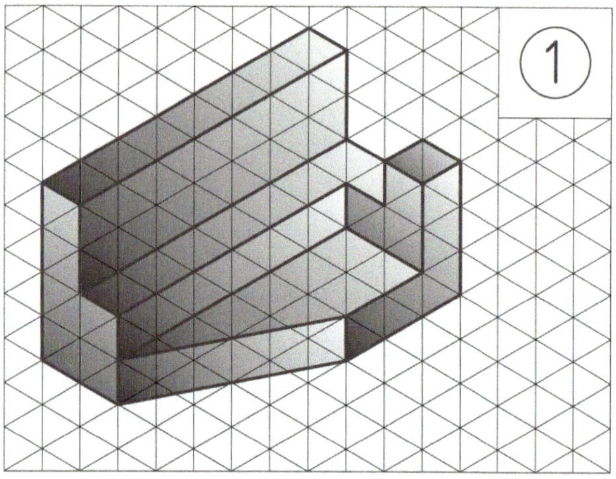

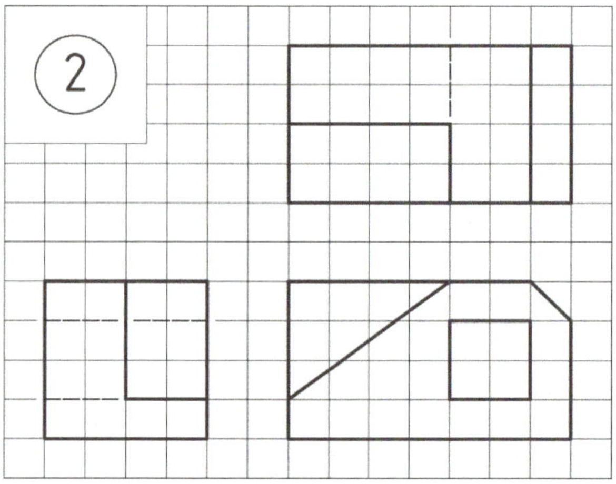

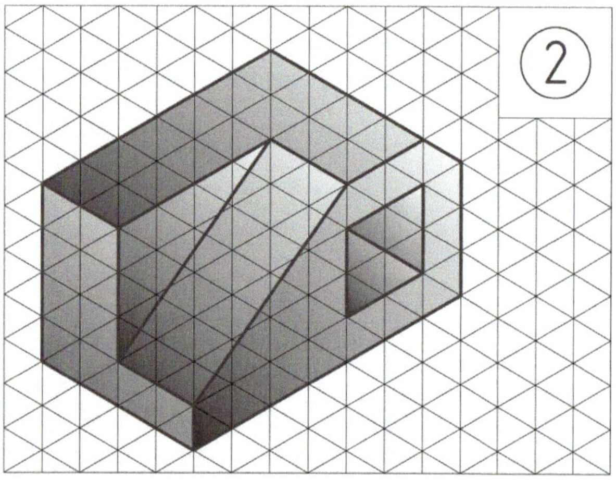

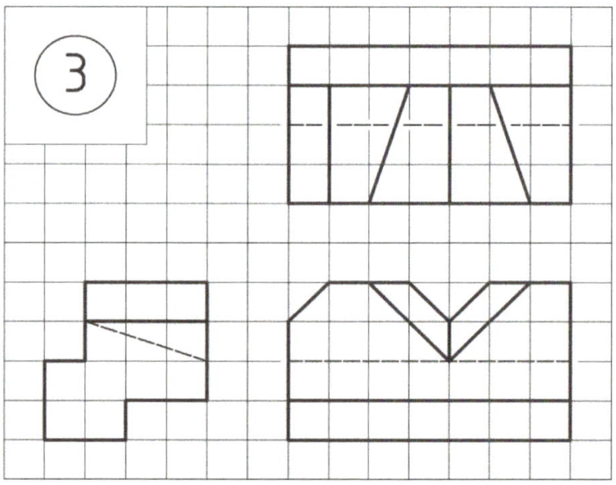

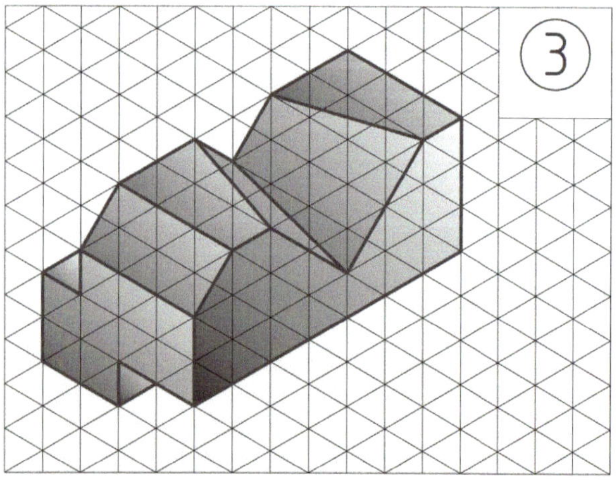

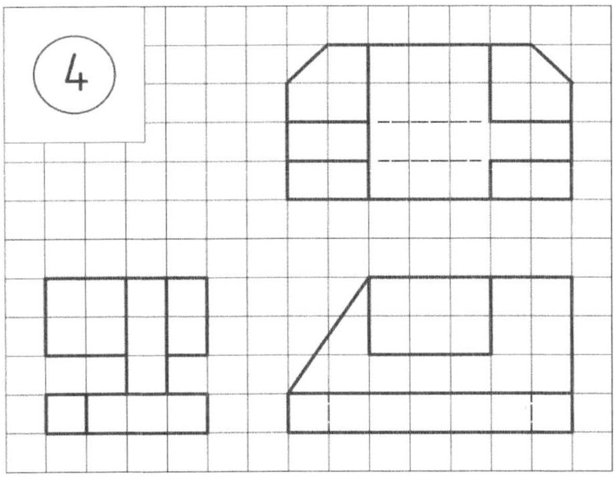
④

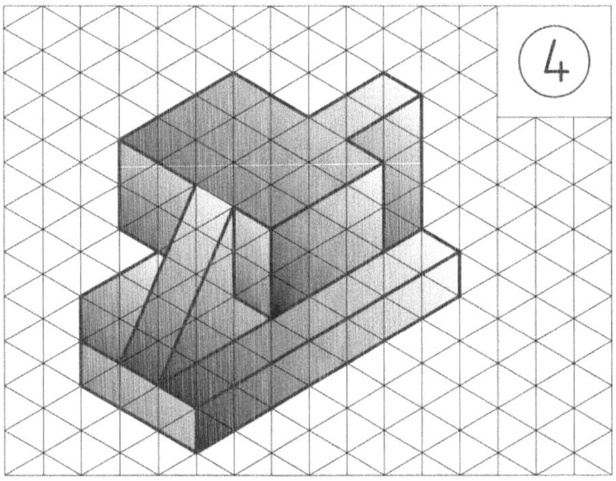
④

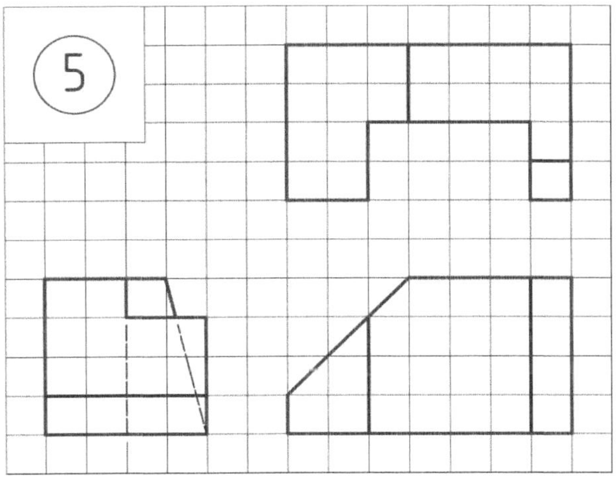
⑤

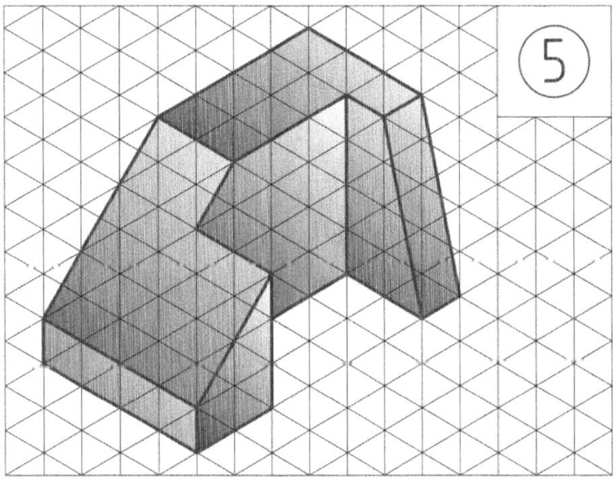
⑤

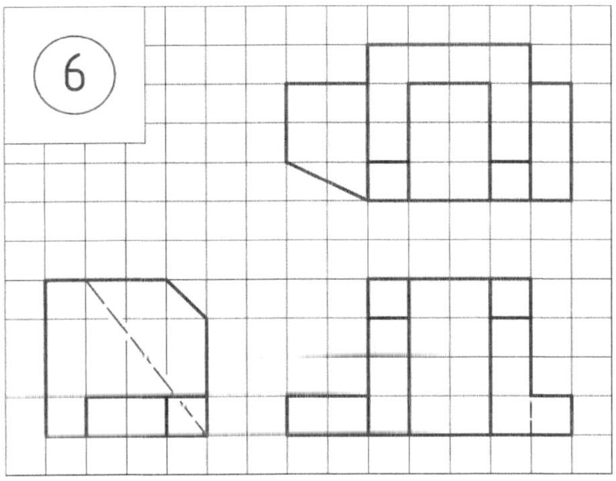
⑥

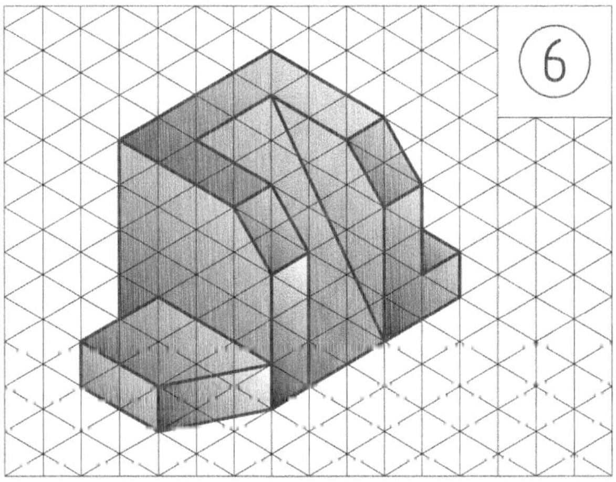
⑥

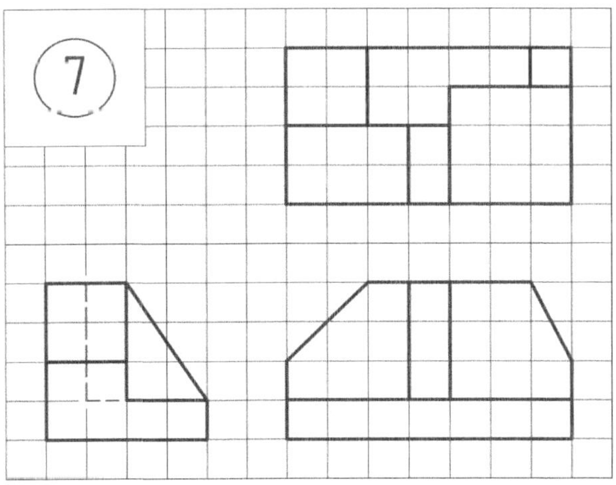
⑦

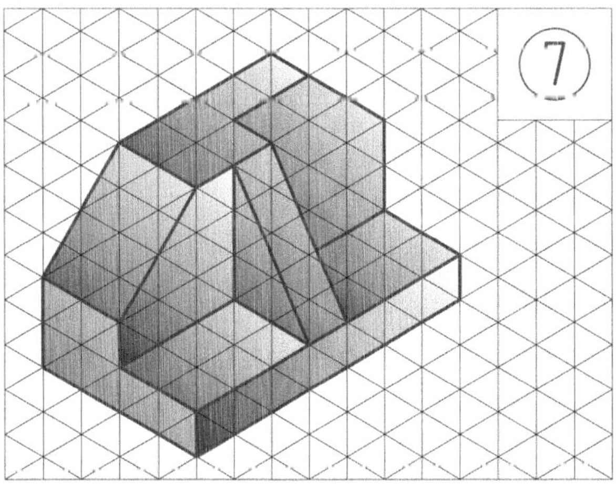
⑦

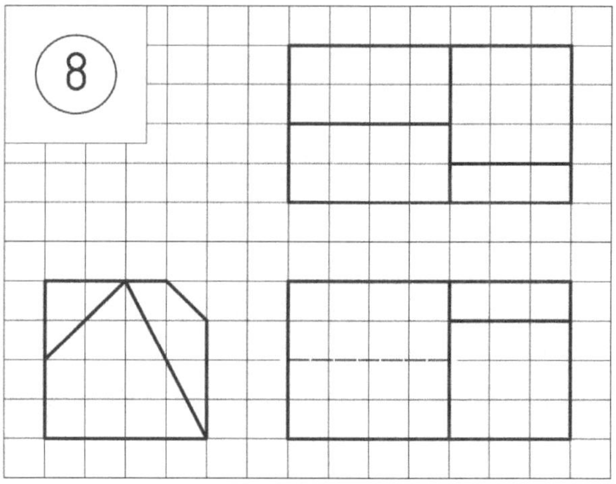
8

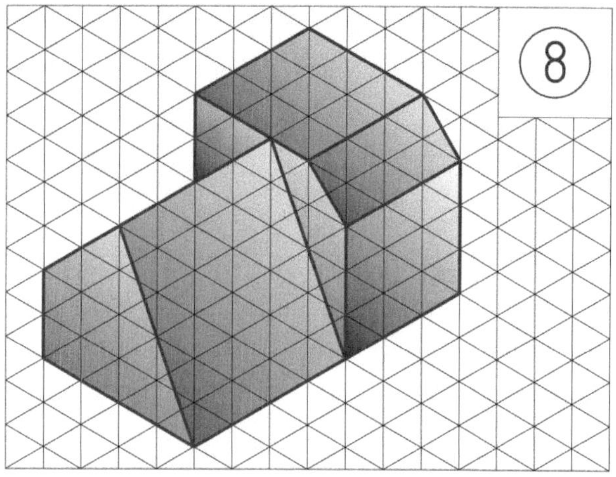
8

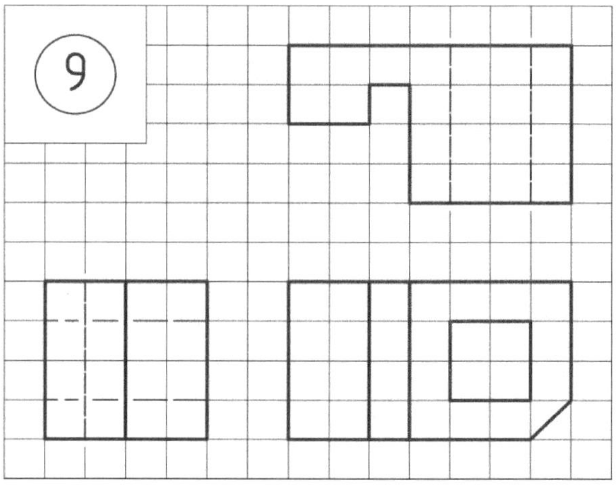
9

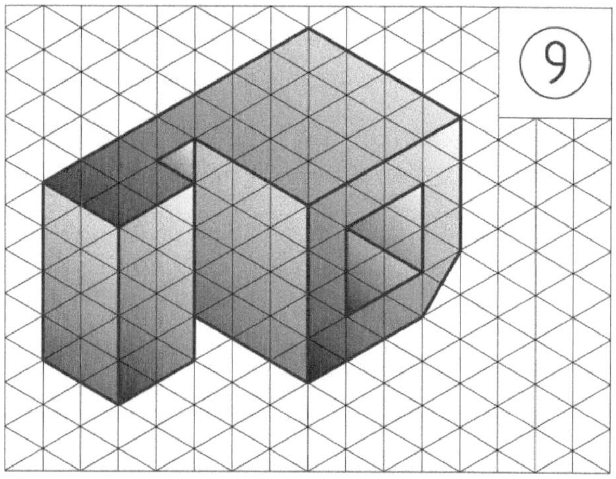
9

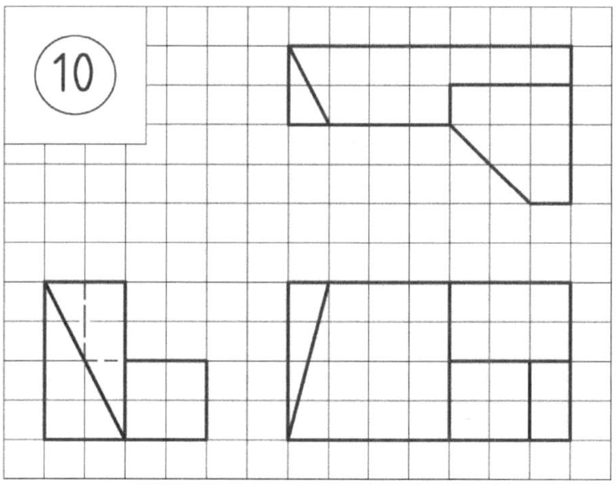
10

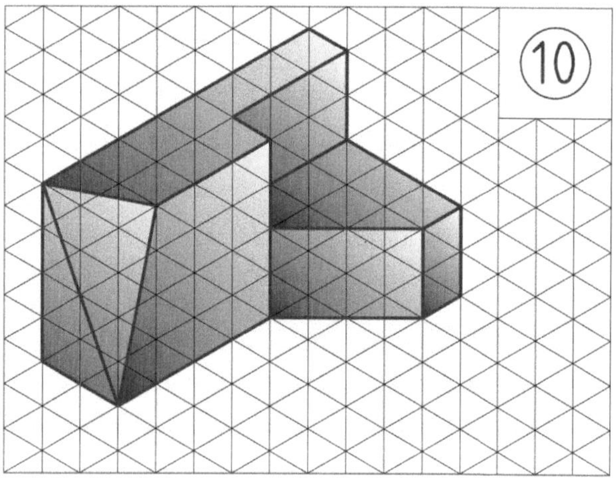
10

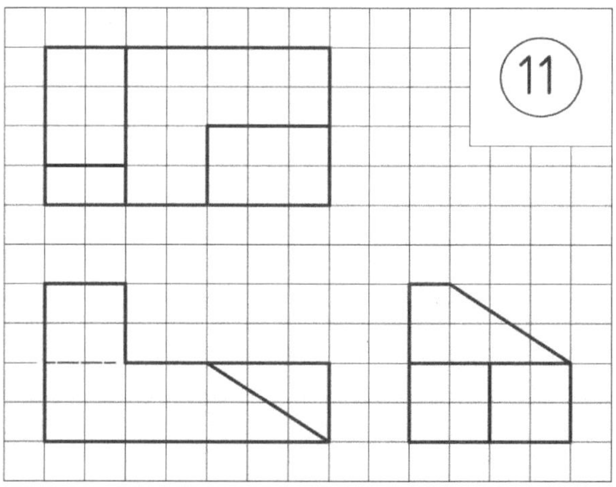
11

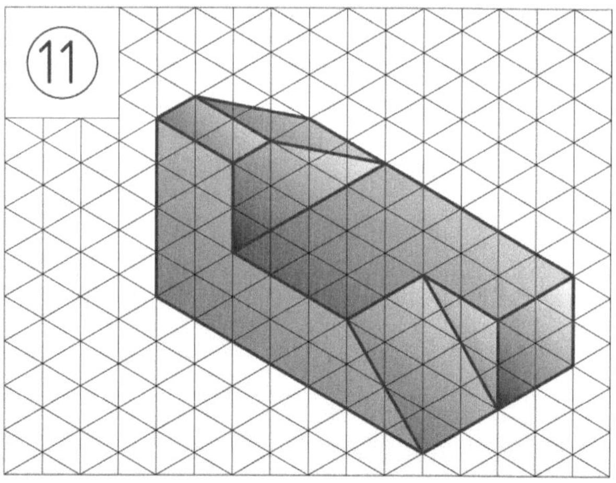
11

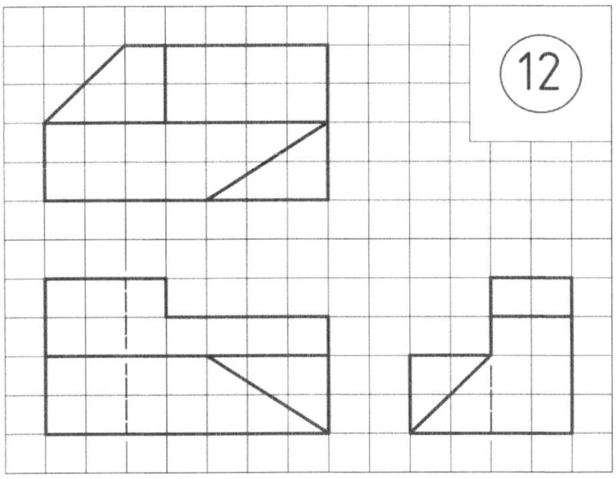
12

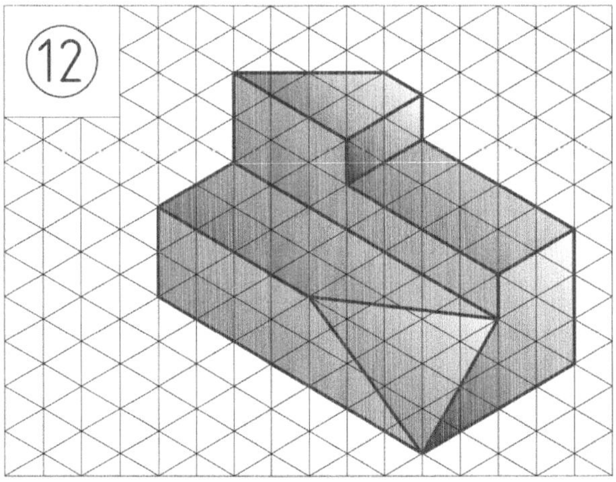
12

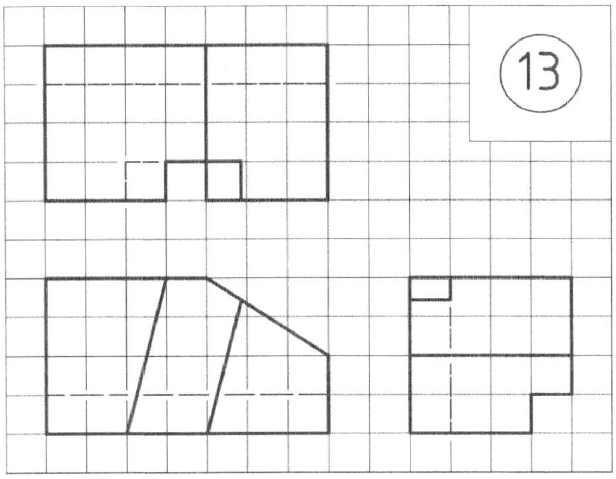
13

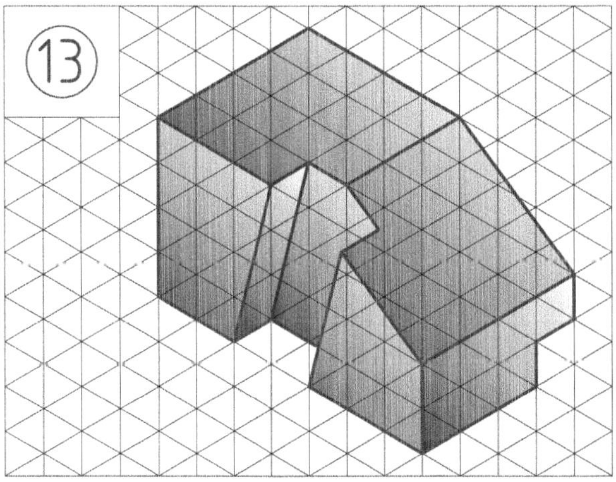
13

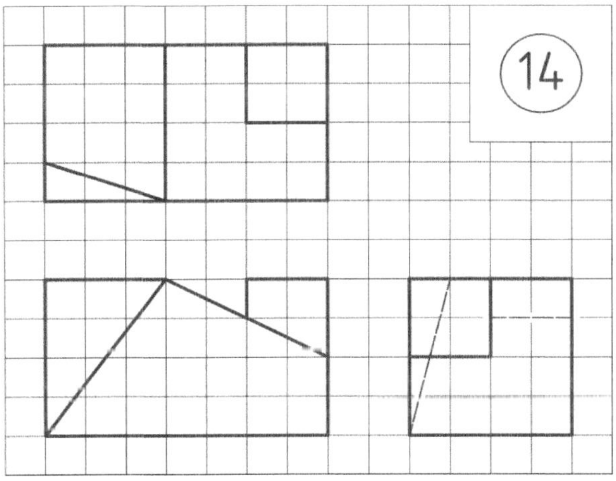
14

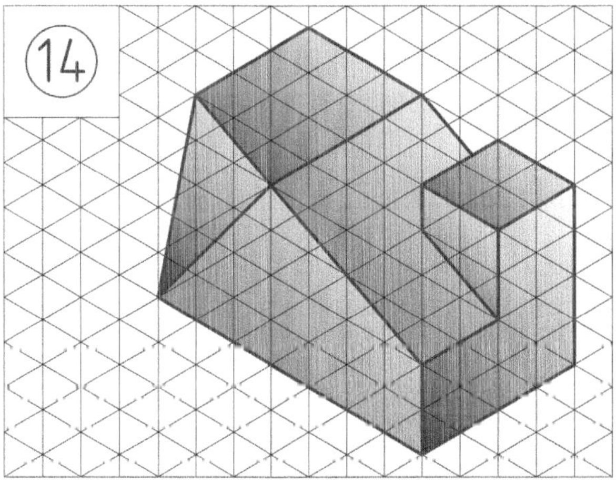
14

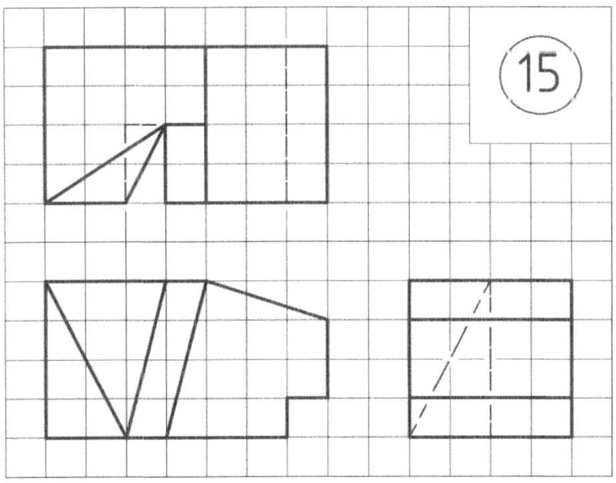
15

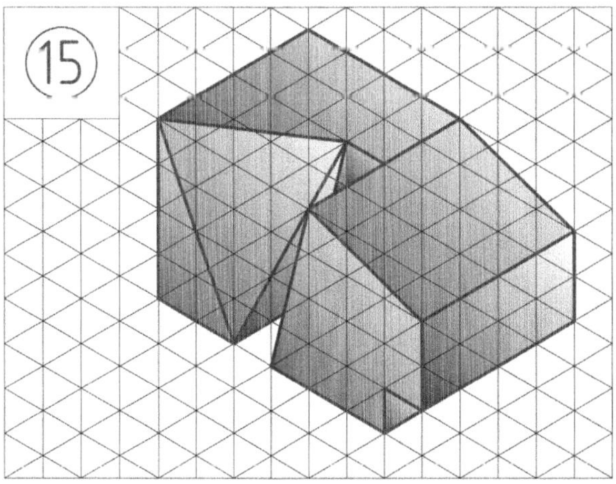
15

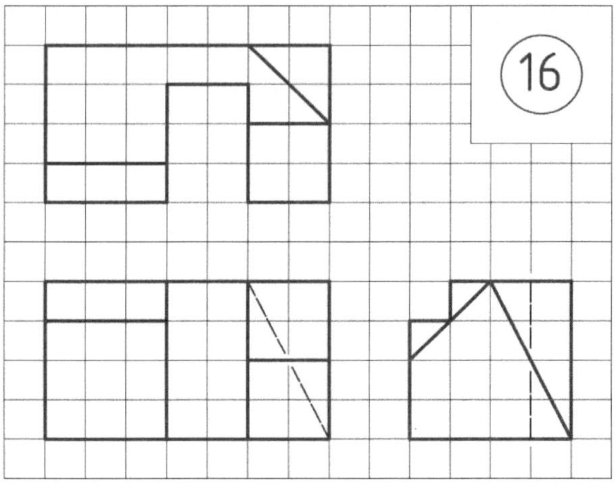
16

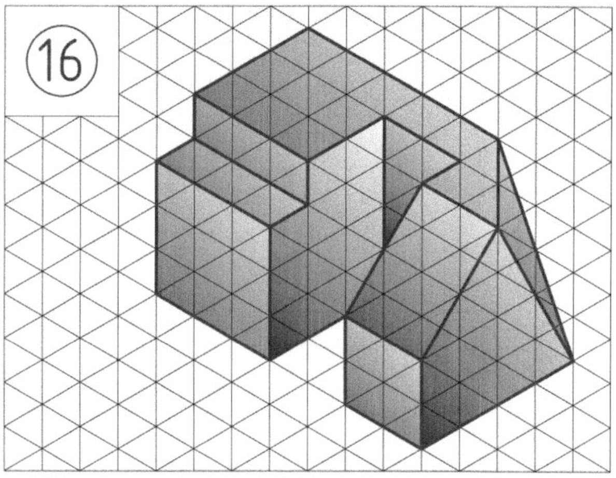
16

17

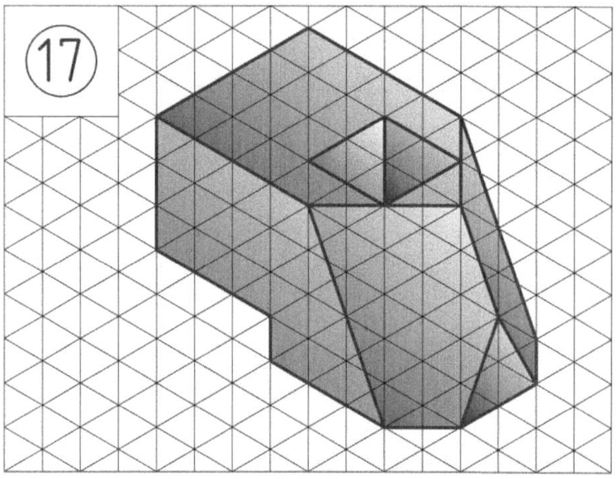
17

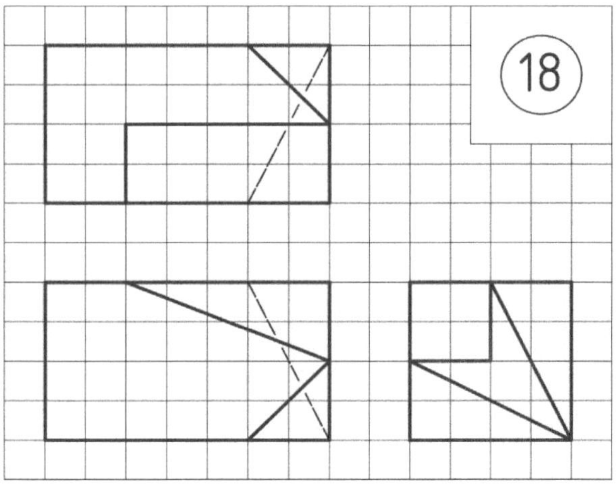
18

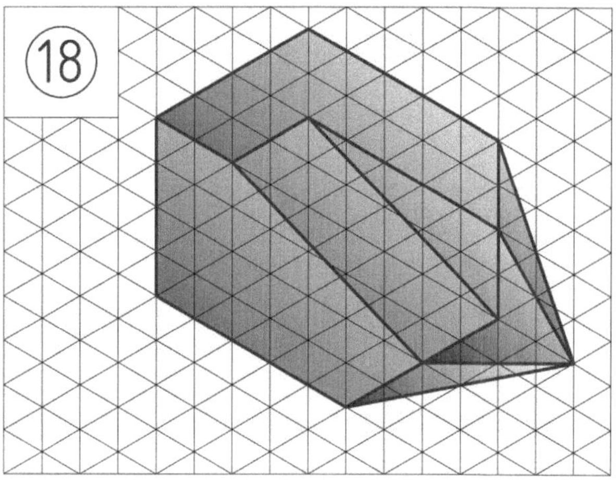
18

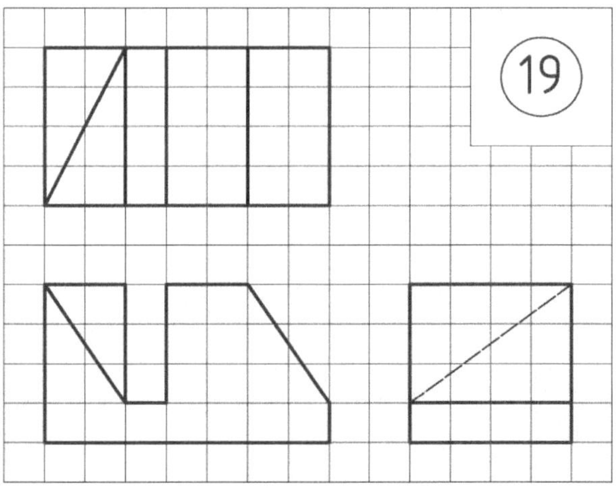
19

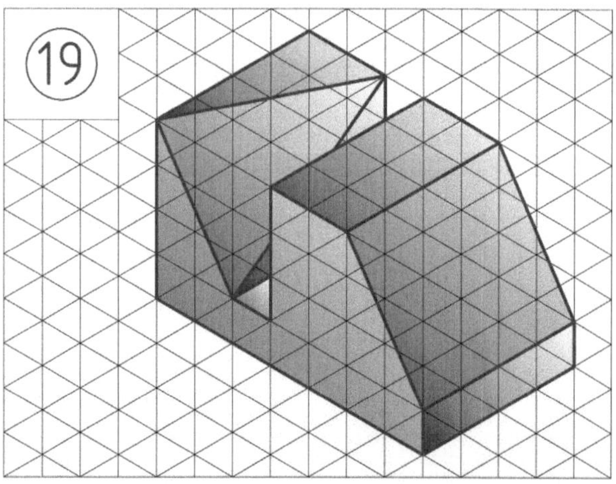
19

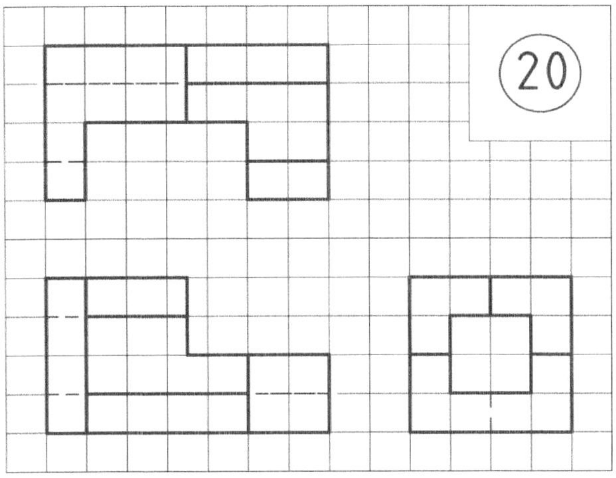
20

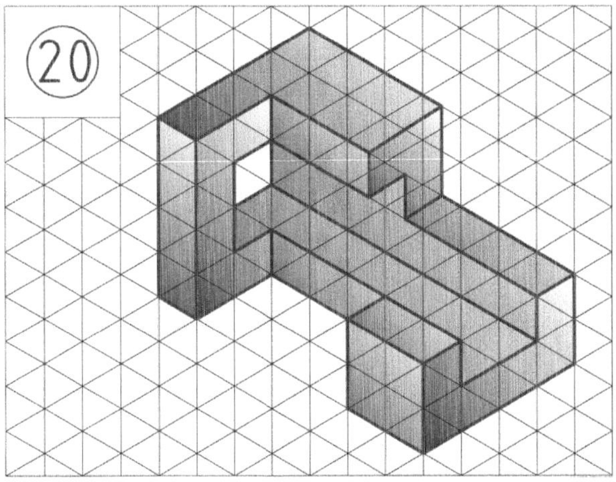
20

종합 연습문제 11-10

정 투상 3면도 완성과 등각 투상도 그리기(2)

아래 ①부터 ⑳까지 주어진 정 투상 3면도에서 도시되지 않은 외형선, 숨은선을 그어서 3면도를 정확하고 완전하게 완성하고, 주어진 등각 투상용 방안지에 등각 투상도를 그리되, 숨은선과 중심선은 나타내지 마시오. 가능한 외형선은 0.7mm, 숨은선은 0.5mm의 샤프펜슬이나 연필을 사용하여 그리시오.

AutoCAD로 도면작성(작도)을 하여 프린트(인쇄) 할 때는 외형선의 굵기는 0.2~0.25mm, 숨은선의 굵기는 0.15mm, 가는 실선의 굵기는 0.1mm로 셋팅(setting, 설정)하여 프린트하면 형상의 윤곽, 선의 구분과 보기에도 깔끔하다.

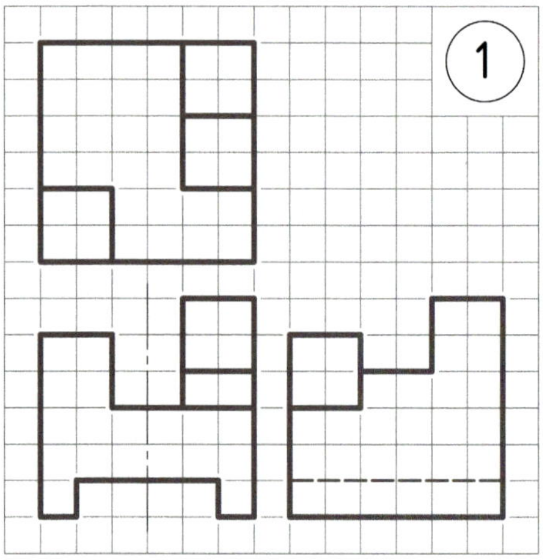

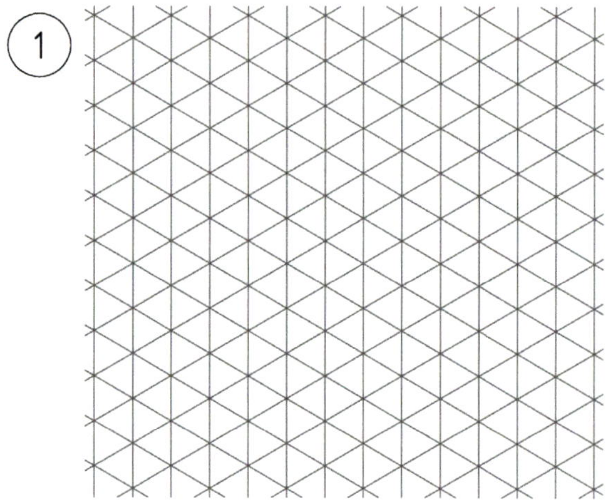

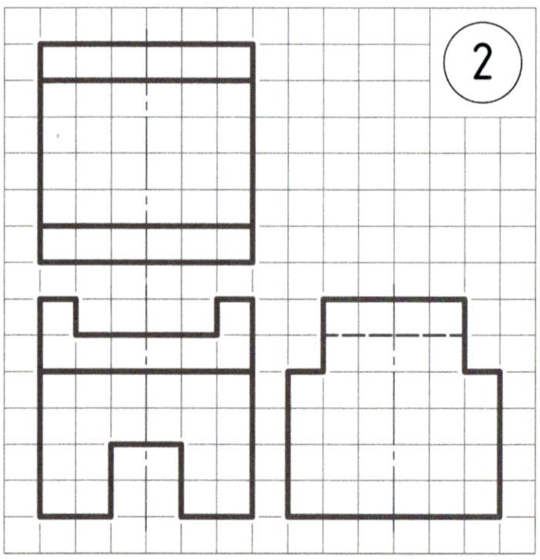

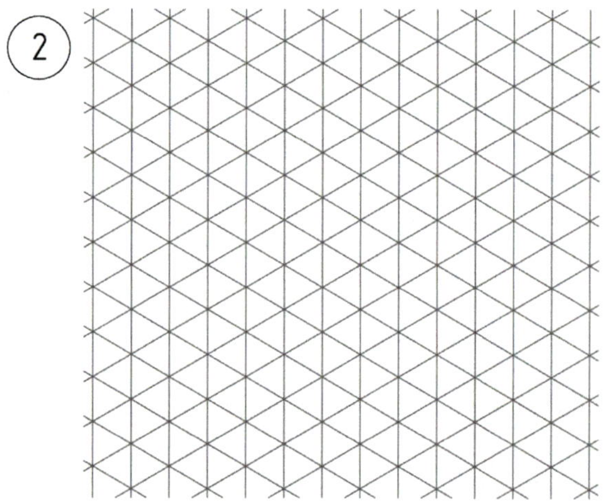

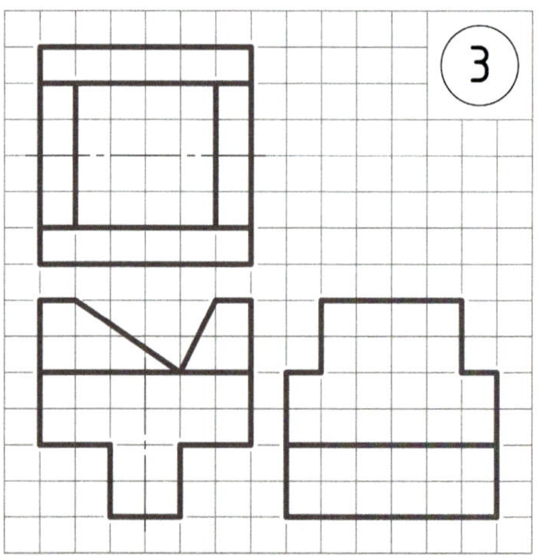

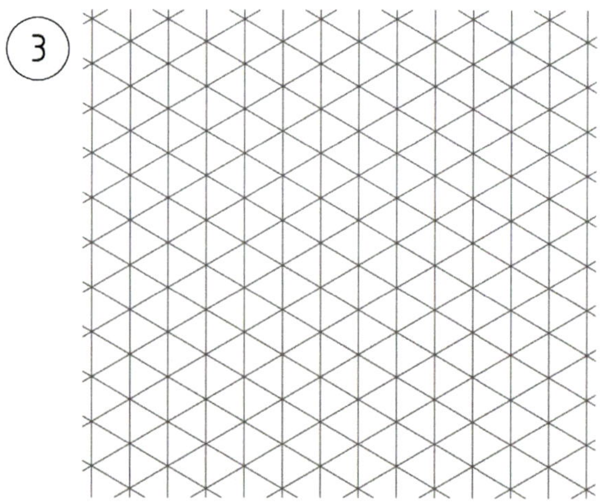

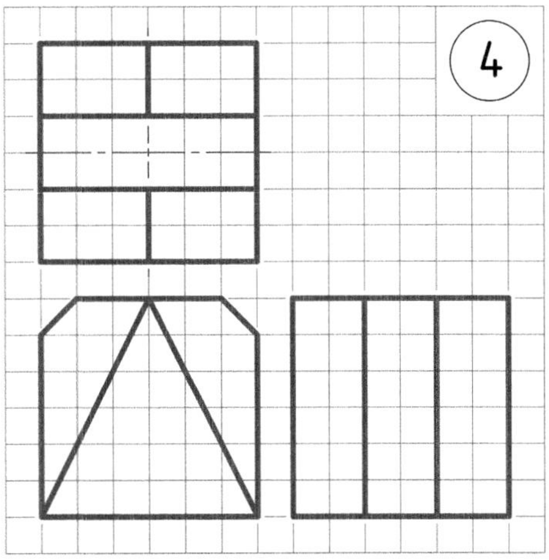

4

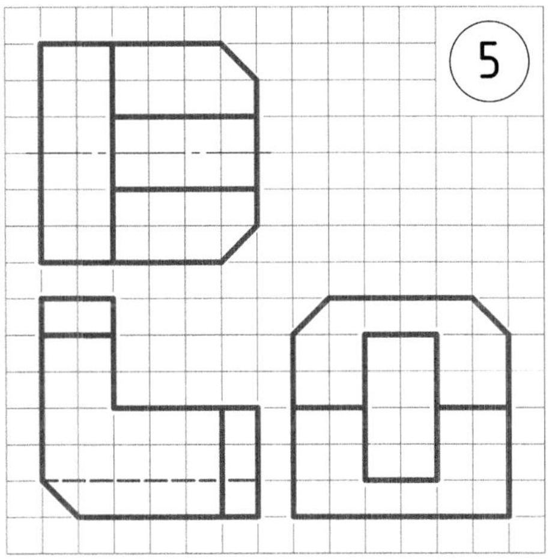

5

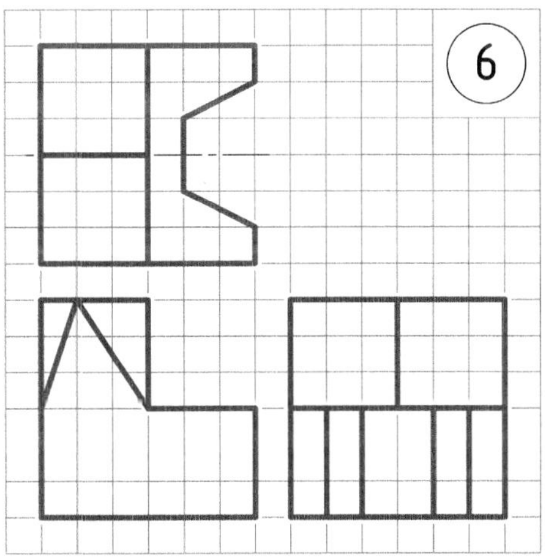

6

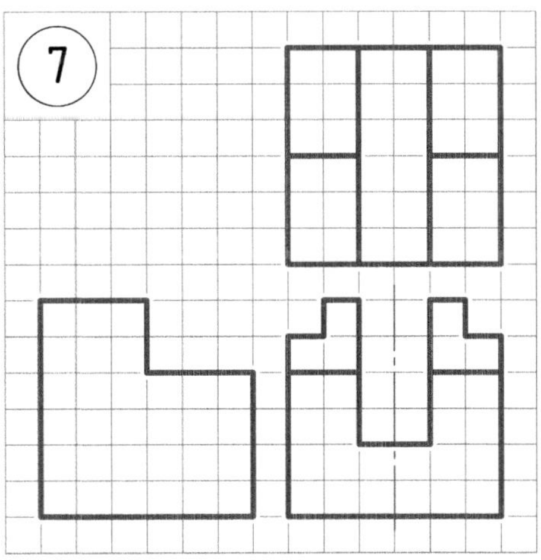

7

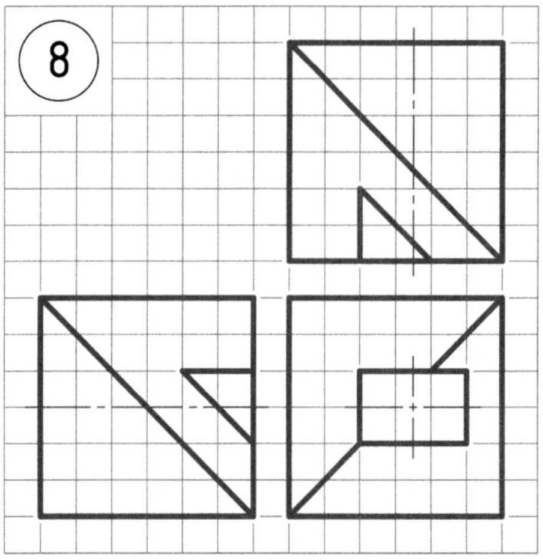
8

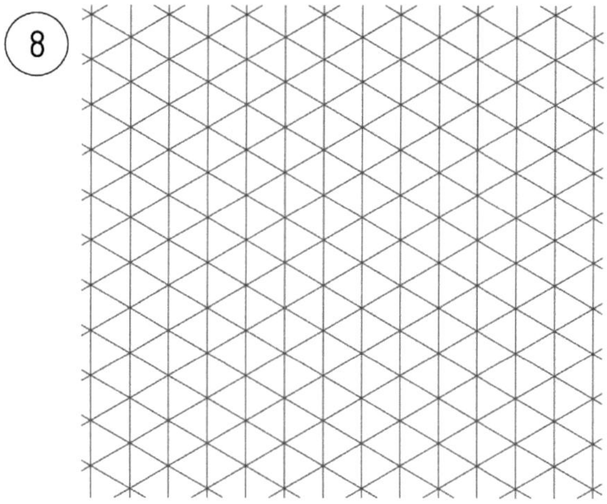
8

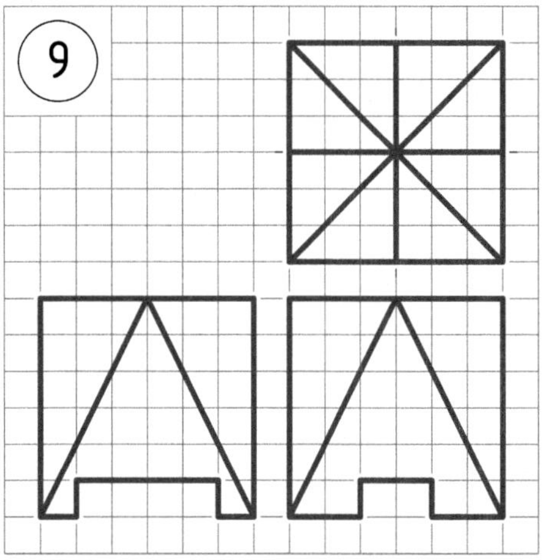
9

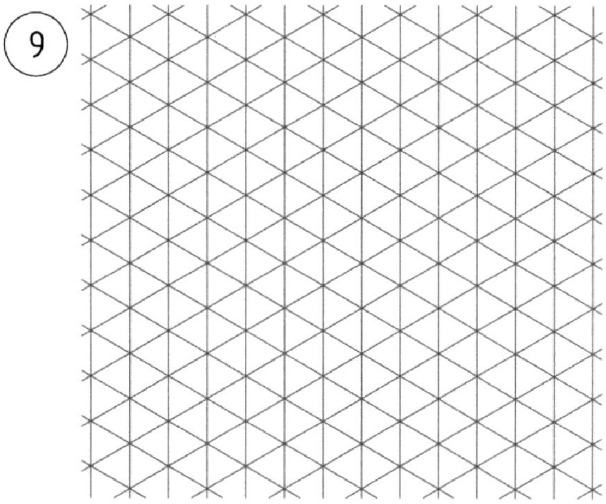
9

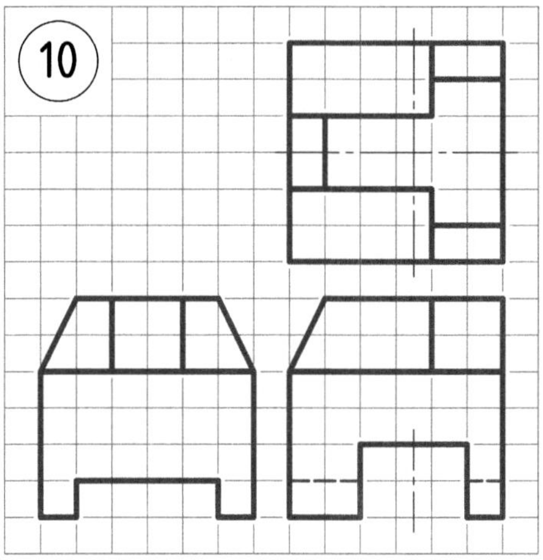
10

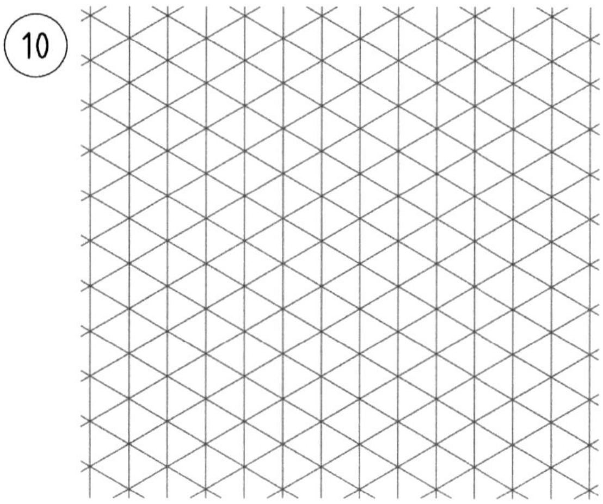
10

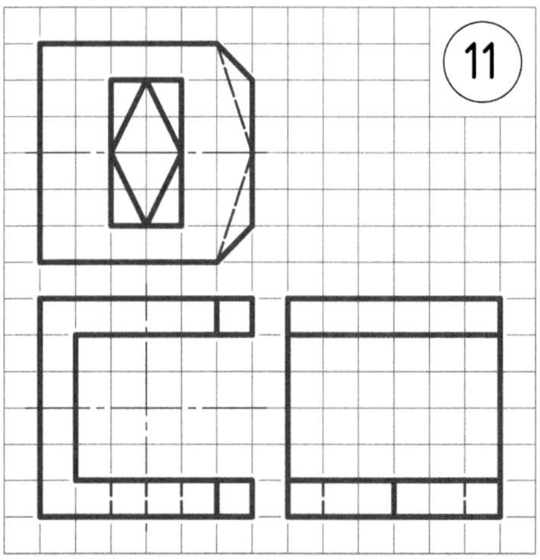
11

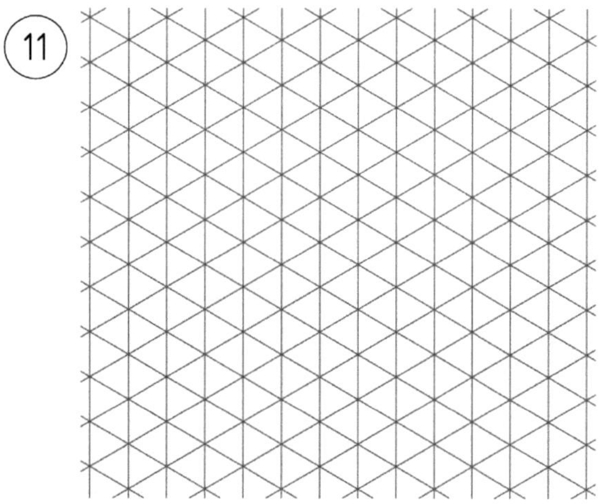
11

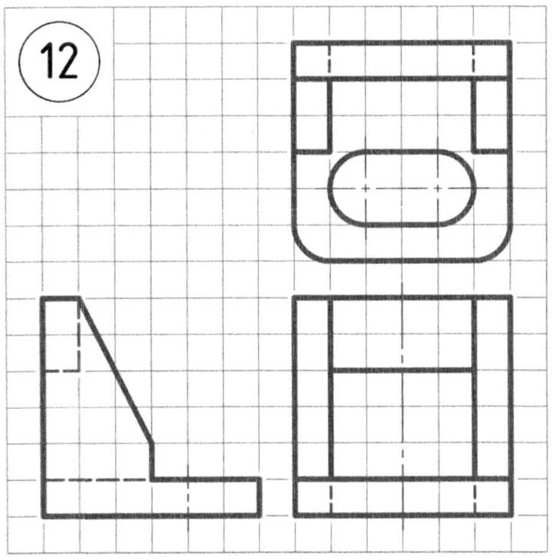
12

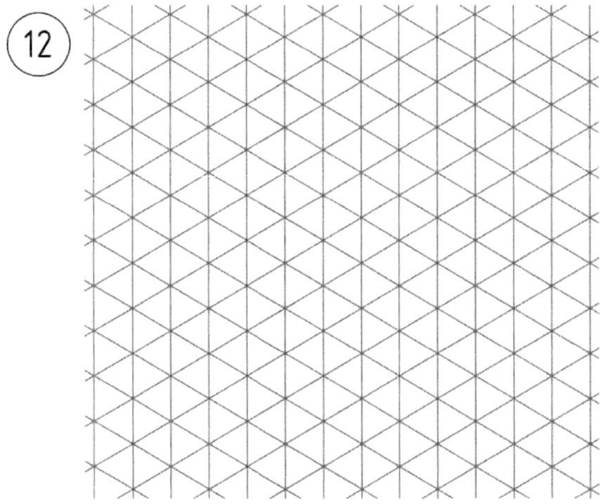
12

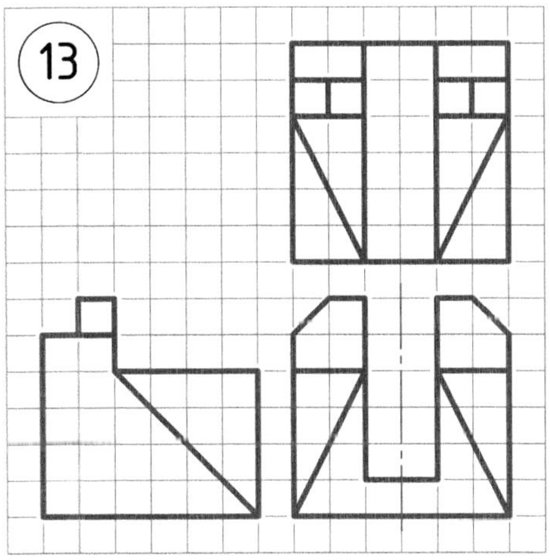
13

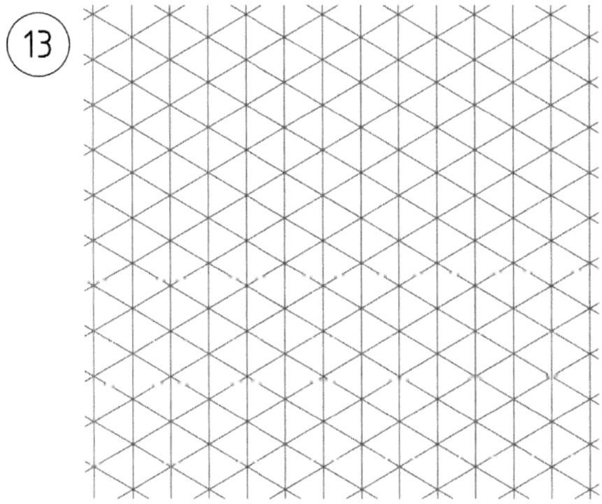
13

14

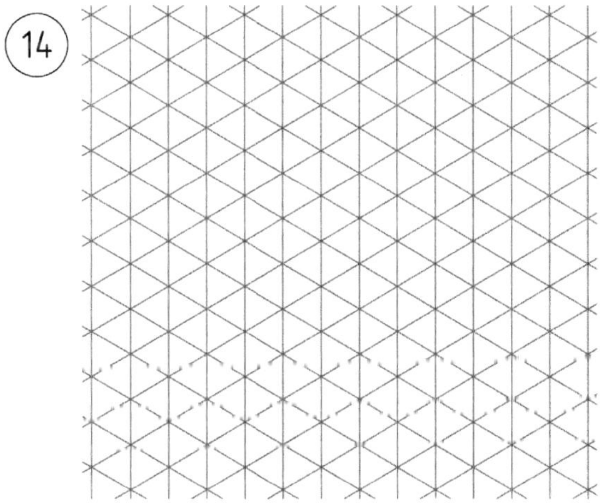
14

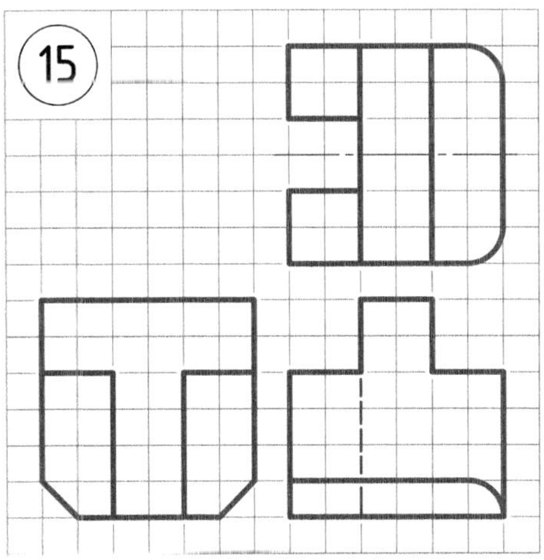
15

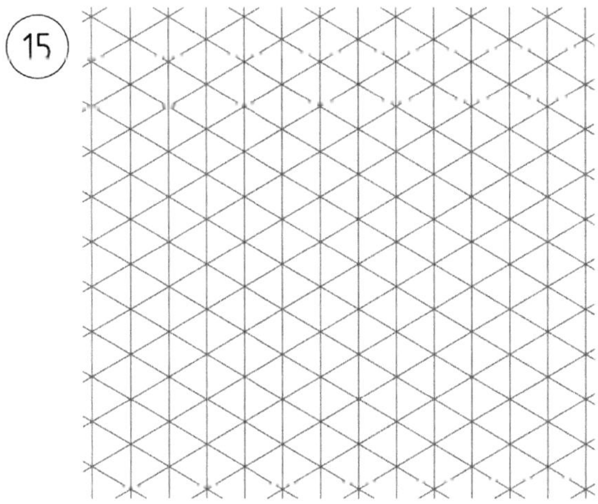
15

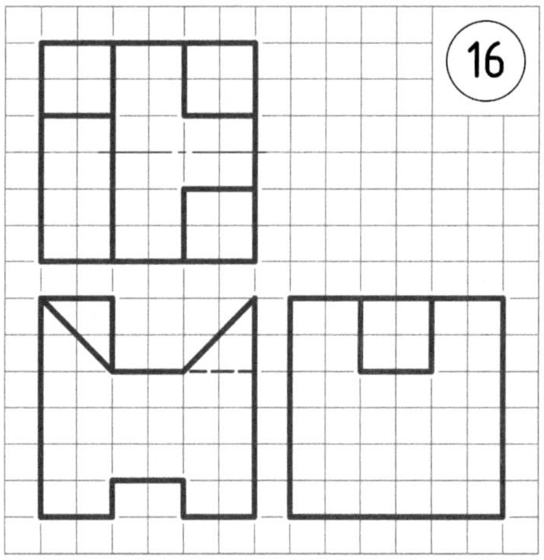

16

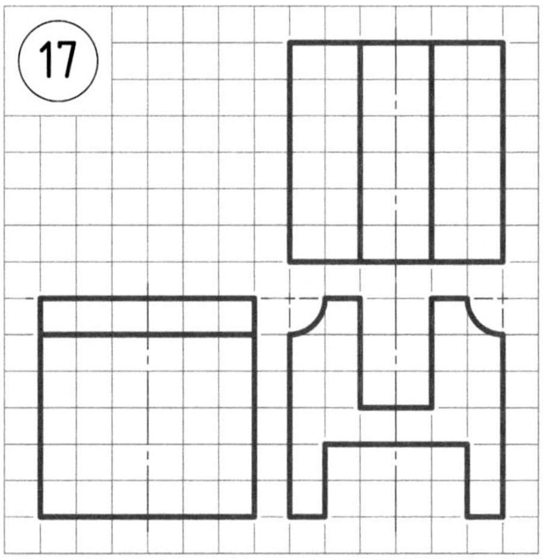

17

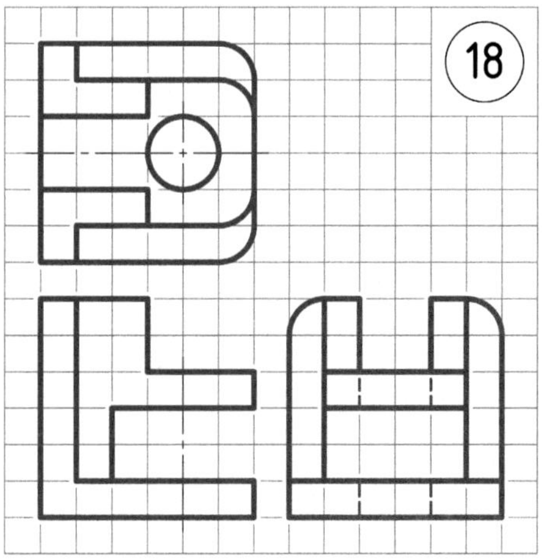

18

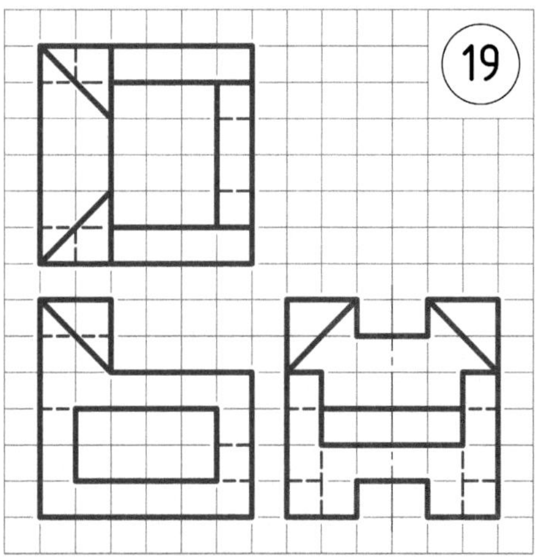

19

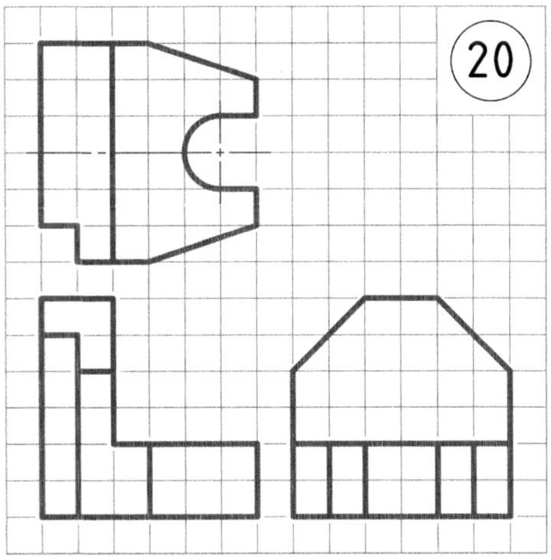
20

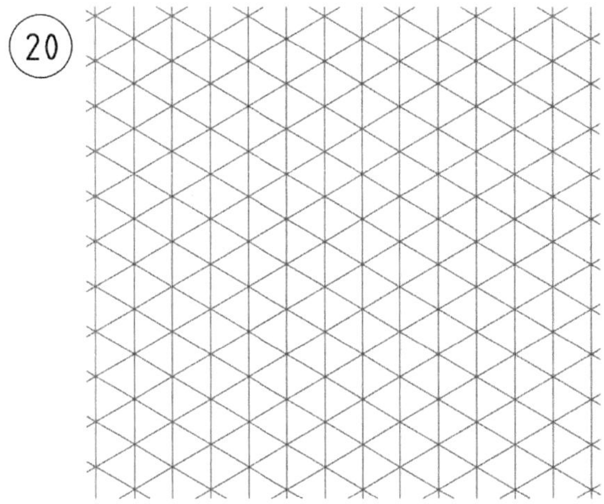
20

종합 연습문제 11-10 모범답안

학습할 때 모범답안(정답)은 수시로 보면서 하는 것이 아니라, 힌트를 얻고자 할 때나 학습 결과와 모범답안을 비교할 때만 봐주기 바랍니다. 그래야만 도면 실력이 향상됩니다.

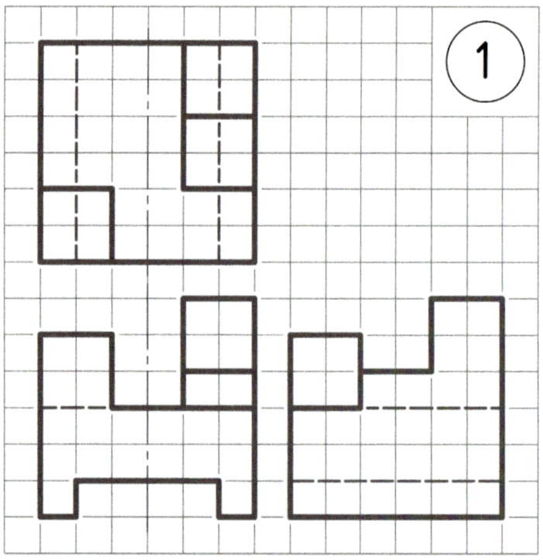

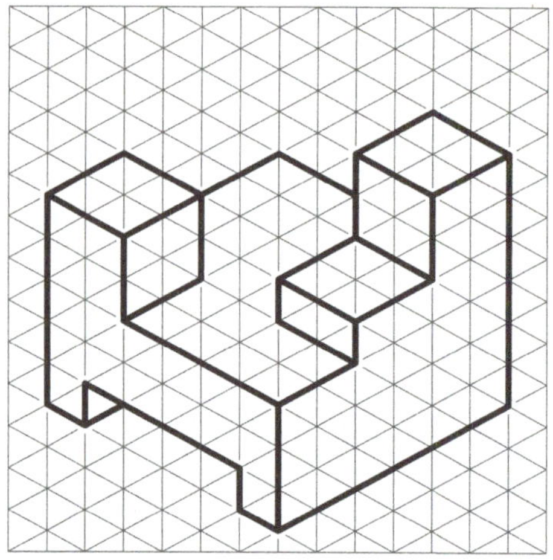

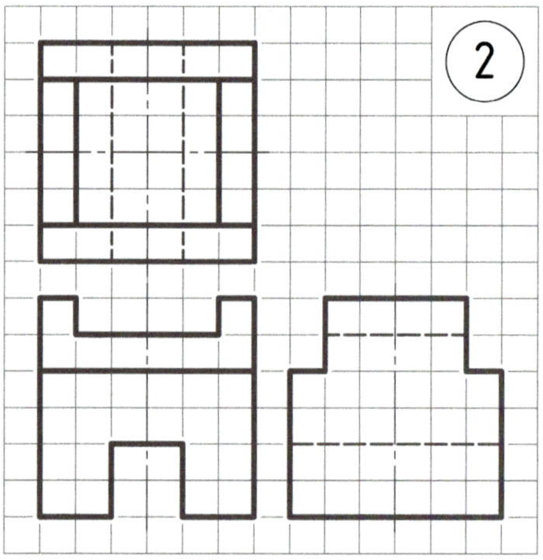

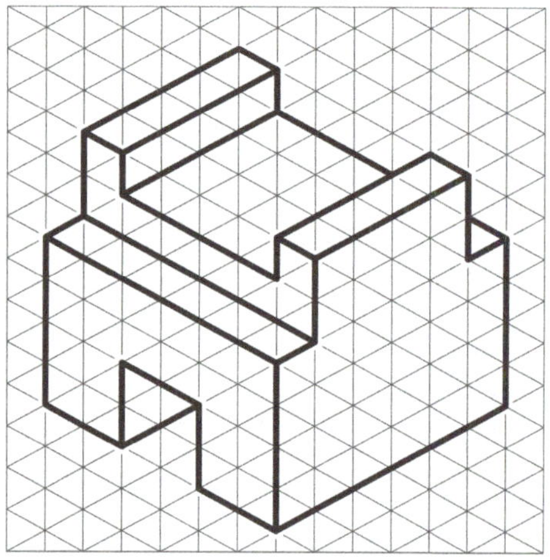

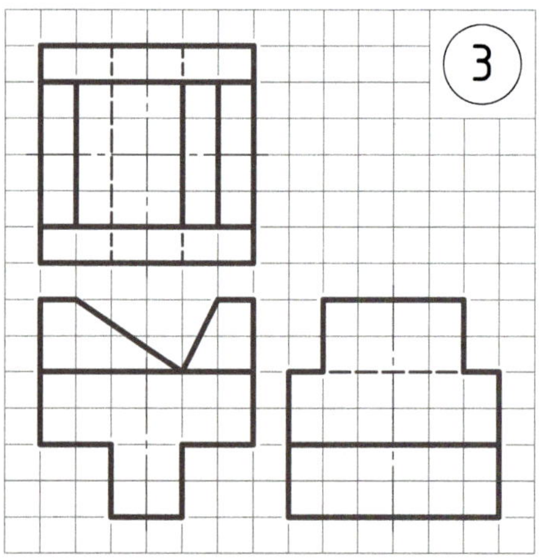

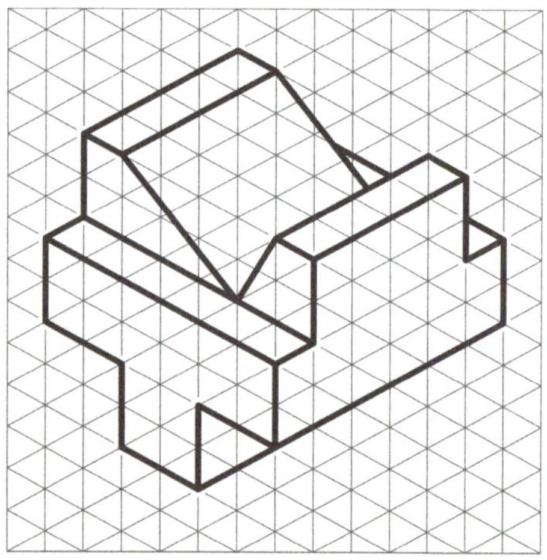

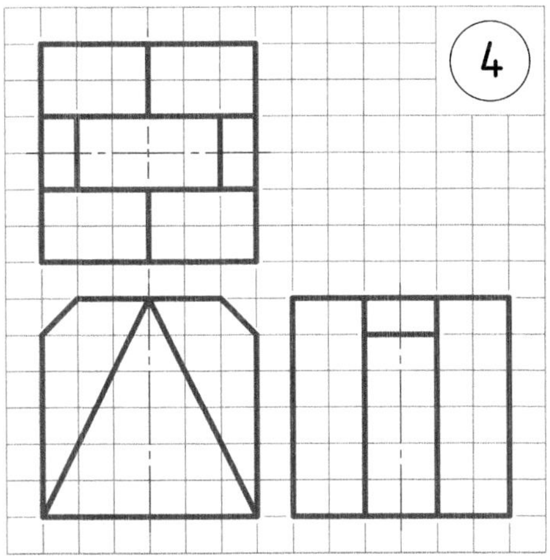
4

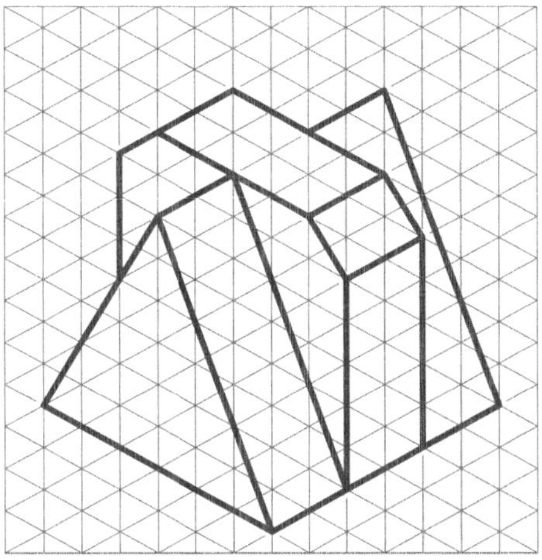
4

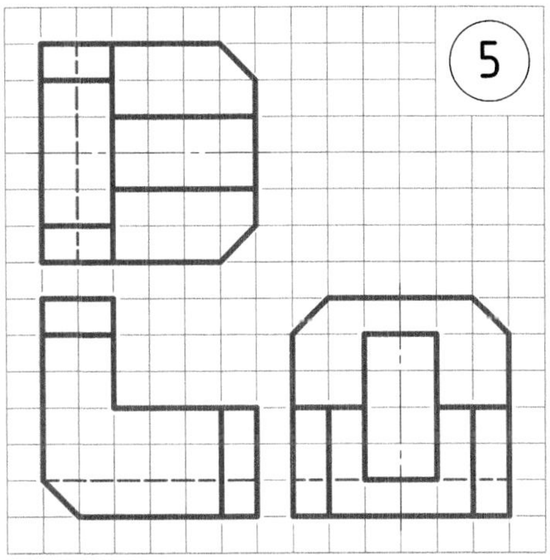
5

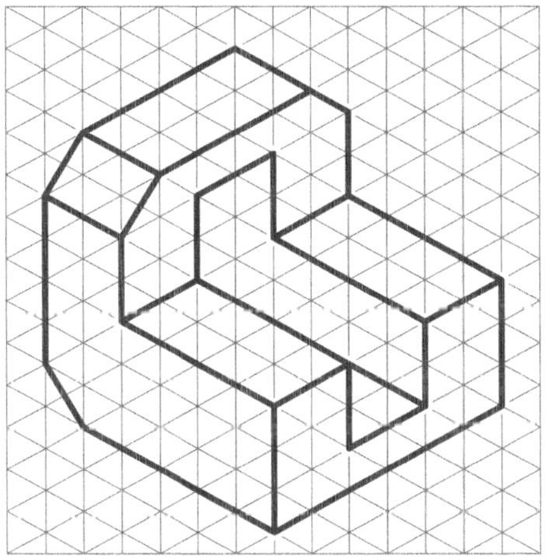
5

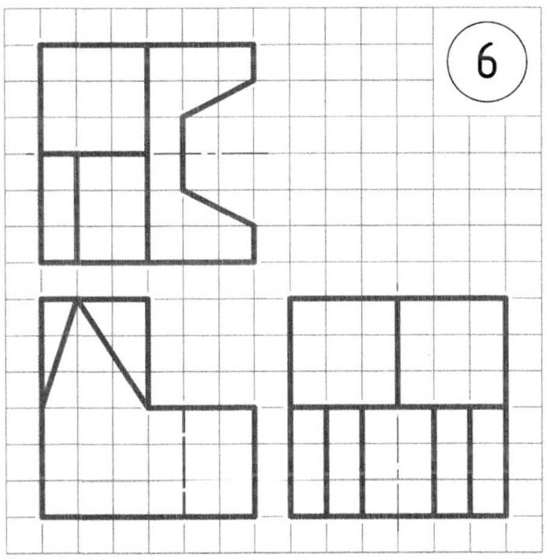
6

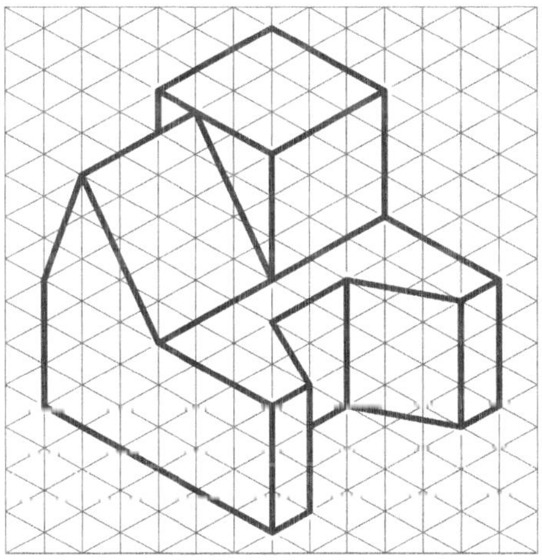
6

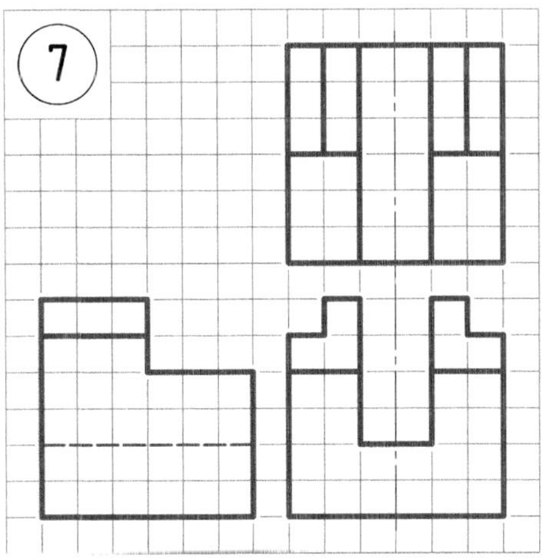
7

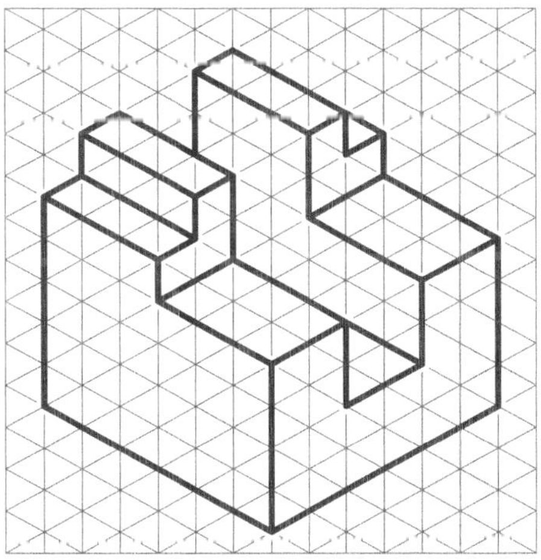
7

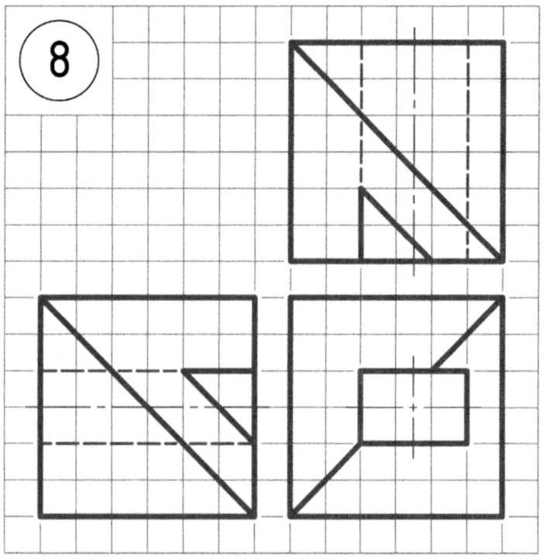
8

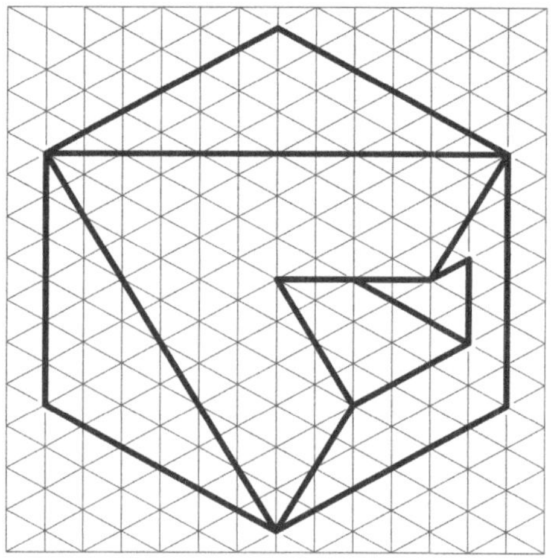
8

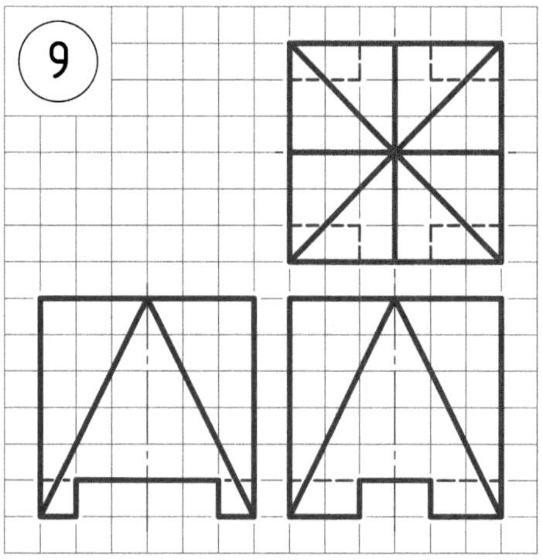
9

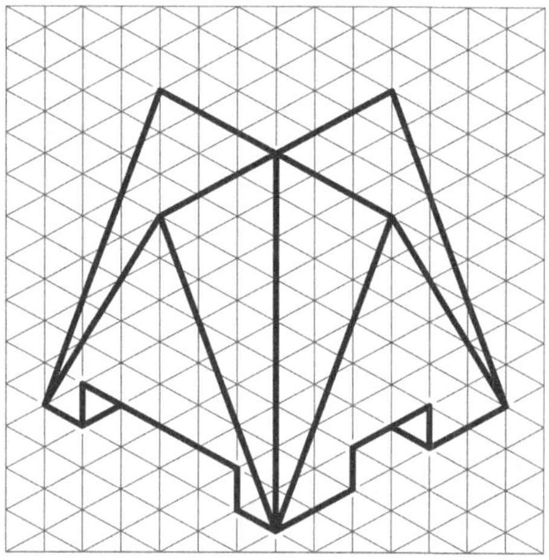
9

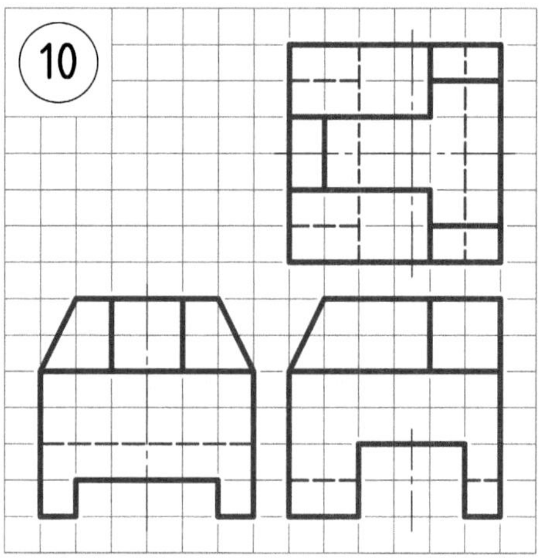
10

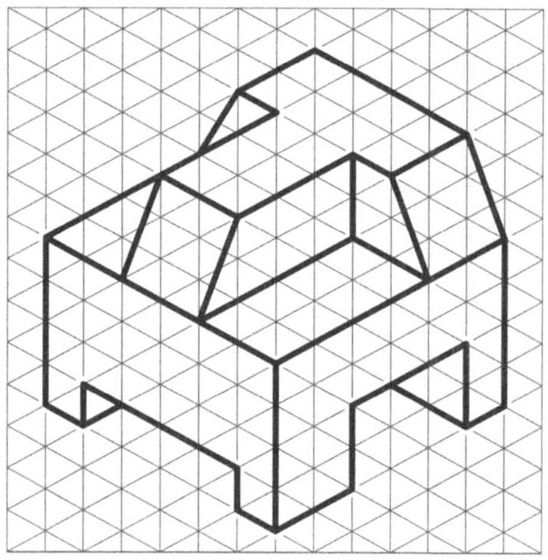
10

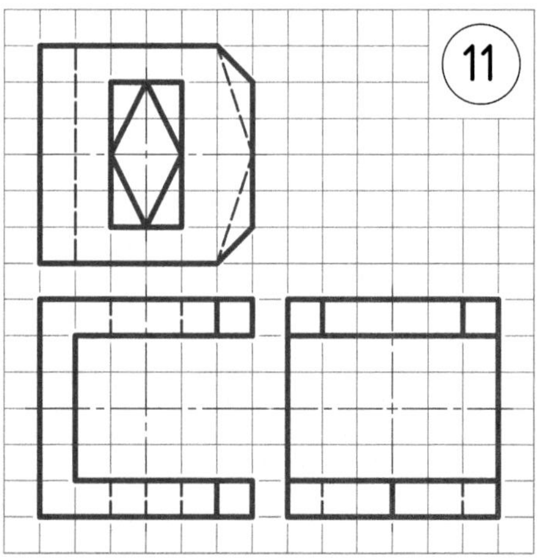
11

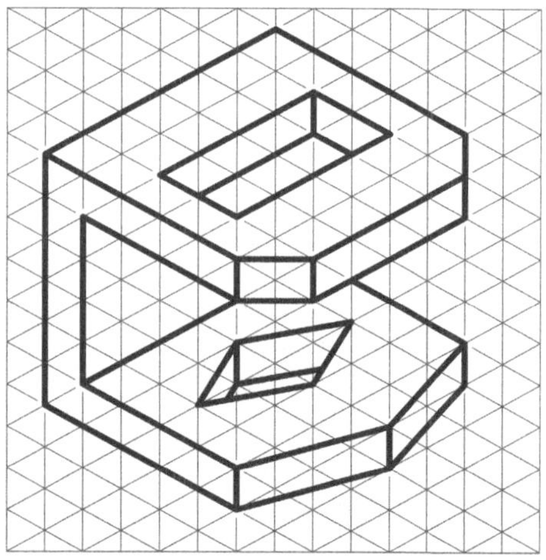
11

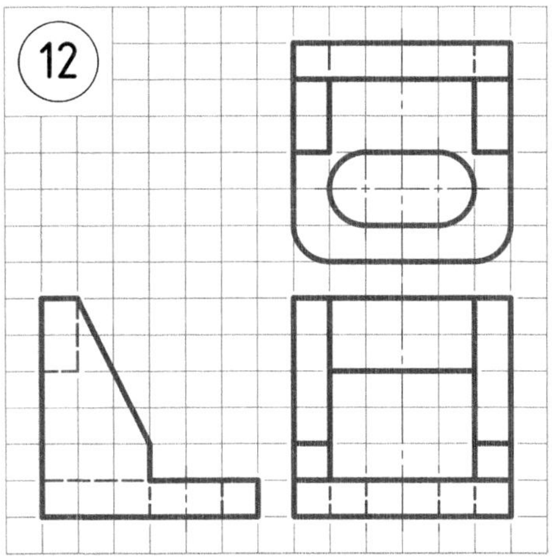
12

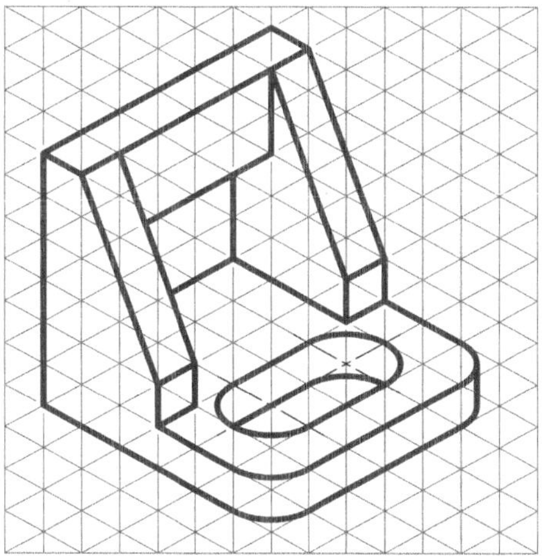
12

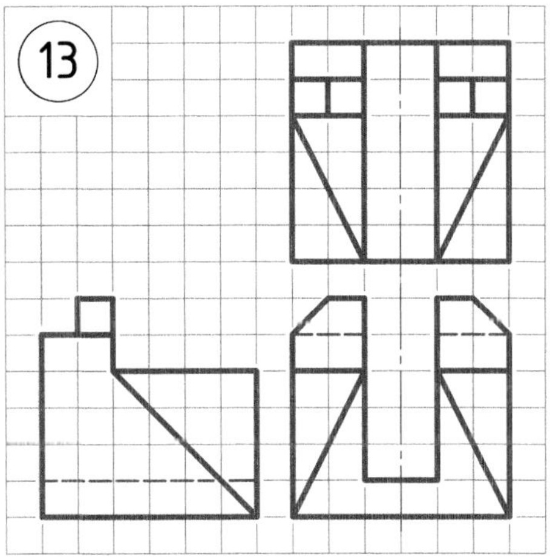
13

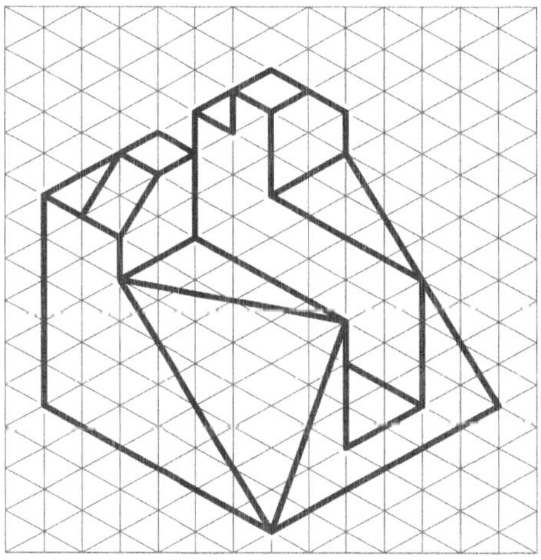
13

14

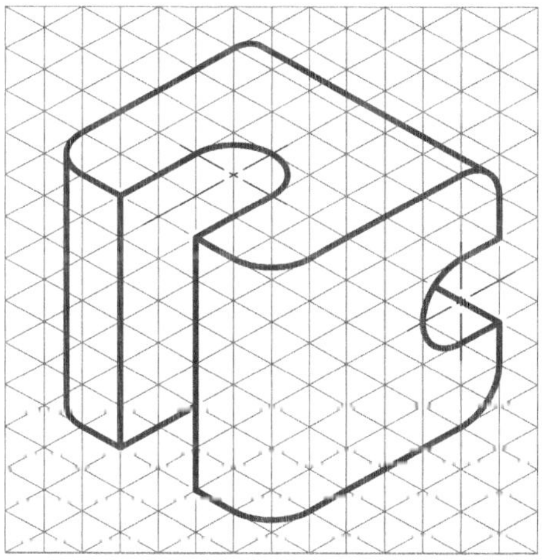
14

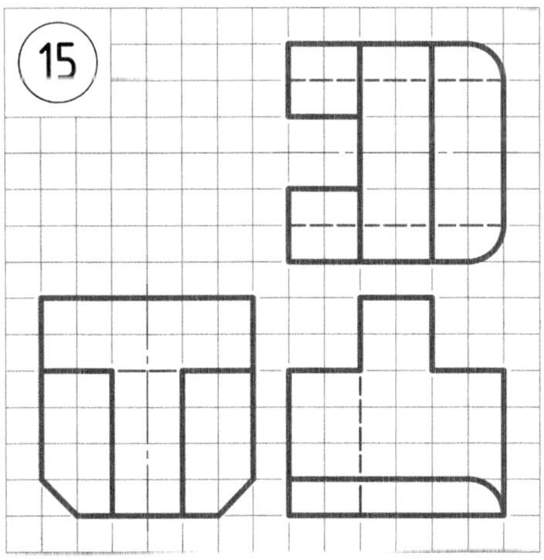
15

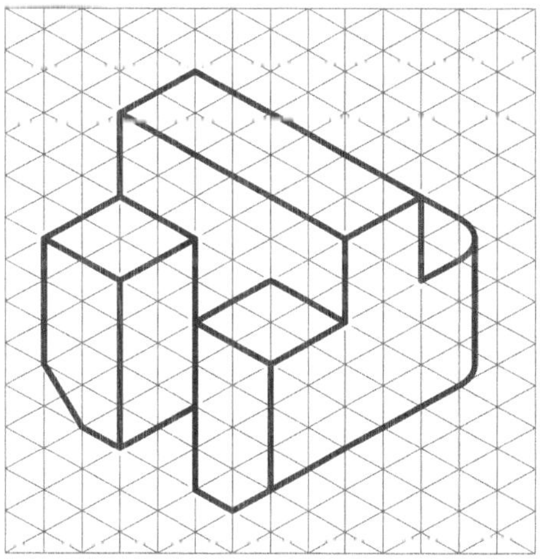
15

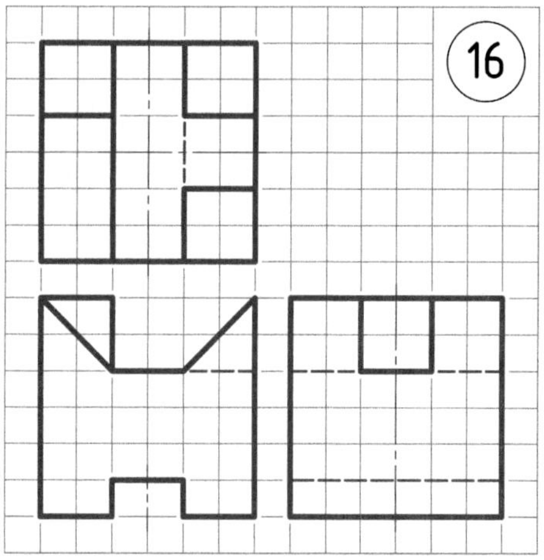
16

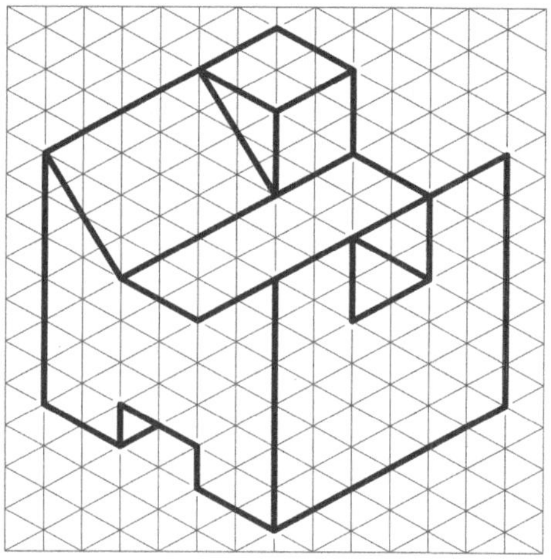
16

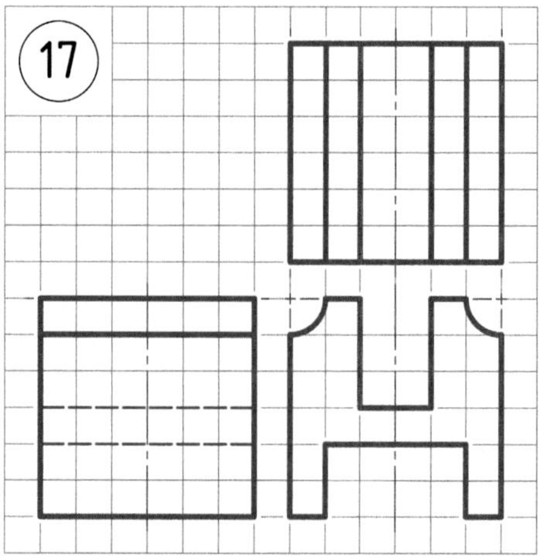
17

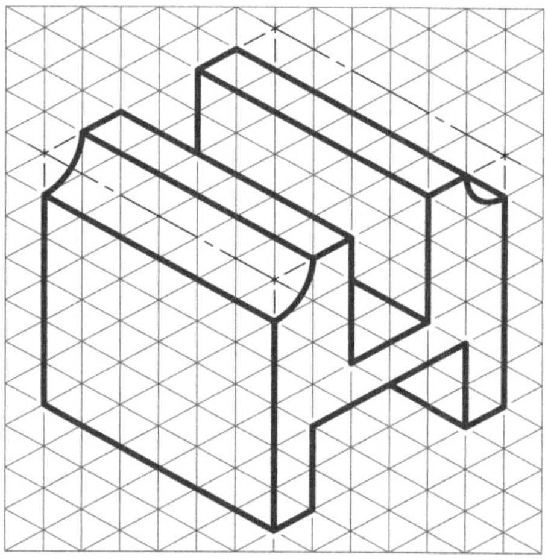
17

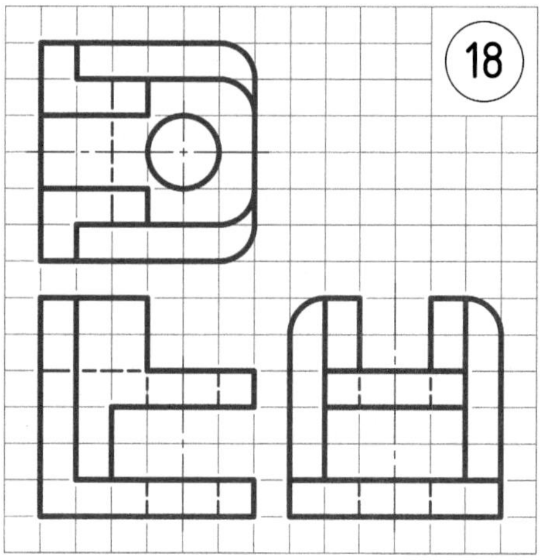
18

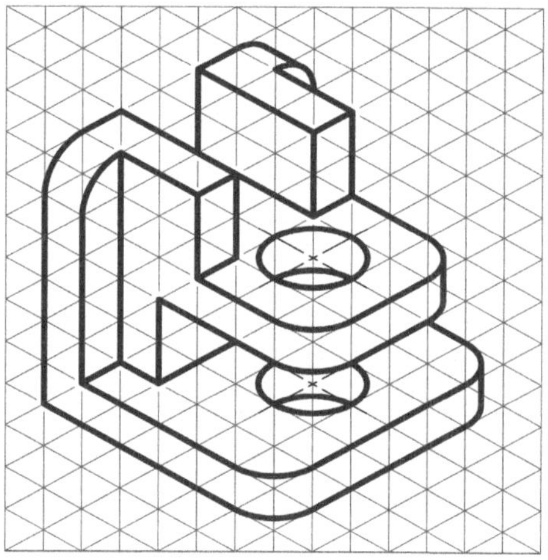
18

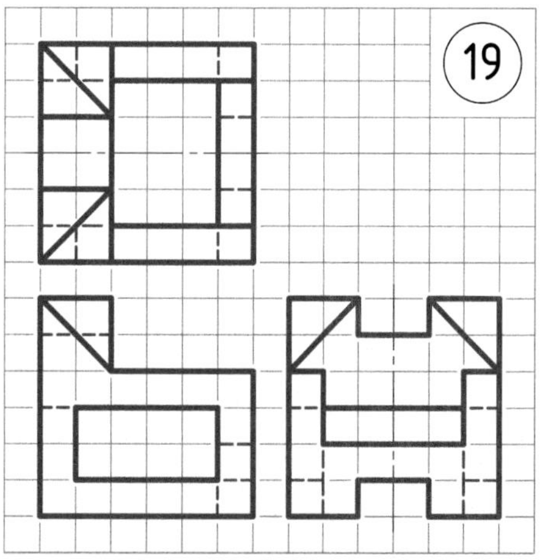
19

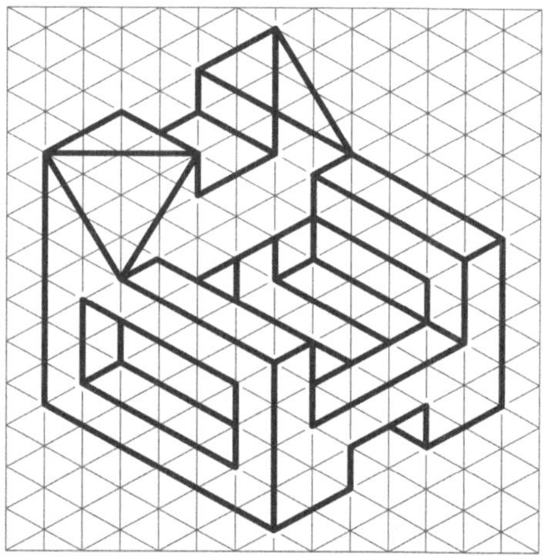
19

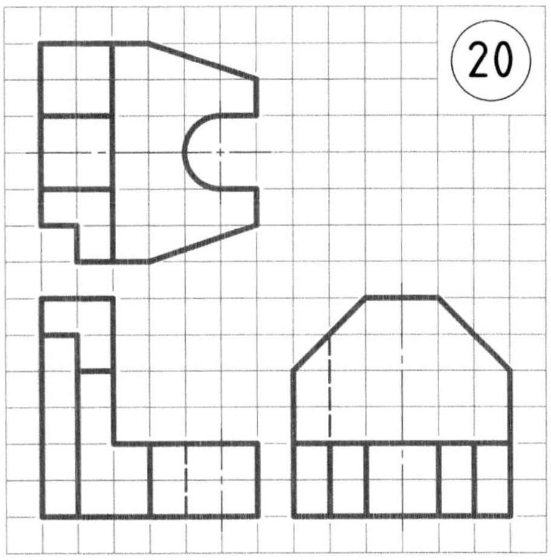
20

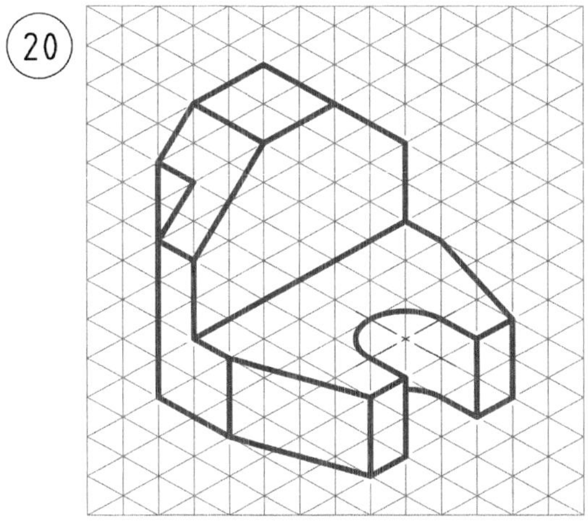
20

종합 연습문제 11-11

둥글기와 구멍이 있는 정 투상도 그리기

아래 ①부터 ⑮까지 주어진 등각 투상도를 보고 정 투상 3면도(정면도, 측면도, 평면도)를 완성하되, 입체도형이 그려진 등각 투상도의 한 눈금 크기는 정 투상도의 한 눈금 크기로 하고 가능한 외형선 0.7mm, 숨은선 0.5mm, 중심선 0.3mm의 샤프펜슬이나 연필을 사용하여 그리시오.

AutoCAD로 도면작성(작도)을 하여 프린트(인쇄) 할 때는 외형선의 굵기는 0.2~0.25mm, 숨은선의 굵기는 0.15mm, 가는 실선의 굵기는 0.1mm로 셋팅(setting, 설정)하여 프린트하면 형상의 윤곽, 선의 구분과 보기에도 깔끔하다.

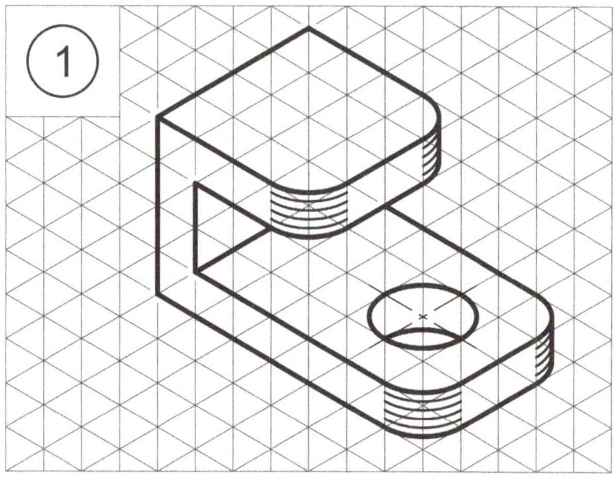

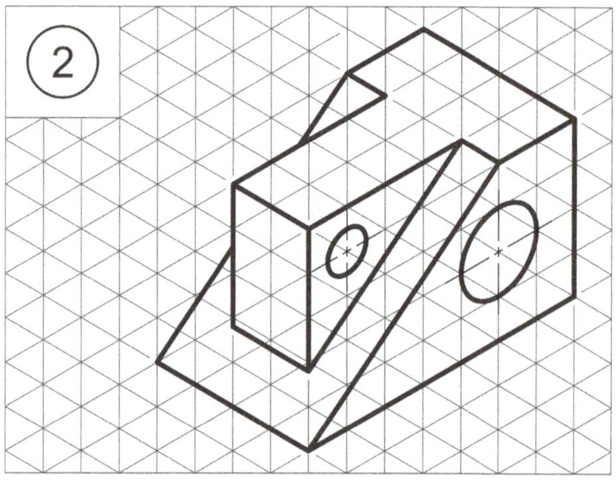

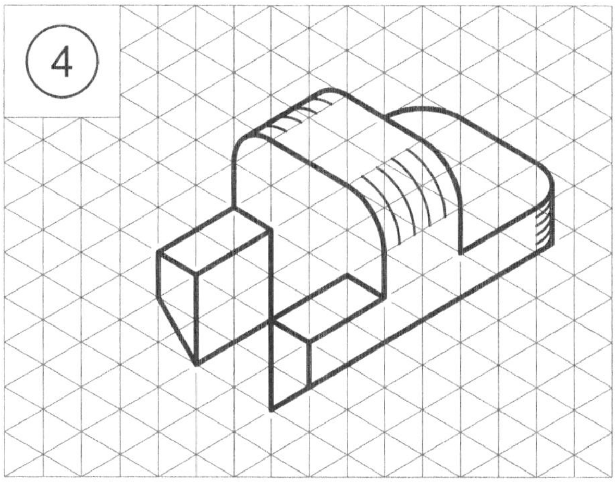
4

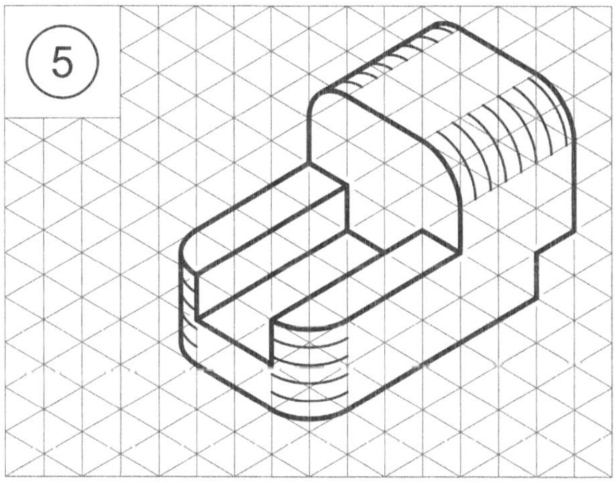
5

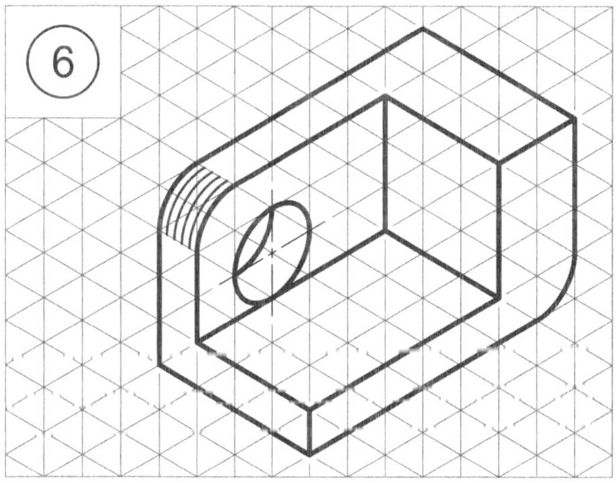
6

7

⑧

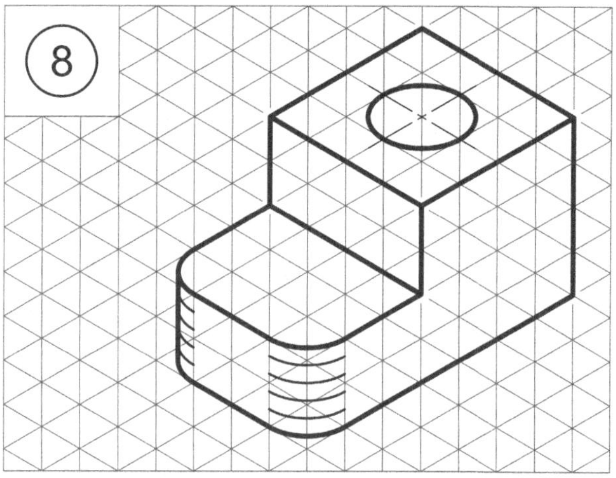

⑨

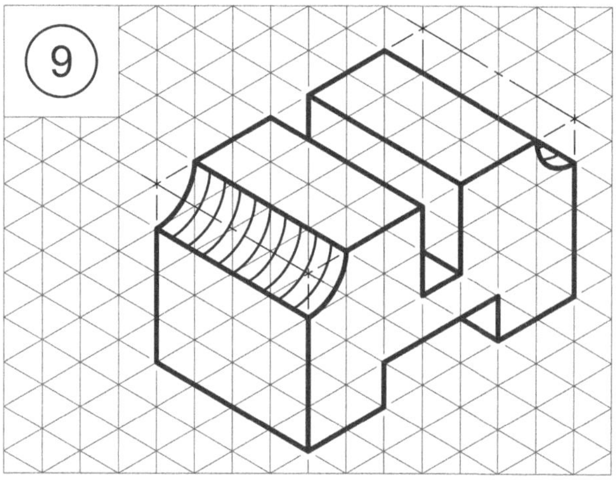

⑩

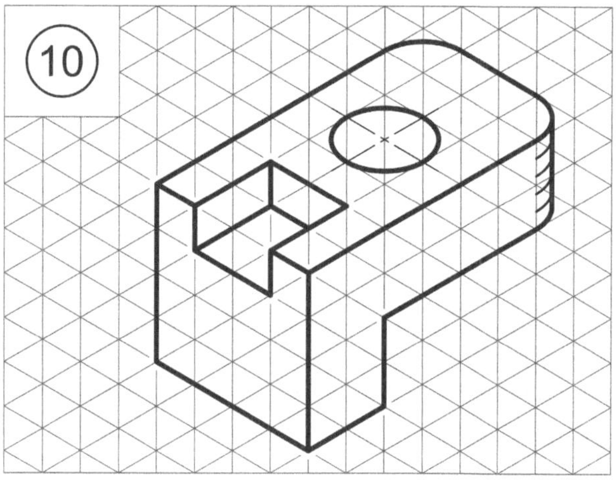

⑪

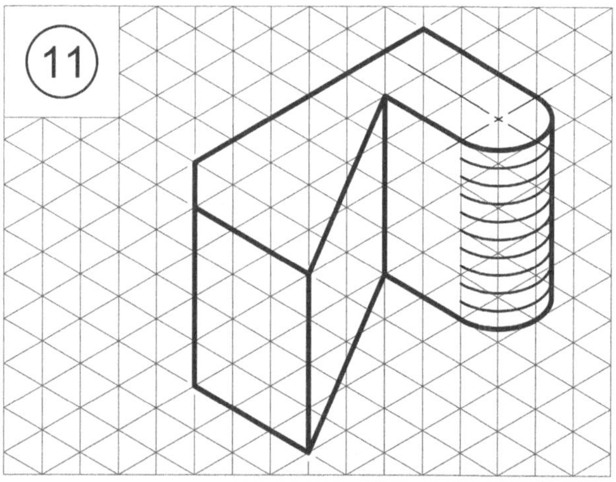

⑫

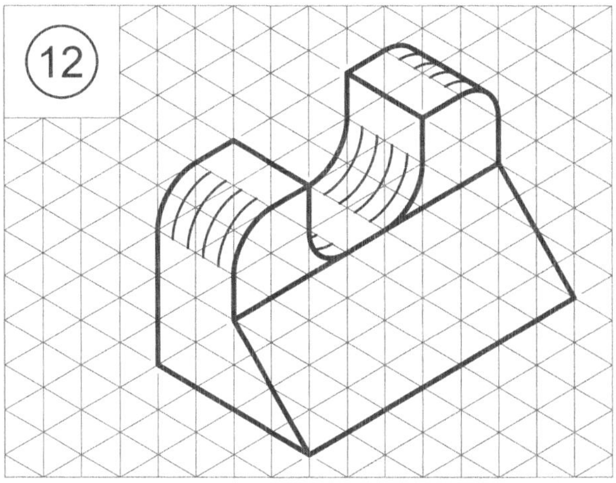

⑬

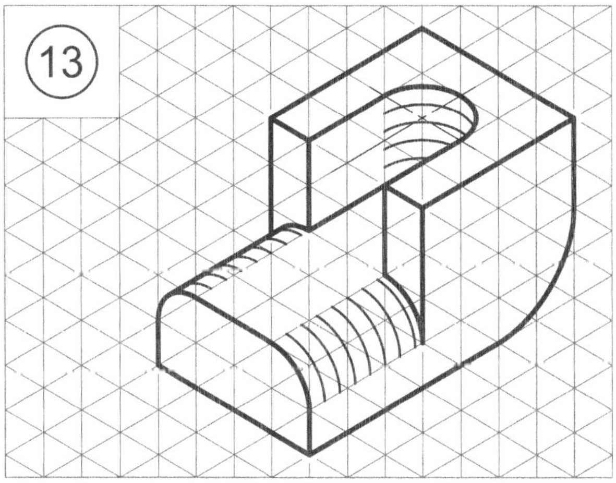

⑭

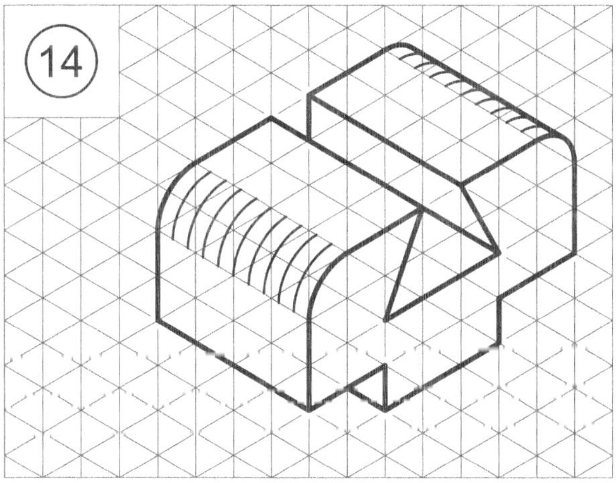

⑮

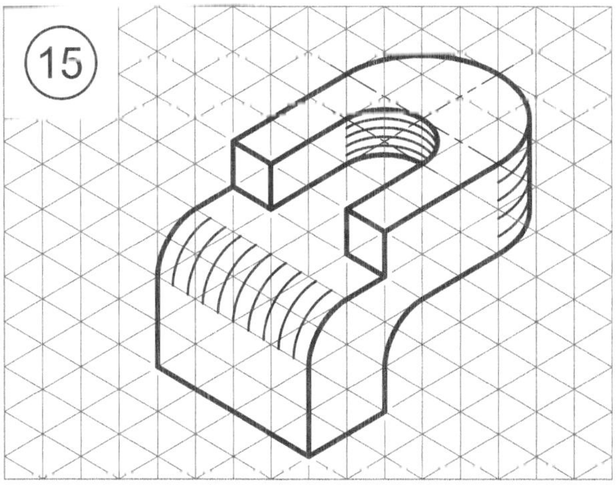

종합 연습문제 11-11
모범답안

학습할 때 모범답안(정답)은 수시로 보면서 하는 것이 아니라, 힌트를 얻고자 할 때나 학습 결과와 모범답안을 비교할 때만 봐주기 바랍니다. 그래야만 도면 실력이 향상됩니다.

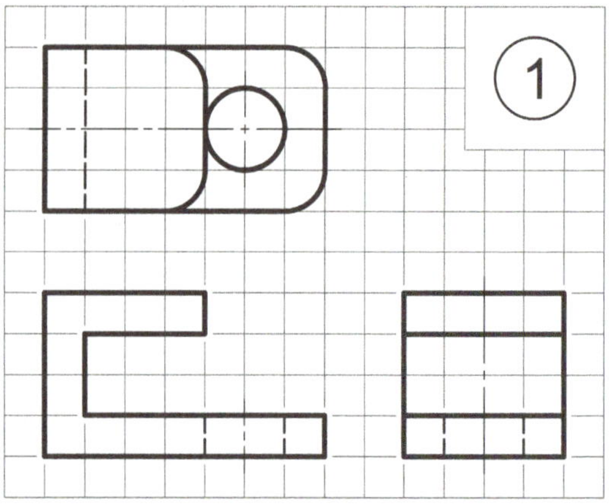

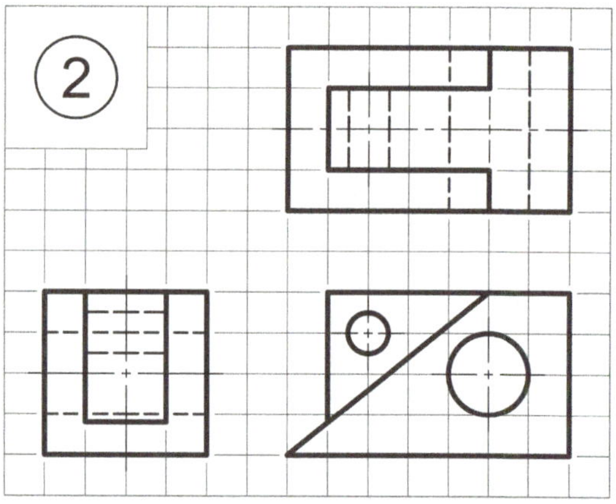

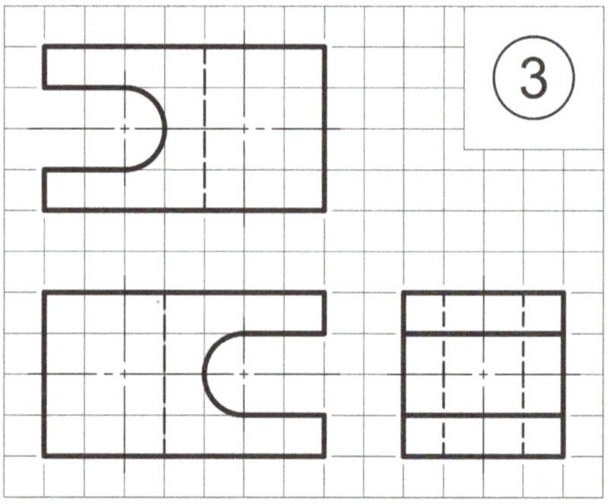

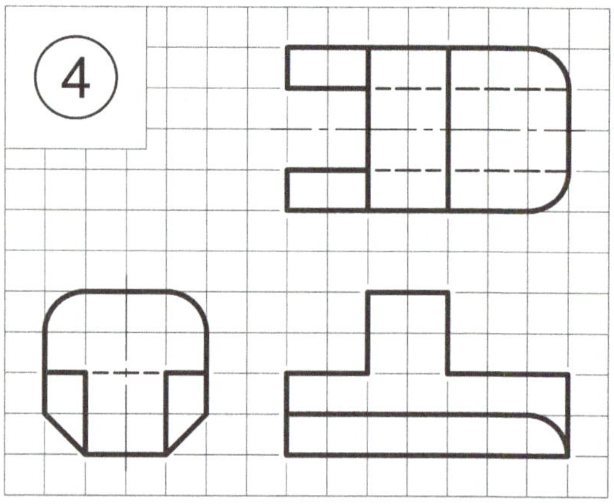

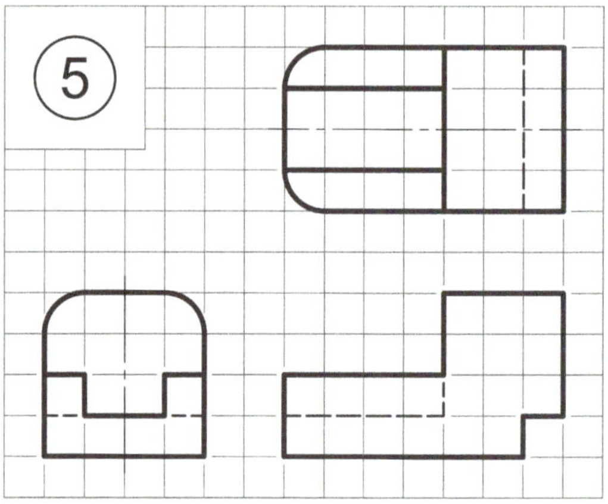

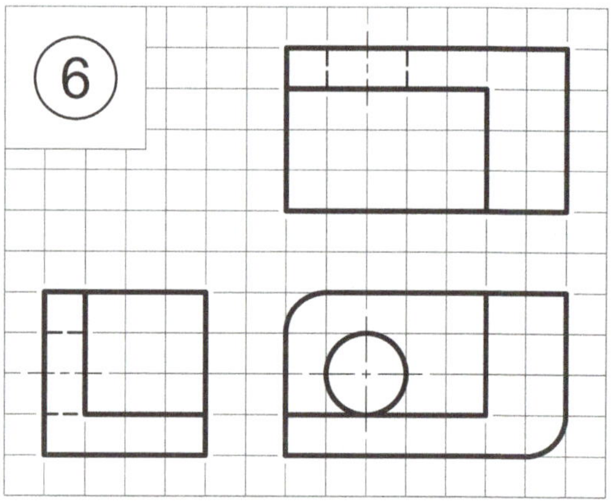

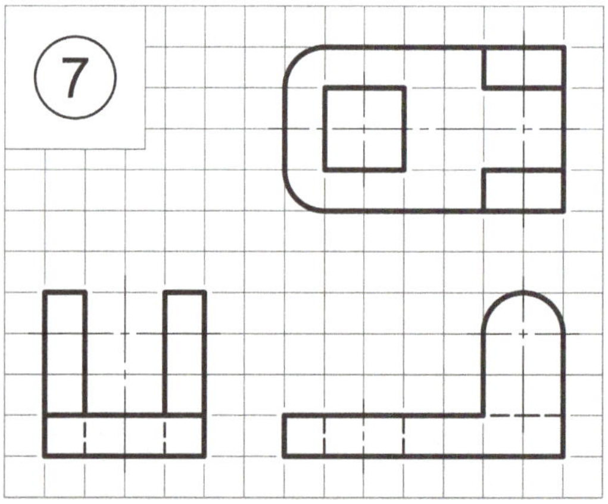

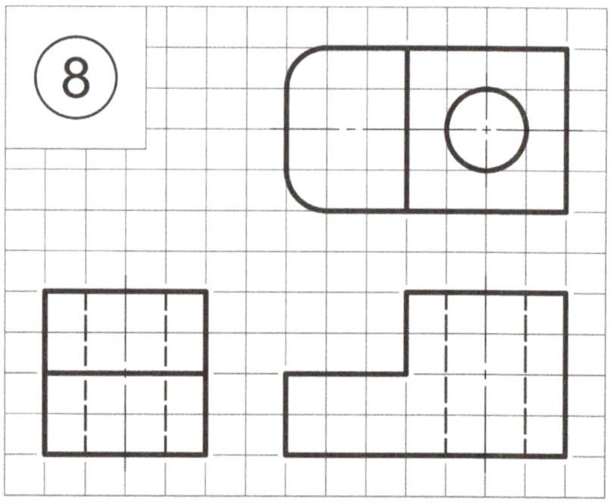

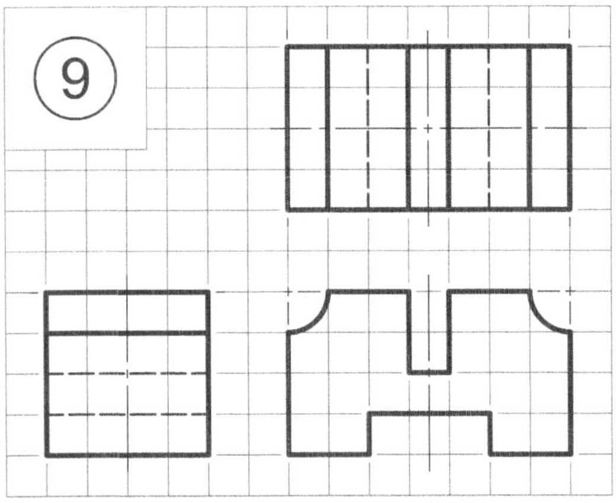
⑨

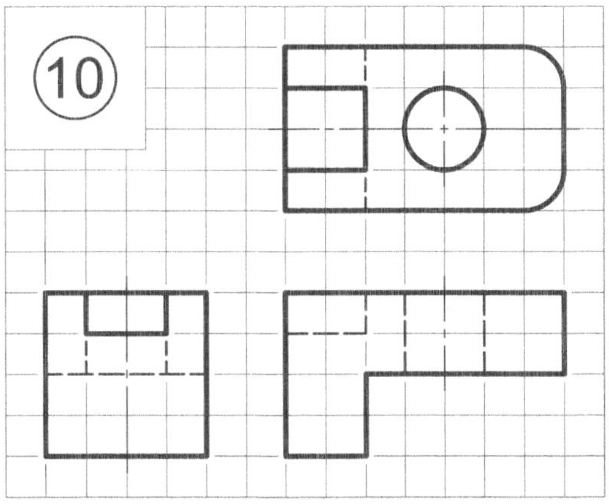
⑩

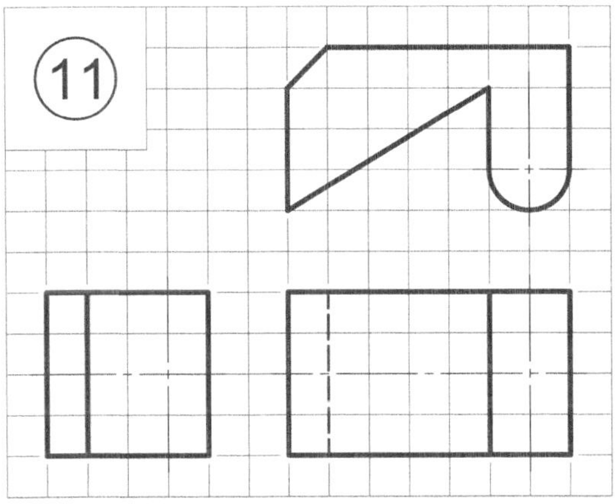
⑪

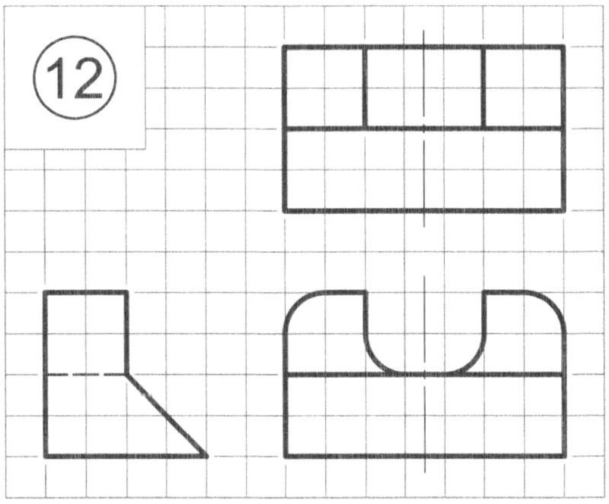
⑫

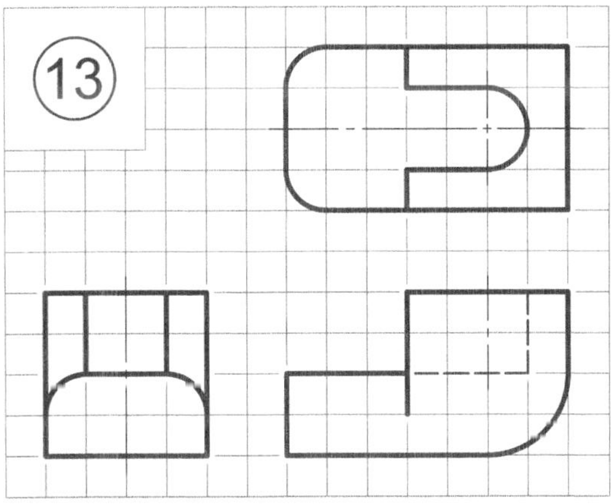
⑬

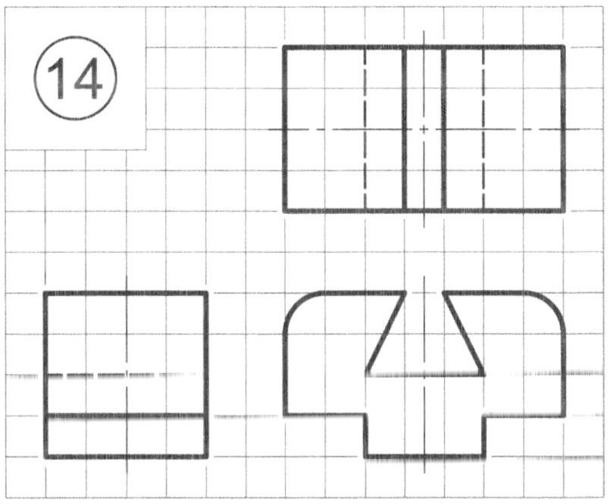
⑭

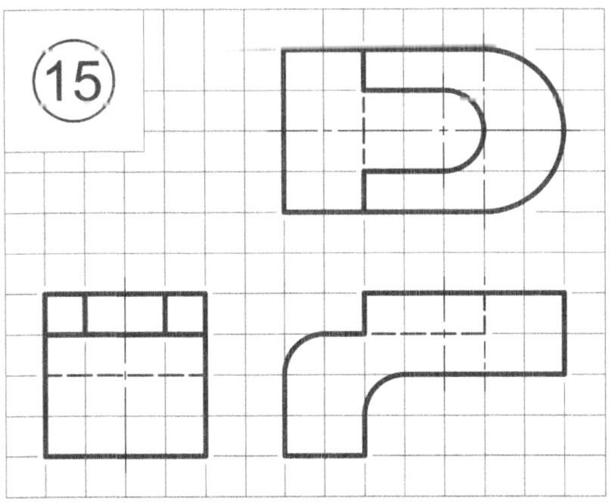
⑮

PART

12

종합 평가(이론 및 도형 평가)

12장에서는 지금껏 11장까지를 학습하고 연습한 내용들에 대하여 종합적인 이론 평가 및 도형 평가를 하게끔 연습문제를 출제하고, 문제의 뒤에 모범답안(정답)을 제시하였다.
전반적인 도면의 이해뿐만 아니라 정 투상과 등각 투상에 의한 도면 그리기에 대한 능력을 갖추었으므로 쉽게 문제를 풀고 해결하리라 생각한다.
본 12장에서는 다음과 같이 학습 목표를 요약해 내용을 전개하였다.

학습 목표

1. 선의 종류별, 용도별 구분에 대한 질문에 답할 수 있다.
2. 투상도를 그릴 때 사용하는 선들에 대한 질문에 답할 수 있다.
3. 투상 방법에 대한 질문에 답할 수 있다.
4. 정 투상 방법의 제1각 투상 방법(제1각법)과 제3각 투상 방법(제3각법)에 대한 질문에 답할 수 있다.
5. 정 투상도 또는 등각 투상도에 의한 질문에 답할 수 있다.
6. 국가 기술자격 검정의 기능사, 산업기사, 기사 종목의 필기시험에 출제되는 제도과목 기본사항 부분의 출제 문제에 답할 수 있다.

종합 평가 12-1 이론(1)

01 다음 도면을 설명하는 내용 중 옳지 않은 것은?

① 설계자와 제작자 사이의 정보를 전달하는 수단이다.
② 점, 선, 문자, 숫자 등을 임의로 사용한 산업용 문서이다.
③ 물체의 구조, 모양, 크기, 자세, 재료, 거칠기, 정밀도 등을 포함하고 있는 산업용 문서이다.
④ 정보의 보존, 검색, 이용을 확실하게 이루어지는 양식을 갖고 있는 산업용 문서이다.

02 다음의 각 산업규격 기호 중에서 국제 표준화 기구의 약칭 기호는?

① KS ② JIS
③ ISO ④ DIN

03 우리나라 산업규격(KS)에서 부문별로 구분해 기계부분을 나타낸 기호는?

① KS A ② KS B
③ KS C ④ KS D

04 우리나라 산업규격(KS)에서 부문별로 구분해 일반부분을 나타낸 기호는?

① KS A ② KS B
③ KS C ④ KS D

05 다음 중 제작도를 설명하는 것은?

① 설계의 의도나 계획 등을 나타낸 것이다.
② 설치, 제조에 필요한 정보를 나타낸 것이다.
③ 몇 개의 부분으로 나누어 조립상태를 표시한 것이다.
④ 구조, 모양, 기능, 크기, 자세, 정밀도 등을 표시한 것이다.

06 다음 중 제도 이론을 창안한 이론가는?

① 레오나르도 다빈치
② 미켈란젤로
③ 가스파르 몽쥬
④ 솔로몬

07 다음 중 제작 도면에 사용되는 투상 방법은?

① 사 투상 방법 ② 등각 투상 방법
③ 투시 투상 방법 ④ 정 투상 방법

08 제품 생산에 반드시 정 투상 방법을 사용하게 되는 이유가 아닌 것은?

① 회화적 그림은 도면을 그리는 사람이나 보는 사람이 서로 다르게 해석하기 때문이다.
② 모양과 크기 등을 오직 한 가지로만 해석이 되어야 하기 때문이다.
③ 각 산업분야 종사자들이 도면을 그리는 사람과 같은 내용으로 해석해야 하기 때문이다.
④ 각 산업마다 제작, 설치, 모양, 크기 등의 제도 방법이 다르기 때문이다.

09 제품을 면밀히 검토해서 생산 절차, 원가 계산, 판매 여부의 검토 과정을 무엇이라 하는가?

① 설계 ② 기획
③ 생산 ④ 판매

10 제품의 구조, 모양, 크기, 자세, 위치, 정밀도 등의 제작방법이 포함된 도면은?

① 조립 도면 ② 공정 도면
③ 부품 도면 ④ 견적 도면

11 노면이 갖추어야 할 요건 중 틀린 것은?

① 이해하기 쉽도록 알기 쉬운 방법으로 제도되어 있어야 한다.
② 애매하지 않도록 명확하게 제도되어 있어야 한다.
③ 마이크로 촬영, 보존, 검색 등이 용이하도록 양식을 갖추어야 한다.
④ 우리나라 안에서만 통용이 되도록 제도되어 있어야 한다.

12 물체의 보이지 않는 윤곽을 나타내는 선은?

① 외형선　② 가상선
③ 숨은선　④ 무게 중심선

13 정 투상도에서 중심선이 사용되는 경우는?

① 수면, 유면의 높이를 나타낼 때
② 특수한 가공을 하는 곳을 나타낼 때
③ 인접 부분을 참고로 나타낼 때
④ 위치 결정의 근거가 되는 것을 나타낼 때

14 다음 선들 중 투상선에 해당하지 않은 것은?

① 외형선　② 숨은선
③ 중심선　④ 가상선

15 선의 모양에 따라 구분한 선이 아닌 것은?

① 실선　② 파선
③ 이점쇄선　④ 파단선

16 다음 중에서 굵기를 다르게 그어야 하는 선은?

① 중심선　② 가상선
③ 해칭　④ 숨은선

17 평면이 서로 만날 때 정 투상도에서 긋는 선은?

① 외형선　② 가상선
③ 숨은선　④ 절단선

18 곡면의 한계를 나타낼 때의 선은?

① 숨은선　② 외형선
③ 파단선　④ 가상선

19 되풀이하여 나타내야 하는 도형들의 위치를 가는 일점쇄선으로 긋는 선은 무슨 선인가?

① 중심선　② 피치선
③ 가상선　④ 위치선

20 중심이 이동하는 궤적을 나타낼 때 일점쇄선으로 긋는 신은 무슨 선인가?

① 위치선　② 궤적선
③ 중심선　④ 가상선

21 구멍이나 홈 등의 위치결정에 근거가 되는 것을 나타낼 때 가는 일점쇄선으로 긋는 선은 무슨 선인가?

① 중심선　② 가상선
③ 피치선　④ 기준선

22 도형 안에서 또는 축의 길이 방향 등에서 어느 범위 또는 어느 길이 만큼에 특정 처리 등의 기술적인 내용을 지시할 때 굵은 일점쇄선으로 긋는 선은 무슨 선인가?

① 가상선　② 파단선
③ 절단선　④ 특수 지정선

23 보이는 평면의 끝을 나타내는 윤곽을 나타내는 선은?

① 윤곽선 ② 외형선
③ 숨은선 ④ 평면선

24 보이는 원기둥의 원통 한계를 나타내는 선은?

① 숨은선 ② 외형선
③ 한계선 ④ 능선

25 보이지 않는 원통의 한계를 나타내는 선은?

① 숨은선 ② 외형선
③ 한계선 ④ 능선

26 보이는 두 평면이 경사로 만나는 것을 나타내는 선은?

① 숨은선 ② 외형선
③ 한계선 ④ 능선

27 여러 각도로 만나는 면을 나타낼 때 긋는 선은?

① 숨은선 ② 외형선
③ 한계선 ④ 능선

28 인접 부분을 참고로 나타내는 선은?

① 피치선 ② 인접선
③ 참고선 ④ 가상선

29 원통에서 평면임을 나타내는 선은?

① 원통선 ② 외형선
③ 한계선 ④ 특수용도의 선

30 투상이 된 앞쪽의 부분을 나타내는 선은?

① 앞선 ② 인접선
③ 참고선 ④ 가상선

31 대상물의 일부를 떼어낸 경계를 나타내는 선은?

① 경계선 ② 인접선
③ 파단선 ④ 가상선

32 단면도를 그릴 때 절단 위치를 나타내는 선은?

① 단면선 ② 인접선
③ 절단선 ④ 파단선

33 투상도에서 한정된 특정 부분을 다른 부분과 구별하기 위해 사용하는 선은?

① 한정선 ② 해칭
③ 파단선 ④ 가상선

34 대상물의 일부를 떼어낸 경계를 나타낼 때 불규칙한 가는 실선으로 긋는 선은?

① 경계선 ② 인접선
③ 파단선 ④ 가상선

35 대상물의 일부를 떼어낸 경계를 나타낼 때 자유롭게 가는 실선으로 긋는 선은?

① 자유선 ② 인접선
③ 파단선 ④ 가상선

36 치수 표시를 위해 투상도로부터 끌어내는 선은?

① 치수선 ② 치수 보조선
③ 가상선 ④ 인출선

37 투상도에서 기술적인 내용이나 기호 등을 표시하기 위해 사용하는 선은?

① 표시선 ② 지시선
③ 치수선 ④ 기술선

38 공구, 지그 등의 위치를 참고로 나타내는 선은?

① 가상선 ② 지시선
③ 위치선 ④ 기술선

39 얇은 부분 또는 부품의 단면에 단면을 명시할 때 사용하는 선은?

① 가상선 ② 특수 용도의 선
③ 지정선 ④ 단면선

40 점이 연속되는 선으로서 보이는 윤곽을 그릴 때 사용하는 선은?

① 점선 ② 숨은선
③ 외형선 ④ 연속선

41 입체적인 물체의 모양을 다른 사람에게 전달해 설명하기 위한 수단으로 2차원의 도면에 표현하는 방법은?

① 투상 방법
② 모델링 방법
③ 문서 작성 방법
④ 치수 표시 방법

42 다음 중 정 투상 방법에 해당하는 것은?

① 제1각 투상 방법
② 축측 투상 방법
③ 등각 투상 방법
④ 부등각 투상 방법

43 다음 중 직각 투상 방법이 아닌 것은?

① 정 투상 방법
② 제3각 투상 방법
③ 투시 투상 방법
④ 등각 투상 방법

44 다음 중 평행 투상 방법이 아닌 것은?

① 직각 투상 방법
② 사 투상 방법
③ 축측 투상 방법
④ 투시 투상 방법

45 1개, 2개 또는 3개의 시점에서 빛을 동시에 비춰 화면에 나타나는 물체의 윤곽을 그리는 투상방법은?

① 정 투상 방법
② 동시 투상 방법
③ 투시 투상 방법
④ 평행 투상 방법

46 물체를 입체적으로 그리기 위해 3개의 축이 이루는 각이 같도록 그리는 투상 방법은?

① 등각 투상 방법
② 부등각 투상 방법
③ 투시 투상 방법
④ 사 투상 방법

47 육면체의 세 모서리 축이 30°, 45°, 60°의 각을 이루는 입체적 그림을 통틀어 무슨 투상 방법이라고 하는가?

① 등각 투상 방법
② 사 투상 방법
③ 투시 투상 방법
④ 부등각 투상 방법

48 **부품들의 분해와 조립순서를 설명하기 위해 그리는 투상 방법은?**

① 정 투상 방법
② 제3각 투상 방법
③ 투시 투상 방법
④ 등각 투상 방법

49 **물체를 입체적으로 그리기 위해 3개의 축 중에서 1개의 축각을 다르게 하여 그리는 투상 방법은?**

① 정 투상 방법
② 제3각 투상 방법
③ 투시 투상 방법
④ 2등각 투상 방법

50 **물체를 입체적으로 그리기 위해 3개의 축각을 다르게 하여 그리는 투상 방법은?**

① 정 투상 방법
② 제3각 투상 방법
③ 부등각 투상 방법
④ 3부등각 투상 방법

종합 평가 12-2 이론(2)

01 우리나라 산업규격(KS)에서 부문별로 구분해 금속 부분을 나타낸 기호는?

① KS A ② KS B
③ KS C ④ KS D

02 우리나라 산업규격(KS)에서 부문별로 구분해 전기 부분을 나타낸 기호는?

① KS A ② KS B
③ KS C ④ KS D

03 투상도로 물체의 모양을 나타낼 때 외형선 또는 숨은선으로 나타낼 수 없는 조건은?

① 면의 끝
② 두 면이 만나는 지점
③ 곡면의 한계
④ 곡면과 평면이 만나는 지점

04 다음 중에서 숨은선을 긋는 방법이 아닌 것은?

① 숨은선이 외형선에서 시작해 그을 때에는 간격을 두어 긋는다.
② 숨은선이 외형선에서 끝나도록 그을 때에는 잇는다.
③ 숨은선이 외형선과 교차할 때에는 외형선을 건너뛰도록 긋는다.
④ 숨은선을 가까이 나란히 그어야 할 경우, 긋고 띄어 긋는 부분을 서로 엇갈리게 긋는다.

05 도면이 구비해야 할 요건이 아닌 것은?

① 대상물의 구조, 모양, 크기, 자세, 위치, 정밀도 등의 정보
② 표면 거칠기, 가공 방법, 재료 등의 정보
③ 설계자의 창의성
④ 무역 및 기술상의 국제성

06 투상도의 일부를 생략할 때 경계를 표시하는 선의 명칭은?

① 외형선 ② 파단선
③ 절단선 ④ 가상선

07 선의 모양에 따른 분류의 선이 아닌 것은?

① 실선 ② 파선
③ 이점쇄선 ④ 해칭

08 다음 중 가상선으로 사용하는 선은?

① 굵은 실선 ② 가는 이점쇄선
③ 가는 실선 ④ 가는 일점쇄선

09 투상도의 일부를 떼어내고 투상을 할 때 떼어낸 경계를 표시하는 선의 명칭은?

① 파단선 ② 가는 실선
③ 절단선 ④ 특수 용도의 선

10 다음 선 중 가상선으로 사용하는 선은?

① 굵은 실선 ② 가는 일점쇄선
③ 가는 실선 ④ 가는 이점쇄선

11 물체의 투상도에서 일부분을 떼어낸 경계를 표시할 때 사용하는 선은 ?

① 파단선 ② 특수 용도의 선
③ 가상선 ④ 절단선

12 특수한 가공을 하는 부분의 범위를 표시할 때 사용하는 특수한 지정 선은?

① 굵은 일점쇄선 ② 굵은 이점쇄선
③ 가는 일점쇄선 ④ 가는 이점쇄선

13 다음 선들 중 사용할 때 굵기가 다른 선은?

① 해칭 ② 중심선
③ 숨은선 ④ 치수선

14 다음 선들 중 가는 실선으로 긋지 않는 선은?

① 파단선 ② 치수 보조선
③ 피치선 ④ 치수선

15 중심선 사용에 대한 다음 설명 중 틀린 것은?

① 중심이 이동한 궤적을 표시할 때
② 대칭 도형을 그릴 때
③ 도형의 중심을 그릴 때
④ 단면 했음을 표시할 때

16 다음 선들 중 사용하는 굵기가 다른 선은?

① 지시선 ② 가상선
③ 외형선 ④ 치수선

17 가상선에 대한 설명 중 틀린 것은?

① 부품을 가공하기 전이나 후의 모양을 나타내는 선이다.
② 인접 부분을 참고로 나타내는 선이다.
③ 중심이 이동하는 궤적을 나타내는 선이다.
④ 도시된 앞 쪽을 나타내는 선이다.

18 가상선으로 긋기 위한 선은?

① 굵은 실선 ② 파선
③ 가는 일점쇄선 ④ 가는 이점쇄선

19 피치선으로 긋기 위한 선은?

① 굵은 실선 ② 파선
③ 가는 일점쇄선 ④ 가는 이점쇄선

20 다음 중 선의 모양이 다른 것은?

① 중심선 ② 치수선
③ 지시선 ④ 회전 단면선

21 제3각 방법 투상도 배열에서 배면도의 위치는?

① 좌측면도의 옆 ② 우측면도의 옆
③ 평면도의 옆 ④ 저면도의 옆

22 정면도로 선택되는 면이 아닌 것은?

① 자동차의 옆 ② 기차의 옆
③ 자전거의 옆 ④ 사람의 옆

23 제1각 방법 투상도 배열에서 평면도의 위치는?

① 정면도의 위 ② 정면도의 아래
③ 정면도의 오른쪽 ④ 정면도의 왼쪽

24 **다음 중에서 제3각 방법 원리가 아닌 것은?**

① 거울에 비친 내 모습
② 종이 위에 찍은 내 도장
③ 물에 비친 내 모습
④ 벽면에 비친 그림자

25 **다음 중에서 제1각 방법 원리가 아닌 것은?**

① 종이 위에 동전을 대고 윤곽을 그리는 것.
② 종이 아래에 동전을 놓고 문지르는 것.
③ 눈 위의 발자국
④ 그림자 놀이

26 **제1각과 제3각 방법에서 투상도의 표준 배열 위치가 서로 반대 위치에 있어야 하는 투상도 명칭으로만 짝지어진 것은?**

① 평면도와 측면도
② 배면도와 평면도
③ 정면도와 배면도
④ 정면도와 저면도

27 **제1각과 제3각 방법에서 투상도의 표준 배열 위치가 변함없는 투상도 명칭으로만 짝지어진 것은?**

① 정면도와 측면도
② 정면도와 평면도
③ 정면도와 배면도
④ 정면도와 저면도

28 **제1각과 제3각 방법에서 표준 위치에 배열되나 필요에 따라 투상도의 배열 위치가 자유로운 투상도 명칭은?**

① 정면도 ② 측면도
③ 평면도 ④ 배면도

29 **곡면과 평면이 접선으로 만날 때 투상도의 선은?**

① 외형선
② 숨은선
③ 이점쇄선
④ 선이 나타나지 않음

30 **제3각 방법 투상 공식이 맞는 것은?**

① 눈(빛) → 물체 → 화면
② 물체 → 눈(빛) → 화면
③ 눈(빛) → 화면 → 물체
④ 화면 → 눈(빛) → 물체

31 **제1각 방법 투상 공식이 맞는 것은?**

① 눈(빛) → 물체 → 화면
② 물체 → 눈(빛) → 화면
③ 눈(빛) → 화면 → 물체
④ 화면 → 눈(빛) → 물체

32 **제3각 방법 투상에서 가장 먼저 그리는 투상도 명칭은?**

① 평면도 ② 측면도
③ 정면도 ④ 배면도

33 **제1각과 제3각 방법의 비교가 잘못된 것은?**

① 정면도를 기준으로 좌측면도와 우측면도의 배열 위치가 서로 반대에 있다.
② 제3각법 투상도 배열은 각 투상도의 대조 비교로 도면 해독을 하는 것이 쉽다.
③ 제3각법은 배열된 투상도 사이에 치수표시를 해야 하므로 읽기가 불편하다.
④ 정면도를 기준으로 평면도와 저면도의 배열 위치가 서로 반대에 있다.

34 **5백 원 동전의 정면도는?**

① 정면이 없다. ② 500 표시면
③ 오백 원 표시면 ④ 거칠게 가공된 면

35 **다음 투상도 중 축측 투상 방법이 아닌 것은?**

① 투시 투상 방법
② 등각 투상 방법
③ 2등각 투상 방법
④ 부등각 투상 방법

36 **3개의 축 각이 각각 다른 축측 투상 방법은?**

① 투시 투상 방법
② 등각 투상 방법
③ 2등각 투상 방법
④ 부등각 투상 방법

37 **3개의 치수를 표시할 수 있는 투상 방법은?**

① 정 투상 방법
② 등각 투상 방법
③ 투시 투상 방법
④ 사 투상 방법

38 **길이, 높이만을 표시할 수 있는 투상 방법은?**

① 정 투상 방법
② 등각 투상 방법
③ 투시 투상 방법
④ 부등각 투상 방법

39 **주로 토목이나 건축 분야에서 조감도로 사용되는 투상 방법은?**

① 정 투상 방법
② 등각 투상 방법
③ 투시 투상 방법
④ 사 투상 방법

40 **다음 중 사 투상 방법에 해당하는 투상도는?**

① 카발리에도
② 등각 투상도
③ 투시도
④ 부등각 투상도

41 **다음 중 평행 투상 방법에 해당하지 않는 것은?**

① 투시 투상 방법
② 정 투상 방법
③ 사 투상 방법
④ 부등각 투상 방법

42 **다음 중 사 투상 방법에 해당하는 투상도는?**

① 투시도 ② 정 투상도
③ 캐비닛도 ④ 부등각 투상도

43 **다음 중 입체적 도형을 그리는데 사용하지 않는 투상 방법은?**

① 투시 투상 방법
② 정 투상 방법
③ 사 투상 방법
④ 부등각 투상 방법

44 **제3각 투상 방법에 대한 설명이 틀린 것은?**

① 눈 → 화면 → 물체의 공식 원리
② 좌측면도는 정면도의 좌측에 배열한다.
③ 우측면도는 정면도의 좌측에 배열한다.
④ 투상 상자의 바깥쪽 면에 투상도가 나타난다.

45 **물체의 특징과 기능을 잘 나타내는 면은 정 투상도의 어느 면인가?**

① 배면도 ② 측면도
③ 평면도 ④ 정면도

46 **주로 부품의 분해 순서나 조립 순서를 설명하는 투상도로 사용하는 방법은?**

① 정 투상 방법
② 등각 투상 방법
③ 투시 투상 방법
④ 사 투상 방법

47 **주로 가전제품의 사용 설명서 등에 사용하는 투상도는?**

① 정 투상도 ② 등각 투상도
③ 투시도 ④ 사 투상도

48 **다음에서 투상선이 아닌 것은 ?**

① 외형선 ② 중심선
③ 숨은선 ④ 치수선

49 **물체가 원형, T형으로 불릴 때 투상도 면은?**

① 평면도 ② 저면도
③ 정면도 ④ 측면도

50 **보이지 않는 곡면의 한계를 나타내는 선은?**

① 외형선 ② 가상선
③ 숨은선 ④ 중심선

종합 평가 12-3 이론(3)

01 제도의 목적을 달성하기 위한 기본 요건을 만족하지 않은 것은?

① 기술 각 분야에 걸쳐 보편성을 가져야 한다.
② 무역 및 기술의 국제 교류 입장에서 통용될 수 있도록 국제성을 가져야 한다.
③ 도면의 해석에 있어서 여러가지로 해석될 수 있도록 다양성을 가져야 한다.
④ 제품의 모양이나 크기, 가공 방법, 재질 표시 등 정보의 종합성을 가져야 한다.

02 다음의 숨은선 긋기에 대해 틀린 설명은?

① 외형선을 가로질러 그을 때는 건너 띄어 긋는다.
② 외형선의 모서리 끝과 이어 그을 때는 띄어서 긋는다.
③ 외형선의 모서리 끝과 이어 그을 때는 이어서 긋는다.
④ 아주 가깝게 나란히 그을 때는 띄고 긋는 것을 엇갈리게 하여 긋는다.

03 투상 방법 중 '눈 → 물체 → 화면(투상면)'의 공식에 해당하는 것은?

① 정 투상 방법의 제1각 방법
② 정 투상 방법의 제3각 방법
③ 등각 투상 방법
④ 사 투상 방법

04 기계제도에서 사용하는 선의 종류와 용도 설명 중 틀린 것은?

① 외형선 → 가는 실선
② 피치선 → 가는 일점쇄선
③ 중심선 → 가는 일점쇄선
④ 숨은선 → 가는 파선 또는 굵은 파선

05 정 투상 밥법의 제3각 투상 방법에서 평면도는 정면도의 어느 쪽에 배치되는가?

① 좌측　② 우측
③ 위　④ 아래

06 부품의 가동 부분을 이동 중의 특정한 위치 또는 이동한 한계 위치를 표시하는 선은?

① 치수선　② 지시선
③ 해칭　④ 가상선

07 물체의 일부를 파단하는 곳을 표시하는 선 또는 끊어 낸 부분을 표시하는데 사용하는 선은?

① 은선　② 이점쇄선
③ 일점쇄선　④ 가는 실선

08 정 투상 도법의 설명으로 올바른 것은?

① 제1각법에서는 정면도의 왼쪽에 평면도를 배치한다.
② 제1각법에서는 정면도의 밑에 평면도를 배치한다.
③ 제3각법에서는 평면도의 왼쪽에 우측면도를 배치한다.
④ 제3각법에서는 평면도의 위쪽에 정면도를 배치한다.

09 **기어(Gear)를 축에 직각인 방향에서 본 주 투상도를 간략 도면으로 도시할 때 이의 골(이뿌리)을 표시하는 이뿌리원을 나타내는 선은?**

① 파선 ② 가는 실선
③ 가는 일점쇄선 ④ 굵은 실선

10 **가는 실선으로 도시하는 선으로만 짝 지어진 것은?**

① 숨은선, 중심선, 피치선
② 절단선, 가상선, 치수
③ 지시선, 파단선, 해칭(선)
④ 치수선, 파단선, 외형선

11 **기계제도에서 가는 이점쇄선을 사용해 도면에 표시하는 경우의 선은?**

① 대상물의 일부를 떼어낸 경계를 표시할 경우
② 인접하는 부분이나 공구 등을 참고로 표시 할 경우
③ 특수한 가공 부분 등의 특별한 요구 사항을 적용할 범위를 표시할 경우
④ 회전 도시 단면도를 절단한 곳의 전・후를 파단하여 그 사이를 그릴 경우

12 **대상물의 보이지 않은 부분의 모양을 표시할 때 사용하는 선은?**

① 파선 ② 이점쇄선
③ 실선 ④ 일점쇄선

13 **도면에 나타나는 선과 면을 설명한 것으로 옳은 것은?**

① 투상면에 수직한 직선은 실장(실제 길이)을 표시한다.
② 투상면에 수직한 평면은 직선으로 나타난다.
③ 투상면에 경사된 직선은 실장(실제 길이)보다 길게 나타난다.
④ 투상면에 경사된 평면은 단축되어 나타난다.

14 **다음 중 부분 생략 또는 부분 단면의 경계를 나타내는 선인 것은?**

① 파단선 ② 절단선
③ 가상선 ④ 표면처리 지시선

15 **투상 방법 중 '눈 → 화면(투상면) → 물체'의 공식에 해당하는 것은?**

① 정 투상 방법의 제3각 방법
② 정 투상 방법의 제1각 방법
③ 등각 투상 방법
④ 사 투상 방법

16 **제3각법이 제1각법에 비해 장점으로 옳지 않은 것은?**

① 긴 축이나 경사면이 있는 물체의 관련도를 대조하는데 편리하다.
② 치수 기입이 두 투상도 사이에 있어 치수를 비교하는데 용이하다.
③ 복잡한 모양이라도 보조 투상도를 이용하여 정확하게 표현할 수 있다.
④ 정면도를 기준하여 평면도는 정면도 아래에, 우측면도는 정면도의 위에 배치한다.

17 **제1각법에서 배면도의 배치 위치는?**

① 정면도의 오른쪽 옆
② 우측면도의 왼쪽 옆
③ 좌측면도의 오른쪽 옆
④ 저면도의 왼쪽 옆

18 **제3각법에서 배면도의 배치 위치는?**

① 정면도의 오른쪽 옆
② 우측면도의 오른쪽 옆
③ 좌측면도의 왼쪽 옆
④ 저면도의 왼쪽 옆

19 기계제도에서 체인(Chain), 기어(Gear) 등의 피치원을 표시하는 선은?

① 가는 실선　② 가는 이점쇄선
③ 가는 일점쇄선　④ 굵은 쇄선

20 기술적인 내용 또는 기호 등을 표시하기 위해 검정 동그라미를 사용해서 도형으로부터 끌어내는 데 쓰이는 선은?

① 인출선　② 치수 보조선
③ 가상선　④ 치수선

21 기술적인 내용 또는 기호 등을 표시하기 위해 도형에 화살표를 사용해서 긋는 선은?

① 치수선　② 치수 보조선
③ 가상선　④ 지시선

22 기계 가공 도면에서 특수하게 가공하는 부분을 표시하는 특수 지정선으로 사용되는 선의 종류는?

① 가는 이점쇄선
② 굵은 이점쇄선
③ 굵은 일점쇄선
④ 가는 일점쇄선

23 불규칙한 파형의 가는 실선 또는 지그재그 선을 사용하는 것은?

① 파단선　② 치수 보조선
③ 치수선　④ 지시선

24 투상 방법 중 제3각법과 제1각법이 속하는 투상 방법은?

① 경사 투상 방법
② 등각 투상 방법
③ 정 투상 방법
④ 아이소메트릭 방법

25 기계제도에서 물체의 보이는 부분의 모양을 나타내는 외형선으로 사용하는 선은?

① 가는 실선　② 굵은 일점쇄선
③ 굵은 실선　④ 가는 일점쇄선

26 기계제도에서 가는 이점쇄선을 사용하여 도면에 표시하는 경우인 것은?

① 대상물의 일부를 파단한 경계를 표시할 경우
② 인접하는 부분이나 공구, 지그(Jig) 등의 위치를 참고로 표시할 경우
③ 특수한 가공 부분 등 특별한 요구 사항을 적용할 범위를 표시할 경우
④ 회전 도시 단면도를 절단한 곳의 전과 후를 판단하여 그 사이를 그릴 경우

27 파단선에 관한 설명으로 가장 적합한 것은?

① 도형이 되풀이 하는 것을 나타내는 선
② 전(온) 단면도를 그릴 경우 그 절단 위치를 나타내는 선
③ 물체의 보이지 않은 부분을 가정해서 나타내는 선
④ 물체의 일부를 떼어낸 경계를 표시하는 선

28 기계제도에서 굵은 일점쇄선을 사용하는 경우로 가장 적합한 것은?

① 대상물의 보이는 부분의 겉모양 표시 선
② 치수를 기입하기 위해 긋는 선
③ 도형의 중심을 나타내는 선
④ 특수한 가공 부위의 범위를 나타내는 선

29 다음에서 가는 실선을 사용하지 않는 것은?

① 지시선　② 치수 보조선
③ 해칭(선)　④ 피치선

30 노변에서 2종류 이상의 선이 같은 장소에서 겹치게 될 경우 우선순위로 맞는 것은?

① 외형선, 숨은선, 절단선, 중심선, 무게 중심선
② 외형선, 중심선, 절단선, 숨은선, 무게 중심선
③ 외형선, 중심선, 숨은선, 무게 중심선, 절단선
④ 외형선, 절단선, 숨은선, 무게 중심선, 중심선

31 인접하는 부분을 참고로 나타내거나 이동 한계의 위치를 나타내는 선은?

① 가는 실선
② 굵은 일점쇄선
③ 가는 이점쇄선
④ 가는 파선 또는 굵은 파선

32 다음 선 중에서 겹칠 경우 가장 우선적으로 그려야 할 선은?

① 중심선 ② 외형선
③ 절단선 ④ 파단선

33 다음 중 제3각법에 대한 설명이 아닌 것은?

① 투상도는 정면도를 중심으로 하여 본 위치와 같은 쪽에 그린다.
② 투상면 뒤쪽에 물체를 놓는다.
③ 정면도 위쪽에 평면도를 그린다.
④ 정면도의 좌측에 우측면도를 그린다.

34 다음 중 가상선의 용도로 맞지 않은 것은?

① 인접 부분을 참고로 표시하는데 사용
② 도형의 중심을 나타내는데 사용
③ 가공 전 또는 후의 모양을 표시하는데 사용
④ 도시된 단면의 앞 쪽에 있는 부분을 표시하는데 사용

35 멀고 가까운 거리감을 느낄 수 있도록 하나의 시점과 물체의 각 점을 방사선으로 이어서 그리는 투상 도법은?

① 등각 투상도 ② 부등각 투상도
③ 사 투상도 ④ 투시 투상도

36 부품의 조립이나 분해 순서를 입체적으로 설명하기 위해 사용하는 투상 도법은?

① 등각 투상도 ② 부등각 투상도
③ 사 투상도 ④ 투시 투상도

37 기계제도에서 기어(Gear)를 축에 직각인 방향에서 본 주 투상도를 간략 도면으로 도시할 때 이의 산(이끝)을 표시하는 이끝원을 나타내는 선은?

① 파선 ② 가는 실선
③ 가는 일점쇄선 ④ 굵은 실선

38 도면이 갖추어야 할 요건이 아닌 것은?

① 가격, 유통 정보를 포함하고 있어야 한다.
② 산업 분야별로 해석되도록 보편성이 있어야 한다.
③ 국제성이 있어야 한다.
④ 표현상 명확한 뜻을 가져야 한다.

39 도면의 목적이 아닌 것은?

① 보는 사람이 쉽게 이해하는 도면
② 도면을 그리는 사람이 임의로 그린 도면
③ 표면, 재료, 가공 방법 등의 정보성
④ 대상물의 크기, 모양, 자세, 위치 등의 정보

40 우리나라에서 기계제도에 사용하는 투상 방법의 각법은?

① 제4각 투상 방법 ② 제3각 투상 방법
③ 제2각 투상 방법 ④ 제1각 투상 방법

41 제도의 목적을 달성하기 위해 도면이 구비해야 할 기본 요건이 아닌 것은?

① 제도 작성 방법에 있어서 설계자의 창의성
② 표면 거칠기, 재료, 가공 방법 등의 정보
③ 무역 및 기술 등의 국제성
④ 대상물의 모양, 크기, 자세, 위치 등의 정보

42 다음 중 지시선의 용도로 맞지 않은 것은?

① 투상 방법 지시
② 가공 방법 지시
③ 부품 번호 지시
④ 크기 지시

43 다음 중 가는 실선의 용도로 맞지 않은 것은?

① 치수선 ② 회전 단면선
③ 수준면선 ④ 무게 중심선

44 다음 중 가는 실선으로 사용하지 않는 것은?

① 지시선 ② 해칭(선)
③ 치수 보조선 ④ 절단선

45 다음 중 가는 실선의 설명 중 맞지 않은 것은?

① 기술, 기호 등을 표시하기 위해 끌어내는 선
② 도형의 중심을 간략하게 표시하는 선
③ 수면, 유면 등의 높이를 표시하는 선
④ 단면 도시의 앞쪽 부분을 표시하는 선

46 기능 설명과 제작에 필요한 이해를 위해 도형에 보조적으로 나타내는데 사용하는 선은?

① 가는 일점쇄선 ② 가는 이점쇄선
③ 가는 실선 ④ 가는 파선

47 다음 중 대상물의 보이지 않은 부분의 모양을 표시하는데 사용하는 선은?

① 실선 ② 파선
③ 일점쇄선 ④ 이점쇄선

48 다음 중 가는 이점쇄선의 사용이 틀린 것은?

① 인접하는 다른 부품을 참고로 표시할 때
② 가공에 사용되는 공구의 모양을 표시할 때
③ 가공 전과 후의 모양을 참고로 나타낼 때
④ 길이가 긴 물체의 생략된 부분의 경계를 나타낼 때

49 다음 중 선의 용도 설명으로 틀린 것은?

① 굵은 실선 – 외형선으로 사용
② 가는 실선 – 치수선으로 사용
③ 파선 – 숨은선으로 사용
④ 굵은 일점쇄선 – 무게 중심선으로 사용

50 다음 중 기계제도 작업 시 사용되는 선의 용도가 틀린 것은?

① 굵은 실선 – 물체의 보이는 윤곽을 표시
② 가는 실선 – 치수를 표시하기 위한 보조선
③ 가는 일점쇄선 – 피치를 나타내는 선
④ 파선 – 대상물의 기준을 나타내는 선

종합 평가 모범답안

종합 평가 12-1

문제 번호	정답	문제 번호	정답
1	②	26	②
2	③	27	①
3	②	28	④
4	①	29	④
5	④	30	④
6	③	31	③
7	④	32	③
8	④	33	②
9	②	34	③
10	③	35	③
11	④	36	②
12	③	37	②
13	④	38	①
14	④	39	②
15	④	40	③
16	④	41	①
17	①	42	①
18	②	43	③
19	②	44	④
20	③	45	③
21	④	46	①
22	④	47	②
23	②	48	④
24	②	49	④
25	①	50	③

종합 평가 12-2

문제 번호	정답	문제 번호	정답
1	④	26	①
2	③	27	③
3	④	28	④
4	①	29	④
5	③	30	③
6	②	31	①
7	④	32	③
8	②	33	③
9	①	34	②
10	④	35	①
11	①	36	④
12	①	37	②
13	③	38	①
14	③	39	③
15	④	40	①
16	③	41	③
17	③	42	③
18	④	43	②
19	③	44	③
20	①	45	④
21	②	46	②
22	④	47	④
23	②	48	④
24	④	49	③
25	②	50	③

종합 평가 12-3

문제 번호	정답	문제 번호	정답
1	③	26	②
2	③	27	④
3	①	28	④
4	①	29	④
5	③	30	①
6	④	31	③
7	④	32	②
8	②	33	④
9	②	34	②
10	③	35	④
11	②	36	①
12	①	37	④
13	①	38	①
14	①	39	②
15	①	40	②
16	④	41	①
17	③	42	①
18	②	43	④
19	③	44	④
20	①	45	④
21	④	46	④
22	③	47	④
23	①	48	④
24	③	49	④
25	③	50	④

종합 평가 12-4 도형(1)

01 다음 등각 투상도에서 제3각 방법(제3각법)으로 화살표 방향에서 본 투상도는?

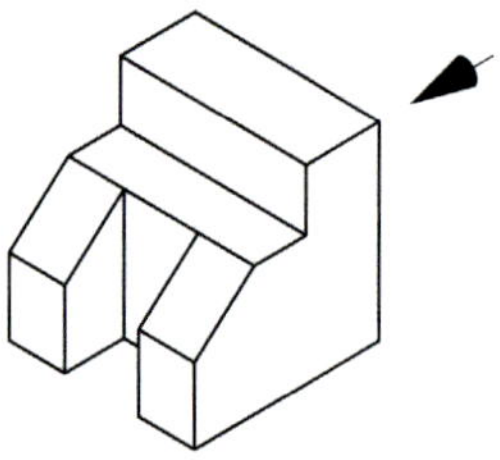

① 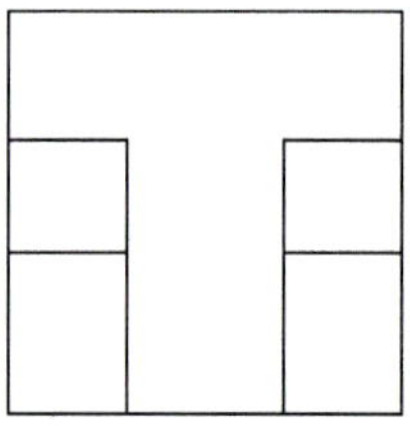
② 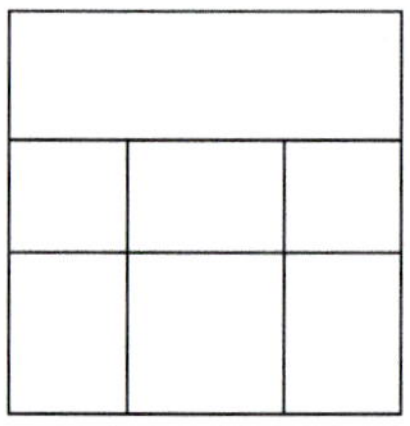
③ 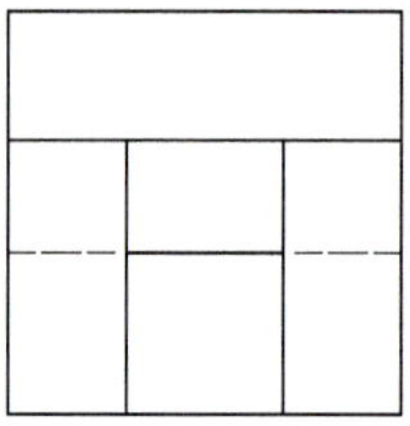
④ 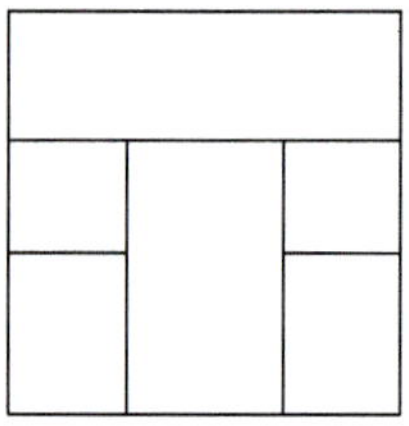

02 다음 등각 투상도에서 제3각 방법으로 화살표 방향에서 본 투상도는?

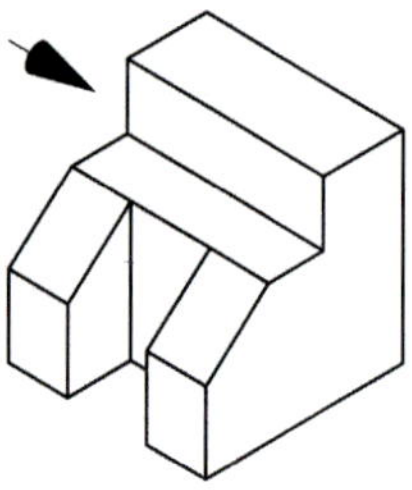

① 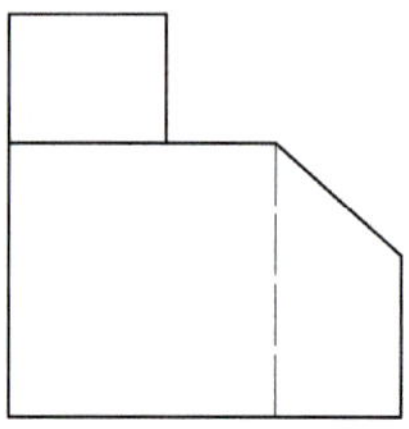
② 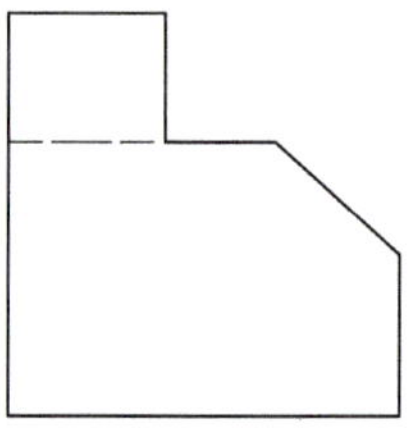
③ 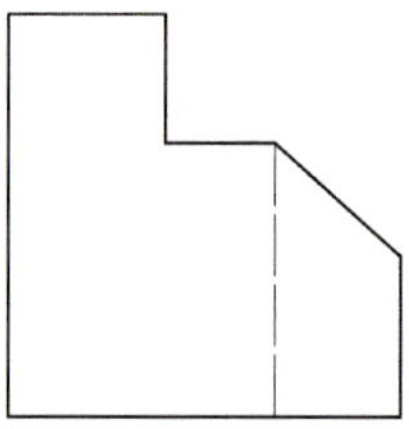
④ 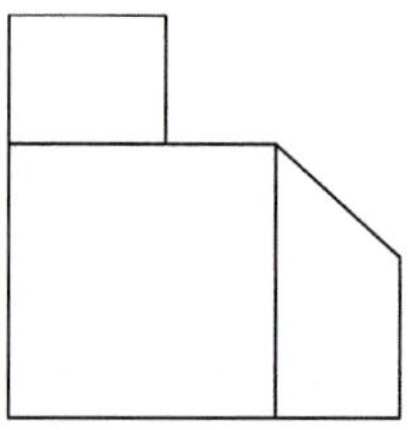

03 다음 등각 투상도에서 제3각 방법으로 화살표 방향에서 본 투상도는?

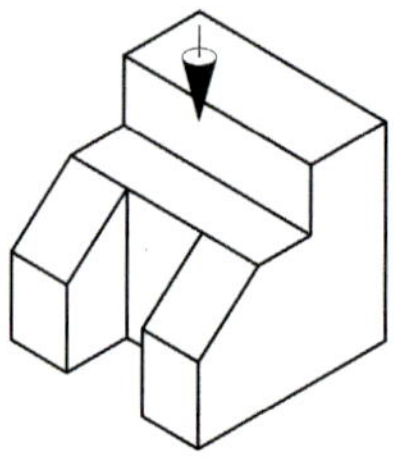

① 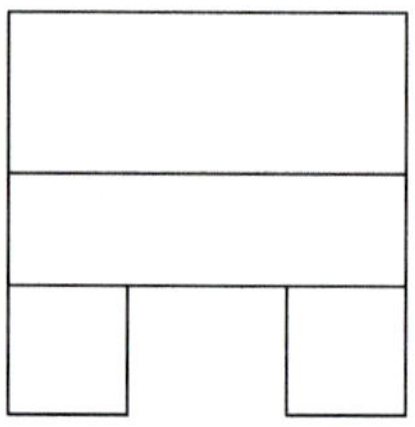
② 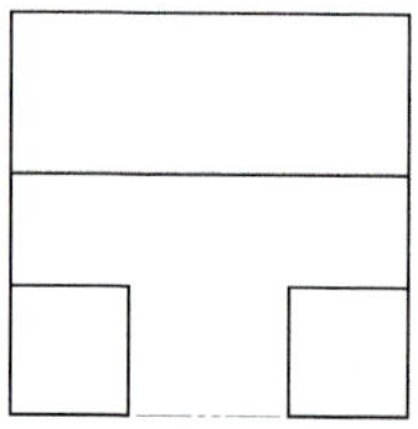
③ 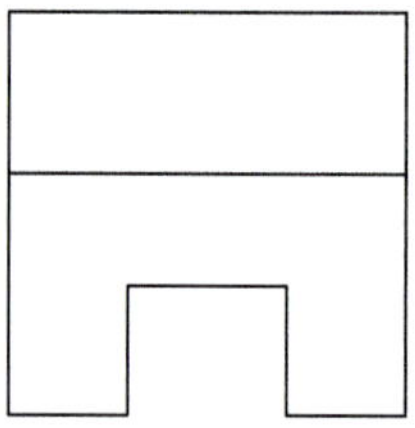
④ 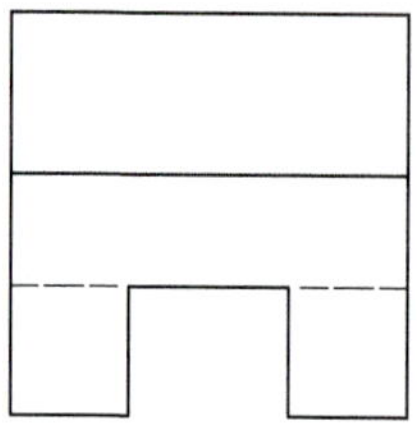

04 다음 등각 투상도에서 제3각 방법으로 화살표 방향에서 본 투상도는?

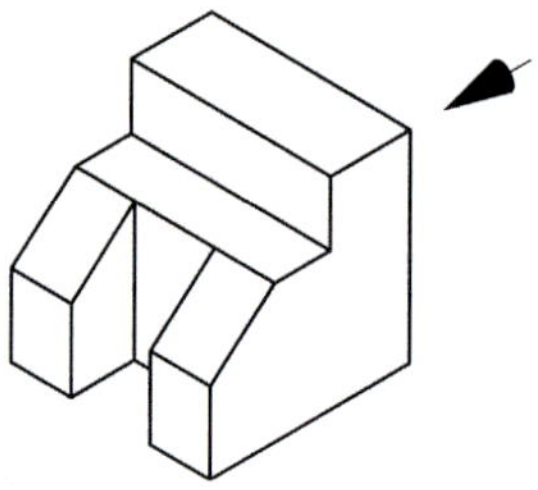

① 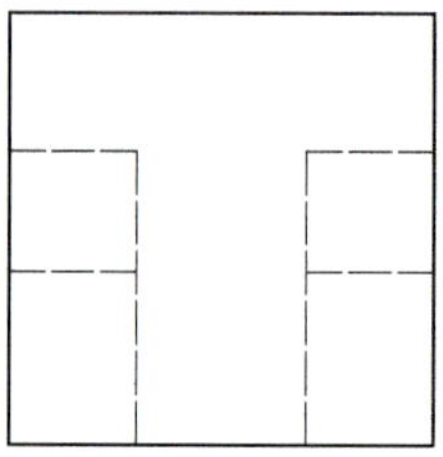
② 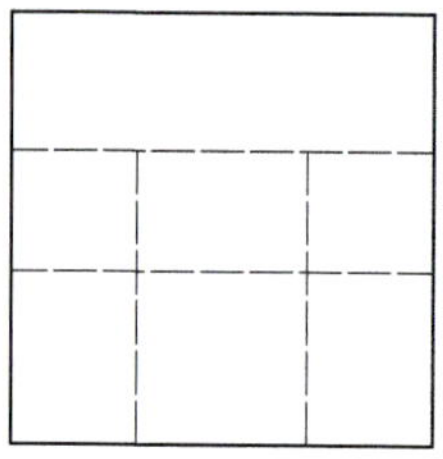
③ 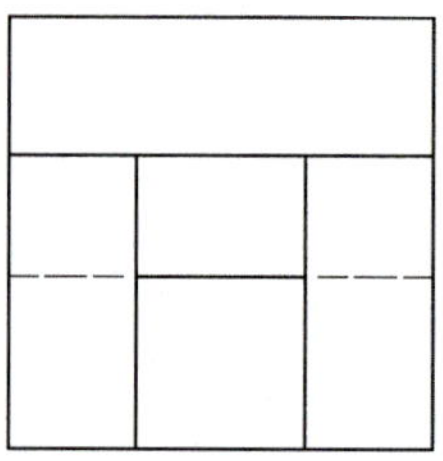
④ 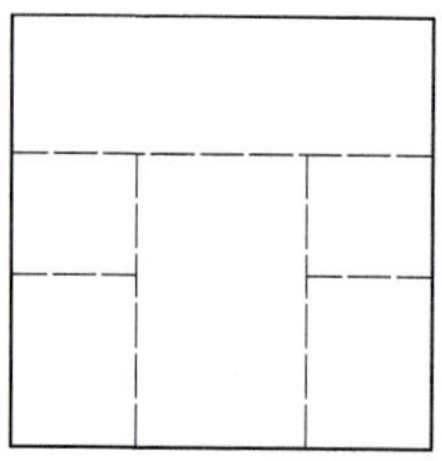

05 다음 등각 투상도에서 제3각 방법으로 화살표 방향에서 본 투상도는?

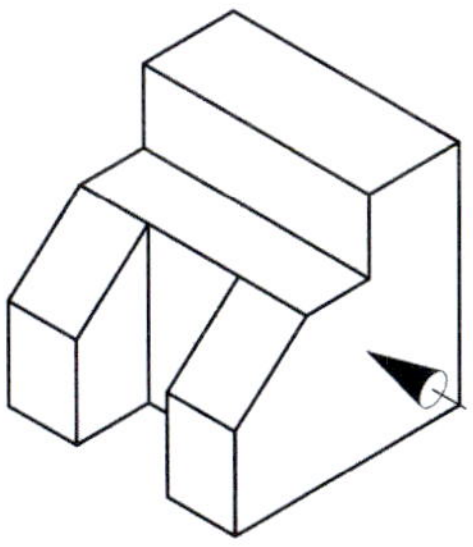

① 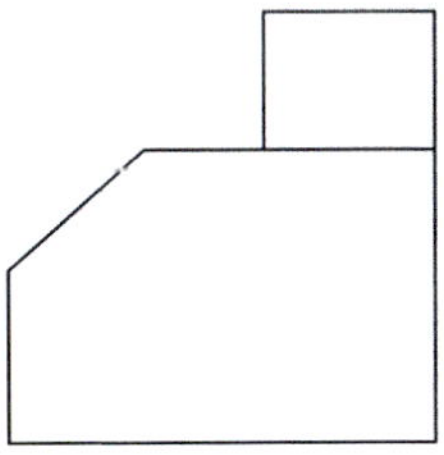
② 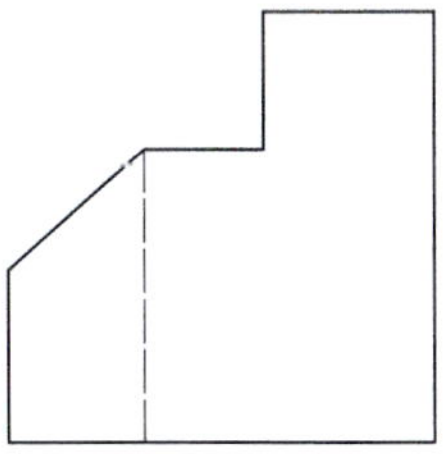
③ 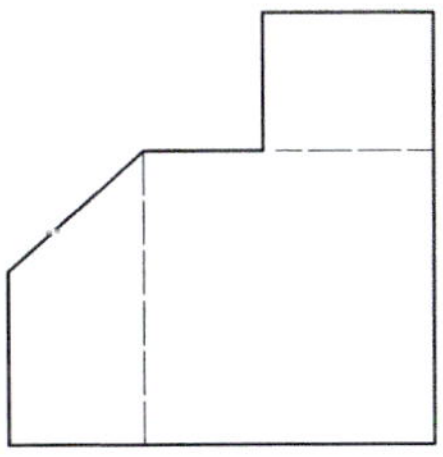
④ 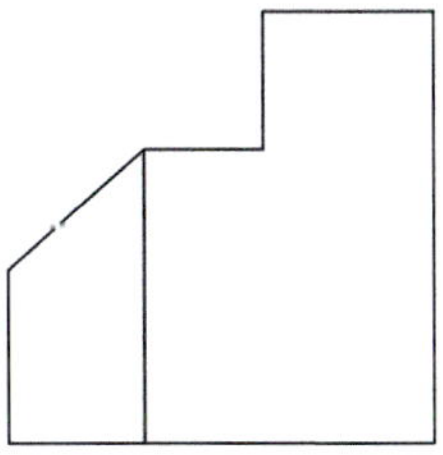

06 다음 등각 투상도에서 제3각 방법으로 화살표 방향에서 본 투상도는?

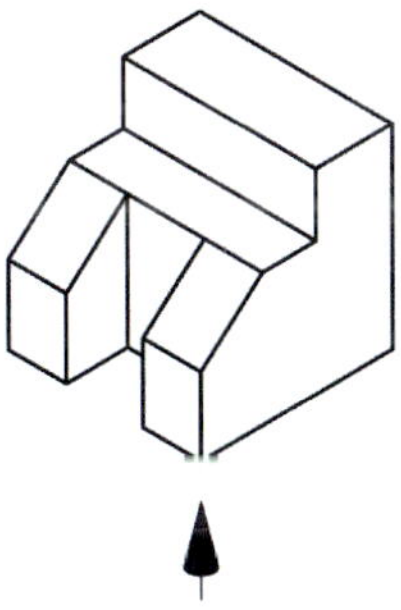

① 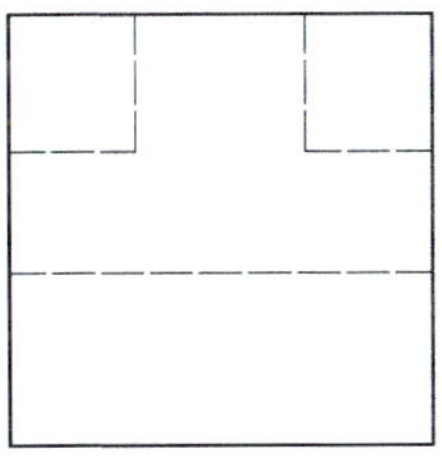
② 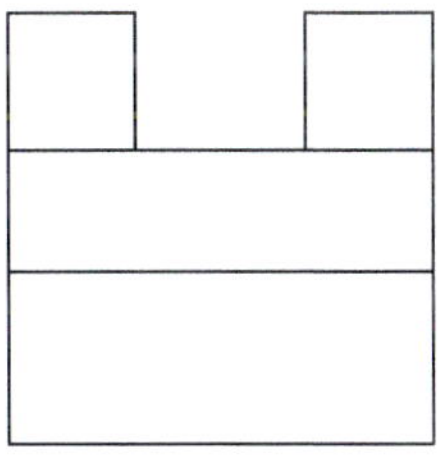
③ 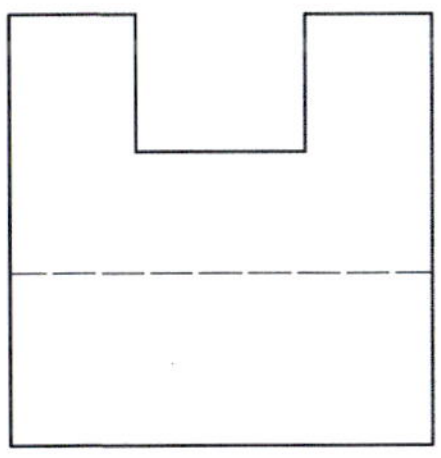
④ 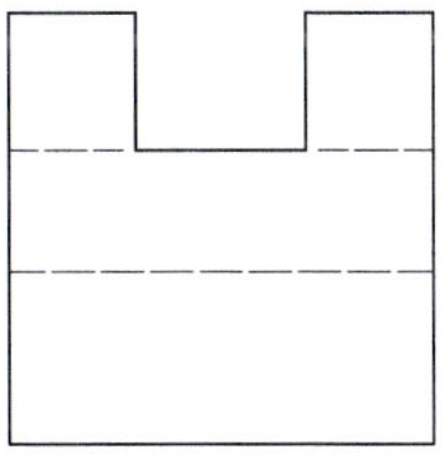

07 다음 등각 투상도에서 제3각 방법으로 화살표 방향에서 본 투상도는?

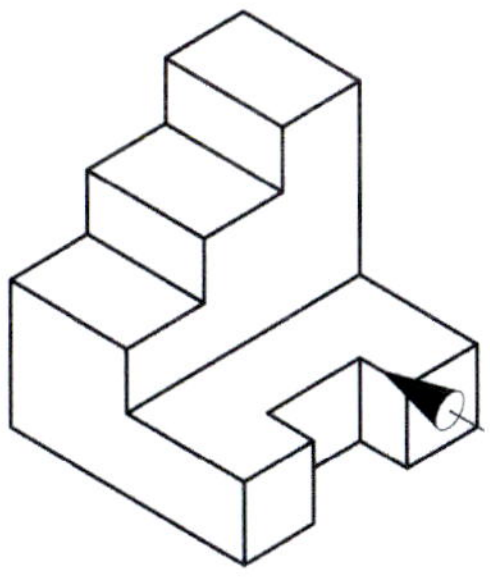

① 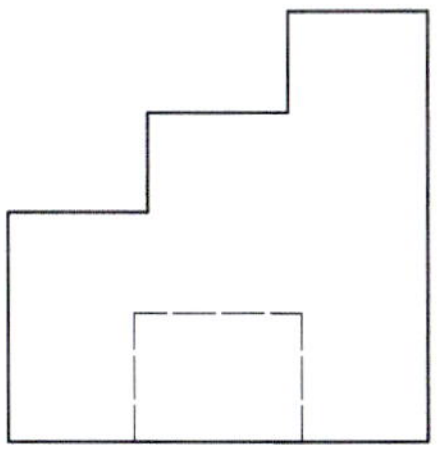
② 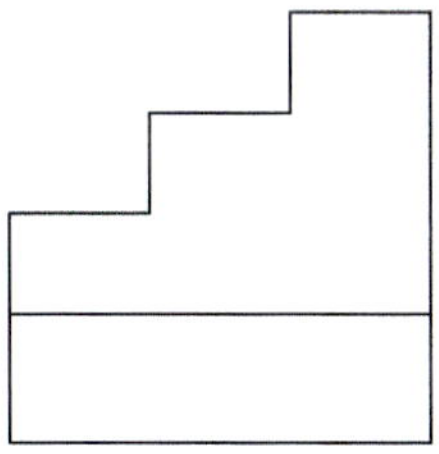
③ 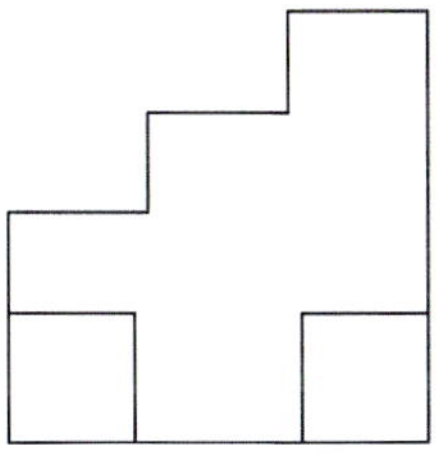
④ 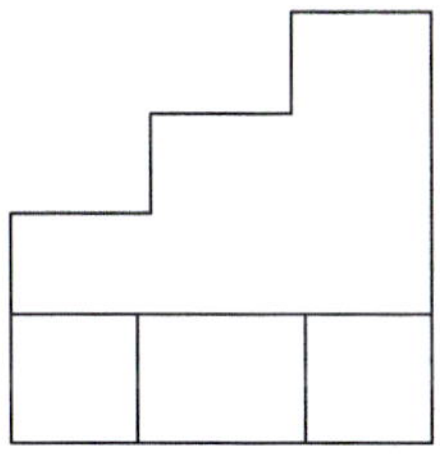

08 다음 등각 투상도에서 제3각 방법으로 화살표 방향에서 본 투상도는?

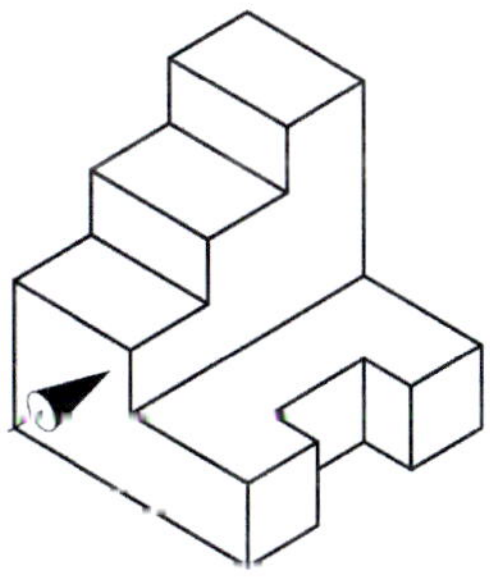

① 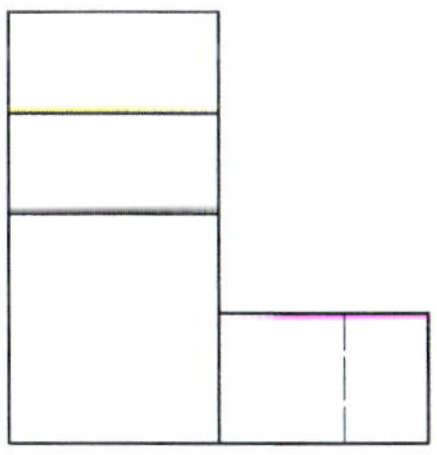
② 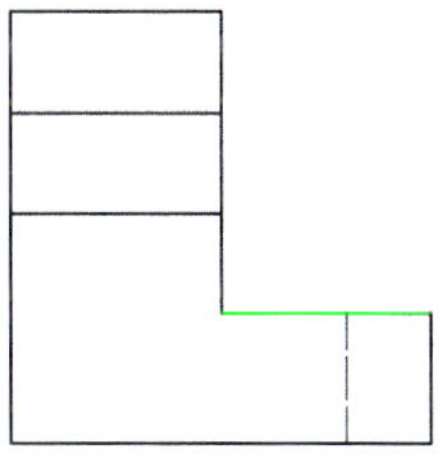
③ 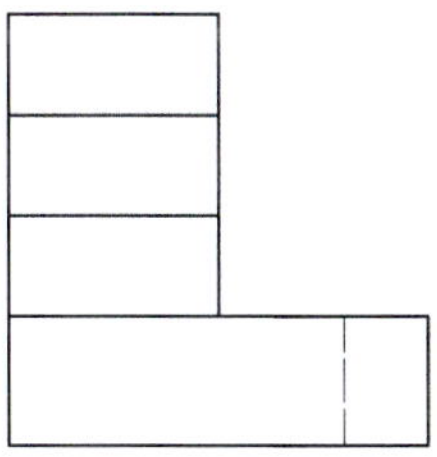
④ 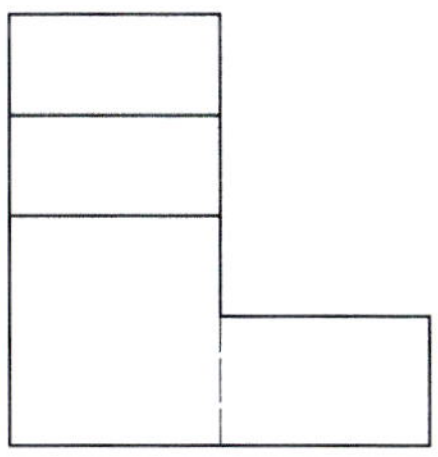

09 다음 등각 투상도에서 제3각 방법으로 화살표 방향에서 본 투상도는?

① 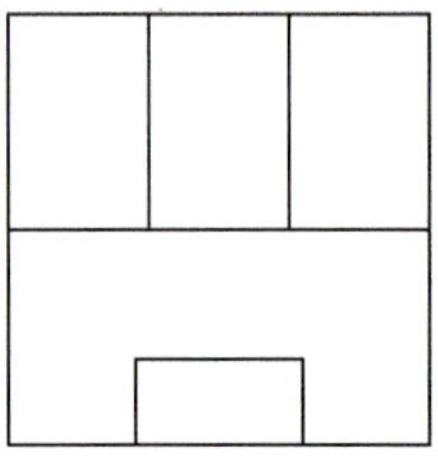 ② 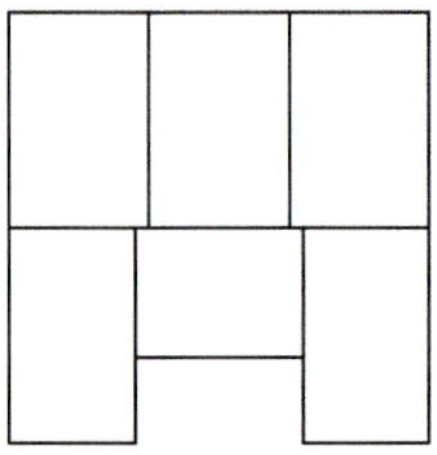

③ 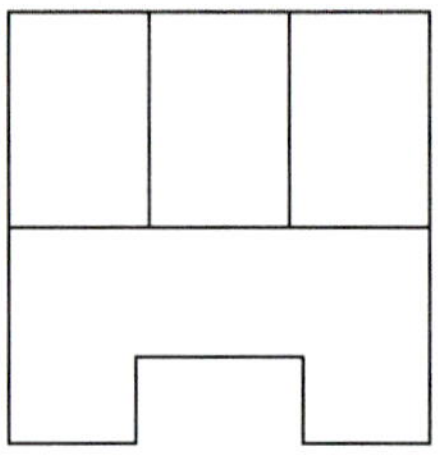 ④ 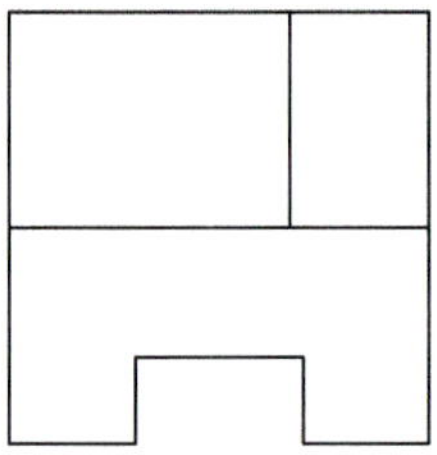

10 다음 등각 투상도에서 제3각 방법으로 화살표 방향에서 본 투상도는?

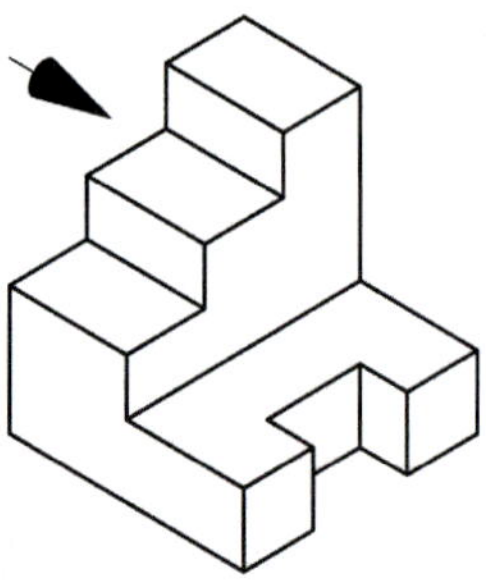

① 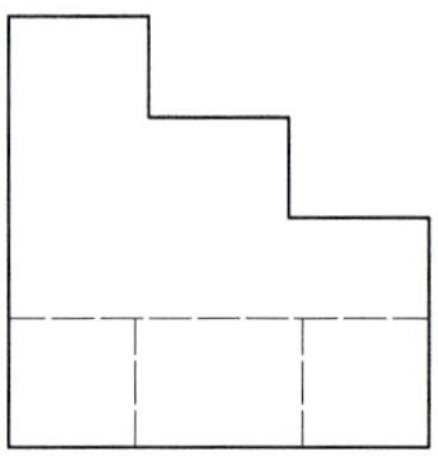 ② 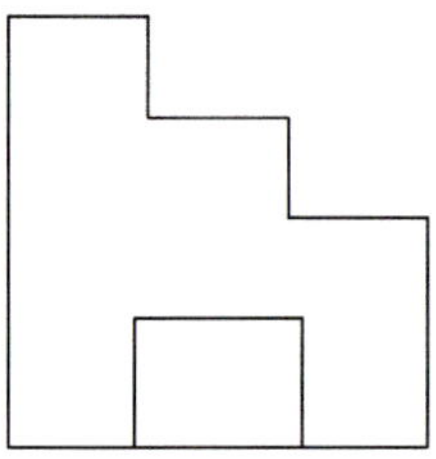

③ 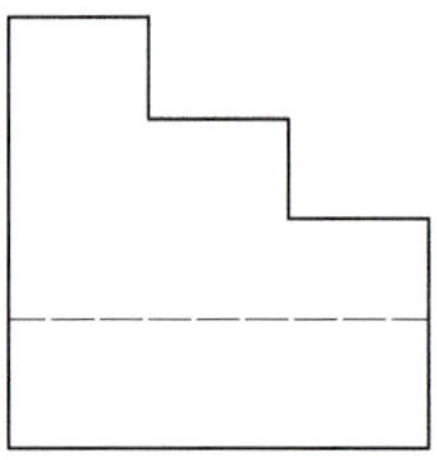 ④ 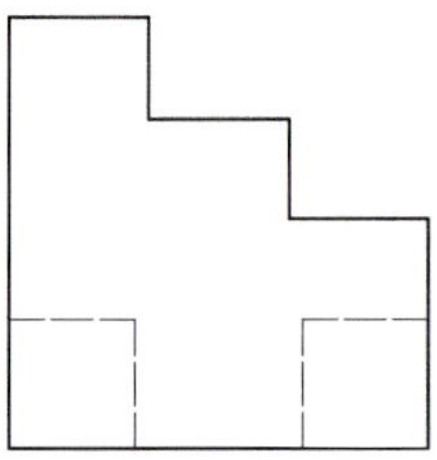

11 다음 등각 투상도에서 제3각 방법으로 화살표 방향에서 본 투상도는?

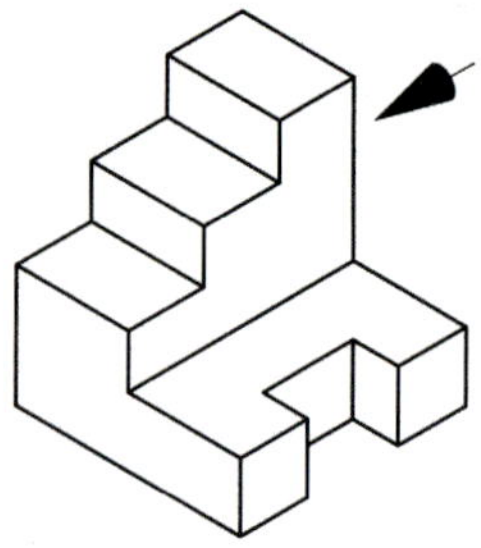

① 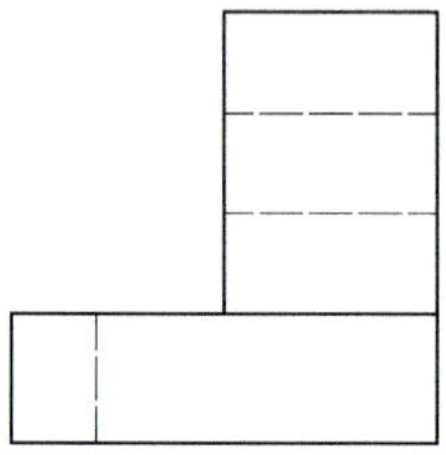 ② 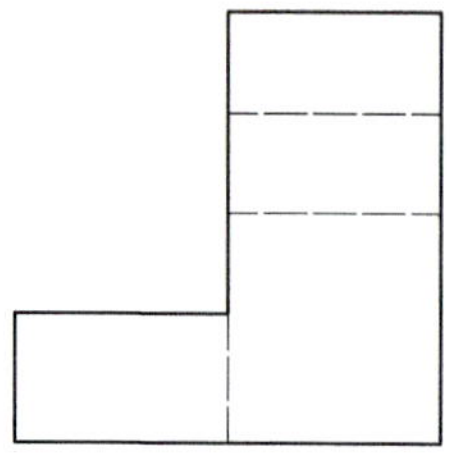

③ 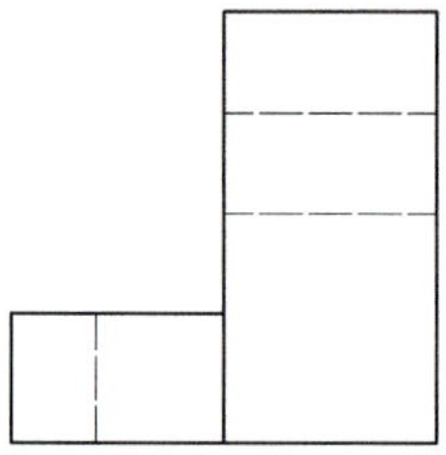 ④ 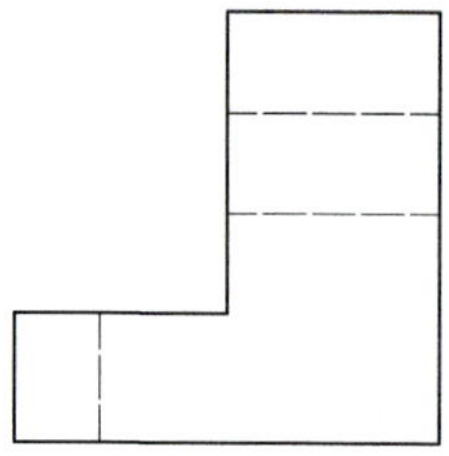

12 다음 등각 투상도에서 제3각 방법으로 화살표 방향에서 본 투상도는?

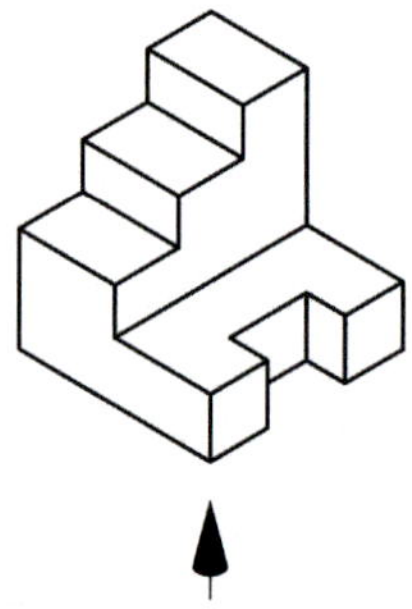

① 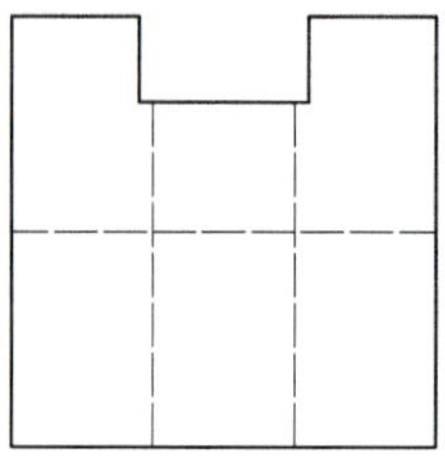 ② 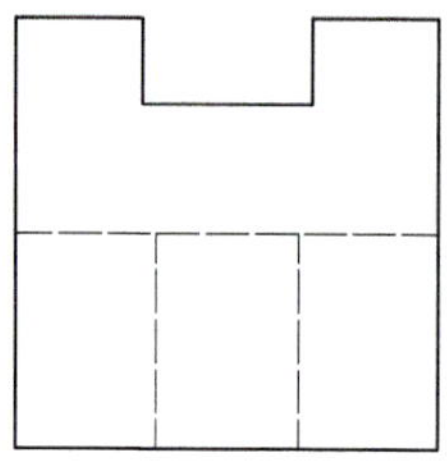

③ 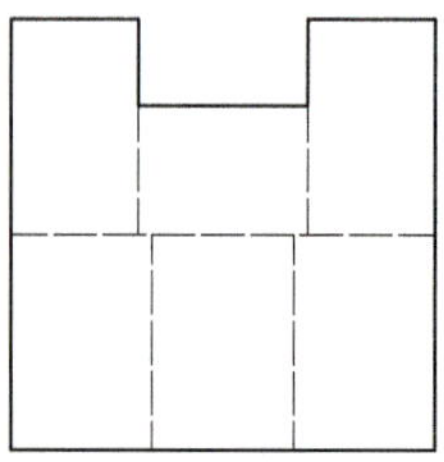 ④ 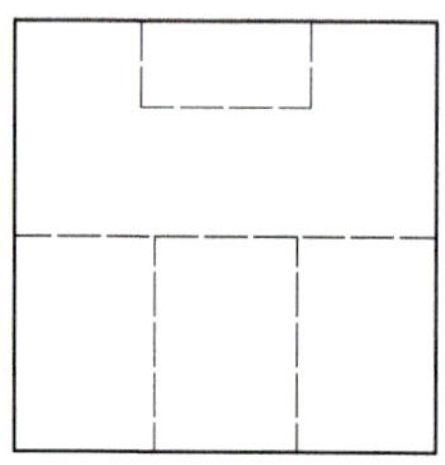

13 다음 등각 투상도에서 제3각 방법으로 화살표 방향에서 본 투상도는?

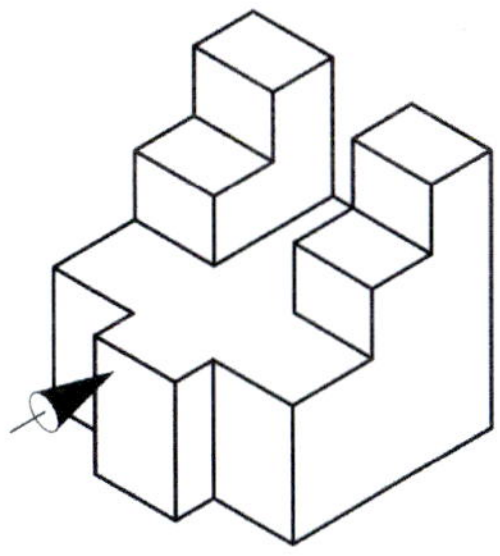

① 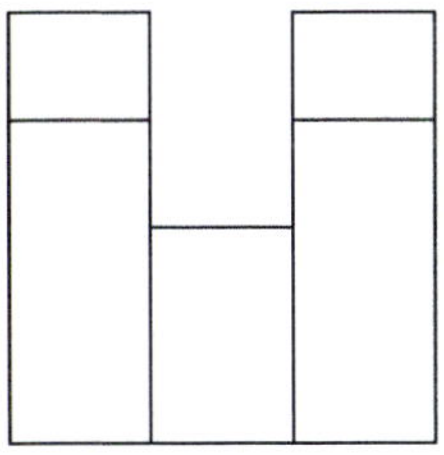
② 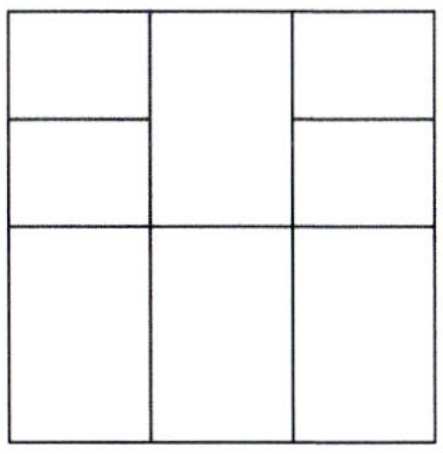
③ 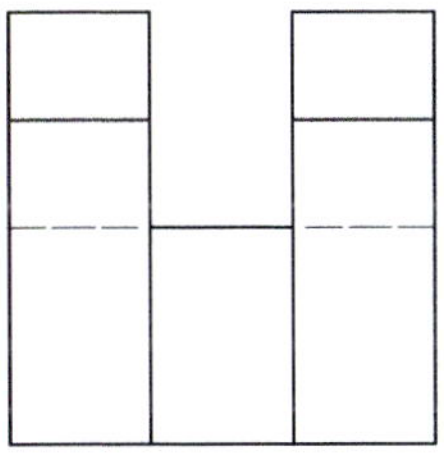
④ 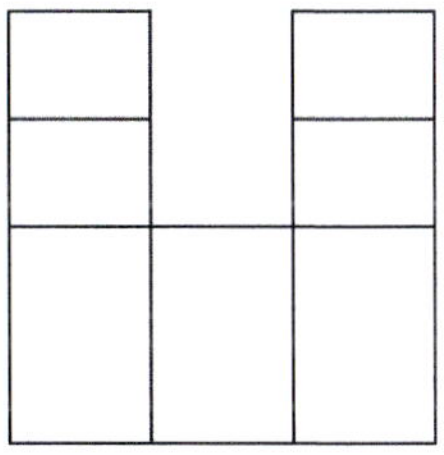

14 다음 등각 투상도에서 제3각 방법으로 화살표 방향에서 본 투상도는?

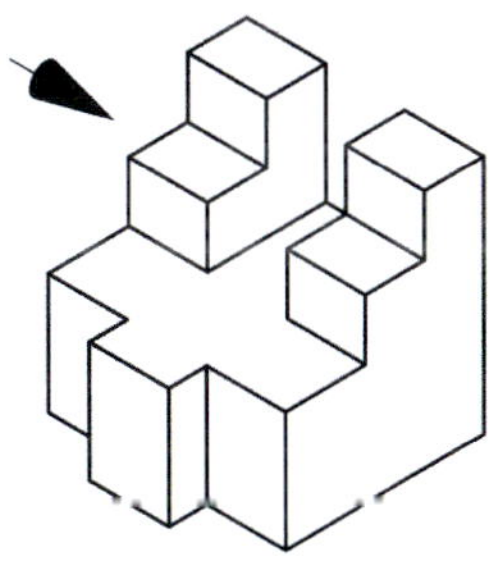

① 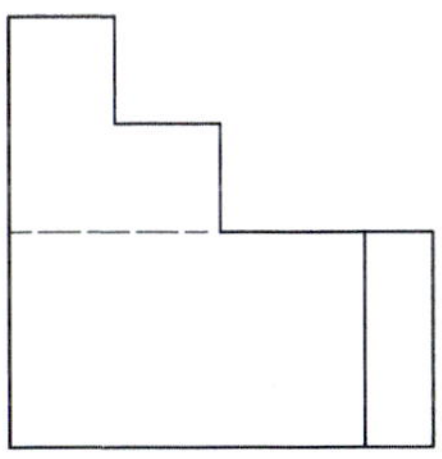
② 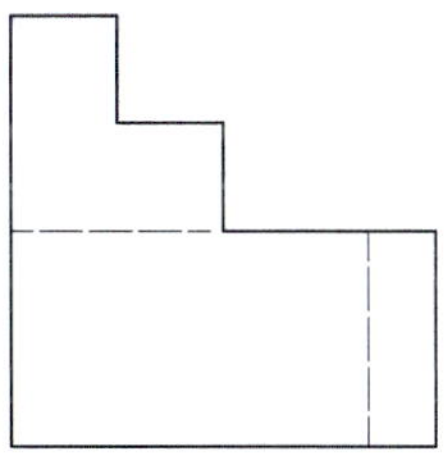
③ 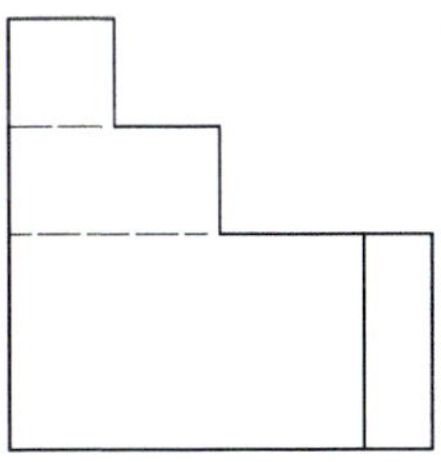
④ 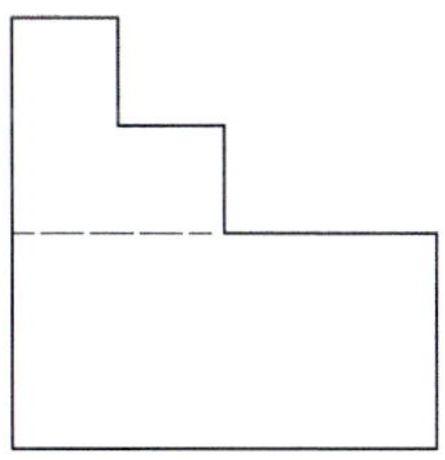

15 다음 등각 투상도에서 제3각 방법으로 화살표 방향에서 본 투상도는?

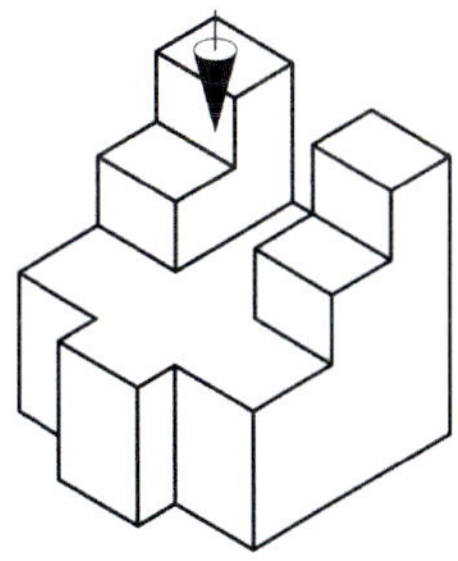

① 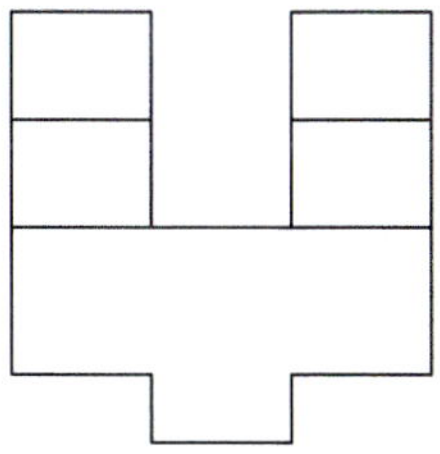
② 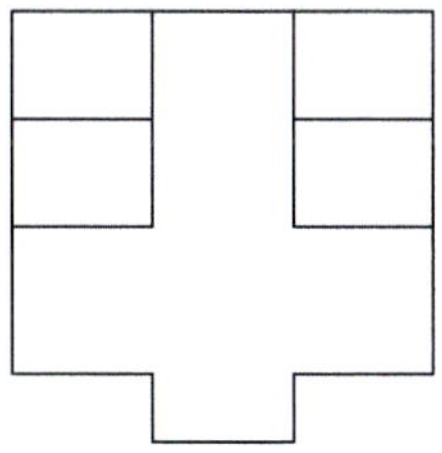
③ 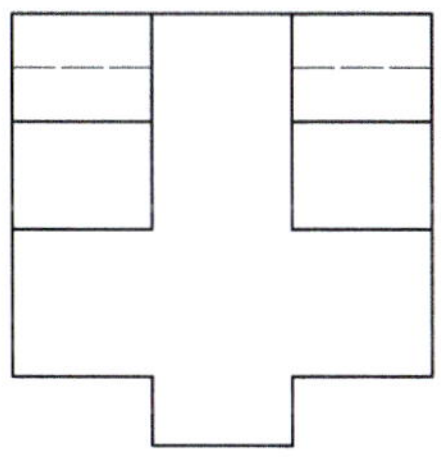
④ 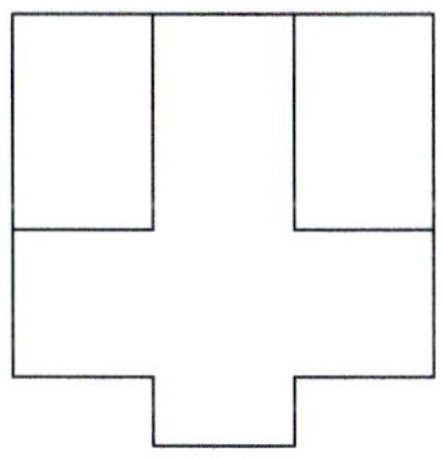

16 다음 등각 투상도에서 제3각 방법으로 화살표 방향에서 본 투상도는?

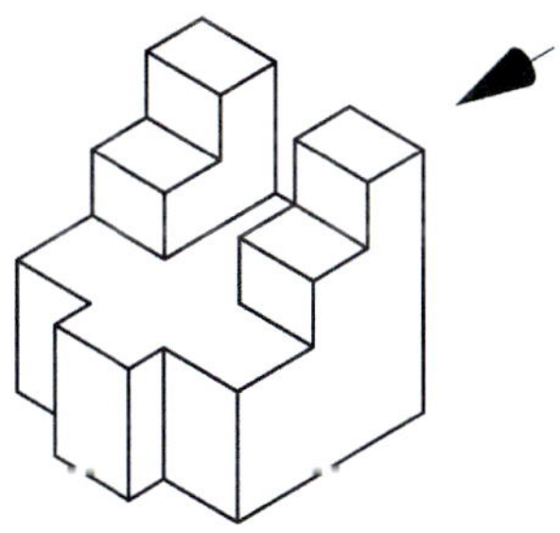

① 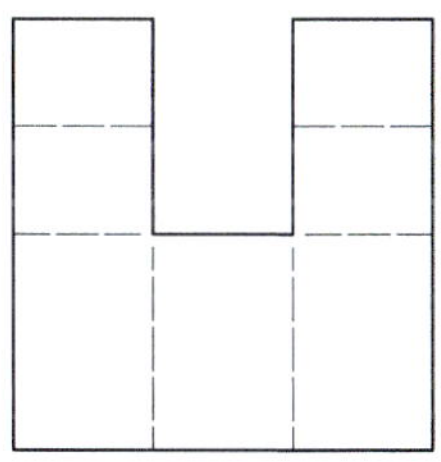
② 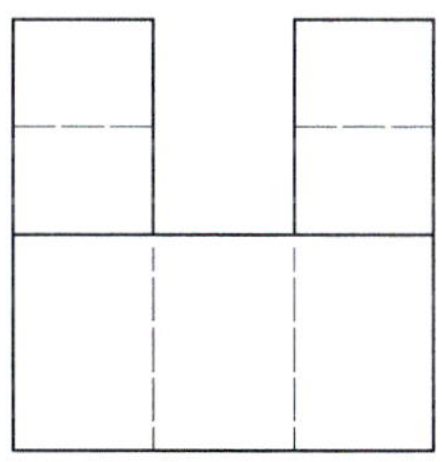
③ 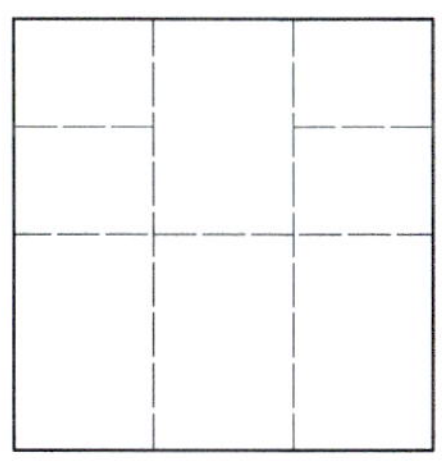
④ 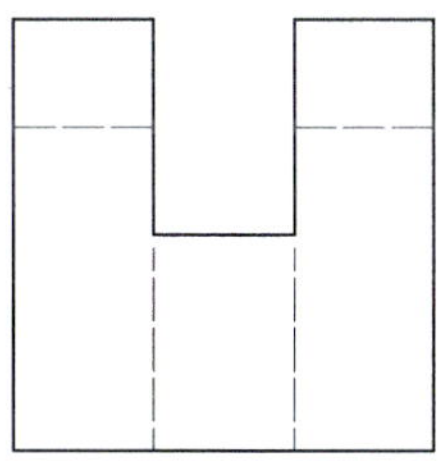

17 다음 등각 투상도에서 제3각 방법으로 화살표 방향에서 본 투상도는?

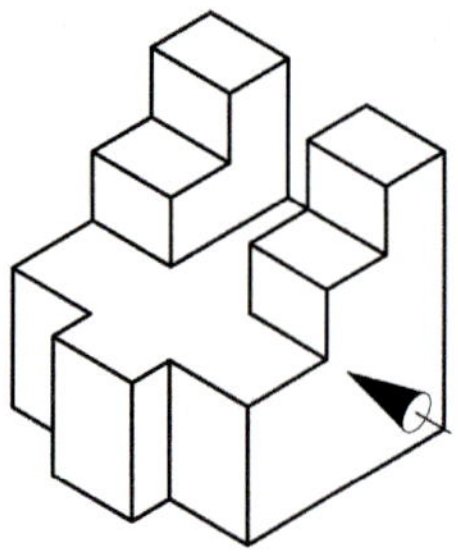

① 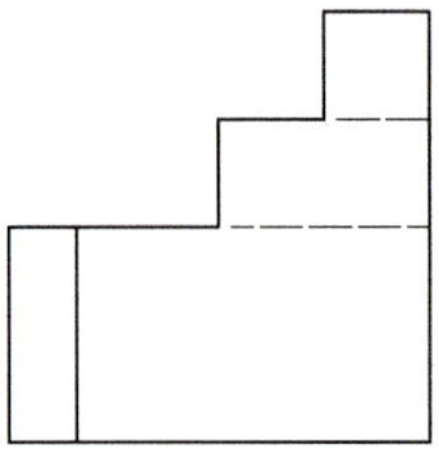
② 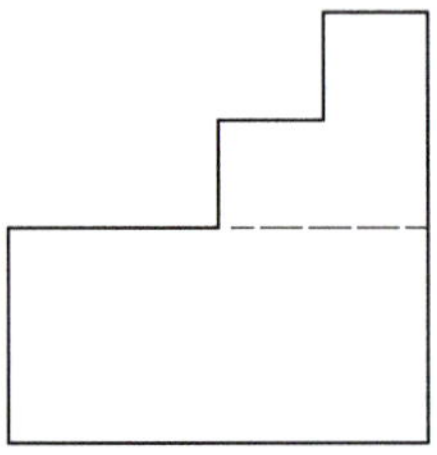
③ 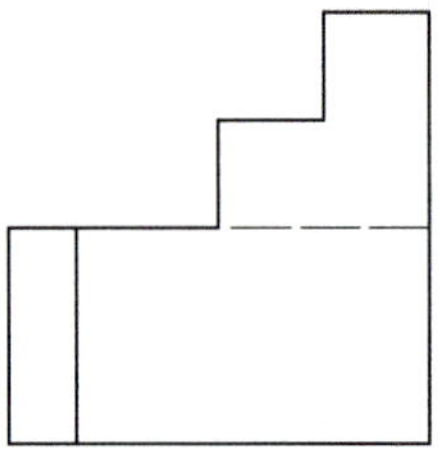
④ 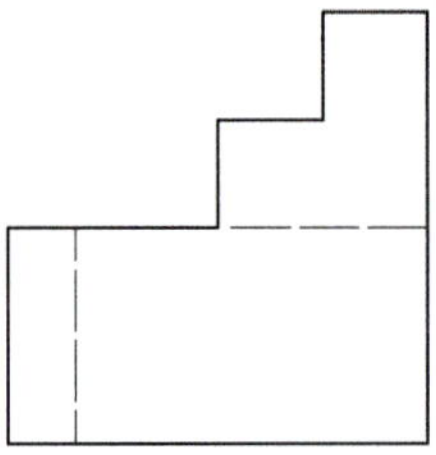

18 다음 등각 투상도에서 제3각 방법으로 화살표 방향에서 본 투상도는?

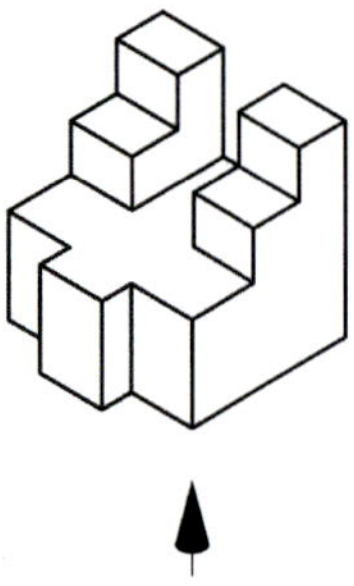

① 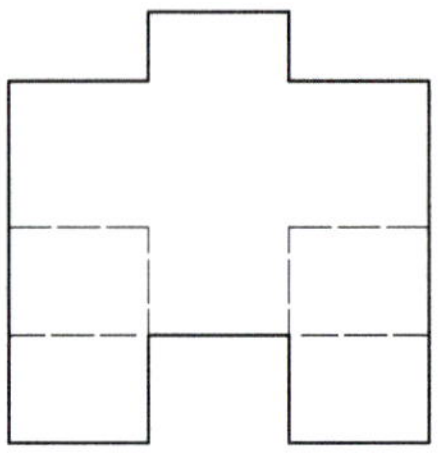
② 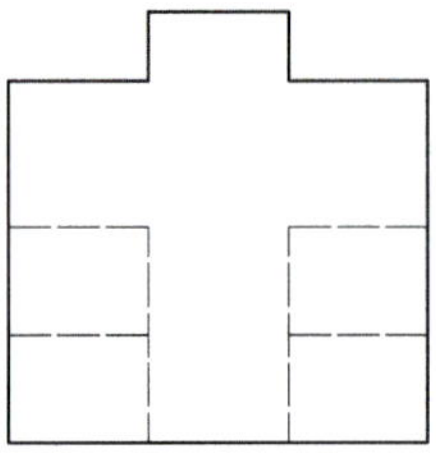
③ 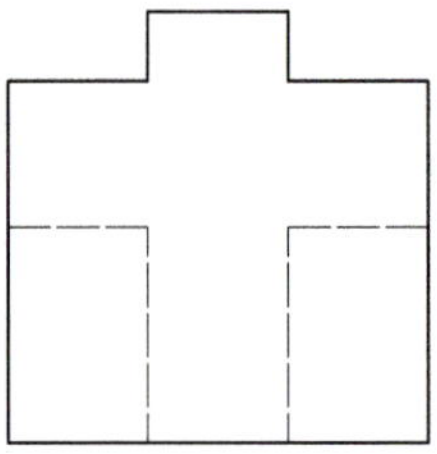
④ 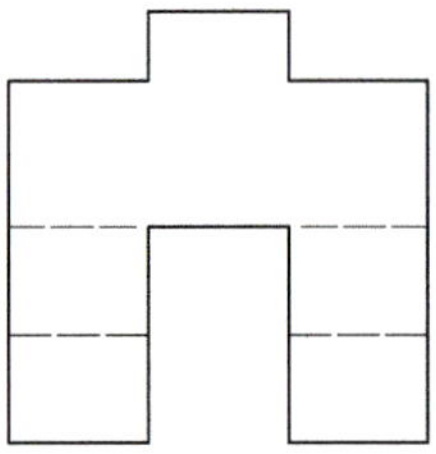

19 다음 등각 투상도에서 제3각 방법으로 화살표 방향에서 본 투상도는?

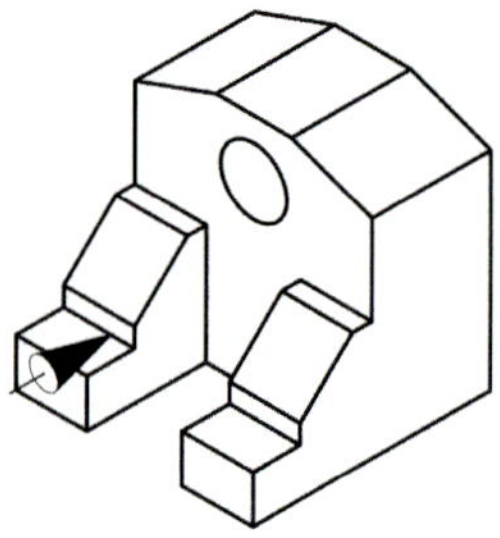

① 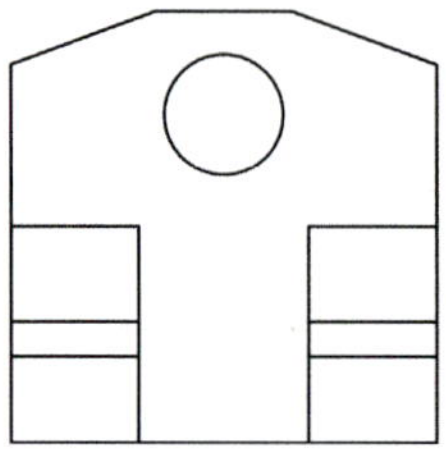
② 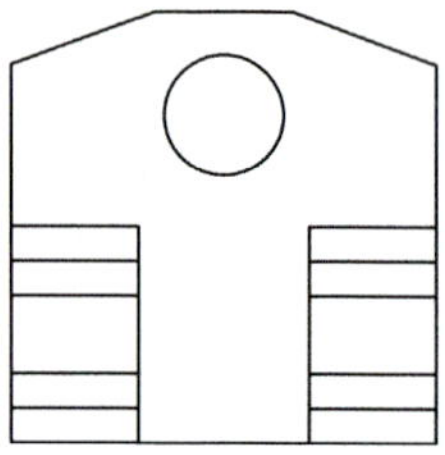
③ 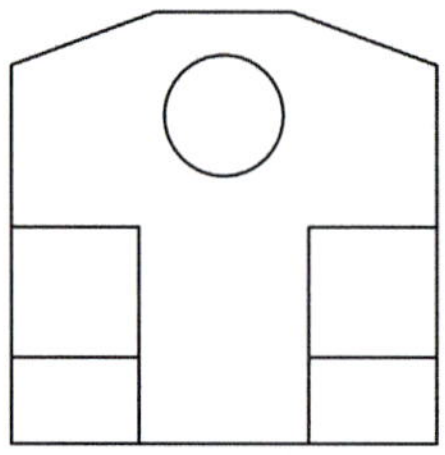
④ 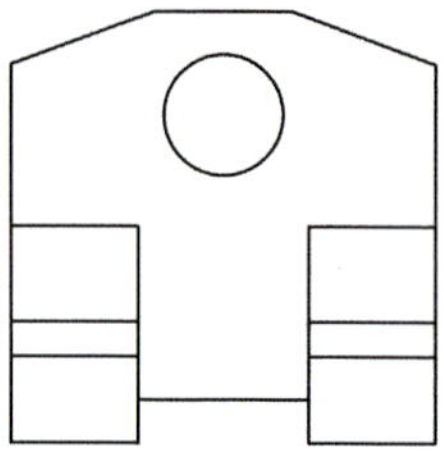

20 다음 등각 투상도에서 제3각 방법으로 화살표 방향에서 본 투상도는?

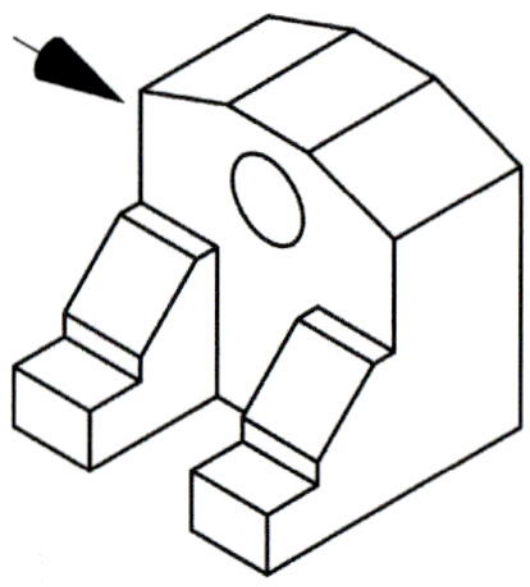

① 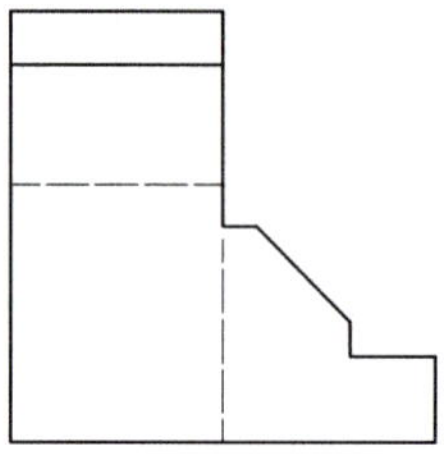
② 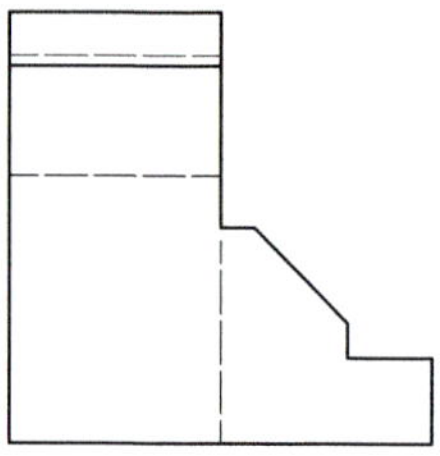
③ 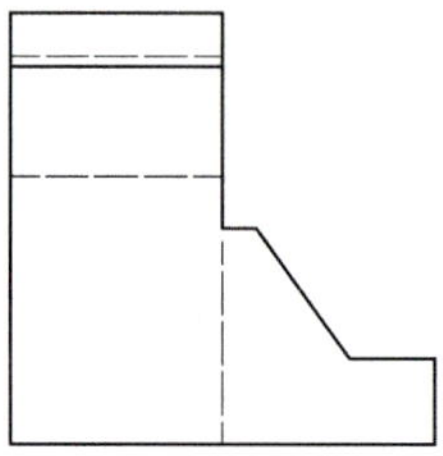
④ 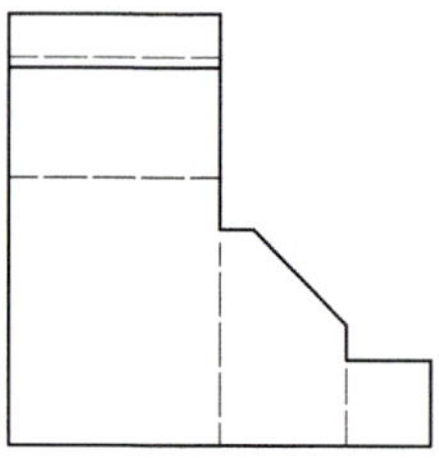

21 다음 등각 투상도에서 제3각 방법으로 화살표 방향에서 본 투상도는?

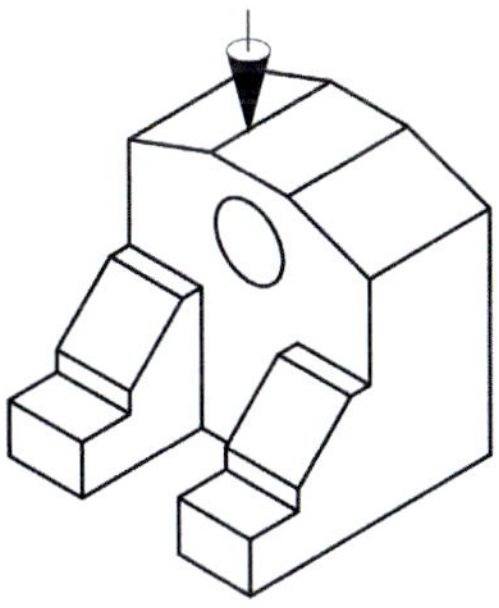

① 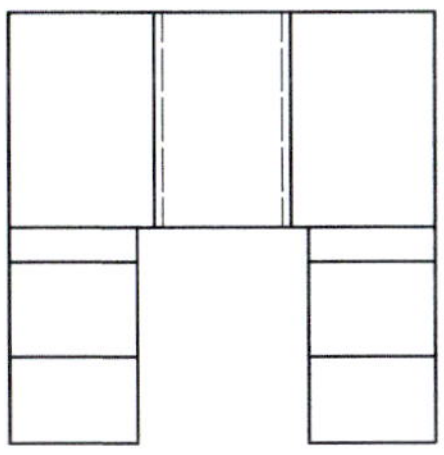
② 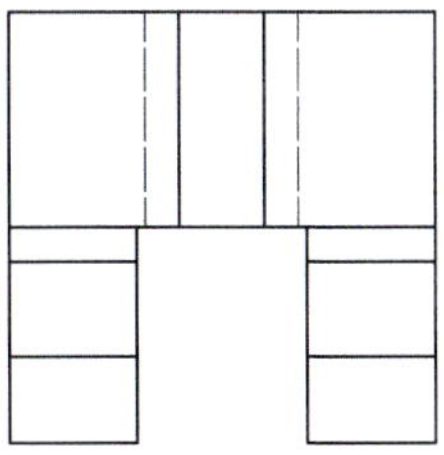
③ 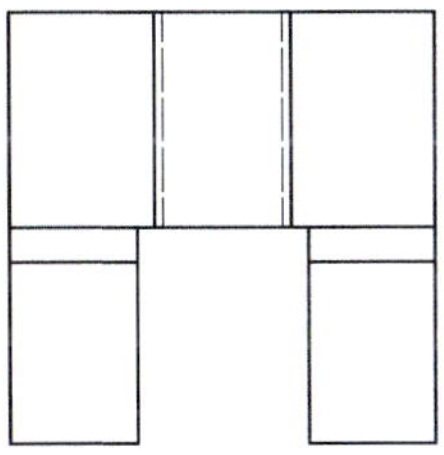
④ 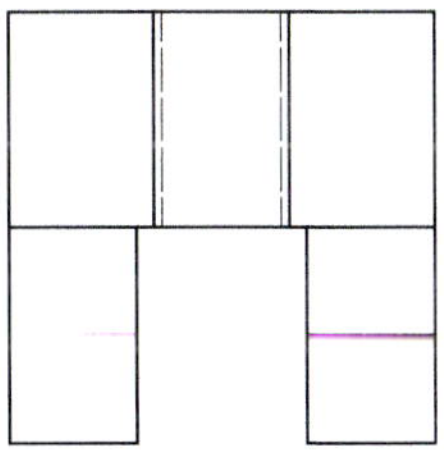

22 다음 등각 투상도에서 제3각 방법으로 화살표 방향에서 본 투상도는?

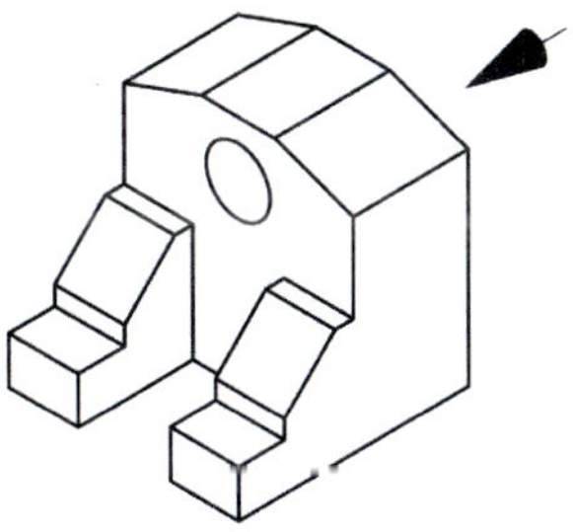

① 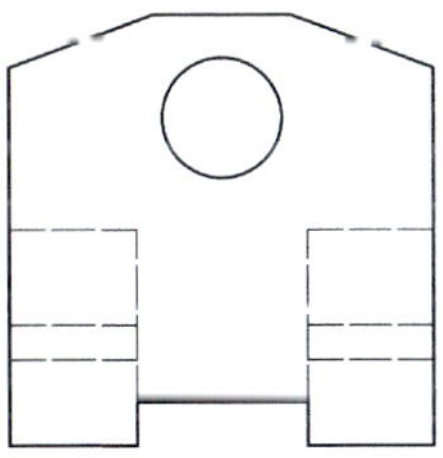
② 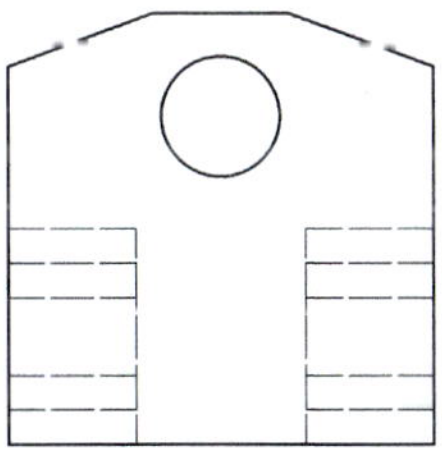
③ 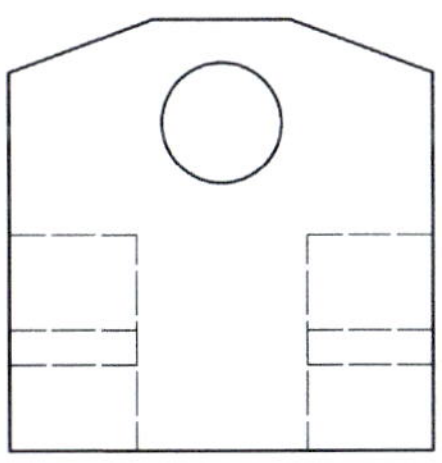
④ 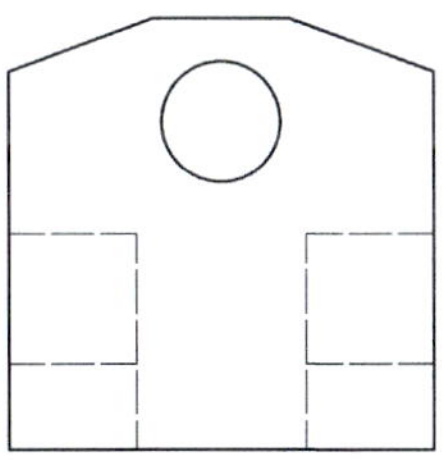

23 다음 등각 투상도에서 제3각 방법으로 화살표 방향에서 본 투상도는?

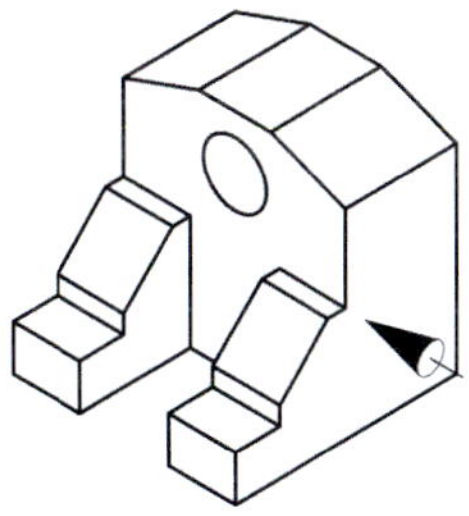

① 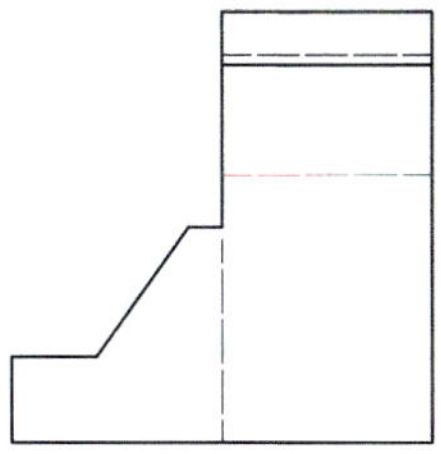
② 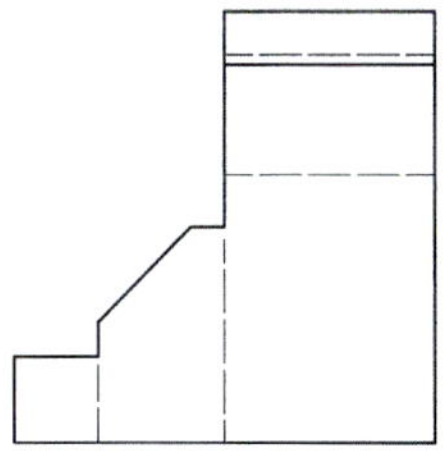
③ 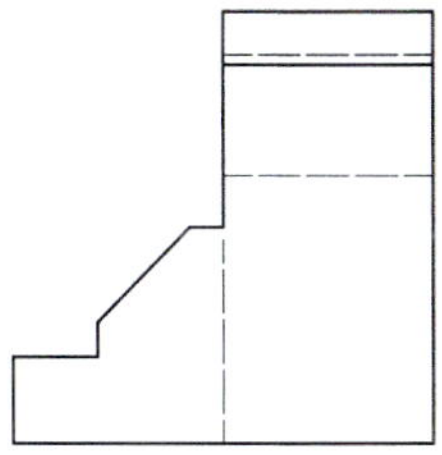
④ 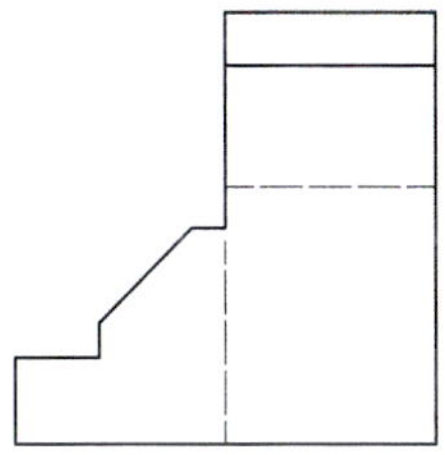

24 다음 등각 투상도에서 제3각 방법으로 화살표 방향에서 본 투상도는?

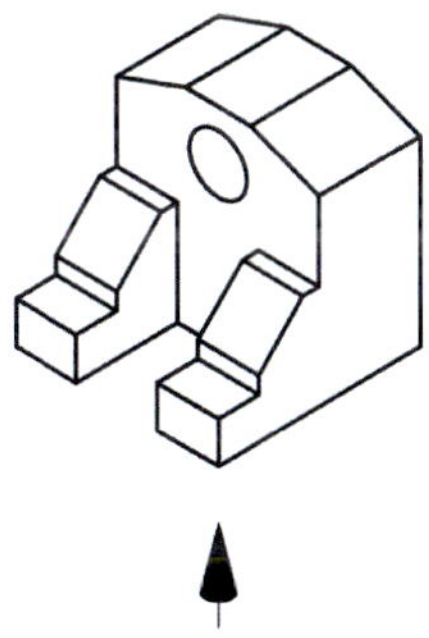

① 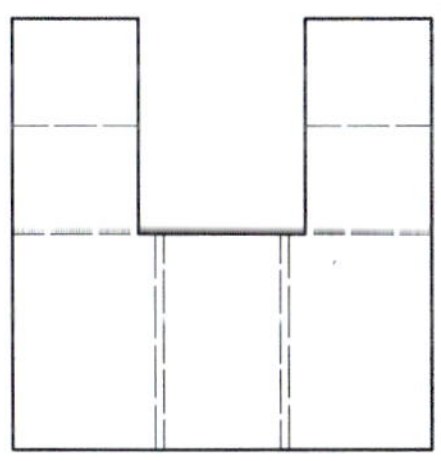
② 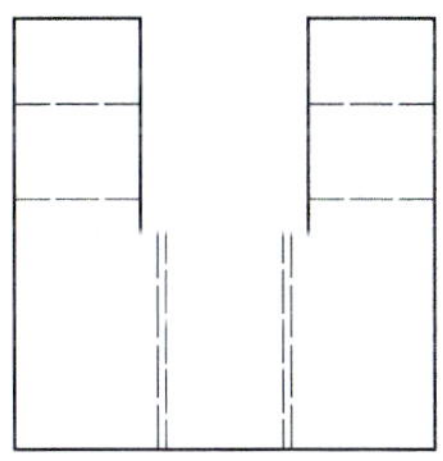
③ 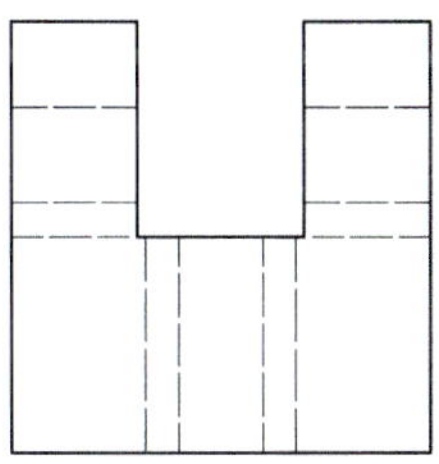
④ 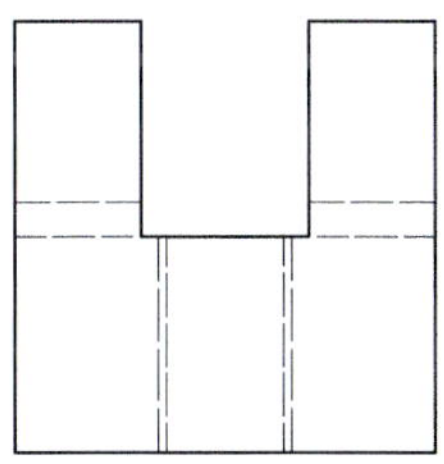

25 다음 등각 투상도에서 제3각 방법으로 화살표 방향에서 본 투상도는?

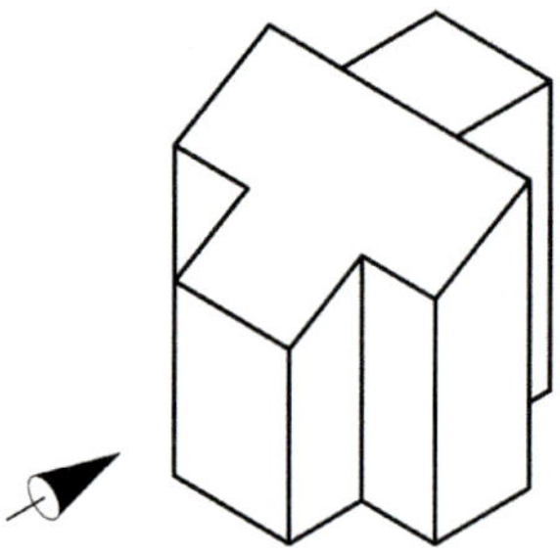

①
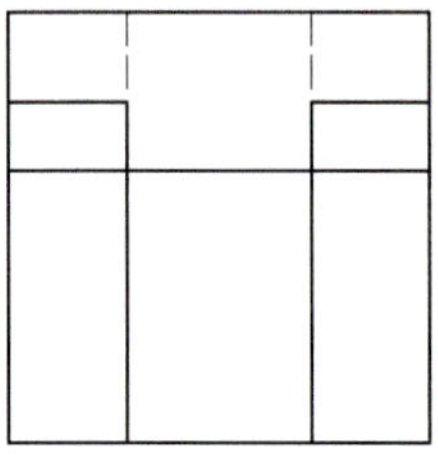
②
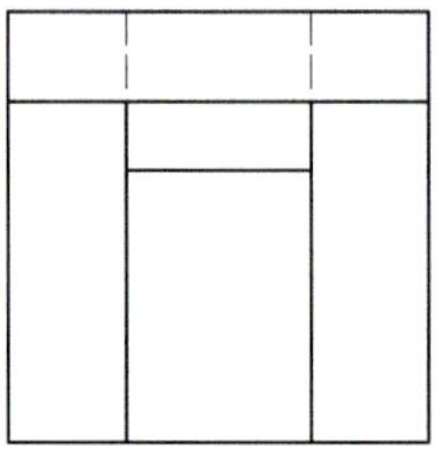
③
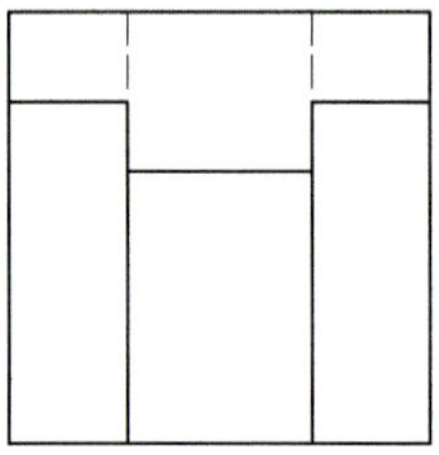
④
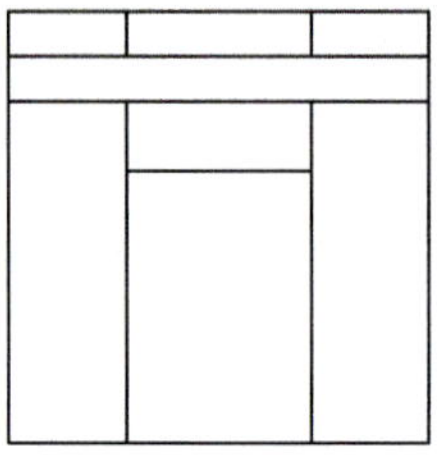

26 다음 등각 투상도에서 제3각 방법으로 화살표 방향에서 본 투상도는?

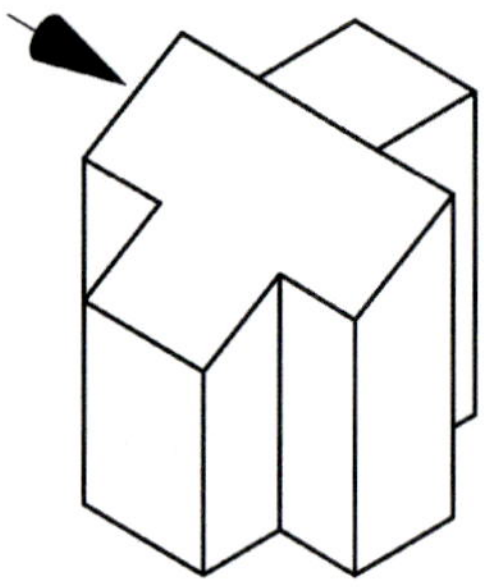

①
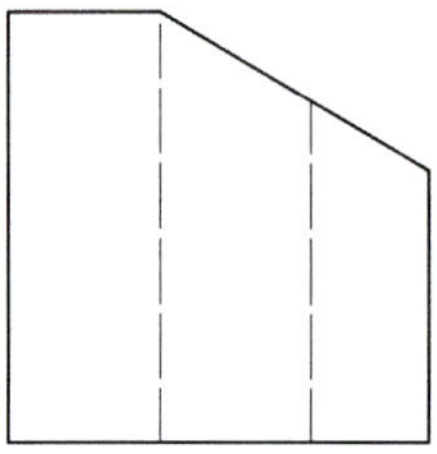
②
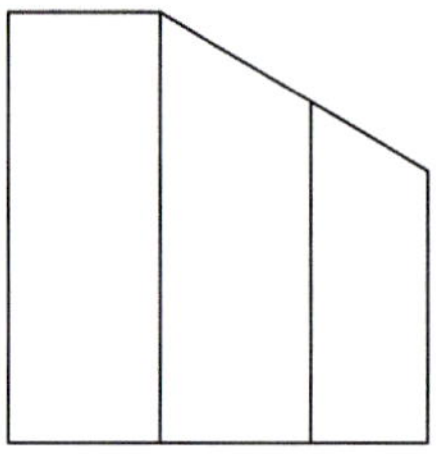
③
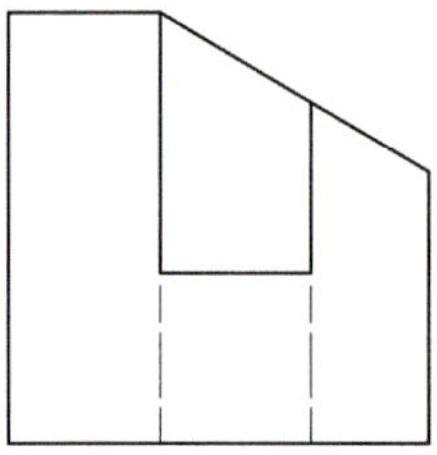
④
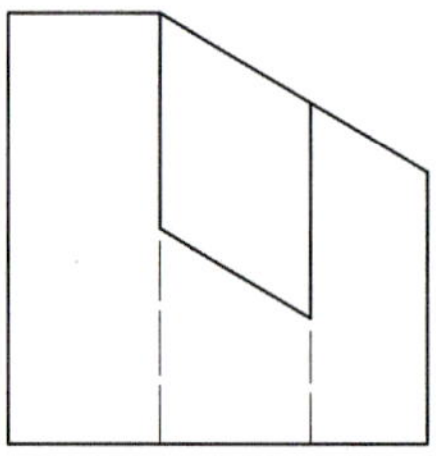

27 다음 등각 투상도에서 제3각 방법으로 화살표 방향에서 본 투상도는?

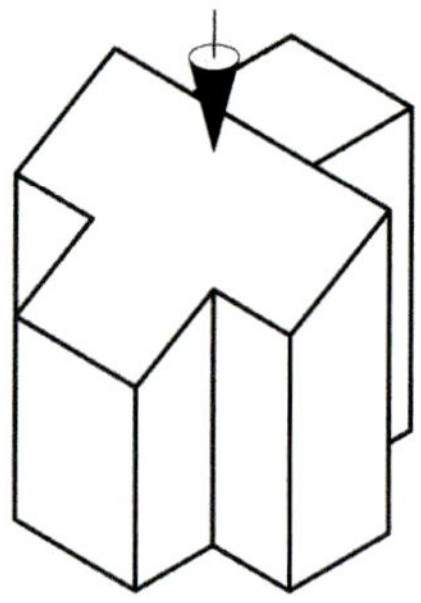

①
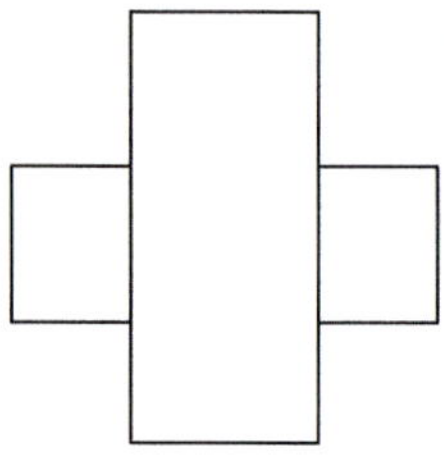
②
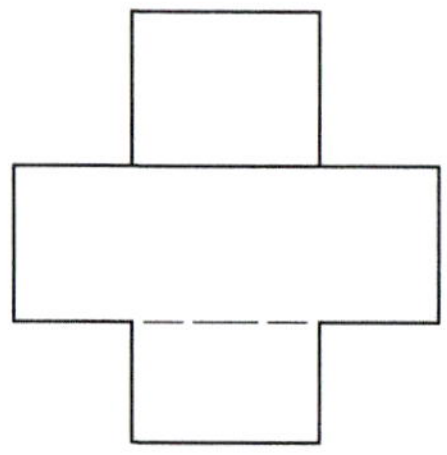
③
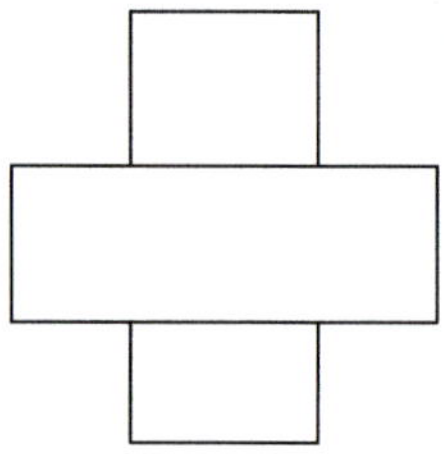
④
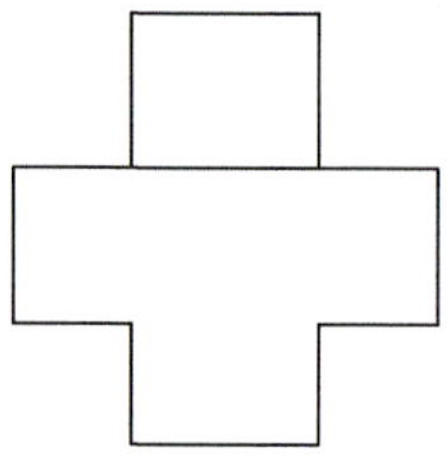

28 다음 등각 투상도에서 제3각 방법으로 화살표 방향에서 본 투상도는?

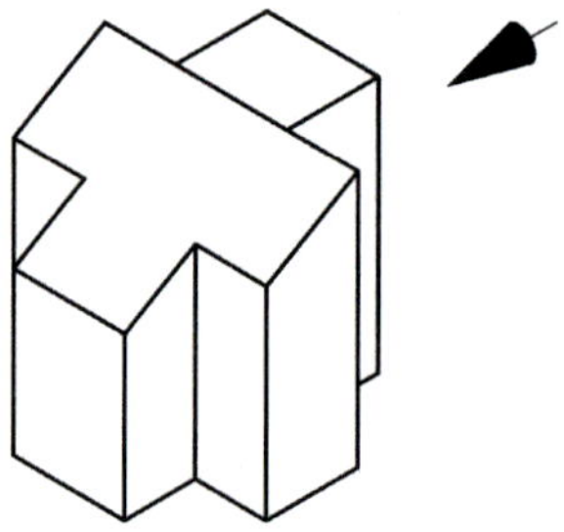

①
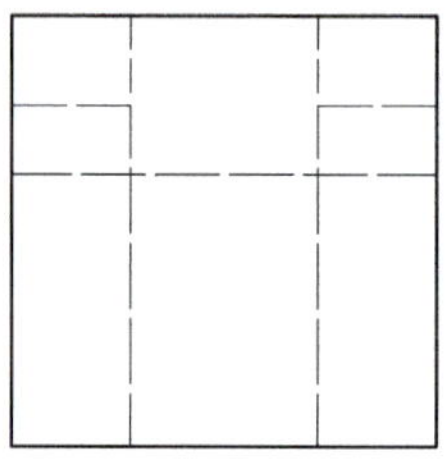
②
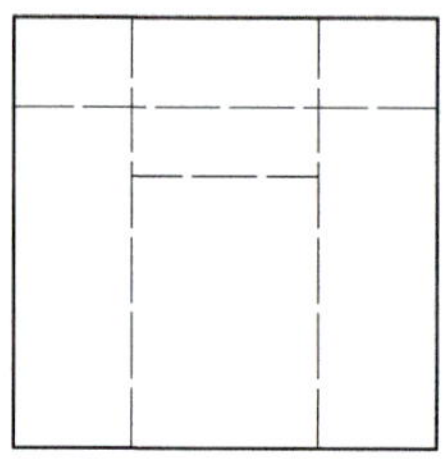
③
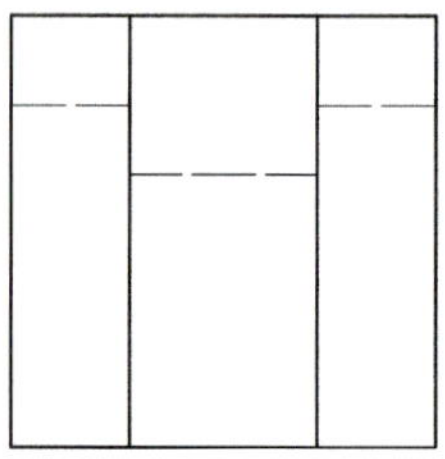
④
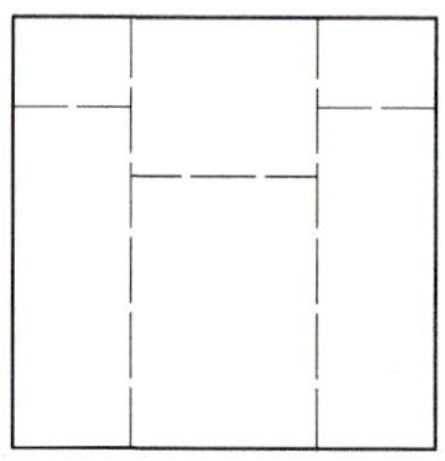

29 다음 등각 투상도에서 제3각 방법으로 화살표 방향에서 본 투상도는?

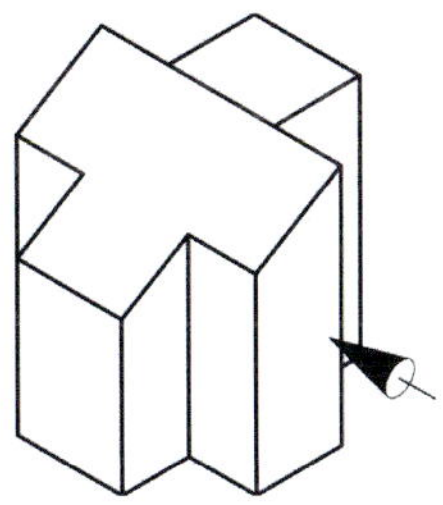

①
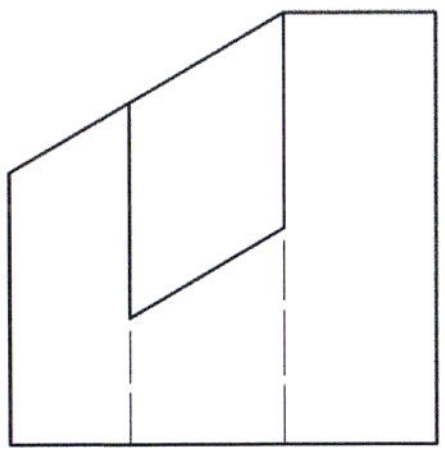
②
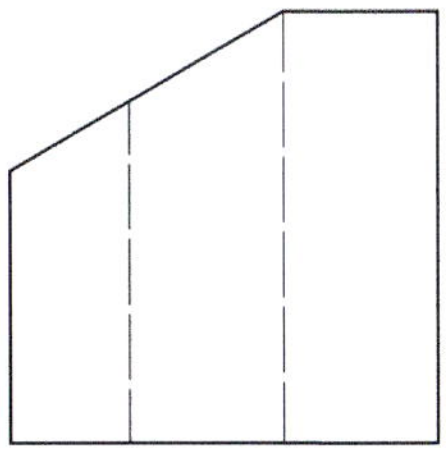
③
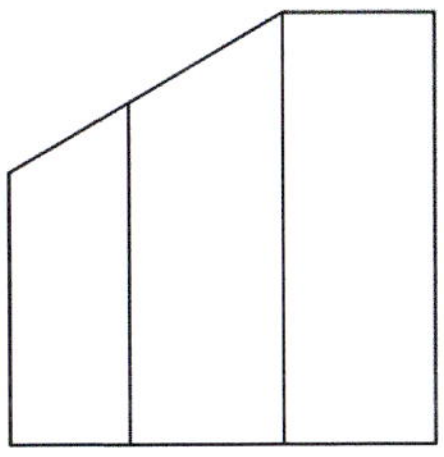
④
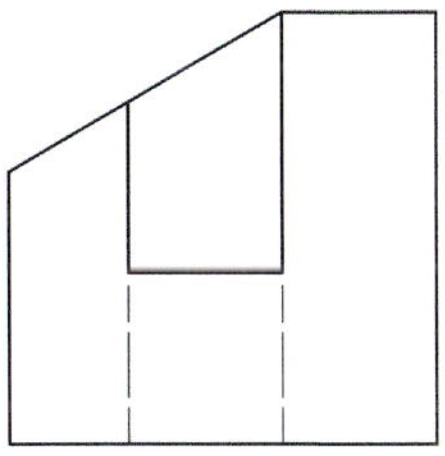

30 다음 등각 투상도에서 제3각 방법으로 화살표 방향에서 본 투상도는?

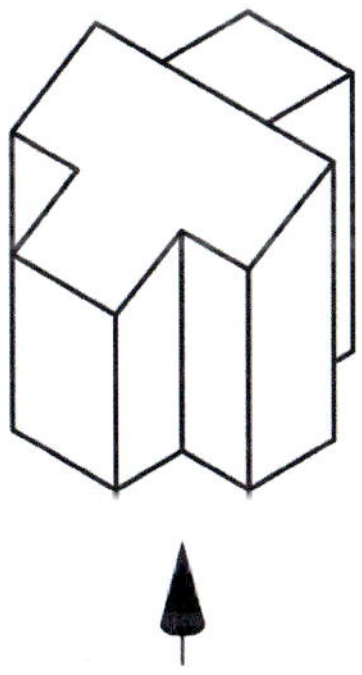

①
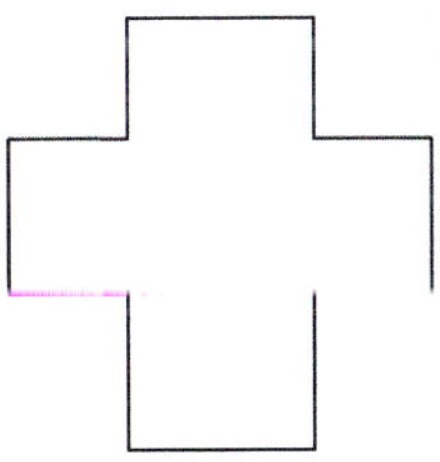
②
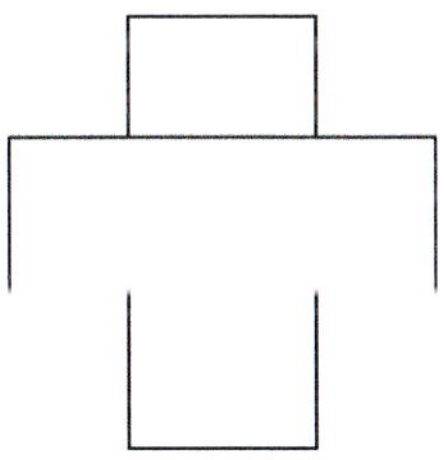
③
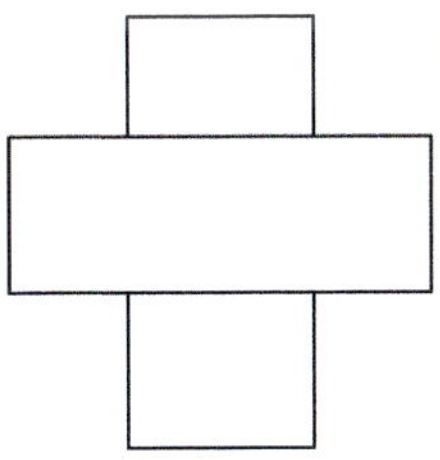
④
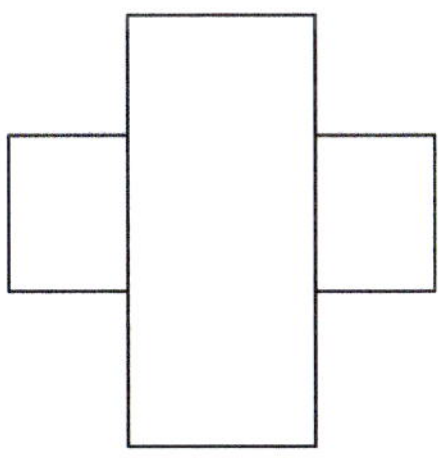

31 다음 등각 투상도에서 제3각 방법으로 화살표 방향에서 본 투상도는?

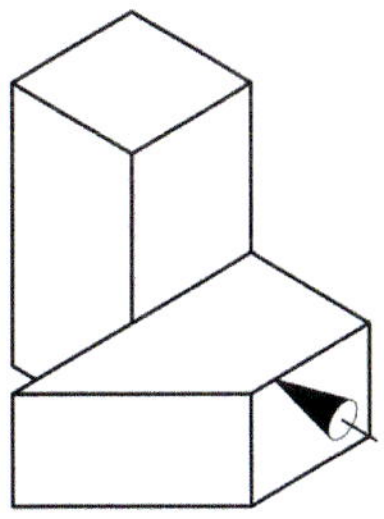

①
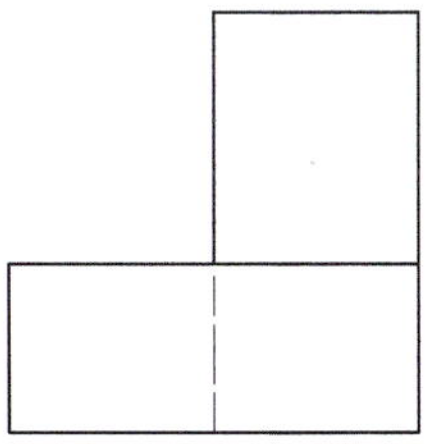
②
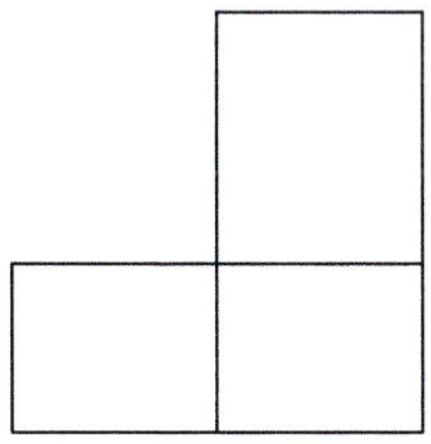
③
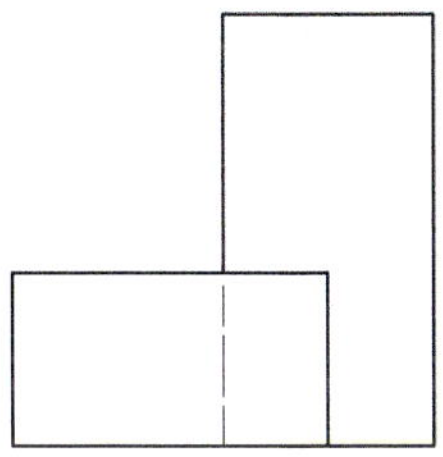
④
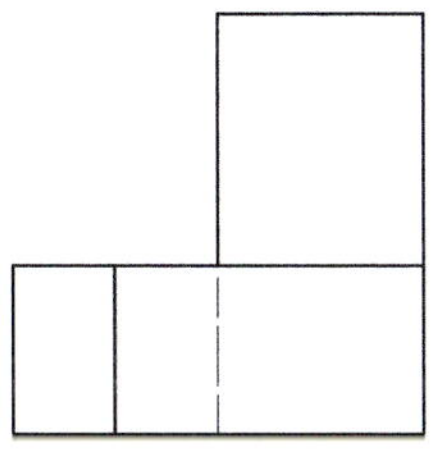

32 다음 등각 투상도에서 제3각 방법으로 화살표 방향에서 본 투상도는?

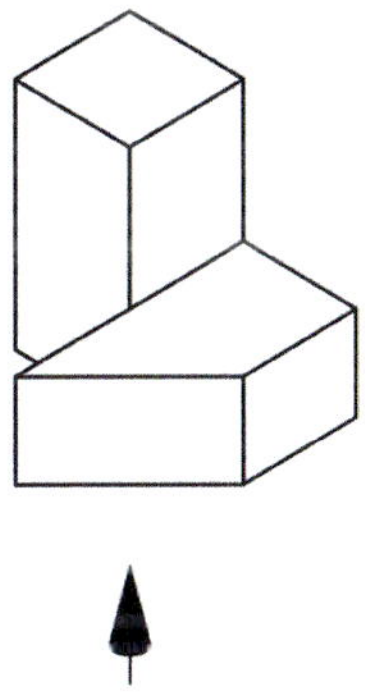

①
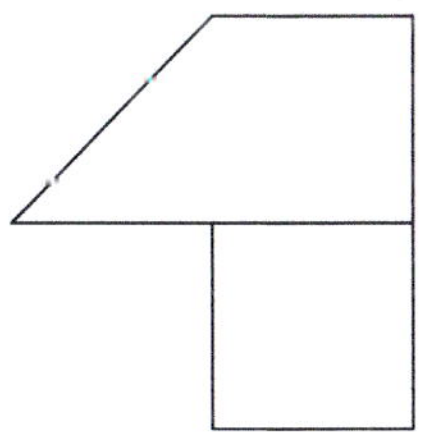
②
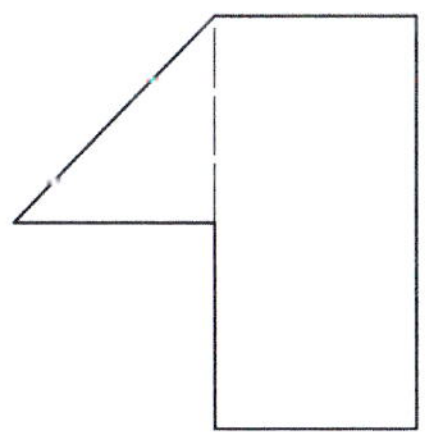
③
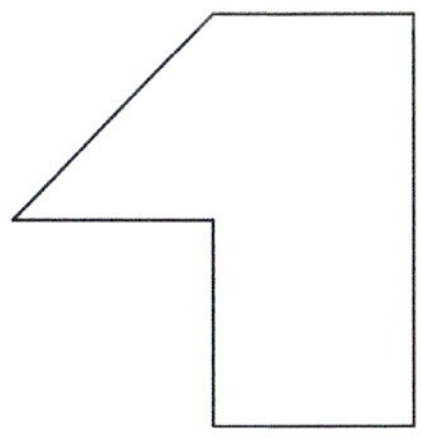
④
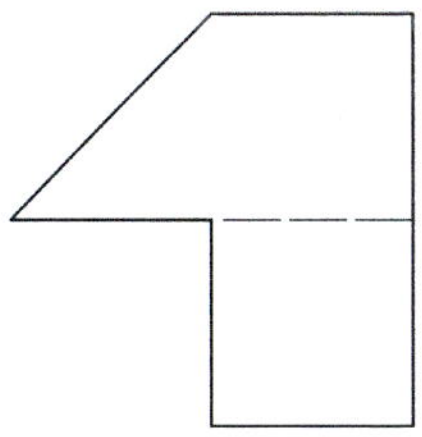

33 다음 등각 투상도에서 제3각 방법으로 화살표 방향에서 본 투상도는?

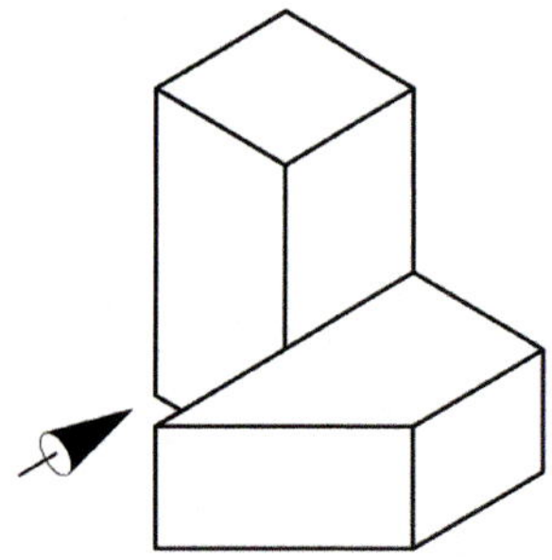

① 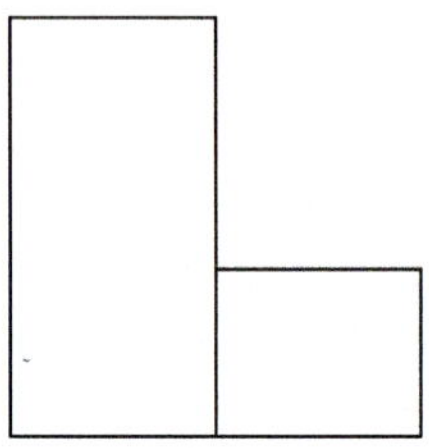

② 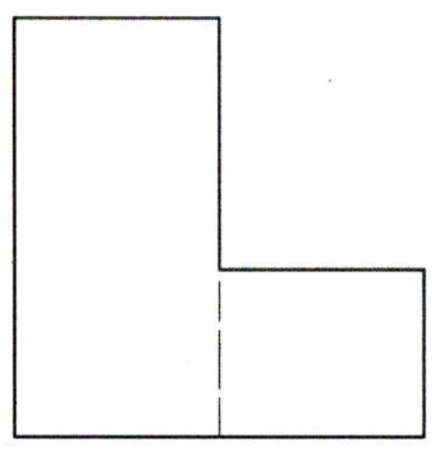

③ 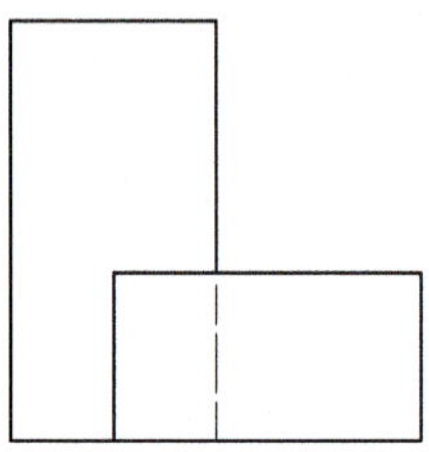

④ 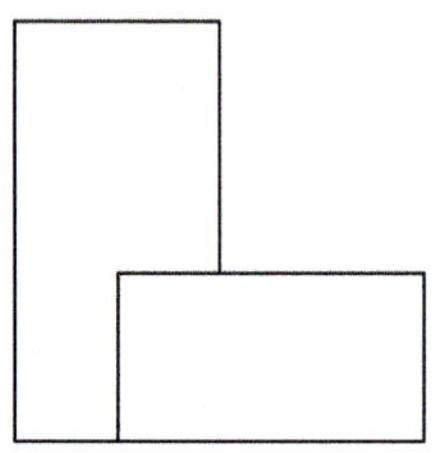

34 다음 등각 투상도에서 제3각 방법으로 화살표 방향에서 본 투상도는?

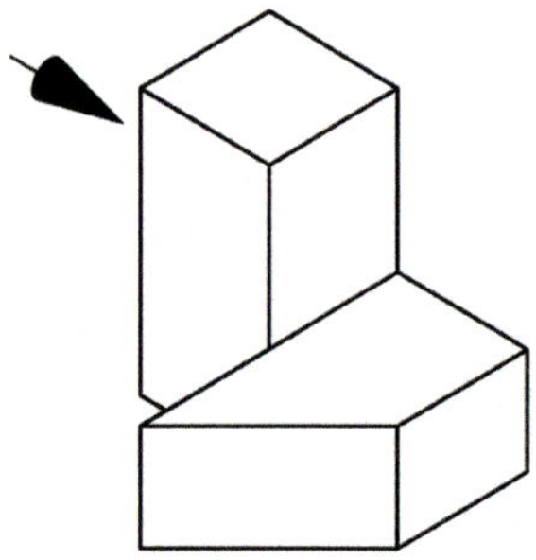

① 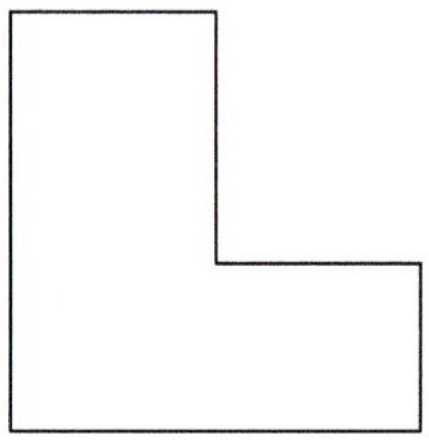

② 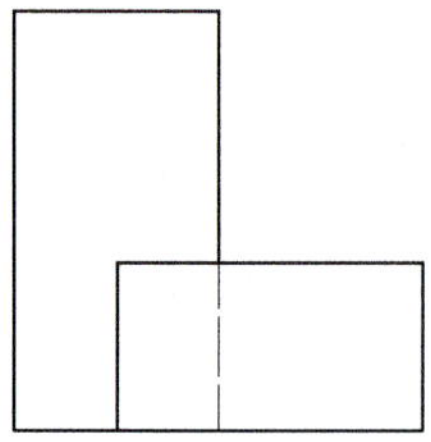

③ 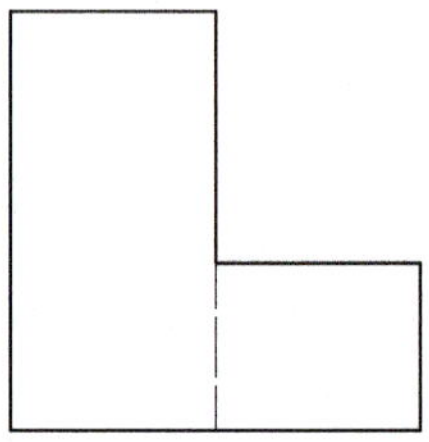

④ 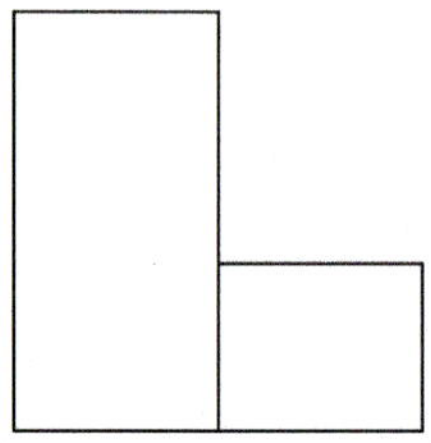

35 다음 등각 투상도에서 제3각 방법으로 화살표 방향에서 본 투상도는?

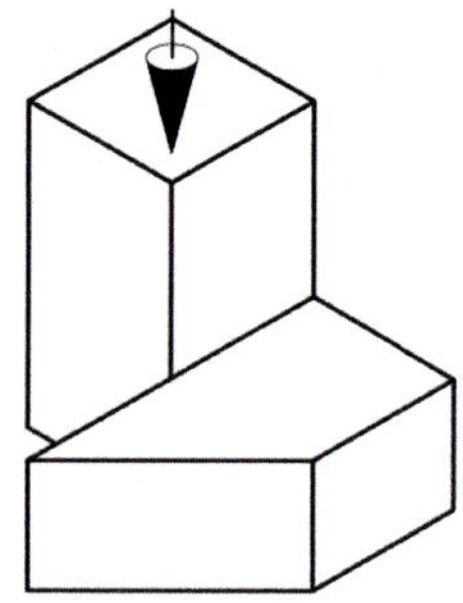

① 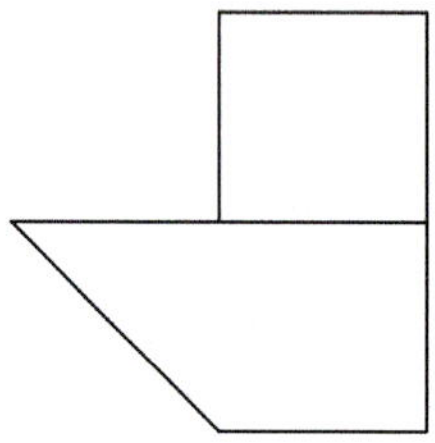

② 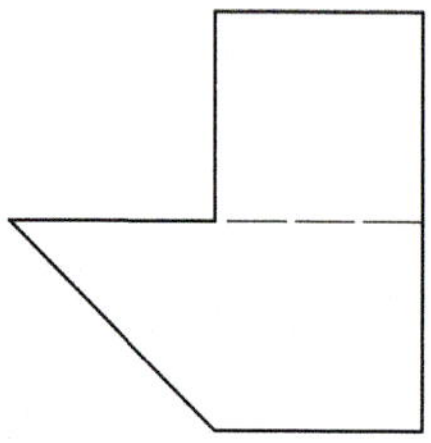

③ 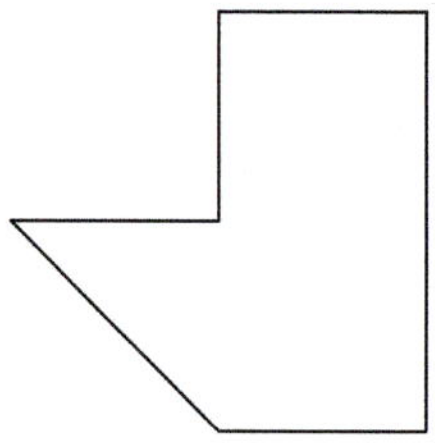

④ 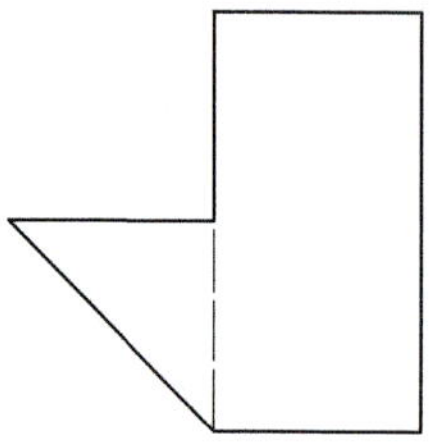

36 다음 등각 투상도에서 제3각 방법으로 화살표 방향에서 본 투상도는?

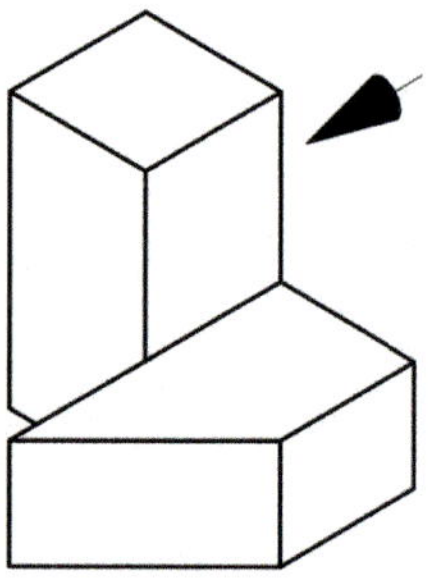

① 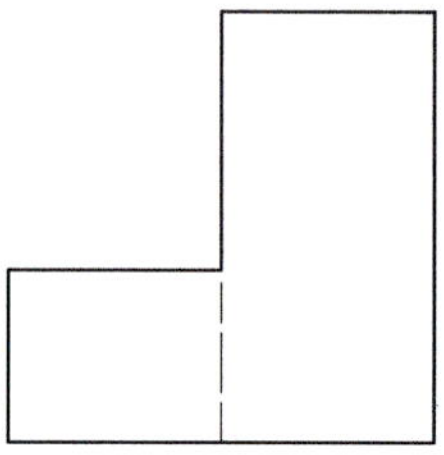

② 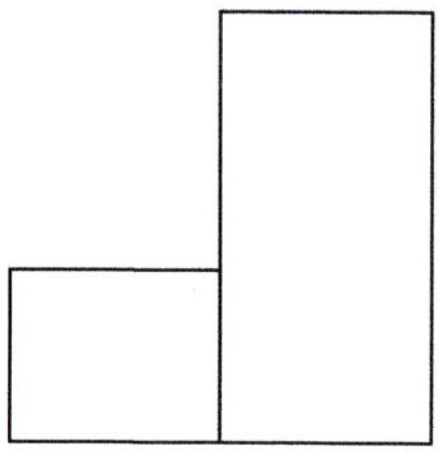

③ 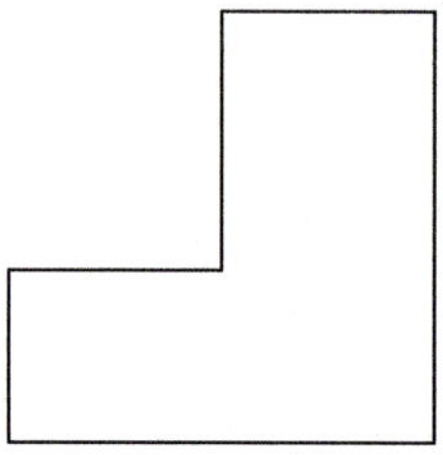

④ 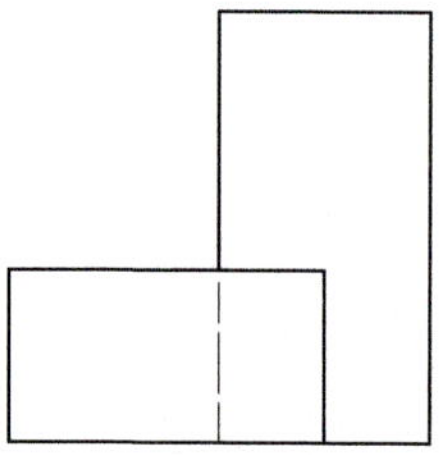

37 다음 등각 투상도에서 제3각 방법으로 화살표 방향에서 본 투상도는?

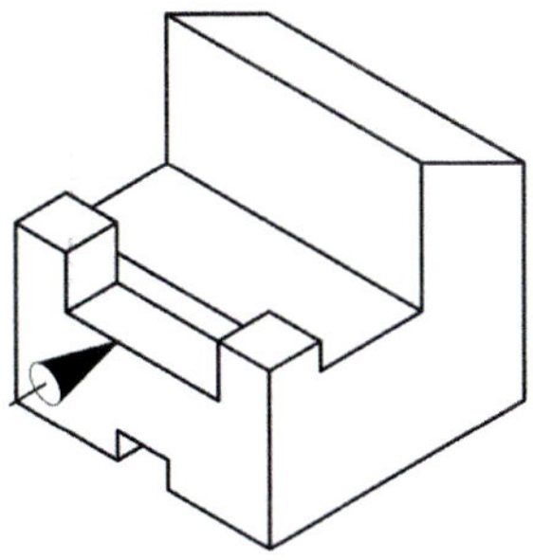

①
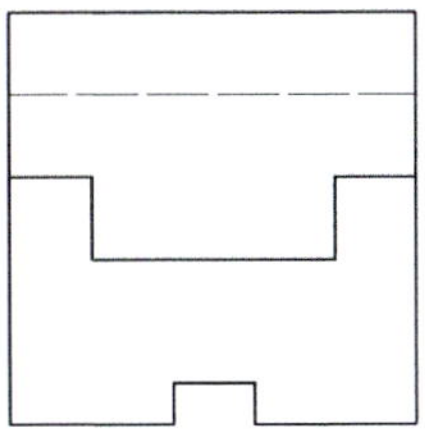
②
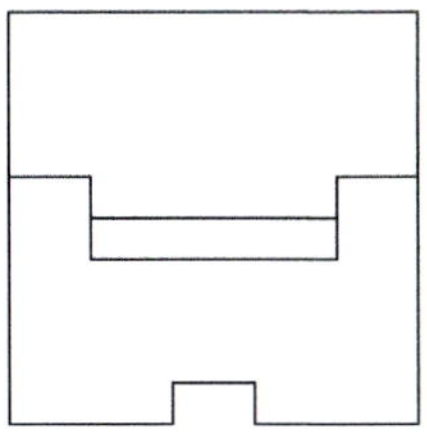
③
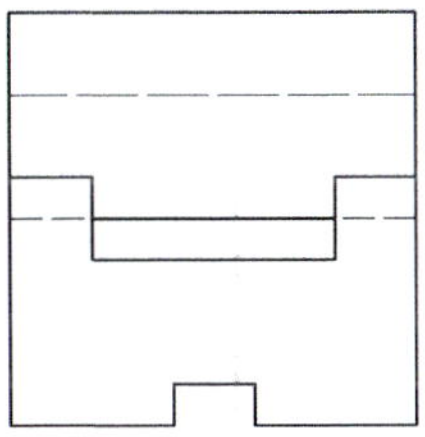
④
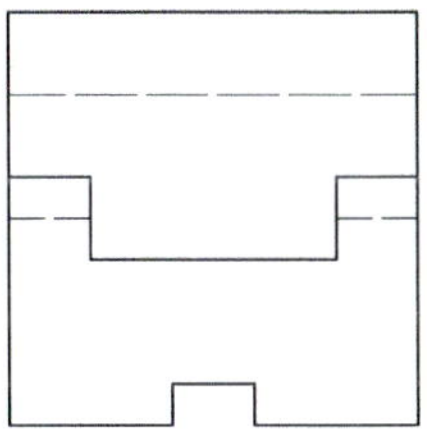

38 다음 등각 투상도에서 제3각 방법으로 화살표 방향에서 본 투상도는?

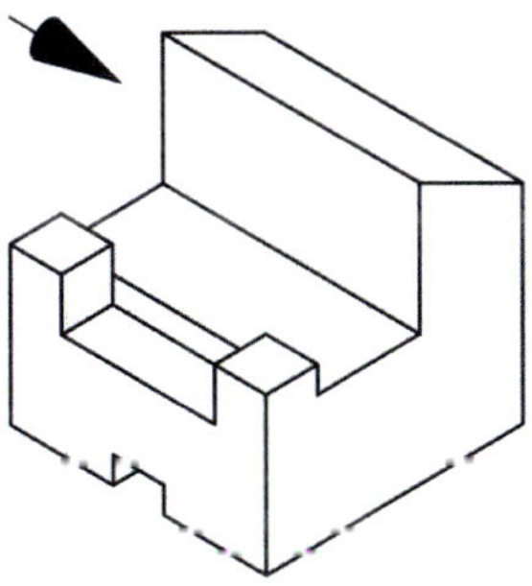

①
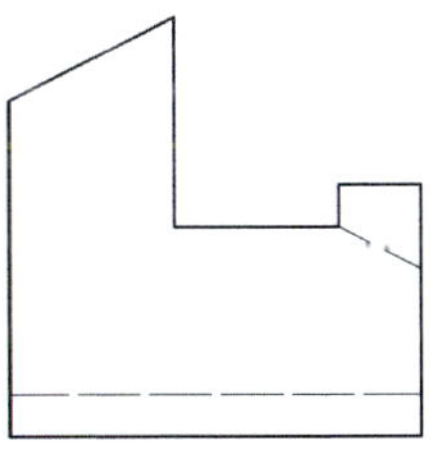
②
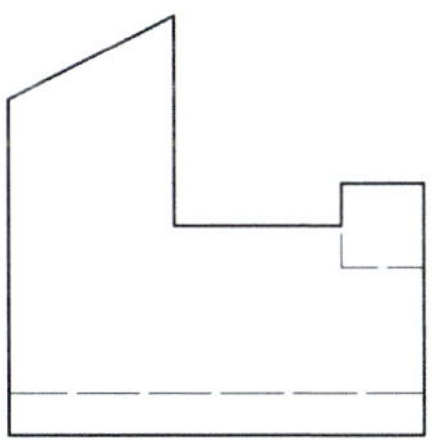
③
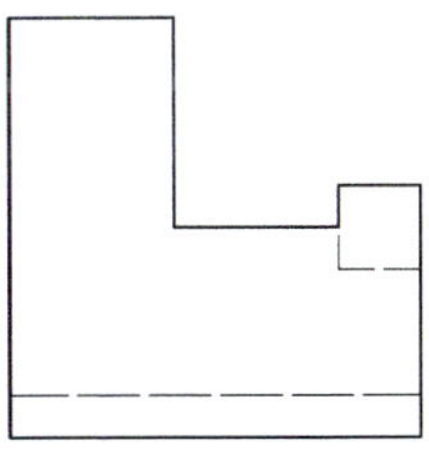
④
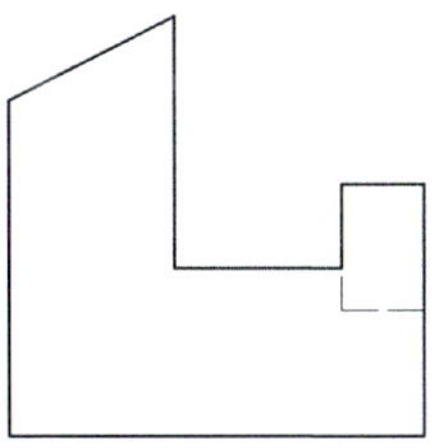

39 다음 등각 투상도에서 제3각 방법으로 화살표 방향에서 본 투상도는?

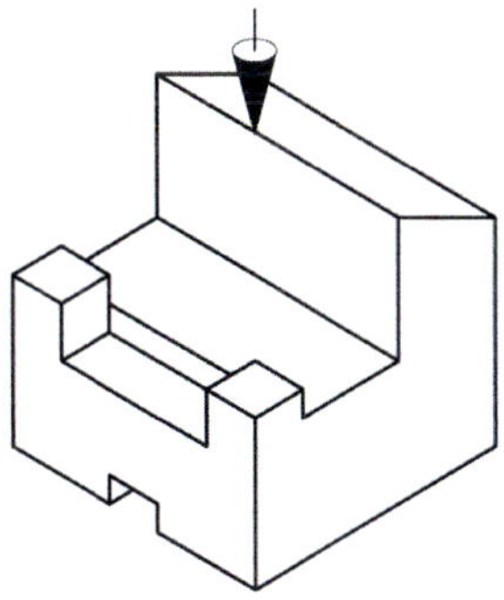

①
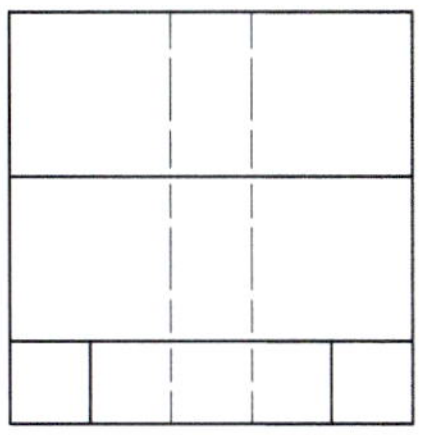
②
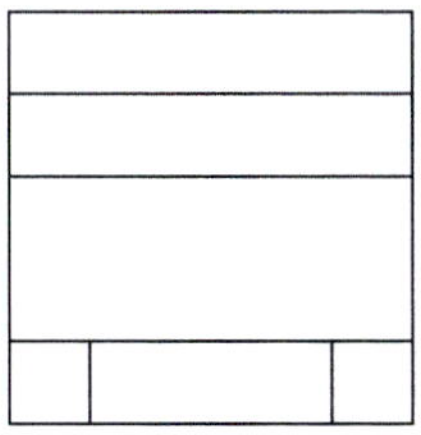
③
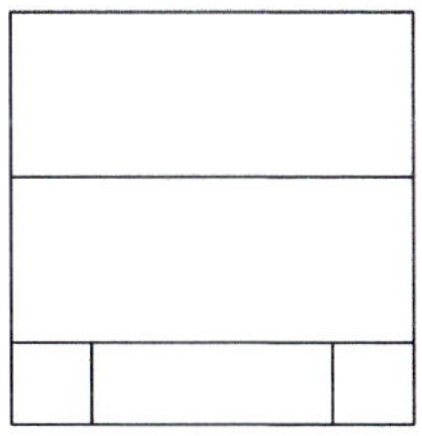
④
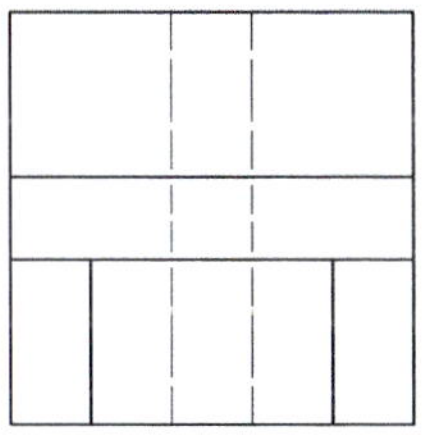

40 다음 등각 투상도에서 제3각 방법으로 화살표 방향에서 본 투상도는?

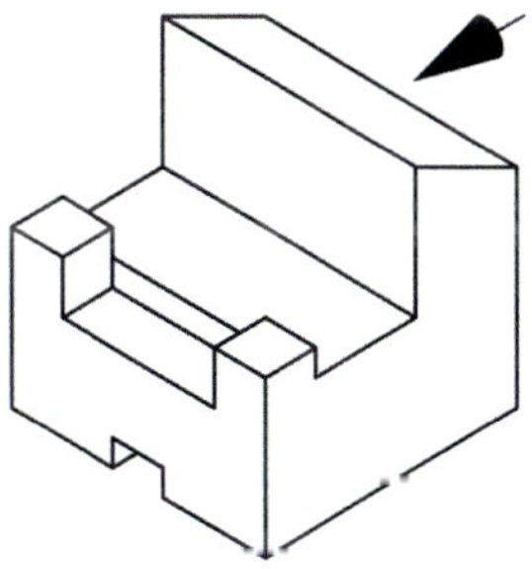

①
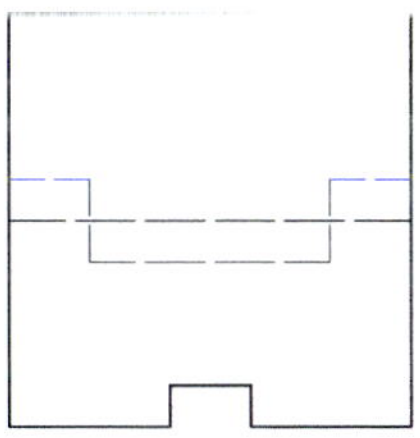
②
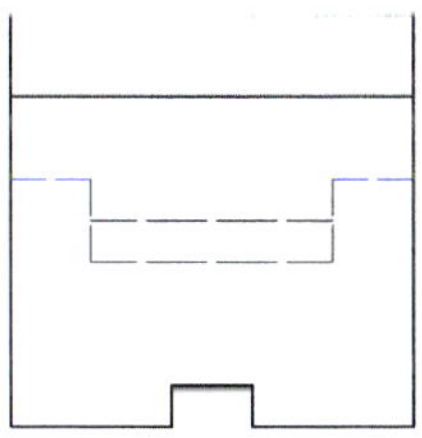
③
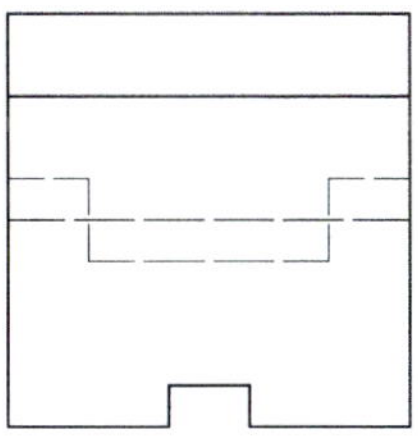
④
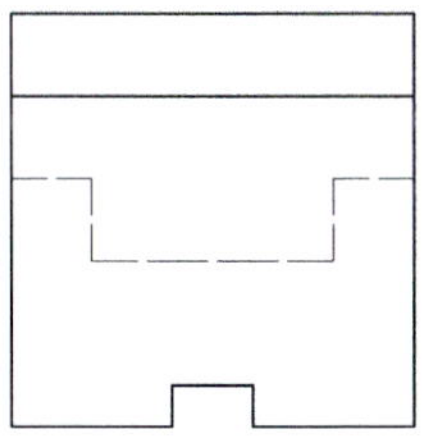

41 다음 등각 투상도에서 제3각 방법으로 화살표 방향에서 본 투상도는?

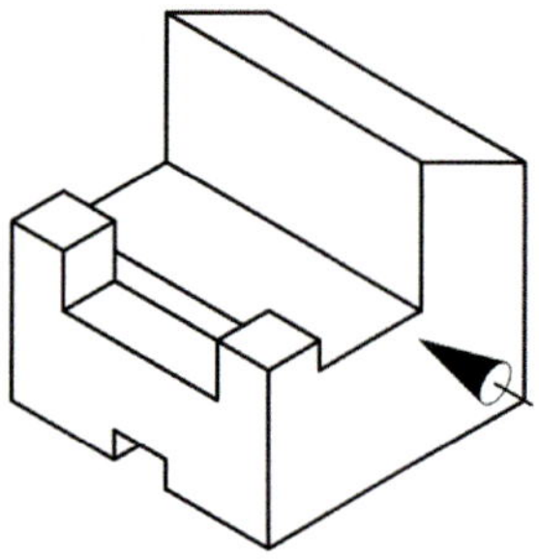

①
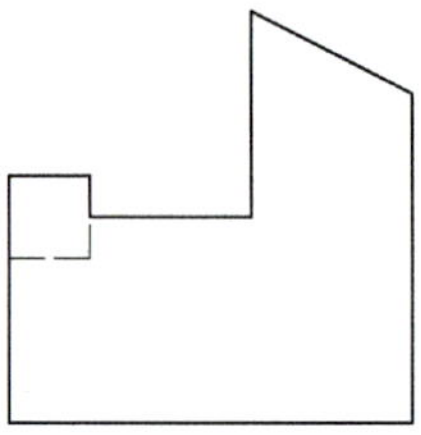
②
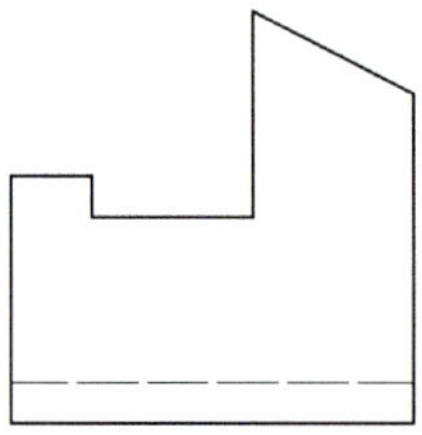
③
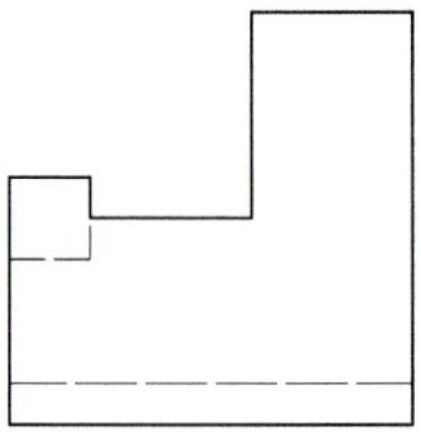
④
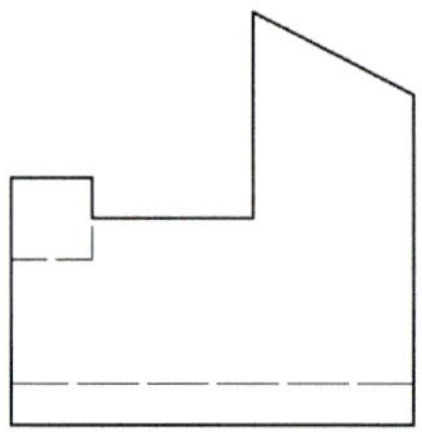

42 다음 등각 투상도에서 제3각 방법으로 화살표 방향에서 본 투상도는?

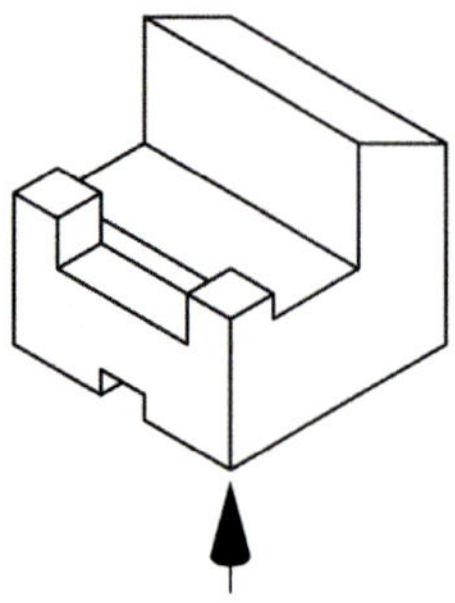

①
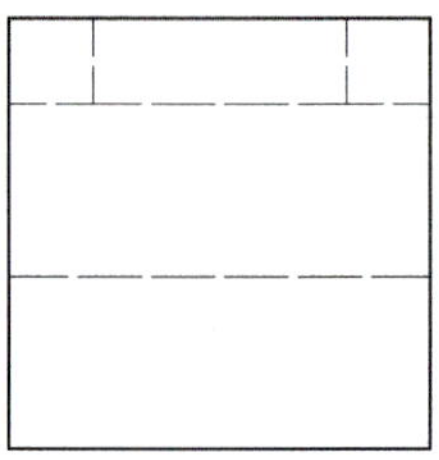
②
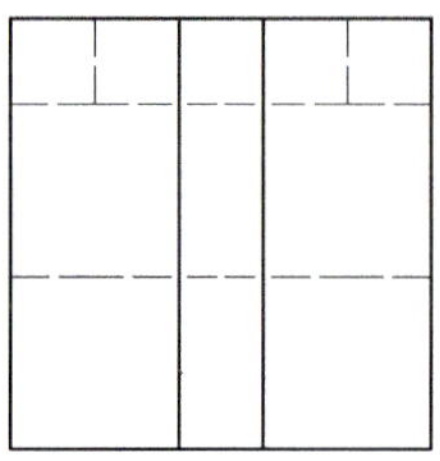
③
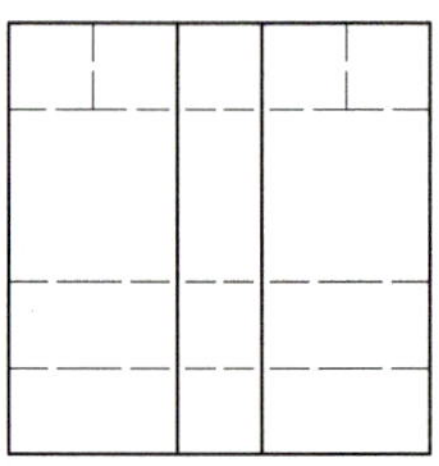
④
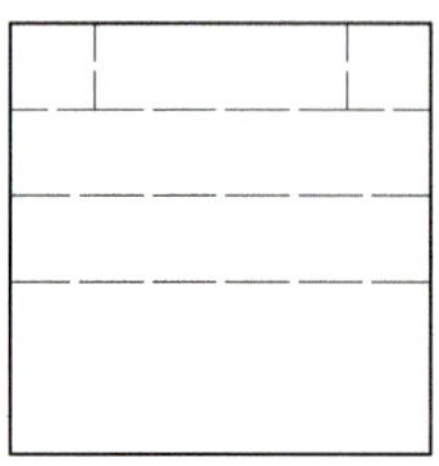

43 다음 등각 투상도에서 제3각 방법으로 화살표 방향에서 본 투상도는?

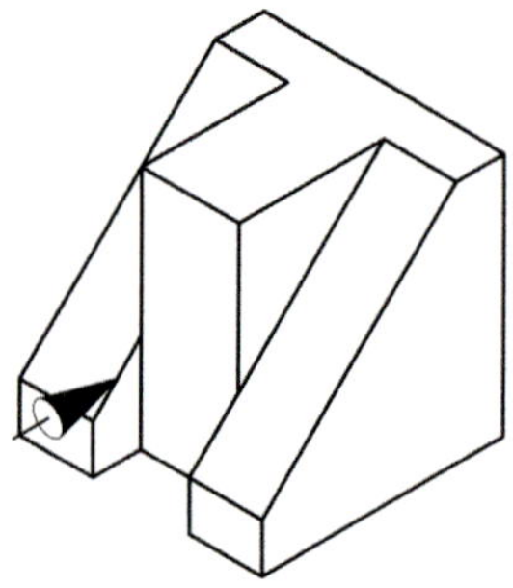

①
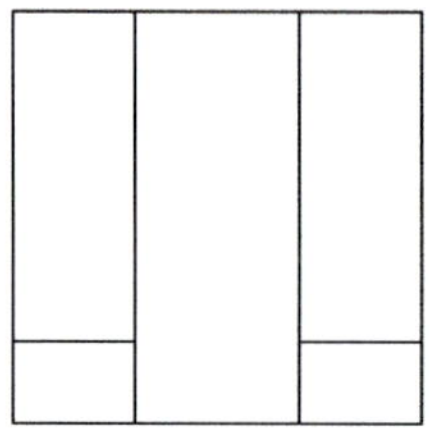
②
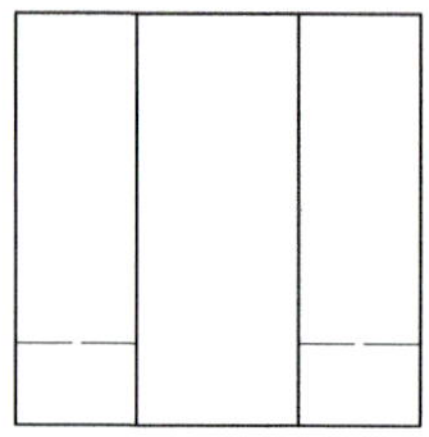
③
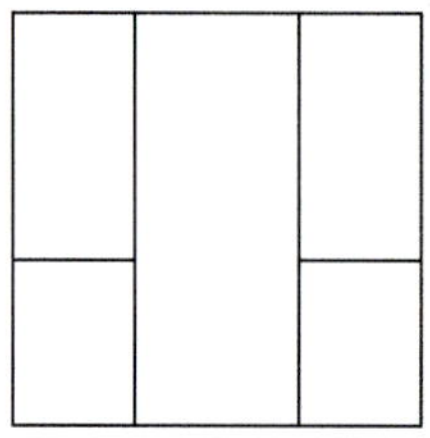
④
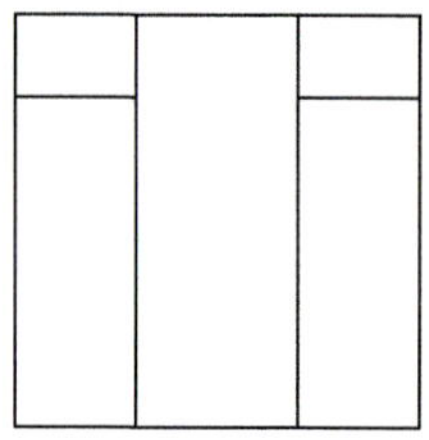

44 다음 등각 투상도에서 제3각 방법으로 화살표 방향에서 본 투상도는?

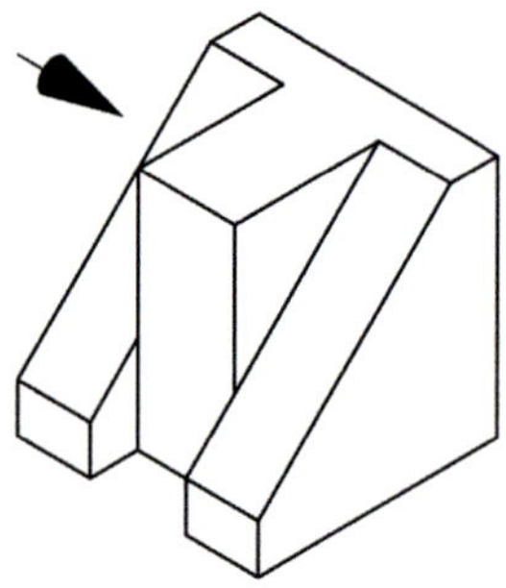

①
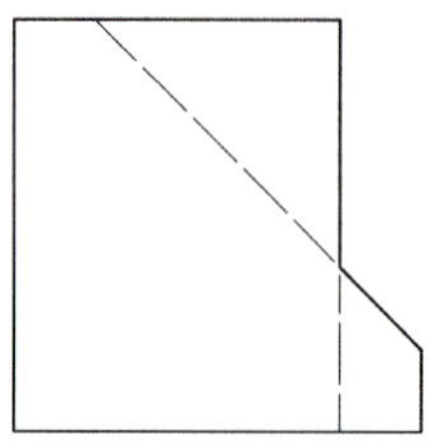
②
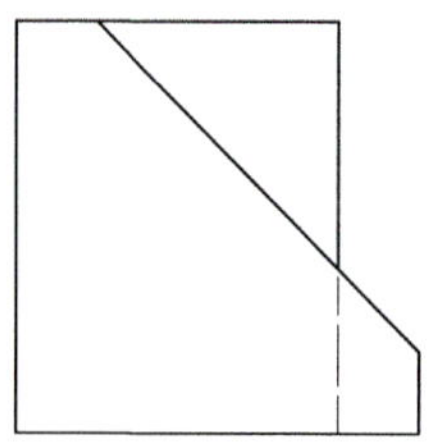
③
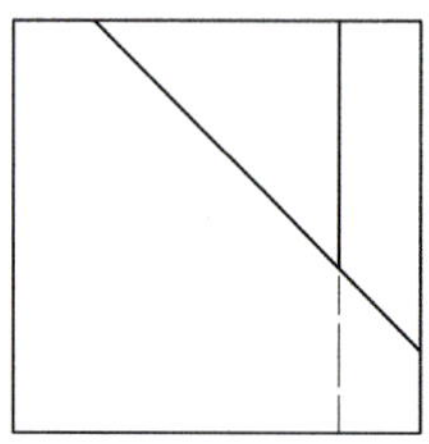
④
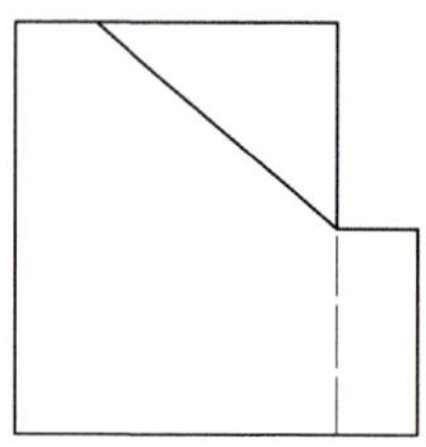

45 다음 등각 투상도에서 제3각 방법으로 화살표 방향에서 본 투상도는?

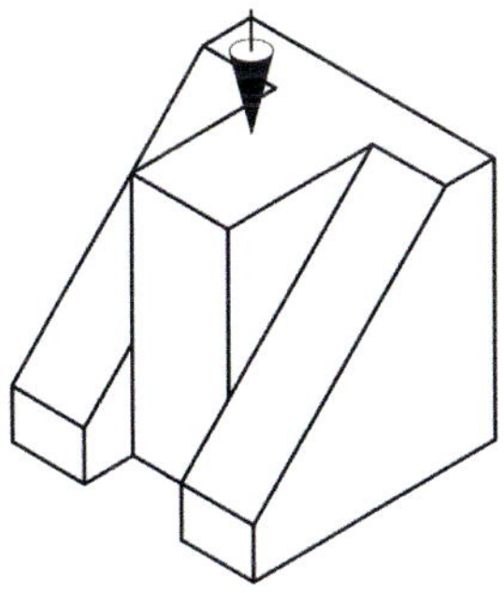

①
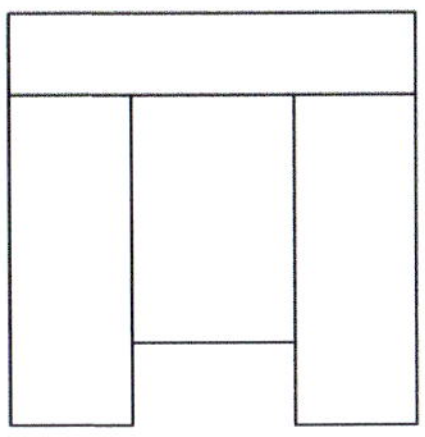
②
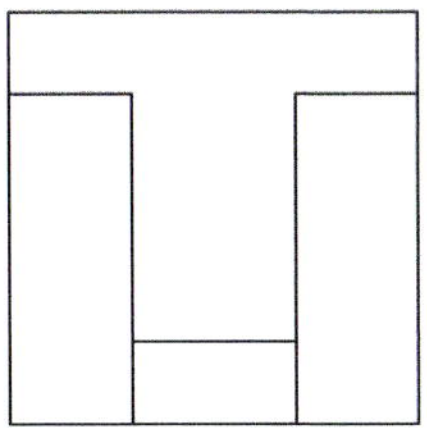
③
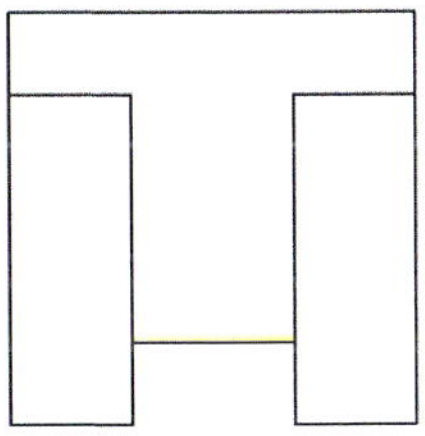
④
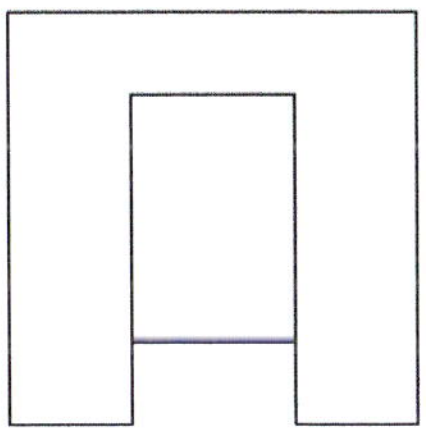

46 다음 등각 투상도에서 제3각 방법으로 화살표 방향에서 본 투상도는?

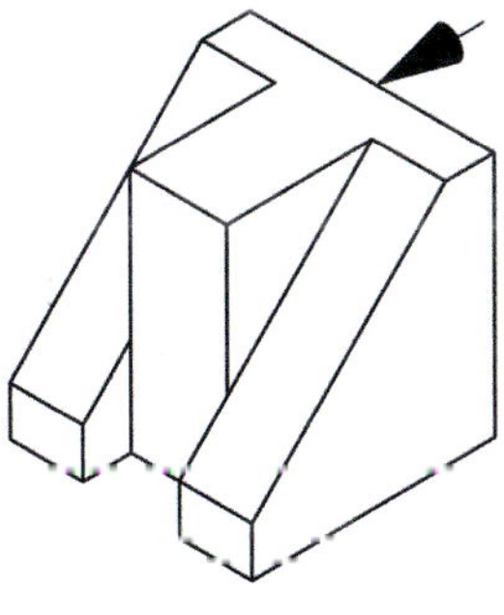

①
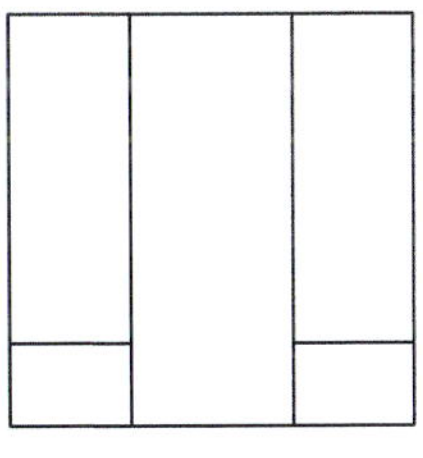
②
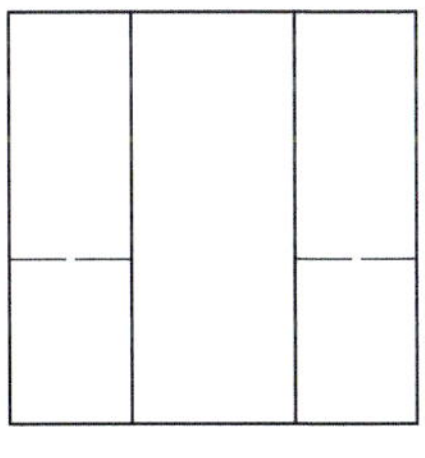
③
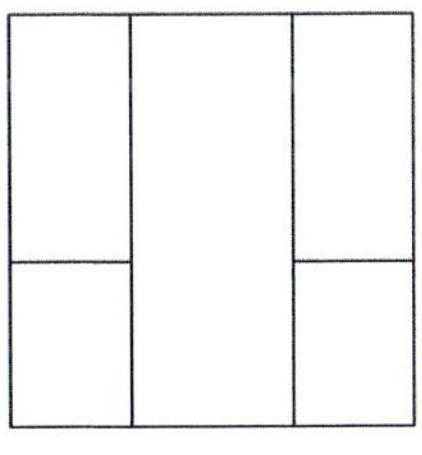
④
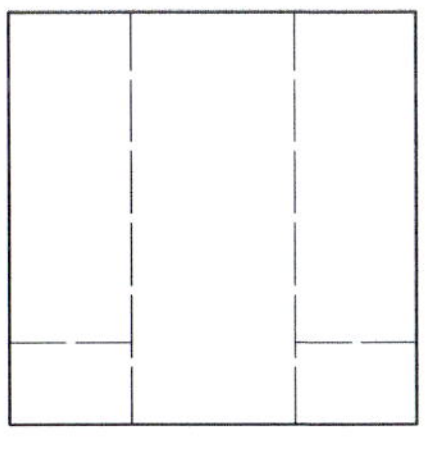

47 다음 등각 투상도에서 제3각 방법으로 화살표 방향에서 본 투상도는?

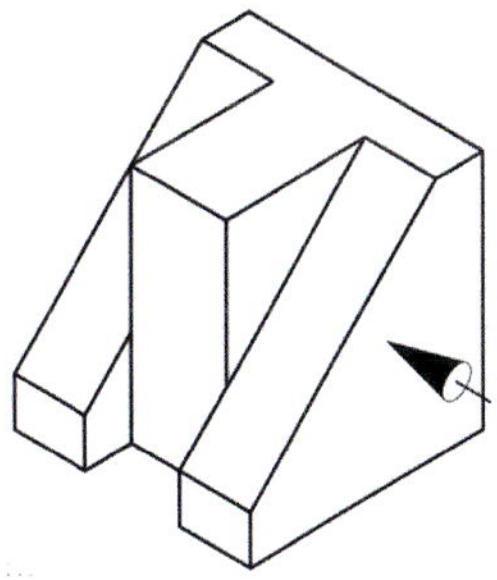

①
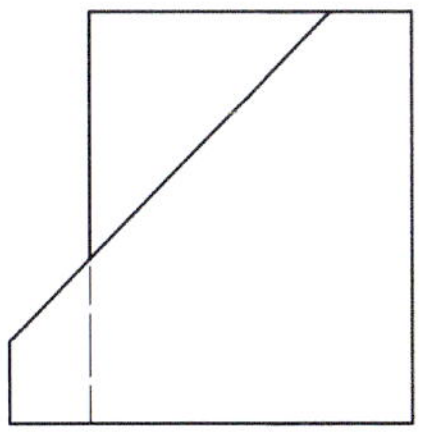
②
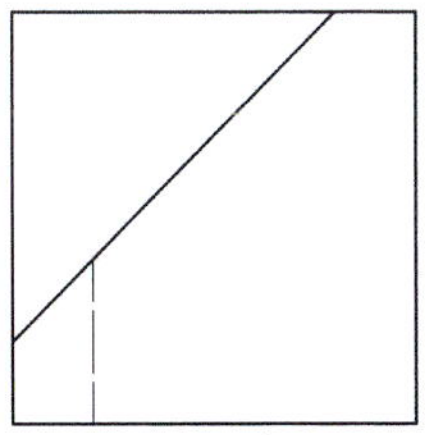
③
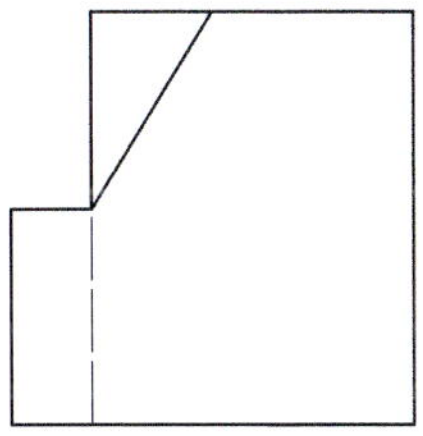
④
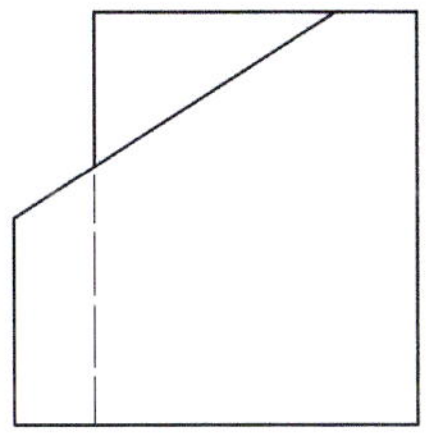

48 다음 등각 투상도에서 제3각 방법으로 화살표 방향에서 본 투상도는?

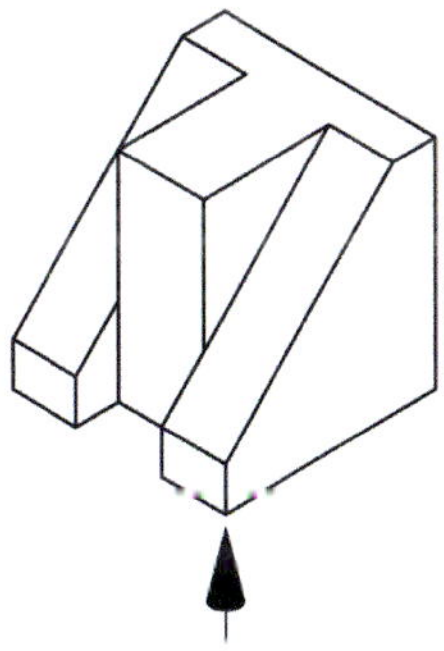

①
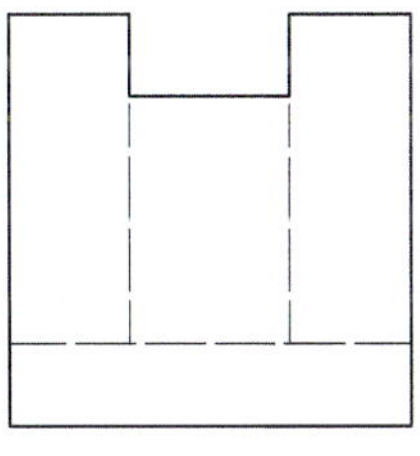
②
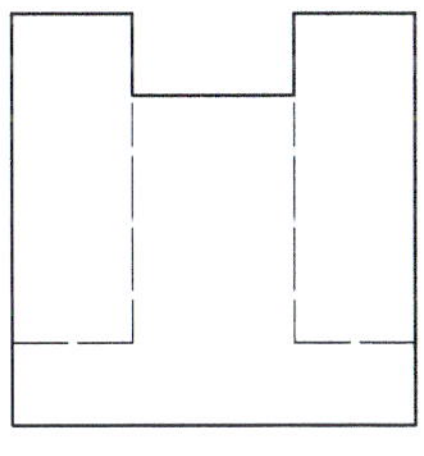
③

④
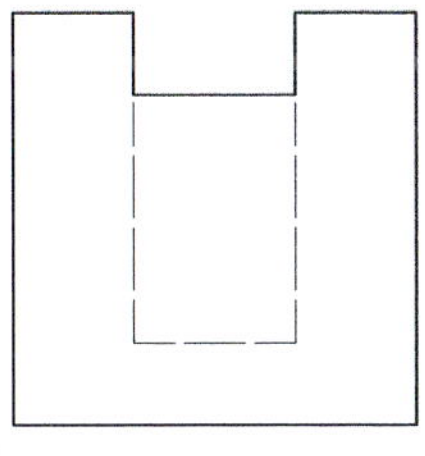

49 다음 등각 투상도에서 제3각 방법으로 화살표 방향에서 본 투상도는?

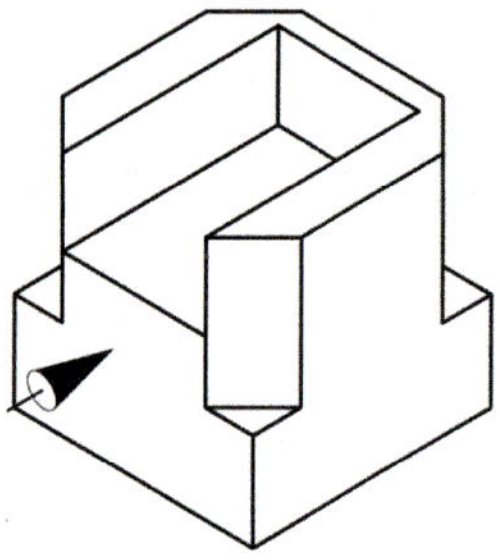

① 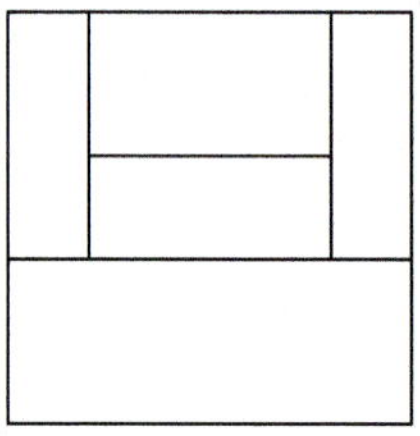 ② 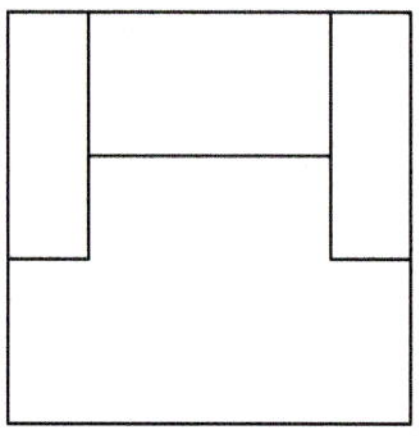

③ 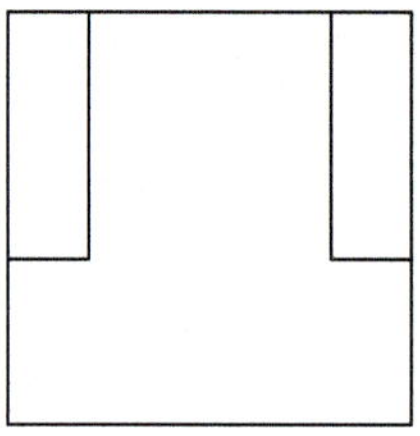 ④ 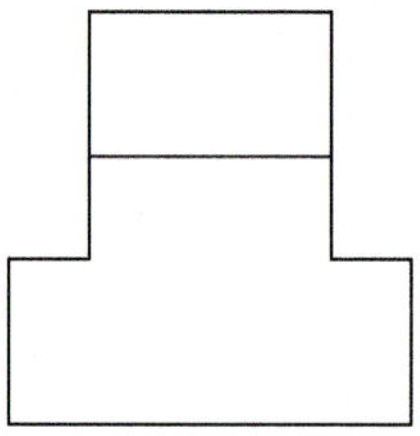

50 다음 등각 투상도에서 제3각 방법으로 화살표 방향에서 본 투상도는?

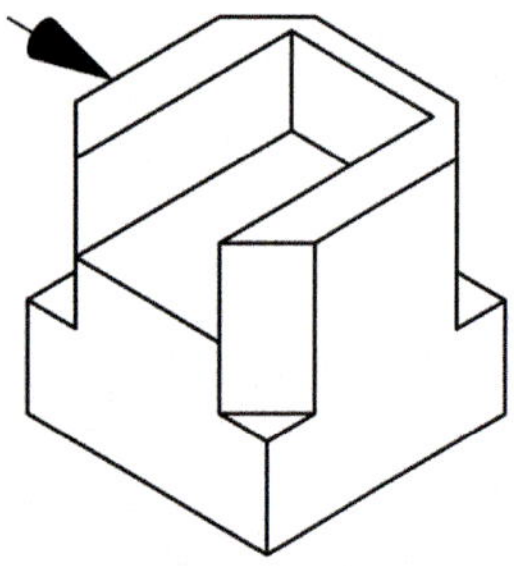

① 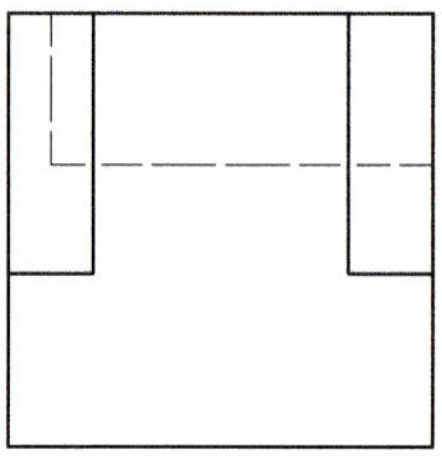 ② 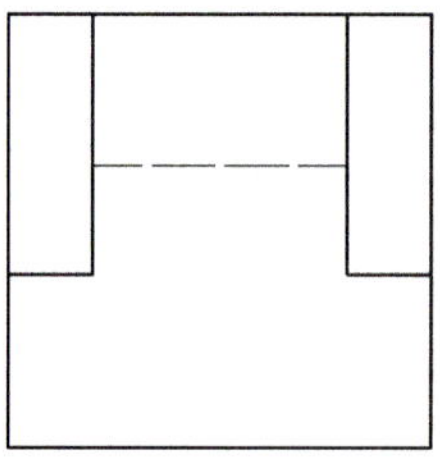

③ 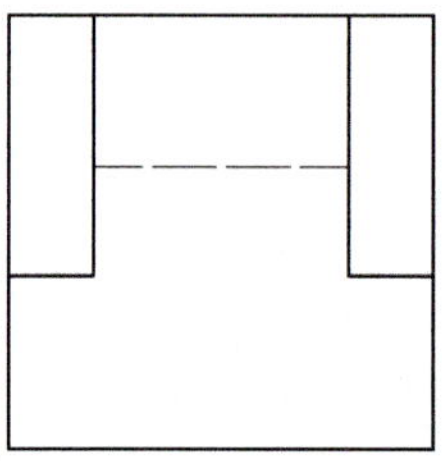 ④ 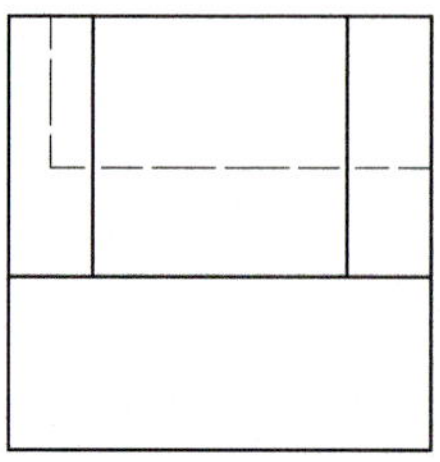

51 다음 등각 투상도에서 제3각 방법으로 화살표 방향에서 본 투상도는?

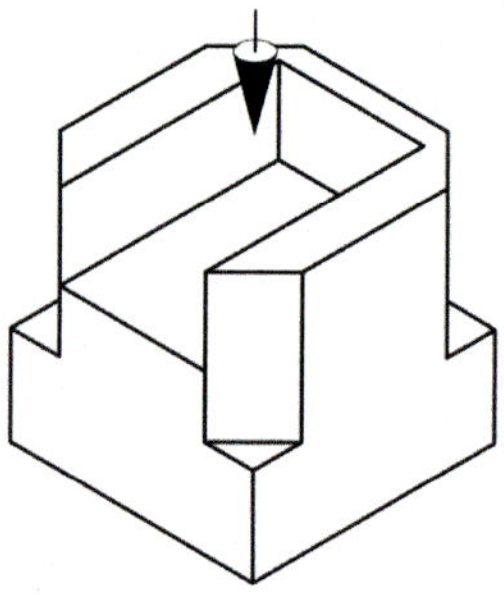

① 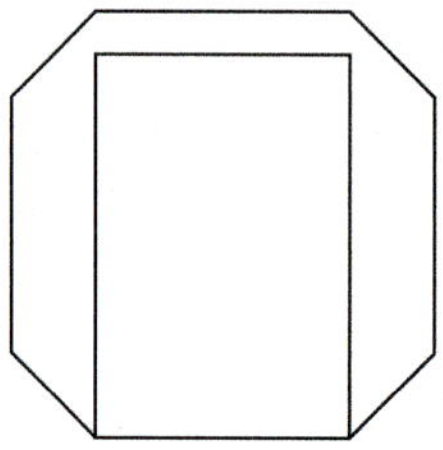 ② 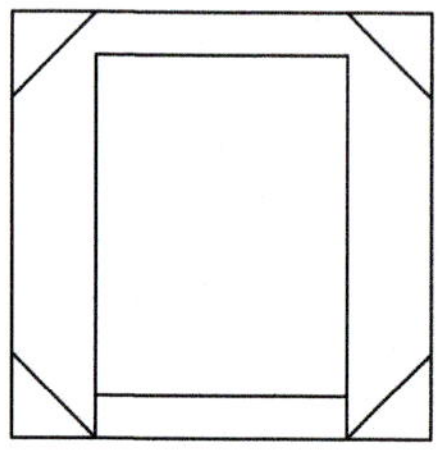

③ 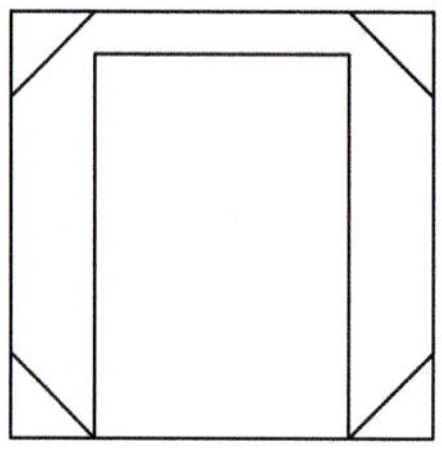 ④ 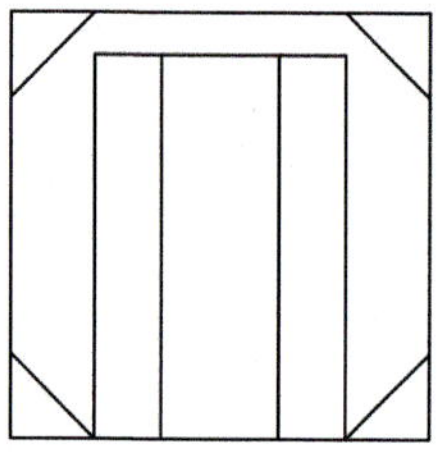

52 다음 등각 투상도에서 제3각 방법으로 화살표 방향에서 본 투상도는?

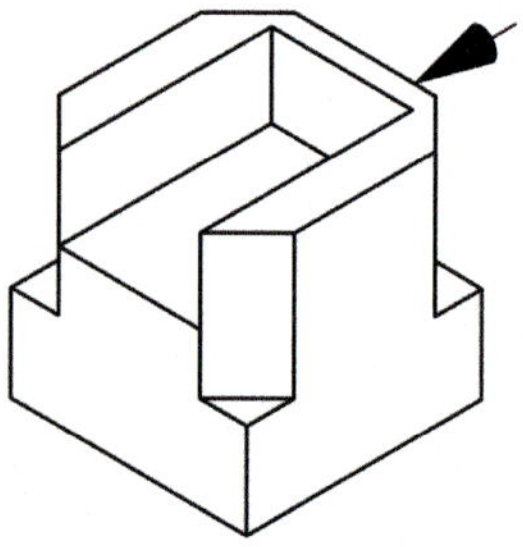

① 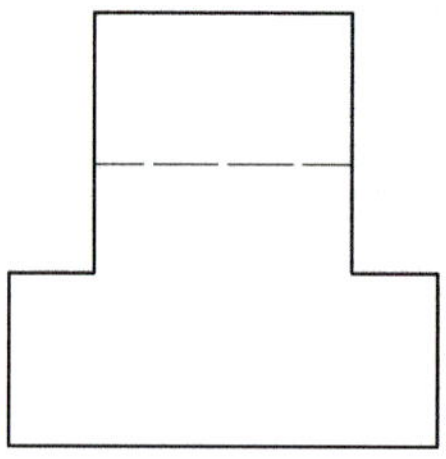 ② 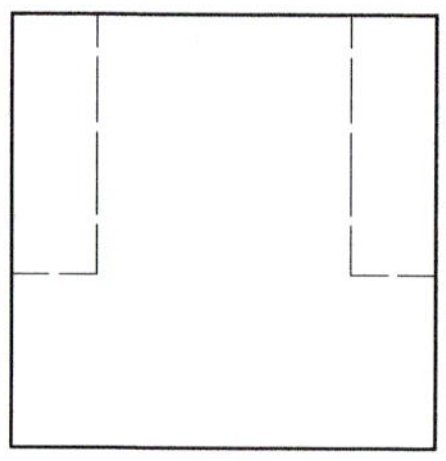

③ 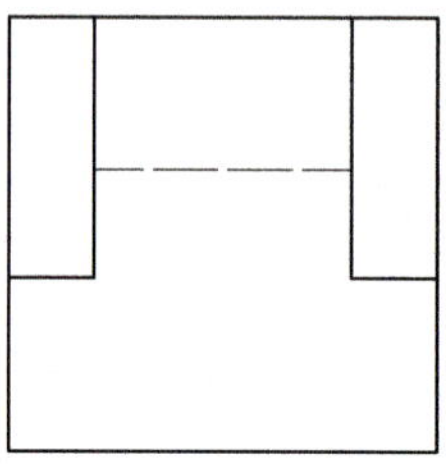 ④ 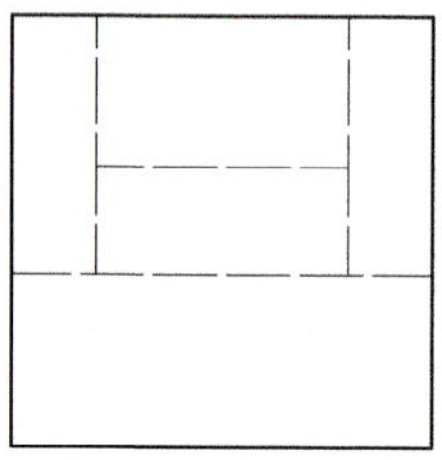

53 다음 등각 투상도에서 제3각 방법으로 화살표 방향에서 본 투상도는?

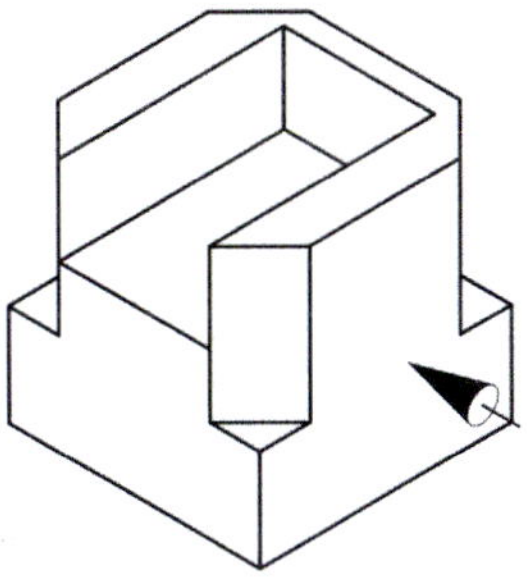

①
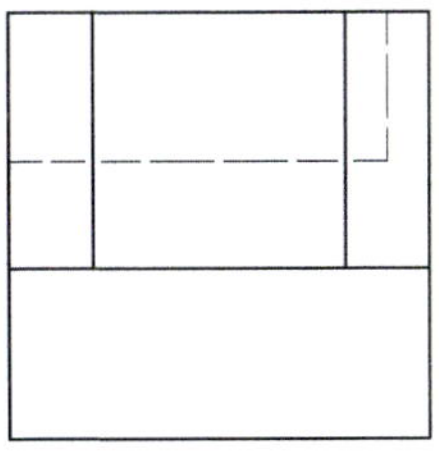
②
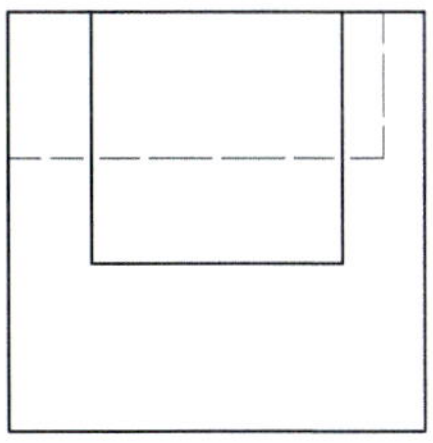
③
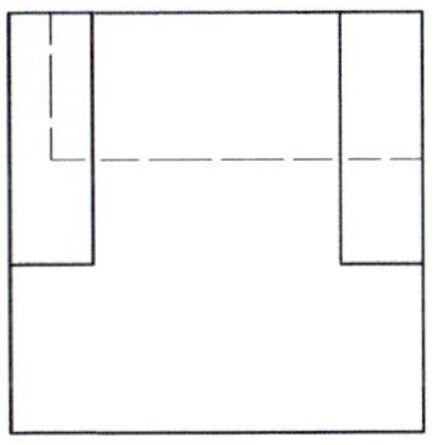
④
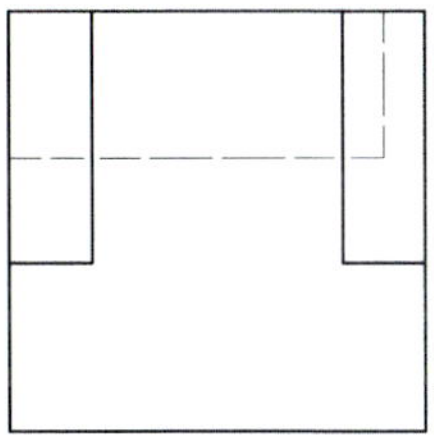

54 다음 등각 투상도에서 제3각 방법으로 화살표 방향에서 본 투상도는?

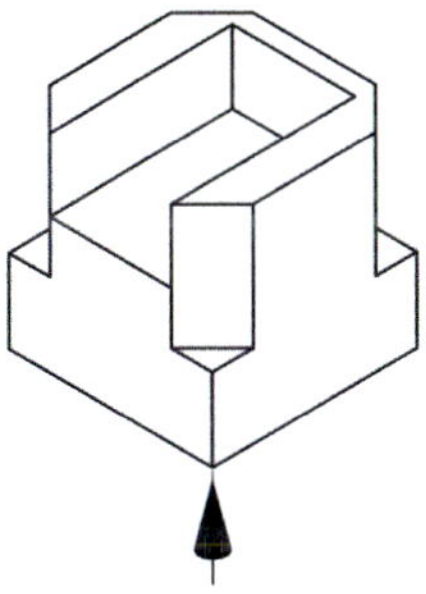

①
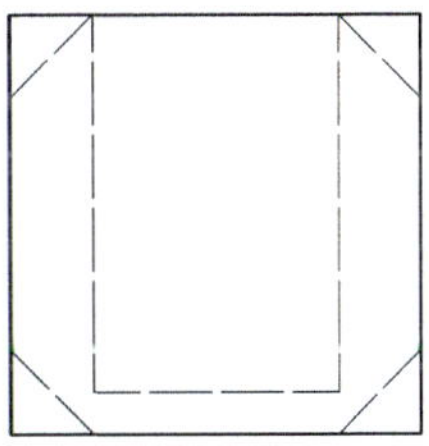
②
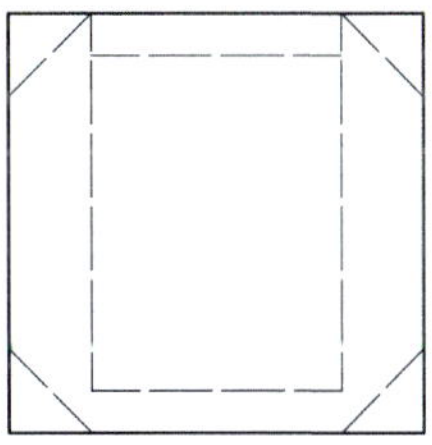
③
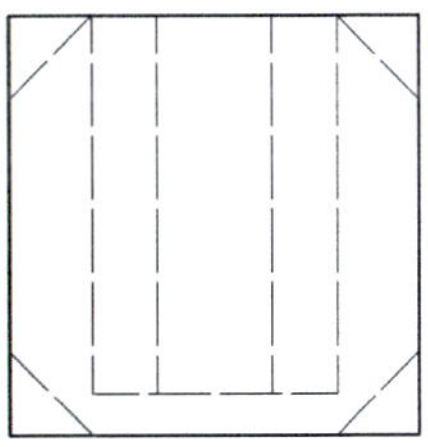
④
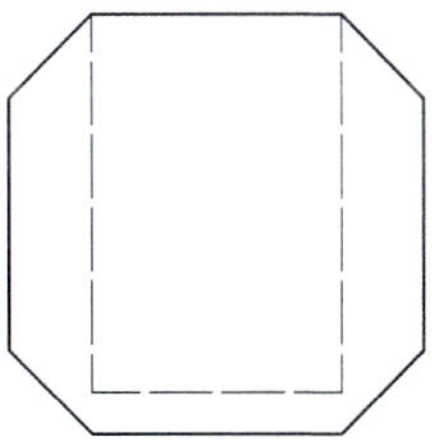

55 다음 등각 투상도에서 제3각 방법으로 화살표 방향에서 본 투상도는?

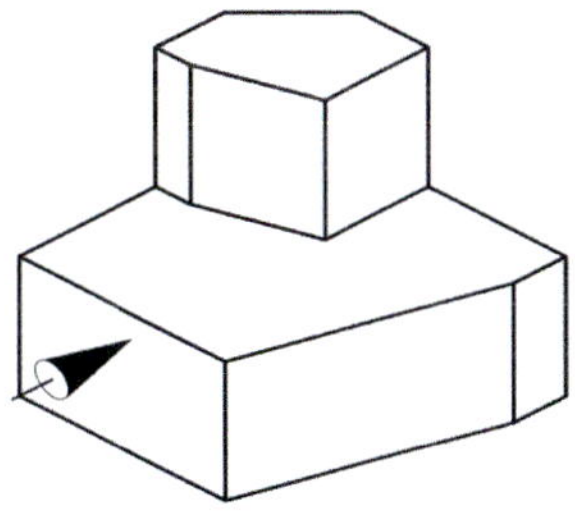

①
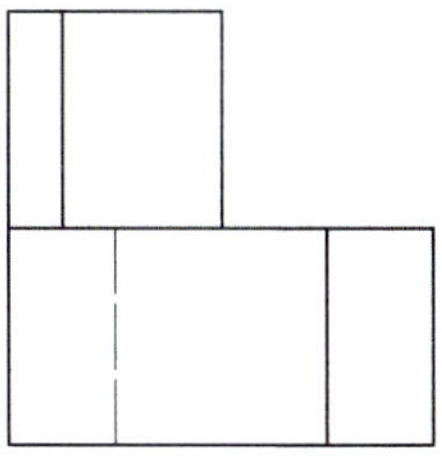
②
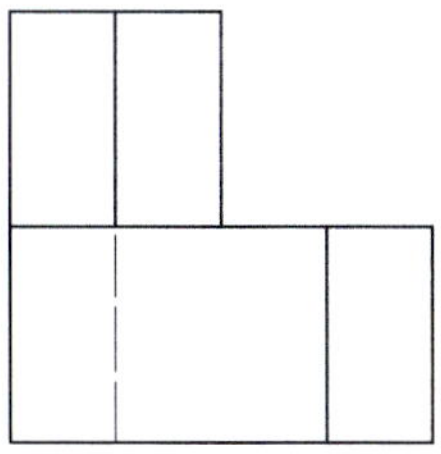
③
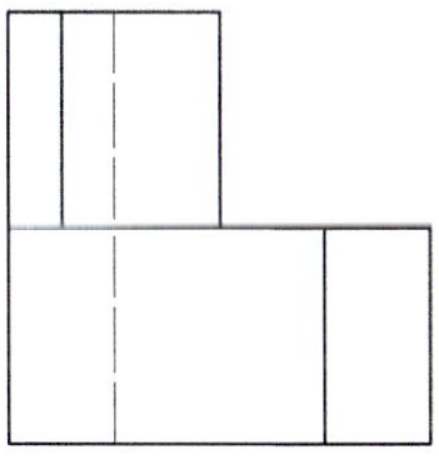
④
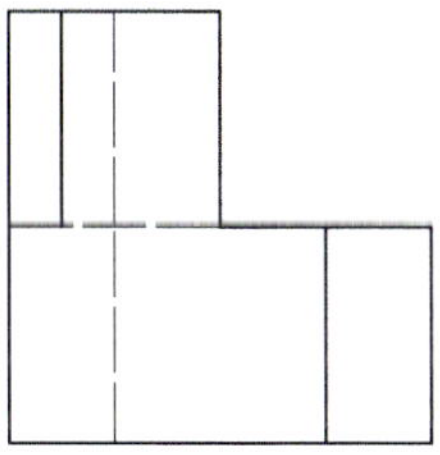

56 다음 등각 투상도에서 제3각 방법으로 화살표 방향에서 본 투상도는?

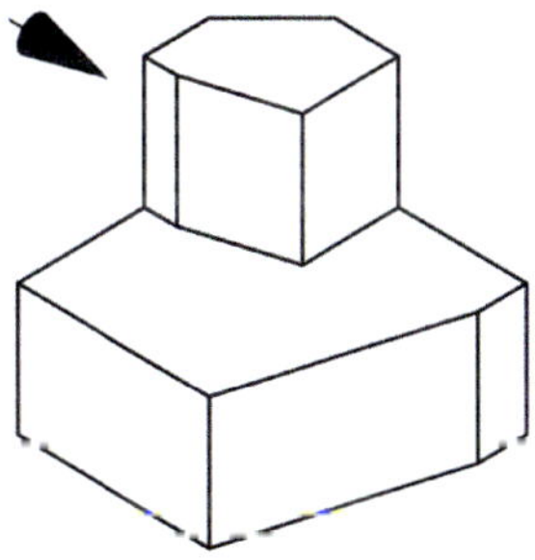

①
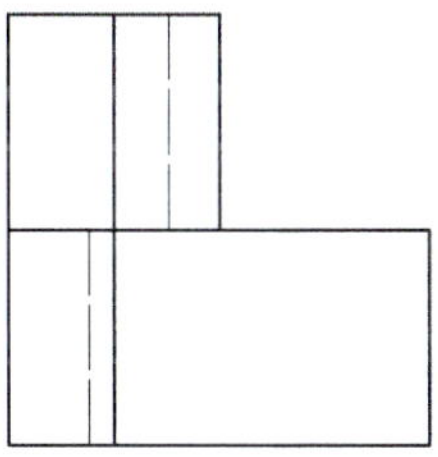
②
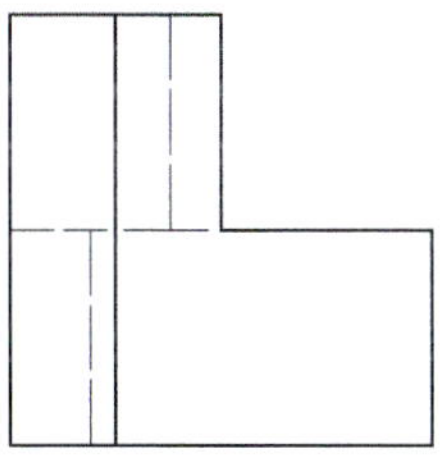
③
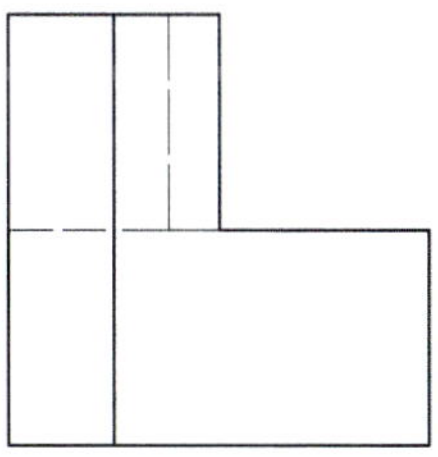
④
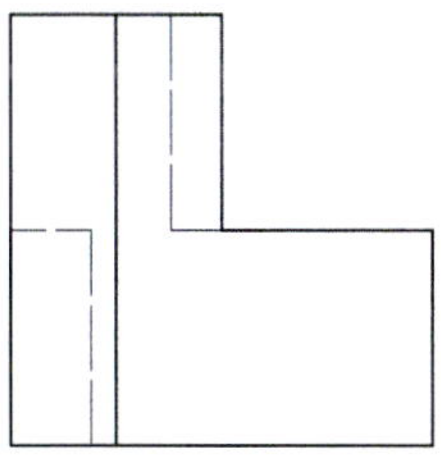

57 다음 등각 투상도에서 제3각 방법으로 화살표 방향에서 본 투상도는?

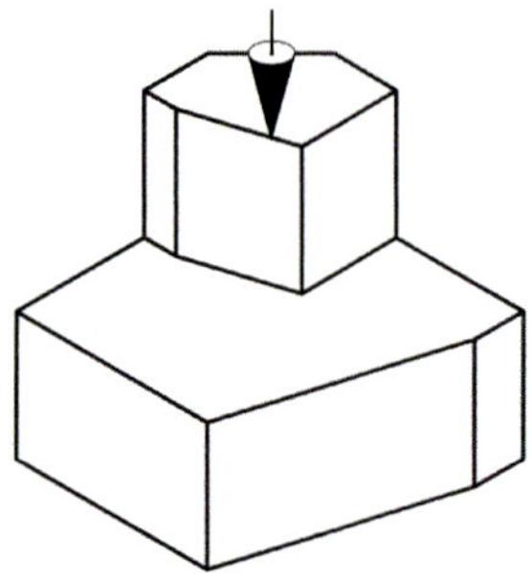

① 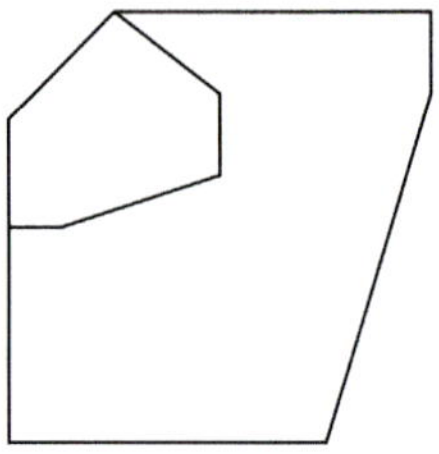
② 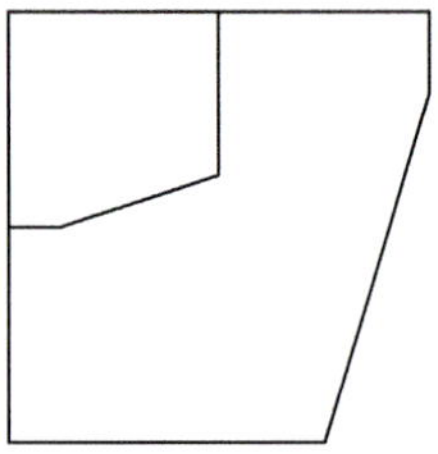
③ 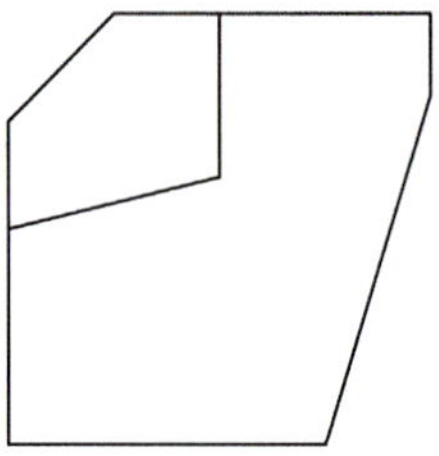
④ 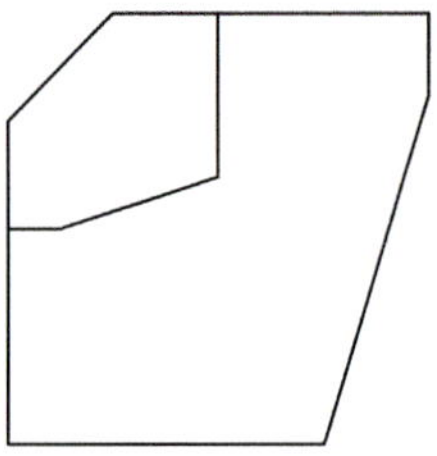

58 다음 등각 투상도에서 제3각 방법으로 화살표 방향에서 본 투상도는?

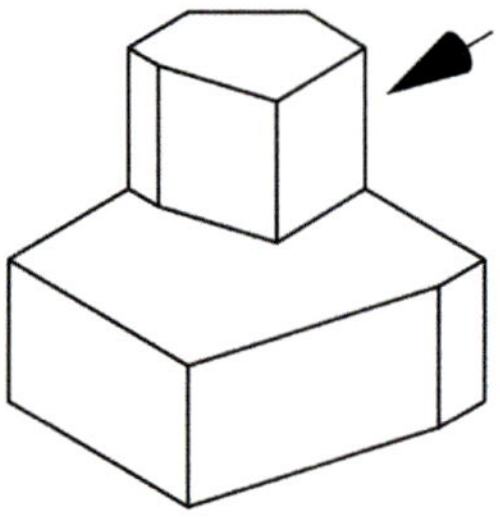

① 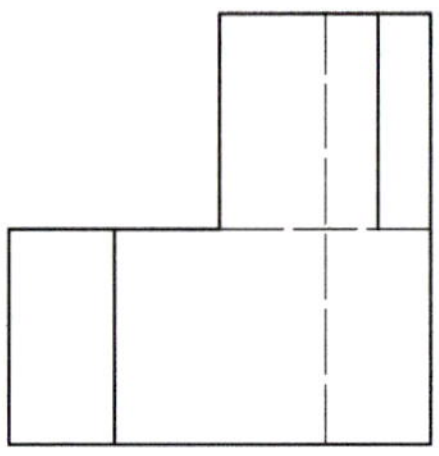
② 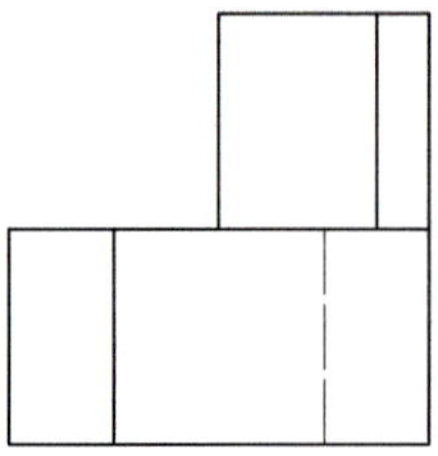
③ 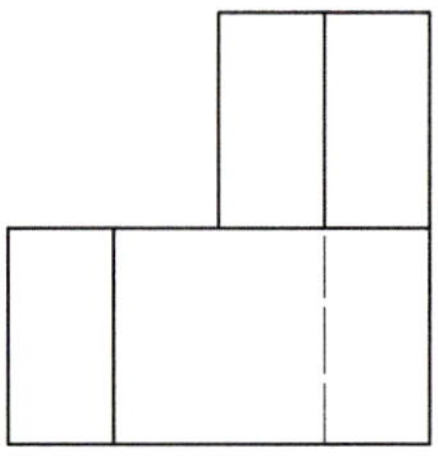
④ 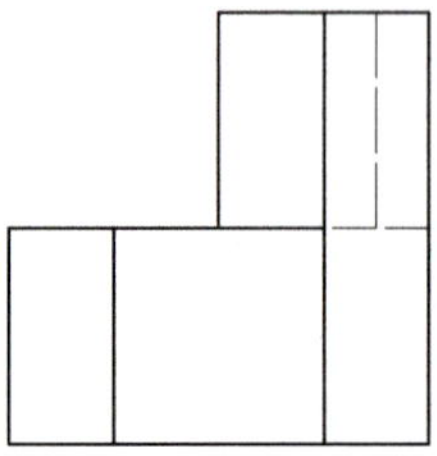

59 다음 등각 투상도에서 제3각 방법으로 화살표 방향에서 본 투상도는?

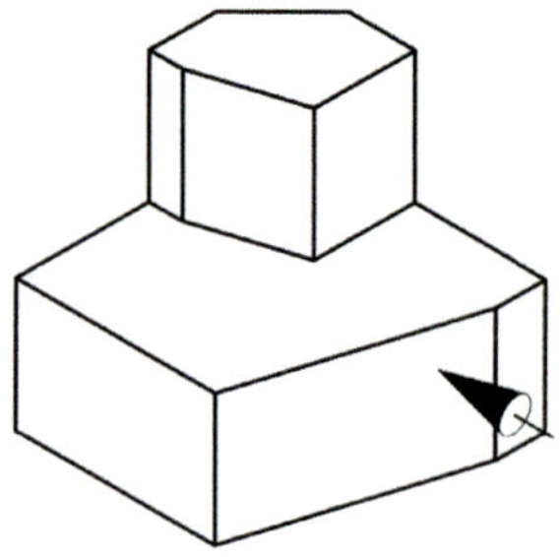

① 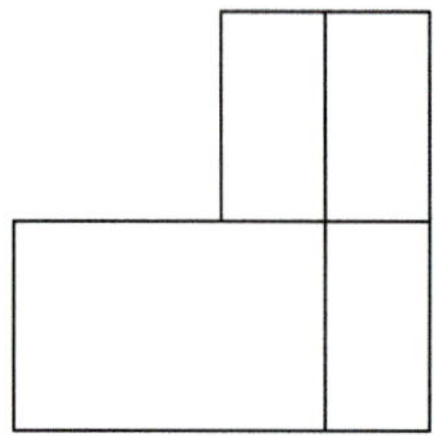
② 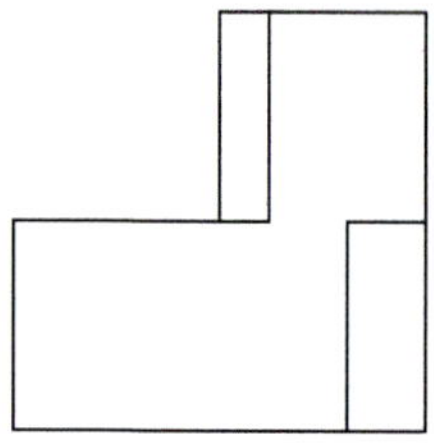
③ 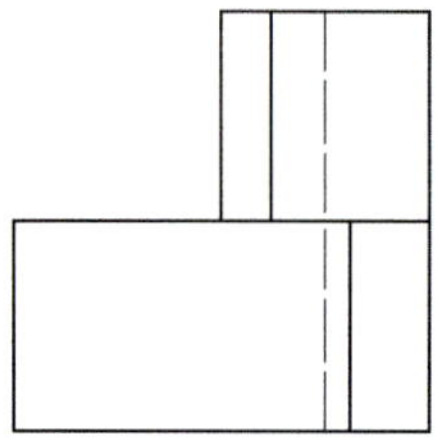
④ 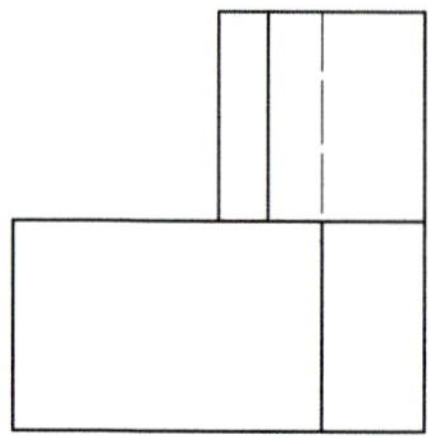

60 다음 등각 투상도에서 제3각 방법으로 화살표 방향에서 본 투상도는?

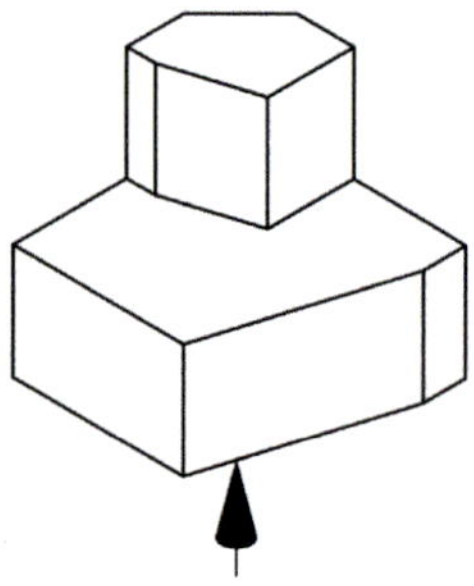

① 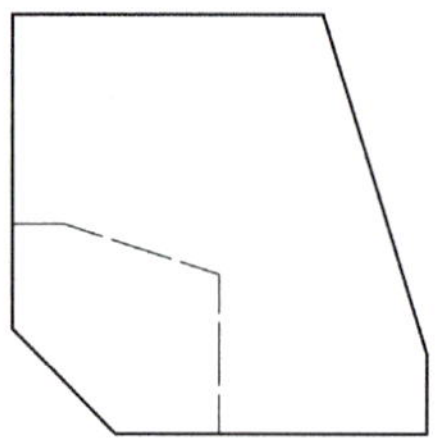
② 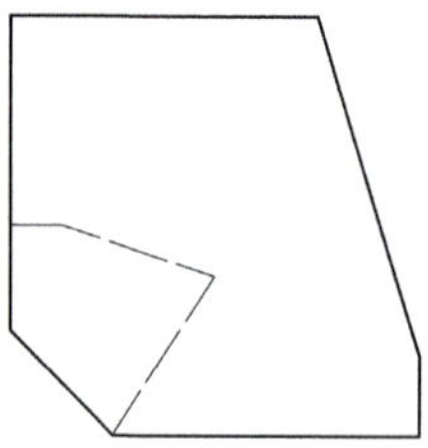
③ 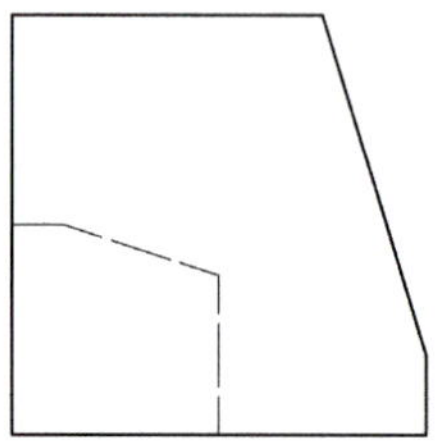
④ 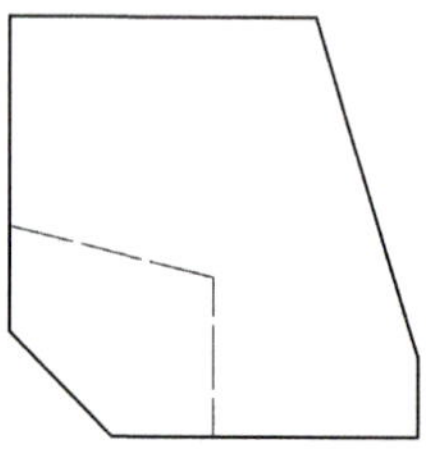

종합 평가 12-5 도형(2)

01 다음 등각 투상도에서 제3각 방법으로 화살표 방향에서 본 투상도는?

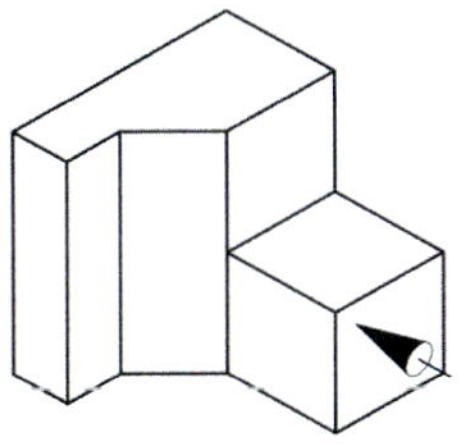

①
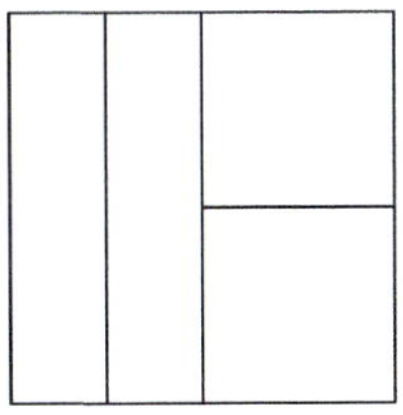
②
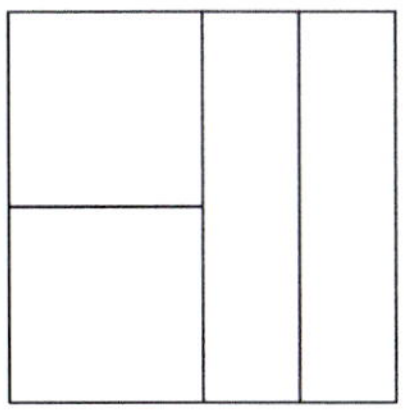
③
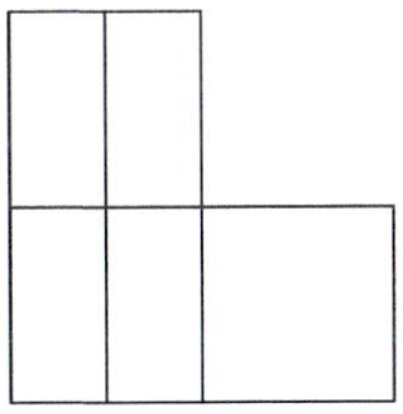
④
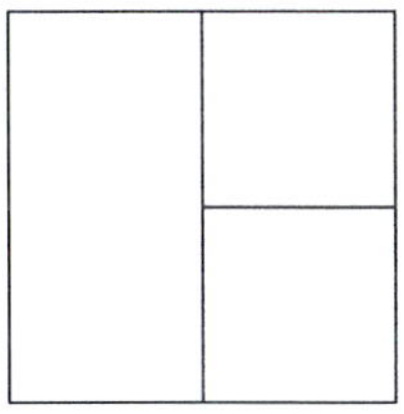

02 다음 등각 투상도에서 제3각 방법으로 화살표 방향에서 본 투상도는?

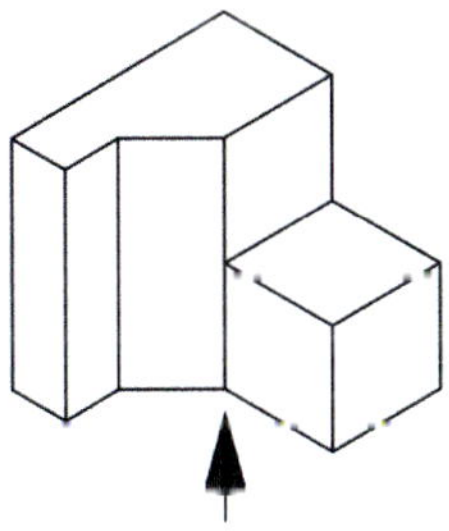

①
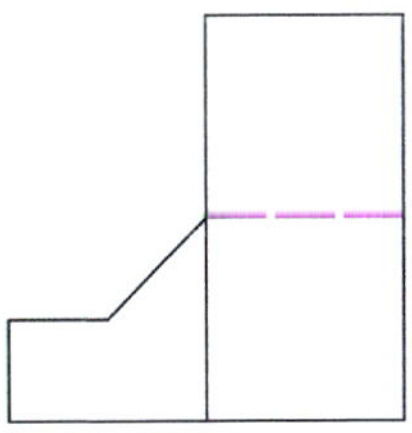
②
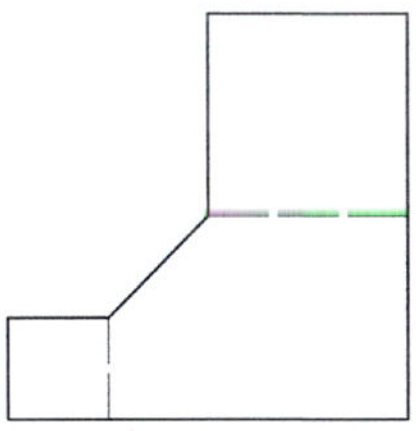
③
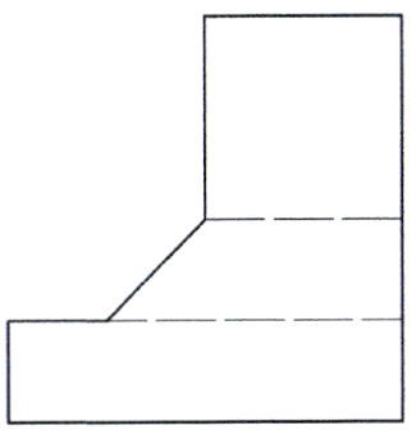
④
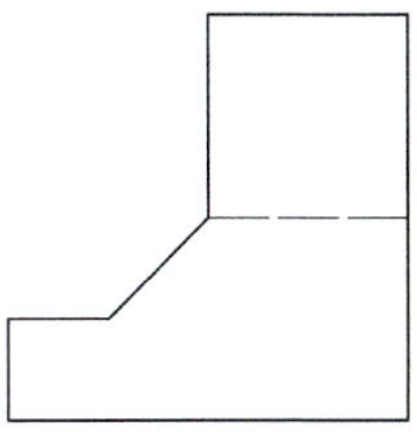

03 다음 등각 투상도에서 제3각 방법으로 화살표 방향에서 본 투상도는?

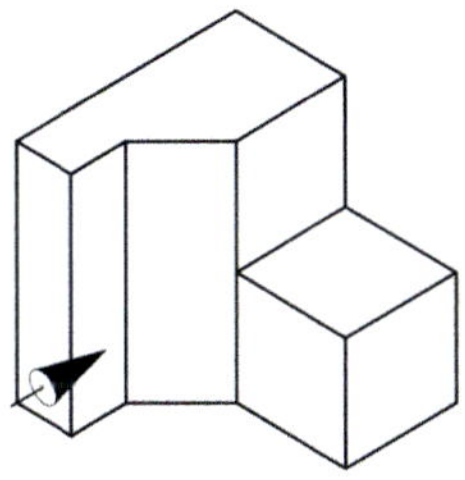

①
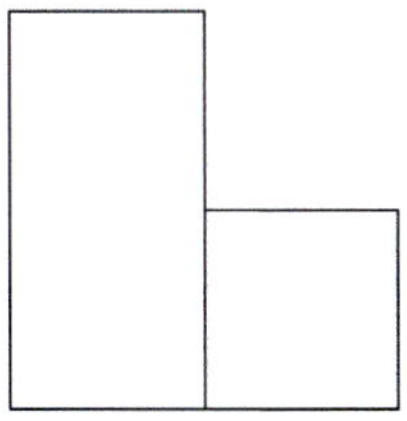
②
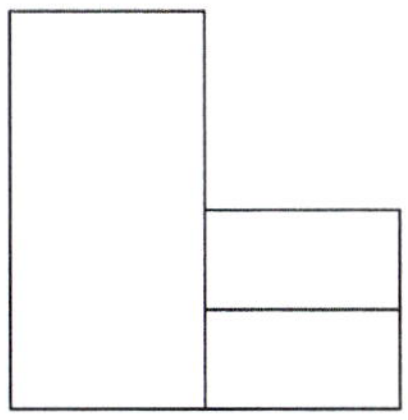
③
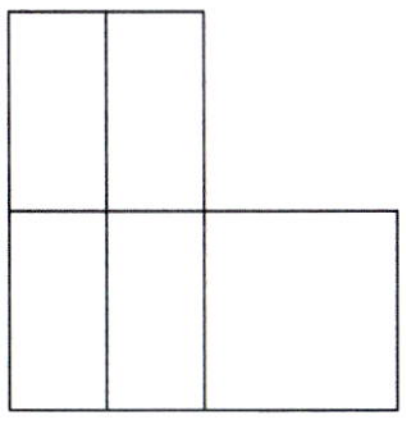
④
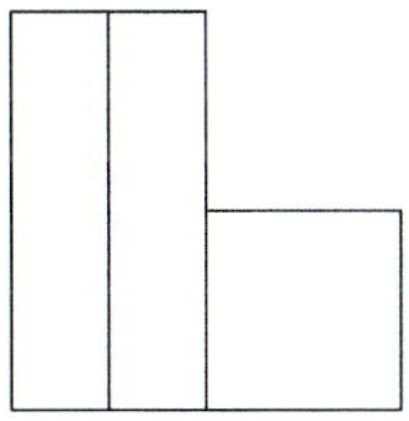

04 다음 등각 투상도에서 제3각 방법으로 화살표 방향에서 본 투상도는?

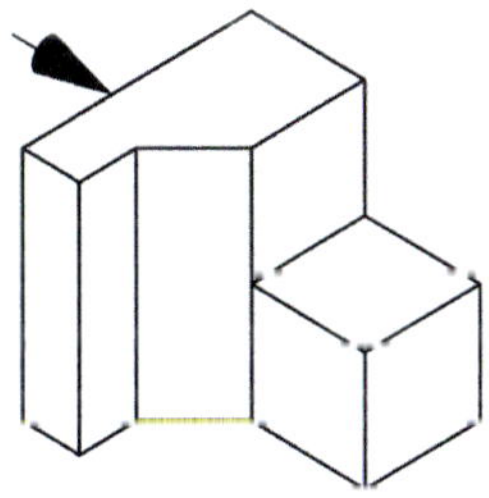

①
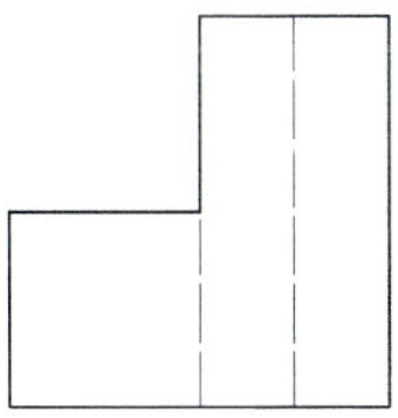
②
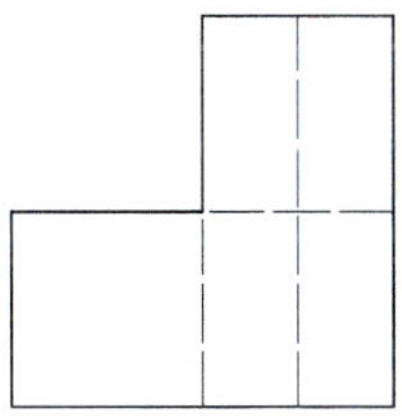
③
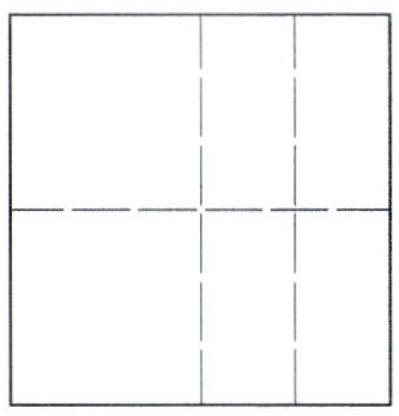
④
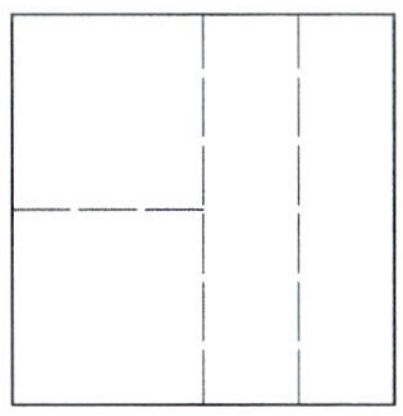

05 다음 등각 투상도에서 제3각 방법으로 화살표 방향에서 본 투상도는?

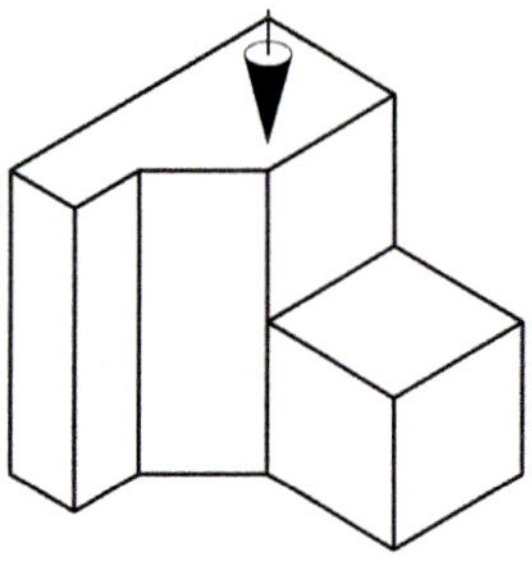

①
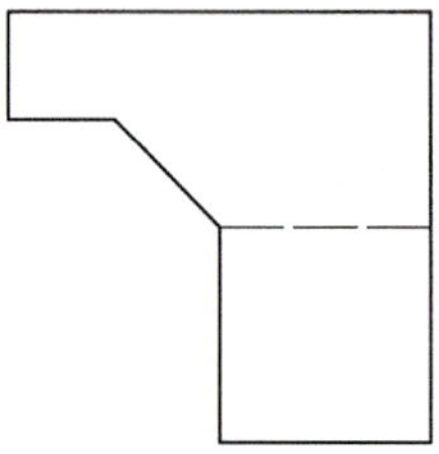
②
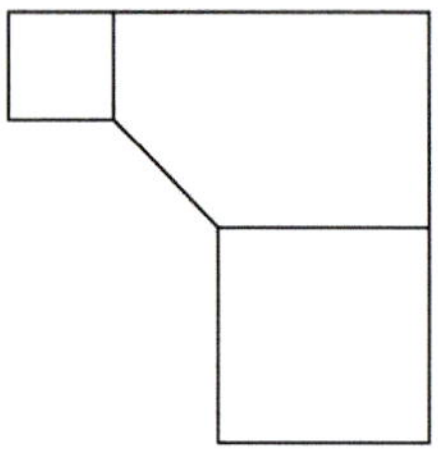
③
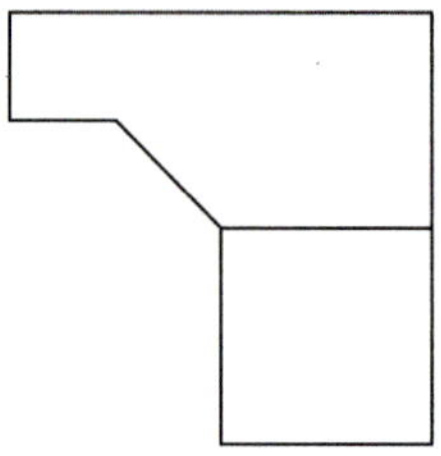
④
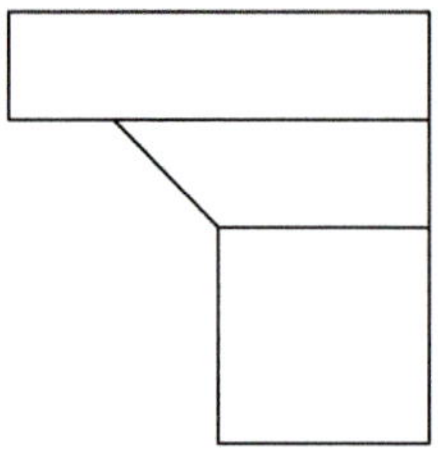

06 다음 등각 투상도에서 제3각 방법으로 화살표 방향에서 본 투상도는?

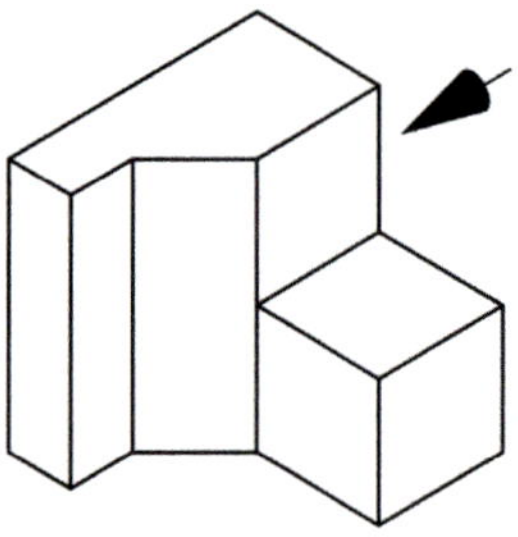

①
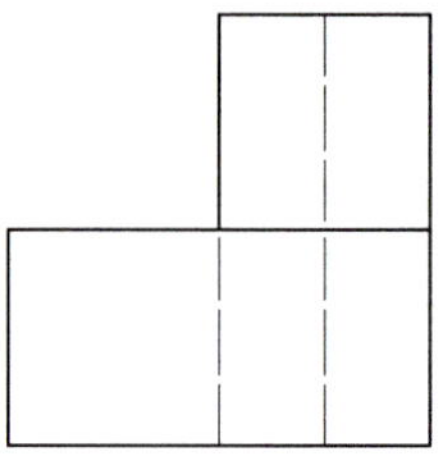
②
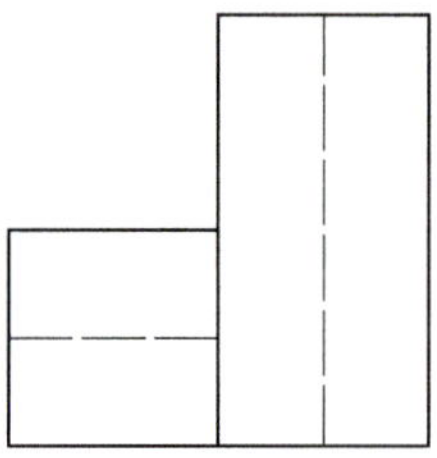
③
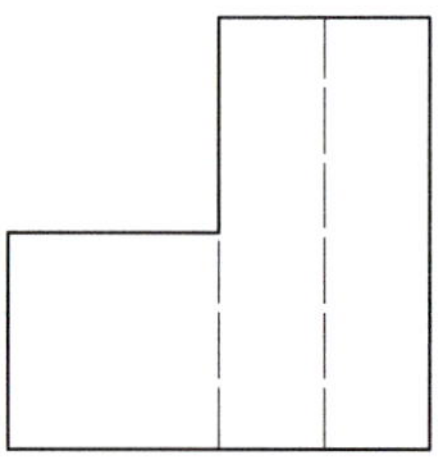
④
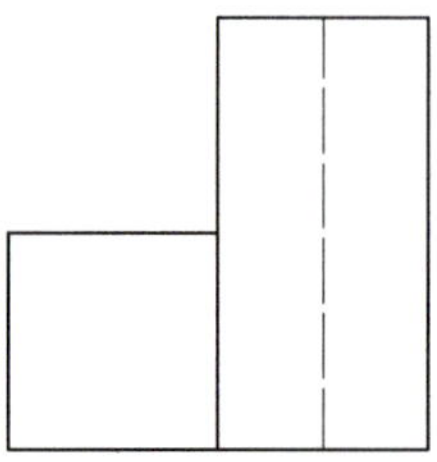

07 다음 등각 투상도에서 제3각 방법으로 화살표 방향에서 본 투상도는?

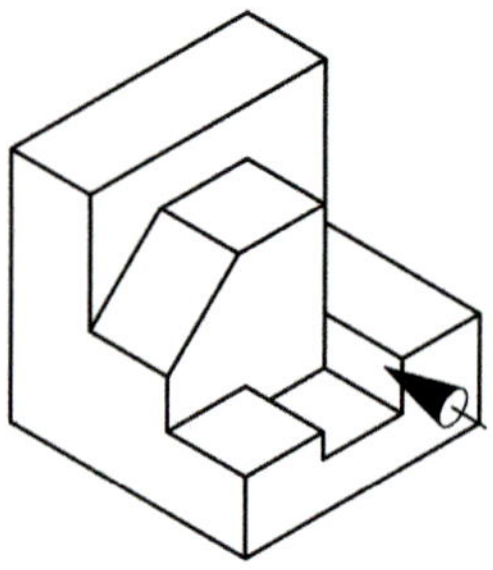

①
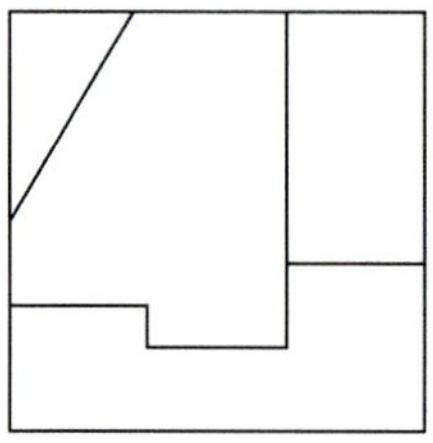
②
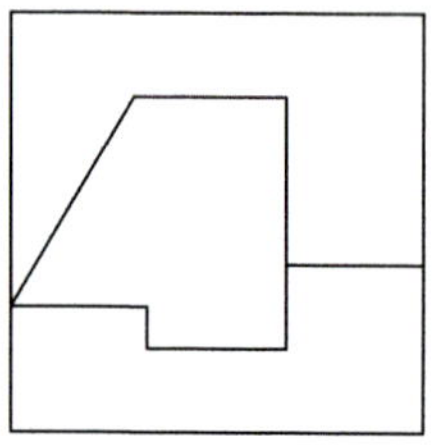
③
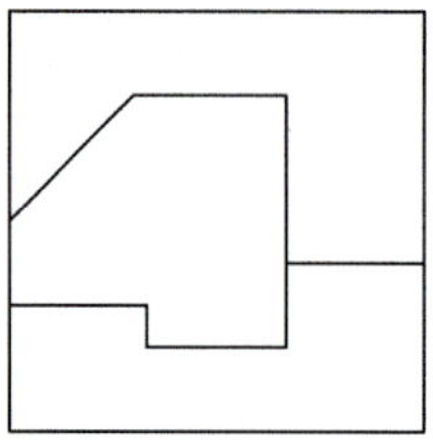
④
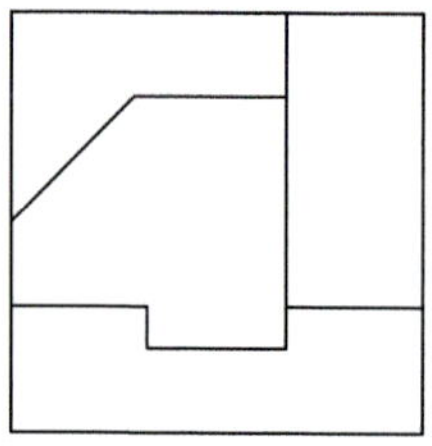

08 다음 등각 투상도에서 제3각 방법으로 화살표 방향에서 본 투상도는?

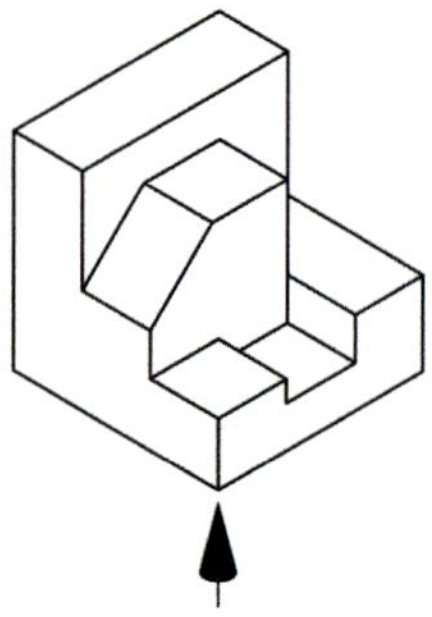

①
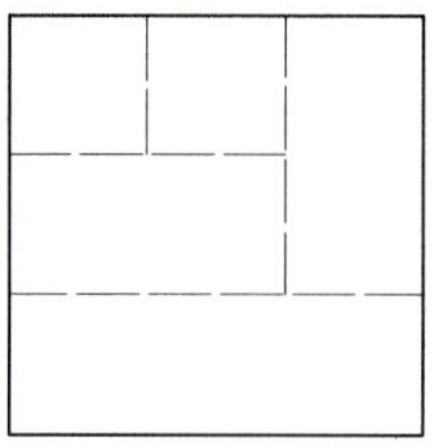
②
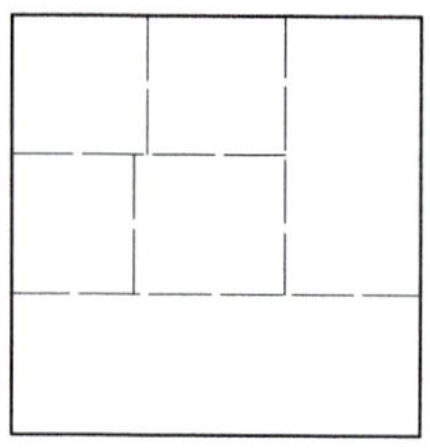
③

④
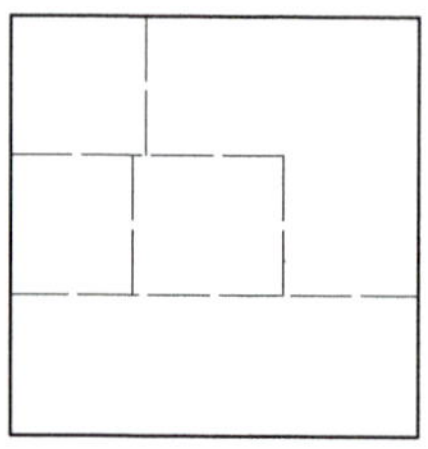

09 다음 등각 투상도에서 제3각 방법으로 화살표 방향에서 본 투상도는?

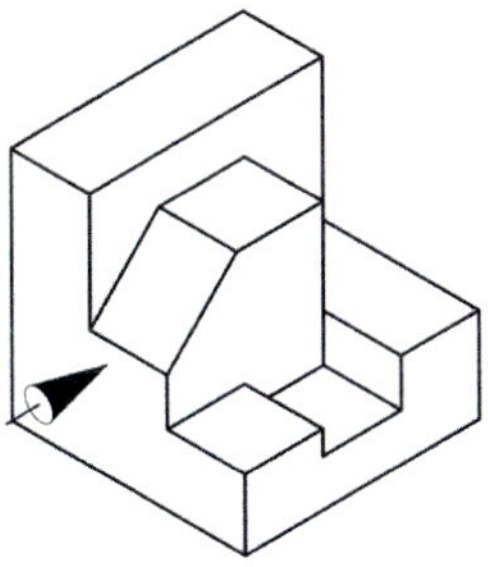

①
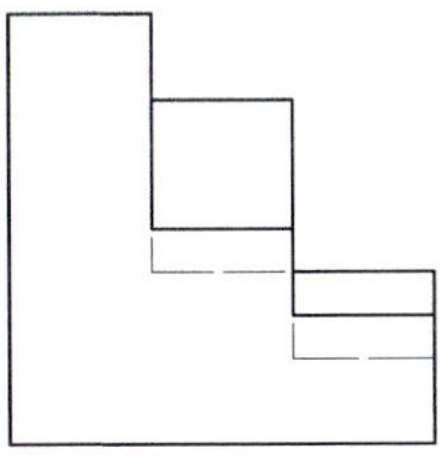
②
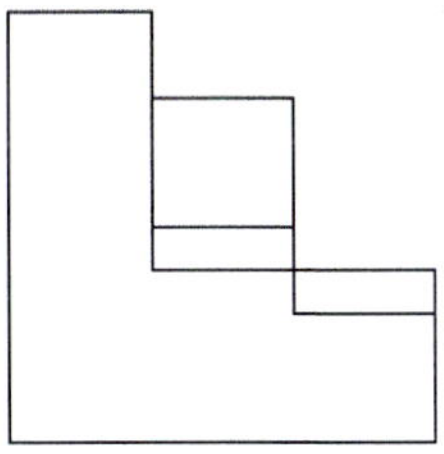
③
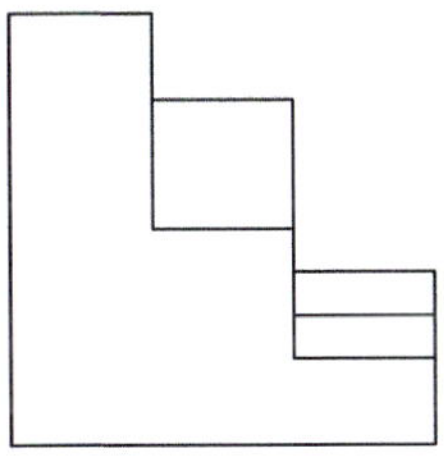
④
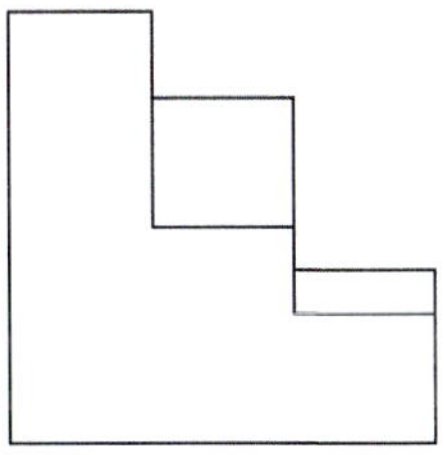

10 다음 등각 투상도에서 제3각 방법으로 화살표 방향에서 본 투상도는?

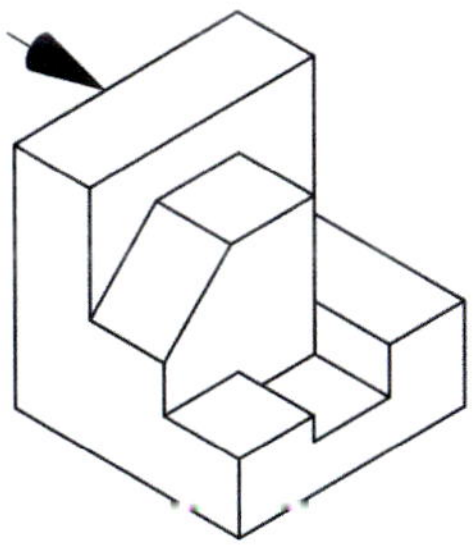

①
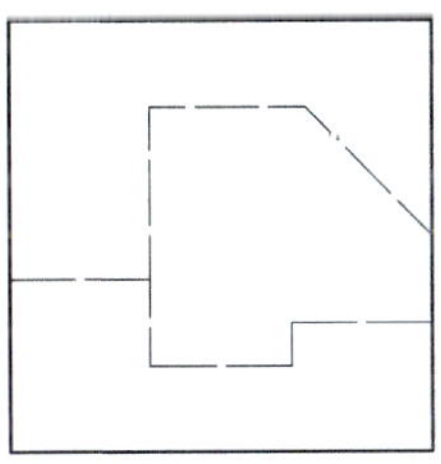
②
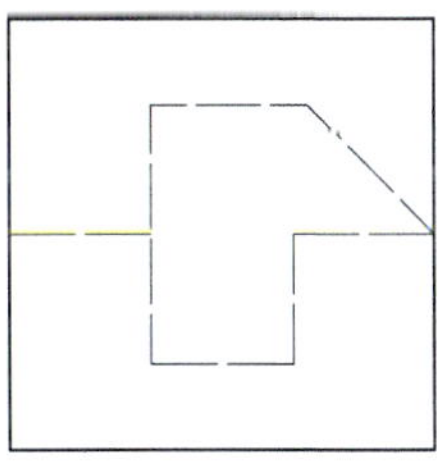
③
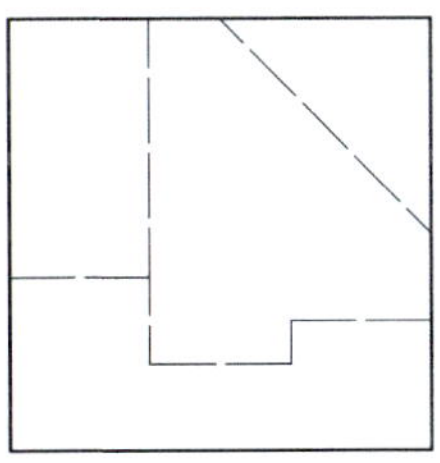
④
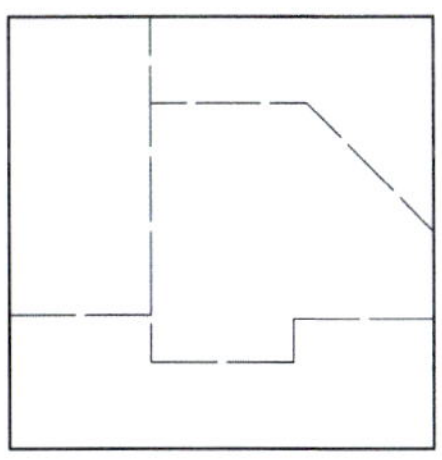

11 다음 등각 투상도에서 제3각 방법으로 화살표 방향에서 본 투상도는?

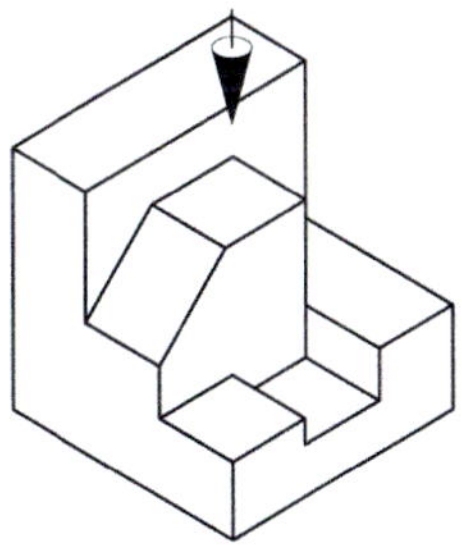

①
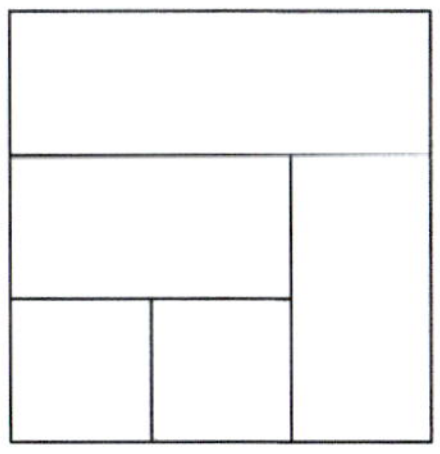
②
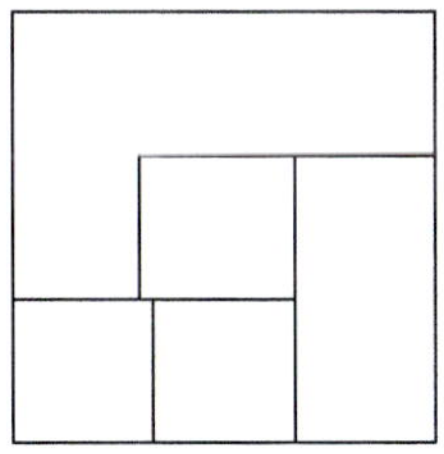
③
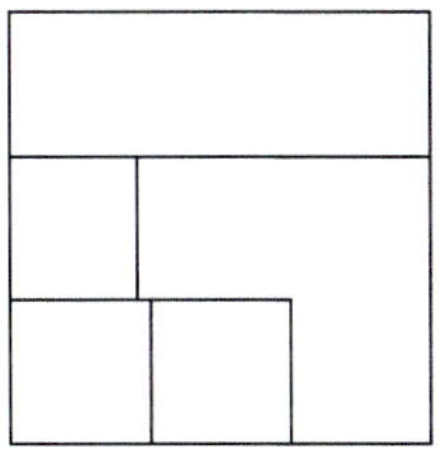
④
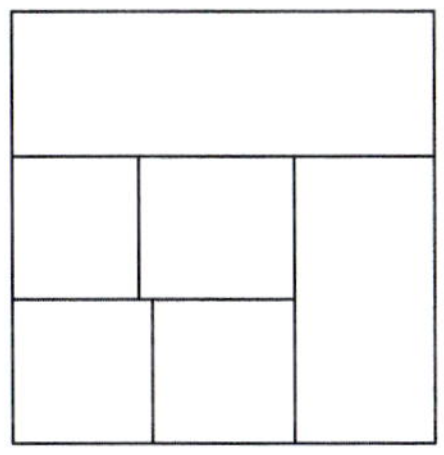

12 다음 등각 투상도에서 제3각 방법으로 화살표 방향에서 본 투상도는?

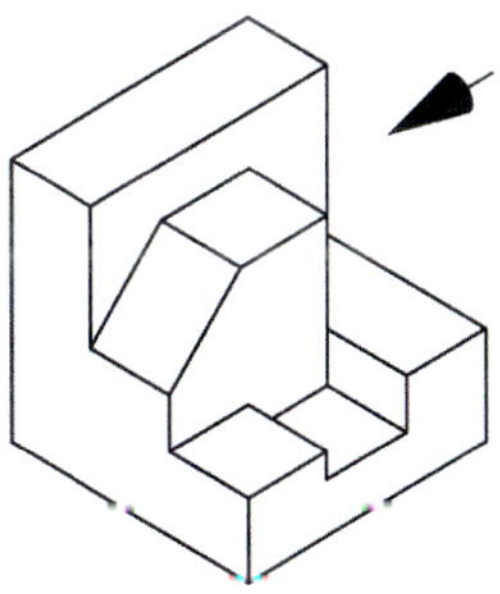

①
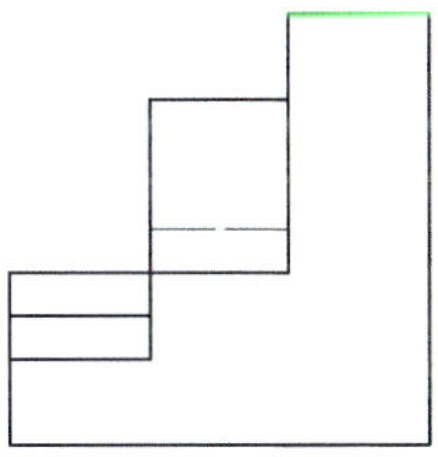
②
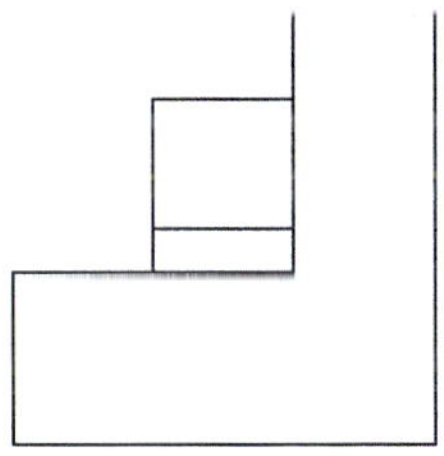
③
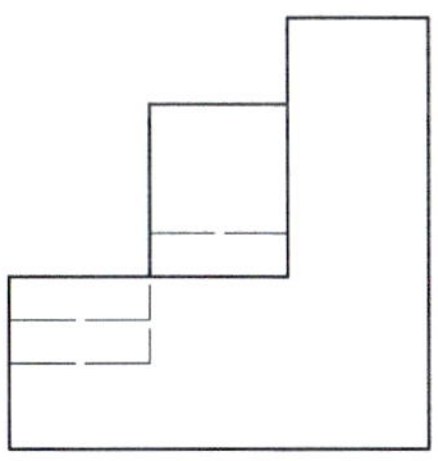
④
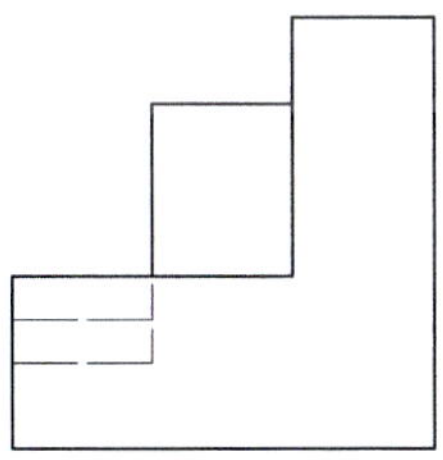

13 다음 등각 투상도에서 제3각 방법으로 화살표 방향에서 본 투상도는?

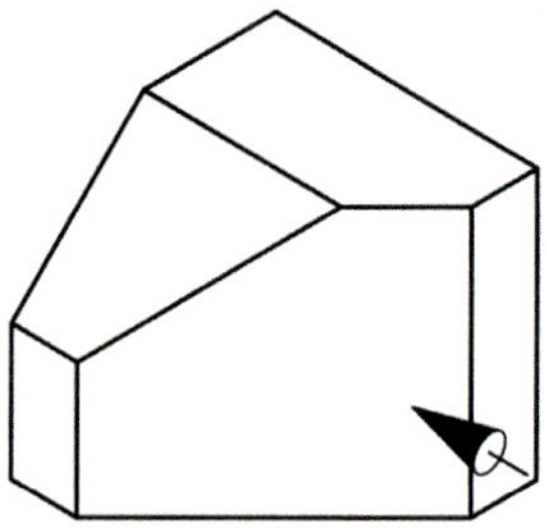

①
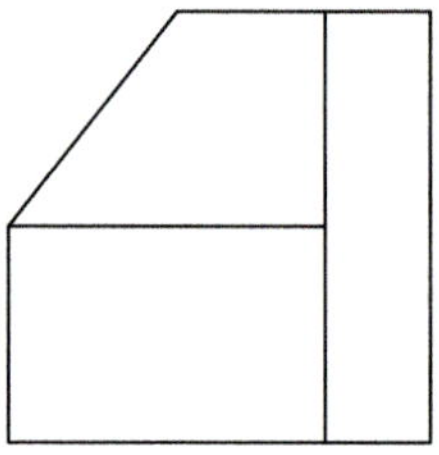

②
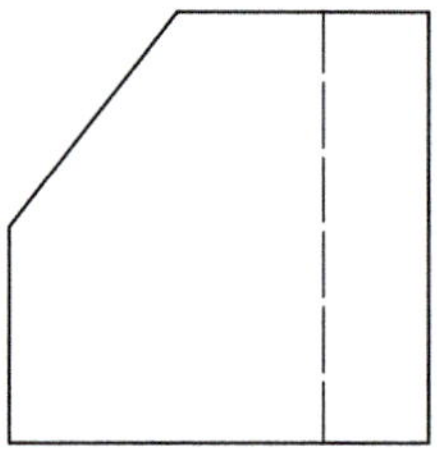

③
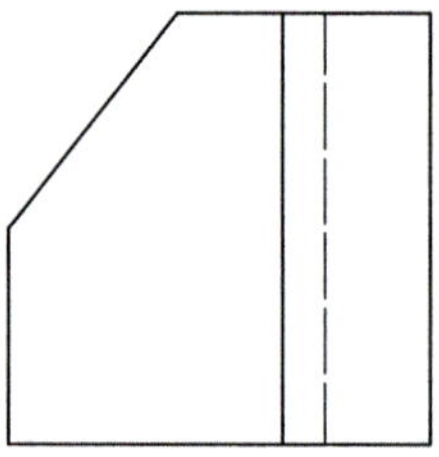

④
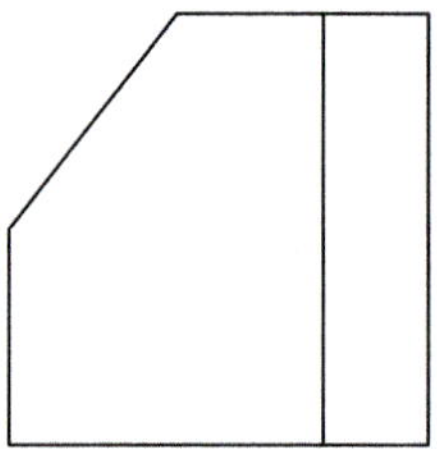

14 다음 등각 투상도에서 제3각 방법으로 화살표 방향에서 본 투상도는?

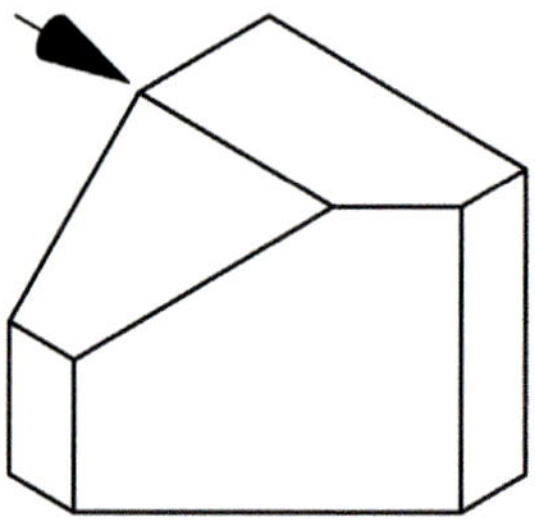

①
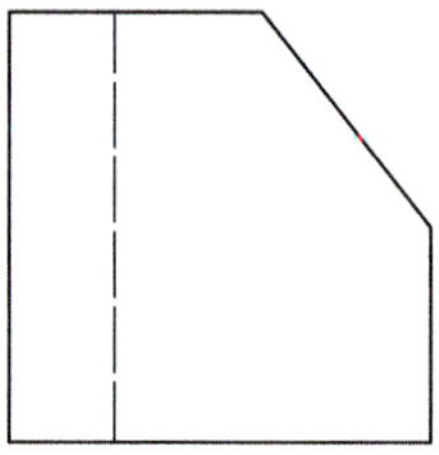

②
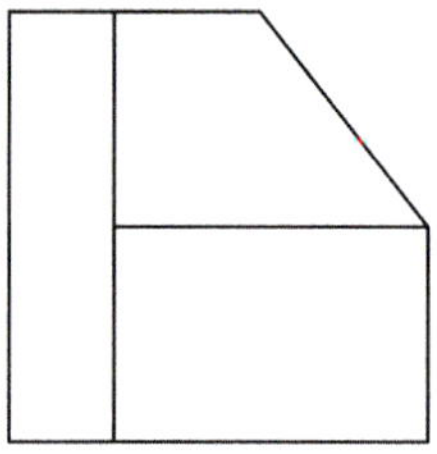

③
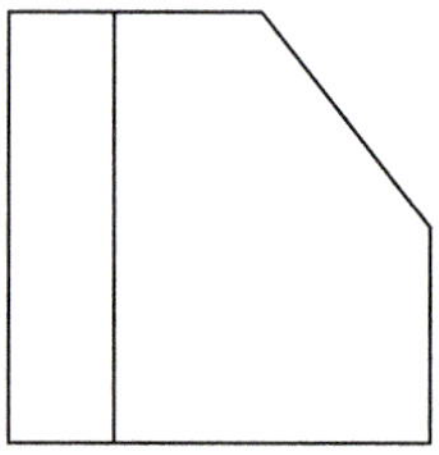

④
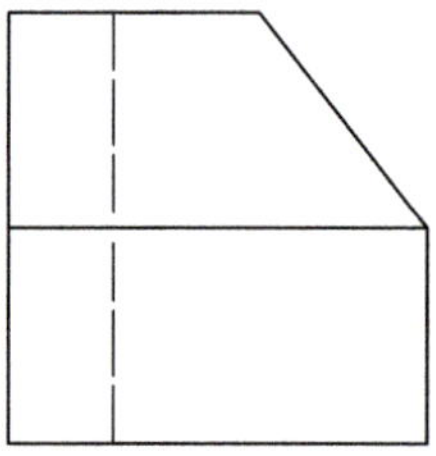

15 다음 등각 투상도에서 제3각 방법으로 화살표 방향에서 본 투상도는?

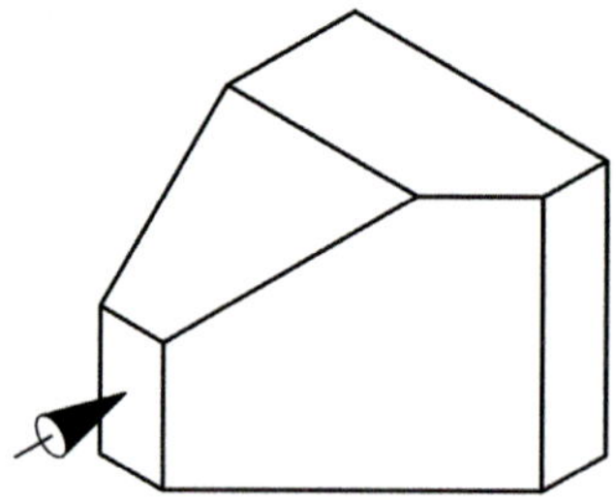

①
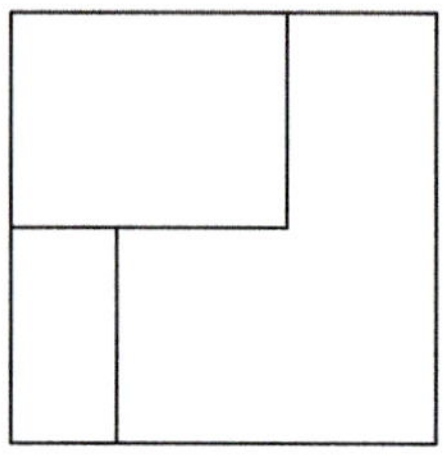

②
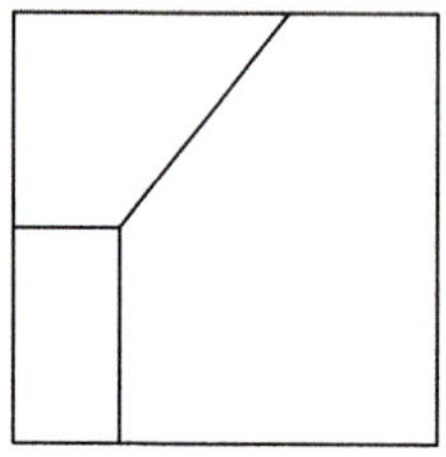

③
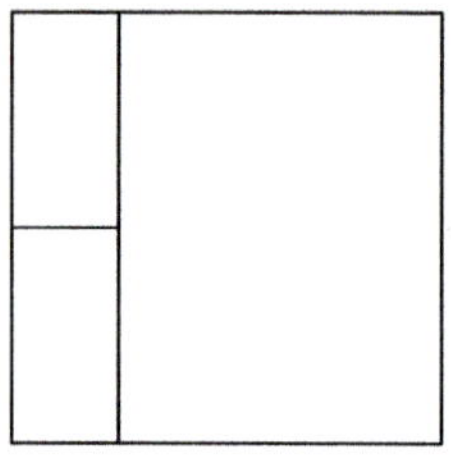

④
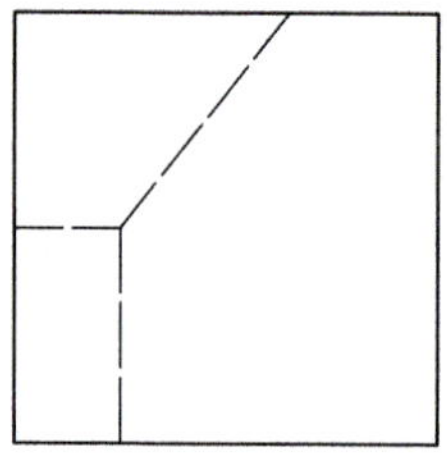

16 다음 등각 투상도에서 제3각 방법으로 화살표 방향에서 본 투상도는?

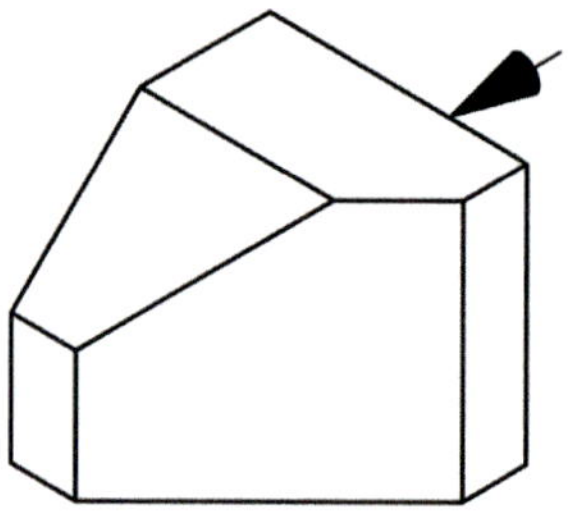

①
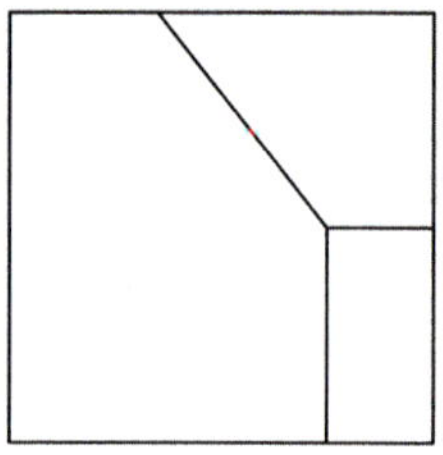

②
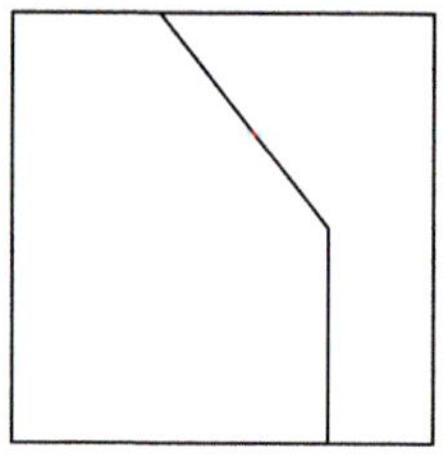

③
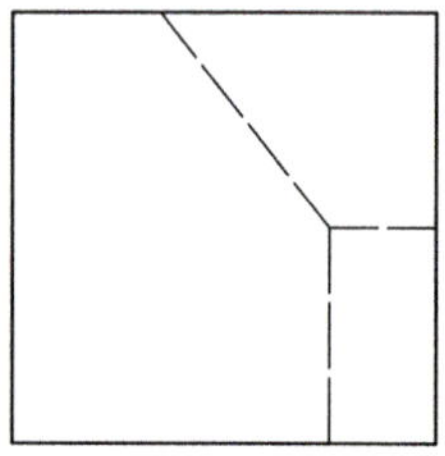

④
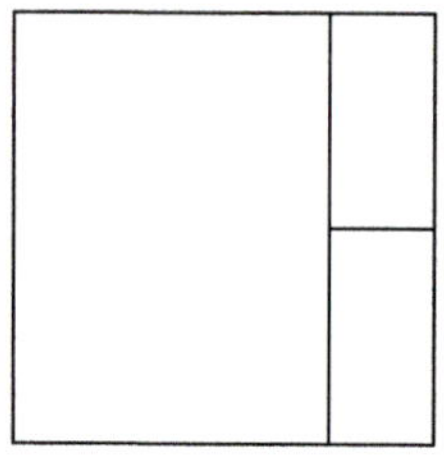

17 다음 등각 투상도에서 제3각 방법으로 화살표 방향에서 본 투상도는?

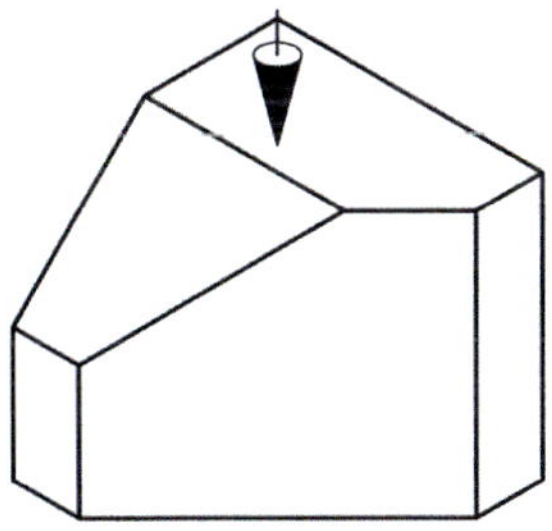

①
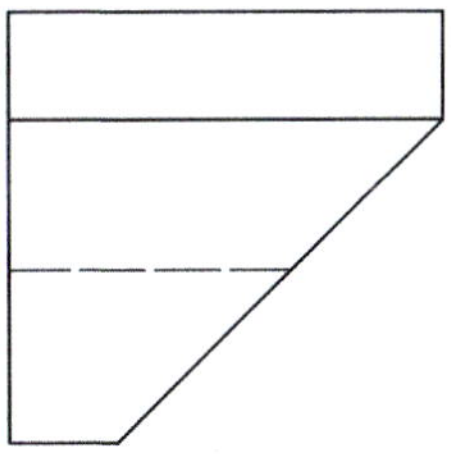

②
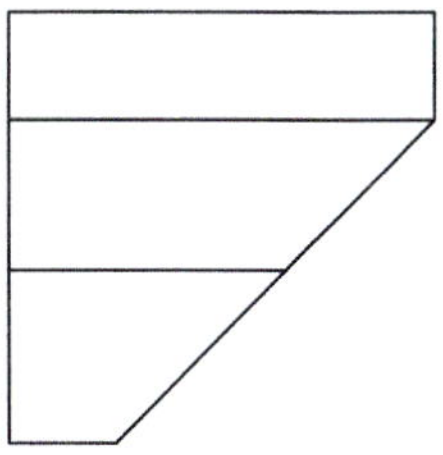

③
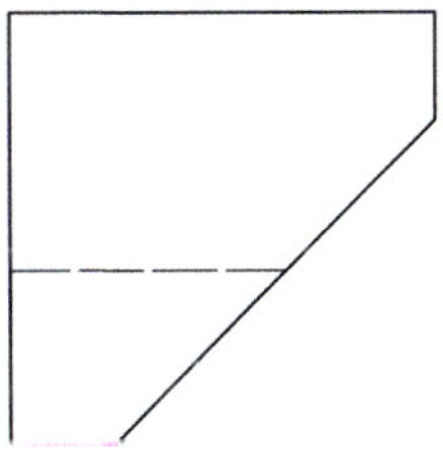

④
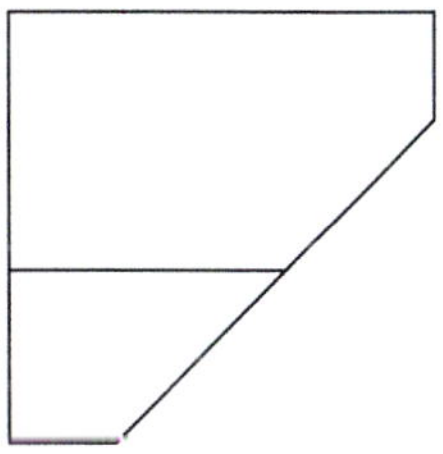

18 다음 등각 투상도에서 제3각 방법으로 화살표 방향에서 본 투상도는?

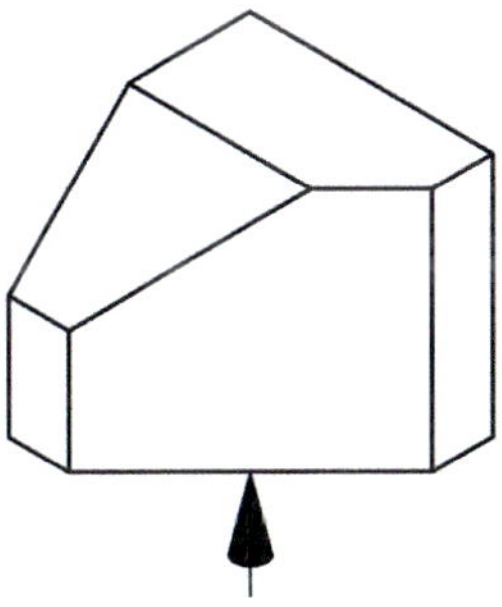

①
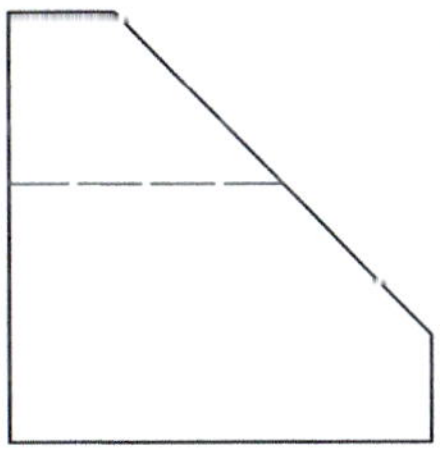

②
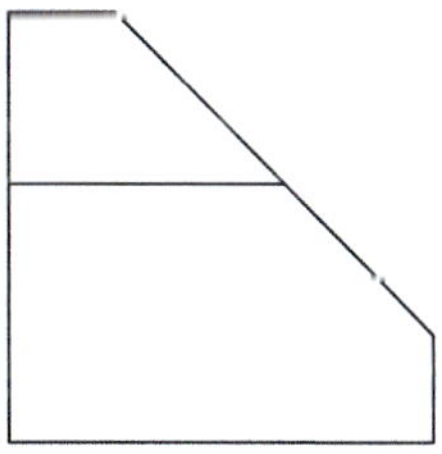

③
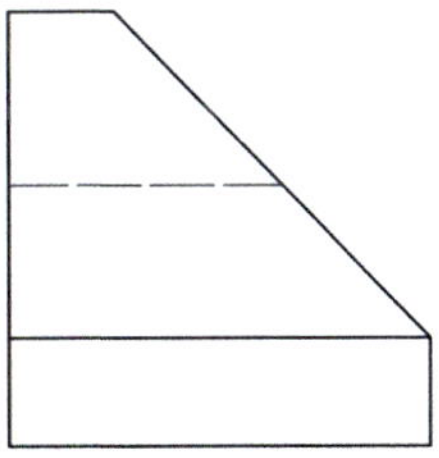

④
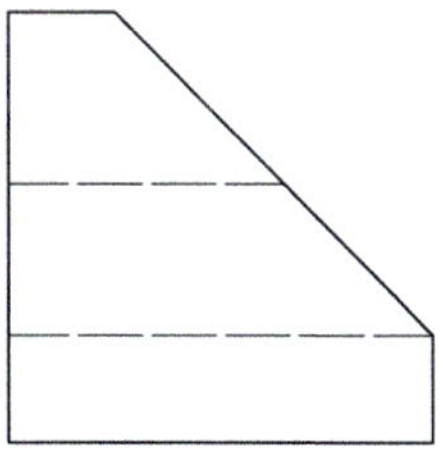

19 다음 등각 투상도에서 제3각 방법으로 화살표 방향에서 본 투상도는?

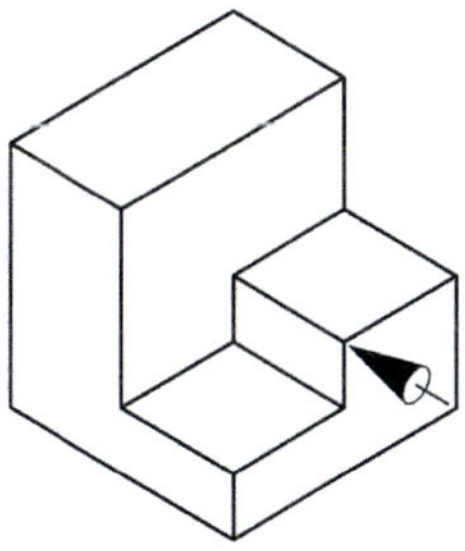

①
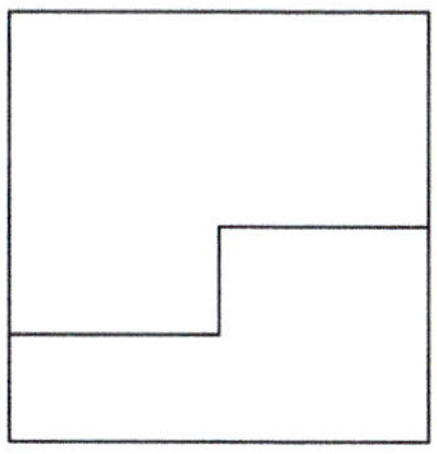

②
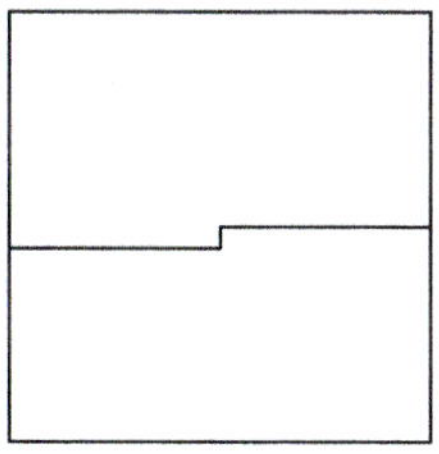

③
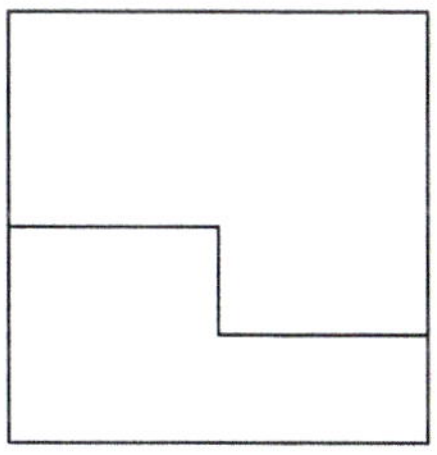

④
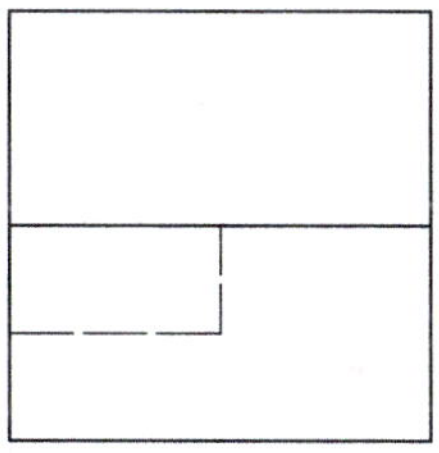

20 다음 등각 투상도에서 제3각 방법으로 화살표 방향에서 본 투상도는?

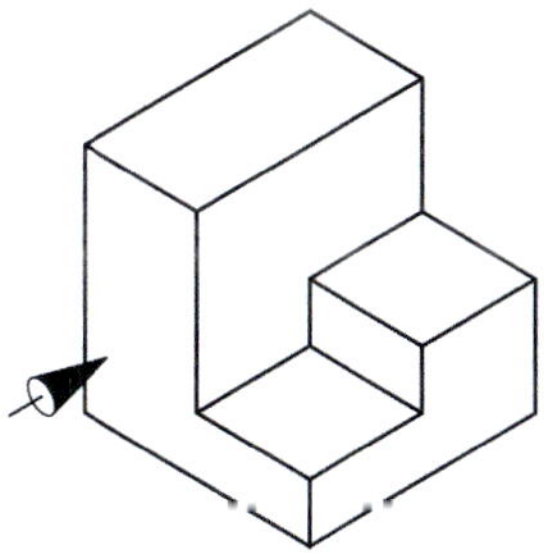

①
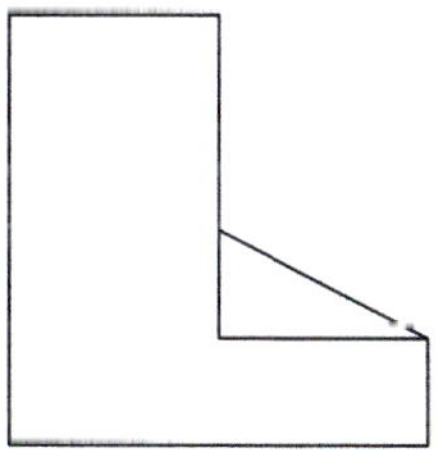

②
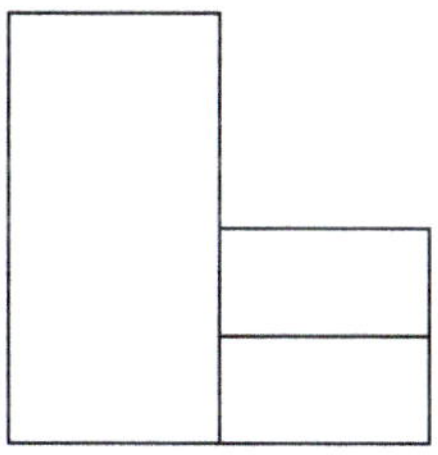

③
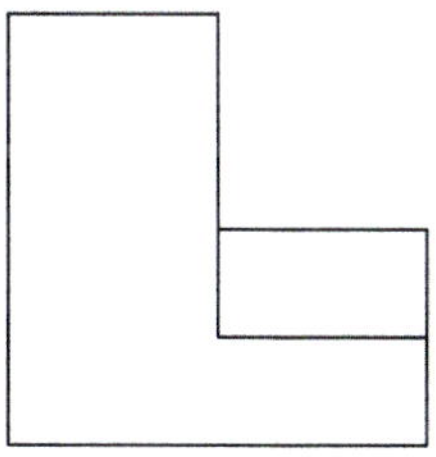

④
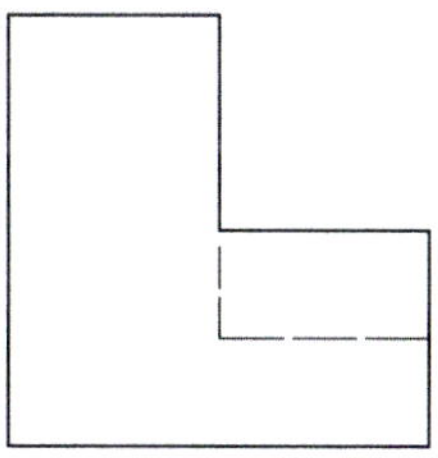

21 다음 등각 투상도에서 제3각 방법으로 화살표 방향에서 본 투상도는?

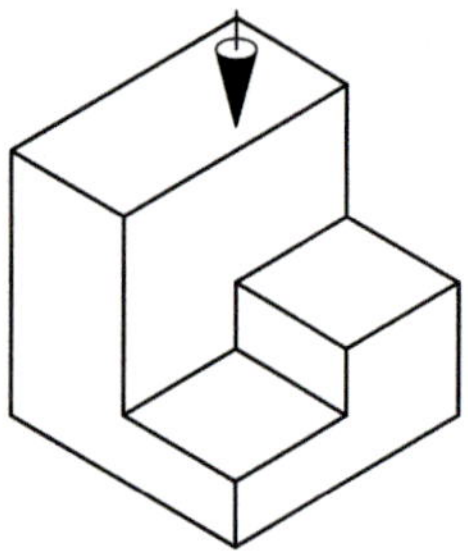

① 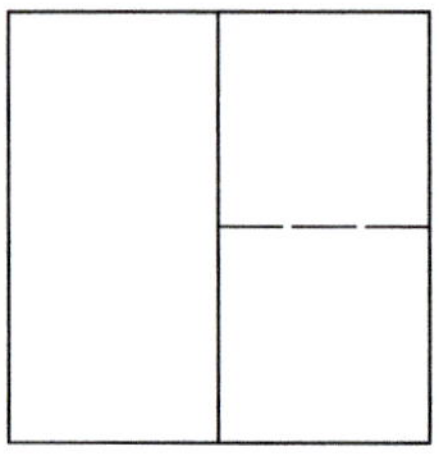 ② 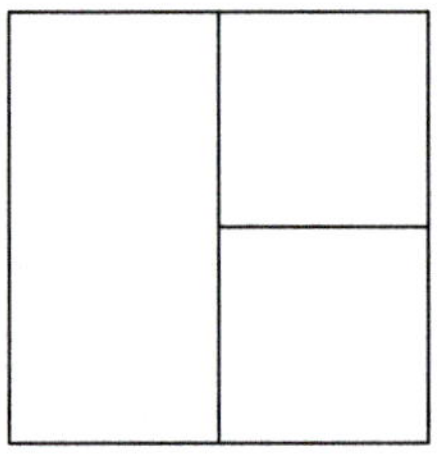

③ 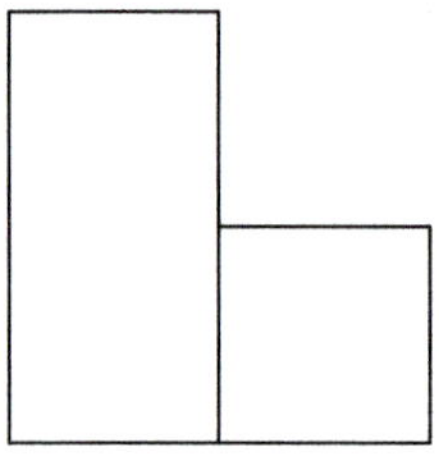 ④ 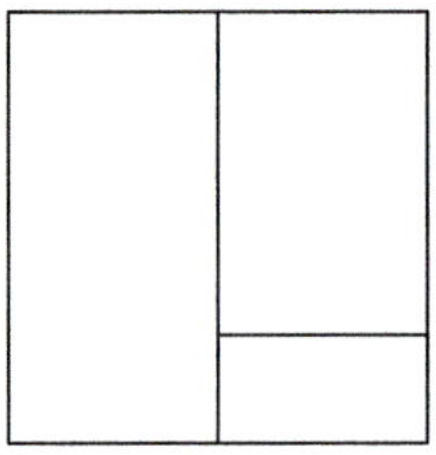

22 다음 등각 투상도에서 제3각 방법으로 화살표 방향에서 본 투상도는?

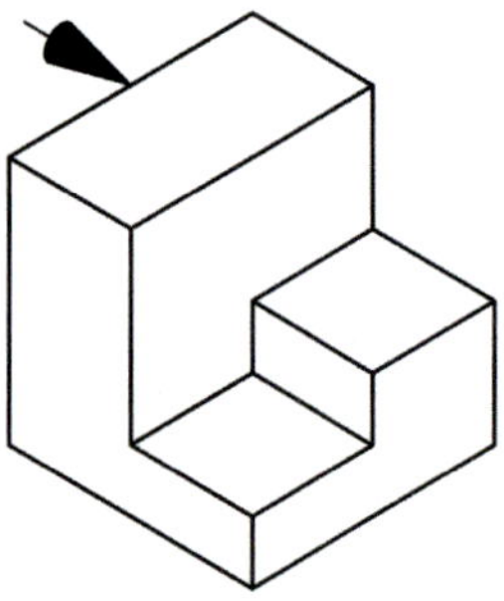

① 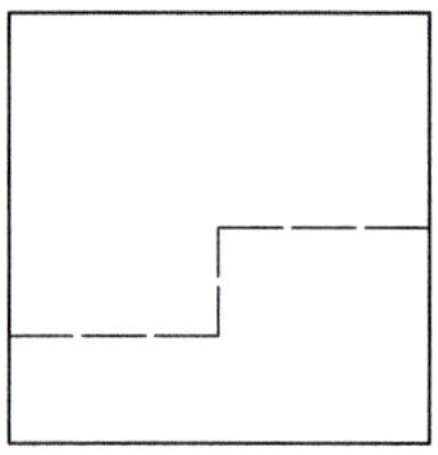 ② 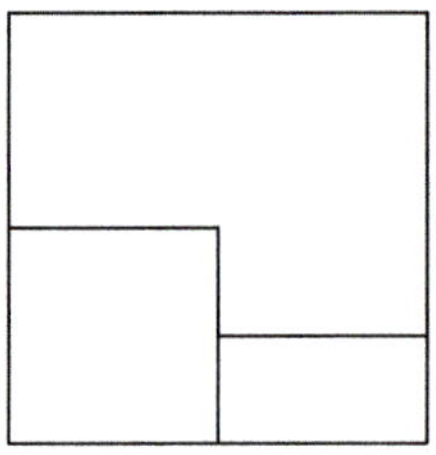

③ 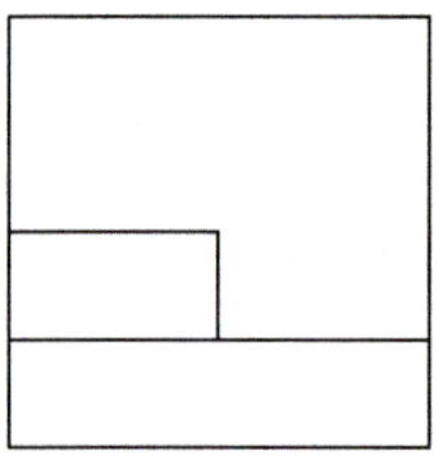 ④ 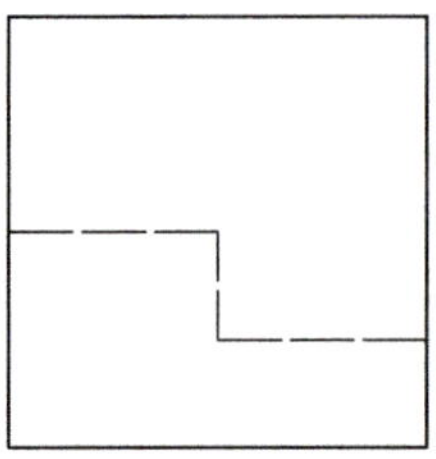

23 다음 등각 투상도에서 제3각 방법으로 화살표 방향에서 본 투상도는?

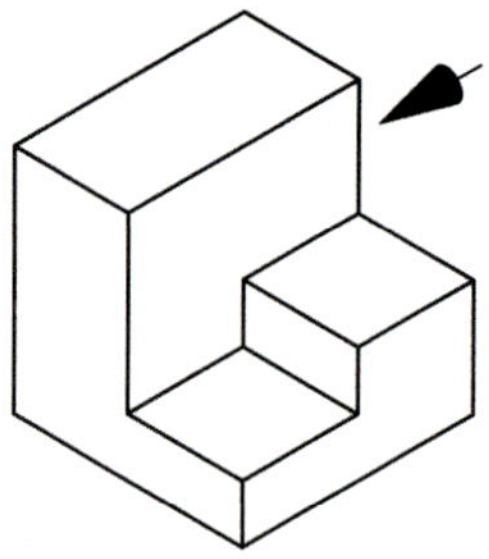

① 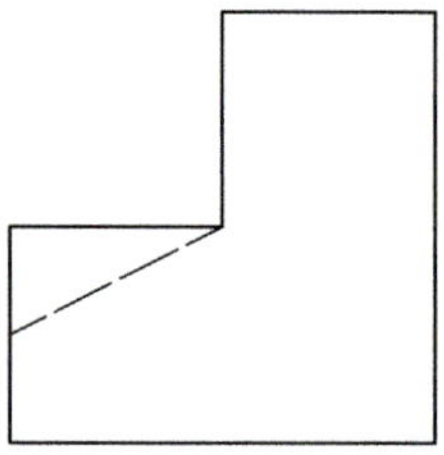 ② 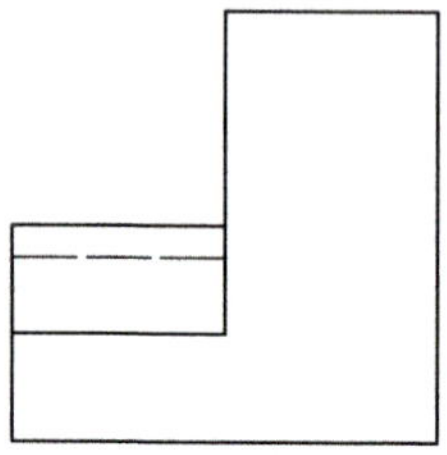

③ 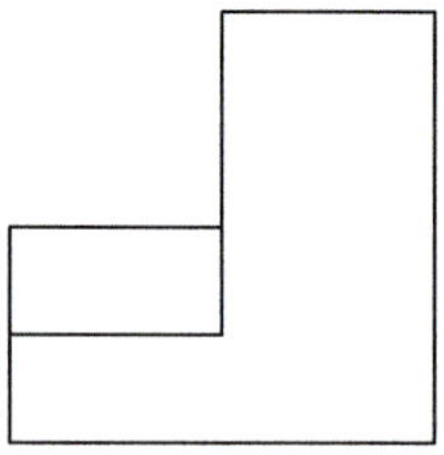 ④ 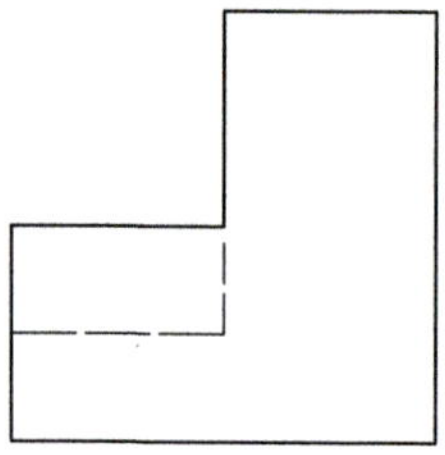

24 다음 등각 투상도에서 제3각 방법으로 화살표 방향에서 본 투상도는?

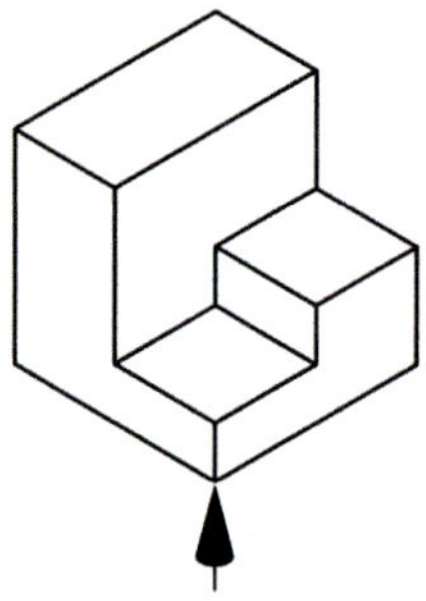

① 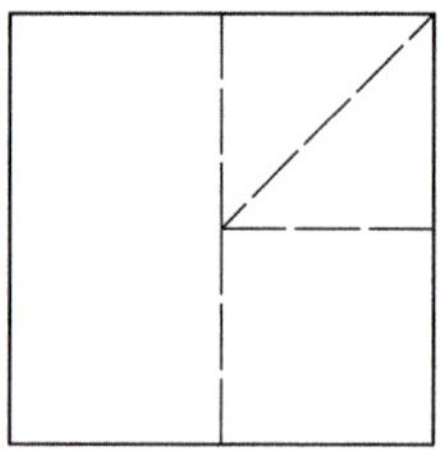 ② 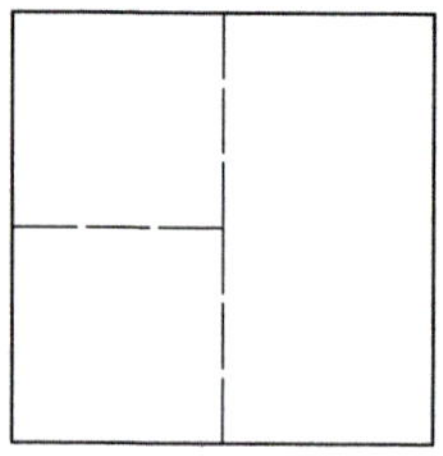

③ 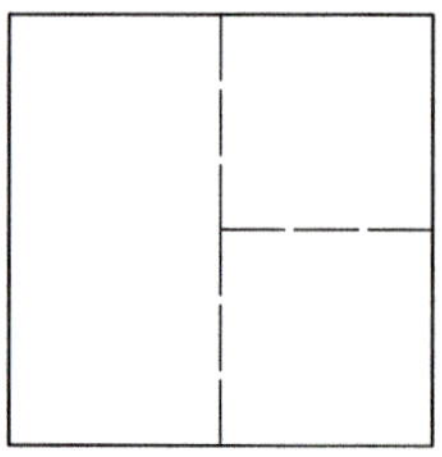 ④ 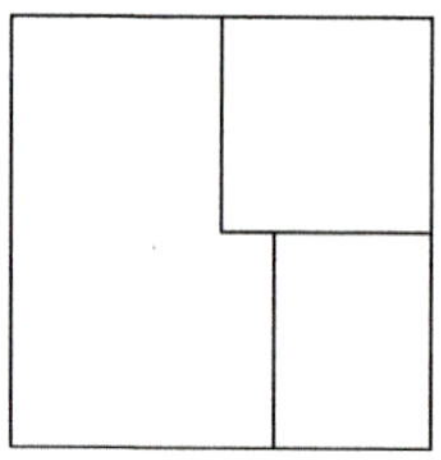

25 다음 등각 투상도에서 제3각 방법으로 화살표 방향에서 본 투상도는?

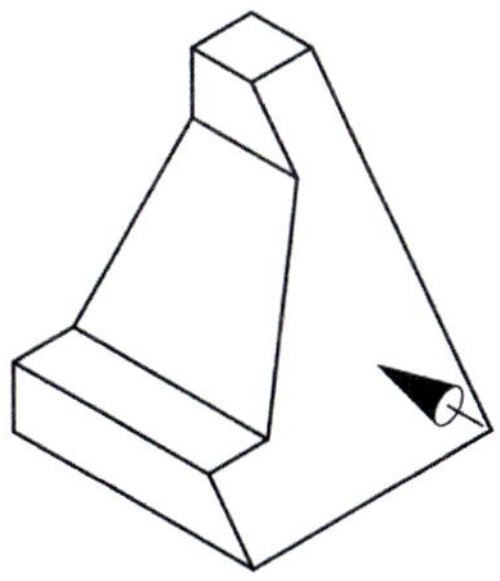

①
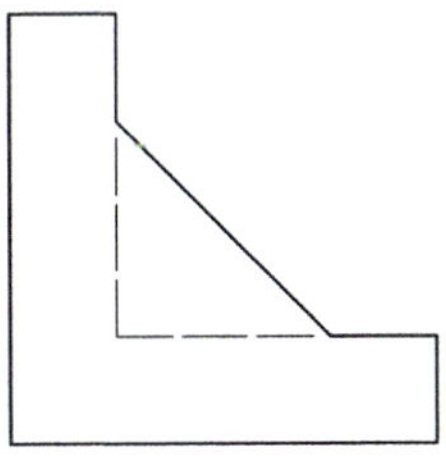
②
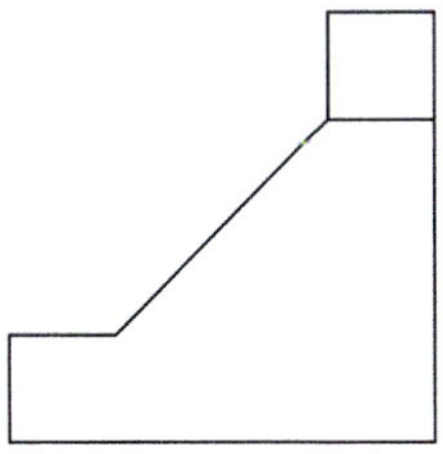
③
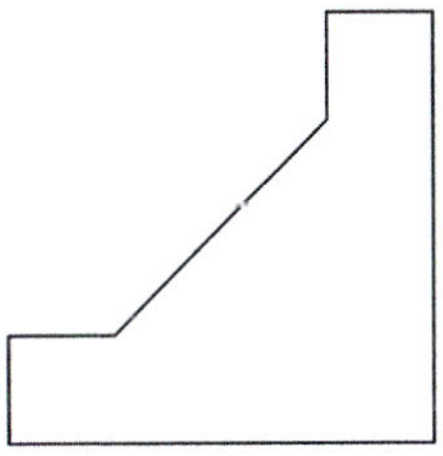
④
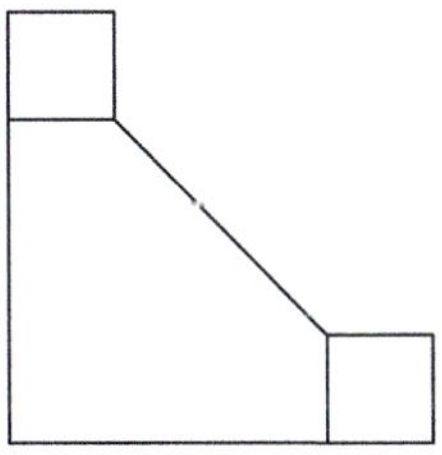

26 다음 등각 투상도에서 제3각 방법으로 화살표 방향에서 본 투상도는?

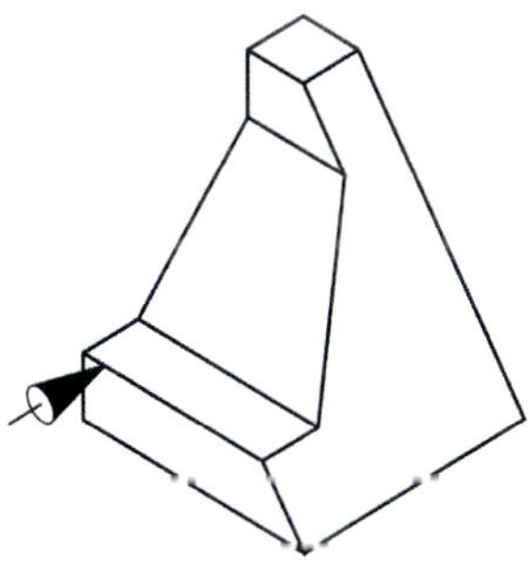

①
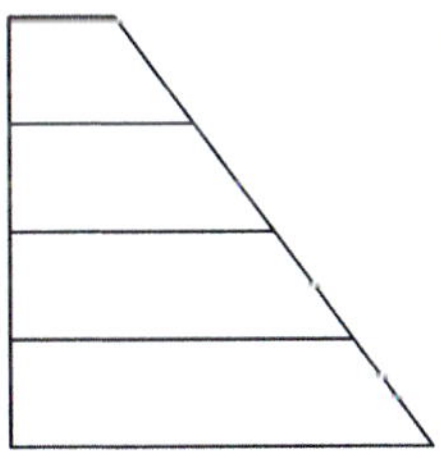
②
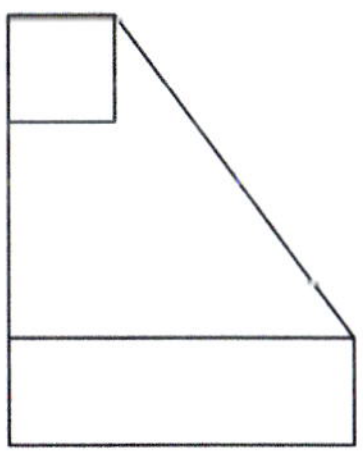
③
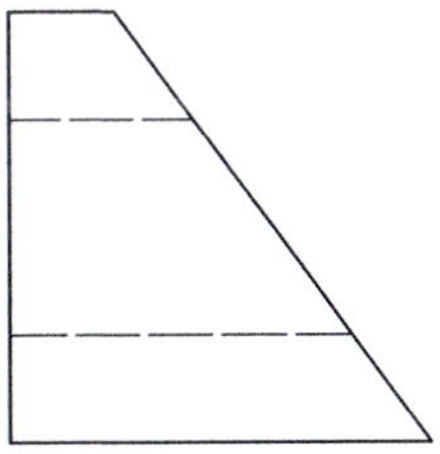
④
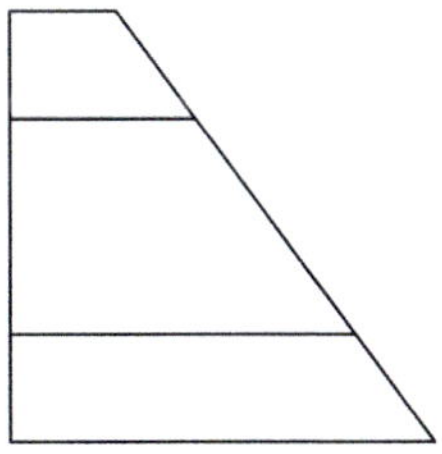

27 다음 등각 투상도에서 제3각 방법으로 화살표 방향에서 본 투상도는?

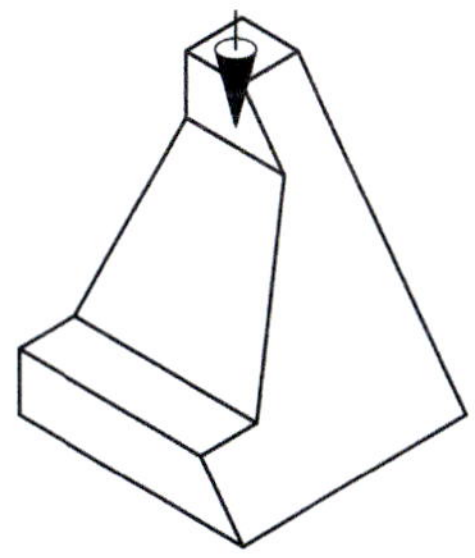

①
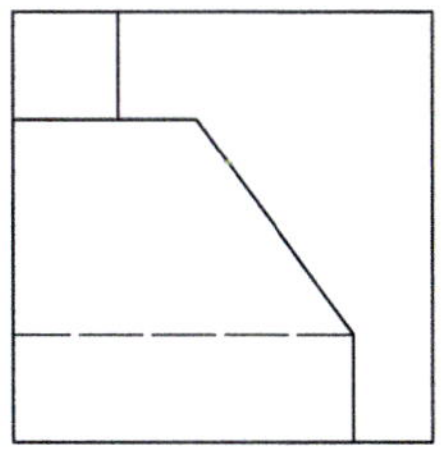
②
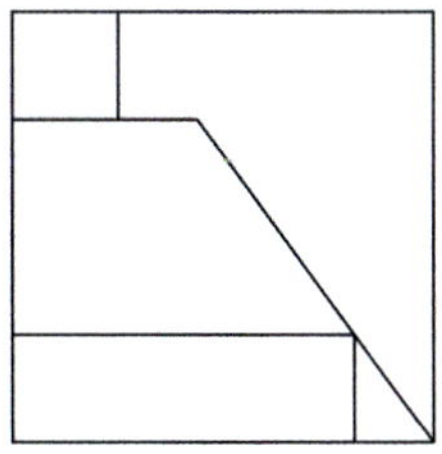
③
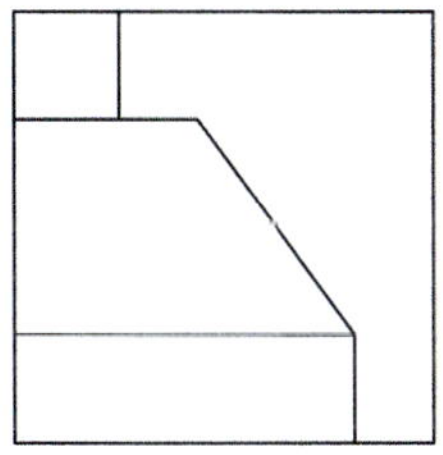
④
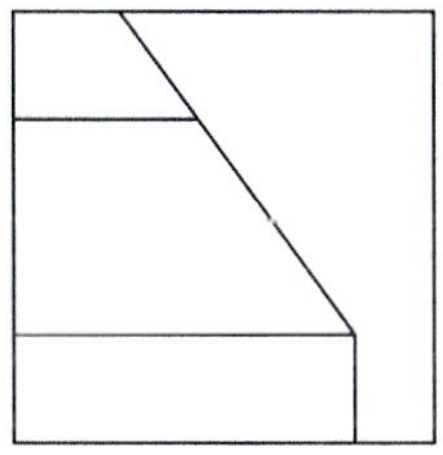

28 다음 등각 투상도에서 제3각 방법으로 화살표 방향에서 본 투상도는?

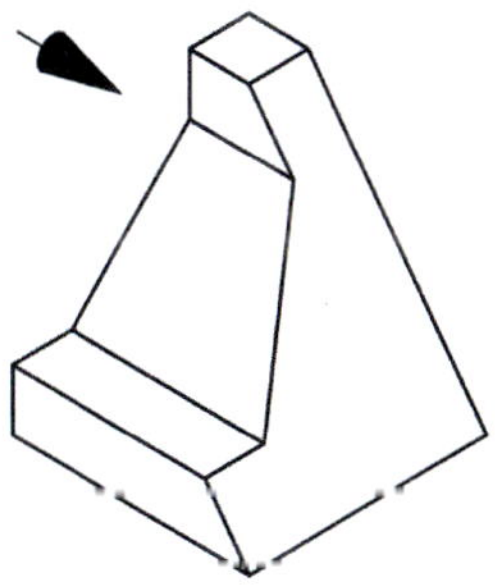

①
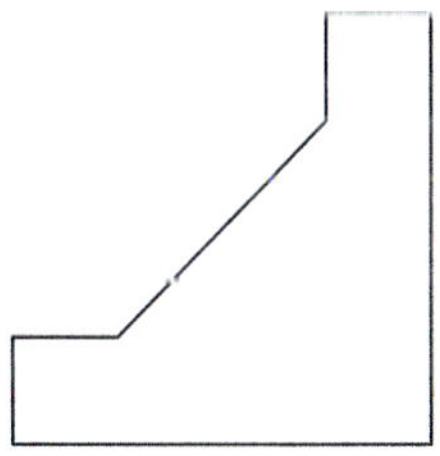
②
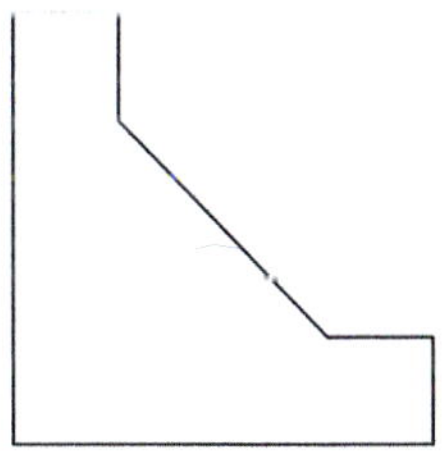
③
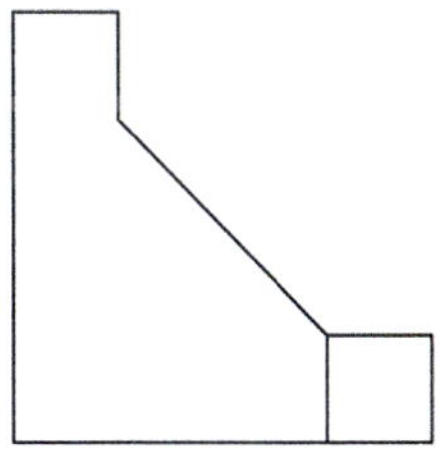
④
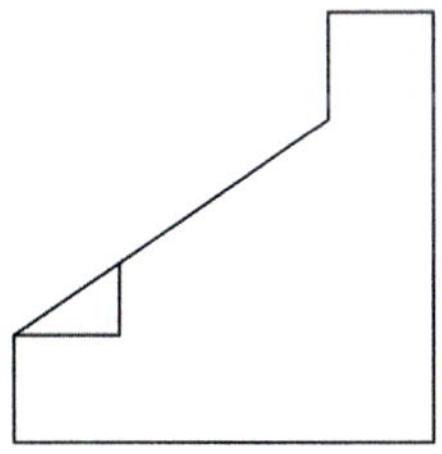

29 다음 등각 투상도에서 제3각 방법으로 화살표 방향에서 본 투상도는?

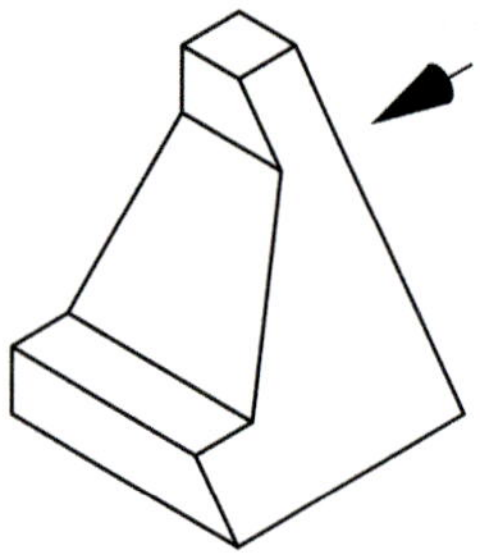

①
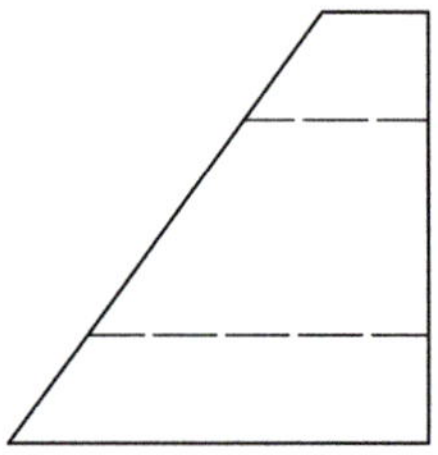
②
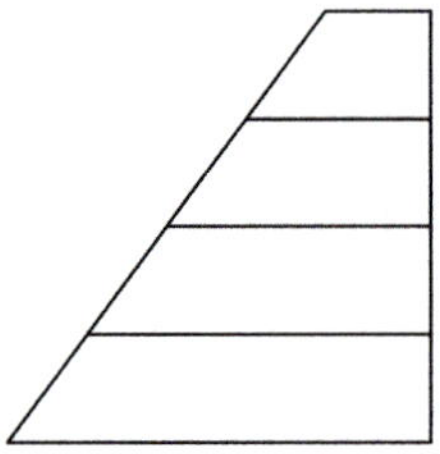
③
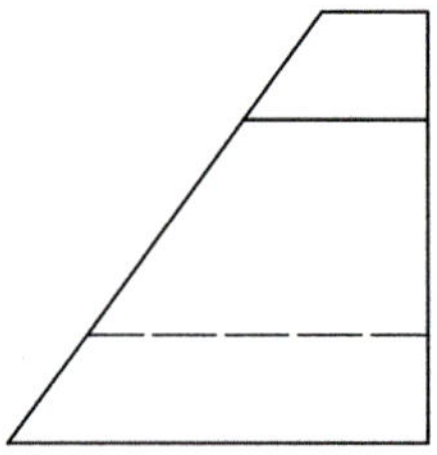
④
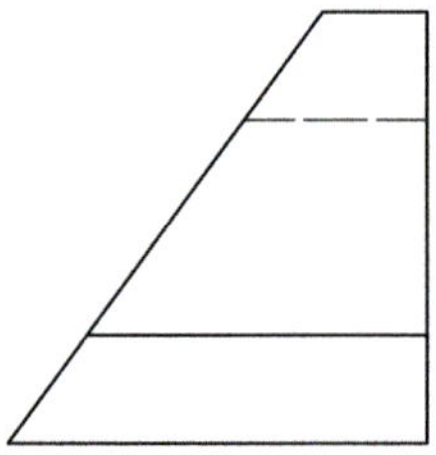

30 다음 등각 투상도에서 제3각 방법으로 화살표 방향에서 본 투상도는?

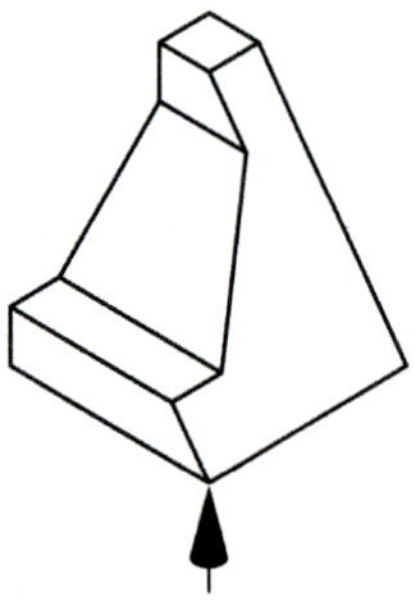

①
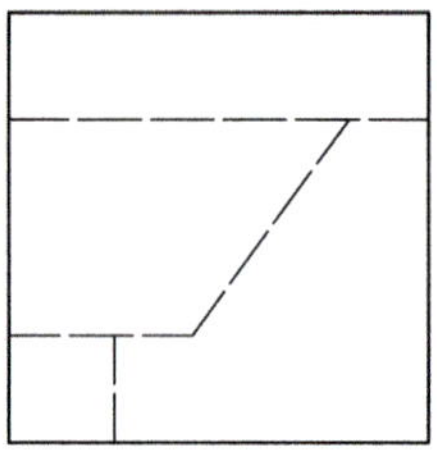
②
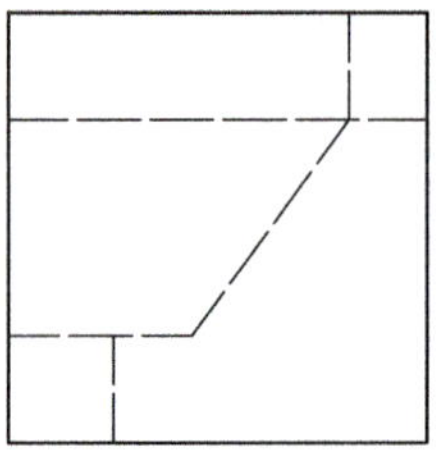
③
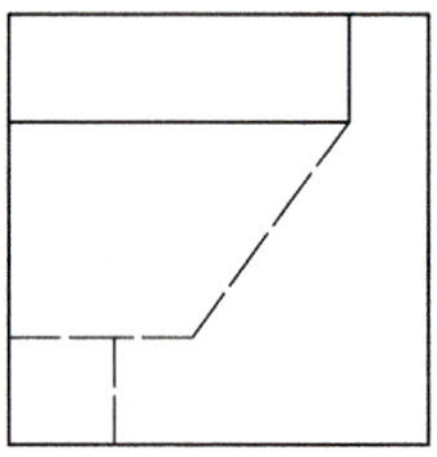
④
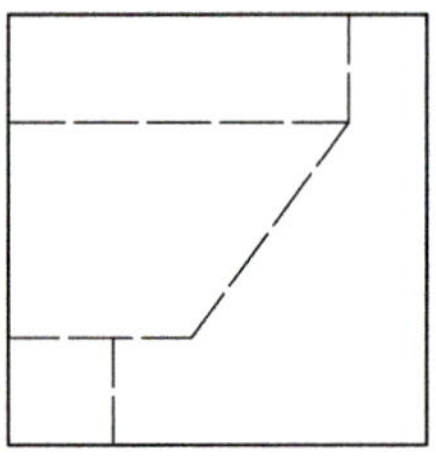

31 다음 등각 투상도에서 제3각 방법으로 화살표 방향에서 본 투상도는?

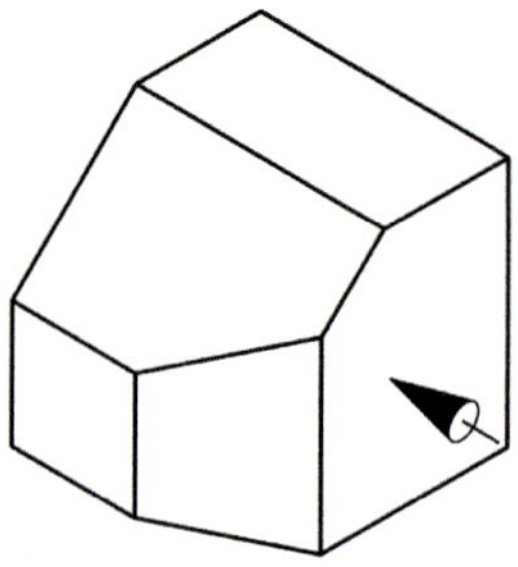

①
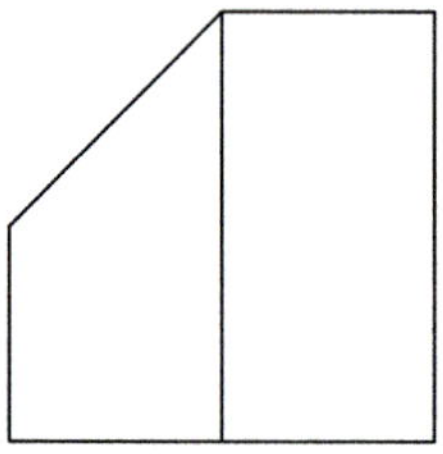
②
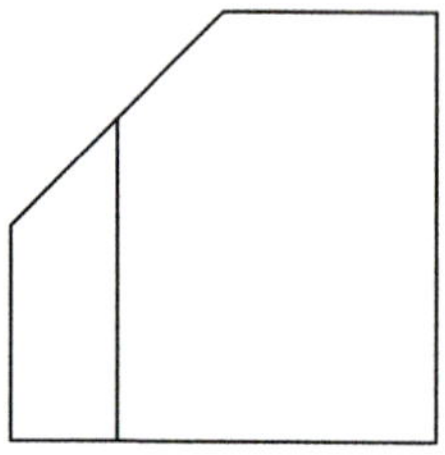
③
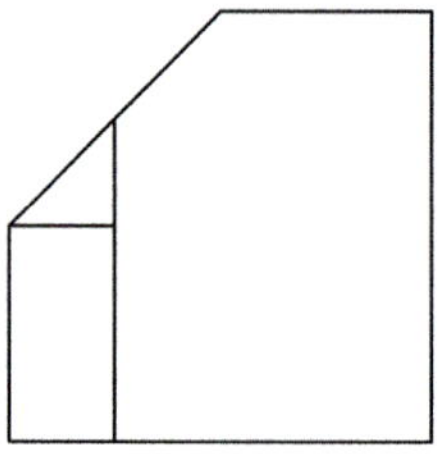
④
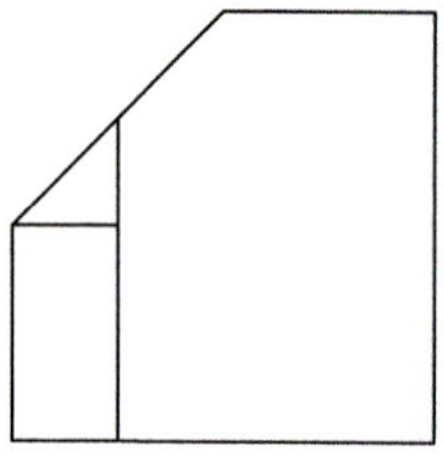

32 다음 등각 투상도에서 제3각 방법으로 화살표 방향에서 본 투상도는?

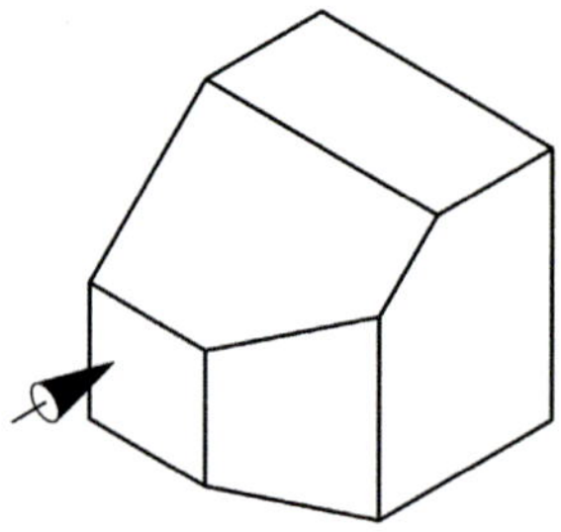

①
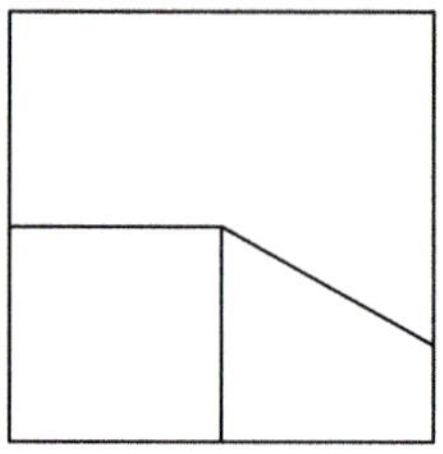
②
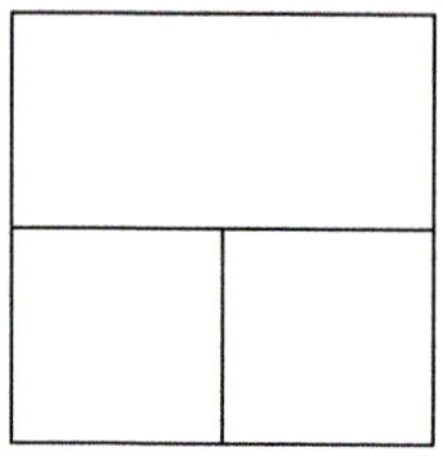
③
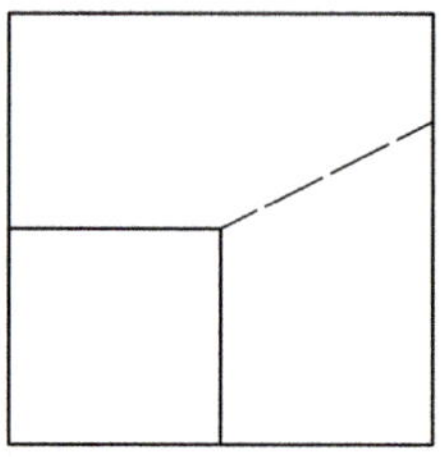
④
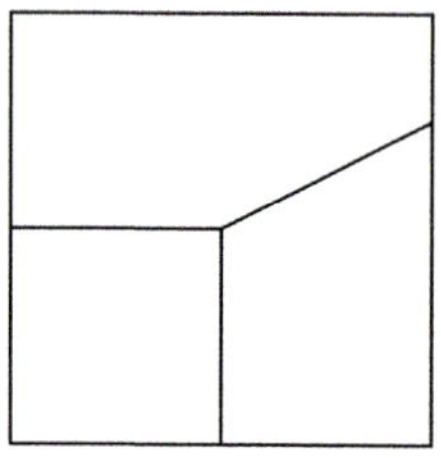

33 다음 등각 투상도에서 제3각 방법으로 화살표 방향에서 본 투상도는?

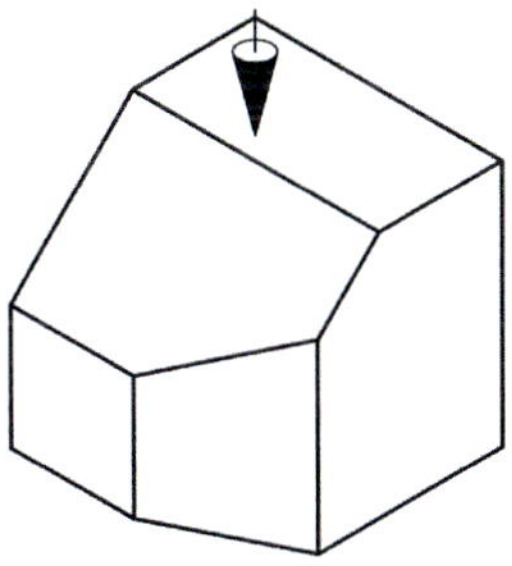

① 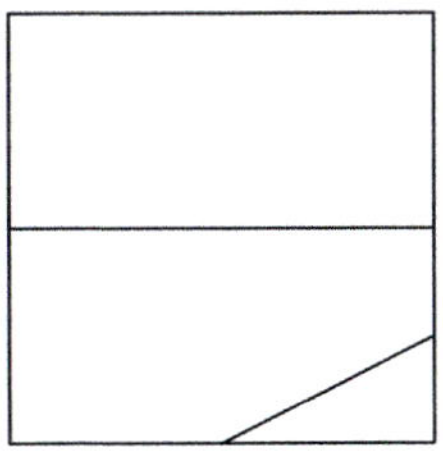
② 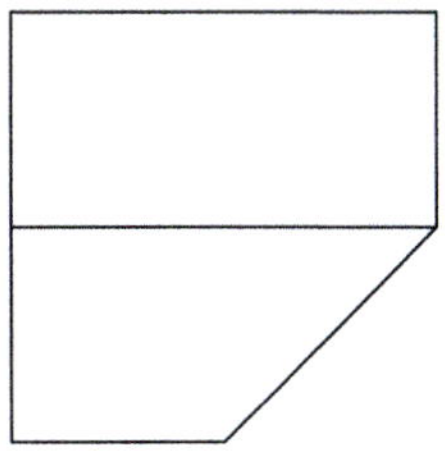
③ 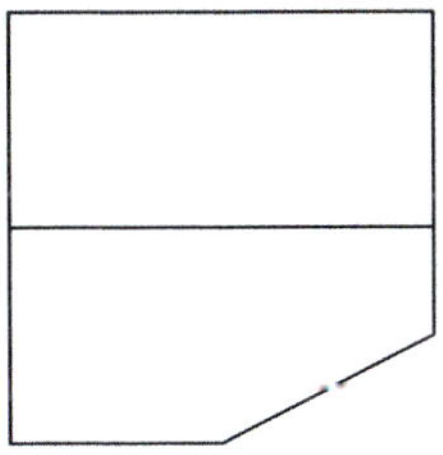
④ 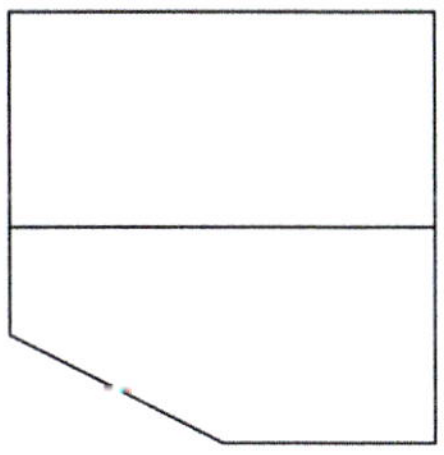

34 다음 등각 투상도에서 제3각 방법으로 화살표 방향에서 본 투상도는?

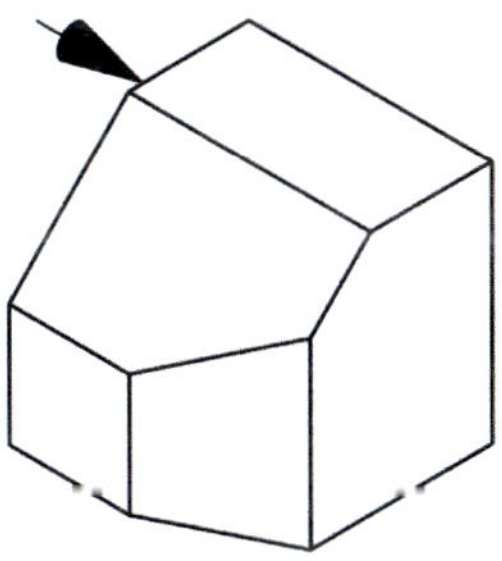

① 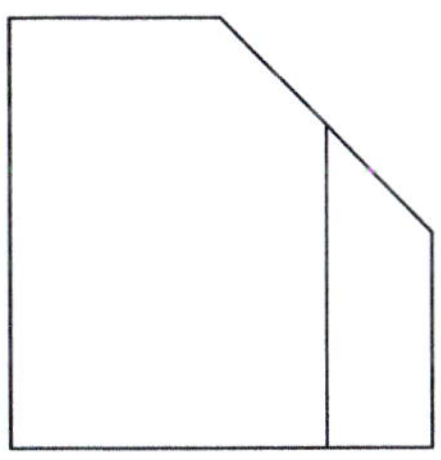
② 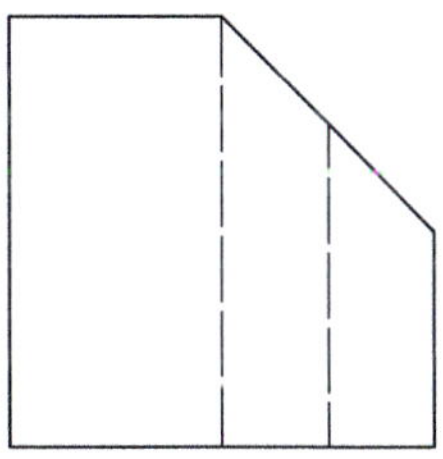
③ 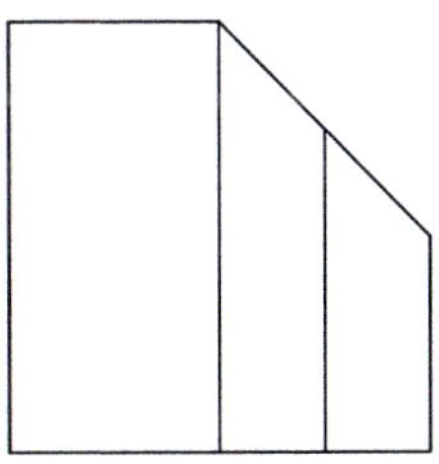
④ 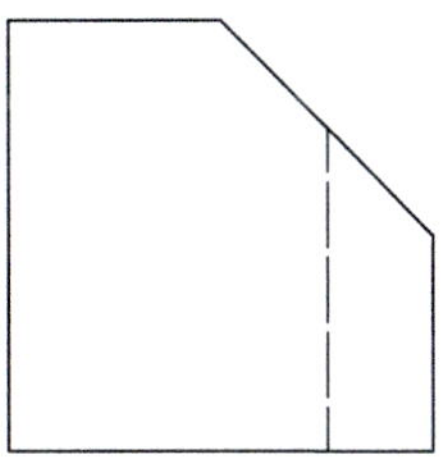

35 다음 등각 투상도에서 제3각 방법으로 화살표 방향에서 본 투상도는?

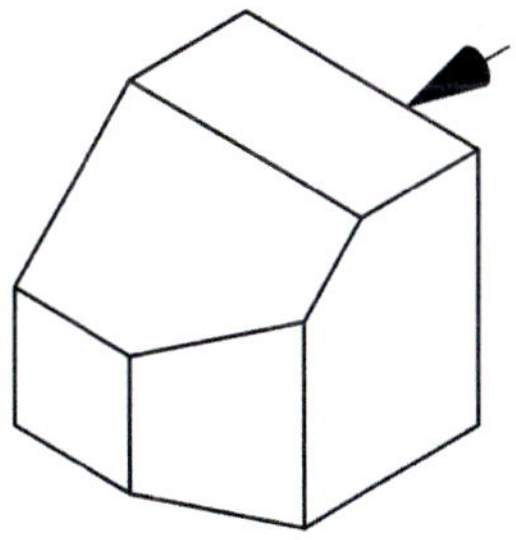

① 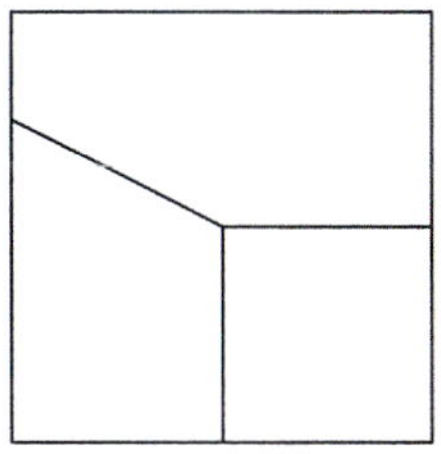
② 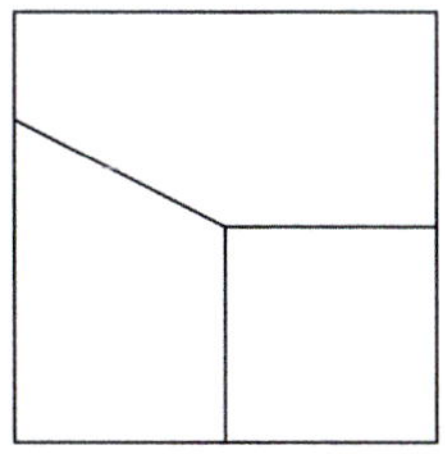
③ 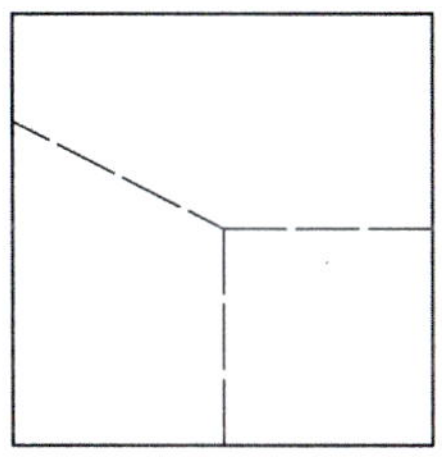
④ 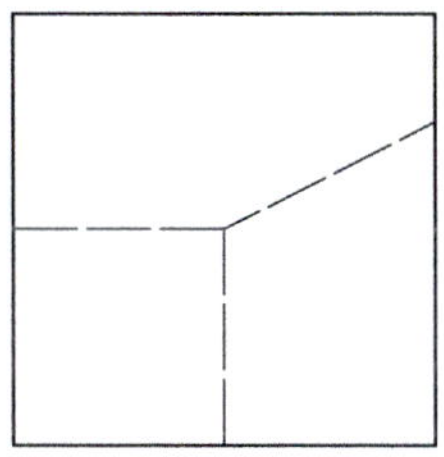

36 다음 등각 투상도에서 제3각 방법으로 화살표 방향에서 본 투상도는?

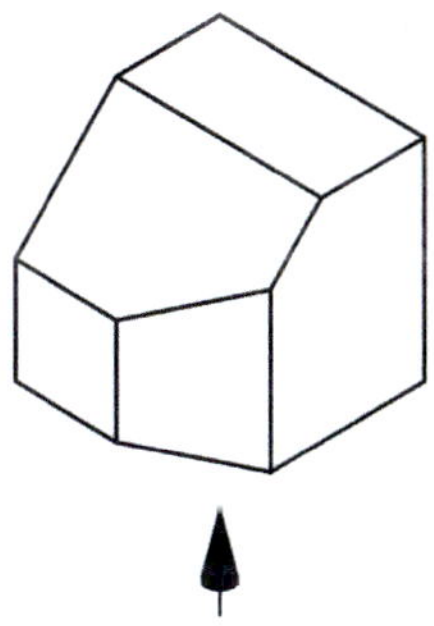

① 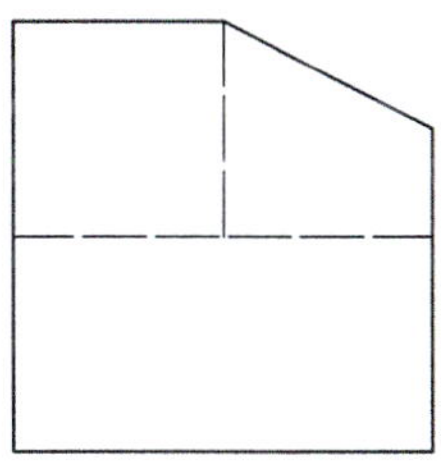
② 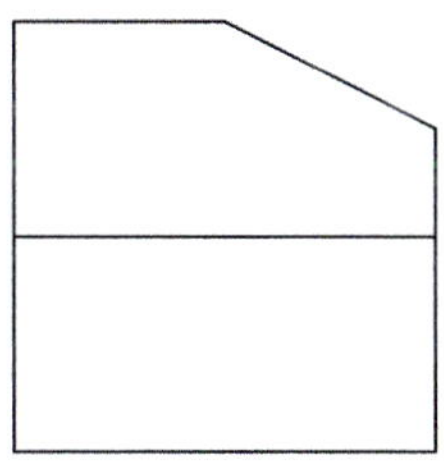
③ 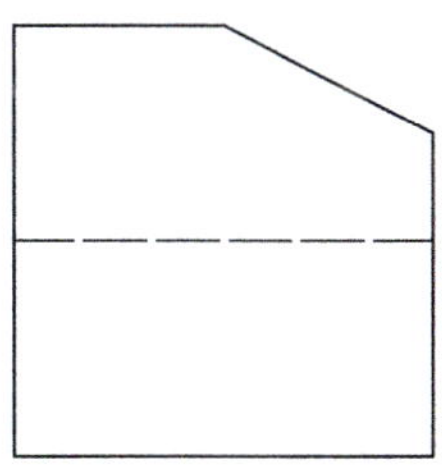
④ 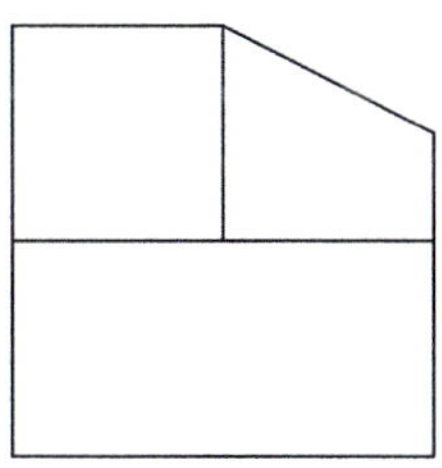

37 다음 등각 투상도에서 제3각 방법으로 화살표 방향에서 본 투상도는?

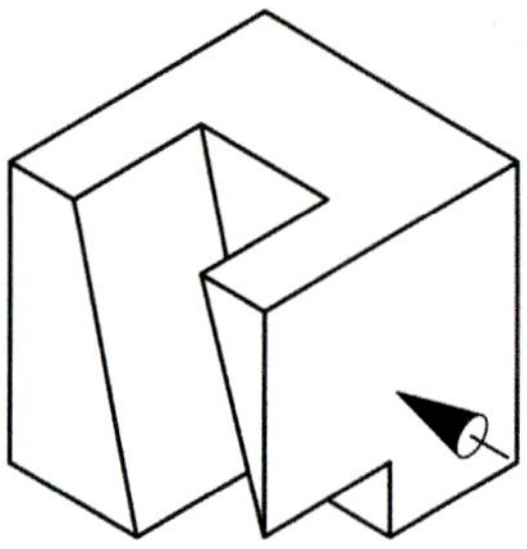

①
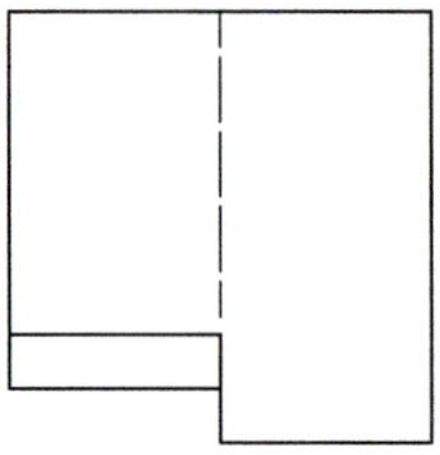
②
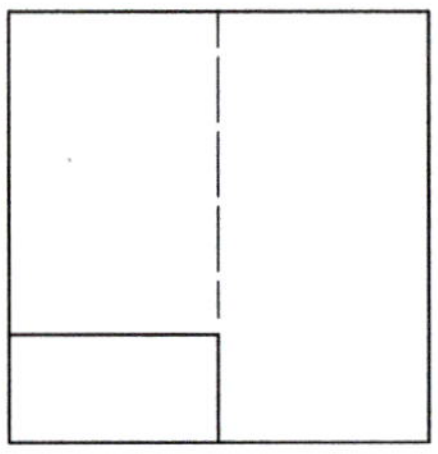
③
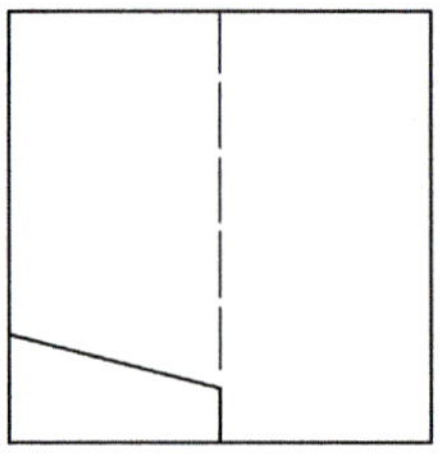
④
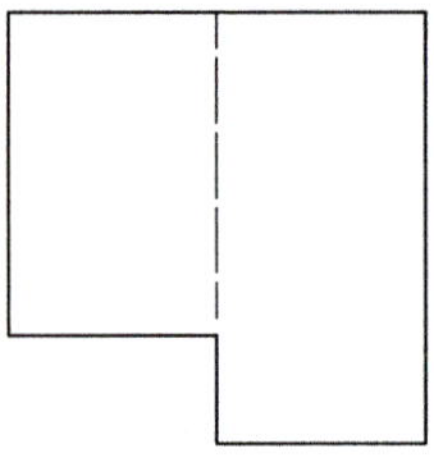

38 다음 등각 투상도에서 제3각 방법으로 화살표 방향에서 본 투상도는?

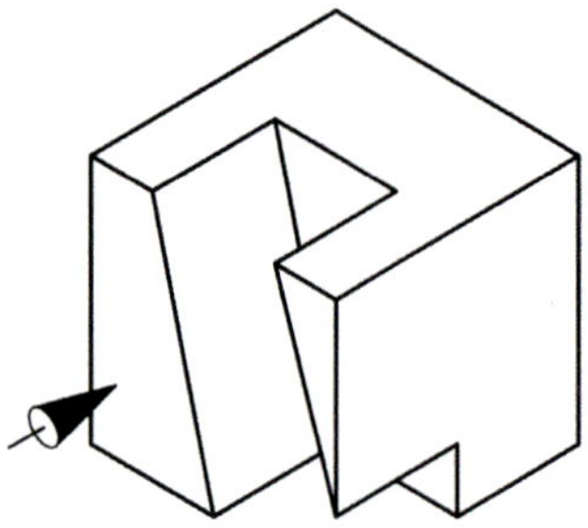

①
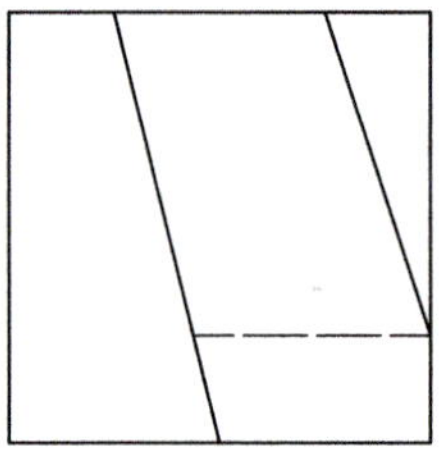
②
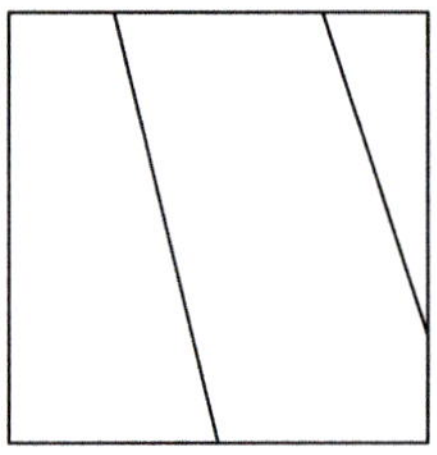
③
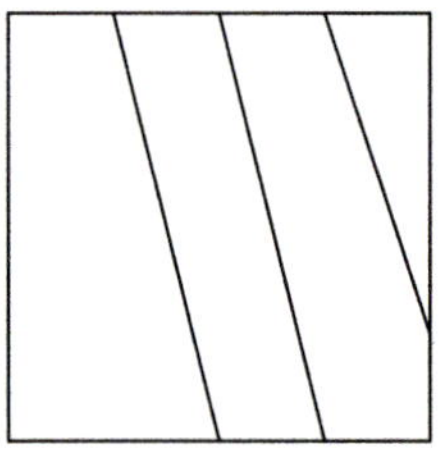
④
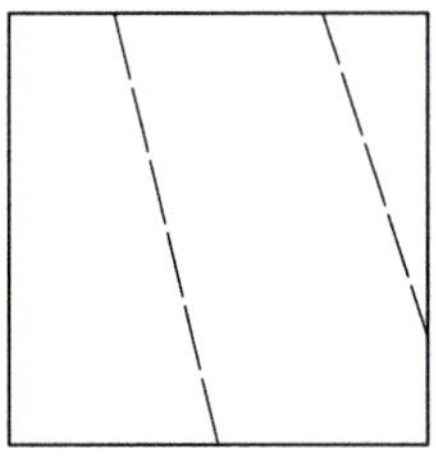

39 다음 등각 투상도에서 제3각 방법으로 화살표 방향에서 본 투상도는?

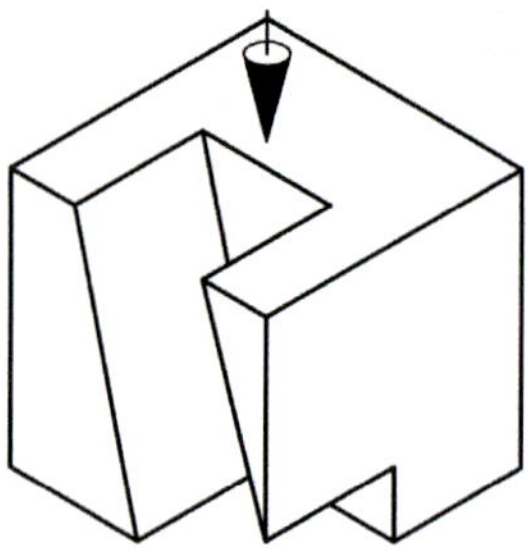

①
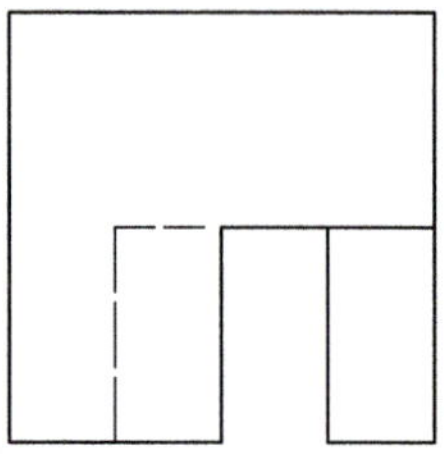
②
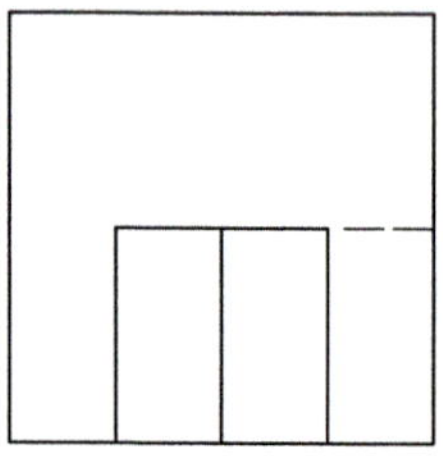
③
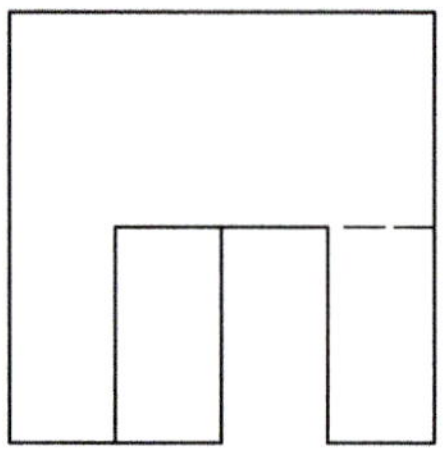
④
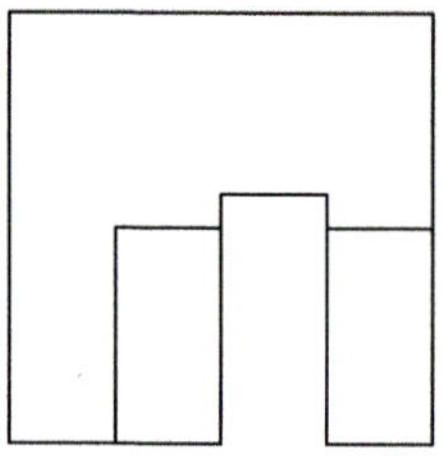

40 다음 등각 투상도에서 제3각 방법으로 화살표 방향에서 본 투상도는?

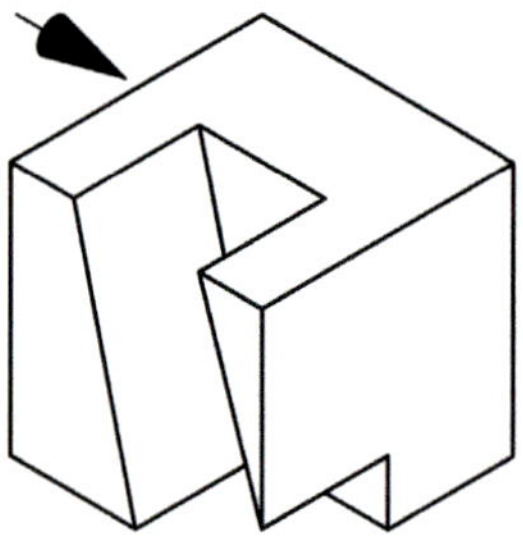

①
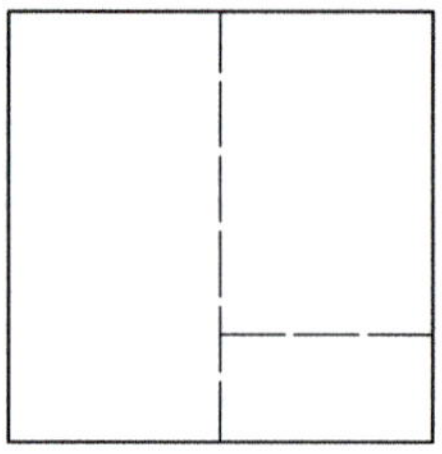
②
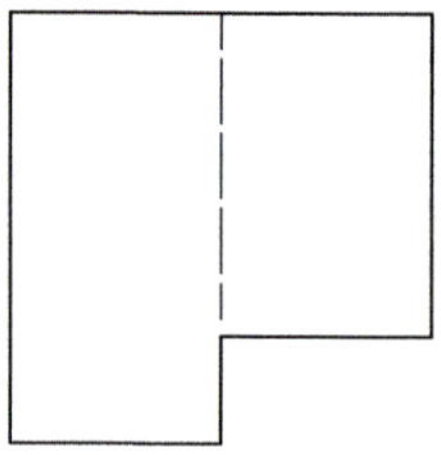
③
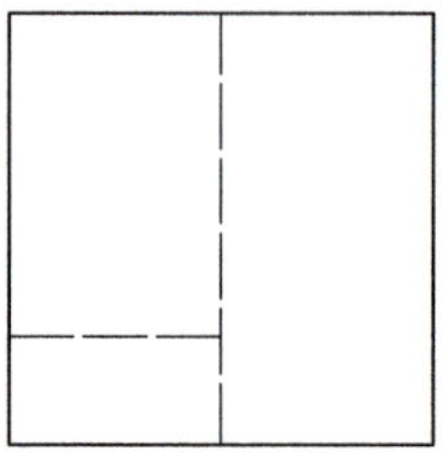
④
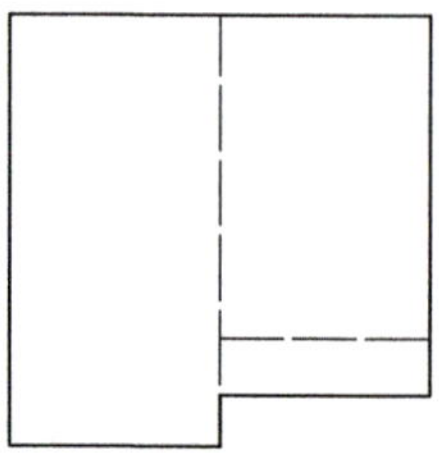

41 다음 등각 투상도에서 제3각 방법으로 화살표 방향에서 본 투상도는?

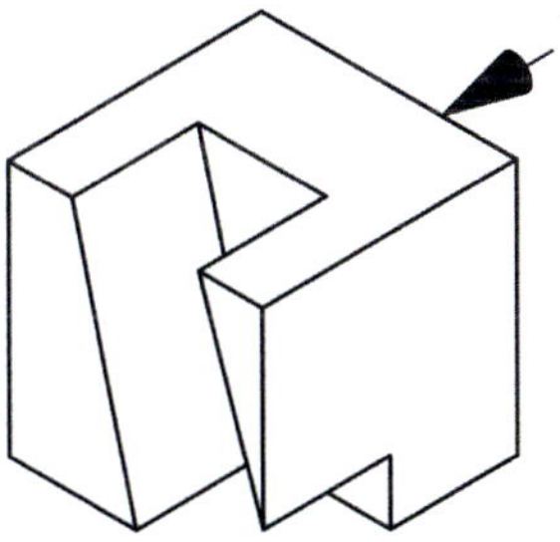

① 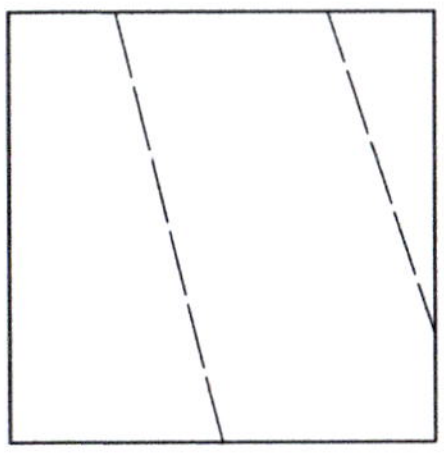
② 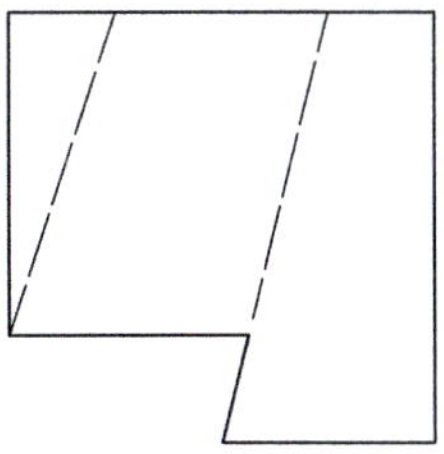
③ 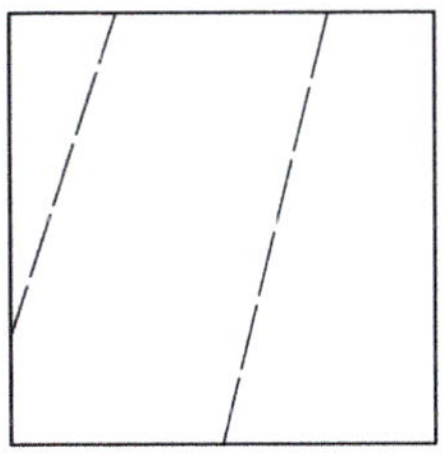
④ 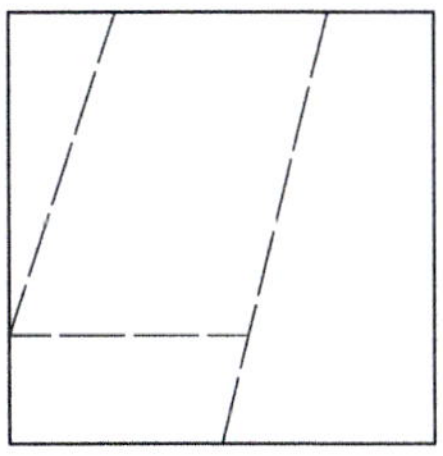

42 다음 등각 투상도에서 제3각 방법으로 화살표 방향에서 본 투상도는?

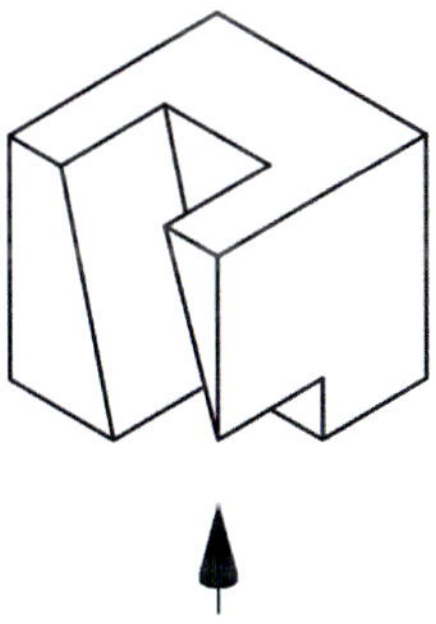

① 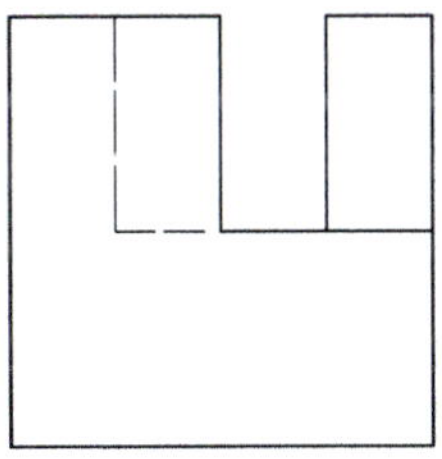
② 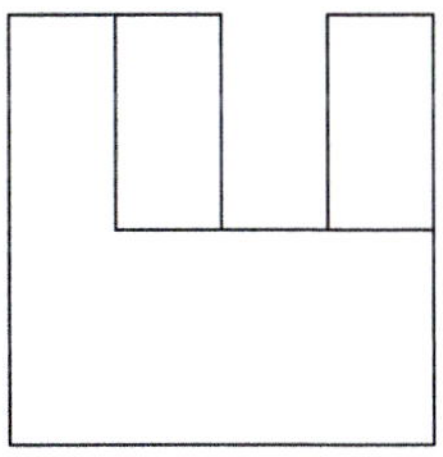
③ 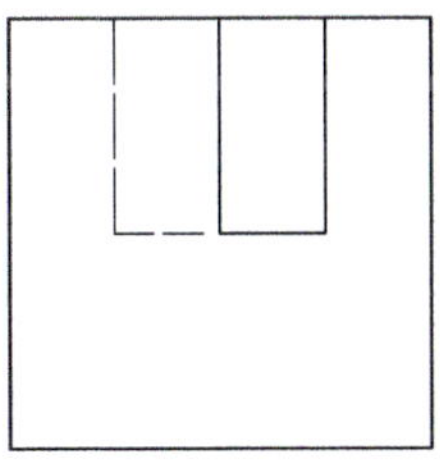
④ 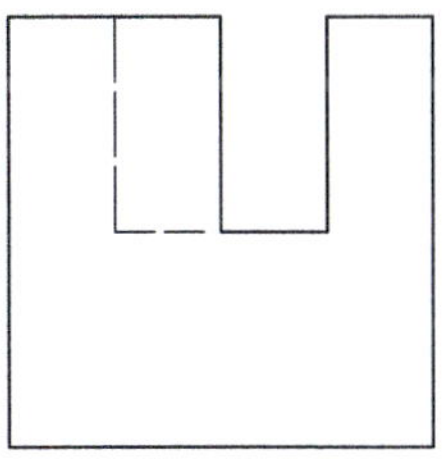

43 다음 등각 투상도에서 제3각 방법으로 화살표 방향에서 본 투상도는?

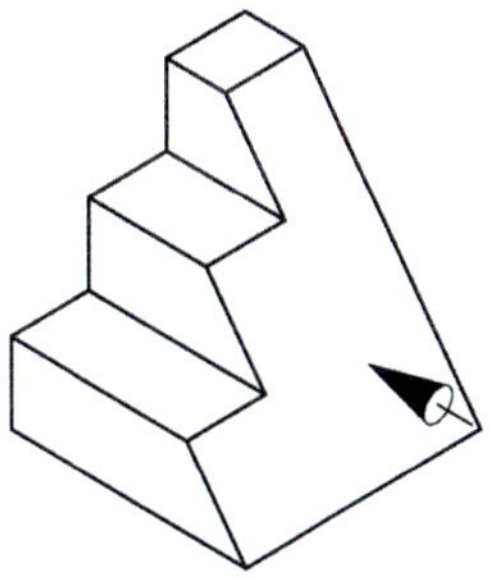

① 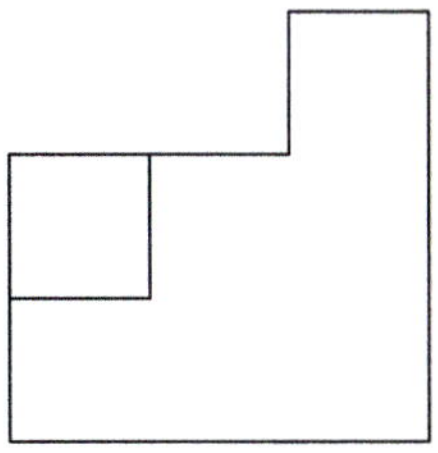
② 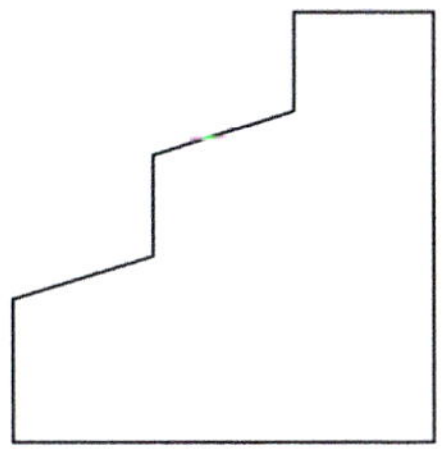
③ 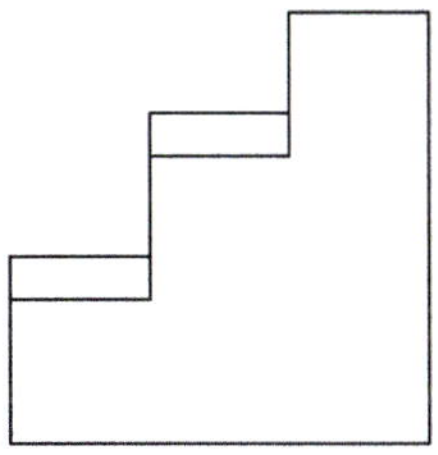
④ 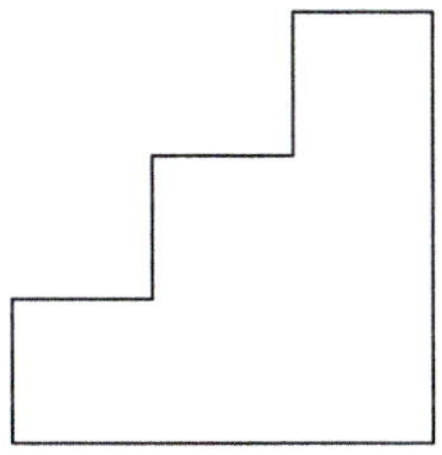

44 다음 등각 투상도에서 제3각 방법으로 화살표 방향에서 본 투상도는?

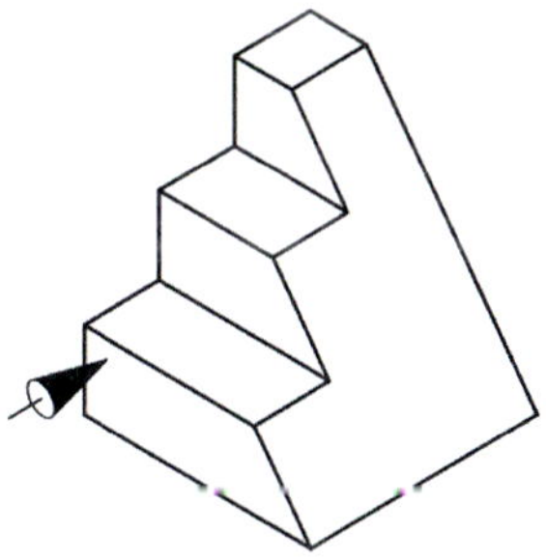

① 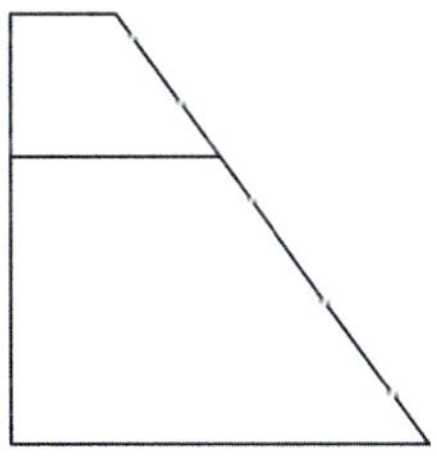
② 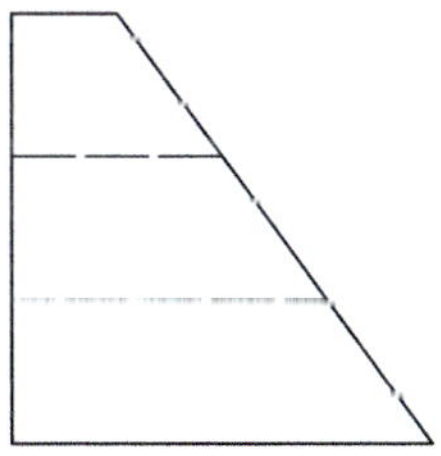
③ 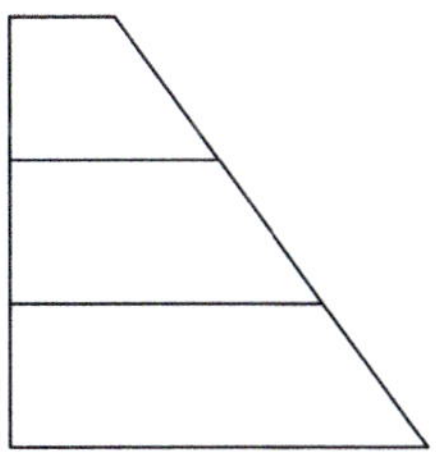
④ 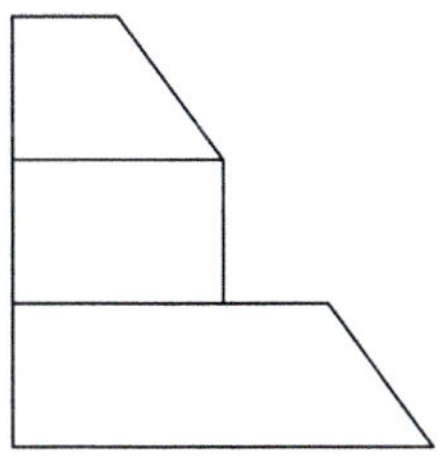

45 다음 등각 투상도에서 제3각 방법으로 화살표 방향에서 본 투상도는?

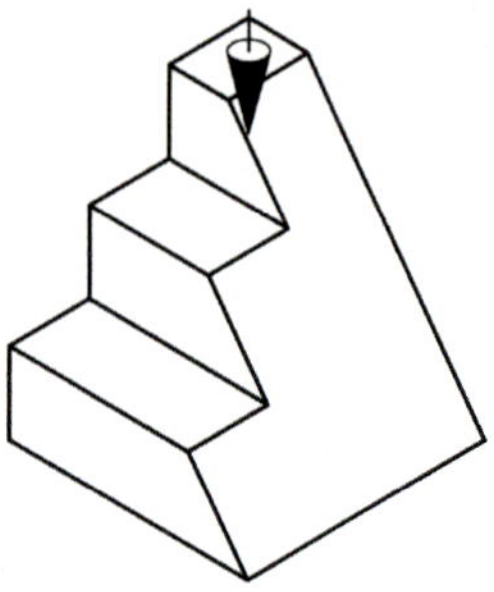

①
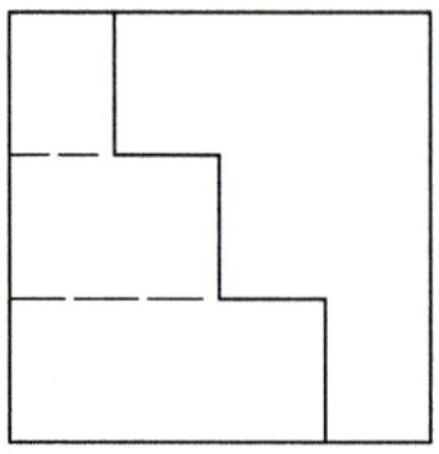
②
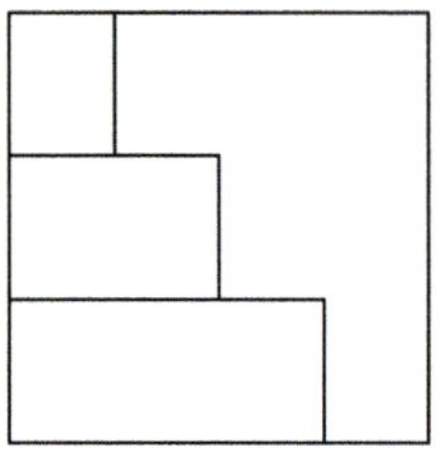
③
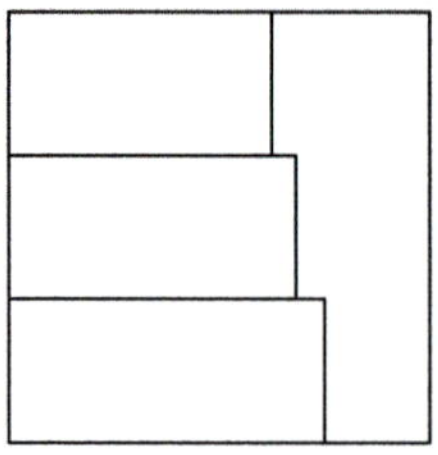
④
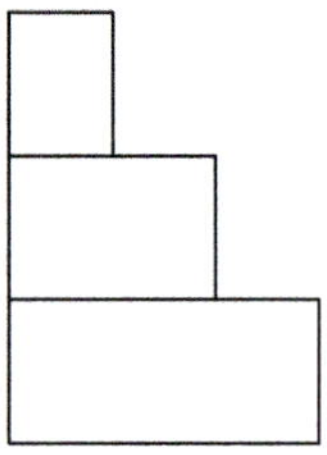

46 다음 등각 투상도에서 제3각 방법으로 화살표 방향에서 본 투상도는?

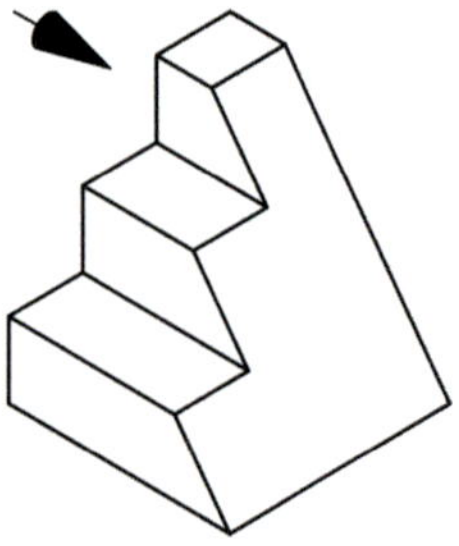

①
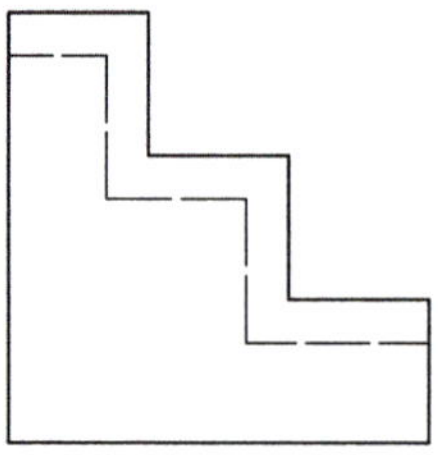
②
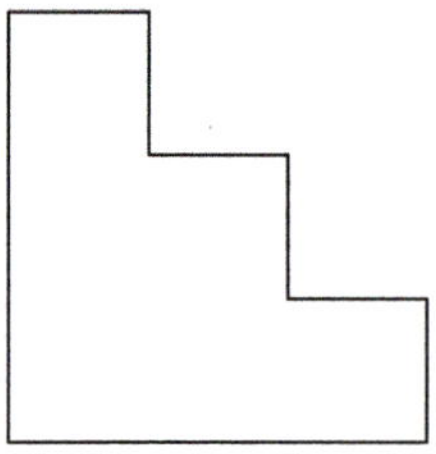
③
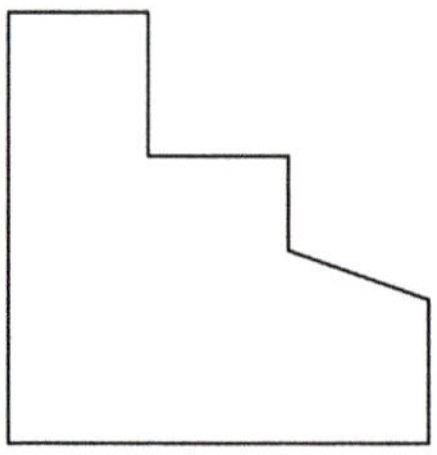
④
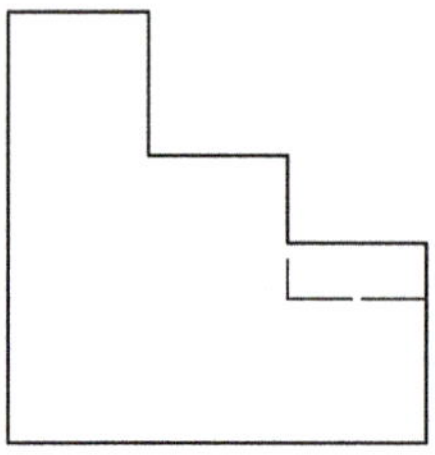

47 다음 등각 투상도에서 제3각 방법으로 화살표 방향에서 본 투상도는?

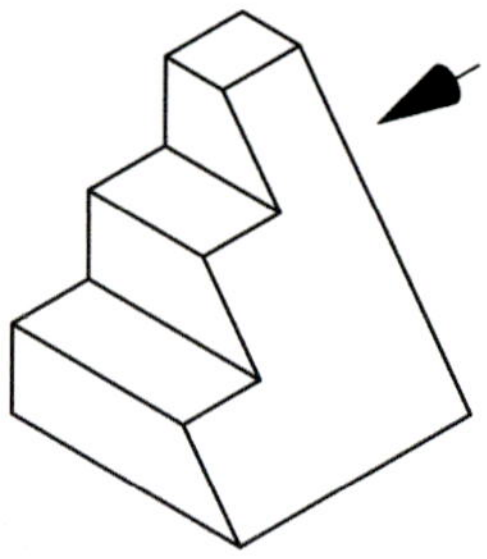

①
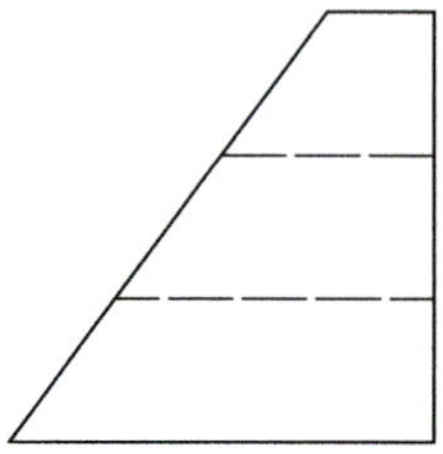
②
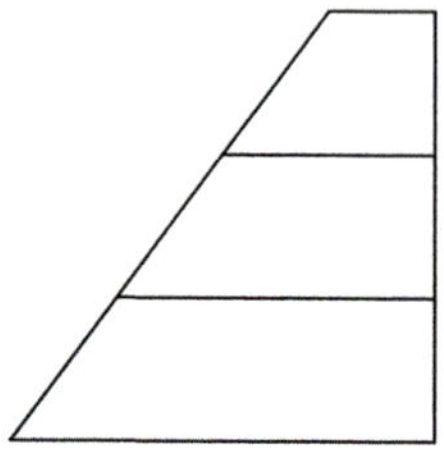
③
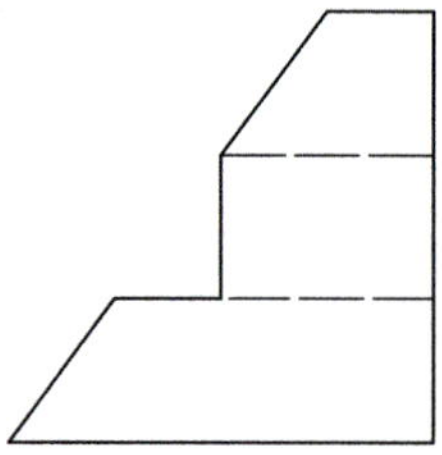
④
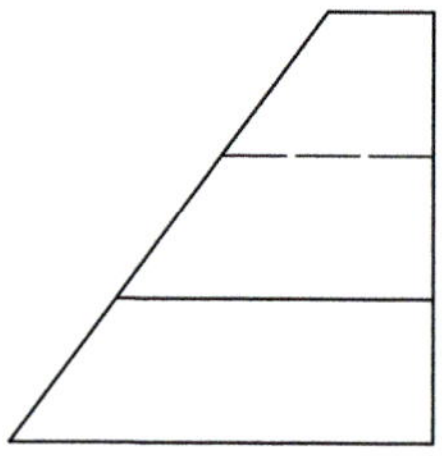

48 다음 등각 투상도에서 제3각 방법으로 화살표 방향에서 본 투상도는?

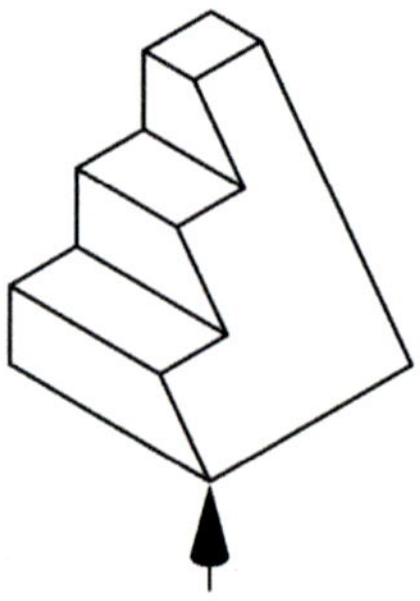

①
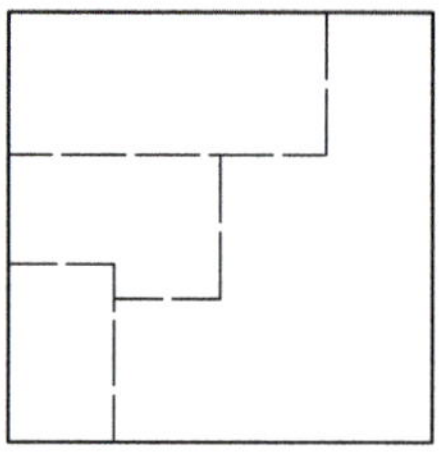
②
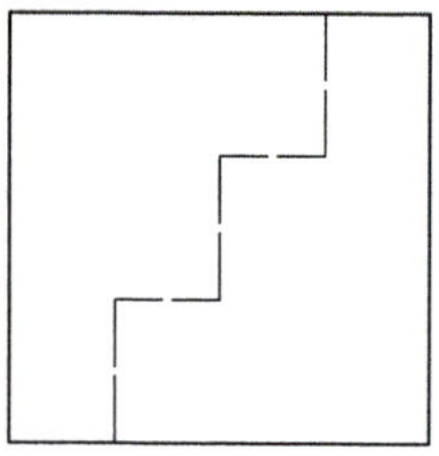
③
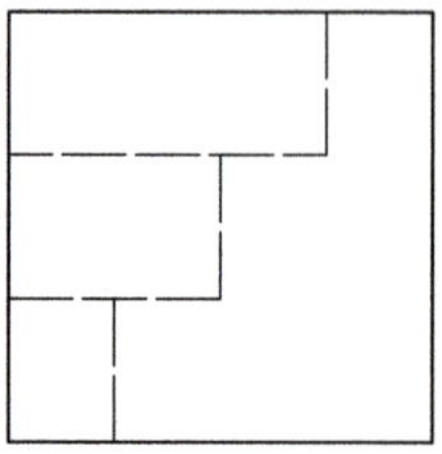
④
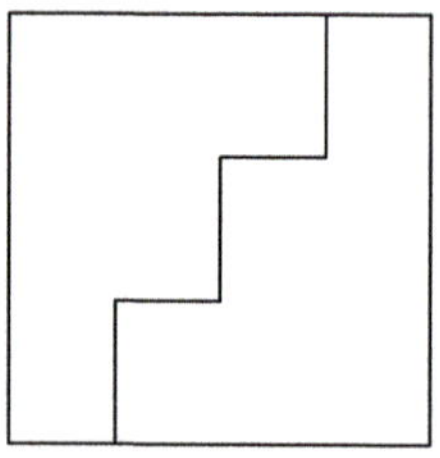

49 다음 등각 투상도에서 제3각 방법으로 화살표 방향에서 본 투상도는?

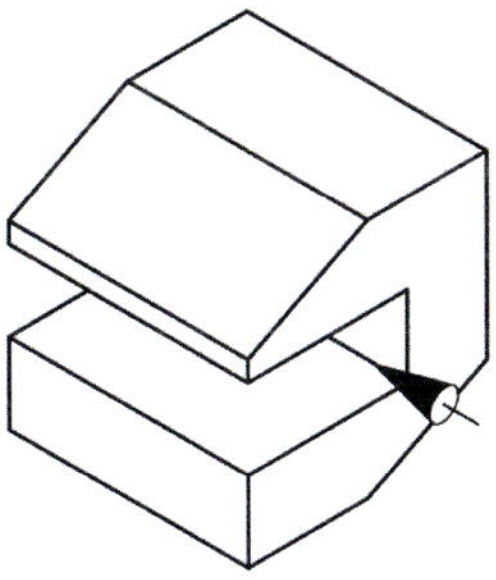

①
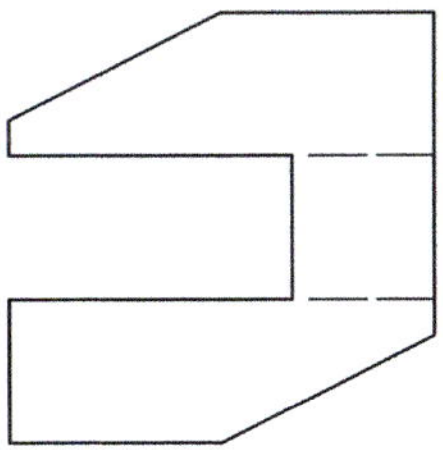
②
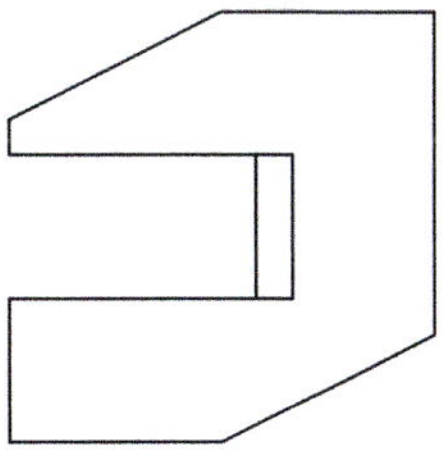
③
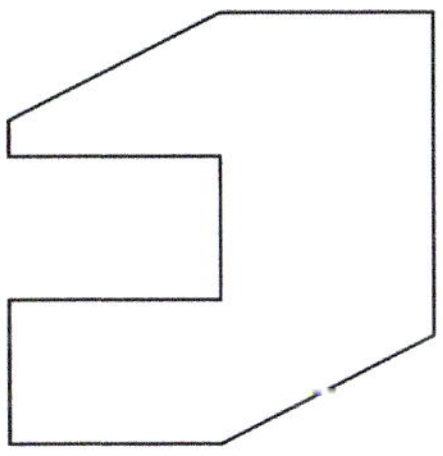
④
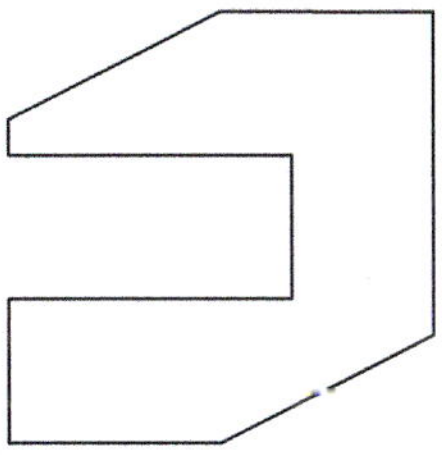

50 다음 등각 투상도에서 제3각 방법으로 화살표 방향에서 본 투상도는?

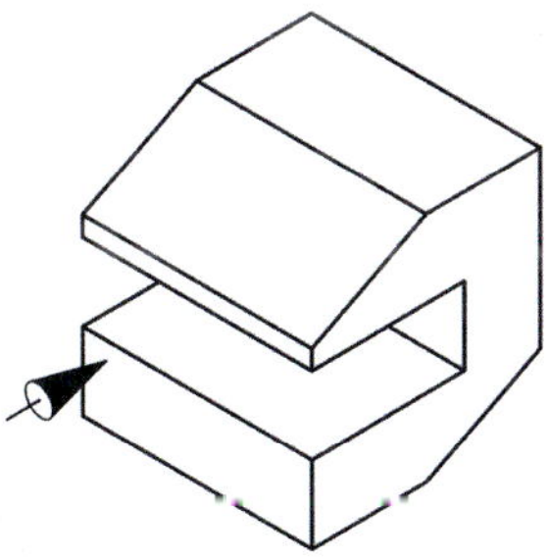

①
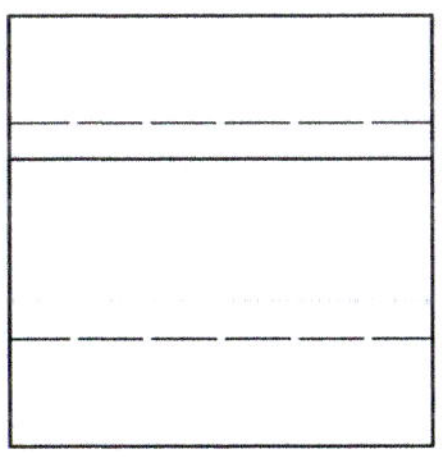
②

③
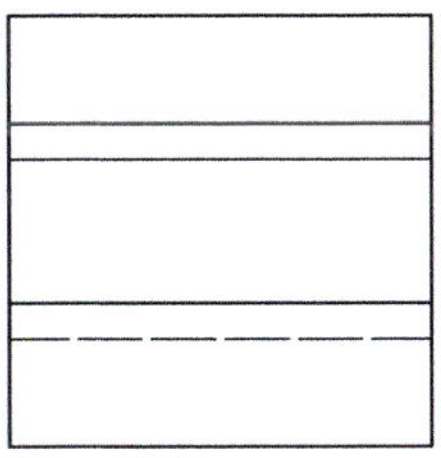
④

51 다음 등각 투상도에서 제3각 방법으로 화살표 방향에서 본 투상도는?

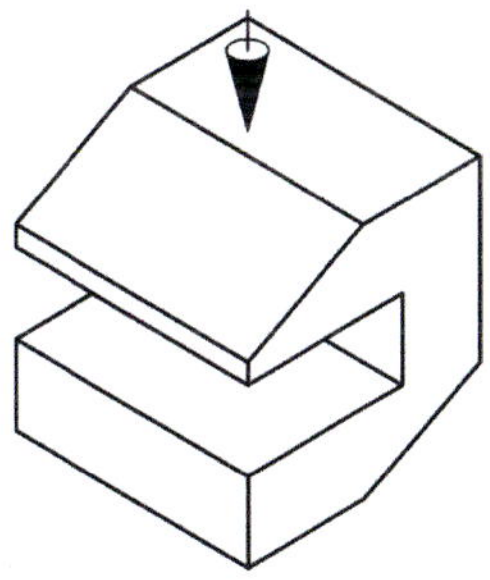

①

②
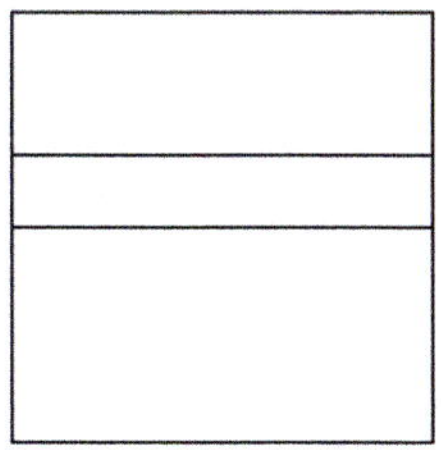
③

④
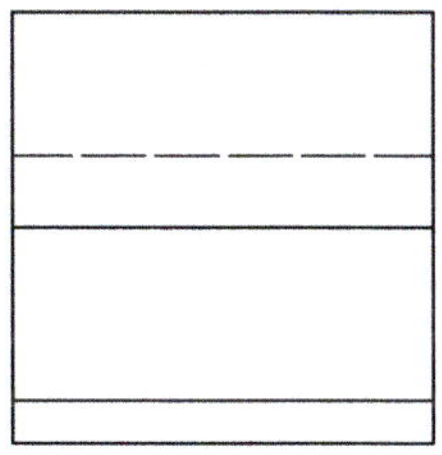

52 다음 등각 투상도에서 제3각 방법으로 화살표 방향에서 본 투상도는?

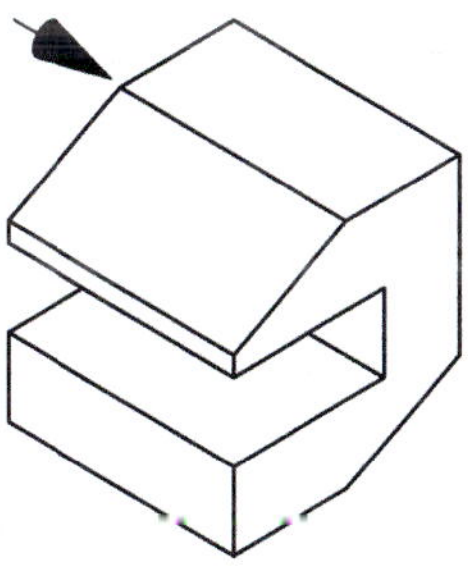

①
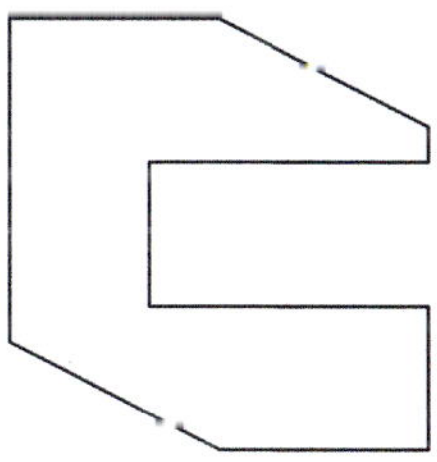
②
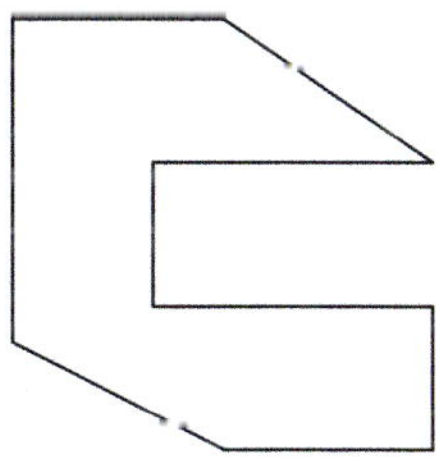
③
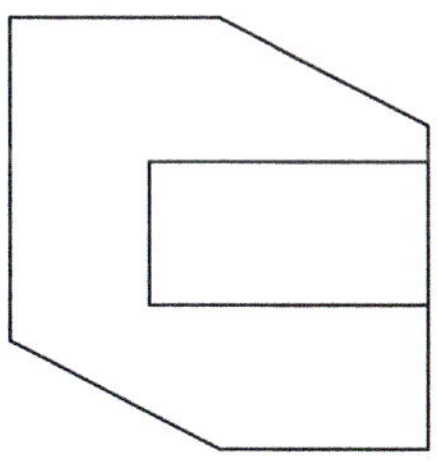
④
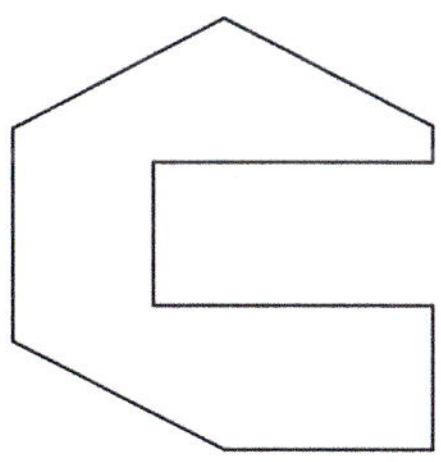

53 다음 등각 투상도에서 제3각 방법으로 화살표 방향에서 본 투상도는?

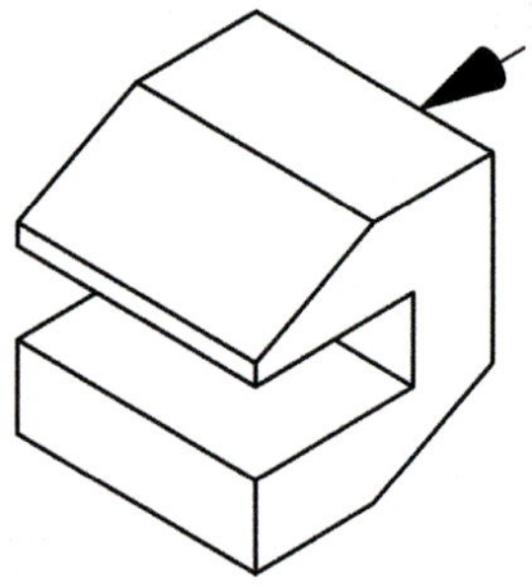

①  ② 

③ 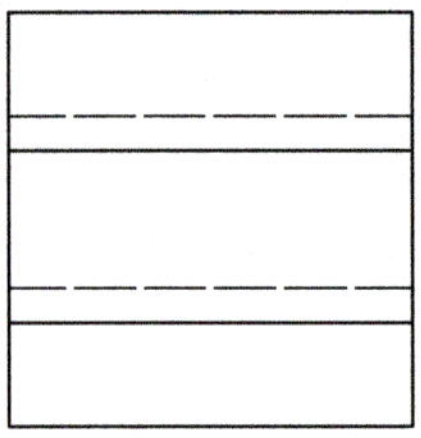 ④ 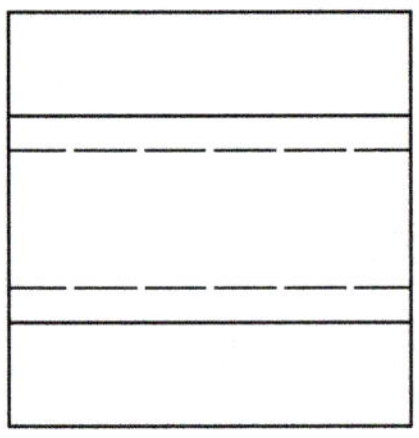

54 다음 등각 투상도에서 제3각 방법으로 화살표 방향에서 본 투상도는?

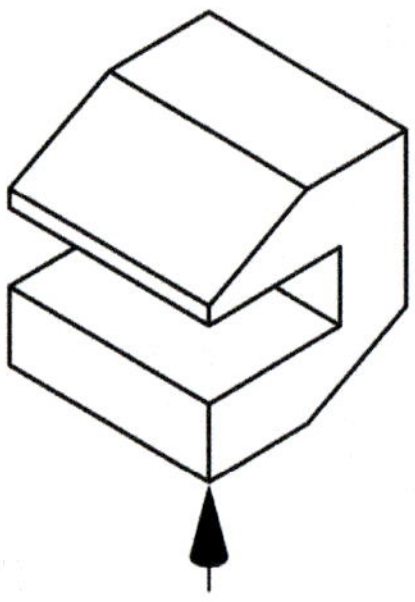

①  ② 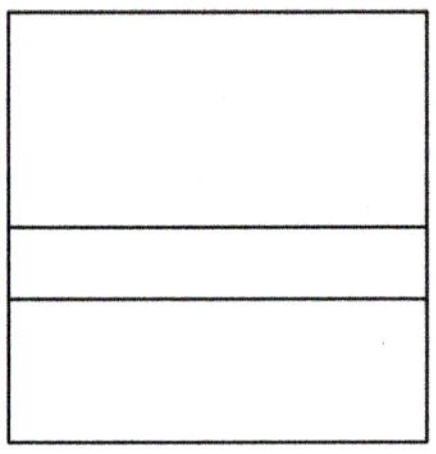

③  ④ 

55 다음 등각 투상도에서 제3각 방법으로 화살표 방향에서 본 투상도는?

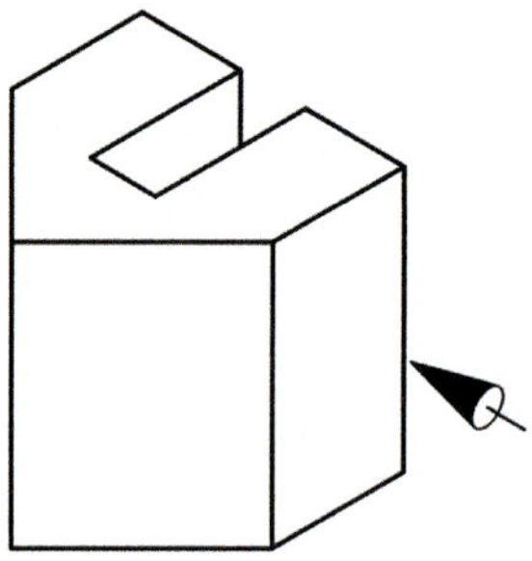

① 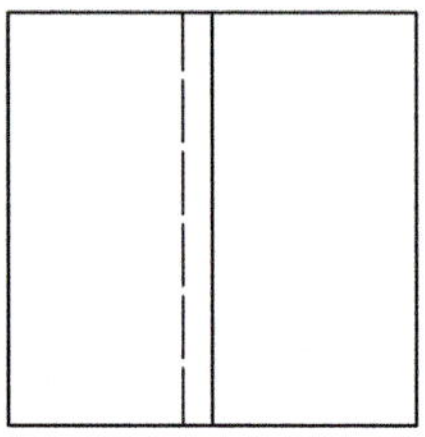 ② 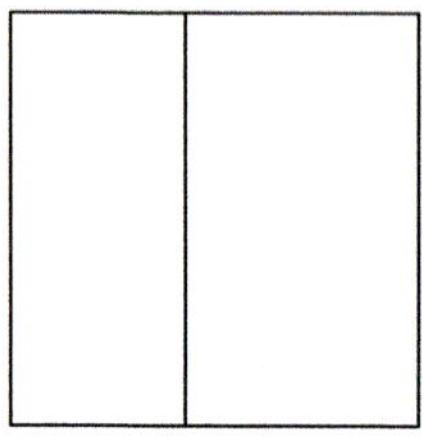

③ 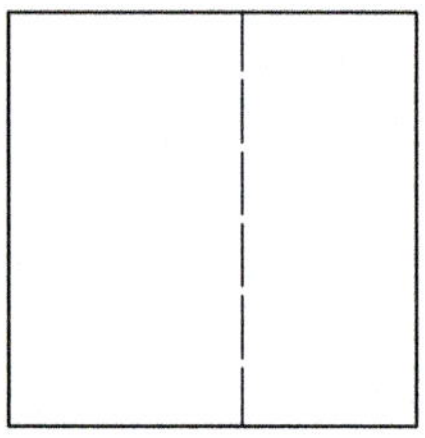 ④ 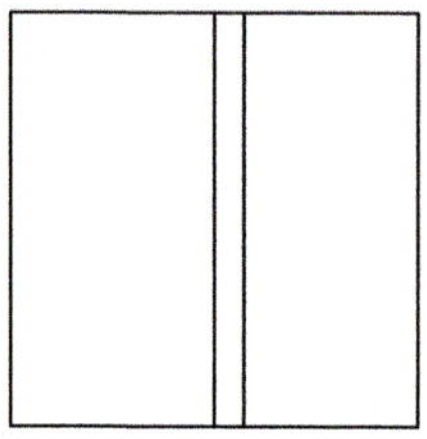

56 다음 등각 투상도에서 제3각 방법으로 화살표 방향에서 본 투상도는?

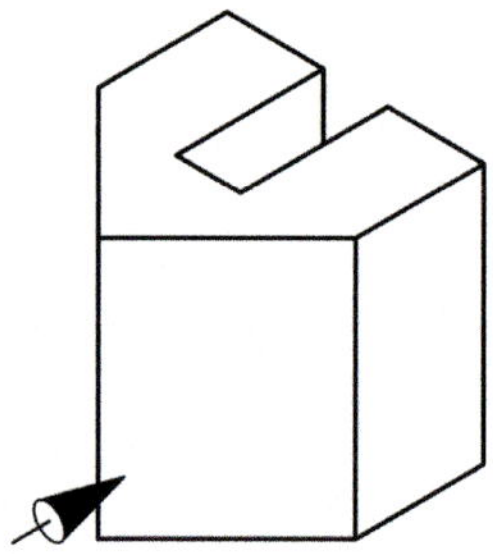

① 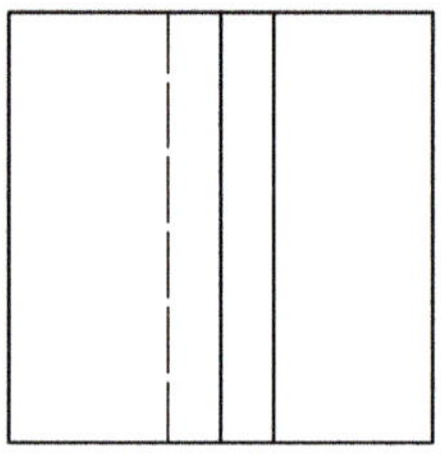 ② 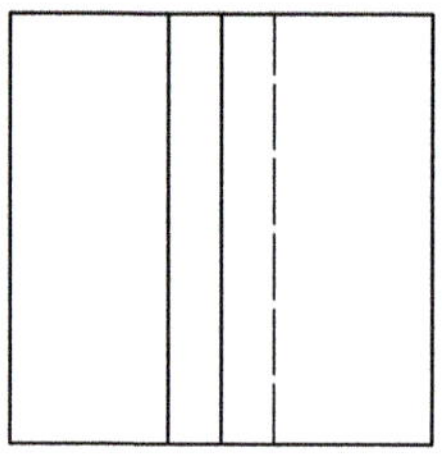

③ 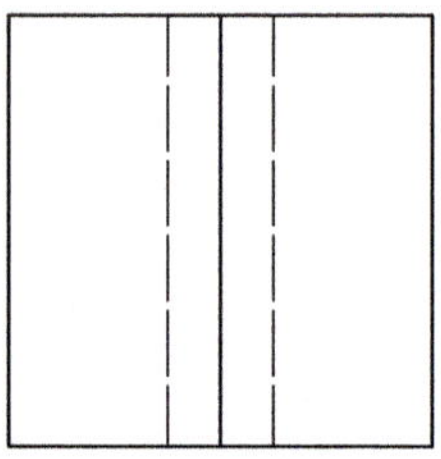 ④ 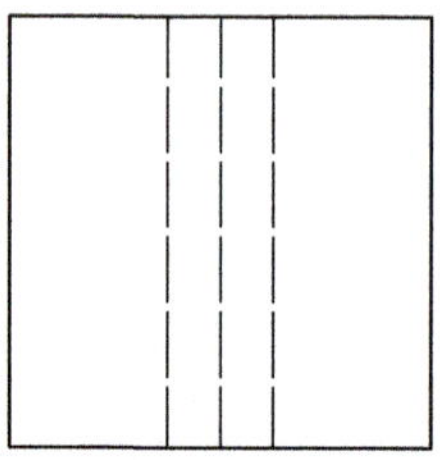

57 다음 등각 투상도에서 제3각 방법으로 화살표 방향에서 본 투상도는?

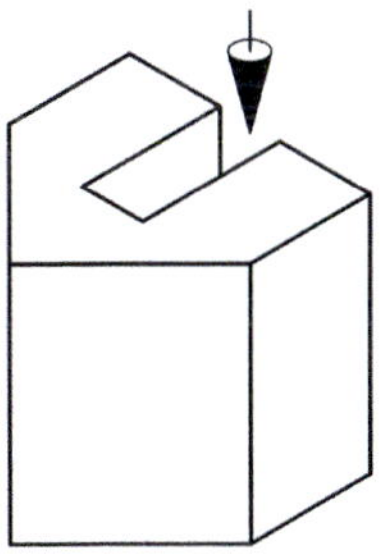

① 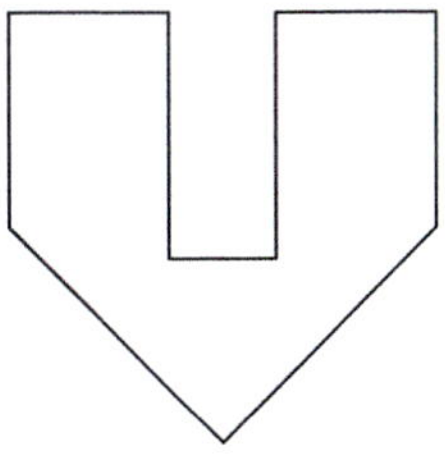 ② 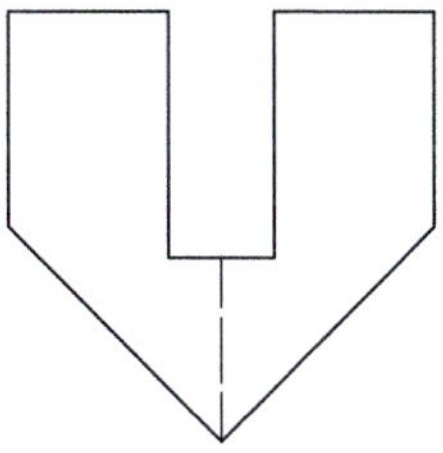

③ 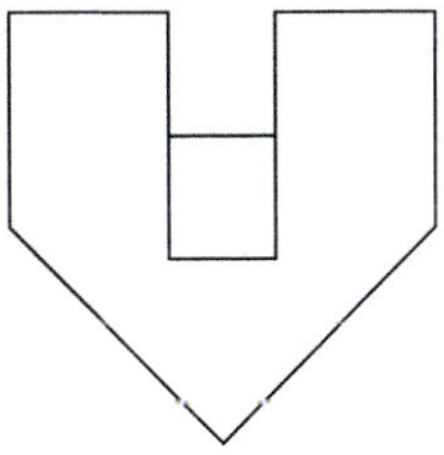 ④ 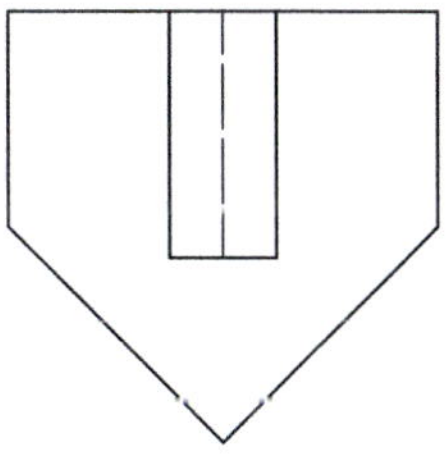

58 다음 등각 투상도에서 제3각 방법으로 화살표 방향에서 본 투상도는?

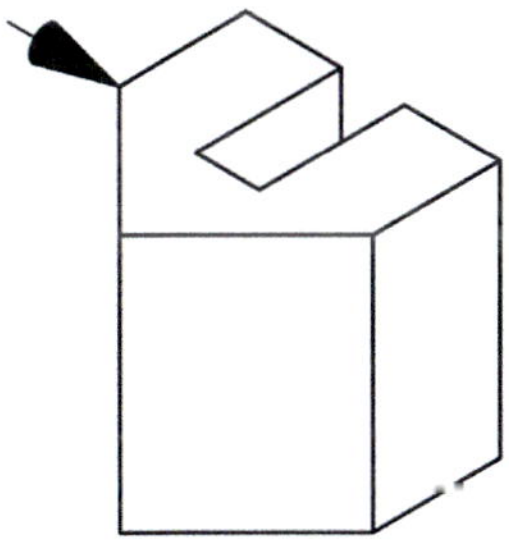

① 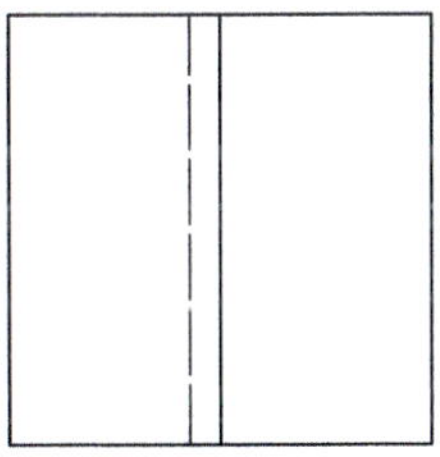 ② 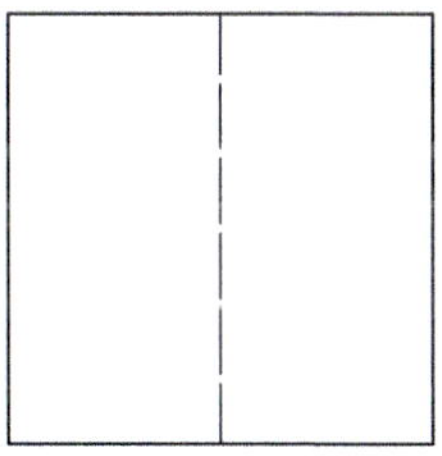

③ 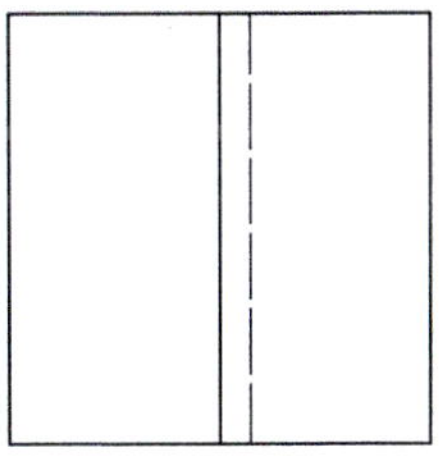 ④ 

59 다음 등각 투상도에서 제3각 방법으로 화살표 방향에서 본 투상도는?

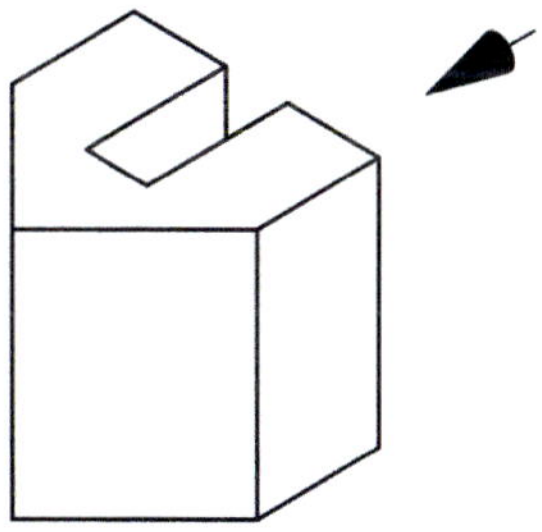

① 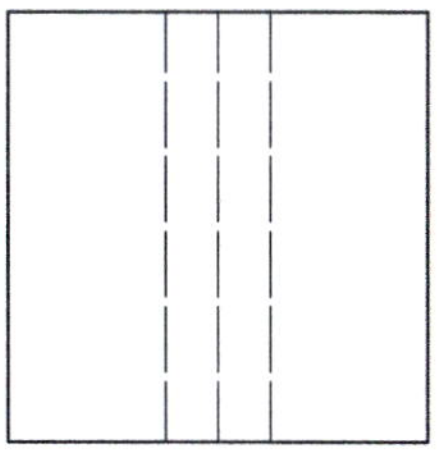 ② 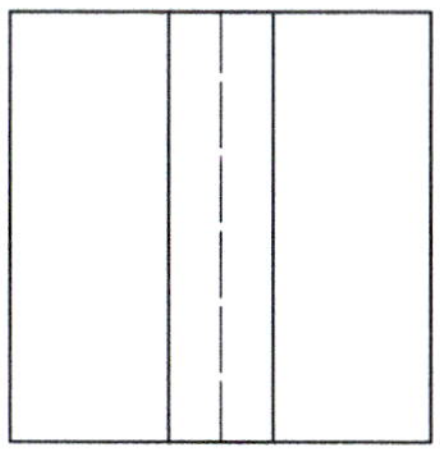

③ 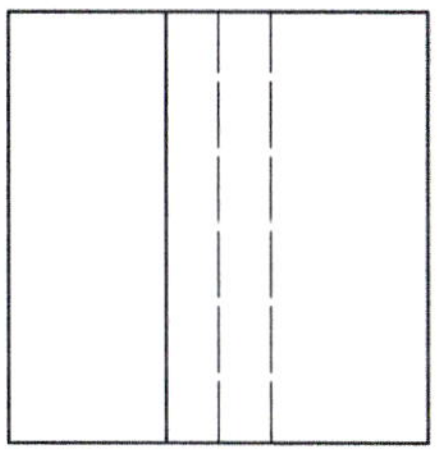 ④ 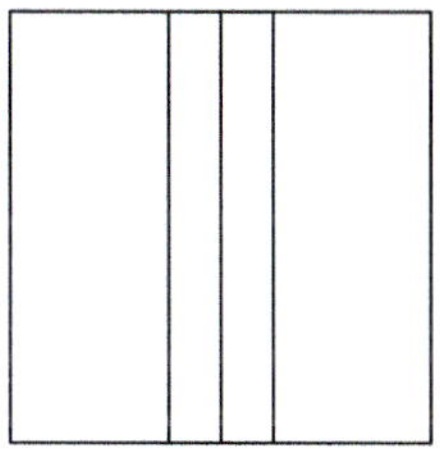

60 다음 등각 투상도에서 제3각 방법으로 화살표 방향에서 본 투상도는?

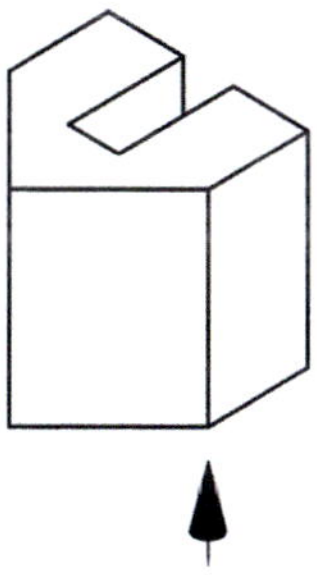

① 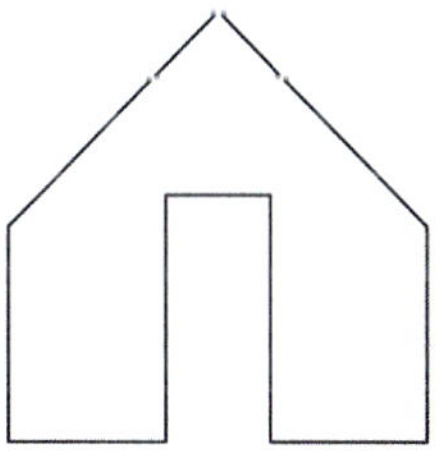 ② 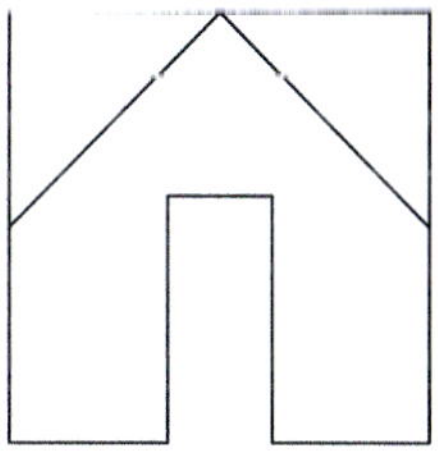

③ 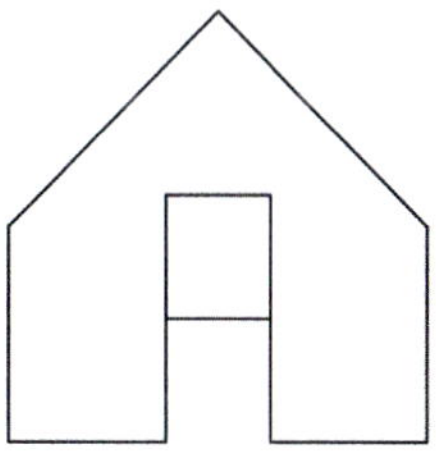 ④ 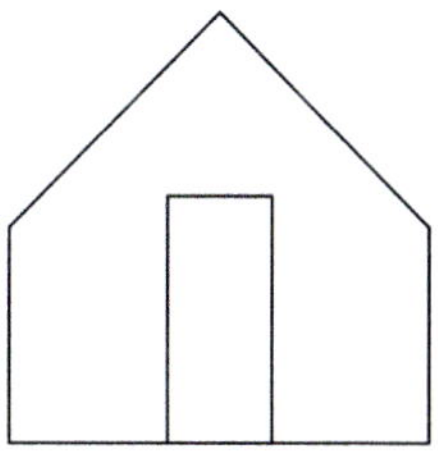

종합 평가 12-6 도형(3)

01 다음 등각 투상도에서 제3각 방법으로 화살표 방향에서 본 투상도는?

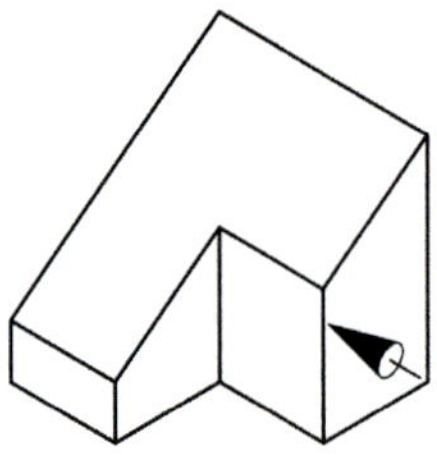

①
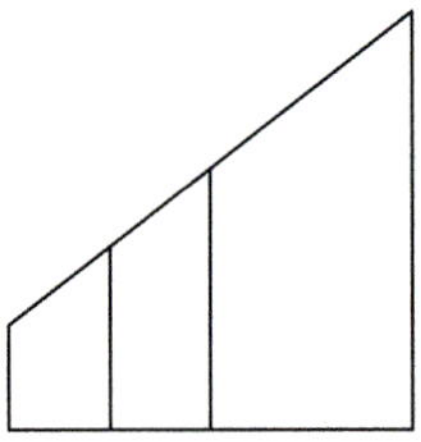
②
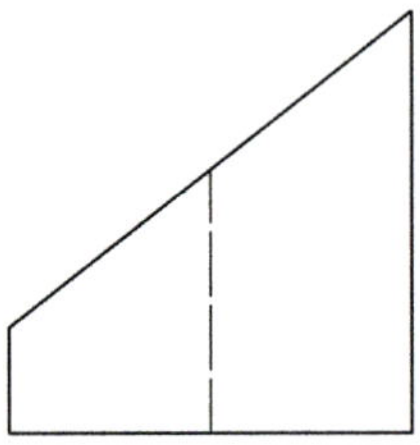
③
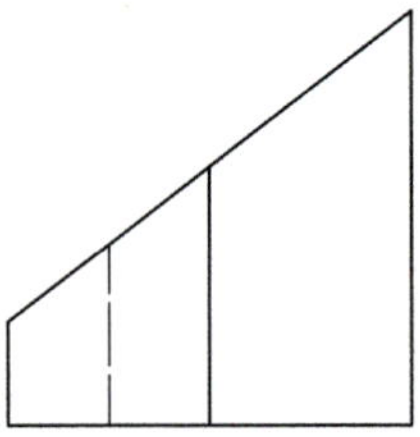
④
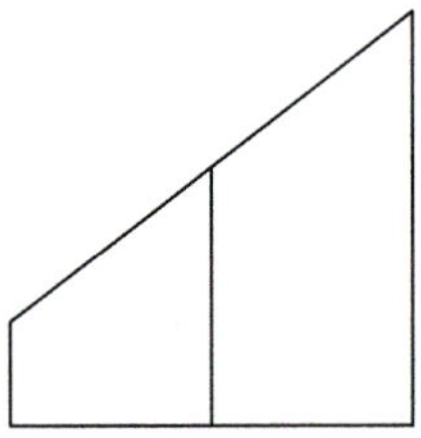

02 다음 등각 투상도에서 제3각 방법으로 화살표 방향에서 본 투상도는?

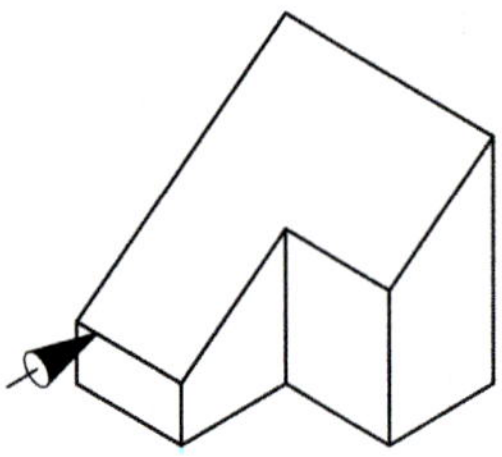

①
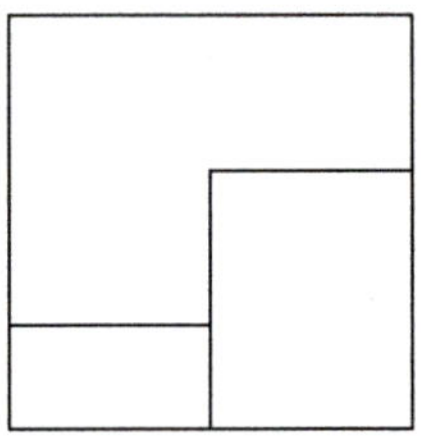
②
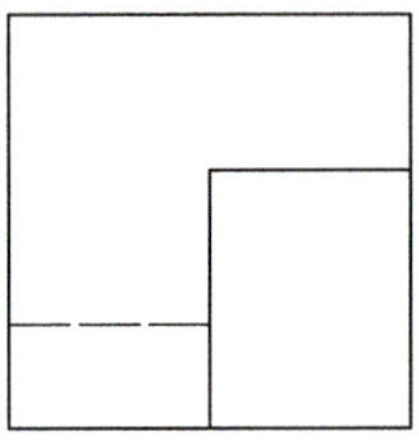
③
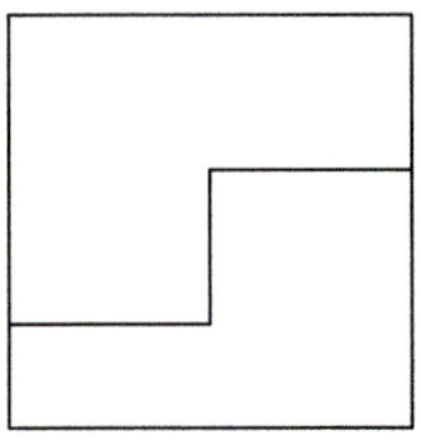
④
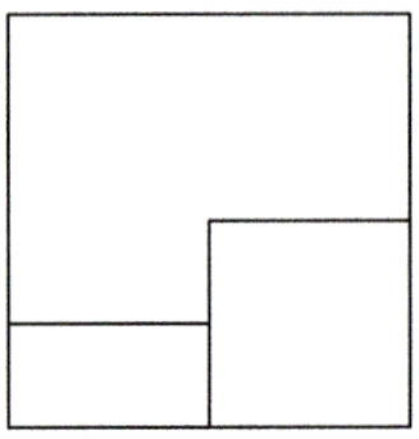

03 다음 등각 투상도에서 제3각 방법으로 화살표 방향에서 본 투상도는?

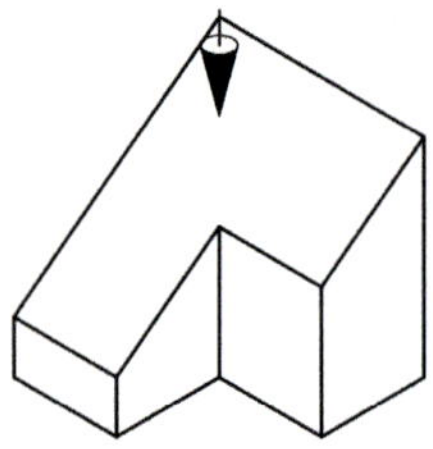

①
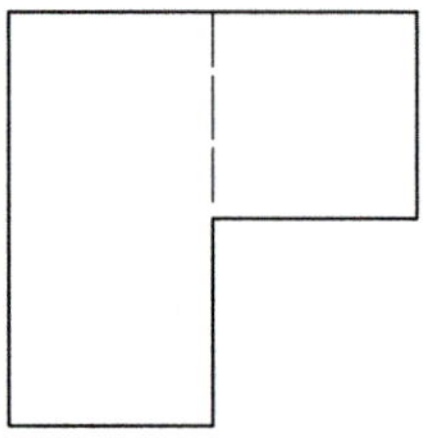
②
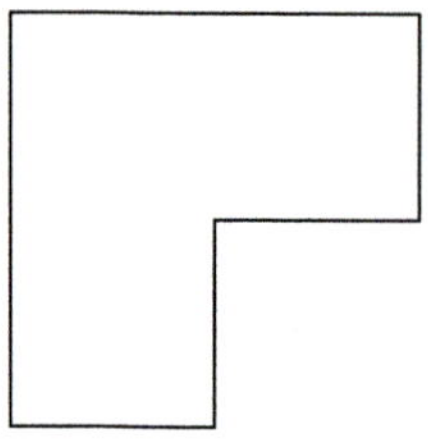
③
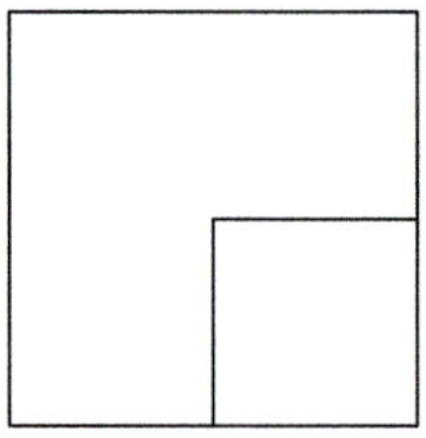
④
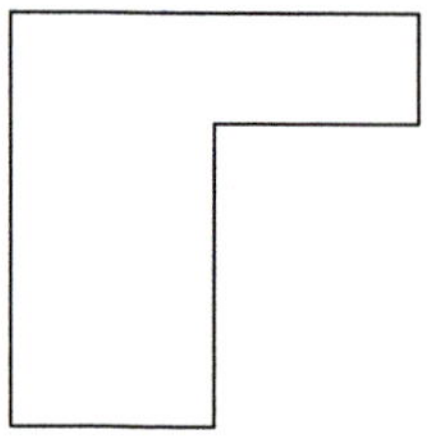

04 다음 등각 투상도에서 제3각 방법으로 화살표 방향에서 본 투상도는?

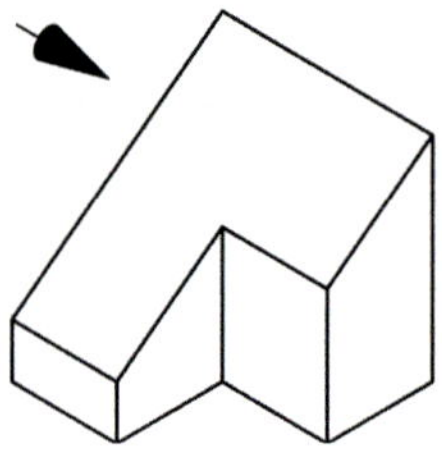

①
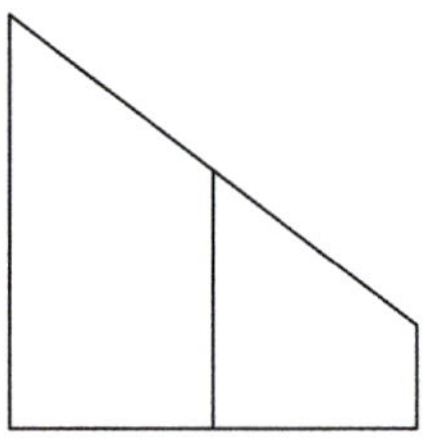
②
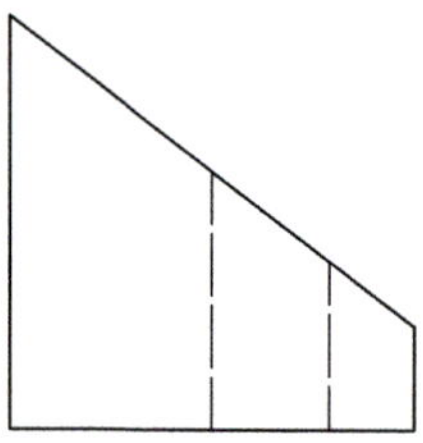
③
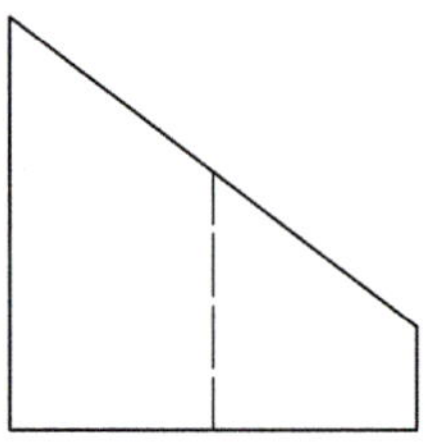
④
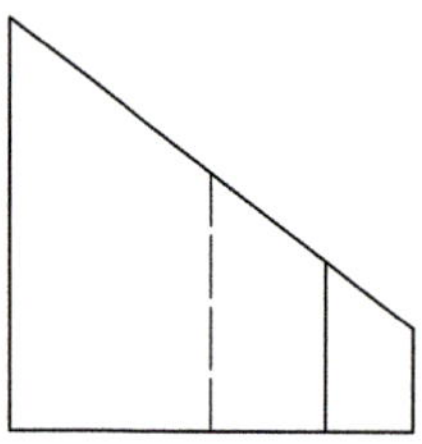

05 다음 등각 투상도에서 제3각 방법으로 화살표 방향에서 본 투상도는?

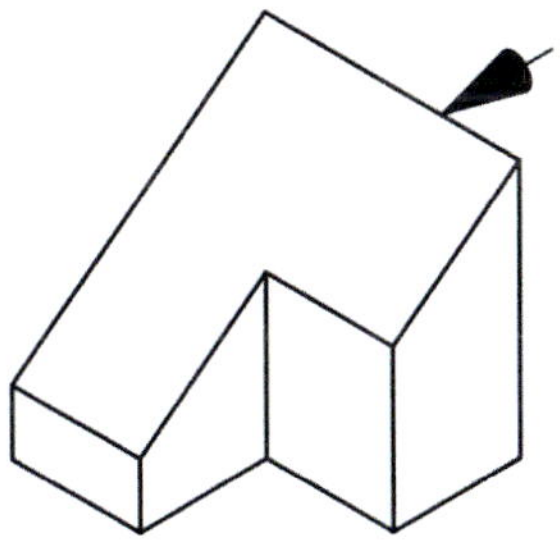

① 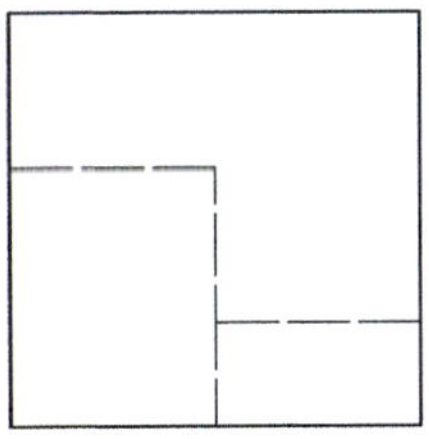
② 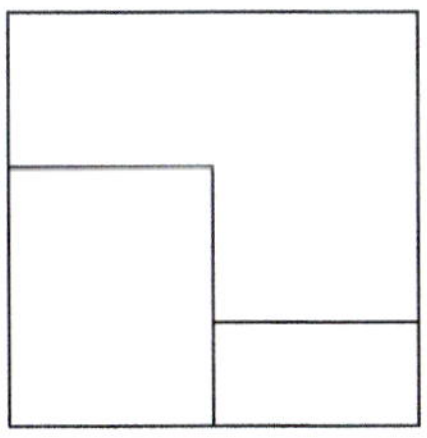
③ 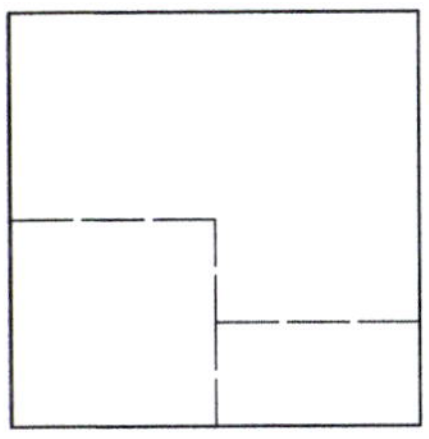
④ 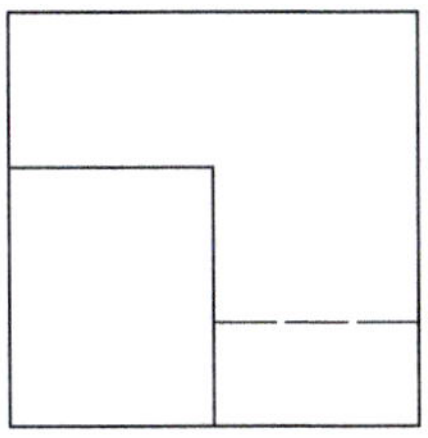

06 다음 등각 투상도에서 제3각 방법으로 화살표 방향에서 본 투상도는?

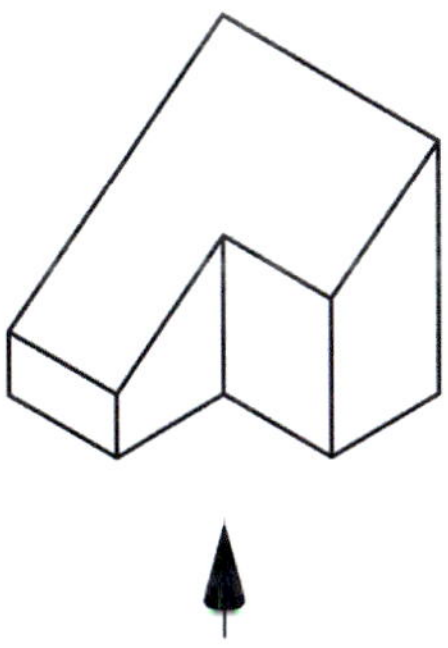

① 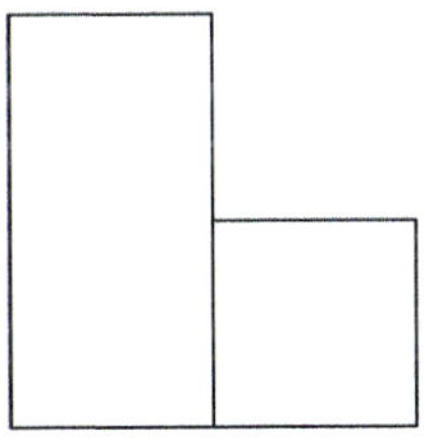
② 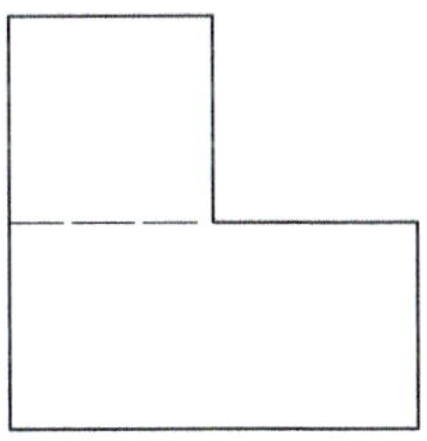
③ 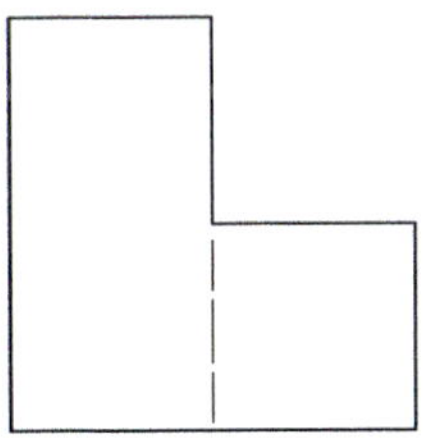
④ 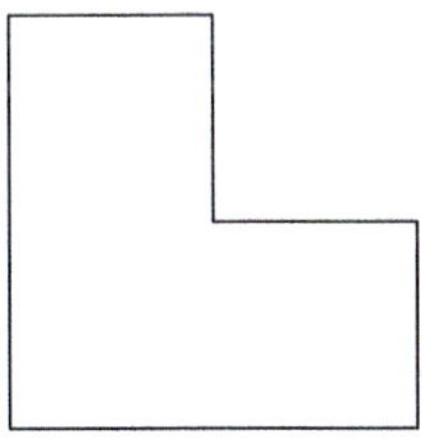

07 다음 등각 투상도에서 제3각 방법으로 화살표 방향에서 본 투상도는?

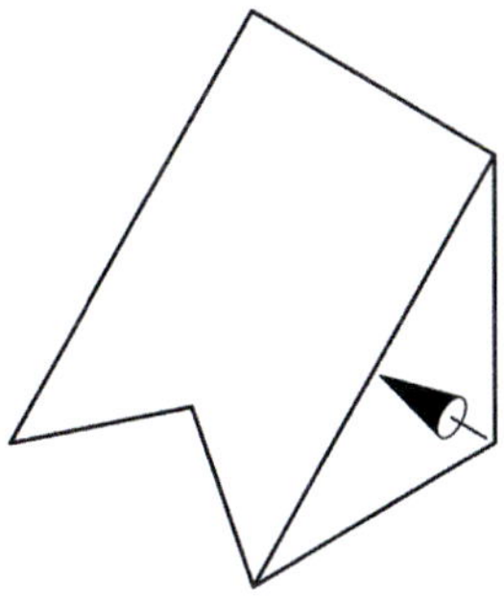

① 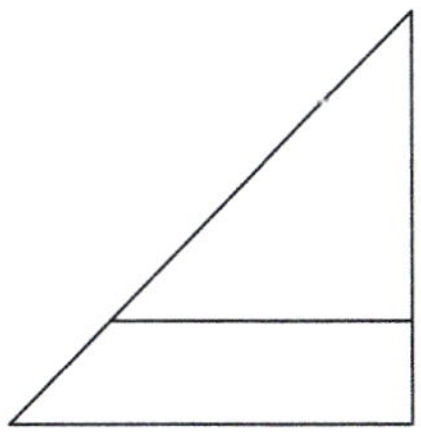
② 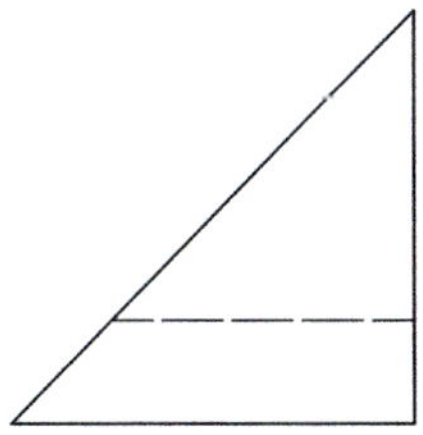
③ 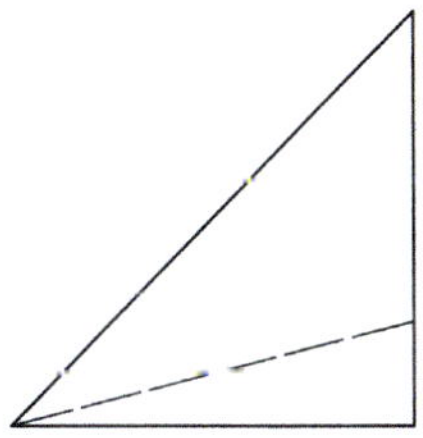
④ 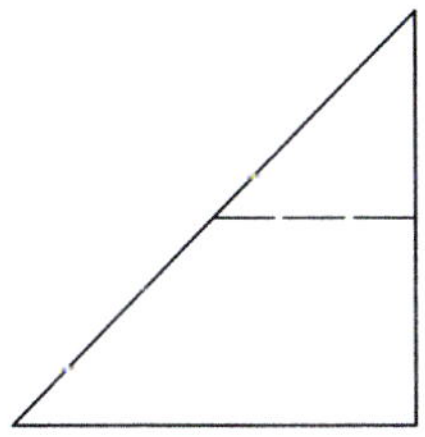

08 다음 등각 투상도에서 제3각 방법으로 화살표 방향에서 본 투상도는?

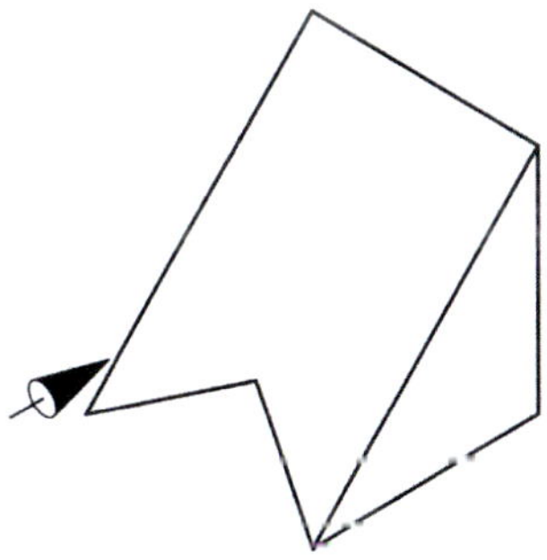

① 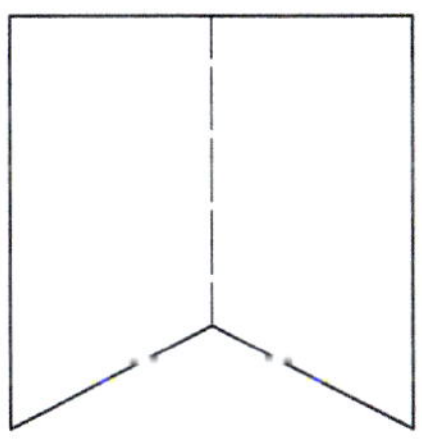
② 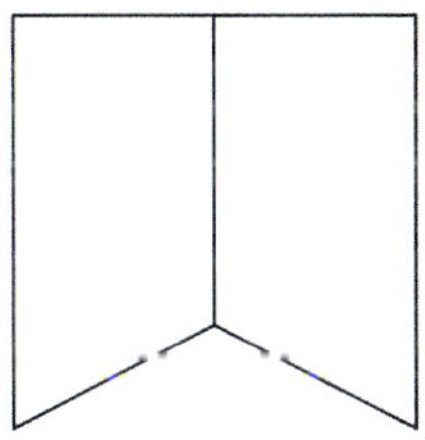
③ 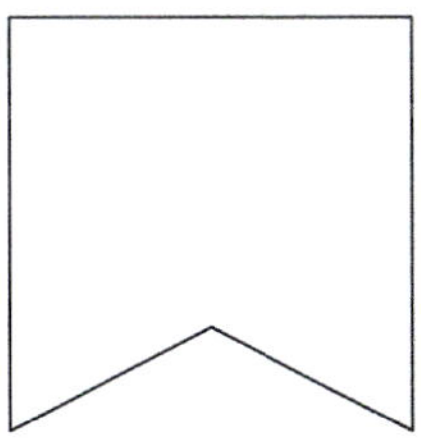
④ 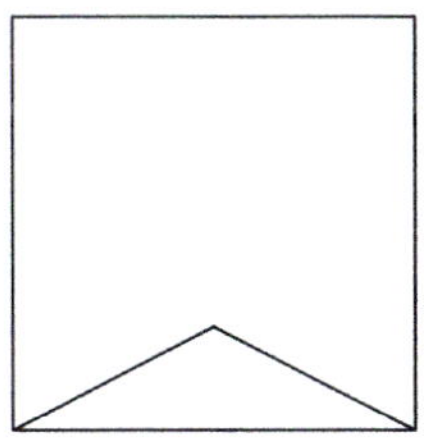

09 다음 등각 투상도에서 제3각 방법으로 화살표 방향에서 본 투상도는?

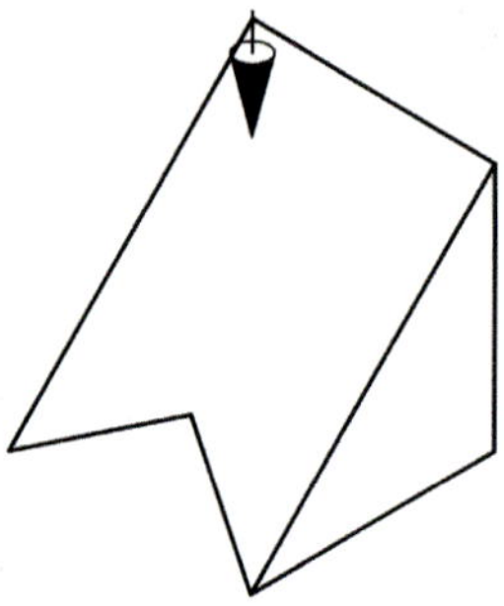

①
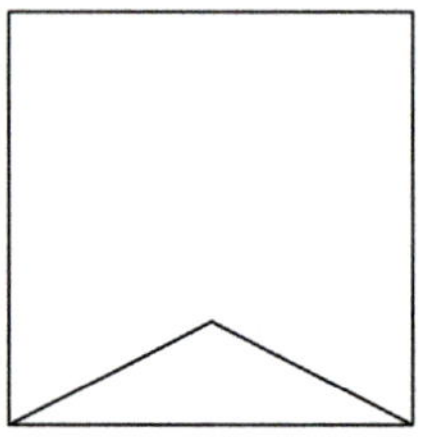
②
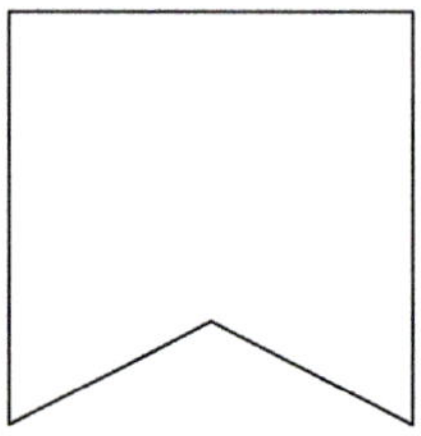
③
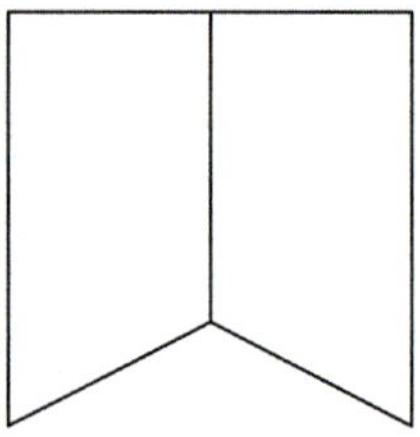
④
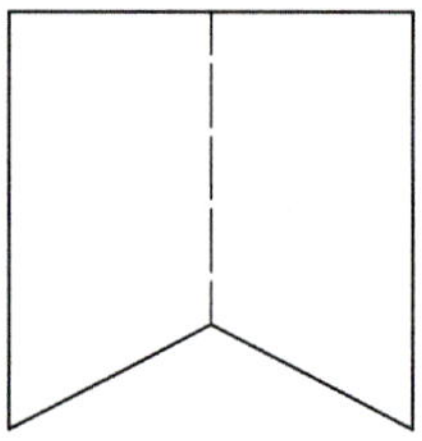

10 다음 등각 투상도에서 제3각 방법으로 화살표 방향에서 본 투상도는?

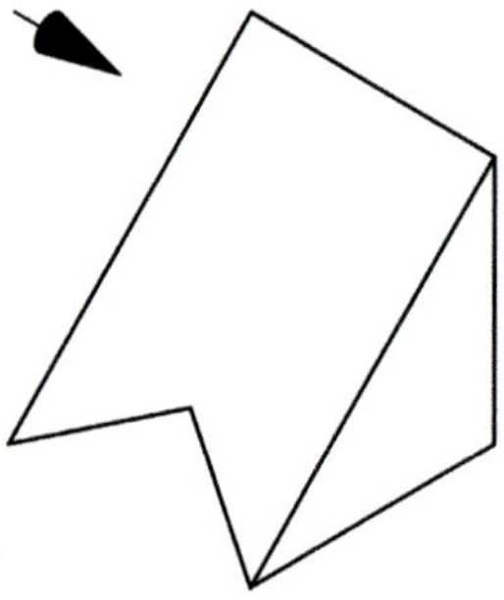

①
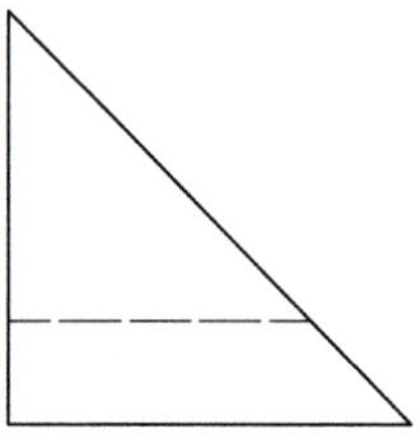
②
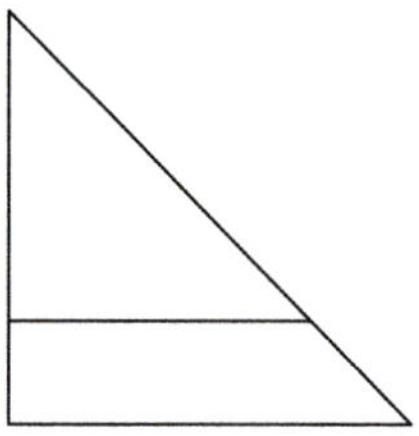
③
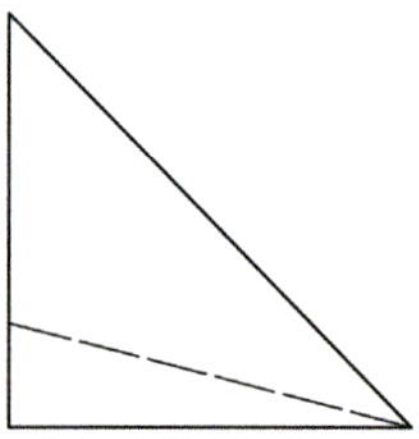
④
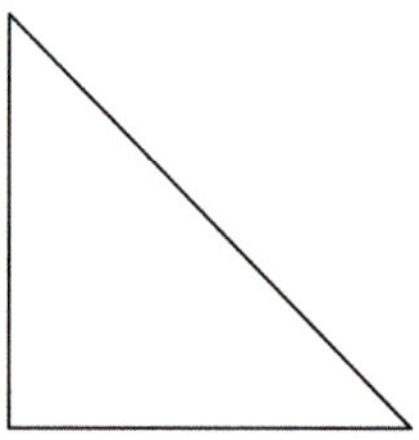

11 다음 등각 투상도에서 제3각 방법으로 화살표 방향에서 본 투상도는?

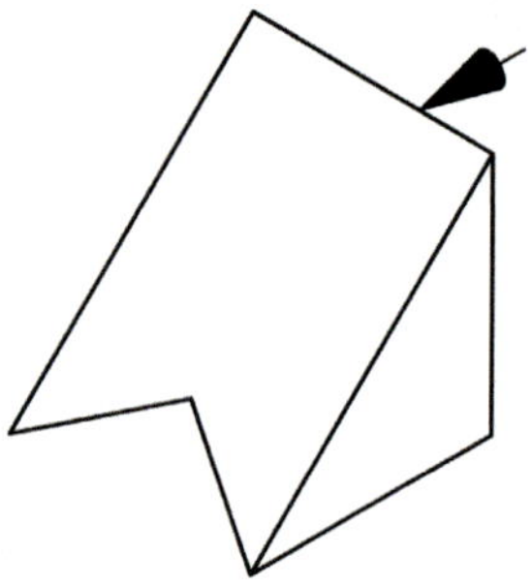

①
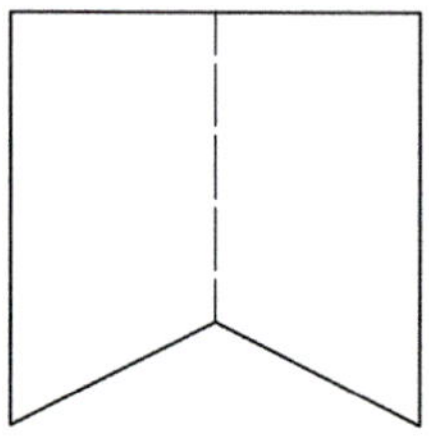
②
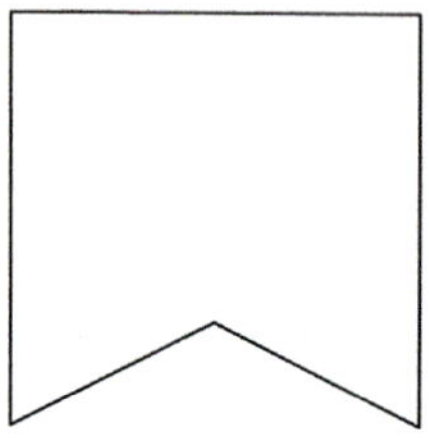
③
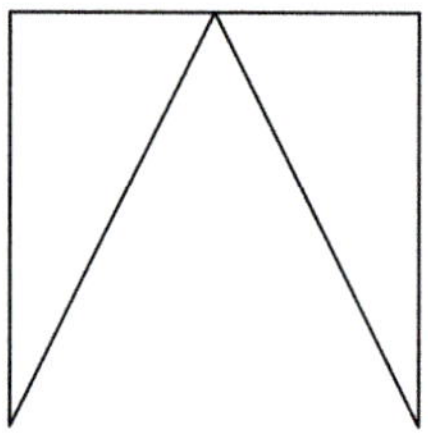
④
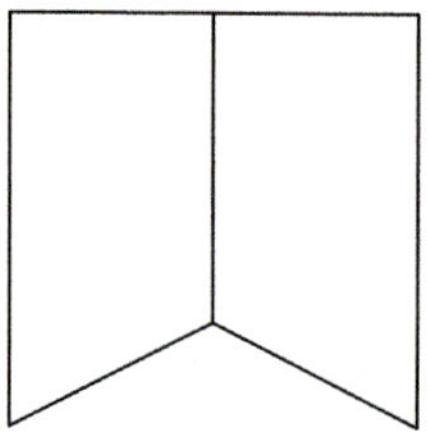

12 다음 등각 투상도에서 제3각 방법으로 화살표 방향에서 본 투상도는?

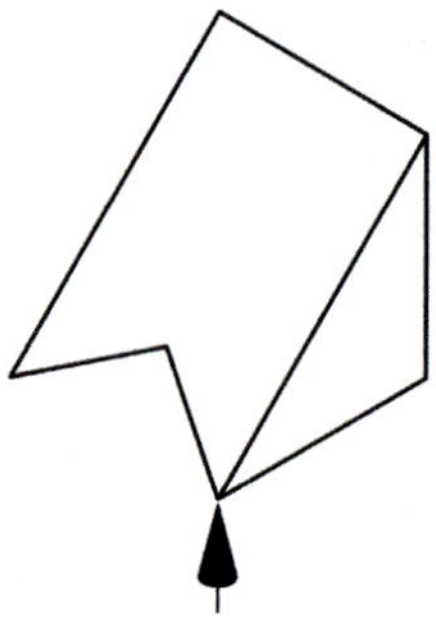

①
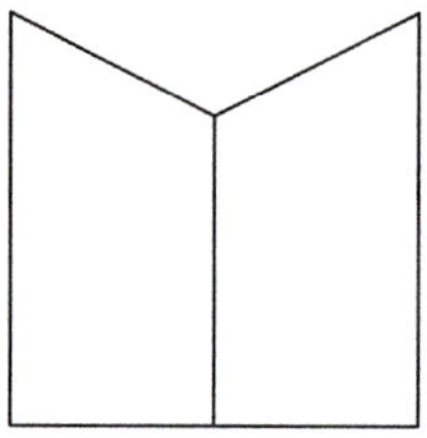
②
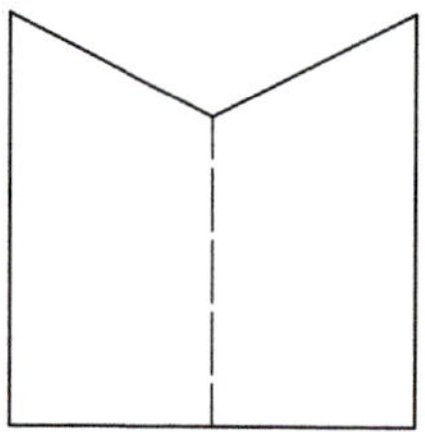
③

④

13 다음 등각 투상도에서 제3각 방법으로 화살표 방향에서 본 투상도는?

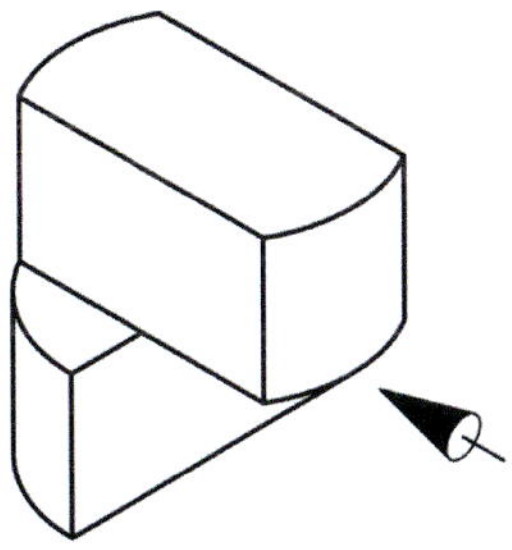

① 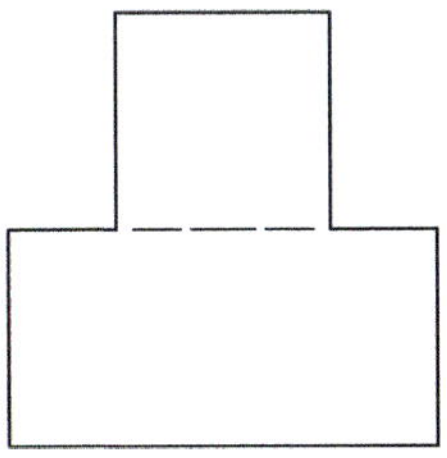 ② 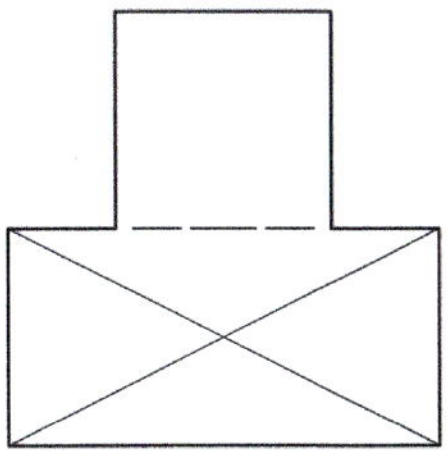

③ 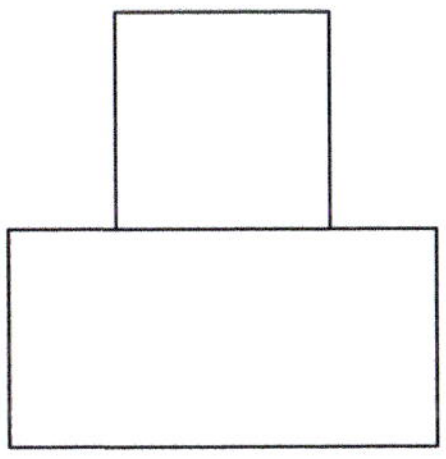 ④ 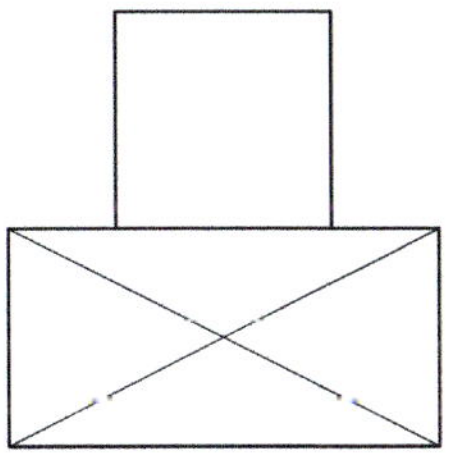

14 다음 등각 투상도에서 제3각 방법으로 화살표 방향에서 본 투상도는?

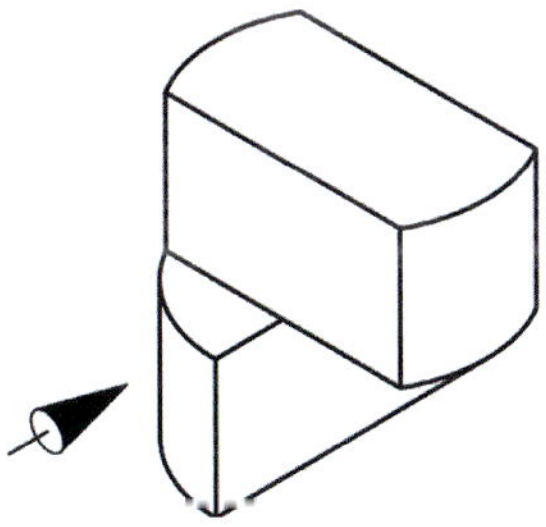

① 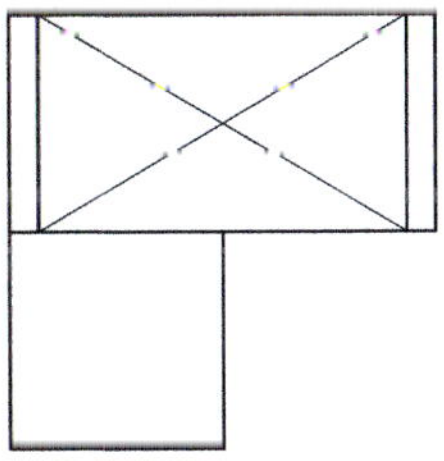 ② 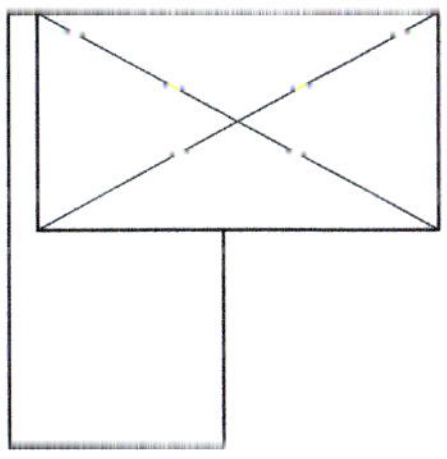

③ 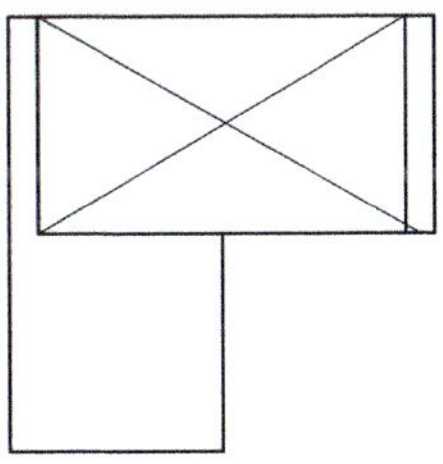 ④ 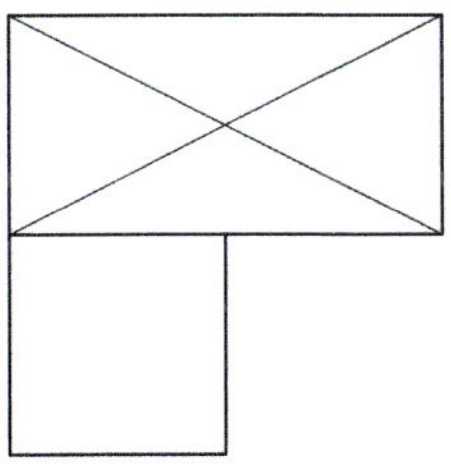

15 다음 등각 투상도에서 제3각 방법으로 화살표 방향에서 본 투상도는?

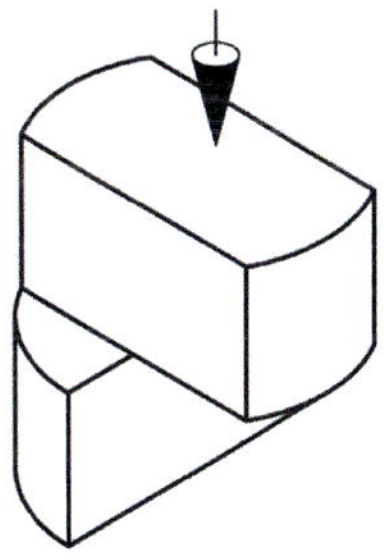

① 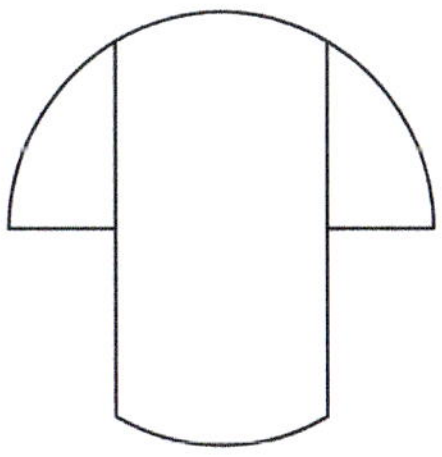 ② 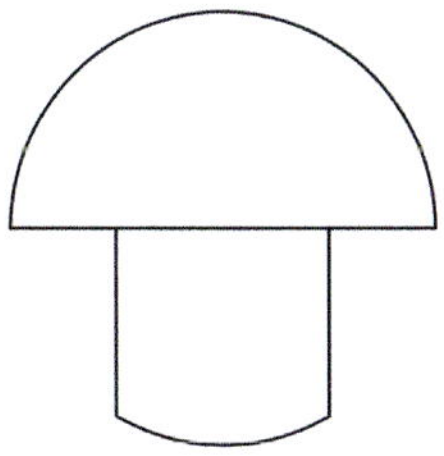

③ 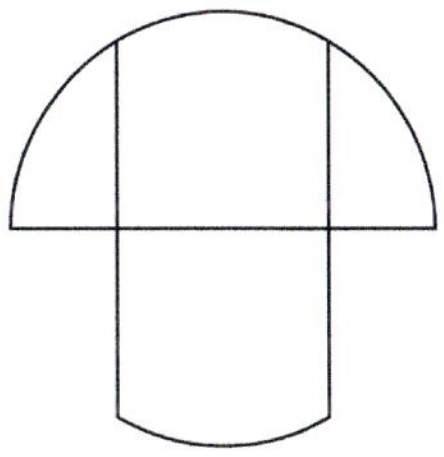 ④ 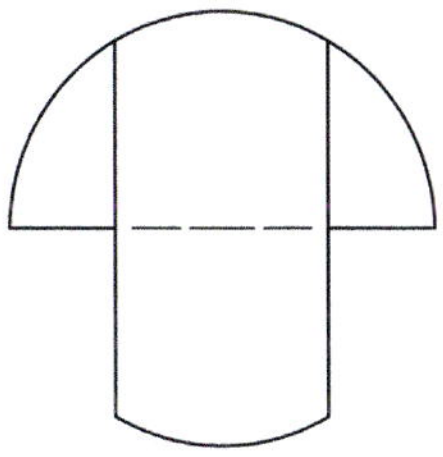

16 다음 등각 투상도에서 제3각 방법으로 화살표 방향에서 본 투상도는?

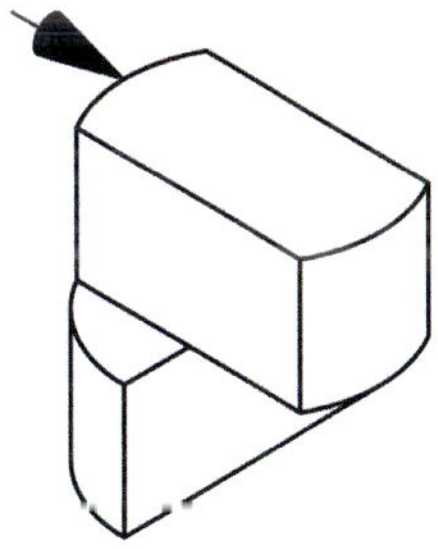

① 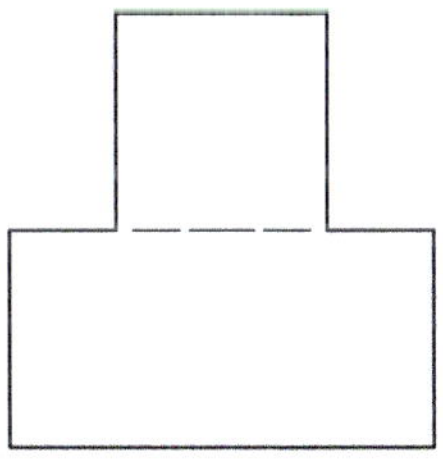 ② 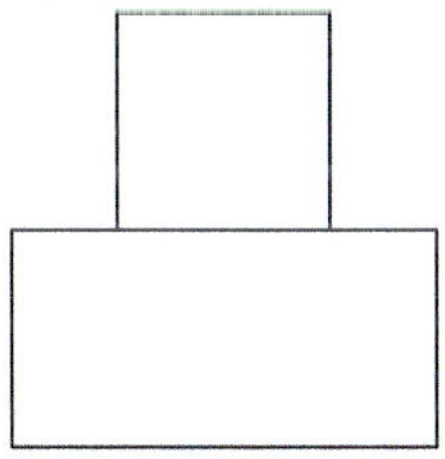

③ 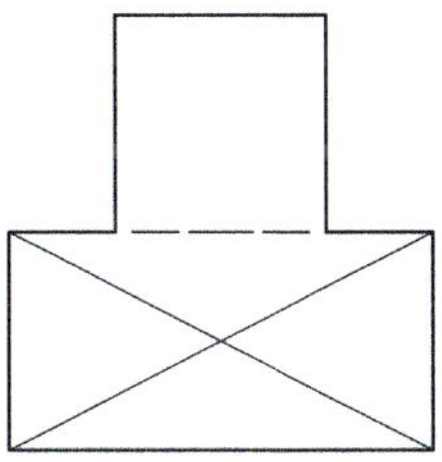 ④ 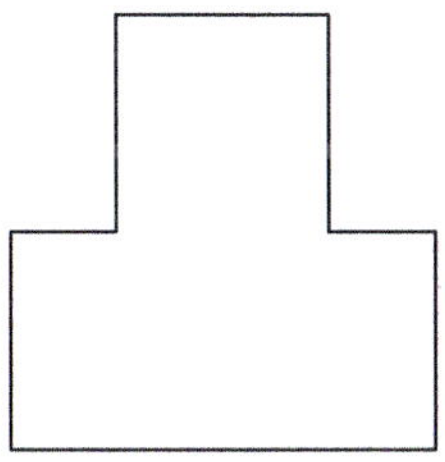

17 다음 등각 투상도에서 제3각 방법으로 화살표 방향에서 본 투상도는?

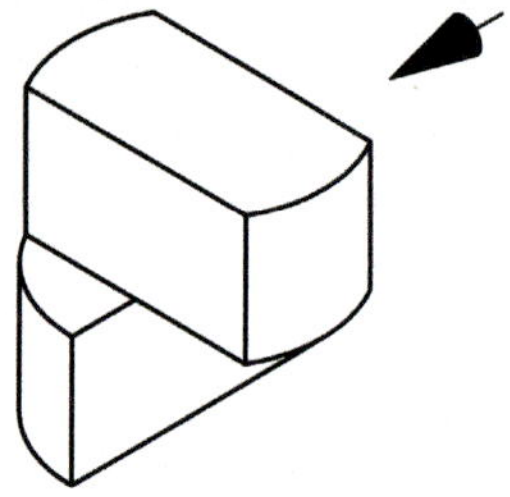

① 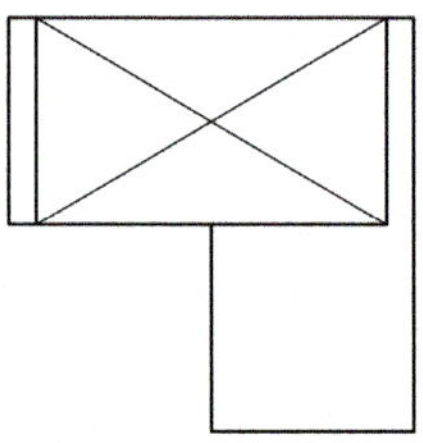
② 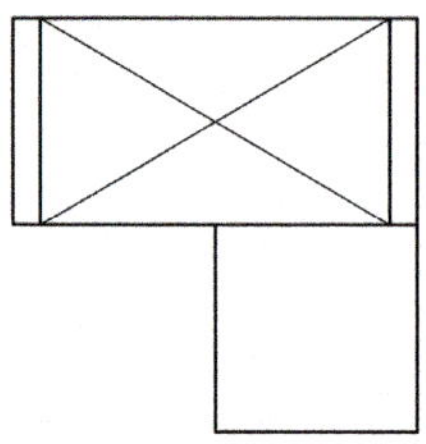
③ 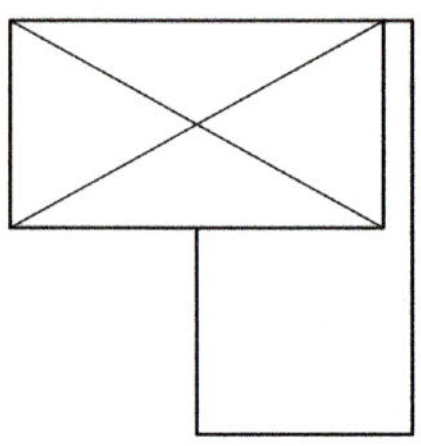
④ 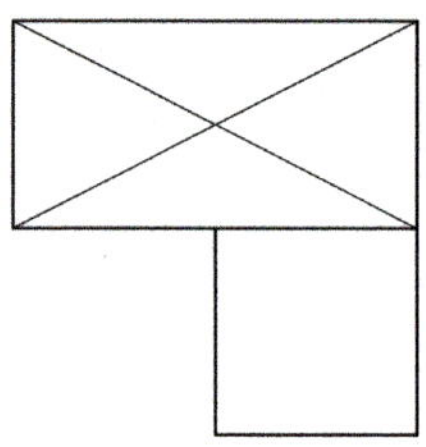

18 다음 등각 투상도에서 제3각 방법으로 화살표 방향에서 본 투상도는?

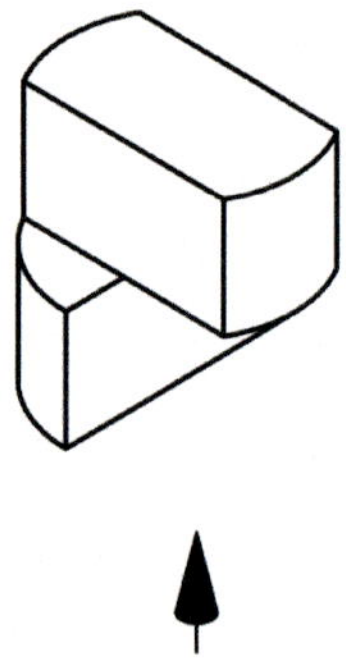

① 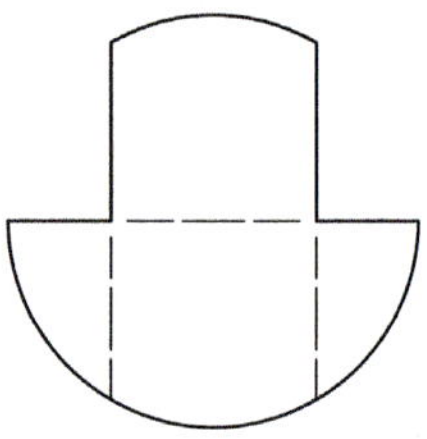
② 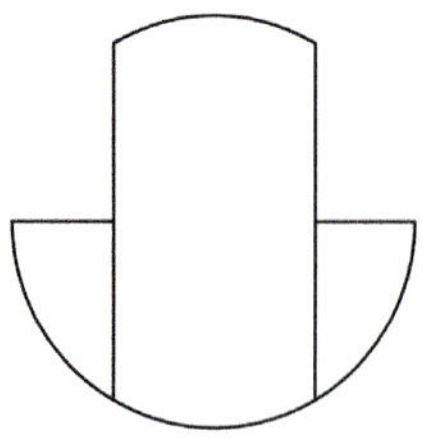
③ 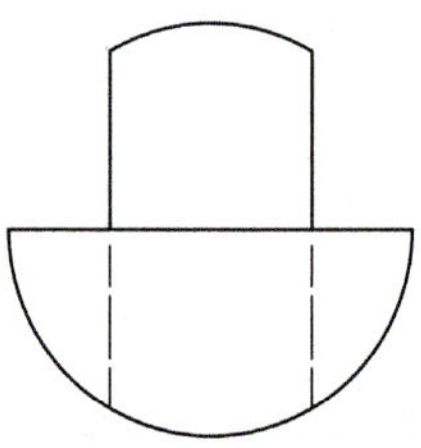
④ 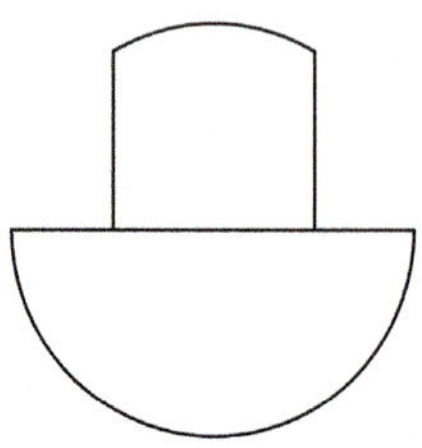

19 다음 등각 투상도에서 제3각 방법으로 화살표 방향에서 본 투상도는?

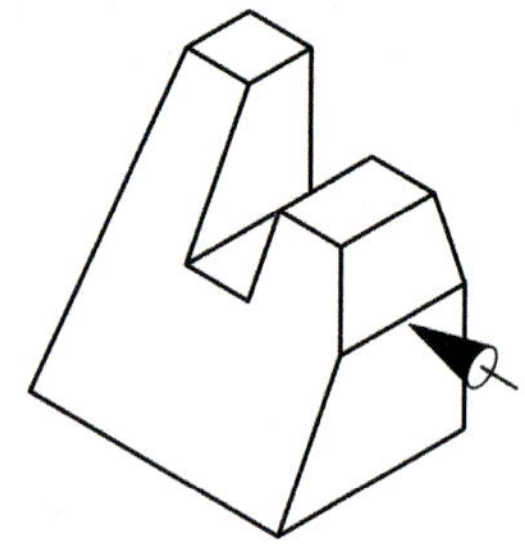

① 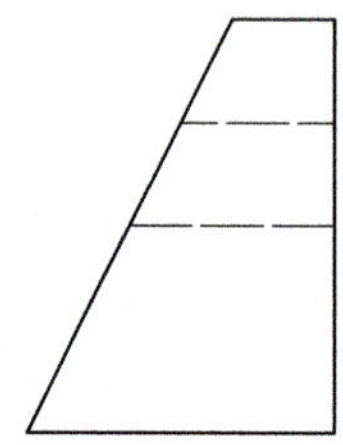
② 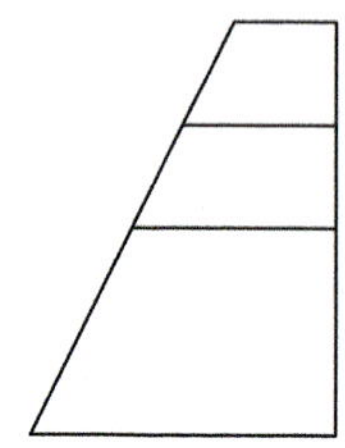
③ 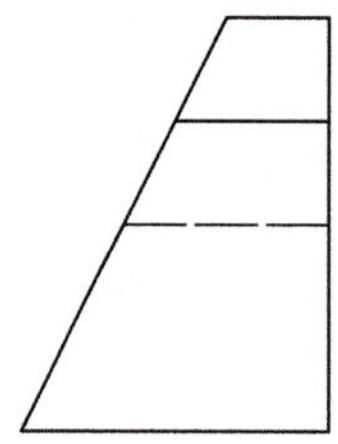
④ 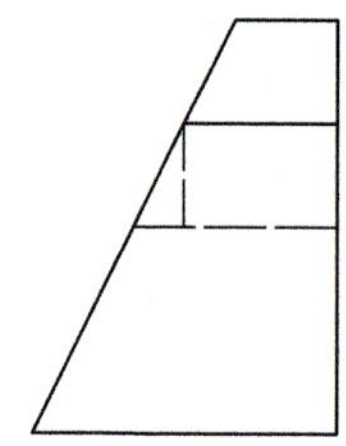

20 다음 등각 투상도에서 제3각 방법으로 화살표 방향에서 본 투상도는?

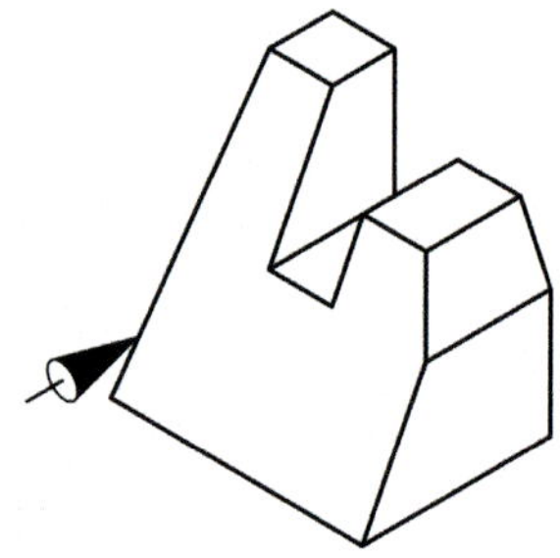

① 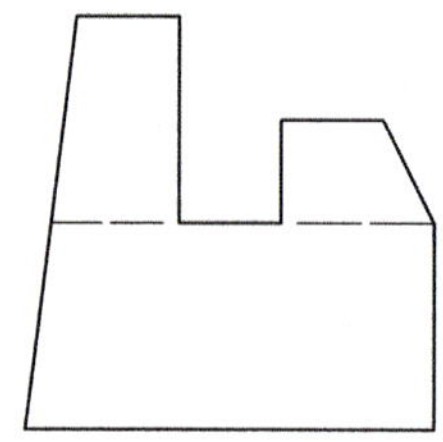
② 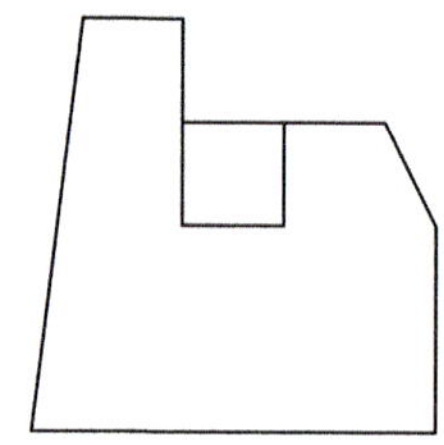
③ 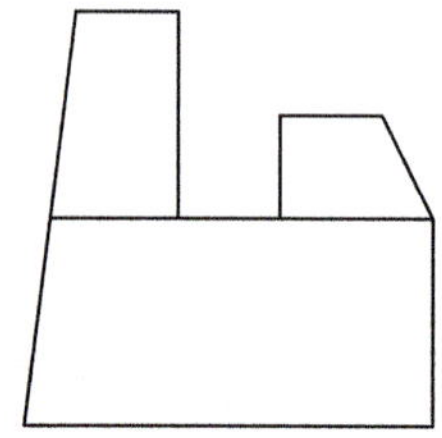
④ 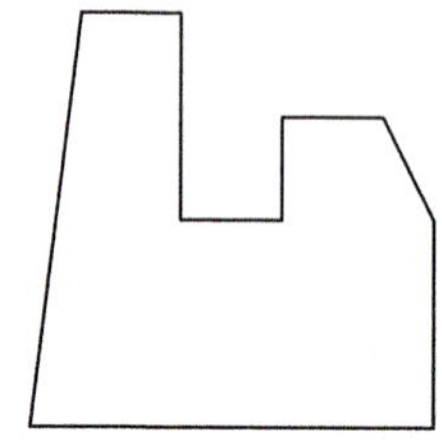

21 다음 등각 투상도에서 제3각 방법으로 화살표 방향에서 본 투상도는?

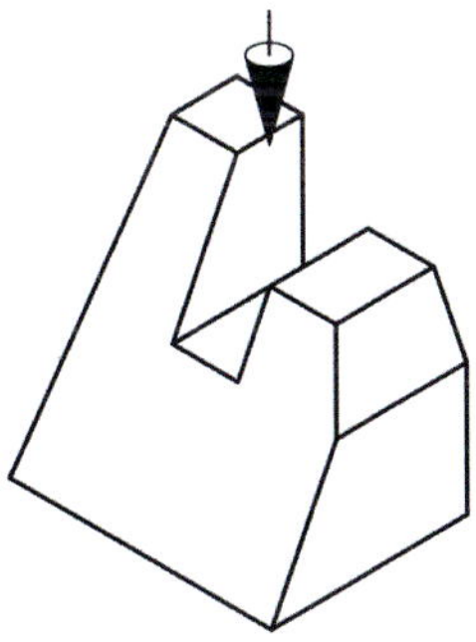

①
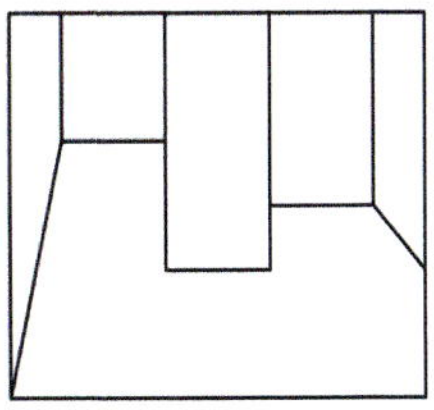
②
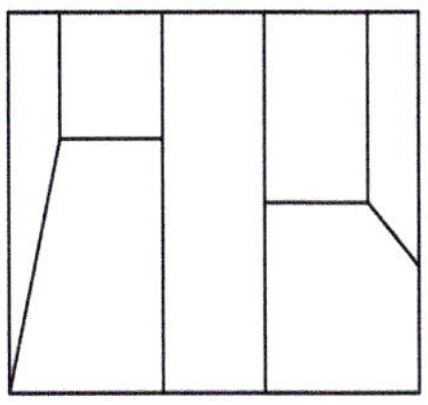
③
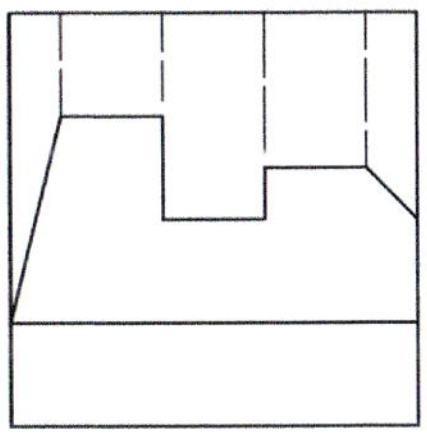
④
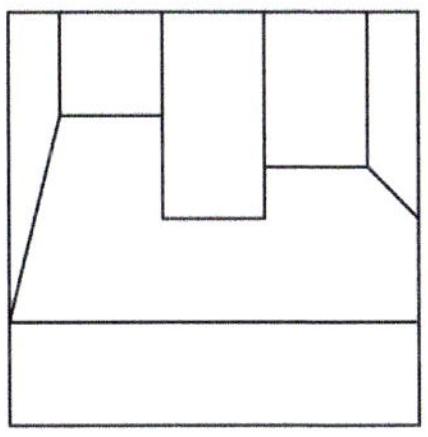

22 다음 등각 투상도에서 제3각 방법으로 화살표 방향에서 본 투상도는?

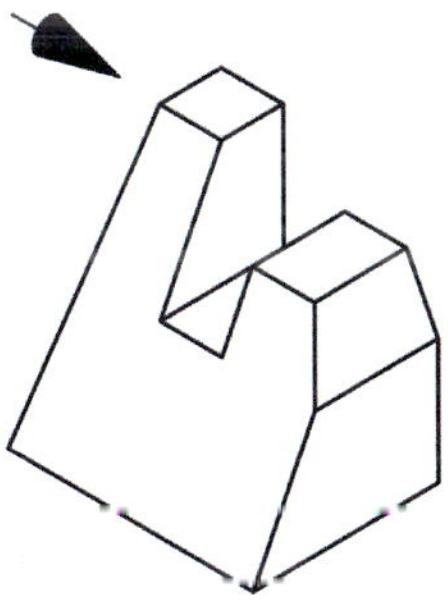

①
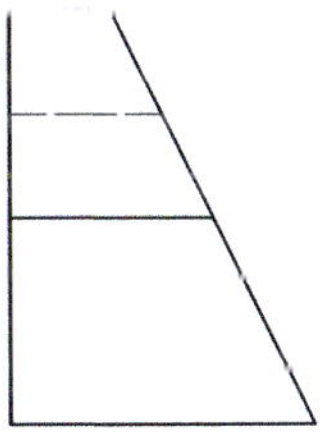
②
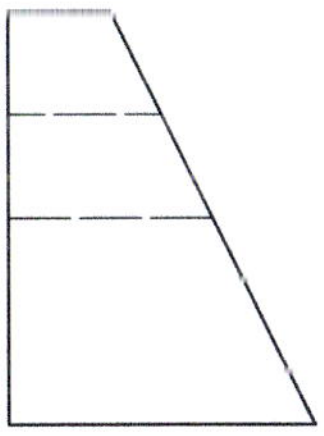
③
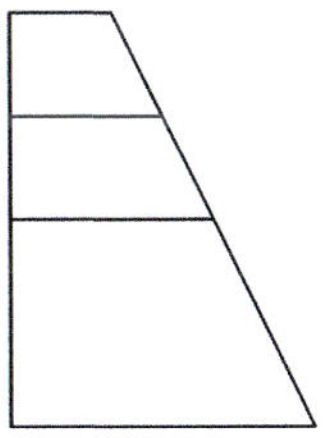
④
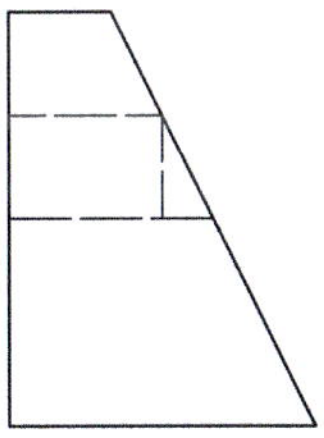

23 다음 등각 투상도에서 제3각 방법으로 화살표 방향에서 본 투상도는?

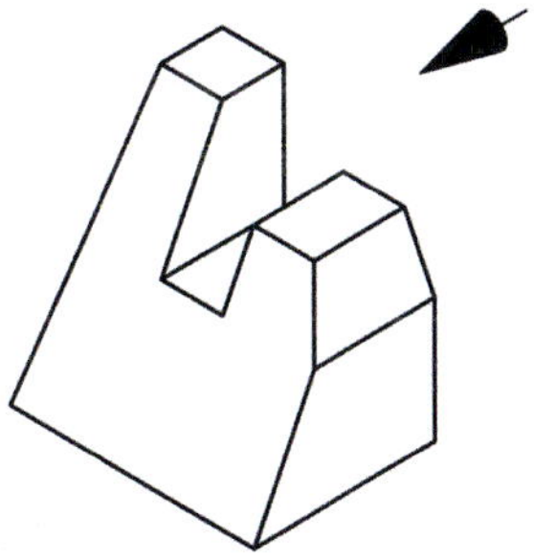

①
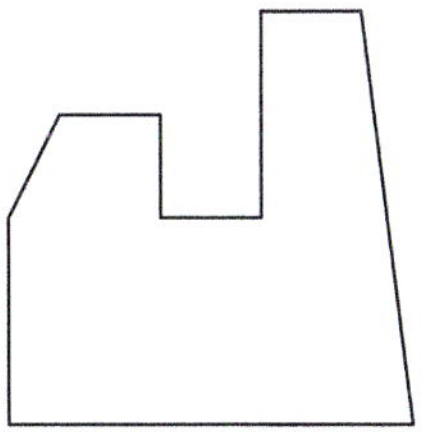
②
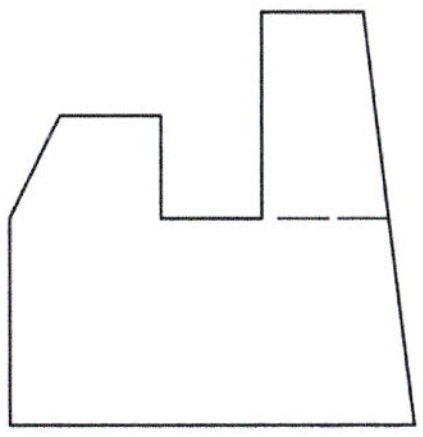
③
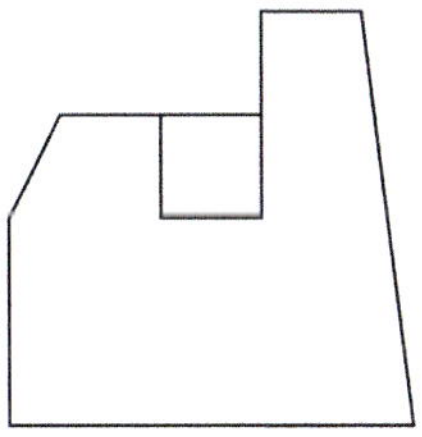
④
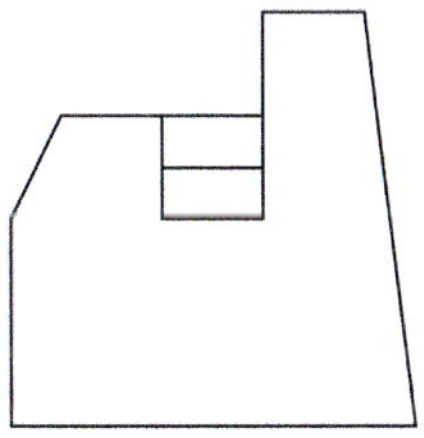

24 다음 등각 투상도에서 제3각 방법으로 화살표 방향에서 본 투상도는?

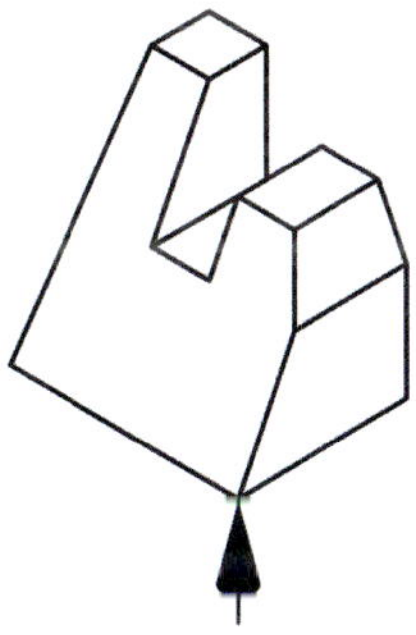

①
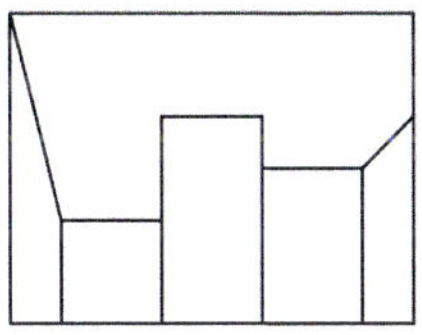
②
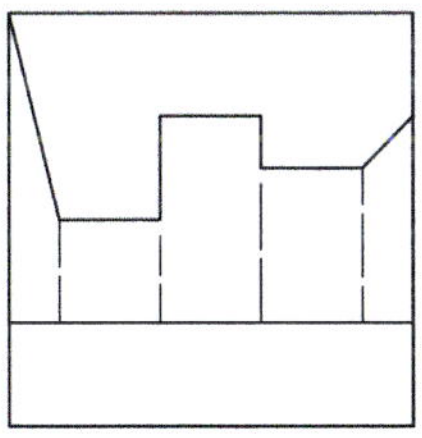
③
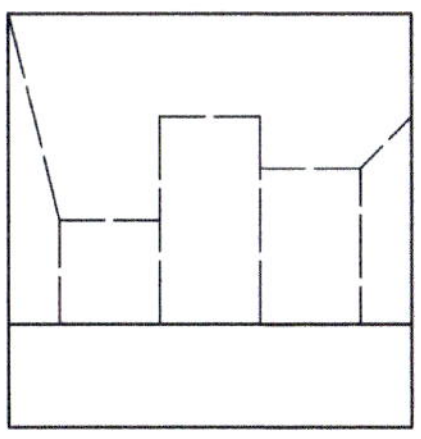
④
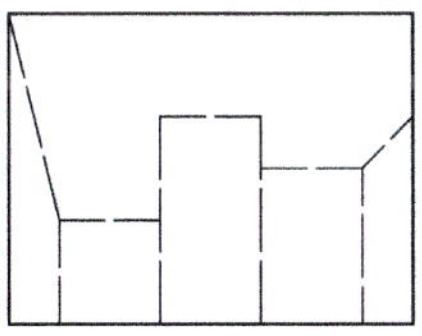

25 다음 등각 투상도에서 제3각 방법으로 화살표 방향에서 본 투상도는?

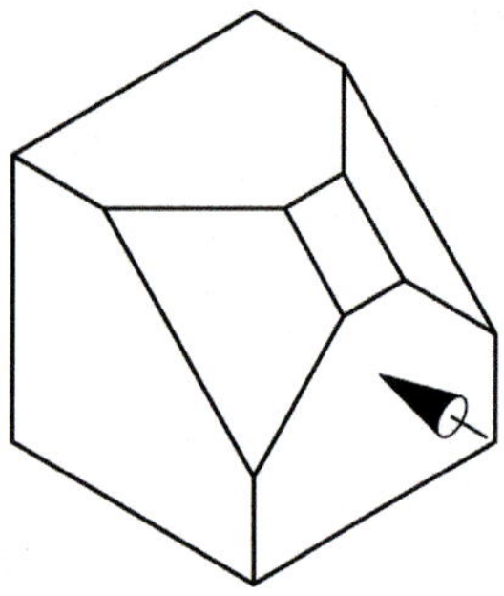

① 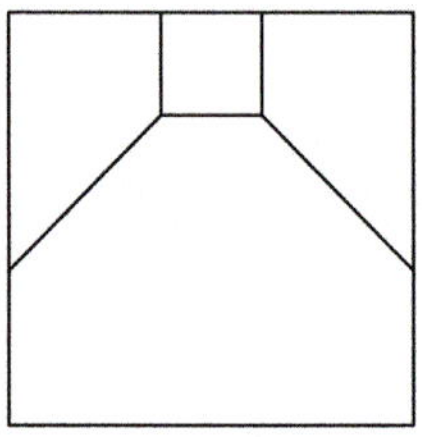 ② 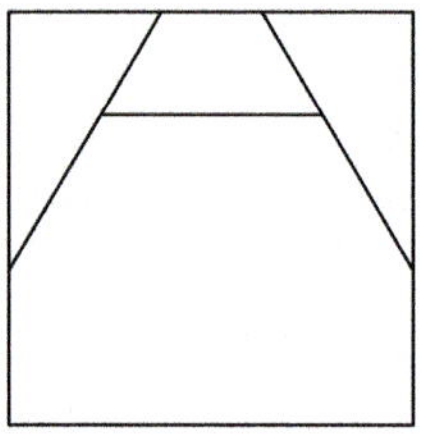

③ 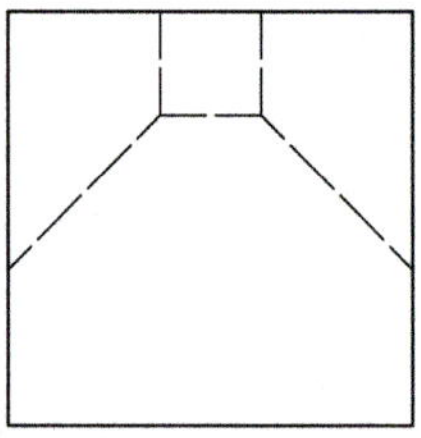 ④ 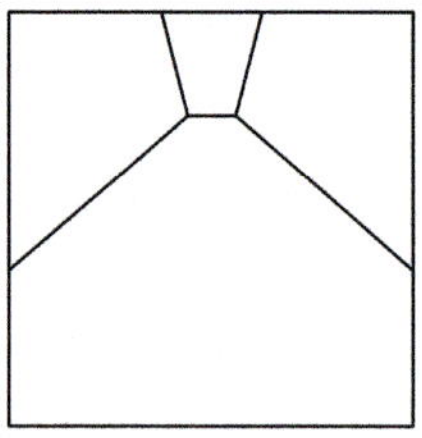

26 다음 등각 투상도에서 제3각 방법으로 화살표 방향에서 본 투상도는?

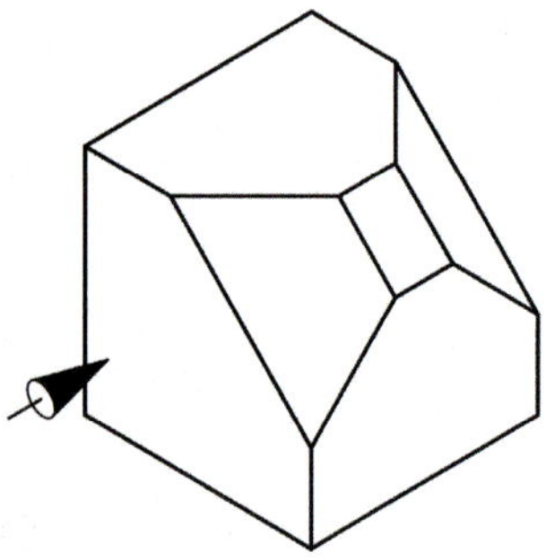

① 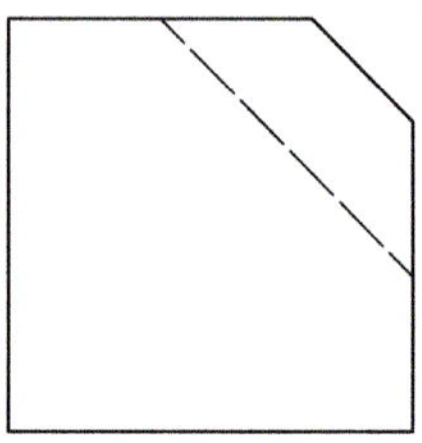 ② 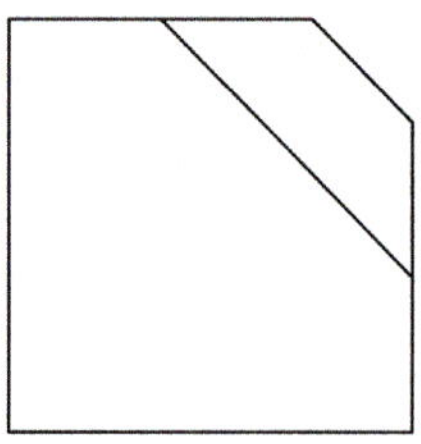

③ 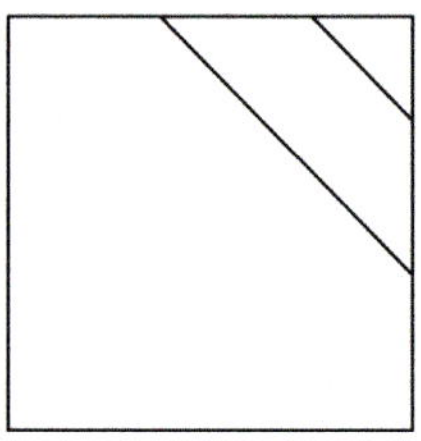 ④ 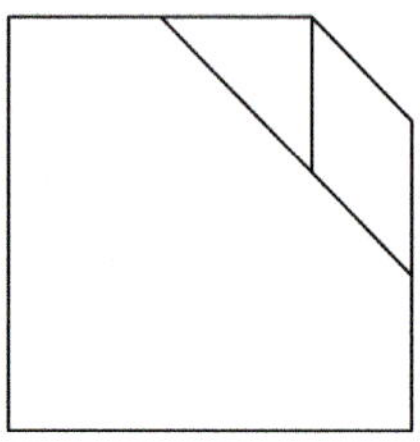

27 다음 등각 투상도에서 제3각 방법으로 화살표 방향에서 본 투상도는?

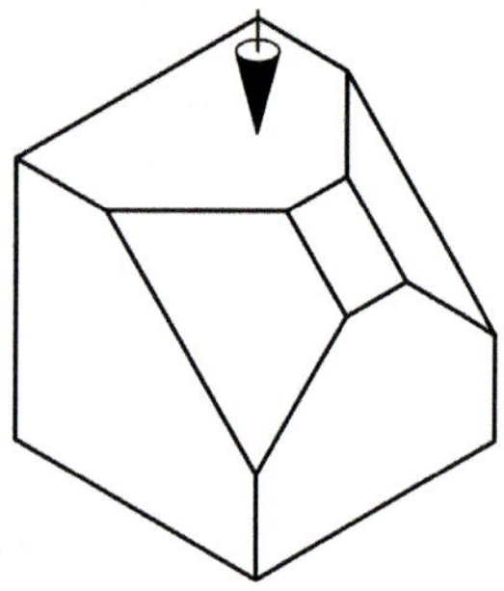

① 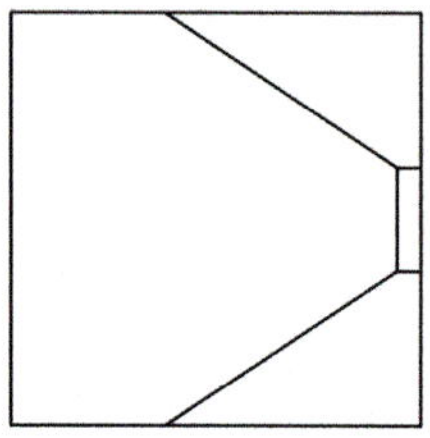 ② 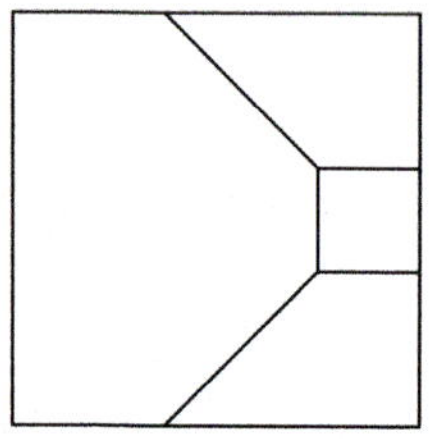

③ 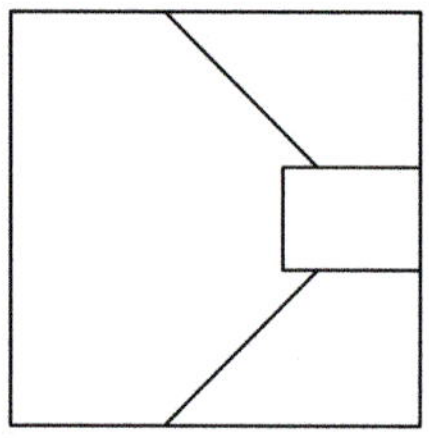 ④ 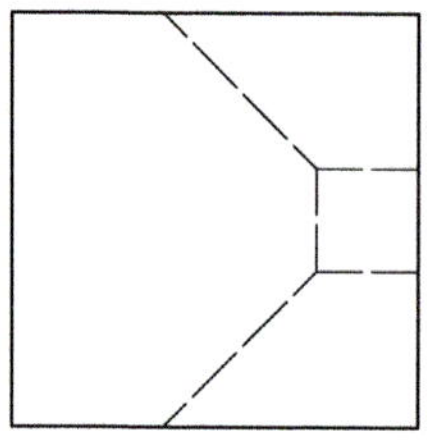

28 다음 등각 투상도에서 제3각 방법으로 화살표 방향에서 본 투상도는?

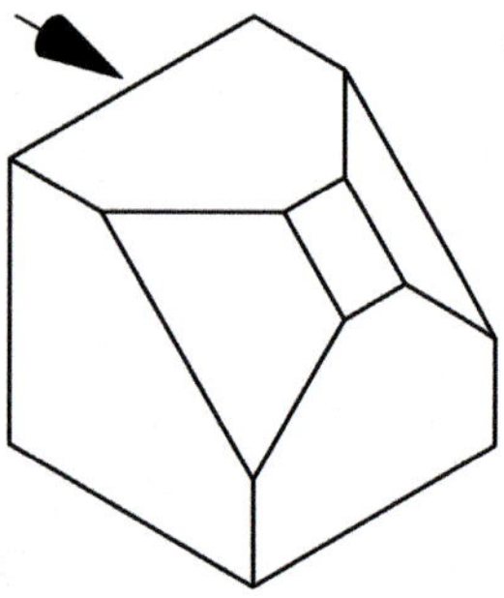

① 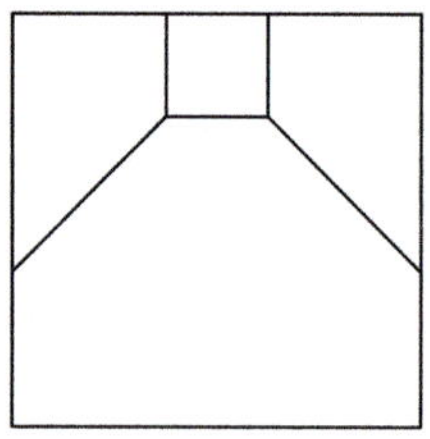 ② 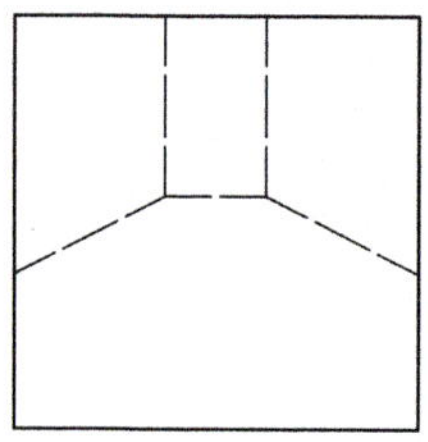

③ 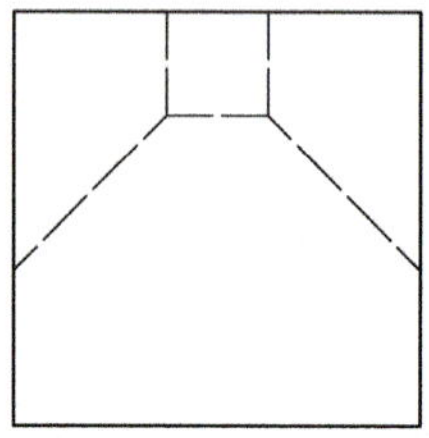 ④ 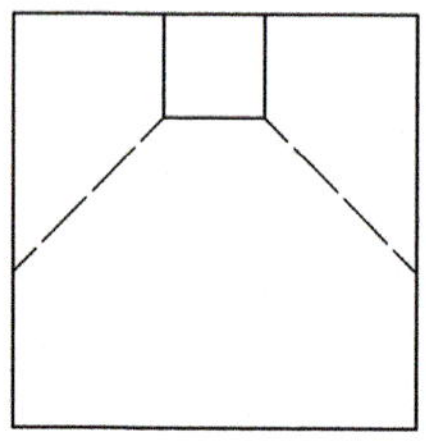

29 다음 등각 투상도에서 제3각 방법으로 화살표 방향에서 본 투상도는?

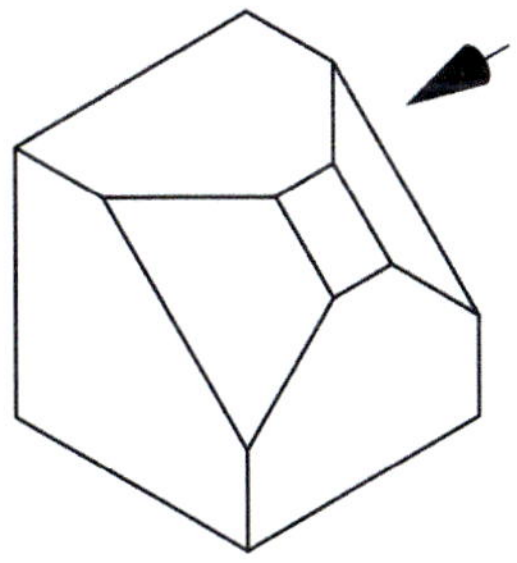

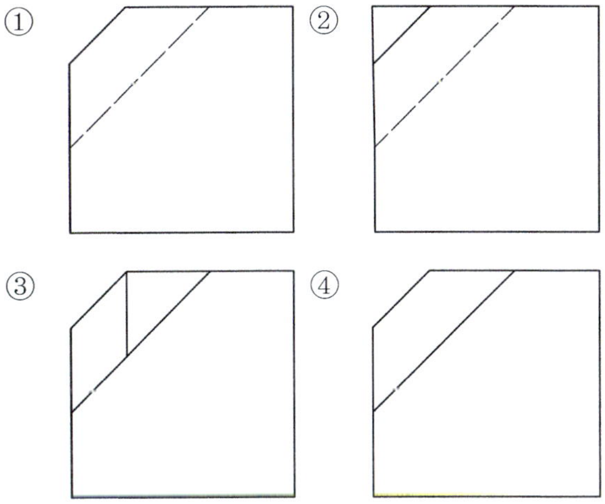

30 다음 등각 투상도에서 제3각 방법으로 화살표 방향에서 본 투상도는?

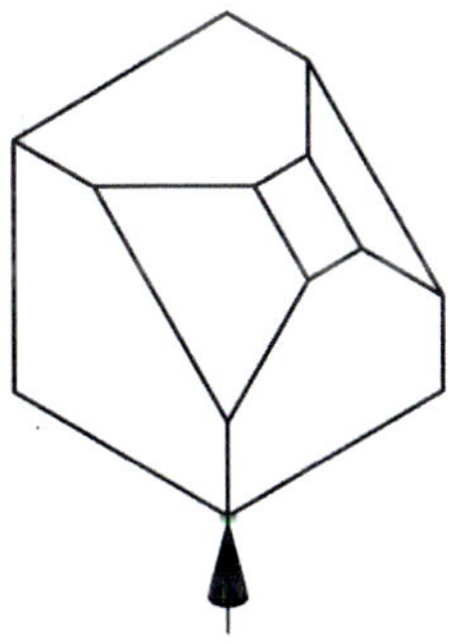

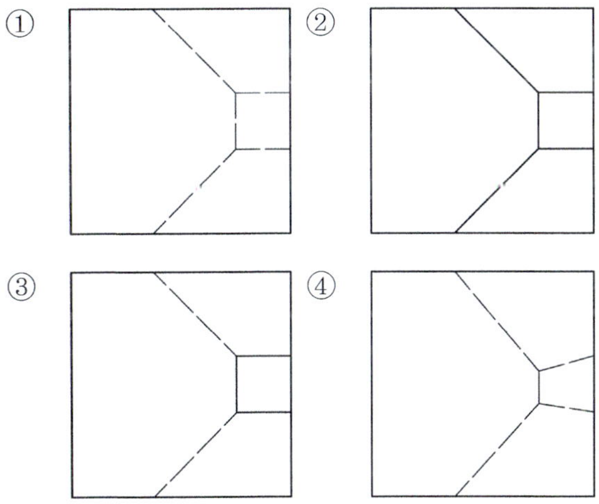

31 다음 등각 투상도에서 제3각 방법으로 화살표 방향에서 본 투상도는?

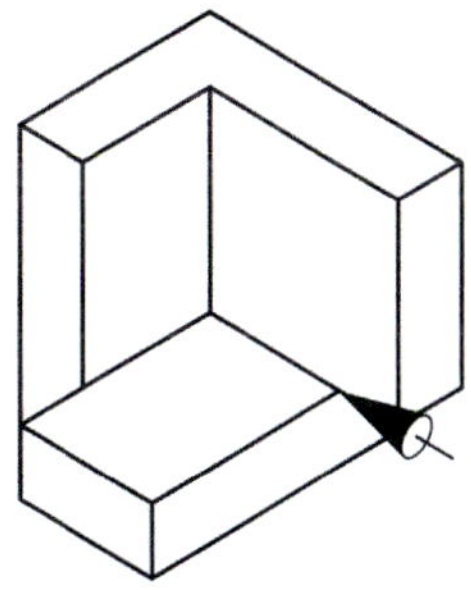

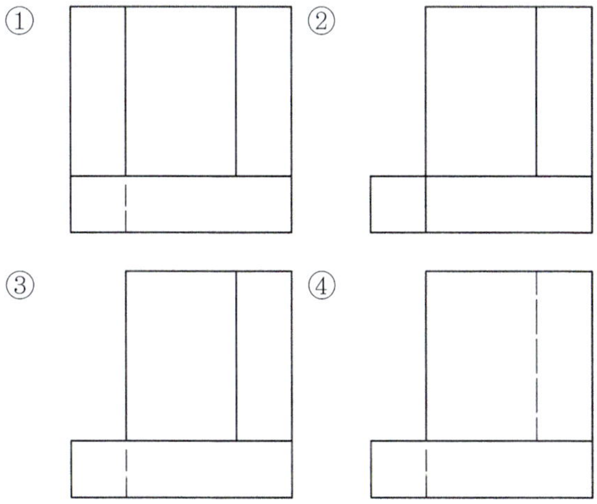

32 다음 등각 투상도에서 제3각 방법으로 화살표 방향에서 본 투상도는?

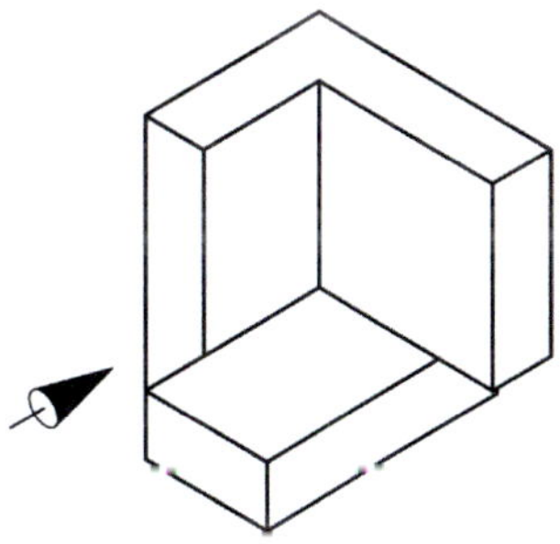

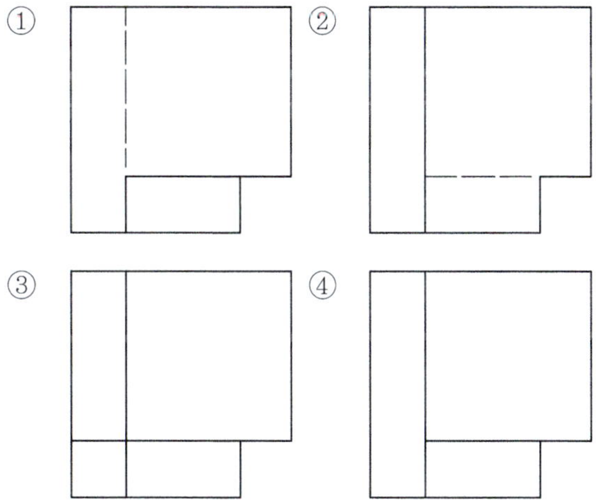

33 다음 등각 투상도에서 제3각 방법으로 화살표 방향에서 본 투상도는?

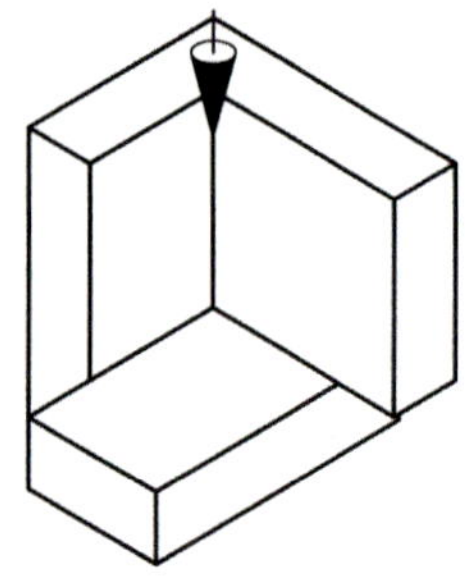

①
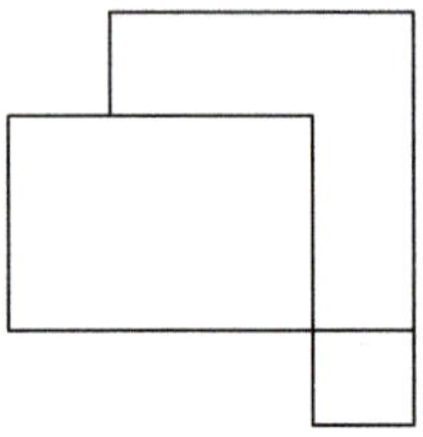
②
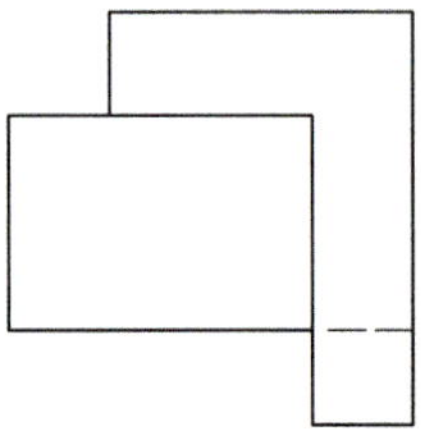
③
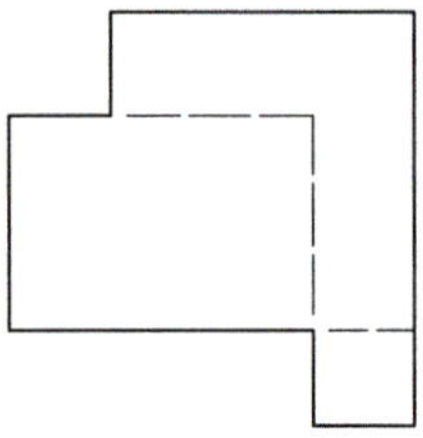
④
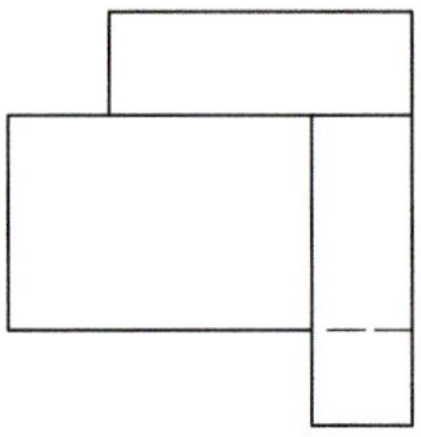

34 다음 등각 투상도에서 제3각 방법으로 화살표 방향에서 본 투상도는?

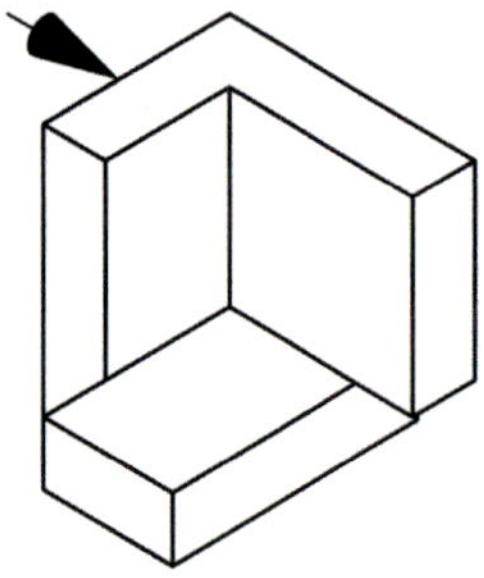

①
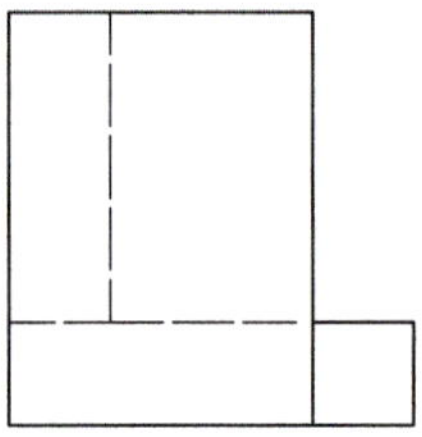
②
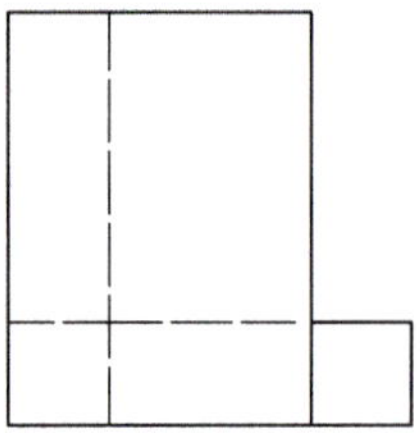
③
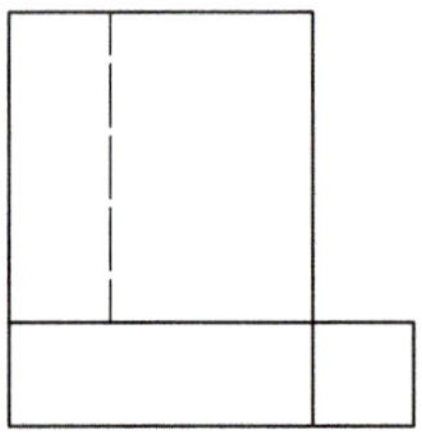
④
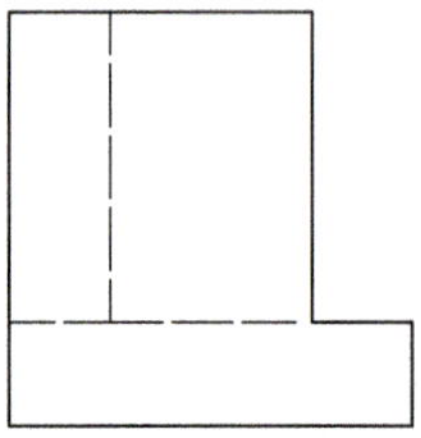

35 다음 등각 투상도에서 제3각 방법으로 화살표 방향에서 본 투상도는?

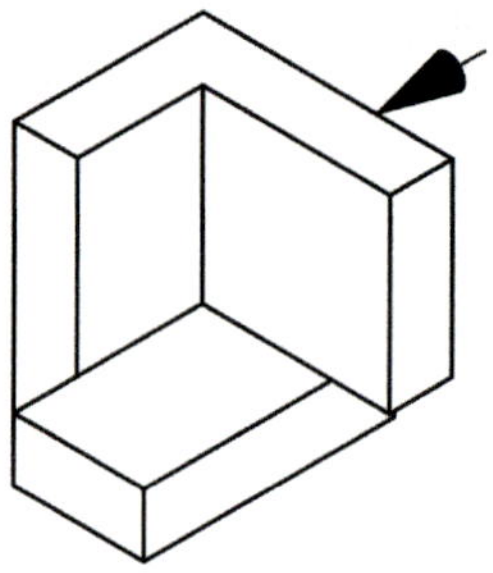

①
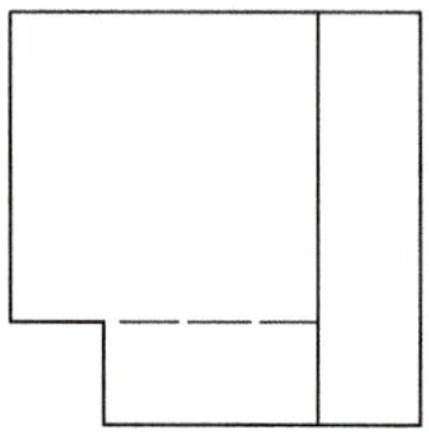
②
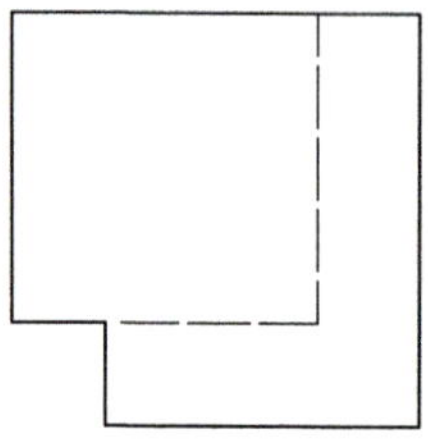
③
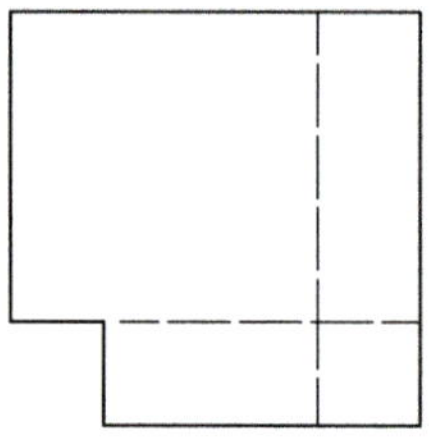
④
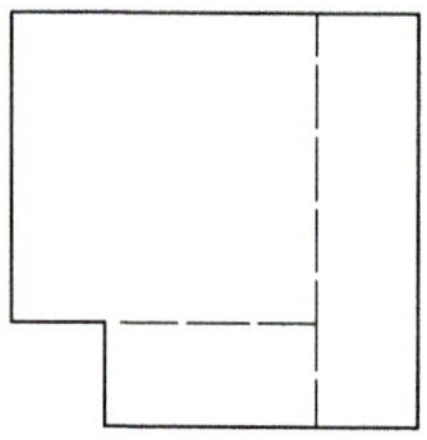

36 다음 등각 투상도에서 제3각 방법으로 화살표 방향에서 본 투상도는?

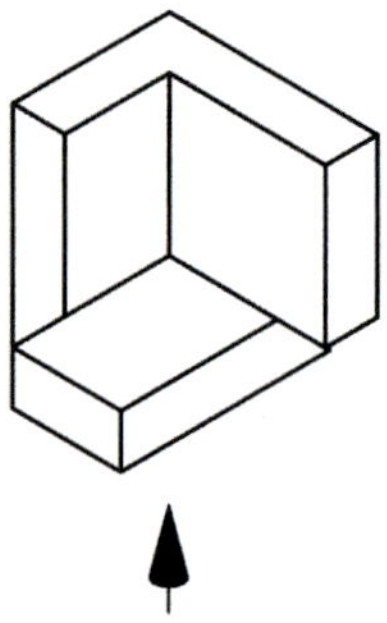

①
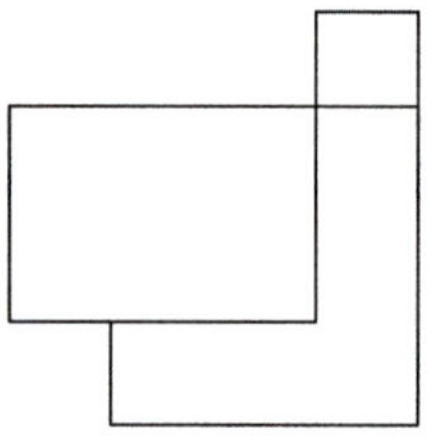
②
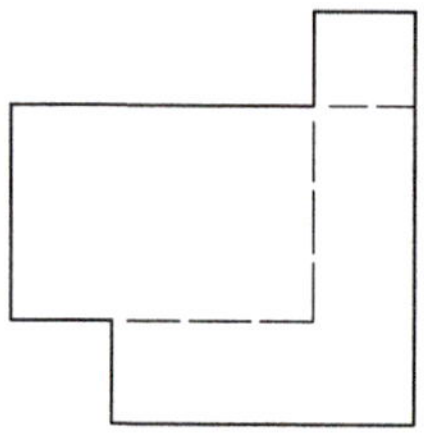
③
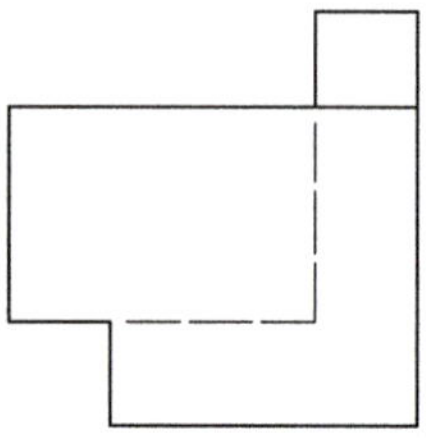
④
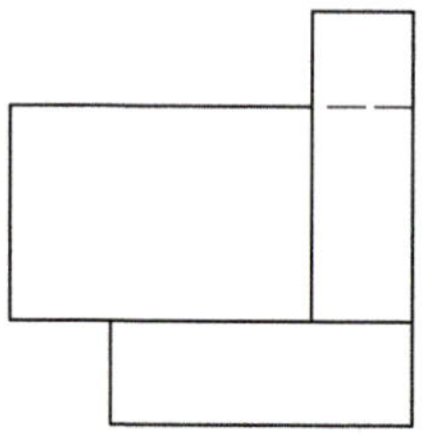

37 다음 등각 투상도에서 제3각 방법으로 화살표 방향에서 본 투상도는?

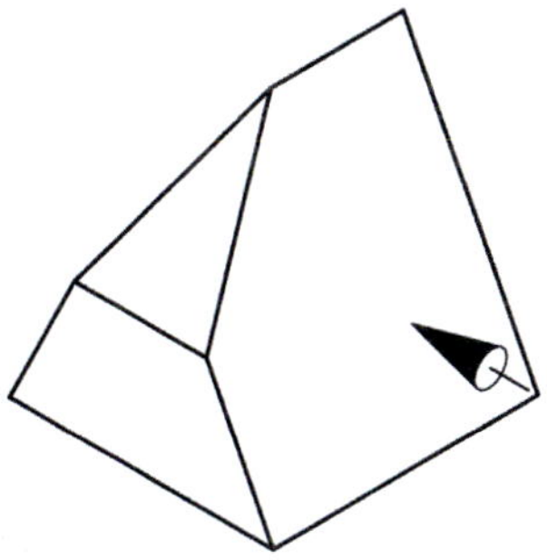

① 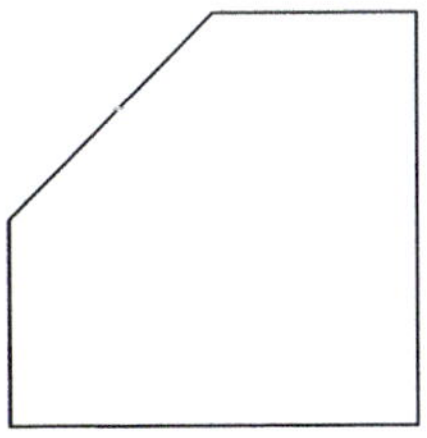 ② 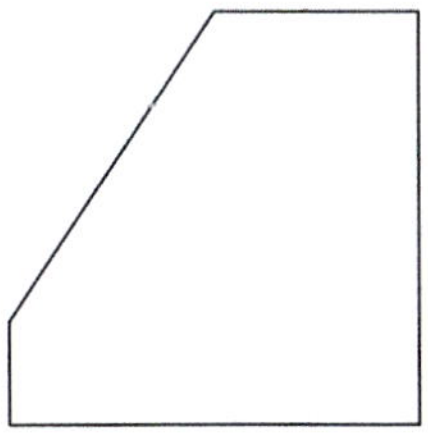

③ 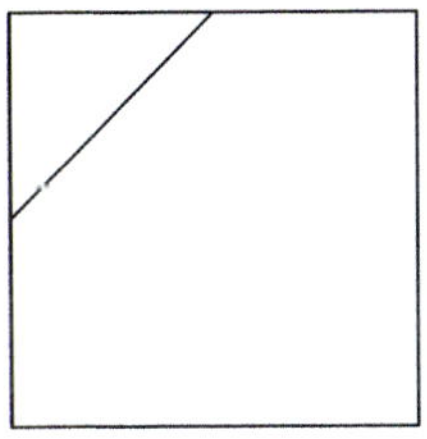 ④ 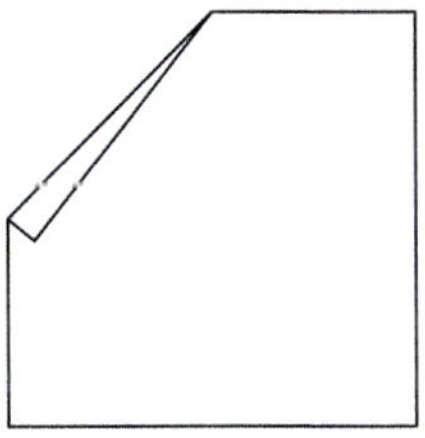

38 다음 등각 투상도에서 제3각 방법으로 화살표 방향에서 본 투상도는?

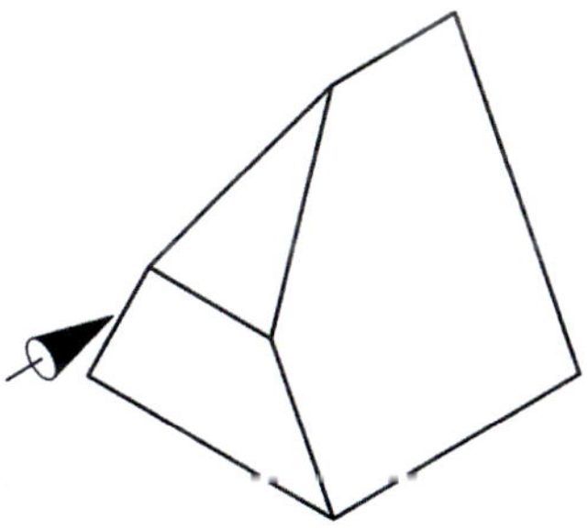

① 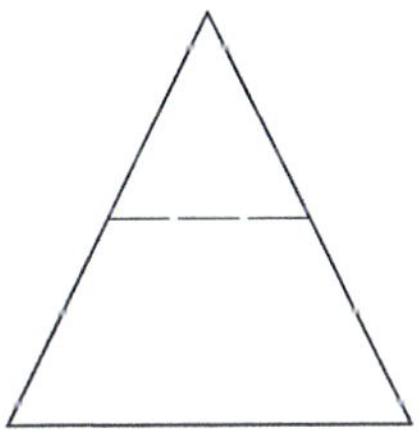 ② 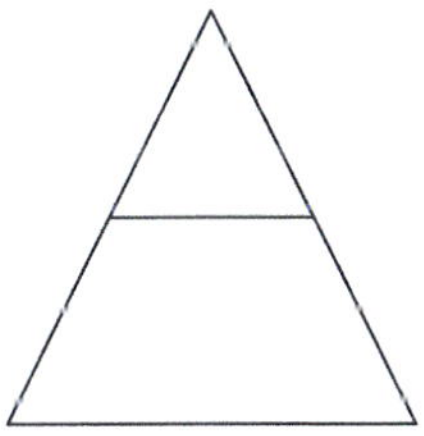

③ 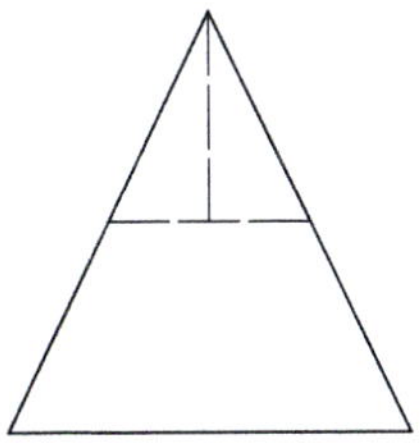 ④ 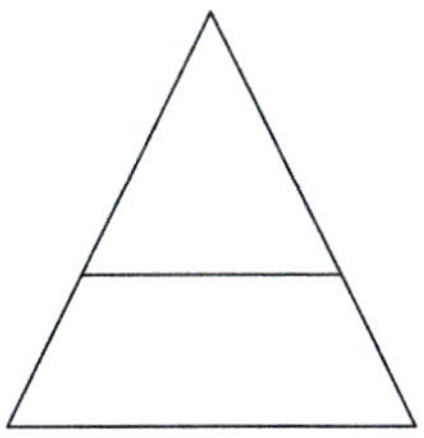

39 다음 등각 투상도에서 제3각 방법으로 화살표 방향에서 본 투상도는?

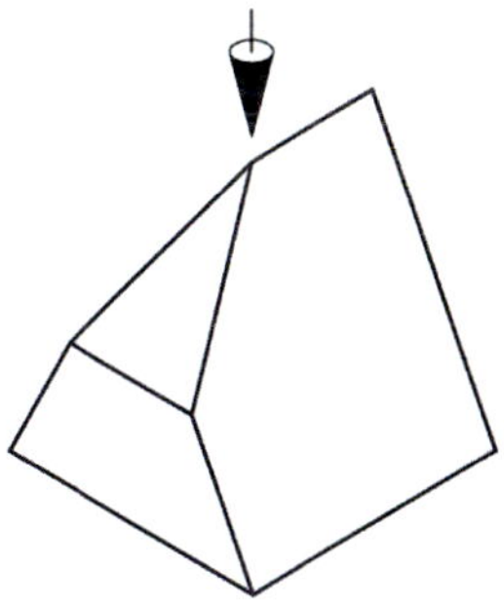

① 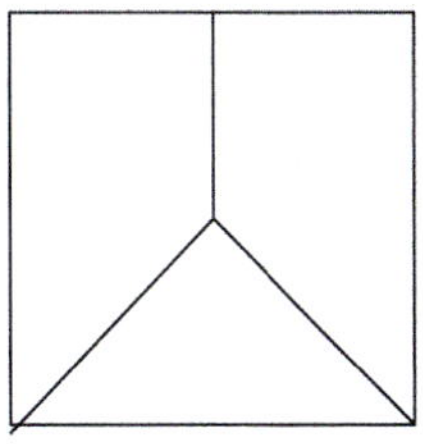 ② 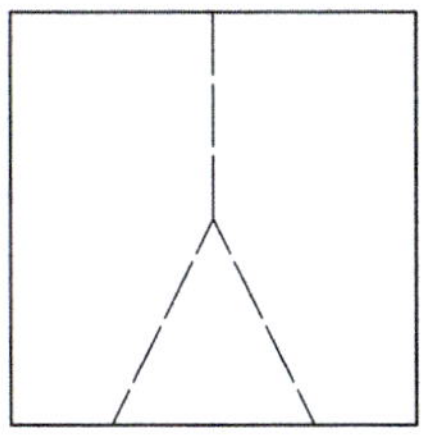

③ 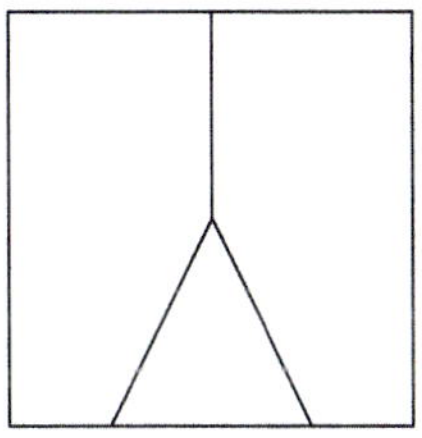 ④ 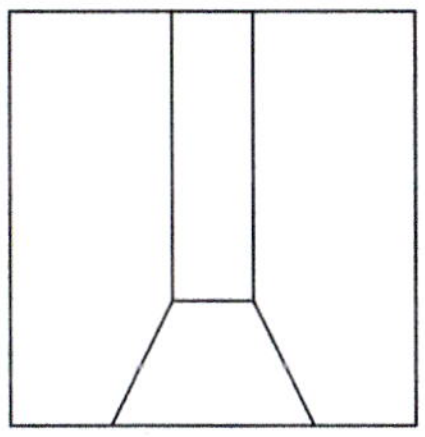

40 다음 등각 투상도에서 제3각 방법으로 화살표 방향에서 본 투상도는?

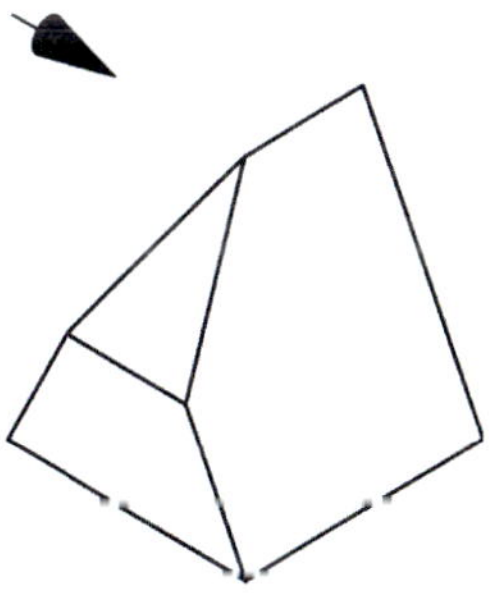

① 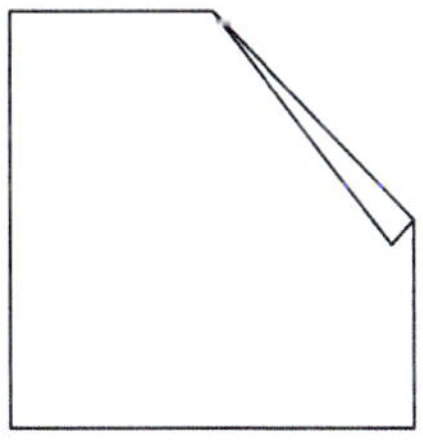 ② 

③ 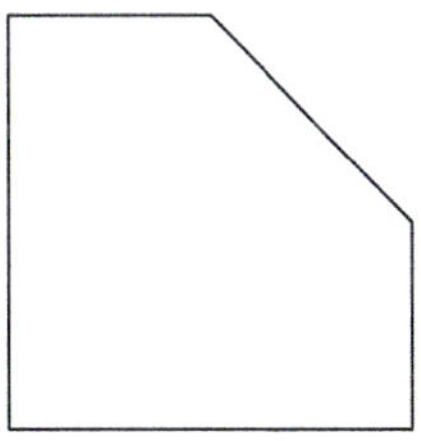 ④ 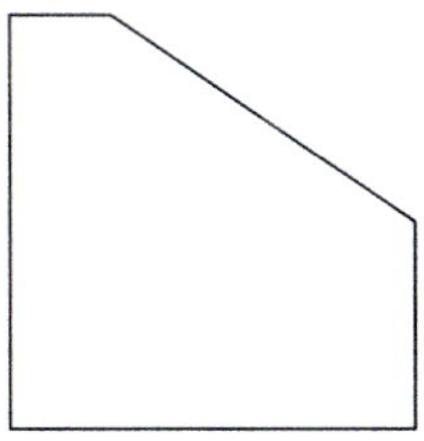

41 다음 등각 투상도에서 제3각 방법으로 화살표 방향에서 본 투상도는?

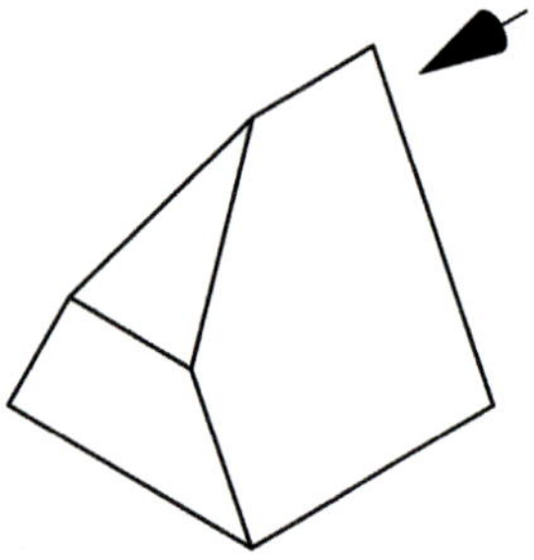

① 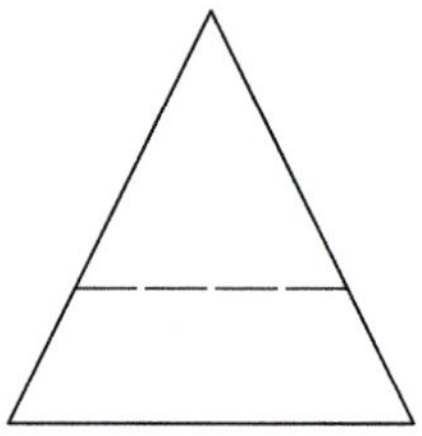
② 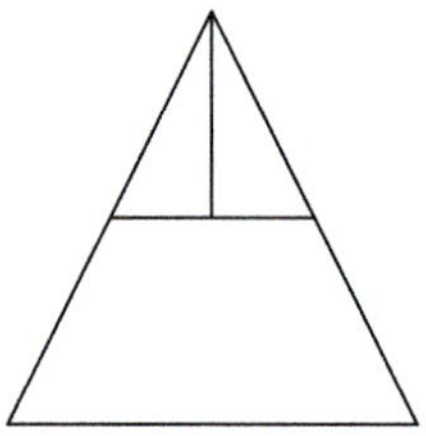
③ 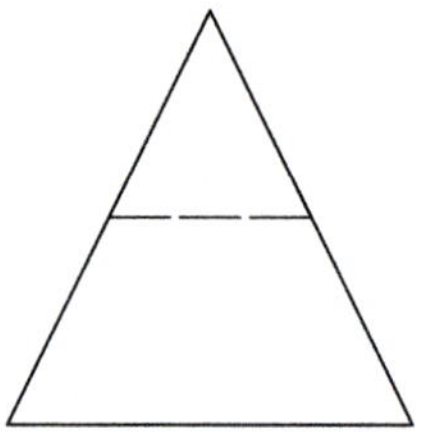
④ 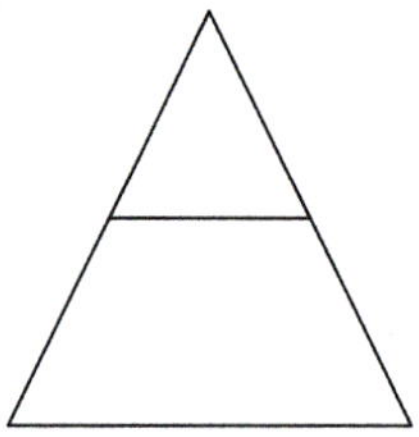

42 다음 등각 투상도에서 제3각 방법으로 화살표 방향에서 본 투상도는?

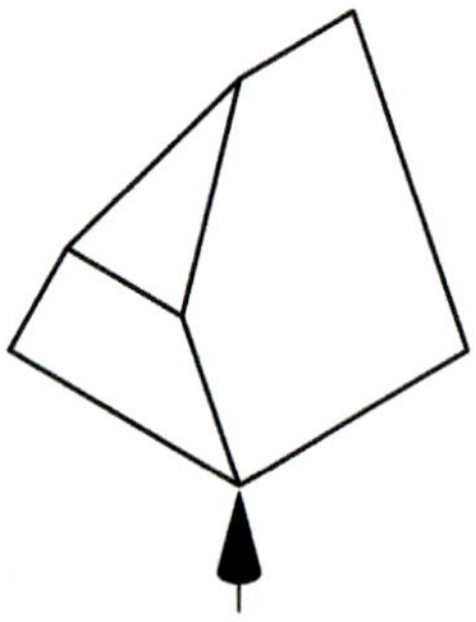

① 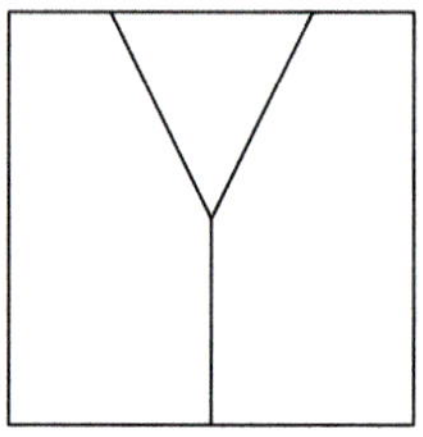
② 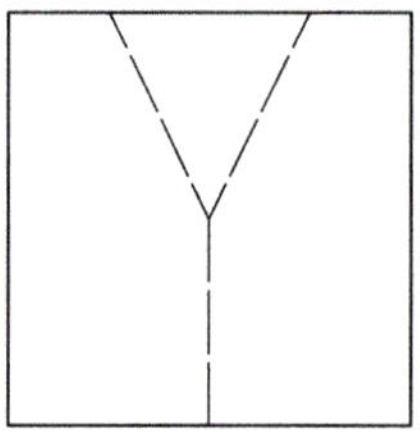
③ 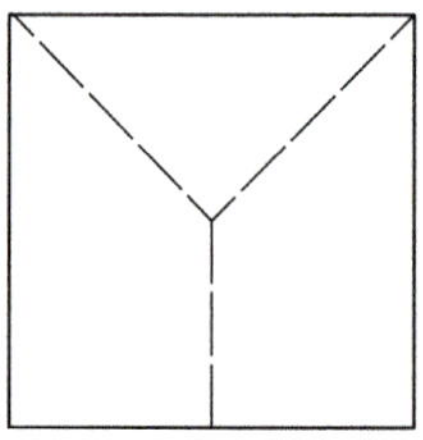
④ 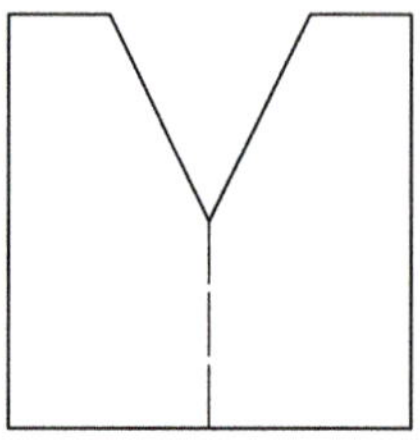

43 다음 등각 투상도에서 제3각 방법으로 화살표 방향에서 본 투상도는?

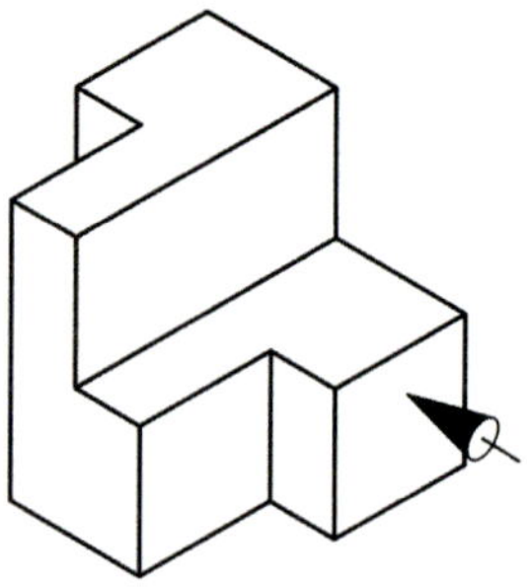

① 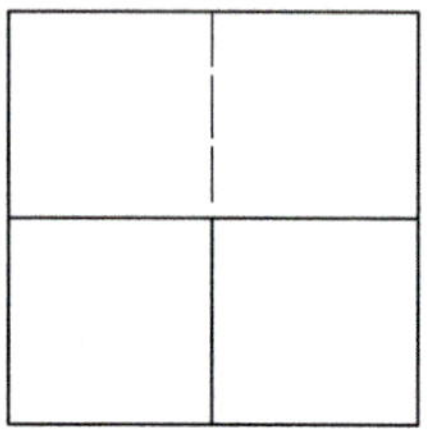
② 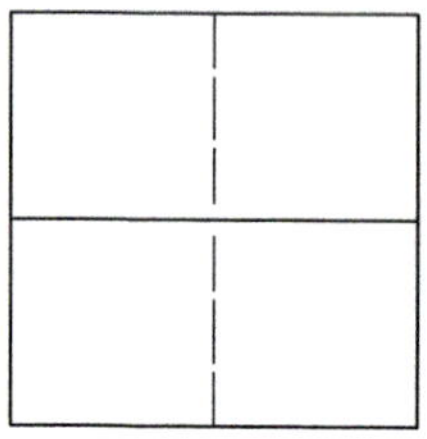
③ 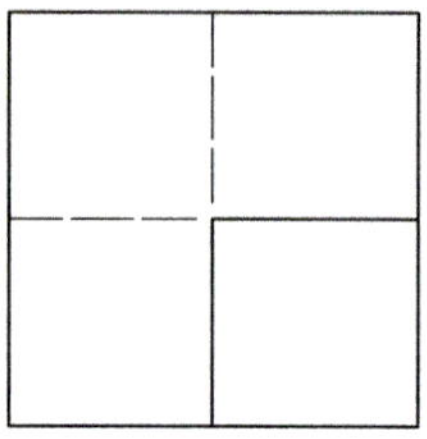
④ 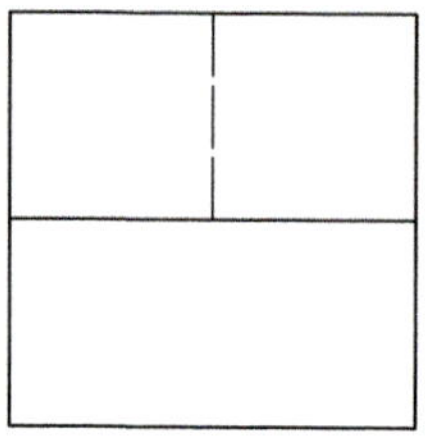

44 다음 등각 투상도에서 제3각 방법으로 화살표 방향에서 본 투상도는?

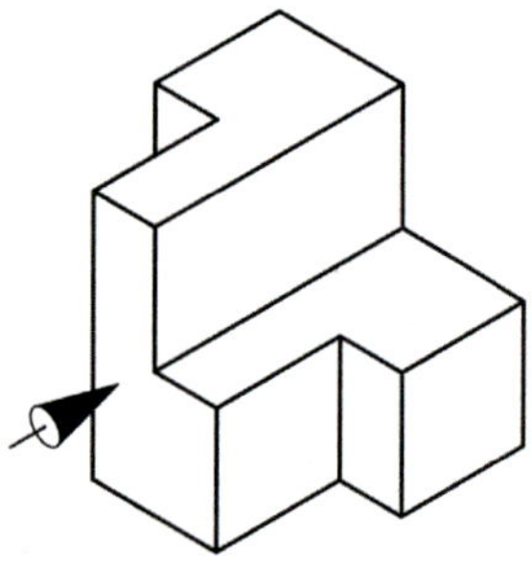

① 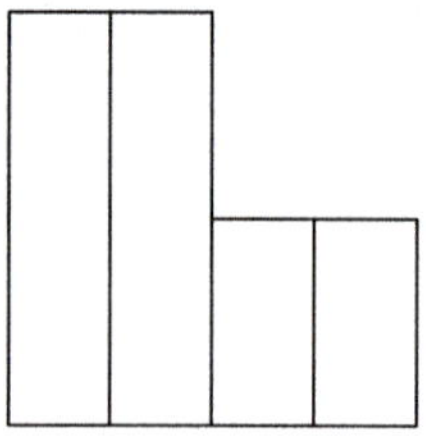
② 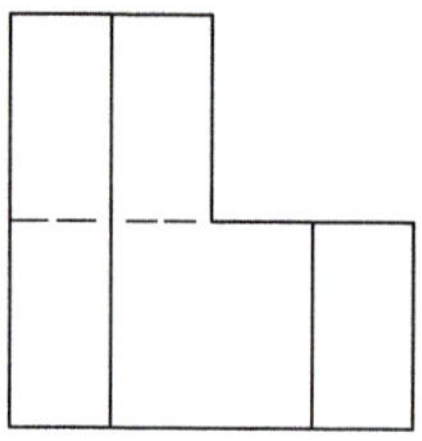
③ 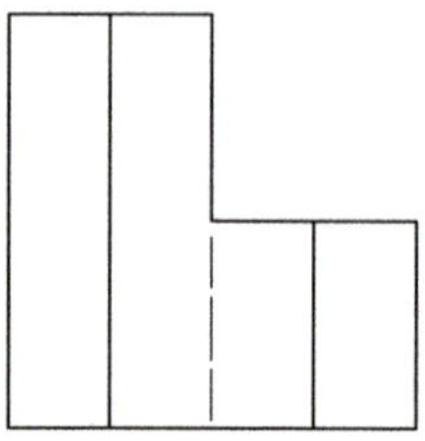
④ 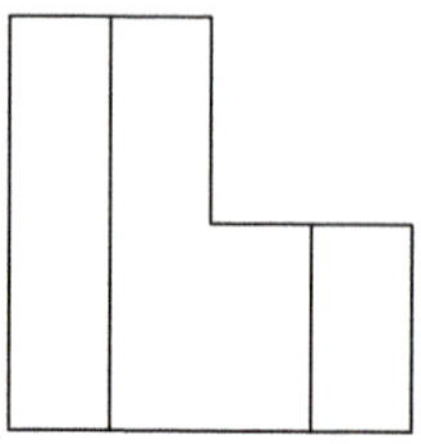

45 다음 등각 투상도에서 제3각 방법으로 화살표 방향에서 본 투상도는?

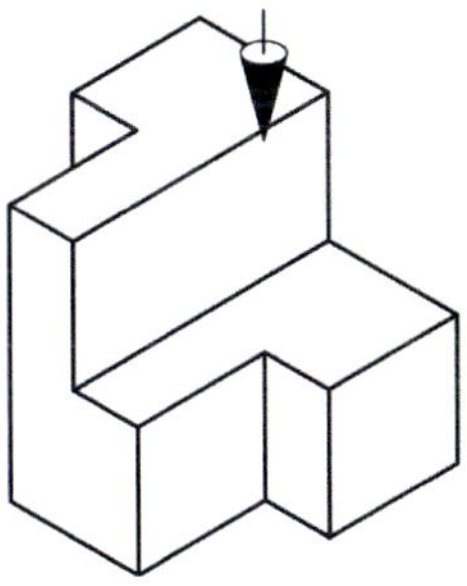

① 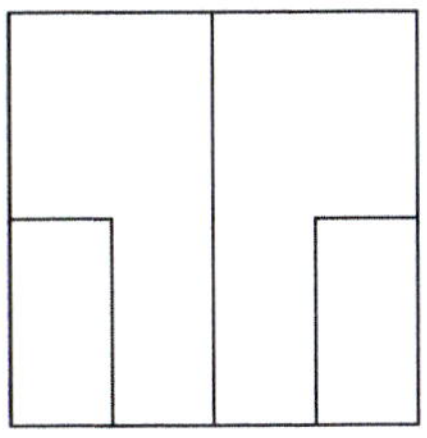
② 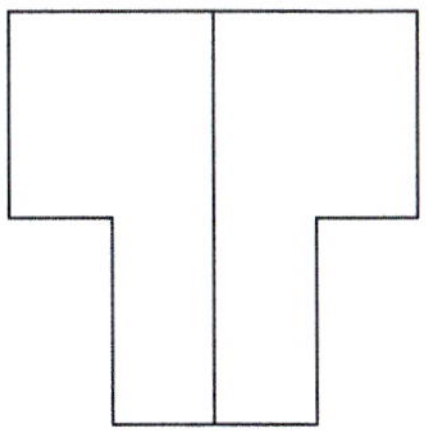
③ 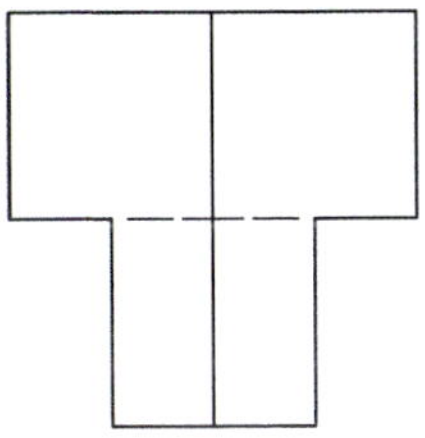
④ 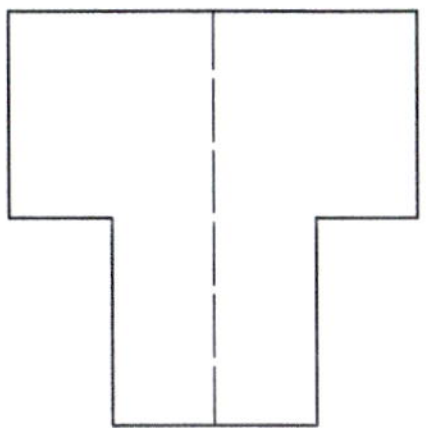

46 다음 등각 투상도에서 제3각 방법으로 화살표 방향에서 본 투상도는?

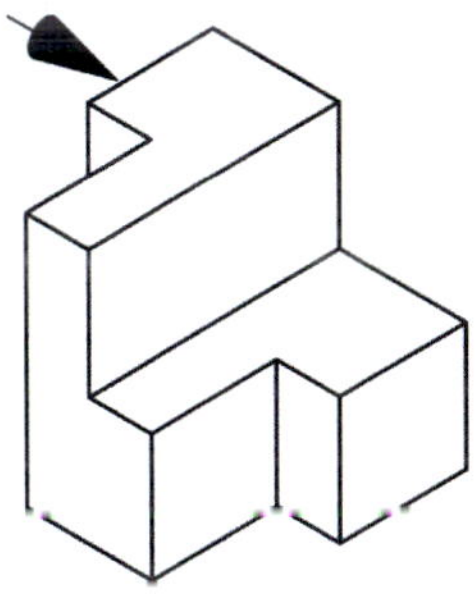

① 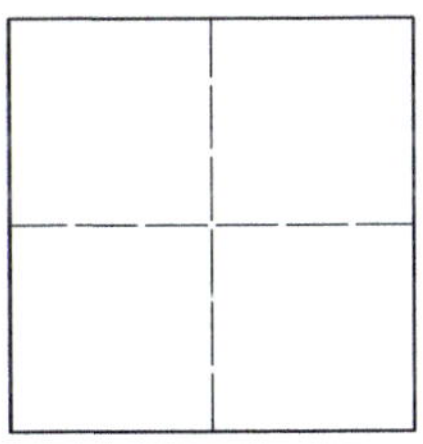
② 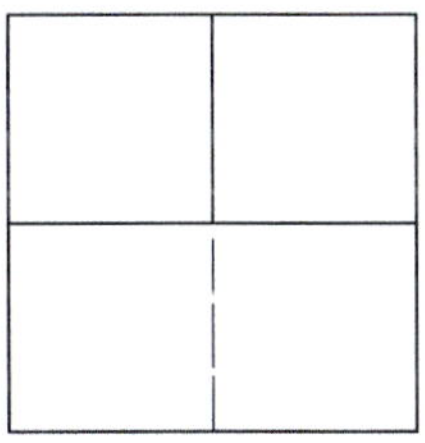
③ 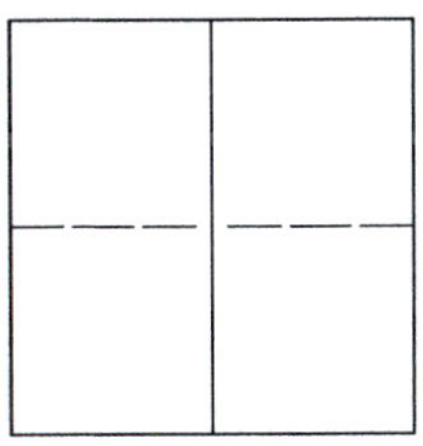
④ 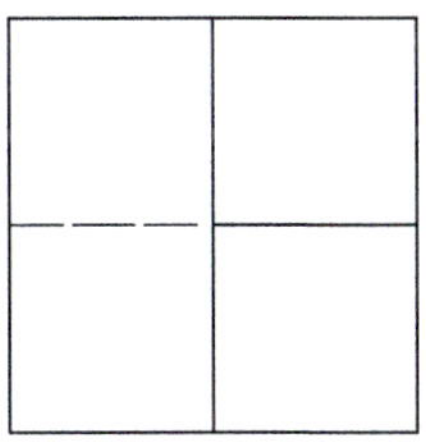

47 다음 등각 투상도에서 제3각 방법으로 화살표 방향에서 본 투상도는?

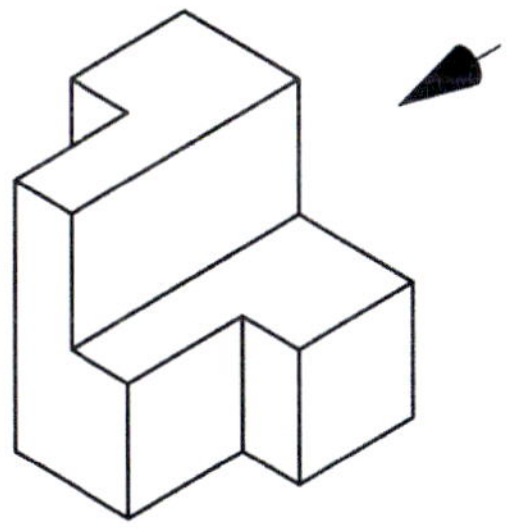

① 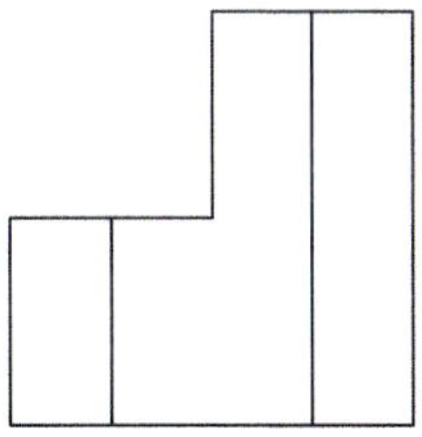
② 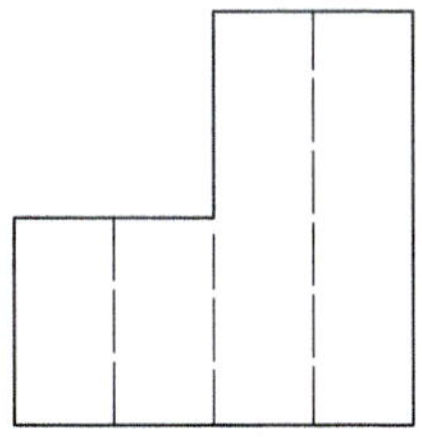
③ 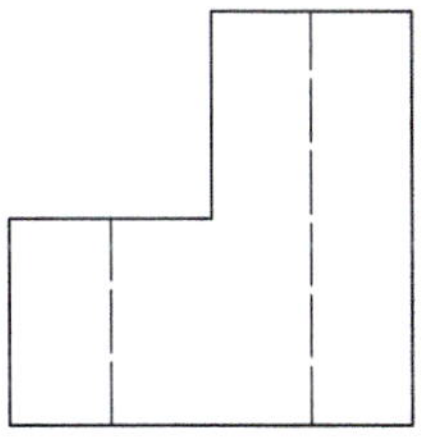
④ 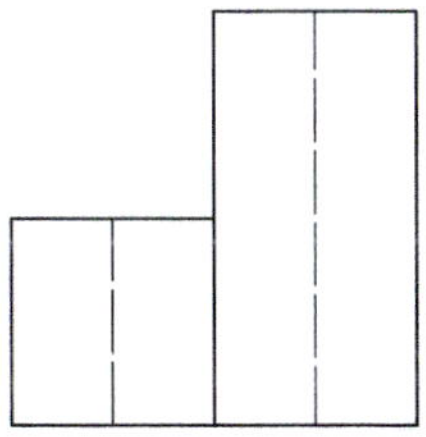

48 다음 등각 투상도에서 제3각 방법으로 화살표 방향에서 본 투상도는?

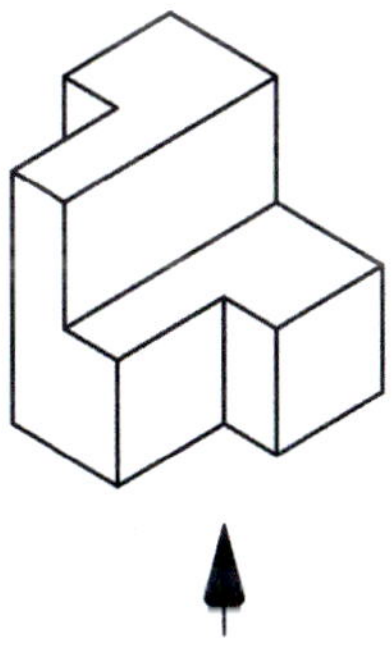

① 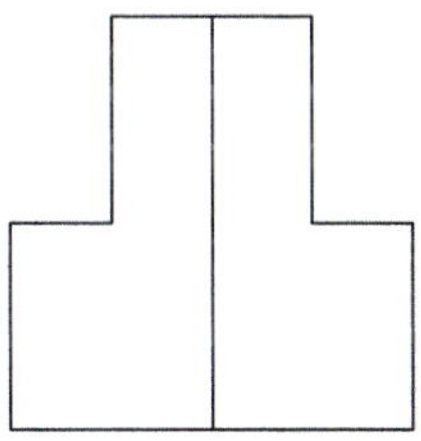
② 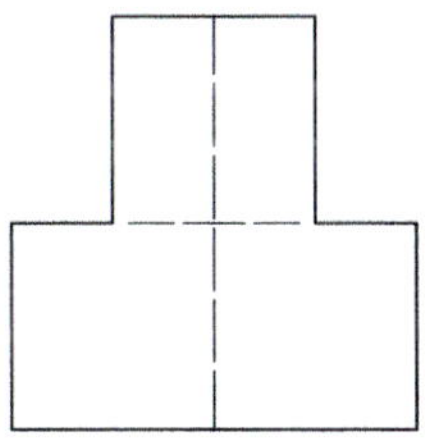
③ 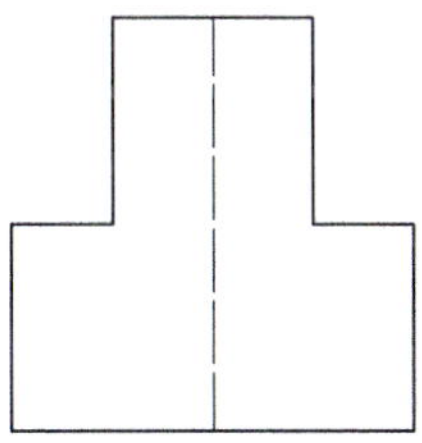
④ 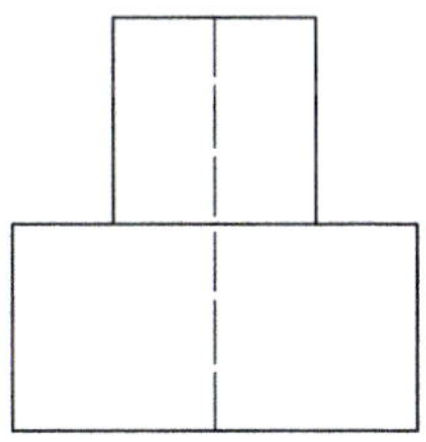

49 다음 등각 투상도에서 제3각 방법으로 화살표 방향에서 본 투상도는?

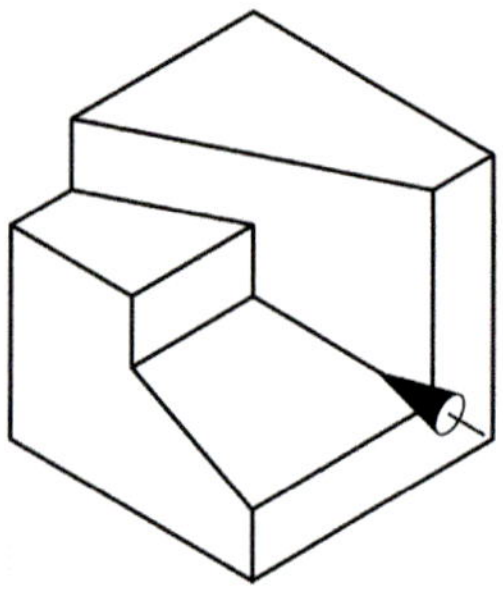

①
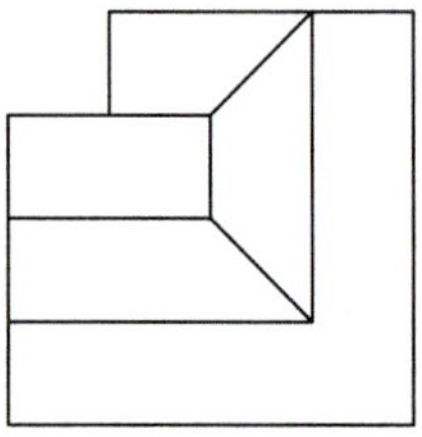
②
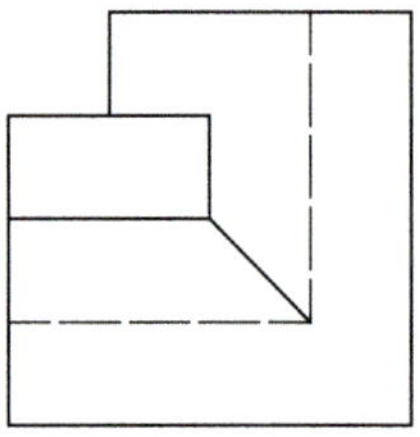
③
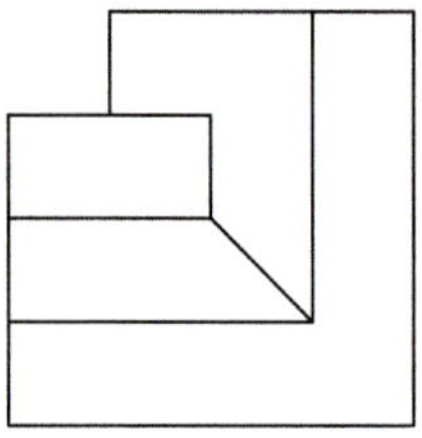
④
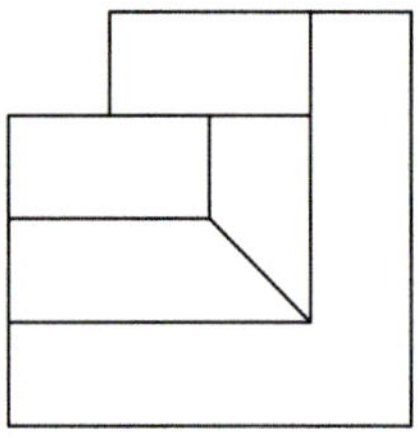

50 다음 등각 투상도에서 제3각 방법으로 화살표 방향에서 본 투상도는?

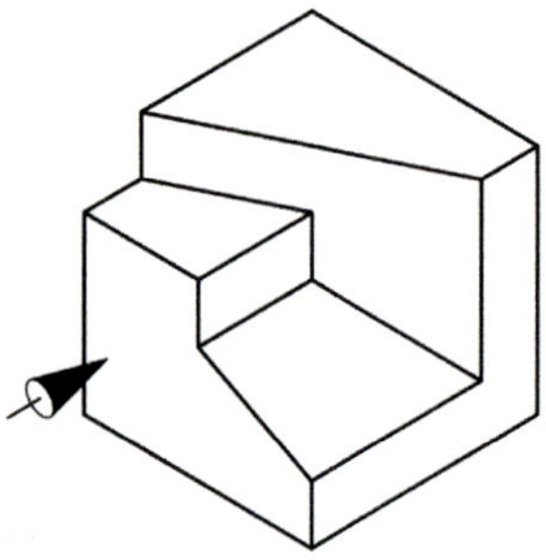

①
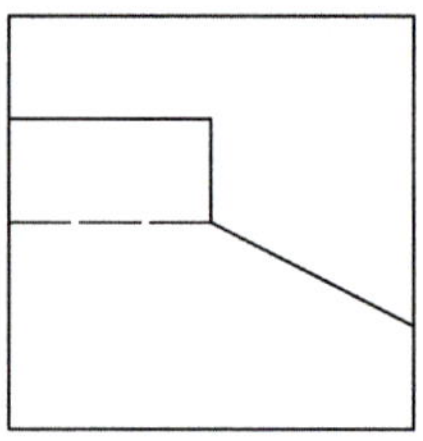
②
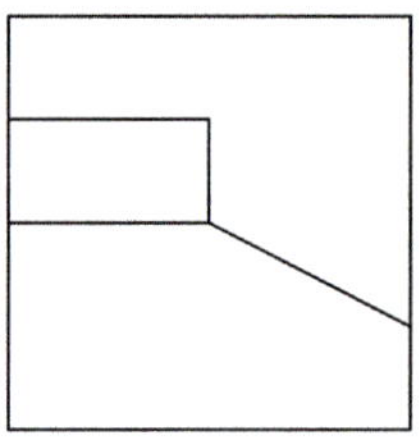
③
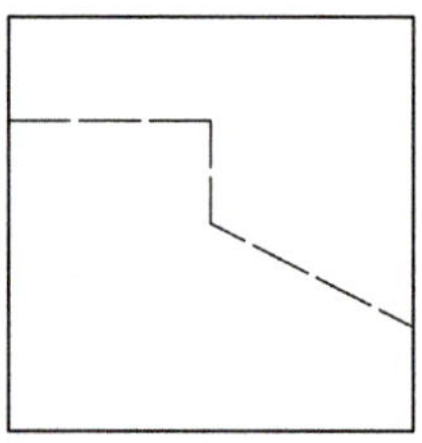
④
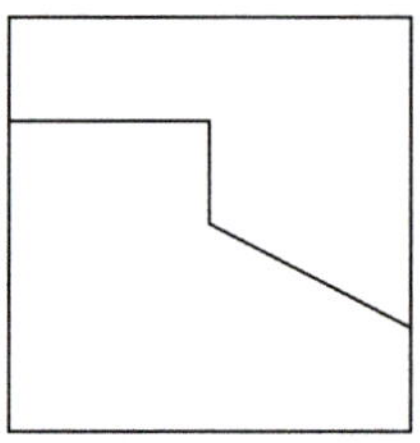

51 다음 등각 투상도에서 제3각 방법으로 화살표 방향에서 본 투상도는?

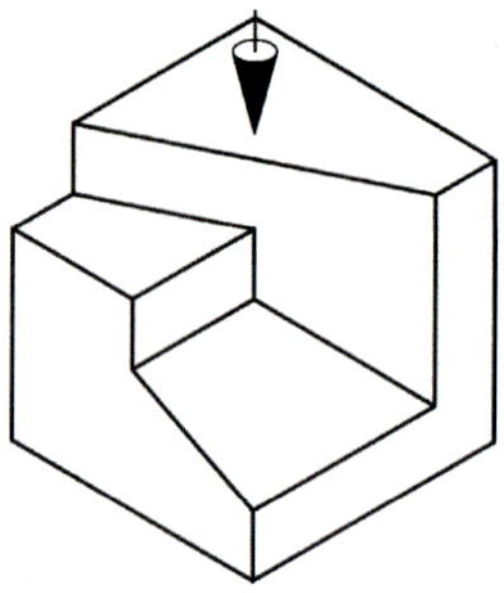

①
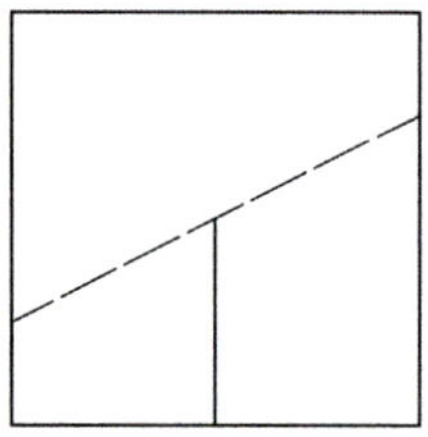
②
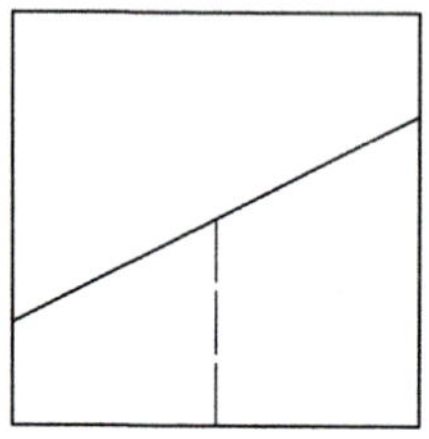
③
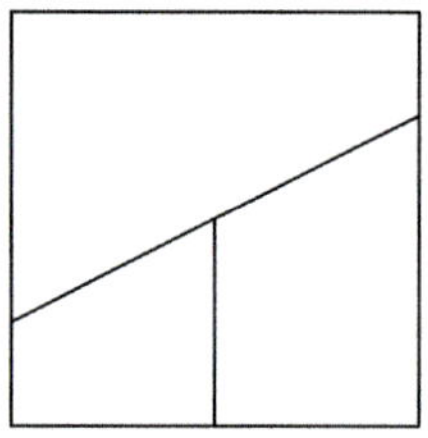
④
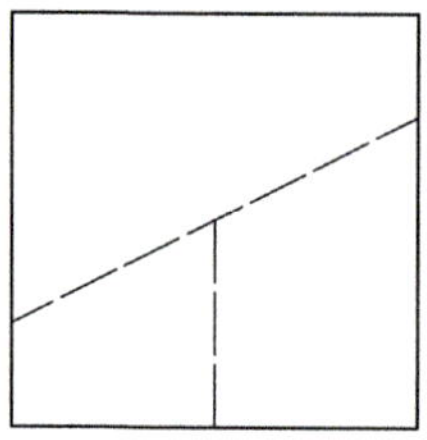

52 다음 등각 투상도에서 제3각 방법으로 화살표 방향에서 본 투상도는?

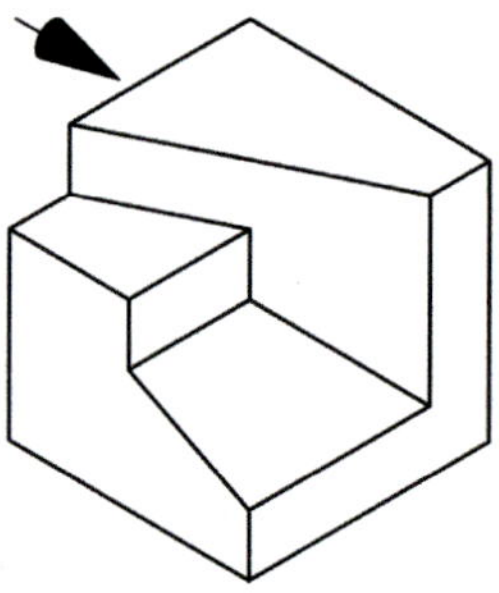

①
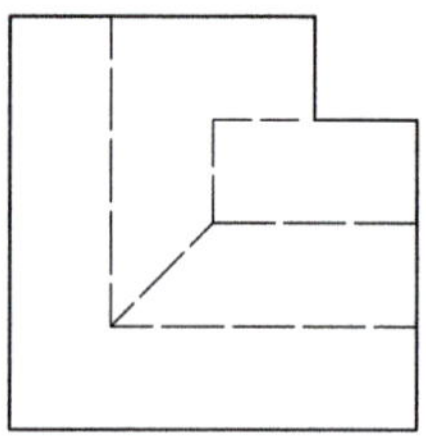
②
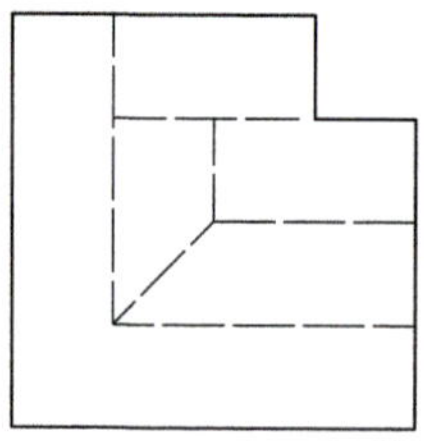
③
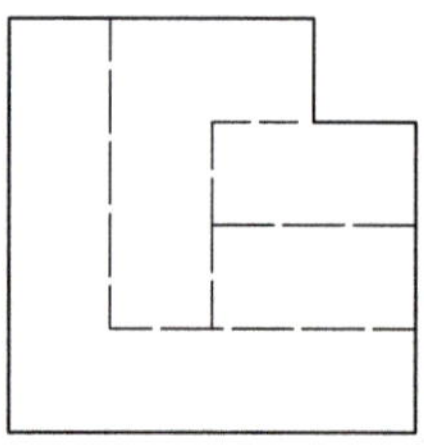
④
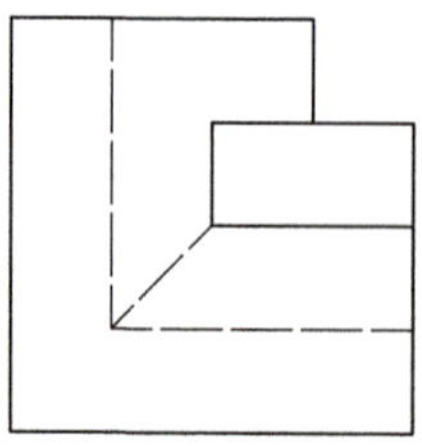

53 다음 등각 투상도에서 제3각 방법으로 화살표 방향에서 본 투상도는?

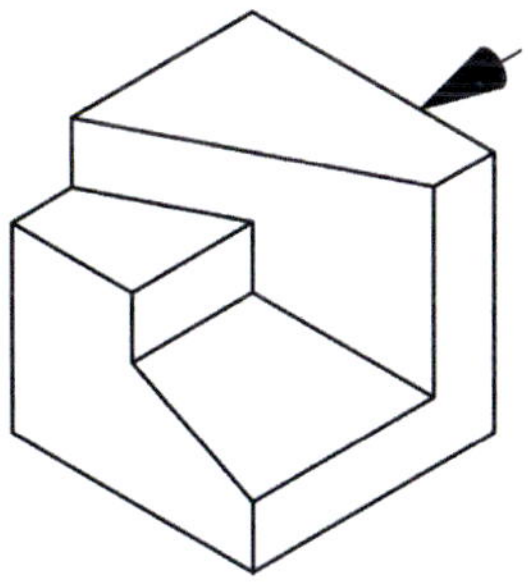

① 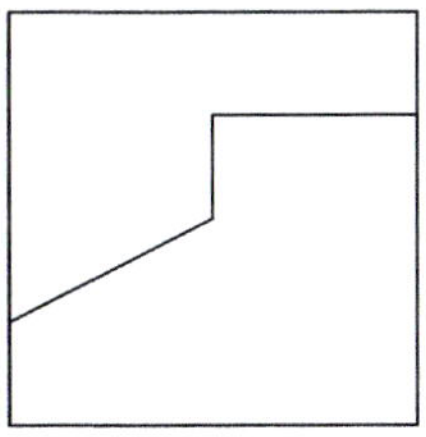 ② 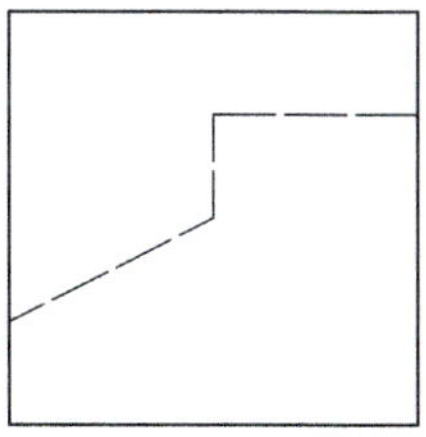

③ 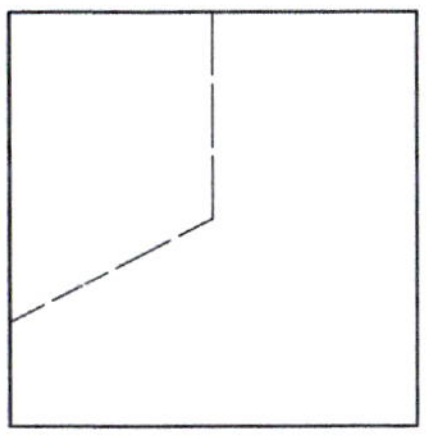 ④ 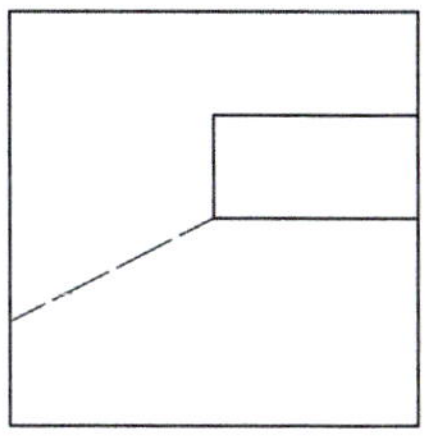

54 다음 등각 투상도에서 제3각 방법으로 화살표 방향에서 본 투상도는?

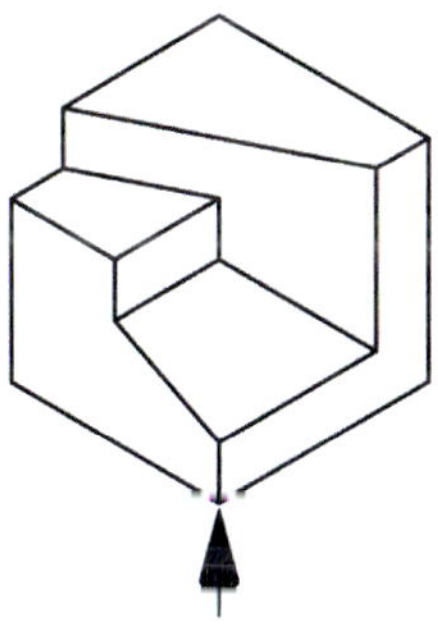

① 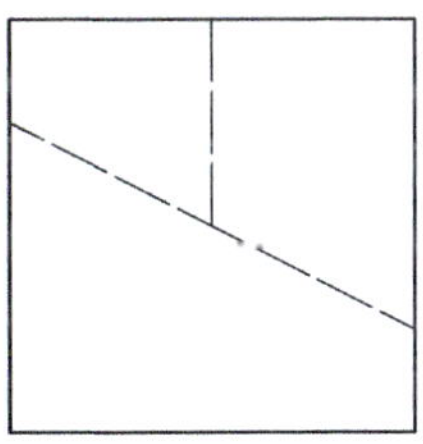 ② 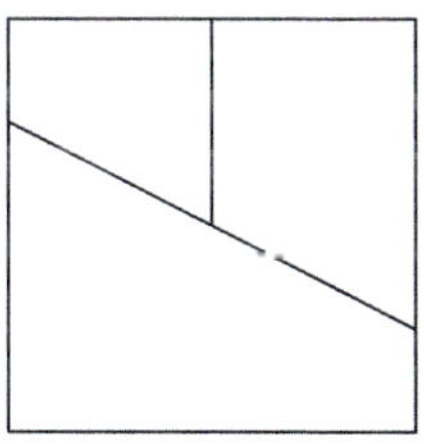

③ 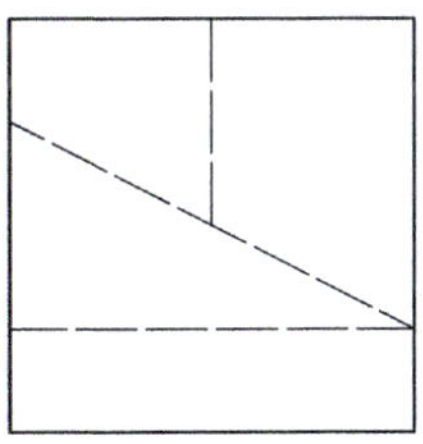 ④ 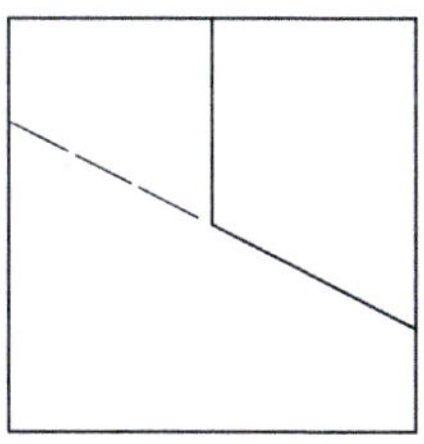

55 다음 등각 투상도에서 제3각 방법으로 화살표 방향에서 본 투상도는?

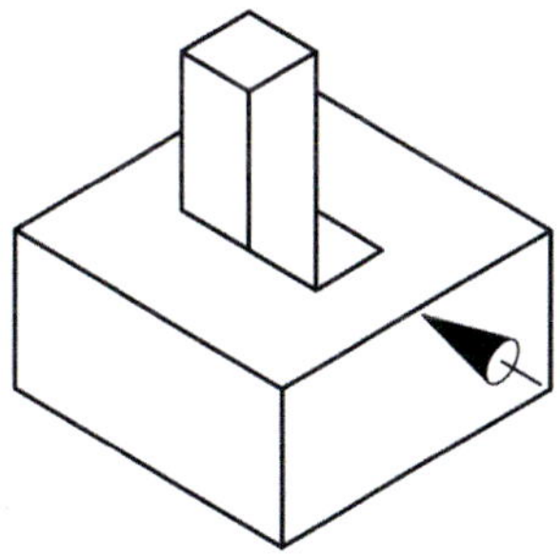

① 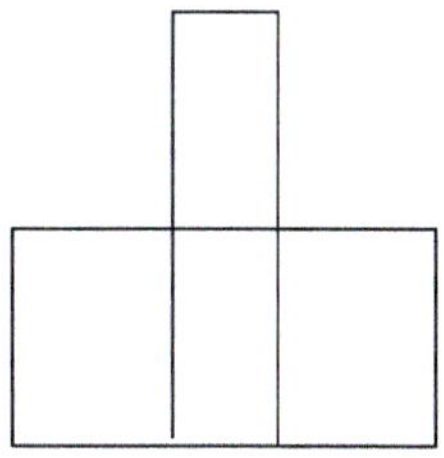 ② 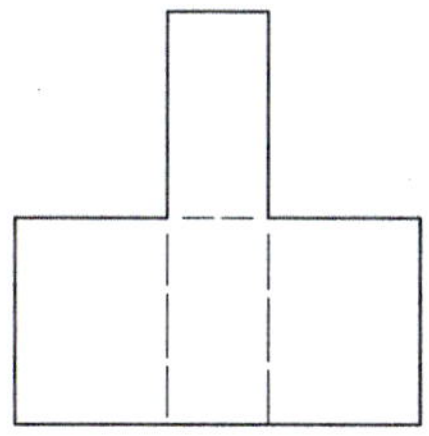

③ 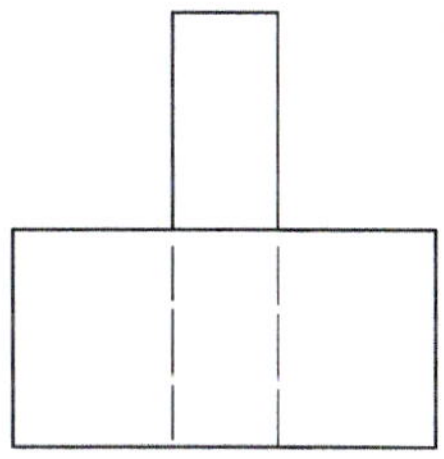 ④ 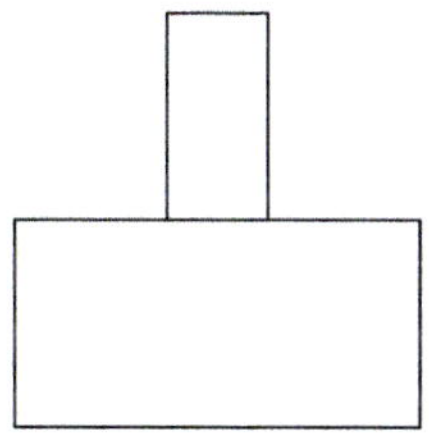

56 다음 등각 투상도에서 제3각 방법으로 화살표 방향에서 본 투상도는?

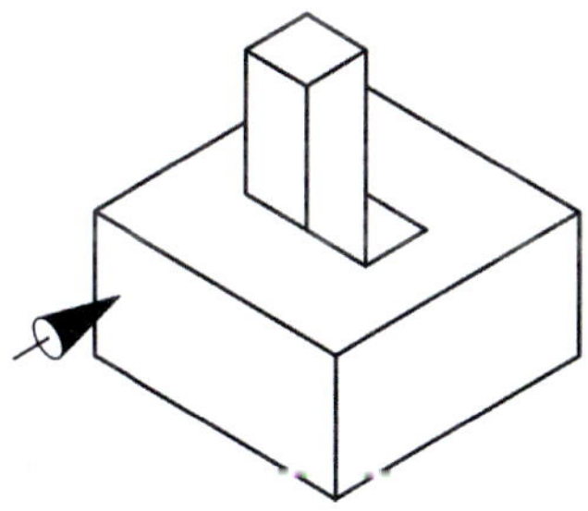

① 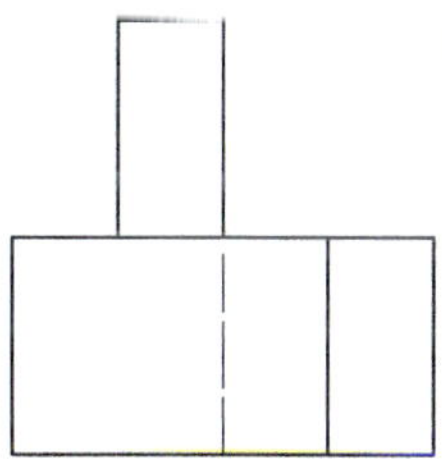 ② 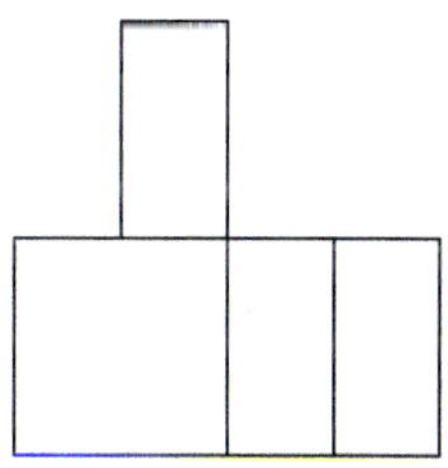

③ 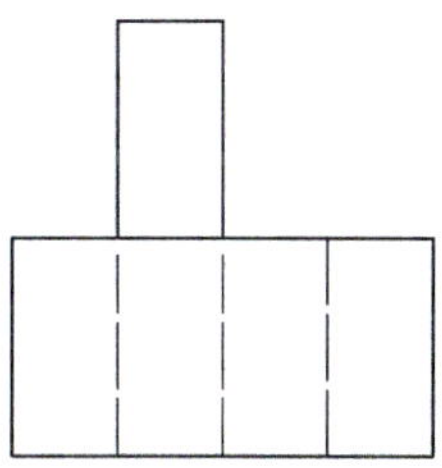 ④ 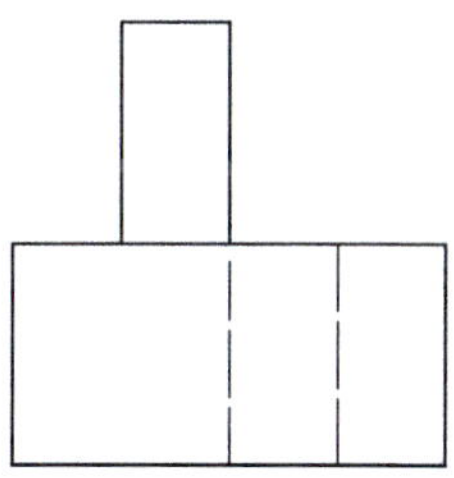

57 다음 등각 투상도에서 제3각 방법으로 화살표 방향에서 본 투상도는?

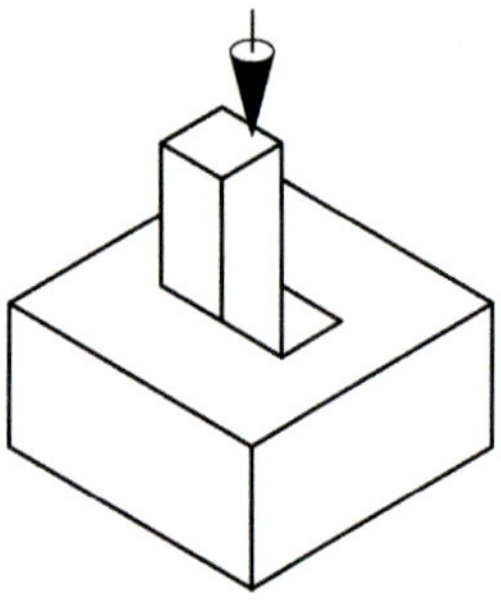

①
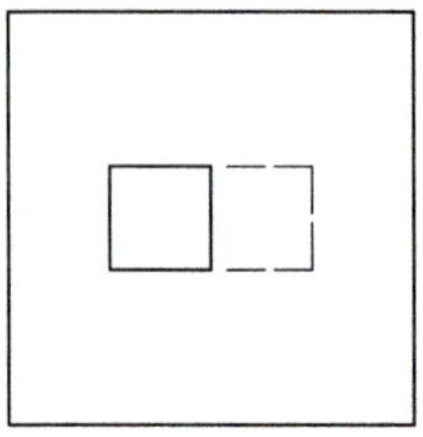
②
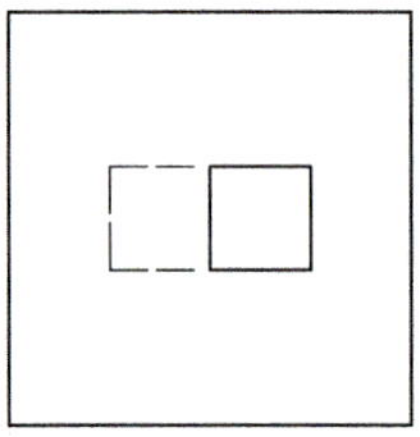
③
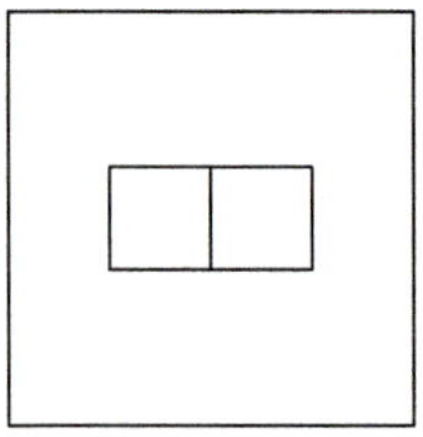
④
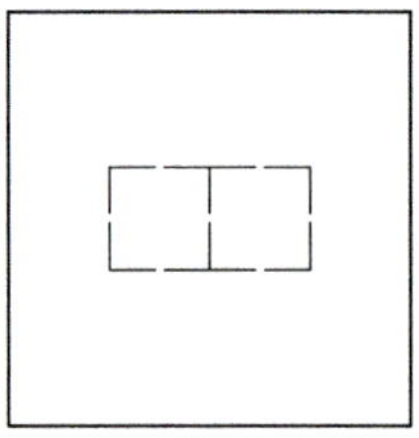

58 다음 등각 투상도에서 제3각 방법으로 화살표 방향에서 본 투상도는?

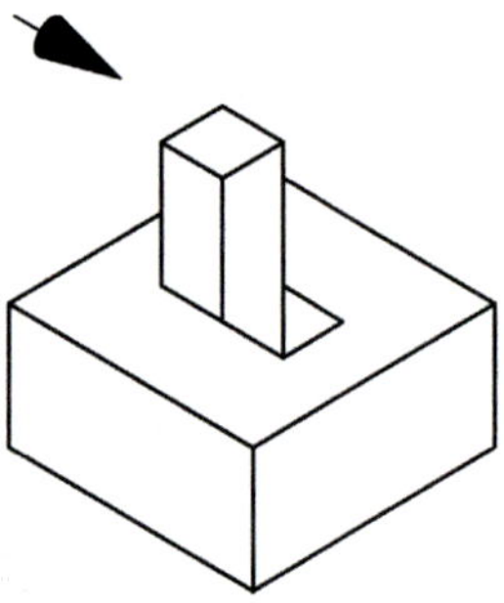

①
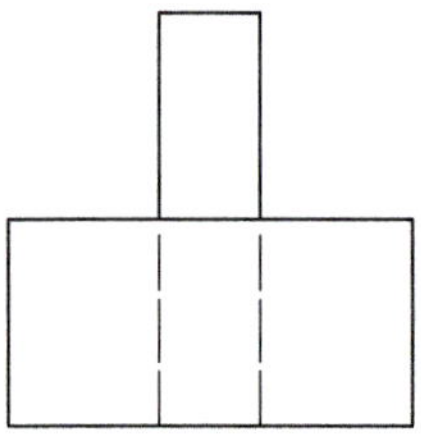
②
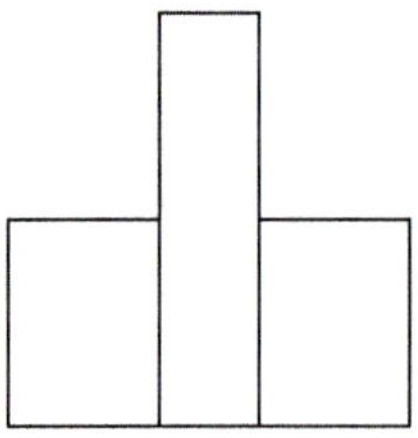
③
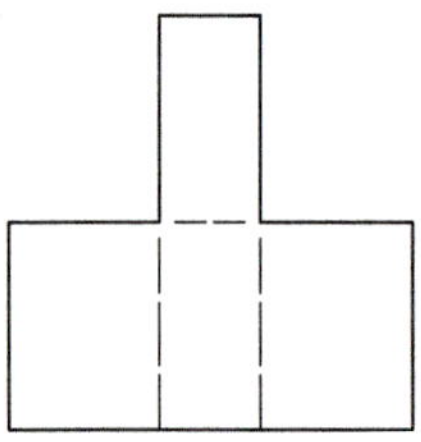
④
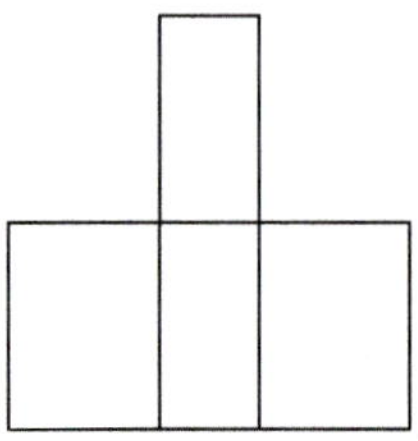

59 다음 등각 투상도에서 제3각 방법으로 화살표 방향에서 본 투상도는?

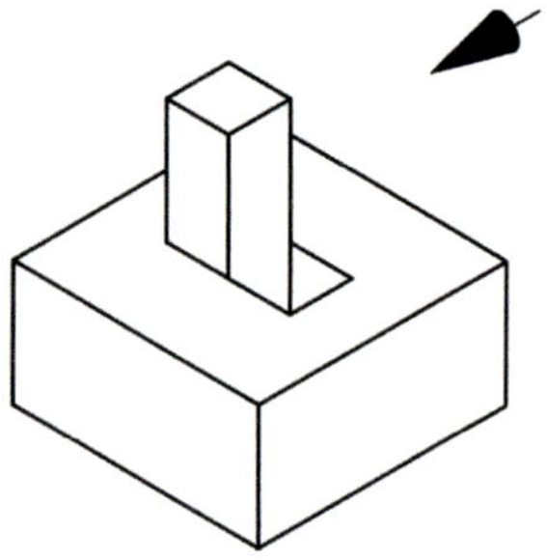

①
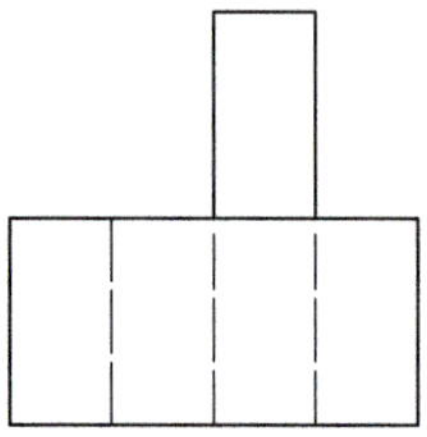
②
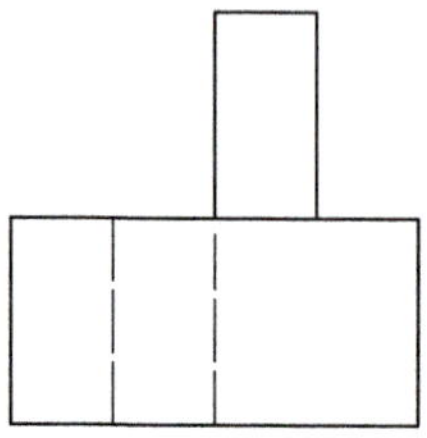
③
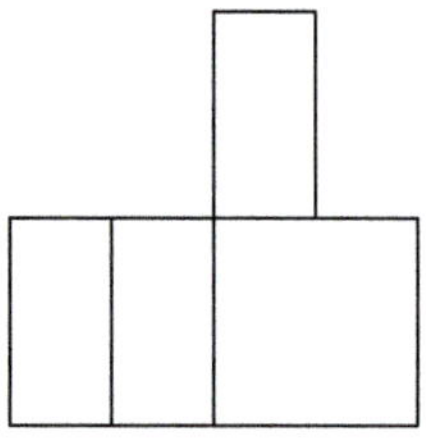
④
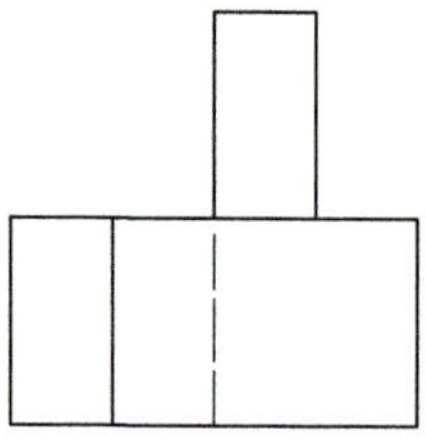

60 다음 등각 투상도에서 제3각 방법으로 화살표 방향에서 본 투상도는?

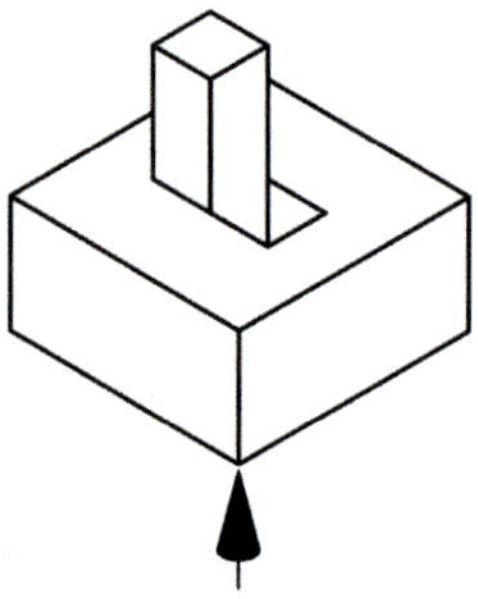

①
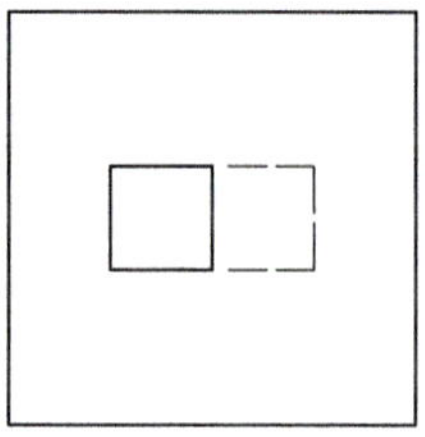
②
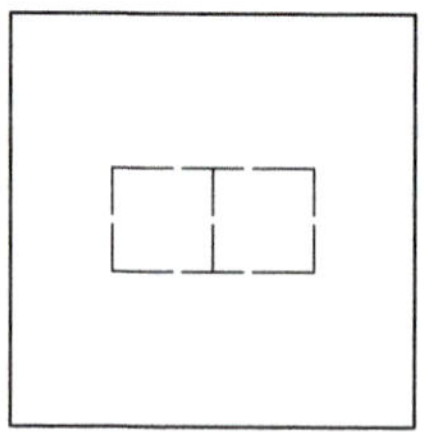
③
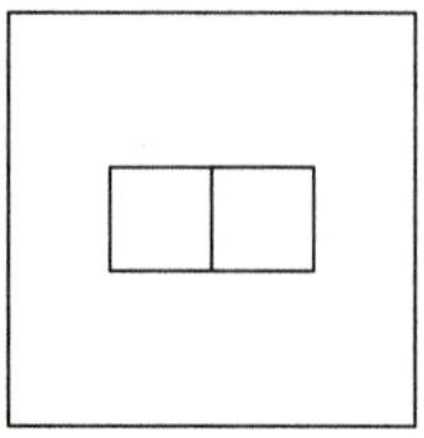
④
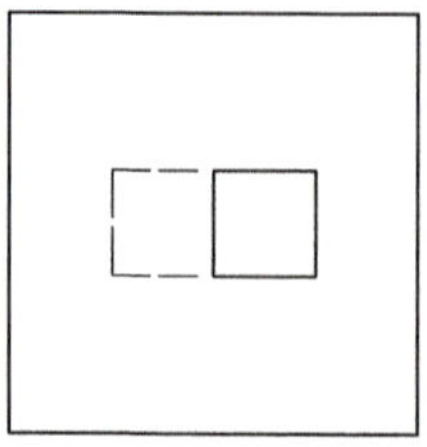

종합 평가 12-7 도형(4)

01 다음 등각 투상도에서 제3각 방법으로 화살표 방향에서 본 투상도는?

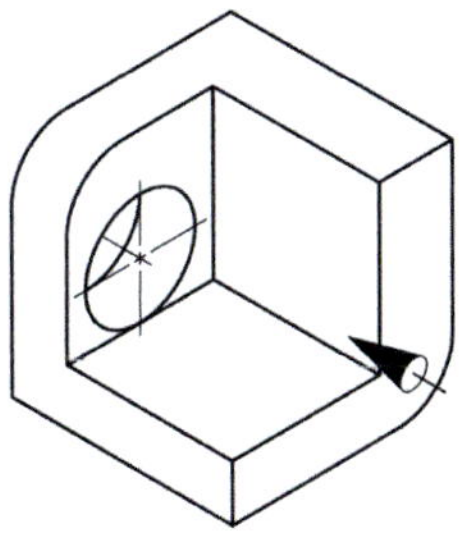

①
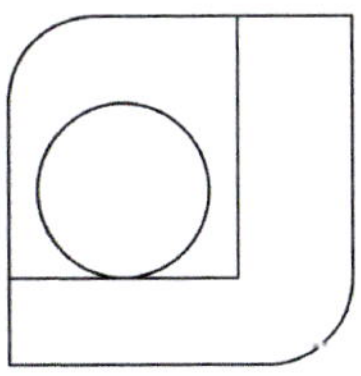

②
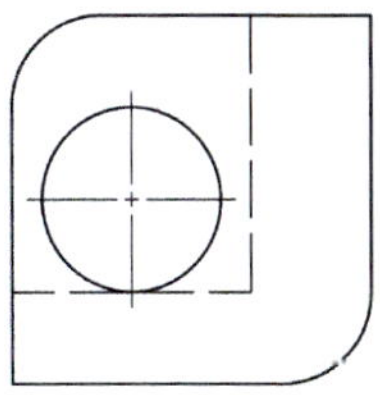

③
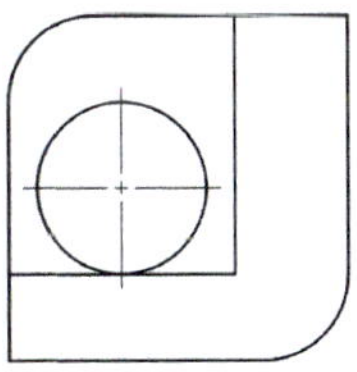

④
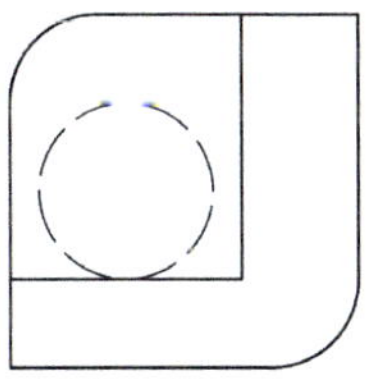

02 다음 등각 투상도에서 제3각 방법으로 화살표 방향에서 본 투상도는?

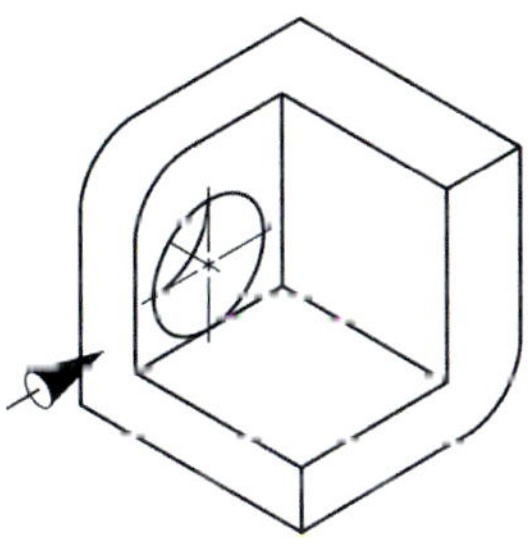

①
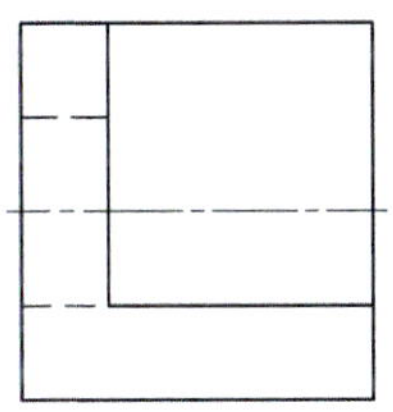

②
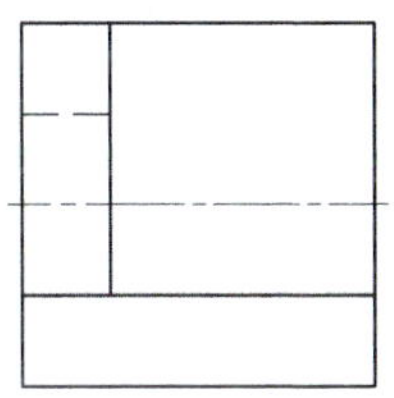

③
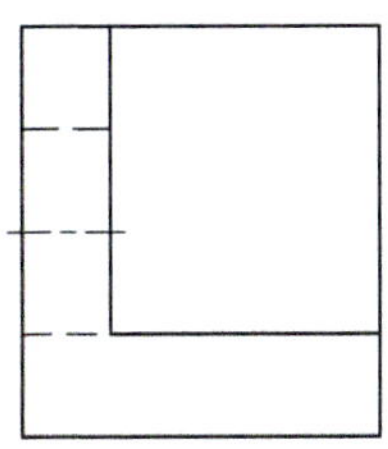

④
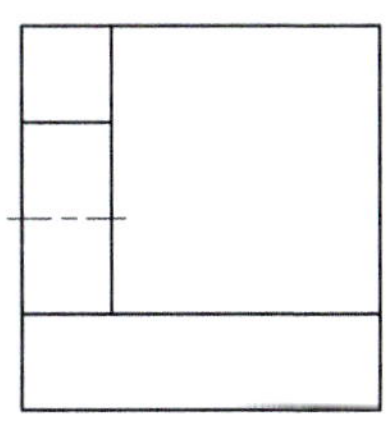

03 다음 등각 투상도에서 제3각 방법으로 화살표 방향에서 본 투상도는?

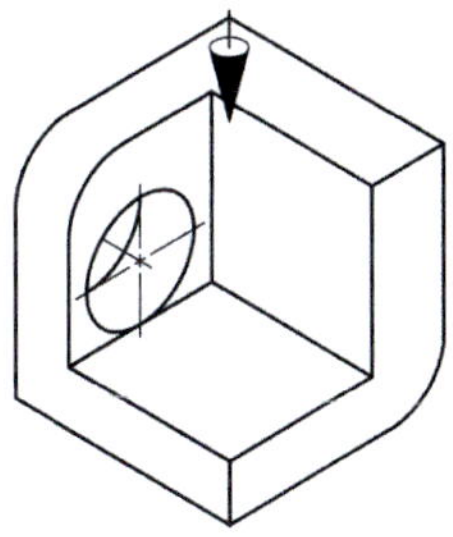

①
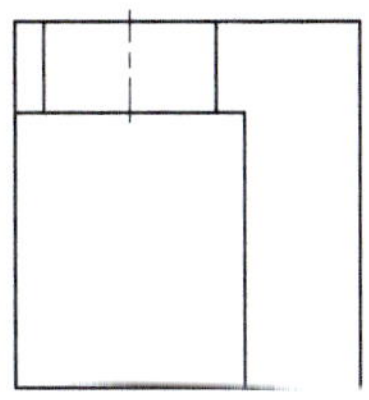

②
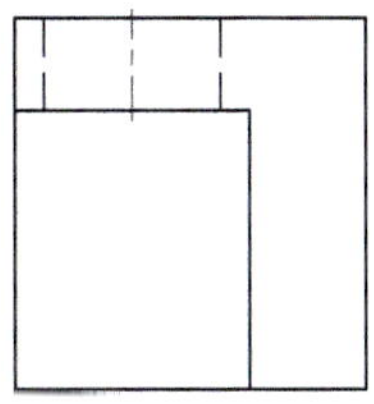

③
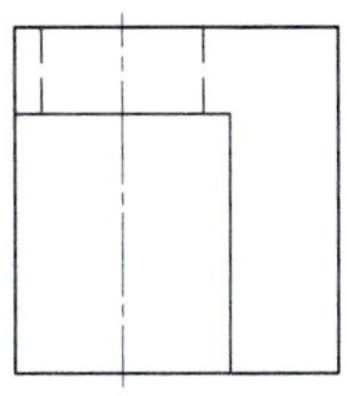

④
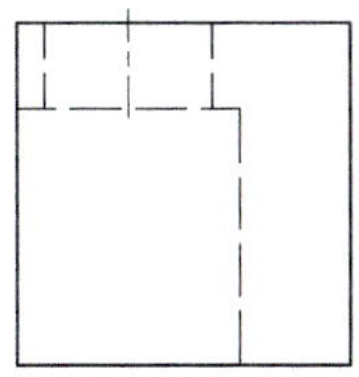

04 다음 등각 투상도에서 제3각 방법으로 화살표 방향에서 본 투상도는?

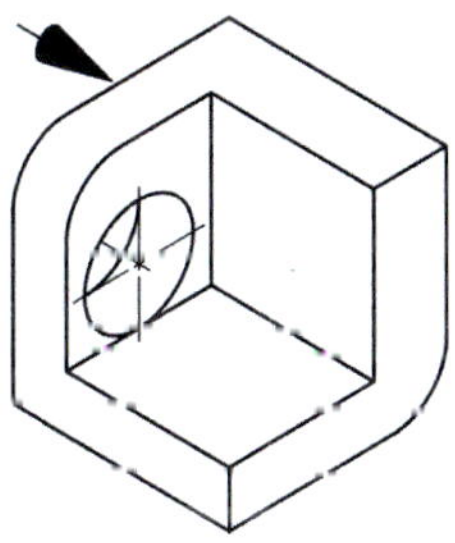

①
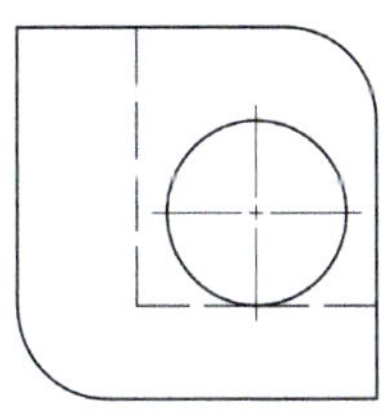

②
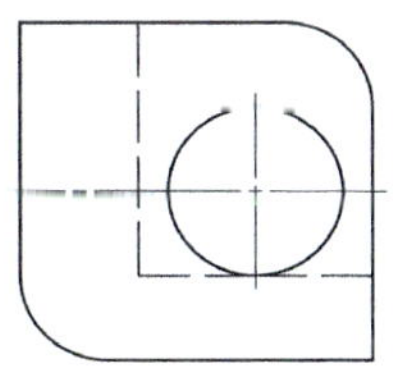

③
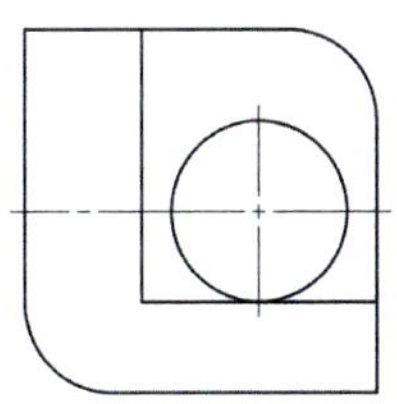

④
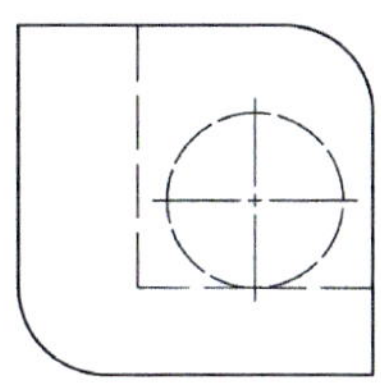

05 다음 등각 투상도에서 제3각 방법으로 화살표 방향에서 본 투상도는?

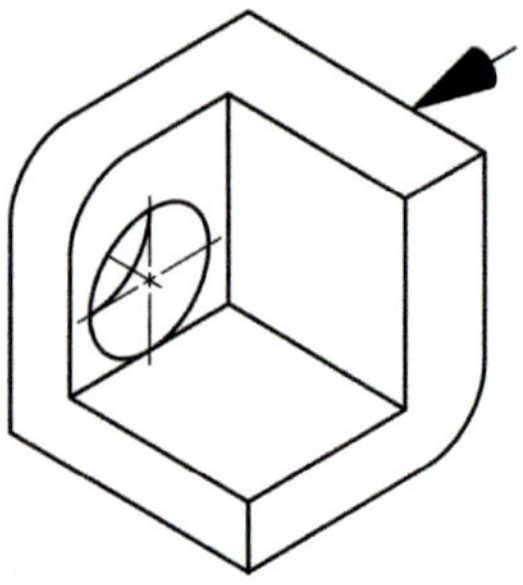

① 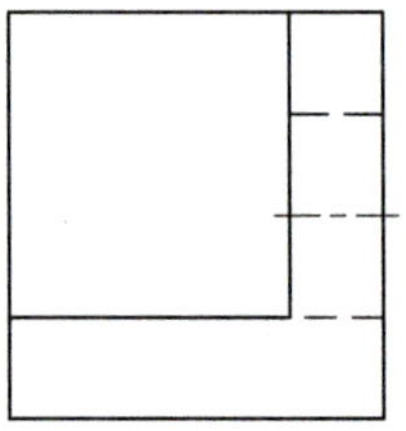
② 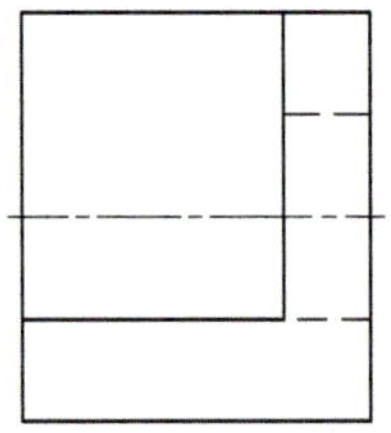
③ 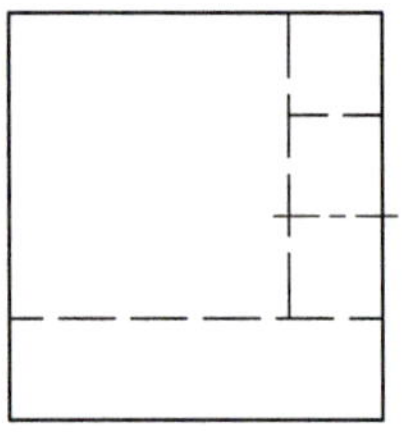
④ 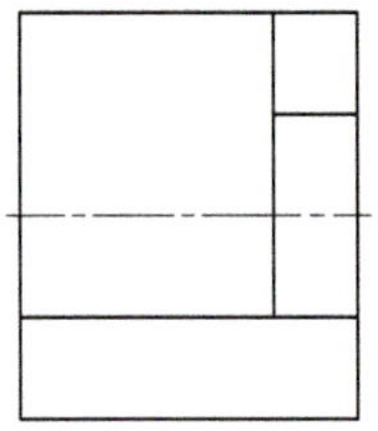

06 다음 등각 투상도에서 제3각 방법으로 화살표 방향에서 본 투상도는?

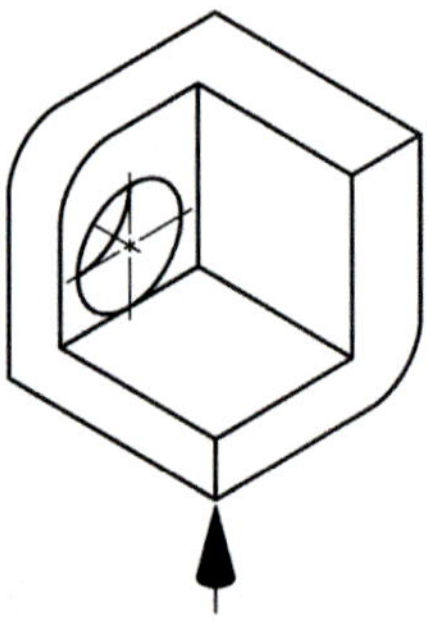

① 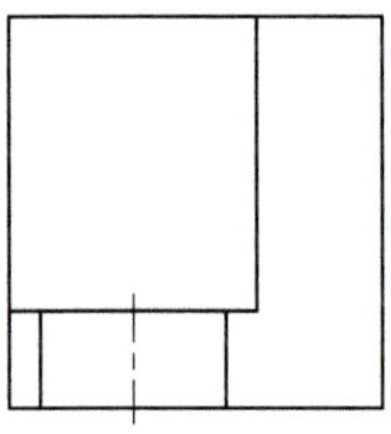
② 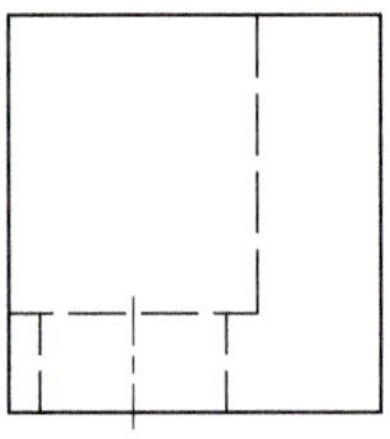
③ 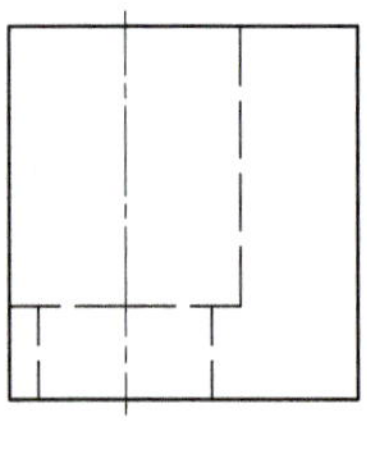
④ 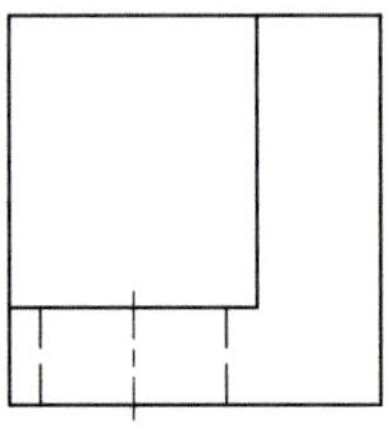

07 다음 등각 투상도에서 제3각 방법으로 화살표 방향에서 본 투상도는?

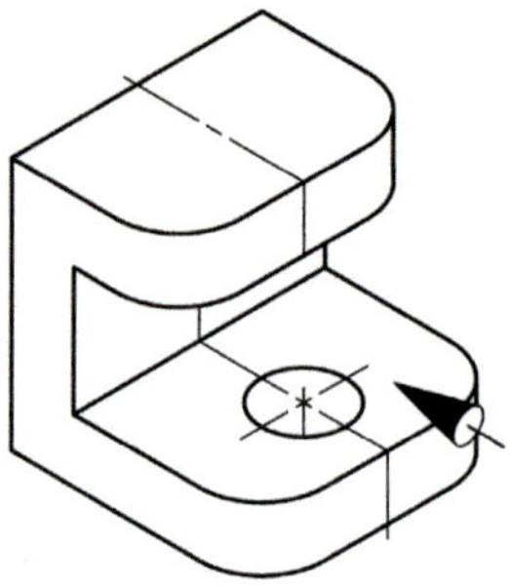

① 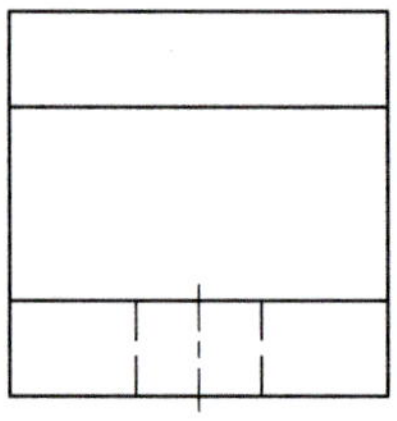
② 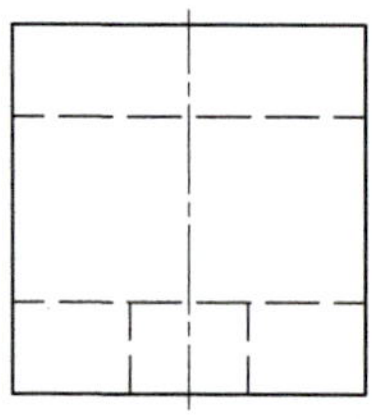
③ 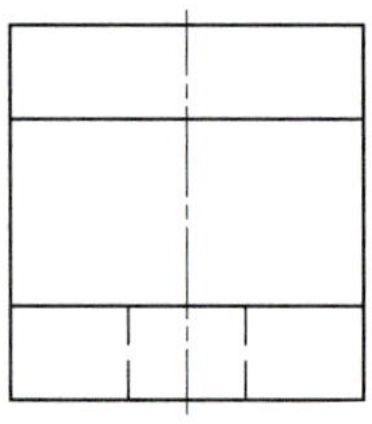
④ 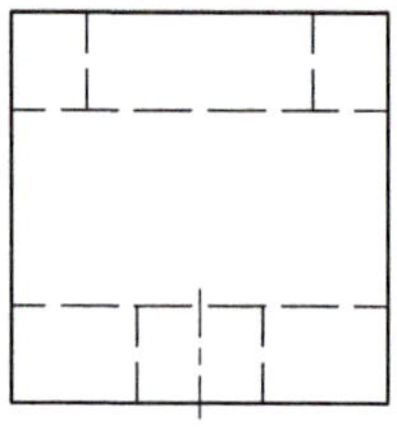

08 다음 등각 투상도에서 제3각 방법으로 화살표 방향에서 본 투상도는?

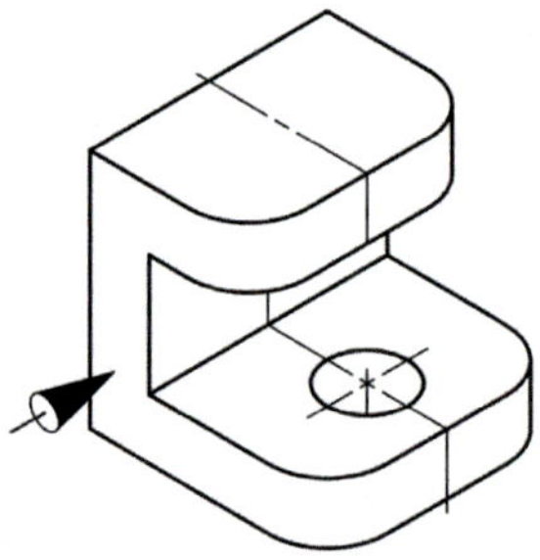

① 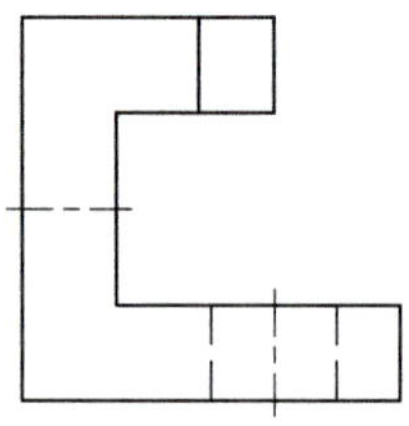
② 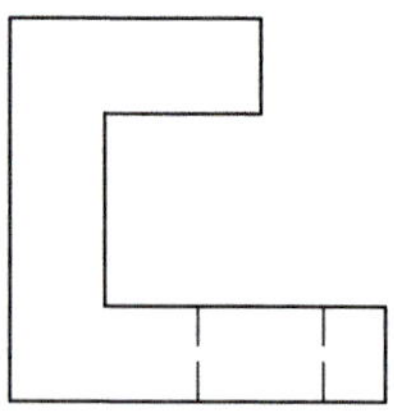
③ 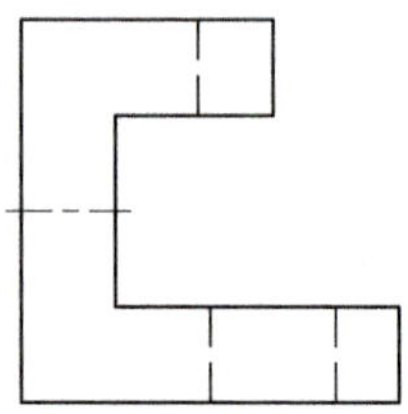
④ 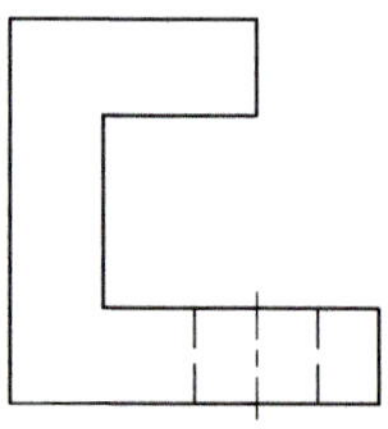

09 다음 등각 투상도에서 제3각 방법으로 화살표 방향에서 본 투상도는?

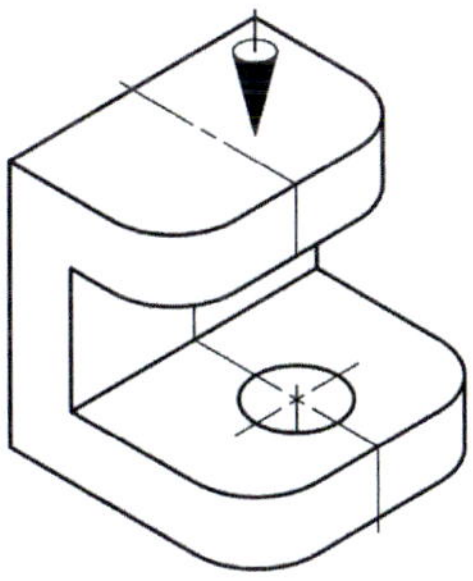

① 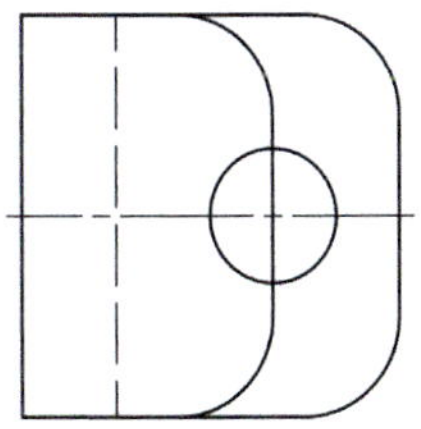 ② 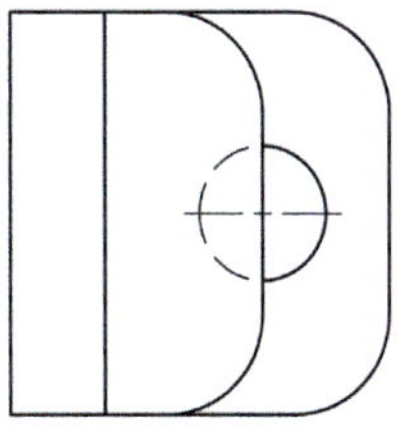

③ 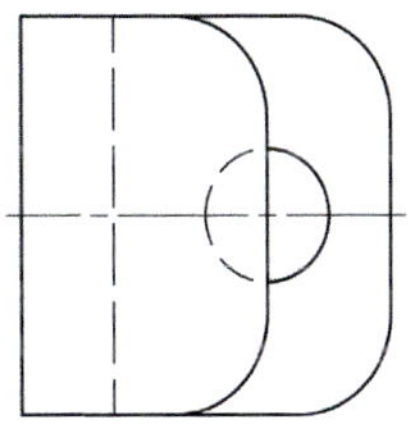 ④ 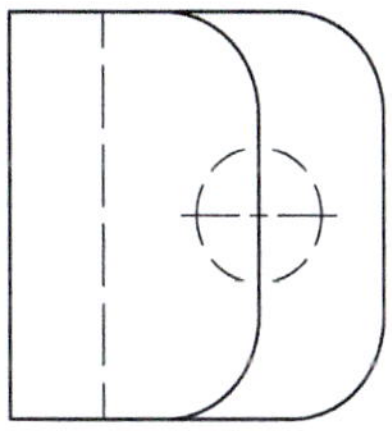

10 다음 등각 투상도에서 제3각 방법으로 화살표 방향에서 본 투상도는?

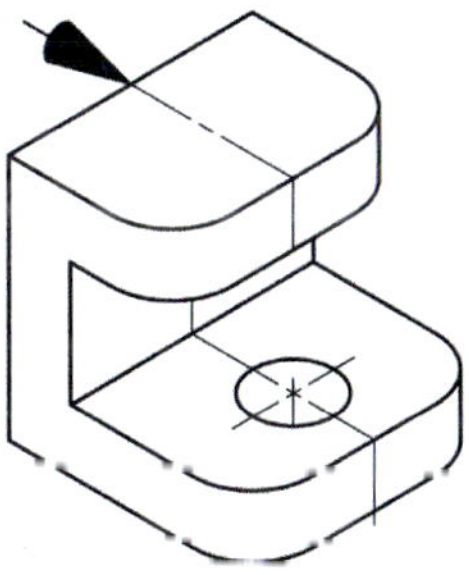

① 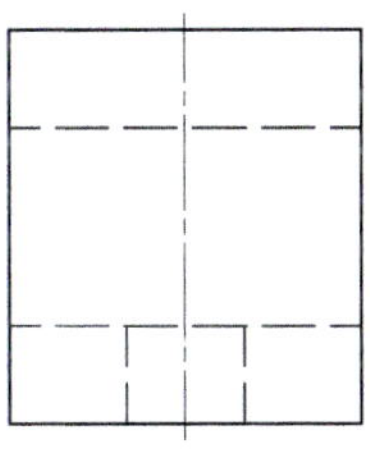 ② 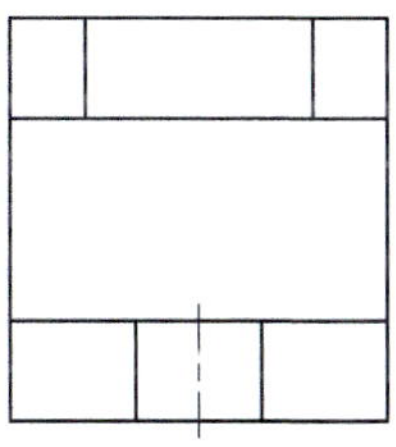

③ 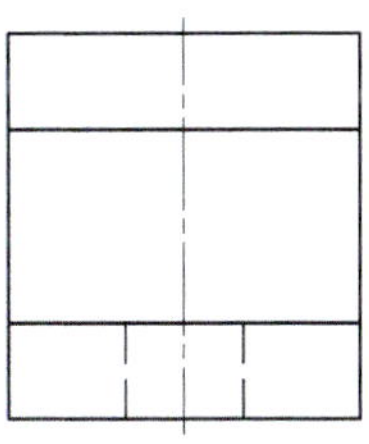 ④ 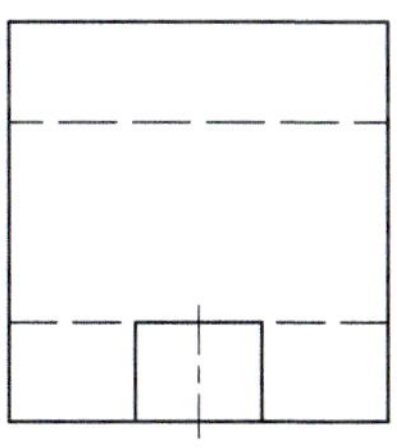

11 다음 등각 투상도에서 제3각 방법으로 화살표 방향에서 본 투상도는?

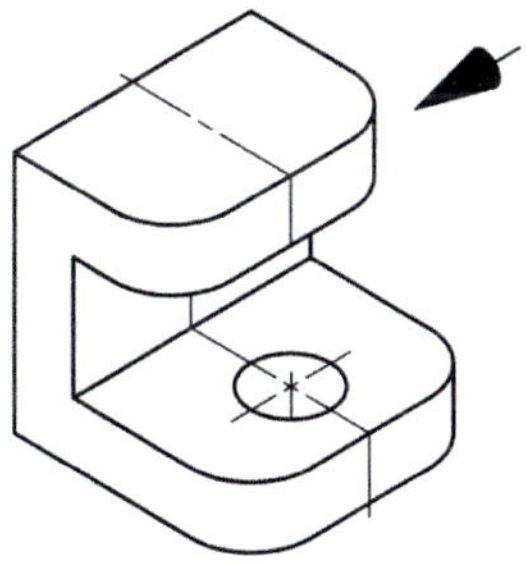

① 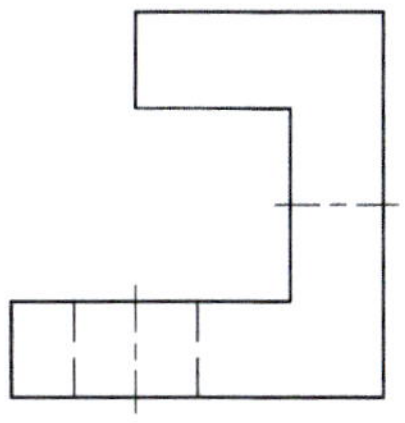 ② 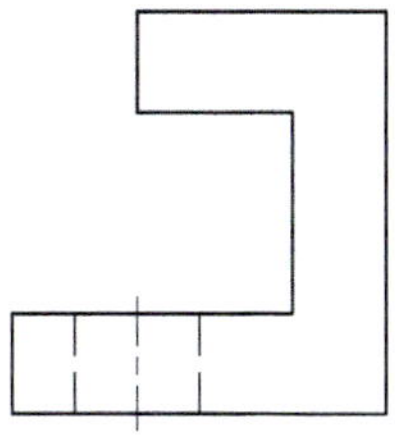

③ 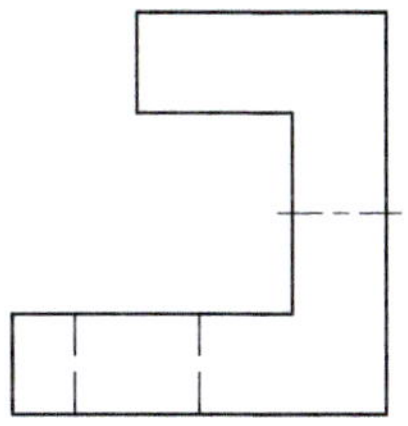 ④ 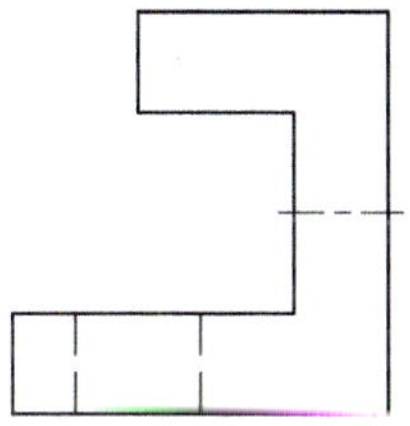

12 다음 등각 투상도에서 제3각 방법으로 화살표 방향에서 본 투상도는?

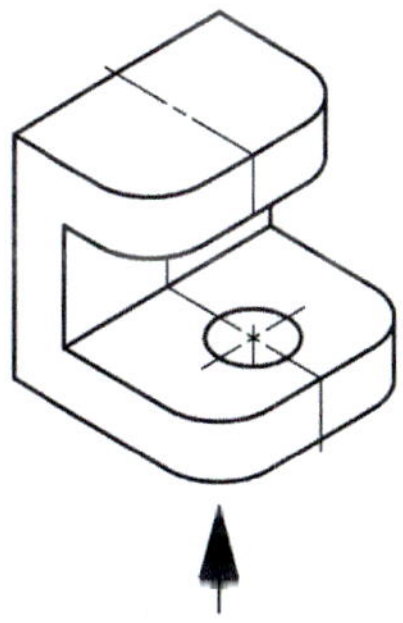

① 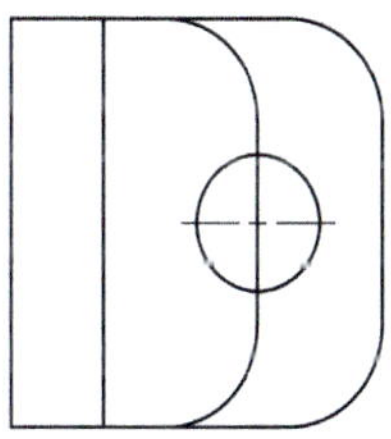 ② 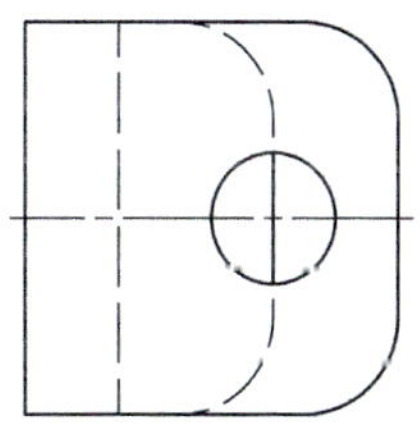

③ 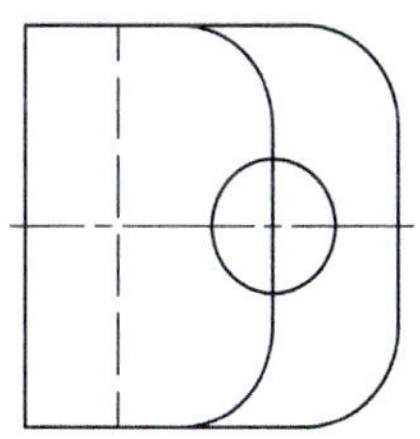 ④ 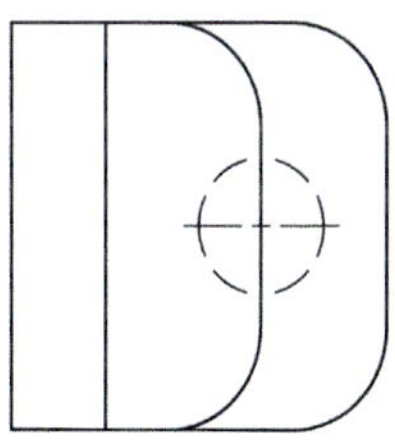

13 다음 등각 투상도에서 제3각 방법으로 화살표 방향에서 본 투상도는?

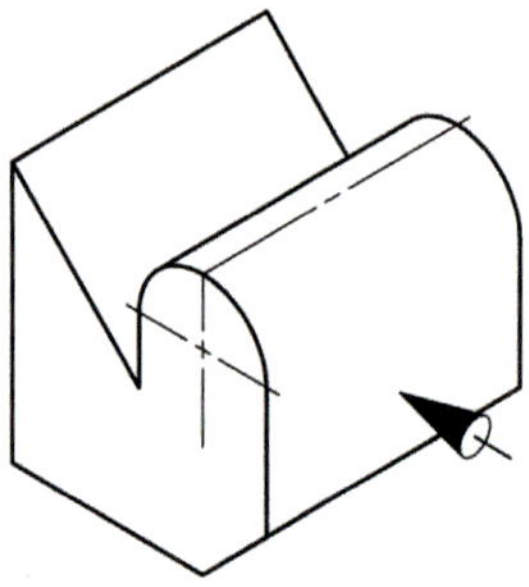

① 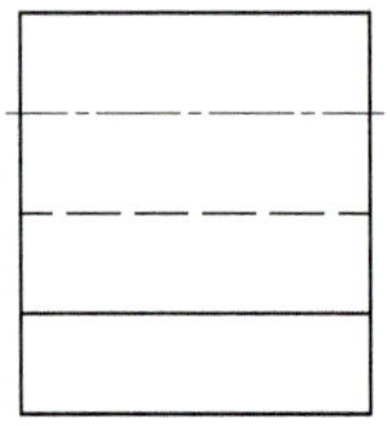
② 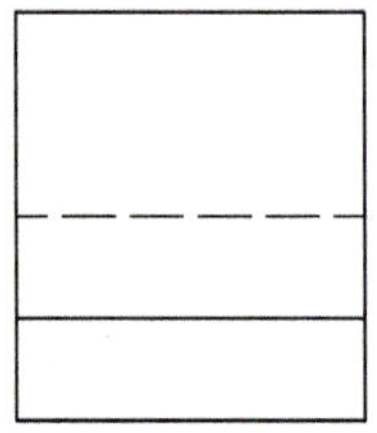
③ 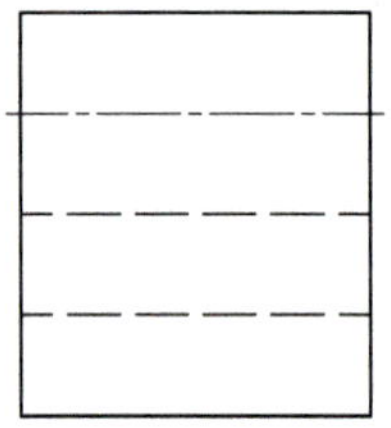
④ 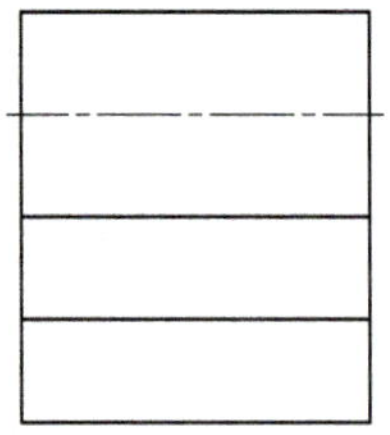

14 다음 등각 투상도에서 제3각 방법으로 화살표 방향에서 본 투상도는?

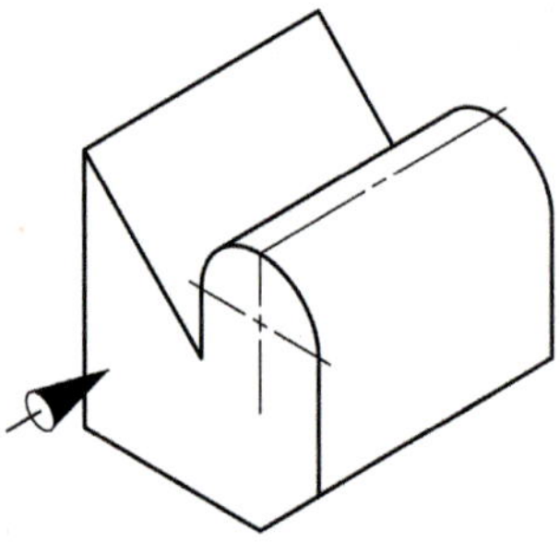

① 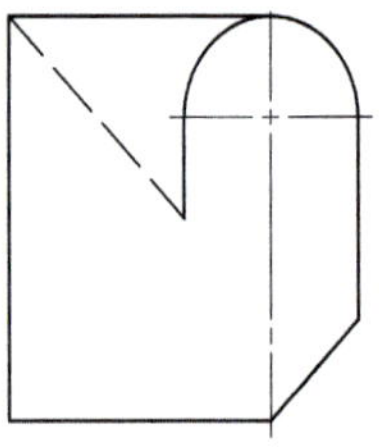
② 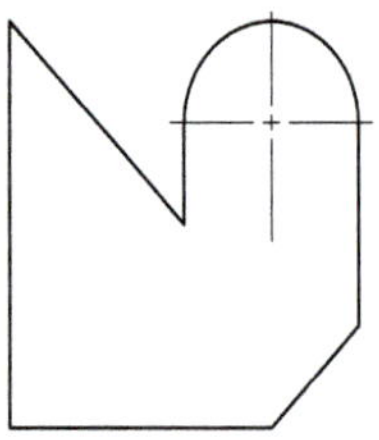
③ 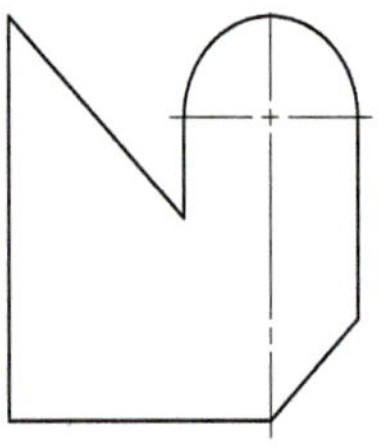
④ 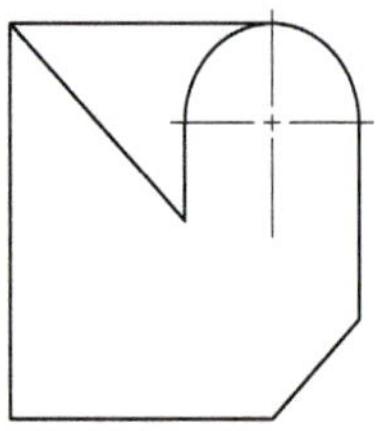

15 다음 등각 투상도에서 제3각 방법으로 화살표 방향에서 본 투상도는?

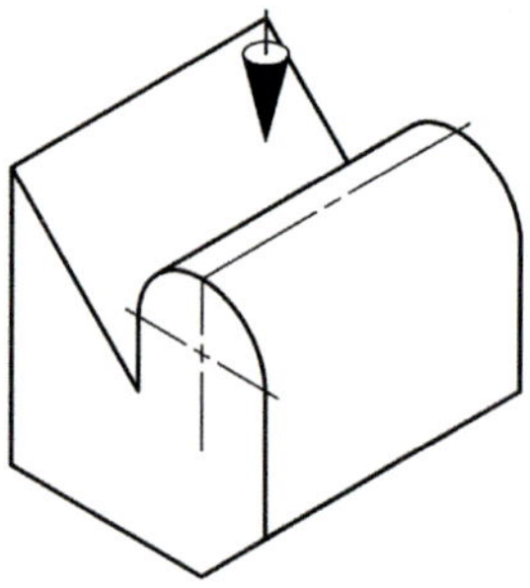

① 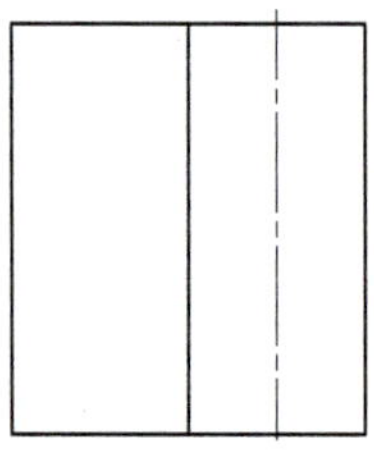
② 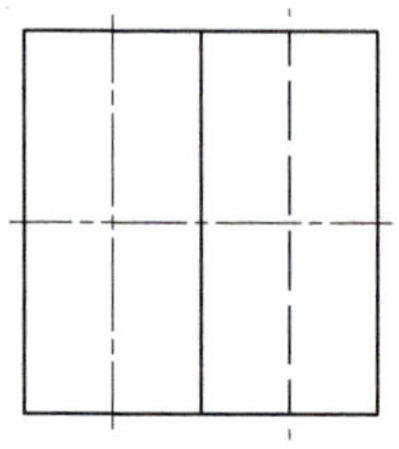
③ 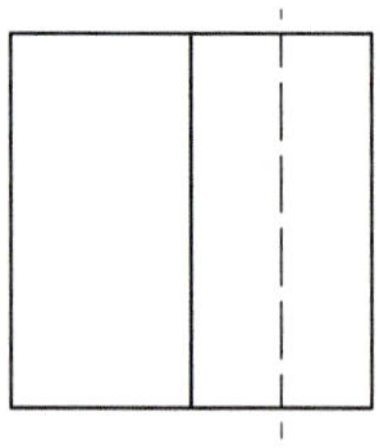
④ 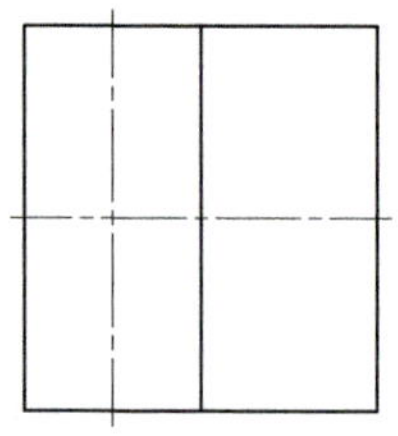

16 다음 등각 투상도에서 제3각 방법으로 화살표 방향에서 본 투상도는?

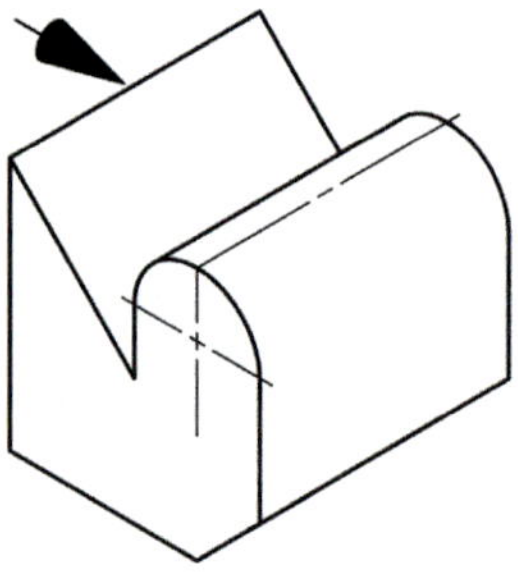

① 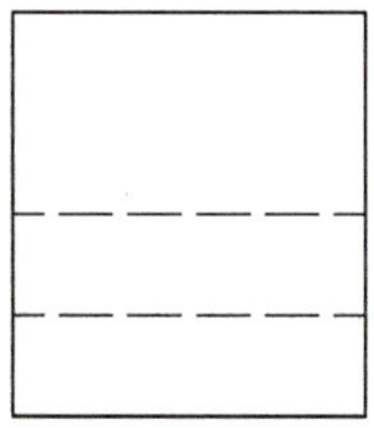
② 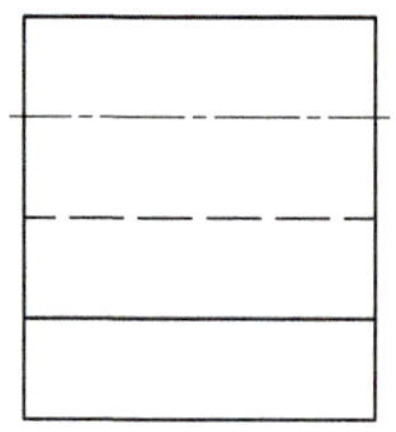
③ 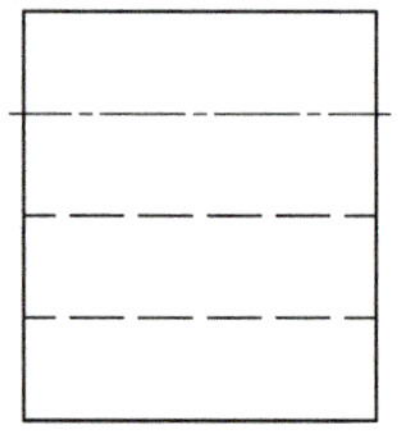
④ 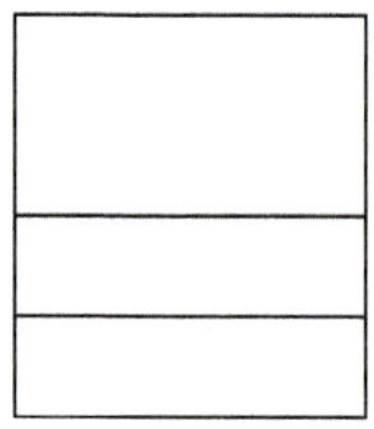

17 다음 등각 투상도에서 제3각 방법으로 화살표 방향에서 본 투상도는?

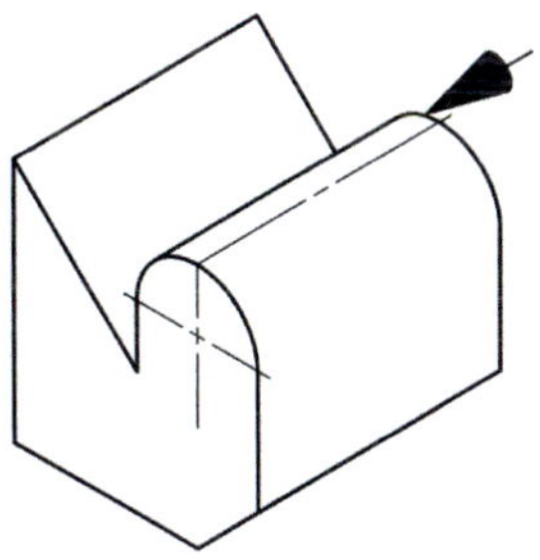

①

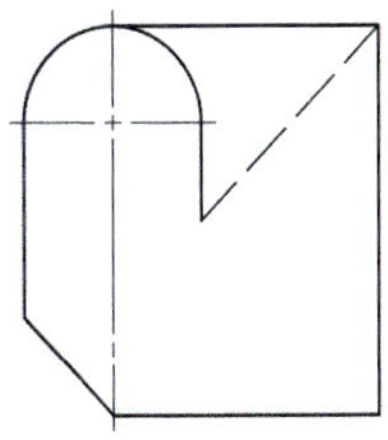

②

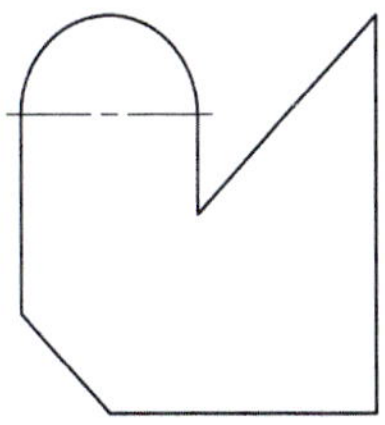

③

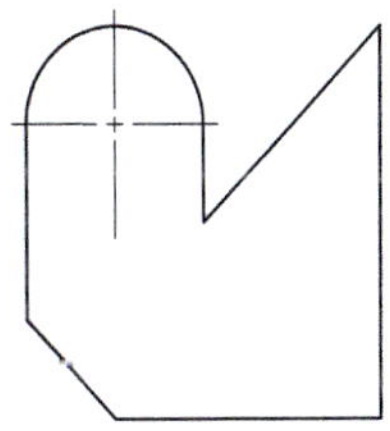

④

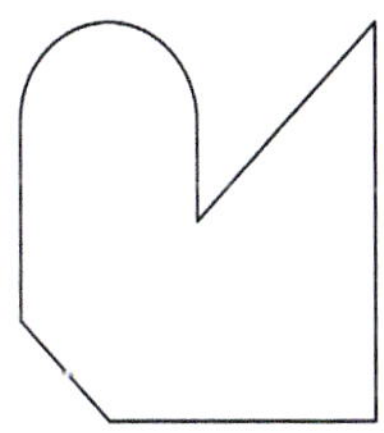

18 다음 등각 투상도에서 제3각 방법으로 화살표 방향에서 본 투상도는?

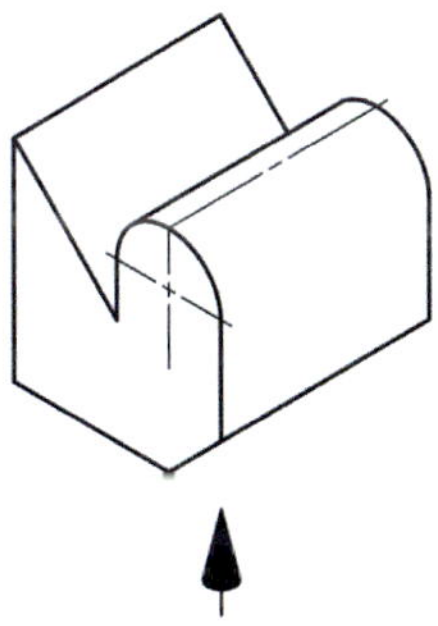

①

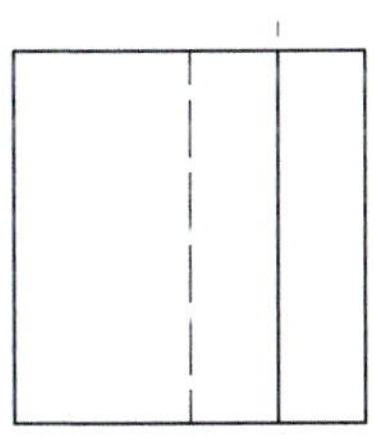

②

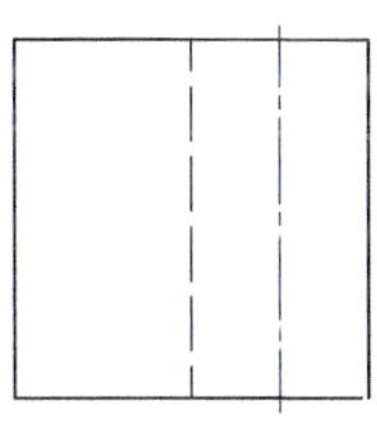

③

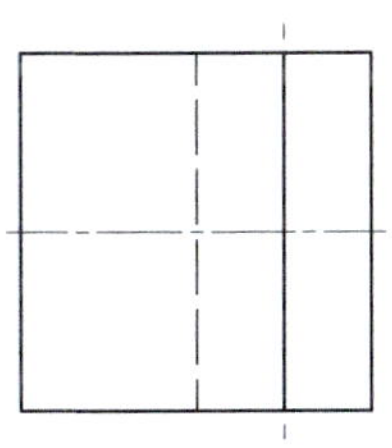

④

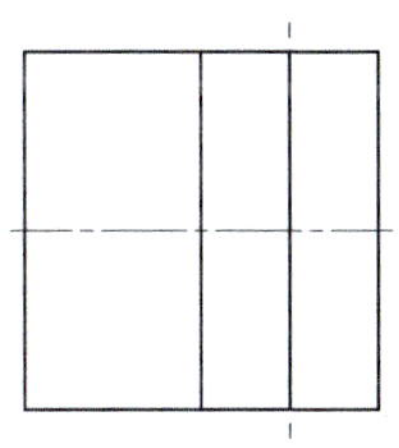

19 다음 등각 투상도에서 제3각 방법으로 화살표 방향에서 본 투상도는?

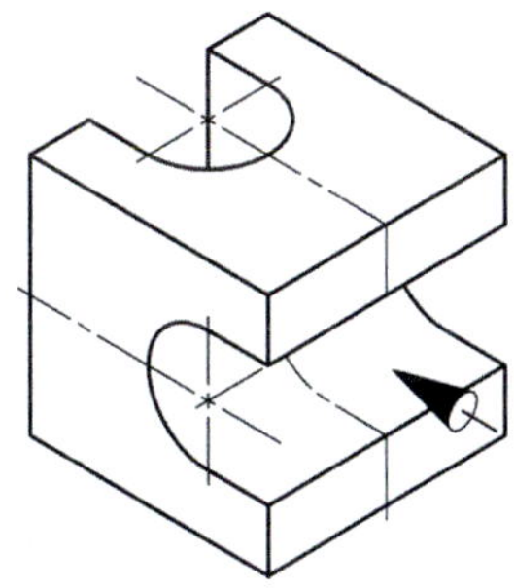

①

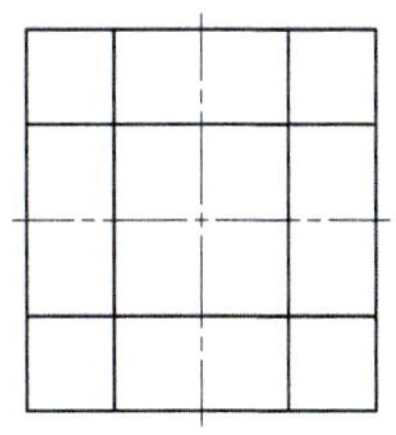

②

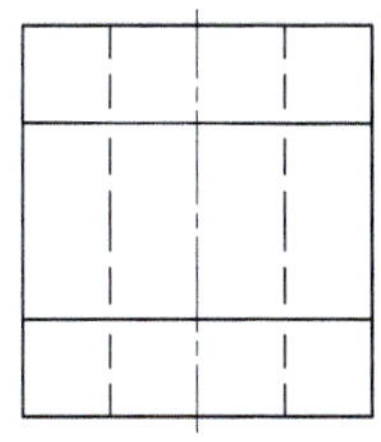

③

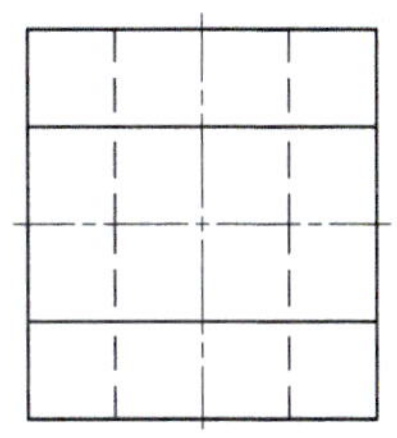

④

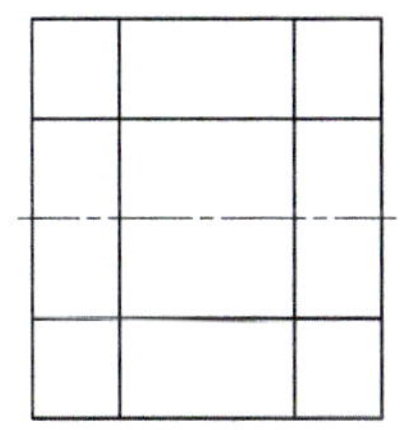

20 다음 등각 투상도에서 제3각 방법으로 화살표 방향에서 본 투상도는?

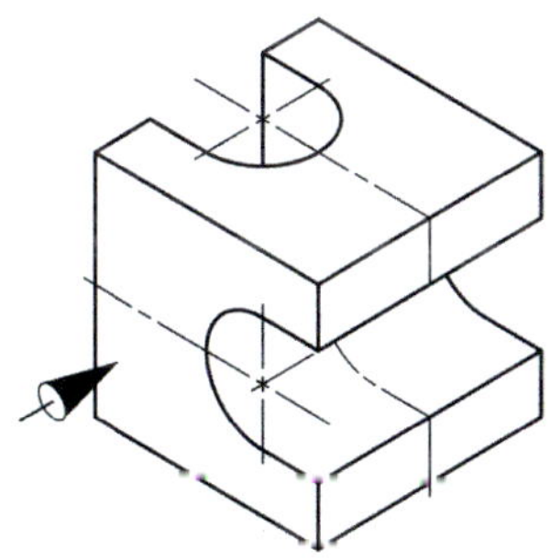

①

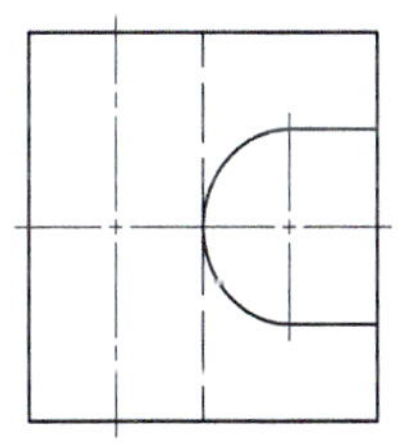

②

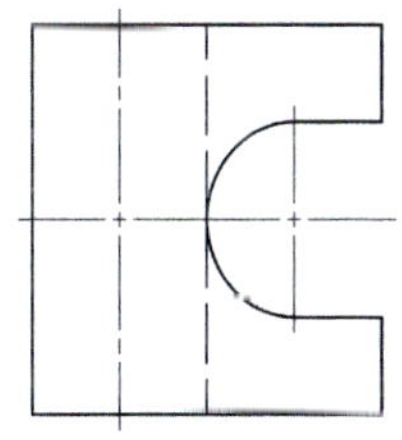

③

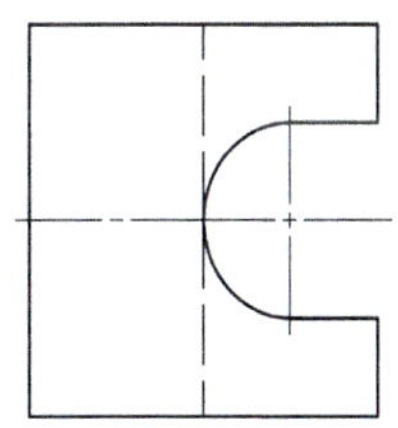

④

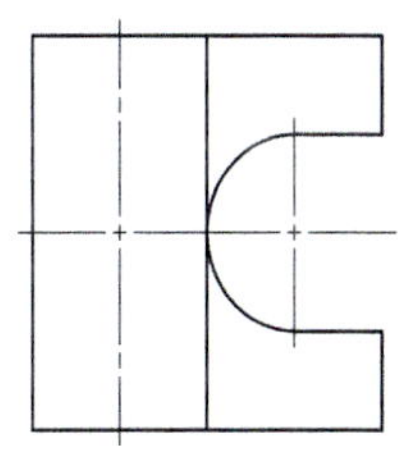

21 다음 등각 투상도에서 제3각 방법으로 화살표 방향에서 본 투상도는?

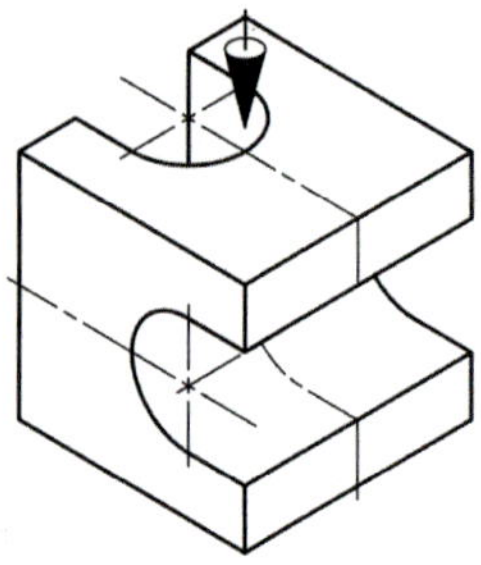

①
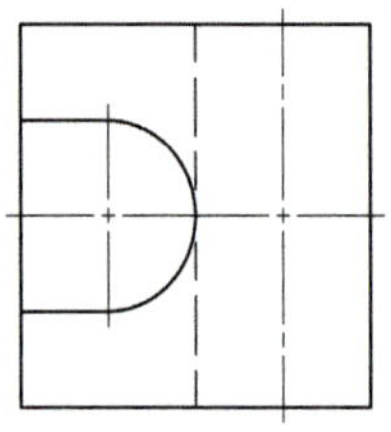
②
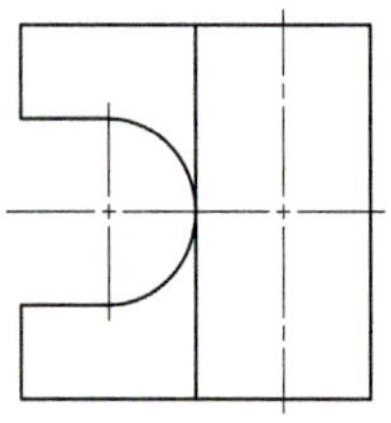
③
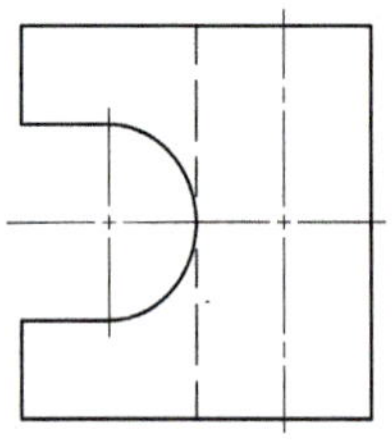
④
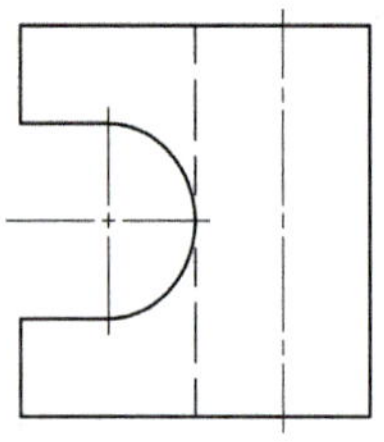

22 다음 등각 투상도에서 제3각 방법으로 화살표 방향에서 본 투상도는?

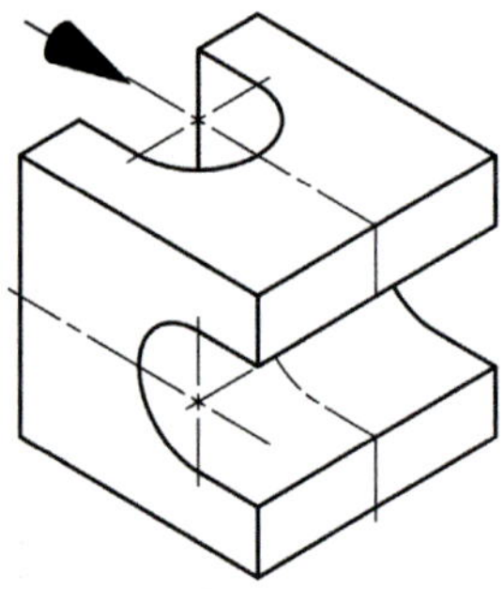

①
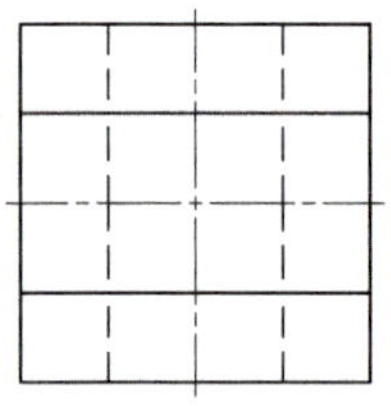
②
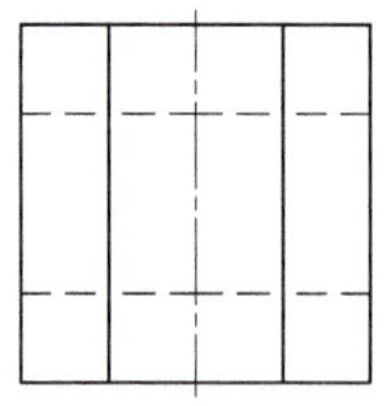
③
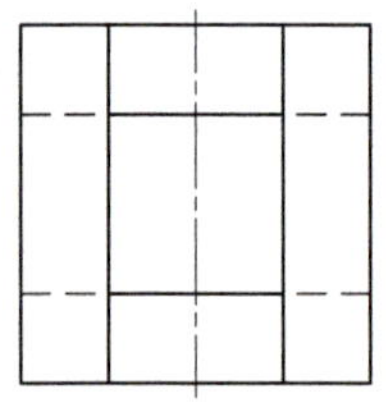
④
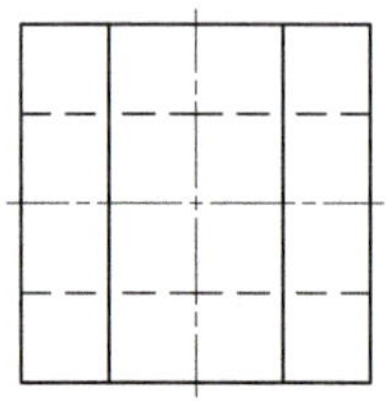

23 다음 등각 투상도에서 제3각 방법으로 화살표 방향에서 본 투상도는?

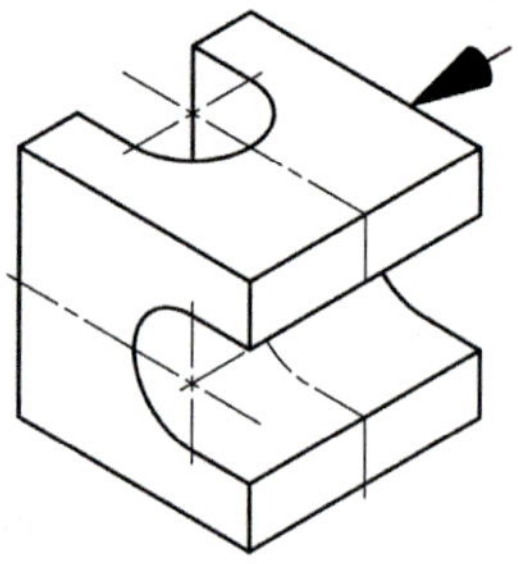

①
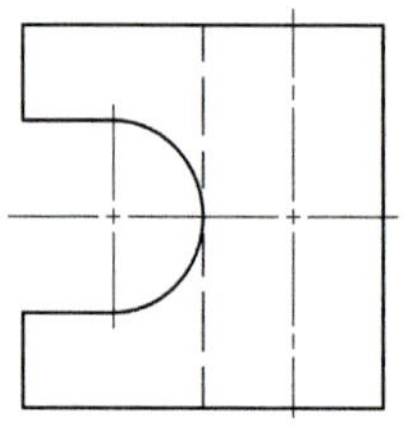
②
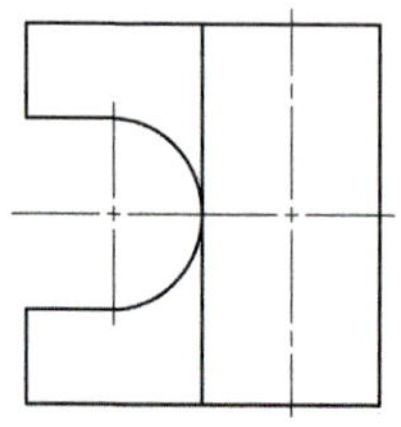
③
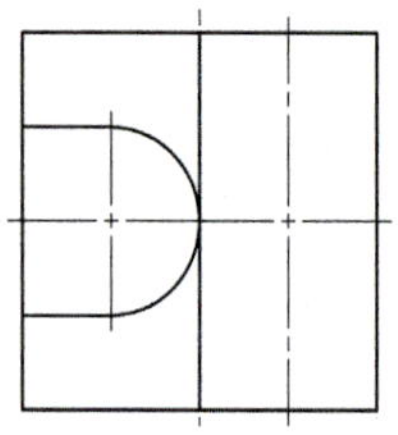
④
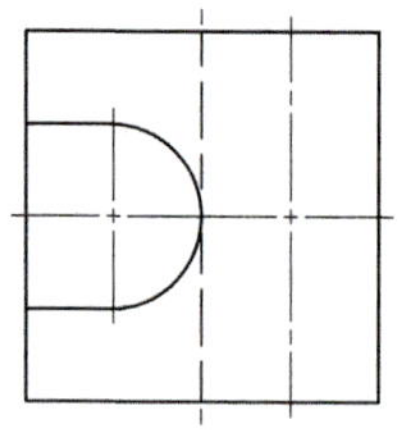

24 다음 등각 투상도에서 제3각 방법으로 화살표 방향에서 본 투상도는?

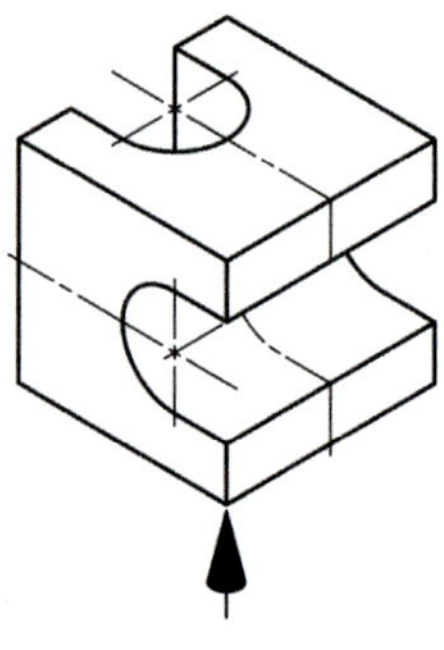

①
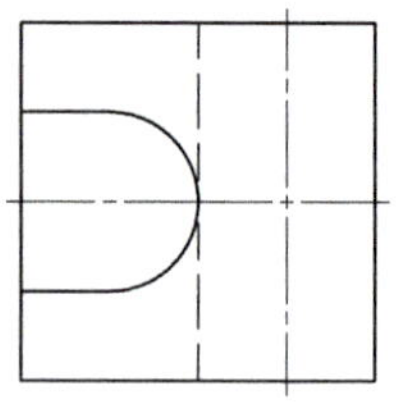
②
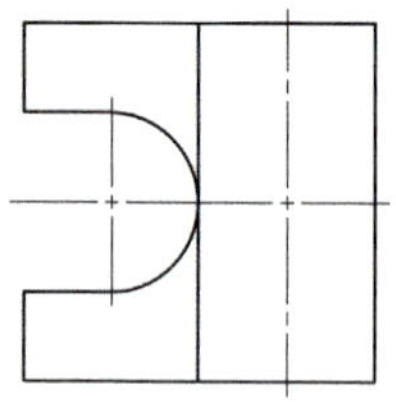
③
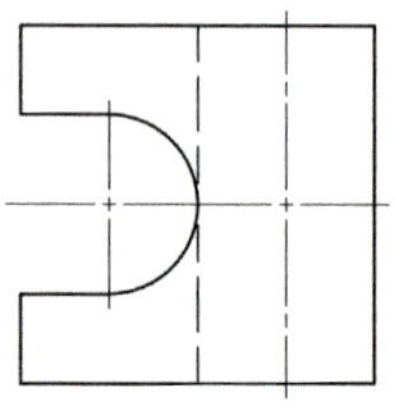
④
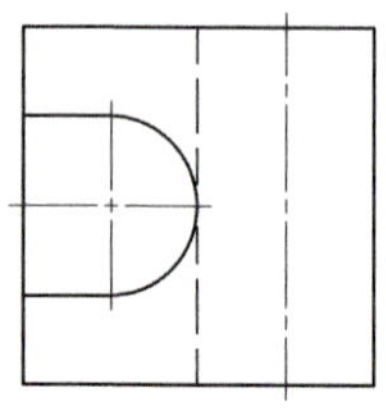

25 다음 등각 투상도에서 제3각 방법으로 화살표 방향에서 본 투상도는?

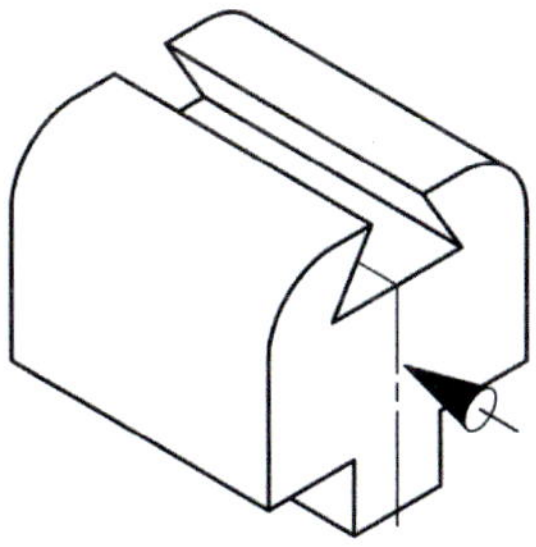

① 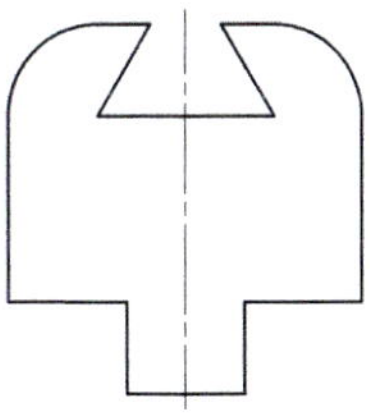
② 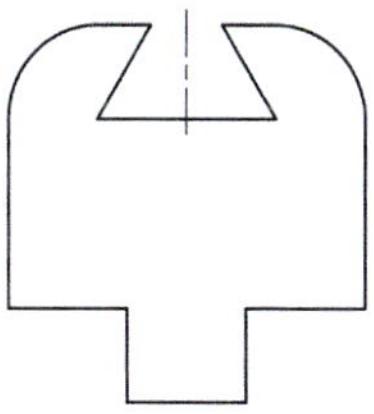
③ 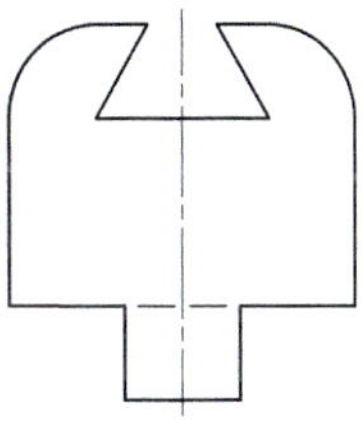
④ 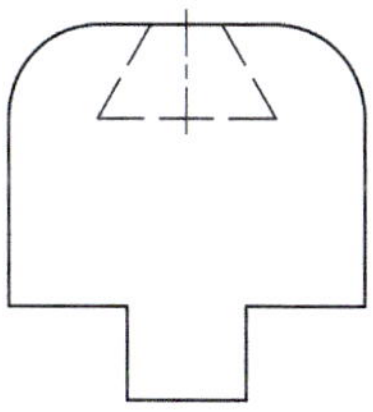

26 다음 등각 투상도에서 제3각 방법으로 화살표 방향에서 본 투상도는?

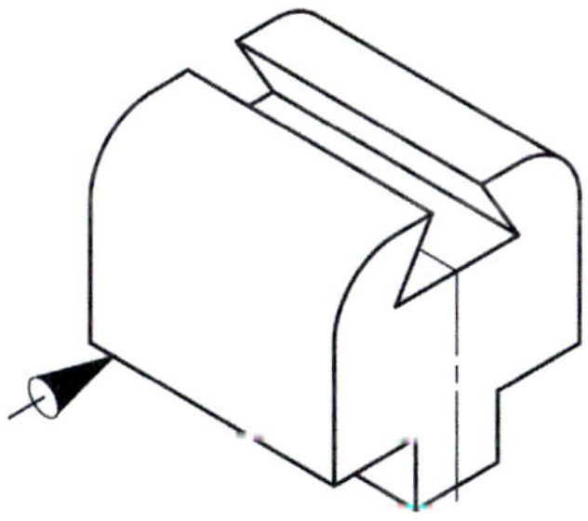

① 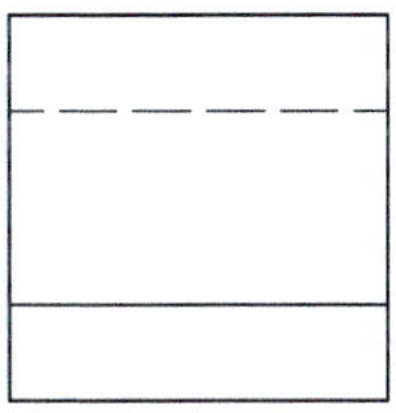
② 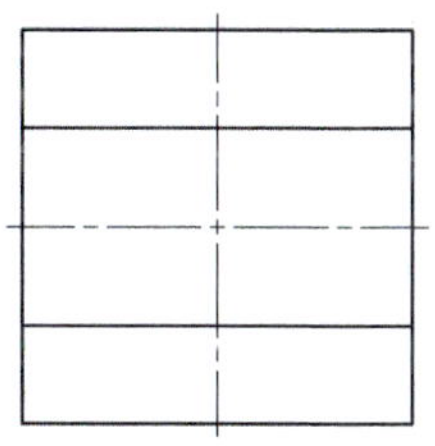
③ 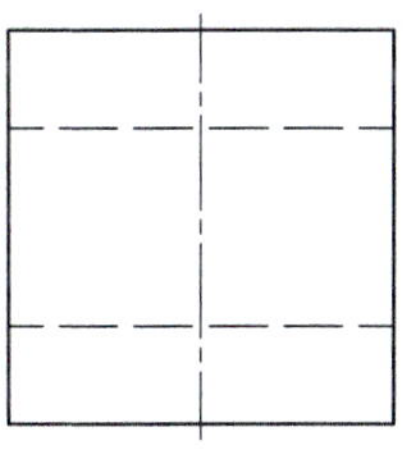
④ 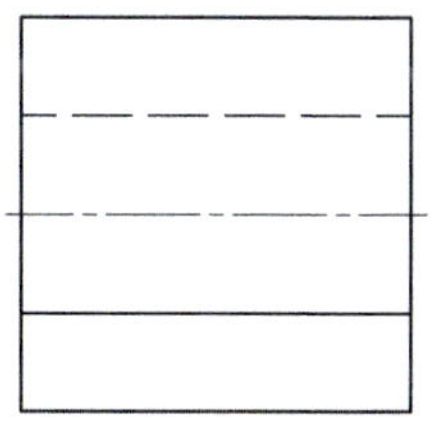

27 다음 등각 투상도에서 제3각 방법으로 화살표 방향에서 본 투상도는?

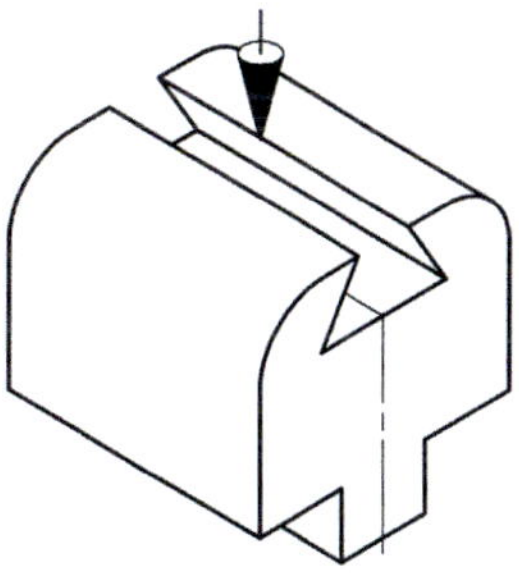

① 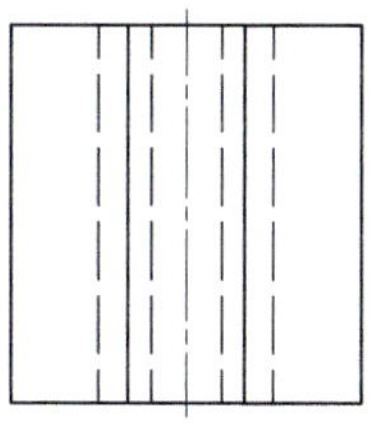
② 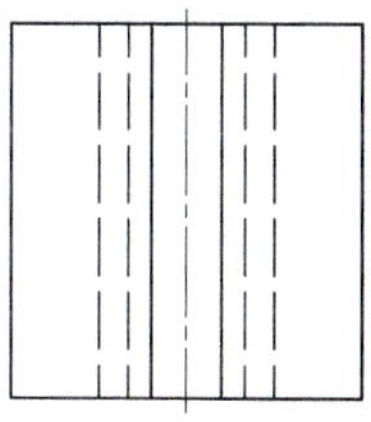
③ 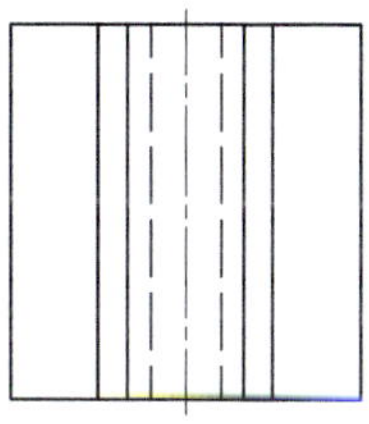
④ 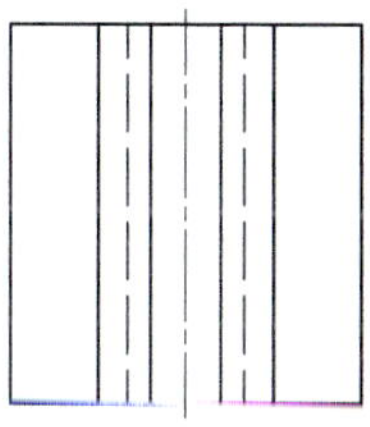

28 다음 등각 투상도에서 제3각 방법으로 화살표 방향에서 본 투상도는?

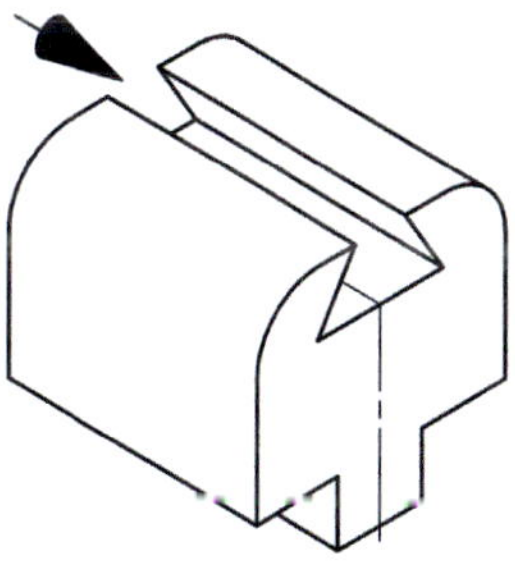

① 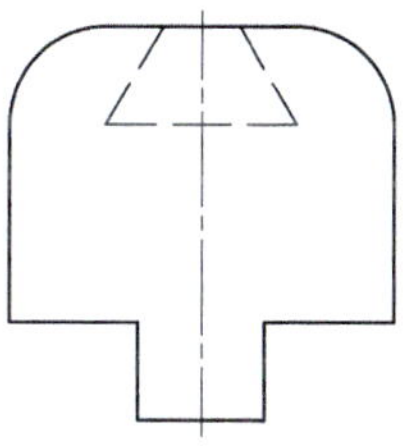
② 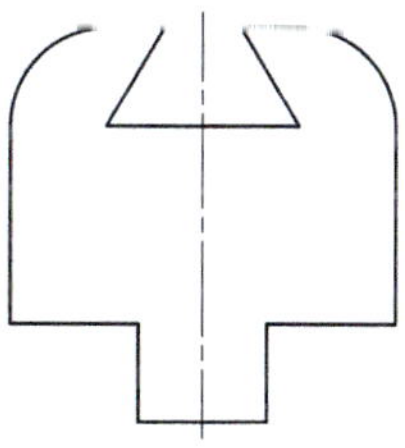
③ 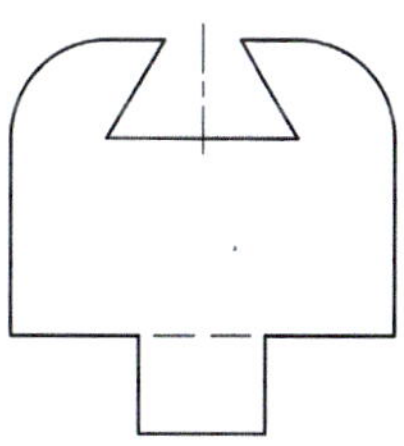
④ 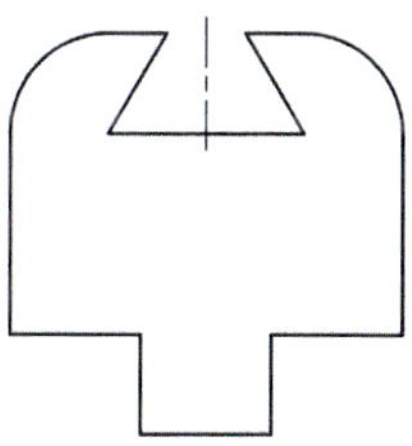

29 다음 등각 투상도에서 제3각 방법으로 화살표 방향에서 본 투상도는?

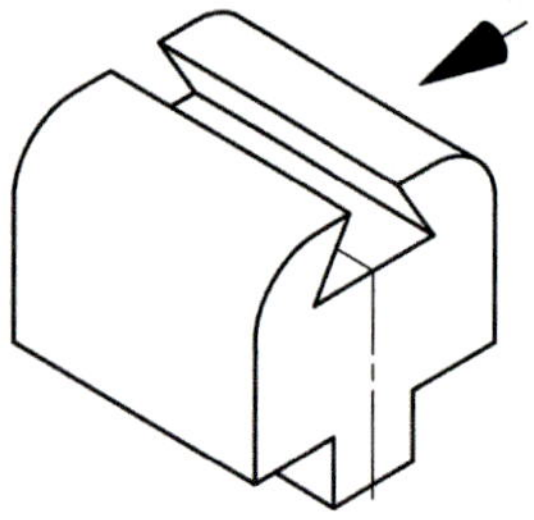

①

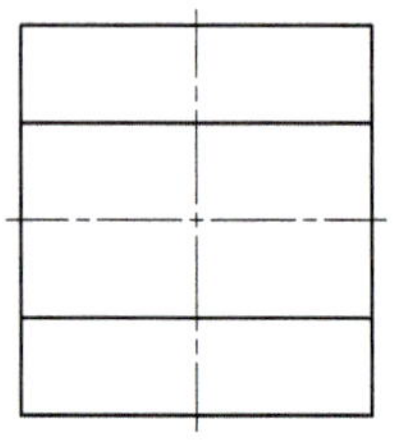

②

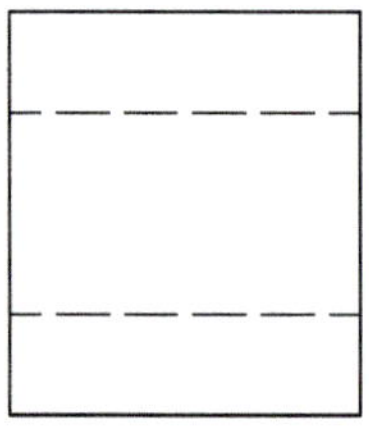

③

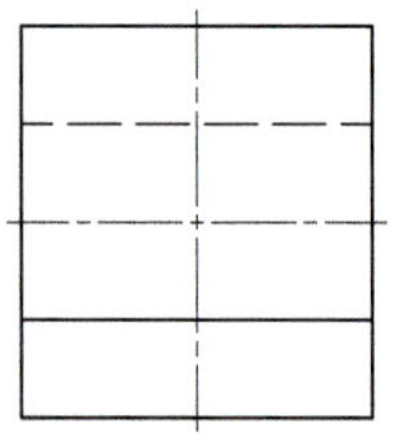

④

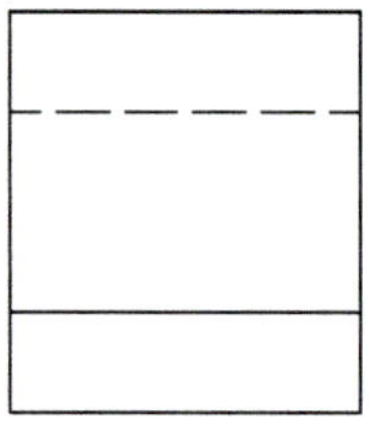

30 다음 등각 투상도에서 제3각 방법으로 화살표 방향에서 본 투상도는?

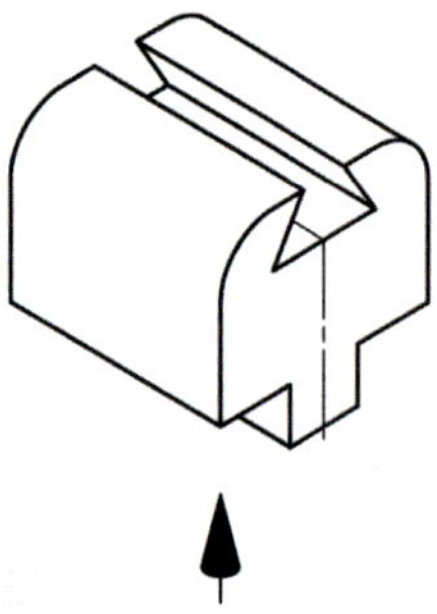

①

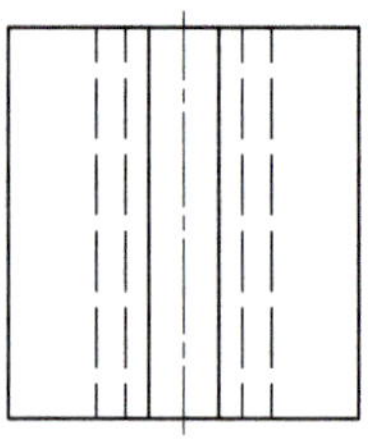

②

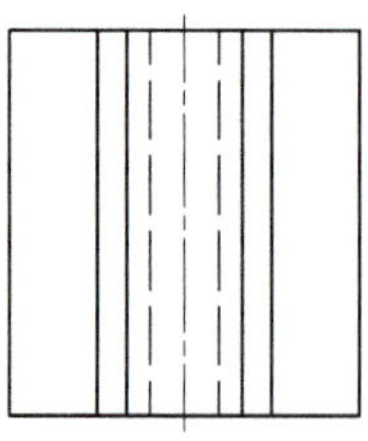

③

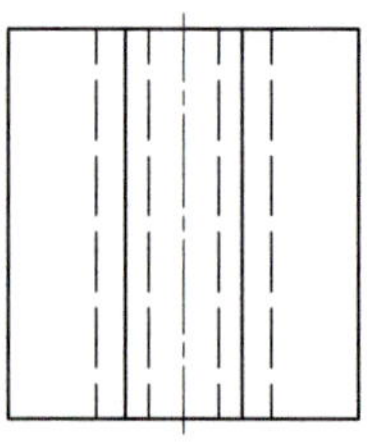

④

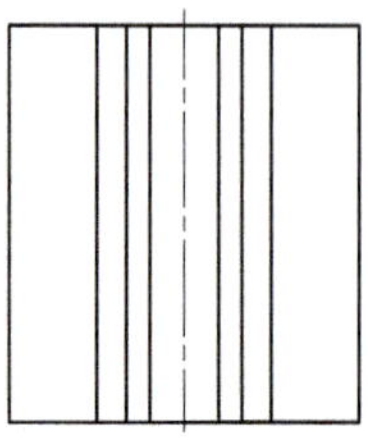

31 다음 등각 투상도에서 제3각 방법으로 화살표 방향에서 본 투상도는?

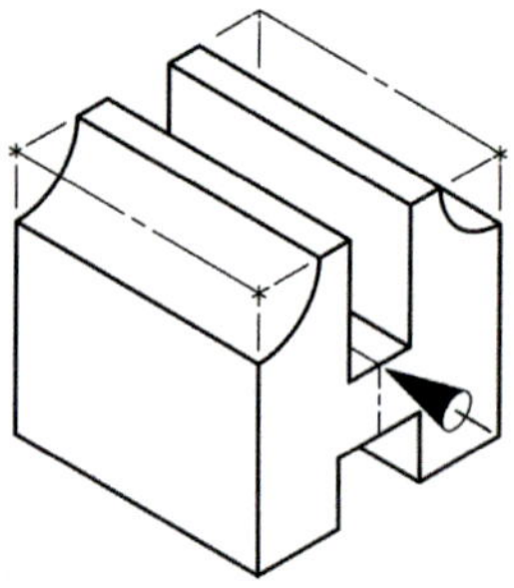

①

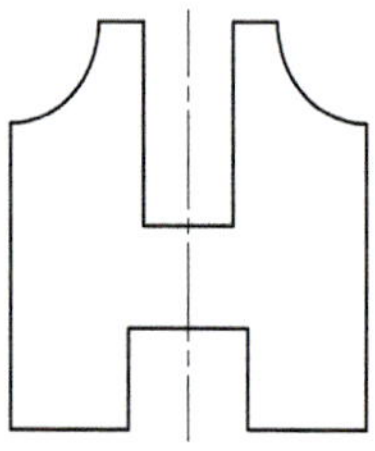

②

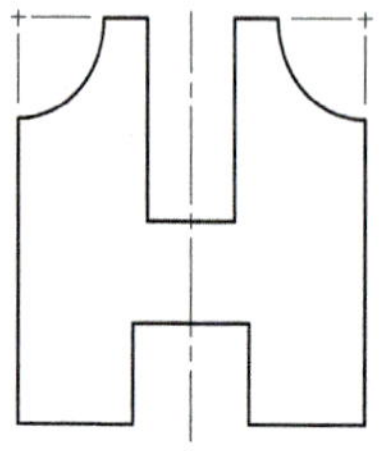

③

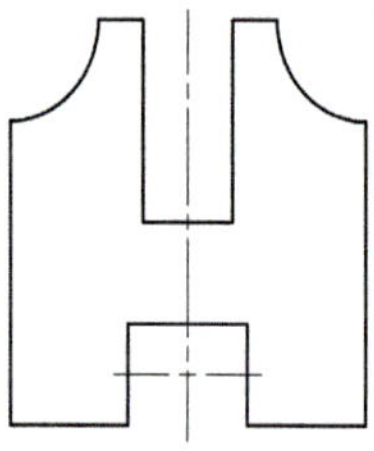

④

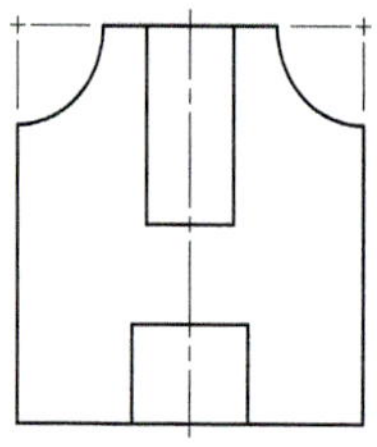

32 다음 등각 투상도에서 제3각 방법으로 화살표 방향에서 본 투상도는?

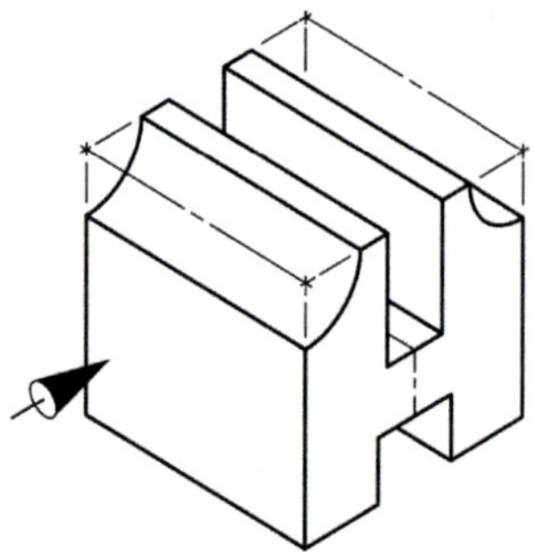

①

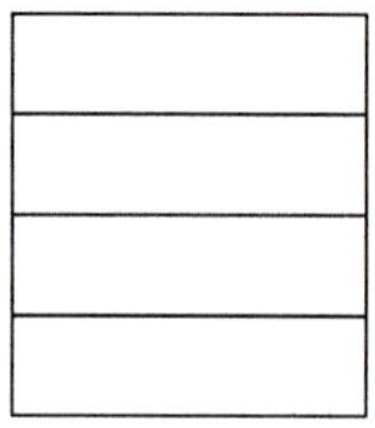

②

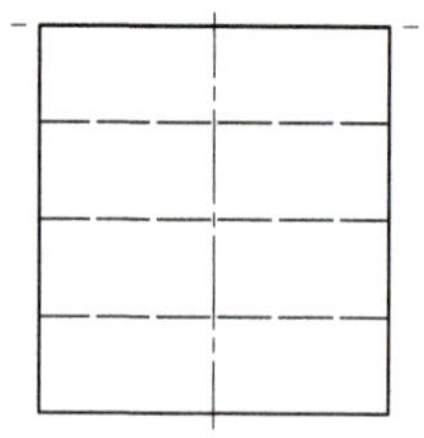

③

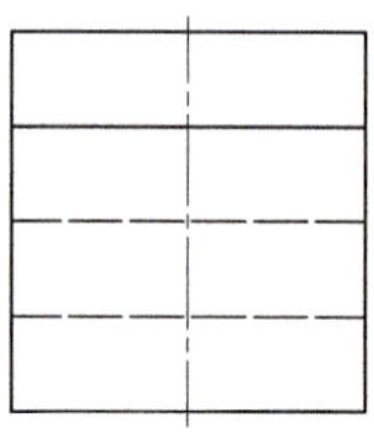

④

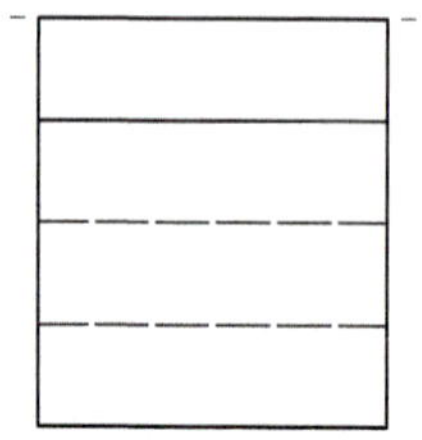

33 다음 등각 투상도에서 제3각 방법으로 화살표 방향에서 본 투상도는?

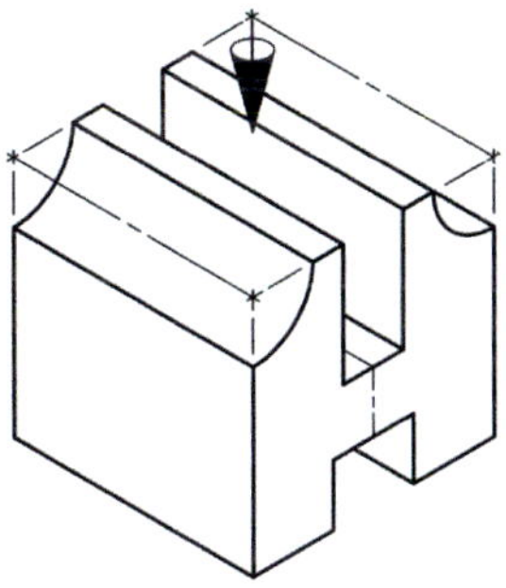

① 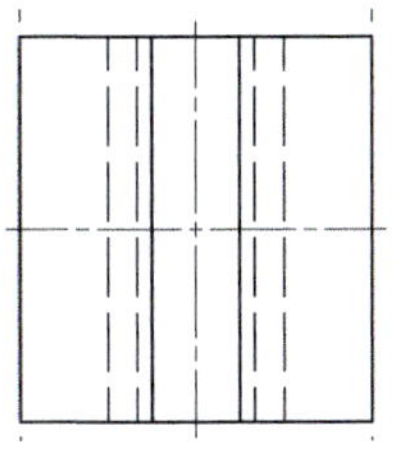
② 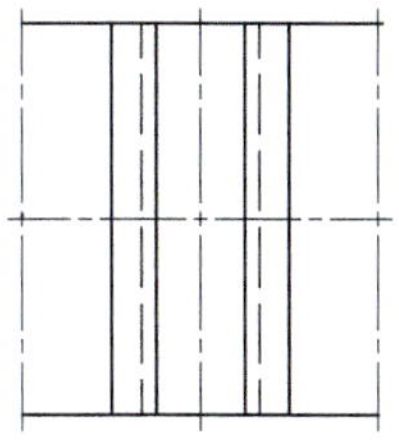
③ 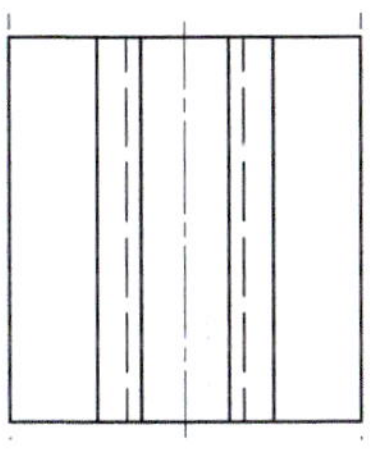
④ 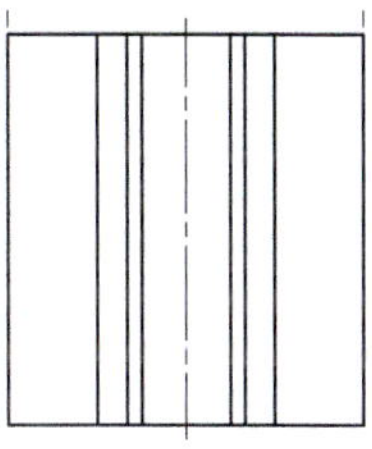

34 다음 등각 투상도에서 제3각 방법으로 화살표 방향에서 본 투상도는?

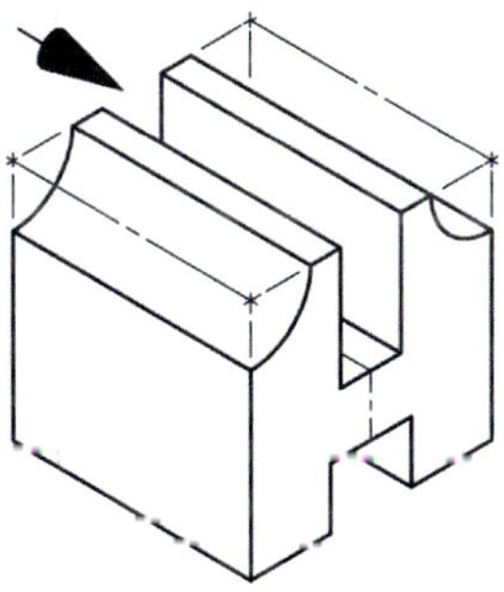

① 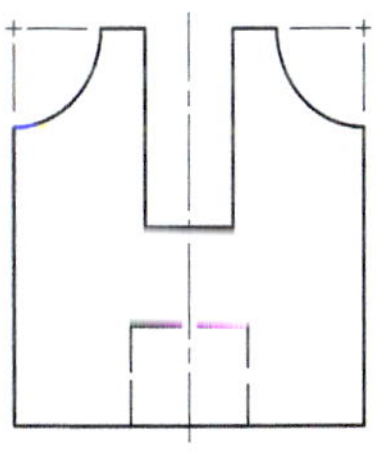
② 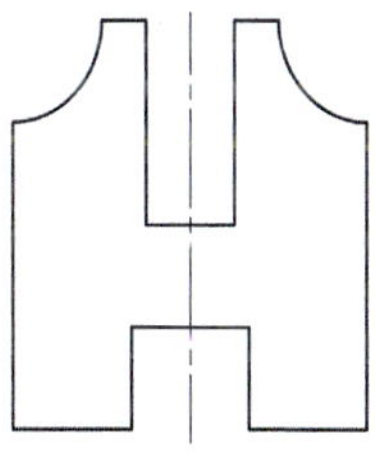
③ 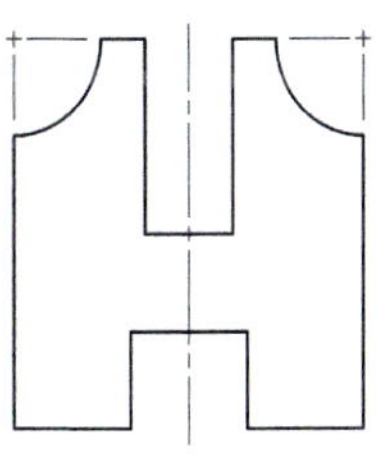
④ 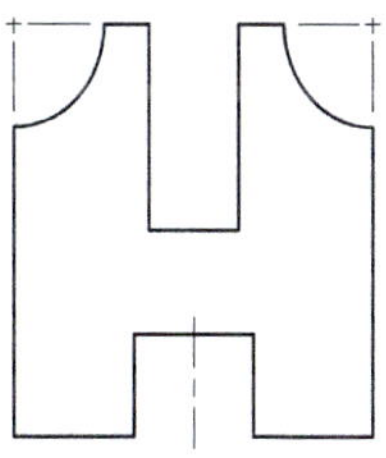

35 다음 등각 투상도에서 제3각 방법으로 화살표 방향에서 본 투상도는?

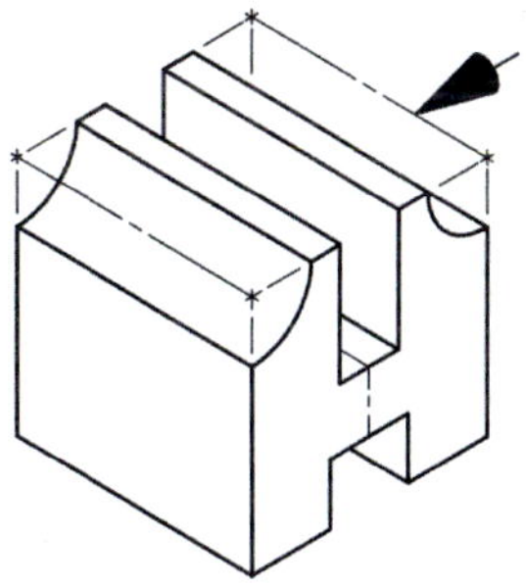

① 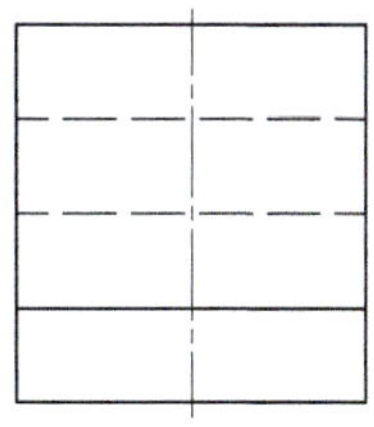
② 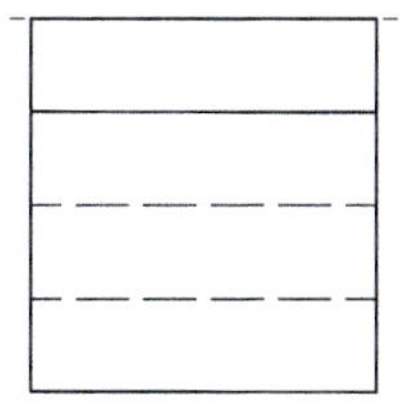
③ 
④ 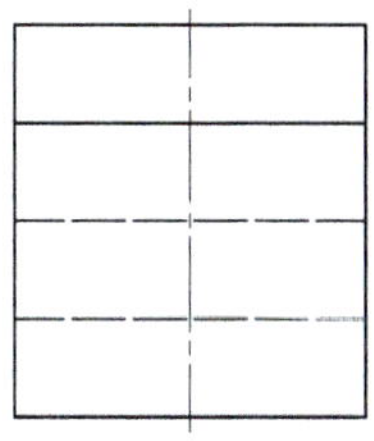

36 다음 등각 투상도에서 제3각 방법으로 화살표 방향에서 본 투상도는?

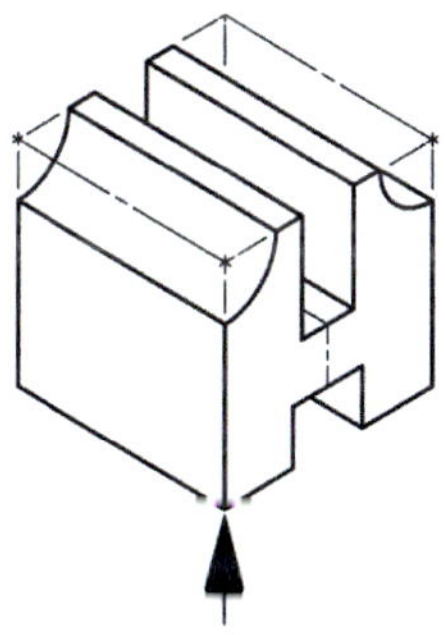

① 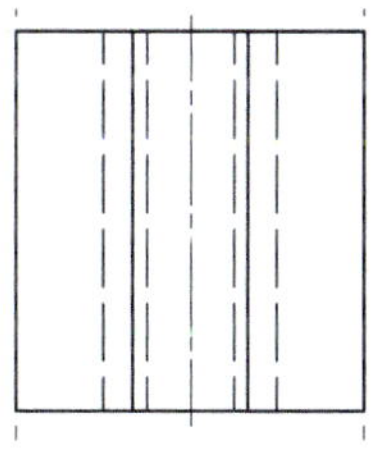
② 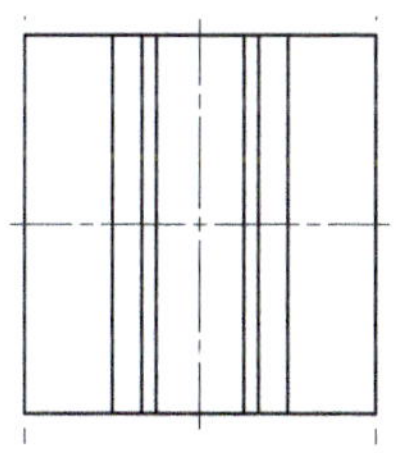
③ 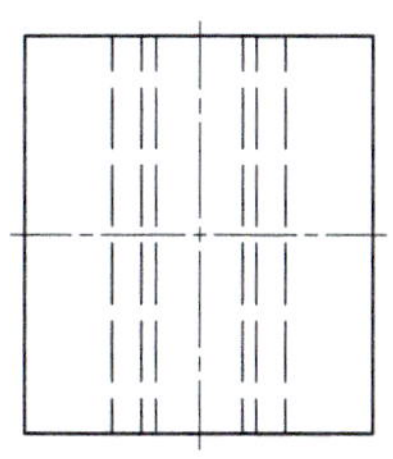
④ 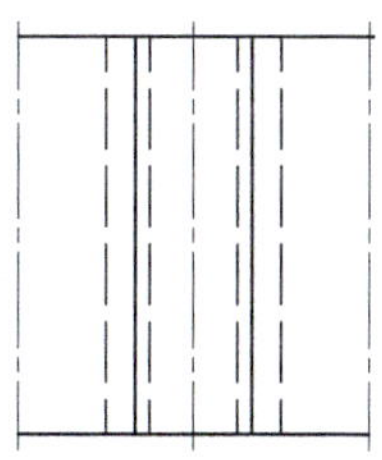

37 다음 등각 투상도에서 제3각 방법으로 화살표 방향에서 본 투상도는?

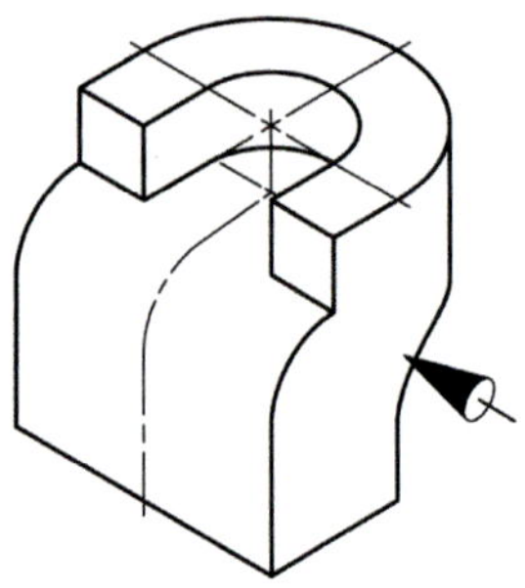

①
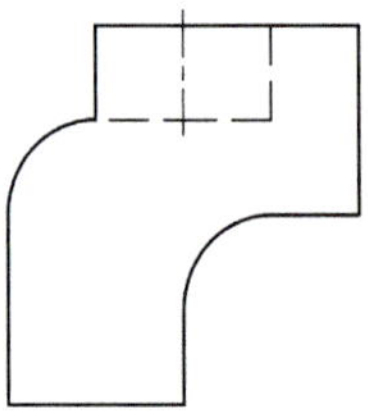
②
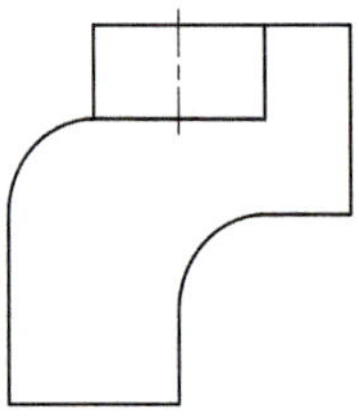
③
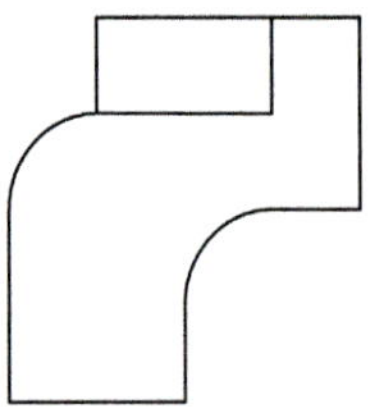
④
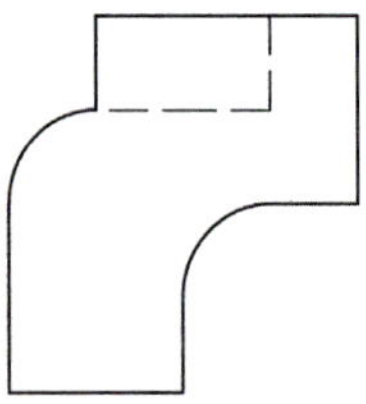

38 다음 등각 투상도에서 제3각 방법으로 화살표 방향에서 본 투상도는?

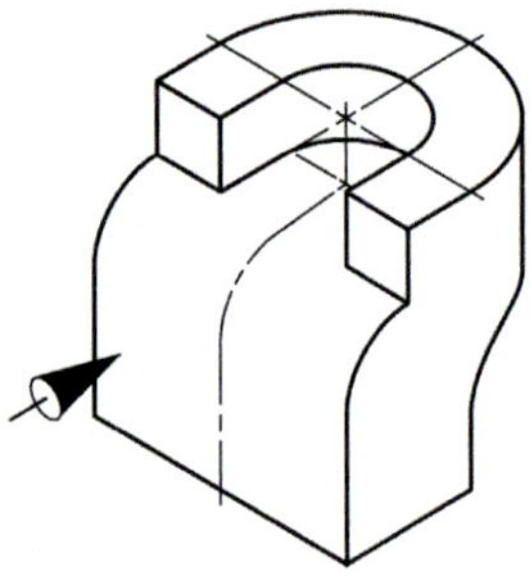

①
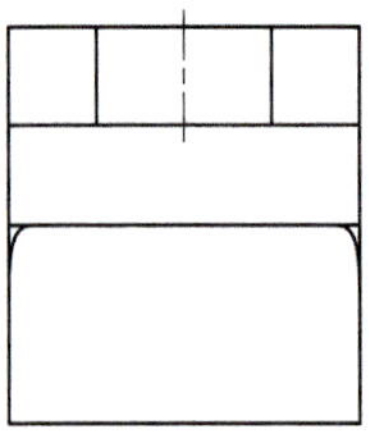
②
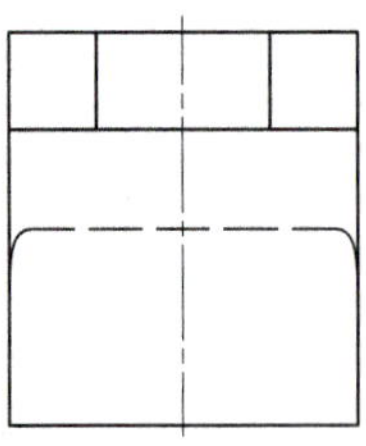
③
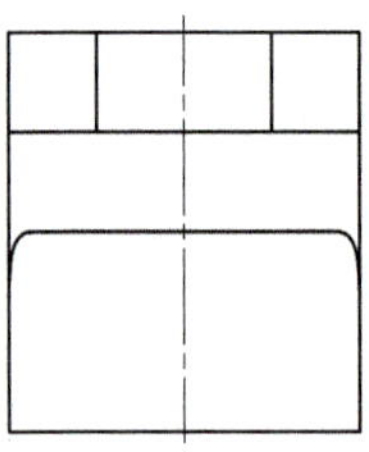
④
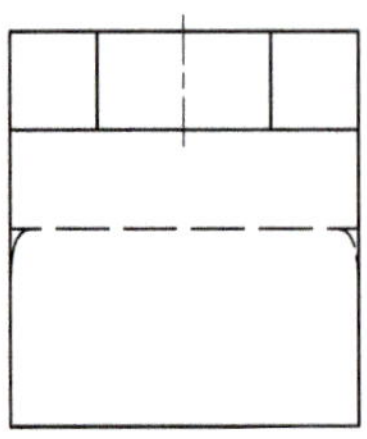

39 다음 등각 투상도에서 제3각 방법으로 화살표 방향에서 본 투상도는?

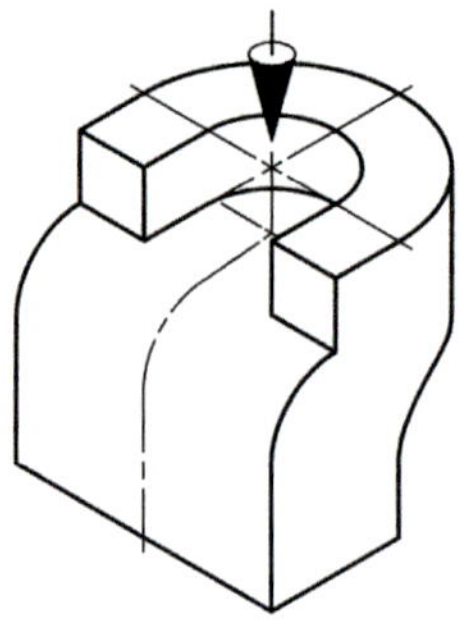

①
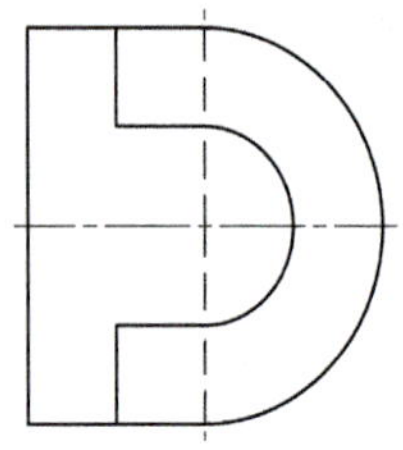
②
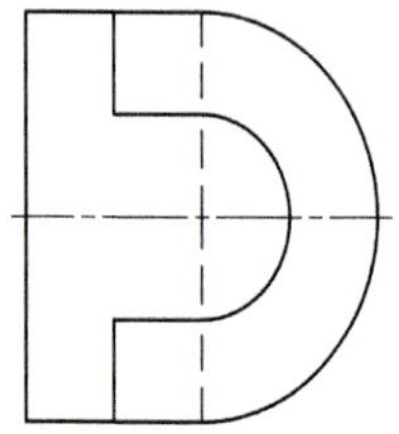
③
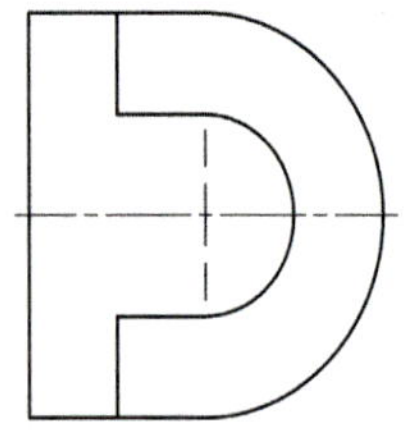
④
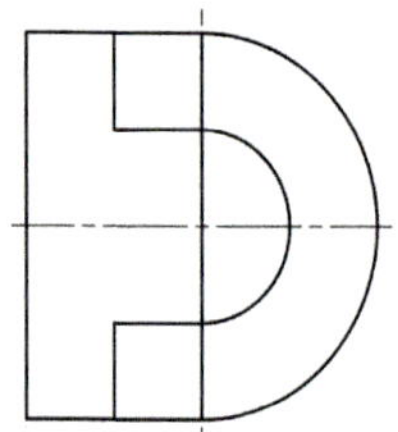

40 다음 등각 투상도에서 제3각 방법으로 화살표 방향에서 본 투상도는?

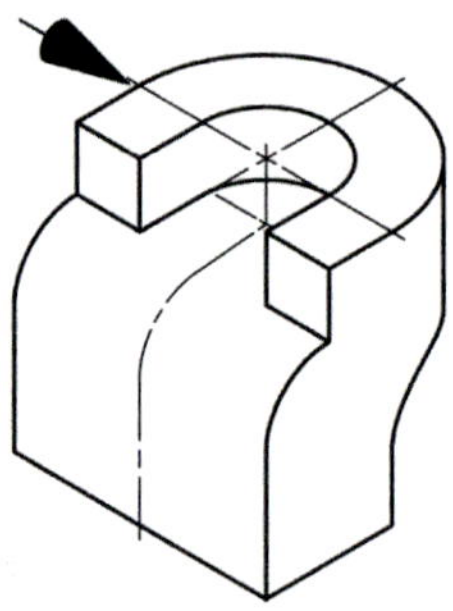

①
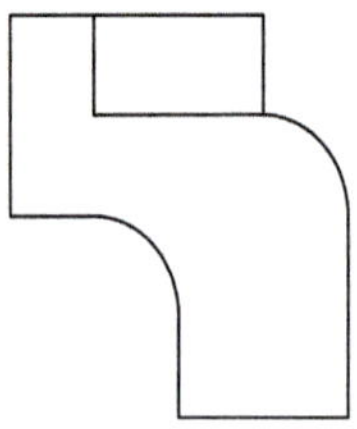
②
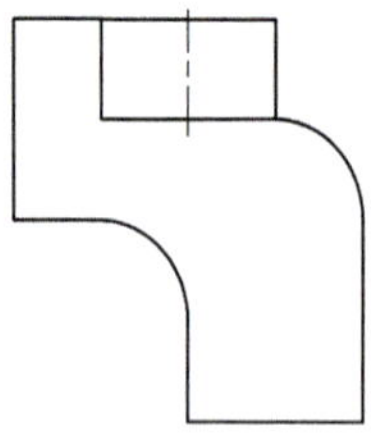
③
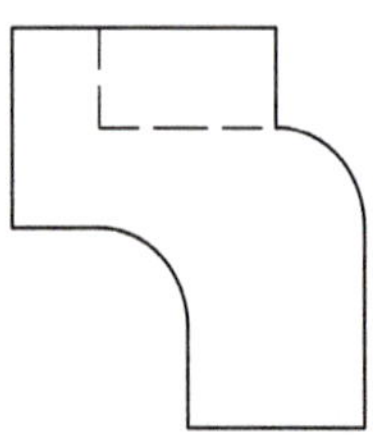
④
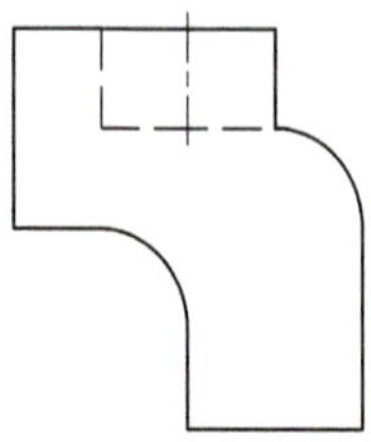

41 다음 등각 투상도에서 제3각 방법으로 화살표 방향에서 본 투상도는?

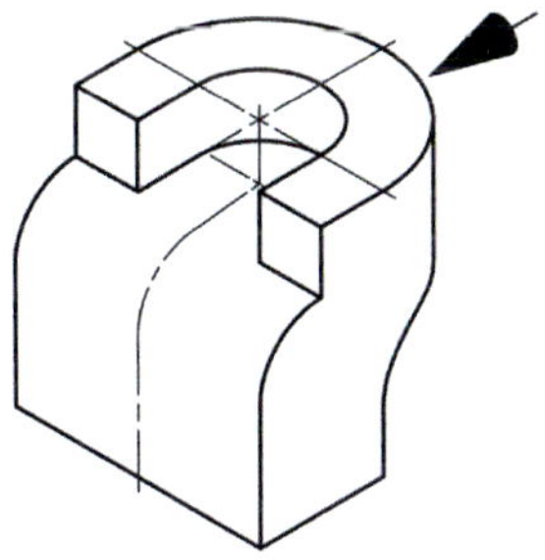

① 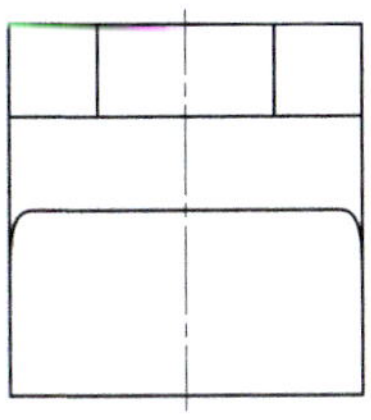
② 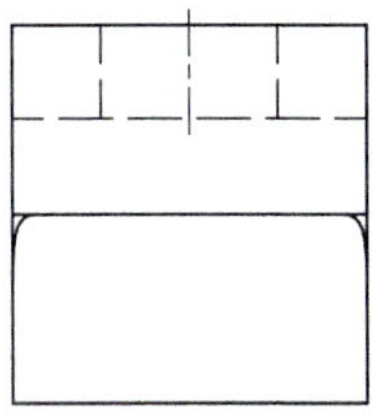
③ 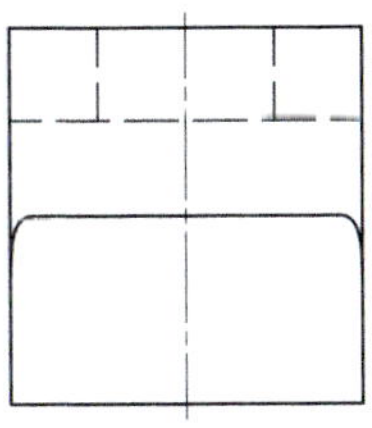
④ 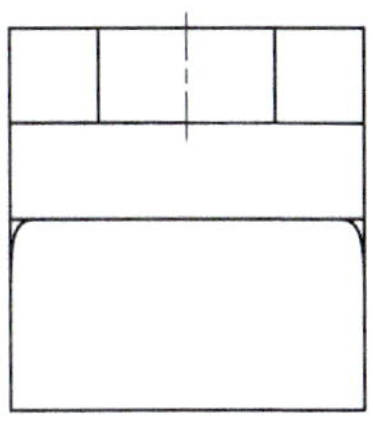

42 다음 등각 투상도에서 제3각 방법으로 화살표 방향에서 본 투상도는?

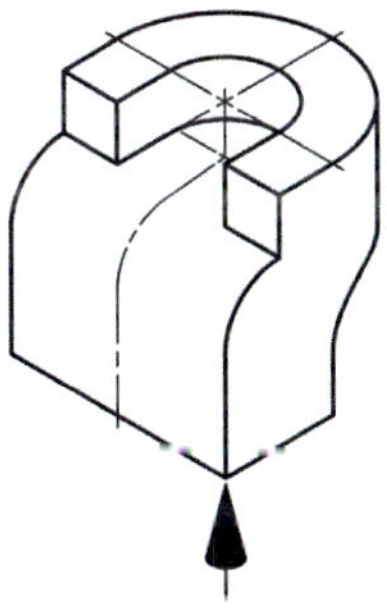

① 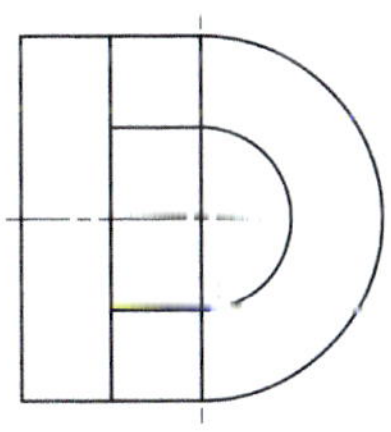
② 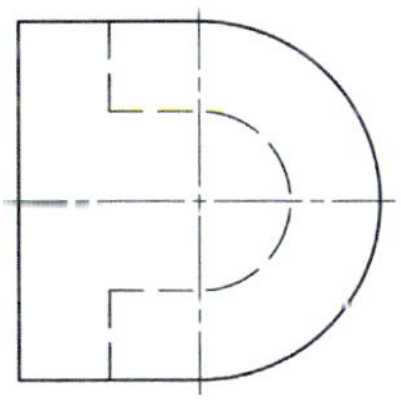
③ 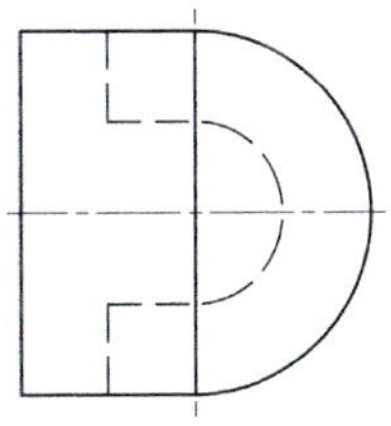
④ 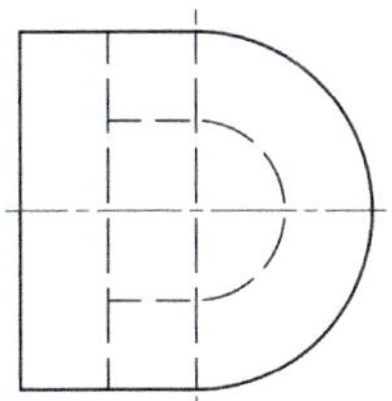

43 다음 등각 투상도에서 제3각 방법으로 화살표 방향에서 본 투상도는?

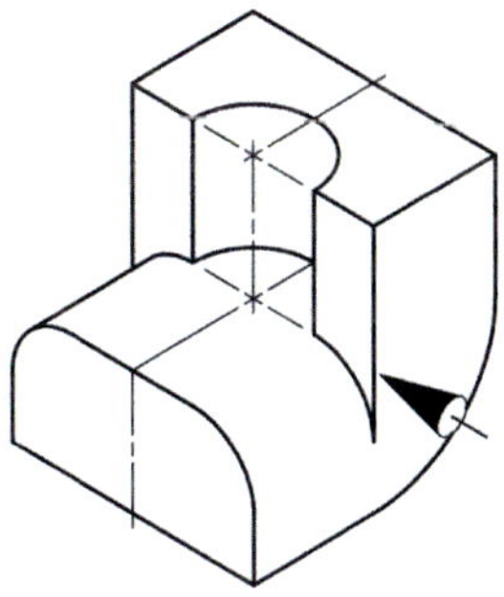

① 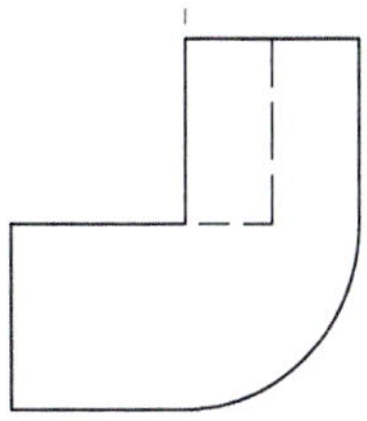
② 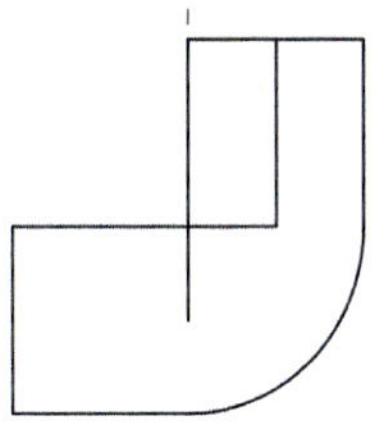
③ 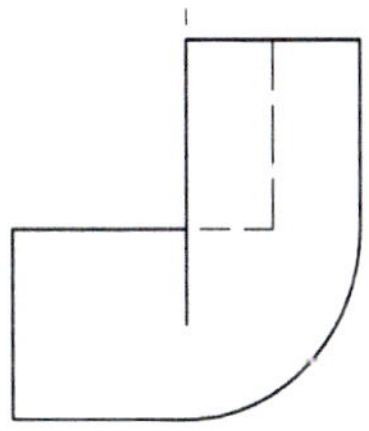
④ 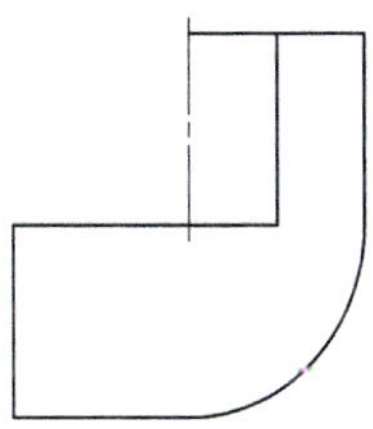

44 다음 등각 투상도에서 제3각 방법으로 화살표 방향에서 본 투상도는?

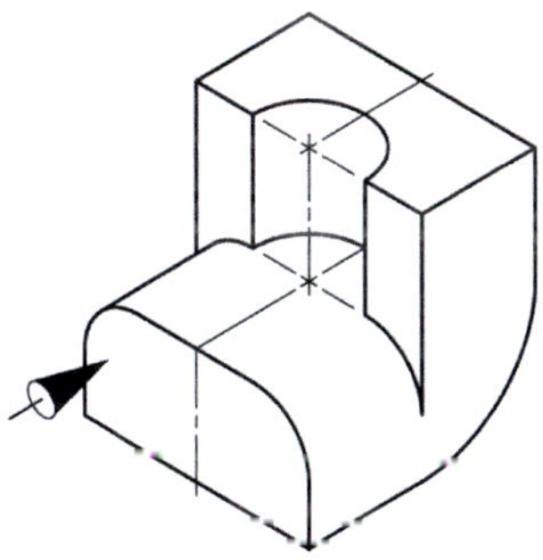

① 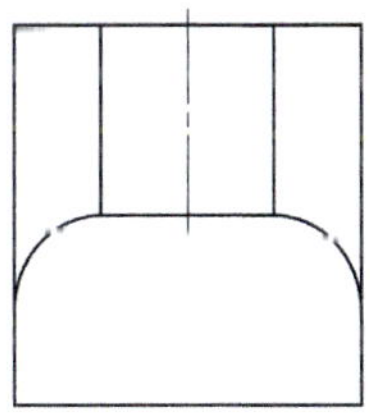
② 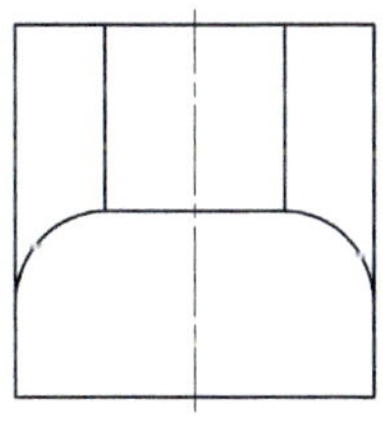
③ 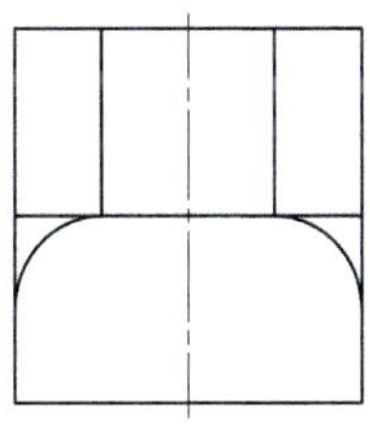
④ 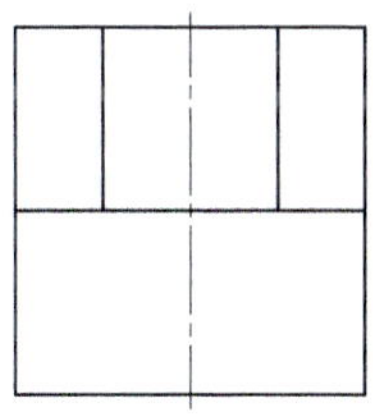

45 다음 등각 투상도에서 제3각 방법으로 화살표 방향에서 본 투상도는?

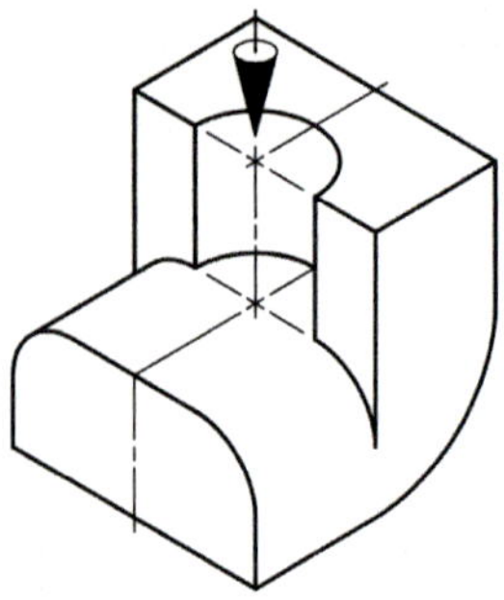

①
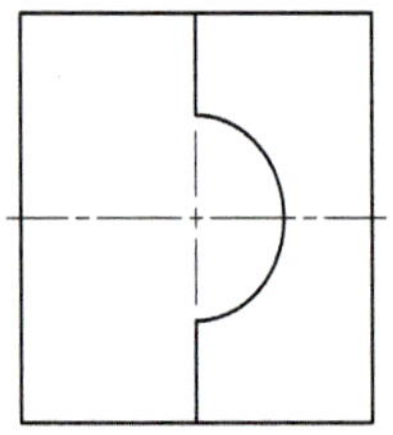
②
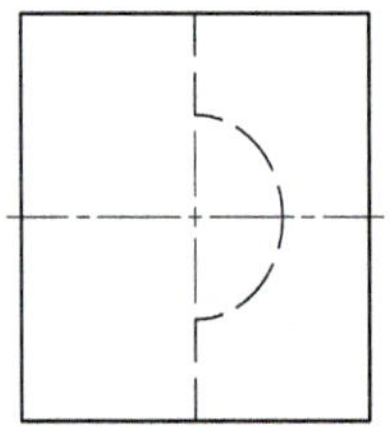
③
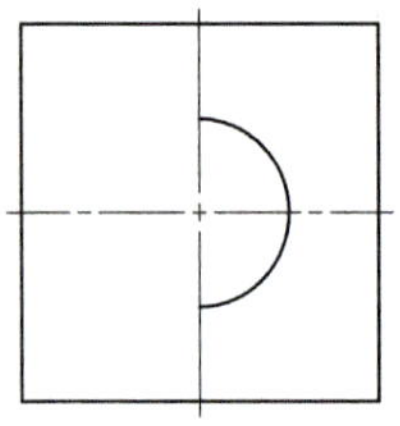
④
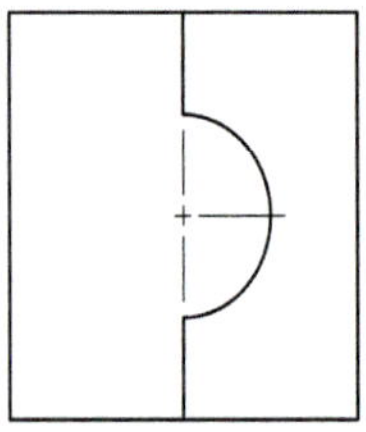

46 다음 등각 투상도에서 제3각 방법으로 화살표 방향에서 본 투상도는?

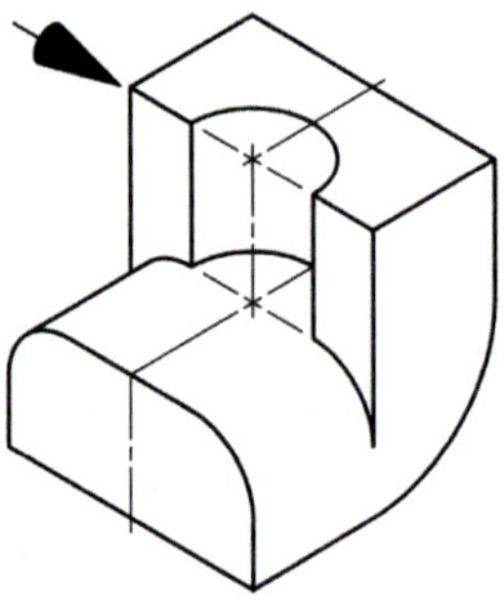

①
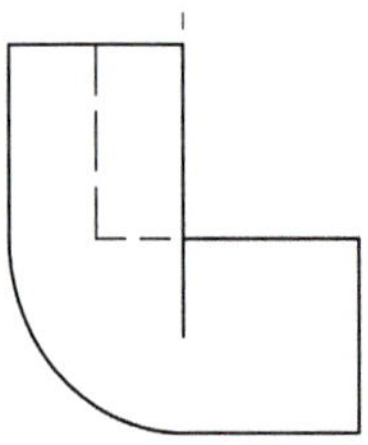
②
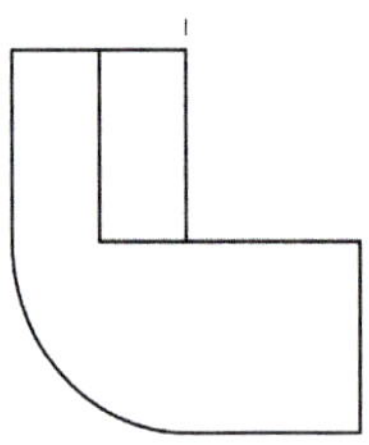
③
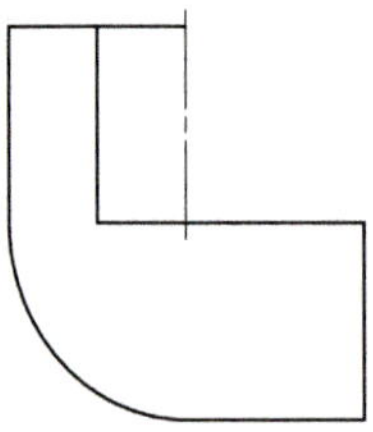
④
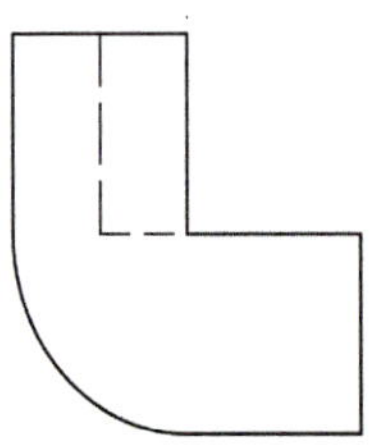

47 다음 등각 투상도에서 제3각 방법으로 화살표 방향에서 본 투상도는?

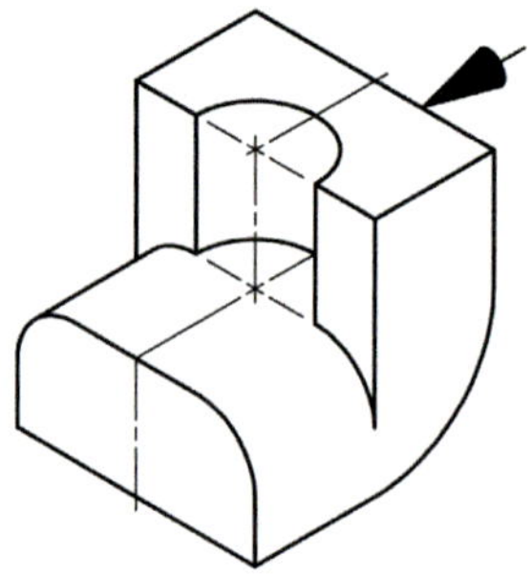

①
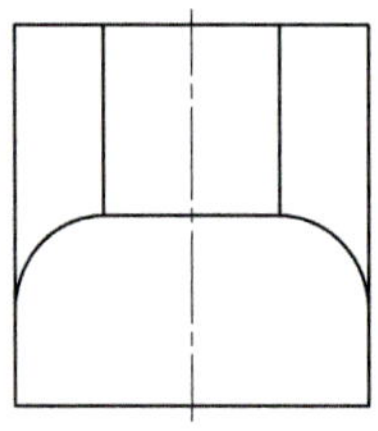
②
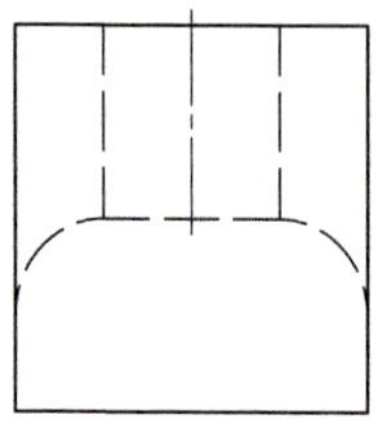
③
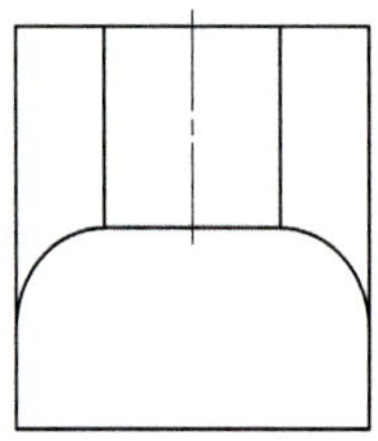
④
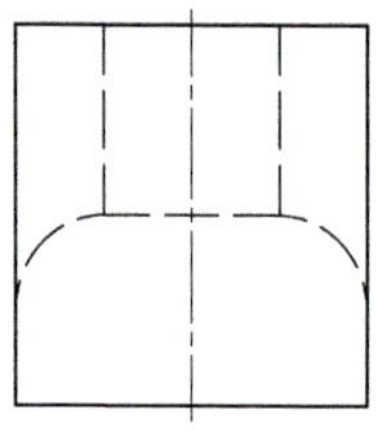

48 다음 등각 투상도에서 제3각 방법으로 화살표 방향에서 본 투상도는?

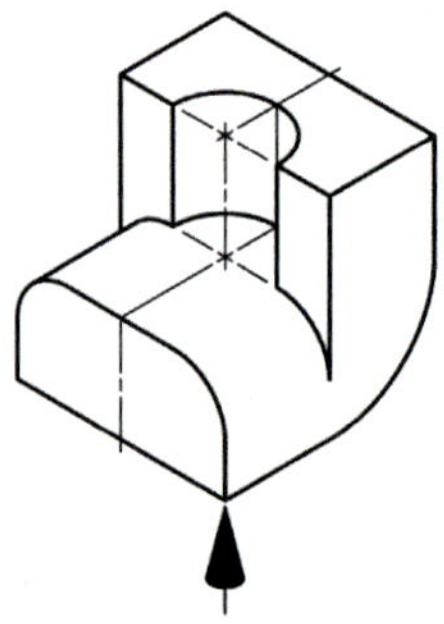

①
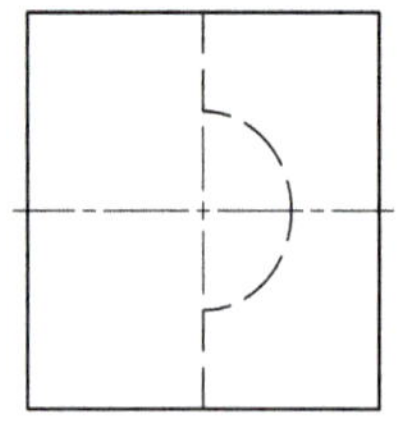
②
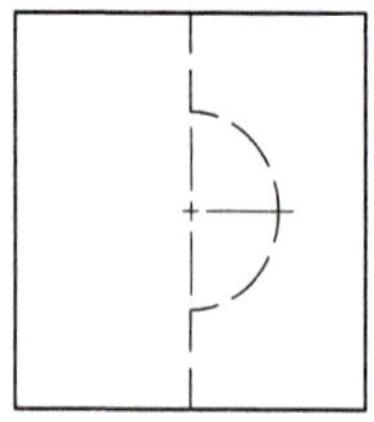
③
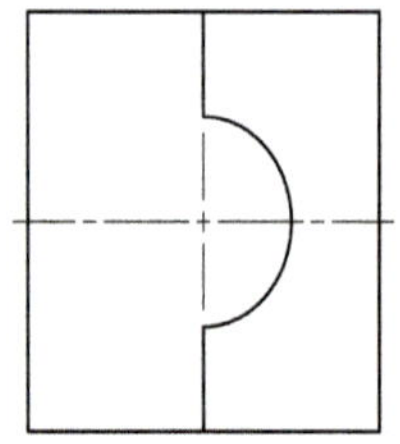
④
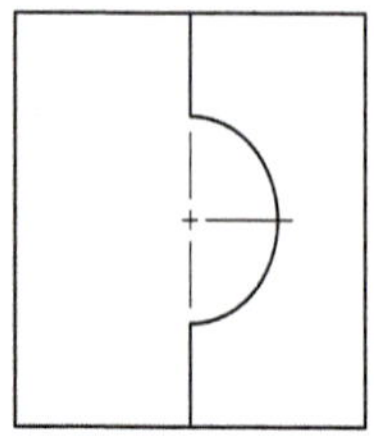

49 다음 등각 투상도에서 제3각 방법으로 화살표 방향에서 본 투상도는?

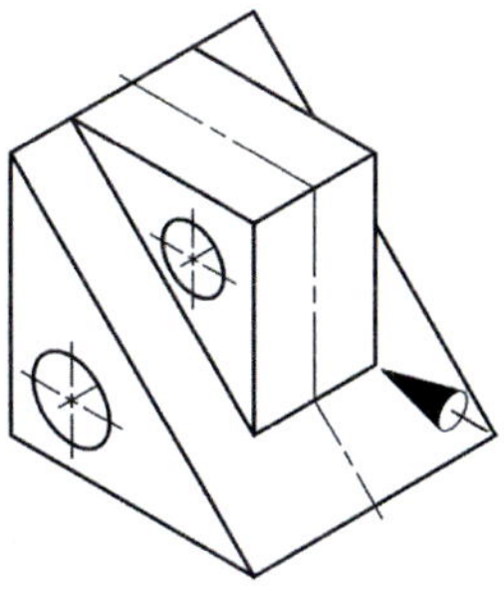

①
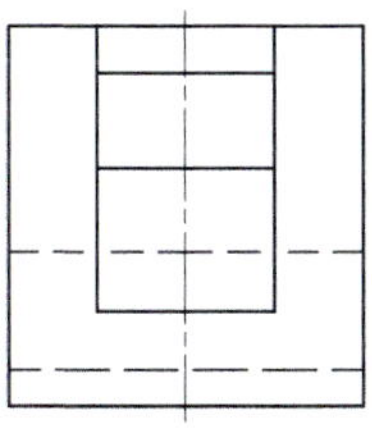

②
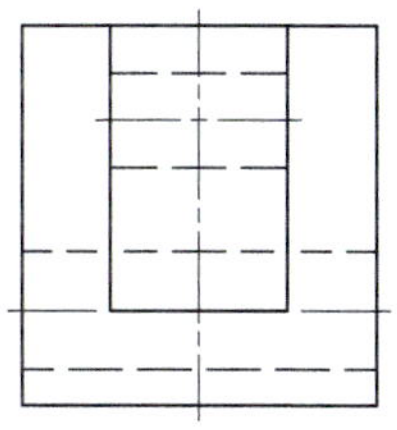

③
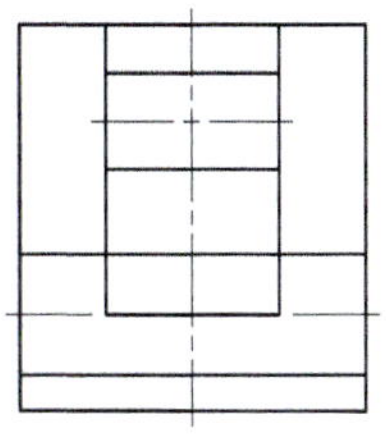

④
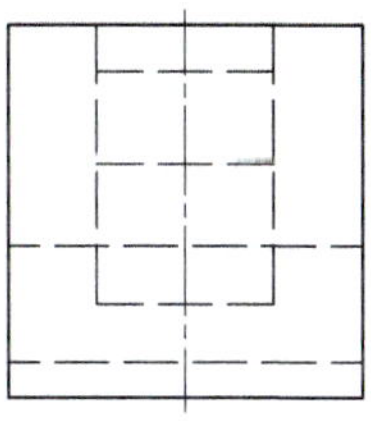

50 다음 등각 투상도에서 제3각 방법으로 화살표 방향에서 본 투상도는?

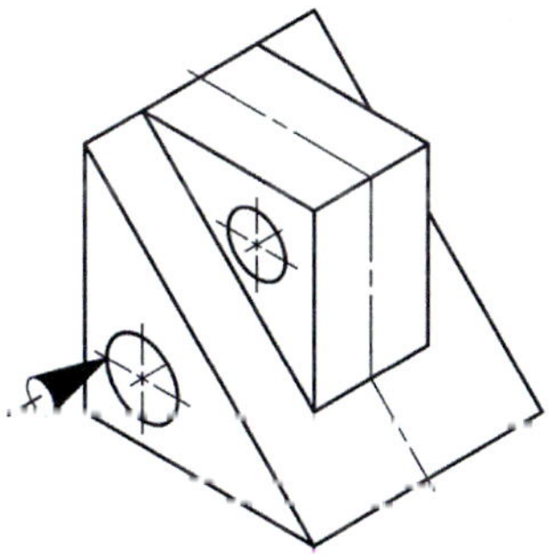

①
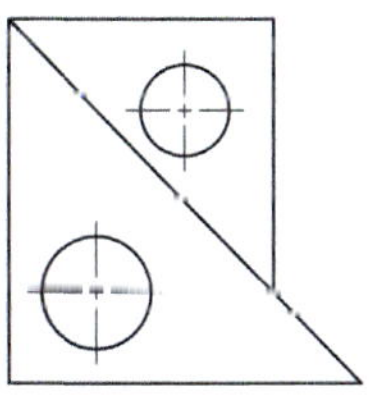

②
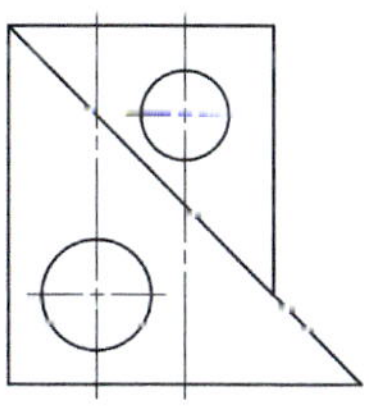

③
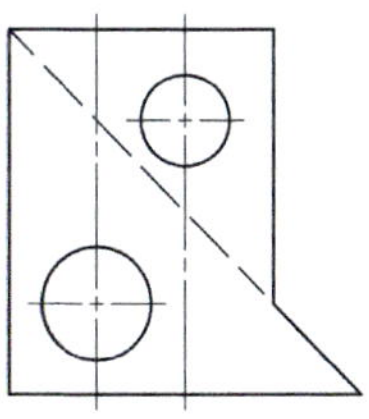

④
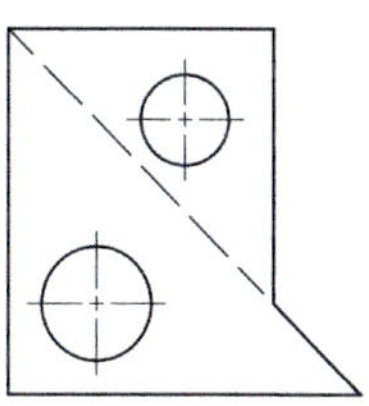

51 다음 등각 투상도에서 제3각 방법으로 화살표 방향에서 본 투상도는?

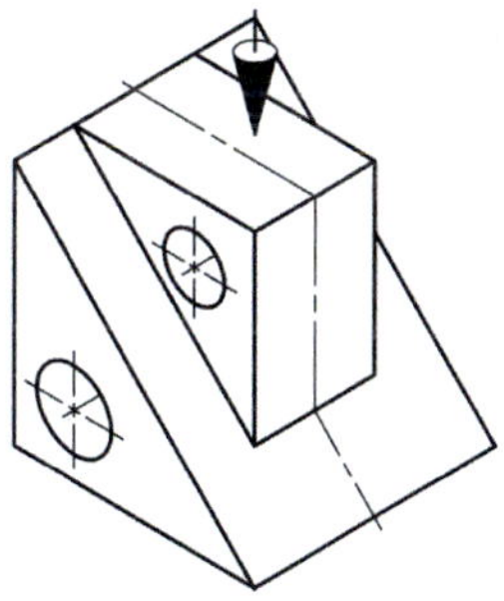

①
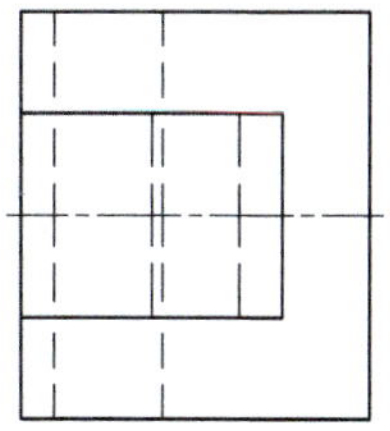

②
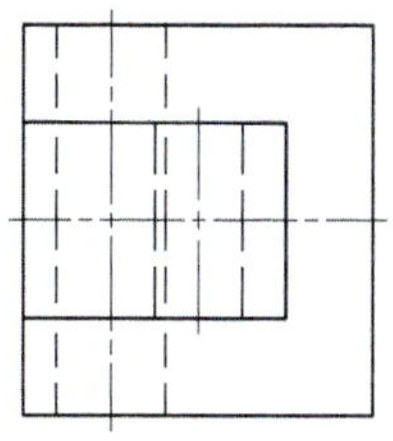

③
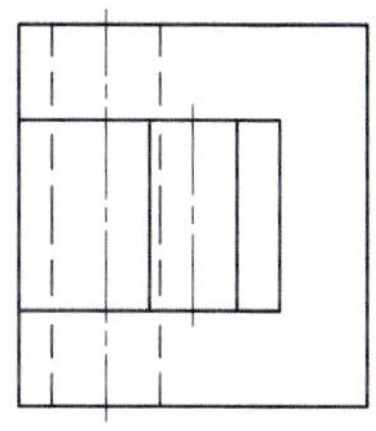

④
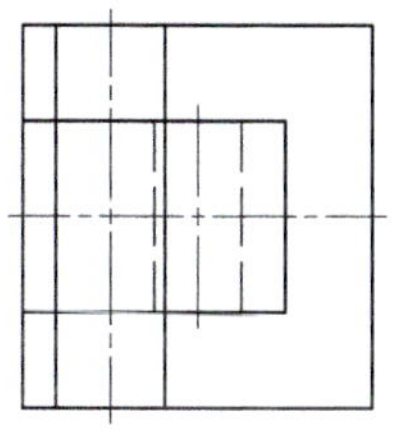

52 다음 등각 투상도에서 제3각 방법으로 화살표 방향에서 본 투상도는?

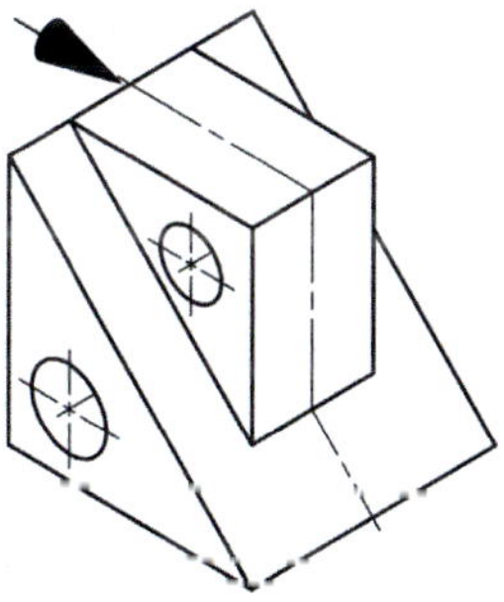

①
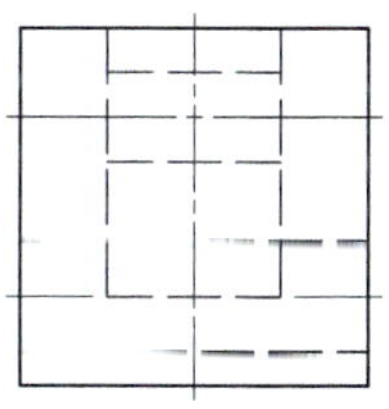

②
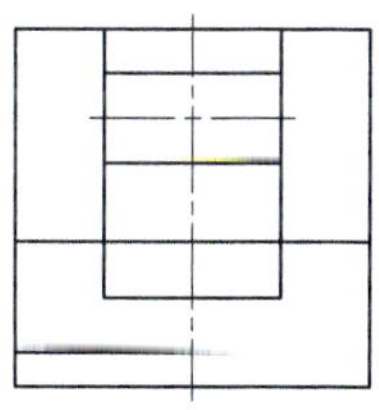

③
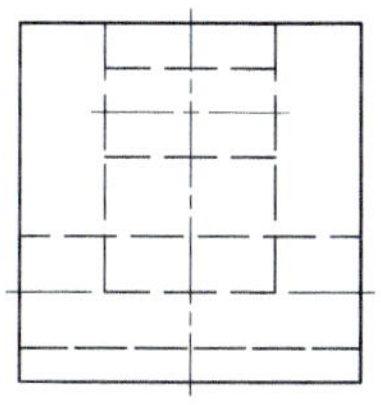

④
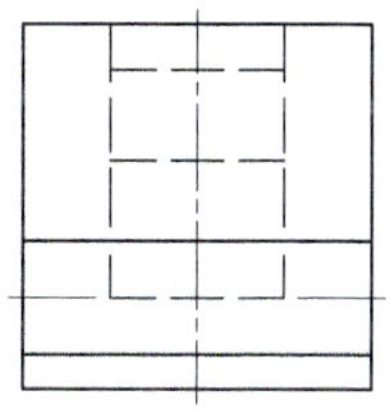

53 다음 등각 투상도에서 제3각 방법으로 화살표 방향에서 본 투상도는?

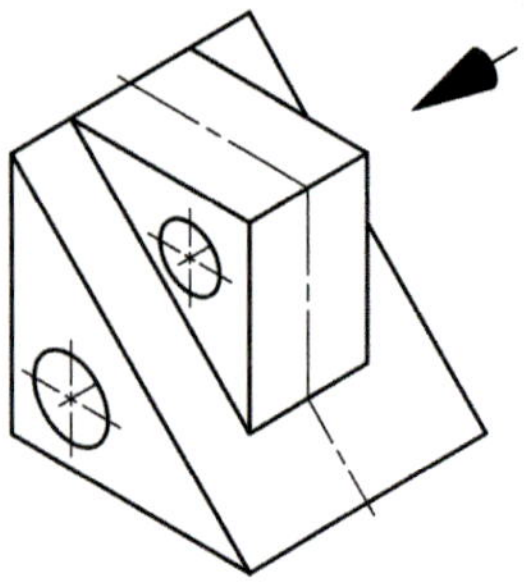

①
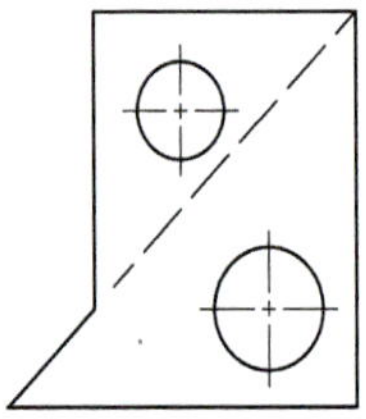
②
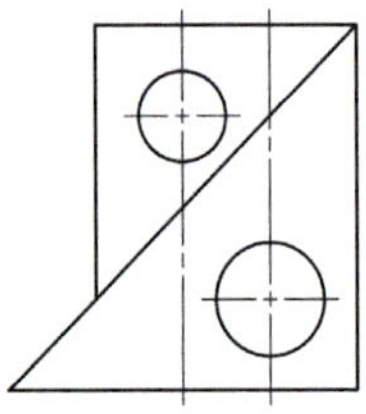
③
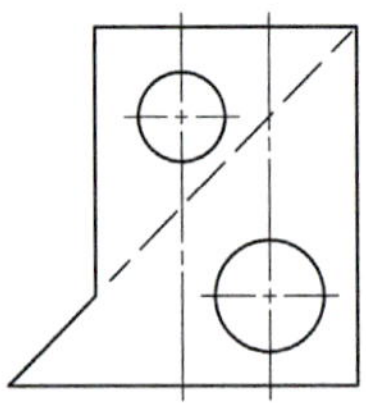
④
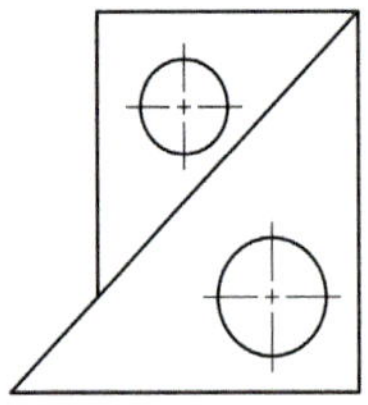

54 다음 등각 투상도에서 제3각 방법으로 화살표 방향에서 본 투상도는?

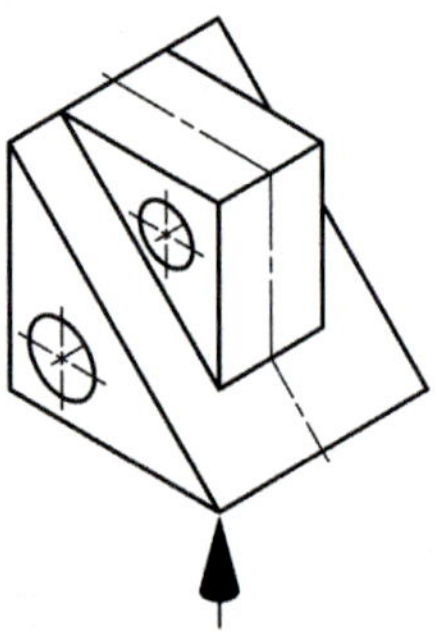

①
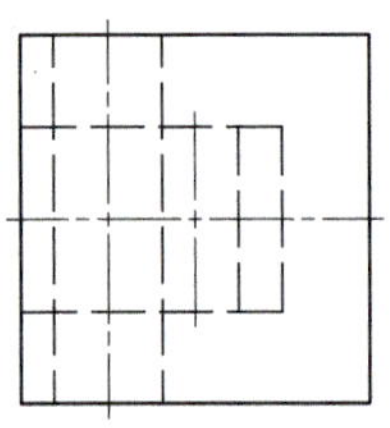
②
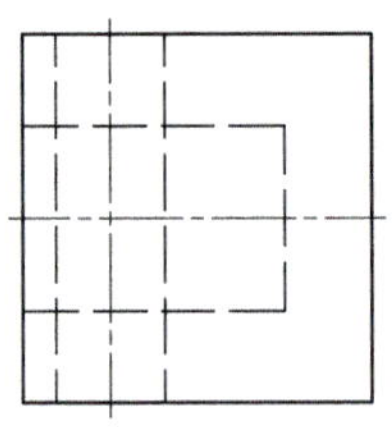
③
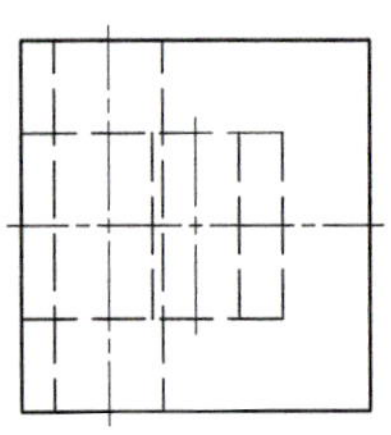
④
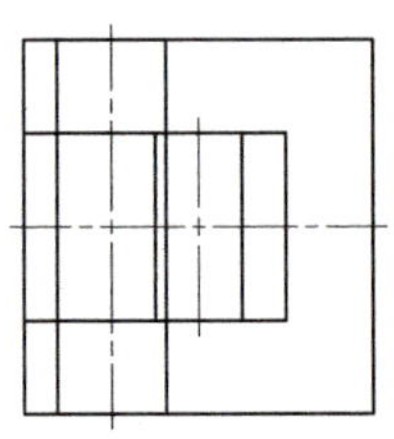

55 다음 등각 투상도에서 제3각 방법으로 화살표 방향에서 본 투상도는?

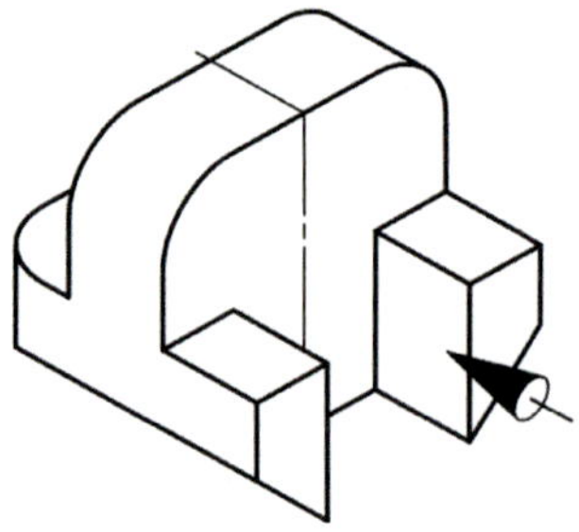

①
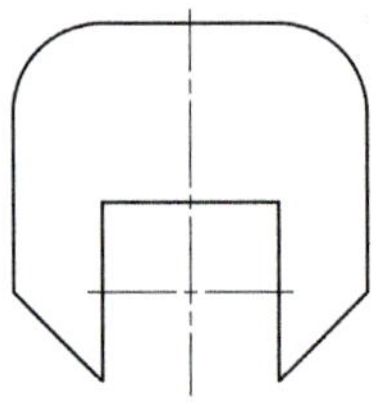
②
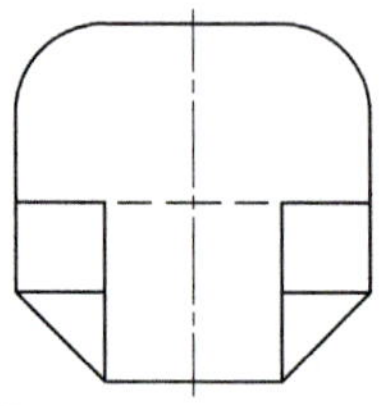
③
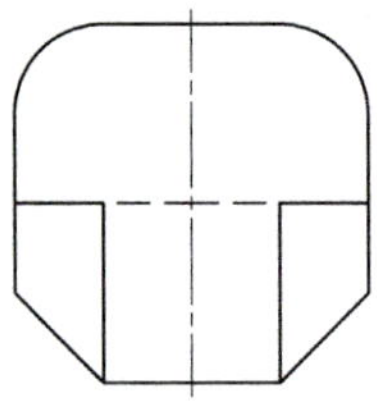
④
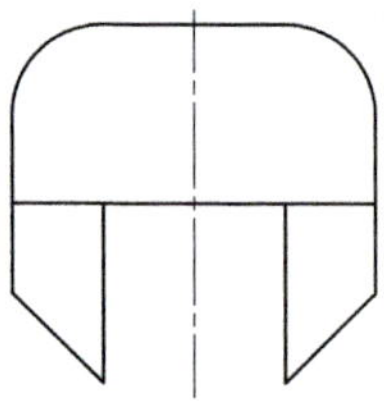

56 다음 등각 투상도에서 제3각 방법으로 화살표 방향에서 본 투상도는?

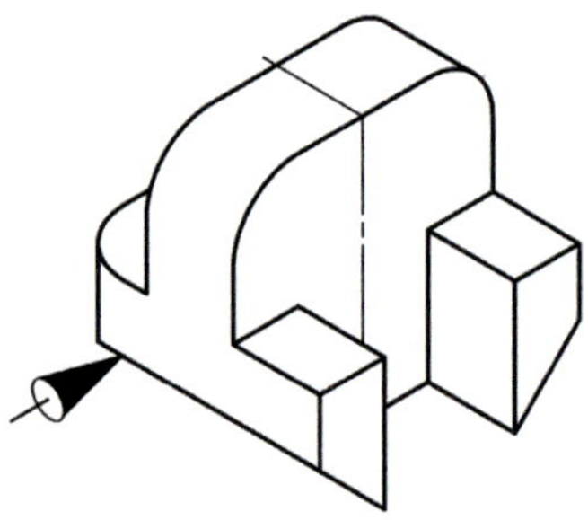

①
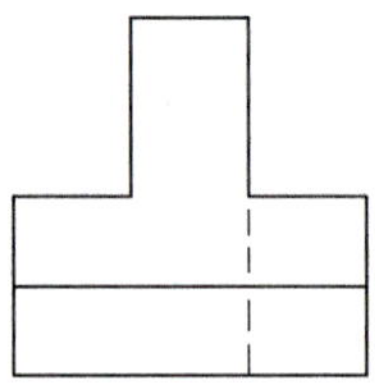
②
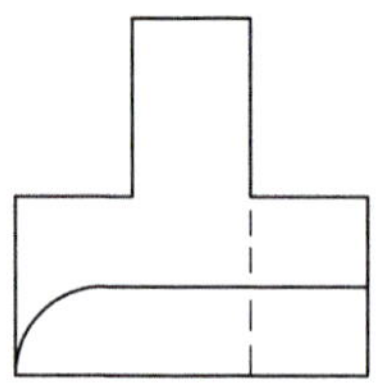
③
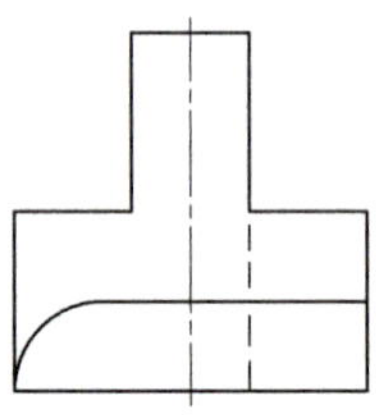
④
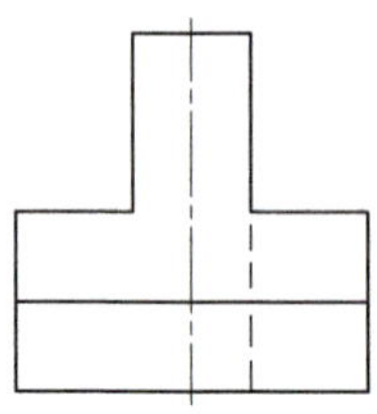

57 다음 등각 투상도에서 제3각 방법으로 화살표 방향에서 본 투상도는?

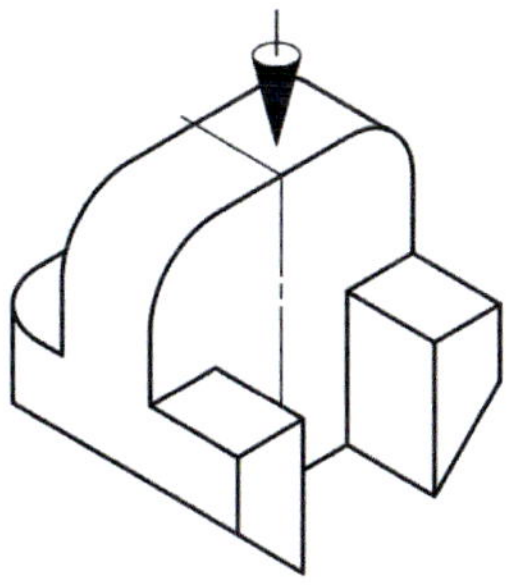

①

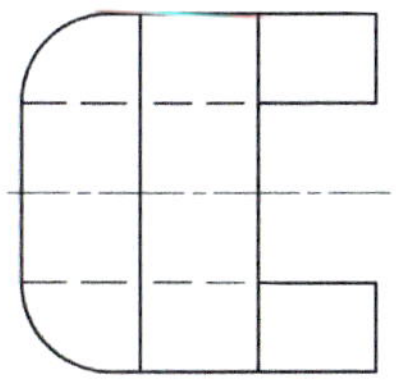

②

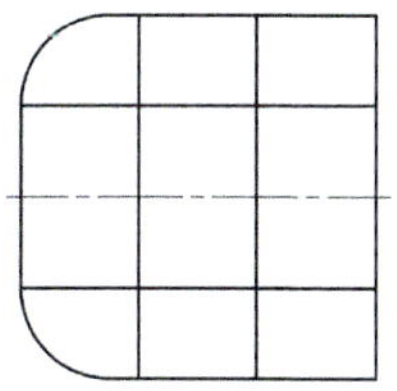

③

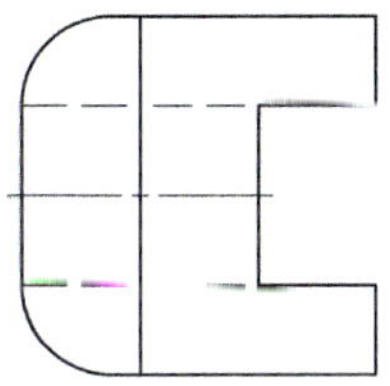

④

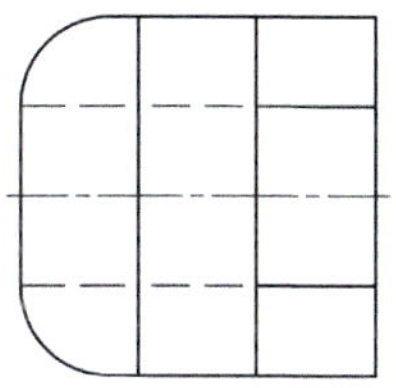

58 다음 등각 투상도에서 제3각 방법으로 화살표 방향에서 본 투상도는?

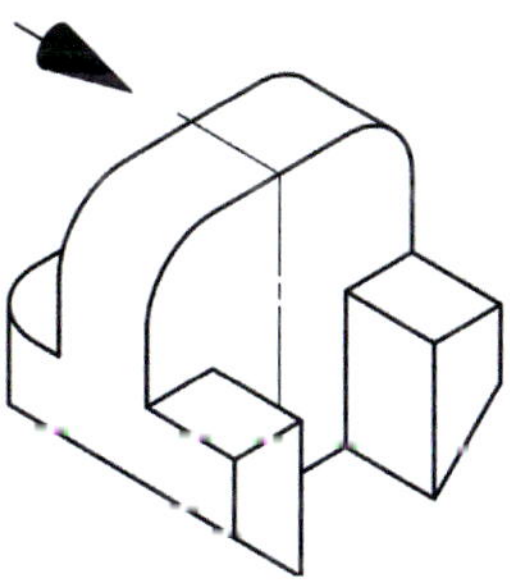

①

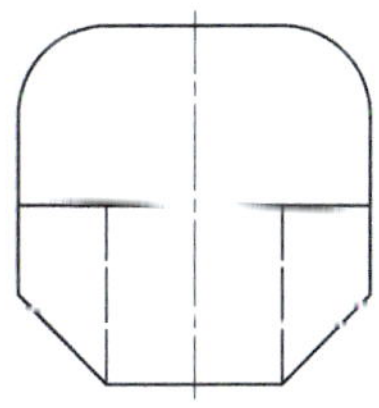

②

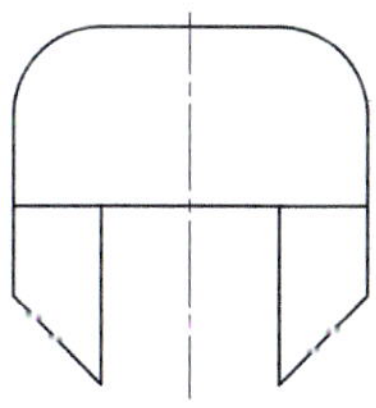

③

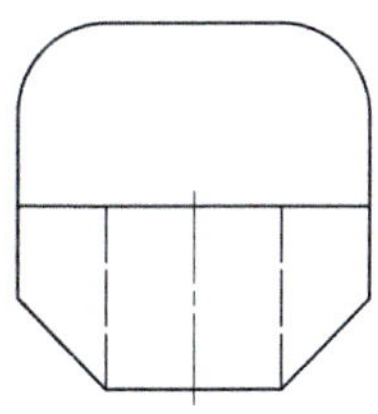

④

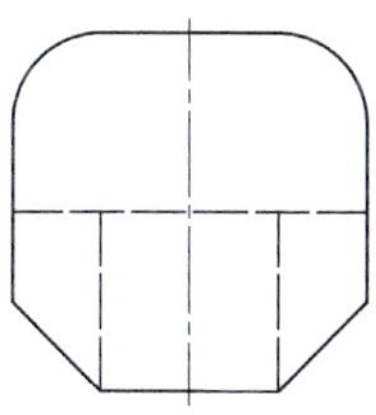

59 다음 등각 투상도에서 제3각 방법으로 화살표 방향에서 본 투상도는?

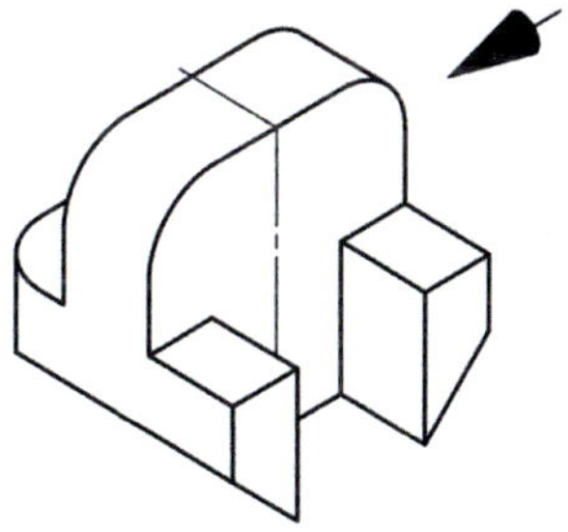

①

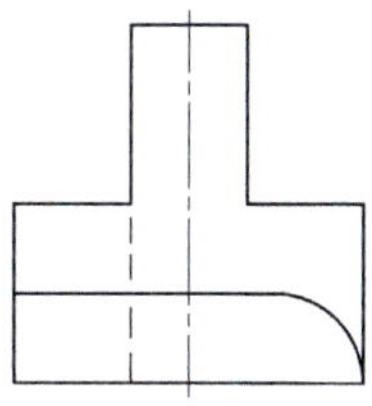

②

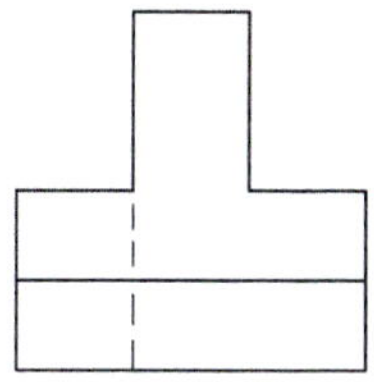

③

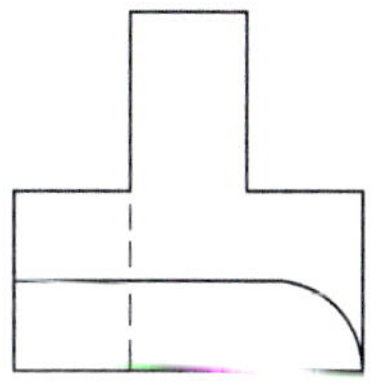

④

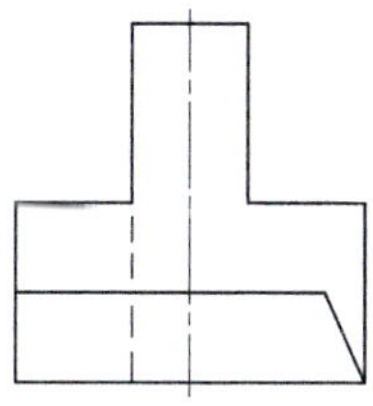

60 다음 등각 투상도에서 제3각 방법으로 화살표 방향에서 본 투상도는?

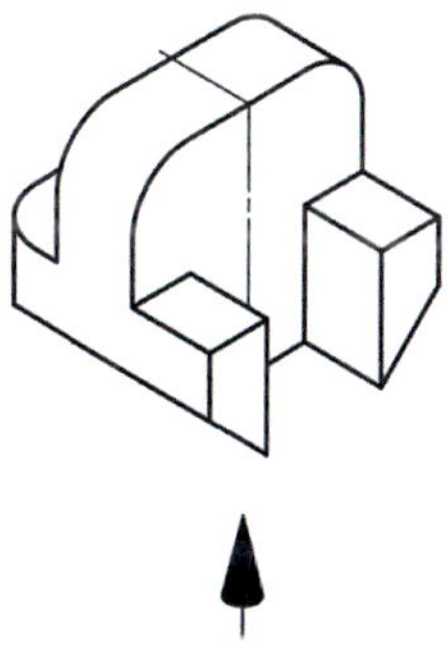

①

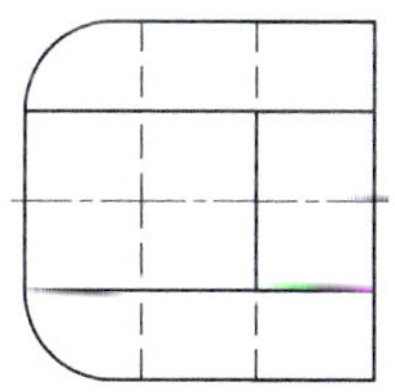

②

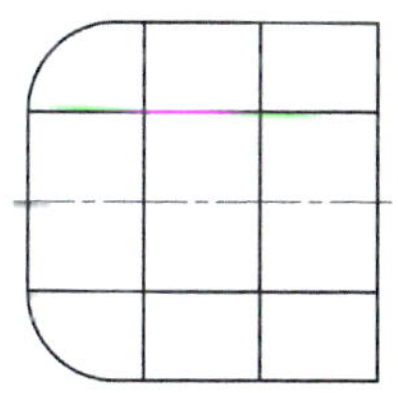

③

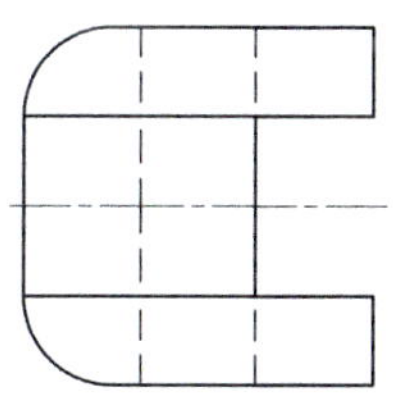

④

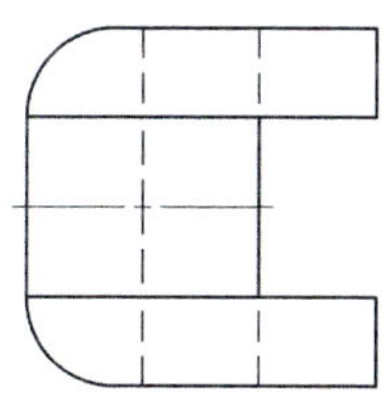

종합 평가 모범답안

종합 평가 12-4

문제 번호	정답	문제 번호	정답
1	④	31	②
2	③	32	④
3	①	33	①
4	④	34	④
5	②	35	①
6	④	36	①
7	④	37	③
8	②	38	②
9	③	39	①
10	①	40	③
11	④	41	④
12	②	42	②
13	④	43	①
14	①	44	②
15	②	45	③
16	①	46	④
17	③	47	①
18	②	48	②
19	①	49	②
20	②	50	①
21	①	51	③
22	③	52	③
23	③	53	④
24	②	54	①
25	③	55	③
26	②	56	②
27	④	57	④
28	③	58	④
29	③	59	③
30	①	60	①

종합 평가 12-5

문제 번호	정답	문제 번호	정답
1	①	31	②
2	④	32	④
3	④	33	③
4	④	34	④
5	③	35	③
6	③	36	③
7	③	37	②
8	②	38	②
9	①	39	③
10	①	40	①
11	④	41	③
12	③	42	①
13	④	43	④
14	①	44	③
15	②	45	②
16	③	46	②
17	④	47	①
18	①	48	③
19	①	49	④
20	③	50	③
21	②	51	③
22	④	52	①
23	④	53	②
24	③	54	③
25	③	55	①
26	④	56	③
27	③	57	①
28	②	58	③
29	①	59	②
30	④	60	①

종합 평가 12-6

문제 번호	정답	문제 번호	정답
1	④	31	③
2	①	32	④
3	②	33	②
4	③	34	①
5	①	35	④
6	④	36	③
7	②	37	①
8	③	38	②
9	④	39	③
10	①	40	③
11	②	41	③
12	①	42	②
13	④	43	①
14	③	44	④
15	④	45	②
16	①	46	③
17	①	47	③
18	③	48	③
19	②	49	③
20	④	50	④
21	①	51	③
22	②	52	①
23	①	53	②
24	④	54	①
25	①	55	③
26	②	56	④
27	②	57	③
28	③	58	①
29	④	59	②
30	①	60	④

종합 평가 12-7

문제 번호	정답	문제 번호	정답
1	③	31	②
2	③	32	④
3	②	33	③
4	①	34	③
5	③	35	②
6	②	36	①
7	③	37	①
8	④	38	②
9	③	39	①
10	①	40	④
11	②	41	③
12	②	42	③
13	①	43	③
14	②	44	②
15	③	45	①
16	③	46	①
17	③	47	④
18	①	48	①
19	③	49	②
20	②	50	①
21	③	51	②
22	④	52	③
23	①	53	④
24	③	54	③
25	①	55	③
26	①	56	②
27	②	57	①
28	②	58	①
29	④	59	③
30	③	60	③

찾아보기

ㅎ

저자 소개

이국환(李國煥)

- 한양대학교 공과대학 정밀기계공학과 졸업
- 한양대학교 공과대학 정밀기계공학과 대학원 졸업(계측제어 전공)
- 한국산업기술대학교 대학원 기계시스템응용설계 공학박사
- 대우자동차 중앙연구소(엔진개발)
- LG전자 중앙연구소 개발팀장(ICT 융복합 제품개발)
- ㈜피엠모터스 (www.pmmotors.co.kr) 창업자 겸 원천기술 개발자(30여 편의 국내외 특허 보유)
- 현재 한국공학대학교 기계설계공학부 교수(기술거래사) 겸 과학자, 공학자, 발명가로 활동 중

저서 및 실적

- 문화관광부선정 과학기술분야 우수학술도서 저술상 3회 수상(1998년, 2001년, 2014년) – 국내 최다
- 2021년 제39회 한국과학기술도서상 출판대상 수상(과학기술정보통신부장관상) – "이국환 교수와 함께하는 스마트폰 개발과 설계기술, 스마트폰 개발전략 등" 시리즈 총 4권
- 저서로는 〈알기 쉬운 기계제도 · 도면해석〉, 〈제품 · 서비스 플랫폼 개발전략〉, 〈스마트폰 해석과 개선설계〉, 〈스마트폰 개발전략(Development Strategy of Smart Phone)〉, 〈스마트폰 개발과 설계기술〉, 〈최신 제품설계(Advanced Product Design)–ICT 및 융 · 복합 제품개발을 위한〉, 〈최신 기계도면 보는 법〉, 〈메커니즘 사전〉, 〈설계사례 중심의 기구설계〉, 〈2차원 CAD AutoCAD 2023, 2022, 2021, 2020, 2019, 2018, 2017, 2016, 2015, 2014 등〉, 〈3차원 CAD SolidWorks 2015, 2013, 2011 등〉, 〈SolidWorks를 활용한 해석 · CAE〉, 〈3차원 CAD Pro–ENGINEER Wildfire 2.0 등〉, 〈기계도면의 이해 Ⅰ · Ⅱ〉, 〈2D 드로잉 및 3D 모델링 도면 사례집〉, 〈제품개발과 기술사업화 전략〉, 〈미래창조를 위한 창의성〉, 〈알파고 시대, 신인류 인재 육성 프로젝트〉, 〈수퍼 엔지니어링 플라스틱 및 응용〉 등 제품설계 및 개발, 소재, R&D, 기술사업화, CAD/CAE, 특허, 창의성, 창의적인 혁신제품의 개발전략 분야 등 상품기획, 제품설계 및 생산에 이르는 전분야 · 전주기에 걸친 총 75권의 관련 저서가 출간되어 있다.

김영상(金永相)

- 조선 이공대학 기계과 졸업
- LG전자 금형설계실
- 동원정밀 주식회사 카메라 및 교환렌즈 개발실
- 정우공업주식회사 기술담당 전무이사
- 서울시 기능대회 기계제도 심사위원 및 심사장
- 국제기능대회 및 전국기능대회 심사위원 · 심사장
- 대한민국 기계제도 명장

저서

- 알기 쉬운 기계제도 · 도면해석, 기계제도 실기, 기계설계제도 KS 핸드북, 기계제도 실습, Mechanical Engineering Drawing & Design, 기계설계제도, 2D 도면작성 등 총 14권이 출간되어 있다.

읽기 쉬운 도면연습

발 행 일 | 2023년 2월 6일
저　　자 | 이국환 · 김영상 공저
발 행 인 | 최 봉 조
발 행 처 | 진샘미디어
주　　소 | 서울시 은평구 연서로5길 28 부호아파트 102동 상가 5호
전　　화 | 02)353-4421 / FAX 02)353-4431
홈페이지 | www.jinsaem.co.kr

신고번호 | 제311-2005-000025호
I S B N | 979-11-91419-30-6 (93550)

정가 29,000원

Analysis of Mechanical Drafting and Drawing

알기 쉬운

기계제도 도면해석

이국환 · 고병갑 · 박종남 · 양진호
이양창 · 이태근 · 김영상 공저

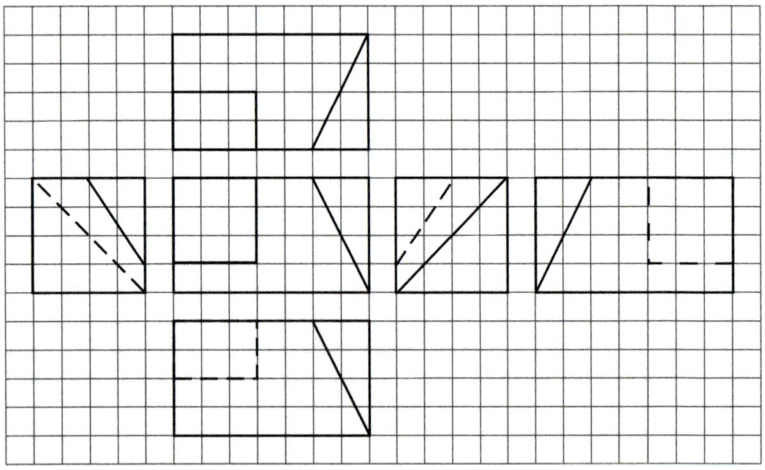

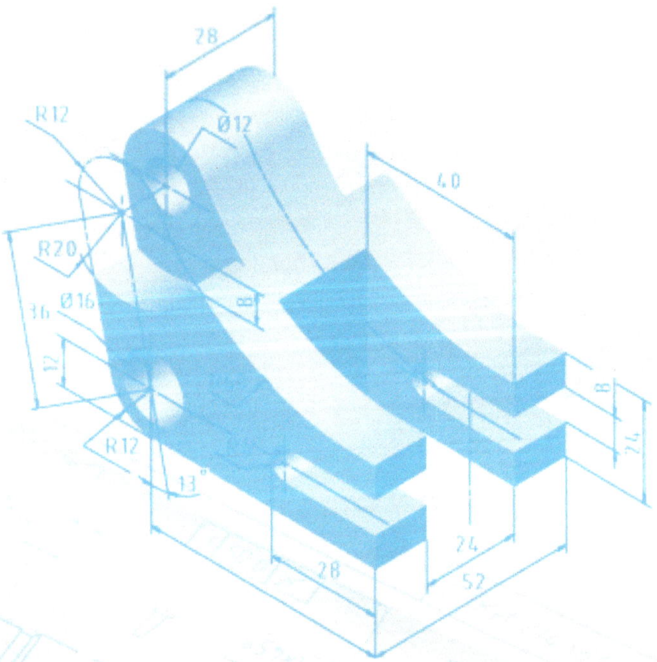

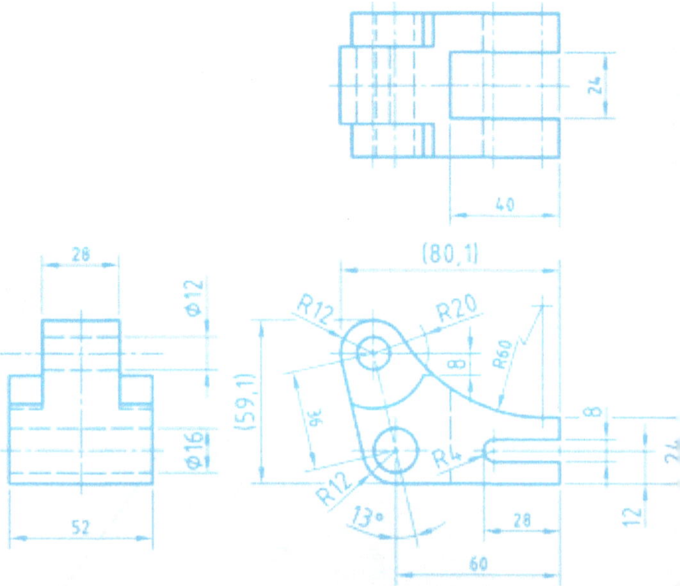

JINSAEM 진샘미디어